江苏高校优势学科建设工程三期项目
中国人民大学伦理学与道德建设研究中心支持项目

中国伦理学70年

王小锡 等 著

江苏人民出版社

图书在版编目(CIP)数据

中国伦理学 70 年 / 王小锡等著. -- 南京 ：江苏人
民出版社，2020.4

ISBN 978 - 7 - 214 - 23981 - 5

Ⅰ．①中… Ⅱ．①王… Ⅲ．①伦理学史－研究－中国
Ⅳ．①B82 - 092

中国版本图书馆 CIP 数据核字(2019)第 212273 号

书　　　　名	中国伦理学 70 年
著　　　者	王小锡等
责 任 编 辑	陈　颖
装 帧 设 计	徐立权
责 任 监 制	陈晓明
出 版 发 行	江苏人民出版社
出版社地址	南京市湖南路 1 号 A 楼，邮编：210009
出版社网址	http://www.jspph.com
照　　　排	江苏凤凰制版有限公司
印　　　刷	江苏凤凰扬州鑫华印刷有限公司
开　　　本	718 毫米×1000 毫米　1/16
印　　　张	42.5　插页 2
字　　　数	800 千字
版　　　次	2020 年 5 月第 1 版　2020 年 5 月第 1 次印刷
标 准 书 号	ISBN 978 - 7 - 214 - 23981 - 5
定　　　价	98.00 元

(江苏人民出版社图书凡印装错误可向承印厂调换)

目　录

序　言

——新中国伦理学 70 年发展述要

我国伦理学 70 年的发展历史,有坎坷也有辉煌。就其总体发展过程来说,道路曲折,艰难前行,是改革开放给伦理学发展带来了重要的历史机遇,使得伦理学学科建设迎来了生机勃勃的春天。

一、新中国伦理学学科曲折而辉煌的发展历程①

新中国伦理学学科的发展大致经历了三个阶段,即前 30 年的伦理学理念乃至伦理学学科的孕育期、从改革开放至社会主义市场经济体制确立的伦理学学科的初创期,以及建设社会主义市场经济以来的伦理学学科的发展期。

(一) 前 30 年的伦理学理念乃至伦理学学科的孕育期

我在《中国伦理学 60 年》的序言中说:"新中国成立后,鉴于前三十年伦理学基本被作为'伪科学'而无法进入我国人文社会科学的学科殿堂,中国伦理学一直处于被压抑状态中。"②而且,尽管从"客观上讲,经济社会的发展以及人们的社会生活中必然蕴含着伦理道德,它总是以各种不同的方式存在于经济社会发展和社会生活的方方面面,人们无法也不能摆脱生产和生活中伦理道德内容,因此,人们在思考经济和社会问题时,不管人们承认与否,自觉不自觉地涉及伦理道德维度的考量,从而形成了特殊时期的独特的伦理道德观念"③。虽然在 20 世纪 50 年代末和 60 年代初,我国诸多老一辈哲学家和伦理学家们深入研究并阐发了诸多学术观点。但是,伦理学始终没有正当的学科"名分",客观上严重阻碍了学科的正常存在和发展。不过,有人和群体,就有伦理道德。因此,随着经济社会的发展,伦理道德观念也始终或弱或强地展示在人们的社会生活中,伦理道德理论问题也时不时地

① 参见王小锡等《中国伦理学 60 年》,上海:上海人民出版社 2009 版,第 2—10 页。
② 王小锡等:《中国伦理学 60 年》,上海:上海人民出版社 2009 版,第 2 页。
③ 王小锡等:《中国伦理学 60 年》,上海:上海人民出版社 2009 版,第 2 页。

出现在学者们的思索视野中。

特别指出的是,这一时期,尽管有时会受到"左"的和相关偏颇思想影响,但人们仍会自觉不自觉地在思考或研究人的言行和人际关系处置之应该不应该的理念、规范和行为。尤其是 1949 年《中国人民政治协商会议共同纲领》中提出了"五爱"(爱祖国、爱人民、爱劳动、爱科学、爱护公共财物)道德规范。而后,一批诸如冯友兰、张岱年、周辅成、李奇、周原冰、冯定、罗国杰、许启贤等老一辈哲学家和伦理学家们在 50 年代末和 60 年代初相继发表了许多研究伦理学方面的理论文章和相关著作,阐述了涉及伦理学的研究对象,研究方法和基本问题,道德与社会物质生活条件之间的关系,道德的起源、演变和社会作用,道德的阶级性与继承性,共产主义道德及其原则,幸福范畴,人生观,道德评价等诸多理论问题,使得社会主义和共产主义伦理道德观开始逐步趋向完整展示。[1] 就是在"文革"十年,全社会倡导学"毛选"(《毛泽东选集》),学"老三篇"(《为人民服务》《纪念白求恩》《愚公移山》),看上去是政治要求和政治行为,其实这些经典文献中内含着丰富的中华传统伦理道德精神和当代的伦理道德理念。换句话说,虽然在"左"的和相关偏颇思想影响下,不宜着力宣讲伦理道德规范和行为,但社会主义伦理道德思想以"若隐若现"的方式体现时代精神、充实伦理道德主张,且在影响并指导着人们的思想和行为。

(二) 从改革开放至社会主义市场经济体制确立的伦理学学科的初创期

党的十一届三中全会后,伴随着改革开放的春风,伦理学的学科建设工作也逐步开始恢复。一是初建学科学术平台:1979 年,中国人民大学恢复并组建了伦理学教研室,之后北京大学、华东师范大学和中国社会科学院的伦理学教研室也相继建成,昭示着伦理学有了正式"名分",其教学和研究工作已经有了立足之地;1980年,全国第一次伦理学代表大会在江苏无锡召开,会议在研讨了相关伦理学理论问题的同时,中国伦理学会随之成立,标志着我国伦理学学科建设有了重要的交流和合作平台;1984 年,中国伦理学会和天津社会科学院主办的会刊《伦理学与精神文明》(1985 年改为现刊名《道德与文明》)公开发行,展示着伦理学界有了自己特有的学术领地。二是伦理学学科建设成就也开始凸显:1981 年,中国人民大学受国家教委委托,举办了两届(1981 年和 1982 年)有 80 多人参加的全国高校伦理学教师进修班,为新中国伦理学的发展培养了第一批重要的学术骨干,预示着伦理学学

---

[1] 诸如:周原冰《培养青年的共产主义道德》(1956),冯定《共产主义人生观》(1956),张岱年《中国伦理思想发展的基本规律》(1958),周辅成编《西方伦理学名著选辑》上卷(1964)等。

科建设的高潮即将来临;1982年,罗国杰主编的新中国第一部伦理学原理教科书《马克思主义伦理学》的问世(先是作为中国人民大学的内部教材),说明我国有了自己的伦理学理论体系;1984年,中国人民大学在我国最早获得伦理学专业博士学位授予权,这标志着伦理学的学科体系建设已初具规模,大致成型,这为伦理学学科建设事业的发展奠定了重要的基础。

(三) 建设社会主义市场经济以来的伦理学学科的发展期

党的十四大确立了社会主义市场经济体制,这给思想解放带来了新的活力,同时伦理学学科建设和发展也进入了新的发展机遇期。

在这期间,伦理学学科建设平台不断提升和完善。一是湖南师范大学继中国人民大学之后成为我国第二所具有伦理学专业博士学位授予权的高校。自此往后,清华大学、东南大学、中南大学、湖北大学、南京师范大学等多所高校获得伦理学专业博士学位授予权,现今,全国包括哲学一级学科博士学位授予权在内的伦理学专业博士点就已达20多家。二是中国人民大学的伦理学与道德建设研究中心和湖南师范大学的道德文化研究中心先后于2000年和2004年被确定为教育部百所人文社会科学重点研究基地。三是由中国伦理学会委办、湖南师范大学主办的专业期刊《伦理学研究》于2002年创刊,它和《道德与文明》一起被列为中国伦理学会的会刊。四是中国伦理学会先后设置了一批分支学术机构①。五是国内多家高校和科研院所相继建立了涉及经济、政治、科技、工程等诸多方面的应用型伦理学研究机构。六是诸如中国人民大学和湖南师范大学等诸多高校创建了伦理学图书室和学术信息库,且图书资料可以共享。中国人民大学伦理学与道德建设研究中心以及南京师范大学经济伦理学研究所合编的《中国经济伦理学年鉴》(2000年以来,并特设"伦理学前沿")更是为学界提供了系统的经济伦理学乃至伦理学的发展境况资料。以上这些是我国伦理学学科发展日趋成熟的重要标志,为推动我国伦理学学科建设事业的发展夯实了坚实的人才培养和学术研究基础和平台。

在这期间,伦理学理论建设、中外思想史研究和实践应用发展迅速。尤其是中央决定实施"马克思主义理论研究和建设工程"后,在首批"马克思主义经典著作基本观点研究"项目中就列有"经典作家关于意识形态、先进文化和道德的基本观点研究"的重大课题。而后,《伦理学》《中国伦理思想史》重点教材编写也被列入了

---

① 主要有青年工作委员会、经济伦理学专业委员会、民族伦理学专业委员会、教育伦理学专业委员会、政治伦理学专业委员会、地方高校德育专业委员会、慈孝文化专业委员会、传统美德专业委员会、网络伦理专业委员会、健康伦理学专业委员会等。

"马克思主义理论研究和建设工程"项目。这标志着马克思主义伦理学已正式进入国家哲学社会科学和文化发展战略的规划之中。同时,诸多有关伦理学理论和实践的国家社科基金重大课题、重点课题等先后立项①,学术著作、学术论文和学术信息库像雨后春笋般涌现,伦理学应用也已经凸显了其在经济社会发展中的非凡的不可替代的作用和魅力,充分展示了伦理学学科与时代同步、与国际接轨的现时代风格和品位。

在这期间,国内、国际学术交流日渐频繁。在伦理学的学术交流方面,除了中国伦理学会的年会和中国人民大学伦理学与道德建设研究中心、湖南师范大学道德文化研究中心的基地分别不定期召开的学术大会外,中国伦理学会各分支机构每年也例行召开全国性的与"应用伦理""经济伦理""生态伦理""环境伦理""政治伦理""网络伦理""教育伦理""民族伦理""慈孝文化"等相关的学术会议。区域性、地方性学术会议每年更是接连不断。国际学术会议也不时地举办,其中,定期不定期召开的"中日实践伦理学讨论会""中韩伦理学国际学术研讨会""国际经济伦理学大会",以及一些诸如"儒学与全球伦理"(2012)、"全球化时代的传统价值、德性与当代社会"(2012)、"公民道德与现代文明"(2013)、"信任与医患关系"(2014)、"道德责任与人的品性"(2016)、"道德资本与企业经营"(2017)等专题性国际学术会议,有力地推动了我国伦理学学科国际化的进程。值得一提的是,我国伦理学学者的国际学术交流新式多样、效果显著。有"请进来、走出去"讲学的,有学术对话交流的,更有围绕相关专题研讨、切磋的。同时,我国学界引进并翻译了诸多国外伦理学方面的重要著作②,我国学者的著作也被翻译成多种外国文字在海外出版③,有的并在全球发行,使得我们在了解世界伦理学发展趋势的同时,也让世界知悉我国伦理学学者的创新思维和学术成果。换句话说,我国的伦理学在世界学术平台上展示了独有的风采和魅力。

总之,70年来,中国伦理学跟随着中国"雄狮"醒来的步伐,也已经屹立于我国乃至世界哲学社会科学之林,并在经济社会的发展进程中发挥着独特和不可替代的作用。

---

① 参见2000年以来《中国经济伦理学年鉴》的"立项课题"栏目。
② 主要有《外国伦理学名著译丛》(中国社会科学出版社)、《经济伦理学译丛》(北京大学出版社)、《当代经济伦理学名著译丛》(上海社会科学院出版社)等。
③ 诸如《道德资本论》(英文版、德文版、泰文版)、《道德资本研究》(英文版、日文版、塞尔维亚文版)、《中国传统经济伦理思想》(韩文版)等。

二、改革开放以来伦理学学术成就斐然

正如前面所说,新中国成立以后的前30年,由于各种主客观因素,伦理学还处在孕育期,学术成就还只能是阶段性的、碎片化的展示。故,作为学科的伦理学的系统学术成就改革开放以来才得以完整体现。

(一) 伦理学原理日趋成熟

在伦理学理论体系的建设方面,学界承继前30年来虽碎片化呈现、但具重要学科知识节点的关于伦理学的研究对象、关于道德的作用、关于道德的起源、关于道德的继承性等相关观点,不断提出了具创新意味的理念,形成了各具特色的理路和方法,并均以不同视角创造性地阐释并建构了伦理学体系,为伦理学原理的完善提供了具有重要价值的学术和理论元素。

伦理学原理的最早完整展示是罗国杰主编的《马克思主义伦理学》①,该书以马克思主义为指导,在伦理学研究对象、伦理思想发展史、道德演变史、道德本质、道德特征、道德规范体系和道德实践等方面做出了适时精当的阐释,有许多概念和理论是第一次提出,可以说是我国伦理学原理的开山之作,也标志着我国伦理学已经屹立于我国哲学社会科学之林。时至今日,中央马克思主义理论研究和建设工程重点教材《伦理学》②在首席专家召集人万俊人的主持下,进一步坚持马克思主义理论与中国现实相结合,完成了最新理论体系的研究和叙述,形成了具时代特征的伦理学理论体系。书中吸收了我国历来的伦理学研究成果,在以新颖理路概括伦理思想传统的基础上,着重研究了中国特色社会主义理论体系的伦理学创新,以新的视角阐释了社会主义和共产主义道德内涵及其道德规范体系,凸显了道德心理和道德情感、道德传播、道德培育等的理论角色,探讨了系统工程视域下的社会主义道德建设的实践路径等。

在形成今天的伦理学理论体系的过程中,学者们力图以新的视角探索和完善相关理论,展示了一些独特的方法和具启迪意义的理论思路。

有的对伦理学研究对象的道德作出了独特而深刻的探讨,并在批判式或对比式叙述中对社会主义和共产主义道德理论作出了系统的阐释,尤其是依据充分地

---

① 人民出版社1982年版。该书正式出版前曾先印制成上下两册的内部教学用书,而后几经修改后正式出版。
② 高等教育出版社、人民出版社2012年版。

论述了社会主义和共产主义道德的存在理由和实质、基本原则和规范、社会价值和道德教育、道德修养、道德建设等道德实践(应用)之美好愿景等。凸显的道德自信不仅展示在道德批判中和道德认同中,而且表现在人、社会、民族、国家和人与人、人与社会、人与民族、人与国家关系等各个相关理论节点上。① 尤其是学界对伦理学研究对象之道德的理解,直接影响其对伦理学理论体系的认知和阐释。有的认为,"所谓道德,它必须是确实反映了一定社会的经济基础和时代特征;体现了一定的阶级,一定的民族或一定的社会集团的实际利益和本质要求;确实是从这些实际利益和本质要求所引申出来的,并且为这一定阶级、一定民族和一定社会集团的人们所真实奉行,而在实践行动中得到了证实的行为规范"②。有的认为,"道德就是人类社会生活中所特有的,有经济关系决定的,依靠人们的内心信念和特殊社会手段维系的,并以善恶进行评价的原则规范、心理意识和行为活动的总和"③。有的认为,"道德是由一定的社会物质生活条件所决定的一种社会意识形态,是调整人与人之间、个人与社会之间关系的行为准则、规范的总和,并转化为个人的内心信念和自觉自愿的生活实践;它用善恶、是非、正义非正义等概念来评价人们言行的道德价值"④。有的认为,道德涵指一切可以作善恶评价的社会道德现象,它既包括个体的道德品质,也包括社会客观的伦理关系,又包括社会的风俗习惯与道德评价,它是人伦秩序和个体品德修养的统一。⑤ 有的认为,"道德,是人们在社会生活中形成的关于善与恶、公正与偏私、诚实与虚伪等的观念、情感和行为习惯,以及依靠社会舆论和良心指导的人格完善或品德修养和调节人与人、人与自然关系的规范体系"⑥。有的认为,伦理学研究对于人的好的生活,研究实践和实践理智的性

---

① 参见罗国杰主编《马克思主义伦理学》,北京:人民出版社 1982 年版;张善城编著《伦理学基础》,哈尔滨:黑龙江人民出版社 1983 年版;魏英敏、金可溪《伦理学简明教程》,北京:北京大学出版社 1984 年版;周原冰《共产主义道德通论》,上海:上海人民出版社 1986 年版;罗国杰主编《伦理学》,北京:人民出版社 1989 年版;王小锡、郭广银主编《伦理学通论》,北京:中国广播电视出版社 1990 年版;万俊人《伦理学新论——走向现代伦理》,北京:中国青年出版社 1994 年版;魏英敏主编《新伦理学教程》(第二版)北京:北京大学出版社 2003 年版;章海山、罗蔚主编《伦理学引论》,北京:高等教育出版社 2009 年版;廖申白《伦理学概论》,北京:北京师范大学 2009 年版;《伦理学》编写组《伦理学》("马工程"重点教材),北京:高等教育出版社、人民出版社 2012 年版;王泽应编著《伦理学》,北京:北京师范大学出版社 2012 年版;甘绍平《伦理学的当代建构》,北京:中国发展出版社;唐凯麟《伦理学》,合肥:时代出版传媒股份有限公司、安徽文艺出版社 2017 年版等。
② 周原冰:《共产主义道德通论》,上海:上海人民出版社 1986 年版,第 5—6 页。
③ 罗国杰主编:《马克思主义伦理学》,北京:人民出版社 1982 年版,第 4 页。
④ 李奇主编:《道德学说》,北京:中国社会科学出版社 1989 年版,第 9 页。
⑤ 参见宋希仁主编《道德观通论》,北京:高等教育出版社 2000 年版,第 2—3 页。
⑥ 魏英敏主编:《新伦理学教程》(第二版),北京:北京大学出版社 2003 年版,第 99 页。

质,研究社会人际交往中的正确的、正当的善行为,是以一种包含善、正当、正义、正直、良心、权利与责任、友爱与仁爱等道德理念在内的系统的哲学的伦理学理论体系。① 笔者在阐释道德本体是"应该的应该之应该"、道德本样是"人的世界即各种关系回归于人自身"、道德本真是"知、行常相须"的基础上,认为"道德是指不断回归于应该的人立身处世与集体生存发展的价值取向及其行为规范和自觉行动"②。

　　有的建议并试图从大伦理学视角架构颇具特色的道德理论体系,指出,"'道德形上学'只能到人的社会存在中去探寻,对人的'终极价值关怀'也只有在社会发展的必然性及其所赋予人的历史使命中去确定和追求。这就深刻地表明,中国现代伦理学要真正能够肩负起自己极为艰巨而光荣的历史使命,就必须首先科学地确定自己应有的价值视域,即:它应当立足于当代历史发展的大趋势,应当深入到当代中国社会变革的深层脉搏之中,应当直面当代中国人所面临的诸多的生活矛盾,并对此作出积极的回应"③。因此,伦理学应该有当代新技术革命和人的发展的宏观视域,应该有社会主义市场经济的发展和现代市场理性的构建与培育的中观视域,应该有我国社会主义初级阶段人们精神生活的矛盾和思想道德建设视域。同时,"建设和发展有中国特色的社会主义现代伦理学的过程,本身也必然是一个适应和引导当代中国社会道德变革,实现马克思主义伦理学的自我超越、自我完善的过程",因此,"批判地继承和弘扬中华民族的优良传统文化和传统伦理道德文化,科学地借鉴和吸纳西方伦理道德文化的积极成果,就成了建设有中国特色社会主义现代伦理学的两个基本条件"。还指出,中国特色的伦理学更需关注现代中国社会的道德价值选择和价值定位,当然,"道德体系既是一个可供选择的价值系统,同时又是一个结构严密的自组织系统",并有着内在的运作机制,因此,在对道德运作机制的把握中,既要从道德体系之中作出思考,又要从道德体系之外的社会大环境中作出思考,这样才能完整地认识道德的运作机制。④

　　有的在寻求世界道德共识并作深入考察和深刻阐释的基础上,给构建现代伦理学理论体系提供了重要的启迪理念。因为,"生活在多种类型的文明和

① 参见廖申白《伦理学概论》,北京:北京师范大学出版社 2009 年版。
② 参见王小锡《论道德之应该的逻辑回归》,载《道德与文明》2016 年第 3 期(《新华文摘》2016 年第 21 期)。
③ 唐凯麟:《伦理大思路——当代中国道德和伦理学发展的理论审视》,长沙:湖南人民出版社 2000 年版,第 1—2 页。
④ 参见唐凯麟《伦理大思路——当代中国道德和伦理学发展的理论审视》,长沙:湖南人民出版社 2000 年版;唐凯麟编《伦理学》,合肥:时代出版传媒股份有限公司、安徽文艺出版社 2017 年版。

文化传统中的人们仍然存在着某些道德共识，无论是一些基本的道德直觉还是一些基本的道德文化观念，譬如说，人们经常讨论的那些道德的'黄金规则'，像'不偷盗'、'不奸淫'、'不无故伤人'等等。这些基本的道德规则形成了人类千百年来维持道德生活和伦理秩序的基本规范，也使得人类世界有了达成某种普世伦理的可能性基础"。"然而，这些道德共识仅仅是一般观念上的，甚至是'道德直觉'层面上的，并不意味着生活在不同类型的文明和文化传统中的人们对这些观念性的道德共识的理解和实践必然相同，恰恰相反，人们的理解和实践可能会因为他们各自所接受的道德文化传统的滋养熏陶各不相同，他们的道德生活经验各不相同，以及，更为重要的是，他们道德实践的社会生活条件和道德伦理环境各不相同，因而使得他们对这些道德共识的观念理解和实践价值取向也不尽相同，甚至相互冲突。在此意义上，任何道德共识或普世伦理的理性主义推理证明，都必须落脚于各种不同的社会文明语境和道德文化传统语境，否则，所谓道德共识或普世伦理就只能是一种抽象观念，也只能停留在抽象观念的层面而无以实施"。① 这就说明，伦理学理论体系的构建需要深入研究不同社会生活和文化传统背景下的道德共识，创建国际伦理学是如此，构建具中华民族特色的伦理学更是如此。

有的试图从人本伦理学、美德伦理学、元伦理学、规范伦理学等方面创制一种新的伦理学体系，这对我国伦理学理论的发展不失为是一种有启迪意义的探索路径和建构模式。②

特别指出的是，伦理学理论建设的一个重要目的是研究和提出能引导和规范人们行为的社会主义的道德规范体系。我国党和政府历来十分重视道德规范体系建设，1949 年《中国人民政治协商会议共同纲领》中提出的"五爱"（爱祖国、爱人民、爱劳动、爱科学、爱护公共财物）和 1982 年《中华人民共和国宪法》中提出的"五爱"（爱祖国、爱人民、爱劳动、爱科学、爱社会主义）要求为规范。2001 年中共中央关于印发《公民道德建设实施纲要》的通知中明确提出了"爱国守法、明礼诚信、团结友善、勤俭自强、敬业奉献"的基本道德规范。党的十六大报告指出，要认真贯彻公民道德建设实施纲要，要以为人民服务为核心，以集体主义为原则。党的十八大提出，倡导富强、民主、文明、和谐；自由、平等、公正、法治；爱国、敬业、诚信、友善，积极培育和践行社会主义核心价值

---

① 万俊人：《寻求普世伦理》，北京：北京大学出版社 2009 年版，第 367 页。
② 参见王海明《伦理学原理》，北京：北京大学出版社 2009 年版；韩东屏《人本伦理学》，武汉：华中科技大学出版社 2012 年版；李义天《美德、心灵与行动》，北京：中央编译出版社 2016 年版。

观。富强、民主、文明、和谐是国家层面的价值目标,自由、平等、公正、法治是社会层面的价值取向,爱国、敬业、诚信、友善是公民个人层面的价值准则,这是当今我国社会主义道德规范的最全面系统的表述。习近平总书记多次提出要努力培育和践行社会主义核心价值观,并指出,"古人说:'大学之道,在明明德,在亲民,在止于至善。'核心价值观,其实就是一种德,既是个人的道德,也是一种大德,就是国家的德、社会的德"①。因此,社会主义核心价值观的培育和践行与社会主义道德规范的教育和履行是一致的。

若干年来,许多学者在伦理学体系的道德原则和规范的探讨和阐释上提出了自己的观点。就原则来说,有的坚持集体主义的唯一原则,有的则认为,除集体主义以外,还应该有多条道德原则,诸如人道主义、爱国主义、社会公正、互利、同情、诚实信用等都应该是道德原则。就规范来说,有的以"五爱"(爱祖国、爱人民、爱劳动、爱科学、爱社会主义)要求为规范。有的在坚持"五爱"规范基础上,将现时代的"保护生态环境""文明礼貌""爱岗敬业""奉献社会"等理念作为道德规范。有的则将公正、义务、良心、荣誉、幸福、尊严、诚实等道德范畴纳入道德规范的内容。还有的承继中华传统道德文化,将明德、贵生、节制、勇敢、中庸、修身、齐家等也作为道德规范体系中的内容。学者们在提炼和阐释道德规范时,既注意到规范的深刻的理论和实践依据,又注重规范践行的可能性和操作方案。这些观点和做法,对完善伦理道德规范体系乃至伦理学理论体系有着不同视角的参考价值。可以说,社会主义道德规范体系的不断探索、发展和成熟是我国伦理学理论体系成熟的重要标志。②

(二) 伦理学分支学科或研究方向发展迅速

随着我国伦理学理论体系的逐步成熟,特别是从 20 世纪 80 年代以来,伦理学

---

① 《习近平谈治国理政》,北京:外文出版社 2014 年版,第 168 页。
② 参见罗国杰主编《马克思主义伦理学》,北京:人民出版社 1982 年版;周原冰《共产主义道德通论》,上海:上海人民出版社 1986 年版;李奇主编《道德学说》,北京:中国社会科学出版社 1989 年版;甘葆露《伦理学概论》,北京:高等教育出版社 1994 年版;江万秀《伦理学探本》,北京:中国经济出版社 1995 版;郭广银主编《伦理学原理》,南京:南京大学出版社 1995 年版;何怀宏《底线伦理》,辽宁人民出版社 1998 版;魏英敏主编《新伦理学教程》(第二版),北京:北京大学出版社 2003 年版;刘可风主编《伦理学原理》,北京:中国财政经济出版社 2003 年版;高兆明《伦理学理论与方法》,北京:人民出版社 2005 年版;王海明《伦理学原理》,北京大学出版社 2009 年版;韩东屏《人本伦理学》,武汉:华中科技大学出版社 2012 年版;王泽应编著《伦理学》,北京:北京师范大学出版社 2012 年版;龙静云主编《马克思主义伦理学》,北京:中国人民大学出版社 2016 年版;唐凯麟《伦理学》,合肥:时代出版传媒股份有限公司、安徽文艺出版社 2017 年版等。

分支学科或研究方向也从无到有、发展迅速。它们以强有力的发展态势支撑着伦理学学科建设之"大厦"。

1. 马克思主义伦理思想及其发展史研究提升到新的高度。早在 1991 年章海山就撰写出版了系统研究马克思主义伦理思想发展史的我国第一部力作《马克思主义伦理思想发展的历程》①,该书在提出研究马克思主义伦理思想基本方法并深入研读原著的基础上,按照经典作家代表前后不同阶段,对马克思和恩格斯等人的伦理思想、列宁和斯大林等人的伦理思想以及毛泽东和刘少奇等人的伦理思想进行了详尽的叙述,既展示了不同时期伦理思想形成和发展的特点,又揭示了前后不同阶段伦理思想的承继关系及发展规律。

继章海山的《马克思主义伦理思想发展的历程》之后,学界分别研究经典作家和经典著作的相关伦理思想的著作不断涌现②,他们均从一定视域和一定角度对经典作家的伦理思想进行了系统、深入的概括和阐释,逐步夯实和完善了马克思主义伦理思想及其发展史,使得马克思主义伦理思想及其发展史的研究的高度、深度和精度在不断提升。

2. 中外伦理思想发展史形成了中国话语。中外伦理思想发展史的研究也是 20 世纪 80 年代以来才开始并快速发展的,期间形成了鲜明的研究特点。

就中国伦理学发展史的研究来看,近代有日本三浦藤作撰写出版了《中国伦理学史》③,我国蔡元培撰写出版了《中国伦理学史》④,而后至 20 世纪 80 年代以来,

---

① 上海人民出版社 1991 年版。

② 主要著作有,宋慧昌主编:《马克思恩格斯的伦理学》(红旗出版社 1986 年版)、安启念:《马克思恩格斯伦理思想研究》(武汉大学出版社 2010 年版)、宋希仁:《马克思恩格斯道德哲学研究》(中国社会科学出版社 2012 年版)、韦冬、王小锡主编:《马克思主义经典作家论道德》(中国人民大学出版社 2017 年版);王锐生、景天魁:《论马克思关于人的学说》(辽宁人民出版社 1984 年版)、余达淮:《马克思经济伦理思想研究》(江苏人民出版社 2006 年版)、刘琳:《〈资本论〉的经济伦理思想研究》(安徽大学出版社 2008 年版)、徐强:《马克思主义经济伦理思想研究》(人民出版社 2012 年版);夏伟东主编:《中国共产党思想道德建设史略》(山东人民出版社 2006 年版)、王泽应:《20 世纪中国马克思主义伦理思想研究》(人民出版社 2008 年版)、吴潜涛:《中国化马克思主义伦理思想研究》(中国人民大学出版社 2015 年版);刘广东:《毛泽东伦理思想简论》(山东人民出版社 1987 年版)、唐能赋:《毛泽东的伦理思想》(西南师范大学出版社 1993 年版)、魏英明主编:《毛泽东伦理思想新论》(北京大学出版社 1993 年版)、廖小平:《邓小平伦理思想研究》(湖南师范大学出版社 1996 年版)、李时权主编:《邓小平伦理思想研究》(广东人民出版社 1998 年版)、王小锡、郭建新主编:《邓小平经济伦理思想研究》(南京师范大学出版社 2001 年版)、王秀华、程瑞山:《为政治立"法":毛泽东政治伦理思想研究》(人民出版社 2008 年版)等。

③ 山西人民出版社 2015 年翻译出版了三浦藤作的《中国伦理学史》(上、中、下)。

④ 商务印书馆 1910 年第一版,20 世纪 80 年代以来多个出版社再版。

我国学界许多学者专注于中国传统伦理学史的研究，出版了系列代表性著作。[1]
其主要特点，一是注重以伦理学的时代理念考察和"纵""横"归纳中国传统伦理思
想发展史，使关注的人对中国传统伦理思想发展史有一种完整、系统、深刻的感觉。
二是注重研讨各历史时期的伦理思想形成的历史背景，进而揭示道德形成和发展
的依据和特点。三是注重研讨各历史阶段的伦理思想的承继关系，进而自觉把握
中国伦理思想发展的基本规律。四是注重研讨中国传统伦理思想的现代意义，为
滋养当代中国伦理精神提供建设性意见。与此同时，我国学者对传统的经济伦理
思想、政治伦理思想、军事伦理思想、传媒伦理思想、教育伦理思想、法律伦理思想、
科技伦理思想、文学伦理思想、家庭伦理思想等的研究也在不断深入，[2]展示了扎
实的研究基础和可喜的发展前景。

　　就外国伦理学发展史的研究来看，我国学者以学贯中西的姿态，研究撰写了具
中国智慧的外国伦理学史。[3] 其主要特点是，一是以马克思主义为指导，深入阐释

---

[1] 主要著作有，陈瑛等：《中国伦理思想史》（贵州人民出版社 1985 年版）、沈善洪、王凤贤：《中国伦理
学说史》（上、下册，浙江人民出版社 1985、1988 年版）、张岱年：《中国伦理思想研究》（上海人民出
版社 1989 年版）、姜法曾：《中国伦理学史略》（中华书局 1991 年版）、李书有主编：《中国儒家伦理
发展史》（江苏古籍出版社 1992 年版）、樊浩：《中国伦理精神的历史建构》（江苏人民出版社 1992
年版）、张锡勤主编：《中国传统道德举要》（黑龙江教育出版社 1996 年版）、焦国成：《中国伦理学通
论》（山西教育出版社 1997 年版）、唐凯麟、王泽应：《20 世纪中国伦理思潮》（高等教育出版社
2003 年版）、罗国杰主编：《中国伦理思想史》（上、下卷，中国人民大学出版社 2008 年版）、朱贻庭
主编：《中国传统伦理思想史》（第四版，华东师大出版社 2012 年版）、《中国伦理思想史》编写组：
《中国伦理思想史》（"马工程"重点教材，高等教育出版社 2015 年版）、李兰芬：《百年中国马克思主
义伦理思想研究述要》（苏州大学出版社 2015 年版）等。

[2] 主要著作有，赵枫：《中国军事伦理思想史》（军事科学出版社 1996 年版）、顾智明：《中国军事伦理
文化史》（海潮出版社 1997 年版）、王联斌：《中华武德通史》（解放军出版社 1998 年版）、唐凯麟、陈
科华：《中国古代经济伦理思想史》（人民出版社 2004 年版）、汪洁：《中国传统经济伦理研究》（江苏
人民出版社 2005 年版）、乐爱国：《中国道教伦理思想史稿》（齐鲁书社 2010 年版）、徐朝旭、徐梦
秋、席泽宗：《中国古代科技伦理思想》（科技出版社 2010 年版）、曹志平：《中国医学伦理思想史》
（人民卫生出版社 2012 年版）等。

[3] 主要著作有，章海山：《西方伦理思想史》（辽宁人民出版社 1984 年版）、罗国杰、宋希仁主编：《西方
伦理思想史》（上、下卷，中国人民大学出版社 1985、1988 年版）、石毓彬、杨远：《二十世纪西方伦理
学》（湖北人民出版社 1986 年版）、王小锡主编：《当代西方人生哲学》（鹭江出版社 1989 年版）、万
俊人：《现代西方伦理学史》（上、下卷，北京大学出版社 1990、1992 年版）、戴茂堂：《西方伦理学》
（湖北人民出版社 2002 年版）、孙伟平：《伦理学之后：现代西方元伦理学研究》（江西教育出版社
2004 年版）、李培超：《伦理拓展主义的颠覆：西方环境伦理思潮研究》（湖南师范大学出版社 2004
年版）、唐凯麟等：《西方伦理学流派概论》（湖南师范大学出版社 2006 年版）、宋希仁主编：《西方伦
理思想史》（第二版，中国人民大学出版社 2010 年版）、张霄：《20 世纪 70 年代以来英美的马克思
主义伦理学研究》（北京出版社 2014 年版）、江畅：《西方德性思想史》（人民出版社 2016 年 7 月）、
陈真：《当代西方规范伦理学》（南京师范大学出版社 2006 年版）、乔洪：《西方经济伦理思想研究》
（全三卷），商务印书馆 2017 年版等。

外国伦理学的发展进程、主要内容和基本规律,并力图揭示中外伦理学发展史上的异同。二是认真知晓外国伦理思想的历史、社会和文化背景,熟悉和理解外国学者的理论视角,客观分析外国各阶段伦理思想和各种伦理思潮,尤其是认真地辩证地研究和分析了西方马克思主义伦理思想的特点和主要观念,自觉摈弃片面、腐朽落后的伦理观念,把握可以汲取的合理的伦理思想。三是对伦理思想的研究自觉融合中外伦理学理念,为我国伦理学走向世界、影响世界作出了厚实的理论铺垫。

3. 应用伦理学研究与时代同步。我国应用伦理学的研究态势也是发力强劲,"特别是经济伦理、生态(环境)伦理、科技伦理、生命医学伦理等当代世界性热点领域的应用伦理研究得到快速发展,相关成果急剧增加,一些方面的研究已经融入国际学术前沿,产生了显著的国际学术影响"[1]。一些学科或学科方向由于直接注解社会生活实践问题,有效引导和指导人们的社会生活实践目标的实现,因此,应用伦理学成了被社会广泛认同和接受的不可或缺的重要因素,更是成了伦理学学科建设和发展的重要支撑力量。多年来,由于学界同仁的努力,应用伦理学产生了一批有影响的具开创性意义或具创新价值的研究成果。[2] 从这些成果及其所造成的影响来看,有的将直接促进伦理学理论体系的完善,有的将改善甚至改变人们的道德观念和行为方式,有的将指导经济社会生活中的道德建设并产生明显的物质和精神的效益。甚至,有的研究成果将直接嵌入人们的生产和社会生活中,成为人类生存发展不可忽视的重要元素。可以说,没有应用伦理学的研究和发展,没有道德作为工具理性之作用的充分认识和发挥,就会丧失经济社会发展进程中作为软实力核心要素的道德的作用,就将影响伦理学学科应有的地位,甚至会导致伦理学学科的衰落。

---

[1] 万俊人:《百年中国的伦理学研究》,载《高校理论战线》2012 年第 12 期。
[2] 主要著作有,邱仁宗:《生命伦理学》(上海人民出版社 1987 年版)、王联斌主编:《军人伦理学》(上海人民出版社 1987 年版)、王正平:《教育伦理学》(上海人民出版社 1988 年版)、王昕杰、乔法容:《劳动伦理学》(河南大学出版社 1989 年版)、潘靖五、茅鹤清主编:《体育伦理学概论》(北京体育学院出版社 1989 年版)、周纪兰:《应用伦理学》(天津人民出版社 1990 年版)、仓道来:《律师伦理学》(北京大学出版社 1990 年版)、吕大吉:《人道与神道:宗教伦理学导论》(上海人民出版社 1991 年版)、刘湘溶:《走向明天的选择:生态伦理学论纲》(山东教育出版社 1992 年版)、曾耀农:《文艺伦理学》(百花洲文艺出版社 1992 年版)、张怀承:《中国的家庭与伦理》(中国人民大学 1992 年版)、王伟、高玉兰:《性伦理学》(人民出版社 1992 年版)、王小锡:《中国经济伦理学》(中国经济出版社 1994 年版)、罗国杰主编:《道德建设论》(湖南人民出版社 1997 年版)、解坤新:《民族伦理学》(中央民族大学出版社 1997 年版)、周昌忠:《生活圈伦理学》(上海社科出版社 1997 年版)、(转下页)

（接上页）苏勇：《管理伦理学》（东方出版中心1998年版）、曹开宾等：《医学伦理学教程》（上海医科大学出版社1998年版）、严耕、陆骏、孙伟平：《网络伦理》（北京出版社1998年版）、黄建中：《比较伦理学》（山东人民出版社1998年版）、厉以宁：《超越市场与超越政府：论道德力量在经济中的作用》（经济科学出版社1999年版）、余谋昌：《生态伦理学》（首都师范大学出版社1999年版）、高崇明、张爱琴：《生物伦理学》（北京大学出版社1999年版）、陆晓禾：《走出丛林——当代经济伦理学漫话》（湖北教育出版社1999年版）、陈泽环：《功利　奉献　生态　文化——经济伦理学引论》（上海社会科学院出版社1999年版）、李向民：《精神经济》（新华出版社1999年版）、任剑涛：《伦理政治研究》（中山大学出版社1999年版）、万俊人：《道德之维：现代经济伦理导论》（广东人民出版社2000年版）、吴灿新主编：《政治伦理学新论》（中国社会出版社2000年版）、肖巍：《女性主义伦理学》（四川人民出版社2000年版）、欧阳润平：《义利共生论——中国企业伦理研究》（湖南教育出版社2000年版）、李培超：《自然的伦理学尊严》（江西人民出版社2001年版）、戴木才：《管理的伦理法则》（江西人民出版社2001年版）、王伟等：《行政伦理概述》（人民出版社2001年版）、黄瑚：《新闻伦理学》（新华出版社2001年版）、陈汝东：《语言伦理学》（北京大学出版社2001年版）、曹刚：《法律的道德批判》（江西人民出版社2001版）、李建华：《法律伦理学》（中南大学出版社2002年版）、李伦：《鼠标下的德性》（江西人民出版社2002版）、余潇枫：《国际关系伦理学》（长征出版社2002年版）、裴广川：《环境伦理学》（高等教育出版社2002年版）、徐大建：《企业伦理学》（上海人民出版社2002年版）、张康之：《公共管理伦理学》（中国人民大学出版社2003年版）、李桂梅：《乐在天伦——家庭道德新探》（湖南科学技术出版社2003年版）、向玉乔：《生态经济伦理研究》（湖南师范大学出版社2004年版）、罗能生：《产权的伦理维度》（人民出版社2004年版）、乔法容、朱金瑞主编：《经济伦理学》（人民出版社2004年版）、万俊人：《现代公共伦理学导论》（人民出版社2005年版）、靳凤林：《死，而后生——死亡现象学视阈中的生存伦理》（人民出版社2005年版）、王淑芹等：《信用伦理研究》（中央编译出版社2005年版）、孙春晨：《市场经济伦理研究》（江苏人民出版社2005年版）、詹世友：《公义与公器：正义论视域中的公共伦理学》（人民出版社2006年版）、王莹、柴艳萍、蔺丰奇、田克俭：《现代商业之魂》（人民出版社2006年版）、彭定光：《政治伦理的现代建构》（山东人民出版社2007年版）、曾建平：《环境正义——发展中国家环境伦理思想探究》（山东人民出版社2007年版）、杨通进：《环境伦理：全球话语，中国视野》（重庆出版社2007年版）、林春逸：《发展伦理初探》（社会科学文献出版社2007年版）、左高山：《战争的镜像与伦理话语》（湖南大学出版社2008年版）、王露璐：《乡土伦理》（人民出版社2008年版）、吴恒斌：《电力伦理学研究》（水利水电出版社2008年版）、倪愫襄：《制度伦理研究》（人民出版社2008年版）、王珏：《组织伦理——现代性文明的道德哲学悖论及其转向》（中国社会科学出版社2008年版）、孙慕义主编：《医学伦理学》（高等教育出版社2008年版）、郭建新等：《财经信用伦理研究》（人民出版社2009年版）、甘绍平：《人权伦理学》（中国发展出版社2009年版）、肖平：《工程伦理学》（中国铁道出版社2009年版）、俞树彪：《海洋公共伦理研究》（海洋出版社2009年版）、杨明：《宗教与伦理》（译林出版社2010年版）、梅世云：《论金融道德风险》（中国金融出版社2010年版）、陈寿灿等：《社会主义宪政的伦理价值研究》（金城出版社2011年版）、王小琴：《音乐伦理学》（光明日报出版社2011年版）、刘可风主编：《企业伦理学》（武汉理工大学出版社2011年版）、曹孟勤：《人向自然的生成》（上海三联书店2012年版）、周中之：《全球化背景下中国的消费伦理》（人民出版社2012年版）、任丑：《人权应用伦理学》（中国发展出版社2014年版）、涂平荣：《当代中国农村经济伦理问题研究》（中国社会科学出版社2015年版）、周祖城：《企业伦理学》（第三版，清华大学出版社2015年版）、唐凯麟主编：《中华民族道德生活史》（八卷，东方出版中心2016年版）、王小锡：《道德资本论》（译林出版社2016年版）、赵建昌：《旅游伦理与旅游业可持续发展》（中国社会科学出版社2016年版）、毛郁欣、赵亮：《大数据时代电商伦理前沿问题研究》（东北大学出版社2016年版）、曾钊新、李建华：《道德心理学》（商务印书馆2017年版）、韩作珍：《饮食伦理——在中国文化的视野下》（人民出版社2017年版）、贾磊磊、袁智忠：《中国电影伦理学·2017》（西南师范大学出版社2017年版）、王明旭、赵明杰：《医学伦理学》（第5版，人民卫生出版社2018年版）、肖群忠等：《日常生活伦理学》（中国人民大学出版社2018年版）等。

(三) 伦理学特色范畴(专题)研究展示学科魅力

在伦理学学科的发展进程中,一些开创性和拓展性重要理论,增强了伦理学学科的活力和发展潜力。

1. 关于人类命运共同体。人类命运共同体是党的十八大报告中提出的新思想,它是新时代中国的世界关系观、国际社会观的集中概括。习近平主席在联合国成立 70 周年系列峰会上阐述了人类命运共同体的"五位一体"的内涵,即"建立平等相待、互商互谅的伙伴关系,营造公道正义、共建共享的安全格局,谋求开发创新、包容互惠的发展前景,促进和而不同、兼收并蓄的文明交流,构筑尊崇自然、绿色发展的生态体系"。这里有理性处理国际关系、"打造公正合理的治理模式"并进而促进世界共同繁荣发展的经济的、政治的、文化的、社会的、生态的等理念要素,同时内含深刻的国际关系伦理精神和伦理目标。人类命运共同体思想既是建设人类命运共同体的重要指导思想和实践指南,也是构建国际关系伦理学的重要理论依据和思想源泉。就命运共同体思想来说,它是我们马克思主义伦理学需要确立的新境界,是新时代社会主义道德建设的宏伟目标。①

2. 关于道德本质。对伦理学原理的重要理论方面的道德本质的系统而深刻的研究和概括要数夏伟东的专著《道德本质论》。书中指出,"马克思主义伦理学在审视道德的本质时,应该从更广阔的视角和更宏大的背景上,超越以往一切伦理学流派,并科学地解释道德的外在根据和内在根据",因此,只有坚持以历史唯物主义为指导,弄清楚道德与利益、个人利益与集体利益关系之有机相连的理论,"才能确立马克思主义伦理学所理解的道德本质观,又能在道德本质观的各个方面,表现出马克思主义伦理学同以往伦理学的根本分野,表现出马克思主义伦理学在对道德本质问题的阐释方面,所作的科学的变革"。在此基础上,书中认为,马克思主义伦理学对道德本质的理解在三个方面,即道德的本质在于它的社会历史性、在于它的特殊的规范性、在于它的特殊的主体性。这一观点,一直在影响、指导着学界对道德本质的理解。该书最后十分明确地指出,"对道德本质的全部探讨,归根到底,无非是要确证道德的性质,确认从古到今一切道德形态在人类文明进程中所担当的角色的性质,一句话,是要确证道德是什么,确证道德有什么用"。"我们的全部证明,仅仅是得出这样的结论:所谓道德,就是人类社会中这么一种特殊的社会现象,

---

① 参见王帆、凌胜利主编《人类命运共同体》,长沙:湖南人民出版社 2017 年版。

它通过善恶规范、准则、义务、良心等形式,来反映和概括人类共同生活、共同发展、共同完善所谓客观的秩序需要,并用人类自我觉醒、自我约束的实践精神方式,来表现人类对现有或实有世界的价值评估,表现人类对未来或应有世界的价值追求,从而以人类自我需要的内驱力的方式,激励和推动人类上升到更高的文明世界"。① 这样的道德本质观,将有利于对伦理学理论体系的认识、把握和发展,有利于对社会主义道德建设的认识和推动。

3. 关于道德资本。道德资本理念是经济伦理学或伦理经济学的原创学术观点。其主要观点是,道德是提高资本增值能力的重要条件,在资本科学运动的过程中,道德能够通过激活人力资本和有形资本促使价值增值;是生产力中人的精神要素之核心,它直接影响生产力水平的提高及经济发展速度和效益;是人性化产品设计和制造的灵魂,它对产品设计和产品质量起着决定性作用;是缩短单位产品劳动时间并进而降低产品成本、增强企业产品的市场竞争力的重要依据;是企业市场信誉之源,用户信任度的提高和信任感的持续取决于产品的道德含量和产品售后服务承诺的兑现程度;是互联网经济的生存和发展前提,诸如信誉、公正、平等、理性等道德要求将成为互联网和物联网时代的利益和利润多寡的重要影响因素;是凝聚企业力量之关键,企业员工的认同度、忠诚度、劳动积极性和企业凝聚力,取决于企业对员工的思想、情感、生活、交往等的关注度和关怀度,即决定于体现为人文关怀的企业道德管理水平。综上所述,道德能够帮助企业获得更多的利润,也足以说明道德也可以是资本。当然,道德资本或作为资本的道德具有自身的逻辑边界,提出和认同道德资本概念,并不是要从道德上来粉饰资本、美化资本,甚或使道德沦为资本增值的伪善工具,而是强调道德可以而且应该为获得更多效益和利润发挥其独特的作用。而且,事实上,道德一方面充当资本的盈利手段,另一方面却是对资本作"内在评判",以避免"资本逻辑"的无度扩张或资本本性的非理性膨胀。同时,道德资本概念中的"资本"并非马克思使用和论述的经典资本概念,而是"资本一般"视阈下的生产要素的资本范畴,即社会道德能够以其特有的引导、规范、制约和协调功能作用于生产过程,促进经济价值增值。而在马克思的政治经济学看来,在资本主义私有制条件下,资本不是物,资本是带来剩余价值的价值;资本是经济范畴,更是经济关系范畴,它体现了资产阶级与工人阶级之间的压迫与被压迫、剥削与被剥削的雇佣劳动的关系。因此,"资本一般"的道德资本与被马克思批判的作

---

① 参见夏伟东《道德本质论》,北京:中国人民大学出版社1991年版。

为"资本特殊"的资本概念并不是一回事。① 道德资本理论,不仅从理论和实践上说明道德可以帮助企业赚钱,而且说明了经济建设离不开道德,更是从根本上说明道德的社会作用和存在理由。

4. 关于道德生产力。道德乃经济发展的特殊力量。经济发展速度取决于生产力的发展水平,大凡先进的生产力一定有快速发展的经济。然而,生产力的发展水平又取决于劳动工具的不断改进与发展,换句话说,劳动工具是生产力发展水平的重要标志,更是提供生产力发展水平的重要推动力量。不过,历史唯物主义认为,"生产力当然始终是有用的具体的劳动的生产力"②,而有用的具体的劳动的生产力,是由"物质生产力和精神生产力"构成,而且物质的生产力依靠精神的生产力才得以成立或形成。没有人及其观念导向,即没有精神生产力或"主观生产力",生产力将是"死的生产力",不能成为社会生产力。马克思说过,机器是死的生产力,只有通过作为主观生产力的人去激活作为死的生产力的机器,社会生产力才得以形成。而道德是精神生产力或主观生产力的基础和核心内容。这是因为,生产力的核心要素是劳动者,而劳动者的道德觉悟直接影响他们的劳动价值观和劳动态度,最终直接决定劳动成果和生产力水平。至于生产力中的劳动工具要素和劳动对象要素,在其体现生产力水平过程中同样离不开道德。劳动工具的认识、改造、利用和发展,离不开人的对事物发展规律的认识和适时的对劳动工具的改造和更新,抱残守缺、不愿创新的境界是无法主动更新劳动工具并不断提升劳动工具水平的。同样,就劳动对象来说,并不是体现为劳动对象的资源越丰富就意味着生产力水平就越高,其实不然,是否在创新发展、协调发展、绿色发展、开放发展、共享发展的理念下对劳动对象作生态性开发和利用,即是否在作用劳动对象时既考虑到当代人的利益又考虑到后代人的利益,不仅直接影响当下的生产力水平,而且影响生产力水平的未来持续提高问题。一味地考虑当前或当代人利益,忽视甚至破坏了后代人的利益,这在一定意义上是在破坏生产力水平、影响生产力的发展。这就说明,生产力水平的评价应该从动态和静态两方面考评,而人们的道德觉悟会直接影响考评对象的内涵和状态。所以说,道德也是生产力。道德生产力的提出,有利于完善对生产力内涵的理解,也有利于影响和促进生产力的发展。③

5. 关于伦理生态。伦理是人及其关系的"应该"状态,意味着人类社会的理性

---

① 参见王小锡《道德资本论》,南京:译林出版社 2016 年版。
② 《马克思恩格斯全集》第 23 卷,北京:人民出版社 1972 年版,第 59 页。
③ 参见王小锡《道德资本与经济伦理》(自选集),北京:人民出版社 2009 年版,第 114—138 页。

和谐样态。而生态作为一种哲学——伦理学意义上的概念,亦可用以重新审视和研究人与人之间、人与社会之间、人类与自然之间的关系这样一个系统性的问题。由此可见,伦理与生态有着某种内在的契合性、通约性与一致性,这是构建伦理生态概念之学理依据所在。要言之,所谓伦理生态,就是指人自身、人与人、人与社会以及人与自然的关系达到一种理性和谐状态,也就是一种合理性的人的理性生存样态,是人类生存与发展的"应该"状态。这样的理性和谐状态,将会将不必要的摩擦消耗降到最低,而将互利共赢提升到最高水平,实现人类命运共同体的构建。总体上,伦理生态关涉物质和精神两大领域,它既和一个民族的传统文化相关,更与当下的经济、政治和文化环境关联。作为一个创新性的概念范式,伦理生态的提出,为重新框定伦理学研究的理论旨归与方向,实现伦理学研究范式转换与革新以及构建整体性的伦理学学科视域提供了某种可能性。①

6. 关于道德悖论。道德悖论的提出,源于对我国改革开放进程中出现的"道德困惑"的理论思考。作为道德现象世界中一种特殊的矛盾,道德悖论是社会和人在道德价值选择和实现的过程中显现和形成的特殊矛盾,它既是道德生活实践中发生的善恶同在的"自相矛盾"的价值冲突事实,也是评论价值冲突的"见仁见智"的意见分歧事实,是由"价值冲突事实"与"评价分歧事实"二元融合的矛盾统一体。在其本质上,是由于给予型和评价型这两种不同道德生活实践之间不能契合而造成的实践逻辑悖论。道德悖论现象研究有助于人们科学地认识道德发展进步的客观规律,有助于特定时代的人们客观地认识自己所处的社会道德环境,在道德评价和道德建设上坚持实事求是、一切从实际出发的历史唯物主义的思想路线和作风,对道德哲学研究具有一定的理论意义;同时还有助于提升人们的道德能力、培育人们的道德智慧、化解道德实践悖境,对我国的现实道德建设具有鲜明的实践价值。②

7. 关于道德风险。伦理学意义上的道德风险有其自身特定的内涵,它是指在人们的生产和生活行为中潜藏着的并可能出现的与道德有关的危险境况。道德风险类型大致有以下几种:第一,负道德下的道德风险。负道德即负能量道德③,也

① 参见晏辉《伦理生态论》,载《道德与文明》1999 年第 4 期;张志丹《论伦理生态——关于伦理生态的概念、思想渊源、内容及其价值研究》,载《伦理学研究》2010 年第 2 期。
② 参见钱广荣《道德悖论现象研究》,芜湖:安徽师范大学出版社 2013 年版。
③ 负道德即负能量道德指的是与正道德相对的一面。严格意义上来说,道德是中性词,道德有讲道德与不道德之分、新道德与旧道德之分,这样一来,负道德即负能量道德是存在的。不过,我们的语言习惯中,一般指的道德就是正道德即正能量道德,也就是讲道德。

就是不讲道德,而不讲道德当然有风险。故负道德即不讲道德与风险同在。第二,正道德下的道德风险。正道德即正能量道德,也就是讲道德。就正常实践规律和基本学理来说,讲道德是不可能有风险的,但是,在经济社会运行制度和机制尚不完善的社会状况中,讲道德吃亏、不讲道义的往往大占便宜也可能是常有的事。第三,亚道德下的道德风险。亚道德即为社会道德状况不理想但也不是恶德流行,换句话说,崇尚道德没有蔚然成风,但不道德现象也没有形成气候,善恶态度不明是人们的基本道德生活态。在这种社会道德状况下,道德风险来自人们的"道德麻木"或"道德冷漠"症。第四,零道德理念下的道德风险。零道德理念即是指不认为社会生产生活中存在道德问题,认为在社会生产或生活的某个领域或某个时段不存在道德问题。零道德理念让人们不关注道德,甚至主张社会不要讲道德,而不讲道德的社会一定是恶者乘机更恶的社会。第五,无道德下的道德风险。"无道德的道德"是后现代主义道德,是"一种鼓励异调与杂音、追求相对与变幻、强调当下体验与情绪解放的游戏化和审美化的道德",它信奉主观随意性,主张身体的快乐的道德,没有既定的价值信念和理想。① 这"无道德的道德"实际是一种相对主义的道德,其理念和行为的发展甚或泛滥,社会将失去基本道德准则,人们将承受经常不断的"道德灾难"。在伦理学意义上对道德风险概念的探讨和阐释,将为扩展道德理论视域并避免道德风险提供了新的理论维度。②

8. 关于底线伦理。底线伦理是指在现代多元的社会中,人们可以追求各式各样的生活和生产目标,可以表现多种多样的生活和生产方式,这其中,人们需要确立与之相适应的价值取向和道德目标,需要遵守与之相符合的行为准则。然而,不同的人、群体,不同的生活环境,不同的生存条件等,决定了人们的价值取向、道德目标和行为准则有着境界的不一致和行为方式的差异。但是,有一些最基本的行为原则和规范是所有人都应该遵守的,这就是所谓的道德底线。强调遵守道德底线,并不是降低道德要求,更不是意味着道德有高或低、好或差的区别,而是要求人们坚守大家在生活和生产中形成共识的基本道德原则和规范。因为,突破道德底线,是不道德行为的起始,那就意味着有可能滑向道德堕落的深渊。道德底线的提出,可以启迪伦理学原理的完善,也可以促进人们的道德底线思维的发展,以确保全社会崇尚道德精神、形成良好社会道德风貌。③

纵观改革开放以来伦理学的学术发展,凸显了中国话语和中国风格,一是在理

---

① 参见万俊人《现代性的伦理话语》,哈尔滨:黑龙江人民出版社 2002 年版,第 34—35 页。
② 参见王小锡《道德风险及其规避》,载《中国社会科学报》2013 年 11 月 25 日。
③ 参见何怀宏《底线伦理》,沈阳:辽宁人民出版社 1998 年版。

论上做到了兼容并蓄,即在马克思主义理论指导下,我国的伦理学理论体系承继了中国优良传统伦理道德文化,吸收了国外合理的伦理道德理念,形成了符合现时代正确历史发展方向的伦理思想体系。二是伦理学的一些基本理念契合中国现实社会生活,尤其是关于人及其关系的存在和完善、关于伦理道德的存在理由和作用、关于优良传统伦理道德文化和现实生活、关于美好生活的道德维度以及以人民为中心等与社会生活息息相关的创新理论阐述,成为了人们追求幸福生活的不可忽视的精神境界和指导思想。三是伦理学理论体系独有的广度、深度、厚度,展示了我国的大伦理学格局,并形成了现时最新、最高、最系统的伦理学理论体系。四是伦理学理论和实践的研究,坚持了"顶天立地"的原则,即在有志于高、精、尖的学术探讨的同时,立足解释和解决实际问题,形成接地气的哲学学科。五是立足现实,着眼未来,使得我国的伦理学学科不仅与时代发展合拍,而且,一些创新理念为未来学科发展开拓了广阔的理论和实践空间。

三、当前我国伦理学发展存在问题、对策及其未来展望

如前面所说,我国伦理学的 70 年发展历史,虽然进程艰难,但毕竟哲学社会科学之林有伦理学的一席,尤其是改革开放以来,伦理学的显学地位凸显。不过,问题尚存,需要我们正视,并努力克服之。

(一) 尚需正视和改进的相关问题

我国伦理学学科发展进程中,在一定角度和一定程度上存在以下不可忽视的需要进一步改进的问题。

1. 学术尚需进一步抓好"顶天"和"立地"之两头,衔接好"顶天"和"立地"之逻辑关系,以免造成理论没有根据、现实没能升华的局面。就目前情况来看,"一些基本的学理问题还缺乏深入的研究,更缺乏较高的学术共识和理论支持"[①];一些玄乎、晦涩得让人读不通的语言、看不懂的内容,似乎高高在上,其实缺少实质性内容;一些现实社会生活中的道德问题,解不开,理不清,是也非也,善也恶也,众说纷纭,莫衷一是,这时的理论也似乎成了"水中月""镜中花"。正由于此,往往在社会发展进程的关键时刻,伦理学发声微弱,作为也甚微。

2. 学科理论建设尚需进一步走进马克思主义的经典原著,并全面、系统、正确

---

① 万俊人:《百年中国的伦理学研究》,载《高校理论战线》2012 年第 12 期。

地理解经典作家及其思想,以避免对经典作家思想作形而上学的理解,甚至仅仅是为了贴标签。同时,尚需进一步在马克思主义辩证法思想的指导下,客观科学地把握西方学者的思想内容及其特点,以免要么囫囵吞枣、要么断章取义、要么随心所欲地选用他们的一些观点;尚需进一步正确对待我们中华民族传统文化中的伦理思想的精华,以免一知半解、似懂非懂,甚至妄自菲薄、不屑一顾。事实上,只有走进原著,弄懂马克思主义,才能科学地汲取中华传统伦理思想之精华、正确吸收西方伦理思想的合理成分,这也才有可能在伦理学理论建设和学科发展进程中充分展示中国精神、中国风格和中国气派。

3. 学风尚需进一步纯正。学界应该避免"学术自恋",即没有学术比较的自信,缺乏学术创新的自信,脱离实际的自信,自说自话的自信。这其实是不自信的自信,最终必定是"竹篮打水一场空"的自信;应该避免"翻烧饼"式的所谓学术研究,即资料搬弄,翻来翻去,文字游戏,没有创新,而且,有时反而翻乱了理念,翻乱了精神,翻成了"焦烧饼";应该避免一味地学术单干,不善于合作交流,导致相互学习、支撑不够,导致集体攻关课题甚少,导致协同解决现实理论和实践问题的力度不够,不仅如此,学术包容性、理智的批评性欠缺,甚至不读不研,妄断是否,相互间的学术支持和鼓励成了稀缺资源;应该避免为学术而学术,以免造成学术与应用、学术与实践相脱离,进而出现把简单问题复杂化、应用问题研究边缘化的现象。诸如此类学风客观上将影响我国伦理学的正常发展。

(二) 伦理学发展的对策与展望

应对新时代我国伦理学的现实发展态势,需要确立以下主要理念。

1. 坚持以马克思主义为指导,结合我国新时代的实际情况,兼容并蓄地承继中华优秀传统伦理精华、吸收国外合理的伦理观念。在当前,尤其需要认真地、系统地读懂弄通马克思主义经典著作和习近平新时代中国特色社会主义思想,并紧密结合我国经济社会发展的现实,理论联系实际地展开学术研究和理论阐释,以学术创新的姿态推动伦理学学科的快速发展。事实上,唯此才能真正创建中国特色社会主义伦理学。

2. 面向社会,走进社会,广泛开展社会调查研究工作,切实了解和认识现实社会问题,用伦理学学科视角及其理论分析方法真正解释和解决现实社会问题,并及时地、科学地发声,以独特的学科力量,为社会的和谐发展、高质量发展作出应有的贡献。同时,应该树立学术为人民的理念,用学术研究的理论成果解析和说明人民群众关心的问题,并影响、引导人们的思想和行动。唯此才能推动学术发展与人的全面发展、经济社会的发展实现真正的统一。

3. 净化学术风气,让学术回归学术。要避免仅在书斋里的闭门造车式地做学术、形而上学地做学术、简单问题复杂化地做学术,避免没有交流与合作的所谓学术、"自恋式"的所谓学术、"拾人牙慧式"的所谓学术、"炒冷饭式"的所谓学术,更要避免东拉西扯、生搬硬套、移花接木式的"幼稚学术"等。唯有让学术回归学术,伦理学才可以不断彰显实力并雄踞哲学学科乃至社会科学之林。

4. 要进一步加强道路自信、理论自信、制度自信、文化自信,有底气地打造具中国精神、中国风格和中国气派的伦理学。可以说,没有这"四个自信",就很难树立我们的道德自信乃至伦理学学科自信,而没有道德自信乃至伦理学学科自信,也就无法打造和展示伦理学的中国精神、中国风格和中国气派。所以,唯有坚持"四个自信"才有学术动力,才能实现我们的学科建设预期目标。

我国的伦理学学科建设将与新时代发展同步,未来的伦理学将在承继 70 年可喜发展成就的基础上,凸显于哲学社会科学殿堂,成为经济社会发展的不可或缺的重要"杠杆"和人们社会生活中不可多得的"宠儿"。愿中国伦理学以其独特的功能和作用,服务于精神文明建设,服务于经济社会的发展,服务于人民生活质量的提升。

第一章　伦理学学科体系

新中国伦理学 70 年的发展历程就是新中国 70 年历史的一部缩影。中国社会飞速发展,无论是社会经济政治状况还是个人精神面貌都发生了巨大的变化;随着生产力和生产关系的变化,精神文化也呈现出不同的发展面貌。回溯过去 70 年伦理学的发展历程,马克思主义伦理学、元伦理学、规范伦理学等各种伦理学理论体系的研究广泛开展,应用伦理学在 20 世纪下半叶和 21 世纪发展迅速。70 年来伦理学学科体系建设取得了极大成就,形成了一系列颇具代表性的观点和论著,但伦理学学科发展仍然存在着一些问题。因此,梳理总结过去 70 年学科体系建设的经验以正视当下存在的问题,不仅必要,而且可能。

一、研究的基本历程和概况

中国拥有历史悠久的伦理学文化传统,古代传统社会中虽然并没有"伦理学"一词,而是 19 世纪从日本传入该词,但是"伦""理"却有辈分和秩序的含义,却早已有之,作为伦常关系的道德规范在中国社会扮演着重要角色,起着调节人们道德生活、规范人们道德行为的作用。不仅如此,传统社会的伦常关系还有其深刻的理论基础,形成了以儒家学派、道家学派、墨家学派等为核心的一系列理论体系。总的看来,在中国作为一门正式学科体系的伦理学只是在 20 世纪才开始出现,到 20 世纪下半叶才真正开始了伦理学的学科体系建设。1906 年,刘师培出版的《伦理教科书》从"伦理"释义、伦理起源等伦理学的基本问题入手,着意从学理上对伦理道德问题进行探讨,该书标志着独立而系统的伦理学学科在中国的形成。1932 年,周辅成在中华书局主办的《新中华》杂志上发表了关于伦理学研究的论文《伦理学上的自然主义与理想主义》,这是我国学者较早地独立进行伦理学探索的开端。1933 年,著名教育家蔡元培出版了《中国伦理学史》,这是一本系统整理和研究中国古代伦理学发生、发展及历史变迁的学术著作,对中国学术界产生了重大影响。新中国成立后,马克思主义伦理学获得了极大的发展机遇,自此在中国伦理学学科体系中占据着主导和支配地位,随着社会的发展和时代的变迁,伦理学学科体系也日益呈现出多样化的特点。

70年间,中国伦理学理论体系研究广泛开展,在马克思主义伦理学的主导之下,对德性伦理学、元伦理学、规范伦理学等伦理学基本原理问题展开了充分探索,并从伦理学史的角度对中国伦理学史、西方伦理学史及马克思恩格斯伦理思想作了探讨,伦理学与其他学科的交叉融合研究也促成了应用伦理学的兴盛。回顾70年来的发展历史,中国伦理学大致经历了开创和奠基时期、严重挫折时期、重建与勃兴时期、多样化繁荣的新时期。

(一)中国伦理学学科体系的开创和奠基时期

70年来伦理学学科理论体系的研究,首先表现为马克思主义伦理学理论体系的创立和发展。中国伦理学的学科发展,实际上也表现为马克思主义指导的伦理学基础、马克思主义伦理学、中国伦理思想史、西方伦理思想史和应用伦理学的理论发展。新中国成立后,马克思主义伦理学获得了良好的发展契机,以共产主义道德为核心的马克思主义伦理学开始创立,与此同时,对伦理学相关问题也作了研究探讨。伦理学界70年来对马克思主义伦理学的研究逐步深入,形成了一系列有影响力的成果。这一时期,许多学者围绕马克思主义伦理学、共产主义道德等基本问题作了早期研究和探索,如沈宗灵在《我国过渡时期社会的法与道德的关系》中认为,阐明过渡时期道德与法的关系有助于论证人民民主法制的优越性;周原冰在《试论共产主义道德的基础》中认为共产主义道德的基础是共产主义的基础理论之一,必须阐明以澄清思想;李凡夫在《论共产主义道德》中,则主张在新中国成立初期应当反对剥削阶级的旧道德、提倡社会主义新道德;许启贤在《马克思主义伦理学的对象、任务和方法》中认为,伦理学的对象就是道德现象的客观规律;等等。这些都是早期伦理学人对马克思主义伦理学学科体系建构所作的宝贵理论探索。

然而在50年代前后,由于当时受到苏联理论界极"左"思潮影响,伦理学学科遭遇了它的第一次低谷。在当时,伦理学一度被视为资产阶级伪科学而遭到取消,各高等院校不再开设伦理学课程,各社会科学研究机构也取消了伦理学教研室,整个伦理学研究处于停滞状态。直到1960年,中国人民大学才在罗国杰的带领下组建了第一个伦理学教研室,并编写了《马克思主义伦理学教学大纲》,中国社会科学院、北京大学等也相继建立起伦理学研究机构,开展了教学和科研工作,伦理学学科体系建设一度取得良好进展。除此之外,随着对封建主义等旧道德的批判和对共产主义道德探索研究的深入,马克思主义伦理学相应地受到一定程度的重视。这一时期伦理学界对道德遗产的扬弃问题,对马克思主义伦理学的理论基础、对象和方法等问题,对人道主义问题等的一系列探讨催生了学术论争,伦理学学科体系研究取得初步成果。相对应的伦理学代表作主要有:周原冰的《道德问题论集》,李奇的《道德科学初学集》,张岱年的《中国伦理思想发展规律的初步研究》,冯定的《共产主义人生观》和《人生漫谈》等。然而,囿于国内始终存在的阶级斗争和无产阶级革命情绪,伦理学的发展仍然存在诸多禁区,学术问题政治化现象十分突出,伦理学学科体系的发展始终非常有限。

(二) 伦理学学科理论体系的严重挫折时期

1966—1976 年的“文化大革命”期间,由于受到政治运动的影响,伦理学学科理论体系的发展再次遭受重创,遭遇其第二次低谷,伦理学研究陷入了停滞状态。这一时期,由于政治的波及使得在 50 年代末 60 年代初刚刚起步的伦理学学科体系研究再度被废弃,无论是伦理学的教学工作还是伦理学的科学研究都被中断。因此,伦理学学科体系建设实际上处于停滞状态,遭受到极大挫折。

(三) 改革开放以来马克思主义伦理学学科体系的重建与勃兴时期

改革开放之后,伦理学学科体系建设得到了恢复,中国伦理学的发展重新焕发了生机。1982 年,罗国杰主编了新中国第一本系统的马克思主义伦理学教材《马克思主义伦理学》,他认为马克思主义伦理学是一门科学,是马克思主义整个科学体系的一个重要组成部分,并且对马克思主义伦理学的对象、任务和方法首次作了规定,此后罗国杰又编著了《伦理学教程》《伦理学》,建立了一个系统的以历史唯物主义为指导、以道德为基本研究对象、以集体主义为核心的伦理学体系,这一伦理学理论体系是中国学者对马克思主义伦理学所作的首次系统而完整的探索,在中国伦理学学科体系建设中影响深远。唐凯麟在主编的《简明马克思主义伦理学》(1983)中,完善了已有的马克思主义伦理学基本理论,将道德教育放入马克思主义伦理学中,并指出马克思主义伦理学是理论伦理学、规范伦理学和实践伦理学的统一。1984 年,魏英敏、金可溪出版《伦理学简明教程》,用历史唯物主义阐述道德的本质、特征和作用,道德的起源和道德发展的规律,阐述共产主义道德原则。万俊人对共产主义道德原则作了论证和分析,他在《论共产主义道德原则的确证》(1985)一文中指出,共产主义道德基本原则应该有三条,即“忠于共产主义、社会主义的集体主义、社会主义的人道主义”[1],提出了一些颇为独到的学术见解。王小锡在《伦理学通论》(1990)中认为马克思主义伦理学全面体现了现代意义上的完整的伦理学特质,因为“马克思主义伦理学区别于其他旧伦理学的根本之点在于自觉运用

---

[1] 万俊人:《论共产主义道德原则的确证》,载《学术论坛》1985 年第 12 期。

唯物辩证法,从总体上和联系上考察社会道德现象,系统揭示道德的基本内容和基本规律。它是一个有机的、完整的、各种特质符合逻辑地联系在一起的科学理论体系"①。魏英敏主编的《新伦理学教程》遵循唯物史观的基本方法论原则,以构建新的规范伦理学理论体系为目标,充分运用法学、心理学、社会心理学、人类学、经济学等相关学科知识探讨了伦理与道德问题。夏伟东出版的《道德本质论》(1991),用马克思主义的观点解释了道德的社会历史本质、道德的规范本质、道德的主体本质,系统地、深入地探究了道德的本质这一伦理学领域中的重大课题。朱贻庭的《当代中国道德价值导向》(1994)首次将"道德价值导向"作为伦理学自觉研究的重要问题,该书阐明了道德价值导向的实质、功能,道德价值导向与道德价值取向及道德规范间的关系,开拓了伦理学研究的新领域。章海山、张建如主编的《伦理学引论》(1999)介绍了伦理学的基本原理及当前道德建设中存在的主要问题,并且介绍了国内外应用伦理学的几个主要分支。

除了马克思主义伦理学取得了显著成就,伦理学学科的其他理论体系研究例如德性伦理学体系研究和规范伦理学体系研究也广泛开展,出版了一系列论文和专著,推动了中国伦理学事业的繁荣发展。龚群在其著作《人生论》(1991)中,他以人生的意义和价值为主导,阐述了一种德性主义的幸福观,对生命本身和人的生活状态作了追问。他认为,"我国多年来对规范伦理学的研究,则主要侧重于对这些道德概念进行一种规范层面的理解,而没有意识到它们所具有的德性概念的意义,从而忽视了它们在主体意义上的存在价值。德性概念体现的是道德主体的主观与客观的统一,自主性、自律性与他律性的统一。"②此外,赵汀阳在其著作《论可能生活》(1994)中,批判了以社会规范为代表的规范伦理学,运用逻辑分析的方法提出了"可能生活"的全新定义和设想,以无立场方法论重新分析了幸福与公正问题,试图重建一种综合中西方理论优势的当代美德伦理学;其中关于幸福的两条原则即创造感和给与性,自成目的性等论述,显示了他在推进当代美德伦理学方面所作出的卓越贡献。自近代以来,古典德性主义开始衰落,以功利主义和义务论为代表的近代规范伦理学开始兴起,直到20世纪初被元伦理学所质疑和取代,20世纪70年代,以罗尔斯和诺齐克为代表的现代伦理学家就权利取向的自由主义与尊重少数的平等主义展开讨论,使得规范伦理学重新焕发了生机。中国的规范伦理学理论体系研究基本秉承了西方伦理学的研究范式,着重对良好道德规范的制定进行研究。罗国杰的《中国传统道德:规范卷》(1995)论述了公忠、正义、仁爱、中和、孝慈、诚信、宽恕、谦敬、礼让等多方面的传统道德规范,对于当代道德建设具备重要的启

① 王小锡、郭广银:《伦理学通论》,北京:中国广播电视出版社1990年版,第10页。
② 龚群:《德性伦理学的特征与维度》,载《道德与文明》2009年第3期。

示和借鉴意义。焦国成的《中国伦理学通论》(1997)从天人论、人性论、义利论、人伦论等十个方面探讨了中国社会传统的伦理规范。

不仅如此,伴随着改革开放的不断深入,传统集体主义道德影响下降,个人主义道德和主体意识开始觉醒,中国伦理学人根据现实生活的变化,立足于人的现实利益和价值诉求,尝试构建了许多符合中国经济发展变化的新的体系伦理学。宋希仁《不朽的寿律——人生的真善美》(1989)从人生的三大问题即人生是什么、人生应当是什么、人生能够成为什么出发,阐明了人生的价值和意义问题。何怀宏的《良心论》(1994)将伦理学的关注重心从"高线伦理"转向"底线伦理",通过一种富有创意的思想转化,尝试构建出一种适应于现代社会的个人伦理学体系。万俊人在《伦理学新论》(1994)和《寻求普世伦理》(2001)中构建了一种人学价值理论的伦理学体系。

社会主义市场经济体制的确立带来了社会的飞速发展,伦理学也获得了宝贵的发展契机,各种形式的伦理学理论体系研究如雨后春笋般充分展开,伦理学学科体系得到极大的认知、反思与发展。这一时期,伦理学学科理论体系研究开始以马克思主义视野关注伦理学史,既注重对中国传统伦理和道德思想史的梳理,也注重对外国伦理思想史的译介。

在中国伦理思想史方面,陈瑛的《中国伦理思想史》(1985)是新中国第一本全面而系统的中国伦理思想史学术著作,此书也开启了中国伦理学史研究的先河。沈善洪、王凤贤二人合著的两卷本《中国伦理学说史》(1985)亦是一部研究范围广泛、具备学术影响力的中国伦理学史研究著作。朱贻庭于 1989 年主编出版的《中国传统伦理思想史》按照时间顺序,以七章分别论述了中国古代伦理思想的诞生、春秋战国时期的伦理思想、两汉时期的伦理思想、魏晋时期的伦理思想、南北朝隋唐时期的伦理思想、宋至明中叶时期的伦理思想、明末清初的伦理思想,为我们展现了中国传统伦理思想史的一幅完整画卷。罗国杰主编的六卷本《中国传统道德》(1995),是中国伦理学史研究的一项重要学术成果,该书以马克思主义为指导,构建了中国伦理学史研究的宏大体系,体现了作者对中国伦理学史的独特思考。张锡勤的《中国近现代伦理思想史》(1984)则是较早研究中国近现代伦理思想发展与演变的伦理学专著。此外,陈谷嘉的《儒家伦理哲学》(1996)、唐凯麟的《成人与成圣》(1999)、葛晨虹的《德化的视野:儒家德性思想研究》(1998)、郭齐勇的《儒家伦理争鸣集》(2004)、探讨了中国伦理学中的儒家伦理思想。

在西方伦理思想史方面,章海山的《西方伦理思想史》(1984)是新中国成立以来我国第一部系统研究西方伦理思想史的专著,该书坚持了马克思主义的唯物史观,力图用统一的思想线索贯穿伦理思想内容,注意从纵横两个方面增强思想史的组织性,将零散的史料结合成为有机的整体。1985 年,罗国杰、宋希仁发表《西方伦理思想史》(上卷),

时隔三年,又于 1988 年发表了《西方伦理思想史》(下卷),这是关于西方伦理和西方伦理学家的上乘之作。周辅成先生编著的《西方伦理学名著选辑》(1987)是我国系统研究西方伦理思想所作的开创性著作,该书较早地汇集了西方伦理学研究的文献资料,具有极高的学术价值和指导意义。宋希仁的《西方伦理思想史》(1988)从思想层面上阐述西方伦理学的基本概念、基本范畴、基本原理及基本方法,在深入研究伦理思想代表人物、流派和著作的基础上,梳理出西方伦理思想发生发展的基本历程,阐明西方伦理学理论体系的特点。王小锡的《当代西方人生哲学》(1989)以当代西方哲学流派为线索,全面扼要地评述了当代西方意志主义、生命哲学等人生哲学思想,具有较高的学术价值。宋希仁的《当代外国伦理思想》(2000)对不同国家和地区的当代伦理思想分别作了比较系统的研究和阐述,使读者集中、完整地了解和认识有关国家和地区的当代伦理思想,为伦理学研究者进行东西方伦理思想的比较研究,提供难得的现成资料和研究成果。

在马克思主义伦理思想史方面,宋惠昌的《马克思恩格斯的伦理学》(1986)则是较早对马克思恩格斯伦理思想进行系统阐述的学术著作,该书立足于经典著作,对马克思恩格斯的道德革命、马克思恩格斯对旧道德的批判以及共产主义道德作了论述。周原冰的《共产主义道德通论》(1986)系统阐述了马克思主义道德科学特别是共产主义道德原理,力图用恩格斯的"合力论"与经济基础决定论辩证统一的思想阐述道德的历史联系及其与社会诸因素间关系。张善城在其主编的《伦理学概要》(1990)一书中指出,马克思主义伦理学的产生是伦理学史上的革命性变革,并对共产主义道德的形成、发展及其基本原则,共产主义道德规范作了论述和探讨。章海山的《马克思主义伦理思想的发展历程》(1991)系统梳理了马克思、恩格斯、列宁、斯大林等人的伦理思想,同时还论述了毛泽东的伦理思想,注重思想的继承性和发展性,是第一部较为完整而全面阐述马克思主义伦理思想的学术著作。

(四) 中国伦理学学科理论体系的多样化繁荣时期

进入 21 世纪以来,马克思主义伦理学的研究和中国伦理学理论的其他相关研究的发展更是呈现多维度、多视角的变化,在文献与比较中,结合中国的实际和伦理体系的演变,探索经济变化带来的人的变化,为"全面发展的人"作了马克思主义的解释。唐凯麟主编的《伦理学》(2001)以社会道德论、个人道德论、道德规范论和道德建设论四大方面来谋篇布局,并结合社会主义道德建设的发展及其出现的新问题作了全面阐述。高兆明的《伦理学理论与方法》(2005)是国内学术界第一部较为系统地探讨伦理学基本原理与方法的专门著作,该书以伦理学的价值特性为切入点,以丰富的史料和具体的事实为基础,揭示了不同时代、不同类型伦理学思想方法之间的互补性,探究了全面、辩证的伦理思想方法形成的基本路径。2008年,王泽应发表《20世纪中国马克思主义伦理思想研究》,论述了中国马克思主义伦理思想的三大杰出成果,即毛泽东伦理思想、邓小平伦理思想和江泽民伦理思想,详细解说了"为人民服务"的由来。安启念发表的《马克思恩格斯伦理思想研究》(2009)从社会伦理的角度对马克思恩格斯伦理思想的理论基础、人性问题、道德评价所依据的标准、共产主义社会、马克思恩格斯伦理思想的来源等问题作出新的解读,从新角度深化了对马克思恩格斯伦理思想的理解。廖申白的《伦理学概论》(2009)对伦理学的学科性质和历史演变轨迹作了说明之后,从伦理学的基本概念入手,阐述了从常识道德出发到交往伦理学再到哲学的伦理学,探讨了总体的好生活和善的生活的可能性,致力于构建起一种基于实践概念的德性论伦理学体系。中央马克思主义理论研究与建设工程(以万俊人为首席专家)课题组编写出版的《伦理学》(2012),在总结以往马克思主义伦理学教材优秀成果基础上,用当代发展着的马克思主义和马克思主义中国化最新成果为指导而成,是一本以社会主义核心价值体系引领伦理学教学与研究,具有突出的中国特色、中国气派和中国风格的马克思主义伦理学新作。2008年刘琳发表《〈资本论〉的经济伦理思想研究》,则运用马克思和马克思主义的基本理论和方法,参照历史和时代经济伦理思想的多重视角,较为全面系统地研究了马克思《政治经济学批判》和《资本论》中的经济伦理思想,观点鲜明。万俊人的《现代西方伦理学史》(2011)全面、系统地论述了现象学、存在主义、精神分析学派和实用主义等20世纪以来现代西方伦理学主要流派及其代表人物的伦理思想,内容丰富,材料翔实,学术价值重大。2012年,宋希仁出版《马克思恩格斯道德哲学研究》,对马克思恩格斯的道德哲学作了系统、全面的研究,作者以历时态的方式详细地梳理、研究了马克思恩格斯在伦理、道德的各个方面所作的论述,为读者完整地整理、深度地剖析了马克思恩格斯的道德哲学理论,是马克思主义伦理学研究中非常厚重的一部,具备较高的学术价值。2015年,吴潜涛发表《中国化马克思主义伦理思想研究》,系统梳理了中国化马克思主义伦理思想研究的指导思想及其基本观点和主要内容,客观分析评价了中国化马克思主义伦理思想在当代中国道德建设实践中发挥的巨大作用。

新世纪以来,国内伦理学界与国外伦理学的交流日益频繁,伦理学研究慢慢发生从单纯对国外著作的译介到独立创作的转变,伦理学学术界诸多学者对元伦理学、美德伦理学等20世纪兴起的重要伦理学理论体系都作了系统的考察和探究。孙伟平的《伦理学之后:现代西方元伦理学》(2003)是国内首部系统地研究元伦理学,特别是西方元伦理学思想史的学术著作,作者以时间发展为坐标,以史为序,顺序评介了元伦理学思想,总结了元伦理学研究的价值与意义。唐凯麟将元伦理学产生的理论背景归结为"自然科学理论的突破促成了思维方式和方法论的更新、非理性主义伦理学的流行导致了传统道德形上学的衰落以及哲学的'语言学转向'引发了哲学范式的更新"①。元伦理学以逻辑方法研究基本的道德概念和道德判断的真伪,具有元理论层次上的主导和决定意义。杨国荣的《伦理与存在——道德哲学研究》(2009)致力于以科学之"真"和道德之"善"的交融,从形而上层面探寻何以有善、善如何可能等具有普遍性意义的问题,该书廓清了"善""应当""德性""规范"等道德概念的基本意义,是中国元伦理学理论体系研究的重要论著。李义天在引介国外美德伦理学、建构当代中国的美德伦理理论体系方面也作出了贡献。他在其著作《美德伦理学与道德多样性》(2012)中指出,美德伦理学不仅不会被指控为所谓"道德相对主义",而且正是构成人类道德生活多样性的重要内容,美德伦理学挽救了自启蒙以来的抽象化和普遍主义的失败,并且探讨了美德与实践智慧关联的可能性,书中许多富有创见性的观点对当代中国美德伦理学研究具有重要的启发意义。江畅的《西方德性思想史》(2016)是国内第一部比较系统而全面地阐述西方德性思想发展历史的著作。该书不仅阐述了古代思想家们的个人德性思想和社会德性思想,而且阐述了近代以及现代的社会德性思想,揭示了西方德性思想的发展演变,阐明了西方德性思想的主要观点、历史逻辑和现实意义。

此外,这一历史时期中国伦理学最大的特点就是应用伦理学的兴盛。应用伦理学自 20 世纪六七十年代开始逐渐形成,其目标在于运用伦理和道德理论来分析现实社会中所遇到的重大实践问题,特别着力于解决在新科技革命条件下和社会转型大背景下的一系列实践中产生的道德困境和道德悖论。应用伦理学的理论模型本身构建得并不十分完善,学术界至今对什么是应用伦理学仍然有一定程度上的争议,但是,在应用伦理学的各个分支学科领域,例如经济伦理、政治伦理、资本伦理、气候伦理、生态伦理、环境伦理、医学伦理、国家关系伦理、女性伦理、媒体伦理、生物伦理等领域所取得的成就斐然,令人瞩目,某些领域甚至取得了开创性的成果,在国内外都具有一定影响。邓安庆认为,应用伦理学本身是后哲学文化的产物,在传统神义论和理性形而上学失效之后,应用伦理学不应当再追求所谓普遍统一的本质作为其道德基础,而"只有从根本上放弃本质主义的思维习惯,承认不同的伦理学风格具有平等的地位,才得以可能启动协商性的对话程序,为化解僵硬对立的道德原则提供一个共同参与的平台"②。甘绍平指出,"解决社会实践问题的需求决定了在应用伦理学发展的一定阶段里,人们关注的只能是分析实践问题的伦理维度、探索解决道德悖论的途径与方法,而暂时还无暇顾及到作为一门学科的应用伦理学的理论建构。"③因此,传统中国人经世致用的智慧、应用伦

① 唐凯麟、高辉:《现代元伦理学述要》,载《道德与文明》2012 年第 2 期。
② 邓安庆:《无本质的应用伦理学:对当前应用伦理学本质特征争论的质疑》,载《哲学动态》2005 年第 7 期。
③ 甘绍平:《论应用伦理学》,载《哲学研究》2001 年第 12 期。

理学强烈的现实问题关怀等,都使得应用伦理学理论体系研究在中国迅速发展起来。

作为一种实践路径超过理论建构的伦理学理论体系,有学者认为应用伦理学研究重点不在寻求所谓"共识",而是要更具哲学本身的批判性。卢风指出:"如果应用伦理学的惟一目标就是达成共识,那么其作用就微不足道,不值得任何人去研究。应用伦理学必须进行双向批判:既要反思、批判现实和潮流,又要经常反省自己的思想出发点,在批判反思现实和时尚的过程中,反思自身的思想前提。"①确实,应用伦理学研究不仅要"埋头当下",更要"仰望星空"和"放眼未来",这就需要哲学的反思与批判精神。而关于应用伦理学学科的基本原则,王泽应指出:"应用伦理学的基本原则既源于规范伦理学的基本原则,同时又有对规范伦理学基本原则的整合、处理与改造,有着适应具体问题解决和疑难应对之内在要求的创造性转化。基于此种认识,我们认为,应用伦理学的基本原则主要有:以人为本与尊重人权原则,民主平等与公平正义原则,自由自主与自愿允许原则,普遍幸福与均衡和谐原则。"②应用伦理学关注的一定是以人为核心或者与人生存活动相关的领域,因此这些道德原则无疑具有重要的指导和借鉴意义。

从著作来看,国内关于应用伦理学研究的著述已汗牛充栋,并且涉及研究领域广泛,研究程度更是颇为深刻。邱仁宗的《生命伦理学》(1987)研究了生命科学技术以及医疗卫生中的伦理问题,在对应该做什么和应该如何做的问题进行探讨的基础上,也提出了对生命科技以及医疗卫生进行管理和政策方面的建议。卢风、肖巍的《应用伦理学导论》(2002)全面系统地介绍了应用伦理学;甘绍平主编的《应用伦理学教程》(2008)从宏观视角探析了应用伦理学在人类伦理学发展史上的地位,通过具体分支学科的讨论展现了应用伦理学的品格。在具体学科方面,王小锡在经济伦理方面颇有建树,他先是在1994年出版了《中国经济伦理学——历史与现实的理论初探》,而后创造性地阐释了"道德生产力""道德资本"等一系列观点。关于"道德生产力",王小锡指出:"作为伦理关系的价值凝结和规则体系,道德普遍地存在于社会生产过程中,生产的有效性和经济的高效益都与社会道德密切相关。正是在这一意义上,我们说道德在使用价值创造中的作用能够转化为可以带来经济价值的'生产性资源',道德能够成为一种可以带来经济价值的精神生产力。"③而关于"道德资本",他在《道德资本研究》(2014)中指出:"第一,道德资本与马克思提出的资本的本性有着本质区别;第二,道德资本与道德资本化没有逻辑联系;第三,道德资本概念的提出不会使道德陷入工具化的危险境地;第四,道德资本理论的提出不会使资本不受约束地肆无忌惮地赚钱并败坏社会风气;第五,道德

---

① 卢风:《论应用伦理学的批判性》,载《自然辩证法研究》2004年第8期。
② 王泽应:《应用伦理学的基本原则》,载《南通大学学报》(社会科学版)2013年第1期。
③ 王小锡:《论道德的经济价值》,载《中国社会科学》2011年第4期。

规范性价值要求具有客观必然性。"①周中之则相继发表《消费伦理》(2002)和《全球化背景下中国的消费伦理》(2012),不仅分析了消费伦理现状,探讨了其实质与人们应当坚持的内在原则,而且分析了全球化对中国消费伦理观念变革的影响和论证了当代中国消费伦理规范体系的构建,并从人与自然关系和人与人关系两大层面论述了消费伦理在建设节约型社会和和谐社会中的价值。万俊人的《道德之维:现代经济伦理导论》(2000)阐述了市场经济的道德维度、市场的附魅与祛魅、效率与目的、公正与道义、交易伦理:相互性·公平·信任、劳动与"工作伦理"、消费还是生活等经济伦理的相关问题。厉以宁的《经济学的伦理问题》(1995)探讨了效率与公平、产权交易、宏观经济政策目标、个人消费行为、个人投资行为、经济增长的代价、合理的经济增长率七方面经济行为中的伦理问题;孙春晨的《市场经济伦理研究》(2005)从逻辑、历史和现实三重视角,讨论了市场经济伦理丰富内涵中的几个重要理论问题,如经济与伦理的内在关联、市场经济伦理的内涵、"经济人"行为的伦理特性、市场经济条件下分配正义的必要性和可能性等。陆晓禾《经济伦理学研究》(2008)从经济伦理在当代的兴起与发展、经济伦理学科及其相关问题研究、经济伦理实践问题研究、经济伦理学国际交流研究四个主要方面展开了论述,为我们完整地呈现出经济伦理的画卷。余达淮则发表了《马克思经济伦理思想研究》(2006),他认为,"马克思恩格斯的经济学说包含着对资本主义的道德批判。马克思恩格斯从对私有财产的批判开始,揭示了资本主义所有制及其伦理关系的实质。"②。乔洪武继写了《正谊谋利:近代西方经济伦理思想研究》(2000)后,又写了三卷本的《西方经济伦理思想研究》(2017),对著名经济学家伦理思想和时代的经济伦理思想作了全面深入的探讨。刘可风的《企业伦理学》(2011)和陆晓禾的《企业责任:中国中小企业标准探寻》(2012)探讨了企业伦理的相关问题。就其研究现状来看,经济伦理表现为以下几个聚焦趋向:"聚焦金融危机以及延伸和生成的经济伦理研究走向,聚焦中国市场经济及其'中国特色'经济伦理研究趋向,聚焦企业和经济中的伦理、创新与福祉研究趋向,注重中国传统和现实资源的经济伦理研究趋向。"③

在政治伦理方面,李建华的《执政与善政:执政党伦理问题研究》(2006)探讨了政党本质及其伦理内生、执政党伦理的特质、执政党伦理的理性基础、执政能力的伦理要求等重大理论问题;同时,作为个案分析,对中国共产党伦理道德建设的经验教训进行了认真总结,并对如何通过加强执政党伦理建设来提高中国共产党的执政合法性和执政能力提出了有益的见解。此外,余涌的《道德权利研究》(2001)、甘绍平的《人权伦理学》

① 王小锡:《道德资本研究》,南京:译林出版社 2014 年版,第 146—151 页。
② 余达淮、李克明、吴静:《马克思恩格斯对资本主义的道德批判》,载《江苏社会科学》2016 年第 5 期。
③ 陆晓禾:《最近五年我国经济伦理学理论前沿概论》,载《伦理学研究》2015 年第 6 期。

(2009)、龚群的《追问正义》(2017)也对政治伦理思想作了系统探讨。余谋昌的《生态伦理学:从理论走向实践》(1999)、李培超的《自然的伦理尊严》(2001)、刘湘溶的《人与自然的道德话语》(2004)、杨通进的《环境伦理:全球华语,中国视野》(2004)、崔永和的《走向后现代的环境伦理》(2011)则对生态与环境伦理作了系统介绍、论述和探讨;王正平的《教育伦理学》、肖巍的《女性主义伦理学》(2000)、王淑芹的《信用伦理学》(2005)、阎昭武的《职业伦理学》(1993)、沈铭贤的《生命伦理学》(2003)、陈麟书的《宗教伦理学概论》(2006)、刘绍怀的《管理伦理学》、周鸿书的《新闻伦理学论纲》(1995)均是学者们对应用伦理学理论体系作出的可贵探索,王露璐的《乡土伦理》(2008)以及《新乡土伦理》(2016)则开辟了乡村伦理研究的新视域。

二、研究的主要问题

新中国成立 70 年来,中国伦理学得到了巨大发展,不仅其他各种理论体系的研究如规范伦理学、应用伦理学等成就卓著,而且占据主导地位的马克思主义伦理学也在几代学人坚持不懈的努力下取得了丰硕的研究成果。中国伦理学作为一个学科从无到有,如今已经形成了比较完善的学科体系、学术体系、话语体系以及人才培养体系,具有一定的中国特色、中国风格和中国气派。70 年来,中国伦理学学科体系的发展成就主要体现在以下五个方面:马克思主义伦理学理论体系研究取得了极大发展;关注伦理学基础理论与建设社会主义市场经济道德规范并重;伦理学研究积极回应现实问题,应用伦理学取得长足进步;在很多理论问题上展开了广泛的学术争鸣;积极探索伦理学其他体系。

(一) 作为主导意识形态的马克思主义伦理学理论体系

作为新中国伦理学学科体系的重要创建人之一,罗国杰编写了新中国成立以后的第一部马克思主义伦理学教科书《马克思主义伦理学教学大纲》,此后随着时代发展和社会进步,罗国杰对此教材进行了一系列修正,编写了《马克思主义伦理学》和《伦理学》等书。在《伦理学》中,罗国杰系统地构建起了马克思主义伦理学的学科体系框架,以历史唯物主义为指导对道德现象进行了深入探讨,对原始社会的道德、奴隶社会的道德、封建社会的道德、资本主义社会的道德等不同道德类型的历史发展作了阐述和论证,并首次对社会主义道德与共产主义道德作了辨别和区分。自他开始,中国伦理学研究逐步步入正轨,一方面不断吸收借鉴外国优秀成果,另一方面着力构建中国特色社会主义伦理学理论体系。

第一,罗国杰确定了伦理学的对象、方法与任务。罗国杰认为,伦理学产生于人类对道德现象的思索与探究,他将伦理学对象定义为:"伦理学是一门关于道德的科学,是研究道德的起源、本质、发展和变化及其社会作用的科学。"①而关于伦理学的方法,罗国杰认为伦理学既有一般科学的方法,也有社会科学的方法,还有作为具体科学的伦理学的特殊方法。相应地,伦理学的任务就表现为科学论证和阐述道德起源及其本质、发展规律的科学,而马克思主义伦理学则是研究共产主义道德起源、发展和规律的科学。

第二,罗国杰对道德的结构和功能以及道德原则作了初步的介绍和探讨。就道德结构来看,他区分了道德的社会结构和道德的个体结构,并且认为道德是社会道德与个人道德的统一。就道德的社会功能来看,罗国杰从三方面进行了探讨,即道德的基本社会功能、道德认识功能的特殊性和道德调节功能的特殊性。在道德原则方面,罗国杰以社会主义的集体主义原则为核心,探讨了个人主义与集体主义的区别,还对功利主义、个人主义、利他主义等一些道德原则作了论证和阐述。在《伦理学》中他着重强调了社会主义的集体主义原则,这本质上是社会主义的制度规定性,这种理论倾向对伦理学科体系的构建产生了很大影响,也为构筑社会主义核心价值作出了重要的理论贡献。

总的说来,马克思主义伦理学是一个完整的理论体系,它既包括了理论伦理学,也包括了规范伦理学和实践伦理学,是三者的有机统一。罗国杰认为:"一个人是否掌握了伦理学这门科学,主要不是看他是否熟记、背诵作为知识形式的理论内容,而是要看他是否能按照这些原则、规范去行动。"②马克思伦理学的品格也正在于此,它是区别于描述伦理学或元伦理学的道德客观事实描述和道德语言的逻辑分析,是一种真正面向生活和指导生活的实践伦理学。罗国杰为新中国马克思主义伦理学的发展奠定了良好的基础,从他开始,各项伦理学研究开始广泛开展,无数伦理学人进行了孜孜不倦的探索,促进了伦理学的兴盛与繁荣。

唐凯麟主编的《简明马克思主义伦理学》(1983)从道德的本质入手对马克思主义伦理学进行了谋篇布局,比较早地对马克思主义伦理学进行了探索和科学定位,认为马克思主义伦理学主要研究共产主义道德的形成、发展及发生作用的规律,研究共产主义道德的原则和规范,研究社会主义中个人和社会的道德活动,研究共产主义新人成长的规律问题,并且得出马克思主义伦理学是"社会道德——个体道德——社会和个体相统一的道德"的结论。随后唐凯麟在 2001 年出版的《伦理学》一书从人与社会的关系出发,通过论述社会道德、个人道德、道德规范和道德建设等,针对社会主义道德建设中出

---

① 罗国杰:《罗国杰文集》上卷,保定:河北大学出版社 2000 年版,第 200 页。
② 罗国杰:《罗国杰文集》上卷,保定:河北大学出版社 2000 年版,第 438—439 页。

现的新情况和新问题,给出了自己的答案。关于马克思主义伦理学的价值旨归,在《马克思主义伦理学的几个基本问题》(2018)一文中,唐凯麟也指出,"马克思主义伦理学的主题就是要解决人的自由发展和精神完善的问题。也可以说,马克思主义伦理学就是一种人学,是一门关于人的学问。"①

魏英敏、金可溪合著的《伦理学简明教程》(1987)是另一部较早地对马克思主义伦理学进行探索的著作。该书阐明了道德与伦理学的关系、伦理学的对象与方法及伦理学与其他学科间的关系,还论述了马克思主义产生之前西方伦理思想的基本线索,最后对共产主义道德作了重点论述。书中材料翔实,内容丰富,是新中国马克思主义伦理学史上的一部重要著作。魏英敏的这部著作超越了原有的马克思主义伦理学理论体系,结合社会的发展构建起自身富有特色的理论体系。而在《新伦理学教程》(1993)一书中,魏英敏综合运用哲学、心理学、社会学、人类学等多种学科的知识,多角度地研究和探讨了伦理道德问题,对社会主义的道德建设等都提出了自己独到的见解。

王小锡、郭广银主编的《伦理学通论》(1990)亦是一部特色明显、优势突出的伦理学教科书。书中提出伦理学不只是一门关于人的行为和规范的科学,而且也是一门关于人生的价值的科学,伦理学的使命就是探讨人的发展和精神完善等各种问题。从其结构来看,《伦理学通论》共分四个篇章,为读者全面地呈现了伦理学的学科框架体系:第一篇探讨了伦理学的对象、马克思主义伦理学的任务及方法和伦理学思想的历史发展进程;第二篇探讨了人际关系遇到的特征、道德的基础、道德的结构和功能和社会主义道德的基本问题;第三篇则论述了人的本质、人生价值、人生目的、人生态度等人生哲学问题;第四篇主要阐述了道德行为、道德品质和道德评价等问题。全书理论逻辑清晰,贴近现实生活,丰富了伦理学的内容,很好地实现了理论与实际的结合。

由中央马克思主义理论建设和研究工程(万俊人为首席专家召集人)课题组编写出版的《伦理学》(2012)则是一部在结合中国道德发展和道德建设的基础之上,在总结以往伦理学教材和马克思主义伦理学教材的基础之上,以当代中国马克思主义思想为指导,以社会主义核心价值观和社会主义核心价值体系为价值引领的,具有当代中国实践特色的马克思主义伦理学新作。该书从伦理学的研究对象、伦理学的性质和使命、伦理学的研究方法及学习伦理学的意义入手,从伦理思想传统、马克思主义伦理思想在中国的产生发展、道德的起源与发展、道德的本质与功能、道德规范、道德范畴、道德教育、道德评价和道德建设诸多方面展开,彰显了马克思主义伦理思想中国化的最新成果,揭示了社会主义主流道德观念,注重价值多元化时代道德共识的整合与达成,是一本荟萃时

---

① 唐凯麟、周强强:《马克思主义伦理学的几个基本问题》,载《齐鲁学刊》2018年第5期。

代伦理精神精华且兼具承前启后、继往开来意义的伦理学标志性成果。

此外,龙静云主编的《马克思主义伦理学》(2016)从道德、伦理的概念辨析、伦理学的研究对象和研究类别入手,对道德的本质和社会作用、市场经济的道德基础和主要伦理规范、社会主义道德体系与道德建设的重大价值等重大问题作了全面系统的分析和探讨。王泽应的《马克思主义伦理思想中国化研究》(2017)以中国革命史和新中国建设史为主线,对马克思主义伦理思想中国化的历史进程作了系统梳理和研究,对马克思主义伦理思想中国化的基本特征、主要经验、新时代马克思主义伦理思想的发展作了探讨,是一本具有时代性的著作。武卉昕的《苏联马克思主义伦理学兴衰史》(2011)运用唯物史观的基本方法,对苏联马克思主义伦理学的产生、发展和衰落进行了考察,对其内在理论逻辑进行了深入探究,不仅对于东欧剧变和苏联解体提供了新的审视视角,而且对于俄罗斯的价值观转变研究,特别是对深受苏联影响的早期中国伦理学研究具有重要意义。

概而言之,新中国 70 年来马克思主义伦理学取得了巨大发展,这是社会制度所决定的价值必然。马克思主义伦理学研究者们大都坚持历史唯物主义的基本方法,既重视马克思主义伦理学的理论建构,也重视马克思主义伦理学的实践应用,使其至今仍焕发勃勃生机。但是,马克思主义伦理学的正统地位使其对自身的反思不够,作为哲学分支学科的伦理学需要哲学世界观意义上的批判性,以期更好地指引现实生活。

(二)关注伦理学基础理论与建设社会主义市场经济道德规范并重

新中国 70 年来,伦理学学科体系建设之中马克思主义伦理学取得令人瞩目的成就,众多伦理学人不仅进行了大量的伦理学基础理论研究,并且关注与社会主义市场经济体制相适应的社会主义道德规范体系建设。在新中国成立至改革开放初期这一段时间,受制于国内国外的学术氛围,伦理学基础理论研究非常有限,大多数时候为阶级斗争政治路线服务。伴随着改革开放和思想解放运动的进一步开展,伦理学研究开始关注该学科的核心领域和范畴。"伦理学界不再从一元化的视角讨论伦理学的定义、概念,开始站在不同的视角对伦理学予以全面的考量,伦理学的定义也呈现出复杂性。"①另一方面,伦理学基础理论研究密切关注人的生存状态,探讨了如何做人以及阐发了好生活与好社会之间的关系。在如何做人这一问题上,罗国杰把人生境界划分为极端自私自利的境界、追求个人正当利益的道德境界、先公后私的社会主义道德境界和大公无

---

① 李建华、姚文佳:《改革开放 40 年中国伦理学的回顾与前瞻》,载《湖北大学学报》(哲学社会科学版)2019年第 1 期。

私的共产主义道德境界,鼓励人们从追求自我利益的狭隘境界中解脱出来,实现向先公后私、先人后己境界的飞跃。[1] 唐凯麟则把伦理学视为研究道德现象的学问,重点研究了社会道德、个体道德、道德规范和道德建设等问题,在他看来,就现阶段而言,努力把自己培养和造就成为一代社会主义"四有"新人,"这就是当代人塑造自己高尚人格,在道德上完善自我和社会的必由之路。"[2]伦理学所关注的如何做人的问题既与先秦时期为代表的优良人格传统相呼应,也与马克思主义所主张的人的自由而全面发展的现实需要相吻合。此外,以江畅为代表的学者力图改变国内学术界伦理学研究与价值论研究相分离的状况,试图构建起使两者融通的幸福主义体系,他认为,"人类之所以需要道德,就是因为道德可以使人类拥有好品质、好人格、好社会、好世界、好生态、好自然,从而使人类过上好生活,避免人类过上坏生活。道德所谋求的就是好生活。"[3]伦理学基础理论研究的兴盛对于认清伦理学的学科性质、明确伦理学的基本任务以及确立伦理学的研究目标具有指导和启发意义,对如何做人以及好生活的关注使得伦理学更加贴近生活,其"实践科学"的性质得到进一步彰显。

伦理学在关注基础理论研究的同时,也密切关注现实的道德问题,表现为努力建设与社会主义市场经济体制相适应的道德规范体系。1992 年党中央提出确立社会主义市场经济体制的伟大目标,在面临社会经济结构和经济发展方式的转型问题时,新的道德目标和道德规范开始彰显,个人合理利益吁求高涨,传统集体主义的道德原则需要适时作出调整,这些都对中国伦理学提出了新的问题与要求。一方面,传统计划经济形式下过分强调了社会和集体利益的优先性,忽视了个人的价值诉求,而如若个人的道德权利和合理诉求得不到保障,市场经济也将缺失其最重要的伦理基础;另一方面,传统的经济体制将市场视为资本主义的同义词,传统道德对提倡个人合理利益获取的市场经济持排斥态度,因此唯有改变对市场的成见,赋予市场以道德正当性,才能为市场培育提供空间。中国伦理学者在市场经济的浪潮中,勇于承担时代使命,寻求市场经济与社会主义道德价值的契合性,矫正计划经济时代对于市场经济体制的偏见,从社会发展繁荣和个人主体的道德应得等不同角度论证了中国特色社会主义市场经济的道德合理性和必要性,为构建中国特色社会主义市场经济道德规范体系作出了孜孜不倦的探索。

---

① 罗国杰:《伦理学》,北京:人民出版社 1989 年版,第 468—472 页。
② 唐凯麟:《伦理学》,北京:高等教育出版社 2001 年版,第 517—544 页。
③ 江畅:《全面理解道德和道德教育》,载《中国德育》2017 年第 1 期。

（三）在学科理论体系问题上持续学术争鸣

新中国成立 70 年来,随着伦理学研究视域的扩展、研究深度的扩大,伦理学界就许多伦理学基本问题和伦理学相关问题进行了激烈的争论,促进了伦理学学科的交流和繁荣,具体看来,主要表现在以下几个方面:

1. 对伦理学研究对象和基本问题的争论。一门学科总是有其特定的研究对象,伦理学作为以道德为核心研究对象的学科,从其产生以来就存在诸多争议。这不仅由道德问题的复杂性和多样性所决定,也是由其学科本身所决定的。尽管伦理学学者对伦理学的研究对象看法不一,但是界定伦理学学科的研究对象仍然十分必要,它对于树立伦理学作为一门价值科学和规范科学的独立学科地位,对于伦理学研究的广泛而深入开展,都有其必要性。

关于伦理学的基本问题,王海明认为伦理学是关于优良道德及其制定方法和实现路径的科学。而有学者也认为尽管伦理学界对伦理学基本问题存在着诸多争议,但是争论之前必须首先考察争论的核心,即到底何为"伦理学基本问题","伦理学基本问题不等于基本的伦理学问题,也不等于研究对象的基本矛盾,只能是一个问题,而非是多个问题,不仅能从本体论意义上作为划分一切伦理学类型的标准,而且也能从价值论上体现伦理学自身的学科特点和理论本性。从这个标准来看,教科书体系的观点是目前最为完备和恰当的观点。伦理学基本问题的设立和论争是有意义的,其历史使命还会继续。"①

而对于伦理学的研究对象问题,学界也存在着一定争议。有学者指出,学术界一直将"伦理"等同于"道德",基于此将伦理学的认识对象仅仅归纳为道德,而正是这样的认识路径导致了伦理学学科体系一直存在着缺陷,"实际上,伦理与道德是两个有着内在逻辑关联的不同概念,关涉两个不同的社会精神领域,伦理属于社会关系范畴,道德属于社会意识范畴。道德的功能和价值在于维护伦理和谐,促使人们'心灵有序',维护和优化适应社会和人发展进步之客观要求的'思想的社会关系'。伦理学应以伦理与道德及其相互关系为对象。"②而韩东屏则认为,厘清伦理学的研究对象及其定义是构建伦理学学科体系首先面临的问题,他指出,"以往对伦理学研究对象的说法大致可以归并为德性、道德价值、道德行为、道德规范、道德语言、自由、幸福、人生问题和道德这九种。经逐一分析可知,前八种界说难以成

① 赵昆:《关于"伦理学基本问题"的思考》,载《道德与文明》2013 年第 1 期。
② 钱广荣:《伦理学的对象问题审思》,载《道德与文明》2015 年第 2 期。

立。第九种界说将伦理学的对象直接聚焦于道德是值得肯定的,可由此给出的伦理学定义还是不够准确与周延。虽然道德是伦理学的基本对象,但并不是伦理学的全部对象。能将伦理学全部对象一网打尽的概念只有'道德问题',因而伦理学就是系统研究各种道德问题的学问。"①由此,韩东屏将道德问题视为伦理学的主要研究对象,并认为它涵盖了所有的伦理学问题。针对他的这一说法,也有人指出这一界定并没有真正揭示伦理学的科学内涵,也没有如实回答伦理学作为一门学科究竟研究什么问题,"伦理学是研究道德和道德现象的科学,也是研究伦理关系及其调整的学问。前者是目前我国学界的主流观点,后者尚未受到足够重视。伦理关系是一种具有普遍性的特殊的社会关系,主要存在于'善'的领域,以伦理权利与义务关系为实质和核心内容,以非强制性的道德调整为主要调整手段。从伦理学的历史和现实看,伦理关系都是伦理学的重要对象,不仅在伦理学理论体系的建构中具有基础性意义,而且在实践上也是完成伦理学使命的关键所在。"②

2. 对伦理学学科性质和基本任务的争论。关于伦理学的学科性质不仅在中国而且在西方都有巨大的争议,哲学家斯宾诺莎和康德都曾为构建科学化的伦理学体系作出过努力。对于伦理学学科性质的看法,既有人认为伦理学是一种以价值和规范为研究对象的学科,因此不具备科学的严密性,也有人认为伦理学能够同科学一样构建起严密的推理和演绎体系,更有甚者,认为伦理学既没有理论意义,也不是科学命题,例如在逻辑实证主义哲学家们那里就是这样。因此,辩明伦理学学科的性质,显得尤为关键,它关乎我们怎样认识这门学科,以及怎样用这门学科指导我们的生活。

大多数观点认为,伦理学不能进行像诸如数学、物理学等学科那样运用精准和精密测量以及严格的演绎推理,因此不是"精密科学"。针对这一观点,王海明指出:"伦理学体系构建方法——伦理学的公理化体系;该体系各个范畴从抽象到具体的推演方法;每个范畴内涵的从'定义到结构、类型、基本性质、规律'之推演方法表明:伦理学可以是一门如同几何学和物理学一样客观必然、严密精确、可以操作的科学。"③王海明是较少地以科学方法来论证伦理学客观性的学者,这一点上他确实提出了自身独特的学术观点。而与其相反,韩东屏则认为"科学主义"的强烈侵蚀使得部分伦理学家乐意将伦理学视为一门科学,他指出,"伦理学从来不是一门纯科学。通过分析伦理学所研究的道德问题的性质可以得知,伦理学是哲学性

---

① 韩东屏:《厘清伦理学的对象与定义》,载《伦理学研究》2011 年第 1 期。
② 朱海林:《对伦理学的对象的再认识:兼与韩东屏教授商榷》,载《伦理学研究》2012 年第 1 期。
③ 王海明:《论伦理学体系的构建方法》,载《上海师范大学学报》(社会科学版)2002 年第 4 期。

为主,科学性为辅的哲学分支学科。这就表明,哲学的方法与科学的方法在伦理学的研究中均不可偏废。"①学者们针对伦理学学科性质发表了不同学术观点,这是一个见仁见智的问题。

肖群忠认为,伦理学既是一门价值科学,也是一门规范科学,还是一门有直接现实性和直接应用性的科学。廖申白则基于德性主义的基本立场,指出"伦理学着眼于人的特有的生活活动、人的总体的生活的善来面对和研究人的问题,它内含一种生活者的观点。把伦理学的研究仅仅建立在评价者的观点上是不恰当的,它是一种实践性的研究。一种生活活动仅当发生了对生活者而言的内在善时,才成为伦理学研究的恰当题材"②。江畅也循着德性主义的基本路径,将伦理学归结为人生哲学、价值哲学和幸福哲学的统一。伦理学界对伦理学的学科性质看法不一,但正是这种争论促进了伦理学学科对自身的反思,从而进一步繁荣了伦理学研究。

3. 关于德性伦理学与规范伦理学的争论。马克思主义伦理学是超越德性伦理和规范伦理之上的伦理思想,是无产阶级利益与义务的统一。所谓德性伦理学与规范伦理学的争论,在中国并没有主流的价值与意义。德性伦理学主张伦理学应当注重研究个体的德性和品质,而以功利主义和义务论为代表的规范主义伦理学则主张伦理学应当重点研究道德规范,致力于构建良好的道德体系。方熹、江畅认为,"德性伦理学在当代以'反叛'形式开始复兴的背景决定了其更多地通过寻找与功利主义和义务论相异乃至相反的特征来展现自身。这两大阵营之间演绎着一场持久而激烈的论战,彼此都试图找到对方的致命弱点以将对方归约到自身的理论范畴内。"③围绕着这一话题,中国伦理学界也对德性伦理学与规范伦理学之间的区别和联系展开了广泛的争论。

李建华指出,伦理学的历史大致经历了德性伦理学、规范伦理学和元伦理学三大演变过程,伴随着哲学对人本身存在状态的关注,"人应当成为什么样的人"的问题重新受到关注,以麦金泰尔为代表的共同体主义者掀起了当代的德性伦理学复兴,要求重建现代社会的德性。但是,"任何一种伦理思想总是植根于一定的历史背景、社会生活之中,总要与时代的社会结构和道德运行机制相适应,否则难免一厢情愿,德性伦理的'当代复兴'也不例外。德性伦理毕竟是一种与传统共同体社会相适应的伦理类型,在现代社会中不可避免地会遇到种种困境。"④另外也有学

---

① 韩东屏:《关于伦理学性质与方法的辨正》,载《华中科技大学学报》(社会科学版)2010 年第 5 期。
② 廖申白:《论伦理学研究的基本性质》,载《中州学刊》2009 年第 2 期。
③ 方熹、江畅:《德性伦理学与规范伦理学之争及其影响》,载《哲学动态》2017 年第 3 期。
④ 李建华、胡祎赟:《德性伦理的现代困境》,载《哲学动态》2009 年第 5 期。

者指出,当代西方德性伦理学一直没有建构起自身的理论体系,"而是这种研究状况作为结果证明当代西方德性伦理学的研究不够成功。"①此外,还有人指出,"德性伦理和规范伦理各有优劣缺失,同时它们产生的社会现实基础也有较大差别。尽管规范伦理有缺陷,但它比德性伦理更适合现代社会生活对道德的要求,因此,当代伦理学应该以规范伦理为中心,辅之以德性伦理的开掘,形成现代的道德文明建构模式。"②可以看出,许多学者从规范伦理学角度或者德性主义批判的角度,强调了德性伦理学在当代的"不合时宜",而应当更多注重规范伦理学建设。

　　相反,也有学者在二者的争论中更加注重德性伦理学。现代社会强调德性伦理学并非一种简单的"复古主义"爱好,而是德性本身对于现代社会有着深刻的借鉴和指导意义,注重规范必然会带来个体道德感的缺失,德性伦理学更加关注人的完整的道德生活。如廖申白曾指出,"伦理学可以或明确或隐含地以生活的实践的可能性和德性地生活的可能性作为它的基础。德性伦理学比其他实质性的伦理学更明确地诉诸这个可能性前提。"③也有一些学者立足于德性伦理,试图将其与规范伦理学融合起来,"德性伦理是较之规范伦理更为卓越的伦理。德性伦理虽然优于规范伦理,但前者又不能离开后者。德性伦理的实现需要以规范伦理为前提。如果没有规范伦理所奠定的基础,德性伦理就会成为无源之水、无本之木。如果不凭借强有力的,特别是诉诸制度的规范伦理有效地抑制不道德行为的发生,那么,即使已经生成的德性也难以继续存活下去。在这个意义上,我们又可以说,虽然德性伦理优于规范伦理,但是,在道德建设中,规范伦理又要先于德性伦理。"④

(四) 积极探索伦理学其他体系

　　改革开放和思想解放为伦理学研究提供了极佳的发展契机,新中国成立初期和"文化大革命"时期的政治运动对学术的影响逐渐淡化,伦理学迎来其繁荣和兴盛阶段。一方面,西方马克思主义伦理思想被广泛议论,西方伦理思想中道德意识也被哲学家提出来认识,纳入新的伦理体系当中;另一方面,致力于构建一种中国特色的融规范伦理、元伦理及美德伦理为一体的庞大伦理学理论体系。

① 黄显中:《当代西方德性伦理学研究的迷失》,载《哲学动态》2010 年第 1 期。
② 刘美玲:《德性伦理还是规范伦理:对当代道德文明建构之路的思考》,载《社会科学》2009 年第 7 期。
③ 廖申白:《论德性伦理学的实践原理的两个基本含义》,载《北京师范大学学报》(社会科学版)2012 年第 3 期。
④ 吕耀怀:《规范伦理、德性伦理及其关联》,载《哲学动态》2009 年第 5 期。

1. 西方马克思主义伦理思想研究。对西方马克思主义学者伦理思想的研究以王雨辰为代表,主要论述集中于其《伦理批判与道德乌托邦》(2014)一书之中。

我国的马克思主义研究把从卢卡奇到阿尔都塞这一时期的西方马克思主义称为"经典马克思主义",并将20世纪70年代以后的生态学马克思主义、分析学马克思主义纳入西方马克思主义中予以研究,而将70年代以后形成的诸如后马克思主义思潮、西方马克思学等纳入国外马克思主义进行研究。① 王雨辰将西方马克思主义伦理思想划分为应用伦理和社会伦理两大部分,进行了重点论述。从其应用伦理思想来看,西方马克思主义的应用伦理既注重对现实社会道德问题的反思分析,具有一般应用伦理学的共同特点,又有着自身独特的特质,即聚焦于当代资本主义的伦理价值批判而非道德规范研究、注重意识形态批判以及作为社会批判理论组成部分而存在的应用伦理。② 而从其社会伦理思想来看,西方马克思主义社会伦理思想的形成根源于对当代资本主义总体统治下人的自由的丧失和异化生存状态的指认。③ 具体来看,在社会伦理部分,主要论析了卢卡奇、葛兰西、阿尔都塞的社会主义道德教育思想、霍克海默尔和阿多诺对启蒙道德的批判、马尔库塞、弗洛姆对当代资本主义社会的伦理批判、哈贝马斯的交往伦理、萨特的自由论伦理以及分析学马克思主义的政治伦理。在应用伦理部分,主要论述了西方马克思主义的消费伦理、科技伦理和生态伦理思想。在此基础上,还系统分析了西方马克思主义伦理思想的理论得失与当代意义。

2. 道德意识现象学。这种新兴的伦理学理论研究以倪梁康为代表,主要思想集中体现于其著作《心的秩序:一种现象学心学研究的可能性》(2010)之中。

道德意识现象学主要是在胡塞尔的意识现象学和舍勒的感受现象学的背景下,也是在佛教唯识学和儒家心学的背景下的一个伦理学的探索尝试,它意味着用现象学的方法来研究心中的道德律。"'心的秩序'是借用了帕斯卡尔的一个说法和信念。在这里,'心'主要是指道德意识,'秩序'意味着道德意识发生和发展所具有的规律。"④因此,道德意识现象学既不同于古典主义的德性伦理学,也不同于近代以来占据主导地位的规范伦理学,它是一种追究道德意识起源的描述伦理学或者说是道德意识发生学。道德意识发生学并不研究德性伦理学意义上的"什么是

---

① 参见王雨辰《从西方马克思主义研究到国外马克思主义研究:问题与反思》,载《新华文摘》2010年第16期。

② 参见王雨辰《伦理批判与道德乌托邦》,北京:人民出版社2014年版,第2—3页。

③ 参见王雨辰《伦理批判与道德乌托邦》,北京:人民出版社2014年版,第5页。

④ 倪梁康:《心的秩序:一种现象学心学研究的可能性》,南京:江苏人民出版社2010年版,第2页。

善"，而是研究"我们为什么以及我们怎么样意识到善"，因此，这就需要借鉴现象学方法，也正是在此意义上，作者称自己的体系为现象学的伦理学。另外，此书涉及的现象学家只有胡塞尔和舍勒两位，其他现象学家如萨特、梅洛-庞蒂、海德格尔等均未涉及，这是因为这些哲学家思想中已经与一般伦理学意义上的价值判断相去甚远，海德格尔甚至认为伦理只是人的"居留"场所，因此并未涉及。关于道德意识现象学，作者认为我们的道德意识无外乎来源于"个体自身的道德禀赋、主体间的约定与传承、宗教道德规范的信念"①三种，因此他试图解决的问题就呈现为：道德意识三个来源间关系、道德本能在何种意义上是自然本能、良知由哪些因素构成。

应当说，道德意识现象学或者现象学的伦理学是一种富有创建性的尝试，倪梁康创见性地将现象学方法运用于伦理学，从而来追溯道德意识的起源和道德本能问题，为伦理学研究提供了新颖的方法论指导，为伦理学注入了全新的活力，也使得在国内外都关注甚少的描述伦理学焕发了生机。但是，作者这种纯粹哲学的形而上学思考，如何与现实道德实践挂钩和对应起来，如何充分发挥现象学的伦理学对于伦理实践的方法论指导意义，还有待深入研究、探讨和论证。

3. 优良道德体系论伦理学。上世纪末，樊浩的《中国伦理精神的历史建构》(1992)探讨了中国伦理精神的自我建构以及自我生长的内在逻辑，剖析了中国伦理精神生长的逻辑起点、生态体系、建构原理、内在矛盾等，是一本颇具特色的中国伦理学史著作。而王海明的《新伦理学》(2001)、《公正与人道》(2010)、《伦理学与人生》(2009)、《伦理学导论》(2009)等，则着力于新体系的构建。

王海明的《新伦理学》以解答"休谟难题"为主线，综合元伦理、规范伦理、美德伦理的各种理论，以真诚而严肃地为人类制定一部优良道德为目的，构建了优良道德体系论伦理学。王海明认为，伦理学乃是关于优良道德的科学，是关于如何制定和实现优良道德的科学，是关于优良道德的制定方法和制定过程及其实现途径的科学。② 伦理学的基本研究对象由三部分组成，分别是："道德主体：社会为何创造道德"，"道德实体：伦理行为事实如何"，"道德价值：伦理行为应该如何"。伦理学的任务和目的在于：一方面系统探求关于伦理行为事实如何与社会的道德本性以及伦理行为应该如何之真理，从而制定优良道德；另一方面则探求如何使人们遵守优良道德之真理，从而实现优良道德。这是被作者认为有着极大原创性的当代伦理学模型建构的一个理论尝试。

---

① 倪梁康：《心的秩序：一种现象学心学研究的可能性》，南京：江苏人民出版社2010年版，第4页。
② 参见王海明《新伦理学》，北京：商务印书馆2001年版，第20页。

优良道德体系论伦理学与其他伦理学相比,在体系构建上表现出两大特点:一是体系的完备性,二是形而上的构建原则。然而综观其整个思想体系,它还存在着一个致命的弱点,即尽管该体系的创立者竭尽全力地想为人类制定一部科学的伦理学体系,为人类追寻美德指明一条建立在深厚理论根基上的有效路径,但正由于其过于偏执地追求伦理学的客观有效性,过分强调善的现实效用性,不知不觉中又在另一个方向上背离了伦理学作为价值学的意义特性,存在着从根基处瓦解美德合理性的潜在危险。而这一点恐怕是有违该体系构建者的初衷的,也是其所始料未及的。此外,追求体系的完备性与架构体系的主题思想和主导思路具有矛盾性,其内在逻辑的混乱也就可见一斑。总的说来,无论是现象学的伦理学或"道德意识现象学"、西方马克思主义伦理学研究还是优良道德体系论伦理学,都是中国伦理学人建构当代伦理学体系的宝贵理论探索。

三、简要评述

纵观70年来中国伦理学发展的历史,中国伦理学发展取得了辉煌的成就,伦理学已经发展成为一门独立的学科体系,开设的主要方向有伦理学原理、西方伦理思想研究、中国伦理思想研究、应用伦理学和比较伦理学。伦理学学科体系已经具备从专科、本科到硕士、博士以至于博士后流动工作站的完整办学规模和培养系统,正着力构建中国特色社会主义伦理学理论体系。不仅如此,伦理学在人们的社会生活中扮演着愈来愈重要的角色,成为塑造主流价值观念和促进社会主义精神文明发展不可或缺的重要力量。70年来我国伦理学学科体系建设取得了极大的发展与成就,伦理学作为集价值科学和规范科学为一体的学科,在引领各种思想潮流、塑造社会主流价值观和繁荣中国哲学社会科学中发挥着举足轻重的作用。

但是,中国的伦理学学科体系建设仍然存在着不少的问题,阻碍着伦理学学科体系的发展与完善,概括起来,主要有以下几个方面。

第一,伦理学作为一门学科其独立性仍待完善。与其他学科相比,伦理学的发展仍然比较缓慢,研究队伍、教学队伍相对有限,而且在高校的课程设置中基本处于弱势,除此之外,伦理学在当代尽管极大地扩展了其研究范围,但是伦理学也存在着被泛化的现象。

第二,伦理学研究与解决现实道德问题之间存在脱节。伦理学最大的意义就在于对于现实道德生活和伦理关系的调适作用,它是指引人们寻求善和良好生活、探索人生价值和意义的科学。然而现实社会中往往是出现某一突出性道德问题才引发伦理学对其关注,继而进行理论创新。现代社会是对传统宗教和形而上学统治时代的颠覆,在传统价值观念解体、新的价值观念亟待建构的背景之下,公众事件和道德问题频发,这就更需要伦理学发挥其对道德生活的理论先导作用。

　　第三,伦理学理论体系研究缺乏世界格局和中国特色,当代中国伦理学学术话语体系还亟待建构。针对这些问题,中国伦理学学科体系建设首先要加强学科建设,彰显学科优势和学科独特性,明确自身的学科边界,避免将自身淹没在普通理性知识和经验主义知识的洪流之中。其次,中国伦理学学科体系建设要注重发挥伦理学对道德生活的理论先导作用和塑造及引领价值观的中坚作用,使人们正确认识生活本身的意义。最后,既要汲取中华民族传统道德的优厚伦理资源,又要批判性地吸收他国伦理文化,构建中国伦理学理论体系和学术话语体系,呈现出伦理学的"中国形象"和"中国风貌"。

　　随着科学技术的不断发展,当今世界正日益成为一个紧密联系的统一体,而当代中国的伦理问题也因此显得愈发纷繁复杂,这就对中国的伦理学学科体系建设提出了更高的要求,任何伦理学理论体系都不可能以一己之力解决所有的伦理问题和道德难题,这就需要我们构建起一种兼容并包的、既蕴含传统智慧又富有当代精神、既富有理论深度又具备现实关怀、既体现中国精神又吸收世界文化的新时代中国特色社会主义伦理学理论体系。

第二章　伦理学研究方法

一门成熟学科的形成与发展,离不开特定研究对象的界定,离不开特定思想观点的发展,更离不开特定研究方法的形成。学者杨适曾经指出:"如果没有恰当的方法,那些伦理道德的内容如种种诫命或规范的条文,就会成为只是教条的僵死的东西;唯有方法才能赋予这些诫命和规范以生命和感人的力量。"①正如苏格拉底的辩证法标志着西方古典哲学的问世一样,独特研究方法的形成与发展往往标志着一门学科的形成与发展。新中国伦理学 70 年的复兴、发展与繁荣过程,也是新中国伦理学研究方法的借鉴、反思与独立化过程。这些伦理学研究方法,一部分是学者们自觉反思的对象,更大一部分则隐藏在对各种伦理问题的具体研讨之中。

一、研究的基本历程和概况

界分研究方法的发展历程,可以有两种不同的划分标准:一是以伦理学研究方法内在的发展变化为标准,二是以新中国社会整体的发展变化为标准。前者能够集中反映研究方法的变化轨迹,则往往因缺少标志性事件而难以精确把握;后者能够找到重大的标志性事件,但与研究方法的发展有一定差距。由于研究方法中标志性事件的缺乏,而且研究方法的发展与社会整体的发展基本上一致,所以我们还是以中国社会的整体发展作为区分依据,重点阐明每个发展阶段中研究方法的争论、特色与成果。从总体上看,新中国 70 年伦理学研究方法的发展基本上可以分为三个阶段:马克思主义研究方法的应用期(从 1949 年至 1977 年)、多种伦理学研究方法的争鸣期(从 1978 年至 1992 年)和中国特色伦理学研究方法的形成期(从 1993 年至今)。

---

① 杨适:《关于全球伦理对话的方法问题》,载《浙江学刊》2001 年第 2 期。

（一）马克思主义研究方法的应用期（1949—1978）

新中国成立之后，伦理学研究并没有受到应有的重视，相反，伦理学更多地被作为西方资产阶级的意识形态残余或者中国封建社会的意识形态残余而遭到敌视，甚至在"文革"期间还成为革命的对象。周辅成曾经指出："中国在1949年全国大解放后，伦理学在大学课程中被取消。有的人甚至把它摆在'反动学科'之列。"①从1949年到"文革"结束，中国有过轰轰烈烈的思想改造运动，也有过短暂的道德继承性问题讨论，但并没有出现真正的伦理学研究。刘启林曾回忆说："解放后的前30年由于当时的社会因素和政治因素等的影响，我国并没有真正的伦理学研究，而只有道德建设。"②

在这一时期，道德建设的基本指导思想是将马克思主义哲学原理应用到道德生活中，大力倡导共产主义道德和集体主义原则。在研究方法上，占据主导地位的研究方法就是阶级分析方法。魏英敏将新中国前30年的伦理学称为"以阶级斗争为纲的伦理"，在此期间几乎所有的伦理争论都建立在阶级分析方法基础之上。50年代知识分子的思想改造运动就是要用无产阶级思想来改造各种非无产阶级思想：批胡适主要是批他的资产阶级个人主义人生观，批梁漱溟主要是批他的封建复古主义思想；关于共产主义人生观道德观的讨论无非是要无产阶级的人生观道德观还是要资产阶级的人生观道德观；关于人道主义的讨论无非是阶级的人还是超阶级的抽象的人。也正是在阶级斗争为纲的方法指导下，道德继承性问题的讨论最终被道德批判性的过度主张所压倒。

阶级分析方法的确是马克思主义分析方法的精髓之一，对于理解阶级社会的道德本质具有非常重要的作用。但是，过于突出阶级分析方法，就容易忽视伦理道德自身的内在规律和本质要求。魏英敏批评指出："前三十年我国的道德教育被纳入阶级斗争的轨道，过分强调伦理学的阶级性，将共产主义道德与现实道德相混同，学术问题和政治问题相混同。"③

---

① 转引自赵修义《伦理学就是道德科学吗？》，载《华东师范大学学报》（哲学社会科学版）2018年第6期。
② 金焕玲：《"回顾与展望：新中国成立六十年来伦理学研究与道德建设学术研讨会"综述》，载《伦理学研究》2010年第2期。
③ 金焕玲：《"回顾与展望：新中国成立六十年来伦理学研究与道德建设学术研讨会"综述》，载《伦理学研究》2010年第2期。

（二）多种伦理学研究方法的争鸣期（1978—1992）

1978 年中共十一届三中全会召开,这标志着"文化大革命"的结束,也标志中国社会的发展从以阶级斗争为纲转向了以经济建设为中心。一直到 1992 年中共十四大正式提出"社会主义市场经济体制",中国在不断推进经济体制改革,不断加强对市场因素的引入力度和对国际市场的开放力度。在改革开放的背景之下,激进"左"倾的道德观念不断被削弱,以现实市场经济为基础的新道德观念开始出现,西方资本主义国家的道德思潮也开始大量涌入,马克思主义伦理道德观则受到了各种道德观念的冲击。与各种道德思潮紧密相联的,是各种不同的伦理研究方法;各种道德思潮碰撞冲突的背后,是各种伦理研究方法的争奇斗艳。

在这一时期,方法碰撞首先发生在马克思主义伦理学研究方法与各种非马克思主义伦理学研究方法(尤其是现代西方伦理学研究方法)之间。坚持马克思主义伦理学研究方法的主要代表有三本教材:一本是苏联第一位伦理学博士施什金在 1955 年出版的《共产主义道德概论》,一本是季塔连科在 1980 年修订的《马克思主义伦理学》,还有一本是罗国杰在 1982 年主编出版的、我国第一部完整意义上的马克思主义伦理学教科书——《马克思主义伦理学》。这三本教材的共同特征是将马克思主义的哲学方法论应用到道德领域,认为马克思主义伦理学是彻底唯物主义的和辩证的伦理学,其方法论原则是"唯物主义和辩证法"[1]。而各种非马克思主义伦理学研究方法,尤其是资产阶级伦理学研究方法的主要代表就是发表在《光明日报》1989 年 1 月 30 日上的《伦理学的困境与出路——伦理学界五人谈》,他们认为马克思主义没有自己的伦理学研究方法,更倾向于用现代西方哲学方法(如实证的方法、分析哲学、功能主义、自然主义、目的论的方法)取代辩证唯物主义和历史唯物主义方法。这一时期出现了很多非常有影响的道德争论,如集体主义与利己主义的争论、道德主体性与道德客观性的争论以及人道主义与唯物主义的争论,这些道德争论的背后都是马克思主义研究方法与现代西方伦理学研究方法之间的对立。

方法碰撞还发生在伦理学研究方法与其他社会科学以及自然科学方法之间。较早建立的马克思主义伦理学体系,先是将马克思主义基本方法引入道德研究之中,作为伦理学的指导性方法。然后,学者们又开始结合伦理学的学科特点,挖掘

---

[1] ［苏］季塔连科:《马克思主义伦理学(1980 年修订版)》,黄其才等译,北京:中国人民大学出版社 1984 年版,第 20 页。

出了伦理学的独特研究方法,如唐凯麟在 1983 年出版的《简明马克思主义伦理学》中提出了"示范践履法",王小锡、郭广银在 1990 年出版的《伦理学通论》中提出了"价值分析法"。再后,一部分学者将目光投向了其他的社会科学,纷纷尝试将其他社会科学研究方法引入伦理学研究中,甘葆露在 1986 年出版的《马克思主义伦理学》强调使用调查研究法(观察、谈话、询问、统计、采访、比较分类、实验等),张应杭在 1991 年出版的《伦理学》中提出要使用社会调查、经验描述、心理体验,甚至模拟、跟踪等方法;还有一部分学者要求充分借鉴当前先进的自然科学研究方法,如魏道履、沈忠俊等人 1986 年出版的《伦理学》就提出要吸收现代科学的先进研究手段和方法,如系统论、信息论、控制论。

(三) 中国特色伦理学研究方法的形成期(1992 年至今)

1989 年之后,资产阶级自由化思潮基本上归于平息,此时有两股力量在推动伦理学研究方法的发展:一是各个应用伦理学分支(如经济伦理学、政治伦理学、生态伦理学、医学伦理学、网络伦理学等)的飞速发展,促使学者们开始结合各个领域的具体伦理问题,反思具体应用伦理学的研究方法问题,从而使伦理学研究方法在应用伦理学的层面得到了较好的发展。二是基础伦理学理论的深入发展,促使学者们开始结合当代西方伦理学理论,重新思考伦理学的研究方法问题,从而使伦理学研究方法在理论伦理学的层面得到了一定的发展。2016 年,习近平总书记提出要加快构建中国特色哲学社会科学体系,这意味着我国伦理学研究开始步入了中国特色伦理学研究方法的形成期。

所谓中国特色伦理学研究方法有两个层面的含义:其一是民族性,它不再盲目崇拜其他国家(尤其是西方发达资本主义国家)的伦理学研究方法,而是着手构建具有中国特色的伦理学研究方法;其二是伦理性,它不再满足于一般的哲学研究方法,而是深入伦理学学科之中,构建真正属于伦理学的研究方法。当前,学者们主要从四个方面着力构建中国特色伦理学研究方法:第一,始终坚持马克思主义方法论在伦理学研究中的指导地位,如宋希仁强调马克思主义伦理学研究的两个方法论原则就是"辩证法和唯物论"[①]。第二,批判吸收当代西方伦理学研究方法和中国传统伦理学研究方法,如高兆明在《伦理学理论与方法》中总结了当代西方的理性主义、经验主义、非理性主义、目的论、义务论等研究方法,而王小锡在《中国经济伦理学》中总结了中国传统的德性主义、功利主义、理想主义、三民主义和新民主主

---

① 宋希仁、张霄:《伦理学与马克思主义:历史、方法与文化》,载《道德与文明》2019 年第 1 期。

义等研究方法。第三,反思当代中国社会发展中的现实伦理问题,在解决道德实践问题中发展伦理学研究方法,比较有特色的代表作有王海明的《伦理学方法》,余亚平、李建强和施索华的《伦理学》。第四,广泛吸引其他学科相对成熟的研究方法,如社会学的调查分析法、经济学的博弈论、哲学的思想实验法、自然科学的观察实验法等。

需要说明的是,正如构建中国特色哲学社会科学话语体系是一个长期艰巨的任务一样,构建中国特色伦理学研究方法同样是一个长期而艰巨的任务。我国目前正处于中国特色伦理学研究方法的构建期,已经出现了大量的研究性论文和少量的专题性论著,取得了一些可嘉的成绩,但是,成熟而完整的中国特色研究方法并未形成,还需要中国伦理学同仁漫长而艰苦的努力。

二、研究的主要问题

70年来,中国伦理学研究经历了从单纯应用马克思主义哲学研究方法到综合运用各种研究方法的发展,期间出现了不少学术争议,也产生了众多学术成果。从总体上看,中国伦理学70年研究方法研讨主要围绕以下三个方面进行:第一,如何将马克思主义哲学的唯物辩证法应用到伦理学研究中来;第二,如何正确处理马克思主义研究方法与非马克思主义研究方法(特别是现代西方伦理学研究方法)的关系;第三,如何学习借鉴其他社会学科及自然科学的最新研究方法。

(一) 伦理学研究中的辩证法与形而上学

真正意义上的新中国伦理学研究是从20世纪80年代开始的,当时的伦理学研究受两个力量影响:一个影响力量是马克思主义哲学,学者们是在马克思主义哲学的指导之下从事伦理学研究的;另一个影响力量是现实社会发展提出的道德问题,学者们是在对各种现实道德问题(如经济与道德的关系问题,滑坡论、爬坡论与代价论问题,主体性与客观性问题,集体主义与个人主义问题等)的讨论中从事伦理学研究的。在新中国伦理学研究的最初发展阶段,学者们很注意用马克思主义哲学方法来研究现实的社会道德问题,并自觉反思在道德讨论中是否遵循了马克思主义哲学方法。

1. 辩证法三大规律与伦理学研究

马克思主义哲学的方法论集中体现在辩证法上,用马克思主义哲学方法指导伦理学研究的一个重要方面就是要在伦理学研究中贯彻应用辩证法。在伦理学研究的起步阶段,如何正确理解辩证法在伦理学研究中的意义,充分利用辩证法对于伦理学研究的指导作用,这方面的代表性论文有俞吾金在《道德与文明》1984 年第 4 期发表的《应当重视辩证法三大规律在伦理学研究中的作用》和唐能赋在《重庆社会科学》1990 年第 2 期发表的《重视研究道德生活的辩证法》。

俞吾金认为辩证法的三大规律"在伦理学的研究中起着极为重要的作用",可以"从不同角度指导着我们去分析、研究各种道德现象,总结道德意识发展的规律"①。他提出,对立统一规律可以"为我们通常使用的伦理学方法,即历史的方法、阶级分析的方法和理论联系实际的方法提供了理论基础",也可以"为我们辩证地阐述道德范畴的本质提供了指导思想",还可以"为我们正确地理解道德评价中的行为善恶的问题和动机效果的关系问题提供了根本的方法"。②量变质变规律可以"为我们研究错综复杂的道德现象提供了极为重要的方法"(特别是定性分析方法应与定量分析方法相结合),也可以"为我们重视道德教育问题提供了理论依据",还可以"使我们足以对道德行为的'度'的问题引起充分的重视"。否定之否定规律首先"为道德遗产继承问题的科学解决提供了方法论基础",然后"为我们重视和研究各种新出现的道德观念、道德范畴提供了理论依据",最后"为我们合理地阐述道德发展的历史规律提供了基本的方法"。

2. 辩证否定观与伦理学研究

否定是事物发展的基础和重要环节,辩证的否定观是以发展为基础的扬弃。在伦理学研究中,否定观集中体现在如何对待古今中外各种新旧道德观的问题上。关于道德的批判性与继承性问题,新中国伦理学学者在 60 年代就有所讨论,但最后在"左"倾思想的影响下步入了绝对否定的误区;到了 80 年代,改革开放又将中国传统道德和现代西方道德摆到了学者们前面,如何对待非马克思主义道德观又成了伦理学学者们不得不回答的一个重要问题。在讨论过程中,一部分学者对中国传统道德采取了历史虚无主义态度,而大多数学者认为在对待传统道德和新道德时都必须坚持辩证唯物主义的辩证否定观,后者的代表性论文为李抗美 1986 年在《江淮论坛》上发表的《伦理学现代化的思考》。

李抗美提出,对待民族传统道德必须坚持辩证唯物主义的辩证否定观,必须是"在彻底否定旧的道德传统的同时,对民族传统道德采取批判分析的态度,剔除其封建性糟粕,吸取其民主性精华,使之成为对现代化有益的历史借鉴和可利用的思

---

① 俞吾金:《应当重视辩证法三大规律在伦理学研究中的作用》,载《道德与文明》1984 年第 4 期。
② 俞吾金:《应当重视辩证法三大规律在伦理学研究中的作用》,载《道德与文明》1984 年第 4 期。

想资料"①。我国传统统治阶级思想中的"重义轻利""中庸之道""知足常乐""见义勇为""言而有信"等论述和观点在今天仍然具有一定的积极意义,而"安贫乐贫""平均主义""为富不仁"等道德观念在今天已失去了其时代先进性。对待新时代的新道德观念同样必须坚持辩证唯物主义的辩证否定观,即必须在肯定之中包含着否定。改革当中出现的新道德观念存在着两种不同情况:一种是我们党根据改革的实际和全国人民的愿望与要求,创造性地提出了一系列新道德观念,如"五讲""四美""三热爱"等,这些东西是现代化过程中必须吸取的有益成分;另一种是与发展社会主义商品经济相联系的新道德观念,如竞争的观念、进取的观念、金钱观念,它们一方面给伦理学现代化增添了活力,另一方面又存在着向旧观念转化的可能与契机,对这些观念需要进行合理的社会制约。

3. 矛盾分析法与伦理学研究

矛盾分析法是整个辩证法的精髓,也是马克思主义伦理学在研究各种道德关系时必须采用的方法。在伦理学研究的基本问题——道德与经济的关系问题中,道德与经济就是一个矛盾体的两个方面,二者之间构成一种矛盾关系。如何理解这个关系,直接影响和决定着如何理解经济发展与道德进步的关系问题、如何评价中国社会的道德发展现状问题。在这个问题上,有的学者割裂了矛盾双方的联系,有的学者僵化了矛盾双方的联系,更多的学者则坚持矛盾双方相互作用的关系。在这一问题上,具有代表性的论文主要有两篇:一篇是谢洪恩在《哲学研究》1990年第 3 期上的论文《对道德适应关系的辩证思考》,另一篇是杨家良在同一期杂志上的论文《经济与道德关系问题研究中的一个方法论问题》。

谢洪恩主要考察了道德的适应关系(即道德究竟应当如何适应社会以及社会中人们的需要)问题。他首先批判了在这一问题研究中的形而上学观点。这种观点认为,"所谓道德对社会、对个人的'适应',就是前者能够无条件地满足后者的任何要求,意味着彼此之间的绝对和谐与直接同一,似乎只要适应,就再也没有什么对立统一的矛盾关系存在;只有当道德'不适应'社会和个人需要的情况下,才有对立面的统一和斗争。"②谢洪恩要求将对立统一的基本原理引入到道德的适应关系问题中来,认为对立面之间的统一和斗争始终是存在的,道德对社会、个人的适应关系包括"肯定性适应"(即肯定、维护和促进一切有利于或有助于社会和个人的生存、发展和完善的东西)和"否定性适应"(即否定、抑制和阻止一切有碍于或有害于

---

① 李抗美:《伦理学现代化的思考》,载《江淮论坛》1986 年第 6 期。
② 谢洪恩:《对道德适应关系的辩证思考》,载《哲学研究》1990 年第 3 期。

社会和个人的生存、发展和完善的东西)两个方面,这两个对立面既互相区别,又互相联系、互相作用,并在一定条件下互相转化,由此体现了道德适应关系中所包含的辩证运动。谢洪恩还批判了道德适应关系问题上的三种错误倾向:一是机械的或庸俗的经济决定论,它只看见或只承认道德对经济基础的肯定性适应一面,而看不见或不承认否定性适应的一面。二是形而上学的主体决定论,它只看见或只承认道德对个人的肯定性适应一面,而看不见或不承认否定性适应的一面。三是道德"代价"论,它将经济发展和道德进步绝对对立起来了。

杨家良侧重于用矛盾分析法来理解经济与道德的关系。杨文首先指出在理解经济与道德关系问题上的两种形而上学观点:一种观点认为近几年伴随着商品生产的发展而出现的不道德行为,根本原因并不在于"商品生产本身",应"是旧时代的剥削阶级思想残余,而激烈的竞争只是起了触发剂的作用"。另一种观点认为"经济与伦理的冲突不可避免,商品生产的发展必然以道德的退步为补偿"。① 杨家良认为这两种观点的根本问题在于各种关系的简单化理解,要么完全肯定,要么完全否定。针对这些问题,杨家良强调在理解经济与道德的关系时必须贯彻矛盾分析法。首先,从基础与上层建筑的关系来看,在基础决定上层建筑的总前提下,二者是在矛盾的相互作用、相互制约中发展的。其次,道德同上层建筑中各种因素间的矛盾运动会间接影响经济基础,使道德与经济相互影响而发展。最后,道德在受制于经济关系的前提下,也是通过道德本身的矛盾运动而发展和进步的。

4. 伦理学研究中的形而上学

20 世纪 80 年代是一个伦理学研究比较繁荣的年代,关于各种伦理学热点问题的讨论层出不穷。在这些激烈的伦理学大讨论中,出现了很多相互对立的观点,其中有一部分就是由研究方法的对立造成的。从总体上看,80 年代伦理学研究方法的对立主要是辩证法与形而上学的对立,一些人在研究中不自觉地陷入形而上学的误区之中。学者蔡子文总结了伦理学界批判过的八大形而上学观点②:(1) 在道德历史遗产批判上的历史虚无主义;(2) 割裂商品经济与道德发展的联系,宣扬"二律背反";(3) 用生产力标准代替道德标准或把两者简单等同起来;(4) 把物质利益原则与道德教育对立起来,否认道德的调节作用;(5) 在两个文明建设方面,忽视或否定精神文明建设;(6) 在思想道德建设与文化建设方面否定或忽视思想道德建设;(7) 在人性学说方面,把人的自然属性与社会性割裂开来,用自然属性

---

① 参见杨家良《经济与道德关系问题研究中的一个方法论问题》,载《哲学研究》1990 年第 3 期。
② 参见蔡子文《十年来伦理学研究的回顾和展望》,载《社会科学》1990 年第 10 期。

代替社会性；(8) 简单化、绝对化。

唐能赋在《摒除道德理论研究中的形而上学》一文中也指出，在当前的道德理论研究中存在着一些形而上学观点，他说："近几年的道德理论研究，取得了可喜成绩，也存在不少问题。道德理论研究中形而上学观点的存在和泛滥，就是突出表现。"①唐能赋详细批判了三种道德形而上学观点：第一，在道德遗产批判继承问题上，以《河殇》为代表的历史虚无主义者割断了历史与现实的联系，认为中国传统文化就是封建文化，就是糟粕。第二，在发展商品经济和推进道德进步的关系的问题上，形而上学或者走向了割裂商品经济与道德发展联亲的"经济活动不容道德干预"的观点，或者走向了发展商品经济必须以道德牺牲为代价的经济与道德"二律背反"的观点。第三，在生产力标准与道德标准关系问题上，形而上学者或者把二者等同起来，用生产力标准取代和否定道德标准，或者把二者对立起来，视生产力标准与道德标准毫无联系。

(二) 马克思主义伦理学研究方法与现代西方伦理学研究方法

研究伦理学，必须坚持马克思主义基本原理，必须坚持马克思主义伦理学研究方法，这基本上已经成为新中国伦理学界的共识，正如罗国杰所说："应当承认，新中国成立以后，用马克思主义的观点来考察伦理道德问题并形成系统的理论，是广大伦理学工作者所共同努力的事业。"②不过在这一共识后面仍然隐藏着一个问题：在坚持马克思主义伦理学研究方法的基础上，应该如何对待西方现代伦理学研究方法？对于这个隐藏的问题，伦理学学界既有一定的共识，即大家都认为有必要研究并汲取西方现代伦理学研究方法的合理之处，也有一定的分歧，即如何处理马克思主义伦理学研究方法与西方现代伦理学方法之间的关系？在这个问题上，主要有两种不同观点：一种观点更注重汲取西方现代伦理学研究方法的精髓；另一种观点更强调马克思主义伦理学研究方法的指导地位。

1. 以开放的态度面对现代西方伦理学研究方法

新中国成立之后，我国的马克思主义伦理学主要源于苏联，在伦理学研究方法上强调坚持和发展源于苏联的马克思主义伦理学研究方法，同时对中国封建社会的伦理学研究方法以及西方资产阶级的伦理学研究方法持批判态度，这在一定程度上导致了马克思主义伦理学研究的封闭性。万俊人总结过这种情况："我们伦理

---

① 唐能赋：《摒除道德理论研究中的形而上学》，载《西南师范大学学报》(哲学社会科学版)1991 年第 1 期。
② 罗国杰：《罗国杰文集》上卷，保定：河北大学出版社 2000 年版，"自序"。

学的封闭性、保守性已经严重地妨碍着它与世界伦理文化的全面交流,以及与其它人文科学的横向联系,其理论的结构、方法、语言等方面都亟待更新。"①在这种情况下,有些学者以"马克思主义伦理学是一个开放的体系"为由,要求马克思主义伦理学在研究方法上要批判地吸收西方现代伦理学的合理因素。

较早强调要吸收和借鉴现代西方伦理学研究方法的声音集中在 80 年代早期,其代表人物之一是涂秋生。他在《社会科学研究》1985 年第 3 期发表论文《伦理学出路何在?》,认为要克服伦理学研究所面临的危机,就必须"恢复马克思的伦理思想,发展马克思的伦理思想"②。恢复马克思科学的伦理学,就是要重新研究无产阶级自由的、人道主义精神;而发展马克思的伦理思想,就是要在"倾听改革实践的呼声"的基础上"革新研究方法",在"开展比较伦理学研究"的基础上"批判地吸收现代西方伦理学的合理因素"。作者提出:"从总体上看,现代西方伦理学的许多流派,并不是科学的,但它们又确实包含着不少可以启发我们思考的东西。马克思主义伦理学是一个开放的体系,它应该在同现代西方伦理学的对话、交锋过程中,批判地吸收它们的合理因素。只有这样,马克思主义伦理学才能跻身世界新思潮,并站在最前列。"③

韩东屏则以相对曲折的方式讨论了这一问题,他在《国内哲学动态》1985 年第 11 期发表论文《"伦理学基本问题之争"外议》,探讨了一般哲学方法(主要是马克思主义哲学方法)与伦理学研究方法的关系。韩东屏认为,哲学是把握世界总体的最高学科,而伦理学是把握局部世界的具体学科,因此,哲学研究方法与伦理学研究方法之间具有双重关系:第一,哲学研究方法不能直接作为伦理学的研究方法,第二,哲学研究方法是伦理学研究方法的前提性方法。韩东屏的最后结论是:"伦理学到底不是边缘科学,这就决定了我们不能将这个在进入伦理学研究对象之前要解决的方法论方面的'基本问题',同时也当作要研究对象的'基本问题'。"④

此后,在 80 年代末期,呼吁学习现代西方伦理学研究方法的声音再次高调响起。有人提出,由于伦理学兼有人文学和社会科学二重性,因此,哲学的方法和实证的方法均不可偏废。历史上的伦理学者大都仅仅采用了哲学的方法来讨论问题,其方法论主要有三种:自然主义(将人们实际追求的目标当作应该追求的目标)、理想主义(将人们在感情或理性层面上向往的目标当作终极目标)和神秘主义

① 万俊人:《论中国伦理学之重建》,载《北京大学学报》(哲学社会科学版)1990 年第 1 期。
② 涂秋生:《伦理学出路何在?》,载《社会科学研究》1985 年第 3 期。
③ 涂秋生:《伦理学出路何在?》,载《社会科学研究》1985 年第 3 期。
④ 韩东屏:《"伦理学基本问题之争"外议》,载《国内哲学动态》1985 年第 11 期。

（将某种超验的、非人自发产生的目标当作终极价值的目标）。而伦理学研究要增强科学性，就必须加强实证研究，"实证方法的运用将为伦理学研究开辟一个广阔的天地"①，因为在终极价值确定或撇开终极价值于不顾的情况下，次生价值是可以转换成事实来研究的。

尽管作者们并没有明确说明自己所强调的方法是马克思主义伦理学研究方法还是现代西方伦理学研究方法，但从他们所提出的具体研究方法来看，其方法多来源于现代西方。而正是因为他们没有或者不区分马克思主义伦理学研究方法和现代西方伦理学研究方法，这就很容易导致一种错误倾向，即忽视马克思主义伦理学研究方法在伦理学研究中的指导地位。在借鉴现代西方伦理学研究方法时比较注意防范这种错误倾向的代表性学者是万俊人，他在论文《论中国伦理学之重建》中提出了要借鉴现代西方伦理学研究方法重建新伦理学体系。万俊人认为，强调"马克思主义伦理学"是一次"革命的变革"无疑是正确的，但过分地强调它与西方古典伦理学的对立，甚至对西方传统伦理学采取全然否定的态度则是不正确的。所以，万俊人极力呼吁："马克思主义本身是一种开放性体系和批判性世界观与方法论，它从来没有也不应该拒斥与其它文化思潮的交流和相互吸收。"②要重建中国伦理学，就必须加强各种学科的横向交流，吸收其他学科（如现代心理学、社会学、文化人类学、美学、政治学、语言学、生命科学等）的积极成果；必须面向世界、面向未来、跻身于世界性文化交流，打破封闭，确立开放性思维取向。

2. 坚持马克思主义伦理学研究方法的指导地位

新中国成立以来，我国伦理学界非常强调马克思主义理论在伦理学研究中的指导地位，学者们坚持认为马克思主义的道德科学就是马克思主义科学理论在道德领域中的应用，必须坚持马克思主义伦理学研究方法，而不能"把马克思主义的道德科学降低到西方的道德哲学或我国古代的一般伦理学说的水平"③。但在 20世纪 80 年代中后期，我国伦理学界一些学者以"开放性"为名，要求引进西方现代伦理研究方法，在这一过程中，有些人夸大了西方现代伦理学研究方法的优越性和先进性，有意无意地忽视了马克思主义伦理学研究方法的指导地位，从而试图"用资产阶级超阶级的方法来改造伦理学"④。在这种情况下，老一辈伦理学学者（如罗国杰、周原冰、李奇等）纷纷站出来，发出了马克思主义伦理学的主流声音。

---

① 王润生：《新伦理学论纲》，载《学习与探索》1989 年第 1 期。
② 万俊人：《论中国伦理学之重建》，载《北京大学学报》（哲学社会科学版）1990 年第 1 期。
③ 周原冰：《马克思主义的道德科学和社会主义的思想建设》，载《伦理学与精神文明》1983 年第 1 期。
④ 蔡子文：《十年来伦理学研究的回顾和展望》，载《社会科学》1990 年第 10 期。

　　1990 年罗国杰在《人民日报》发表文章《关于伦理道德的几个理论问题》,周原冰在《光明日报》发表文章《当前道德理论上的三个问题》,李奇在《道德与文明》杂志上发表文章《论道德科学的立论依据》,强调了用马克思主义指导我国伦理学研究的必要性和重要性。罗国杰在文章中对伦理学研究中的民族虚无主义和全盘西化倾向进行了批判,他提出"现代化不等于全盘西化",民族虚无主义和全盘西化的危害在于"既彻底打掉了一个独立民族国家的自尊心和自强心,也破坏了这些民族国家内部的向心力和凝聚力,从而使这些民族国家丧失其固有的优势",尤其是在社会主义中国,更必须"坚决摈弃民族虚无主义和全盘西化的主张"①。李奇在文章中明确提出:"马克思主义道德观是以唯物主义历史观为立论依据,也就是从一定的经济关系和社会关系出发,并以此作为立论的依据。"②两年之后,李奇再次明确提出,否定马克思主义伦理学就是"否定马克思主义在伦理学领域的指导地位和作用"③,必须坚持马克思主义在伦理学领域的指导,坚持学习、研究和发展马克思主义伦理学。

　　在老一辈伦理学学者的引领下,学界纷纷对西化思潮进行了更具体、更猛烈的批判。安云凤发表论文《对当前伦理学中的两种倾向的思考》,对那种全盘否定传统文化和传统道德、极力推崇西方文化和西方道德的民族虚无主义者进行了批判。她认为,对待中外文化遗产和道德遗产,必须坚持马克思主义批判继承的原则,剔除其糟粕,吸取其精华。一方面要用社会主义公有制和集体主义道德原则改造、吸收资产阶级道德中的道德精华和有益的东西,另一方面要批判资产阶级道德中的糟粕和垃圾,否则就有可能"瓦解社会主义经济基础,涣散集体主义道德观念,使我们的国家偏离社会主义方向,走上资本主义道路"④。宋希仁则在《高校社会科学》上发表论文,以"再评《伦理学的困境与出路》"为副标题对非马克思主义伦理学研究方法进行了批判。他明确坚持马克思主义在伦理学研究中的指导地位,要求伦理学研究必须"在辩证唯物主义和历史唯物主义的指导下"汲取现代西方伦理学具体方法的合理内容,决不能抛开辩证唯物主义和历史唯物主义世界观和方法论的指导,用它们构成"自己的一套特殊方法"。宋希仁指出,如果完全撇开马克思主义研究方法,完全贯彻现代西方伦理学研究方法,其结果是"必然把我国伦理学研究

① 罗国杰:《关于伦理道德的几个理论问题》,载《人民日报》1990 年 10 月 19 日。
② 李奇:《论道德科学的立论依据》,载《道德与文明》1990 年第 4 期。
③ 李奇:《坚持发展马克思主义伦理学》,载《道德与文明》1992 年第 2 期。
④ 安云凤:《对当前伦理学中的两种倾向的思考》,载《北京师范学院学报》(社会科学版)1989 年增刊。

引向西方资产阶级伦理学的轨道"①。金可溪则从正面论述了列宁关于伦理学方法论的思想。他指出,列宁在论述社会道德问题时,"总是坚持历史唯物主义的方法论原则",总是认为在道德领域(包括在道德评价、个人行为、人的理性和良心等方面),"马克思主义的决定论思想是完全适用的"②。作者还特别援引了大量的研究资料,批驳了桑巴特关于"马克思主义本身没有丝毫伦理学气味"的断言。

正是由于诸多学者努力坚持马克思主义伦理学研究方法,我国伦理学研究终于在主调上经历纷争后重新回位,强调马克思主义伦理学研究方法的科学性与先进性,确认马克思主义伦理学研究方法不可动摇的指导地位。在此之后,中国伦理学在吸收引进西方伦理学研究方法和重新挖掘中国传统伦理学研究方法时,都以承认马克思主义伦理学研究方法的指导地位为前提。向玉乔指出:"由于坚持以中国化的马克思主义伦理思想为指导,我国伦理学界才在改革开放时代逐步摆脱了苏联将马克思主义伦理思想教条化的伦理学研究模式,建立了以辩证唯物主义和历史唯物主义为主导和以社会学、心理学、人类学等其他学科的思想、理论和方法为补充的伦理学研究方法论体系,这不仅充分体现了马克思主义伦理思想的开放性、灵活性、包容性和发展性,而且为我国建构具有中国特色的马克思主义伦理学提供了科学合理的方法论基础。"③

(三) 伦理学研究新方法探索

伦理学研究一旦打破了自身的封闭性,开始面向所有的先进学科开放,就必然会努力发掘伦理学特有的研究方法,并不断综合各种社会科学和自然科学的先进研究方法,进而构建一个与时代发展和理论发展相适应的方法体系。

1. 探索伦理学特有的研究方法

在 80 年代之后,伦理学界一方面确定了马克思主义哲学方法论对于伦理学研究的指导地位,另一方面也开始积极探索伦理学特有的研究方法。在学者们看来,伦理学研究离不开哲学研究方法,但也不能用哲学研究方法取代伦理学研究方法。在这方面,学者们主要进行了三个方面富有成果的积极探索:一是探索伦理学研究的一般方法,二是思考应用伦理学的研究方法,三是思考伦理学具体学科的研究方法。

---

① 宋希仁:《到哪里去寻找道德价值的根据? ——再评〈伦理学的困境与出路〉》,载《高校社会科学》1990 年第 3 期。
② 金可溪:《列宁论伦理学的方法论原则》,载《北京大学学报》(哲学社会科学版)1997 年第 2 期。
③ 向玉乔:《改革开放三十年与我国伦理学原理研究》,载《道德与文明》2008 年第 5 期。

学者们广泛探索了伦理学研究的一般方法。王小锡、郭广银在1990年就提出了"价值分析的方法",要求用价值分析的方法来考察社会道德现象。他们认为价值分析包括"对价值观念形成和变化的价值导向的分析;对社会性价值观念和个人价值观念相互关系的分析,对行为的价值结构、分类和标准的分析,等等"①。学者毛世英分析了"换位思考法",认为换位思考法就是"指主体在认识过程中,通过把自身的认识立场或思维角度转到客体或旁观者的立场或角度来思考问题的一种思维方式"②,可以超越主体所处的一定主客观条件,克服主体因自身认识立场或角度诸因素的限制而带来的在思想认识或心理感受上的局限性,获得对客体、主体自身以及主客体之间相互关系的较为客观、全面的认识和理解。杨适则提出了对话的方法,即从问答对话法中产生出来的哲学思维的辩证方法。这种方法具体包括两个分别源于东西方的内涵:一个是中国传统以情为基础的忠恕方法;一个是源于苏格拉底以理为基础的求真方法。杨适提出:"两种方法不可偏废,以忠恕的精神和方法为基础,以求真的精神和方法为主导,互相补足,共同为全球人类的伦理对话作出贡献。"③杨琪在论文《能近取譬:孔子成仁之教的方法论阐释》中分析了孔子提出的"能近取譬法",指出能近取譬法主要包括"引譬达类"和"观物比德"两种典型思维形式,前者强调将某个(某类)事物的道理推广到其他相类事物中去,后者强调通过体验"物"之理,进而感悟"人"之道。青年学者李依贝则在论文《思想实验方法在伦理学研究中的应用考察》中分析西方伦理学研究中常用的思想实验方法,从知识论与价值论的思维方式差异、实验与实际的脱离、伦理学的话语变迁三个角度论证了思想实验方法在伦理学研究中应用的局限性。

学者们深入分析了应用伦理学的研究方法。应用伦理学主要面向各种道德实践,而理论伦理学主要面向各种道德理论,这种区别要求应用伦理学必须更注重从现实生活出发,理论联系实际。陈应春和史军在论文《理论与实践的碰撞——应用伦理学的研究方法探讨》中指出,在应用伦理学研究中,必须综合运用两种相反的路径研究——演绎的方法和归纳的方法。应用伦理学的根本方法就是理论联系实际,要求理论与实际的双向互动,要求研究者以直面现实的态度参与实际生活、体验实际生活并反思实际生活。宣兆凯更强调,从伦理学的一般理论和道德的最高原则出发得出的结论必然缺乏现实感,而"作为实践的、应用学科,从现实生活出

---

① 王小锡、郭广银:《伦理学通论》,北京:中国广播电视出版社1990年版,第17页。
② 毛世英:《论换位思维的伦理学方法论意义》,载《社会科学辑刊》2000年第6期。
③ 杨适:《关于全球伦理对话的方法问题》,载《浙江学刊》2001年第2期。

发,是应用伦理学研究的本性"①。要实现从事实向价值的飞跃,需要整合实证的方法(即道德社会学方法)和实践的方法(即伦理学方法),形成跨学科的复合式的方法体系。学者于艳芳在《试论应用伦理学的特点及其研究方法》中提出了发展应用伦理学研究方法的三个基本原则:第一,理论与实践相结合的原则是应用伦理学研究最基本的方法论原则;第二,应用伦理学在方法论上采取一种"自下而上"的研究视角;第三,应用伦理学的具体研究方法可包括案例分析法、双向反思法、实地研究法和系统分析法等。

学者们还分析了各种具体应用伦理学学科的研究方法。随着应用伦理学的发展,很多具体的应用伦理学学科都走上了独立发展的道路,它们研究自己领域的道德问题,并形成了自己学科独特的研究方法。在经济伦理学研究方法方面,章海山在《经济伦理方法论的研究》一文中指出,当前的经济伦理学研究路径主要有四条:一是从经济规律本身去说明经济伦理的方法;二是从人本身的心理需要等人文因素去说明经济伦理的方法;三是从非经济因素(如宗教信仰)去说明经济伦理的方法;四是采用"描述法"、"工具主义"和"数学方法"去说明经济现象的方法。在此基础上,章海山特别提出"经济范畴人格化"研究方法,即"个人在经济活动中处于何种经济范畴,该经济范畴的属性决定此人的行为和德行"②。窦炎国在《经济伦理与伦理经济——兼论经济伦理学的方法问题》一文中提出,根据经济伦理学的存在价值,经济伦理学研究必须遵循实事求是的原则、历史与逻辑相统一的原则和价值学的原则。孙君恒博士则在《经济伦理学研究的方法论问题》一文中指出,以经济与伦理的相互关系为标准,可以将经济伦理学的研究方法分为三种:第一,从伦理学到经济学的路线;第二,从经济学到伦理学的路线;第三,经济学和伦理学的综合路线。在医学伦理学研究方法方面,施晓亚在论文《医学伦理学研究方法初探》中提出,医学伦理学是个交叉学科,可以借鉴社会学、心理学、教育学等相关联学科的诸多研究方法,如文化人类学方法(观察、访谈法、跨文化研究),社会学方法(社会调查、统计分析、群体研究),心理学方法(问卷法、社会测量、个案研究、发展研究),教育学方法(教学法应用),历史学方法(比较、回顾),经济学方法(资源评估),法学方法(案例剖析),女性主义方法(主观社会经验、社会性别意识),医学方法(对照实验)。在生态伦理学研究方法方面,张云飞在《论生态伦理学的研究方法》中从两个角度进行了分类研究,一是从人和自然关系的角度来看,生态伦理学的研究方法可

---

① 宣兆凯:《以现实生活为原点的应用伦理学研究方法》,载《哲学动态》2007 年第 1 期。
② 章海山:《经济伦理方法论的研究》,载《道德与文明》2000 年第 2 期。

以区分为生态学方法、系统方法和历史唯物主义方法这三个层次;二是从人类规范和评价自身行为的准则体系的角度来看,生态伦理学的研究方法可以区分为一般伦理学的方法、行为科学的方法和历史唯物主义的方法这三个层次。

2. 在伦理学研究中引进其他学科的科学研究方法

伦理学是一门交叉性学科,它与众多社会科学和自然科学都具有交叉关系。进入现代社会以来,各门社会科学和自然科学都获得了快速的发展,并在各自的发展过程中形成一些独具特色并且影响力广泛的研究方法。伦理学在进行交叉研究时必然要受到这些学科科学研究方法的影响,必然会自觉不自觉地借鉴这些研究方法的可取之处。正如魏英敏指出:"伦理学也具有边缘学科的性质,因此,研究伦理学不能局限于哲学的方法,同伦理学相近的学科,如心理学、社会学的一些方法也可以应用。"[①]

从 80 年代中期开始,学者们纷纷呼吁伦理学研究要打破自身的封闭,加强与其他学科的横向联系,积极吸收现代社会科学和自然科学的先进研究方法。中国社会科学院哲学所石远同志在《道德与文明》1985 年第 3 期上发表论文《伦理学不应是一门封闭的科学》,认为"伦理学不应该是一门封闭的科学体系","伦理学发展不能离开哲学及其他社会科学,特别是相关科学的发展"[②],建立科学的伦理学既不能离开辩证唯物主义及历史唯物主义世界观和方法论的指导,也必须综合运用现代科学(特别是现代逻辑学、心理学、生物学)的成果、研究方法和手段。陶黎明在论文《伦理学要加强跨学科的横向联系》中提出:"马克思主义的伦理学如果放弃跨学科的横向联系,就将走上自我封闭的道路,丧失生命的活力。"[③]加强伦理学的跨学科的横向联系,应该借鉴社会科学中人类学、民俗学、人类学、社会学、教育学以及心理学的研究方法,自然科学中一般系统论、控制论、管理学等新兴学科的综合的、系统的研究方法。涂秋生在其论文《伦理学的出路何在?》中指出:"历史唯物主义是研究伦理学的基本方法,但并不是唯一的方法。面对当代自然科学奔向社会科学的潮流,我们有必要把系统论、控制论、信息论引入伦理学。对道德理论,我们不仅要作定性分析,还要作定量分析,在某些方面,甚至可以'数学化'。"[④]

到了 80 年代中期以后,伦理学界在坚持马克思主义哲学方法论指导地位的前提下,纷纷强调引入了其他学科的具体研究方法。谭辉相、倪志安强调引入系统论

① 魏英敏:《我国十年来的伦理学》,载《社会科学家》1989 年第 1 期。
② 石远:《伦理学不应是一门封闭的科学》,载《道德与文明》1985 年第 3 期。
③ 陶黎明:《伦理学要加强跨学科的横向联系》,载《探索与争鸣》1987 年第 3 期。
④ 涂秋生:《伦理学出路何在?》,载《社会科学研究》1985 年第 3 期。

的研究方法,他们在《南充师院学报》上撰文《马克思主义伦理学应该引进系统论的研究方法》指出,只有"把系统方法同其它方法结合起来,才能使马克思主义伦理学的研究更加深入"①。引进系统方法,是对马克思主义伦理学的四种一般研究方法(历史的方法、阶级分析的方法、理论联系实际的方法和归纳演绎方法)的必要补充。肖平强调社会学方法在伦理学研究中的应用,认为伦理学研究必须重视道德经验研究,要"把广大公众在日常生活中面临的道德问题作为伦理学应用研究的着眼点和基本前提,将以社会道德状况和公众道德心理的实际考察为基础的经验研究作为道德研究的出发点,在此基础上,再针对公众道德实践中存在的现实矛盾和问题去探讨道德原则规范的确立和进行道德社会调控的有效方法"②。为此,必须广泛地借鉴社会学的研究方法。赵喜仓、李芳林在论文《伦理研究的统计方法论初探》中提出,运用统计方法分析伦理问题在伦理研究中可以起重要作用,将统计方法纳入伦理研究方法体系中并加以科学运用,可以提高伦理研究的广度、深度和精密度。王珏、李东阳在《伦理实证研究的方法论基础》中提出,与描述伦理学、道德社会学、应用伦理学等实践伦理相比,伦理实证研究的独特价值在于可以"消解事实与价值断裂的倾向,将事实的确证与伦理的思辨相结合,推进伦理理论的发展和道德实践的完善"③。特别值得一提的是王露璐,她在乡村伦理研究中进行了大量的严格的田野调查,并且提炼总结出道德研究中的田野调查法,主要包括三个方面:一是跨学科视景透视法,即"建立在伦理学、社会学、人类学、农村经济学、历史学、民俗学的交叉透视基础之上的道德社会学研究方法"④;二是道德叙事学方法,即基于特殊道德文化传统及其具体语境所创立的一种道德叙事方式;三是从地方性道德知识到普适型伦理资源的方法。

3. 构建综合型伦理学研究方法体系

当伦理学研究方法反思到一定程度时,学者们就开始尝试建构一个系统的、综合的、完整的研究方法体系。

魏磊、李建华最早提出伦理学"方法论群"的概念,他们在《学习与探索》1986年第 4 期上发表论文《伦理学研究方法新探》提出,伦理学研究方法应该包含三个

---

① 谭辉相、倪志安:《马克思主义伦理学应该引进系统论的研究方法》,载《南充师院学报》1985 年第 2 期。

② 肖平:《道德经验研究及其方法——论社会学方法在伦理研究中的应用》,载《哲学研究》1995 年第 12 期。

③ 王珏、李东阳:《伦理实证研究的方法论基础》,载《东南大学学报》(哲学社会科学版)2015 年第 3 期。

④ 王露璐:《乡土伦理》,北京:人民出版社 2008 年版,第 19 页。

结构面,即自然科学方法(SCI 老三论、DSC 新三论、模糊数学、哥德尔怪圈等)、人文科学方法(结构主义、原型、释义学、现象学、语义学等)和伦理学自身的方法(能近取譬法、内省法等),应该以这三个结构面为基础建构一个"富有弹性、再生力强的方法论群"①。构建方法论群,必须注意四个结合:外部研究与内部研究相结合;发生学研究与非发生学研究相结合;客观研究与释义研究相结合;单一研究与横断研究相结合。胡成广在其论文《道德系统论纲》中提出了伦理学研究"方法论体系"概念,认为要"用系统观和系统科学方法论来再造全新的伦理道德研究的方法论体系"②。建构伦理学研究方法的系统理论,必须广泛吸收先进的一般方法论、特殊方法论和具体方法论,如系统论、控制论、信息论、耗散结构论、协同论、突变论、泛系论、阐释学,以及其他社会科学、自然科学和思维科学等一切具体领域的有益方法。全新的方法论体系应该包括以下内容:(1) 整体分析与要素分析;(2) 结构分析与功能分析;(3) 静态分析与动态分析;(4) 性质分析、数量分析与技术分析;(5) 模糊分析、动力分析与释义分析;(6) 泛系分析、心理分析、社会学分析、文化学分析、人类学分析等跨学科分析。

在综合吸收社会科学和自然社会的合理方法以形成伦理学研究方法论体系方面,最有影响力的成果是罗国杰 1989 年主编的《伦理学》。在这本著作中,罗国杰构建了一个非常完整、严密的方法论体系,这个方法论体系由三个部分组成:第一层次是一般的科学方法,主要是指唯物主义辩证法,还包括信息论、控制论和系统论等新技术革命成果等的补充和发展;第二层次是社会科学方法,主要包括历史的方法、阶级分析的方法和理论联系实际的方法;第三个层次是伦理学研究的特殊方法,主要包括价值分析方法、科学抽象法、推己及人和自我省察法以及一些研究心理学、教育学、社会学的具体方法等。该书强调指出:"对于伦理学的研究来说,我们必须认识到这三个层次的方法都是非常重要的。一般的科学方法、社会科学的方法和伦理学的特殊方法,构成了研究伦理学的方法论的总的体系,从而使伦理学能够在正确方法的指导下不断发展。"③罗国杰提出的这套方法论体系框架得到了伦理学大多数学者的认可,有学者曾经进行这样的说明:"罗国杰对伦理学研究方法的概括,为以后的许多伦理学工作者所接受,对他们研究伦理学和道德问题给予了方法论的指导。"④

---

① 魏磊、李建华:《伦理学研究方法新探》,载《学习与探索》1986 年第 4 期。
② 胡成广:《道德系统论纲》,载《齐齐哈尔师范学院学报》(哲学社会科学版)1990 年第 1 期。
③ 罗国杰:《伦理学》,北京:人民出版社 1989 年版,第 13 页。
④ 丁正亚:《论罗国杰对马克思主义伦理学学科体系建设的理论贡献》,载《河西学院学报》2008 年第 6 期。

除了罗国杰在《伦理学》中提出的方法论体系之外,在伦理学界比较有影响的另一套方法论体系出自王海明的《新伦理学》和《伦理学方法》。王海明的伦理学方法体系包括两个部分:一部分是伦理学一般方法,具体包括四个方法,即作为伦理学发现方法的超历史分析法、作为伦理学发现和证明方法的归纳与演绎法、作为伦理学证实方法的观察和实验法、作为伦理学体系构建方法的公理法。另一部分是伦理学特殊方法,核心就是元伦理学方法,包括元伦理学的概念方法和确证方法。王海明提出:"今日伦理学家的使命,无疑是继承元伦理学的全部成果,把这种可能变成现实:建构伦理学方法的科学体系。"①唐代兴曾这样概括王海明的伦理学方法,他指出:"从整体讲,《新伦理学》之'新',集中表征为它是'新'功利主义,是当代'新'功利主义伦理学。因而可以准确地讲,《新伦理学》就是当代新功利主义。"②

三、简要评述

经过新中国 70 年的发展,特别是改革开放 40 年的发展,我国已经构建了一套相对完整的马克思主义伦理学理论体系,也初步形成了一个以马克思主义伦理学方法为指导、以西方伦理学方法和中国传统伦理学方法为辅助、以其他学科方法为补充的研究方法体系。其中尤为重要的是,奠定了马克思主义方法(即历史唯物主义和辩证法)在伦理学研究中的指导地位,提出了具有中国传统和现实特色的伦理学研究方法(如价值分析法、换位思考法、能近取譬法等),借鉴了大量相关学科、相近学科以及其他学科的科学方法(如社会学方法、心理学方法、系统论方法等)。可以说,在经历了起步期和争鸣期的发展之后,当今中国伦理学方法研究已经步入了一个积极、健康、合理的发展阶段。在这一阶段,无论是研究方法的反思提炼,还是各种方法的具体应用,都形成了大量有影响的研究成果,为中国伦理学研究和道德建设提供了强有力的方法支撑。

以下问题尚需引起我们的注意:

第一,伦理学学者的方法论意识还有待加强。方法论,应该是一门学科最为精深奥妙的东西,是一门学科得以存在和发展的工具根基。很显然,如果没有伦理学研究的实证方法,我们就不可能开展真正的道德实证研究。其他方法也是如此。但在过去 70 年间,我国伦理学学者的方法论意识还比较薄弱,对伦理学研究方法重视

---

① 王海明:《伦理学方法》,北京:商务印书馆 2003 年版,自序。
② 唐代兴:《重建伦理学方法论——〈新伦理学〉研究(6)》,载《玉溪师范学院学报》2009 年第 11 期。

不够,这主要体现在两个方面:一方面,从事伦理学方法论专题研究的学者非常少,涉及伦理学方法专题研究的成果也不多。过去70年以"伦理学方法"为主题的重要研究性著作只有2本,重要研究性论文也不超过20篇,重要研究项目基本上没有。另一方面,一部分学者在讨论伦理学问题时都没有清晰自觉的方法论交待。从目前来看,几乎所有的伦理学教材都设有独立的章节专门论及方法问题,但大多数学术性论文往往不说明自己的方法论前提,更为严重的是,一部分论文中根本看不到方法论的影子。之所以出现这个问题,是因为部分学者没有意识到方法论在伦理学研究中的重要性,因而没有考虑过或重视过研究方法问题。事实上,没有清晰的方法论意识,没有坚固的方法论基础,伦理学研究很难取得实质性的突破。

第二,我国学者还没有构建出伦理学的特有研究方法。到目前为止,我国伦理学研究方法的构建和发展,主要有三个思路:一是直接套用马克思主义哲学的研究方法,用杜振吉的话说就是"用哲学的方法研究伦理学,有时甚至简单地套用哲学的一般原理来概括、分析、研究道德问题和道德现象"[1];二是直接挪用西方资产阶级的伦理学研究方法,用李建华的话说就是"我们的研究方法依然更多是舶来的,来源于西方各伦理流派的研究范式"[2];三是简单借鉴其他社会科学和自然科学的研究方法。直接套用马克思主义哲学或一般哲学的研究方法,在一定意义上把哲学与伦理学等同起来,其结果只能是用哲学的方法取代了伦理学的方法;简单借鉴其他社会科学和自然科学的研究方法,就是将其他社会科学和自然科学研究方法在道德研究中推广应用,其结果只能是用其他方法遮蔽了伦理学的方法。西方伦理学研究确实有专门的研究方法,但西方的研究方法未必适用中国的道德问题。真正专属于伦理学的研究方法,必须从伦理学特有的研究对象出发,从研究对象的独特性质中发掘出与之呼应的研究方法。

第三,我国学者还没有构建出中国特色伦理学研究方法。万俊人指出:"我们尚未形成自身独特系统的中国道德话语体系,简单的道德拿来主义和伦理复古主义问题还没有得到真正解决。即使是马克思主义伦理学研究本身也还存在一定的教条主义和本本主义。"[3]我国目前的伦理学研究方法主要有两类:一是从马克思主义哲学中引申出来的伦理学研究方法,二是从现代西方哲学中引申出来的伦理学研究方法。在这两类方法中,前者往往更强调马克思主义的基本原理,而容易忽

---

[1] 杜振吉:《我国伦理学研究中的方法论倾向及其缺陷》,载《商丘师范学院学报》2004年第4期。
[2] 李建华、姚文佳:《改革开放40年中国伦理学的回顾与前瞻》,载《湖北大学学报》(哲学社会科学版)2019年第1期。
[3] 万俊人:《百年中国的伦理学研究》,载《高校理论战线》2012年第12期。

视中国两千多年的文化传统;后者多偏重个人主义方法,这又与我国的社会主义制度格格不入。事实上,能够将现代与传统、将马克思主义与中国实践真正结合起来的、具有中国特色的伦理学研究方法还没有建立起来。当然,造成这一局面的原因有很多,其中之一就是我们曾过度批判中国传统文化。在今天,要构建中国特色伦理学研究方法,就必须将优良的中外传统文化、现代市场经济的要求以及马克思主义指导思想结合起来,有意识地去创造中国特色的伦理学研究方法。习近平总书记曾经指出:"只有以我国实际为研究起点,提出具有主体性、原创性的理论观点,构建具有自身特质的学科体系、学术体系、话语体系,我国哲学社会科学才能形成自己的特色和优势。"①

---

① 习近平:《在哲学社会科学工作者座谈会上的讲话》,载《人民日报》2016 年 5 月 19 日。

第三章　道德本质

马克思主义伦理学将道德作为伦理学的主要研究对象。那"道德的本质是什么"这个本体论层面的问题,就应该是伦理学最基本的问题之一。本质是和现象相对应的理论范畴,是指一种事物区别于其他事物的特殊规定性。所以,道德的本质就是指道德区别于其他事物的根本性质,是道德基本要求的内在联系和道德内部所包含的一系列必然性、规律性的总和。不同的哲学或伦理学派别对"道德本质"问题的理解和回答都不尽相同,或者说,正因为对这个问题的不同回答,才因此出现了不同的伦理学理论和派别。历史上各个时代、各个阶级的伦理思想家,总是不可避免地要从他们所处时代的特点出发,以一定的世界观和方法论为指导,作为一定阶级利益的代表来阐发他们的伦理思想和道德学说,因而也就出现了各种各样的伦理观点和流派。列宁说:"判断哲学家,不应当根据他们本人所挂的招牌……而应当根据他们实际上怎样解决基本的理论问题"①判断伦理学家同样如此。而这个直接影响到伦理学体系建构的基本理论倾向的"基本理论问题"便是道德本质问题。道德本质是解决历史上伦理思想、观点和派别之争的一把钥匙。因此,对于道德本质问题的研究和探讨无疑就具有了重要的价值和意义。

梳理西方伦理学史可以发现,根据对道德最终根源和目的指向性问题的不同回答,整个西方传统道德本质思想基本上可以划分为"道德工具论"和"道德本体论"两派。道德工具论与道德本体论之间的争论是贯穿西方传统道德本质思想认识历史的重要线索。在对西方哲学史传统机械唯物主义和形而上唯心主义批判反思的基础上,马克思创立了唯物史观,为马克思主义伦理学的创立奠定了科学的方法论基石。正是在这种科学的唯物史观的指导下,诞生于19世纪40年代的马克思主义伦理思想,在继承、发展了传统伦理思想的基础上,从现实的人的社会关系出发,对道德本质进行了全新的科学完整的阐释,最终实现了传统伦理思想史上关于道德本质思想认识的革命性变革,推进了道德本质问题里程碑式的发展。

---

① 《列宁全集》第14卷,北京:人民出版社1988年版,第226—227页。

改革开放40年来,国内学术界关于道德本质问题进行了深入的探讨和争鸣,我国的道德本质问题研究取得了丰硕的成果,使得道德本质理论日趋成熟,为新中国伦理学事业的发展作出了突出的贡献。总的来说,在大的方向上,国内争鸣是坚持辩证唯物主义和历史唯物主义的世界观和方法论的,从而为解答这个问题奠定了科学基础,学界也逐步形成了一种马克思主义伦理学道德本质观的基本共识。

一、研究的基本历程和概况

改革开放40年来的伦理学发展史上,对道德本质问题的探索可谓是"年轻常新"。说它"年轻",是因为对道德本质问题的学术研究自20世纪80年代才真正开始。说它"常新",是因为自从道德本质问题进入学术视野之后,几乎每年都有专门论及道德本质的文章和著作出现,且"新论""新思考""新探"这类词汇在标题中随处可见。之所以常谓之"新",大致有三:其一,伦理学的发展在新中国从小到大,是一个加速成长、百废待新的过程,我们要有自己的伦理学,就要有中国特色伦理学理论体系,而作为任一伦理学体系之理论"内核"的道德本质论,是首先需要直接给予回答的最基本的问题。随着中国特色社会主义进入新时代,与之相关理论的现实基础都发生了一些变化,道德本质作为一名必须走上前台的理论主角,激烈的探讨和争论也就在所难免,故常有之新。其二,理论的筹建和储备需要学术资源的供应和给养,因此,除了可以继承的本民族的伦理思想之外,吸收和借鉴外来的理论资源则是意料中事。改革开放40年来,随着对中国传统伦理和西方伦理学研究的深入,新的材料、观点不断争鸣,不断的吸收和借鉴带来了知识和观念的不断更新,同时,有吸收自然就会有比较,有比较则会孕新解,这也是常有之"新"的原因之一。其三,改革开放以来,社会经济生活领域一直处在不间断的持续发展之中,相应地,社会伦理关系和人们的道德观念也在不断地发生变化,从而,许多新思潮、新观念、新问题也就摆在了伦理学人的面前,如何认识并答复现实生活中的这些新鲜事物,势必会触及对道德本质理论既有的研究成果和研究结论。它们是可以蕴含在原有的道德本质理论的解释框架之内,从而可以继续深入探讨并加以丰富的理论问题呢?还是超出了原有的道德本质理论的框架,进而需要超越或重建既有理论体系的新因素呢?这些都构成了对道德本质理论不断进行新探讨的来源。

（一）新中国成立之初至改革开放之始：早期的铺垫与准备工作

对道德本质问题进行专门而深入的探讨是从改革开放以后复建伦理学学科开始的。但是，从新中国成立到改革开放之初的 30 年间，老一辈的哲学家、伦理学家和一些理论工作者们也相继写有伦理学方面的学术文章，这些著述在一定程度上为后来的道德本质研究做了早期的铺垫和准备，早期的伦理学研究文献多数集中在 20 世纪 50 年代末至 60 年代初，代表性的著述有：朱飞的《关于伦理学的若干问题——给冯友兰先生的一封信》(1961)，冯友兰的《给朱飞先生的答复》(1961)，罗国杰的《伦理学的对象是什么？》(1962)，吴晗的《说道德》(1962)、《再说道德》(1962)、《三说道德——敬答许自贤同志》(1963)，许启贤的《关于道德的阶级性与继承性——与吴晗同志商榷》(1963)、《马克思主义伦理学的对象》(1963)，李奇的《论物质生活与道德的关系》(1963)，冯友兰的《关于伦理学的基本问题》(1964)，周辅成的《西方伦理学名著选辑》上卷(1964)，周原冰的《道德问题论集》(1964)等，仅仅从这些文章的论题上，我们就可以大致地看出，这段时期内的伦理学研究文献集中围绕着伦理学的基本问题、伦理学的研究对象、道德的阶级性和继承性、道德的社会根源和历史起源等问题展开，在某些问题上还引起过激烈的争论。不过，就文献的内容来看，这段时期内出现的大部分文章所关注的重点或者说文章的主旨是确立马克思主义在伦理学上的基本立场，在理论上则是用历史唯物主义的基本原理来解释和说明物质生产方式和作为社会意识形态的道德之间的辩证关系，其目的主要还是为了共产主义道德的宣传和教育。这在一定程度上也反映出了在新型的伦理学理论体系尚未形成之前理论筹建工作的学术方向和学术背景。尽管在这段时期内，道德本质问题还没有被作为专门的学术研究对象加以讨论，但实际上，在"伦理学基本问题""伦理学研究对象""物质生活和道德的关系""道德的阶级性和继承性"这些议题中，是无法回避"道德是什么"这一本质问题的。与此同时，如"道德是社会意识形态"和"道德是行为规范"这样的论断已经出现，而道德本质问题应涉及的一些理论方面也都有所触及。

（二）20 世纪 80 年代初期至中期：对道德本质问题的初步探讨

1982 年，由罗国杰主编的《马克思主义伦理学》问世了，这是新中国第一部马克思主义伦理学的教科书，尽管"道德本质"的字样还没有出现在章节标题中，但书中"社会物质生活条件与道德的辩证关系"一章专门讨论了"道德的本质是什么"。书中认为，"道德是一种社会的上层建筑和意识形态现象，它是由社会的物质生活条件决定的,同时又对社会物质生活条件的发展起着巨大的反作用",而社会物质生活条件与道德的辩证关系就体现在:(1) 社会经济关系对道德的决定作用;(2) 社会生产力和科学技术在道德发展中的作用;(3) 道德的相对独立性和能动作用。这部《马克思主义伦理学》教材为道德本质问题的研究提供了第一个理论框架,对马克思主义道德本质论的发展影响深远,尤其是书中论及社会经济关系对道德决定作用的四个方面:经济结构的性质决定道德体系的性质、经济关系利益决定道德原则和规范、人在经济结构中的地位和利益决定道德体系的阶级属性和社会地位、经济关系变化必然引起道德关系变化,已经成为阐释道德之社会历史本质的经典表述。《马克思主义伦理学》问世后不久,国内相继涌现出了一大批伦理学教材。其中具有代表性的有唐凯麟主编的《简明马克思主义伦理学》(1983 年)和《伦理学纲要》(1985 年),魏英敏、金可溪主编的《伦理学简明教程》(1984 年),罗国杰、马博宜、余进编著的《伦理学教程》(1985 年),肖雪慧的《伦理学原理》(1986 年)等,值得注意的是,道德本质已作为专门章节出现在绝大部分教材当中。特别是在唐凯麟主编的两部教材中,对道德的本质作了一般和特殊意义上的区分,进而在肯定社会意识形态是道德一般本质的同时,还首次把"实践—精神"作为道德的特殊本质写进了教科书,《简明马克思主义伦理学》一书认为,道德掌握现实世界是通过善恶评价和应该不应该的方式来调节人们的行为,从而"对道德的本质的全面的科学规定应该是:道德是社会意识形态和人类对现实社会的"实践—精神'掌握和占有的统一"①。而肖雪慧的《伦理学原理》一书在道德本质问题上的观点与当时大多数通行的教科书有所不同,书中并没有从社会存在与社会意识的关系出发,而是从"人性与道德"的关系入手来论及道德的本质,她认为"道德是人的道德,离开了人这个道德主体,道德就不复存在",从而,"人性是道德产生以及一切道德活动赖以进行的主观前提"。但书中同时又认为"道德并不能从人性中引申出来……而只能从人们客观的社会联系中引申出来",所以"道德是以人性的主观为前提,产生于客观的现实社会关系之上的一种特殊社会现象"。② 后来,这一理论出发点上的分歧愈演愈烈,最终导致了一场有关道德本质问题的大讨论。

除了教科书之外,这一时期还涌现出不少论有道德本质问题的学术专著和学术论文。李奇在 1984 年出版的《道德与社会生活》中,开篇便讨论了道德与利益的关系问题,集中论述了道德的社会根源和物质基础,认为"道德的根源是一定社会

---

① 唐凯麟主编:《简明马克思主义伦理学》,武汉:湖北人民出版社 1983 年版,第 44—45 页。
② 参见肖雪慧《伦理学原理》,成都:四川教育出版社 1986 年版,第 31 页。

的经济关系……是一定的社会经济关系表现的利益关系所决定的"①。周原冰在1986 年出版了他的《共产主义道德通论》,本书开宗明义的第一章便是"什么是道德",周原冰在书中运用马克思主义的基本原理所得出的关于道德本质的基本观点都是当时学界所熟知的一些结论,但是,该书在探讨道德本质问题上的贡献与特色在于,它澄清了在道德本质理论的研究中所存在的一些"似是而非"的观点,深入地分析和丰满了一些基本的理论问题,如对以为道德赖以产生、存在和发展的社会客观基础只是社会的生产力这一观点的辩驳,对道德的客观基础是社会物质生活的生产方式是人们的社会存在这一观点的论述。② 马博宣的《简论道德的社会本质——兼评抽象人性论的某些说法》(1985 年)一文,批判了"人的自然属性或生理本能是道德发生根源的抽象的人性论观点",指出道德特殊矛盾性在于调节个人利益和社会利益的非对抗性矛盾,在于以善恶价值作为基本的道德评价范畴,在于以社会舆论、传统习惯和内心信念为凭借的力量和手段。③

从改革开放至 20 世纪 80 年代中期这段时间来看,自马克思主义伦理学恢复研究之后,对道德本质问题的探讨已正式登上了学术界的历史舞台,尽管还存有异议,尽管还羽翼未丰,但在道德本质问题上,一些基本的理论观点、理论原则和理论框架却已初步形成。不过,问题还是有的,比如说道德本质范畴的内在结构是怎样的? 如何对道德的本质进行逻辑上的划分(如一般和特殊、内在和外在、一级或二级等)? 每个逻辑层次上应该包含哪些要素或属性,它们之间的关系又是如何等等,正如罗国杰在 1985 年的《我国伦理学的现状与展望》一文中所言:"对于伦理学的一些重大问题,如道德的本质和社会作用……等,还没来得及进行深入的讨论,有的虽引起了争论,但成果不明显,有些问题,还只是在表面上兜圈子。"④

尤其值得注意的是,有关道德本质问题的研究从一开始便存在着理论出发点上的分歧,这种分歧集中体现在"是从社会存在与社会意识之间的辩证关系出发去认识道的本质",还是从"人性与道德的关系入手去认识道德的本质"上。往后,我们将会看到这一理论立场上的分歧不仅直接导致了下文将要重点引述的一场大规模的争论,而且这一分歧所带来的潜移默化的学术影响仍然留存至今。

① 李奇:《道德与社会生活》,上海:上海人民出版社 1984 年版,第 19 页。
② 参见周原冰《共产主义道德通论》,上海:上海人民出版社 1986 年版,第 13 页。
③ 参见马博宣《简论道德的社会本质——兼评抽象人性论的某些说法》,载《东岳论丛》1985 年第2 期。
④ 罗国杰:《我国伦理学的现状和展望》,载《江淮论坛》1985 年第 6 期。

（三）20 世纪 80 年代后期至 90 年代初：道德本质的规范性与主体性之争

这段历史在新中国道德本质问题的研究历程中极为重要。80 年代初，理论界有一场关于人道主义和异化问题的大讨论。以王若水为代表的一批学者认为，在国内以往的马克思主义理论研究中，对"人的问题"的探讨是没有多少地位和空间的。而实际上马克思主义也是一种以"现实的、社会的、实践的"人出发的人道主义，从而"人是马克思主义的出发点"。① 这股人道主义思潮在当时的理论界波及甚广，影响甚大，伦理学界也身在其中。1986 年，肖雪慧在《光明日报》上发表题为《人的主体性是一切道德活动的出发点》（下称肖文）一文。是年，夏伟东在《哲学研究》上撰文《略论道德的本质——兼与肖雪慧同志商榷》（下称夏文）。至此，一场有关道德本质问题的大讨论拉开了序幕。今天看来，在道德本质问题上，这场争论是迄今为止参与者最多、讨论时间最长的一次大规模的学术争鸣，它对马克思主义道德本质论的深化和发展是意义深远的。

肖文认为，"道德产生于人的需要，可是这种需要却包含着并不总是一致的两个方面。一方面，道德产生于协调社群体内部个人与个人之间、个人与整体之间相互关系的需要，另一方面又产生于人自我肯定自我发展的需要。"肖文认为在当时现行的教科书中，"道德往往被理解成原则规范的集合体，理解为社会驯服人的手段，理解为经济力量借以自我表现的工具。在道德生活中，人似乎仅仅是接受现成道德规范的被动客体。"尽管"视道德为约束人的力量的看法，并非没有道理"，然而，"人不是机械接受道德准则的被动客体，而是作为道德的创造者和体现者的积极的主体。人的主体性是一切道德活动的原动力。"因此，"道德从本质上说，是人的需要和人的生命活动的一种特殊表现形式。"②

就肖文"道德从本质上说，是人的需要和人的生命活动的一种特殊表现形式"这一论断，夏文针锋相对地指出，"道德从一开始就是一种调整个人利益与集体利益矛盾关系的行为规范。"夏文认为，"肖文的出发点是个人与社会矛盾的完全消失，个人利益与集体利益矛盾的完全消失。这是肖文认为道德并不需要作为什么规范来约束个人行为的原因所在。"但真正的出发点却应该是"反映个人与社会的客观矛盾和追求矛盾统一的活动"，"无论过去、现在还是将来，都不曾出现也不会出现个人利益与集体利益毫无矛盾的理想社会"。由此，"道德的本质就在于既要

---

① 参见王若水《人是马克思主义的出发点》，载《为人道主义辩护》，北京：三联书店 1986 年版，第 200—217 页。

② 参见肖雪慧《人的主体性是一切道德活动的出发点》，载《光明日报》1986 年 2 月 3 日。

注重于个人的发展和个人利益的满足,更要注重于社会的发展和集体利益的实现。"尽管"优先保障社会的发展和集体利益的实现,宗旨还是落脚于作为社会和集体的各个成员的具体人之上",但"个人的发展,个人利益的满足,其根据只能从社会、从集体中去找"。因此道德的崇高性、尊严和价值就在于"道德是集体利益的维护者",道德的原本用意就在于"公开声明个人对社会或多或少的自我牺牲",只是这种牺牲应朝向"更合理、更有价值、也更合乎个人利益和集体利益有机统一的方向发展"。所以,"道德原本就具有规范和约束的属性。"① 时隔一年,作为回应,肖雪慧在《哲学研究》上发表了《"道德本质在于约束性"驳论——答夏伟东同志》。同样是援引自马恩的著作,文章依然坚持认为,"千百年来客观存在着道德的协调性因素和进取性因素","道德的协调性因素"是"调节人与人、个人与社会之间关系的社会需要而产生的",而"道德的进取性因素"则是"人们改造客观世界以及肯定和发展自身的需要产生的"。但是,肖文所坚持的却是"道德的约束性只应有从属的性质,道德作为人肯定、发展自己的一种特殊形式的这一面才是本质的方面"②。两相比较,不难看出,夏文和肖文都不否认道德在本质含义上的规范性特质和主体性特质。从这一点来说,许多参与讨论的文章批评两者要么是"片面强调道德本质的规范性一面",要么是"片面强调道德本质的主体性一面",是有失公允的。实质上,争论的分歧在于,在道德本质的"规范性特质"和"主体性特质"中,谁更具有本质含义上的"第一性"?进一步地说,后来许多评论者认为两者是在"非辩证地"看待道德本质问题,从而呼吁"统一"道德本质的规范特质和主体特质,这种说法也是似是而非的。其实,两者并没有所谓"辩证不辩证的问题",关键是他们在道德本质问题上的理论出发点是不同的。夏文的理论出发点是"社会历史本质——规范本质——主体本质",其中,规范本质是"社会历史本质"和"主体本质"之间辩证运动的中介和中间环节,是一种辩证的"斡旋"(夏文语)。而肖文的出发点则是"主体本质(从人的需要出发)——社会规范(从社会需要出发)——发展了的主体本质",其中,社会规范是主体本质辩证发展过程中的中介和中间环节。显而易见,不是两者不辩证,而是出发点不同。对此,罗国杰在1991年发表的《十年来伦理学的回顾与展望》一文中,在谈及这场争论的实质时,曾一语中地地指出:"我认为,并不能单纯地就道德的这两种属性来定义道德的本质,甚至不能单纯地就这两种属性来谈论这两种属性本身,也不能认为,只要将二者简单地或机械地结合起来,道德的本质

① 夏伟东:《略论道德的本质——兼与肖雪慧同志商榷》,载《哲学研究》1986年第8期。
② 肖雪慧:《道德本质在于约束性驳论——答夏伟东同志》,载《哲学研究》1987年第3期。

问题就解决了。其实问题没有这么简单,这里必须首先解决一个出发点问题,解决一个前提问题。"这种出发点和前提就是"是从社会关系、经济关系、利益关系的角度出发",还是"从抽象的人的需要出发"。①

从1986年至20世纪90年代初,围绕着道德本质的规范性和主体性之争,伦理学界对道德本质的诸多理论问题展开了热烈的探讨,提出了各自不同的道德本质观。

当时争议的焦点是:(1)如何打通道德本质的"规范性特质"和"主体性特质"?(2)道德的一般本质和特殊本质或称一级本质和二级本质之间究竟是什么关系?(3)究竟什么是道德的特殊本质?

肖群忠认为,道德本质的规范性和主体性两者应该是辩证统一的,而道德作为实践精神的把握世界的方式是两者统一的基础,因此,除了道德作为社会意识形态的一般本质外,道德的特殊本质也就是实践精神的把握世界的方式。② 王泽应认为,道德的真正本质是主体性(包括群体主体性和个人主体性)的集中表现的确证,是主体规约和完善自身的社会工具和社会形式。"规范约束性与发展完善性的有机统一构成了群体道德本质的实质内容",而"个人道德自由与道德自制的辩证统一则是个体道德的本质表现"。③ 黄伟合认为,"服务于人的需要而产生的并受动于社会历史条件的行为规则"是道德的一般本质,而道德的特殊本质在于"道德所独具的作为认识理性与实践理性相统一、他律与自律相统一、现实性与理想性相统一的特性"④。谢洪恩认为,夏文把规范性说成是道德的本质不足以和其他规范相区别,而肖文把道德说成是人肯定、发展自己的一种特殊形式,也只是在说道德的一种功能,而非道德的特殊本质,他认为道德"是人以善恶观念来把握世界和把握自己的一种'实践—精神'方式"⑤。乔法容、王昕杰认为,"和谐是善的最高表现",因其主体在道德活动中以社会上诸种利益关系所形成的善恶意识和观念进行社会关系的调节是"道德自身内在的矛盾",因此,道德的本质就是"主体通过个人利益和社会利益(包括他人利益和集团利益)关系的调节,有目的地创造和维护社会关系和谐的一种实践精神"⑥。罗若山认为,"道德的规范性是以主体性形式表

① 参见罗国杰《十年来伦理学的回顾与展望》,载《道德与文明》1991年第2期。
② 参见肖群忠《也论道德本质——兼与某些同志商榷》,载《道德与文明》1987年第4期。
③ 参见王泽应《道德本质之我见》,载《哲学动态》1988年第8期。
④ 黄伟合:《道德本质新探》,载《学术界》1989年第3期。
⑤ 谢洪恩:《关于道德本质的几个问题——评肖雪慧、夏伟东同志的一场争论》,载《怀化师专社会科学学报》1989年第1期。
⑥ 乔法容、王昕杰:《道德本质的新思考》,载《中州学刊》1989年第1期。

现出来的规范性""人在道德活动的主体性是道德现实生命力的体现""社会主义道德更强调人对社会的自我适应、自我调节以及自我克制",因此,"主体性是道德的本质。"①胡承槐认为,道德本质的规定性在于"(1)道德作为一种精神力量,它处于社会结构网络系统的最表层,其一系列原则、规范和标准,是特定历史的社会物质生活过程的观念反映,决定于社会物质生活过程的历史状况;(2)道德是一定历史阶段的产物,它是因斡旋个人利益与他人利益、个人利益与共同利益、普遍利益之间矛盾关系的需要而产生的,并因这一矛盾关系的历史性变迁而发生相应的震荡和变迁;(3)道德与政治、法律、宗教等等互相配合,又互相分工,各自以自身特有的作用方式在自己特有的作用力范围之内调整或维系人们相互间的利益关系"②。

除了上述专门论有道德本质的文献外,还有一些具有代表性的史论、综述、评介、译介类文献,如罗若山在 1986 年发表的《西方伦理思想史上的道德本质问题——兼论西方伦理思想发展主线》一文,用感性主义人性论和理性主义人性论之间的历史争斗来勾勒西方伦理思想发展的主线,认为最后是马克思、恩格斯科学地总结出了"道德是现实社会活动中的人的社会关系,主要是社会经济关系的产物"③。朱贻庭、黄伟合在 1989 年发表的《道德本体论与道德工具论——中西传统伦理文化关于道德本质认识之差异》一文,以"一级本质"的道德为基点,经过对中西方传统伦理文化的比较,认为"道德本体论是中国伦理学传统的主流",而"道德工具论则是西方伦理学传统的主脉"。"道德本体论视道德为宇宙之本体,视人为道德之工具,强调道义的至上性与超功利主义。与之相对立,道德工具论在人与道德的关系上,确立人的中心地位;在历史与道德的关系上,坚持历史本位主义,肯定道德作出适度妥协的合理性"。④ 在许启贤主编的《伦理学研究初探》中,第四章第三节专门综述了"关于道德主体性和道德本质问题"的争论,并把争论的立场概括为三方:主体性一方规范性和约束性一方、规范性和主体性统一一方。⑤ 周中之的《"道德与人的主体性理论"观点综述》一文专门针对肖雪慧与夏伟东、尹继佐和罗若山之间的争论观点对"主体性理论"作了综述。⑥ 金可溪在 1992 年发表的《从道

① 罗若山:《浅谈道德的规范性与主体性》,载《哲学研究》1987 年第 3 期。
② 胡承槐:《也论道德的本质和功能》,载《哲学研究》1991 年第 2 期。
③ 罗若山:《西方伦理思想史上的道德本质问题——兼论西方伦理思想发展主线》,载《上海社会科学院学术季刊》1986 年第 1 期。
④ 参见朱贻庭、黄伟合《道德本体论与道德工具论——中西传统伦理文化关于道德本质认识之差异》,载《文史哲》1989 年第 1 期。
⑤ 参见许启贤主编《伦理学研究初探》,天津:天津教育出版社 1989 年版,第 140—144 页。
⑥ 周中之:《"道德与人的主体性理论"观点综述》,载《道德与文明》1987 年第 1 期。

德的阶级本质观到全人类本质观》一文中,介绍了从俄国十月革命成功到苏联解体的这段时间内,苏联哲学界道德本质观上的历史演变,其过程是:"从1920年到1959年,苏联坚持道德的阶级本质观,批判和否定道德的全人类性本质;从1960年到1985年,苏联主张道德的阶级本性和全人类本性的辩证统一观,认为道德的阶级本质是基本的、主要的,全人类本质是次要的、从属的;而在1985年以后,则批判与否认道德的阶级本质观,宣扬道德本质上是全人类性的。"并指出,"道德本质观的演变是社会意识形式演变的表现之一"。①

在这些研究成果中,有两部重要的著作,可以被看作是对这些争论的阶段性总结。一部是由罗国杰主编的教材《伦理学》,另一部是夏伟东的专著《道德本质论》。前者自出版以来就一直是伦理学界的权威教科书,经久不衰,而后者也堪称迄今为止研究马克思主义道德本质理论最系统、最全面的一部学术专著。《伦理学》把道德的本质区分为一般本质和特殊本质。一般本质是道德的社会本质,"是一种受经济基础决定的社会意识形态和上层建筑",特殊本质即道德的规范本质,"是一种特殊的规范调节体系"。其特殊性就在于它是"非制度化的规范"、"非强制性的规范"以及"内化的规范"。除了这两者外,道德还是一种实践精神,"是人类把握世界的特殊方式,是人类完善发展自身的活动"②。总的来说,书中对道德本质的阐释遵循的是这样一种逻辑思路:首先,以社会存在决定社会意识这一唯物史观的基本原理给道德本质"定性",从而奠定其一般本质;其次,在社会意识形式中,与政治的、法律的等具有规范性质的政治上层建筑的区分规定了道德的特殊本质,即特殊的规范调节方式;最后,与科学、艺术等具有精神特质的思想上层建筑的区分指出了更为特殊的本质,也就是"实践—精神"的方式。不难看出,在《伦理学》中,对道德本质的认识已经有了一个结构清晰且基本成型的构架。不过,作为一本教科书,《伦理学》或许只能提供大致的思路和框架,而许多内在的理论关节还是由《道德本质论》来阐发的。从理论立场上说,《道德本质论》与《伦理学》是一致的。它对道德的本质作出了外在根据和内在根据之分。外在根据即道德的社会历史本质,内在根据则是道德的规范本质和主体本质。与《伦理学》在表述结构上有所不同的是,主体本质被"名正言顺"地写进了道德本质理论,而且诸如"人的需要""人性""主体""主体性"也大量出现在章节内容中。不过,与绝大多数强调道德主体本质是道德"真正"本质或"第一"本质的立场所不同的是,《道德本质论》对道德本质中所

① 参见金可溪《从道德的阶级本质观到全人类本质观》,载《青海社会科学》1992年第6期。
② 罗国杰主编:《伦理学》,北京:人民出版社1989年版,第44—57页。

涉及的主体性范畴都作出了具有"社会历史属性"的论证。《道德本质论》认为,规范本身是"一种客观的社会要求和人们的主观意识相统一的结果",道德规范的客观性内容来源于规范得以存在的客观的社会基础,而道德规范的主观性内容,则是道德主体以主体的方式在把握社会客观基础的基础上形成的。这样一来,道德规范在本质上也就是"这种主客观因素相统一而成的"。从而,无论是社会历史因素的变化,还是主体因素的变动,从道德上讲,它们都必须以规范的形式表现出来,并通过规范的功能和作用产生影响。正是在这个意义上,才有所谓道德规范是社会历史因素和主体因素之间"斡旋"的结果。① 可以说,《道德本质论》深入地解释了道德各级本质之间的关联及其互动规律,对深化马克思主义的道德本质理论作出了突出的贡献,其中所得出的一些基本观点和基本结论也逐渐被看作是我国马克思主义伦理学在道德本质问题上的权威立场.

　　90年代初期往后,这场争论的热度逐渐式微,对道德本质问题的探讨至此也告了一个段落。在1994年的《伦理学新论》一书中,万俊人曾对这一时期的伦理学研究总结道:"八十年代以来的伦理学发展是现代中国马克思主义伦理观的系统化延伸",它与以往各期的马克思主义伦理学的不同之处在于:其一,"不限于某些原则结论的宣传和论证,而是进一步系统化、体系化"。其二,"根据中国现代化社会实际的迅速变化不断更新和丰富自身",从而是"逐渐臻于成熟"。② 从总体上说,这一评价基本上是符合事实的、中肯的。可以说,自新中国成立至90年代初,就道德本质问题而言,尽管绝大多数的研究都声称是以马克思主义为理论基础和出发点,形式上也主要是依据经典作家的文献,但从实质上讲,由于对马克思主义理论的一些基本问题各有各的理解,对马克思主义理论的认识程度也各有不同,由此也就在实际上形成了马克思主义道德本质理论上的不同派别,从而,这场争论不仅是一次极为有益的学术交流和思想碰撞,同时也促成了我们姑且可以称作马克思主义道德本质理论上的"正统派"和"非主流派"。后者和人道主义的马克思主义有着一衣带水的关系。实事求是地说,"非主流派"中有些论及"人的需要"、"人性"、"人道主义"和"主体性"的观点基本上还是马克思主义的,但有些其实已经和"马克思主义性质"渐行渐远了。至此往后,道德本质研究的理论属性就并非只定于"马克思主义"之一尊了,状况可谓是"非主流派"层出不穷,但"正统派"却权威犹在。

① 参见夏伟东《道德本质论》,北京:中国人民大学出版社1991年版,第47页。
② 参见万俊人《伦理学新论》,北京:中国青年出版社1994年版,第237—238页。

（四）90年代中期到21世纪初：多流向的道德本质研究路径

如果大致浏览一下20世纪90年代以来的伦理学文献,我们或许不难发现,在道德本质问题的表述方式上,除了我们耳熟能详的"意识形态""行为规范""实践精神"之外,还出现了一套新的话语体系,扳指细数,大致有这样四个高频出现的关键词:"存在方式""价值本体""应当""文化"。在话语体系发生转变的背后往往是理论范式的转型或理论立场的转向。

从一定程度上讲,这表明道德本质的研究路径实际上已朝多个方向发展。据此,我们概称为"多流向的道德本质研究路径"。总的来说,这里讲的"多流向"主要指三种情况:(1)依然坚持从马克思主义的立场、观点和方法去研究道德本质问题;(2)以西方伦理学的知识派系和理论立场去研究道德本质问题;(3)徘徊在伦理学的西学立场和马克思主义立场之间,或有新意、或有迷茫地去研究道德本质问题。尤其值得注意的是,在20世纪90年代以来的道德本质问题研究中,"人"的地位被显著地提高了,相应地,人道主义立场和个人主义方法也逐渐盛行起来。

在《人为什么要有道德?》一文中,万俊人认为,道德的价值意义在于其价值的存在论暨本体论特征。"道德地存在或有道德地生活本身就是文明人类的生存方式和生活方式。""道德是人类文化的精神内核。人性的文化特质和文化的价值取向决定了道德必定成为人类自身的内在目的之一,甚至是最为重要的内在目的。通过自身的道德实践和人格美德成就来实现自身的文化特性,并展示自我的文化价值和文化价值境界,不仅是作为精神理想的,而且也是作为实际达成的人生价值境界。人在充分展示其人格魅力和道德潜能的同时,展示了自己的人性,使其成为一种道德人生或美德人生的化身。"[1]

又如杨国荣认为,"道德既是人存在的方式,同时也为这种存在(人自身的存在)提供了某种担保。就其内在关系而言,善何以必要与存在(人的存在)如何可能两重提问之间很难截然加以分离;二者的这种相关性,也决定了对前一问题的思考,无法离开伦理学与本体论相统一的视域。历史地看,人的存在包含着类(社会)与个体两重向度,通过在类的层面制约生活秩序、社会整合、体制系统,以及在个体之维作用于自我的统一和境界的提升,道德从社会系统中的一个侧面,为走向具体、真实、自由的存在提供了某种前提,正是在这一过程中,善何以必要的问题同时

---

[1] 万俊人:《人为什么要有道德?》(上、下),《现代哲学》2003年第1、2期。

获得了历史的解答"①。

再如高兆明认为,"1. 道德是人类对世界的特殊把握方式,道德作为人的应然存在方式,是理性对人及其存在的反思性把握……所谓道德是对人及其存在的反思性把握,是指道德是对存在的反映,不过这种反映有特殊的样式,它是评价性反映。2. 道德是社会的特殊规范方式。人类为何要反思性把握自身存在的特质?这就在于人类要求发挥其主体性功能,以应然的方式能动地安排协调与规范自己的日常生活。3. 应当从主体及其存在方式的角度认识道德,应当把握它是人的存在方式或智慧生活方式这一实质性内容"。②

有些学者依然遵循着"道德是社会意识形态"的理论立场去理解道德的本质。宋希仁认为,"道德是一种精神,是社会的、个人的意识和观念形式。道德是通过人的意识而存在的,社会意识是道德存在的基本形态。""道德作为一种社会精神,表现为道德主体的主观性、特殊性、个体性的德,同时又是客观的伦理关系和法则,具有客观性、普遍性、社会性。道德作为精神的东西,是社会存在的反映,相对于社会经济关系而言,是属于上层建筑范畴的意识形态。"道德就其本质而言,"是一种特殊的社会意识形态。"③唐凯麟认为,"既然人把个人利益和社会共同利益的需要内在地具于一身,他就必须始终面对这两重利益之间的相互关系问题,形成调节和处理它们相互关系的客观需要。道德就是在一定社会物质生活条件下对这种客观必然性的有意识地把握,它是一种特殊的社会价值形态。"所以,"道德是人的一种特殊的社会规定性,是社会的一种特殊的人的价值观念。道德既是社会调节的一种特殊手段,又是人实现自身统一、精神完善的一种特殊方式,它始终植根在人和社会不可分割的联系中,是一种特殊的社会价值形态"。④章海山认为,道德是"一种社会现象""一种社会意识形态""一种价值体系"。首先,"道德作为一种社会现象,反映了人们的一种特殊的社会关系——伦理关系。""人与自然、个人与社会、人与人和人与自身之间客观上存在一种不以人的意志为转移的伦理关系,道德反映这些关系,协调和发展这些关系。"其次,"道德又是一种社会意识形态,作为一种精神现象、观念形态出现,它归根到底由社会存在决定。"最后,"道德的本质将是规范性和自我完善性的统一"。"道德制约人们的过程与人们自觉遵守规范的意识觉醒过

① 杨国荣:《伦理与存在——道德哲学研究》,北京:上海人民出版社2002年版,第11页。
② 高兆明:《伦理学理论与方法》,北京:人民出版社2005年版,第28—39页。
③ 宋希仁:《伦理与人生》,北京:教育科学出版社2000年版,第12—13页。
④ 唐凯麟编著:《伦理学》,北京:高等教育出版社2001年版,第26—38页。

程相一致"。①

杨宗元在《关于道德本质问题的探讨》一文中进一步阐发了马克思主义的道德本质论。值得一提的是,文章在"道德与需要""道德的主体性和规范性""道德的他律性与自律性"这三个与道德本质问题息息相关的关键点上,依据对经典作家客观公允的文本解读,澄清了学界在引用经典作家文本论述道德本质时的误解。如"任何人如果不同时为了自己的某种需要和为了这种需要的器官而做事,他就什么也不能做"和"道德的基础是人类精神的自律"等。文章的结论认为"马克思恩格斯从社会经济关系中寻找道德的本质规定,认为道德是物质关系的产物;作为特殊的社会意识形式,道德从实践精神的角度把握世界,道德的规范性和主体性密不可分"。②

有些学者并不同意把道德的本质说成是社会意识形态。肖群忠认为,"道德并不仅仅是一种社会意识形态,而是在阶级社会中主要发挥了社会意识形态的社会功能。""道德是主体基于自身人性完善和社会关系完善的需要而在人类现实生活中创造出来的一种文化价值观念、规范及其实践活动。"文化性、价值性、应然性、实践性是道德的特点。③ 还有学者从理性的"应当"角度来看待道德的本质,如葛晨虹认为,"人类的世界和自然的世界不同,在这里有许多种甚至是无数种可能性,需要人类利用理性智慧去权衡,去判断,并作出符合人类善与美的理想的明智选择。道德在其本质上就是这样一种代表价值判断和选择的人类理性智慧。"因此,"道德不仅仅是一种人的德性品质的规定,也不仅仅是一种和其他社会规范并列的道德视角的规范。作为人类的理性,它是一种关于人类应当怎样的智慧。这种理性智慧表达并设定自然、社会、人等整个人类世界的合理性及其'应当'。"④

还有些学者对道德的本质问题另有说法,如王海明认为,"道德的起源和目的是他律的。道德起源于道德之外的他物:直接源于社会、经济和科教的存在发展需要,最终源于每个人的个人利益需要;目的在于保障道德之外的他物:直接目的是为了保障社会、经济和科教的存在发展,最终目的是为了增进每个人的个人利益",由于"道德规则无不压抑欲望,侵犯自由、损害自我利益——只不过,道德规则所要求的境界越高,对自己的自由和欲望等利益的侵犯便越重;道德规则所要求的境界

---

① 章海山:《当代道德的转型和建构》,广州:中山大学出版社 1999 年版,第 100—114 页。

② 杨宗元:《关于道德本质问题的探讨》,载《高校理论战线》2009 年第 5 期。

③ 参见肖群忠《道德究竟是什么》,载《西北师范大学学报》(社会科学版)2004 年第 6 期。

④ 葛晨虹:《道德是什么及其在社会中的功能体现》,载《西北师范大学学报》(社会科学版)2004 年第
   6 期。

越低,对自己的自由和欲望等利益的侵犯便越轻",所以,道德不是自律的,而是他律的,道德的本性则是"一种必要的恶"。①

　　总体上看,突出地强调"人性"尺度是 20 世纪 90 年代以来道德本质问题研究中的一股潮流。但需要说明的是,这里所说的"人性"在很大程度上并不同于早期谈及的"人性"。早期对"人性"的理解一般是自然属性和社会属性之合题。从这个意义上说,如果想从"人性"出发论说道德的主体本质是首要本质的话,那么就会有这样两种情况:(1)如果以人性的社会属性为道德的根源,那么结果势必会得出道德的规范本质是首要本质的结论;(2)如果不以人的社会属性为道德的根源,那么结果又势必会把欲望、本能、需要这样的自然属性当作道德的本质来源。而在这一阶段的研究中,对"人性"的界定往往多以存在和价值的本体论为基础和规定,这样一来,如果道德已然成为人的存在的"体"之一维,那么道德的本质及其道德之"用"也就不难说明了。从而,人的存在的自身的目的性就会赋予道德存在的目的性及合法性。不过问题是,要对人的存在与道德的关系作出本体论意义上的阐释,还需对人的存在作出进一步的说明,归结为一个问题便是:什么使人存在? 就这一问题而言,用人的存在来界说道德的本质,似乎还需更为深入地探究下去。

二、研究的主要问题

　　中西方伦理思想史上,不同思想家对道德本质研究方面的主要运思理路并不相同,但其研究的主要问题具有普遍性,即他们对道德本质的认识都从道德的基础或者根源角度展开,通过对道德的来源、功能等基本问题的解释,围绕道德与道德之外人的需要、社会环境及其作用等客观实在之间的关系对道德本质作出阐释。因而学者关于道德本质研究的主要问题基于中西方伦理学史,聚焦在西方的道德本质观、中国传统的道德本质观与马克思主义道德本质观等方面。

　　1. 对西方传统道德本质观的研究

　　对西方传统道德本质观的研究专题并不多见,其更多地散见于学者们对其道德哲学以及部分与伦理相关的问题的研究中。但不可否认的是,在伦理思想史上,不同的伦理学派、不同的伦理学家站在各自不同的立场针对道德本质问题都提出了不同的观点和学说。纵观当前学界的研究可以发现,整个西方传统伦理思想发展史,对于道德本质的研究基本上都是从道德的最终根源和目的指向性角度展开

---

① 王海明:《新伦理学》,北京:商务印书馆 2001 年版,第 135—148 页。

的,都是通过对道德的来源、功能等基本问题的解释,围绕道德与道德之外的人的需要、社会环境等的客观实在之间的关系对道德本质作出阐释。例如,认为"道德是由一定社会经济基础决定的并为之服务的社会意识形态",以及"道德是根源于人的需要、为人的自我实现和全面发展所必需的手段"等。根据对道德最终根源和目的指向性问题的不同的回答,整个西方传统道德本质思想基本上可以划分为"道德工具论"和"道德本体论"两派。综观这两派的基本思想观点,可以总结得出,所谓的"道德工具论"即认为道德在本体上是合乎需要和目的的从属性的存在,道德的最终根源是道德领域以外的经验世界(如人的需要、社会的发展等客观要求),道德的目的指向和存在价值便是作为手段或者工具为客观外在的经验世界服务;而与此相对的,"道德本体论"则是认为道德在本质上是独立固存、无待于外的实体,它的存在不仅不依赖于人类主体的需要与外在客观社会发展的需求,而且它还是衡量后项之价值高下的绝对标准。由此看来,"道德工具论"在道德与其之外的客观实在之间的关系上,将道德置于从属的地位,突出了作为道德的唯一的主体——人的地位和价值。人的需要、人性的满足实际上成了道德的主要来源和存在意义;而"道德本体论"则是确立了道德相对于其之外的以人为主的客观经验世界的至上性、超越性和绝对性,人性受到道德的绝对限制和约束。

有学者认为道德本质的工具论思想早在古希腊时期便已经出现,他认为普罗泰戈拉将客观标准移入主观感受,并归之于感觉,从而他得出了善是主观的,是相对于实现它的个人而言的结论,明确指明了善从属于人的特性,指出善的存在和目标指向是人,从而确立了人在道德起源中的中心和主体地位。普罗塔戈拉对道德本质的这种看法,也正符合了他的"人是万物的尺度"的观点。"普罗泰戈拉的命题也是要为万物的规律寻找依据,为万物确立一个根本的规定,只不过他把这个依据确立为人。"①除此以外,有学者指出秉持唯物主义感觉论的伊壁鸠鲁也提出了人生的目的就是追求快乐的快乐主义伦理学。"伊壁鸠鲁的快乐观建立在感觉论的基础上,强调快乐就是身体的无痛苦和灵魂的无烦恼。伊壁鸠鲁走的是理性主义的路线,重视感觉经验,他认为,理性、美德是通往快乐之路的桥梁。"②此后至文艺复兴和近代资产阶级启蒙时期,"人"重新成了哲学研究的中心以及文化建构的基础,人本主义的复兴使得当时的学者们真正从人自身来理解人。人、人的需要成为

---

① 陆杰荣、谢兴伟:《围绕"人与尺度"的旋转——普罗泰戈拉的相对主义及其价值》,载《世界哲学》2014 年第 4 期。
② 蒋九愚、施海平:《伊壁鸠鲁和庄子快乐观的比较及其当代意义》,载《江西社会科学》2016 年第 8 期。

研究和关注的焦点,人及其需要是一切所追求的目的,而道德只是为此目的服务的工具。

有学者指出,霍布斯的自然法就是一种道德戒律,道德于人性而言是为了满足人性中的权势欲以及激情而被需要的,道德于社会而言就是为了防止人们之间的相互战争而出现的一种法则。自然法的起因完全来自人的自我保存、利己的目的和需要,自然法的一切条文规定都是为此目的存在的工具,并且不仅自然法诞生于服务人的需要,自然法的实现也完全依靠人的理性智慧的考虑、选择和判断。“霍布斯是西方伦理思想史上的重要伦理学家,他通过对人性的分析,提出人的激情尤其是权势欲是支配人类行动的最深层动因,而权势欲就是人类生命自我保存的欲望,也是人的最基本的自然权利。然而,受权势欲等激情驱使的人类由于人的自然平等从而使得自然状态就是战争状态。人对死亡的恐惧以及人的理性使得人们缔结契约,同意放弃一部分权利从而结束战争状态,进入政治社会,以契约为前提,霍布斯提出了一系列自然法,即道德法则。由于契约而进入政治社会从而人们在主权者即利维坦的统治之下生活,霍布斯进而提出主权者与臣民之间的伦理关系就是服从的论点,而臣民的服从是最大的美德。因而,霍布斯以人性自私为基点提出了两类道德:一类是基于权利平等的自然法道德,二是基于主权者与臣民不平等关系的服从道德”①。

有学者也持不同看法,认为近代道德哲学的第一个形态是自然法,霍布斯和普芬道夫的自然法就是道德哲学的一种形态,他们对道德本质的关注都指向一种事物自然的本性,“我们甚至不能说,霍布斯、特别是普芬道夫坚持意志论就没有从事物的自然本性出发,因为在法的问题上,‘事物之本性’指的乃是‘人的自然本性’,他们都是从人的自然本性之描述出发的,不过霍布斯‘描述的’是个人之自然本性,而普芬道夫‘描述的’是人的社会本性”②。

之后,按近代欧洲理性主义代表人物的斯宾诺莎的所谓正确理解,善就是“确知对我们有用的东西”、恶就是“确知阻碍我们占有任何善的东西”,法国唯物论者爱尔维修认为“如果爱美德没有利益可得,那就绝对没有美德”③,霍尔巴赫将道德比作政治,认为道德的目的是力求使人们能够为相互间的幸福而共同努力工作的。

① 龚群:《契约与伦理——霍布斯的伦理观》,载《华中师范大学学报》(人文社会科学版)2018年第6期。
② 邓安庆:《意志论与自然法——近代早期道德哲学之论争》,载《云南大学学报》(社会科学版)2018年第3期。
③ 北京大学哲学系编译:《十八世纪法国哲学》,北京:商务印书馆1979年版,第512页。

19世纪功利主义的代表人物约翰·密尔认为,人的理性权衡和人的需要就是道德形成的必要途径和根本目的。这些观点不断地深入和细化了近代工具主义道德本质思想的研究。如许多学者也关注到了功利主义对道德本质的看法,总体而言,功利主义是偏道德工具论的。有学者指出,"边沁坚持用功利定义善恶,将其作为唯一的道德根据和来源,并以此发展出了一门道德学说"①。但有的学者也认为,功利主义注意到了道德本质与人的主观感受之间的关系,充分肯定了主体进行自我选择与自我判断的能动性,有一定的合理性。"功利主义理论以幸福、快乐、痛苦作为道德判断的标准,不同于将道德判断交予上帝的宗教伦理思想,也不同于将道德判断付予抽象'绝对命令'的康德的伦理思想,它充分肯定了主体进行自我选择与自我判断的能动性,肯定了人的主动性,这与以人为本的思想是一致的"②。

在西方伦理思想史上,情感主义对道德本质的观点不容忽视,有许多学者关注他们对道德本质的看法。如有学者指出,在哈奇森的道德哲学中,道德本质更多与仁慈的情感相联系,"从人性出发探讨促进人类幸福的普遍秩序是哈奇森道德哲学的核心议题。哈奇森通过赋予人的情感之维特别是仁慈的情感对促进人类幸福的普遍秩序这一议题提供了深切的价值关怀,并认为道德感是幸福判断的基本准则,为理解促进人类幸福的普遍秩序奠定了重要的思想基础"③。有学者指出,情感对道德本质的影响有一个渐进发展的过程,休谟与康德对情感因素在道德中的认识是一个较大的转变。"为了对抗霍布斯的利己主义,使情感能够与无私的仁爱相关联,道德情感主义将道德区分的依据落实于道德感。这一思路曾给康德带来重要的影响。然而,从道德情感主义的道德感(moral sense)到康德的道德情感(moral feeling),情感概念的内涵发生了关键性的变化,不再落实于经验的基础上,而是通过与道德法则相关联,成为可以被先天认识的对象。休谟的同情概念使康德的情感概念不只成为一个先天概念,还获得了与认识领域的界分线,情感以一个从感知觉中摆脱出来的独立因素出现在道德领域"④。发展到当代,非理性主义以及实用主义也都从人性与道德的密切关系角度对道德本质作了工具主义的阐释。实用主义认为道德归根到底是由人的本能中的利己和利他的倾向所决定的。

虽然道德工具论在西方传统伦理思想中占据了重要的地位,但是道德本体论无疑也构成了西方传统道德本质认识中的重要一环。最早苏格拉底就是从本体论

① 李薇:《功利概念之辨:休谟与边沁》,载《学术研究》2019年第3期。
② 徐珍:《功利主义道德哲学的嬗变》,载《湖南社会科学》2015年第6期。
③ 蒲德祥:《情感主义幸福观——哈奇森的道德哲学探究》,载《浙江社会科学》2019年第8期。
④ 卢春红:《从道德感到道德情感——论休谟对情感问题的贡献》,载《世界哲学》2019年第4期。

角度揭示了道德来源和目标指向。罗国杰在《西方伦理思想史》中将苏格拉底关于道德本质的认识评价为"他试图给美德提供一个具有普遍性的理性基础"①，无疑苏格拉底提供给美德的普遍的理性基础就是具有绝对性、超越性的善本身。继苏格拉底之后，柏拉图对道德的绝对本质也即是善的理念的绝对性、独立超越性进行了更加明确具体的阐释。有学者指出，正是为了克服相对主义的价值观，柏拉图才提出了以"理念"为核心的道德本体论，"若要克服相对主义的价值观，则它应该是绝对的，优先于任何价值，并成为其根据。能够满足这种意义的应该是充满于整个宇宙的、具有完整独立地位的存在，柏拉图称之为'形相'或根据'本'的'理念'"②。但有的学者持不同观点，他认为柏拉图除了从道德形而上角度来定义道德本质之外，还从经验层面来关注道德本质，"柏拉图在《理想国》中并不是只提供了上述这一种可能性，而是根据苏格拉底的对话者和场景的不同，提供了两个可能性。第一种可能性对应说明道德并不需要形而上学，而只需要通过类比、神话和经验观察就可以得到道德原则，这种可能又分为两种情况：(a)苏格拉底的对话者们认定道德并不需要形而上学，并提供了一种无根的随着利益变化而变化的道德观念；(b)苏格拉底在反驳回应其对话者们的时候，根据其对话者们的能力提出某种经验的道德观，它也不需要以理解某种形而上学为前提。第二种是道德需要理念，特别是善的理念，只有对它们有所把握，道德原则才能被确立起来。只有植根于不变的、永恒的、纯然的理念，道德原则或者美德才能真正地被获取并得到说明。"③

　　到中世纪，宗教伦理学关于道德本质的思想便成了道德本体论的新的典型代表。宗教伦理学不再像以往从哲学存在论角度对道德本体论本质进行阐释，而是从神学出发，将人类的道德生活和准则根植于上帝的统治之下。表面上看，宗教伦理弱化了道德的本体地位，而实际上，宗教伦理中的道德本质就是神的意志的规范性、客观性和永恒性，借助于至高无上的神的意志，披着不可忤逆的上帝的外衣，道德存在的绝对性、超越性以及至高无上的地位被抬升到了极致，从而使人完全沦为了道德的载体和工具，只能乖乖地任命服从。以康德为代表的义务论伦理学更加强调道德出自责任与义务，如有的学者指出道德本质问题应该回归康德，他在康德思想的基础上指出，"道德本质上乃是自由的、超验的，某种程度上可以说，自由乃道德前提，超验乃道德的绝对来源；就表现形式而言，道德总以牺牲的样式表现出

① 罗国杰、宋希仁：《西方伦理思想史》上卷，北京：中国人民大学出版社1985年版，第109页。
② 孙兴徹、林海顺：《孔子与柏拉图的伦理观比较——关于'善'的根据与实践方法》，载《中国人民大学学报》2019年第3期。
③ 盛传捷：《道德需要形而上学吗——对〈理想国〉的一种探讨》，载《道德与文明》2019年第5期。

来。现实社会尤需理性的启蒙和道德感的激发。"①

到近现代,在商业社会的实利主义价值观念对人们的道德思维的冲击下,由奥登、布伦坦诺、新康德学派和现象学价值学的代表人物尼古拉·哈特曼提出了以行动实际效果的价值为基本道德评价标准的新型道德本体论——道德价值论,取代了从古代延续下来的以美德为至善理想的传统伦理思维,用现实化的目的性价值观念取代了抽象的、将道德过度理想化的人格至善理想,成了新时期道德本体论的典型。综上所述,道德工具论所强调的是道德之外的客观经验世界尤其是道德主体——人的至上性和以从属地位存在的道德的手段性。既然道德存在的目的就是作为手段和工具,在人与道德的关系问题上坚持道德为了人而不是人为了道德,大大凸显了人的主体性和目的性,破除了人们对道德的神化或道德神话,揭示道德本质的主体性和创造性,建构起了人本主义的道德观。但是,将道德置于从属于人的需要以及客观经验的位置,易于使道德受到人的主观欲望的影响,道德可能沦为人们追逐个人利益、满足欲望要求的附庸工具,与道德本身的规范性、约束性背道而驰,道德工具论者所倡导的道德的手段、工具意义也无从谈起。而且,仅仅赋予道德工具或手段的价值,在现实生活中必然助长功利主义和实用主义的风习,造成整个社会的道德堕落和道德危机。而相对地,道德本体论赋予了道德崇高的内在价值和目的价值,将道德本身作为人们追求的目的和人应当遵循道德的最好理由,有助于确立起道德的尊严、权威和神圣性,在现实生活中也有助于人们抵抗非道德因素的侵蚀或进攻。但是只是过于强调道德本体的至上性和绝对性,又将道德脱离了社会历史条件的发展和变化,并常常要求个体和历史作出让步和牺牲来维护道德的永恒性,这势必造成对个人利益的轻视,在一定程度上也阻碍了历史的发展。

实际上,道德工具论与道德本体论是有相通之处的。当人们在过分地强调道德的规范性、约束性的手段价值,并将其推崇到极高的境地的时候,如中世纪的宗教伦理学,实际上也就发展成了对道德本身价值的崇拜。从这一角度来看的话,道德工具论实际上就演变成了一种变相的本体论。综观整个西方传统伦理思想史,道德工具论者在强调道德的从属性的时候,更多是突出了道德对主体——人的从属性。因此,西方传统道德本质观也可以被划分为道德主体论和道德本体论两大派别,这在实际上与道德工具论和道德本体论的派别划分是相通的。在西方传统伦理思想史上,学者们所阐释的突出人的主体地位的道德主体论和强调道德至上性的道德本体论,都是完整的道德本质所涵盖的两个重要的内容要素,但二者仅仅

---

① 郭继民:《形上道德之探究》,载《南通大学学报》(社会科学版)2018年第5期。

各自突出强调其中一个方面,由此形成的道德本质观是不完备的。想要完整地揭示道德本质究竟如何,就应当将人的主体价值以及道德的本身的独立实体性和谐统一起来,这在马克思主义道德本质观中得到了真正的实现。

2. 对中国传统道德本质观的研究

较多的学者也将道德本质问题的关注点移向了中国传统伦理思想,从中国传统伦理思想中汲取丰富营养。有学者讨论了庄子关于道德本质的看法,谭维智认为,"庄子把非占有心态视为道德的本质性规定,以此作为人的美德立足的根据。庄子归纳的道德本质特性包括两个方面,首先是自然而然,无需意志努力;其次是非占有心态。"①可见,庄子与传统儒家对道德本质的看法差别较大,这尤其表现在传统儒家更加强调道德本质的自在可为性,而庄子更强调道德本质中的自在自为性,这与其哲学是较为一致的。

有学者指出,在孔子那里,善的道德本质是"仁","仁"又是"根源于宇宙生成变化的法则,它包括天理的纯粹和人类的所有德目","孔子与柏拉图批判了相对的、可变的道德善的判断标准,试图从理论上确立永恒不变的、绝对的道德善的标准。孔子认为最高的善是'仁',而柏拉图认为最高的善是'理念'"②。

有学者认为,孟子更多地将道德与人的情感境遇相联系,"孟子言人性善,从根本上说,并非是强调人所具有的一种抽象本质,而是就人的情感生活和人生境遇而揭示真实的情感规律,指出人之所以为人的价值内涵,从而指点道德修养的进路和人间秩序的价值本原"③。

有学者认为将荀子对道德本质的观点为性恶是不完整的甚至是片面的,荀子对道德本质的认识既含有天道自然的成分,也含有对人自然之性的认识。"荀子人性观是以天道自然为起点,以性伪之分为核心,以化性起伪为目标;它既指出了人性的与生俱来属性,也提出了'顺是'所引发后果的解决方案"④。

有学者关注周敦颐的道德本质观,认为"周敦颐首先建立了以'诚'为最高范畴的哲学体系,将'诚'规定为万物的终极价值本源,伦理道德的形而上最高原则——

---

① 谭维智:《庄子对道德教育目的性的认识——论一种无目的性的道德教育思想》,载《当代教育科学》2011 年第 6 期。
② 孙兴徹、林海顺:《孔子与柏拉图的伦理观比较——关于"善"的根据与实践方法》,载《中国人民大学学报》2019 年第 3 期。
③ 董卫国:《性善与工夫——孟子言性善的角度与理论特色》,载《孔子研究》2019 年第 3 期。
④ 李建华、李彦彦:《荀子人性观新解及其当代价值发微》,载《湘潭大学学报》(哲学社会科学版),2019 年第 1 期。

纯粹至善"①。有学者关注朱熹,认为"朱熹道德理论的存在论依据,就是天理论。理是宇宙的根本,是超越任何具体存在者的自存在"②。王阳明的心本体说也被学者们经常提及,"心体作为无限感通的一体之仁,超越善恶的相待性。其间涉及道德本体之确立、伦理责任之承担、自由意志之可能、道德行为之价值等问题"③。

有学者关注张载的道德哲学关于道德本质的看法,认为张载论述的道德本质与人的自然情欲相关,但又与人的知性相联系,"心统性情,是以动静皆存乎心。静不可能无动,性不能无情,道德本质不能脱离人的自然情欲。性与情,道德本质与自然情欲的互依互存就是阴阳互动的道。"而王夫之更加强调人的自然情感与道德本质的联系,"他的道德心理哲学强调结合人的自然情感、先天的道德情感、先天的道德知性,以及后天培养的道德意志。道德的实现不是只靠社会教化与后天培养,因为道德的可能性是来自人的道德本质。"④有学者也指出儒家功效主义代表人物陈亮的"性"概念其实就是道德本质,但他稀释了朱子理学"性"概念本身所代表的道德本质的意义,而是将其与心、欲联系在了一起,"在陈亮的心性观念中,系以性为心、以欲为性,性不单不具有理学体系中先验层面的道德本质的意义,同时也显然不是一个绝对特出的概念,它最重要的使命与作用就是在自然与人之间充当一个介质的角色。"⑤

3. 对马克思以及经典作家道德本质观的研究

从上述对西方传统道德本质思想两条主流发展线索的总结、阐释中可以看到,西方传统道德本质研究的方法论不外是朴素的唯物主义和形而上的唯心主义,在这样的方法论的指导下寻求道德的本质,必然形成带有片面性思想倾向的道德工具论或者道德本体论。在对传统机械唯物主义和形而上唯心主义批判反思的基础上,马克思最终创立了唯物史观,"这种历史观和唯心主义历史观不同,它不是在每个时代中寻找某种范畴,而是始终站在现实历史的基础上,不是从观念出发来解释实践,而是从物质实践出发来解释观念的东西"⑥,为马克思主义伦理学的创立奠定了科学的方法论基石。正是在这种科学的唯物史观的指导下,诞生于 19 世纪 40

① 张小琴:《论"诚"的三个价值层面——以中西方哲学比较为视角》,载《兰州学刊》2009 年第 3 期。
② 唐梵凌、蔡方鹿:《朱熹道德理论的构成体系》,载《伦理学研究》2018 年第 4 期。
③ 龚晓康:《"恶"之缘起、明觉与去除——以王阳明"四句教"为中心的考察》,载《哲学研究》2019 年第 7 期。
④ 刘纪璐:《张载与王夫之的道德心理哲学》,载《社会科学》2011 年第 5 期。
⑤ 麻尧宾:《与朱子的对峙:试释永康之心性路径》,载《四川大学学报》(哲学社会科学版)2012 年第 5 期。
⑥《马克思恩格斯全集》第 3 卷,北京:人民出版社 1960 年版,第 42—43 页。

年代的马克思主义伦理思想,在继承、发展了传统伦理思想的基础上,从现实的人的社会关系出发,对道德本质进行了全新的科学完整的阐释,最终实现了传统伦理思想史上关于道德本质思想认识的革命性变革。同西方传统道德本质的研究相同,马克思主义对于道德本质的揭示也是从对道德的根源和目的指向的问题的回答中展开的。通过对道德作为一种社会意识与社会经济的关系、道德的功能和社会作用等的界定,马克思主义道德本质观在认识论、价值论和方法论方面实现了革命性变革,真正将道德工具论与道德本体论科学地统一起来。

目前学界已经有关于对马克思以及经典作家伦理思想的专著研究,这其中都有关于他们对道德本质的看法。

宋希仁主编的《马克思恩格斯道德哲学研究》为研究马克思恩格斯道德哲学的一部权威专著,他根据马克思和恩格斯原著与相关文献进行道德哲学思想的梳理、分析和概括,把马克思恩格斯道德伦理思想梳理和概括出一个较为明确和清晰的发展线索,把马克思恩格斯道德哲学思想的形成同马克思主义的形成有机地联系起来。他指出,"恩格斯再次强调,人们的社会存在是其道德产生和发展的基础……个人的道德感和道德观念不过是更带有个人的个性特征而已。就社会意识而言,任何民族的法律和道德归根到底都为其特有的经济关系所决定,这些经济关系同时也间接地决定着思维与想象的其他创造活动。"①

王泽应所著的《20世纪中国马克思主义伦理思想研究》对近现代以来马克思主义经典作家以及中国马克思主义伦理思想代表人物的思想进行了系统梳理,其中涉及很多关于马克思主义经典作家道德本质的观点。

唐凯麟、王泽应编著的《中国现当代伦理思潮》从宏观与微观、总体与具体相结合的角度审察反思了构成20世纪中国伦理思潮主旋律的自由主义西化派、现代新儒家和马克思主义的伦理思想,也涉及近现代一些著名人物的道德本质观点。

(1) 本体论视角

较之西方传统的道德本质观,学者以马克思主义为指导,通过对道德的产生、发展的唯物主义阐释实现了道德本质在本体论上的革命性变革。

传统的唯心主义道德本体论以及朴素的唯物主义道德工具论,其所认识的道德要么是先天的、绝对的、永恒的、脱离实际的;要么就是随着人的主观的需要、要求随意产生、变更、消亡、毫无定性的。不同于以往,马克思主义伦理观对于道德本质的揭示一开始便是从道德与社会经济的关系入手展开的。在唯物史观的指导

---

① 宋希仁:《马克思恩格斯道德哲学研究》,北京:中国社会科学出版社2012年版,第412页。

下,马克思主义不仅揭示出了道德作为一种特殊的意识形态现象和社会上层建筑,受制于客观社会物质经济生活甚至是主体——人,并随着社会物质生活的发展而发展、消亡,具有从属性和工具性的本质;同时马克思主义又没有将道德完全置于被动的地位,指出道德又是一个具有相对独立性的实体,即道德能够对社会的物质生活条件的发展起着巨大的反作用。马克思主义关于道德受制于经济同时又反作用于经济的本质的揭示,既强调了道德从属于客观实际以及"人"的特性,又突出了道德的独立实体性。无疑既是对传统道德主体论的辩证补充,同时又打破了以往唯心主义道德本体论如封建"神学"道德观所极力强调的道德的绝对性、超越性、永恒性,将道德从天堂拉回了人间。马克思主义关于道德本质的看似矛盾的观点,实际上却使道德工具论和本体论在本质上获得了统一。

通过对道德产生的阐释,马克思主义经典作家否定了唯心主义道德本体论所认为的道德的完全独立实体性。从经济和道德关系入手,马克思主义经典作家把道德界定为一种特殊的社会意识,强调社会存在决定社会意识,经济基础决定上层建筑,指出道德作为一种上层建筑和意识形态,是被社会存在、经济基础决定的。李大钊作为近代中国第一个传播马克思主义并主张向俄国十月革命学习的先进分子,其道德本质的观点具有代表性。有学者指出,"李大钊认为道德是人类社会本能进化的产物,道德的基础就是物质和生活的要求。他依据马克思主义的唯物史观指出,道德决定于经济基础,并随着经济基础的变化而变化,有什么样的经济基础,就会有什么样的道德。"[1]有学者对陈独秀道德本质观点进行了探究,他认为,"陈独秀虽然肯定经济关系对道德的决定作用,提倡功利主义并为功利主义道德的合理性辩护,但并不因此而否认道德的社会作用。"[2]但也有学者持不同意见,认为陈独秀的新道德是以个人主义为道德原则的,"陈独秀在'五四'新文化运动时期提倡的新道德,是以个人主义为道德原则的,其实现途径是易家族本位为个人本位,易禁欲主义为合理利己主义"[3]。"人"是现实的,作为一种社会意识的道德就是现实的人的现实生活在意识形态上的反射和回声,甚至人们头脑中模糊的道德意识也是可以通过经验来确定的、与物质前提相联系的物质生活过程的必然升华物。因此,道德便失去独立性的外观,没有历史和发展,只能随着现实的人们的生产、物质关系发生变化。由此看来,道德对社会经济关系存在着绝对的依赖性和受动性,道德的主体——"人"以及人与人相互之间的关系在道德的来源上具有绝对的主导

---

① 王泽应:《20 世纪中国马克思主义伦理思想研究》,北京:人民出版社 2008 年版,第 33 页。
② 王泽应:《20 世纪中国马克思主义伦理思想研究》,北京:人民出版社 2008 年版,第 55 页。
③ 桂展鹏:《论"五四"时期陈独秀构建的新道德》,载《云南行政学院学报》2007 年第 3 期。

价值,李大钊的马克思主义道德本质观具有鲜明的主体性特征。

第一,通过道德发展观的阐释,马克思主义经典作家们否定了唯心主义道德本体论所坚持的道德不变性和永恒性观点。有学者分析,"李大钊根据马克思主义唯物史观关于物质决定意识、经济基础决定上层建筑的原理,科学地阐释了思想构造与物质构造的内在关系,指出物质、经济可以决定哲学、道德等思想构造,而后者不能限制经济变化、物质变化。道德是随着物质的变化而变化的,物质上若开新则必然产生道德开新,物质若复旧则必然导致道德复旧。"①

通过对道德特殊社会意识性的阐释,他们指出了道德的相对目的性本质。道德作为一种特殊的社会意识形态,并不是简单的"镜子"似的反映客观的现实的人们之间的经济关系以及人的需要,它还具有相对于外在客观经济社会的相对的独立性和能动作用。马克思主义经典作家们从未把道德仅仅看作受经济条件决定的道德规范,而是视为社会理性和个人理性交互整合的产物,渗透着人的情感和意志因素。有学者指出,"瞿秋白伦理思想本质上是一种马克思主义伦理思想,其基本理论观点来自马克思主义伦理思想。"②他的道德本质观点更为鲜明,"道德的本质在于它是经济关系的反映,道德作为社会意识的一种表现形式,本质上是由经济关系决定的人们行为的标准,是组织劳动的一种工具"③。有学者认为,恽代英在前期强调义务论,在五四运动后,他认识到,"道德是随着经济关系的发展变化而变化的,强调社会实践对道德的作用和影响,主张以人民大众的利益为行为的准绳。"④有学者关注刘少奇的道德本质观,"刘少奇认为,经济活动、经济利益是道德的立足点。在他看来,道德是反映经济,受经济制约的,经济是决定一切的,是决定军事、政治、文化、思想、道德、宗教这一切东西的,是决定社会变化的"⑤。有学者认为刘少奇的道德本质观体现在其对道德阶级性的系统论述里,"人们的社会存在决定人们的思想意识,不同阶级的人们的思想意识,包括人们的道德意识,反映着不同阶级的地位和利益。"⑥也有学者认为,"刘少奇继承和发扬了中国传统文化中的优秀传统,丰富和发展了马克思主义的伦理道德观,系统地阐发了以集体主义为核心内

① 玉山·吾斯曼、史小禹:《李大钊伦理思想发展研究》,载《兰州大学学报》(社会科学版)2012年第3期。
② 陈凝:《论瞿秋白对马克思主义伦理思想中国化的创造性贡献》,载《伦理学研究》2014年第6期。
③ 王泽应:《20世纪中国马克思主义伦理思想研究》,北京:人民出版社2008年版,第62页。
④ 王泽应:《20世纪中国马克思主义伦理思想研究》,北京:人民出版社2008年版,第72页。
⑤ 汪荣有:《刘少奇的经济伦理思想》,载《江西社会科学》1999年第2期,第17—20页。
⑥ 王泽应:《20世纪中国马克思主义伦理思想研究》,北京:人民出版社2008年版,第146页。

容的共产主义道德的基本原则"①。

由此可以看出,马克思主义经典作家们都坚持道德的特殊性但同时也强调它的相对目的性。他们认为道德并不是以客体最初自然形态来反映客体,而是通过人类道德经验、社会需要和阶级利益的影响来反映客体。

这些作家对于道德受制于同时又反作用于经济和道德主体——人的特性的阐述,表现出了道德本质的强烈的主体性、工具性和目的性色彩。在社会物质经济关系中,马克思主义伦理观使这些表面看似矛盾的道德本质属性实现了本质上的统一。

（2）价值论变革视角

马克思主义认为,具有典型的主体性特征的道德,从其功能上考察又具有典型的目的性的本质特征。因此,在对道德功能和社会作用的阐释中,从道德的规范性和约束性功能出发,马克思主义考察了道德本体论和工具论的统一性,实现了道德本质价值论方面的革命性变革。当极力推崇强调道德约束性和规范性的时候,道德的工具性实际上已经被削弱,道德的本体性反而增强。这在马克思主义关于道德本质的阐释中也得到了体现。虽然马克思也承认道德是由一定的社会经济关系决定的,但作为一种特殊的行为规范体系,道德具有的规范性和约束性的功能,也使其显示出其为目的的一面,如毛泽东的道德本质观。王泽应发现,青年时期的毛泽东认为,"道德律不能来源于、服从于或建立在任何客观外在规定或事物上,而必须建立在个体自我基础之上。道德并不是社会为个人设立的外在标准与行为规范,而是人们自我实现或自我完善的内在要求与必要形式。"②而"成熟时期的毛泽东坚持认为道德是人类社会生活的产物。道德属于观念形态的文化范畴"③。也有学者认为,毛泽东伦理思想是一种革命功利主义。在伦理理论表达之形式上,它扬弃并兼具道义论、后果论、德性论的话语方式之优长,表现出一种全面性理论的特性。在价值选择之内容中,它是向人自身、向社会自身的完全的复归,表现出一种指向生活实践的积极性特质。道德的本质必须基于现实的经济基础,"在道义和功利的关系问题上,它没有沿袭传统的道义一元论和功利一元论,恰恰相反,它将功利和道义结合起来,采用了一种义利辩证论的态度。要求饿着肚子的人去讲求道义,这是毛泽东坚决反对的虚伪做法,他认为要坚持无产阶级功利观,只有注重

① 王克真、熊吕茂:《论刘少奇的集体主义伦理道德观》,载《毛泽东思想研究》2004 年第 5 期。
② 王泽应:《20 世纪中国马克思主义伦理思想研究》,北京:人民出版社 2008 年版,第 92 页。
③ 王泽应:《20 世纪中国马克思主义伦理思想研究》,北京:人民出版社 2008 年版,第 9 页。

经济建设,让人们填饱肚子才能够去谈道义、讲道德"①。

学界普遍认为,"邓小平将毛泽东的无产阶级革命功利主义发展为社会主义功利主义,将经济功利提到政治功利之上,并借助两个文明一起抓、两手都要硬的理论,建立起了义利并重的社会主义伦理思想"②。有学者指出,邓小平认为"利益是人们生存发展的物质基础,也是道德的基础和核心内容"③。他的道德本质观也是基于唯物史观的,"邓小平坚持唯物史观的立场、观点和方法论原则,从经济发展和伦理变革的辩证关系出发,在价值观领域,适应时代主题的转换和社会主义经济发展之需,提出了'三个有利于'的价值判断标准,继承和发展了毛泽东经济伦理思想中的革命功利主义和集体主义价值观,确立了社会主义新功利论。"④

从上述马克思主义经典作家的言论来看,在阶级社会中,道德的功能主要是作为统治阶级维持统治以及被统治阶级争取权利和利益的工具,通过这种约束性的行为规范体系和有等级次序的价值观念体系对社会展开调节。可以看出,作为一种具有约束性的行为规范体系,道德具有绝对的命令性,它通过传统习惯、社会舆论、内心信念来调整着由经济关系决定的人与人之间的道德关系和道德要求,道德之外的客观经验世界,包括道德的主体——人,必须服从道德规范的约束和要求,这肯定了道德规范的权威;同时,道德作为一种特殊的行为规范,它不仅作为一种约束性规范强调"必须",而更多是作为对人以及人之外客观经验世界"应当"的指导,通过道德的价值评判,为社会提供了价值目的和导向,客观经验世界服从道德设定的"应当",才能形成良好的秩序,获得良好的发展。

但是,道德规范的存在和作用的发挥也离不开道德的主体——人的作用。阶级社会的道德准则是统治阶级制定的,道德作为一种规范体系,是人类社会生活发展到一定阶段的产物,是特定的人们反映特定的生产关系的精神产品,是一定历史时期的人们根据社会生活的客观要求制定的指导人们行为、维护社会秩序的准则。人是道德规范制定的主体和执行的主体,作为人们对象性活动的产物的道德,其发挥作用的关键途径就是人的内心信念也就是人的良心,所有的行为规范和价值原则若不内化为良心就只是一种空洞的形式的存在,社会舆论也必须被良心接受才能够发挥作用,从这些方面显示出了道德主体性的特征。由以上看来,就是在这种

---

① 赵伟力、艾强:《论毛泽东革命功利主义伦理思想的特征》,载《西北大学学报》(哲学社会科学版) 2018年第1期。
② 王泽应:《20世纪中国马克思主义伦理思想研究》,北京:人民出版社2008年版,第166页。
③ 王泽应:《20世纪中国马克思主义伦理思想研究》,北京:人民出版社2008年版,第170页。
④ 唐传成、王兆响:《邓小平社会主义新功利论经济伦理思想解读》,载《前沿》2011年第18期。

辩证的对道德功能和社会作用的考察中,道德本质观实现了道德本体性和主体性的统一。

(3) 方法论变革视角

马克思主义者认为道德是利用实践—精神的特殊方式把握世界的。通过对道德的这种特殊的掌握世界的方法的阐释,马克思再一次在方法论上实现了对传统道德本质观的革命性变革。有学者关注张闻天的道德观,"张闻天认为,马克思主义基本原理是认为道德是利益关系的反映,人们奋斗所争取到的一切都同他们的利益相关,利益决定道德的内容及其变化。社会主义道德同样建立在物质利益原则基础上,并且以维护国家、集体和个人正当利益为目的。"①

有学者关注到张岱年对道德本质的看法,"道德是人类社会生活需要的产物,源于一定的社会需要和一定的社会关系。道德的本质是基于社会的生活条件而产生的行为规范……道德乃理之一种,是行为的品值行为,有道德的品值之行为即善的行为。道德即人类为生活需要而制定的行为准则。"②王泽应概括了周原冰对道德本质的看法,"道德是一种特定的社会意识形态,是属于社会上层建筑的现象。"③作为一种社会意识形态现象,道德是以"实践—精神"的方式,从善和恶的矛盾运动中,通过道德评价解释人们的行为准则,告诉人们什么为善、什么为恶,推动人们趋善避恶。在评判人之外的客观世界、进行价值引导的同时,道德还用"实践—精神"的方式把握着作为道德实践者和评判者的主体自身,人不仅可以用一定的善恶观念来评判他人、社会以及自然界,而且还要直接评判、指导作为道德活动的主体自身,人在道德活动中既是主体又是客体。同时,也可以看到,道德是利用善恶观念把握世界是实践主体的一种精神性的活动,但是,它又与主体的道德实践活动紧密联系在一起。道德实践的特征就是在实践活动中直接体现出作为实践主体的人的一种精神意识。人是通过自身的道德实践带来的价值展开评判进而把握世界的。由此可以看到,作为主体——人把握世界的重要工具的道德,其把握客观世界的方式和活动是离不开主体——人的参与的;同时,道德又对人产生相对独立的价值评判和引导作用。道德的本体性和工具性在人把握客观世界的"实践—精神"活动中实现了统一。通过马克思主义对道德来源、社会功能的揭示,我们看到较之于西方传统的道德本质思想,马克思主义道德本质思想实现了认识论、价值论、方法论的革命性变革,最终开创性地形成了以唯物史观为指导的科学的道德本

① 王泽应:《20世纪中国马克思主义伦理思想研究》,北京:人民出版社2008年版,第161页。
② 王泽应:《20世纪中国马克思主义伦理思想研究》,北京:人民出版社2008年版,第249—250页。
③ 王泽应:《20世纪中国马克思主义伦理思想研究》,北京:人民出版社2008年版,第277页。

质观。在马克思主义道德本质观中,可以看到道德是人的道德,人既是道德的主体,亦是道德的客体,而且这种主客体关系常常是辩证转化的。人作为道德的主体,总是能够表现出对道德的批判性审视、创造性利用和辩证理解,显出道德之为工具的一面;而人作为客体,则主要体现在人对于发挥规范约束功能的道德的受动性和对道德至高地位的推崇性上,表现出道德主体性的一面。道德既具有作为工具和外在价值而存在的一面,也有作为目的和内在价值而存在的一面。作为目的,道德无疑是人所应当追求和向往的,自有其神圣性和崇高性,道德充实着人的内在心灵,提升着人的精神境界,也确证着人的价值和伟大。作为手段或工具,道德无疑是人所应当利用和把握的,自有其本身的功利性和实用性。没有无目的的手段,也没有无手段的目的,将道德的目的性与手段性割裂开来本质上是在割裂道德。真正地尊重道德应该是将道德的目的性与手段性结合起来,超越道德目的论和道德工具论的对立,对二者的合理因素作辩证地综合,马克思主义成功地实现了这个目标。

4. 对近现代著名学者道德本质观的研究

(1) 对儒家伦理研究

近代学者辜鸿铭对道德本质的界定更多地强调道德责任感,富有传统儒家道德哲学的特色,"辜鸿铭认为儒家文明是一个有着高尚道德标准的文明,道德责任感构筑了儒家文明的伦理根基。道德行为就是受(追求)正确的自由意志驱使、出自纯粹的道德责任感的行为。道德,就是对道德责任感的公认和服从。"[1]但同时他也指出,"辜鸿铭对儒家文明道德本质及其现代价值的阐发,对我们今天反思儒家道德文明的价值深具启发意义,但其文明观体现出道德本位主义倾向,是一种重德轻力、重义轻利、重精神轻物质的有失偏颇的文明观。"

有学者指出熊十力的道德本质观"从体用不二、天人合一的本体论出发,赋予道德以本心和本体的含义,强调'仁者本心也,即吾人与天地万物所同具之本体也',心性本体是一切道德价值的源头"[2]。有学者关注冯友兰的道德本质观,认为"道德作为社会之理和人之理的一个组成部分,是独立于社会之外的超时空的绝对存在。道德根源于先天地万物而生的理,理内在地包容和涵摄着道德"[3]。贺麟创建了"心理合一"的伦理哲学,有学者指出,"在贺麟看来,主体就是逻辑意义的心,亦即'心即理'之心,心即是理,理既是内,而非在外,则无论认识物理也好,性理也

① 吴争春:《辜鸿铭论儒家道德文明》,载《中南大学学报》(社会科学版)2013年第5期。
② 唐凯麟、王泽应:《中国现当代伦理思潮》,合肥:安徽文艺出版社2017年版,第180页。
③ 唐凯麟、王泽应:《中国现当代伦理思潮》,合肥:安徽文艺出版社2017年版,第192页。

好,天理也好,皆须从认识本心之理着手。"①因而,"贺麟认为,道德是经济的主宰,而经济不过是表现道德的工具。任何经济活动都是人的行为,而人的行为总是受一定道德观念所影响和支配的。"②基于对中国伦理文化花果飘零的认识,唐君毅力倡"灵根自植",有学者指出他提倡一种反求本心的道德自我论,"人类的经济生活、政治生活和道德生活都是一种凭借行为上或心理上的实践功夫,去求有所支配有所控制的生活,其中经济生活所想支配的是物或物质财富,政治生活所想支配的是人或我以外的他人,而道德生活所想支配的是我或主体化的我自己。……道德不同于政治、法律、宗教之处就在于它不是人类精神的他律而是人类精神的自律,是自己为自己确立行为的原则和待人接物的规范,因此从某种意义上讲'道德生活是自觉自己支配自己,是绝对的自律'"③。牟宗三提倡重建儒家的道德形而上学,有学者指出,牟宗三认为"道德的形上学不仅研究道德,更研究超越性本身,研究使道德如何成为超越的宇宙本体。道德本体不能先验地自我呈现,必须通过实践理性才能充分展开"④。成中英创建了天人合德的宇宙本体论,对此有学者指出,"儒家天人合德的本体论是基于对人的了解而发生的,而这种对人的了解又是同对宇宙或天的了解联系在一起的。儒家追问人在天地宇宙中的地位及人与天地宇宙的关系,从而产生了本体的伦理学或本体境界的伦理学。"⑤

(2) 对近现代西方伦理的研究

对近现代以来的西方哲学家道德本质观的研究也备受关注。有学者认为,道德本质与人的情感息息相关,他以西方哲学家舍勒为例,"舍勒面向具体情感本身,通过现象学考察,来发掘情感的本质,揭示出心有其理。一方面,由强调情感先天,突出情感的伦理学意义,舍勒实现了对以康德伦理学为代表的理性主义传统的超越;另一方面,由释解情感非自然主义的内涵,指出情感的在体性,实现了对以休谟为代表的情感主义传统的超越。"⑥

有学者关注到早期麦金泰尔的思想,在他的思想中,道德本质上与人的需要联系在一起,"麦金太尔早期基于马克思主义的立场,从道德哲学的角度弥补马克思主义发展中的道德缺场,将对人性的解读与重释历史唯物主义结合起来,以解决人

① 唐凯麟、王泽应:《中国现当代伦理思潮》,合肥:安徽文艺出版社 2017 年版,第 205 页。
② 唐凯麟、王泽应:《中国现当代伦理思潮》,合肥:安徽文艺出版社 2017 年版,第 206 页。
③ 唐凯麟、王泽应:《中国现当代伦理思潮》,合肥:安徽文艺出版社 2017 年版,第 219 页。
④ 唐凯麟、王泽应:《中国现当代伦理思潮》,合肥:安徽文艺出版社 2017 年版,第 232 页。
⑤ 唐凯麟、王泽应:《中国现当代伦理思潮》,合肥:安徽文艺出版社 2017 年版,第 251 页。
⑥ 汤波兰、戴茂堂:《为"情感"正名——论舍勒对西方伦理学传统的超越》,载《伦理学研究》2018 年第 5 期。

之'异化'状态。通过剖析人性中需要与道德的分离情境,麦金太尔提出若要真正回归人之本身,就必须重视人的需求,将其与道德统一,以实现'人性复归'的目的。"①

英国著名的伦理学家吉尔伯特·哈曼著有《道德的本质》一书,主要通过对道德应当的阐述对其观点进行了全面的论证,"提出道德约定主义的观点,认为道德是在社会中人们相互妥协约定而形成的,并进而形成良性的道德相对主义。"②

5. 对当代道德本质认识方法或路径的探究

理解道德本质并不容易,不同的学者提出了不同的思想进路。有学者指出,我们应该通过人的现实作为来理解人的道德本质,"争论人的道德本质是什么,这是一个形而上学的问题。相信人的本性是善的,或者相信人的本性是恶的,这仅仅在于个人的取舍,不具有人际通约性,或者说,无法建立起令人信服的主体际性。道德的标准是人定的,不同的时代,人们会订立不同的道德标准。为什么原始的部落中,会出现吃掉俘虏的现象呢,因为原始人不认为吃掉俘虏是不道德的事情,至少他们那个时候的道德标准是允许这样做的,原始人也没有能力去树立更为人道的道德标准,这就是人类无法超越的历史局限性问题。不仅原始人脱离不了历史局限性,每一个时代的人,都会被打上自己时代的烙印。既然道德的标准是人订立的,那么我们就不要苦苦追问人的道德本质是什么,而是要关注人会做什么,做了些什么,应该做什么,不应该做什么,以及为什么。这样我们才能避免从先验论的层面上看待人和人类社会,才能把人世间的善与恶当作具体的社会现实来思考和判断。"③

有学者认为应该从形而上和形而下统一的层面来理解道德本质,"从内涵上说,道德是一种令人欣然向往、追求并能使人产生坚定信念从而为之坚守的价值目标和精神支柱,它既能使人抵御利益的诱惑(欲望)从而自觉地以'善的为人处事方式'调节个人利益和他人利益间矛盾,又能促使并引导人的生命、人格及精神的不断完善和提升。从本质上说,道德是人生命的存在之本,是人之为人的价值准则,是人的安身立命之本。从价值层面讲,道德能为人提供终极价值目标的精神支撑,

① 张永刚:《麦金太尔早期理解人性的双重维度》,载《道德与文明》2018年第4期。
② 张明伟:《应当、理由和理性——哈曼在〈道德的本质〉中对道德"应当"的阐述》,载《贵州社会科学》2014年第1期。
③ 刘宁:《道德本质观批判——以中西伦理思想史为视域》,载《河南科技大学学报》(社会科学版)2012年第5期。

为人提供令人敬畏的价值信念,为人提供精神寄托之所。"①

还有学者认为,道德的本质与生活的意义密切相关,"道德源于生活与生活是人的道德本质的展开相统一,道德融于生活与生活需要道德的承托与引领相统一,道德为了生活与道德本身具有成人的内在价值相统一。"②

有学者也认为,道德本质与文化传承以及人的生存状态结合在一起,"道德体现着文化的传承与发展。道德应该从根本上着眼于人类生存与发展的需要,即必须体现人本性。基于此,道德是在一定社会群体中约定俗成的行为规范与品质规范之总和,受社会舆论和内在信念的直接维系推动,以善恶为基本评价词,负责为人提供善的为人处事方式,以满足人处理人际关系与实现自我的需求。"③

同样,有学者强调认识道德本质应该从道德特性的角度入手,"彰显道德特性有助于明晰道德的本质内涵,也有助于厘清道德在社会治理和个人发展中的重要作用","利他性是道德特性最重要的内核,是道德问题有别于其它问题的根本标志。非刚性旗帜鲜明地把道德问题和法律问题区分开来,它强调道德源自人的内心,是人的自愿表达。理想性揭示任何时期的道德状况总有不如人意的地方,道德建设永远在路上,道德发展从来不会止步。"④

基于此,有学者尝试概括研究道德本质的几点可行方法,一是"道德根源于一定社会的经济关系,因而道德本质上是一种特殊的社会意识形态"。二是要看到"道德是知识体系与价值体系的统一体,是社会要求与个人素质的统一体,是精神活动与实践活动的统一体"。三是"要看到道德在调节方式上有自己的特殊性。与法律和行政调节方式相比较,道德调节是一种'柔性'调节"。从而,"道德在本质上是一种特殊的社会意识形态,一种特殊的社会价值体系,一种特殊的社会精神现象。"⑤

三、简要评述

纵观新中国70年来的道德本质研究,我们不难发现,对道德的这种身份价值的探究是和变幻世界中的道德生活息息相关的。凡是能真切地把握生活世界的道

---

① 韩云忠、马永庆:《道德形而上的思考》,载《齐鲁学刊》2017年第5期。
② 易小明、李伟:《道德生活概念论析——兼及道德与生活的关系》,载《伦理学研究》2013年第5期。
③ 张茂聪:《道德本质追溯》,载《中小学德育》2015年第10期。
④ 彭怀祖:《道德特性的辨析》,载《江苏社会科学》2018年第2期。
⑤ 陈锦函:《再论道德的本质》,载《湖北科技学院学报》2013年第2期。

德才会是越"本质"的道德论，凡是能以面向现实的实践精神成就道德的本质理论才会是真正的道德论，这或许就是道德本质论的本质。综观之，新中国 70 年来关于道德本质的研究，随着我国社会的飞速发展，广大学者勤于耕耘，积极探索，理论研究取得丰硕成果，对社会生活有着越来越重大的价值和意义，符合社会经济社会发展对道德理论发展的基本要求，契合广大人民群众对道德生活需要日益进步的时代要求，应和国际交流交往不断扩展对道德理论交融交流乃至交锋的大势需要。

尤其是近十年以来，学界关于道德本质问题的专题研究较少，但角度更加广泛，视野更加开拓。从取得的成效来看，具体来说分为六个方面，一是总结前期讨论、评述其中得失的相关研究，并积极吸纳有益成果；二是对马克思主义伦理学苏联范式中关于道德本质及其相关问题的深入研究；三是吸收国外学界相关理论的新思想和新方法、创新研究范式，如从经济学角度、现象学角度进行道德本质的研究；四是加强对马克思主义经典作家道德本质论述的研究；五是基于中西方伦理学史考察道德本质的内容研究。

第一，总结前期讨论、评述其中得失的相关研究。有学者指出，前期学界在道德本质问题上的不同观点，都从各自的角度和不同的侧面在一定意义和一定程度上把握和揭示了道德的本质。但是仅仅从某一角度或某一方面揭示道德的本质，都是不全面的。其实，道德的本质与道德现象本身一样，也是一个多层次的结构体系。道德作为一种精神现象，是建立在一定经济基础之上并为社会经济关系所决定的一种意识形态和上层建筑，道德的这一本质是政治、法律等意识形态和上层建筑形式所共同具有的，是其一般本质。从其特殊本质来看，道德所反映和体现的是人们之间的利益关系。道德之为道德，正是由于它反映了现实的利益关系，这也是阶级社会里道德总是具有鲜明的阶级性的原因。同时，透过上述道德的一般本质和特殊本质，我们发现，道德与人的本性及其内在需要密切相关。道德作为人们之间利益关系的反映和体现，从其深层本质来看，是人类为了满足自身的发展和完善的需要以及社会稳定和谐的需要，在个人欲望的满足和社会和谐之间确立的一种平衡机制。或者说，道德实质上是一种人的自我完善方式和人际关系的协调方式，这也正是道德的深层本质之所在。道德既体现着个人自我发展、自我完善的需要，也体现着社会和谐、稳定和发展的需要。①

有学者根据学界相关研究成果，总结出学界"道德"概念界定的特征。"国内伦理学界对'道德'概念界定的发展呈现出较为明显的阶段性特征，从'规范论'到'主

---

① 参见杜振吉《近三十年来关于道德本质问题的研究综述》，载《道德与文明》2010 年第 2 期。

体论'再到'综合论',展示了清晰的发展脉络。"相关研究的不足在于,"'道德'与'伦理'是伦理学研究的两个基本概念,也是伦理学研究的基点。一般地,我们并不对这两个概念进行明确区分,甚至有的学者也提出相似的观点。但是,作为严谨的学术研究,'道德'与'伦理'毕竟是两个不同概念,其内涵与外延都不相同,如果不进行严格区分的话,严重影响到伦理学理论体系建构的严肃性、统一性与完整性。""虽然这些研究提出了'道德'与'伦理'具有主观与客观、个体与社会、单向与双向之分,但却没有对'伦理学的研究对象为什么是道德'、'研究道德的学问为什么不称"道德学"而是"伦理学"'、'道德与伦理的本质区别是什么'等问题予以明确回答。尽管当前学术界已经对'道德'与'伦理'二者如何区分有了一定的研究成果,但如果需要构建完整与系统的伦理学理论框架与体系,势必要更加确切与明了地回答'道德'与'伦理'二者有何区别这一问题。同时,也需要通过回答这一问题,进一步明确'道德'的概念界定,划清'道德'概念的适用范围,厘清伦理学基本学理问题。"[1]

有学者认为,"国内伦理学界习惯从社会存在决定社会意识的传统观念出发,把道德本质定义为一种特殊的社会意识形态,同时强调经济关系对道德的决定作用。这不仅把道德标准过分功利化和相对化了,而且把伦理学建立在历史哲学之上了。这就有意无意淡化甚至排除了人的哲学、自然哲学和实践哲学等其他哲学形态在建构伦理学体系中的指导作用。"他认为应当从哲学本体论特质的角度来阐释道德本质论,这为研究道德本质提供了一定的思路,"哲学本体论规定着伦理学的道德本质论,在开展当代中国伦理学研究中,既要坚持辩证唯物论和历史唯物论的指导作用,又要重视实践唯物论的指导作用。"[2]

第二,对马克思主义伦理学苏联范式中关于道德本质及其相关问题的深入研究。有学者研究马克思主义伦理学的苏联范式,并指出苏联伦理学中道德本质的内容,"对于俄罗斯人来说'善'不是道德训诫或道德要求的内容,不是'应然'或标准,而是'真理',是世界的生动的本体性存在。"[3]苏联范式的另外一面是犯了历史虚无主义错误,它在道德本质上忽视了道德本质的物质内容,"保证和促进恩民物质生活和精神生活的社会制度一定是善的制度,因为它满足了生产力的检验标准,也适应了人民群众的需求。这完全印证了社会道德选择的物质基础,承认了道德

① 吴瑾菁:《"道德"概念界定的学理争鸣》,载《江西师范大学学报》(哲学社会科学版)2015年第1期。
② 孔润年:《马克思的实践唯物论与伦理学研究》,载《伦理学研究》2013年第1期。
③ 武卉昕:《马克思主义伦理学的苏联范式及当代启示》,载《湖北大学学报(哲学社会科学版)》2019年第2期。

本质物质内容。"①这不仅说明道德是随着社会生活的发展而发展的,同时也表明任何道德不能脱离具体的社会内容社会生活而存在,它必定建立在一定的物质内容的基础之上。

第三,吸收国外学界相关理论的新思想和新方法,如创新研究范式从经济学角度、现象学角度进行道德本质研究的成果。

学者们尝试用不同的研究方法来研究道德本质问题。陆劲松运用博弈论来探讨道德本质。"伦理经济学是伦理学或与经济学相关的关于伦理学的经济理论。博弈论作为在经济学中应用最为成功的理论,也可以用来研究道德现象。通过博弈模型的分析可以发现,道德来源于社会博弈,道德实际上就是一种博弈均衡规则。在人们追求利益的过程中,为了更好地满足自己的效用,这就产生了均衡的状态,维持均衡的就是道德准则。"②毛强也从经济学理论对道德本质问题进行了探究。③ 有学者认为,一直以来,在社会科学领域,关于道德的认识是最模糊、最混乱的,把规范体系、教义、习俗、观念、行为方式当道德的现象非常普遍,这些混乱的认识不仅造成道德推理违背基本逻辑规律,而且造成道德构建的保守僵化。解决这些问题必须分清道德与其他相关联的社会意识形态的边界,将道德从政治、宗教中剥离,厘清道德与伦理、法律的关系及道德的公共域问题,明确道德的正向价值取向。基于正向价值取向的道德本质具有非常重要的现实指导作用。④

有学者关注道德本质在经济中的表现及作用,认为"道德经济本质的实践维度通过三个核心概念来体现:一是道德生产力;二是道德资本;三是道德竞争力。经济具有道德本质,可从两个层面来理解:一是道德是一种'特殊的力',即道德生产力;二是道德也是资本"⑤。以此可见,当我们论述道德本质的时候,也不可避免地将之与其他概念相联系,这是因为道德本质虽然内含着其自身特有的规定性,但同时道德也不是孤立存在的,而是与其他的具体生活的概念有着联系。

在道德现象学方面,有学者指出,从道德心理学来研究道德本质及其问题只是"专注于道德观念、道德判断、道德情感等方面,而不是道德经验方面的内容,没有揭示在精神上具有重要意义的状态是如何在个体的精神系统中运作的",而道德现

① 武卉昕、刘喜婷:《历史虚无主义的道德虚无》,载《红旗文稿》2015 年第 7 期。
② 陆劲松:《从博弈论研究道德本质及特征》,载《理论观察》2010 年第 4 期。
③ 参见毛强《道德衰亡的经济学解读与道德本质的再探讨》,载《郑州航空工业管理学院学报》2012 年第 4 期。
④ 参见王锡军《论道德的本质——基于正向价值取向视角》,载《中北大学学报》(社会科学版)2015 年第 2 期。
⑤ 张志丹:《经济的道德本质之本体论诠释》,载《社会科学》2011 年第 3 期。

象学"关注具有道德意义的精神状态和过程在经验上的维度",文中援引曼德尔鲍姆的观点,认为道德"必须通过运用能够调查在道德判断中存在的相似处和差异处的某种特别的现象学方法,才能不断靠近并发现可能存在的一些有效的道德标准,由此我们才能最终诉诸道德冲突的解决"①。

在罗尔斯与社群主义关于道德本质问题的争论方面,有学者对此作了进一步探究,指出罗尔斯的道德本质是基于"抽象的人性学说来寻求普世的正义原则",而社群主义认为"真正的人类道德本质应该依赖于特定的社群,包含社群的构成性作用,更多地关注自身所处社会的特殊性,因为这种社群构成了各种政治价值的源泉"②。有学者分析和介绍了哈曼关于道德本质的观点,"认为道德是在社会中人们相互妥协约定而形成的,并进而形成良性的道德相对主义。"当然,这种关于道德本质观点的不足之处也很明显,因为"道德本质上是复杂的,并不仅仅是社会的约定。存在构成的道德是境域式的,是任何简单的化约概念所不能把握到的"③。

第四,对马克思主义经典作家道德本质论述的研究。有学者对马克思道德本质问题进行了较为深入的研究。"马克思恩格斯从社会经济关系中寻找道德的本质规定,认为道德是物质关系的产物;作为特殊的社会意识形式,道德从实践精神的角度把握世界,道德的规范性和主体性密不可分。"④赵清文认为,"理解马克思的道德理论,首先必须区分马克思的著作中在使用'道德'这一概念时,究竟指的是道德本身,还是具体的道德观念和准则。在阶级社会中,这两者并非始终统一,或者很难真正做到统一,甚至根本相背离。""马克思认为,道德来源于人的本质、人的自由,而不是神的意旨或者抽象的私人利益。""在马克思看来,对作为道德的前提和来源的人的本质的理解,不能脱离人的社会关系,应当将人作为一个'类存在物'来理解。""道德对于人不是束缚,不是压迫,而是来源于人的本质和自由。那么,抛弃来源于神学的或者个人私利的特殊的和现实的规则和教条,追求和遵循真正的道德,也正是摆脱精神上的枷锁,实现人的自由、解放和全面发展。"⑤马克思对道德本质的看法与人的本质是互为依靠的,"我认为马克思的思想中存在规范性维度。这个维度就是马克思关于人的本质的概念。在这方面,我认为,马克思的思想

① 王云强、郭本禹:《道德现象学:缘起、内涵与方法》,载《伦理学研究》2018 年第 2 期。
② 惠春寿:《人格的观念与政治自由主义的证成》,载《浙江社会科学》2016 年第 3 期。
③ 张明伟:《应当、理由和理性——哈曼在〈道德的本质〉中对道德"应当"的阐述》,载《贵州社会科学》2014 年第 1 期。
④ 杨宗元:《关于道德本质问题的探讨》,载《高校理论战线》2009 年第 5 期。
⑤ 赵清文:《作为道德的道德——马克思对道德本质的理解及对道德异化的批判》,载《北方工业大学学报》2016 年第 4 期。

在一定程度上源于亚里士多德。对人而言,人的本质概念的全部意义就在于它可以承认人自身的发展及其潜能的实现,从而使人能够与植物或动物区别开来。任何事物都有其特殊的本质和特殊的发展方式。这种观念对于马克思同样不陌生。人的本质概念及其对人类发展的意义极为清晰地呈现在马克思的早期著作中,例如《1844年经济学哲学手稿》。"①

　　第五,基于中西方伦理学史考察道德本质的内容研究。道德本质、道德现实以及道德建构问题是中国特色社会主义伦理学体系构建的理论逻辑的重要内容,"道德本质的研究解决的是伦理学得以存在的合理性基础问题,要指出道德是什么,更要说明道德怎么样。"②

　　近十年来,除专门研究成果之外,高校伦理学教材对于道德本质问题也进行了进一步探讨。高校思政课教材之一《思想道德修养与法律基础》中对道德本质有所提及。其第四章"道德基本理论部分"第一节,首先就给道德下了定义:"道德属于上层建筑的范畴,是一种特殊的社会意识形态。它通过社会舆论、传统习俗和人们内心的信念来维系,是对人们的行为进行善恶评价的心理意识、原则规范和行为活动的总和。"有学者对这个定义提出了质疑:"道德在个体这里,的确是用来评价行为的善恶的。但是它本身属于观念意识,绝不属于行为活动本身,也不包括行为活动。人的观念与行为活动是并列的两个范畴……观念和行为是人类存在的两个范畴,观念指导行为,行为表现观念。观念有多种,其中衡量善恶的就是道德。因此,教材上的道德定义对道德社会本质的总体归类不错,对其作用也解释得很好,但却把个体'行为活动'也包括在道德里面了,这是非常不妥的,不利于人们特别是大学生对道德本质的认识。该教材从2006年至今已经经过多次修订,但这一定义一直没有做出清楚的修订。"③当然,这一质疑是站不住脚而且是有问题的,因为它割裂了道德实践精神的本质特点。

　　2012年,马克思主义理论研究和建设工程(简称"马工程")组织《伦理学》编写组编写了"马工程"《伦理学》教材,供全国哲学伦理学专业师生使用。教材中明确了道德本质内涵,形成了马克思主义道德本质观的基本共识,即"道德是一种反映社会经济关系的特殊社会意识,是社会利益关系的特殊调节方式,同时也是一种实

① 李义天、张霄:《马克思主义伦理学何以可能——访英国肯特大学戴维·麦克莱伦教授》,载《江海学刊》2018年第5期。
② 袁超:《中国特色伦理学体系构建的理论逻辑》,载《中州学刊》2016年第7期。
③ 龚湘、喇全恒:《厘清道德的本质——兼对高校相关教材"道德"定义的部分质疑》,载《湖北函授大学学报》2015第18期。

践精神"。教材指出,道德的性质和基本原则、规范反映了与之相应的社会经济关系的性质和内容,道德随着经济关系的变化而变化,其作为一种社会意识,具有阶级性,也在一定程度上具有普遍性。同时,道德作为社会意识,具有相对独立性。它作为一种特殊的调节方式,是自律性与他律性的结合,是规范性与主体性的统一,是持久性与广泛性的一致。道德作为一种实践精神,是旨在通过把握世界的善恶现象而规范人们的行为并通过人们的实践活动体现出来的社会意识。① 教材整体上回应了伦理学界对于道德本质问题的探讨,形成了较为权威较为全面较为深刻的马克思主义道德本质观的共识,在一定程度上,总结了学界马克思主义道德本质问题的讨论。2017 年唐凯麟编著出版的《伦理学》中将道德本质上看作一种"特殊的社会规定性,特殊的社会价值形态"②。这也是对此研究的进一步表述。2017 年出版的《马克思主义经典作家论道德》对马克思主义经典作家关于道德本质方面的论述作了系统完整的总结,"在立足最新文献资料的基础上,力图展现马克思主义经典作家的真实意图。同时,对道德、劳动异化等名词给予理论性和实践性的定位,在伦理学范畴的概念解析中反思道德实践问题。在完成了对道德的本质、人的本质、伦理学研究的本体等命题的整体性研究后,又分别剖析了诸如道德和法、政治、科学、宗教、艺术的关系,涉及了多个领域,在学科间的互动和比较、关联分析中,在对道德在社会生活中的作用等命题的深入追问中,深化了对马克思主义道德学说的领会。"③

---

① 参见《伦理学》编写组编《伦理学》,北京:高等教育出版社、人民出版社 2012 年版,第 117—124 页。
② 唐凯麟编:《伦理学》,合肥:安徽文艺出版社 2017 年版,第 32—40 页。
③ 高健:《以道德实践来实现对世界的把握——〈马克思主义经典作家论道德〉评议》,载《中国出版》 2018 年第 4 期。

第四章　道德功能

　　道德作为一种复杂的社会现象与意识形态,在社会的方方面面都发挥着独特的功能,对社会生活起着巨大的推动作用。在一定程度上,对道德功能的认识与研究就反映了人们对社会生活的理想与追求。新中国成立 70 年来,对道德功能的研究始终作为伦理学界最重要的内容之一,包括对道德功能范围的界定研究、对道德功能发挥路径的研究、对应用道德功能产生作用的研究等。对道德功能的研究不仅推动了伦理学科体系的完善,而且也对社会主义思想道德建设产生着独一无二的引领作用。经过几十年的发展,我国的伦理学研究基本建立起了具有中国特色的、具有完备的比较系统的伦理学学科体系,对道德功能的研究日益呈现多方位、多视角、多学科的特征。

一、研究的基本历程和概况

　　道德作为意识形态与价值体系,无疑具有巨大的社会能动作用,在一定程度上促进经济与政治的发展,关于道德功能问题的理论研究在新中国成立伊始就已开始。新中国成立 70 年来,我国伦理学家们时刻将对道德功能的研究与时代脉动紧密联系。尽管在最初,对道德功能的理论研究未能上升成为单独的理论问题,但随着社会的不断发展、具体环境的不断变化,我国伦理学家对道德功能的研究也随之不断进步,最终形成内容丰富的道德功能相关理论。对道德功能的研究从最初的起步阶段发展到多维度研究阶段再到现在道德功能研究的"黄金时期",尽管中间也因"文化大革命"等而受到一定的阻碍甚至倒退,但是我国伦理学家始终坚持、坚定地对道德功能这一问题进行学术探索。

(一) 道德功能初步研究阶段(1949—1966)

　　新中国成立之初,对道德功能的研究带有着鲜明的历史色彩,因而这一阶段的研究并未上升到单独的理论问题被关注。但这不意味着这一时期对道德功能的研究为一片空白,这些研究往往蕴含在对共产主义道德的研究之中。"这一时期的伦理思想和学术研究同批判各种旧道德提倡共产主义新道德有着最为密切的关系。"①这一时期对道德的研究开始于对共产主义道德性质的初步界定,集中于对符合共产主义事业需要的道德观的研究,其中重点开展了对道德阶级性与继承性问题的讨论,在这些问题的研究与探索过程中,我国早期伦理学家也对道德的功能问题进行了研究。当然,这些研究多停留于对道德的教育功能与评判功能的探索上。

1. 对共产主义道德性质的初步研究。通过研究共产主义道德性质来对道德的教育、导向等功能的实现进行初步探索。如吴江的《共产主义道德问题》(工人出版社 1955 年版)将共产主义道德界定为与政治、法律相同的社会控制力量,是建设社会主义实现共产主义不可或缺的力量;方珪翻译的《共产主义道德概论》(生活·读书·新知三联书店 1957 年版)指出共产主义道德在工人阶级斗争中在新社会建设中形成的必然性,阐明共产主义道德原则和标准是人类道德发展的最高成果,指出了共产主义道德与马克思列宁主义世界观的联系。李凡夫的《论共产主义道德》(《江淮论坛》1962 年第 1 期)指出共产主义道德是奠定在生产资料公有制基础之上,以马克思主义的辩证唯物主义世界观为指导思想,反映工人阶级和全体劳动人民的根本利益的。周原冰在《试论共产主义道德的基础》(《学术月刊》1957 年第 2 期)中认为,"共产主义伦理、道德,虽然就其根源来说,也是从资产阶级与无产阶级斗争中产生的,但作为完整的伦理和道德体系,还有待于同科学的社会主义理论相结合。"②"共产主义伦理、道德是社会主义——共产主义社会的上层建筑,社会主义——共产主义的经济和政治是共产主义伦理、道德的基础。在我国人民民主革命胜利向社会过渡时期,共产主义伦理、道德就已经成为了社会的上层建筑。"③同时,他认为尽管人民民主革命的胜利为共产主义伦理、道德提供了政治和经济的基础,在社会主义基本胜利,共产主义伦理、道德基础更为巩固时,并不代表共产主义伦理、道德就在此基础上自然而然地成长发展起来。

2. 对符合共产主义道德事业需要的道德观研究。初步对道德的社会管理与个人管理功能进行研究,阐释共产主义道德对促进社会管理与完善个人管理的功

---

① 王泽应:《道盛莫于趋时——新中国伦理学研究 50 年的回溯与前瞻》,北京:光明日报社 2003 年版,第 15—16 页。
② 周原冰:《试论共产主义道德的基础》,载《学术月刊》1957 年第 2 期。
③ 周原冰:《试论共产主义道德的基础》,载《学术月刊》1957 年第 2 期。

能实现。如中国青年出版社出版的《论革命人生观》(1950),讨论了当时青年人最关心的几个问题:个人与集体关系、革命英雄主义与个人英雄主义、工人阶级领导与克服小资产阶级思想等;指出了革命英雄主义是建立在共产主义世界观与人生观之上的英雄主义,它和旧式的个人英雄主义有严格的区别;论述了自由与必然的关系,个人自由与集体自由等;阐明了团结就是力量的真理,教育青年要爱护集体,自觉地为集体做贡献。冯定的《共产主义人生观》(1950)指出共产主义的人生观,是以实现共产主义理想作为个人人生目标的人生观,它不是高不可攀的,不是一定要在共产主义社会才能具有的;强调把树立共产主义人生观与发挥无产阶级自觉能动性相结合,在社会主义条件下,人们更应该自觉地在改造客观世界的同时,改造自身主观世界;在共产主义人生观问题上如何达到自觉? 一是"明理",学习并树立正确的世界观、人生观,二是付诸实践。余慧敏的《马克思主义幸福观》(《江淮学刊》1964 年第 3 期)在对雷锋、欧阳海等共产主义道德楷模言论的研究基础上指出,斗争是马克思主义幸福观的本质,集体主义则是马克思主义幸福观的灵魂。

3. 对道德阶级性与继承性的研究。在这一阶段的研究中,主要从共产主义需要的角度对共产主义的爱国主义、集体主义进行宣传性研究,通过对道德阶级性与继承性的探究,肯定共产主义道德的功能与价值,发挥对广大人民群众的精神激励与鼓舞功能。对这一问题的研究开始于上世纪 60 年代,对道德继承性问题争论的焦点,是关于道德遗产的继承问题。分歧的实质,则是历史上剥削阶级的道德遗产能否批判继承的问题。在这个问题上,两种观点针锋相对。一种观点是:过去剥削阶级的道德遗产,我们对它的分析批判,仅仅是为了把它当作反面教材,即使其中个别历史人物的某些优秀道德品质(如岳飞的爱国主义),也至多能加以适当肯定,而不能批判地继承;另一种观点是:对过去剥削阶级的某些杰出历史人物,他们的道德理想中那些具有进步性和人民性的因素,可以批判地借鉴,用来作为进行共产主义道德教育的思想资料。"道德作为一种社会意识,其本身发展具有相对独立性。这种相对独立性,使道德对人们的思想感情,产生较长久的影响;在某些相似的历史条件下,这种影响往往会反复出现。这种重复出现的道德影响,就会使历史处境相类似的人们的思想感情上,产生某种'共鸣'。"[①]具有代表性的是吴晗的《说道德》(《前线》1962 年第 10 期)、《再说道德》(《前线》1962 年第 16 期)与《三说道德》(《光明日报》1963 年 8 月 19 日),他先提出阶级道德就是统治阶级的道德,后修

---

① 宋惠昌:《关于道德的继承性的几个问题》,载《首都师范大学学报》(社会科学版)1980 年第 6 期。

正该说法为:所谓阶级的道德,在一般情况下,也就是统治阶级的道德,因为支配着物质资料生产的阶级,同时也支配着精神生产的资料。汪子嵩在《从〈水浒传〉说道德问题》(《光明日报》,1963 年 10 月 25 日)中认为阶级社会中的道德总是有阶级性的。它或者为统治阶级的利益作辩护,或者为被统治阶级、被压迫阶级为了反抗这种统治的利益作辩护。敌对的阶级同时存在着,所以敌对的阶级道德也同时存在着,并且不断斗争着。李之畦的《〈三说道德〉一文提出了什么问题》(《光明日报》1963 年 9 月 21 日)反驳了吴晗的观点,认为统治阶级的道德不可能变成被统治阶级的东西,反之也是一样。如果对立阶级的道德不仅对于彼此个别具有作用,而且理论上两者也能相互接受,也就是说对立阶级的道德是互相吸收、互相包含的。这就代表对立阶级的道德能和平处于一个阶级道德体系中,那么对立阶级道德之间的对立性与阶级界限就消失了,道德就没有了阶级性,不能成为任何阶级斗争的武器。对于道德继承性问题的讨论,吴晗认为道德可以批判地继承,因为道德不是永恒的、不变的,社会经济状况变了,道德内容也需要相应改变;历史上存在某些民族英雄与杰出人物不可避免地受到民族传统的教育,所表现的忠义、勇敢、勤劳等都是可以批判继承的;道德决定于社会经济状况,这只是一种概括的说法,事实上过去的被统治阶级由于个体生产、分散生产的社会生产状况,无论农民、手工业者都有其自私保守的一面,只能说绝大部分人具有美德,其中有些人是不具有美德的,有极少部分是坏人,反之也是如此。高仲田的《关于道德的批判继承问题》(《光明日报》1963 年 10 月 7 日)指出,即使是统治阶级的"某些美德",也是不可能批判继承的,如果承认这些道德是可以批判继承的,那就是承认这些道德的超阶级性,既可以为剥削阶级服务又可以为被剥削阶级服务,就不是道德。李之畦认为,革命的阶级只能批判继承历史上两种对立阶级道德中的属于被统治阶级的带有民主性、革命性的优秀的人民道德,而不能批判继承和人民道德对立的统治阶级的腐朽道德。

纵观这一时期我国对道德功能的研究,不难看出,道德功能并未能成为一个单独的理论问题得到关注,但是对共产主义道德及对符合共产主义事业的道德观的研究已初步开展,这也对当时新的道德风尚的形成与广大人民革命人生观的形成发挥了积极的理论指导和理论激励作用。正如有学者总结的,20 世纪"60 年代我国关于共产主义道德的探讨是同当时反修防修和阶级斗争为纲的政治形势以及学习雷锋、焦裕禄等共产主义道德的宣传教育活动密切联系在一起的,它突显了共产主义道德与一切旧道德的本质区别,强调共产主义道德的先进性、革命性和崇高性,把工人、农民、解放军视为共产主义道德忠实践履者,肯定了共产主义道德的功能和价值,对广大人民群众有相当大的精神激励和鼓舞作用。"①

(二) 道德功能恢复与起步研究阶段(1977—1992)

十年"文革"扫荡了中国几千年优秀传统文化和优良伦理道德,造成了一种文化的荒原、道德的荒原。"文革"结束后没能从容进行的思想文化、道德伦理的恢复重建,同市场经济的某些伴生物、负能量形成的混合式叠加,既导致了我国一个时期的市场和官场乱象,也引发了市场秩序失序、社会规范失范、人们心理失衡等现象。在来不及从容地对思想文化和伦理道德进行恢复重建的情况下,迫于当时严峻的国内外形势,在短暂的拨乱反正之后,中国很快转入了全面改革和对外开放。20世纪80年代是我国在粉碎"四人帮"之后探寻发展与改革新路的具有关键性的阶段,也是经历了调整、高涨、再调整,在风浪中前进的阶段。在克服极"左"倾向的同时,关于真理标准问题的讨论为伦理学界的学术研究提供了宽松的政治环境;以经济建设为中心的国家政策、由计划经济向社会主义商品经济过渡的时代潮流、对外开放带来的中西文化的初步交流都造成了传统道德观念与现实需要的差距增大。在这一时期,伦理学界再次掀起对共产主义道德功能的讨论;研究在改革开放进程中的道德的社会功能与个体功能的发挥;开启对道德功能的分类研究;探讨中西伦理文化中对于道德功能问题认识上的差异性。

1. 对共产主义道德功能及原则的再次探讨。该阶段通过再次对共产主义道德功能性质与应有原则的探讨,为研究共产主义道德功能实现路径打下坚实的基础。如周原冰的《简论共产主义道德的实质》(《上海师范大学学报》(哲学社会科学版)1979年)与《简论共产主义道德的基本原则》(《上海师范大学学报》(哲学社会科学版)1979年),他指出,共产主义道德是以在资本主义社会就已形成的工人阶级道德为基础,用马克思主义的科学共产主义理论武装起来,通过工人阶级自己的政党——共产党的领导和教育,通过所有为共产主义事业而牺牲奋斗的先进人物的示范作用,而逐步丰富、完善和发展起来的;共产主义道德是共产主义事业的组成部分,又是实现共产主义事业每一斗争过程都不可缺少的精神武器,它始终都随着共产主义事业的发展而发展。共产主义道德的作用范围,应当包括阶级斗争、生产斗争和科学实验三大革命实践的全部领域,但它只是作为精神武器反作用于这三大革命实践,而不能代替这三大革命实践本身。对于共产主义基本原则,他认为

---

① 王泽应:《道莫盛于趋时——新中国伦理学研究50年的回溯与前瞻》,北京:光明日报出版社2003年版,第82页。

人们的行为必须服从共产主义事业的客观要求,这是共产主义道德最根本的原则,表现在对祖国和对世界进步人类的关系上,就是爱国主义和国际主义高度结合;共产主义道德要求人们的行为符合集体主义原则,作为道德规范来说,这是共产主义道德的核心,共产主义道德的其他一切规范都离不开这个核心,要求以崭新的共产主义劳动态度对待工作,自觉地为创造高劳动生产率而斗争;最后,共产主义道德的另一基本原则,就是以实事求是为基础的忠诚老实。许启贤的《怎样看待共产主义道德》(《教学与研究》1981 年)认为共产主义道德源于社会主义经济基础,又高于社会主义经济基础,它体现了无产阶级崇高的道德理想。社会主义社会的共产主义道德和将来共产主义社会的共产主义道德,在本质上是相同的,区别就在于两者的成熟程度不同。它们是统一的共产主义道德发展的不同阶段,表现在内容和形式上也会有所区别,譬如在社会主义阶段,共产主义道德仍然从属于阶级的道德范畴,到了共产主义社会,共产主义道德将从阶级的道德变成全人类的道德,等等。否定提倡共产主义道德,反对宣传集体主义,势必会造成剥削阶级道德特别是资产阶级道德的大泛滥,造成极端利己主义、个人主义的恶性发展。在社会主义条件下,集体利益和个人利益才能达到真正的统一,从而在保障集体利益的前提下最大限度地满足个人利益。个人利益包含在集体利益之中,离开了集体利益,也就没有个人利益,同时,集体利益也不能建立在否定个人利益的虚幻的基础上。集体主义在强调集体利益高于个人利益的情况下,必须保证和提高个人利益,尽量地去维护个人的正当利益。正是由于坚持不懈地进行共产主义道德教育的结果,以集体主义原则为核心的,包括爱国主义、国际主义、热爱人民、自觉的劳动态度、对公共财产的高度责任感以及不怕艰苦、敢于胜利的崇高思想品质和优良道德风尚,得到了新的发扬和提高。共产主义道德的宣传教育在维护安定团结、调整人与人之间的关系、实现新时期的建设任务方面,起着尤为重要的作用,并将随着四化建设的发展愈来愈显示出它的巨大威力。李凡夫在《论共产主义道德的几个问题》(《哲学研究》1980 年第 6 期)中认为,集体主义是共产主义道德的核心,是最本质的内容,贯穿在共产主义道德的各个方面。共产主义道德之所以是人类最崇高的道德,不仅因为它有鲜明的阶级性,而且因为它有真正的科学性。共产主义道德是人类科学发展的伟大成功——马克思列宁主义所武装起来的,它反映社会发展的客观规律。因此这种道德观不可能从工人阶级和劳动人民的思想中自发地产生,而必须通过宣传教育,通过深入的思想工作,才能在工人阶级和劳动人民中确立起来。在人民中树立共产主义道德,必须通过长期坚持不懈的宣传教育,必须注意用说服的方法帮助群众抛弃旧道德,树立新道德,用无产阶级思想去战胜非无产阶级思想。

2. 对改革开放进程中道德的社会功能与个体功能的探讨。该阶段将道德功能分为社会功能与个体功能,从两个角度对道德功能实现进行研究。改革开放之初,学者对道德功能探讨首先围绕着"道德法庭"展开。1983 年王复出主编的《道德法庭》、1984 年李宏图的《应该肯定"道德法庭"的社会功能》、1984 年朱云洲的《"道德法庭"能发挥道德的社会功能吗》都在不同视角下对这一问题展开审视与探讨。在对道德法庭的定义与特点的研究中,广泛接受的定义是:道德法庭是社会通过一定的道德标准或公众认可的准则对某种思想行为进行的评判裁决。它不作为专门的国家机构存在,而普设于社会和当事人内心;其裁决不存在法定程序,主要依据社会、团体的道德标准与公众一致认可的准则;道德法庭权威源于社会舆论与当事人内心信念且裁决效力性源于当事人本身。在对其存在合理性争论上,一种观点认为道德与法律本属不同概念,如果"以感情代替法律",其本身就是"侵犯公民人身权利"[①];另一种观点认为道德对人们的行为具有强大的约束力,每个人可以对不道德的人与事在道德上进行起诉,同时自身产生不道德行为时,也会被人起诉,这有利于人们道德素养的提高与良好社会秩序的形成。在"道德法庭"引发广泛讨论后,伦理学界开始着眼于对道德社会功能与个体功能关系的研究。1986 年夏伟东的《略论道德的本质——兼与肖雪慧同志商榷》从道德社会功能与个体功能出发,认为道德的功能在于维护集体利益,"道德的崇高性,道德的尊严和价值,就在于道德是集体利益的维护者"[②]。肖雪慧则否认道德是社会发展的需要,强调道德本质上是人的需要及生命活动的特殊表现形式,强调道德的个体功能。谢洪恩的《道德功能和本质》(《哲学研究》1989 年第 3 期)与《对道德适应性关系的辩证思考》(《哲学研究》1990 年第 3 期)指出道德是人类社会生活中所特有的,由社会经济基础所决定的,依靠社会舆论、风俗习惯和人们的内心信念来维系的,并用善恶观念来把握的各种心理意识、原则规范和行为活动的总和。在研究道德功能时,不应把"约束"与"发展"截然对立起来,二者是相互联系、不可分割的。无论是以社会功能来否定个体功能,还是以个体功能来否定社会功能,在理论与实践上都是站不住脚的。道德在具有社会功能、肯定性适应功能的同时,还兼备个体功能、否定性适应的功能。"所谓道德对社会和个人的适应,实际上就是道德能够根据自身的特殊本质有效地发挥自己对社会、对人的种种特殊功能,能够有效地为满足社会与社会成员的需要服务。"[③]道德的本质通过其现象外化为道德的一系列实际功能即所谓

---

① 朱云洲:《"道德法庭"能发挥道德的社会功能吗》,载《社会》1984 年第 1 期。

② 夏伟东:《略论道德的本质——兼与肖雪慧同志商榷》,载《哲学研究》1986 年第 3 期。

③ 谢洪恩:《对道德适应关系的辩证思考》,载《哲学研究》1990 第 3 期。

道德对社会和个人的适应,实际上是道德能够根据自身的特殊本质有效地发挥自己对社会、对人的种种特殊功能,能够有效地为满足社会与社会成员的需要服务。道德的本质通过其现象外化为道德的一系列实际功能。一方面,社会通过道德来调节人与人之间,个人与社会、与自然之间的相互关系,促使人们按照一定的社会价值目标来构建、发展和完善社会,从而表现出道德的社会功能;另一方面,个人则运用道德来把握、约束和激励自己,借以规范自己的思想和行为,按照一定的个体价值目标来塑造自己的形象,安排自己的人生,从而表现出道德的个体功能。胡承槐在《也论道德的本质和功能》(《哲学研究》1991 年第 2 期)中认为,首先,就道德的本质和功能的关系而言,两者虽有联系,但在逻辑上并不属于同一层次上的一对范畴。本质包含功能,而功能却不过是本质的外显形式、职能形式。在这里,本质范畴比功能范畴处于更深的层次,是道德的本质规定性决定道德功能的规定性,而不是道德的功能规定道德的本质。要具体地历史地而不是抽象地把握道德的功能作用,必须以研究、明了道德的本质规定性为前提,只有首先明了本质的规定性,才能正确地把握道德的功能作用及其主体价值属性。强调道德建设中必须把握好道德的社会功能和个体功能、肯定性适应功能和否定性适应功能之间的辩证关系,这是非常重要的。但仅仅在道德理论的建设中做到这一点,还是非常不够的。更为根本的是要在现实的物质生活中,逐步完善经济体制,克服个人、集体、社会三者利益关系中的各种非社会主义因素,或把这些非社会主义因素限制在最低限度,亦即要尽可能彻底地消除产生各种错误的、落后的道德观念、道德学说的物质根源。

　　3. 对道德功能的分类研究。该阶段对道德功能进行了具体的细化分类,通过对道德的不同功能的研究,最后更好地实现总的道德功能的发挥。如李健在《论道德的激励功能》(《社会科学》1988 年第 6 期)中认为,"道德的激励功能不是低于道德调节功能的一种次要功能,也不是实现道德调节功能的一种方式与途径,而与道德的调控功能一样,是道德的一个重要的基本功能。"[1]进而,他对道德激励功能的实现机制进行了分析,认为可以分为两类,一类由社会掌握运用,作用于被激励对象,是道德激励功能的外在的社会机制(有三个构成因素,即道德理想、道德榜样、道德批评);另一类由被激励对象自身掌握运用,进行自我激励,是道德激励功能的内在的心理机制。这两类机制相互联系、相互作用,共同实现着道德的激励功能。刘海鸥的《论社会赏罚的道德调控功能》(《郑州大学学报》(哲学社会科学版)1991年第 4 期)认为,社会赏罚具有道德调控功能,主要指社会赏罚作为实际上通行的

---

① 李健:《论道德的激励功能》,载《社会科学》1988 年第 6 期。

用以维护和推行一定社会道德的重要手段,在实现道德调控功能中所显示的性能和功用,即其对人们的心灵和行为动向、行为方式和整个生活方式的选择所构成的道德影响作用,或者说就是社会赏罚作为社会道德调控的手段所具有的功用。社会赏罚所具有的这种性能和功用,不但是多方面的,而且具有不同于一般道德调控手段(如道德评价)的特点。吕耀怀的《道德感染的特性与功能》(《哲学动态》1991年第6期)认为,道德感染具有情感强化功能,通过道德感染,可以强化社会个体的道德情感;道德感染具有深层整合功能,这可以在两个层次上进行,一是表层的道德整合,表现为社会个体的外部行为与社会道德规范的一致,一是深层的道德整合,指个体心灵深处与社会道德的和谐、融洽;道德具有行为激励功能,"道德感染所引发的行为激励,出自道德行为主体自身的动力源,因而更具有自觉性和主体性。"①在道德感染过程中,逐渐滋长、强化的道德情感,在个体内部形成一种心理动力,驱使其做出相应的道德行为反应。刘湘溶的《论自然道德的特征及其功能》(《求索》1992年第4期)认为,自然道德具有认识与教育、调节与批判等功能。自然道德要求任何人类的个体或群体从维持人类在自然中的持续存在与发展这一共同利益出发,来认识人类与自然交往行为的性质,并借助一定的道德观念表达自己的认识成果。自然道德的教育激励功能在于树立人与自然交往的行为标准以及理想的人格范型,形成热爱自然与生命、保护生态环境、合理利用自然资源的社会道德风尚,培养人们在与自然交往中应有的道德意识与品质。道德的调节功能是指道德具有通过评价等方式来指导和纠正人们的行为,协调道德主体与客体之间关系的能力,和人际道德一样,自然道德的调节功能主要是通过社会舆论和人们的内心信念实现的。自然道德的批判功能是指自然道德的确立将为我们提供一种分析、揭露引起生态环境危机各种根源的武器。自然道德的批判功能主要有三,即理性批判功能、文化批判功能和社会批判功能。许启贤的《道德和法律的关系》(《道德与文明》1986年第2期)认为,无产阶级的法律和道德不同于历史上任何剥削阶级的法律和道德,但是无产阶级的法律和道德之间的关系,也是相互补充、相互作用的;社会主义的法律是对人们进行共产主义道德教育的有利因素,而人们的共产主义道德觉悟的提高,又对巩固和维护社会主义法制起着巨大的作用;在社会主义社会里,道德和法律重叠的地方非常明显,也非常多,《宪法》中的许多条文,同时又都是共产主义道德所必须遵守的道德规范;道德和法律有相互转化的关系。而从道德和法律的产生与发展来看,二者之间就有这种相互转化的关系。张锡金的《政治

————————————

① 吕耀怀:《道德感染的特性与功能》,载《哲学动态》1991年第6期。

评价与道德评价》(《哲学探讨》1987 年第 3 期)认为,政治评价就是社会、集体或他人,依据一定社会或阶级的政治准则、规范,通过舆论形式对他人行为作出革命与反动、进步与落后的判断;道德评价是依据一定的道德准则、规范对他人的行为进行善与恶的判断。社会对人的这种行为的褒贬抑扬,反映了作为客体的社会的需要。长期以来,由于片面强调政治评价与道德评价保持一致性,导致了对当时政治活动家的评价出现偏颇,造成这种评价偏离的原因有三点:把阶级分析方法当标签乱贴;政治活动中的非道德论思想影响;把政治评价看作整体;道德评价服从政治评价。

(三) 道德功能多维研究阶段(1993—2001)

1992 年后,改革开放的路线基本确定,中国进入了一个周边国际环境基本和平、国内社会稳定、经济长期快速增长的阶段。社会主义市场经济体制的建立在变革计划经济和经济活动中的各种人身依附关系的时候,既是对旧经济体制上的否定,也引起了人们道德观念的巨大变化。"任何一种经济体制同时也意味着一种伦理道德文化体制,因为任何一种经济体制无例外地蕴含着某种文化、某种伦理道德规范和标准。"①党的十五大前后,中国市场化进程中的问题逐渐暴露,在市场经济体制尚不完善、法律体系尚未健全的背景下,人们逐渐将目光转向道德,试图通过对道德功能的研究寻求解决当时中国经济发展遇到的问题。这一时期,人们对道德与经济、政治、法律的关系及其功能实现予以高度重视,尤其是对社会主义市场经济中道德的作用格外关注。

1. 道德与经济、政治、法律的关系及其功能实现。该阶段集中对道德的经济功能、政治功能等作出一系列研究。如许琳的《伦理道德的经济功能》(《东疆学刊》1994 年第 1 期)认为,道德在经济发展中的功能主要体现在"维护经济秩序""影响主体效用""激发经济主体活力""辅助产权界定"等方面。王海传的《道德对经济行为的能动作用》(《山东社会科学》1997 年第 6 期)认为,道德在经济活动中的功能表现为一种自律功能,这种自律,既包括对主体权利行使和义务履行的自律,也内含对行为结果的自律,而且,这种自律是行为主体通过在分散状态下对某种社会行为的自觉参与或拒绝而独立完成的。陶莉的《论伦理道德的经济功能》[《四川大学学报》(哲学社会科学版)2001 年第 6 期]认为,与经济发展要求相契合的伦理道德对经济发展起积极促进作用,主要表现在,一方面,各种经济体制都需要有与之相适

---

① 吴元樑:《市场经济与企业伦理》,载《哲学研究》1997 年第 5 期。

应的道德机制加以维护,包括伦理观念和道德规范的"制度"是影响或制约经济发展的关键要素;另一方面,"作为人力资本关键构成的伦理道德是创造经济绩效不可或缺的因素,对社会经济的发展起着重要的促进作用。"①黎秀英的《论道德与政治的统一》[《广西大学学报》(哲学社会科学版)1996年第10期]认为,政治和道德有着各自的规定性,二者有质的区别,然而,政治和道德又有内在的一致性。一个革命者从投身革命担负一定政治任务之日起,就要用道德规范调整自己的行为和各种关系。因此,无产阶级的政治与道德是统一的,统一的基础是"为人民服务"。这种统一是具体的、历史的。每个党员尤其是领导干部既要讲政治,又要讲道德。割裂政治与道德的辩证关系,不仅理论上是错误的,而且实践上也是有害的。在政治活动中,必须发挥道德具有的调节功能与教育功能。李齐全的《论道德对法律的重要意义》[《浙江大学学报》(人文社会科学版)1995年第3期]认为在确认法律规范与道德规范有各自不同的功能、特征的前提下,探析了道德对法律的创制和实施的重要意义:道德对法律的创制具有重要的参考意义,道德的价值为法律的评价提供了道义标准;道德支助影响法律实施的功效,弥补法律之不足,执法者需要有良好的道德修养。

2. 道德在社会主义市场经济中的功能实现。对于这一问题的探讨,围绕着社会主义市场经济是否需要道德与如何实现道德在社会主义市场经济的功能两个问题展开。樊纲在《"不道德"的经济学》(《读书》1998年第6期)中从经济学的职责、主旨等方面论证了"经济学不讲道德"。经济学虽然离不开"道德"、价值体系之类的概念,但它本身不研究道德问题;经济学家作为社会公民的一分子,应该是有道德的,作为一般意义上的知识分子,甚至也应该作传经布道的工作;但作为经济学家,谈道德却是"不务正业"。经济学不对一种(任何一种)价值观的好坏作出评价,它不研究各种道德观形成的历史,虽然不排除经济学能把一种经济制度的运行会怎样最终影响到社会道德规范的变化揭示出来,也就是说它把道德规范作为一个经济过程的"副产品"来看待;经济学本身不研究如何改变道德规范,特别是不研究如何通过道德教化、思想教育等来改变人们的价值观、道德观,并通过道德说教活动来改变人们的经济行为和社会的经济结果。盛洪的《道德·功利及其他》(《读书》1998年第7期)认为,事实上,与法律相比,道德机制是一种成本更低的机制。"功利计算在道德形成过程中扮演了非常重要的角色。反过来,一个社会中道德的

---

① 陶莉:《论伦理道德的经济功能》,载《四川大学学报》(哲学社会科学版)2001年第6期。

形成,又会给整个社会带来功利的结果"①。姚新勇的《"不道德"的经济学的道德误区》(《读书》1998 年第 11 期)认为,在社会经济活动中,道德作为一种超越市场与超越政府的调节力量发挥着重大的作用。市场经济的有序运行,要靠法律,也要道德,这是两个基本机制。不仅如此,"从中国当今市场经济的呻吟中,我们可以感觉到危险在逼近:虽然我们已经告别了人类最昂贵的计划制度,因为缺乏合理的市场伦理,却有可能陷于人类最贵的市场制度。"②万俊人的《道德之维——现代经济伦理导论》(广东人民出版社 2000 年版)认为,良性合理的社会发展方案必须是基于效率目标与公正理想的均衡实现,必须基于公正秩序与效率增长的协同进步,偏颇任何一方,都将导致社会发展的营养性缺失。如果一定要对社会价值目标体系作出某种操作性的次序安排,那么,社会必须以构建公正秩序为首要,因为它是形成和保证社会合作的基础。人际信任意味着人们彼此间的一种相互性期待和责任承诺,那么,建立在人际信任基础上的交易行为必定既是利己主义的,也是利他主义的。从而,只有普遍信任的建立,以基于普遍合理性来满足市场经济的非人格化交易的合作期待,进而得以降低交易成本与扩展交易秩序,实现市场的高效收益。此外,厉以宁的《超越市场与超越政府——论道德力量在经济中的作用》(1999)、何清涟的《经济学与人类关怀》(1998)、徐惟诚的《市场经济与道德建设》(2000)、张曙光《经济学(家)如何讲道德》(2001)等著作都参与了这一问题的讨论。

(四) 道德功能研究"黄金时期"(2002 年至今)

自 2001 年江泽民在中央宣传会议上第一次明确指出:我们在建设有中国特色社会主义,发展社会主义市场经济的过程中,要坚持不懈地加强社会主义法制建设,依法治国,同时也要坚持不懈地加强社会主义道德建设,以德治国。2002 年党的十六大报告中,"以德治国"被正式确立为治国方略。"以德治国"是在我国各项事业步入新世纪的历史时期所制定的重要治国方略,是对我们党领导人民治理国家基本方略的完善和创新,同时这一方略的确定,表明党和国家在市场经济条件下对道德理论建设的重视。随着经济体制和社会体制的转型所引发的社会思想观念的变化,人们的道德选择有了更大的空间和更多的自由,一些人是非观念颠倒,荣辱不分,由此使失德、败德现象在社会各个领域里屡见不鲜,促使学界从不同的学科多角度地审视道德的功能,并由此催生了应用伦理问题研究的热潮,也使得道德功能研

---

① 盛洪:《道德·功利及其他》,载《读书》1998 年第 7 期。
② 姚新勇:《"不道德"的经济学的道德误区》,载《读书》1998 年第 11 期。

究进入"黄金时期"。自此,伦理学界针对性地展开对"以德治国"方略的系统研究,关注道德在具体实践生活中的功能作用,拓展对道德功能领域研究的相关学科。

1. 对"以德治国"方略的系统研究。罗国杰的《"以德治国"思想的理论意义和实践意义》(《高校理论战线》2001 年第 3 期)认为,"以德治国"是新时期对马列主义、毛泽东思想和邓小平理论在治国方略问题上的一个重大发展,是对社会主义精神文明理论的进一步丰富和深化,它给有中国特色的社会主义理论增添了新的内容,是对社会主义关于政治、道德、法律理论的一个重大发展,对今后我国的政治学、法学、伦理学的进一步研究有着十分重要的意义;既是根据我国现实发展的需要提出来的,又继承了我国古代优良的道德传统;在实践上,这一思想的提出,将对我国的社会稳定、道德建设、法制建设和社会主义精神文明建设产生积极的影响,从而必将更好地改善我国社会的道德风尚,有效地保持社会稳定,大大地推进社会主义市场经济的发展。焦国成的《"以德治国"是一项系统工程》(《前线》2001 年第 4 期)认为,要研究德治与法治的相互配合问题,法治和德治,一刚一柔,相互为用,缺一不可;建立国家和地方立法、政府决策的道德保障机制。一种法律法规、一个政策举措,是不是体现了社会主义道德的精神和要求,是不是与道德规则相悖,在执行过程中有什么样的道德偏差,都应该有专门的检查、审核。龙静云的《以德治国的历史与现实的思考》[《华中师范大学学报》(人文社科版) 2002 年第 2 期]认为,以德治国是儒家伦理型政治的一项重要传统。新中国成立后,党中央依据在新民主主义革命中长期实行以德治军和以德治根据地的历史经验,在社会主义革命和建设中依然将以德治国作为治国兴邦的基本方略。在市场经济条件下,在依法治国的历史进程中,实施以德治国是巩固和增强共产党执政党地位的需要,是坚持走有中国特色社会主义道路的需要,是建立健康有序的社会主义市场经济之必需。因此,加强干部队伍的道德建设、加强公民道德建设、加强制度建设应成为以德治国的着力点。马振清的《社会主义道德治理的政治价值、文化功能与社会效用》(《科学社会主义》2008 年第 6 期)从法学的视角,提出了"道德治理不仅是国家的一种治理模式,而且是一种以价值理性和社会信仰广泛而深刻地影响人们精神世界和生存方式的社会管理模式"①,继而,他充分地论证了在法治社会中道德治理的政治价值、文化功能和社会效用。戴木才的《中国共产党治国理政之道》(江西教育出版社 2017 年版)在系统把握"法治"与"德治"的发展历史和辩证关系的基础上,

---

① 马振清:《社会主义道德治理的政治价值、文化功能与社会效用》,载《科学社会主义》2008 年第 6 期。

系统阐述了"法治与德治相结合"的基本内涵、理论支撑和重要途径,将"法治"与"德治"的历史、理论和实践有机地结合起来,认为中国共产党坚持"法治与德治相结合"的治国理政之道,既是符合人类社会发展规律、社会主义建设规律和共产党执政规律之道,也是适合我国基本国情、具有中国特色的治国之道。

2. 对道德在社会主义建设中的功能作用研究。如葛晨虹的《市场经济发展中的道德功能定位》(《思想政治工作研究》2004 年第 7 期)认为,道德建设对市场经济社会发展而言,是手段,又是目的,我们要在这样一个高度上去把握社会主义道德体系的建设,把握道德在市场经济发展中的功能地位。其《道德是什么及其在社会中的功能体现》(《西北师大学报》社会科学版 2004 年第 6 期)提出,道德不仅仅是一种对人的道德品质的规定,也不仅仅是一种和其他社会规范并列的道德视角的规范。作为人类的理性,它是一种关于人类应当怎样的智慧,它表达并设定一定的社会价值取向和理想目标,引导社会发展方向,规定社会发展目标,把握和调整着社会各个方面的善及其合理性。这些价值取向和理想目标深深渗透在政治、法律和经济生活等各个领域,无处不在地发生着作用。陈兴涛的《浅析法律功能与道德功能的分工与合作》(《中共浙江省委党校学报》2002 年第 3 期)认为,法治与德治功能的相互配合,是一项十分紧迫、需要花大力气切实抓好的工作。当前,要从两个方面开展工作:一方面,要进一步促进法律的普及化教育,进一步加强立法工作,使我们的法律制度更加健全,更加符合最广大人民群众的根本利益;必须切实加强执法队伍建设,提高执法人员的思想道德素质和执法水平;必须大力加强公民的道德法制观念教育,深入开展群众性的道德实践活动,积极营造有利于公民讲道德、守法纪的社会氛围,使全体公民都做到知法、懂法和遵纪守法。在这个意义上,运用道德教育的手段,加强社会主义道德建设,不仅是精神文明建设的需要,同时也是政治文明建设、依法治国的需要。另一方面,要进一步促进道德对法律的支撑作用。政府要在加大执法力度,严厉打击危害社会的各种违法犯罪活动,维护正常的经济秩序、公共秩序、生活秩序活动中,使公民能从道德的角度理解法律。李建华的《中国传统伦理文化与核心价值构建》(湖南师范大学出版社 2013 年版)提出社会主义核心价值观体系与核心价值观植根于我国传统文化、民族精神、马克思主义系统理论以及当代政治哲学理论之中,引领着我国公共生活与政治生活的开展。相关领域的研究对于我们把握社会主义核心价值理论源流、加深对其内涵的理解、探寻其实践路径具有重要的理论价值与现实意义,也对道德功能的实现进行了探讨。钱广荣的《伦理学的对象问题审思》(《道德与文明》2015 年第 2 期)提出,道德维护和优化伦理和谐的功能是多方面的。职业道德的功能就是要引导和规约"同事"做到"同心同德",社会公德的功能就是要规约和引导公众"心照不宣"地遵循公共生活秩序,如此等等。值得注意的是,道德不能凭空发挥功能,就其与伦理的关系而言,它需要以一定的伦理为前提和基础。道德发挥功能的途径、方式和目标不能离开伦理。它借助的传统习惯、社会舆论和内心信念,其实质内涵都是"思想的社会关系",没有这些"心心相印"的社会认同和默契,道德发挥功能也就无从谈起。

3. 对道德功能多领域研究的学科拓展。道德作为一种复杂的社会现象,在社会生活中无处不在,其作用渗透在社会生活的各个方面,已成为社会共识。学界从不同的学科多角度地审视道德的功能,并由此催生了应用伦理问题研究的热潮。如经济伦理、企业伦理、政治(行政)伦理、生态伦理、医学伦理、生命伦理、科技伦理、媒体伦理、网络伦理、民族伦理等。有的已经发展为独立的学科,如经济伦理学、政治(行政)伦理学、医学伦理学等。如王小锡的《经济伦理学论纲》(《江苏社会科学》1994年第1期)与《中国经济伦理学》(中国商业出版社1997年版)是我国研究经济伦理学体系的第一篇学术论文与第一本学术著作,开启了经济伦理学的研究篇章;其后的《道德资本论》(译林出版社2016年版)创造性地提出并系统论证了道德资本概念,富有新意地论证了道德如何使价值增值,即道德何以成为资本。道德一方面充当资本的盈利手段,另一方面却是对资本作"内在批判"。前者是强调在正当意义上获取更多的利润或剩余价值;后者是指资本在追逐剩余价值的同时,也在客观上塑造着人本身,而这些由于人而被提升了的人类物质方面和精神方面反过来又会内在地成为约束资本负面效应的力量,也即对资本的"内向批判"。万俊人在《道德之维:现代经济伦理导论》(广东人民出版社2000年版)中较为详细地介绍了现代经济伦理的有关问题,如市场的附魅与祛魅、公正与道义、劳动与"工作伦理"等,并在伦理学视角下予以分析。周中之的《全球化背景下中国的消费伦理》(人民出版社2012年版)指出,在全球化大背景下,通过对中西消费伦理思想历史发展的特点与轨迹作对比,揭示消费主义是金融危机的文化根源,并从人与自然关系和人与人关系两大层面论述了道德在消费过程中建设节约型社会及和谐社会中的功能。甘绍平的《人权伦理学》(中国发展出版社2009年版)从人权的视角,对平等、公正、关爱等重要伦理范畴以及功利主义、契约主义、德性论、责任伦理、康德形式化的道德法则(义务论)等伦理学派的价值旨趣进行了阐释与解析。刘可风主编的《企业伦理学》(武汉理工大学出版社2011年版)在对企业伦理学相关概念进行介绍的基础上,从企业内部与企业外部两个角度对企业中产生的道德问题进行研究,同时对儒商伦理和社会责任投资等当代企业伦理学发展中出现的新问题提出了看法，对道德的经济功能予以探讨。张春美的《基因技术之伦理研究》（人民出版社2013年版）以基因伦理为主题，关注当代基因技术的发展成果，通过科学与人文的对话与沟通，展现了道德在高新技术发展中功能的实现。李建华的《执政与善政：执政党伦理问题研究》（人民出版社2006年版）探讨了政党本质及其伦理内生、执政党伦理的特质、执政党伦理的理性基础、执政能力的伦理要求等重大理论问题，提出通过加强执政党伦理建设以提高中国共产党执政合法性与执政能力的见解，探寻道德在具体实践中的功能实现。冯庆旭的《先秦儒家生态消费伦理思想研究：以孔孟荀为中心》（宁夏人民出版社，2018年版），分别从生态消费伦理的基本问题、先秦儒家伦理思想中的生态关怀、孔子生态消费伦理思想、孟子生态消费伦理思想、荀子生态消费伦理思想、先秦儒家生态消费伦理思想的当代价值等方面论述了先秦儒家生态消费伦理思想对于当代人类生态文明建设具有的重要启示意义和借鉴价值。

70年来我国伦理学家对道德功能的研究经历了从无到有、从单一到多元、从理论到实践的发展过程。我们必须承认，对道德功能的研究，仍必须深耕学科基础理论，扩展学科研究论域，重视研究的实践向度与世界向度，坚持"以我为主，包容创新"的立场，围绕习近平新时代中国特色社会主义思想，构建出更完善的道德功能实践机制，在实践中更好地发挥道德的功能。

二、研究的主要问题

新中国成立70年来，随着社会转型与进步，无论在日常生活还是在学术界中，都出现了新与旧、传统与现代、改革与保守等诸多方面的冲突和矛盾，因而产生的道德问题也引起了社会的广泛关注。为此，如何去认识发展过程中存在的道德问题，如何去发挥道德在处理这些问题所具有的独特功能，就成了伦理学家们必不可少的研究重点。在长期研究过程中，道德的主要功能与特殊功能、中西道德功能认识的差异性、公民道德教育、其他领域道德功能的实现等问题，引起了学界的重点关注与广泛研究。

（一）道德功能研究

1. 道德的主要功能

有学者将道德的主要功能归结为认识（反映）功能和调节功能两个大的方面，

认为其他功能都属于相对较低层次的功能,可归附或交织于这两大基本功能之中。① 有些学者则将道德的主要功能归结为三种。如有学者提出,道德功能是多元的,在不同的生活领域有不同的功能,道德的主要功能是调节功能、导向功能和教化功能。② 有学者认为,道德的功能是多方面的,诸如它具有调节功能、教育功能、认识功能、沟通功能、激励功能等,在道德多方面的功能中,前三种功能,即调节、教育和认识是其主要功能。③ 有学者将道德的主要功能归结为四种甚至更多。如有学者把道德的主要功能概括为调节功能、教化功能、舆论监督功能、导向功能、开拓及创造功能;有学者则概括为调节功能、教育功能、认识功能、管理功能、维护功能五种;有学者认为道德的功能"主要有描述功能、评判功能、调节功能、教育功能和认识功能"④;还有学者认为道德的基本功能应当包括命令功能、规约功能、教育功能、认识功能、调节功能和激励功能。⑤ 以上观点及相关论证,对于科学界定道德的主要功能具有积极的借鉴意义。

　　2. 道德功能的特殊性

　　在对道德功能的研究中,学者们有一个基本的共识,即道德同政治、法律、文艺、宗教等比较起来,其功能具有自身的特殊性,而揭示道德功能的特殊性,是马克思主义伦理学的着力点之一。因此,在论述道德功能问题时,学者们都自觉不自觉地在道德与法律等其他社会意识形态的对比中分析了道德功能的特殊性。比如,在对道德的调节功能的分析中,有学者从调节的范围和角度、调节的尺度、调节的侧重点、调节的方式、调节的效力等方面分析了道德同政治、法律、科学、文艺、宗教等在调节功能上的区别。"道德调控,在依赖手段、调整范围、作用方式、心理机制等方面存在着自身固有的特性,因而,在社会调整系统中具有不可替代性,又难免存在一定局限性。"⑥这种分析方法,对于科学揭示道德的功能优势和缺陷,保证道德功能的有效发挥,都是非常有益的。

　　3. 对中西伦理文化关于道德功能问题认识上的差异性探讨

　　黄伟合在《中西伦理文化关于道德功能的不同认识》(《思想战线》1990年第1期)中指出,中西方由于文化背景的差异,对于道德功能的具体内容及在社会调控

---

① 参见罗国杰《伦理学》,北京:人民出版社1989年版。
② 参见金可溪《谈谈道德功能》,载《青海社会科学》1997第3期。
③ 参见唐凯麟《伦理学纲要》,长沙:湖南人民出版社1985年版,第52页。
④ 参见章海山、张建如《伦理学引论》,北京:高等教育出版社1999年版,第88页。
⑤ 参见魏英敏《新伦理学教程》,北京:北京大学出版社1993年版,第67页。
⑥ 金可溪:《谈谈道德功能》,载《青海社会科学》1997第3期。

中的地位的认识上存在很大差异。分析这种差异以及各自的利弊,对于我们今天正确认识和把握道德的功能,使其更好地发挥作用,是十分必要的。具体来说,中国传统伦理文化夸大了道德的协调—聚合功能,忽略了道德的激励—进取功能,这一方面有助于中华民族的统一和延续,另一方面也导致了中国社会进步缓慢,延缓了现代化的步伐。同时,中国传统伦理文化还具有道德法律一体化的特征,这也给中国社会带来了积极和消极的影响。与中国传统伦理比较起来,西方伦理文化是以法治为核心的,这一方面带来西方社会中人们内心的异化感和价值的失落,另一方面也促进了西方社会历史发展和民主化进程。比较中西方伦理文化中道德功能问题认识上的差异,综合中西,扬长避短,对于当代中国的社会调控和道德建设,都不乏启示和借鉴意义。① 谢芳的《王夫之经济伦理思想研究》(中国社会科学出版社 2018 年版)认为,在经济伦理思想方面,王夫之不但"坐集千古之智",对他之前的经济伦理思想作出了全面系统的总结,而且以"六经责我开生面"的学术品质及胆识,对社会经济生活中的诸多矛盾运动进行"会其参伍,通其错综"的辩证考察,"特别是按'依人建极'的原则,高度重视人类史观的研究,使朴素唯物辩证法的理论形态发展到顶峰,并落足到天人、理欲等关系问题上的明确的人文主义思想"②,为建设"破快启蒙,灿然皆有"的经济伦理思想奠定了基础。

4. 道德功能的实现或发挥。有学者指出,道德功能能否有效发挥,取决于其所处的环境、条件等因素。特别是处于社会变革中的道德功能往往被隐性化,难以有效地发挥作用。当前我国的道德功能在发挥中面临着以规范不明淡化道德功能,以法律万能褫夺道德功能,以绝对自由拒绝道德功能的三大障碍。因此,要通过理性提升策略、荣辱共用策略、协力增值策略来发挥道德的功能作用。③ 有学者专门对道德功能实现的条件进行了分析,认为科学的社会道德体系是实现道德功能的前提,良好的社会环境是实现道德功能的重要保证,个人的主观努力是实现道德功能的根本途径,道德功能实现静态条件的动态化调控是道德功能实现的最优化途径。④ 还有学者主张,在市场经济条件下,社会赏罚是道德功能发挥的重要手段,赏罚机制与其他调控形式共同作用,对于转型时期道德秩序的建立具有积极的

---

① 参见黄伟合《中西伦理文化关于道德功能的不同认识》,载《思想战线》1990 年第 1 期。
② 萧萐父:《中国哲学启蒙的坎坷道路》,载《中国社会科学》1983 年第 1 期。
③ 参见马晓琴、杨泳《试论道德功能的发挥》,载《理论与改革》2007 年第 5 期。
④ 参见王官成《论道德功能的实现条件》,载《西南民族大学学报》(人文社会科学版)2005 年第 7 期。

促进作用。①

（二）对公民道德教育的研究

1. 对人的主体性和道德内化的研究

这一方面理论著作层出不穷，影响较大的有鲁洁、王逢贤的《德育新论》（1994），班华的《现代德育新论》，戚万学、杜时忠的《现代德育论》（1996），曾欣然的《德育培育心理学》（1998），王长乐的《自主性德育论》（2002），詹世友的《道德教化与经济技术时代》（2002），戴钢书的《德育环境研究》（2002）等。西方国家的德育理论译著及介绍西方德育思想的理论著作也层出不穷，如傅统先、陆有铨翻译了皮亚杰的《儿童的道德判断》（1984），陈欣银、李伯黍翻译了班杜拉的《社会学习论》，杨恺翻译了柏拉图的《理想国》，楼棋翻译了休谟的《人性论》，詹万生翻译了贝克的《学会过美好生活》（1997），魏贤超的《道德心理学和道德教育学》（1995），钟启蒙、黄志成的《西方德育原理》（1998）等。中国德育思想史和中华民族传统道德研究亦涌现了一大批成果，如陈坚等的《中华民族传统美德教育概论》（1995），邵龙宝的《儒家伦理与道德教育》，陈谷嘉、朱汉民的《中国德育思想研究》（1998），章海山的《精神文明建设主体论》（1998），张秀清的《双主体合作德育论》（1999），等等。众多的研究成果揭示了德育的本质、内容、功能、方法以及西方国家和我国古代的道德教育的理论与实践，具有时代性、前沿性、系统性等特点。

2. 对公民道德教育的研究

较早的著作有龚海泉等撰写的《当代公民道德教育》，主要从公民道德教育的视角、策略、内容、方式及机制变革等方面进行介绍，提出 21 世纪是道德振兴的世纪，应促进我国的公民道德教育的发展等观点②；焦国成主编的《公民道德论》（2004）主要探讨了公民道德概念和公民道德基本问题及规范体系等内容；秦树理的《公民道德导论》（2008）介绍了公民道德角色、意识、理性、追求、原则及范畴等一般问题，并设"道德教育"为单独一章进行阐述，此书作者并未将"道德教育"与"公民道德教育"区分，而是等同于一个概念。李萍主编的《公民日常行为的道德分析》（2004）、李志红主编的《公民思想道德素质研究》（2005）细致分析了公民的日常社会行为和社会属性，探讨了现实生活中公民道德教育的培育问题。冯俊等的《东西方公民道德研究》（2011）是我国第一部研究海外各国公民道德与公民道德建设的

---

① 参见曾黎《市场经济条件下道德功能发挥与社会赏罚》，载《南都学坛》（哲学社会科学版）2000 年第 4 期。

② 参见龚海泉、万美容《当代公民道德教育》，北京：中央文献出版社 2000 年版，第 46 页。

专著,对于法国、英国、美国等 9 个国家的公民道德教育进行了相当深入的研究与报道,对我国公民道德教育有着很好的借鉴意义。魏雷东的《和谐社会视阈下的公民道德建设研究》(2011)立足于当代中国构建和谐社会的实际,探讨当代中国公民道德建设的必要性和现实可能,为我国公民道德建设提供文化参照和理论辩护。涉及公民道德教育的论文也非常多,如许启贤的《论开展"公民道德"的教育和研究》(《道德与文明》2011 年第 1 期),张博颖的《"市民社会"视域中的公民道德建设》(《道德与文明》2004 年第 2 期),李萍、钟明华的《公民教育——传统德育的历史性转型》(《教育研究》2002 年第 10 期)等。其中,曹辉的《新中国 60 年公民道德教育的研究与反思》(《伦理学研究》2009 年第 5 期)对新中国成立 60 年来在公民道德教育研究进行了总结,认为我国的公民道德教育呈现以下特点:公民道德教育重视国家观念和集体主义,强调社会主义核心价值观,有共同的价值追求,促进社会的不断发展;公民道德教育具有主体性,提倡个人品德修养,塑造直接源于中国特色社会主义现代化进程的公民人格、公民意识和公民精神,也是公民道德教育的价值目标;公民道德教育内容丰富,形式多样。应运用多种途径、发挥多种力量,采取生动化、形象化的多种形式,营造合力,追求公民道德教育目标的实现。

(三) 对道德功能的多维度研究

1. 经济管理功能

邓小平南方谈话后,我国确立了社会主义市场经济体制,商品经济开始了飞跃发展。随之而来的是市场化进程中诸多问题的产生,在法律体系不完善、法律制度缺失的情况下,人们转而寻求道德的手段以解决经济发展中的问题。这一时期,道德与经济的关系被广泛讨论,道德的经济管理功能被充分阐释,诸多创新性理论被研究提出,如道德资本、道德生产力、生态道德等代表性观点。对于道德与经济的关系问题讨论上,经济学界分为两派,一派是以樊纲为代表的少数经济学家认为,经济学家谈道德就是不务正业;另一派以厉以宁为代表的大部分经济学家则认为,道德力量是市场经济中除去市场调节与政府调控外的"第三只手"。在伦理学界,则对道德的经济管理功能及其实现问题展开了讨论,万俊人认为应从经济伦理视角揭示市场经济的道德维度;樊浩则提出以伦理为主的"伦理—经济生态复归";王小锡认为"物质利益实现的本身,并不只是物质生活条件改善的经济目的,更重要的是实现着人的完美性的伦理道德目的"[1]。葛晨虹结合社会主义市场经济大背

---

[1] 王小锡:《中国经济伦理学》,北京:中国商业出版社 1994 年版,第 132 页。

景提出,"道德建设对市场经济社会发展而言,是手段,又是目的。"①向玉乔提出生态经济伦理概念,认为生态经济伦理问题的核心在于人类的个体利益与整体利益及人类利益与生态利益的平衡。对于道德在经济活动中具体有何功能、如何发挥功能等问题被广泛讨论,有的观点认为,道德对经济发展具有反作用,因为经济活动目的在于自利,本身与道德的利他性天然对立,道德越发展,经济越凋零,反之亦然。以王小锡为代表的另一种观点则认为,科学的道德是促进生产力的重要因素,不仅提出"道德生产力""道德资本"等代表性观点,而且从理论与实践上进行了系统分析。在社会主义市场经济条件下,"伦理道德既具有目的性价值也具有工具性价值,而在市场经济条件下,伦理道德的工具性价值主要体现为伦理道德的经济功能。"②此观点认为,道德的经济功能至少有四个方面:一是为经济增长提供稳定而持久的动力源;二是为人们在经济交换中彼此信任、开展合作提供基础;三是赋予现实经济活动以伦理上的价值;四是道德是形成公共产品消费秩序的可靠保证③。

　　2. 道德在政治中的功能及其实践路径

　　姚大志从当代政治哲学功利主义和义务论的对比中,谈论"我们为何负有服从规则的道德义务"。他认为,无论是后果主义还是义务论,都没有对我们何以需要承担服从规范的义务这一问题给予逻辑融贯的解决。后果主义的道德理论只能为制度规则提供合理的解释,但是不能为个人行为提供合理的解释,而义务论的道德理论对两者都不能提供合理的解释。他通过严密的分析论证,试图在后果主义的立场上,为道德义务提供一个更好的理论解释,要把制度规则和个体行为两个层次的解释分开,用后果主义来解释制度规则,用公平原则来解释个人行为。晏辉围绕"从权利社会到政治社会:可能性及其限度"问题,认为"政治"有两种定义:第一种定义是技术主义的定义方式,即"政治是一种获得政治权利或行政职权的技术或技艺";而第二种定义是本质主义的定义方式,即"政治相关于每个公民的根本权利,并促使每个公民获得整体性好生活的制度"。本质主义定义方式更体现了政治的真理或政治的本质,即政治"是其所是的东西",因为它把目的之善纳入其中加以考虑。他直面中国政治事实本身,对中国的权利社会和政治社会的"边陲管理"和"中轴管理"模式进行分析,面对权利资本化的限制和问题,提出要用"有机团结"代替"机械团结",发挥道德应有的功能。刘静在现代性批判和康德伦理学当代复兴的语境下,重新挖掘康德伦理学的内在政治主题,康德伦理学的贡献不仅仅是"义务

---

① 葛晨虹:《市场经济发展中的道德功能定位》,载《思想政治工作研究》2004年第7期。

② 陶莉:《论伦理道德的经济功能》,载《四川大学学报》(哲学社会科学版)2001年第6期。

③ 罗卫东:《论道德的经济功能》,载《中共浙江省委党校学报》1998年第1期。

论"传统,更是"道德自律"理论,这种建立在道德形而上学基础上的道德自律理论能够发展出一种"道德政治"的政治哲学,从而为现代性和自由辩护。涂良川针对"无道德的政治"和"无政治的道德",从周人的"天命"观念分析中国传统文化的"德治"理念,并分别从"政德"、"君德"和"民德"三个层次展开。周人的"天命观念"和"德治理念",既呈现周人政治哲学原型的理论探析,更开显中国"道德政治"的思想寻根。隋思喜从儒家道德政治哲学第三期发展的逻辑起点出发,重思儒家"道德与政治"的关系,指出"人道政为大"和"人道敏政"两者构成了人道与政治之间的辩证关系:人道是政治的本原,政治则是人道的功夫。

3. 道德功能研究的多种理论体系建立

一个完善的学科体系的建立无疑是对道德功能系统研究的基础。新中国成立以来,我国伦理学体系建设工作得到充分发展。新中国伦理学奠基者罗国杰主编了我国第一部马克思主义伦理学教材书——《马克思主义伦理学》(人民出版社1982 年版),这不仅是对具有中国特色的马克思主义伦理学研究与教学体系结构的创建,也是改革开放后我国伦理学学科恢复发展的重要标志。此外,唐凯麟主编的《简明马克思主义伦理学》(1983),魏英敏、金可溪的《伦理学简明教程》(1984),夏伟东的《道德本质论》(1991),王小锡、郭广银的《伦理学通论》(1990),万俊人的《伦理学新论——走向现代伦理》(1994),章海山和张建如的《伦理学引论》(1999),江畅的《理论伦理学》(2000),唐凯麟的《伦理学》(2001)、王海明的《新伦理学》(2001)、何怀宏的《伦理学是什么》(2002),高兆明的《伦理学理论与方法》(2005),廖申白的《伦理学概论》(2009),韩东屏的《人本伦理学》(2012)等一批著作相继问世。多种伦理学体系的创建与发展,为道德功能的系统化、理论化、多维度研究打下了结实的基础。

从最初对道德功能的概念界定、功能特殊性研究,到对道德的宣传功能、教育功能的研究,再到对道德的经济、政治、法律等具体功能的实践路径研究。我们不难发现,我国伦理学界对道德功能的研究大体上仍是能坚持"顶天立地"的原则的,在深挖理论内涵的同时紧扣实践,在实践的检验中深化理论研究。在一次次学术交流中,在一次次思想碰撞中,我国伦理学家对道德功能的研究成果也得以逐渐走向世界,从而在国际上发出属于中国伦理学界的"中国声音"。

三、简要评述

尽管新中国成立 70 年来,对道德功能的探讨涉及社会实践的方方面面,诸如政治、经济、医学等，取得了巨大的突破与成绩。对道德功能的研究不仅推动着整个伦理学的发展与进步，也对具体实践生活中的具体问题指明方向，对社会主义思想建设起着不可或缺的引领作用。然而就目前伦理学界对道德功能研究状况来看，还存在着许多不尽如人意的地方。在伦理学研究愈发深刻、丰富的今天，对道德功能问题的研究却越来越少。不仅如此，对这一问题的研究还呈现出粗浅化倾向，对作为治国方略意义上的道德功能缺乏系统化、理论化研究，缺少有思想、有深度、有实践意义的研究成果。因此，在新时代迈向中华民族伟大复兴的进程中，学界对道德功能的研究任重而道远。

第一，加强对道德功能的系统化、理论化研究。

近年来，学界对道德功能的研究主要聚焦于针对具体学科的道德作用的实现上，即注重对应用道德功能的研究，如经济道德、政治道德、媒介道德、环境道德等等，而缺乏对道德功能本质的研究与探讨。道德反映的是社会伦理关系，是用实践精神来把握世界的。要想充分发挥好道德的功能，必须从理论上加强对道德功能的研究，厘清道德功能。只有如此，才能更好地在此基础上探索道德功能的发挥路径。

第二，完善道德理论体系与提供理论体系实施方案。

实现中华民族的伟大复兴少不了相应的完善的价值体系与道德体系的支撑。道德体系不仅是价值体系的组成部分，更是价值体系的核心内容。因此，构建完备的中国特色社会主义道德体系刻不容缓。构建中国特色社会主义道德体系是中国伦理学界的应有之责，然而这一问题尚未能引起学界相应的关注。究其原因，大多是因为70年来，我国伦理学界曾为此付出巨大努力并取得一定成效，然而随着中国的快速发展，鲜有人发现伦理学界曾获得的成果已不再与社会现实相适应。要解决这一问题，伦理学界必须从理论与实践两个层面进行探索，将构建理论上的道德体系与提供实施理论道德体系的方案二者并重，真正肩负起在走向中华民族伟大复兴过程中提供理论道德体系与将这种理论体系化为现实的实施方案的历史任务。

第三，避免对道德功能碎片化、片面化、空泛化研究。

不可否认的是，在对道德功能研究过程中，尤其是在对应用道德功能研究过程中，我国伦理学者们存在着一些问题，进入了一些误区。不借助新技术、不利用实证调查地闭门造车；醉心主观臆测、抽象思辨，强调伦理学理论意义，脱离具体实践；研究方法的单一性与片面性，纯粹推崇西方道德思想或传统道德思想，导致历史虚无主义或民族虚无主义；等等。这些问题都是切实存在甚至仍然存在的。面对这些问题,当代伦理学者们要充分认识到,单一的学科视角、研究方法所得出的成果都是较为片面的。任何理论上的创新必须来源于实践指导并最终落实到实践才有意义。伦理学要想真正做到服务现实,则必须加强与其他学科的交流对话,这不仅是学科发展的需要,也是新时代提出的要求。只有走出书斋,走向社会生活广阔天地,从实践中去发现、捕捉、吸纳富有表现力、感染力和生活气息的话语,探索具有人民性、生活性的话语表达方式,唯有如此,伦理学研究才能贴近生活、贴近人民,更好地服务于人民群众的美好生活需要。①

① 参见曾建平《学科走向:中国伦理学研究的时代使命》,载《人民日报》2018 年 8 月 20 日第 16 版。

第五章　应用伦理

　　回望新中国成立70年来伦理学学科的建设与发展,对应用伦理学的探讨可谓既"久远"又"年轻"。言其"久远",是因为自新中国成立以来,在马克思主义基本理论的指导下,伦理学研究就一直关注实践的运用并探讨现实道德问题的解决路径;言其"年轻",是因为在改革开放以后,应用伦理学才开始真正被视作独立的学科加以研究。尤其是20世纪90年代以来,随着现代社会生活的发展、变迁的速度加快,我国应用伦理学研究也正式迈入繁盛期,研究领域日益拓展,研究成果愈加丰富,研究队伍不断壮大,已然成为伦理学学科中发展态势最好的"显学"。然而,我们也应清醒地认识到,我国应用伦理学研究中仍然存在着一些影响和制约学科健康发展的薄弱环节。因此,回顾和总结70年来应用伦理学的理论成就,反思其发展中存在的问题,既有益于应用伦理学自身的进一步发展,也有利于中国伦理学理论体系的不断完善与伦理学学科价值的完整体现。

一、研究的基本历程和概况

　　在中国国家图书馆检索系统中,仅以"应用伦理"为篇名检索词,可检索到1949—2018年我国出版相关著作(含译著)共84部。在CNKI[1]中国期刊全文数据库中,仅以"应用伦理"为主题词检索,可检索到1949—2018年收录论文计1015篇。[2] 并且,著作成果基本集中在20世纪90年代以后,论文成果基本集中在改革开放以后。上述统计结果可以较为直观地反映出70年来我国应用伦理基础理论研究所取得的丰富成果。

---

[1] 即中国知网,下同。

[2] 需要说明的是:第一,此次检索没有包含那些未以"应用伦理"或其分支名称为篇名或主题词但事实上却是有关应用伦理问题研究的著作和论文,这部分研究成果的数量亦相当可观;第二,除了文中列出的8个分支,应用伦理学还包括职业伦理、法律伦理、婚姻家庭伦理、人口伦理、军事伦理、艺术伦理、体育伦理、饮食伦理等诸多类别,亦有大量的研究成果出版发行。

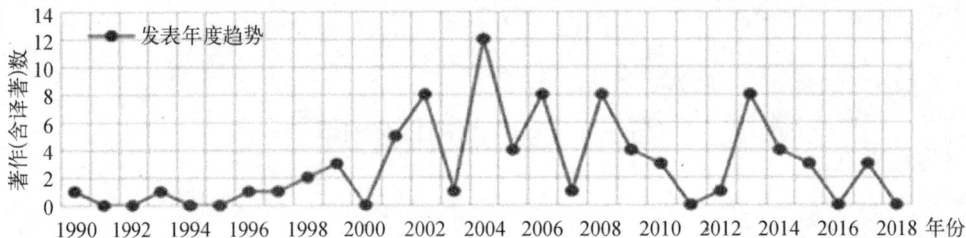

图 5.1　应用伦理学著作

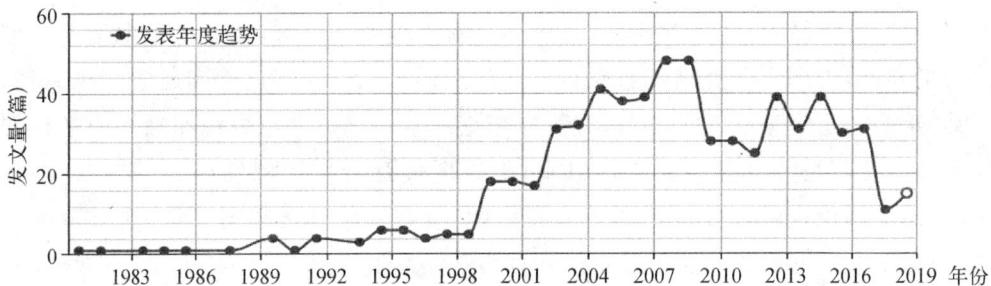

图 5.2　应用伦理学论文

　　通过分析图 5.1 和图 5.2 的数据走向,我们不难发现,就应用伦理学的基础理论研究而言,70 年来的发展大致可以分为奠基(1949—1978)、萌芽(1978—1990)、发展(1990—2000)和繁荣(2000 年至今)四个时期。经历了新中国成立后近 30 年的漫长铺垫,我国应用伦理学研究迎来了自改革开放起到 20 世纪 90 年代初的破土萌芽。这十几年间涌现出的研究成果既是对新中国成立以来伦理学理论成果的概括,也为 21 世纪我国应用伦理学的繁盛奠定了基础。在此期间,学界逐渐形成了新的伦理学研究共识,认为伦理学不能满足于抽象理论框架内的封闭性探索,而是必须使理论接触实践,将之置于不断变化的生活环境中。1978 年,《光明日报》刊发文章《实践是检验真理的唯一标准》,由此展开了全国范围内关于真理标准问题的讨论。其后,党的十一届三中全会确立了"解放思想,实事求是"的思想路线,对伦理学研究的实践转向产生了重要的政策推动作用。在社会层面,80 年代初期的"潘晓来信"引发了全国范围内关于人生观的大讨论,并进一步加剧了各种社会思潮和价值观念的相互激荡,以及更深层面上"左"与右的政治争论与冲突,人们迫切渴望伦理学知识能够对实践生活中的具体问题有所回应。1986 年,周纪兰在《甘肃社会科学》发表《积极开展对应用伦理学的研究》(1986)一文,呼吁学术界提高对应用伦理学的关注度。这一倡议得到了学界的普遍回应,多名学者就开展应用伦理学研究的迫切性表达了自己的看法,如石毓彬的《世界伦理学发展的趋向》、罗国杰为《军人伦理学新编》题写的序言(1986),以及魏英敏在《我国十年来的伦理学》(1989)中对伦理学发展的反思与展望等,都提及并阐释了"什么是应用伦理学""应用伦理学的重要性"等问题,为其后应用伦理学学科体系的建立奠定了基础。不过,这一时期,学者们在研究思路上大多仍将应用伦理学视作职业道德、道德教育等具体问题下的附属学科加以探讨,整体态势上呈现出"问题研究"大于"体系构建"的特征。

20世纪90年代,我国应用伦理学研究进入了一个较为快速发展的时期。从图中数据走向可以看出,这一时期无论是著作还是论文的数量都较之前有了大幅增长。同时,这一时期的应用伦理学研究者们在对国外伦理学经典理论和学科体系的借鉴以及对中国现实伦理道德问题的反思中,开始探索符合中国国情的应用伦理学学科体系,并涌现出一批以应用伦理学为专题的研究著作,如周纪兰的《应用伦理学》(1990),王伟、戴杨毅、姚新中的《中国伦理学百科全书——应用伦理学卷》(1993),王小锡、朱志新主编的《伦理学》(1994),廖申白、孙春晨主编的《伦理新视点:转型时期的社会伦理与道德》(1997),陈瑛的《应用伦理学的发轫》(1997),余潇枫的《应用伦理学》(1999),郭国勋的《应用哲学导论》(2000),宋惠昌的《应用伦理学》(2001),陈宏平的《伦理文化的当代求索 下卷 应用伦理学》(2001)等等。在基础理论方面,学者们体现出孜孜求索又敢于自我超越的理论创新精神,完成了大量对国外应用伦理学学术成果的追踪与译介工作,并多次举办学术交流活动。从这一时期的研究成果中可以看出,学界对应用伦理学的学科性质、研究对象和研究方法等问题较之前都有了更加深刻的理解和认识,如何兆雄的《应用伦理学的挑战》(1990)、王国聘的《应用伦理学的兴起——西方伦理学发展新潮流评介》(1992)、陈瑛的《伦理学的应用与应用伦理学》(1996)等,都体现出对应用伦理学学科形象积极有益的探索。此外,对于应用伦理学研究方法的讨论也产生了一定突破,伴随着理论资源的不断丰富,学界开始出现方法论上的争鸣。有学者认为应当坚持社会调查的基本方法,从社会实际出发,对复杂的社会道德现象进行全面、客观和实事求是的考察和了解;也有学者主张,应用伦理学的对象作为真实案例的社会事件或个人行为,需要对该案例进行具体环境的还原考察并检验伦理学原则和具体规范的有效性。概而言之,在这一时期,构建应用伦理学独立的框架体系,明确其学科概念、范畴和结构,已然是学术界的初步共识。不过,尽管学者们始终关注与现实生活世界密切相关的道德问题,但在具体的研究中,理论与应用间的隔阂或"两张皮"状态却始终存在。正因为如此,一些应用伦理学的研究成果往往停留在对现象与问题的表层描述上,或简单套用伦理学的基本理论而成为一种"理论＋应用"的"拼盘式"对接。同时,在应用伦理学研究者之间存在着专业背景和学科话语上的差异与隔阂,这也成为我国应用伦理学发展的一大障碍。

新世纪以来,伴随学科体系的成熟,应用伦理学理论与社会现实的结合更加紧密,在解决各种纷繁复杂的道德疑难问题中更能彰显其独特的学术魅力和学科价值,甚至可以说是哲学各分支学科中发展态势最为繁盛的"显学"。一方面,随着理论研究的深入,应用伦理学的研究对象逐步从人与人、人与社会关系的考察扩展至人与自然、人与自身关系的考察,并且将从实践领域归纳的自我道德、人际道德、社会道德和自然道德规范反馈于规范伦理学,促进现有理论的完善与更新。另一方面,应用伦理学研究的领域也不断丰富,从萌芽期仅从职业伦理的视角展开对经济伦理、生命伦理、环境伦理的探讨,拓展至将经济伦理、政治伦理、医学伦理、科技伦理、法律伦理作为独立学科加以研究,并通过学科知识的交叉融合,形成了生态经济伦理学、教育经济伦理学、生物医学伦理学、行政管理伦理学、网络传媒伦理学、教育技术伦理学等新的研究分支。值得注意的是,新世纪的应用伦理学研究不仅试图基于一般性、普遍性的原则和准则确立不同领域的具体价值原则、不同人群的具体行为准则,还试图使一般道德原则通过在现实运用中的修正或补充解决每一个实际问题。在学科性质的划分上,这一时期应用伦理学完成了与职业伦理学的分离并正式走向独立,逐渐形成有综合性和学科交叉性的理论样态,其本土化程度与实际应用能力进一步加强。

关于应用伦理学分支学科的确定,尽管学术界的观点并不完全一致,但在总体类别上大致可以分为经济伦理、环境(生态)伦理、生命(医学)伦理、科技伦理、制度伦理、企业(管理)伦理、互联网伦理、宗教伦理这八个方面。① 笔者仍以 CNKI 中国期刊全文数据库为基准,通过对各分支学科主题词的检索,发现在 1949—2018 年间,上述八个分支学科分别收录论文 7743、9587、4834、2977、6402、5287、11197、1357 篇。通过图 5.3 至图 5.10 中的数据统计,可以看出在不同的历史时期,应用伦理学分支学科侧重点间的显著差异。

---

① 参见卢风等《应用伦理学概论(第 2 版)》,北京:中国人民大学出版社 2015 年版;朱贻庭主编《应用伦理学词典》,上海:上海辞书出版社 2013 年版。

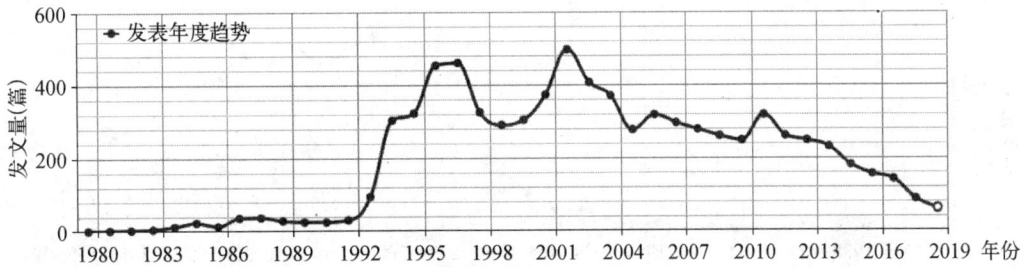

图 5.3 经济伦理论文

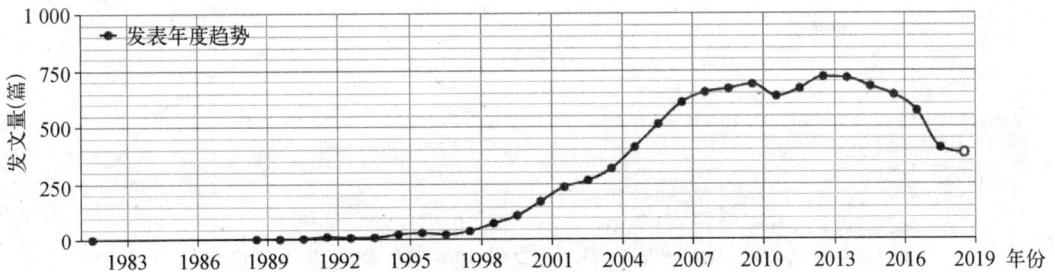

图 5.4 环境(生态)伦理论文

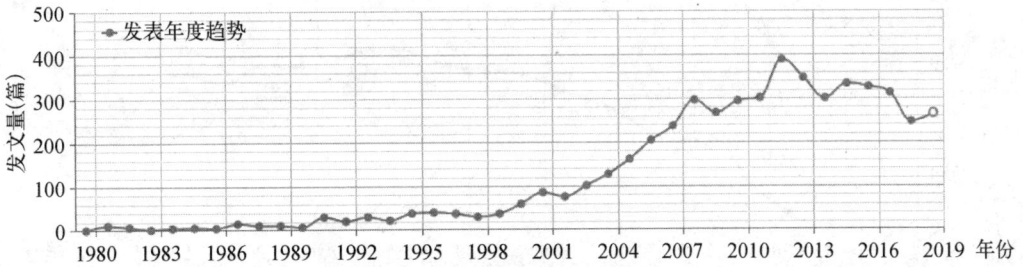

图 5.5 医学(生命)伦理论文

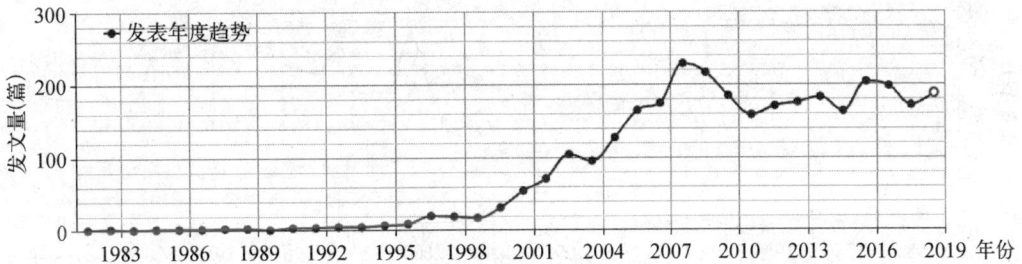

图 5.6 科技伦理论文

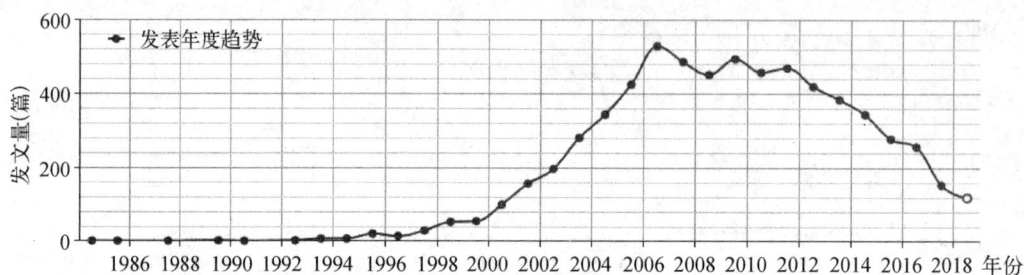

图 5.7　制度伦理论文

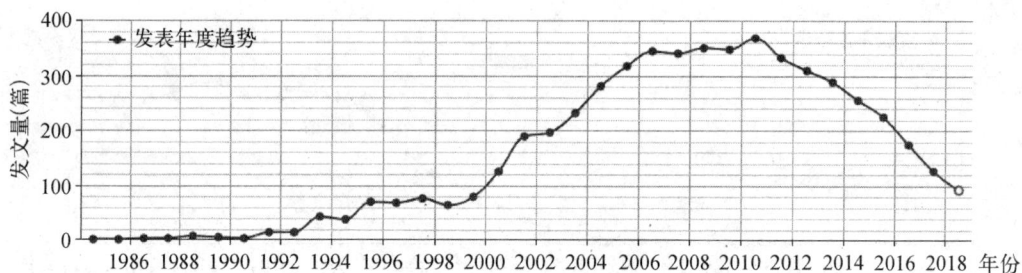

图 5.8　企业(管理)伦理论文

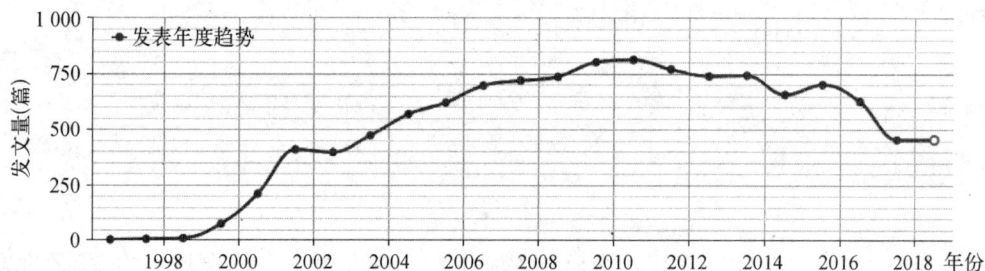

图 5.9　网络伦理论文

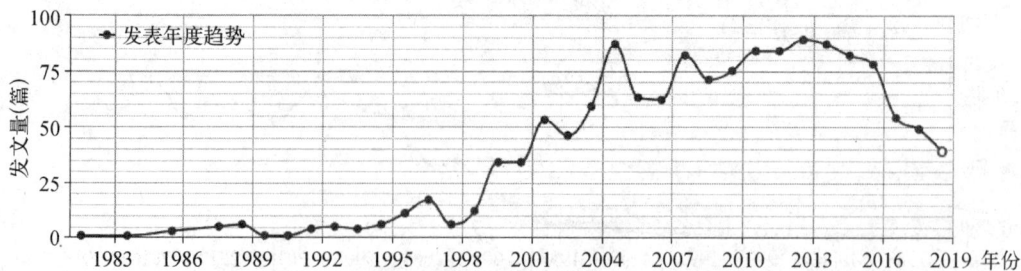

图 5.10　宗教伦理论文

从图 5.3 与其他图示的对比中可看到,自改革开放到 20 世纪末,立足于社会主义现代化建设特别是推进市场经济发展的现实需要,经济伦理成为应用伦理学分支学科中率先发展的"龙头"。早在 1980 年的第一届全国伦理学讨论会上,伦理学研究者们就对经济规律与道德规范的关系作出了激烈讨论。80 年代中后期,"经济学(家)是否应当讲道德""公平优先还是效率优先""道德能否成为资本""企业应当承担何种社会责任"等问题,更是引起了经济学家、伦理学家、企业家及社会公众的共同关注。也正是伴随着对这些问题的探讨和争论,中国经济伦理学的理论体系和学科体系逐渐形成,陆续出版了一批具有前瞻性的著作。90 年代中期以后,我国有关经济伦理的研究步入黄金发展期,学者们围绕经济与伦理的关系、公平与效率的关系、分配正义、产权伦理、企业社会责任等问题展开了深入的研究,并出版了许多重要的学术成果。这一时期的成果不仅涉及领域更广,而且较全面系统地展示了新世纪以来我国经济伦理学的发展状况和发展历程。

同样具有代表性的还有生命伦理学与生态伦理学的发展。生命伦理学与经济伦理学明显不同的是,尽管在改革开放初期就出现过一些有关安乐死、堕胎等问题的著作或文章,但是,直到 20 世纪 90 年代末,我国的生命伦理学研究才真正引起学界的普遍关注。2006 年,第八届国际生命伦理学大会在北京召开,标志着我国生命伦理学的研究走向全面繁荣。此后,国内陆续建立起多个生命伦理学研究中心,并加大了与国外生命伦理研究者的交流与讨论。2015 年,国家成立卫生部医学伦理专家委员会,进一步对扩充生命伦理学研究队伍提出了政策性要求。

生态伦理学的发展进程则体现出发展时间长、争论焦点集中的特点。例如,关于"走出人类中心主义"还是"走进人类中心主义"的争论,最早可以追溯到 1987 年余谋昌在《生态学中的价值概念》一文中对人类中心主义的有关论述。在此后的几十年间,我国学者始终保持了对这一问题的高度关注,甚至可以说,整个生态伦理学的研究都围绕这一核心议题逐步展开。1994 年,全国首届环境伦理学学术研讨会在中国人民大学召开,会议结束时成立了"中国环境伦理学研究会",为我国环境伦理学研究提供了新的平台。2000 年以来,我国环境伦理学研究进入全面繁荣阶段。2003 年,中国自然辩证法研究会环境哲学专业委员会成立,该委员会与中国环境伦理学研究会在推动我国环境伦理学研究方面发挥了重要作用。

二、研究的主要问题

新中国成立以来,尤其是改革开放以来,我国应用伦理学研究既注重聚焦社会现实和热点问题,又注重学科体系和理论体系的建构和完善,形成了一系列具有学术价值和实践价值的研究热点。由于具体分支关注的热点问题将在此后相关章节中予以详述,在此,笔者仅就应用伦理学基础理论研究方面的热点问题进行梳理与总结。

(一) 关于应用伦理学的基本问题

在应用伦理学的基本理论研究中,学者们关注的热点主要围绕着"应用伦理学是什么"、"应用伦理学应用于什么"和"应用伦理学应用些什么"三个方面。

1. 应用伦理学是什么?

自 20 世纪 60 年代应用伦理学兴起以来,对于应用伦理学的学科性质这一基本问题的讨论始终备受关注。学者们对于这一问题大致形成了两类看法。一是否定应用伦理学存在的必要性。这种否定论又可分为强的否定论和弱的否定论两种基本形态。在强否定论者看来,应用伦理学是一个多余甚至虚假的概念,将应用伦理学与理论伦理区分开来没有任何意义,提出"应用伦理学"这一概念是多此一举。弱的否定论者并不断然否定应用伦理学,而是将其视作传统伦理学的一部分,认为应用伦理学就是将普遍的伦理原则应用到具体的事例里去,它是对哲学关注实际道德问题这一传统的重新发现,不能被视为全新的理论形态。二是对应用伦理学相对于理论伦理学的独立性持肯定态度,具体表现为三种基本形态:(1) 经验论或片面肯定论。即认为应用伦理学虽不是弱否定论所说的理论应用,它也只应涉及具体事例的研究,仅仅具有描述性的学科价值。(2) 历史主义的肯定论。主张从历史的视域出发来理解应用伦理学,将应用伦理学根植于实践哲学的传统中,持这一想法的学者大多从 20 世纪 60 年代以来元伦理学式微与传统规范伦理学的复兴中汲取资源,主张用创新性的方式完成传统规范理论与现实道德问题的有机结合。(3) 新伦理论。认为应用伦理学是一个正在形成的全新的研究领域,是伦理学本身的一种崭新的发展形态,它与传统的理论伦理学存在着较大的差异。[①]

尽管有部分学者对应用伦理学是否具有学科独立性提出了不同程度的质疑,如江畅的《从当代哲学及其应用看应用伦理学的性质》(2003)、吴新文的《反思应用伦理学——兼论应用伦理学与理论伦理学的关系》(2003)、邓安庆的《无本质的应用伦理学——对当前应用伦理学本质特征争论的质疑》(2005)、孙慕义的《质疑应用伦理学》(2006)、韩东屏的《正名:以"部门伦理学"替代"应用伦理学"》(2009)等,

---

[①] 参见任丑《应用伦理学的逻辑与历史》,载《哲学动态》2008 年第 6 期。

但总体上看,大部分学者对应用伦理学作为伦理学新分支的独立性持肯定态度。廖申白的《什么是应用伦理学》(2000)、赵敦华的《道德哲学的应用伦理学转向》(2002)、甘绍平的《什么是应用伦理学》(2004)、赵庆杰的《应用伦理学之"应用"含义析》(2004)等一系列文章,都对应用伦理学的形态、定义进行了详细的论证。其中,较有代表性的观点是赵敦华关于这一问题的阐述,他认为,"应用伦理学的意义不是应用的伦理学,而是被应用于现实的伦理学总和;它的意义不是相对于伦理学一般或者道德哲学而言的,而是相对于现在已经不能被应用于现实的传统伦理学而言的",由此,赵敦华指出,"应用伦理学是伦理学的当代形态"。① 这一观点也得到了很多研究者的认同。学者们普遍认为,理论伦理学与应用伦理学在研究对象、研究主旨和研究重点上均有实质的不同,应当以两者的差异作为切入点建构应用伦理学的理论体系。正如王泽应所言,"应用伦理学研究的道德是实际道德生活中的道德难题或道德悖论,是必须予以解决的道德问题。理论伦理学也要研究道德问题,但是这种道德问题也许是思维中或研究中存在的道德问题,而不常是实际道德生活中存在的道德难题或道德悖论。应用伦理学的问题一般来说并不是思维或研究中存在的问题,而是实际存在的问题,是跟人们的生活与行为密切相关的不可回避、不能不解决的问题。与规范伦理学注重原则制定、规范确证和道德秩序建构不同,应用伦理学更关注的是原则如何适应具体境况,如何实际发挥作用。与规范伦理学讨论关注人们的道德生活方式及其道德态度、情感、愿望不同,应用伦理学更注意研究实际的道德生活境遇、道德需要和道德效益。应用伦理学看重一般道德原则和道德规则的实际应用,并在实际应用中发现既有道德原则规范的优长缺失,作出实际的修正或补充,有的时候还是一种新的创造。"② 而强以华则认为,"一旦在比较的视域内探讨应用伦理学的学科性质,就能够发现其它作为独立学科的显著特征。首先,就学科而言,传统的理论伦理学就是伦理学,它把所涉问题完全纳入到伦理学的'一个学科'的视野之下,伦理学家成为唯一的'法官',伦理学的原则和规范成为道德判断的唯一标准;应用伦理学则不同,在广义伦理学的大背景下,它不仅涉及伦理学,也要涉及其他领域的专门科学,它不仅要有伦理学的视野,也还需要其他领域的学科视野,伦理学家不是唯一的'法官',他们必须与其他领域的专家进行平等对话,伦理学的原则和规范对于相关问题的伦理裁决,不能毫无条件地牺牲其他领域的'利益'诉求。其次,就任务而言,传统理论伦理学的目标就是

---

① 参见赵敦华《道德哲学的应用伦理学转向》,载《江海学刊》2002 年第 4 期。
② 王泽应:《应用伦理学的几个基础理论问题》,载《理论探讨》2013 年第 2 期。

一个,即判断具体行为是否符合伦理学的原则和道德规范;而应用伦理学的目标应是两个,即它一方面要确保具体行为符合伦理原则和道德规范,另一方面,它也要顾及其他具体领域的正当的利益诉求,换句话说,当行为的冲突双方(伦理学的伦理要求和具体领域的利益诉求)都有自己的合理性时,它在解决双方的冲突时,一般不能以无条件地牺牲其中一方为条件,而应在广义伦理学的基础上兼顾双方的合理要求,确保具体领域能够在合乎道德的前提下更好地发展,从而服务于人类的美好生活。"[1]曹刚则指出,"应用伦理学与伦理学之间是广义与狭义的区别,说伦理学就是应用伦理学,是因为规范伦理学的使命不只是宣示规范,还要在社会领域追问规范本身的合法性。而说应用伦理学是伦理学,则是指应用伦理学为了解决规范性道德难题,在提出和论证道德规范的过程中,本身就包含了规范伦理学的内容。"[2]可以看出,学者们从多个角度论证了应用伦理学与理论伦理学的区别,对于"应用伦理学是什么"这个问题予以了充分的讨论。

2. 应用伦理学应用于什么?

换言之,应用伦理学如何定位自身探究的"问题域"及试图达到的学术目标?对于这一问题,尽管学者们在探讨中提出的观点不尽相同,但总体上形成了一个基本共识,即:应用伦理学应当以当前社会中的各种道德现象尤其是道德难题作为自己的研究主题。学者们普遍赞成将应用伦理学视作一种面向现实道德困境的知识体系。甘绍平将应用伦理学需要解决的问题分为四类:第一是体现着价值冲突和规范冲突的伦理问题;二是那些并非一定要作出非此即彼之选择,而是要对不同的利益进行考量的问题;三是那些由于技术条件限制,人们无法精确地预知某一事件的后果到底怎样,从而引起争论的道德问题;四是由于科技进步拓展了人类的行为领域,在人们将传统伦理学的某些基本概念与原则运用于新的行为类型之时导致的空泛与粗略,因而亟须人们根据人类的这种新的行为之可能性,对原有伦理概念与原则进行更精确的定义,由此导致某些伦理道德问题的产生。[3] 江畅认为,"应用伦理学应用的是理论哲学和理论伦理学,所应用于的是人类及其生活的不同方面和问题。也就是说,应用伦理学就是把根本的生产理念、一般的价值原则、基本的活动准则应用于人类生活的不同方面,为人类提供各种具体的价值体系,并应用于解决人类生活中已经出现和可能出现的各种重大问题。"因此,应用伦理学可以

① 强以华:《再论应用伦理学的学科性质——兼论"伦理学"的伦理基础》,载《道德与文明》2009 年第 4 期。
② 曹刚:《应用伦理学的双重意味》,载《唐都学刊》2009 年第 6 期。
③ 参见甘绍平《应用伦理学的特点与方法》,载《哲学动态》1999 年第 12 期。

涉及人类及其生活的每一领域,这一性质是人类所有学科中唯有应用伦理学所独具的。他同时指出,"应用伦理学不能成为无所不包的研究,而应该有所为有所不为,一般来说,它应着重关注那些与人类生活关系密切、复杂而又难题多的领域。由于应用伦理学应用于的对象是多元的、多变的,所研究的领域不是固定的而是变动的,因而应用伦理学不像理论伦理学一样是个相对固定的学科,而是一个变动的学科群,这个学科群大体可以分为四个方面,即:领域伦理学、职业伦理学、人群伦理学、问题伦理学。"①郭广银也提出,应用伦理学主要是从现实生活中特定领域和情境中的道德难题出发,依据和运用伦理学的价值原则和行为准则,为人们提供具体的道德原则和道德规范,提供具体可行的价值标准和理论指导,以有效解决人类生活的实践中出现的种种道德困境,用合理的伦理规范去引导人们作出正确的行为选择和道德评价。可见,应用伦理学着重强调的是如何运用伦理道德规范,去科学地解决人类现实生活中面临的种种道德困境,具体性、现实性、应用性和实践性显然是它的突出特性。②

近年来,一些学者们提出,应用伦理学研究的视野应当从价值、伦理层面延伸至作为其客观基础的事实层面,从现实生活出发,研究由事实到价值的范式整合。牛俊美认为,"伦理学必须忠于生活,参与生活,解释生活的意义,调节、规范和引导人们的行为,这既是伦理学的生命之'根',也是伦理学和伦理研究无法逃离的天命。因此,不论历史上各派伦理学家从何种角度切入伦理学问题,在其思想背后都隐含着对人的概念及其生活世界的形上预设,或者说都在某种程度上具有回返和指向对当时类型的人和时代生活之意义的倾向,这几乎已然成了伦理学界的一个不言自明的'公理'。"③易而言之,应用伦理学应当将"好生活"作为研究的对象与起点。郑根成也以"好生活"作为应用伦理研究的基石,认为这一维度的研究包含两个基本方面,一是问题本身的伦理意蕴,即具体问题的伦理研究;二是问题之于伦理理论建构的价值或意义,即从个体、个别的问题出发,探讨整体、类的道德价值建构与伦理理论建构。因此,应用伦理学的研究内容包括了三个基本项:第一,特定伦理关系和道德境遇的辨识原则和判断方法。第二,特定伦理关系和道德境遇中的价值选择和规范建构。第三,特定伦理关系和道德境遇中的行为设计和实施技术。④

① 江畅:《从当代哲学及其应用看应用伦理学的性质》,载《中国人民大学学报》2003 年第 1 期。
② 参见郭广银《应用伦理学的拓展途径》,载《南京工业大学学报》(社会科学版)2003 年第 3 期。
③ 牛俊美:《当代伦理学的"生活世界转向"及其形态特质》,载《伦理学研究》2010 年第 5 期。
④ 参见郑根成《应用伦理学研究基础概况》,载《井冈山大学学报》2015 年第 4 期。

3. 应用伦理学应用些什么？

在解决了定义以及研究对象的问题后，应用伦理学的理论研究必然不可避免地面临另一个问题，即：应用伦理学可以应用的理论资源与方法是什么？这一方法论领域的争论成为我国自应用伦理学兴起以来长期关注和争论的热点，围绕这一问题，学者们大致持有以下几种观点。

一是赞同以"经商谈程序而达成道德共识"来概括应用伦理学本质特征，所以被称为"程序共识论"或"程序方法论"，如甘绍平的《什么是应用伦理学》（2004）、季国清和刘啸霆的《应用伦理学的哲学背景》（2004）、晏辉的《应用伦理学：伦理致思范式的现代转换》（2004）、蒋兆枝的《论运用应用伦理学的两种应用思路》（2008）等，都对"程序共识"展开了深入的研究。程序共识论认为，应用伦理学应当通过对话平台与商谈程序的构建，创造现实道德困境解决的契机，以求在各方的差异间达成共识。应用伦理学与规范伦理学的本质区别即在于它不追求绝对的、具有普适性的道德真理体系，而仅仅是期望对不同立场的观点作出调和。因此，在方法论上，应用伦理学倚靠的不是直接将伦理学原理、观点应用于现实道德难题或道德悖论的"工程模式"，而是通过一定的程序在先前与现实道德事件的比较权衡中解决道德困境、作出道德决策的"判例模式"，不偏不倚的中立性原则是其本质特征。如甘绍平所言，"在一个价值多元化的社会中，公众的道德观念各不相同。面对道德冲突，没有任何一种伦理学伦理或价值观念有权宣称自己是唯一正确的指导原则，没有哪个个人、团体或群体可以断言自己把持着朝向道德真理的唯一通道。因此，为了解决伦理冲突，在民众中形成共识、达成一致的首先不是某种具体的立场、某种具体的观念，而是一个中立的程序——交往对话。"[1]这一观点得到了众多学者的呼应与支持。季国清、刘啸霆指出，应用伦理学要"在各种专业伦理观念和各种伦理学派意见的纷争、对话、交流中达成妥协、平衡和共识"，"应用伦理学是以解构的原则搭建一个平台，让各种各样的伦理流派与伦理观点都有表演的机会，甚至都有取胜的机会，只要大家获得共识。"[2]晏辉认为，对于均有合理权利的行为主体而言，"没有哪一个能够不用征得他者的同意便一厢情愿地给定伦理规则，而只能通过双方或多方的对话、商谈达成共识。"[3]曹刚认为，在坚持程序共识的前提下，也可以采用道德推理的模式代替平等商谈来达成共识。在面临道德难题时，有三种可供参考的推理模式，一是基本演绎模式，即按照寻找适用的道德规范（大前提）、

---

① 甘绍平：《什么是应用伦理学》，载《自然辩证法研究》2004年第8期。
② 季国清、刘啸霆：《应用伦理学的哲学背景》，载《自然辩证法研究》2004年第8期。
③ 晏辉：《应用伦理学：伦理致思范式的现代转换》，载《自然辩证法研究》2004年第8期。

形成待决事实(小前提)、下达道德判断(结论)的方式处理具体问题;二是类比的道德推理,树立典型案例,通过现有案例与典型案例的比较,发现异同,寻求共识;三是辩证的推理,即将道德感与普遍性规则视作前提,在实践的过程中达成共识。①

　　二是主张以某种基本价值观来概括应用伦理学本质特征,被称为"基本价值论",以卢风的《论应用伦理学的双向反思》(2003)、廖申白的《应用伦理学的原则应用模式及其优点》(2003)、陈泽环的《应用伦理学和当代社会道德结构——再论应用伦理学的基本特性》(2005)等为代表性观点。卢风指出,应用伦理学的最重要的任务不在于达成道德共识而在于改变共识。"如果应用伦理学的唯一任务就在于搭建一个平等的对话平台,让不同信仰的人来进行论辩性的对话商谈,以便达成道德共识,那么,应用伦理学就会显得多余。在民主社会,政府、非政府组织、媒体都可以提供这样的平台。"②持"基本价值论"的学者们并不赞同对不偏不倚中立原则的绝对承诺,认为这样会回避某些必要的深层关注与终极关怀,甚至在现实运用中,这种绝对中立的立场是否可能都是可疑的。应用伦理学的目的是把规范伦理学所揭示的一般价值原则和基本行为准则延伸至个人和社会生活的各个领域加以审查,确立不同领域的具体价值原则和具体行为准则,因此必须强调它对基本价值的导向作用和批判功能。故而,应用伦理学需要的方法并非理性商谈,而是双向反思。它需要在基本价值的引领下,一方面批判现实和潮流,一方面批判反思引导潮流、形塑现实的思想观念。正如廖申白所倡导的,"原则应用模式的应用伦理学是一种将某些持久共存的健全伦理学体系间的重要共同点作为在应用领域中讨论那些紧迫的伦理学疑难问题的起点的可能性与建议。这种应用伦理学具有两个主要的优点:它在讨论的起点上会通不同伦理学体系并得到这些体系的不同理由的共同支持;它比理论应用模式的应用更适合于合理多元主义的伦理学对话背景。"③

　　面对"程序共识论"与"基本价值论"的争论,有学者尝试寻找二者间的共识。陈泽环主张,应用伦理学本身既是学科理论也是实践过程,因此,它既要向他人提供理论资源来促使他们改变其道德信念,也要通过改变法律或社会风俗来对现实生活产生影响。这就意味着,在方法论上可以采取以上两种观点的"融贯论"模式。④ 这一做法的可行性也受到质疑,邓安庆明确指出,相较于"程序共识论"与

---

① 参见曹刚《应用伦理学视阈中的三类道德推理》,载《道德与文明》2009 年第 4 期。
② 卢风、肖巍:《应用伦理学概论》,北京:中国人民大学出版社 2008 年版,第 67 页。
③ 廖申白:《应用伦理学的原则应用模式及其优点》,载《中国人民大学学报》2003 年第 1 期。
④ 参见陈泽环《基本价值观还是程序方法论——论应用伦理学的基本特性》,载《中国人民大学学报》2003 年第 5 期。

"基本价值论","融贯论"是一种很模糊的表达,并不能作为一种方法论的定性称谓。虽然在推理方法与程序上与罗尔斯在《正义论》中提出的"反思平衡"有相通之处,但"反思平衡"仅仅是一种逻辑论证方法,因而适用于包括道德推理在内的一切推理过程。换言之,如果"反思平衡"的方法无法提供具体的正当性标准,那么"融贯论"同样会面临着无法为现实问题提供标准或决策程序的诘难,甚至陷入自说自话的道德相对主义立场,导致应用伦理学本身的过度开放与道德评价能力的降低。①

近年来,一些研究者们开始将视线投向日渐复兴的美德伦理学领域,试图以"实践智慧"或"中庸"的推理模式另辟蹊径,为应用伦理学方法论上的争鸣贡献智慧。赵清文认为,在寻求道德悖论的解决时,应当注意到,道德生活不是外在强加的,而是来自我们的本性或者终极目标。遵循美德的指引,过符合道德的生活,自然也就成了一个成熟的、有理性的人的自觉、自愿的追求。无论是"程序共识"还是"价值引领",其目的都不该是达成某种道德信念或培养道德责任意识,而是为了给予广大社会成员多种合理、可持续的行为方式,供他们选择,从而引导人们更好地应对危机和风险。因此,应用伦理学的方法需要时刻关注人的幸福或人格完善,强调建立在个体生活和实践差异性与特殊性基础之上的统一性和整体性。换言之,应用伦理学关注的不是一个个具体的、分离的问题之解决,而是作为整体的人的生命的幸福和完善。② 陈默、肖礼彬则强调"德性"方法论对传统方法的补充,指出"程序共识"或者"价值引领"专注于基本原则的形成,而德性更看重品格的养成,更关注于那些可以通过行为倾向表现出来的内在的精神品质。他同时指出,呼吁应用伦理学对德性的关注并非意味着完全放弃对共识或原则的追求,而是要在不同的境况中,具体考察选择最合适的方式。③ 王俊将应用伦理学的方法理解为理论与实践的同一性问题,提出"应用伦理的思考更注重具体的问题,希望用一种'危机—反应'的模式具体地研究和解决问题,不特别地强调价值先行。按照应用伦理的思考模式,价值选择的依据是实践的需要,而不是各种价值间的先验比较"④。

---

① 参见邓安庆《无本质的应用伦理学——对当前应用伦理学本质特征争论的质疑》,载《哲学研究》2005 年第 7 期。
② 参见赵清文《"危机时代"与德性伦理学的复兴——兼论德性伦理在应用伦理学中的意义》,载《第 21 次中韩伦理学国际学术研讨会论文集》2013 年 8 月 17 日。
③ 参见陈默、肖礼彬《当代应用伦理学"原则之争"的三个论域及其伦理启示》,载《昆明理工大学学报》(社会科学版)2017 年第 3 期。
④ 王俊:《当前中国社会的实践同一性问题——从道德哲学的视角到应用伦理的视角》,载《哲学与文化》2010 年第 5 期。

任丑在肯定"德性"推理模式的同时,进一步尝试从德性的问题视域、理论性质、实践特质三个层面解释"实践智慧"推理模式的具体内涵。他认为,"实践智慧"推理模式的关键在于问题视角的转变,因为"应用德性论的指向主要是寻求具有普遍指导价值的整体性德性或类的德性,其核心问题是我们将如何共同应对和我们每个人息息相关的各种现实的伦理问题。这就决定了应用德性论的主旨在于:力图寻求处理这些应用伦理问题的普遍价值基础,藉此探究如何以正当的程序和合理的路径来应对当前或今后人类共同面临的紧迫的现实伦理问题"①。在这种问题视阈内,为了切实有效地解决问题、化解矛盾冲突,"在我们面对的道德问题面前,应该如何有德性地选择或作为",就自然成为被运用的思维模式。而对于如何回应道德相对主义的诘难,任丑指出,关键之处在于把握德性的实践特质,在人与人的交往中,摆脱将道德难题归咎于个体德性的思路,通过调动全社会的整体性道德能力和伦理智慧进行道德权衡和判断决策。

(二) 关于我国应用伦理学与国外应用伦理学的比较

在应用伦理学基础理论研究中,学者们还从理论资源、研究内容和研究方法方面对我国应用伦理学与国外应用伦理学进行了比较分析。

1. 在理论资源上国外应用伦理学大致呈现出两种风格,一种是以美国为范本的英美风格,另一种则是以德国为代表的大陆风格。二者之间虽然并非处于完全对立的关系,但各自的方法论与关注点却各有不同。

一般认为,应用伦理学最先起源于美国。可以说,正是 20 世纪美国社会发生的诸多道德冲突,迫使伦理学家不得不去思考与之密切相关的道德问题,使哲学伦理学的研究重新与现实生活连接在一起。因此,在对元伦理学内容的修正与补充中,英美众多伦理学家展开了对应用伦理学的讨论。正如彼得·辛格所言,"对一个观察 20 世纪道德哲学的人来说,过去 20 年的最大进展既不在于有关道德哲学这一学科所达到的理论认识,也不在于任何关于对错的特别思想被接受的程度,而是在于应用伦理学在道德哲学这一学科中的复兴。"②在辛格看来,应用伦理学并不是哲学的一个新领域,因为"从柏拉图开始,道德哲学家就一直面对自杀、弃婴、妇女待遇、公职人员应该如何行为等实际问题"。美国学者 P. 普拉利在《商业伦理》一书中也明确指出,"应用伦理思想最优秀的案例是由实践者发现的","商业伦

---

① 任丑:《应用德性论及其价值基准》,载《哲学研究》2011 年第 4 期。
② Singer, Peter: *Conetmpoary Moral Problems in Ethies*: *History*, *Theory*, *and Contemporary Issuesed*. by Steven Machn and Peter Markie. Oxford:Oxford University Press,2002:p.735.

理是应用规范伦理学的方法和目的来探讨具体的商业道德问题。商业伦理学与一般伦理学是相通的,即都是规范性的。"①不可否认,虽然应用伦理学一直呈现出对元伦理学的挑战与反叛,但它在理论构建中还是继承与借鉴了大量分析哲学的成果,在对现实问题作出道德推理时,往往同时关注伦理学理论的建构和现实道德问题的解决,既从理论上论证什么是善、什么是恶、什么是对、什么是错,也试图用他们的伦理思想和理论影响人们的日常行为。②

除了元伦理学的分析传统外,对英美应用伦理学产生深远影响的是历史悠久的神学传统。当科技的进步使得人类生活在"被当做实验对象的时代"③时,生物学、医学领域的进步不可避免地导致神学家开始关心人的本质、价值和尊严的问题,以回应生物学以及医学对传统发起的挑战。与哲学家不同,神学家们不是抽象地谈论道德,而是提倡在特定的共同体中寻求正确的生活方式。神学理论对当代应用伦理学的影响最早可追溯到 1949 年,英国国教神学院的牧师、神学与基督教伦理学教授弗莱彻发表的《道德与医学》演讲,从神学理论出发,坚定地认同人权与个人责任的中心地位,并且提出了所谓"境遇伦理学"(situational ethics),要求除了行动者自己的意图外,必须要按照实际境况的特点才能决定道德行动的正确性。这些想法为当时应用伦理学的发展提供了新的思想资源。此后,多位神学教授或牧师针对道德困境的解决发表过看法,这些基于宗教传统对现实道德问题的理解和解释,成为英美应用伦理学发展的又一理论资源宝库。

德国应用伦理学在理论资源上与英美有所不同。据邓安庆、甘绍平的考察,德国伦理学界就"应用"概念进行重新阐发的主要理论依据来自传统的"诠释学",诠释学家区分了"理解的技巧"、"解释的技巧"和"应用的技巧"三个独立的环节。如伽达默尔通过对"应用的技巧"的重新解读,发展出一种在处境化的"问题"中寻求对问题本身的理解思维方式。在这种方式中,"应用"不仅不是在"理解"和"解释"之后附加的一个衍生的环节,而是规定理解和解释得以可能的首要环节,但它们三者是内在统一的、一个意义自身的"生成事件"。这种对于"应用"概念的重新解读,构成了当代德国应用伦理学的理论根源。当西方进入"后工业社会",面对经济、政治、医药等一系列的伦理问题,都无法直接应用传统伦理的一些所谓"普遍原则"来加以解决。然而,正因为它"无原理"可"应用",所以德国学界普遍倾向于在具体的

---

① [美]P.普拉利:《商业伦理》,洪成文、洪亮、许冠译,北京:中信出版社 1999 年版,第 12 页。
② 向玉乔《论西方应用伦理学的应用性》,载《"西方应用哲学"国际学术研讨会论文集》2010 年。
③ 天主教神学家卡尔·拉纳(Karl Rahner)语。

问题处境中寻求合理的决断或"共识",以诠释学为理论背景找寻解决问题的办法。①

与国外存在显著区别的是,我国应用伦理学的理论资源更多来自社会变革的经验总结与传统文化。不可否认,应用伦理学起源于西方,并且在某种程度上构造了现代社会的伦理精神,但是移植到我国,却必须面临本土化问题,使其适应中国人的伦理精神。如果不能与中国传统伦理和马克思主义伦理资源相融合,应用伦理学难以对现实道德困境有准确的回应。因此,在中国应用伦理学的发展中,中西马三种传统的视野融合,构成了应用伦理学的基本理论资源。可见,我国应用伦理学的理论资源与国外既有重合,又存在区别。其相同之处在于,我国同样以传统规范伦理学与元伦理学作为理论资源,并且注重诠释学的叙事手法,结合具体境遇解决问题。不同的是,在借鉴具体的道德原则时,我国并没有神学传统,而是更倾向于从传统儒家思想与马克思主义理论中汲取资源,从"实践中的人"与"人的社会关系"而非"人与神的关系"出发对原则进行选择。

2. 在研究内容上

我国应用伦理学与西方应用伦理存在着两个方面的差别:一是在基础理论方面,西方学术界一直存在着有关应用伦理学定义的争论,并且有相当数量的学者否认应用伦理学的学科独立性。他们认为,就"应用"而言,传统规范伦理学的"应用"是从某些基本事实出发,通过理性推演得出具体原则,再把它"应用"到自身设定的经验领域。如康德伦理学,就是通过"先验人类学"确立的道德原则,把它"应用"到相对应的"经验人性"上的过程。因此,如果承认存在应用伦理学,就意味着承认生活中存在普遍的、客观的道德规则。然而,在当代社会,传统神命论提供的基础原理已然失去了效用,而理性形而上学提供的基础原理又早为科学所证伪,我们所处的是一个后形而上学无原则、无根据的时代,既无法依赖宗教的权威,也不能依赖某种形而上学假设去为日常的交往实践提供可靠指导,所谓应用伦理学只是一个概念而非学科。而在我国学术界,决然否认应用伦理学是一门独立学科的声音十分微弱,并且与西方希望完全抛弃理论设计而通过实践来解决道德难题的思路不同,即使持有否定论立场的学者也大多是一种弱的否定论,他们并不否认应用伦理学理论研究的必要性与对现实生活的影响力。

二是在具体分支学科上,近代中国是在与西方文化的碰撞中被迫走向工业化

---

① 参见邓安庆《论德国应用伦理学的风格》,载《湖南社会科学》2005 年第 3 期;甘绍平《德国应用伦理学近况》,载《世界哲学》2007 年第 6 期。

道路的,西方资本主义的扩张性本质决定了中国必须以走向富强为目标。自中国共产党取得政权以来,就一直重视价值观与道德引领对经济发展的重要作用,无论是新中国成立初期在信仰理念、风俗习惯和制度这三个方面的改造,还是在改革开放后真理标准与道德原则的讨论,无不体现出伦理学对经济建设的巨大推动力。可以说,经济伦理学成为新中国成立以来尤其是改革开放以来我国应用伦理学发展中最为重要且最为突出的分支并非偶然,甚至可以说,经济伦理学的发展为生态、生命、科技等诸多领域伦理学理论的建构提供了模板。而西方应用伦理学研究由于其宗教与神学传统,在其分支学科中,发展最快的是生命伦理学。20世纪60年代末,随着人口增长与新的医疗手段的出现,许多传统医疗伦理观念开始动摇。例如,传统的西方伦理观念要求绝对尊重生命的圣洁性,但新的生育问题和技术发展导致社会与医生不得不对此采取一种相对主义的态度。在这样的背景下,新的医疗伦理议题开始被提上日程。同时,在经济领域,西方自由主义思潮强调顺应人的欲望,侧重于描述人们的经济活动,追求资源的最佳配置,较少关注在经济领域中以价值尺度衡量人类实践。由此,西方学者们更多关注生命、科技与政治领域而非经济领域的伦理问题。

3. 在研究方法上

虽然西方学术界也存在着"程序共识论"与"基本价值论"的争论,但对于二者探讨的逻辑进路却与国内不同。在处理两种方法的分歧与争议时,西方学界偏向于以实证研究作为理性思辨的补充,以数据、资料为点缀展开对正当性、合法性、独特性及合理性四个方面的问题的研究。[①] 在最终目的上,与我国所追求的"和谐"不同,实证主义要求哲学家回到"公正"、"合理"以及"人类关系"的概念上来。换言之,西方仍然坚持伦理学理论对道德问题的直接作用,将其视作判明伦理学理论的第一标准。因此,在面对二者的分歧时,西方学界采取的是一种双重态度:一方面认为哲学家需要继续研究抽象的伦理学和元伦理学理论;另一方面,又提出在"不能完全依赖现有理论、但关心其论点和结论的普遍性的情况下,伦理学的应用要继续前行"[②]。换言之,要求哲学家们进行实证调查,但仍将实证结果作为逻辑分析的补充。这里,可以借助杰哈德·泽查(Gerhard Zecha)的"金规则"感受中西方在应用伦理学方法论上的差异。泽查认为,在处理具体的道德悖论时,"公正"仍然是

---

① 参见王珏、李东阳《伦理实证研究的方法论基础》,载《东南大学学报》(哲学社会科学版)2015年第3期。
② [美]J. P. 德马科、R. M. 福克斯:《现代世界伦理学新趋向》,石毓彬等译,北京:中国青年出版社1990年版,第352页。

值得关注的最高原则,任何原则都应当统摄于其中。只有那些有助于把危机所带来的巨大经济和道德损失最小化的思考,才称得上是理性的、负责任的思考。因此,任何的推理模式都应当以"按照自己愿意被对待的方式对待别人"和"人不应该以自己不愿意被对待的方式对待别人"两条金规则为基础。泽查由此得出了同情、自主、互惠、平等、自我与他人对称这五条基本规则,认为对于任何道德困境的推理都不应当脱离这些基本规则的范畴。① 可以看出,与前文述及的我国学界"融贯论"或"德性论"不同,在处理道德推理模式时,西方学术界仍然坚持了其一贯的理性主义传统与逻辑分析方式,将最终目标落实在一个客观有效的普遍真理之上。亦如马库斯·杜威尔所阐述的,"应用伦理学发展的方法已成为一种重要的辩论工具,实用方法的盛行是当前西方伦理学辩论的常态。"②

(三) 关于应用伦理学的学科内部关系与外部关系

自 20 世纪 60 年代以来,应用伦理学已然形成了涵盖多门分支学科的庞杂的学科群,在学科体系不断延伸拓展的同时,应用伦理学内部各分支之间的关系及其与其他学科的关系也在悄然发生着变化,甚至体现出一定的矛盾与差异。

其一,在其学科内部关系上,虽然各分支学科同属于应用伦理学的学科范畴,但是,伴随着知识专业化与指向性的不断加深,应用伦理学的各分支学科也出现了分化与不可通约的间隙。这种间隙体现在两个方面,一方面,当人们通过对某一分支学科道德问题的探讨而得出结论时,却发现这些结论往往难以运用到其他分支学科之中,甚至不同的分支学科在同一问题上可能持截然相反的观点。例如,安乐死符合生命伦理学的价值追求,却又违背了法律伦理学中的基本精神;环境伦理学主张对人的自由加以限制,生命伦理学则倾向最大限度地保障人的自由,两者在关于人的权利以及人的伦理地位问题上往往针锋相对……类似的分化与间隙不仅导致人们对应用伦理学的不同分支提供的解释或答案感到无所适从,而且造成各个分支学科闭门造车、缺乏沟通和交流,几乎处于相互隔绝的状态。另一方面,几乎每个具体学科都能挖掘出不同程度的道德资源,一旦某一具体领域遭遇到一些具体的伦理道德问题,便可能衍生出一门新的应用伦理学。于是,旅游伦理、设计伦理、音乐伦理、翻译伦理等纷纷出现。一些学者不再关心应用伦理学理论的整体建

---

① 参见杰哈德·泽查《应用伦理学之金规则辨析——如何在理论与实践上作出正确抉择》,载《社会科学战线》2011 年第 6 期。
② 马库斯·杜威尔:《应用伦理学的发展及其面临的根本性挑战》,李建军译,载《山东科技大学学报》(社会科学版)2014 年第 2 期。

构,而仅仅专注于自己的具体研究领域,例如,科技伦理学囿于为科学研究制定道德规范,生命伦理学更多陷于各种具体的案例分析,环境伦理学单纯致力于保护生态环境的道德呼唤,等等。① 由此,应用伦理学在构建学科知识时,难以形成应有的整体性与一致性特征。然而,正如一些学者所言,"这种分割式的研究不足以达到对道德生活的深刻理解和正确引导"②。

其二,在应用伦理学与其他学科的关系上,如果说传统伦理学研究的问题具有普遍性和终极性,那么应用伦理学关注的问题更具有客观性和现实性,需要结合相关领域的专业知识方能给出判断与解释。应用伦理学的这种多学科性决定了我们不能仅仅将不同的学科知识生硬地拼凑在一起,而应当将问题置于交叉学科的背景中加以审视,并整合到跨学科的伦理讨论中去。但问题在于,来自不同专业背景的应用伦理学研究者,其学科话语往往存在着极大差异与隔阂。例如,尽管对于经济伦理学的学科交叉性判断已成共识,但是,来自经济学与伦理学两大学科领域的研究者面对我国经济发展中的一些道德冲突和问题,却始终各说各话,鲜有交流。这一现象是我国当前应用伦理学研究各分支领域的共性问题。这一隔阂,导致难以产生基于学科交融基础上的真正有综合性和学科交叉性的应用伦理学理论。

三、简要评述

新中国成立以来,尤其是改革开放以来,应用伦理学取得了快速发展,已成为我国伦理学研究乃至整个学术研究领域的亮丽景观。我国学界在应用伦理学的研究内容、领域、队伍和学术交流等方面都取得了丰硕的成果,主要体现在两个方面。

第一,研究成果不断丰富,研究领域日益拓展。70 年来,我国应用伦理学研究成果不断丰富。从一定意义上说,应用伦理学基础理论研究取得的成果,既折射出新中国成立以来我国社会生产力迅速发展的迫切需要,也是对我国社会道德问题的理论概括和学术升华。从近百年来的中国学术发展历程看,学界一直保持着对伦理学研究的关注,新中国成立前已经出版了 60 余种伦理学著作,但这些成果大多集中在伦理学的基础理论与国外成果译介追踪上,鲜有涉及应用。新中国成立后,学界转向以实践为基础的马克思主义伦理思想研究,这一时期的研究成果为 20 世纪 80 年代后我国应用伦理学的起步奠定了良好的基础。

---

① 参见陈吕思达《应用伦理学谱系的张力》,载《伦理学研究》2017 年第 1 期。
② 卢风、肖巍:《应用伦理学概论》,北京:中国人民大学出版社 2008 年版,第 52 页。

改革开放以后,应用伦理学研究成果的丰富,既体现在前文述及的各个阶段国内学术界相关研究成果的不断丰富和领域的不断拓展上,还体现在对国外相关学术成果的译介方面。早在80年代,我国便开始了对国外应用伦理研究成果的译介与出版。如孟庆时、程立显、刘健等翻译的美国学者J.P.蒂洛的《伦理学——理论与实践》(1985),姚新中等译的R.T.诺兰的《伦理学与现实生活》(1988),石毓彬等译的约瑟夫·P.德马科和理查德·M.福克斯合著的《现代世界伦理学新趋向》(1990),孙瑜译的科斯洛夫斯基的《伦理经济学原理》(1997)、李布译的理查德·T.德·乔治的《经济伦理学》(2002),刘莘译的彼得·辛格的《实践伦理学》(2005),朱慧玲译的迈克尔·桑德尔的《公正——该如何是好》(2011),吴宁译的阿明·格伦瓦尔德的《技术伦理学手册》(2017)等。这些译著的出版,为国内学者与国外应用伦理研究成果的"亲密接触"提供了必要的工具性前提。

第二,各分支学科研究队伍不断壮大,国内外学术交流更为频繁。在学术交流方面,随着应用伦理学研究的快速开展与深化,一些高校和研究单位纷纷建立专门的研究机构,举办学术讲座与交流活动。20世纪80年代成立的中国伦理学会与全国医学伦理研究会,成为应用伦理学开始向诸多领域拓展的标志。1994年,南京师范大学成立经济与教育伦理学研究中心;1995年,复旦大学建立应用伦理学研究中心;1996年初,中国社会科学院成立应用伦理学研究中心;1999年,北京大学成立应用伦理学研究中心。此外,一系列的学术讨论活动也顺利举行。1987年,中国伦理学学会在武汉召开了全国职业道德讨论会,同年与日本伦理学研究所等单位一道举办了"中日实践伦理学讨论会"。2000年6月,由中国社会科学院应用伦理研究中心、东南大学哲学与科学系、南京师范大学经济法政学院和无锡轻工大学联合主办的"第一次全国应用伦理学讨论会"在无锡举行。至今,中国社会科学院应用伦理研究中心已主办了11次应用伦理学研讨会,内容涉及政治、经济、多媒体与网络、科学技术与人工智能、美好生活等多个方面,主编的系列出版物《中国应用伦理学》不但对繁荣我国应用伦理学研究起到了积极的推动作用,更为政府部门制定决策提供了重要的理论依据。

我国应用伦理学学科建设的不断加强,还有力地促进了学科人才和梯队的壮大。可以说,当前我国应用伦理学已经形成一支老中青相结合的稳定的研究队伍,其中既有在学界有很高知名度的资深学者,也有一批功底扎实并已取得较高理论成就的中青年专家,更有一些近年来崭露头角的新生力量,研究人员的稳定无疑为学科的进一步发展和成果的进一步丰富打下了良好的基础。

总体上看,应用伦理学这种蓬勃发展的态势,在一定程度上,正是得益于应用伦理学与社会现实问题的紧密结合,以及在解决各种纷繁复杂的道德疑难问题中显现的学术魅力和学科价值。回顾我国应用伦理学的发展历程,我们不难发现,对社会热点问题的密切关注与热烈讨论,对这一学科的迅速发展起到了极大的推进作用。我们也不难发现,这些引发争论的焦点问题,与我国改革开放进程中经济发展、环境保护、医疗安全、科技进步以及人们对美好生活的追求是密不可分的。由此,我们也可以看出,我国应用伦理学的快速发展凸显了学者们强烈的"问题意识"和学术责任感、使命感,这些无疑是值得肯定的。但是,与此同时,应用伦理学的发展也存在着一些应当正视并加以改进的问题。

第一,相对于各分支学科对具体现实问题的热切关注,应用伦理学对于自身基础性理论问题和学科发展问题的关注度仍显不足。对一些基本理论问题仍未形成共识,导致应用伦理学的讨论缺乏共同的基础。正如甘绍平所指出的,应用伦理学当前的现状是,在其分支学科领域里所取得的研究成果远远超过了人们对作为一个总体的应用伦理学之学科性质与地位的思考、总结与探索。① 毋庸置疑,现实领域问题的多样性与异质性导致了应用伦理学研究的多样性和复杂性,但我们仍需要贯穿所有应用伦理学学科的"一根红线",才能为应用伦理学理论体系和学科体系的建构提供更为坚实的道德哲学基础。但是,总体而言,当下应用伦理学的发展及其成果偏向于对当代经济社会发展与技术进步所促生的新兴问题研究,而应用伦理学自身的自我反思与理论建构相对薄弱。

第二,应用伦理学研究存在着理论与应用间的隔阂或"两张皮"状态,使得研究成果在道德建设中的实践操作性不足。虽然"理论联系实际"是学界一贯倡导的学风与方法,不过,在学术研究中真正实现两者间的"联系"却并非易事。尽管应用伦理学的产生与发展始终与现实生活世界的道德问题密切相关,一些应用伦理学的研究成果也能够较好地直面现实问题,提出理论判断。但是,我们也应看到,也有相当数量的研究成果或停留在对现象与问题的表层描述,或简单套用伦理学的基本理论而成为一种"理论+应用"的"拼盘式"对接。事实上,"应用"本身就是一种检验与发展理论的方法,自然科学与一些社会科学理论有明显的应用取向。反观应用伦理学,其"应用"之取向应当为对伦理理论的检验,以此彰显应用伦理学的价值,并由此探究传统伦理学在当代社会实践中的不足和未来伦理学的发展方向。然而,在当代应用伦理学研究中,一些学者仍然停留在理论与实践相分离的研究状态,只关注实践问题对理论的选择,而忽视了实践问题本身对理论的促进与发展,

---

① 参见甘绍平《应用伦理学前沿问题研究》,南昌:江西人民出版社 2002 年版,第 2 页。

采用二元对立的思维看待应用伦理研究。

概而言之,在新中国成立 70 年来中国伦理学的发展历程中,应用伦理学起步较晚却发展迅猛,研究领域日益拓展,研究成果愈加丰富。由于我国应用伦理学研究成果涉及领域和问题的繁杂性,在本章中,我们并未对所有成果进行系统的梳理和回顾,而是主要回顾了应用伦理学的总体发展及学者们对学科基本理论问题的探讨和争论。在之后的章节中,我们将对经济伦理、环境伦理、政治伦理、生命伦理等具体分支进行详述。

第六章　经济伦理

　　回首人类历史,问题是时代之声,实践是思想之源。伟大的时代往往需要伟大精神的力量、道德的力量,也必将产生适应并引领时代的伟大的伦理学。新中国成立70年来,尤其是改革开放40年来,是一个物质财富飞速增长的伟大"经济"时代,也是一个我国文化软实力迅速提升的伟大"伦理"时代。人类经济行为必然会产生相应的经济伦理问题,而具有五千多年文明史的中国有着历史悠久的经济伦理思想与实践传统。在马克思主义指导下,中国经济伦理学深深植根于中华五千多年的思想文化沃土,借鉴西方伦理文化的精华,源自新中国成立以来特别是改革开放以来的伟大实践。事实上,中国经济伦理学不仅是对新中国成立以来的伟大实践的思想描摹,而且是对其的理论回应和"伦理学解答"。从这个意义上说,中国经济伦理学的内容是新中国成立以来的实践中的问题和矛盾,而形式则是中国经济伦理学的概念、命题、逻辑和范畴等。由此可以说,中国经济伦理学研究的创新,主要不是"自说自话""自我圆融"的"新",而是创新性实践的"思想折射";新中国成立70年来的伟大实践为中国经济伦理学理论创新提供了巨大的"可能性空间"。在和平与发展的时代,中国逐步从封闭走向开放、从僵化走向繁荣,这种新的时代之风和经济改革的实践走向极大地预设了中国经济伦理学研究的基本走势、议题设置和可能解答。

　　历史一再证明,没有经济支撑的伦理学繁荣是不可持续的,没有伦理学考量和关怀的经济健康发展亦是不可想象的。历经新中国成立以来几代人的砥砺拼搏,中国经济伦理学由萌芽、形成阶段,逐步走向繁荣、发展阶段。从功能来看,经济伦理学既是时时批判现实的"啄木鸟",也是事后反思现实的"猫头鹰",还是大胆预言未来的"高卢雄鸡"。新中国成立70年来中国经济阔步前进,取得了史无前例的巨大飞跃,经济总量稳居世界第二,这背后离不开中国经济伦理学的伦理约束与价值引领。经济学与伦理学的互动、经济与伦理的张力,是新中国成立70年来中国经济快速发展不可或缺的"重要密码"。中国经济伦理学乘经济改革之东风,学术旨趣由"宏大叙事"转向"细小叙事"、由"政治优先"转向"价值优先",这种思路转换迅猛发展,绵延至今,在学科体系构建、基础理论研究、现实关怀与对策回应、思想史与跨国比较研究、专业书刊出版和外文著作译介、学术共同体的建立和运转等方面成就斐然。中国经济伦理学确立了其在当代中国伦理学系谱中的重要地位,并在当代中国应用伦理学中成为"旗帜"和"显学"。

一、研究的基本历程和概况

从历史发生学来说,社会存在决定社会意识,实践是认识的源泉。中国经济伦理学根植中国大地和中国传统文化,紧跟世界潮流,借鉴西方伦理文化的精华,诞生并成长于改革开放伟大实践中,至今已经走过了萌芽期、形成期、繁荣期和发展期四个阶段。

(一) 萌芽期:问题的提出与初步解答(1949—1991)

在新中国成立后的前30年里,一方面,中国伦理学研究主要跟随苏联的脚步,重点一直是在探讨共产主义道德的阶级性、继承性等问题,并取得了不少研究成果,但是对其他方面的讨论则显得很是薄弱。另一方面,这一时期政治和意识形态日趋发展的"左"倾倾向,也使"学术研究受'左'倾思想的影响和制约是比较严重的"[1]。除此之外,新中国成立初期,我国正处于百废待兴的状况,经济发展才刚开始起步,且相对较为缓慢,经济与伦理之间的矛盾冲突并不凸显,经济伦理问题还没有真正进入普罗大众的视野之中。因此,在以上诸种历史背景下,中国经济伦理学的研究自然就处于嫩芽萌动、尚未破土的状态,还未出现专门性的经济伦理文章和学术研究专著,只是有一些经济伦理思想不同程度地散见于领导人的讲话或者有关经济理论以及译介的外文著作中。比如梁凤仪所著的《女性消费观》(中信出版社1976年版)、陈彪如所译的米克的《劳动价值学说的研究》(商务印书馆1963年版)、王克华所著的《我国社会主义经济中的信用》(中国财政经济出版社1964年版),等等。当然,在改革开放以前,虽然学界并没有明确提出"经济伦理"这一学术概念,但是人们事实上已经在自觉或不自觉地从伦理的维度来拷问经济问题,或在经济理论的视域框架中去探索伦理之内涵,要言之,这一时期已经有了对经济伦理问题的某种"前学科"性思考。具体而言,这种思考主要体现在对所有制、分配制

---

[1] 任俊明、安起民:《中国当代哲学史(1949—1999)(上)》,北京:社会科学文献出版社1999年版,第263页。

度、消费观、劳动价值、经济诚信、经济运行机制、劳动保险和信用合作等问题的探讨上。① 总体来看,这一时期,我国经济伦理学研究还没有真正登堂入室,而是处于学术研究的"理论准备"阶段。关于经济伦理问题的"前学科"性思考,不仅为之后的经济伦理研究作为思想理论资源所继承和发展,为经济伦理学的学科建设作了准备,而且对今天的经济伦理问题的破解同样具有重要的理论价值和现实意义。

伴随着改革开放的步伐,中国的经济体制发生了伟大的历史性变革、经济的面貌实现了翻天覆地的变化,随之而来的还有经济过程中"失德"与"无德"现象丛生,现实生活中经济与伦理道德之间的矛盾、冲突日益凸显,这对人们已有的伦理道德观念产生了巨大的冲击。相关问题包括:经济、商品经济乃至市场经济是否有伦理道德内涵? 赚钱是否需要遵守伦理道德规范,或者说,是否需要伦理道德的约束?伦理道德对于经济发展而言是"干扰性因素"或者"可忽略不计的因素"吗? 企业在经营中是否需要遵守法律之外的道德? ……由此,国内学界开始纷纷关注和研究经济的伦理道德问题,经济伦理学作为新生的"萌芽"渐而破土而出。此间,王昕杰、乔法容编著的《劳动伦理学》(河南大学出版社1989年版)是我国第一部研究劳动伦理的专著。王昕杰、乔法容编著的《企业伦理文化——当代西方企业管理的新趋势》(河南人民出版社1990年版)是我国改革开放后的第一部研究企业伦理的专著,初步构建了企业伦理的体系与框架。总体上看,此时伦理学界主要还是研究关涉经济伦理领域的本体论追问、经济与伦理的关系、企业与道德的关系、"发家致富"的伦理学底线等,并且,这些研究是宏观的、粗略的、零星的,最多只是提纲挈领式的"宏大叙事"。同时,现实中许多问题尚未展开,关于改革开放、经济体制改革的一些重大问题尚未弄清。

显然,这样的理论状况难以适应我国改革开放和经济社会迅猛发展的要求,经济伦理学作为一个学科呼之欲出。这一时期研究经济伦理问题的学界代表人物有:东方朔、许崇正、戢克非、乔法容、王小锡等,主要聚焦对经济与伦理关系的检讨,特别是改革开放进程中的经济伦理问题。作为学科体系的经济伦理学尚处于"萌芽期"。

(二)形成期:专著出版与学科奠基(1992—2000)

1992年,我国确立了经济体制改革的目标即建立社会主义市场经济体制,为进一步改革开放指明了方向,中国经济伦理学也进入快速发展时期。伴随着我国

---

① 参见王小锡《中国伦理学60年》,上海:上海人民出版社2009年版,第92页。

经济体制改革和市场经济建设的迅速发展,社会结构发生了巨大变化,实践中"市场无伦理""经济无道德""为富不仁"等经济伦理问题呈现"井喷之势",经济道德危机事件特别是企业不承担社会责任事件屡禁不止。对此,社会各界反响强烈,纷纷呼吁防范和遏制"野蛮增长"和遏制"无德经营"。由此,为数不少的学者投身到经济伦理学研究中来,研究和思考市场经济的伦理文化供给或者伦理文化前提的问题。此外,他们也纷纷论证经济伦理的必要性或者理论和实践价值,论证市场经济与经济伦理之间的关系,并挖掘中国传统文化中的经济伦理思想(如孔子、孟子、墨子等的经济伦理思想)。值得欣慰的是,学界初步构建了经济伦理学的学科理论体系。王小锡的《经济伦理学论纲》(《江苏社会科学》1994 年第 1 期)、《中国经济伦理学》(中国商业出版社 1994 年版)等论著问世,后者被认为是标志中国经济伦理学学科正式形成的里程碑。① 这一时期研究经济伦理学的学界代表人物有章海山、王小锡、乔洪武、乔法容、陈泽环和赵修义等,队伍逐渐壮大,学科正式形成。由此,可将此时期命名为中国经济伦理学的"形成期"。

(三) 繁荣期:原创成果迭出、具备国际视野(2001—2012)

2001 年,中国正式加入了世界贸易组织(WTO)。随着市场经济的发展和中国进一步改革开放,中国经济伦理学发展的国际性动因产生。与此同时,市场经济发展过程中的诚信问题、公平正义问题、生态经济伦理问题、全球经济伦理问题等凸显,由此,中国经济伦理研究从理论向实践、从学界向社会渗透与辐射,日益繁荣。此时,片面追求国内生产总值(GDP)增长、过度追求经济发展和企业利润的发展方式,导致社会问题时有发生。为此,围绕如何完善和推进市场经济,如何建构和谐社会,如何处理经济发展与生态文明建设之间的矛盾,如何处理全球化、跨国经济交往中的经济伦理问题,学者们进行了大量的研究。国内研究更是呈现井喷之势,不少高质量论文、著作及教材出版。国际学术交流空前频繁,比如彼得·科斯诺夫斯基、乔治·恩德勒等国际著名学者频繁来中国交流,与此同时,中国学者王小锡、陆晓禾、周中之、乔法容、郭建新、朱金瑞等也纷纷出国访问交流。学界围绕发展伦理、生态伦理、信息伦理、电子商务伦理等问题开展了研究。学术研究呈现深耕思想史研究、厚植基础研究、注重交叉研究、突出拓新性研究的研究特色,出现了原创性的经济伦理学范式,诸如"道德生产力""道德资本""经济德性""经济道德人""道

---

① 参见王泽应《道莫盛于趋时——新中国伦理学研究 50 年的回溯与前瞻》,北京:光明日报出版社 2003 年版,第 294 页。

德经营""国有资本人格化""乡土伦理"等。这一时期研究经济伦理学的代表人物有章海山、唐凯麟、乔洪武、王小锡、周中之、乔法容、邵龙宝、龙静云、陆晓禾、王泽应、余达淮、朱金瑞、孙春晨、龚天平、李玉琴、汪洁、王露璐、刘琳、张志丹和阮航等，研究力量日益雄厚，研究分支众多，研究成果多有创见，由此，可将此时期称为中国经济伦理学的"繁荣期"。

（四）发展期：新发展理念与共同价值确立（2013 年至今）

进入新时代以来，中国特色社会主义走上从富起来到强起来的新征程。围绕中国经济社会发展中的问题，以习近平同志为核心的党中央提出了新发展理念，学界围绕习近平新时代中国特色社会主义思想中的经济伦理意蕴、经济伦理问题、社会主义核心价值观的问题及在人类命运共同体思想中的"共同价值"等问题展开了研究。与此同时，经济伦理学对外交流合作的良好态势继续保持。值得特别关注的是，伴随着中国走向强大，学术中国开始被着力打造，一些国内学者的经济伦理学原创性著作开始被翻译到国外，引起了国际学术界的关注，比如王小锡的《中国传统经济伦理》(韩文版)、《道德资本研究》(英文版、日文版、塞尔维亚文版)、《道德资本论》(英文版、泰文版)等。几十年来，从中国经济伦理学确立了自己在伦理学谱系中的"显学"地位，成为应用伦理学中的"旗帜"。这一时期研究经济伦理学的代表性学者有乔洪武、王小锡、周中之、龚天平、余达淮、刘琳、张志丹、孙丰云等，团队建设、成果、创新、国际交流等方面均有新发展、新突破。这一时期可以称为中国经济伦理学在新时代进一步的"发展期"。

经济伦理学已经走进中国高校课堂几十年，如今，也已经走向了实业界。今天，中国经济伦理学研究呈现开放性、创新性、包容性、实践性和全球性的特征。可以说，新时代中国经济伦理学必定能够继续在服务现实、呼应和引领时代中发挥更大的作用。毋庸讳言，在市场经济改革和经济全球化的背景下，经济伦理学是应用伦理学中的"显学"，最具思想活力和理论创新前景。放眼全球，70 年来中国经济伦理学可以说已经成为世界经济伦理学中一支不可忽视的重要力量，不仅为当代中国经济伦理问题提供了科学的理念和可行性对策，而且也为解决当代经济伦理问题贡献了中国智慧与中国方案。

二、研究的主要问题

中国经济伦理学研究具有非常突出的学术贡献和创新观点，主要关涉经济伦理学的本体论问题与基本论域问题,下面进行简要的梳理阐述。

(一)经济伦理学的本体论问题

1. 经济伦理学概念

进入改革开放时代,经济社会中的利益冲突与矛盾日渐增多,由此伦理学研究聚焦经济与伦理整合,提出了经济伦理学的概念、范式。这关涉经济伦理学的知识合法性问题。由于学者们的知识背景、兴趣点以及理论旨趣有差异,他们对于经济伦理学概念的界定也见仁见智。以周中之等为代表的学者提出,经济伦理学概念的界定有广义和狭义说。广义的经济伦理学是一门研究经济制度、经济政策、经济决策、经济行为的伦理合理性及其经济活动的伦理规范的学科,狭义的经济伦理学即企业伦理学。而陆晓禾认为,经济伦理学是经济价值与伦理价值、标准、要求的关系问题的学科。王小锡在 1994 年发表的《经济伦理学论纲》中于国内学界最早明确提出了"经济伦理学"的概念。[1] 他认为,经济伦理学是"研究人们在社会经济活动中完善人生和协调各种利益关系的基本规律以及明确善恶价值取向及其应该不应该的行为规定的学问"[2]。由此可见,尽管学者的具体观点存在差异,但是他们都认为经济现象与伦理道德是密切联系的,经济动机、经济行为、经济制度与相关体制机制需要伦理道德的必要约束和引领,这就是经济伦理学的理论主旨和存在的合法性空间。关于经济伦理学的学科性质问题,学界同样存在着歧见,诸如"应用伦理学说""实践伦理学说""理论和实践双重特性说"等。而关于经济伦理学的研究内容,学界有宏观、中观和微观的三层次说、四环节说、三层次和四环节的统一说、五环节(增加"科学技术")和三层次说的结合等。比如,赵修义认为,经济独立化以及与此相关的经济动机在伦理上的正当性问题,经济行为要不要用道德来加以规范、用什么样的道德原则加以规范的问题,经济体制在伦理上的正当性问题,这三个问题是经济伦理的主要课题。[3]

2. 经济伦理概念

关于经济伦理,我国学术界对此已展开研究有数十年。刚开始人们一般把与经济活动有关的伦理问题都称为经济伦理,经过不断的深入研究,现在学术界对经济伦理概念的理解大致分为以下三种:一是将经济伦理理解为经济的伦理。这是目前学界的主流看法,其中东方朔、王小锡、罗能生、万俊人等学者都持此种观点。

---

① 参见王小锡《经济伦理学论纲》,载《江苏社会科学》1994 年第 1 期。
② 王小锡:《中国经济伦理学》,北京:中国商业出版社 1994 年版,第 137 页。
③ 参见赵修义《经济伦理的研究对象和主要课题》,载《复旦学报》(社会科学版)1998 年第 1 期。

这些学者认为,经济伦理是经济活动、经济制度的伦理道德观念和实践,他们侧重从经济活动自身出发来揭示其本质。如罗能生认为:"经济伦理就是社会经济生活中的伦理道德,它是一定社会经济关系在人们意识中的伦理化反映,是调节人们之间经济利益关系的一种行为规范,是主体把握社会经济生活的一种实践精神,是一定的社会道德在经济生活中的特殊反映。"①万俊人认为:"经济伦理所关注的首先是人类经济活动本身的道德基础、道德规范、道德秩序和道德意义问题,其次才是为人们寻求合理有效的经济伦理策略或决策提供必要的伦理咨询或伦理参考,从而最终为人类及其社会的经济生活或行为达到既正当合理又合法有效的状态,提供独特而具体的伦理价值解释。"②二是将经济伦理理解为伦理的经济。这种理解是把伦理当作经济活动的道德前提或先决条件,强调伦理目标对经济的引导和制约。这种观点以许崇正为代表。他提出,"所谓伦理经济,就是人们以一定的伦理道德观念评判、制约和指导人们的现实的社会经济活动。"③三是将经济伦理理解为经济与伦理及其相互关系。这种观点把经济学与伦理学相结合起来理解,其与前两种观点的不同之处在于把经济与伦理当作两个事物来看待。持此观点的学者主要有章海山、孙春晨等。如章海山提出:"经济伦理,简单说来就是要研究和解决经济活动与道德行为之间的关系,或者说研究和解决道德行为与经济活动的关系。"④

3. 经济与伦理道德关系

在健全的经济伦理视域中,"斯密难题"是一个伪命题,经济与伦理道德绝非不可公度、风马牛不相及的,而是犹如鸟之两翼、车之双轮。孙春晨认为:"经济与伦理是彼此相容的,经济活动本质上体现的是人与人之间的关系。"⑤有的学者认为,经济学家谈道德是"不务正业",言下之意是经济学家研究的经济现象中不包括也不应该包括道德现象,否则即为非法僭越。与上述路径形成鲜明对比的是,国内外学界亦涌现出一批"讲道德"的经济学家,主张经济学应该具有道德关怀,道德力量是调控经济的"第三只手"。基于伦理学的研究旨趣,伦理学界普遍认为经济与伦

---

① 罗能生:《义利的均衡——现代经济伦理研究》,长沙:中南工业大学出版社1998年版,第53页。
② 万俊人:《经济伦理》,载卢风、肖巍主编《应用伦理学概论》,北京:中国人民大学出版社2008年版,第124页。
③ 许崇正:《人的发展经济学概论》,北京:人民出版社2010年版,第601页。
④ 章海山:《经济伦理论——马克思主义经济伦理思想研究》,广州:中山大学出版社2001年版,第2页。
⑤ 孙春晨:《经济伦理学研究的主要问题》,载刘迎秋主编《社科大讲堂》,北京:经济管理出版社2010年版,第2辑,第1卷,第186页。

理(道德)具有不可分割的关系。由于中国已经在进行市场化改革,所以,不少学者在论证市场经济的道德性(即合法性)来为市场经济"立法"。比如,有的学者认为,要从经济伦理视角揭示市场经济的内在价值尺度与外在价值尺度。事实上,基于唯物辩证法,市场经济具有道义上的正当性,因而具有建立的合法性,但这种正当性是有历史局限性的,如果过分夸大这种正当性,并将这种正当性作为"完全的正当性",进而作为终极价值去追寻,则恐怕难以立足。正是在此意义上,有的学者认为,虽然道德内生于经济,但是其又保持对经济的批判性。扩而言之,从功能来说,道德建设是市场经济社会发展的手段和目的。基于此,王小锡认为,经济说到底是个道德问题,经济离开道德就无法理解。他在《经济德性论》一书中提出"经济德性"的观点,并作了系统阐述。

不难发现,上述观点的视角不尽相同,涉及经济或者市场经济自身的合道德性问题、经济现象在本体论意义上是否是道德的问题、经济的道德根源问题、道德的经济功能问题,等等。总之,学界适应市场经济发展,加强了对经济伦理的重要性与紧迫性的认识。

4. 经济伦理学范畴

实际上,从事社会科学的研究,"既不能用显微镜,也不能用化学试剂。二者都必须用抽象力来代替"①。抽象力是概念范畴建立的前提,而概念范畴又是经济伦理学建立的理论前提。经济伦理学究竟有哪些基本范畴? 又涉及哪些非基本范畴? 学界围绕这些问题进行了较为深入的讨论。

罗能生认为,产权关系是最基本的经济关系,产权理论是全部经济伦理的核心,是整个社会伦理的基础。② 有论者不同意上述观点,认为无论从道德的起源还是道德的保障方面来说,产权或产权制度都不是道德的基础,好的、有效的社会赏罚机制的构建才是让人们遵循道德的根本,而产权制度只是构成这个社会赏罚机制的众多制度之一。③ 姜迎春认为,公平是马克思主义经济伦理的核心价值。④ 特别值得一提的是,章海山在《经济伦理范畴研究》一书中认为,经济伦理范畴及其体系的研究,应从市场经济的伦理定位切入,以"经济人"的抽象为基石,劳动和资本作为贯穿整个体系的一条主线,自由、公平是市场经济运行的基本机制,竞争、诚信

①《马克思恩格斯选集》第2卷,北京:人民出版社1995年版,第99页。
② 参见罗能生《产权伦理学论纲》,载《湖南师范大学社会科学学报》2001年第6期。
③ 参见韩卫屏《道德的基础不是产权》,载《长江日报》2004年10月14日。
④ 参见姜迎春《公平:马克思主义经济伦理的核心价值及其实现》,载《南京大学学报》(哲学·人文科学·社会科学)2003年第3期。

则是市场经济运行的根本保证,利益是整个体系的核心。他把经济人、劳动、资本、自由、公平、竞争、诚信、利益等范畴作为经济伦理学的核心范畴来研究。① 这是国内首次较为系统地梳理经济伦理范畴的专题性研究。

5. 经济伦理学的人性假设

无论经济伦理学是属于理论理论学、实践伦理学还是应用伦理学,一个不可否认的事实是:经济伦理需要通过对经济活动的管理来实现,因而经济伦理学也是经济管理学。管理涉及的对象是人、财、物,核心是人。要管人就要有对人的洞察,基于此,有必要提出关于人性的某种合理抽象或者假定。学界提出了涉及经济伦理学的五种重要的人性假设。单维的人性假设主要有三:"经济人""道德人""社会人"。多维的人性假设主要有二:一是经济人、道德人和生态人(法律人)有机整合的人性假设,二是把经济人与道德人整合的人性假设。从方法论层面来看,问题不在于抽象不抽象,而在于何种抽象、如何抽象。米歇尔·鲍曼在《道德的市场》一书中提出了有望催生"经济人"的"道德人",这种人不同于传统的、以社会价值取向为主导的"道德人",而是以规范取向为主导的"正直者"。鲍曼的"正直者"与"经济道德人"有些接近。不过,遗憾的是,鲍曼并未明确将经济道德人假设作为经济伦理学研究的出发点和归宿。张志丹认为,"经济道德人"是以弹性的互利为行动准则的互利人,不包括讲道德就不求利的人和讲经济就无伦理道德的人。②

(二) 经济伦理学的基本论域问题

1. 道德的经济功能

一般来说,对于道德有无经济功能的问题,经济伦理学界并无争议,可是对道德究竟有何经济功能、有多大经济功能及经济功能如何发生等问题,分歧非常大。一种另类的观点认为,道德与经济发展是负相关的关系,道德阻碍而非"促进"经济发展。与之相反,王小锡原创性地提出了道德生产力、道德资本理论,这些理论被认为是"富有新意地论证了道德如何使价值增殖,即道德何以成为资本"③。两个概念回答的核心问题是:道德是否有经济功能? 如果有,那么这种经济功能究竟是什么? 道德究竟能否促进生产力的发展? 道德能否产生资本增值的作用? 在王小锡看来,根据马克思的经济哲学,生产力内含物质生产力和精神生产力两个方面,两者相互依存,不可或缺。科学的道德是促进生产力发展的重要精神因素,因而能

---

① 参见章海山《经济伦理及其范畴研究》,广州:中山大学出版社 2005 年版,第 100—112 页。
② 参见张志丹《论经济道德人》,载《江苏社会科学》2010 年第 2 期。
③ 章海山:《凡有经济必有道德》,载《光明日报》2017 年 4 月 11 日。

够变为精神生产力,支撑物质生产力。此外,王小锡系统全面地阐述了道德资本理论,代表性作品有"十论"道德资本等论文及《道德资本论》《道德资本研究》等著作。科学的道德具有多重经济功能,其能够成为道德资本的原因在于:一是实现人自身的完善,优化人际关系和生存发展环境,推动社会不断进步;二是道德可以提升经济主体的道德水平,激发进取精神和人际和谐、协作的合力,促进劳动生产率的提高,从而最大程度地发挥有形资产的作用和效益。此外,王小锡还提出了企业道德资本的评估体系,以此对企业道德资本进行评估。①

上述理论的提出,在学界和商界引起了巨大反响,得到了广泛的关注和学术回应,其中质疑与褒奖并存。有学者以"生产力内部要素的关系非道德论""道德作用过度论"为由,质疑道德生产力理论,有学者以道德资本会导致道德的功利化,道德资本并非实体资本为由否定和拒斥道德资本理论。实际上,"道德资本"的提出者认为,道德要引领和约束资本,成为一种精神性的资本,而非独自存在的实体性资本。可以说,道德资本、道德生产力概念是道德经济功能的真正的现实的体现,是学术理念创新。基于这两个概念,我们可以较为清晰地透视和把握经济与道德的关联以及道德的经济功能。

2. 分配伦理

分配伦理是 70 年来中国经济伦理学研究中重要的热点问题。不少学者研究了马克思主义分配伦理思想史问题,特别是马克思、恩格斯和列宁的分配伦理思想问题。有学者认为,马克思恩格斯分配伦理思想的价值取向是马克思主义价值理论的有机组成部分,其主要内容包括以人民为中心的价值立场,人的自由全面发展的价值目标,立足实践、平衡发展、公正分配的价值实现等方面。有学者认为,列宁晚年运用马克思主义经济伦理的基本原理对新经济政策时期苏俄的分配活动重新进行了伦理评价,肯定"生产要素"参与分配,肯定采用能实现农民利益的分配形式,肯定按贡献分配。

分配伦理学研究主要涉及四个层面:分配内容、分配客体、分配主体与分配程序。市场经济条件下的分配伦理,与计划经济条件下大不相同,如何适应新时期的分配问题,确立适切的分配伦理原则,是学界研究的热点。何建华的《分配正义论》认为,应该建构以市场逻辑为基础的分配正义,并提出了市场内分配正义与市场外分配正义相统一的原则、经济发展与人的发展相统一的原则、效率与公平相统一的

---

① 参见王小锡《九论道德资本——企业道德资本类型及其评估指标体系》,载《道德与文明》2014 年第 6 期。

原则,以此达到分配正义。① 葛晨虹分层次、基于价值排序提出了分配伦理的原则:"平等原则""对等原则""补差原则"。此外,有学者提出采取市场竞争规则的公平性制度安排、社会保障体系建设等措施,以实现社会分配正义、保障分配原则落实;还有学者提出从人们的经济地位、政治地位、收入分配、社会保障等方面进行全方位的考虑,以实现分配正义。学界相关研究的共识在于,要求重视公平与效率之间关系的处理,重视分配正义问题的实质解决。

3. 经济公平正义

市场经济发展可能会导致发展的不平衡、不公正等问题,这些问题激发了学界对经济正义的关注和研究。学界对经济正义的理解有多个维度。不少学者从马克思主义哲学角度来审视经济正义问题,有的研究批判了布坎南、诺齐克、罗尔斯等西方学者的经济正义思想,有的研究分析了经济正义与道德正义、政治正义、环境正义、社会公正和全球正义之间的区别与联系。刘可风认为,作为经济伦理学核心范畴的经济正义,可以从自主权利、合理分配、主体心态、人的本质等四个角度加以把握。② 张雄认为,经济正义是指平等又有效率,主要涉及效率与公正问题,同时,只有解决经济一体化和经济正义价值尺度的差异性问题,才能实现国际经济正义。③ 也有学者从生产、分配、交换和消费四个环节,从人性、经济制度和经济活动等视角来理解经济正义问题。最后,有学者还研究了微观层面的公平问题,他们指出,从经济伦理学视角看,私营企业收入分配公平是指分配遵循社会公认的公平道德准则和判断尺度,能体现企业全体成员利益共享,依据各生产要素贡献得其应得。唯有在全社会形成正确的公平观,加强政府监管,确立公平的企业分配制度,公平分配才能从理念变为现实。

关于公平与效率关系问题的学术争论,首先是关于公平(公正、正义)概念的问题。对此问题,学界聚讼纷纭,莫衷一是。关于公平与效率之间的关系问题,学者们大多坚持"对立统一说",也有坚持"矛盾说"。实际上,公平与效率的关系问题,与其说是一个理论问题,倒不如说是一个实践问题。在具体实践中应该如何处理两者关系,学界进行了多维度研究和探讨。韩庆祥主张实行按能绩分配的分配方式处理两者的关系④,而王锐生等则主张,需要以政府、法律和道德来对两者关系

---

① 参见何建华《分配正义论》,载王小锡主编《中国伦理学年鉴》,北京:九州出版社 2007 年版,第 100 页。
② 参见刘可风《略论经济正义》,载《马克思主义与现实》2002 年第 4 期。
③ 参见张雄《经济正义,被定义了的话语》,载《河北学刊》2002 年第 5 期。
④ 参见韩庆祥《伦理学视野中的经济伦理问题》,载《唯实》2000 年第 Z1 期。

加以处理。[1]

4.消费伦理

事实上,消费本身是经济活动,也是伦理活动。90年代中期以来,不少学者已经开始研究消费伦理。周中之研究了社会主义市场经济发展后中国消费伦理观念的变革。在反思亚洲金融危机和国际金融危机时,他曾经以消费的经济评价和伦理评价相统一为立论基础,从中西文化的比较视野中提出了"既要鼓励消费,又要引导消费"的新观点。同时,他还提出:"要从道德价值、经济价值和生态价值统一中评价、把握节约的内涵;在资源节约与拉动内需的互动中建设节约型社会。"[2]唐凯麟认为,消费的必要性和适度性,应当从人的生产和社会生产方式的性质及状况、人的本性和有利于人的发展、价值理性和人文关怀等方面加以审视。[3]关于建立怎样的消费伦理规范,学界进行了较为系统的研究。比如龙静云认为,建构当代家庭消费伦理,既要弘扬和汲取传统消费伦理的合理内核,又要充分反映当今消费文明对家庭消费的客观要求,以合理适度消费和统筹兼顾消费为基本要义。[4]周中之认为,人与自然和谐、物质生活与精神生活和谐是消费伦理的两大原则,适度消费、绿色消费和科学消费是消费伦理的三大规范,应该倡导节俭和合理消费相统一的消费方式、符合保护生态环境要求的消费方式及科学、文明、健康的消费方式。[5]

5.经济诚信

改革开放以来,国内诚信问题十分突出,涉及社会生活的许多方面。经济诚信、企业诚信、政府(官员)诚信、会计诚信、大学生诚信等问题不断出现。其中特别突出的是伴随着我国市场经济发展而出现的经济诚信问题。这种现象引起了国内外学者的关注。如何理解诚信问题?有学者认为,诚信体现着契约精神。有学者认为,信用体现的是经济关系,诚信体现的是道德良心,两者又存在关联。[6]针对为什么会出现经济诚信缺失的现象,学界进行了大量的"发生学分析",由于立场、观点以及相应的知识背景的差别,歧见犹存。关于诚信缺失的原因,有"逼良为娼论""制度归因论""根源制度论"等。经济诚信的缺失,原因是多种多样的。问题在

---

[1] 参见王锐生、程广云《经济伦理研究》,北京:首都师范大学出版社1999年版,第194页。
[2] 周中之:《现代消费伦理视野中的节约观》,载《消费经济》2006年第5期。
[3] 参见唐凯麟《对消费的追问》,载《伦理学研究》2002年第1期。
[4] 参见龙静云《消费伦理的变迁与当代家庭消费伦理之建构》,载《道德与文明》2006年第2期。
[5] 参见周中之《当代中国消费伦理规范体系研究》,载《华中师范大学学报》(人文社会科学版)2013年第2期。
[6] 参见宋希仁《论信用和诚信》,载《湘潭大学社会科学学报》2002年第5期。

于,在这些原因中,哪些是主要的?哪些是次要的?主次之间又是何种关系?这仍然值得我们继续探究。对于经济诚信的功能问题,学界也进行了大量的研究。诚信既可以促进我国市场经济发展,也可以促进国际经济交往。因此,诚信是市场经济健康发展的道德灵魂。①

如何解决经济诚信问题?学界众说纷纭。有学者主张大力推进经济法建设(以社会责任为本位),有学者主张加强经济伦理建设和道德教育,有学者主张加强制度建设,有学者主张加强伦理信用建设。② 社会经济诚信的构建,是一个系统工程,需要顶层设计和实践探索相结合,需要完备的法律制度、严格的社会监督管理、系统有效的诚信教育、以诚为贵的优秀传统伦理思想的当代复兴,以及这些构建要素的结合和共同作用。

6. 企业伦理

在新自由主义看来,企业的职责就是赚钱。长期以来,这种观点颇为流行,错误地以为企业不要承担社会责任。事实上,企业是经济实体和伦理实体的统一,因而企业家应该具有道德精神,企业应该承担起社会责任。多年来,呼唤企业承担社会责任的声音越来越大。关于企业社会责任的内涵,"利润优先论"认为经济责任是唯一的责任,"伦理优先论"认为社会责任是经济责任之外的多维责任,"调和论"从动态的社会系统考察社会责任,"同心圆论"主张社会责任由核心到外围的伦理圈层构成。实际上,企业社会责任是一个动态的历史的概念,其内涵在不断丰富和发展。

既然企业伦理之于企业是不可或缺的,那么,何为企业核心竞争力?学界的回答见仁见智。有学者认为企业理念是最终意义上的企业"第一核心竞争力"③。有学者认为:"先进的公司责任理念和高尚的公司道德标准是他们长期保持的核心竞争力之一。"④这些提法的共同缺陷在于,没有将道德置于适当位置。王小锡指出,道德是企业最终的核心竞争力。欧阳润平也认为,道德实力是企业发展的根本竞争力。⑤ 有学者明确提出了"道德竞争力"概念,并进行了较为充分的论证。⑥ 对于如何加强企业伦理建设,有学者认为,建立以诚信为时代主旋律的与社会主义市场经济相适应的企业伦理道德体系是企业发展的迫切要求,而研究确定企业伦理建

---

① 参见龙静云《诚信:市场经济发展的道德灵魂》,载《思想教育研究》2003年第1期。
② 参见蒉晨虹、朱海林《伦理信用与信用伦理》,载《江西社会科学》2006年第9期。
③ 刘光明:《企业的核心价值观是第一生产力》,载《中外管理导报》2002年第5期。
④ 王志乐:《软竞争力:跨国公司的公司责任理念》,北京:中国经济出版社2005年版,第34、54页。
⑤ 参见欧阳润平《道德实力:企业赢得竞争的真正核心力》,载《中国人民大学学报》2003年第2期。
⑥ 参见张志丹《道德竞争力》,载《道德与文明》2013年第3期。

设的实现路径是构建这一体系的基础。有学者认为,应该重建企业伦理主体性、确立"权利"意识,构建企业伦理规范体系。

7. "中西马"经济伦理思想史

在伦理学分支学科中,迄今唯有中国经济伦理学出现了大量思想史研究成果,学界关于经济理论思想史的研究涉及三个方面。其一,中国传统经济伦理思想以唐凯麟、王小锡、刘小枫、汪洁、黄云明等为代表。其中,唐凯麟等著的《中国古代经济伦理思想史》(人民出版社 2004 年版)指出,中国古代经济伦理思想具有在德性主义与功利主义的双重变奏中不断演绎和深化的特征,该书探寻了中国古代经济伦理思想与现实契合的成分和机制,以此服务于我国经济发展。王小锡的《中国经济伦理学》(中国商业出版社 1994 年版),对德性主义、功利主义、理想主义、三民主义、新民主主义等的经济伦理思想进行了研究。刘小枫等编的《中国近现代经济伦理的变迁》(香港中文大学出版社 1998 年版),主要从哲学、思想史、社会理论、经济思想、政治理论、法理学等不同视角探讨中国近现代经济伦理的历史演化及其与现代中国的政治文化秩序重建过程的关系,偏重理论层面的分析。其二,马克思主义经济伦理思想史研究以章海山、徐强、余达淮、刘琳等为代表。其中,徐强的《马克思主义经济伦理思想研究》(人民出版社 2012 年版)以马克思主义经典作家的著作为依据,较为全面、系统地梳理了马克思主义的经济伦理思想,探讨了马克思主义经济伦理思想的形成、完善、继承和发展过程,分别对马克思、恩格斯、列宁、斯大林以及毛泽东、邓小平的经济伦理思想进行了历史性考察,力求寻找马克思主义经济伦理思想的发展线索、内在逻辑、基本原则和研究方法,并为研究者提供第一手资料和研究参考,同时引发学界对当代经济伦理问题的思考。其三,西方经济伦理史研究以乔洪武、何怀宏等为代表。其中,乔洪武等著的《西方经济伦理思想研究》(商务印书馆 2016 年版),是迄今国内最为系统、最为全面的,涵盖从古代至当代的西方经济伦理思想及其发展的专著,该著作对于西方经济思想史和西方经济伦理思想史的研究具有开拓性、创新性价值。

8. 经济制度伦理

研究经济制度伦理,涉及制度伦理、经济伦理等相关范畴。关于制度伦理研究,学界主要有三种观点:乔法容、刘怀玉等提出"制度中心说",提倡伦理制度化[1];胡承槐、方军等提出"伦理中心说",提倡制度伦理化[2][3];龚天平等提出"双向

---

[1] 参见刘怀玉《"制度伦理学"研究的近况》,载《哲学动态》1998 年第 5 期。
[2] 参见胡承槐《关于市场经济基础上制度性伦理道德秩序的探讨》,载《哲学研究》1994 年第 4 期。
[3] 参见方军《制度伦理与制度创新》,载《中国社会科学》1997 年第 3 期。

互动说",认为制度伦理化和伦理制度化应双向互动、有机统一。① 关于经济制度伦理概念,有学者认为,它包含对经济制度的伦理评判和经济制度中内含的伦理两个方面。有学者认为经济制度伦理应该从三个方面来研究:一是透析既定的经济制度中体现出的道德价值和道德规范;二是用一定的标准对经济制度作伦理评判;三是探讨制度本身所蕴含的伦理追求和道德价值理想。学者们普遍认为,经济制度伦理本质上具有经济制度的伦理化和经济伦理的制度化双重内涵。有学者认为,经济制度伦理将经济制度与伦理精神有机地结合在一起,使其具有了特殊的价值功能。

关于中国社会主义经济制度伦理问题,有学者认为,首先必须指出,随着改革开放 40 年的探索与实践,在中国的经济制度不断趋于完善的同时,经济制度的合伦理性、合道德性也在趋于进步。也有学者认为,当代中国社会主义经济制度并非已经能够完全实现伦理性要求,其虽有进步,但亦存在诸多不足。关于如何建构当代中国社会主义经济制度伦理问题,有学者认为,建构当代中国社会主义经济制度伦理应当遵循历史、实践、发展生产力、共同富裕、效率与公平相统一、可持续发展六大原则。② 乔法容的《宏观层面经济伦理研究》(人民出版社 2013 年版)从经济学和伦理学两大主干学科交叉的视域探讨宏观层面经济伦理问题,阐述政府与市场的关系以及各自的功能边界,解析市场失灵与政府缺陷产生的原因。

9. 循环经济伦理研究

进入 21 世纪,人们日益深刻地认识到生态问题的重要性,开始重视发展循环经济并关注循环经济伦理问题。对于循环经济的概念,不同学者的界定不同。一些学者认为,循环经济是指把传统的资源消耗型经济转变为资源循环型经济。③对于循环经济伦理蕴含的价值观,不同学者也有不同观点。乔法容认为,循环经济伦理蕴含整体价值原则、可持续发展价值原则和综合公正价值原则。④ 柴艳萍、陈晓彤认为,循环经济兼顾经济效益、生态效益、社会效益,体现了多元道德之统一,明确了人类社会经济增长方式的新转向,内含变革社会制度的要求,呼唤共产主义社会的到来。⑤ 蔡永海认为,循环经济的发展必将实现人类经济活动的生态化价

---

① 参见龚天平《伦理驱动管理》,北京:人民出版社 2011 年版,第 31—39 页。
② 参见厉以宁《经济学的伦理问题》,北京:三联书店 1995 年版,第 221—249 页。
③ 参见乔法容、周林霞《循环经济伦理:经济社会可持续发展的伦理范式》,载《中州学刊》2011 年第 4 期。
④ 参见乔法容《试论循环经济伦理的价值原则》,载《道德与文明》2008 年第 3 期。
⑤ 参见柴艳萍、陈晓彤《马克思循环经济思想及其伦理价值》,载《道德与文明》2018 年第 5 期。

值转向。① 孙文营认为,循环经济伦理蕴涵生态伦理、经济伦理和社会伦理,本质上是践行马克思主义生产和生活实践观的发展伦理学。②

对于循环经济伦理的实践问题,学界也是众说纷纭。有学者认为,必须在生态环境伦理和市场经济伦理之间建立一套新的伦理体系,将发展循环经济的政策纳入国家政策之中,推进技术创新,加强环境和资源监测。有学者认为,实践循环经济伦理,一要加强循环经济理论研究,二要发挥市场的引导作用,三要靠政府的推动和民间的自觉。在中国特色社会主义进入新时代的今天,如何发展循环经济、践行循环经济伦理,将其融入国家治理和日常生活中,成为亟须研究的课题。

10. 慈善伦理

何为慈善,是研究慈善伦理概念的首要问题。在朱贻庭等看来,慈善是善心、善举、善功三者的统一。"无论中西,慈善都不仅限于爱心层面,而是需要善举来表现爱心,也就是爱心要体现在善举上,落实到社会功效上。"③周中之将慈善视为是社会的第三次分配,包括扶贫、助学、救灾、济困、解危、安老等形式,是伦理方式的社会分配。④ 还有学者侧重于从社会保障的角度出发阐释慈善。在慈善伦理的研究中,学者们发掘中华优秀传统文化中蕴含的慈善伦理思想,研究了宗教中的慈善伦理思想,研究了现代慈善伦理思想。彭柏林的《当代中国公益伦理》较为系统地论述了公益伦理,他认为:"公益伦理是指在公益活动中调节公益行为主体和客体各方面关系的道德原则与规范的总和,具有无偿性、人道性和自律性等特点。"⑤王振耀认为,现代慈善有十大基本伦理理念:"捐赠者应感恩受助者提供了实现自己爱心的机会;社会对捐赠者宽容,避免过高道德标准导致虚伪或者慈善暴力;推崇高调的慈善个性;鼓励民间对捐赠者形成善意的慈善压力;鼓励民间出现发达的公益组织体系;为个人和企业慈善提供免税回报;社会用重税手段向富人施压,而不是道德说教;保护尊严,杜绝揭露慈善者的隐私;捐赠权高于社会知情权,比起捐赠者更多监督受助者;鼓励全民参与慈善,全面慈善优于富人慈善。"⑥

关于慈善伦理有何意义问题,周中之认为,大力发展慈善事业、提倡慈善伦理,是"为了更好地实现社会公平"。他认为:"大力提倡先富起来的人在自愿的基础上

---

① 参见蔡永海《循环经济及其生态伦理底蕴》,载《自然辩证法研究》2006年第5期。
② 参见孙文营《循环经济伦理的内涵和本质》,载《学术论坛》2013年第2期。
③ 朱贻庭、段江波:《善心、善举、善功三者统一——论中国传统慈善伦理文化》,载《上海师范大学学报》(哲学社会科学版)2014年第1期。
④ 参见周中之《伦理学视阈中的当代中国慈善事业》,载《江西社会科学》2008年第3期。
⑤ 彭柏林、卢先明、李彬:《当代中国公益伦理》,北京:人民出版社2010年版,第33页。
⑥《中国公益事业年度发展报告(2011年)》,北京:北京师范大学出版社2012年版,第186页。

量力而行来支持弱势群体,才能使得我们能够实现共同富裕的目标","大力发展慈善事业帮助弱势群体,也有利于维护安定团结的社会局面,实现社会和谐。"①陈东利、邵龙宝认为,慈善可以推动经济发展,可以引导社会认知,可以促进社会和谐,对发展慈善事业、弘扬先进文化、构建和谐社会都具有极为重要的意义。② 也有学者从财富伦理的角度进行研究,认为财富的本质属性是社会性,它作为一种社会关系,是属于全社会、全人类的,因此,人们所创造的财富也应当用于社会,服务于社会,使社会更好地发展。③ 关于如何完善慈善伦理的问题,周中之认为要做到以下三点:"一是建立与现代慈善事业发展相适应的财富伦理;二是建立与中国传统文化相适应的感恩伦理;三是建立以制度支持为核心的诚信伦理。"④程立涛认为要发展慈善事业需要建立三种道德基础:"以慈爱和同情为基础的情感伦理是慈善事业发展的内在支撑;人道主义的理性义务观为慈善行为提供了情感约束与外在规范;慈善事业的道德价值目标则体现在互助行为的总体交换中。"⑤

新中国成立以来,经济伦理的研究热点还关涉生态经济伦理、国外经济伦理学研究、竞争伦理、营销伦理、金融伦理、电子商务伦理等专门性领域。此外,新时代学界的经济伦理研究,围绕社会主义核心价值观与经济伦理、科学发展观与经济伦理、习近平新时代中国特色社会主义思想与经济伦理研究,出现了不少代表性成果,这些研究在国内学界方兴未艾,限于篇幅,不再赘述。

三、简要评述

伴随社会主义现代化建设的伟大历程,我国经济伦理学的发展,从新学科到多领域、从理论到实践、从学府到市场、从学术到操作、从国内到国际,面向企业和社会,获得了史无前例的突破性进展和巨大成绩。回首过去,是为了更好地面对当下、展望未来,是为了行稳致远、砥砺前行。中国经济伦理学 70 年发展的基本经验如下。

第一,坚持把问题导向的研究作为学科的基本旨趣。问题是时代的声音,实践

① 周中之:《伦理学视阈中的当代中国慈善事业》,载《江西社会科学》2008 年第 3 期。
② 参见陈东利、邵龙宝《当下中国慈善文化困境与原因探析》,载《兰州学刊》2011 年第 11 期。
③ 参见唐凯麟《财富伦理引论》,载《中国社会科学》2010 年第 6 期。
④ 周中之:《当代中国慈善伦理的理想与现实》,载《河北大学学报》(哲学社会科学版)2011 年第 3 期。
⑤ 程立涛:《爱心实现与慈善救助的现代意义》,载《河南师范大学学报》(哲学社会科学版)2006 年第 3 期。

是理论之源,创新是理论的生命。改革开放以来,出现了大量的经济伦理问题,诸如经济有无道德内涵的问题、道德有无经济功能的问题、公平与效率的关系问题、诚信问题、企业伦理问题、电子商务伦理问题等。这些问题,不仅迫使学界进行理论研究、创新与回应,而且迫使学界构建一个较为系统的经济伦理学体系。在此意义上,在经济伦理学界中,所谓的"为学术而学术""为研究而研究"是不成立的,也决不会成为主流。

第二,坚持把服务改革开放实践作为研究的基本方向。任何哲学人文社会科学研究,如果想取得应有的成就,就必须坚持服务实践。今天,中国经济伦理学的很多理论成果已经被编成教材,培养了很多专业和非专业的学生,成为众多企业经济伦理建设的理论支撑,引领企业伦理建设和企业文化建设。尤其是经过40年改革开放,我国积累了丰富的经济伦理实践经验,这些经验需要进一步作深刻总结,进一步提升为理论和思想,以此引领经济实践和企业发展实践。

第三,注重学理探究和学科构建是研究的基本品格。无论是对于关注现实问题、服务实践,还是对于提炼实践经验而言,思想的穿透力都是前提。因而,扎实的学理研究是基本的学术品格,是学科发展的起码要求。新中国成立以来,学界坐得住冷板凳,嚼得菜根,对经济伦理重大理论和实践问题(诸如发展中需要什么伦理道德理念、需要有怎样的分配伦理观等问题)进行深入的学理分析,并完善学科建设。总之,问题导向,服务实践,是新中国成立70年中国经济伦理学学科发展的基本经验,新时代我国经济伦理学研究要始终坚持这些基本经验,守正出新,与世偕行而不替,不断提升中国经济伦理学研究的新境界。

不忘经验的同时,也要直面问题。应该看到,虽然中国经济伦理学成就巨大,但是问题不少。

第一,存在进一步进行体系构建的空间。目前学界的经济伦理学研究已经出现了体系构建和问题研究并驾齐驱的发展。其间歧见迭出,还有许多研究"空场"亟待填补。中国经济伦理学学科体系距离成熟尚存在一定的距离。

第二,要保持理论与实践的必要张力。王小锡、陆晓禾等学者不仅在队伍整合、课题组织、学术研讨、著作编写等方面与国内外专家学者合作,扩大了我国经济伦理学研究的影响,而且注意从企业组织和操作层面为我国经济伦理实践作贡献。总体来看,理论与实践充满着紧张,究其原因,一方面与理论的不彻底不通透有关系,另一方面也与现实情况的晦暗不明有关。中国经济伦理学既缺乏彻底的理论,又缺乏对经济伦理现实的"镜像图"勾勒,因而,经济伦理的"地毯式"田野调查是避免"空对空"的必然要求。经济伦理学需要"再出发"。

第三,要建构以马为主、融通中外的经济伦理学。目前,国内学界已经译介了西方的经济伦理学的一系列著作,对于我们了解国外思想功莫大焉。但是,经济伦理研究仍存在巨大的发展空间:要批判地借鉴西方有益的思想资源为我所用,以我为主、自主创新,进而奠立当代中国经济伦理学的研究范式和学术特色,构建具有中国特色的学科体系、话语体系和概念体系;要在经济伦理研究中坚持马克思主义方法,加强阐发时代性内容;要更多地把中国学人的经济伦理学成果译介到国外;要以多学科"视界融合"介入经济伦理学研究。

第四,要建立起中国经济伦理学独特的学科体系、范畴体系和话语体系。70年来,中国经济伦理学学科体系日益完备,但是,经济伦理学领域的"改革"、"开放"和"学习"也出现了不少"在追星中迷失""在崇拜中盲从"的现象。有人遁入象牙塔而不问世事;有人堕入西化陷阱,照搬西方学科体系、范畴体系和话语体系,不敢越雷池一步。解决上述问题是中国经济伦理学走向辉煌未来的逻辑前提。

回顾 70 年的经济伦理学学科史和思想史,不难看出,中国经济伦理学需要深耕学科基础理论的研究,扩展学科研究的论域和问题,更重视研究的实践向度和世界向度,与此同时,需要继续加强古今中西、形而上与形而下研究的沟通、对话与良性互动。要言之,中国经济伦理学必须扎根于中国社会和中国大地,直面和回应现实生活中的问题,不仅要研究工业化时代的经济伦理问题,更要研究网络时代、信息时代的经济伦理问题,要与实现中国梦、建设中国特色社会主义的伟大实践贯通起来;中国经济伦理学的发展要通过以我为主、包容创新来实现"本土化",向着构建中国特色经济伦理学学科体系、概念体系、话语体系的总目标奋力迈进。

第七章　企业伦理

中华人民共和国成立 70 年来,我国企业伦理在探索中前行,不仅从政治伦理中分离出来,企业道德水平在不断提升的同时,企业道德建设方法也呈现多样化和个性化的趋势。与此同时,学术界紧扣时代脉搏推进企业伦理的研究向纵深发展。对新中国成立以来我国企业伦理研究历程及研究热点问题的梳理和分析,在拓展伦理学、管理学、经济学等研究领域的同时,也有助于经济伦理学这个新兴学科的进一步完善,对构筑中国特色哲学社会科学的学科体系、学术体系、话语体系更不可或缺。

一、研究的基本历程和概况

企业伦理是一个古老而又新颖的话题。自从有了人类的交易(工商)活动以来,不论我们是否承认,伦理实际上都是存在的。因为,"道德活动本身就是人的活动的一个基本方面,企业伦理几乎与企业生产经营活动一样悠久。"[1]早在春秋战国时期,儒家思想家如孔子、孟子等,就对经济与伦理的关系,义利问题,生产、分配、交换、消费行为中的伦理道德问题进行过十分深刻的阐述,如见利思义、公平交易、童叟无欺等,这些思想传统一直延续下来,成为中华民族优秀传统文化的重要组成部分。

新中国成立 70 年来,我国学术界对企业伦理的研究大致可分为三大阶段。

(一) 自发起步(1949—1977)

从中华人民共和国成立到改革开放前的高度集中的计划经济时代,是我国企业体系初步形成和曲折发展时期。新中国成立之初,我国的企业还不是现代市场意义上的利益主体、企业的负责人,而是官本位网络的一个组成部分,企业内部组

---

① 张应杭:《企业伦理学导论》,杭州:浙江大学出版社 2002 年版,第 3 页。

织构架也是类似政府的行政机构。在新中国成立尤其是社会主义改造完成以后，党中央和政府即开始了对我国企业管理模式的探索，从模仿苏联到积极探索中国社会主义企业管理模式，如 1961 年中共中央颁发了《关于改进商业工作若干规定（试行草案）》（简称"商业四十条"）、《国营工业企业工作条例（草案）》（简称"工业七十条"）等，对政府与企业的关系、商业活动中的道德规范等作了明确的规定。特殊的时代背景、体制安排、以共产主义和社会主义为主要内容的社会主义企业伦理教育等原因，使企业伦理中的集体主义、爱国主义、工人主人翁精神等革命性的道德规范表现得十分突出。从 20 世纪 50 年代后期，随着国际国内形势的急剧变化，企业政治生态极"左"化的结果是，社会主义企业伦理深深地打上了这个时代特有的政治印痕。尤其是"文化大革命"时期，没有处理好革命和生产发展的关系，企业和个人的正当利益一定程度上被削弱。正如有学者认为的，计划经济时代的企业集体主义"不是一种真正科学的集体主义"[1]，也有人称之为被动的集体主义。[2]

与此同时，学界也从发挥工人阶级主人翁精神和壮大社会主义国有经济的角度，开始了中国特色企业伦理精神的制度属性、理论基础等的研究。20 世纪五六十年代，经济学界关于个人利益和社会公共利益、"大庆精神"、"两参一改三结合"[3]等的热烈讨论，尽管没有关于企业伦理的明确提法，但实际上已经涉及企业伦理问题。如于学远的《论劳动者的个人利益与社会公共利益的结合》（《学习》1954 年第 12 期）、乌家培的《略论物质利益原则的性质》（《经济研究》1959 年第 8 期）、狄火的《也谈物质利益原则的性质》（《经济研究》1959 年第 12 期）等。正如有学者总结的，"尽管企业文化是 20 世纪 80 年代从日本和美国企业管理实践的比较中得出的一种新的管理思想和管理模式，然而，我国国有企业在长期的艰苦创业中实际上也形成了自己独特的企业文化和企业精神，如以'两参、一改、三结合'为内容的'鞍钢宪法'，以勤俭建国为主的'孟泰精神'，以'爱国、创业、求实、奉献'为核心的大庆精神等，为各个不同时期国有企业的建设和发展发挥了巨大的激励作用。"[4]所有企业都需要管理，管理学本身就是一种文化现象。在社会主义建设中提出的"孟泰精神""铁人精神"就是新中国早期的企业文化，只是当时没有从理论

---

[1] 张应杭：《企业伦理学导论》，杭州：浙江大学出版社 2002 版，第 186 页。

[2] 参见罗长海：《企业文化学》，北京：中国人民大学出版社 1991 年版，第 108 页。

[3] "两参一改三结合"是指 1958 年提出，经过总结、推广和提高，到 1960 年以后逐步系统化和制度化的企业管理制度。其主要内容是指工人参加管理，干部参加劳动，改革不合理的规章制度，实行领导干部、技术人员和工人群众三者的结合。"两参一改三结合"是计划经济时期中国企业管理伦理探索的重要成果。

[4] 荣启恒：《企业文化创新应该坚持的几点原则》，载《中国石油报》2002 年 11 月 21 日。

的高度进行系统的概括和总结。

从总体上看,这一时期学界对社会主义企业伦理的研究处于一种自发起步的状态,企业伦理研究等同于政治伦理的研究,具有浓厚的意识形态色彩,还没有把企业组织的特色体现出来,如《按照毛泽东思想办企业》(《经济研究》1966 年第 4 期)、《现代化生产企业必须大搞群众运动》(《经济研究》1959 年第 9 期)、《高举毛泽东思想伟大红旗不断加深企业革命化——大庆油田企业革命化的基本经验》(《经济研究》1966 年第 4 期)等。然而,不能否认的是,计划经济时代,"在中国革命道德指导下的社会主义企业道德",以政治伦理为主要内容,以思想政治教育为主要方式的企业精神文明建设,在一定程度上弥补了政府和经济体制的缺陷,"不仅是中华人民共和国经济建设的动力源,而且有力地推动着社会道德的进步"[1]。

(二) 自觉丰富(1978—2011)

改革开放以来,随着我国社会主义市场经济体制的确立和进一步完善,企业从行政组织中分离出来,成为现代意义上独立的市场主体。与社会主义市场经济相适应的企业伦理逐渐形成,学界对企业伦理的研究体现出了与计划经济时代不同的特点。

一方面,学术界对企业伦理的研究从多学科多视角展开并取得了丰硕的研究成果,大批专著、论文问世[2]。研究范畴从基本理论、企业的社会责任、企业诚信、企业道德经营与管理、经济全球化对企业伦理的挑战及应对机制等宏观方面的研究,到不同行业的伦理,如上市公司伦理、旅游公司伦理、饭店伦理,到产权伦理、电子商务伦理、人力资源管理伦理,再到企业伦理建设的方法、社会责任标准 SA8000、ISO26000 社会责任指南、企业伦理标准、企业道德实力的衡量标准等微观问题。有学者统计,仅从 1996 年到 1998 年三年间,中国人民大学复印资料《伦理学》《经济学》《工业经济》《商业经济》《企业管理》转载的有关企业伦理的论文就有 300 多篇,三年间国内出版的有关专著 20 多种。另一方面,"企业伦理"开始进入学科话语之中。早在《兰州商学院学报》(1993 年第 4 期)上,蔡文浩发表的《试论中国特色的企业伦理》在界定企业伦理概念的基础上,提出了"有中国特色企业伦理的基本框架";1984 年《中国论坛》19 卷 3 期上发表了成中英的《论企业伦理》,对

---

① 朱金瑞:《当代中国企业伦理的历史演进》,南京:江苏人民出版社 2005 年版,第 62 页。
② 如徐大建的《企业伦理学》,张应杭的《企业伦理学》,陈炳富、周祖城的《企业伦理学》等,以企业伦理学命名的专著就有 10 多本;有关论文更是数以千计。参见王小锡、朱金瑞、汪洁主编的《中国经济伦理研究 20 年》附录索引部分,南京:南京师范大学出版社 2004 年版。

企业伦理的内涵等进行了系统的分析;1989 年罗国杰主编的《伦理学》(人民出版社)在对职业道德的形成和发展、职业道德的特征等进行分析的基础上,探讨了社会主义初级阶段职业道德的内涵、社会主义商品经济与职业道德建设的关系等问题;1989 年唐能赋的《企业管理伦理学》(四川大学出版社)从管理学的角度,通过对管理哲学、管理伦理的研究,探讨了企业管理的伦理问题;1990 年乔法容的《企业伦理文化》一书出版,对企业伦理的含义、要素、企业人伦关系、企业道德调节、企业道德教育、企业道德激励、企业道德评价等问题从理论上进行了较为全面的论述;李建华的《企业伦理初探》(《湖南社会科学》1991 年第 6 期)一文充分地论证了企业伦理建设对企业改革的重要价值;继 1991 年龙静云、乔洪武的《钥匙的魔力——企业道德概论》(武汉工业出版社)出版后,1992 年山西教育出版社又推出了两人合著的《企业与道德》一书,两位作者对企业道德的特征、作用、功能,企业的社会责任,生产、交换、分配、消费等诸环节的伦理规范等都进行了探索;王小锡在1994 年的《经济伦理学论纲》(论文)和《中国经济伦理学》(著作)中,第一次提出了中国经济伦理学研究的基本框架,企业伦理作为经济伦理的中观层面得到了较为系统的论证;徐大建的《企业伦理学》(上海人民出版社 2002 年版),是一部较为系统的企业伦理学专著。

学界对企业伦理的实证研究是这一时期的特色。周祖城的《企业社会责任相对水平与消费者购买意向关系的实证研究》(《中国工业经济》2007 年第 9 期),靳凤林的《资本开放与企业的社会伦理责任——个案研究:以法国电力集团企业伦理建设为例》(《科学社会主义》2006 年第 4 期),陶莉等的《成都市企业道德状况调查与研究》(《西南民族大学学报》(人文社科版)2004 年第 2 期),许建良的《中国企业道德状况的调查与思考——以苏州与盐城地区企业为例》(《桂海论丛》2011 年第 6 期)等研究成果相继问世。以上成果以区域或行业企业为例,均立足于实证调查,对企业的伦理道德状况进行分析,不仅深化了企业伦理的研究,而且也为政府决策部门、企业等提供了可资参鉴的成果,有利于理论研究更好地服务于社会实践。

一些专门的经济伦理学研究机构开始出现,各种形式的研讨活动轰轰烈烈。1996 年 1 月下旬,上海市伦理学研究会在上海第二毛纺织厂举办"企业伦理"主题的研讨会。2000 年 6 月,全国第一次经济伦理研讨会在南京师范大学成功召开,与会学者就企业伦理的学科归属、内涵、作用及建设方法等进行了广泛而深入的探讨。2000 年 5 月,我国第一家省级经济伦理学会——河南省经济伦理研究会成立。教育部人文社会科学百所重点研究基地——中国人民大学伦理学与道德研究中心2000 年在南京师范大学和河南财经学院分别设立了专门的经济伦理研究所和企业伦理研究所,上海社会科学院经济伦理研究中心、中南财经政法大学经济伦理研究所等研究机构纷纷成立,这些专门研究机构的成立加强了经济伦理和企业伦理的研究,培养了学术队伍,极大地促进了对企业伦理相关问题的研究。

　　同时,不同学科的主动对话推动着企业伦理教育的普及。2007年12月、2009年8月,由全国MBA教育指导委员会主办,上海交通大学安泰经济与管理学院承办,上海市伦理学会协办的"全国MBA企业伦理学教学研讨会"在上海交通大学举行。来自北京大学、南京大学等60余所院校的专家学者,就企业伦理学教学的目标、内容和方法、自身的教学实践、目前存在的问题进行了热烈的讨论。尽管与会代表所属高校中有近半数尚未开设该课程,但通过会议研讨,"增强了开课的决心和信心,纷纷表示将尽快开设这方面的课程。"[1]2014年6月,由上海交通大学安泰经济与管理学院和管理学报杂志社联合主办、上海市伦理学会协办的第一届中国企业·管理·伦理论坛在上海举行。关于此次论坛召开的背景,周祖城作了说明:一是"企业与社会相分离、管理与伦理相割裂的发展模式不可持续,迫切需要有新的商业模式、新的管理理论和模式出现";二是"企业、管理与伦理结合的研究依然非常有限,而且相当分散,有关教学也还处在探索阶段"[2]。中南财经政法大学在经济学专业下设立了经济伦理(企业伦理)博士生招生方向,南京师范大学也在伦理学专业进行了经济伦理学和企业伦理学的硕士和博士研究生的培养,上海交通大学经济与管理学院企业管理伦理方向研究生的培养成效明显。大学经济和管理类专业开设企业伦理课程已较为普遍,且有不少关于教学的方法成果问世。[3]

　　不仅如此,不少学者还把日本、韩国和美国等国家的企业伦理理论研究介绍到中国来,如吴新文的《国外企业伦理学:三十年透视》(《国外社会科学》1996年第3期),孙君恒的《西方企业伦理走向:从最大利润伦理观到社会责任伦理观》(《武汉冶金科技大学学报》(社会科学版)1999年第3期),刘光明的《国际企业伦理的新课题》(《哲学动态》1998年2月26日)等对国外企业伦理的最新研究作了介绍。与此同时,国内外有关企业伦理的学术交流日益活跃。1995年11月,中国伦理学会、中国社会科学院与在日本有广泛影响的社团法人伦理研究所联合召开的第九次中国和日本实践伦理学研讨会在武汉召开,来自中国、日本的60余位学者和企业家出席了会议。同年,复旦大学举办了"企业文化与企业伦理"国际研讨会,中国、美国

---

① 欧平、周祖城:《全国MBA企业伦理学教学研讨会综述》,载《伦理学研究》2008年第1期。
② 邬曦:《第一届中国企业·管理·伦理论坛会议综述》,载《管理学报》2014年第11期。
③ 参见柯丽敏《电子商务专业大学生商业伦理教育现状和课程设计分析》,载《电子科技大学学报》
　　2009年第S1期。

及企业界人士 30 多人就企业文化与伦理的关系、企业的伦理目标等进行了讨论。1997 年 4 月 27—29 日,由中国社科院哲学研究所主办,中华全国工商联、中国国际文化交流基金会、中英澳暑期哲学学院协办、英国大东电报局和中国万通集团资助的"97 北京国际企业伦理研讨会"在北京举行。1997 年 9 月 10—15 日在捷克首都布拉格举行的第 10 届国际企业伦理年会上,中国荣事达集团宣读了企业的自律宣言,刘光明宣读了题为《企业竞争自律问题研究》的论文,引起了与会代表的高度重视和强烈反响。据不完全统计,这一时期翻译出版的国外专著有 10 多种。①

与此同时,西方学者对中国企业伦理也予以了关注。一方面,越来越多的学者关注中国的企业伦理。2002 年 5 月,上海社会科学院举办"发展中国经济伦理国际研讨会";2009 年 4 月和 10 月,上海社科院经济伦理研究中心先后主办了两届"经济伦理国际论坛";2010 年 10 月主办题为"危机中的资本、信用和责任:未来财富创造需要什么样的概念、制度和伦理"第三届上海经济伦理国际研讨会,不仅得到国际企业、经济学与伦理学学会的支持,也吸引了国外著名学者参与中国经济伦理和企业伦理问题的讨论。另一方面,一些学者开始把中国企业伦理同西方企业伦理进行对比研究,并提出了有见解的观点。美国圣母大学门多萨商学院国际商务伦理学教授乔治·恩德勒基于经济伦理对于中国的经济改革具有重要性这一信念,在《面向行动的经济伦理学》一书中,以"平衡的企业概念"作为分析框架,指出了中国企业伦理指导的三组"伦理资源"和中国国企改革的 18 条伦理准则。② 由此,有学者认为,"高度重视企业伦理研究,是当代西方管理学特别是企业管理学研究中的一个最新趋势。"③"企业伦理学是面向 21 世纪最先进的管理学,已成为大多数学者的共识。"④

(三)深化创新(2012 年以来)

党的十八大以来,以习近平同志为核心的党中央统筹推进"五位一体"总体布局,协调推进"四个全面"战略布局,党的十九大作出了中国特色社会主义进入新时代的重大政治判断。新时代新战略新发展对企业和企业家提出了哪些道德新要

---

① 参见欧阳润平《义利共生论——中国企业伦理研究》,长沙:湖南教育出版社 2000 年版,第 18—19 页。
② [美]乔治·恩德勒:《面向行动的经济伦理学》,高国希等译,上海:上海社会科学院出版社 2002 年版,第 284—296 页。
③ 赵德志:《现代西方企业伦理理论》,北京:经济管理出版社 2002 年版,第 1 页。
④ 赵德志:《现代西方企业伦理理论》,北京:经济管理出版社 2002 年版,第 4 页。

求？新时代中国特色社会主义企业道德规范有哪些？针对我国社会主要矛盾已经转化为人民日益增长的美好生活需要和不平衡不充分的发展之间的矛盾,企业应进行怎样的道德坚守与担当？企业如何用社会主义核心价值观为指导构筑企业道德之魂？等等。这些都是学界需要研究的时代新课题,也是企业在进行道德建设中面对的新问题。围绕这些问题,学界在原有研究的基础上进一步深化,并取得了丰硕的研究成果,同时,企业界进一步认识到企业道德与企业文化建设的价值,企业道德建设的创新性不断增强。正如有学者总结的聚焦趋向,即:聚焦金融危机以及延伸和生成的经济伦理研究走向,聚焦中国市场经济及其"中国特色"经济伦理研究趋向,聚焦企业和经济中的伦理、创新与福祉研究趋向,注重中国传统和现实资源的经济伦理研究趋向。① 具体说来,主要体现在以下两点:

一方面,对以社会主义核心价值观引领企业道德文化建设进行了探讨。如黄基凤的《以社会主义核心价值观培育企业文化》(《东方企业文化》2017 年第 9 期)、韩宪英的《社会主义核心价值观与企业文化构建》(《企业改革与管理》第 19 期)等都立足于企业文化建设必须以社会主义核心价值观为灵魂和指引。曲宏明等的《践行社会主义核心价值观　推进民营企业文化建设》(《中央社会主义学院学报》2015 年第 1 期)等着力探索社会主义核心价值观在企业"落地生根"的长效机制。

另一方面,对新时代我国企业道德现状进行了深入思考。如田雨平的《试论企业伦理道德的现状分析》(《东方企业文化》2012 年第 21 期),刘丽莎的《中国员工企业伦理态度调查及分析》[《西南石油大学学报》(社会科学版) 2015 年第 1 期]等。此外,对企业道德存在的突出问题给予了关注。如周启杰等的《我国食品企业道德体系建设的可行性研究》[《东北农业大学学报(社会科学版)》2013 年第 2 期],魏新强的《我国食品企业道德风险的法律规制》[《贵州师范大学学报(社会科学版)》2016 年第 6 期],富琳珊的《基于食品行业供应链分析的企业伦理建设》(《食品安全导刊》2015 年第 17 期),成海鹰等的《大数据技术背景下的电子商务伦理建构探析》[《湖南工业大学学报 》(社会科学版)2018 年第 1 期]等。

二、研究的主要问题

中华人民共和国成立以来,我国学界对企业伦理的研究,一方面体现着对其学科归属的研究,另一方面也对社会发展中与企业相关的重大问题进行了深刻的回

---

① 参见陆晓禾《最近五年我国经济伦理学理论前沿概论》,载《伦理学研究》2015 年第 6 期。

应和反思,从一个侧面体现了哲学社会科学的使命与担当。70 年来,学界围绕企业伦理的主要研究热点问题有以下几个方面。

(一) 企业伦理(学)的学科定位

西方的企业伦理研究,据日本管理学者水谷雅一考察,始于亚当·斯密和马克斯·韦伯,但是,企业伦理概念的正式提出和相关学科体系的建立是 20 世纪 60 年代以后的事。可分为三个阶段:20 世纪 70 年代在美国是初创阶段,主要是围绕企业社会责任进行的;20 世纪 80 年代是美国企业伦理研究的全面繁荣阶段,并开始向欧洲国家扩展;20 世纪 90 年代是从广度和深度进行迅速扩展时期,企业伦理被公认为是"企业生存与赢利战略的关键"。从 1987 年开始,哈佛商学院开设"管理决策与伦理价值"课程,到 1993 年,美国 90% 以上的管理学院(商学院)均开设了企业伦理学方面的课程,并且在最著名的 10 家商学院的 9 门 MBA 核心课程中,"企业伦理学"都榜上有名。近年来,国内不少高校的工商管理学院尤其是在 MBA 的教学中,已经把企业伦理学作为一门核心课程确定下来,教育部 21 世纪新编教材中也有"企业伦理学"。企业伦理(学)是否已成为一门独立的学科?对此,国内学者还没有达成一致的认识,分歧主要来自对企业伦理与经济伦理学关系的不同认识。代表性观点有:

1. 企业伦理(学)等同或接近于经济伦理(学)

经济伦理学有广义和狭义之分,广义的企业伦理研究包含对经济制度的道德评价、对企业行为的道德评价和对个人行为的道德评价。因此,"广义的企业伦理学,在我国被认为是接近或等于经济伦理学的。"①

2. 企业伦理是经济伦理学的中观层面

持此观点的学者认为,经济伦理学的研究内容分为三大层面,即宏观层面上的伦理问题,包括经济制度、经济体制、经济政策的伦理评价及整个社会经济活动的道德价值导向等问题;中观层面上的伦理问题,其实质是企业中的伦理问题,包括企业社会责任、企业内部的管理伦理、企业外部关系中的伦理问题等;微观层面上的伦理问题,包括个体在社会经济活动中承担的职业角色的伦理问题,个体对消费的伦理评价及消费道德规范等。②

---

① 欧阳润平:《义利共生论——中国企业伦理研究》,长沙:湖南教育出版社 2000 年版,第 17 页。
② 参见周中之、高惠珠《经济伦理学》,上海:华东师范大学出版社 2002 年版,第 2—3 页。

3. 企业伦理学作为一门学科已经成熟

此种观点认为,在现代市场经济和现代企业制度下,企业和社会面临着越来越剧烈的经济与伦理之间的冲突,已经到了不得不正视并亟待解决的时候,企业伦理学因此应运而生。不仅如此,还提出了作为学科的企业伦理学的核心范畴:责任和经济正义。① 尤其是近年来我国企业伦理学从对某一企业、某一地区的企业伦理问题的研究转向了对不同地区之间企业伦理的比较研究和对全球企业伦理的研究,从单学科研究转向了跨学科研究。总之,企业伦理学作为一门边缘学科正在逐步成熟起来。②

(二) 企业伦理的研究任务

在企业伦理研究中,对其研究边界或者说主要任务的界定,学者们的看法不尽相同。

1. 对企业道德进行评价及改进建议

此观点认为:"企业伦理学的任务就不仅仅要对经济管理行为进行道德评价和道德批判,它的更重要的任务是对现存的各种经济制度进行道德评价或道德批判,对不道德的经济制度提出改革方案,由此建立健全合乎道德的经济制度。"③因此,围绕工商活动究竟应当遵循哪些伦理规范,具体任务有四项:依据一般规范伦理学的原则和方法得出工商活动的伦理原则;据此对现行的经济制度进行道德评价;研究企业管理中的一些具体的工商活动伦理规范,研究各种经济制度的具体内容,对它们的各种缺陷进行批判并提出改进建议;对企业道德建设提供科学建议。

2. 两个维度说

持此观点的学者认为,企业伦理学作为一门面向企业实践的学科,研究的问题十分广泛,涉及企业经营管理的各个层次、各个领域、各个环节,"其研究的问题千头万绪",但"贯穿始终的主线是经济和伦理的关系,以及在这一矛盾关系下的五个子关系",即自由与秩序、权利与义务、公平与效率、收益与成本、求利与互利。④ 但是,从本质上看,"一个企业的建立与可持续发展,必须从向外两个维度,也就是从内在价值支持体系和外在规范支持体系,把自己交叉支撑起来。而企业伦理学正

---

① 参见刘可风等主编《企业伦理学》,武汉:武汉理工大学出版社 2011 年版,第 24、15—16 页。

② 陈炳富、周祖城《企业伦理学概论》,天津:南开大学出版社 2000 年版,第 3—4、7 页。

③ 徐大建:《企业伦理学》,上海:上海人民出版社 2002 年版,导论第 5 页。

④ 刘可风等主编:《企业伦理学》,武汉:武汉理工大学出版社 2011 年版,第 12—14 页。

是研究这两个维度的学科。"①

3. 造就"道德的企业"和"道德的个人"

这是企业伦理研究的根本任务和终极目的。"推广和提升第一类企业的经验（指那些能够主动适应社会道德规范并在经营管理中加以实践的企业——作者注），帮助第二类企业改进和变革（没有明确的道德准则的企业——作者注），提高企业经济活动的战略竞争力，增进市场社会的道德化发展，是企业伦理学的终极目的。所以，值得强调的是：企业伦理学不是一种针对企业的道德批评或道德谴责的工具，而是帮助企业正确决策、改善经营和管理、培育和提高竞争力的思想和方法；企业伦理学不是通过说教告诉企业如何具体地按照某种道德原则进行选择，而是通过引发思考和讨论使企业更理性地适应和把握战略环境，实现有预见性的领导。"②

4. 四项任务说

在国内最早从管理学视野研究企业伦理的陈炳福、周祖城看来，企业伦理研究的任务主要应包括以下几个方面：一是描述企业道德现状。包括企业的不道德现象、产生的原因、企业与利益相关者关系如何处理、企业经营管理者的道德素质如何等。二是讨论企业道德规范。企业道德规范不是一成不变的，我国从计划经济体制到社会主义市场经济体制转变的过程中，企业由政府的车间变成了独立的市场主体，无私奉献型的政治伦理显然已不再适应新的要求，尤其是加入世界贸易组织后，参与国际市场竞争的企业在国际通行的道德规范方面也必须关注，如 SA800 社会道德责任认证体系、区域文化的特点对企业伦理的影响、企业自身的特点等。三是对企业及其成员的行为进行道德评价。根据道德规范，对企业及成员行为的动机和效果进行善恶是非的评价。四是探索新颖的、既符合企业道德又能给企业带来利益的经营管理模式。不能抽象地把经营实践的利己与利他对立起来，而在于设计和提出能促使经营行为既符合企业道德要求又能给企业带来利润的经营目的、经营思想、决策程序、组织机构等，造就"道德的企业"和"道德的个人"是企业伦理学的归宿。③

理论的生命力在于它对实践的指导能力。企业伦理研究的根本任务除了进行道德评价和批判外，使企业及其成员更道德才是企业伦理的根本任务。

---

① 刘可风等主编：《企业伦理学》，武汉：武汉理工大学出版社 2011 年版，第 8 页。
② 欧阳润平：《企业伦理学——培育企业道德实力的理论与方法》，长沙：湖南人民出版社 2003 年版，第 55 页。
③ 参见陈炳富、周祖城《企业伦理学论纲》，载《南开管理评论》1997 年第 4 期。

（三）企业社会责任

企业是否应承担社会责任，其依据是什么？企业社会责任的边界在哪里？诸如此类问题是学界和企业界多年讨论的话题，但至今没有达成共识。有学者在研究了有关企业社会责任的不同定义后，把其命名为"企业社会责任定义的丛林"①。近年来因食品安全、生态环境等问题频发，企业社会责任更为社会各界所关注。学者们对企业社会责任有着不同的理解，增加利润观和社会责任观最具代表性。

1. 增加利润观

企业的功能是纯经济性的，经济价值是衡量企业成功的唯一尺度。一方面，企业主管无权慷他人之慨，擅将企业的资金用于社会。因为，企业的资金是股东所有，企业的经营者只是接受股东委托来加以经营而已，因此没有权力将企业的资金和利润用于社会行为，否则便会损害股东及消费者的利益。"股东们只关心一件事：财务收益率。"②另一方面，企业承担社会责任会使企业增加成本，这些成本通常会转移到产品价格上，从而削弱产品的竞争力。③ 同时，参与社会目标将冲淡企业使命。企业的主要目标是实现利益的最大化，社会责任是政府部门的事。并且企业领导者的眼光和能力基本上是经济导向的，他们不能胜任处理社会问题的角色。

2. 社会责任观

现代企业社会责任的核心是什么？经济责任、法律责任以及慈善责任都不是企业社会责任的核心，"企业社会责任的核心是企业伦理责任，甚至可以这样来定义企业社会责任，企业社会责任是指企业应当合乎伦理地对待利益相关者和社会。"④这是因为，一方面，企业作为一个经济实体，其"经济人"的角色决定了它必须追求利润，实现企业价值最大化。但是，企业的价值最大化并不等同于利润最大化，而是在实现利润最大化的过程中，取得企业品牌、美誉度、社会形象等的最大化。企业主动承担相应的社会责任，即由"经济人"向"社会人"转变是企业自身利益实现所需。另一方面，除政府外，企业是当今社会最有力量的组织。"企业社会

---

① 周祖城：《论企业伦理责任在企业社会责任中的核心地位》，载《管理学报》2014年第11期。
② 转引自［美］斯蒂芬·P.罗宾斯《管理学》，黄卫伟等译，北京：中国人民大学出版社1997年版，第95页。
③《中国经营报》企业竞争力研究中心从2004年开始就中国企业社会责任问题进行过两次调查，数据显示，14％的受访者持此看法。参见金碚、李钢《企业社会责任公众调查的初步报告》，载《新华文摘》2006年第9期。
④ 参见郧曦《第一届中国企业·管理·伦理论坛会议综述》，载《管理学报》2014年第11期。

责任不仅是企业存在的使命,而且在全面建设小康社会中是企业必须面对的现实;它不仅是一种道德和良知的呼吁,而且它正逐步成为刚性的制度约束;不仅是一种理念、文化,更是企业必须面对的社会实践。"①尤其是在我国体制转型、经济快速发展的时期,一些企业受利益最大化的驱使,导致环境污染、生产安全、食品安全等危机事件不断发生,使全社会关于提高"企业社会责任"、企业"公民"责任的呼声日益高涨。

对企业社会责任的研究,目前仍是学界所关注的焦点之一。如,对于社会责任的学理基础,有学者认为"在企业何以具有社会责任的价值理由的分析中,学界多从经济学和法学的视阈进行论证,缺乏伦理学独立性的价值分析"。如果从马克思主义伦理学的视角来分析,可以看出,"从人性的精神特质、经济活动的人本目的性、经济活动方式的人道归属性、意志自由与责任的对应性"等,可为"企业社会责任提供理论支撑"②。如有学者在对近年来我国企业伦理的研究进行梳理后认为,不能照搬国外的企业责任标准,应注重中国企业责任标准的总结和提炼,特别是为国际企业伦理界所忽略的中小企业。陆晓禾等著的《企业责任:中国中小企业标准探寻——以上海富大集团为例与国际企业责任标准比较研究》(2012),"表现了这方面的努力,并基于现实企业案例的研究,就国际企业责任标准以及中国中小民营企业责任的实践提供了他们的视角和建议。"③也有学者认为,"企业社会责任正在经历一个从企业道德负担向企业道德资本的转化过程,因而企业社会责任的培育实质上也是道德资本的培育过程。"④

应该说,企业既是具有法人地位的经济实体,也是具有道德人格的伦理实体。随着我国社会主义市场经济的进一步发展,企业成为市场竞争的主角。企业应当承担社会责任的观点不仅被越来越多的企业家认同,而且已经成为他们自觉的具体实践。《中国企业家》调查研究部在主办的 2002 年中国企业领袖年会上,向与会的 400 位企业高层就企业社会责任问题进行了专题问卷调查,也证实了这一理论分析。⑤ 如果把责任放到伦理学视野中去审视,企业社会责任是企业在自觉自愿基础上的企业良心的外化形式,主要是指企业的道德责任。经济责任和法律责任是基本的职责,而不是责任。作为道德规范的企业社会责任应具有自

① 陈清泰:《构建和谐社会中的企业社会责任》,载《中国经济时报》2005 年 8 月 4 日。
② 王淑芹等:《企业社会责任的伦理学分析》,载《道德与文明》2011 年第 1 期。
③ 陆晓禾:《最近五年我国经济伦理学理论前沿概论》,载《伦理学研究》2015 年第 6 期。
④ 江勇:《"道德资本与企业经营"学术研讨会综述》,载《道德与文明》2017 年第 5 期。
⑤ 参见施星辉《企业公民——中国企业社会责任状况调查报告》,载《中国企业家》2003 年第 1 期。

觉、自愿和自律性。

（四）企业伦理规范

企业伦理规范涉及与其利益相关的各个层面,如社会、政府、消费者、环境、股东、合作伙伴、员工等,并且在不同行业、不同所有制的企业,伦理规范的要求也有所不同。同时,不同社会、不同国家的企业伦理规范不尽相同,就是在同一个国家,不同时期的企业伦理观念和规范也有所区别。学者们对企业伦理规范的分析主要集中在对其社会性规范的不同看法上。[①]

1. 两大规范说

企业伦理的基本规范是信任和责任。一方面,企业在处理企业生产经营内部的社会关系时,其道德规范主要指向与供应商、顾客和与员工三层关系。在这三层关系中,其基本的规范是信任。另一方面,企业在处理企业生产经营的外部社会关系时,其要规范的行为主要表现在与社会、国家的关系之中,其核心道德规范是责任。[②]

2. 五大规范说

企业是一个开放体系,它涉及个人、组织、产业、社会及国际环境等诸多方面,在不同的层面,企业伦理具有各自独特的表现形式,各个层次都受相应的道德规范指导。在通常的理解中,企业伦理规范所包含的内容很多,但从宏观的视角看,主要表现为团队意识、互利互惠、义利并重、公平、效率与进取。[③]

3. 十大规范说

此种观点认为,我国社会主义市场经济道德建设总的指导思想是,以为人民服务为核心,以集体主义为原则,以爱祖国、爱人民、爱劳动、爱科学、爱社会主义为基本要求,因此,企业道德规范也应服从于这一指导思想。具体说来,即利义并重、集体主义、经济效益、互利互惠、公平、诚信、尊重人、和谐、进取、服务社会和完善人生。[④]

尽管学术界对企业伦理规范尚没有达到统一的认识,但作为中国社会主义企

---

① 企业伦理规范可分为社会性企业伦理规范和个体性企业伦理规范。社会性企业伦理规范是企业伦理规范的共性,是社会对企业及其利益相关者提出的处理相关关系的规范。个体性企业伦理规范是企业在社会性企业道德制约下,各企业根据自己的历史、文化、技术、产品等条件而制定的处理与利益相关者关系的规范。
② 通风张应杭《企业伦理学导论》,杭州:浙江大学出版社2002年版,第54—57页。
③ 参见卢风、肖巍主编《应用伦理学导论》,北京:当代中国出版社2002年版,第399—344页。
④ 参见陈炳富、周祖城《企业伦理学概论》,天津:南开大学出版社2000年版,第63—71、7页。

业,不论是国有企业还是民营企业,其规范必须立足中国,为中国特色社会主义建设服务,彰显中国文化特色。正如习近平总书记所说的,国有企业是中国特色社会主义的重要物质基础和政治基础,是中国特色社会主义经济的"顶梁柱",而"民营企业和民营企业家是我们自己人"。因此,企业伦理规范的确立,必须以社会主义思想道德为指导,以社会主义核心价值观为引领,与中华民族传统美德相承接,与社会主义市场经济相适应,与国际企业伦理规则相协调。

(五) 企业核心价值观

价值观是人们关于什么是价值、怎样评判价值、如何创造价值等问题的根本观点,一方面表现为价值取向、价值追求,凝结为一定的价值目标;另一方面表现为价值尺度和准则,是人们判断事物有无价值及价值大小、是光荣还是可耻的评价标准。核心价值观承载着一个民族、一个国家的精神追求,是最持久、最深层的力量。社会主义核心价值观是当代中国精神的集中体现,企业价值观既是社会核心价值观在企业中的内化,又代表了企业的独特性,是企业个性的标识。企业价值观的功能是什么?如何以社会主义核心价值为引领塑造企业价值观等问题是近年来企业伦理研究中关注的热点之一。但就目前学界的研究来看,研究者多为企业管理或思想政治工作人员,研究较多地关注了行业、企业案例或者个别企业的价值观研究,正如有学者总结的"既往有关企业文化或核心价值观的研究,比较多的还是定性探讨,定量研究不仅少而且局限于组织内层面,较少关注组织间层面"[1]。

1. 企业价值观的功能

对企业核心价值观的作用,不论理论界还是企业实践中都给予了高度的肯定。但侧重点有所不同,有观点认为,企业核心价值观是企业文化的内核和基石,"是企业的道德准绳,是企业发展的灵魂。它就像是企业的 DNA,是员工普遍认同并共同遵守的行为规范和处事方法,是员工共同的行为准则。"[2]也有观点认为,企业核心价值观与"企业总体发展战略相联系,并指导企业实现战略目标,对内表现为一种凝聚力,对外则表现为一种竞争力。这种竞争力来自企业核心价值观赋予企业品牌的文化内涵,它也是企业可以持续健康发展的源动力"[3]。

2. 用社会主义核心价值观引领企业价值观

有学者认为,企业价值观的塑造和建设必须以社会主义核心价值观为引领,这

---

[1] 陈志军等:《中美两国企业核心价值观之比较研究》,载《山东社会科学》2014 年第 12 期。
[2] 徐春子:《以文化管理塑造企业核心价值观》,载《现代企业文化》2018 年第 12 期。
[3] 曹艳春:《核心价值观激发企业文化引领作用》,载《企业管理》2018 年第 10 期。

是学界和企业界的共识。但对引领的方式存在着不同的看法。有观点认为,主要推进"四个融入",即有效融入企业思想政治工作中,有效融入企业文化建设中,有效融入安全生产经营活动中,有效融入精神文明建设中。① 也有观点认为,面对当今世界思想文化交流交融交锋形势下价值观较量的新态势,面对社会主义市场经济条件下思想意识多元化的新特点,国有企业在发展过程中需要多路径培育和践行社会主义核心价值观,要"将其与企业中党的建设、企业文化、政治思想教育、制度建设及队伍建设等多方面工作有机结合"②。

作为社会重要的组成部分,企业价值观必须与社会主流价值观相一致。具体说来,我国企业须以社会主义核心价值观为引领构筑企业道德之魂。具体说来,一方面要以质量为价值底线。产品质量是产品进入市场、被消费者认可的通行证,是企业生存发展的关键,尤其是我国经济开始从"速度时代"开始迈向"质量时代","质量强国"已上升为一种战略,企业作为产品质量的责任主体,强化对质量的自觉和自律、守住道德底线,视质量为企业的核心价值显得尤为重要。另一方面以遵守法治精神为基本要求。企业作为社会的一个重要细胞,遵守法律如依法纳税、不污染环境等都是其基本职责。从社会出发观察企业而不是从企业出发观察社会,强调维护国家利益应成为企业的内在价值需要。

(六) 和谐劳动关系

劳动关系是生产关系的重要组成部分,是最基本、最重要的社会关系之一。劳动关系是否和谐,事关广大职工和企业的切身利益,事关经济发展与社会和谐。③党和政府始终高度重视维护和促进劳动关系的稳定和谐发展。党的十六届六中全会提出:"发展和谐劳动关系",党的十七大报告要求"规范和协调劳动关系",党的十八大明确构建和谐劳动关系,2015 年 4 月,党中央、国务院发布《关于构建和谐劳动关系的意见》,其对当前劳动关系中存在的问题判断是:我国正处于经济社会转型时期,劳动关系的主体及其利益诉求越来越多元化,劳动关系矛盾已进入凸显期和多发期,劳动争议案件居高不下,有的地方拖欠农民工工资等损害职工利益的现象仍较突出,集体停工和群体性事件时有发生,构建和谐劳动关系的任务艰巨繁重。党的十九大再次强调构建和谐劳动关系。如何界定和谐劳动关系的内涵?如

---

① 参见孙保庆《社会主义核心价值观与国有企业核心价值观对接探析》,载《中国煤炭工业》2018 年第 12 期。
② 刘银钱:《国有企业培育和践行社会主义核心价值观的路径分析》,载《邓小平研究》2017 年第 1 期。
③ 参见尹蔚民《努力构建中国特色和谐劳动关系》,载《人民日报》2015 年 4 月 9 日。

何正确认识我国劳动关系的性质和特点？如何构建中国特色和谐劳动关系？学者们从伦理学、法学、社会学等不同学科层面进行了热烈的讨论。

1. 和谐劳动关系的内涵

一种观点认为，和谐劳动关系"是指处于一定组织状态之下相互沟通、依法协调、有序参与、积极有为、公平正义、和睦相处的劳动关系"①。另一种观点认为，和谐劳动关系的实质"是劳动关系主体双方利益的和谐，是劳动关系主体双方权利和义务的平衡"②。也有学者认为，"和谐本身就是重要的伦理观念，所以和谐劳动关系就是合伦理的劳动关系"。而和谐劳动关系则是马克思劳动伦理思想关注的核心命题，在当代中国，劳资双方主体地位平等、合作共赢是社会主义中国和谐劳动关系的根本特征，劳动关系主体共享劳动成果、公正分配劳动权利和义务是建设社会主义中国和谐劳动关系的根本要求。③ 因此，研究劳动关系应体现社会主义和谐社会建设的要求，并以此为基础定义其内涵："是在国家、社会、企业、劳动者根本利益一致的基础上，劳动关系双方有着不同的具体利益要求，但权利与义务相对均衡的劳动关系；是能够将劳动关系各主体的利益诉求纳入法律和制度框架范围内，依法予以实现和保障的劳动关系；是能够通过市场调节与国家干预相结合，自我化解和消除利益冲突，促进社会的公正与公平的劳动关系。"④

2. 和谐劳动关系的基本特征

劳动关系要体现出中国特色社会主义的要求，这是共同的看法。但对特征的具体分析上有着不同的看法，一种观点认为，和谐劳动关系体现为，要让劳动者劳动更有尊严、生产更加安全、分配更加公正、生活更有保障，具体表现为平等合作观、人才观、利益共享观、稳定观、诚信观和社会责任观。⑤ 也有观点认为和谐劳动关系有三个明显的特征：劳动关系主体双方利益关系的一致性与合作性，劳动关系运行机制的法制化和规范化，劳动关系协调方式的自主性和市场化。⑥ 在有学者看来，由于"和谐"是追求非对抗性融合、各种矛盾和关系处于配合协调的一种状

---

① 王贤森：《当前和谐劳动关系构建中的新视角——〈工会法〉实施中若干问题的反思》，载《中国劳动关系学院学报》2005 年第 5 期。
② 李培志：《试论和谐劳动关系的构建》，载《中国劳动关系学院学报》2005 年第 6 期。
③ 参见贺汉魂等《马克思劳动伦理思想是社会主义中国和谐劳动关系建设的重要指导》，载《中国劳动关系学院学报》2017 年第 4 期。
④ 高爱娣：《社会主义和谐劳动关系理论概述》，载《工会理论研究》2005 年第 5 期。
⑤ 参见王德明《和谐劳动关系的特征与劳资博弈的探讨》，载《天津市工会干部管理学院学报》2006 年第 1 期。
⑥ 参见高爱娣《社会主义和谐劳动关系理论概述》，载《工会理论研究》2006 年第 5 期。

态,因而和谐劳动关系应具备四个特征:职工的劳动权益得到充分的保障和实现,劳动用工规范,并建立起相应的机制,兼顾好国家、企业、职工三方面的利益;劳动关系主体双方权利和义务对等,职工与企业在地位上完全平等;劳动关系相对稳定,职工流失率处于合理水平;效率和公平相统一,职工与企业形成双赢格局。①同时,有观点认为,在全面贯彻"五位一体"总体布局和"四个全面"战略布局大背景下,和谐劳动关系应当"坚持共建共治共享原则,统筹处理好促进企业发展和维护职工权益相统一的关系,推动企业和劳动者协商共事、机制共建、效益共创、利益共享,依法构建规范有序、公正合理、互利共赢、和谐稳定的新时代中国特色劳动关系"②。

3. 和谐劳动关系的构建

一种观点认为,和谐劳动关系需要从劳动契约和心理契约的局限性和互补性特点出发,认为应该把劳动契约和心理契约相结合以作为劳动关系的调整机制,发挥劳动契约制度化、规范化调整方式的优势,同时发挥心理契约个性化、动态性、主观性的特点,把两者进行有机的结合,才能有效地调整劳动关系。③ 另一种观点认为,劳动关系是动态的,其调适状况取决于各相关主体的力量对比以及相应的制度安排,应以"四个全面"统领和谐劳动关系的构建(以全面建成小康社会为根本方向,以全面深化改革为动力源泉,以全面依法治国为制度基础,以全面从严治党为坚强保障),而完善三方协商机制则是构建和谐劳动关系的制度保障,重新界定政府、雇主组织和工会组织的角色和定位,同时充分发挥社会组织的积极作用。④ 也有学者认为,立足新时代和谐劳动关系的构建,首先是要坚持中国特色社会主义道路,坚持中国共产党的领导,不应当简单套用西方集体谈判理论,脱离党委和人民政府谈工会,尽量"将劳动冲突在内部得到有效控制",不仅如此,一方面政府部门、工会、劳动者、用人单位要积极参与协商协调,另一方面社会组织要积极协同参与,将劳动关系传统的三方协商关系演进为社会组织协同参与治理的四方关系甚或多

① 参见叶迎春、夏厚勋《企业工会在构建和谐劳动关系中的地位和作用》,载《中国劳动关系学院学报》2005年第6期。
② 张鸣起:《以习近平新时代中国特色社会主义思想为指导　构建新时代和谐劳动关系》,载《社会治理》2018年第3期。
③ 参见陈微波《论劳动关系的调整机制——以劳动契约与心理契约的融合为视角》,载《山东社会科学》2005年第1期。
④ 参见赖德胜等《经济新常态背景下的和谐劳动关系构建》,载《中国特色社会主义研究》2016年第1期。

方关系,以更好地发挥社会组织在构建和谐劳动关系中的作用。①

作为人力资源大国,劳动关系是否和谐,事关广大职工和企业的切身利益,事关经济发展与社会和谐。因此,从道德的视角看,劳资和谐是一种状态更是一个价值目标,实现劳资关系和谐,必须以《关于构建和谐劳动关系的意见》这个纲领性文件为遵循,必须以守法为底线要求,以以人为本为基本道德要求,以公平作为重要保障,政府、企业、员工等多主体共同参与,做到"六个强化",即强化法律保护,强化政府作为,强化工会作用,强化企业经营管理者的道德水平和道德经营,强化员工道德教育,强化社会监督。

(七) 新型政商关系中政府的伦理作为

政商关系是社会结构中重要的组成部分。一个国家经济社会的发展,离不开良好的政商关系。政商关系中政府的伦理行为是政府执政水平的反映,是企业得以发展壮大不可或缺的基础变量,更是健康政商关系的保证。党的十八大报告中明确提出了加强政务诚信建设;2016 年全国"两会"期间,习近平总书记第一次用"亲"和"清"两字概括并系统阐述新型政商关系;2017 年党的十九大报告中特别强调"构建亲清新型政商关系,促进非公有制经济健康发展和非公有制经济人士健康成长"。近年来,围绕亲清新型政商关系中存在的伦理问题及政府的伦理作为等问题,学界展开了深入的研究。

1. 当前我国政企关系中政府的伦理缺陷

从经济学理论上分析,政府是社会组织的协调机构,是社会活动的主体;企业则是以赢利为目的的社会经济活动主体。两者属建立在法律基础上的对等关系,功能边界必须清晰。同时,政府与企业又是"相互内在"②的关系,两者又必须实行协同运作。政府与企业的"相互内在"关系决定了只有运行主体与调控主体的有效协同,才能真正发挥市场配置资源的优势,才能弥补政府与市场潜在的缺陷。有学者认为,近年来政商关系发生了新的变化:"由'清'转'亲',当前'清'的问题已经基本解决",但出现了新误区即"舍'亲'求'清',当前主要是'清'而不'亲'",主要表现在:一些地方政府或者公务员不求有功但求无过的不作为、慢作为等行为出现苗头,如一些干部不吃、不拿、不干,消极应付,宁可少干事,当个太平官保住乌纱;顶层设计缺乏,基层沟通制度建设有待完善;企业家群体分化,精英吸纳政治安排效

① 参见涂永前《新时代中国特色社会主义和谐劳动关系构建研究:现状、问题与对策》,载《社会科学家》2018 年第 1 期。
② 参见赵德志《现代西方企业伦理理论》,北京:经济管理出版社 2002 年版,第 13 页。

用因多因素边际递减等。① 也有观点认为,主要存在两个方面的问题,一是"亲"而不"清"。个别干部"近"商"亲"商的目的是向往贪图享受、灯红酒绿的生活,或想借商人之手完成权力变现。二是"清"而不"亲"。在全面从严治党的背景下,一些干部对企业"敬而远之",开始"谈商色变"。② "清"而不"为"的现象也时有发生。

2. 新型政商关系中政府的伦理作为

在亲清新型政商关系中,如何解决既"亲"又"清"?即政府应该有怎样的伦理作为?一种观点认为,一方面,政商之"亲"就是政府官员真诚坦荡地与企业家"结亲",包括转观念以理服亲,出实招以力帮亲,重引导以利结亲,用真情以礼待亲。另一方面,对领导干部来说,同民营企业家的关系要思初心、正本清源,重修养、正身清心,造氛围、正气清风。总之,政商交往的亲清之道就是要保持"安全"距离,"弃名利、淡权贵、断虚情,以良心、真心、清心共享出彩机会。"③另一种观点从中华优秀传统文化的视角出发,认为以义为上是构建良性政商关系的基本理念,诚信守法是构建良性政商关系的根本前提,贵群合作是构建良性政商关系的重要途径。④也有学者认为,理想中法治化的政商关系"既不是勾肩搭背、狼狈为奸,也不是敌视对立、井水不犯河水,而是在合理的监督机制下'相敬如宾',彼此保持适当的距离,坦坦荡荡在桌面上讨论问题、解决困难。摒除庸俗的政商关系论,砸碎腐败的利益共同体,官员落马与企业败局才能真正消亡,中国经济也才会在凤凰涅槃的自我矫正与修复中,迎来浩荡的改革东风,平顺地向前行进"⑤。

总之,当前我国新型政商关系构建中正确把握亲清关系的实质和边界,并使之落到实处,着力点之一是政府及领导干部的职能道德化。包括:进一步转变观念和改革政府行政方式,强化道德化的制度供给,遵守法律信用,营造公平竞争的营商环境,加强政务诚信建设,提高政府公务员的道德素质和道德实践能力等。正如习近平总书记所强调的,对领导干部而言,所谓"亲","就是要坦荡真诚同民营企业接触交往,特别是在民营企业遇到困难和问题情况下更要积极作为、靠前服务,对非公有制经济人士多关注、多谈心、多引导,帮助解决实际困难。所谓'清',就是同民营企业家的关系要清白、纯洁,不能有贪心私心,不能以权谋私,不能搞权钱交易。"

---

① 参见金彦海等《顶层设计缺乏,基层沟通制度建设有待完善》,载《辽宁行政学院学报》2019 年第 1 期。
② 参见刘耀光《构建亲清新型政商关系》,载《吉林日报》2019 年 2 月 22 日。
③ 王兴盛:《构建新型政商关系的"亲""清"路径》,载《湖南省社会主义学院学报》2018 年第 6 期。
④ 参见王建均《儒商文化与"亲清"新型政商关系的构建》,载《学习时报》2018 年 3 月 20 日。
⑤ 洪乐风:《习近平用"亲""清"二字密切新型政商关系》,http://opinion. people. com. cn/n1/2016/0304/c1003—28173139. html,2016 年 3 月 4 日。

各级党委和政府要把构建亲清新型政商关系的要求落到实处,把支持民营企业发展作为一项重要任务,"花更多时间和精力关心民营企业发展、民营企业家成长,经常听取民营企业反映和诉求,特别是在民营企业遇到困难和问题情况下更要积极作为、靠前服务,帮助解决实际困难。"①

(八) 企业家精神

企业家精神是"企业家群体的共性特征,是把严格意义上的企业家与一般民众区别开来的人格特质"②。对企业家精神,国内外许多学者从不同的视角进行过探讨,表述虽不尽相同,但大多赞成以创新精神为核心的心理特征和经营才能。新中国成立以后,无论是在计划经济时代时期还是改革开放以来,学者们从经济学、管理学、伦理学和社会学等不同的学科对企业家精神给予了探讨,中西方关于企业家精神的学术交流也十分活跃。2017 年 11 月中共中央、国务院颁布了《关于营造企业家健康成长环境弘扬优秀企业家精神更好发挥企业家作用的意见》(以下简称《意见》),高度肯定了企业家在经济活动中的重要作用并明确提出要"营造企业家健康成长环境,弘扬优秀企业家精神,更好发挥企业家作用",提出了企业家精神的"三种精神",即爱国敬业遵纪守法艰苦奋斗的精神、创新发展专注品质追求卓越的精神、履行责任敢于担当服务社会的精神,这是新时代中国企业家精神的修为指针和行动指南。围绕优秀企业家精神,学界展开了热烈的研究,企业家们也纷纷参与。我国学者对企业家精神内涵的研究具有明显的时代特征和中国特色。

1. 改革开放初的企业家精神研究

改革开放初期,我国正处于由高度集中的计划经济向有计划的商品经济过渡的阶段。商品经济中哪些人是企业家? 新出现的个体户还是国有企业的承包者? 对这个问题的不同理解影响着对企业家精神的认识。一种观点认为,在计划经济时代,"厂长、经理变成了政府行政官员",因经济体制改革,"开始向自主经营、自负盈亏的经济实体迈进,适应企业家成长的环境和气候正在慢慢形成"。尽管企业家个人的性格和气质不同,但在商品经济一般原则下,企业家精神有一些共同的特征:专职精神、创新精神、冒险精神、竞争精神、求实精神。当然,"社会主义企业家除了应该具备上述五种精神外,还必须坚持社会主义经营方向,正确处理国家、企业、职工和消费者之间的利益关系,把增加利润和满足人民需要、开展竞争和加强

---

① 《习近平主持召开民营企业座谈会强调:毫不动摇鼓励支持引导非公有制经济发展 支持民营企业发展并走向更加广阔舞台》,载《人民日报》2018 年 11 月 13 日。
② 李政:《新时代企业家精神:内涵、作用与激发保护策略》,载《社会科学辑刊》2019 年第 1 期。

协作有机地结合起来"。① 不仅如此,1982 年 10 月,美国康奈尔大学邀请了一些中国问题研究专家,召开了"1900—1982 年中国企业家精神在国内和国外"的学术讨论会。尽管对企业家精神内涵认识不尽一致,但共同的看法是,近代以来中国不缺企业家精神。有学者根据自己 1979 年在江苏、河北的调查,"认为中国郊县在三个领域有企业家精神:一是产品有剩余的郊县的干部发挥了经营才能,与其他郊县竞争,创造新产品、新市场和新工艺,扩大了本地区、本企业的生产、就业、再投资和利润;二是农民副业生产和集市贸易方面的活动;三是农村集体经营的,包括公社、大队、生产队经营的企业活动。"② 也有学者根据 1981—1982 年在我国大连、沈阳、哈尔滨等地所作调查,敏感地捕捉到了改革开放出现的个体户群体,认为"这些个体户也有企业家精神,但认为目前制度禁止在职职工参加个体户行列仍然限制了潜在企业家精神的发挥"③。

2. 市场经济体制建立过程中的企业家精神研究

在社会主义市场经济体制建立的过程中,企业家群体逐渐形成,因此,学者们对企业家精神的研究更多地体现出了中国特色,认为"企业家精神是指企业经营者在经营实践中所建立起来的对于企业笃定的信念与高远的价值追求,以及与此相联系的持续的创新精神和创造能力"④。企业界精神包括:"企业家以企业发展为终生追求;勤于学习,与时俱进;守法、守信、爱国、具有强烈的社会责任感;善于根据市场需要整合各种资源,特别是人力资源。"⑤ 可以看出,除了创新、冒险等共同的精神特质外,理想信念、价值观、诚信等中国精神特质开始出现在企业家精神的要求中。

3. 新时代优秀企业家精神研究

有学者在对中外历史上关于企业家精神内涵梳理的基础上,结合中国特色社会主义的要求,提出新时代中国优秀企业家精神应该具备以下基本特征:舍我其谁的使命感和责任担当精神,以价值创造为导向的利他之心和奉献精神,精益求精的工匠精神,遵守契约的诚信精神。四种精神相互联系,"使命感与责任担当精神是优秀企业家的价值观和新时代创新创业行为的驱动力,奉献精神是新时代创新创业行为的目标导向,工匠精神是时代赋予的要求,也是创新创业精神的必要组成部

① 参见贾和亭《大力倡导企业家精神》,载《经济工作通讯》1986 年第 22 期。
② 仲礼:《美国召开中国企业家精神讨论会》,载《上海经济研究》1983 年第 5 期。
③ 仲礼:《美国召开中国企业家精神讨论会》,载《上海经济研究》1983 年第 5 期。
④ 李军等:《对企业家精神的辨析》,载《东岳论丛》2010 年第 12 期。
⑤ 张玉利等:《"首届创业学与企业家精神教育研讨会"会议综述》,载《南开管理评论》2003 年第 5 期。

分,诚信精神则是社会主义市场经济的行为准则。"①有学者认为,新时代的企业家精神内涵丰富,至少包含时代精神、亲民精神、创新精神、法治精神这样几个方面。② 也有学者认为,区别于社会企业家与传统商业企业家,新时代企业家精神的核心理念主要是承担社会责任、追求社会价值。③ 在企业家看来,新时代中国企业家精神,"不能仅仅停留在传统道德文化的层面。因为当代中国的企业家群体,他们身上肩负的重任是要让中国经济腾飞,让中国强大起来,所以他们内在的精神动力,就不能光是个人品行的修炼和道德规范的自我约束,而是应该更自觉地与以习近平同志为核心的党中央保持高度一致,以天下兴亡为己任,具有崇高的国家使命感和民族自豪感,把个人的事业追求融入国家发展战略中,在精神文化的层面上形成高度优化的人格力量",具体说来,应具有"三个极其重要的精神特征"④:创新思维是企业家精神的鲜活灵魂,工匠精神是企业家精神的不变本色,执着敬业是企业家精神的内核动力。无独有偶,中国企业家调查系统发布的《转型时期的企业家精神:特征、影响因素与对策建议——2019·中国企业家成长与发展专题调查报告》显示,"当代企业家精神呈现五大新特征,即更讲诚信、尊重他人;更具责任,普遍有回馈社会的意愿;更重创新、善抓机遇,努力发展持续竞争优势;更加敬业,热爱事业并坚韧执着;更善思考、重视学习,注重自身素质和能力的提升。"⑤

如何保护和激发企业家精神、加强优秀企业家培育?对此,伦理学、管理学、法学等学科的学者从相关制度、机制、法治、创新创业文化氛围等方面有不少的研究成果问世。

(十) 企业道德建设

近年来,企业道德作为一种资本或无形资产的价值渐被人们所认可,是企业核心竞争力的要素之一。但对如何加强企业道德建设,学者们的看法不尽相同,主要集中在以下几个方面。

而社会公众"普遍认为企业行为对社会利益的影响严重,但是对于企业家的道德状况评判却是满意略高于不满意,这显示了公众认知中存在着'善的企业家与恶

① 李政:《新时代企业家精神:内涵、作用与激发保护策略》,载《社会科学辑刊》2019年第1期。
② 参见李国亮《新时代中国企业家精神的内涵》,载《中国中小企业》2017年第12期。
③ 参见王梓木《追求社会价值是新时代企业家精神的特征》,载《中国中小企业》2018年第4期。
④ 汤亮:《中国企业家精神的三个重要特征》,载《中国工商时报》2017年10月10日。
⑤ 尹红等:《新时代中国企业家精神呈现五大新特征》,载《中国经济时报》2019年4月2日。

的企业'的总体倾向"①。

在激烈的市场竞争中,道德之于企业的作用到底在哪里? 道德在企业运营中又是如何发挥作用的? 王小锡提出"道德是一种资本",企业道德不仅是一种无形资本,而且日益成为企业现实的运作性资本和投资性资本。"从表现形态来看,道德资本在微观个体层面,体现为一种人力资本;在中观企业层面,体现为一种无形资产;在宏观社会层面,体现为一种社会资本。"②围绕道德能否成为一种新型的资本形态,国内学术界曾展开了几次大的学术争鸣③,通过激烈的讨论,学者们从不同的视角对"道德资本"进行了论证,也为企业伦理研究奠定了坚实的理论基础。如徐大建的《企业伦理学》(上海人民出版社 2002 年版)从企业伦理学的理论基础、企业管理中的伦理问题、企业的伦理建设三大方面,全面地论述了企业伦理的有关理论。王小锡等人的《道德资本论》(人民出版社 2005 年版),从理论上深刻地揭示了道德资本的运行规律,并分析了道德资本与生产、交换、分配、消费等社会再生产环节及企业运行机制的关系,进一步深化了企业伦理的理论研究。

1. 从制度上强化企业的道德主体作用

在企业道德建设中谁是主体? 这是学界深刻反思的一个问题,也是提升企业道德建设水平的前提。有学者针对我国"目前企业伦理建设中存在问题的最主要原因是什么"进行了调查,结果显示:62.4%的被调查者(322)认为,"整个社会道德状况不佳,企业伦理道德建设缺乏良好的外部环境"。51.2%的被调查者(272)认为,"中国用来督促企业伦理道德建设的政策法规不健全"。38.5%的被调查者(205)认为,"政府腐败问题严重"。"单就问题而言,企业伦理主体性的缺乏是最为突出、也亟需解决的问题。"④而企业的伦理主体性不会自发地得以确立,需要政府、立法机构、司法机构等制定具有全局性、广泛性、根本性的制度措施,来直接或间接地引导、促进企业的道德建设,同时,还要发挥舆论的导向作用及监督作用,加强对企业道德情况的社会监督。

2. 企业家的道德素质与道德实践能力至关重要

有学者通过抽样调查、与各类代表性人员作深度访谈、实地考察等方式,在进

---

① 高娜:《社会转型期公众对企业道德状况的评判——基于 2013 年江苏省道德国情调查》,载《东南大学学报》(哲学社会科学版)2015 年第 3 期。
② 王小锡:《论道德资本》,载《江苏社会科学》2000 年第 3 期。
③ 参见孟维巍、朱金瑞《21 世纪以来学术界关于道德资本研究的争鸣》,载《伦理学研究》2019 年第1 期。
④ 陈雷:《企业伦理建设:挑战、关键与路径选择》,载《伦理学研究》2010 年第 4 期。

行深入调查和对"具高可信度的第一手资料"初步分析的基础上,认为就我国企业道德建设的基本现状来看,"经历了由道德力不被认识到把道德作为物质力和精神力的重要资源和资产来经营的过程",可归纳为三种类型:道德自觉型、道德理念模糊型、道德堕落型。其中,现实中道德理念模糊型企业"占绝大多数"①。因此,"企业家应该流淌着道德的血液",企业应该努力实现道德经营。"没有企业家的道德觉醒就没有企业道德经营的顺利展开,也就会失去在国际国内的经营竞争力","我国企业需要进行一次企业道德建设运动,真正让企业道德成为企业经营的重要条件、因素和动力。"②加强企业道德建设的途径的着力点主要有:企业家应该成为履行道德责任的模范和综合素质的典范;结合社会和企业的实际情况,严格执行有关标准,推动企业道德建设全面展开;完善诚信机制,改善劳动关系。同时,为防止企业管理的"短板"缺陷的形成,企业需要建立道德委员会并明确其主要职能,"以完善的道德管理机制促进现代企业管理制度的变革和发展。"③不仅如此,企业还应加强内部的伦理教育,通过课堂讲授、案例分析、角色扮演、典型示范等多种方式加强对员工的伦理教育,加强他们对伦理规范的认同及践行道德的能力,"从而改善自身行为,努力实现企业的伦理目标。"④

3. 政府与企业加强道德建设联动

企业道德存在于企业生产经营活动的各个环节,外显于企业的产品或提供的社会服务上,对内则贯穿企业精神、经营理念、规章制度等方面。在企业道德建设过程中,政治制度、经济体制、地域文化等外在因素固然重要,但企业自觉地、有计划地通过多种载体用企业所信奉和必须实践的道德理念去整合员工的思想,是提高企业道德水平的一种普遍手法。一方面,企业自身的道德修炼"是企业道德提升的内在的、根本的动因"⑤。企业应明确自己的道德主体责任,加强自身的道德修炼。包括:在企业制度设计中融入价值观并用其统帅员工的思想和行为,用先进的企业管理和生产技术作为促进企业不断发展的基础,加强企业文化建设,提高企业经营管理者的道德水平等。另一方面,政府提供平等公正的政治生态保证,包括:在制度确立、运行等方面都要以新时代中国特色社会主义为指导,严格遵循人性需要、普遍发展和动机与需要相一致的人道原则、公正原则、服务原则、责任原则和诉

---

① 王小锡:《当代中国企业道德现状及其发展策略分析》,载《社会科学战线》2013 年第 2 期。
② 王小锡:《当代中国企业道德现状及其发展策略分析》,载《社会科学战线》2013 年第 2 期。
③ 王小锡:《当代中国企业道德现状及其发展策略分析》,载《社会科学战线》2013 年第 2 期。
④ 杨芳编著:《求真——民营企业家的伦理建设》,中国经济出版社 2005 年版,第 173 页。
⑤ 张华友、朱金瑞:《安全发展视域中企业自身道德修炼研究》,《经济经纬》2011 年第 6 期。

求等。正如有学者所分析的,"道德自律与道德他律在企业践行责任伦理的过程中如同车之两轮、鸟之双翼,必须并行不悖。为此,我们在认识提升和实践并重的基础上,双管齐下并驾齐驱:一则需要企业强化自身的道德建设,进行整体性的企业道德学习和道德修炼,构建真正的企业道德共同体;一则需要政府建构制度和法律、行会的约束以及媒体和民众保持舆论监督和舆论压力,从而促使企业责任伦理的履行真正落到实处。"①

三、简要评述

企业道德是社会道德的重要组成部分。企业道德水平的高低既反映着社会的道德状况,也在一定程度上直接影响着社会道德的进步。新中国成立 70 年来,我国学术界对企业伦理的研究取得了丰硕成果,积累了丰富经验,但同时也存在着需要进一步深化和拓展的地方。

(一) 成就和经验

新中国成立以来,我国企业伦理研究多学科关注、多层面展开和多种方式推进,取得了累累硕果。

1. 多学科关注

计划经济时代,对企业伦理的研究主要是在经济学界。改革开放以来,针对社会主义市场经济建立过程中出现的失德、败德问题,学者们的研究自发走向自觉,并且呈现出伦理学、经济学、管理学等多学科视野关注的特点。同时,企业家们也纷纷从企业经营实践的视角给予了热烈的回应。正如有学者总结的:"从 20 世纪70 年代开始,人们从各个方面向企业伦理研究领域聚集:经济学家用产权理论、博弈论、集体行动的逻辑、寻租等理论,深刻揭示影响了企业行为的非经济因素,凸现出经济发展与企业运行中伦理与道德的种种命题及其重要作用;管理学家从科学管理和行为管理理论精华中,引申出文化管理、情感管理、良心管理等丰富多彩的人本管理模式,并将利益相关人理论、多赢共生理论实际运用于战略管理理论之中,不断追求企业发展、经济发展和人类发展的和谐境界,管理学的伦理化趋势越来越明显;哲学家、伦理学家、社会学家则将功利论、义务论、正义论等道德智慧奉献给管理企业的人们,希望有助于他们在复杂的利益环境中以系统而辩证的价值

---

① 张志丹:《道德经营论》,北京:人民出版社 2013 年版,第 216 页。

观、方法论进行道德思考和选择,做出具有远见的正确决策;而宗教界人士呼吁的普遍伦理,在政治、经济全球化的浪潮中产生的影响越来越大。"①

2. 多层面展开

新中国成立 70 年来,不论是计划经济时代的企业质量效益、企业革命精神,还是社会主义市场经济的企业道德建设,伦理学、管理学与经济学等学科的学者从多个层面给予关注并展开了系统研究:从一般意义上对企业职业道德的关注到对企业伦理的理论依据、作用、规范的探讨,再到对企业伦理建设的机制、方法等的研究,从针对社会主义市场经济建立过程中出现的失德、败德问题到用社会主义核心价值观引领企业道德建设,从企业伦理的共性到个性,从一般企业伦理问题到新兴行业的伦理问题,学术界都有涉及并且取得了丰硕的成果,为企业道德和企业文化建设提供了具有可资参鉴的研究成果。

3. 多种方式推进

学术界对企业伦理的研究紧扣时代的脉动,紧密结合中国特色社会主义建设的实践,通过多种方式推进企业伦理的立体化研究。除通过发表论文、著作、立项课题进行研究外,有关企业伦理的学术研讨成为常态,同一学科的学术交流、不同学科的学术对话、理论与实践的观点碰撞等十分活跃。不仅如此,学者们以强烈的学科意识推动着企业伦理研究的深入,与美国、日本、德国、韩国等国学者的学术交流也不断加强,并借鉴他国研究的有益经验和成果。由此,一批有志于企业伦理研究的学者,在管理学、伦理学、经济学等专业的硕士生、本科生中开设了"企业伦理学"课程②,为企业伦理的研究培养了队伍。

(二) 有待提升之处

在新时代,随着改革开放的不断深化和我国社会主要矛盾的变化,对企业道德建设了提出了新的更高要求和更多的研究课题,企业伦理研究应着力于以下几个方面。

1. 进一步彰显中国特色

对企业伦理的研究,从学科意义上起源于西方,并对中国产生了重要影响。当前,中国企业伦理研究从内容到方法甚至伦理规范、表述方式等都存在一定的"西化"的倾向。借鉴西方本无可厚非,但是,中西社会制度不同,文化观念相异,尤其

① 欧阳润平:《企业伦理学》,长沙:湖南人民出版社 2003 年版,序第 1 页。
② 参见陈炳富等《企业伦理学》,天津:南开大学出版社 2002 年版,序第 2 页。

是社会主义市场经济同资本主义市场经济的本质不同,决定了中国企业伦理研究必须立足中国国情、立足中国社会主义市场经济的实践。正如有学者所希望的,学术界应加强多学科的交流,注重"探讨本土化、情境化问题,更多地聚焦中国问题"①,因此,中国企业伦理的研究既要置于经济全球化的背景下,借鉴西方有关方法和内容中合理、科学的部分,探讨带有普遍性的企业伦理规范要求,如诚信、社会责任、可持续发展及发生机制等。同时,也是最重要的,要加快推进对新时代中国特色社会主义企业道德体系建设的研究,从企业道德原则、规范、建设机制和方法等方面建构与中国特色社会主义市场经济相适应、与社会主义法律体系相协调、与中国传统文化相承接的中国特色社会主义企业伦理学。正如习近平总书记在哲学社会科学工作座谈会上所强调的,"要按照立足中国、借鉴国外,挖掘历史、把握当代,关怀人类、面向未来的思路,着力构建中国特色哲学社会科学,在指导思想、学科体系、学术体系、话语体系等方面充分体现中国特色、中国风格、中国气派。"

2. 进一步拓展研究内容

社会主义市场经济的进一步发展、经济全球化进程的加速及互联网、大数据时代的来临,极大地改变了企业与利益相关者的交往沟通方式,企业面临的道德问题更加多样化复杂化,进一步拓展研究内容成为必然:一是对企业伦理理论的深入研究,如企业的伦理特性、企业价值观、企业社会责任、企业道德个性等。二是对经济社会发展中与企业相关的重大伦理问题的深入研究,如新发展理念视域下的企业创新、绿色、共享发展伦理,新型政商关系中政府及企业的伦理作为,优秀企业家精神,乡村振兴战略中企业的社会责任等。三是对中国企业伦理史的深入研究。从历史的视角对我国传统企业优秀道德文化资源进行挖掘,对企业道德建设的历程进行分析,理论意义和实践价值都十分重要。四是对企业道德与区域文化关系的研究。中国地域广阔,历史上形成了不同的区域文化和地域性格,如晋商、微商、苏商、豫商等,其道德精神是中国企业伦理重要的精神滋养和道德文化基因,同时,对比不同区域文化性格有助于对企业道德个性进行研究。五是对不同领域、不同行业企业伦理的研究。如旅游行业、饭店行业、会展行业、传媒行业等;六是对新兴行业企业伦理的研究,如物流伦理、电子商务伦理、上市公司伦理等方面的研究需要进一步加强,特别是随着一些新兴产业的兴起,伦理应对愈发必须和迫切,如人工智能中的伦理问题等。七是对民营企业和中小企业伦理的研究。八是企业作为承载"一带一路"建设的重要组织,其在跨国经营中的伦理规范,对本土道德文化的尊

---

① 邬曦:《第一届中国企业·管理·伦理论坛会议综述》,载《管理学报》2014 年第 11 期。

重等应引起学界重视。"一带一路"沿线不同国家企业道德文化的交流互鉴和对比研究,也应是学界关注的重点之一。

3. 进一步加强实证研究

近年来实证研究成果的生动性和说服力已被学界公认。只有在大量实证和实验研究的基础上进行理论的提升,才能得出科学的结论。如果仅局限于一般的理论推导,从理论到理论,不仅不能指导实践活动,理论也会失去活力和生命力。因缺乏对社会主义市场经济实践全面的、系统的把握,对不同企业内部结构及运行机制的研究有限,企业伦理研究中闭门造车的现象仍然突出,各学科的对话交流不充分问题并没从根本上得到解决。如一些企业伦理学著作纯粹从哲学伦理学的分析出发,仅从应然的视角去解释和规定社会主义市场经济条件下的企业伦理,研究成果更像是一本纯粹的哲学著作。同时,企业伦理研究为企业实践服务的意识不强,"我国现在对企业责任的研究仅限于一些大型国有企业或是纯理论研究,缺乏实证经验与理论的结合"①,用以指导实践的机制和方法的研究也很薄弱。因此,学界应根据新时代企业的特点,一方面,在进行个案研究的基础上,找出企业道德建设的共性。另一方面,加强对企业道德实力评估指标体系的研究,以更好地推动研究成果的转化。同时,积极推动企业界与理论界的对话,为企业伦理研究提供更鲜活的素材,使企业伦理研究奠定在更坚实的基础之上,以增强理论的生命力和指导力。

总之,企业伦理研究要紧扣时代脉动,充分吸取新中国成立 70 年来企业伦理建设的经验,充分挖掘道德的资本功能,使企业伦理的研究成果转化为促进企业发展和社会进步的重要因子。同时,企业伦理的研究也必须基于民族性,扎根中国大地,体现先进性和开放性。

---

① 刘鸿宇:《西方企业伦理实证研究的知识图谱分析》,载《中央财经大学学报》2018 年第 5 期。

第八章　管理伦理

　　管理伦理思想可谓源远流长,但是将管理和伦理结合起来,尤其是作为一门学科研究则是 20 世纪 70 年代之后才在西方出现。推动管理和伦理结合的直接动因是欧美经济社会发展领域遇到前所未有的管理和伦理困境。从 20 世纪 70 年代起在美国,80 年代起在欧洲,管理伦理开始成为人们的热门话题,并迅速发展成为一门学科。它是管理学和伦理学跨界融合、交叉研究产生的新学科。中国管理思想和伦理思想博大精深,然而将管理与伦理归于一统,作为学科研究则比西方国家更晚些。20 世纪 90 年代后期国内学术界在学习借鉴西方学科经验的同时结合我国发展实际,开始关注管理伦理,出现一些研究成果。伴随着中国经济的快速发展,学术界聚焦管理伦理,形成了一系列丰硕成果。新世纪以来,管理伦理逐渐成为学界研究的热点之一,管理伦理学科的发展成果对包括在华跨国公司在内的中国企业的合德经营管理产生积极的影响,较好地推动了中国企业的可持续发展以及在管理理念上和国际企业接轨。纵观管理伦理研究,无论国内还是国外,管理伦理学科还尚未形成完整的理论架构,无论在理论发展还是实践探索领域都有许多问题亟待推进,尚有广阔的研究空间。回顾中国管理伦理研究的发展历程,总结其已经取得的理论成果,发现其存在的主要问题,把握其发展脉搏,这对新时代更好地推动中国管理伦理的发展具有理论意义和现实意义。

一、研究的基本历程和概况

　　中国有着五千多年的文明史,不但拥有自己独特的文化思想史,还拥有自己独特的管理思想史。在几千年的社会发展中,融伦理与政治于一体是中国古代社会的重要特点之一,也是中国古代管理伦理思想的主要特征之一。中国古代以老子、孔子、孟子、荀子等为代表的先贤,留下了《道德经》《论语》《孟子》《荀子》等千古名著,可谓中国管理伦理思想之滥觞,深刻影响后世。后世历代思想家、政治家,承先贤之道,接时代之气,发自家之声,经百家争鸣之兴盛,历纵横捭阖之升华。数千年理论与实践的积淀,中国管理伦理思想宝库已然是内容博大精深,典籍浩如烟海,名家各显特色。研究表明,历代思想家、政治家"在他们的管理思想和管理实践中都带有浓厚的伦理色彩",呈现出了"主张按照伦理原则进行管理的思想"趋势。①中国的管理思想史中不仅仅有伦理思想的篇章,更离不开贯穿其中的伦理思想发展红线。但是把管理和伦理结合起来并且作为一门学科研究是在新中国成立之后,尤其在中国实施改革开放之后。中国开启全面学习借鉴西方先进技术和管理经验之门,学界开始加强与西方的交流对话,关注研究国内各领域管理与伦理问题。概要说来,新中国成立以来我国学术界对管理伦理的研究大致可分为萌芽期、形成期、繁荣期和发展期四个阶段:

(一) 萌芽期:管理伦理问题提出(1978—1991)

管理伦理学的萌芽肇始于中国改革开放。随着改革开放的深入推进,中国经济发展逐步进入快车道,社会各个领域开始发生翻天覆地的变化,与此相应,经济生活领域中管理与伦理道德之间也出现了非同以往的矛盾和冲突,对人们既有的传统道德观念产生了巨大的冲击。很多问题开始困扰并影响人们的生活,引发热议,引起学界的思考。诸如,搞商品经济是不是道德的经济,经济建设是不是也内含着伦理道德要求? 企业作为经济发展的主体,在管理过程中是不是经济效益至上,是不是还要考虑社会责任,是不是不需要考虑员工的太多诉求? 作为社会人,在经济利益面前是否要遵守伦理道德规范,是否还要坚持集体利益至上? 实践层面纵横交错的问题引发学界深思,激发学者进行研究。

从另一个层面看,这个时期,中国打开国门学习引进西方先进管理经验,学术界在思考我国经济、管理领域伦理问题的同时,开始关注西方经济领域和企业管理遇到的污染、腐败等系列经济丑闻,开始学习介绍西方管理伦理研究成果。20 世纪后期,西方发达国家坚持问题导向,重视对管理伦理进行比较系统的研究,在理论和实践方面取得了一系列的成果。在西方学术界,管理伦理的研究路径大致分为三个方面,即微观、中观和宏观。这种研究路径开始也是从企业管理伦理角度提出的。在微观层面上,研究对象是个人,主要探讨企业中的单个人之间即作为雇主与雇员、管理者与被管理者以及同事、股东、供应商和消费者等做了什么,能够做什么,应当做什么。在中观层面上,研究的对象是经济组织的决策和实际行动,包括厂商、工会、消费者组织、行业协会等。在宏观层面上,研究对象包括经济制度本身

---

① 参见苏勇《管理伦理》,上海:上海译文出版社 1997 年版,第 39 页。

以及工商经营活动的全部经济条件,如经济政策、金融政策和社会政策等等。① 以美国为代表的美洲国家在企业管理伦理上更倾向于实践探索,在具体行为的伦理问题上强调决策和行动的自由以及相应的责任。欧洲国家则比较重视理论研究,在具体问题上强调"应该以伦理责任勾勒出商业的条件"。值得一提的是,作为当时的亚洲强国,日本同样重视研究企业行为的伦理问题,其管理伦理思想十分注重民族性和实用性。

从宏观视角观察,这一阶段,我国学界对管理伦理的研究还处在萌芽阶段,主要是学习西方管理伦理研究动态,开始密切关注思考中国管理伦理的现实问题,并开始回应有些问题。1986 年,徐征在《政治学研究》上发表《社会管理的伦理含义和技术含义》,从社会管理角度讨论伦理内涵,是比较早地论及管理与伦理的文章;1989 年,任建雄在《哲学研究》上发表《管理伦理学初探》指出,"伦理道德作为人类认识世界改造世界的一种特殊方式,在管理实践中所发挥的作用愈来愈突出",作者呼吁要建立管理伦理学学科,这是较早从学科意义上研究管理伦理学的文章。其他研究更多侧重应用伦理,比如医学医疗方面管理道德的文章则频繁出现。与此同时,管理伦理方面的研究编著为中国管理伦理学的萌芽奠定了厚实基础,如夏书章的《管理、伦理、法理:短论集》(1984),温克勤、任健雄、李正中等主编的《管理伦理学》(1988),唐能赋主编的《企业管理伦理学》(1989),严缘华主编的《管理伦理学》(1990)等。

(二) 形成期:管理伦理学学科奠基(1992—2000)

作为一门应用科学,管理伦理学植根于社会现实,伴随着社会的发展而发展。1992 年,党的十四大第一次明确提出了建立社会主义市场经济体制的目标模式,把社会主义基本制度和市场经济结合起来。由此,中国改革开放力度前所未有,经济建设成效显著。以企业管理为例,一大批中国企业奋发有为,在实践中学习借鉴国外先进管理经验,重视管理伦理、塑造企业文化,如海尔集团用先进企业文化盘活存量资产,实现企业的质的提升就是最为典型的案例。但是,市场经济的确立与迅速发展对社会结构也产生了很大的冲击,人们的思想观念也悄然发生变化。在经济实践活动中,企业"道德缺失""为富不仁"等伦理问题凸显,企业是否要履行社会责任引发广泛的争议。这些为学者们关注现实、回应社会关切提供了广阔舞台。

① 参见[美]乔治·恩德勒《面向行动的经济伦理学》,上海:上海社会科学院出版社 2002 年版,第 31 页。

十余年间,国内学界,尤其管理和伦理学界的学者,在充分借鉴吸收西方管理伦理思想的同时,结合我国实际开展了积极有效的研究,同时注重挖掘中国传统文化中的管理伦理思想,形成一批理论成果,其中不乏见解独到的文章和著作,对管理伦理的理论框架和核心理论问题进行了有益探索,初步奠定了管理伦理学学科理论体系。

这一阶段的主要代表著作有:许启贤、苑立强的《管理与道德》(1992),杜建国主编的《经济管理伦理学》(1992),栾荣生主编的《实用医院管理伦理学》(1992),李兰芬的《管理伦理学》(1995),张文贤、朱永生、张格编著的《管理伦理学》(1995),黄兆龙编著的《现代教育管理伦理学》(1996),周祖城的《管理与伦理》(2000)。学术论文大致可以分为三类:第一类侧重原理研究。如王小锡的《经济伦理学论纲》(1994),万俊人的《文化资本与管理伦理》(1999),周祖城的《管理与伦理结合:管理思想的深刻变革》(1999),陈效禹、杨一民的《经济管理伦理思想之历史溯源》(1992)等。第二类侧重关切现实,其中,关注度比较高的是企业和医疗两方面伦理问题。如刘继生的《正街小商品市场的经营与管理伦理》(1996),苏培亮的《从管理伦理的角度看民营企业的"跌倒"与"爬起"》(1999),张建伟、陆估的《从西方企业管理模式看现代管理的伦理理念》(2000)等;王昊的《关于卫生事业机构经营管理伦理道德若干问题的思考》(1997),马亚矗的《患德论与医患关系及患者管理伦理初探》(1994),钱启的《有效开展继续医学教育的管理伦理对策》(1998)等。第三类侧重传统文化。如张艳红的《略论孔孟的管理道德思想》(1996),贺益民的《儒家管理伦理之负面特征初探》(1998),郝云的《管子的管理伦理思想论纲》(2000)等。值得注意的是,这一时期学界对教育的管理理念尤其是伦理理念给予了高度的关注,也形成了系列论文。

(三) 成熟期:管理伦理研究蓬勃发展(2001—2012)

进入 21 世纪,中国经济保持又好又快的增长势头,各项社会事业乘上了"和谐号动车",获得了全面的发展。乘着春天的脚步,管理伦理研究也可谓全面开花,蓬勃发展。一方面,关注学科建设,关注理论前沿,对管理伦理学科体系的问题进行比较系统的研究,完善了中国管理伦理学科体系。另一方面,坚持问题导向,直面现实问题,思考研究面向行动的管理伦理,对管理领域中的系列伦理问题作出反思和积极回应。同时,拓宽学科建设视野,既注意借鉴西方发达国家管理伦理学科经验,注重与国际接轨,开展国际对话,又注重传统文化思想传承与创新,善于从中国传统文化思想中汲取管理伦理精华,推动管理伦理学科建设。十余年来,管理伦理研究发展不仅仅体现在论文和著作量的"井喷"增长,还体现在质的提升,形成了一些诸如"道德资本""道德生产力""经济德性""道德经营"等原创性理论成果。同时出现一批管理伦理学科的代表人物,如李兰芬、戴木才、周祖城、苏勇、李萍、龚天平、龙静云等,他们的研究成果在一定程度上引领着中国管理伦理学科的发展。管理伦理学日益得到学界和社会各界的深度关注,成为哲学社会科学大花园里的一朵奇葩。

这期间的学术研究论文面广量大,学科特色鲜明。一是管理伦理学科理论架构明晰。如戴木才、孙丽虹的《"管理伦理"研究述评》(2001),周祖城的《管理与伦理结合:管理学的一个前沿研究领域》(2002),李兰芬的《秩序:管理与伦理》(2005),李萍的《论管理伦理的问题域及决策方法》(2007)、《管理伦理若干前沿问题探析》(2009),王兵的《中国管理伦理的历史逻辑与现实路径》(2010),胡宁的博士论文《伦理管理研究》等。二是回应现实伦理问题成为管理伦理学术重要使命。首先,企业管理伦理研究持续走高,如龚天平的《价值驱动:当代企业管理伦理实现的重要方法》(2009),庄艳的《现代企业管理的伦理视阈》(2007),马波的《现代企业管理中的管理伦理》(2006),张晓东的《当代中国管理伦理中人本法则的革命性变革》(2010),徐大建的博士论文《市场经济与企业伦理论纲》(2002)。其次,人民身心健康及医疗问题研究成为热点。如郑大喜的《社会转型期医院管理伦理失范的警示与思考》(2009),李永生的《医疗腐败与医院管理伦理》(2006),邱祥兴、张春美等的《治疗性克隆及人类胚胎管理伦理问题的调查和讨论》(2005)等。最后,公共管理伦理问题研究引发高度关注,如周毅刚、高猛的《耻感的心理机制与公共管理伦理建构》(2008),詹世友的《政治与行政的关联与公共管理伦理维度的开显》(2006),吴成钢、崔彦的《论公共行政管理的伦理基础——一个公共伦理分析视角》(2006)等。其他如教育、卫生、科技等领域的管理伦理研究也如雨后春笋般发展起来。三是持续研究发掘中国古代或传统管理伦理思想,并注重研究对现当代的启发成效。如邓子纲的《试论老子〈道德经〉的管理伦理思想》(2005),黄森荣的《孟子的"仁政"及其管理伦理》(2006),马全江、霍述艳的《孙子兵法蕴含的伦理思想》(2007),刘胜良的《孔子教育管理伦理思想探微》(2010),徐平华的《从儒家"仁治"到"设计仁治"——儒家"仁治"在设计管理中的价值》(2011)等。四是对西方管理伦理研究前沿作了及时的追踪和积极的回应。如汤正华、韩玉启、吴正刚的《中西管理伦理融合的逻辑分析与模型构建》(2005),邓子纲的《试论亚里士多德的管理伦理思想》(2007),戴木才的《西方管理伦理的发展趋势》(2002),汤正华的博士论文《中西管理伦理比较研究》(2005)等。五是系统推进管理伦理研究的学术专著,教材空前发展。如戴木才的《管理的伦理法则》(2001),苏勇的《管理伦理》(2002)、《现代管理伦理学:理论与企业的实践》(2003),张康之的《公共管理伦理学》(2003),龚天平的《追寻管理伦理:管理与伦理的双向价值》(2004),唐凯麟、龚天平的《管理伦理学纲要》(2004),张应杭的《管理伦理》(2006),戴艳军的《科技管理伦理导论》(2006),孙延斐的《高校学生管理伦理研究》(2008),徐维群的《伦理管理:现代管理的道德透视》(2008);刘士文编著的《公共管理伦理学》(2003),赵增福、李兵、邹伟主编的《医院管理伦理学》(2003),李兰芬主编的《管理伦理学:基本理论与个案分析》(2004),万俊人主编的《现代公共管理伦理导论》(2005),肖平编著的《公共管理伦理导论:理论与实践》(2007)等。还有一批外国经典著作也被翻译或直接介绍到国内,如拉瑞·托恩·霍斯默的《管理伦理学》(2005),彼得·德鲁克的《管理:任务、责任和实践》(2007)等。

(四) 发展期:管理伦理新征程(2013 年至今)

进入新时代以来,中国特色社会主义事业进入全新的发展阶段。党的十九大报告指出,我国社会主要矛盾已经转化为人民日益增长的美好生活需要和不平衡不充分的发展之间的矛盾。以习近平同志为核心的党中央提出了“五位一体”总体布局和“四个全面”战略布局,开启了全面建成小康社会、实现社会主义现代化和中华民族伟大复兴的新征程。新时代新征程赋予管理伦理学新的历史使命,学界备受鼓舞,召开系列学术会议,学术视野贯通古今与国际国内,管理伦理研究得到全面深入的推进,形成了适应时代发展的系列成果。这一时期尽管时间跨度不长,但是学术研究特点鲜明。一是研究领域进一步拓宽,研究更加深入,初步体现出新时代的发展要求和特点。既有管理伦理学一直坚持研究的企业管理伦理、学校管理伦理、医疗管理伦理,也有公共管理伦理、政府管理伦理、档案管理伦理等新的领域和方向。一些知名学者对热点问题进行深入研究,如唐凯麟等发表了《当代中小企业实现人力资源管理伦理化转变的研究》(2016)。二是连续召开两届管理伦理论坛。2014 年在上海召开第一届中国企业管理伦理论坛,国内学者就企业社会责任、企业伦理、管理伦理等这一领域未来应予关注的问题进行研讨,与会学者认同应当警惕“企业与社会相分离、管理与伦理相分裂的不可持续发展模式”①。2015年在上海召开第二届中国企业管理伦理论坛,国内外知名学者 50 余人围绕“中国企业社会责任研究 15 年回顾”开展学术研讨,国内外经济伦理学、管理伦理学领域

---

① 邬曦:《第一届中国企业·管理·伦理论坛会议综述》,载《管理学报》2014 年 11 月。

的王小锡、陆晓禾、Georges Enderle 等著名学者出席会议并担任论坛顾问委员会专家,推动学术研究可持续发展。三是传统管理伦理思想研究取得重要进展。研究以历史人物管理伦理思想及启示为要,涉及孔子、墨子、韩非子、王阳明以及近代大儒,既有学术论文,也有博硕士论文。四是博硕士论文明显增多,学术著作质量明显提升。这一阶段有 10 余篇博士论文,围绕地方政府创新、地方政府公共危机、社会资本、高校管理等问题进行管理伦理视角的研究;近 40 篇硕士论文从原理到实践,从人物到社会现象,进行管理伦理视角的研究分析;学术专著频现,张志丹的《道德经营论》(人民出版社 2013 年版),房宏君的《科技人力资源管理伦理绩效》(中国劳动社会保障出版社 2013 年版),苏勇的《管理伦理学》(机械工业出版社 2017 年版),顾剑的《管理伦理学》(同济大学出版社 2018 年版)是管理伦理研究领域的力作与代表。系列成果推动管理研究适应新时代,进入新的发展期。

二、研究的主要问题

管理伦理学作为一门新兴学科适应时代要求在中国应运而生,经过 70 年四个阶段的发展,无论在学科建设方面还是在理论拓展方面都日趋成熟,尤其在实践性上凸显了学科的特点。管理伦理学作为管理科学发展的“第三个里程碑”正日益发展成为一门显学,得到学界和社会各界的高度关注,为我国经济腾飞和中国特色社会主义建设发挥了应有的作用。目前,我国的管理伦理研究所涉及的重要主题及其观点主要集中在以下几个方面。

(一) 管理伦理研究的学科基本问题

何为管理伦理? 这是进入此学科必须思考和回答的问题。管理和伦理原本分属两个不同的学科,两者为何结合,两者之结合何以可能,又如何结合? 作为学科管理伦理学应该归属于何种学科? 它到底“是什么”“为什么”“怎么样”? 对此,学界进行了多年的研究探讨,总体上达成了比较一致的认识,但也存在观点的争鸣。

1. 对“管理”“伦理”结合的必然性认识

对于管理和伦理的结合,学者普遍认为是学科交叉发展的必然,是“管理学与伦理学‘嫁接’、‘杂交’的结果,使两者融为一体”①,是企业伦理的发展内在地要求管理和伦理的结合,不是人们想象的一种简单的相加,更不是一种简单的“拉郎

① 张文贤:《管理伦理学》,上海:复旦大学出版社 2001 年版,第 4 页。

配"。对于两者结合的内在逻辑关系,戴木才曾作过比较全面的论证,他认为管理学与伦理学之所以能够结合,关键在于企业的管理活动本身具有伦理性质。一方面,企业管理作为一种社会活动,就需要考察它如何体现人的价值和给人带来了何种价值。另一方面,企业管理作为一种对社会资源的有效配置方式,表面上看来是一种纯粹经济性质的活动,实质上有着明显的伦理性质,如管理活动(包括管理中的契约关系)所体现的人与人的关系,事实上就是如何对待人。如何对待人,本质上是一个伦理问题而不是一个经济问题。因此,管理学与伦理学的结合,是管理活动本身的内在要求,而不是人们主观的强加。他在《管理伦理的价值》一文中作了进一步的诠释,"管理与伦理结合的内在机理在于管理系统本身就是一种伦理价值模式,具有一种获得价值行动的意义"。文中提出三点颇具价值的论据。一是"管理伦理的发生是由管理活动和管理系统的内在要求决定的。管理与伦理之所以能够结合,关键不在于伦理学能够为管理学提供什么,或者相反,而是由于'管理'与'伦理'具有可通约性——管理本身内在地具有伦理性质。也就是说,管理与伦理之所以能够结合,在于管理本身具有道德性"。二是"管理与伦理具有同质性。伦理是人类对自我内在管理的建构活动,在实质上是人类对自我的一种内在管理,因为它所指向的是人类自我的内部世界,是人类对自我的生存和发展的一种规范、设计和引导,因此,是一种特殊形式的管理,是特定历史条件下社会所实施的道德管理方式,是'特殊的社会管理方式'"。三是"成功有效的管理是体现人性的伦理管理。管理虽然是一种社会协调方式,但却渗透着一种内在的人文精神"。① 可见,"管理"与"伦理"的结合、管理伦理的诞生是管理活动的内在要求,是一个自然历史的发展过程。

2. 管理伦理的学科定位

对于管理学科的定位或归属问题,一直备受管理学界、伦理学界关注,并从不同角度进行了讨论。有不少学者倾向于管理伦理学应隶属伦理学,是一门管理学与伦理学交叉而形成的应用伦理学。戴木才则发表不同见解,他认为,把管理伦理归属于应用伦理学谱系"影响到对管理伦理研究的全面性和深入性"。从伦理学视角看,管理伦理不但要考察管理的一般规律,更应该"追寻管理的社会本质和价值属性,探究管理的价值原则和根本目的",从管理视角看,它又不同于一般的应用管理学,它应当"从价值观的高度指导管理理论的研究和从思想理论上武装管理者,以获得管理的最佳社会效益"。所以,如果"以广义管理伦理学立论,管理伦理就不

---

① 戴木才:《管理伦理的价值》,载《光明日报》2004 年 3 月 2 日。

能简单地归入应用伦理学"①。周祖城也认为,管理与伦理的结合是管理思想的深刻变革,管理伦理研究是管理学的一个前沿研究领域。温克勤在《管理伦理学》一书中明确指出:"管理伦理学是以管理学作为元理论,用伦理学的观点和方法研究管理实践的理论体系。""它既是管理学的一门分支学科,也是伦理学的一门分支学科"。他辩证地指出,"伦理学与管理伦理学的关系是一般与特殊的关系,是共性和个性的关系。"而管理伦理学和管理学也存在很大的区别,"管理伦理学不以管理活动中的各种具体问题的共性为局限,而是深入研究管理活动中道德现象、道德建设规律的共性;它也不局限于研究某个具体管理系统内的道德现象,而是在更高层次、更广泛的范围内,从总体上把握管理道德的一般规律。"②它涉及人性假设、管理本质、管理目标、管理控制、管理价值判断等各个方面,是一个重大的管理问题。总体上看,管理伦理学作为一门学科已经得到学界的普遍认同,多数学者认为管理伦理学是管理学和伦理学研究领域的交叉学科,其存在的合法性、合理性也基本得到研究和论证。

3. 管理伦理的研究对象及研究方法

任何一门学科都应有其特定的研究对象,管理伦理也不例外。对此,学界亦有讨论。温克勤认为,管理伦理学应该主要研究如下四个问题:一是揭示道德与管理的关系。二是研究管理过程中人的道德主体性问题。因为在管理过程中管理者和被管理者都是道德的主体。三是寻找"善的循环"的途径。四是研究道德在管理系统内部及与社会整体相互联系的方式、中介和特点。周祖城在《管理与伦理结合:管理学的一个前沿领域》一文中从五个方面作了阐述,即管理与伦理的关系、管理活动伦理、典型的不道德管理行为、合乎伦理的管理以及管理者的道德素质与道德修养。唐凯麟在其《管理伦理学纲要》一书中提出,管理伦理学应该研究管理与伦理的关系,管理伦理的本质、构成及功能,管理伦理的历史运行轨迹和其在现实管理活动中运行状况,管理伦理的规范体系,管理伦理的实现机制,管理者的人格塑造等重要理论问题和实践。③ 汤正华、张少兵在《差异、融合与创新:比较视域的中西管理伦理探究》中以中西管理伦理比较为出发点,认为管理伦理的研究可以从管理人性假设、管理伦理本质、管理伦理目标、管理伦理控制和管理伦理价值标准五个维度来构建分析框架,认为管理伦理学是管理学和伦理学研究领域的交叉,应当

---

① 戴木才:《管理伦理研究述评》,载《当代财经》2001 年第 4 期。
② 温克勤:《管理伦理学》,天津:天津人民出版社 1988 年版,第 3 页。
③ 参见唐凯麟《管理伦理学纲要》,长沙:湖南人民出版社 2004 年版。

涉及人性假设、管理本质、管理目标、管理控制、管理价值判断等研究内涵。① 这些讨论就很好地解决了管理伦理的"是什么""为什么""怎么样"一系列问题。管理伦理的研究方法很多,目前学界比较认可的方法有:逻辑的方法,理论联系实际的方法、定量分析方法、行为分析方法、系统分析方法、心理分析法。因为管理伦理学是一门实践性很强的学科,其新的研究方法也在实践中不断推出。还有学者对管理伦理的决策方法进行了比较系统的研究,提出在管理伦理决策过程中可以采用价值澄清法、评价法、平衡法等②,这对学科本身的研究方法也起到细化深入的作用。

(二) 企业管理伦理

企业管理伦理问题一直是学界关注的热点、焦点问题。企业伦理的提出和应用,内在地要求管理与伦理结合。管理伦理在一定程度上讲源自对企业管理的反思与研究,企业界的管理伦理问题在中国管理伦理史上具有代表性。70 年来,国内学界发表了大量的关于企业管理与伦理、管理与道德的文章,对企业管理伦理的合法性、必要性、实践性以及核心内容等理论和现实问题进行深入系统的研究,有针对性地解决了一些理论和现实难题,客观上推动了我国企业的管理伦理化进程。

1. 企业德性的合法性辨析

企业德性,或企业伦理的伦理品性备受学界关注,引发争论和探讨。首先,企业要不要讲道德,为何要讲道德?有观点认同西方的"非道德性神话",把企业抽象为"伦理无涉"的纯"经济动物"。这种观点有市场,也迎合了一些企业家,尤其是部分在华跨国公司在中国市场经济大潮中急于"减负"创业的非伦理性诉求。他们认为,企业的功能是纯经济的,经济利润是衡量企业成功与否的唯一尺度,高调奉行"市场经济条件下企业的唯一责任是在现行游戏规则内提高利润"③,认为企业承担社会责任会增加企业成本,这些成本通常会转移到产品价格上,从而削弱产品的竞争力。因此,企业应该与伦理道德无关,如果接受伦理约束,企业就被困住了手脚,甚至失去发展的动力。这种观点和实践理念深受弗里德曼和哈耶克等为代表的自由主义经济学家的影响。事实上,企业"非道德性神话"不但没有合法性基础,而且在西方已经被实践和理论所改写。从自由主义经济学的视角看,企业"伦理无

---

① 参见汤正华、张少兵《差异、融合与创新:比较视域的中西管理伦理探究》,北京:光明日报出版社 2012 年版。
② 参见李萍《论管理伦理的问题域及决策方法》,载《哲学动态》2007 年第 2 期。
③ [德]霍尔斯特·施泰因曼、阿尔伯特·勒尔:《企业伦理学基础》,李兆雄译,上海:上海社会科学出版社 2001 年版。

涉"可以不需要道德的观点也是站不住脚的。他们只对市场经济"看不见的手"顶礼膜拜,而忽视了它与生俱来的"道德情操"。企业作为市场经济竞争过程中的一个伦理行为主体,它内在地应当适度运用市场所赋予的自由主动协调自身与公众利益,处理好企业"利润最大化"和社会"利益最大化"的关系,从而为社会和谐可持续发展贡献力量。

2. 企业伦理的必要性反思

企业为何要履行伦理使命,为何要履行道德义务,是企业伦理深度关注的理论问题。学者们从不同的视角提供了不同的解读,产生了不同的观点。总体上讲,学者们倾向于认为企业必须讲道德,应该履行社会赋予的伦理使命。对于企业伦理的必要性有如下有效供给:一是权利—责任模式,认为企业享有社会赋予的权利就必须承担相应的社会责任;二是利益相关者理论,认为企业发展离不开利益相关者的投入和支持,企业对所有利益相关者既有利益关系,也存在道德责任;三是"伦理回报"模式,认为企业讲道德,履行伦理使命是会得到利益回报的;四是伦理价值模式,认为道德本身自由价值,并且不依赖经济绩效独立存在。① 由此可见,企业的生存与发展必须是合乎伦理的,而且它的伦理机制不仅仅是外驱的,更是内生的,是企业可持续发展的理性诉求。

3. 企业伦理的实践思考

企业如何履行伦理使命、担负社会责任是企业管理伦理的实践向度,也是终极指向。这里仍有两个维度,一是"应然"状态,即企业管理过程中伦理使命、社会责任内化的程度,企业因此而和谐发展的状态。二是"实然"状态,即企业管理过程中履行伦理责任以及伦理理念发挥效用的实际状态。需要指出的是,尽管学界对我国企业如何履行伦理使命、承担社会责任多有共识,然而,此类问题仅仅满足于"纸上谈兵",更应该让我们的企业行动起来。国外企业、多数在华跨国公司基本建立了企业伦理守则,对企业在管理运行过程中如何履行社会责任、如何解决伦理冲突等问题提出了明确的原则和操作要求。对我国企业而言,这是迫在眉睫的问题,需要从理念到实践得到系统解决。② 企业自觉践行社会责任不仅仅是企业存在的内在使命,也是全面建成小康社会,实现中华民族伟大复兴中企业应当直面的现实考量;它不仅仅是企业发展的道德良知和文化自觉,也是实现可持续发展,构建人类命运共同体的实践命题。③

---

① 参见王蕾《企业道德的两个基本问题》,载《伦理学研究》2010 年第 2 期。
② 参见陈清泰《构建和谐社会中的企业社会责任》,载《中国经济时报》2005 年 8 月 4 日。
③ 参见王兵《中国管理伦理的历史逻辑与现实路径》,载《唯实》2010 年第 8 期。

4. 企业伦理的发展向度分析

企业伦理作为实践性很强的命题,其未来发展趋势得到学界的高度关注。总体上看,在经济全球化背景下,企业管理伦理是以"追求卓越"为主题、东西方互动共融、新观念不断产生的伦理,是功利价值与道义价值相统一、实质理性与工具理性共融、人际伦理与生态伦理并重、普遍伦理与地方智慧相结合的伦理。当代企业管理伦理发展呈现七大走向,即凸显社会责任的新选择、成为好企业公民的新吁求、与生态伦理交融的新逻辑、强调领导者道德的新经验以及以人为本、利益相关者和追求卓越等新观念的出场、道德推理多元化的新现象和企业管理伦理从非正式到正式即规范化的新走向。①

(三) 教育管理伦理

教育管理伦理研究随着我国的教育改革与发展不断深入,学者们围绕学校管理伦理、校长管理伦理角色、学校管理精神价值、学校管理实践道德、学生管理伦理等方面展开了全面而深入的讨论。总体看,在学校管理过程中凸显伦理精神和道德价值已日益成为学校管理理论研究和实践发展的一个重要趋势。

1. 从学校文化视角看学校管理伦理

在学校管理中,通过塑造学校文化,实施伦理化的管理已是学校行稳致远的发展趋势。有不少学者认为文化是学校管理伦理的深层次的制约因素,有学者认为伦理与道德应当成为学校文化的核心价值观,成为学校群体共同的理想和信念。有学者甚至提出,在学校管理中"以伦理规范和价值观去代替直接的管理,既体现了一种学校的文化,又表现为一种管理的伦理"。② 有学者认为,人文关怀是制度文化建设的一个核心部分,学校管理过程中应当注意重严格管理轻人文关怀的问题,学校管理目标的实现离不开充满人文关怀的学校规章制度的制定。③

2. 领导者伦理角色的思考

学校是教育培养人的地方,学校的领导者首先应该是道德标杆,"有德者居之"。然而,从小学到大学的各层各级领导者出现的伦理失范,甚至道德缺失、沦丧问题,引人深思。不少学者认为学校领导要正确对待手中的权力,要以德聚人、以德感人、以德影响人,校长应该是道德人格的典范。在管理实践过程中要力避"过

---

① 参见龚天平《伦理驱动管理——当代企业管理伦理的走向及其实现研究》,北京:人民出版社2011年版。
② 参见郅庭瑾《从管理伦理看学校文化重建》,载《河南大学学报》(社科版)2007年第2期。
③ 参见钱焕琦《学校教育伦理》,南京:南京师范大学出版社2005年版。

度强调科层的、心理的和技术的权威,而严重忽视专业的和道德权威"现象。① 作为学校的领导者或管理者,在教育实践过程中应当具备管理伦理道德精神,并将这种管理理念内化于心、外化于行。以校长为代表的学校领导者、管理者的伦理品格和伦理角色的定位成为新时代教育发展的热点问题之一。对此问题虽然没有一个明确的标准,但学校需要伦理型的校长和领导者已成为学校管理实践的呼唤与学校内涵建设发展的需要。

3. 学校管理精神价值的提升

学校管理精神价值是学校管理伦理的核心内容。有学者认为,我们应借鉴西方学校管理经验,将学校管理中的价值伦理问题作为我国未来教育管理学发展的一个重要趋势。同时不少学者主张学校管理不能忽视"人"这个最重要的因素,否则学校管理不但缺乏企业管理都追求的伦理精神,而且还会损伤学校价值主体的自由发展。所以,学校管理深层价值内核的反思和重建,无疑是弘扬和落实学校管理伦理精神的重要转变。

4. 学校管理伦理实践

学校管理伦理涉及面广,层次多元。学校管理伦理活动本身的道德价值向度和公共伦理精神,决定了精神价值和伦理标准在学校管理实践中的重要意义。这些不仅影响着学校管理者及管理对象的行为方式,而且直接影响学校管理的效率。"学校管理要想取得理想的效果,管理者必须要研究和掌握学校管理中的伦理关系及其特征,引导人们在管理原则与伦理道德的双重调节之下进行工作,才能最大限度地调动人的积极性,发挥人们的内在潜能,以提高学校工作的效率。"②以高校教学管理伦理为例,当下高校教学管理行政化趋势明显,一定程度上缺失教师民主,"教学管理呼唤伦理管理,唯有伦理精神才能弥补大学教学管理服务意识的不足,才能预防和消除教学管理的物化依赖,功利膨胀。"③有学者认为,大学教学管理伦理应坚持理论与现实相统一、历史与逻辑相统一的原则,探索教学管理伦理"求真、崇善、审美"的价值诉求及其限度与可能,结合当前大学教学管理的现状,完善大学教学管理伦理诉求实现的机制与建设体系,建设大学教学管理伦理"内发"和"外求"的双向诉求机制,将"主体激发度""自由达成度""创新增值度"作为衡量大学教学管理伦理诉求可能的基本尺度,力求在范式转型、角色德性养成、伦理制度

---

① 参见黄成《我国高等教育管理伦理的缺失与建设对策》,载《吉林工程技术师范学院学报》2015 年第6期。

② 陈家颐:《学校管理中的伦理关系及其特征》,载《教学与管理》1998 年第 10 期。

③ 竺国丽:《刍议我国高校教学管理伦理建设》,载《赤峰学院学报》2010 年第 1 期。

化等方面提供诉求实现的路径选择。①

(四) 公共管理伦理

21 世纪以来,社会治理模式出现转型,随着公共行政从政府管理推广到公共管理,传统的单纯由政府实现的社会治理逐渐被以社会服务来实现管理为核心目标的公共管理所取代,公共管理伦理学逐步成为学界关注度比较高的热点之一。学界对公共管理伦理的学科性质、研究对象、研究内容、功能价值以及公共管理伦理缺失等问题展开讨论,并未完全达成共识,总体上看,公共管理伦理的研究还没有形成完整体系,有些问题还存在争议和分歧。②

1. 公共管理伦理的性质界定

不少学者认为,公共管理伦理的出现,是对公共伦理的一种理论矫正,也是对行政伦理的一种范式替代。张康之认为,作为一门新兴的学科,其仍处于管理伦理元学科的框架之内,是管理伦理在公共管理领域的理论继承与创新。之所以说是理论继承,是因为它仍然没有脱离企业伦理与行政伦理的影响,需要吸收借鉴后者有益的发展成果;之所以说是理论创新,主要是因为它对行政伦理的范式替代,是一种全新的理论平台,其学科基础、研究对象、研究内容、研究视角、研究方法都明显区别于企业伦理与行政伦理。与传统所有的职业伦理学不同,公共管理伦理的学科基础不是社会分工,而是社会分群,这一点决定了公共管理伦理学的研究是一项全新的研究工作。③ 学者倾向于认为管理伦理作为一门元学科,发端于企业伦理研究的兴起,然后逐渐在政府管理领域拓展,以致形成特有的行政伦理学科领域。而行政伦理并不代表管理伦理在公共管理领域演进的终极形式,最终公共管理伦理登上了管理伦理演进的舞台。从最初的企业伦理到目前的公共管理伦理这一漫长而复杂的演进过程正反映了管理伦理诸学科的演进历史,也揭示了管理伦理元学科的发展规律与发展方向。④

2. 研究对象及内容

在研究对象与研究内容方面,公共管理伦理也有其特有的研究领域。公共管理伦理突破了行政伦理单一的政府主体研究,将研究对象扩展到整个公共管理部门,包括政府以及非政府组织及其成员。在研究内容上,公共管理伦理学所要认识

---

① 参见张东《德性与理性:大学教学管理伦理诉求研究》,北京:中国社会科学出版社 2018 年版。
② 参见曹望华《国内公共管理伦理学研究综述》,载《广东行政学院学报》2007 年第 1 期。
③ 参见张康之《公共管理伦理学的基础和特征》,载《东南学术》2002 年第 5 期。
④ 参见高振杨、刘祖云《浅谈"管理伦理"诸学科的逻辑演进》,载《攀登》2007 年第 2 期。

的是公共管理过程中管理主体与管理对象之间、管理者之间、管理者与国家或政府权力结构之间的伦理关系,并在这种认识基础上为公共管理行为提供伦理观念和道德观念,进而实现整个公共管理制度和体系的伦理化。在研究视角与研究方法方面,公共管理伦理研究采用利益分析视角,将公共管理中存在的公共利益与私人利益、整体利益与私人利益看成既对立又统一的关系,并以此为出发点,构建协调利益冲突的公共管理主体道德化机制。①

3. 功能与价值

公共管理伦理的功能与价值是一个不可回避的学术话题。学界对此也各抒己见,仁者见仁、智者见智。有学者认为,公共管理伦理的功能应主要体现在如下几个方面:(1) 提供公共福利;(2) 促进公共管理者忠实执行法律;(3) 促使公共管理者承担公共责任;(4) 为社会梳理典范;(5) 追求专业的卓越;(6) 促进民主。② 对公共管理伦理的价值,有学者认为主要体现在医德治国功能、德育治吏功能、促进法治功能和促进发展功能四个方面。③ 有学者则认为,其价值应体现在,有利于完善公共管理权力的内在约束机制,提高其合法性;有利于人性的全面自由发展,彰显管理主体的公共理性;使人们更加重视提供增进社会福利的产品和服务;使道德与法律并重。④ 事实上,论及功能与价值,学者们似乎殊途同归,都表达了公共管理伦理内在的特质。

4. 公共管理伦理缺失问题

近年来,公共管理伦理缺失问题引起社会的广泛关注,成为一个热点问题。当前,公共管理伦理的研究主要从中国传统文化、公共管理伦理内涵以及全球公共管理伦理的研究等视角开展研究。其问题在于:一是着力从如何约束公共管理者行为的角度讨论公共管理伦理问题的解决,缺少从组织行为角度研究如何约束公共管理机构的权利;二是把公共管理伦理观念缺失归因于文化落后,过于单一,没有触及其根本;三是对于公共管理伦理的涵义解读,没有和中国社会发展特点以及公共管理伦理发展现状结合起来,现实维度不够;四是从全球视角看待公共管理伦理缺失有利于比较分析,但没有有效解决中国特色社会主义背景下的公共管理伦理问题。在新的历史条件下,公共管理的空间会进一步扩大,公共管理伦理问题会进一步凸显,因此需要进一步明确公共管理伦理的作用领域及其相应的规范标准;加

---

① 张康之:《公共管理伦理学》,北京:中国人民大学出版社 2003 年版。
② 参见张成福《公共管理的主业主义与职业伦理》,载《新视野》2003 年第 3 期。
③ 参见张文芳《初探公关管理伦理》,载《华东经济管理》2002 年第 4 期。
④ 参见曹望华《国内公共管理伦理学研究综述》,载《广东行政学院学报》2007 年第 1 期。

强公共管理领域伦理环境质量监控,塑造道德典范,加快公共管理伦理建设进程,①建设符合我国新时代的公共管理伦理体系。

(五) 传统管理伦理

学界对我国传统管理伦理思想的挖掘与研究普遍比较重视。在我国五千多年的思想宝库中,以儒家为主体的传统文化蕴藏着重要而丰富的管理思想和管理伦理思想。随着经济全球化的深入推进,现代西方一些国家从我国古代的管理伦理思想中获得许多宝贵的经验,受到了不少启发,甚至日本及东南亚国家也十分重视我国古代管理伦理思想的研究。中国古代管理思想被称为东方管理智慧之经典。自改革开放以来,我国学者力图吸取现代新的科学成就和思想方法来解释管理和充实管理伦理思想;同时,我国古代某些优秀的管理伦理思想得到挖掘和整理,形成了许多行之有效的经验,如人民的主人翁地位、社会主义民主管理机制及管理道德风尚等,因而比西方学者具有更广泛的历史文化底蕴。

1. 孔子管理伦理思想

孔子是儒家思想的始祖,也是中国传统思想文化的杰出代表人物,是"集大成者"。其管理伦理思想对后世有着深远的影响。首先,孔子的管理生涯体现了丰富的伦理意蕴。孔子的人生跌宕起伏,为实现理想抱负,孔子隐忍坚毅,克己复礼,从基层仓库管理的普通官吏到享誉四方的大司寇,练就诸多管理才干。孔子治理一方,敢于担当,为百姓称道,四方俱来效法。孔子仕途受挫,他不坠青云之志,甚至在流亡途中仍不失长者风范,保持达观积极的态度。这些管理经历内含了孔子丰富的伦理意蕴。其次,孔子管理伦理思想具有很强的时代性和继承性。孔子的管理伦理思想是继承夏商周三代以来的思想,是春秋时期的集大成者。有学者研究发现,孔子的管理伦理思想的主要渊源在于:(1)尧舜禹等圣王对孔子的管理伦理思想起到引领作用;(2)周代礼制理念浸润孔子管理伦理思想,礼制也是孔子管理伦理思想的重要内容;(3)周代德治理念对孔子管理伦理思想起到塑造作用,在孔子的管理实践中也得到运用和体现;(4)周代民本理念对孔子管理伦理思想也有很深的影响;(5)《易经》对孔子管理伦理思想产生了潜移默化的影响。② 最后,孔子教育管理伦理思想内涵丰富,影响深远。孔子是中国历史上第一位伟大的思想家、教育家,也是第一个实践先进教育管理理念的至圣先师。简言之,他的管理伦

---

① 参见苗月新《公共管理伦理缺失之成因及其对策研究》,载《中国行政管理》2011 年第 4 期。
② 参见靳浩辉、杜军璪《孔子管理伦理思想的渊源探微》,载《领导科学》2017 年第 8 期。

理思想体现在如下几个方面:(1) 蕴育"内圣外王"的教育伦理目标;(2) 确立"有教无类"的教育公平理念;(3) 推行"知行合一"的教育实践手段;(4) 实施"正己慎独"的教育自律方略;(5) 奠定"艺术人生"的教育美学基础。① 这些思想理念对当今之教育管理、教育改革等方面都有着很强的借鉴价值。

2. 孟子管理伦理思想

孟子是战国时期伟大的思想家、教育家、政治家,儒家学派的代表人物,与孔子并称"孔孟"。孟子继承了孔子的仁政学说和管理思想,与孔子一样,为了将儒家的政治理论和治国理念转化为具体的国家治理主张,并推行于天下,孟子开始周游列国,游说于各国君主之间,推行他的政治主张。多数学者认为"仁政"是孟子管理伦理思想的核心概念。孟子主张管理者在管理过程中应当重视和关心被管理者的利益。孟子的这种管理伦理思想"坚持了先秦儒家追求人的崇高、人与人之间稳定相处、关系和谐的伦理原则"。其中,"仁政"涉及的管理伦理思想主要体现在三个方面:第一,"制民之产";第二,"取于民有制";第三,"与民同乐"。虽然,这些思想比较理想化,具有超前意识,但是为管理者得民心之实在举措。从管理伦理层面上看,孟子的"仁政"思想进一步丰富、完善和发展了孔子的管理思想,是古代管理伦理思想的进一步发展与提升,主要体现在:(1) 完善了孔子关于"安人"的社会管理方面的思想;(2) 丰富了孔子关于管理方法方面的思想;(3) 发展了孔子关于民生管理方面的思想。② 孟子的管理伦理思想涉及面广,譬如在家庭管理伦理上也是自成体系。孟子针对战国时期家庭伦理混乱的局面,继承和发展孔子思想,构建了一套相对完备的家庭伦理体系。在教育管理伦理上孟子也是多有建树。

3. 王阳明管理伦理思想

王阳明作为儒家文化的发展和传承者,其哲学思想在中国哲学史上具有重要地位,其中的管理伦理思想值得引起重视和发掘。袁业旺的博士论文对此作了翔实的研究和总结,主要体现在如下三个方面:第一,王阳明管理伦理思想的核心是"仁爱"。他认为统治者因为内心对万事万物的仁爱而拥有高尚的品德,并要践行这份品德,对待百姓如同对待自己,才能行仁政,从而不怒自威、深受百姓爱戴;百姓在这份"仁爱"的领导下才能推己及人,以"礼"和"仁爱"对待他人,使得社会一片和谐并欣欣向荣。上下皆有仁爱,社会才会和谐、天人才能合一、天下才能大同;后者正是王阳明管理伦理思想的价值追求。第二,王阳明管理伦理的基本原则是

① 参见刘胜良《孔子教育管理伦理思想探微》,载《辽宁工业大学学报》2010 年第 1 期。
② 参见黄森荣《孟子的"仁政"及其管理伦理》,载《株洲工学院学报》2006 年第 5 期。

"正君"立威、逊礼处事和以道事君,具体来说,君王要规范自身的言行,才能有效管理;人要谦虚,才会处事合宜;下属要用道与义对待上级,才能律己尽忠。相应的管理伦理执行规范是定约以正权威、以"宜"与"虚"待己和尽职尽责做事。第三,王阳明管理伦理思想是儒家体系、"礼治"和"性善论"的传承和延伸,是德治精神的兼收以及亲民品德的修炼的体现。在现代生活中,王阳明管理伦理思想中的"仁爱"有着重要的教育、指导和激励作用,同时他注重"心力"的精神建设,关注民生核心的确定和社会体系的和谐统一,对当今社会具有借鉴意义。① 王阳明的管理伦理思想也是非常丰富多元的,其中"知行合一"的管理伦理思想就是一次学术上的飞跃和实践的升华。他认为,"知"主要是指良知,并非一般意义上解释的知识、见闻等;"行"包括两个方面:一是指人心里的思想或意念活动,二是指道德实践活动;"合"指的是"同"即知行统一,知行结合的意思;"一"指的是最高层次的"良知",就是他倡导的"心"。②

4. 儒家管理伦理思想运用

儒家文化作为中华民族的精神资源,对现代管理的影响广博而深远,体现在诸多领域。这里以中国对现代企业家伦理塑造作为例证。作为有着精神特质的现代企业家,"儒商"以其独特的经营管理理念和管理原则建构起了指导管理过程的管理伦理基础。随着时代的变迁和儒家文化的改造和更新,现代企业家展现出了一种与时代同步的新型"儒商"形象。③ 那么,儒家伦理与企业伦理如何有机结合,如何将个人伦理与企业组织伦理有机结合,如何将中国传统文化转化为现代企业竞争优势?刘军、黄少英在《儒家伦理思想与现代企业管理伦理》一书中作了比较深入的研究,认为儒家和现代企业管理有如下结合点:(1)儒家"言必信""人而无信,不知其可也"的诚信观与现代企业信用管理伦理;(2)儒家"义以生利、以义制利"的义利观与企业家及企业的价值取向;(3)儒家"以天下为己任"的社会责任观与企业社会责任;(4)儒家"德才兼备"的人才观与现代儒商企业人力资源管理伦理;(5)儒家"天人合一""仁""时禁""节约""监管保护"等生态观与企业生态环境管理伦理;(6)儒家"和为贵"以及"和而不同"的社会交往观与企业竞合战略管理伦理;(7)儒家"以人为本""为国以礼""为政以德""中庸之道"等领导观与现代企业领导伦理。作者认为,只有将中国传统文化的特性与现代企业管理的共性有机结合起

---

① 参见袁业旺《王阳明管理伦理思想研究》,广西大学博士论文,2017 年 6 月。
② 参见林培锦《"知行合一"观影响下的教育管理伦理思想重塑》,载《教育评论》2015 年第 5 期。
③ 参见唐任伍、卢少辉《儒家文化对"儒商"管理伦理的塑造》,载《经济管理》2006 年第 11 期。

来,通过构建儒商伦理战略模型,才能尽可能地规避现代企业伦理风险。①

三、简要述评

新中国成立 70 年来,中国管理伦理学走过了不平凡的历程,完成了从概念研究到学科建设的体系建设,直面时代发展问题,贡献管理伦理智慧,取得了系列喜人成就,形成了一些发展经验。

第一,坚持不忘初心,形成了管理伦理学科的发展与建设使命。管理伦理学是实践性很强的人文社会科学,要想取得应有的成就,就必须坚定自己的发展初心,坚持把学科建设置身于国家改革开放的大背景之中,明确服务社会实践,服务改革开放,服务新时代的发展。多年来,管理伦理学已经围绕国家发展大局,直面改革开放诸多领域的管理问题与挑战,形成了系列研究成果,积累了丰富的管理伦理实践经验,成为众多企业和管理机构建设发展的理论支撑。进入新时代,管理伦理学应更加坚定发展初心,坚定学科自信,肩负新的历史使命,思考研究系列新问题,进一步提升理论和思想,引领管理伦理的发展方向。

第二,坚持问题导向,形成了管理伦理面向实践的特性。管理伦理学从诞生之初就彰显其实践特性,在其每一个发展阶段都坚持面向实践,关注现实,有效开展研究,拓展研究领域。如改革开放初期,我国经济领域尤其是企业界出现诚信缺失、企业社会责任缺失、公平效率矛盾、生态环境破坏等时代特征鲜明的突出问题,管理伦理学一方面直面问题,积极开展理论研究,提出发展对策建议,形成理论成果;另一方面提升学科张力,主动开展企业、教育、医疗、环境、公共管理等多领域跨学科的研究,形成了系列成果,对许多领域的问题提供了管理伦理视域的思考和建议。

第三,坚持理论自觉,推动了管理伦理学自身建设与发展。管理与伦理在实践中碰撞,在理论上结合,发展成为一门独立的学科。一是基本形成了管理伦理学的学科体系和理论框架,涌现出了一大批学术著作和学术论文。二是管理伦理学成立学会,定期召开全国性学术研究会议,促进管理伦理研究向深度和广度发展。三是管理伦理学走进高校、走进企业、走进社会,具有大批拥趸,为国家培养了一大批优秀人才。

在总结成绩和经验的同时,也要看到我国管理伦理学科建设和发展中存在的一些不足之处,值得反思。

① 参见刘军、黄少英《儒家伦理思想与现代企业管理伦理》,北京:科学出版社 2010 版。

第一，管理伦理学科体系建设有待深入推进。管理伦理学作为一门学科，体系基本形成，形成了以核心概念、基本原则、价值功能和发展路径等为主的理论框架。但是，学科本身的显现度不够，体系还不尽完善，成果还不完全符合时代发展要求。缺少领军人物，缺少创新型概念，缺少学科特色，缺少一批代表性理论成果。

第二，管理伦理研究的方法论有待提升。在管理伦理研究中，有的学者只是在伦理道德意义上探求伦理与管理的关系，强调伦理优先，甚至认为管理应该从属于伦理，从而强化了伦理的功能却忽视了管理的价值；有的则正好相反，对伦理只作效率判断，忽视了伦理价值。在方法论上，都只看到管理和伦理的相斥性，而没有看到两者之间存在的内在一致性和统一性。方法论的问题对管理伦理研究的意义不可低估，管理伦理的研究应该坚持马克思主义伦理学的基本方法，坚持理论联系实际，坚持走进新时代，服务新时代，在丰富多彩的实践中不断升华管理伦理思想。

第三，管理伦理研究层面有待深入和拓展。管理伦理的研究一般可以从三个层面展开，即管理与伦理"何以结合"，"为何结合"；管理与伦理结合"何以可能"；管理与伦理"如何结合"。从总体研究状况看，对第三层面研究较多，其他两方面明显不足，但是关于管理与伦理"如何结合"问题的研究也缺少明确的导向，更谈不上体系。从研究的宽度与深度看，管理伦理学的研究得之于宽、失之于深，很多文章缺乏深度，学理性明显不够，满足于和现实某一领域、某一现象的结合；从管理伦理的研究对象看，管理伦理的研究不能将研究对象单一化、重复化、边缘化，不能局限于企业、政府、高校、医院等几个有限的领域，有些针对某一领域的研究，只见量的增加，不见质的提升。

第四，管理伦理需要建构一套"知行合一"的价值体系。管理和伦理作为两大价值系统，在人类的社会生活和经济生活中不可或缺。管理伦理首先要研究这两大价值系统的终极目标是什么，对人类管理活动的终极依据是什么，终极理想是什么；管理伦理如何进一步整合诸如文化管理等方面的资源从而更好地服务社会；如何处理两者的关系保证人类价值的真正实现；等等。另外，在不同国家和地区，伦理思想和价值观念是有差异的，伦理思想观念的不统一，在较大程度上会影响组织的功效、市场关系和社会地位，进而影响到组织的目标、战略的制定和实现。① 这就必须从思维方式到价值观念进行彻底的全面变革，并建立起一种与中国特色社会主义相适应的"知行合一"的价值体系，统一和规范各行为主体，使之与社会、环境和各利益相关者和谐相处，各美其美，美美与共。

---

① 参见祝木伟、宋阳、韩玉启《管理伦理研究简评》，载《中国矿业大学学报》（社科版）2004 年第 4 期。

第九章　劳动伦理

新中国成立 70 周年以来,我国经济发展迅速,尤其是改革开放 40 年来的经济发展速度之快让世界瞩目。与此同时,人们对劳动的认知和理解也随之而不断深入,进而对劳动问题的伦理审视和考量也逐步形成较为固定的对经济和经济发展的认识维度。学界对劳动伦理问题的研究从无到有,跟着经济发展的步伐,其理论也在不断系统、深入和完善。

一、研究的基本历程和概况

对于劳动伦理学的研究,我国学者取得了一定的进展,纵观国内劳动伦理研究的发展历程,主要可以划分为以下三个阶段:萌芽期、发展期与繁荣期。萌芽期对于劳动伦理学研究的主要贡献在于提出了劳动伦理学主要的研究问题并进行了初步的阐释;发展期对于劳动伦理学研究的主要贡献在于开拓了国际视野劳动伦理的研究,同时探索如何通过学科的交叉来研究劳动伦理相关问题;繁荣期对于劳动伦理学研究的主要贡献在于对马克思劳动伦理思想的进一步丰富与聚焦现实问题的进一步探索。上述三个时期出现了很多的专著及论文,这些学术成果是国内对劳动伦理学研究的一种反映。然而,国内关于劳动伦理学科的研究虽然取得了一定的成果,特别最近十年来的研究硕果累累,人们对劳动的认知和劳动精神的理解更加深刻,但是劳动贯穿整个历史发展进程,需要我们更多关注和求证,更加紧密结合现实,需要及时对现实问题提出理论指导。

(一) 关于劳动伦理问题的研究历程

从 20 世纪 80 年代开始,我国已经有学者开始关注劳动伦理相关问题,并开始对劳动伦理学进行了一些研究。20 世纪 90 年代至 21 世纪初,越来越多的国内学者开始研究中国出现的劳动伦理问题,初步实现了各个学科的交叉研究。国内学者在此时期还积极翻译国外有关劳动伦理的文献,并取得了一定的成果。从 20 世纪至今,我国学者在更多地翻译国外劳动伦理文献的基础上,将劳动伦理与我国现实社会联系起来,试图用劳动伦理相关理论解决我国新时期出现的一系列劳动问题,并由此出现了一大批高质量的科研成果,使得社会更加关注与思考劳动伦理问题。总体来说,从 20 世纪 80 年代至今,我国学者对劳动伦理的研究经历了萌芽期、发展期与成熟期三个阶段。

1. 萌芽期:劳动伦理概念、问题的提出与初步解答(1949—2000)

据考证,新中国成立之前,我国学者就已经开始关注中国的劳动问题,如 1928 年出版的李剑华的《劳动问题与劳动法》、1929 年出版的《中国劳工问题》、1930 年出版的《上海工人生活程度的一个研究》以及《塘沽工人调查》《河北省及平津两市劳资争论的分析》《中国劳动年鉴》等,但这些著作大多是从社会学的视角对劳动问题进行研究,没有把劳动中的道德问题作为主要研究对象加以研究,即还未真正涉及劳动伦理的相关问题研究。直到 1934 年上海大学书店出版的陈振鹭先生的《劳动问题大纲》一书,才真正开始从伦理道德视角对劳动问题进行考察。该书明确阐述了研究劳动问题的道德缘由,分析了劳动与伦理的关系,认为道德的评价标准因时代而不同。

1949 年新中国成立之后,国内学者逐步开始聚焦劳动伦理,并试图对劳动伦理的相关概念、问题进行研究,并期望使相关问题得到初步解决。1989 年,王昕杰、乔法容教授的《劳动伦理学》是改革开放以来以劳动伦理为专门研究对象的第一本著作,起到了开创性的作用。此书针对劳动者、劳动生活、管理劳动、知识劳动等领域中的道德问题,职业中的价值实现及道德评价等问题进行了较为系统的分析。从此开始,劳动伦理学正逐步发展为因人们劳动活动中的道德关系所出现的新变化、新特点而产生的一门新兴学科。由于此阶段国内学者对于劳动伦理学的研究处于起步阶段,学术成果不够丰富,因此将此阶段命名为萌芽期。

1990 年,陈升①在其论文《关于中国青年工人劳动伦理衰退问题的分析》中对劳动伦理问题作了如下定义,所谓劳动伦理问题就是与劳动、工作相关的道德问题。1993 年,陈宇的《劳动科学体系通论》阐述了劳动伦理学的发展概况。作者认为劳动伦理学是以伦理学理论为基础,研究人们在劳动过程中所涉及的道德问题的科学。1994 年,王小锡②在其论文《经济伦理学论纲》划分了劳动伦理学归属学科问题,他将劳动伦理学看作是经济伦理学重要的研究门类之一,主张经济伦理的

① 陈升:《关于中国青年工人劳动伦理衰退问题的分析》,载《中国青年研究》1990 年第 1 期。
② 王小锡:《经济伦理学论纲》,载《江苏社会科学》1994 年第 1 期。

研究除了以一般经济伦理学作为研究对象之外,实践性较强的劳动伦理也应该作为重点的研究对象,劳动的伦理意义不仅仅是人类生存的条件,更是经济社会良好运行的重要条件,劳动伦理不能被经济伦理学家所忽视。同年,刘进才的《劳动伦理学》一书对劳动伦理存在的理由进行了合理的证明,作者针对劳动过程中劳动关系各要素如劳动者、劳动资料、劳动对象、劳动产品等的道德控制问题而展开研究,对当今世界的一系列劳动的伦理问题进行了理论探讨和实证分析,证明了劳动关系是社会关系主要构成部分,它离不开道德的调节和规范。1995 年,蔡文浩[①]的论文《企业伦理人和企业伦理结构》从企业伦理学的视角来研究劳动伦理。他认为,企业除了是经济行为的法人,还是伦理道德主体。同年,阎春芝的《劳动关系需要与文化》通过人的需要将劳动关系与劳动者文化、企业文化联系在一起,试图用文化建设来优化和改善劳动关系,强调了道德的作用。1998 年,《劳动经济学》一书将道德、法律和权力作为劳动力市场制度结构中调整劳动关系的三种工具,并对三者进行了分析、比较,提出在影响劳动关系的道德与习惯中最重要的是职业道德,将文化传统融于劳动关系之中作为劳动关系制度的一个重要环节。

2. 发展期:国际视野与学科交叉的探索(2001—2010)

2001 年,随着中国加入 WTO,在我国同世界其他国家贸易来往更加频繁的同时,学术界也在积极研究国外学者关于劳动伦理的各种理论,特别是对于马克思的劳动伦理思想进行了深入的研究。与此同时,我国学者也不放弃对国内劳动伦理的研究,诞生了许多新的研究成果与理论,并以论文的形式呈现给社会。除了上述两个明显的特点外,我国学者研究劳动伦理的最大进步是更注重从学科交叉的角度来研究劳动伦理学,同时也更注重解决现实生活中出现的劳动伦理问题。虽然国内学者在此阶段出现了众多的研究成果,但是由于劳动伦理研究的时间较短,许多相关问题研究得还不够透彻,还未真正地解决,因此称此阶段为发展期。

不可否认的是,在此阶段国内学者对于国外学者的劳动伦理思想的研究在一定程度上促使了我国研究劳动伦理的体系更加完善,并且由此产生了许多高质量的论文。国内研究劳动伦理的专家如初习[②]、刘金才[③]、王泽应[④]等都通过论文的

① 蔡文浩:《企业伦理人和企业伦理结构》,载《兰州大学学报》1995 年第 2 期。
② 尼尔·弗格森:《越来越懒散的欧洲人》,初习译,载《国外社会科学文摘》2003 年 12 期。
③ 刘金才:《二宫尊德及其报德思想》,载《日本学刊》2005 年 2 期。
④ 王泽应:《韦伯新教伦理命题的世纪论争与理性反思》,载《南通大学学报》(社会科学版)2010 年 3 期。

形式将外国劳动伦理思想带入中国;同时陈爱华①、邹国球、曾特清②等学者重点研究了马克思关于劳动伦理的相关思想,丰富了国内学者对马克思伦理理论的研究,使得马克思哲学思想更被学界所熟知。尼尔·弗格森的新教劳动伦理思想被引入中国,尼尔·弗格森认为马克斯·韦伯所秉持的新教伦理精神在当时的西欧呈现出了下滑和衰弱的迹象,并被一种世俗的懒惰所取代。刘金才将日本思想家二宫尊德的劳动伦理思想呈现给中国学界,并认为"勤劳""分度""推让"是劳动伦理的核心概念。王泽应对马克斯·韦伯的新教伦理命题作了理性反思,同时还探讨了加尔文主义对新教劳动伦理的意义。有不少学者将青年马克思劳动伦理观作为论文的研究对象,认为经济学、哲学和社会主义理论的相互交织与碰撞是青年马克思劳动伦理观形成的主要特点。邹国球、曾特清从马克思异化劳动理论来研究劳动伦理问题,揭示出资本主义异化劳动对人性的扭曲,指出资本主义必然灭亡与共产主义必然诞生具有巨大的伦理意义。

同其他学科交叉研究劳动伦理学也是此阶段的典型特征,如邢祖礼、杜金沛③从经济学的角度来研究伦理学,涂平荣④从史学的角度研究了孔子的劳动伦理思想,张杨波⑤、闫宏秀与安希孟研究了宗教学中的劳动伦理问题,刘亚军⑥将休闲文化与劳动伦理相结合,刘诚⑦以法学的视角来研究伦理学。而邢祖礼、杜金沛将经济学与劳动伦理学相结合,以四川省内江地区为例发现随着市场化程度的加深,社区内个体认知发生变化使得劳动伦理观向市场伦理观转化。姚电、涂平荣对孔子的经济伦理思想作了一系列研究,同时认为劳动伦理思想是孔子经济伦理思想的主要组成部分。张杨波对弗洛姆的《逃避自由》作出了解读,认为社会成员接受宗教伦理准则后使得劳动伦理逐步成为主导社会成员的价值准则,并随着资本主义经济政治体制在世界范围内的逐步确立。闫宏秀、安希孟从宗教伦理的视角研究了生态问题,作者认为基督教的劳动伦理观念对于解决当时存在的生态问题是富

① 陈爱华:《青年马克思劳动伦理观生成的三重思维向度——从〈巴黎手稿〉到〈1844 年经济学哲学手稿〉》,载《苏州铁道师范学院学报》(社会科学版)2001 年第 3 期。
② 邹国球、曾特清:《异化劳动:伦理意义及其阙失》,载《兰州学刊》2004 年第 3 期。
③ 邢祖礼、杜金沛:《农村稻谷收割制度的演化——以四川省内江地区为例》,载《中国农村经济》2005 年第 8 期。
④ 姚电、涂平荣:《孔子经济伦理思想探微》,载《江西社会科学》2007 年第 2 期。
⑤ 张杨波:《自由:沉重的枷锁——读弗洛姆的〈逃避自由〉》,载《社会科学论坛》(学术评论卷)2007 年第 10 期。
⑥ 刘亚军:《浅谈休闲文化的人文精神》,载《成都理工大学学报(社会科学版)》2007 年第 4 期。
⑦ 刘诚:《劳动法与劳动伦理的调整机制及其相互关系》,载《东南大学学报》(哲学社会科学版)2009 年第 4 期。

有启发性的。

在此阶段,国内学者还思考了我国社会出现了哪些劳动伦理问题,同时在探索应该如何解决所出现的这些问题,主要研究的领域为市场经济与企业伦理学中的劳动伦理问题、农村劳动伦理问题等,这些研究为后来国内学者如何运用劳动伦理学解决中国所出现的现实问题奠定了基础。研究前者的主要学者为刘诚①、李建华②、刘诚③、蒋直平④等;研究后者的主要学者为陈柏峰⑤和鲁英⑥等。首先,从企业伦理学视角研究劳动伦理的成果丰富,如刘诚对于企业社会责任与劳动者权益保护中劳动伦理问题提出了自己的看法,并认为劳动关系调整机制可以分化劳动法调整机制与劳动伦理调整机制;李建华以及他的学术团队进一步探讨了企业中的劳动伦理问题,同蔡文浩一样,作者同样认为劳动伦理是一种企业中的伦理规范;蒋直平通过对劳动义务与权力、劳动职业与职责、劳动所得与所失的辩证研究,同时结合当时中国市场经济体制中所出现的劳动伦理问题,提出了符合当时中国经济的劳动道德观念及样式,丰富了社会主义市场经济下劳动伦理的研究空白。其次,此阶段对于我国农村出现的伦理问题的研究也是热点。陈柏峰研究了中国农村人们劳动伦理观念变迁的原因,作者认为市场经济浪潮对农村人们传统的劳动伦理观念冲击强烈。鲁英研究了劳动伦理对农民实现体面劳动的意义,她认为劳动对于人的生存和自由发展具有本体论意义,劳动伦理应成为社会主义新农村建设的伦理基点。

3. 繁荣期:马克思劳动伦理思想的丰富与现实问题的进一步探索(2010—2019)

通过对劳动伦理学近 70 年的研究,国内学者已经将劳动伦理学的概念与问题,国外学者的劳动伦理学思想,劳动伦理学与其他学科的交叉,劳动伦理学的实际应用与我国现实社会的劳动伦理问题有了一定的研究。因此,在前人研究的基础上,近十年来国内学者对劳动伦理学的研究进入了井喷阶段,各种关于劳动伦理

---

① 刘诚:《劳动法与劳动伦理的调整机制及其相互关系》,载《东南大学学报(哲学社会科学版)》2009 年第 4 期。
② 李建华:《伦理人:现代企业新形象》,载《经贸导刊》2002 年第 2 期。
③ 刘诚:《劳动法与劳动伦理的调整机制及其相互关系》,载《东南大学学报》(哲学社会科学版)2009 年第 4 期。
④ 蒋直平:《劳动伦理:一种权利与义务的伦理社会学分析》,中南大学,硕士论文。
⑤ 陈柏峰:《去道德化的乡村世界》,载《文化纵横》2010 年第 3 期。
⑥ 鲁英:《实现农民的体面劳动:社会主义新农村建设的伦理诉求》,载《安徽农业科学》2008 年第 30 期。

的研究层出不穷,大量学术成果面世。在此阶段最主要的特点在于国内学者对马克思的劳动伦理思想研究得更为深入,同时对于企业中的劳动伦理问题更加重视。在此阶段,更多的学术成果出现,更多的劳动伦理议题被讨论,因此将此阶段称作为繁荣期。

首先,国内学者并未抛弃对国外劳动伦理思想进行研究,代表学者为马强①、李秀娟②、秦红岭③等。马强梳理并总结了传统时代的俄国、社会主义时代的苏联、后社会主义时代的俄罗斯主流劳动价值观的特点,发现俄罗斯主流劳动价值观的变迁在各个时代都与当时的文化、社会制度相契合。李秀娟研究了伊斯兰教的劳动伦理思想,通过研究发现伊斯兰教的劳动伦理体现了尊重劳动、平等劳动、诚实劳动、和谐劳动和创新劳动的现代意蕴。秦红岭研究了约翰·罗斯金的建筑伦理思想中的劳动伦理思想。作者认为罗斯金提出的建造中的劳动伦理主要有两层含义:第一,建筑师和工匠应对建筑作品诚心而认真,贯注自己的全部心力与创造力;第二,建造者有着良好的心绪与乐在其中的劳动体验。

其次,马克思的劳动伦理思想在此阶段成了国内学者研究的重点,突出的学者为贺汉魂④⑤、王泽应④、黄云明⑥⑦、黄逸超⑦、谭泓⑧、夏明月⑤、王维平⑨、高耀芳⑨等,学者们对于马克思劳动伦理理论的探索,丰富了对马克思主义哲学的研究。贺汉魂、王泽应研究了马克思劳动伦理思想中的体面劳动的思想,马克思体面劳动观体现为劳动者因劳动而体面。黄云明、黄逸超从马克思劳动时间界限理论来看待劳动伦理,在中国特色社会主义市场经济建设中,应该保证劳动时间,道德界限不能被突破。谭泓对马克思劳动伦理理论进行了当代阐释,作者认为实现资本逻辑与生活逻辑的统一,应成为当代中国劳动伦理的追求,成为马克思劳动伦理观的当代阐释。黄云明对马克思劳动哲学思想进行了深入和具体的解读,认为马克思劳动哲学由劳动本体论、劳动辩证法、劳动历史观、劳动伦理思想组成。贺汉魂、夏明

① 马强:《俄罗斯主流劳动价值观的变迁》,载《俄罗斯中亚东欧研究》2012 年第 2 期。
② 李秀娟:《伊斯兰教劳动伦理的四重维度》,载《中国宗教》2013 年第 12 期。
③ 秦红岭:《论约翰·罗斯金的建筑伦理思想》,载《华中建筑》2014 年第 11 期。
④ 贺汉魂、王泽应:《马克思体面劳动观的伦理阐析》,载《道德与文明》2012 年第 3 期。
⑤ 贺汉魂、夏明月:《城镇化背景下农民土地权益保障的道义边界研究——基于马克思劳动伦理观视域》,载《云梦学刊》2016 年第 6 期。
⑥ 黄云明:《马克思劳动伦理思想的哲学研究》,河北大学博士论文,2015 年。
⑦ 黄云明、黄逸超:《马克思劳动时间界限理论对现代劳动伦理的启示》,载《唐都学刊》2013 年第 4 期。
⑧ 谭泓:《马克思劳动伦理观的当代阐释》,载《中共中央党校学报》2015 年第 1 期。
⑨ 王维平、高耀芳:《〈资本论〉劳动伦理思想的建构逻辑及价值》,载《湖湘论坛》2019 年第 2 期。

月根据不同的研究主体把劳动伦理分为劳动关系伦理与劳动者伦理,从马克思劳动伦理观视域深入论证了保障农民土地权益的正义依据、人道要求、自由意义,深刻批判了资本主义城镇化对劳动正义、人道、自由原则的背离,土地私有化是农村城镇化的不道德选择。王维平、高耀芳认为马克思的劳动伦理思想蕴含了对资本逻辑的批判和对未来理想社会的伟大构思,架构了基于劳动反伦理批判的未来理想社会图景。

再次,国内学者对中国古代劳动伦理思想也作了一定的研究,代表人物为杨天保①与李雪艳②。杨天保研究了儒家建构士人劳动伦理的策略,认为在认知劳动价值的过程中,先秦儒家动用安分守己的"名分论",将劳动的自然分工"伦理化",为传统士人搭建起脱离田间生产的劳动价值理论。李雪艳研究了明代科学家宋应星的经济伦理观,认为"勤劳致富"的劳动伦理观是宋应星经济伦理观的重要组成部分。

最后,对现实社会的劳动伦理问题的研究也成了国内学者的研究重点,特别是企业伦理中的劳动问题,主要代表人物为吴宏洛③、唐茂华、黄少安④、黄云明⑤、李兰芬、马唯杰⑥、刘永春⑦、谭泓⑧、马腾⑨、游正林⑩、张训⑪、夏明月⑫等。由于国内随着经济发展出现了大量因为劳动伦理引起的社会问题,因此有的学者重点将此作为研究对象。吴宏洛研究了资本逻辑与劳动伦理的关系,唐茂华、黄少安研究了劳动伦理与中国农村劳动力迁徙的关系,黄云明研究了劳动伦理观与体面劳动的关系,李兰芬、马唯杰研究了延迟退休的劳动伦理的相关问题,张训研究了劳动

---

① 杨天保:《儒家建构士人劳动伦理的策略与历史考量》,载《东南大学人文学院哲学与科学系会议论文集》2015 年 12 月 18 日。
② 李雪艳、宋应星:《"济世利民"经济伦理思想研究》,载《美与时代(上)》2011 年第 2 期。
③ 吴宏洛:《资本逻辑与劳动伦理》,载《当代经济研究》2011 年第 2 期。
④ 唐茂华、黄少安:《劳动伦理与中国农村劳动力迁移——一个尝试性理论建构及解释框架》,载《河南大学学报(社会科学版)》2011 年第 5 期。
⑤ 黄云明:《体面劳动的主体伦理观念前提》,载《河北大学学报》(哲学社会科学版)2013 年第 2 期。
⑥ 李兰芬、马唯杰:《延迟退休的劳动伦理检视》,载《南京社会科学》2015 年第 3 期。
⑦ 刘永春:《关于"工作伦理"概念的思考》,载《中共南宁市委党校学报》2015 年第 5 期。
⑧ 谭泓:《社会转型期政府的"劳动伦理倡导者"角色探析》,载《科学社会主义》2016 年第 1 期。
⑨ 马腾、王显雄:《构建企业和谐劳动关系的劳动伦理思考》,载《湖北广播电视大学学报》2016 年第 4 期。
⑩ 游正林:《革命的劳动伦理的兴起 以陕甘宁边区"赵占魁运动"为中心的考察》,载《社会》2017 年第 5 期。
⑪ 张训:《乡村劳动伦理观变迁与乡村犯罪样态演化(1978—2018)》,载《法治现代化研究》2018 年第 5 期。
⑫ 夏明月:《劳动伦理的三重维度》,载《中国伦理学会会议论文集》2012 年 4 月 23 日。

伦理与乡村犯罪样态的关系,夏明月认为劳动伦理要求人们在劳动过程中正确处理好人与社会的关系,实现人的自由而全面的发展。由于我国在此阶段经济发展较快,许多企业出现了一系列劳动伦理问题,为了更好地使国内企业发挥经济建设的作用,把劳动伦理的"力学"功能发挥出来,成为构成企业核心竞争力的重要因素之一,我国学者将研究目光大量聚焦中国企业的劳动伦理问题。对企业劳动伦理问题的研究,不仅促使了国内经济伦理研究的发展,更重要的是极大地丰富了国内对企业伦理问题的研究,并研究了转型时期政府应当承担劳动伦理倡导者的角色问题。

(二) 国内关于劳动伦理问题的主要研究成果

目前国内与本选题相关的研究著作主要有王小锡的《道德资本论》,万俊人的《道德之维》,陈振鹭的《劳动问题大纲》,王昕杰、乔法容的《劳动伦理学》,刘进才的《劳动伦理学》,李建华的《走向经济伦理》,马子富、肖宏的《中国劳动关系导论》,常卫国的《劳动论》,董志勇的《劳动、所有制与绝对价值》,刘永佶的《现代劳动价值论》《劳动社会主义》,靳凤林的《追求阶层正义——权力、资本、劳动的制度伦理考量》,贺汉魂的《回到马克思、培育和谐美:马克思劳动伦理思想现代解码》,黄云明的《马克思劳动伦理思想的哲学研究》,夏明月的《劳动伦理研究》,陈相道、李良玉、王影的《劳动创造美学》,房宏君的《科技人力资源管理与绩效》,马唯杰的《劳动伦理研究》,王飞、文娟娟主编的《劳动经济学》,孟捷、冯金华的《劳动价值新论:理论和数理的研究》,何云峰的《劳动哲学研究》《劳动幸福论》,景天魁的《景天魁文集·第一卷 劳动起点论》,李铁映的《劳动价值论笔记》,刘冠军、任洲鸿的《劳动力资本论》,余陶生的《劳动价值论争论评说》,都阳等的《劳动力市场转变与农民工就业》,王雪峰编著的《劳动增值论》,吴春华、吴洁、张艳丽编著的《劳动与社会保障》,肖进成的《劳动保障监察法律制度研究》,刘燕斌主编的《中国劳动保障发展报告 2016》,庄三红的《劳动价值论的时代化研究》,刘钧的《劳动关系理论与实务》,王维平、陈响园主编的《劳动的力量》,程延园编著的《劳动关系》,中国工运研究所的《劳动关系与工会运动研究文选 2015》,中国劳动关系学院科研处编的《劳动与发展》,王江松的《劳动哲学概论》,孙广振的《劳动分工经济学说史》,杜宁宁的《劳动缔约"明示"义务研究》,权衡等的《劳动资本关系变迁:中国经济增长的逻辑》,李亮山的《劳动关系政府规制理论研究》,孟续铎的《劳动者过度劳动的成因研究:一般原理与中国经验》,陈建华的《劳动关系经典案例 100 篇》,王兆申的《劳动价值形成和价值量决定的理论分析:马克思劳动价值理论在新时代的深化研究》,陈天学的《劳动关系全面管理·实战篇》,

吴贵明主编的《劳动经济与劳动关系》,崔玲的《劳动关系与经济增长的相关性研究》,樊士德的《劳动力流动、经济增长与区域协调发展研究》,北京市劳动和社会保障法学会编的《劳动关系与劳动争议现状和展望》,朱益虎主编的《劳动关系管理实用手册》,王江松的《劳动者学》,饶扬德主编的《劳动关系与劳动法》,冯同庆主编的《劳动关系理论研究》,刘素华的《劳动关系管理》,王少波的《劳动关系热点问题研究》,夏明月的《劳动伦理研究——和谐劳动关系与和谐社会构建》等。

除了理论著作外,还有学者发表了相关的一系列论文,探讨了有关劳动伦理的一些重要问题。如徐小洪的《劳动关系运行的伦理分析》,章海山的《略论经济伦理范畴的劳动》,董保华的《劳动关系对立与和谐》,黑启明的《劳动关系理论研究的社会伦理视角》,孟令军的《劳资和谐是社会和谐的基石》,郑东亮的《构建和谐劳动关系若干问题研究》,周原冰的《生产劳动是道德的逻辑起点》,乔法容的《劳动伦理学的对象、意义和任务》,汪荣有的《人的本质是劳动与社会性的统一》,邹国球、曾特清的《异化劳动:伦理意义及其阙失》,王永祥的《从"劳工神圣"的新伦理到"为人民服务"的根本宗旨》,宗煜萍、阎洁的《"劳动"的伦理意义》,郑尚斌的《劳动和对劳动的全面占有》,王维平、高耀芳的《〈资本论〉劳动伦理思想的建构逻辑及价值》,贺汉魂、王泽应的《马克思劳动伦理关系思想及其现实启示研究》《马克思体面劳动观的伦理阐析》,黄云明的《体面劳动的主体伦理观念前提》,寇准强的《马克思劳动伦理思想研究》,夏明月的《劳动关系伦理的提出及其价值旨归》等。这些文章都从某个角度或以某种方法对劳动中的伦理问题以及涉及伦理的劳动问题进行了研究,极大地推动了劳动伦理在我国的发展。

(三) 国内关于劳动伦理问题的研究概况及特点

从国内已经出版的著作和发表的论文来看,我国学者关于劳动道德问题重点研究和阐释了诸如"劳动和道德的关系""道德在劳动过程中的地位和作用""道德与劳动效率的提高""道德对人的品质的提升"等问题,通过研究,厘清了一些理论问题,比较有说服力地阐释了劳动与道德的互相渗透,道德对劳动的作用;一些成果还分析了我国在经济道德建设方面的经验教训,为人们充分认识劳动伦理问题提供了理论依据。在国内关于劳动伦理学科的研究取得了一定的成果,特别最近十年来的研究硕果累累,人们对劳动的认知和劳动精神的理解更加深刻。

随着科技进步带给劳动更大的挑战,一些问题日益凸显,关于劳动伦理问题研究成果逐年增加,不少学者从经济与道德关系的视角阐述劳动道德的重要性,此外,还有一些学者在构建体系方面进行了一些尝试和努力。大体分为两大类:一是侧重劳动理论的拓展研究,二是对劳动道德进行实证分析。近些年,我国社会收入差距日益拉大,基尼系数达警戒线以上,由于市场的本质特性和经济运行方式的转变,出现了劳动的物化和异化现象,并由此产生了一系列伦理道德问题。有些人用库兹理茨涅倒U形曲线来论证收入差距拉大是发展过程中不可避免的一个过程,然而劳动关系已出现了种种不和谐因素,且已经触及并伤害到广大群众的利益,并给社会埋下种种不安定的隐患。因此有些学者就劳动关系中存在的问题以及和谐劳动关系的构建提出了自己的见解和建议,如沈立人连续推出三本著作《中国弱势群体》《中国农民工》和《中国失业者》,步步深入,深刻揭露和剖析了劳动关系中出现的问题。金雪军主编的丛书之一《劳动经济学案例》,作为公共管理硕士(MPA)的教学用书,对劳动市场化过程中出现的各种新现象和新问题进行案例讨论。近些年很多学者对劳动者的需求理论研究进一步深化,发现体面劳动、劳动幸福指数有助于促进和谐劳动关系,有利于实现人的自由全面发展。

国内学者对劳动伦理进行深入的研究呈现出以下新特点。

劳动和伦理之间的关系开始得到重视。从文献梳理发现,陈振鹭是我国最早研究劳动与道德问题的学者,他阐明了为什么要在道德层面上研究劳动问题,解读了劳动与伦理之间的关系;王昕杰、乔法容的看法是,无论什么时代,劳动者的状态在一定程度上约束了甚至决定了一个社会的整体的道德风貌及其发展的方向;有学者论述了劳动行为对社会的道德责任,企业对社会的道德责任;吴潜涛早期在研究日本伦理思想的同时,凸显了劳动伦理焕发生产的附加值。常卫国的看法是,良好的道德能够对企业发展有一定促进作用,能够有效提高劳动者的精神面貌及道德心理,良好的道德与生产力和社会经济发展起到一种正向相关的关系。黄云明在《马克思劳动伦理思想的哲学研究》一书中对劳动哲学本体论、劳动辩证法、劳动历史观、劳动者主权论、劳动人道主义等有了进一步的研究,意味着可以从马克思政治经济学文献中挖掘劳动伦理思想的哲学基础,进一步突出了劳动伦理思想在当代学术话语体系的重要地位。

对于如何构建和谐劳动关系进行了比较全面的研究及分析。对于和谐劳动关系的特征有"六特征说""七特征说",可以用十二个字来概括,即规范有序、公平合理、合作互利。"只有实现劳动关系上的公平正义,才能保证和谐社会的顺利实现"①。目前得出的普遍结论是:劳动关系是现代社会最基本的社会关系,没有劳动关系的和谐就没有社会的和谐;劳动关系的和谐是社会和谐的前提和基础,社会

① 苗丰仁:《以构筑公平正义的劳动关系为着力点,推动和谐社会建设》,载《中国劳动关系学院学报》2006第1期。

和谐是劳动关系和谐的延伸和终极结果。有学者认识到和谐劳动关系直接关系到企业生产经营状况和稳定大局，是企业提高核心竞争力的关键，也是企业的无形资产之一。① 必须进一步自觉地思考其构建的理由、构建的形式，构建的价值标准和衡量尺度，以及对自身利益实现的合理性。② 有的学者还研究了资本与劳动的和谐劳动关系，认为资本与劳动的关系可以寻求"中庸之道"即和谐之路。

　　国内关于劳动伦理的观点是多家争鸣。其主要观点有以下几个方面：劳动关系是社会关系的主要构成部分，它离不开法律和道德，法律是底线，道德是上限，但它有很强的调节和规范作用，使整个劳资双方处在平衡状态；万俊人教授进一步把劳动范畴宽泛化，把"义务劳动"作为劳动伦理的最高实现形式，正如将慈善事业作为伦理的最高表现形态；权衡研究员在资本"两极化"的分析中对当前中国和谐劳动关系的构建方面提出一些建设性研究，总结了一些发达国家的实践经验；有学者从劳动正义的纬度来研究劳动伦理，论证了劳动正义的价值合理性，认为劳动正义是和谐劳动关系的伦理诉求；有学者从劳动人权的维度来探讨劳动幸福的概念。以上的研究对和谐劳动的实现提供了理论依据和价值诉求。还有学者认为，劳动关系的主体的权利与责任应是对等的，劳资之间应该达到一种相对平衡状态。黄云明对社会主义劳动关系进行了伦理分析，可以运用马克思劳动关系伦理思想来指导解决如今企业存在的不和谐的劳动关系、企业内部不平等等问题。这些观点对于我国构建社会主义劳动关系的伦理诉求有一定的指导作用。

　　对劳动伦理与企业发展动力的研究取得一定成果。王小锡指出，道德作用于生产领域的全过程，可以影响生产的效率、产品质量、服务质量等方面，道德是生产力的精神要素之一，并且是最重要的核心要素，一个人的道德觉悟会直接影响人们对生产力要素的使用、改造和利用，这也就必然影响企业道德资本的形成，道德在经济运行和企业发展中是不可或缺的，是一种活的生产力。刘可风从以下三个维度论述道德在企业经营中的影响：假定"道德资本"是趋善的；从价值共创理念的分析中发现价值判断中的"应该"和事实判断的"是"之间的差距，以此来解读企业道德实践过程中显现的道德差异困境；随后提出许多的企业在道德层面上的实践路径，同时依照道德在企业经营中的适时定位原则，防止道德资本的泛化，更重要的是也要防止企业在非道德神话向道德神话的过度转换。还有学者从哲学高度对劳动范畴作了深入探讨，对劳动加以全新的诠释，对于劳动有了多元的定义。李建华从反面论证，从劳动的角度认定

① 参见姜瑞瑞、葛玉辉《劳动关系周期理论：劳资关系理论的新探索》，载《领导科学》2009 年第 2 期。
② 参见孟令军《劳资和谐是社会和谐的基石》，载《中国劳动关系学院学报》2005 年第 3 期。

道德,用劳动关系的变化解释道德的发展的轨迹,引申道德和谐是劳动的最终目的。周中之强调了企业在劳动关系中需要遵循相关的道德准则,同时人道原则也是企业社会责任感的必然要求。贺汉魂从马克思劳动伦理观中提炼了劳动伦理的有关思路,他认为马克思劳动正义论是保障农民土地权益的立论依据。马克思劳动人道论论述了人道灾难是侵犯农民土地权益容易产生的后果。马克思指出资本噬血是侵犯农民土地权益的根本原因,资产阶级政府在保障农民土地权益方面的不作为是资本能够噬血的根本社会条件。马克思同时论证了保障农民土地权益的道义限度及恢复农民土地私有制的不道义性。①

二、研究的主要问题

尽管目前学术界对劳动问题的各类研究主要以经济学和社会学的视角进行探讨,但是也有一些学者开始对劳动问题进行伦理审视和考量。有学者认为,对于现实的需求来说,我们不仅要以伦理视角审视劳动,研究其价值诉求、基本原则,而且要探索其本质和内涵、伦理价值以及实现路径,更要将社会主义劳动作为一个哲学命题来研究,理论要与当今的劳动相结合,树立正确的劳动观念,弘扬正确的劳动精神。有学者从超越资本的维度对劳动的合道德性进行研究,为实现劳动者的体面劳动,追求劳动幸福的自由劳动而努力。有学者将劳动精神与社会主义精神联系起来,社会主义精神是建立在诚实劳动基础上的精神,也是一种用社会化方式最大限度地放大个体幸福的精神,社会主义精神是一种尊重劳动的精神,社会崇尚劳动,劳动才能得到尊重,劳动者才有幸福感,能够实现快乐劳动。②

(一) 关于劳动伦理基本问题的研究

1. 关于劳动伦理的含义

就目前研究现状来看,劳动伦理研究在我国虽然有了一定的成就,但还处于起步阶段,或者说还没有引起学者足够的关注,更多的企业雇主还没意识到劳动伦理的重要性,从古到今真正明确地对劳动伦理进行概念界定的并不多,特别从传统文化的角度对劳动有明确论述的不多,在一些古典著作中能找到劳动者对劳动的赞美和肯定,在《伦理学大辞典》里至今也没有对劳动伦理作出概念界定。对劳动伦

---

① 参见贺汉魂、夏明月《城镇化背景下农民土地权益的道义边界研究——基于马克思劳动伦理观视域》,《云梦学刊》2016 年第 6 期。
② 参见何云峰《劳动幸福论》,上海:上海教育出版社 2018 年版,第 3—5 页。

理的理解大体有两种观点：一是"道德原则说"，二是"道德关系说"。有学者认为自从有了社会劳动，就产生了劳动关系，也就有了规范和调节这种劳动关系的道德原则，"劳动伦理是对劳动关系中道德现象的概括，主要是指在劳动中人与其他诸要素之间应当遵守的道德准则"①，即主张劳动伦理是劳动中诸关系的原则协调。"道德关系说"认为，劳动首先反映的是人和自然的关系，但其背后隐藏着深刻的社会关系和道德关系，因此，劳动伦理是对劳动者各种道德关系的反映，如对劳动者之间、劳动者与劳动集体、劳动集体与国家、社会等各种利益关系的特点及其发展规律的反映。② 其他论著或论文，对劳动伦理的认识基本上没有超出以上两者的范围。

2. 关于劳动伦理的基本特征

在劳动伦理的一般特征上，有学者指出，劳动伦理是社会道德体系的一个组成部分，因此它具有道德的一般特征，如阶级性、历史性和普适性，但同时它又有自身的特点。首先，劳动伦理比一般伦理更贴近社会生活。当今社会的发展程度决定了劳动仍然是人们谋生的第一手段，它跨入了现代化的生产劳动领域，专门研究同人们劳动活动有关的道德关系、道德需要、道德意识等道德问题，因此，它来源于现实生活，反映的内容也更丰富。其次，劳动伦理比一般伦理更具体，更深刻。由于主要研究劳动者在劳动集体内部、参与社会生产过程的一系列道德问题，劳动伦理所揭示的道德现象和道德关系更翔实、更深刻。最后，劳动伦理比一般伦理更具有实践的价值和意义。劳动伦理研究的重点主要放在道德的实践活动方面，是一般伦理学基本理论在劳动实践中的具体应用。

3. 关于劳动伦理研究的主要内容

有学者归纳劳动伦理研究的主要内容有：一是劳动过程的基本伦理问题，其中最主要的是劳动与自由和幸福的全面发展关系；二是在劳动过程中劳动者的道德问题；三是在劳动过程中劳动集体的道德问题；四是在劳动过程中一些特殊领域的伦理问题，如对知识劳动与管理劳动中伦理问题的探索、对现代经济体制下社会公平与效率关系的伦理学思考等；五是职业道德，即人们在从事其特定工作时的行为规范。③ 还有学者这样认为，"劳动伦理是对劳动中道德现象进行概括，规范和处理人们之间的各种利益关系，主要指劳动中人与其他要素之间应当遵守的道德准则。人类的所有劳动总是在一定的社会关系、社会结构中才能获得现实性，同时，

① 刘进才：《劳动伦理学》，上海：华东理工大学出版社 1994 年版，第 127 页。
② 参见王昕杰、乔法容《劳动伦理学》，河南：河南大学出版社 1989 年版，第 11 页。
③ 参见陈宇《劳动科学体系通论》，北京：中国劳动出版社 1993 年版。

劳动也成为人与个人、个人与社会之间相互作用的基础和纽带,使人们之间形成愈来愈丰富的社会关系。"①

总之,对目前国内劳动伦理问题的研究基本上可从以下两个层面理解:一是理论层面,主要探讨劳动伦理问题的实质、劳动与人的本质实现、人类自由和幸福的关系,劳动的道德职能和道德意义以及对劳动道德合理性的论证,体面劳动的保障及其实现等。二是实践层面,主要探讨劳动者在劳动过程中发生的各种道德关系问题。如劳动者在劳动过程中的自由状态、劳动时间、劳动强度、劳动环境、技术要求等方面的可接受性,劳动者之间的道德关系、经济效益与道德效益的关系,以及劳动者对劳动的热爱和忠诚程度、劳动后的获益、休息等制度保障等,也都属于劳动伦理实践层面的研究内容。

4. 关于劳动伦理问题研究的逻辑起点

劳动伦理产生的人性前提是人的需求的多层次性,即生存、发展和享受三个层次,产生的哲学基础是人与劳动的辩证关系,劳动力的私人占有性与劳动过程的合作性、劳动结果的共享性之间的矛盾是劳动伦理产生的内在张力。② 关于劳动伦理的逻辑起点,大致有三种不同的观点,分别是异化劳动、社会分工和生产方式。一是以异化劳动为研究的切入口即在对异化劳动扭曲劳动本性、践踏劳动者尊严乃至束缚人身自由进行批判的基础上,确立起科学的劳动伦理规范体系。据不完全统计,2000年以来,在CNKI中国期刊全文数据库中,仅以"劳动伦理"为"主题"可检索到的结果是81篇,以"劳动伦理"为关键词,可以检索到60篇,键入"异化劳动"为主题出现文章达5699篇。跟十年前的数据相比,增长了四倍有余,足见有更多的学者关注劳动伦理问题。以异化劳动为切入口,作为研究劳动伦理问题的视角,是以往对劳动伦理问题进行研究的主要途径。二是以社会分工为研究的切入口。有学者认为,没有社会分工,就不会出现纷繁复杂的职业。职业的形成和社会关系的发展,为劳动道德的诞生提供了前提条件,"众多的行业,数不尽的职业,形成了无穷的职业关系,从而向道德提出了不可推卸的责任。"③三是以生产方式为研究的切入口。把劳动作为一种道德活动方式,深刻地反映了劳动代表的是社会关系,劳动是社会劳动必定会产生劳动关系,是按照一定的社会形式组织起来的社会集团或群体的行为,这些集团或群体的劳动的性质和道德意义如何,是由这个社会的劳动生产方式所决定的。因此,有学者认为,"在不同的社会与统治地位

① 李建华:《走向经济伦理》,湖南:湖南大学出版社2008年版,第187页。
② 参见陈宇《劳动科学体系通论》,北京:中国劳动出版社1993年版,第77页。
③ 刘进才:《劳动伦理学》,上海:华东理工大学出版社1994年版,第6页。

的生产资料所有制形式和分配关系的条件下,人与劳动的关系不同,劳动的道德意义、劳动者价值的实现也存在着极大的差异。"①

(二)有关劳动伦理的拓展性研究

1. 关于劳动者职业道德问题

劳动者的劳动态度是劳动者对劳动总的看法和评价。劳动者的劳动行为决定劳动效果,而劳动行为的好坏受劳动者自身劳动能力的制约,因此劳动者提高自身素质的主动性是劳动伦理的重要内容之一。人在生产中起主导作用,劳动者的自身素质及其对生产资料的掌握和利用水平,正是生产力标准的本质内涵,劳动者的自身素质包括劳动者的伦理态度和道德水平。② 劳动者提高自身素质的主动性并非全部来自物质利益,劳动不仅是一个体力和脑力的付出,更渗透着人类的意识、思想、智慧和情感。劳动者的职业人格决定着劳动者的劳动质量,在内容上反映社会对某一具体职业活动的要求,在调节范围上限于规范本职业的从业人员及其相关的职业活动,具有较强的稳定性和连续性。劳动过程不断丰富着道德的内涵。万俊人指出劳动者的职业人格决定着劳动者的劳动质量,职业人格是劳动者劳动伦理的具体体现。李建华介绍了劳动职业与劳动职责的问题,他指出职业道德是一种软性的行为规范,在劳动伦理体系中居于第一个层次,是整个劳动伦理体系的基石。他指出职业人格是劳动者劳动伦理的具体体现。职业人格通常包括:劳动价值观、劳动积极性、责任意识、敬业精神。职业人格也存在着一个动态发展过程,当前,在社会主义市场经济转型时期,劳动力这个生产要素,由国家计划集中统一配置,变为由国家宏观调控下的劳动力市场机制配置。而同时,我国企业的生产方式和劳动方式也在发生着巨大的变革,产业结构的调整、现代企业制度的推行,这些都使劳动者面临极大的压力和严峻的考验,并由此导致他们职业人格的转变。在职业人格转变过程中,由社会结构转型带来的价值观念的冲突是其职业人格错位的内在原因。③ 当劳动者行为合乎规范时,经济活动正常进行,产出趋于正常水平,生产要素按比例使用;而当劳动行为不规范时,由于劳动者体力和智力消耗的下降,劳动的实际供给减少,产品产出水平下降。没有基于道德感基础之上的责任感,任何职业都将失去存在的社会价值,正如一位法国哲学家所言:"一切有权力的

---

① 王昕杰、乔法容:《劳动伦理学》,河南:河南大学出版社 1989 年版,第 2 页。
② 参见王琪《试论"三个有利于"标准的伦理价值——兼论邓小平社会主义义利观》,载《中国海洋大学学报》(社科版)1999 年第 2 期。
③ 参见李建华等《走向经济伦理》,湖南:湖南大学出版社 2008 年版,第 185—197 页。

人都爱滥用权力,这是万古不变的经验。防止权力滥用的办法,就是用权力约束权力。权力不受约束必然产生腐败。"这就需要在伦理层面上培养敬业精神,才能不使权力权利化。敬业精神,是一种基于责任心的对工作、对事业的全身心投入。"敬业精神是职业个体对所从事的职业的一种虔敬与奉献之心。"①

有学者研究指出,在向市场经济转变过程中,劳动关系的市场化转变,劳动者从"身份型"的固定工变为"契约型"的合同工,其实质是用人单位和劳动者双方彼此的权利和义务都通过劳动合同加以规定,正是这种新的契约关系的确立,一方面通过对个人利益和权利的肯定,导致了劳动者的利益觉醒,激发了人们为了利益而积极努力的职业精神,另一方面又通过对人们施加危机感和压力感,促使他们不断进取,不断提高自己的技术和水平,培养现代社会所需要的职业精神。②

2. 关于劳动关系伦理研究

有学者认为,劳动关系伦理主要包括以下几个层面:一是公平与正义。一个公平合理的社会是建立在各个阶层权利和群体相对均衡的基础上的。在现实社会生活中,劳资关系与其他社会关系一样,都不是孤立地存在的,而是镶嵌于更广大的社会背景以及其他种种社会关系网络之中,这个更广大的社会背景和其他种种的社会关系,可以对嵌入其中的劳资关系产生种种的制约和限制作用,从而使得劳资双方的强弱关系能够有所改变。二是力量与权力。工会常利用团体的强大力量去影响社会的决策过程,对应地,资方也会利用自己的力量去影响社会政策过程,维护和扩大资方的权力与力量或否定下属通过集体谈判获得的权利。三是权利与责任。权利与义务相互对称,而责任是义务的主要表现形式。权利有别于权力,与权力又有密切联系。四是个人主义与集体主义。劳动关系中个人服从集体利益的观念同"个人自由"的社会观念似乎是存在统一和冲突的。③

关于构建和谐劳动关系,学者们进行了较为全面的分析和研究,对于和谐劳动关系的特征有"七特征说""六特征说",可以用十二个字来概括即规范有序、公平合理、合作互利。"只有实现劳动关系上的公平正义,才能保证和谐社会的顺利实现"④。目前得出的普遍结论是:劳动关系是现代社会最基本的社会关系,没有劳动关系的和谐就没有社会的和谐;劳动关系的和谐是社会和谐的前提和基础,社会

---

① [法]孟德斯鸠:《论法的精神》,张雁深译,北京:商务印书馆 1963 年版,第 15 页。
② 参见董保华《劳动关系对立与和谐》,载《上海企业》2006 年第 3 期。
③ 参见黑启明《劳动关系理论研究的社会伦理视角》,载《道德与文明》2006 年第 3 期。
④ 苗丰仁:《以构筑公平正义的劳动关系为着力点,推动和谐社会建设》,载《中国劳动关系学院学报》2006 年第 1 期。

和谐是劳动关系和谐的延伸和终极结果。有学者认识到和谐劳动关系直接关系到企业生产经营状况和稳定大局,是企业提高核心竞争力的关键,也是企业的无形资产之一。① 新的劳动关系的社会构建、普及和运作中,必然进一步自觉地思考其构建的理由、构建的形式、构建的价值标准和衡量尺度,以及对自身利益实现的合理性。② 有学者还研究了构建资本与劳动的和谐劳动关系,认为资本与劳动的关系可以和谐。

(三) 关于"体面劳动"的研究

1999 年,第 87 届国际劳工大会在报告中提出了"体面劳动"(Decent Work)的要求。在具体的国际贸易中,早就有国家发起了"道德贸易运动",对强制性劳动生产条件下的产品实行限制甚至抵制,对劳动的伦理品质提出了具体的要求。1997 年 8 月,美国 CEPAA(Council on Economic Priorities Accreditation Agency)制定了 SA8000(Social Accountability 8000)国际标准,也就是企业的"社会责任标准",其中对劳动者人身权益、健康安全、就业机会等作了明确要求,是对劳动伦理要求的具体化。然而在实施过程中也出现了一些争论,例如有观点认为,履行 SA8000 实行社会责任管理后,企业成本的上升会对劳动力就业产生消极影响等。随着对企业社会责任相关问题研究的深入,黄云明近年关注了各种人群的体面劳动,特别对企业家人群有了关注,这是推动经济发展的内生动力,为了使企业社会责任真正落到实处,构建企业社会责任评价体系,各个研究机构联合政府及相关部门大力推进企业社会责任的研究,为时代发展的要求和必然趋势。企业要想有良好的生存空间和发展前景有必要积极主动承担企业社会责任。③

我国学者对体面劳动的关注和研究起步较晚。在 2002 年 5 月,中国劳动与社会保障部和国际劳工局在上海共同召开了体面劳动衡量标准研讨会,中方代表与国际劳工局专家就体面劳动的内涵,国际劳工组织在全球展开体面劳动相关活动的情况,中国实施体面劳动的意义以及衡量中国的体面劳动状况应该采用的方法、标准等问题,进行了广泛、深入的探讨。2007 年 6 月,中国代表团在第 96 届国际劳工大会全体会议上指出,国际劳工组织成员国政府、工会和雇主组织三方需要进一步采取切实的行动,通过对话与合作为实现公平的全球化和经济增长与变革中的体面劳动创造条件。2007 年 8 月,国际劳工组织和中国劳动与社会保障部在北京

---

① 参见姜瑞瑞、葛玉辉《劳动关系周期理论:劳资关系理论的新探索》,载《领导科学》2009 年第 2 期。
② 参见孟令军《劳资和谐是社会和谐的基石》,载《中国劳动关系学院学报》2005 年第 3 期。
③ 参见夏明月《现代企业社会责任问题研究述评》,载《伦理学研究》2008 年第 4 期。

共同举办了"亚洲就业论坛",论坛主题为"增长、就业和体面劳动"。与会代表认为,作为劳动者的代言人,工会组织应积极促进体面劳动的实现。① 在 2008 年"经济全球化与工会"国际论坛上,胡锦涛指出"让全国广大劳动者实现体面劳动,是以人为本的要求,是时代精神的体现,也是尊重和保障人权的重要内容"。2013 年劳动节前夕,习近平总书记强调,人民创造历史,劳动开创未来。实现我们的奋斗目标,开创我们的美好未来,必须紧紧依靠人民、始终为了人民,必须依靠辛勤劳动、诚实劳动、创造性劳动,必须充分发挥我国工人阶级的重要作用,焕发他们的历史主动精神,调动劳动和创造的积极性。在近几年,习近平总书记多次强调体面劳动的重要性,需要社会各界给予劳动者提供各方面的保障。2018 年 11 月 24 日,由中国新闻社、中国新闻周刊主办,工业和信息化部、市场监督管理总局、国务院侨务办公室、中华全国总工会指导的第十四届中国企业社会责任国际论坛在北京举行。论坛以"致同行者:构筑责任共同体"为主题,汇聚来自政府、企业、公益组织及学术界的数百位嘉宾,共同探讨新常态下如何面对机遇与挑战,构筑责任共同体,为中国企业社会责任的践行和发扬进一步地进行宣传和定位,让每一位企业雇主都能认识到它的重要性。

经济社会可持续发展的直接受益者是广大的劳动者,尤其劳动者在物质生产领域能够得到体面劳动的尊严,在推动中国经济可持续发展的战略目标中,体面劳动也是中国致力于实现的目标之一。为此,中国的工会要发挥其作用,促进就业,实现国际劳工标准。在社会保护和社会对话等方面作出不懈努力,实现劳资双赢,共谋企业发展。②体面劳动的提出引起了经济学界的重视,有学者从体面劳动的含义及其重要性角度出发,辩证地研究和探讨体面劳动对我国经济发展带来的挑战和机遇,如何趋利避害,为我所用,保持经济的可持续稳定发展。③ 近几年金融市场和实体经济一直不景气,加之科技进步带来的智能机器人及智能化设备的广泛应用,保障体面劳动面临更为严峻的考验和挑战,体面劳动的成本与智能化的成本一直被商界作比较,所以体面劳动的实际价值也遇到了挑战,相关政策法律纷纷出台以后,很多企业员工遭受较大的失业压力,职工权益更容易受到侵害。基于此,保障体面劳动其意义更加突出,不仅有利于社会的和谐稳定,更能彰显中国共产党

① 参见卿涛、闫燕《国外体面劳动研究述评与展望》,载《外国经济与管理》2008 年第 9 期。
② 参见李德齐《经济社会的可持续发展,体面劳动和工会的作用》,载《中国劳动关系学院学报》2008 年第 4 期。
③ 参见黄庆贵《论体面劳动对我国经济的挑战与对策》,载《经济观察》2008 年第 10 期。

"以人为本"的执政理念。①

（四）关于劳动正义问题

关于劳动的合道德性问题,如李龑君、宋希仁等为超越单纯的经济维度去探索劳动提供了真知灼见。也有学者在研究经济正义时提出生产劳动正义问题。劳动正义是劳动伦理的一个重要原则,要求从效率和公平两个维度追问劳动的价值,为劳动伦理的研究提供了有益启示。还有学者对劳动正义问题进行了初步研究,为我们进行社会主义劳动伦理的研究作了前瞻性探索。有学者认为,"劳动正义"就是"以正义对劳动这种人的生命活动及社会劳动关系进行的哲学层面的价值评判,并提出相应的道德要求和行为规范",同时,劳动正义表达了如下基本价值诉求。首先,在劳动中彰显和成就人的自由存在本质。其次,在劳动中营建人与人、人与自然、人与社会之间的和谐关系。劳动正义应遵循以下基本原则:保障劳动权原则、"按劳分配为主体"原则、劳动主体平等原则、"劳动创作化"原则、"劳动绿色化"原则、"劳动幸福"原则等。②

劳动正义从"形而上的、理论的、思辨的"的层面看,劳动正义是对人类劳动正义与否的哲学追问和价值评判,更是对人的本质生成过程的意义关怀和价值诉求。客观来讲,所谓劳动正义,就是从劳动是人的本质的内在规定出发,以劳动的属人性和对于人的意义作为依据,揭示人的劳动的"正义"意蕴、人的劳动的"为人"目的,旨在使得劳动的人的内容回归到人的劳动之中,对自我本质进行肯定和实现自由全面的发展。斯宾诺莎对自由的思考是从其本体论出发的,至于人的自由,指的是心灵的自由,心灵由情感和理性两个要素构成,受情欲的控制使得人处于被动和受奴役状态,唯有遵循理性的指导而生活,才是符合人们的体性的,能够使人处于主动状态,也就是自由状态,这是因为理性能够帮助人去认识自然、实体、神,人的自由就是对于必然的认识。③ 纯依理性的指导而生活的人,要求根据寻求自己的利益的原则,去行动、生活,并保持自己的存在。由此斯宾诺莎得出结论:"一个受理性指导的人,遵从公共法令在国家中生活,较之他只服从他自己,在孤独中生活,更为自由。"④使人成为真正的人,追求劳动幸福,也成为当下理论界、社会各界的

---

① 参见张爱权《金融危机背景下保障职工体面劳动新思考》,载《理论探索》2009 年第 1 期。
② 参见毛勒堂《劳动正义发展和谐劳动关系的伦理诉求》,载《毛泽东邓小平理论研究》2007 年第 5 期。
③ 参见陈志尚《人的自由全面发展论》,北京:中国人民大学出版社 2004 年版,第 21 页。
④ [荷兰]斯宾诺莎,《伦理学》,贺麟译,北京:商务印书馆 1983 年版,第 209 页。

一个重要主题,并实现对人与人、人与社会、人与自然以及人与自身之间存在关系的合规律性和合目的性的价值关怀。从"实证的、应用的"层面看,劳动正义是对劳动的制度安排,劳动本身的正当性、合理性和规范性,劳动过程本身是否具有正义性质等问题的研究,特别是劳动的制度安排上是否合正义性,使劳动者实现劳动权利的享有、劳动条件的拥有、劳动的自主以及对自己的劳动成果的分配和占有。

从不同的认识路径来看,人们对待劳动的态度受不同的历史境遇和体制的影响。从古到今,学者对待劳动有多种不同的呈现,比如,先秦时期百家争鸣,各学派观点不一,先秦儒家关注的是一种"礼制",而不是使用价值层面的劳动致富,也不是精神价值层面的劳动快乐,一种自然分工的"伦理化",为中国古人构建了一种脱离田间生产的劳动价值理论。后世儒家分离了"劳"和"思"两个概念,正如孟子所言:"劳心者治人,劳力者治于人。"(《孟子·滕文公上》)虽然中国古代士人崇尚"学而优则仕",但如荀子在《天论》中说"强本而节用,则天不能贫",依然表达了对勤劳耕作和勤俭节约的认同。墨家是劳动者的学派,墨家主张"兼爱非攻尚贤",它是以劳动为本位的积极性劳动伦理的范式,是劳动和"知识"的有机结合。墨家思想兼容并蓄,有容乃大,其精华成了中国优秀传统文化的重要组成部分,是民族振兴、国家进步的精神力量。受传统思想的影响,对于劳动伦理观的认识和理解经过时代的变迁,逐渐走向文明、科学、和谐,从劳动者受奴役、半自由到劳动幸福论,经历了一个非常漫长的历史发展过程。在当代树立科学的劳动伦理观,净化社会风气,促进劳动关系的和谐,提高劳动成效,对个人、社会和国家都是大有益处的,所以加强劳动伦理研究既是新时代劳动创新的需要,更是中国伦理学界应该承担起的时代责任。对于处在社会主义初级阶段、市场经济逐步确立的中国来说,如何使代表最大多数利益的劳动者的价值诉求与市场经济运作之间的矛盾得到解决,使劳动正义充分彰显,如何匡正劳动的道德之维度,使劳动的人本自由意蕴回归就成了学者们进行劳动伦理求索的内在动力。

三、简要评述

我国学者对劳动伦理的研究成就凸显,尤其是充分认识到,对马克思主义劳动伦理思想的深入理解和运用,对于实现中华民族的伟大复兴,形成和谐的社会关系具有重大意义。同时,学界不仅在理论上提出了劳动人性化问题,而且在实践中赋予劳动者以实际的民主、平等和自由,提出在企业运行过程中要以人为本的劳动管理理念和人性化的规章制度和伦理要求,这为进一步深刻认知劳动,充分发挥劳动价值和劳动作用提供了重要的理论支撑。但是,劳动伦理研究也存在一些不足,需要我们去解决。

第一,劳动伦理问题研究面对的是复杂的劳动问题,目前学界的研究方法比较单一,研究视角不够宽泛,真正深刻地研究和发展劳动伦理学,需要在面对现实的基础上,与理论结合,同时与经济学、历史学、社会学、心理学等学科进行交叉研究。

第二,有学者尝试着用国外劳动伦理理论来解释我国当前在经济转轨中所出现的问题,虽取得了一些启迪效果,但是,由于我国国情复杂,且有着我们自己的社会主义特色,因此,这也就意味着还有许多问题值得国内学者去发现与解决。同时,针对国外所出现的相关劳动伦理问题,国内学者应该也要去思考,不同的国家不同的体制不同的文化背景会有不同的问题出现,所以,对劳动理论和对现实问题的思考都要与时俱进,不断地更新和升级,与当前的实践能够紧密结合,以期为中国的劳动伦理问题的有效解决提出可行性的指导方案。树立和弘扬正确的劳动价值观,使整个社会和谐之风劲吹。

第三,学界对劳动伦理与企业发展的研究相对滞后,有很多企业雇主的思想意识还没有提升到一定高度,还仅仅认为企业与员工只是雇佣关系,对此要用法律和制度来规范,用薪酬来调节,并没有考虑到人的劳动需求层面。同时,有不少企业也没有意识到劳动伦理问题的解决和实现也是企业社会责任的实现。这就需要将劳动伦理问题的研究与企业的发展紧密联系在一起,以期充分展示劳动伦理的企业实践价值。

第四,劳动伦理与对劳动创造、劳动进步、劳动幸福观的提升以及实现美好生活有着内在的逻辑联系,劳动本身在现阶段还作为人们谋生的手段和方式,每个人与劳动都息息相关,所以重视劳动伦理就相当于重视劳动效率和劳动幸福感,进而直接影响到人们的生活质量。但是,目前研究成果相对较弱,还没有形成系统的严密的论证体系,所以要继续在深入社会调查研究的基础上,系统地探究劳动伦理的理论和实践问题,真正让劳动伦理成为劳动和劳动发展乃至经济社会发展的重要精神要素。

第十章　金融伦理

回首人类历史,金融与伦理相伴而生。金融伦理突破金融和伦理的单学科框架,以金融发展和伦理生成的双重逻辑,探索金融中伦理的本体论问题,关乎金融业的可持续发展。在我国,金融伦理厚植于五千多年思想文化的沃土中,萌芽、成长于新中国成立七十年的金融实践中。从这个意义上说,对新中国金融伦理研究的梳理既是对中国金融业七十年发展历程的回顾,也是对当代金融活动实践中伦理冲突的理论回应,更有助于促成金融伦理学成为中国应用伦理学中的"显学"。

一、研究的基本历程和概况

金融伦理是在理论与实践的共同推动下产生。1952 年,马柯维茨提出"投资组合",标志着现代金融理论诞生了。但此后很长一段时间里,学界都认为金融理论关注的是纯技术,"金融理论的目的是指导人们在一个资产价格包括了风险因素的市场系统内作出关于资源配置的正确决定","金融学是一门仅依赖于可视事实的客观科学,它不作任何关于伦理价值的判断",这里的金融伦理被理解为"是纯技术性的,不涉及价值观的科学,它只关心方法、手段,而不关心目的"[1]。究其原因,现代金融理论以微观经济学为基础,且资产定价模型和功利主义的经济学假设引入金融理论研究中。[2] 然而此后,随着期权理论、套利定价以及代理理论的问世,金融学超越原有的描述范畴而日渐成为一门能够解释、预测金融交易、具有知识理论体系的科学。[3] 在解释、预测金融交易中,不可避免地要对如何更好地实现投资目标等作出价值判断。比莫·普罗德安曾指出,"尽管新金融理论的大多数理论来

---

① [美]博特赖特:《金融伦理学》,静也译,北京:北京大学出版社 2002 年版,第 129、7、8 页。
② 参见宋文昌《金融市场秩序、伦理规则与有效监管》,北京:中国金融出版社 2010 年版,第 58 页。
③ 参见宋文昌《金融市场秩序、伦理规则与有效监管》,北京:中国金融出版社 2010 年版,第 58 页。

源于似乎与价值无关的学科——金融经济学,它们仍然要接受伦理的检验"①。可见,理论上,研究者们已经认识到金融机构、金融市场和金融从业人员需要遵守相应的道德准则和行为规范。实践中,一些金融机构及其从业人员的败德行为严重损害了金融机构的形象。概而言之,在理论与实践的双重推动下,金融伦理日渐成为应用伦理研究中的重要课题。

我国金融伦理的研究大致经历了萌芽、形成和繁荣三个发展时期。

(一) 金融伦理研究的萌芽时期(1949—1978)

金融伦理是一种内生于金融活动的客观存在②,因而金融伦理思想的萌芽与金融活动的兴起和发展相伴而生。从这个意义上看,早在新中国构建金融制度之初,金融伦理的思想就已经萌芽。1948年,中国人民银行在原北海银行、华北银行、西北农民银行基础上筹建成立,并不断对老解放区、新解放区的不同金融机构加以分类整合,最终形成了新中国初期相对简单的金融体系。此后不久,中国全面模仿苏联,建立了高度集中统一的计划经济体制。这种高度集中统一的管理办法在金融业表现尤为突出:国家信用替代了商业信用,实行统收统支、统存统贷的资金管理制度;金融机构日趋萎缩,农业银行三立三撤,中国银行等并入中国人民银行;1959年中国人民保险公司不再开展国内保险,只从事极为有限的海外保险业务,管理职能划入了中国人民银行。这一时期,受高度集中统一的计划经济体制的影响,中国金融制度是在政府行政手段干预下建立的一种自上而下的强制性供给过程,其本身对内隐于金融活动中的金融伦理关注度不高,鲜有相关研究。尽管这一时期关于金融伦理的系统研究几乎为空白,但计划经济时代的经济发展在具有经济理性的同时,也具有道德理性,这些伦理文化共同构成了中国金融伦理学的文化源流。③

(二) 金融伦理研究的形成时期(1978—2008)

改革开放以后,随着现实生活中金融与伦理道德间的矛盾与冲突日益增多,人们已有的伦理道德观念已经很难支撑现实中的金融活动。几乎与我国改革开放同

---

① [英]比莫·普罗德安:《金融领域中的伦理冲突》,韦正翔译,北京:中国社会科学出版社2002年版,第5页。
② 参见丁瑞莲、贺琳:《金融伦理的结构与功能》,载《长沙理工大学学报》(社会科学版)2013年第1期。
③ 参见张志丹《中国经济伦理学40年:历程、创新与展望》,载《江苏社会科学》2019年第2期。

时,80 年代华尔街发生了一系列的金融丑闻并引起了人们对金融伦理的关注。实践层面对金融伦理的需求催生了研究领域关于金融伦理的理论探讨。1987 年,一本声称"填补金融伦理学方面的空白"的名为《华尔街伦理大全》的书问世,开启了国际上研究金融伦理的先河。① 在国际研究启示下,1989 年,刘广军率先展开金融伦理的学术研究,并发表《金融信用马虎不得》一文,旗帜鲜明地指出"信用是金融之本","我们的改革在不断深化,一些人的心理承受能力很差,这就需要包括金融在内的各服务行业严守信用,稳定民心,为改革创造一个良好的社会环境"。② 此后,金融信用研究成为 90 年代金融伦理研究的重点,程广印、廖绍强、冯敏飞等数十位学者分别撰文研究金融信用。这一时期,与金融信用同样引起人们关注的还有金融道德,最具典型的成果就是欧阳润平的《关于金融道德风险的一般分析》,该研究在详细阐释金融道德风险特征的基础上,对防范治理金融道德风险提出了理性思考。③ 同时,这一时期还出现了颇具时代色彩的"金融道德五字歌",宫瑞华以朗朗上口的歌曲形式劝导人们"端正人生观,莫要向钱看"④。20 世纪初,单玉华在《金融伦理关系及其面临的冲击》一文中,将金融伦理作为经济伦理的一个分支展开研究,并对金融伦理学的研究对象、主体、客体及其相互关系、基本特征等作了深入分析。⑤ 2007 年,徐艳的《伦理与金融》一书问世,初步构建了金融伦理学的学科理论体系,标志着中国金融伦理学正式形成。⑥

(三) 金融伦理研究的繁荣时期(2008 年至今)

近十年,随着中国金融体系的不断完善,金融伦理在外部金融活动的实践驱动和内部学科建制的需求下,迎来了发展的黄金期。国内研究成果不仅在数量上呈现井喷趋势,在研究的视角上也呈现出多元视角。聚焦具体金融行业的伦理研究,关注具体金融领域的利益冲突,是这一时期研究的较为突出的特征。金融机构涉及的范围广,种类繁多,各类金融市场也具有自身的特征,银行、保险、证券、期货、股票等各具特点,具体的伦理规范和行为也各异。已有研究对上述金融市场均有涉及,其中关于保险和银行的研究最丰富。保险研究侧重于养老保险和基本医疗

---

① 参见[美]博特赖特《金融伦理学》,静也译,北京:北京大学出版社 2002 年版,第 1—4 页。
② 刘广军:《金融信用马虎不得》,载《四川金融》1989 年第 1 期。
③ 参见欧阳润平《关于金融道德风险的一般分析》,载《求索》1998 年第 6 期。
④ 宫瑞华:《金融道德五字歌》,载《河北金融》1996 年第 11 期。
⑤ 参见单玉华《金融伦理关系及其面临的冲击》,载《中共郑州市委党校学报》2004 年第 4 期。
⑥ 参见徐艳《伦理与金融》,成都:西南财经大学出版社 2007 年版,第 120 页。

保险的伦理研究,张静在《当代中国社会养老保险伦理研究》中提出,社会养老保险有极为鲜明的伦理特征和伦理动因,因而赋予养老保险以人道、公平正义、责任的伦理关怀,有助于我国社会养老保险的制度设计和实施建立在合乎伦理的道德基础之上。[①] 卿定文在《基于金融伦理的商业银行核心竞争力研究》中指出,银行的研究主要聚焦于分析金融伦理和银行核心竞争力间的关系研究。[②] 总的来说,研究并解决金融领域具体行业发展中的矛盾与冲突成为近十年金融伦理研究的主旋律。

二、研究的主要问题

新中国成立 70 年来特别是近 40 年来,金融伦理的研究发展迅速,围绕金融领域出现的新问题,在主要研究论域的广度和深度上取得了长足的发展,凸显了对金融实践的现实关切。概要地说,研究的问题主要分为基本问题和相关热点问题,现述析如下。

(一)金融伦理的基本问题

金融伦理的基本问题主要关涉金融伦理与金融伦理学的概念界定、金融和伦理的内在逻辑关联以及金融伦理范畴等。

1. 金融伦理与金融伦理学

金融伦理是经济伦理的一个重要分支,是在现代金融理论与应用伦理结合的基础上产生的新兴学科领域。通常,金融伦理有广义和狭义之分:广义的金融伦理是指,金融机构、金融从业人员、政府、社区等所有金融活动中的参与者或利益相关者在金融活动中涉及的伦理关系、伦理意识、伦理准则和伦理活动的总和;狭义的金融伦理是指,提供各种金融服务的金融机构、金融从业人员和金融市场应遵循的行为规范和道德准则,即金融服务的供给方体现出来的善恶行为和准则。[③]

金融伦理学是在金融学和伦理学历史的、逻辑的和现实的联系中产生的交叉学科。[④] 作为一门学科,金融伦理学的研究对象主要是金融活动中自然人、企业法人、中介组织和作为管理者的国家政府等金融主体间的伦理关系。通过对上述伦

---

① 参见张静《当代中国社会养老保险伦理研究》,湖南师范大学博士论文,2014 年。
② 参见卿定文《基于金融伦理的商业银行核心竞争力研究》湖南大学博士论文,2010 年。
③ 参见宋文昌《金融市场秩序、伦理规则与有效监管》,北京:中国金融出版社 2010 年版,第 56 页。
④ 参见单玉华《金融伦理研究》,北京:光明日报出版社 2010 年版,第 9 页。

理关系的梳理,在厘清金融和伦理内在联系的基础上,探讨金融活动健康运行和金融关系合理相处所需的伦理道德准则和规范。

2. 金融和伦理间的逻辑关联

(1)伦理是金融的内在意蕴

货币和信用是金融产生的基础,它们本身蕴含着伦理因子。"货币结晶是交换过程的必然产物",交换过程暗含着一种道德上的认同与约束。① 即当人们把自己的劳动成果兑换成货币这种特殊符号,又或者是将货币兑换成自己需要的物品时,双方都认同交换中的道德约定,是一种基于道德约定的自觉行为。与货币的产生一样,信用同样源于交易活动,是交易活动中折射出来的诚信的道德力量。当货币和信用联结和渗透在一起时,"金融"的范畴就产生了。金融范畴的产生意味着货币和信用以它们结合的作用力推动商品经济的发展。直至17世纪,"新式银行的成立,在促进金融范畴形成的同时,也使金融成为一只相对独立的力量"②。可见,货币和信用本身蕴含的伦理因子也天然地赋予了金融以伦理性质。

(2)金融的发展有赖于伦理的支撑

尽管金融业产生之初,由于其"充满自私与贪婪"而曾一度被误认为是与道德无关的领域,但现代金融业的历史和现状已经使人们意识到"没有伦理的金融是不存在的"。③ 首先,金融业的特殊性需要金融伦理。金融业的特殊性就在于其以金融中介的形式提供服务或产品,这就意味着金融界存在众多的委托与代理关系。④ 委托、代理的过程中道德分享和逆向选择随时都存在,因而需要金融伦理来规制金融行为,保证经济价值和伦理价值相向而行。其次,金融活动的广泛性需要金融伦理。金融业有"连锁反应"的特点,金融活动是一个"牵一发而动全身"的系统,这就意味着金融活动的影响力并不局限于单个企业或个人,而是对某个行业、某个地区,乃至整个社会系统产生广泛影响,⑤因而依靠金融伦理规范金融行为显得尤为重要。最后,金融市场的风险需要金融伦理。金融市场的风险即源于市场本身内生的风险,如汇率、利率、价格波动等,又源于人为因素,如金融主体失信等。通常,风险越大,收益越高,因而部分金融主体会因为贪婪而铤而走险,因此伦理道德的自律是有效防范金融风险的重要手段。

---

① 参见丁瑞莲《现代金融的伦理维度》,北京:人民出版社2009年版,第35页。
② 洪葭管:《六十年中国金融的变迁》,载《中国金融》2009年第19期。
③ 参见[美]博特赖特《金融伦理学》,王国林译,北京:北京大学出版社2018年版,第4页。
④ 参见徐艳《伦理与金融》,成都:西南财经大学出版社2007年版,第120页。
⑤ 参见[美]博特赖特《金融伦理学》,王国林译,北京:北京大学出版社2018年版,第124页。

3. 金融伦理范畴

金融伦理的范畴是按照金融制度伦理、金融市场伦理和金融机构伦理,最终到金融个体道德的逻辑规律组合而成的一个整体。[①] 一是金融制度伦理,是协调和控制金融制度设计、运行、评价活动中伦理关系的原则和规范;二是金融市场伦理,是协调和控制金融市场交易活动中伦理关系的原则和规范;三是金融机构伦理,是协调和控制金融机构治理中伦理关系的原则和规范;四是金融个体道德,是协调和控制金融从业人员、个人投资者等个体行为的原则和规范。 上述四个方面不是简单地机械组合成金融伦理的范畴,而是遵循道德生成中由他律向自律转化的过程,即先有宏观的金融制度提供外在的约束,再依照制度设计出市场和机构的具体运行机制,最后个体内化外在的他律为自律。

(二) 研究的热点问题

金融实践的发展和创新,催生了金融伦理的研究不断从本体论维度走向现实层面,在直面时代问题、迎接现实挑战的过程中,形成了研究的关注点。就目前金融伦理的研究热点而言,主要集中在这样几个方面。

1. 金融信用

信用既是一个经济学范畴的概念,又是一个伦理学的范畴。郭建新认为前者指的是不同的所有者之间以一定的实物或货币为客体,以还本付息为条件的一种价值运动的特殊方式;[②]后者指的是信任、信誉、诚信和遵守诺言,是一种价值判断。作为信用在金融领域的延伸,金融信用兼具经济和伦理的双重属性,它既是金融领域内资金借贷关系的表现,又是金融领域中市场主体相互间的信守承诺的伦理原则。[③]

(1) 金融信用发生的条件

单玉华总结出金融信用发生有三个基本条件:一是金融活动中的信用必须是双向的,即贷出的一方为债权人,借入的一方为债务人,两者需同时存在。二是贷与借的时间具有时差,并在这段时差内完成了资金的运转,这段时差构成了还本付息的基本条件。三是借助信用工具开展贷与借行为。信用工具主要是指债券、债务的书面证明,按其时间长短可以分为:股票、债券、长期票据等长期信用工具,其交易市场称为资本市场;支票、本票和汇票等短期信用工具,其交易市场成为货币

---

① 参见丁瑞莲《现代金融的伦理维度》,北京:人民出版社 2009 年版,第 63 页。
② 参见郭建新《财经信用伦理研究》,北京:人民出版社 2009 年版,第 165 页。
③ 参见郭建新《财经信用伦理研究》,北京:人民出版社 2009 年版,第 170 页。

市场、金融市场或短期信用市场。①

（2）金融信用是金融市场的核心

信用是金融的基础,金融信用是金融市场的核心。郭建新认为信用制度的发展推动了金融的市场化进程,使得金融从最初的民间私人直接融资发展到以银行为中介的间接融资,再到以证券为对象的直接融资,促进金融市场向纵深发展。②作为金融市场的核心,金融信用具有如下特征:一是金融信用关系全面渗透在金融领域的方方面面,该领域的所有主体都处于复杂的金融信用关系网络中,即金融信用关系具有广泛性。二是金融信用规模随着经济规模的不断扩张而扩张,而金融规模一旦盲目扩张过度,将会直接导致金融危机的爆发。三是金融信用结构中工具、机构和市场三方面不断复杂,金融信用工具种类日益复杂化,由最初的股票、债券发展到期货、期权等各类金融衍生工具;金融信用机构随着金融市场的发展日趋多元化、专业化,由传统的商业银行占主导发展到基金公司、信托等各类金融机构并存。与此同时,金融信用市场结构也不断向纵深发展,跨出国界,在全球范围内发挥作用,各种金融信用关系错综复杂。

（3）金融信用缺失及其对策研究

信用行为的结果通常包括守信和失信,金融信用行为中也存在这两种行为结果。囿于金融信用相关法律法规的不完善、监管机制的不健全和金融主体缺乏必要的信用机制制约等,金融失信行为频发。随着诈骗、违约、逃债等行为的增加,金融信用的缺失将导致金融信任危机的爆发,扰乱金融市场秩序,甚至危害整个社会经济发展。近些年,关于金融信用的研究成了金融伦理研究的热点。目前,学界已经对金融信用缺失的原因和对策展开了详细的讨论。刘云认为金融信用缺失是我国经济转型期的产物,根源于我国金融信用制度约束的缺失,认为应该通过法律和政府的作用来治理缺失问题,突出了法律和监管的作用。③

2. 普惠金融

"普惠金融"的概念第一次被提出是在 2005 年联合国的小贷会议上,其在我国的有关研究,迄今不过十余年。但随着"发展普惠金融"在 2013 年被纳入《中共中央关于全面深化改革若干重大问题的决定》和国家"十三五"规划纲要后,普惠金融成为国内研究的热点。由于普惠金融是一个新兴概念,目前尚未有统一的定义。我国首次在国家层面对普惠金融进行概念界定的是国务院 2016 年在《发展规划

① 参见单玉华《金融伦理研究》,北京:光明日报出版社 2010 年版,第 74 页。

② 参见郭建新《财经信用伦理研究》,北京:人民出版社 2009 年版,第 170 页。

③ 参见刘云《我国金融信用缺失的成因分析及监管建议》,天津财经大学硕士论文,2011 年。

（2016—2020 年）》中提出的：“立足机会平等要求和商业可持续发展原则；以可负担的成本为有金融服务需求的社会各阶层和群体提供适当、有效的金融服务。小微企业、农民、城镇低收入人群、贫困人群和残疾人、老年人等特殊群体是当前我国普惠金融重点服务对象。”可见其基本内涵的核心在于金融服务要辐射包括弱势群体在内的各阶层群体。

（1）普惠金融的理论基础

现有研究中提炼出普惠金融主要是基于金融排斥、包容性增长两大最主要的理论基础。就金融排斥而言，主要是指弱势机构或群体因为缺乏有效的途径和资源来获得金融服务，而无法有效享受金融产品和服务的状态。杨思群、李扬认为小银行是典型的弱势机构，无论是在同行竞争还是与大企业合作中都是弱势地位。[①]就人群而言，祝英丽、刘贯华、李小健认为金融排斥具有明显的群体性，低收入人群、偏远地区人群更容易受到金融排斥。就具体受金融排斥行业而言，保险、基金、储蓄、贷款在内的基础金融需求受排斥明显。[②]针对金融排斥现象，王曙光、王东宾从宏观和微观两个视角提出改善措施，即宏观上通过完善金融体系来促进金融发展减少贫困发生；微观上以小额贷款等方式为弱势群体提供金融服务。[③]包容性增长是相对于单纯追求经济增长而提出的一个概念，其倡导机会平等的增长，最基本的含义是公平合理地分享经济增长。徐李孙、孙涛认为金融包容性增长包括两方面的内容，一是弱势群体有能力获得和支持金融服务和金融产品，二是弱势群体有均等的机会参与到非现代正规的金融部门服务。[④]需要指出的是，金融包容性增长的公平性要求，并不意味着所有人都能无条件地获得金融服务和产品，其仅仅是提供了获得服务的公平机会。

（2）普惠金融影响因素分析

在国内，近些年关于普惠金融影响因素的研究主要聚焦于普惠金融指数相关研究和构建普惠金融发展模型的需要两方面。[⑤]在构建普惠金融指数的基础上，焦瑾璞对全国各省普惠金融状况进行实测，发现普惠金融水平与当地经济发展水

---

① 参见杨思群、李扬《风险投资：为中小企业加油》，载《银行家》2002 年第 10 期。
② 参见祝英丽、刘贯华、李小健《中部地区金融排斥的衡量及原因探析》，载《金融理论与实践》2010年第 2 期。
③ 参见王曙光、王东宾《双重二元金融结构、农户信贷需求与农村金融改革——基于 11 省 14 县市的田野调查》，载《财贸经济》2011 年第 5 期。
④ 参见徐李孙、孙涛《包容性增长与我国农村金融改革发展》，载《山东社会科学》2011 年第 4 期。
⑤ 参见钟润涛《中国普惠金融可持续发展及经济效应研究》，辽宁大学博士论文，2018 年。

平呈正相关,且省际间普惠金融发展水平差异大,[1]王婧、胡国晖分析得出宏观经济、收入差距、接触便利和金融调控是影响普惠金融发展的主要因素。[2] 普惠金融发展的回归模型和金融服务供给模型是现有研究中认可度较高的两种模型。现有研究运用回归模型研究普惠金融发展程度,郭田勇、丁潇认为地理特征、就业状况、民族差异、人均收入和金融知识等是影响的主要因素。而金融服务供给模型研究认为经济发展水平、结构性因素、人口及地理因素、基础设施情况、金融意识和信贷资源价格是影响的主要因素。[3]

3. 金融市场的效率和公平问题

随着我国金融市场的不断繁荣,一系列金融矛盾不断出现,尤其是金融产品和服务不能满足较低收入群体的需要,即利益关系的失衡成了各种矛盾的焦点。所谓的利益失衡在金融市场中最集中的表现就是效率与公平间的矛盾与冲突。这里的效率是经济学上的概念,即成本与收益的对比;公平是伦理学中的概念,指条件、机会和结果的公平。单玉华认为前者关注的是承认差别,并使差别与收益和动力联系起来,后者则关注的是缩小差别。[4] 两者间的差别造成了金融市场中的效率与公平的冲突,但同时两者间又具有相互依存的联系,成为金融市场中兼顾效率与公平的前提。

(1) 金融市场中效率与公平的冲突

金融市场中效率与公平的冲突有许多具体的表现:大投资者的"马太效应",在金融交易中拥有较多金融资源的群体往往能依靠已有的资源,在享受金融服务的项目、期限和担保程度等问题上享受更多的优势,而处于弱势地位的群体却面临越来越难以获得金融服务的境遇,继而导致"富者更富,穷者更穷";压单压票,在不平等谈判力量的基础上,一些银行为了维护自身利益,在资金紧张的情况下会采用延压付款单据、延期支付等方式占用客户资金,造成对客户的不公平待遇;内线交易,当金融交易双方处于信息不对称地位时,处于信息有利地位的一方往往能依靠信息优势谋取更多的利益,从而将风险和损失转嫁给信息不利的一方;绿票敲诈,兼并公司通过打压、恶意操作或敲诈,使被兼并公司在面临绿票敲诈时不能在意志自

① 参见焦瑾璞《中国普惠金融发展进程及实证研究》,载《中国人民大学国际货币研究所专题资料汇编》2015 年。
② 参见王婧、胡国晖《中国普惠金融的发展评价及影响因素分析》,载《金融论坛》2013 年第 6 期。
③ 参见郭田勇、丁潇《普惠金融的国际比较研究——基于银行服务的视角》,载《国际金融研究》2015 年第 2 期。
④ 参见单玉华《金融伦理研究》,北京:光明日报出版社 2010 年版,第 158 页。

由的基础上作出自愿选择。① 上述种种行为都使得金融市场失去了公平竞争的环境,导致金融交易中的某一方处于不利竞争地位,践踏了金融伦理规范。

（2）金融市场中效率与公平的选择

金融市场中的效率与公平的选择问题不是一个简单的非此即彼的关系,而是建立在对具体金融活动作出客观分析的基础上,作出相对准确的判断。在我国国家层面,金融市场中的公平与效率是一个与时俱进的关系。从改革开放初期的"鼓励一部分地区、一部分人先富",到2005年党的十六届五中全会提出的"注重社会公平,特别要关注就业机会和分配过程中的公平",到2007年党的十七大报告中提出的"把提高效率同促进社会公平结合起来","初次分配和再分配都要处理好效率与公平的关系,再分配更加注重公平",再到2012年党的十八大报告中提出"逐步建立以权利公平、机会公平、规则公平为主要内容的社会公平保障体系,努力营造公平的社会环境,保证人民平等参与、平等发展的权利"。上述公平与效率关系的变迁经历了一个"强调效率—注重公平—兼顾效率与公平—重效率更重公平"的变化过程。王志刚认为,新时期"重效率更重公平"强调的是以"更加关注公平"作为我国金融市场中处理效率与公平关系的指导思想,这主要是我国"以人为本"执政理念对人民当家作主,切实保障人民权益的体现。②

4. 金融道德风险

道德风险的本质是人们在社会生活中的伦理道德缺失,其发端于人们内在的机会主义追求。美国学者纽曼、尔盖特等认为金融道德风险是指金融活动的从业者或参与者在金融活动中,为了最大程度地增加自身效用,采用别人不易察觉的隐蔽行为作出不利于他人的行为选择。③ 显然,上述行为有悖于金融伦理规范,不利于金融市场的健康运行,降低金融市场效率,破坏公平。鉴于金融道德风险的消极影响可能引发系统性的金融危机,且其普遍存在于金融市场活动中。自1998年亚洲金融危机后,学界开始关注金融道德风险的研究。2004年时任中国人民银行行长的周小川曾指出,金融道德风险对维护金融市场稳定运行具有双重作用,要将维护金融市场稳定和防范金融道德风险作为金融工作的两大任务。

---

① 参见单玉华《金融伦理研究》,北京:光明日报出版社2010年版,第159页。
② 参见王志刚《公平与效率观:基于新时期金融伦理视角》,载《北方金融》2016年第4期。
③ 参见[美]纽曼、尔盖特、伊特韦尔《新帕尔格雷夫货币金融大辞典》,胡坚等译,北京:经济科学出版社2000年版,第76页。

（1）金融道德风险的诱发因素

关于金融道德风险产生原因的研究一直是我国金融道德风险研究中的热点，目前学界既有从宏观角度，又有从微观角度对金融道德风险进行研究。李志刚从宏观角度出发，认为经济、政治、意识形态和法律等都能引发金融道德风险，其中经济因素的影响最大，包括经济增长、经济周期、投融资格局、地方政府博弈等因素。① 微观上，信息和文化是引发道德风险的两大诱因。吴敬琏认为信息对道德风险的影响主要是指信息不对称，导致信息优势方利用其拥有的信息采取过度作为或不作为，使得信息弱势方利益受损；文化的影响是指道德共识的瓦解和现代法治理念的匮乏，使得人们在面对利益诱惑时往往放弃伦理道德，通过不正当手段以较低代价获得更多利益。② 就道德风险产生的本源来看，是源于金融活动参与者、管理者等活动主体的道德选择行为。换言之，当金融活动主体在面临经济利益冲突时，为了自身利益最大化而没有履行自身道德责任时，金融道德风险就产生了，因此提高金融活动主体的道德素质能有效防范金融道德风险。

（2）金融道德风险的基本表现

金融道德风险的表现按其不同的分类呈现不同的状态，袁赞礼从结构视角将其划分为外部道德风险和内部道德风险。③ 金融机构的外部道德风险来自政府、监管机构和金融活动的个体参与者。首先，政府出于追求政绩的目的而盲目插手金融业务，以扩大生产的粗放方式追求效益，对当地金融机构施加压力以弥补资金空缺等；其次，我国金融监管机构权力过于集中，加之监管的执行者是存在自利动机的具体的人，所以掌握稀缺的公共信息资源的监管者可能会出现"寻租"行为；最后，金融活动的个体参与者的道德自律性关乎道德责任的履行程度，部分金融活动中的个体为了实现个人利益，往往会采取隐瞒真实信息或捏造虚假信息的方式获得更多的金融产品和服务。内部道德风险是从管理层和业务经营者两个角度阐释金融道德风险的存在。袁赞礼认为金融机构管理层的道德风险是指由于所有者和实际经营管理者之间存在利益的差异，管理者实际上掌握了公司的控制权，就存在着以牺牲所有者的利益为代价追求经营者自身利益最大化的行为；金融机构业务经营中的道德风险是指经营者为了提高自身受益可能会从事高风险的投资项目，且内部监管不到位的时候，就会发生道德风险。④

① 参见李志刚《金融风险：宏观和微观透视》，北京：中国金融出版社 2006 年版。
② 参见吴敬琏《中国金融走向理性繁荣》，载《论坛讲话》2003 年第 2 期。
③ 参见袁赞礼《金融道德风险防范研究》，北京交通大学博士论文，2014 年。
④ 参见袁赞礼《金融道德风险防范研究》，北京交通大学博士论文，2014 年。

5.金融伦理法制化

战颖认为金融伦理法制化是指将全体公众经过实践检验后所认同的与社会主义金融市场相适应的伦理规范中必须遵守的部分提升为法律,[①]这就意味着部分金融伦理由原先的"软要求"上升到"硬约束"。就其本质而言是,伦理和法律在金融活动中共同发挥调节作用,致力于通过法律的强制力形成良好的伦理规范,从而促进金融市场健康和谐的运行。战颖总结出金融伦理法制化的理论基础是由道德和法律的特点及其互补性决定的:一方面,相关法律法规需要以金融伦理道德的理念为其内在精神;另一方面,重要的金融伦理需要法制化,赋予其法律的效力。[②]

（1）金融伦理法制化的必要性

金融伦理和金融法律都是金融活动领域的规则,金融伦理被法律强化后表现为金融法律,而金融法律本身蕴含着金融伦理的内容,即金融法律是金融伦理的升华。基于道德和法律的互补性,共同致力于维护金融市场健康运行的金融道德和金融法律之间具有互通性。在内容上,两者交叉,金融法律规定了金融行业的责任和义务,其包含着金融伦理中的部分内容;在作用上,两者相互依赖,金融伦理为金融法律的实施创造了有利的道德环境和条件,金融法律通过强制力维护金融伦理的原则和规范,对其实施进行保障。需要指出的是,尽管金融法律是在金融伦理发展的基础上形成的,但金融法律的他律性无法取代金融伦理的自律性。金融领域复杂的利益关系决定了任何单一社会规范的作用都是有限的,只有充分发挥金融伦理和金融法律方面的"软""硬"调节力才能维持金融领域的可持续发展。

（2）金融理论法制化的进程

金融伦理的法制化进程是伴随着实践中金融问题的出现与解决而日益完善。新中国成立之初,金融业也延续了政治上高度集中的计划经济体制,因而这一时期的金融伦理在凸显服从命令、政策性强和不谋私利的伦理文化的同时,也暴露出僵化、保守和缺乏活力的弊端。改革开放后,在市场经济的环境下,金融业进入快速发展时期,在发展中不断暴露出金融道德、金融信用缺失等问题,金融伦理的约束力无法完全解决金融市场中的上述问题,此时金融伦理法制化成为必由之路。1995年以来,我国相继出台了《中国人民银行法》《票据法》《保险法》等金融法律,在促成我国金融业走上法制轨道的同时,也为金融伦理法制化奠定基础。2018年,国家发改委宣布《社会信用法》已经形成初稿,这就意味着金融活动的基础"信

---

① 参见战颖《中国金融市场的利益冲突与伦理规制》,北京:人民出版社 2005 年版,第 291 页。
② 参见战颖《中国金融市场的利益冲突与伦理规制》,北京:人民出版社 2005 年版,第 283 页。

用"将被纳入法治,是中国金融伦理法制化的重大进展。

三、简要评述

多年来,金融伦理研究取得了长足的发展,为经济伦理学乃至伦理学学科的发展提供了独特的视角和研究成果。

一方面,从形而上走向形而下的过程中,对现实问题的关注体现了应用伦理学的学科张力。纵览我国 70 年金融伦理研究历程,逐步呈现出从理论研究到实际应用研究的发展趋势。可以说近些年实践中的问题成了研究的焦点,实践成为理论的源泉。在金融伦理学诞生之初,对其进行理论研究有助于厘清金融伦理学的理论基础,为进一步的实践提供指导。目前,我国学界对金融伦理的理论研究主要集中于金融市场的公平性视角、金融的契约伦理视角和金融的职业伦理视角。在理论研究相对系统化的基础上,实践领域金融冲突的具体问题成为研究的热点。在 70 年的金融活动中,公平与效率的冲突、道德和利益的博弈、守信与失信的抉择在实践领域不断涌现,并不断催生金融伦理研究的新领域。需要指出的是,实际操作层面,理论研究和实际应用研究是相互补充、相得益彰的过程,即理论研究为实践提供先导,实践问题的研究有助于从理论上丰富金融伦理学。

另一方面,在借鉴西方的基础上逐步彰显中国特色。西方发达国家较为完善的金融市场运行机制,为其金融伦理的发展和研究提供了良好的环境。作为后发外生型国家,研究和借鉴发达国家的做法和经验是实现快速发展,避免"走弯路"的捷径之一。我国关于金融伦理的研究中不乏对美国、英国、法国、德国等国家金融发展经验的借鉴,且部分文献直接关注到发达国家的金融信用、金融道德等领域。鉴于中西方不同的文化基因和发展路径,在借鉴的基础上融合中国传统文化中"以和为贵""和气生财""一诺千金""诚信为本"等观念,形成中国特色的金融伦理的追求。事实上,近些年我国已经形成强调"和谐"与"合作"的金融伦理文化,对推进中国金融伦理学学科发展,维护中国金融业的稳定、改革和发展具有极其重要的现实意义。

但是,仍有一些问题需要引起我们足够的关注。其一,对金融伦理教育研究匮乏。目前,我国在理论层面对金融伦理教育研究匮乏,仅有的少量研究也主要是聚焦于对高校中金融专业学生的金融伦理教育的研究。毋庸置疑,金融专业人才培养中,金融伦理素养是衡量金融人才培养质量的重要指标,加强金融伦理教育是提升金融伦理素养不可或缺的重要环节。① 然而金融活动与人们的日常生活息息相关，因而无论是从事金融行业的专业人员还是普通民众，都有接受金融伦理教育的需求。现有研究中鲜有对普通民众金融伦理教育的研究，折射出实践层面相关教育的匮乏。事实上，作为非专业人士的普通民众在与金融机构和金融人员的交往中，往往处于弱势地位，其接受金融伦理教育就显得更加必要和迫切。未来，加强包括非金融专业人员在内的全体民众的金融伦理教育将成为理论研究和实践探索层面的重要任务之一。其二，金融创新对伦理研究形成挑战。金融业是一个急剧变化的经济领域，且金融伦理学本身是一门应用性很强的学科，这就意味着日新月异的金融创新将会对金融伦理研究形成新的挑战。金融创新意味着实践中新的金融伦理问题的产生，如金融伦理关系的新发展、银行与保险业联合运作中的金融欺诈问题、新型金融工具本身的伦理问题，以及迅速发展的企业借贷蕴含的金融伦理问题等。② 面对金融创新浪潮中的伦理问题，研究需要进一步挖掘深层次的改善策略，要跳出经济领域，从更加宏大的社会学、政治学、心理学等领域寻找改进资源，在多学科的视角中迎接新的金融伦理问题的挑战。

---

① 参见何宏庆《高等院校金融学专业学生金融伦理教育探析》，载《延安职业技术学院学报》2018 年第 4 期。
② 参见吴楠《金融伦理研究要克服"两层皮"现象》，载《中国社会科学网》2016 年 8 月 2 日。

第十一章　乡村伦理[①]

新中国成立 70 年来,有关乡村的研究始终是学术界关注的热点问题。在此过程中,乡村伦理研究取得了长足进步,研究内容主要涉及乡村经济、村庄秩序、家庭关系、环境正义、道德教育及伦理文化重建等方面。然而,伦理视角下的乡村研究相对于社会学、经济学、政治学等学科而言,仍存在研究内容不够均衡、研究成果较为零散、研究方法交叉不强、田野调查规范不足等问题。

一、研究的基本历程与概况

乡村是中国社会的基础,乡村发展状况将直接影响国家整体发展进程。自1949 年新中国成立起,我国乡村就受到国内外各方人士的关注,其中诸多研究内容都内含着对乡村社会伦理关系的思考。改革开放后,有关乡村社会道德状况、村落文化结构、村民道德心理等问题的探讨,进一步促进了乡村伦理研究的萌芽。新世纪以来,乡村伦理研究进入快速发展阶段,产生了日益丰硕的研究成果,研究队伍进一步扩大,研究方法更趋于多元。

(一) 乡村伦理研究的探索时期(1949—1978)

1949 年新中国成立之初,乡村百废待兴,有关乡村的研究也如火如荼地展开。这一时期的乡村研究主要围绕"土地改革""农业合作化""人民公社"等历史事件开展,其中虽然罕有专门针对乡村伦理的阐释,但无论是相关政策的制定还是基于村民日常生活史的思考,都在一定程度上涉及乡村伦理的探索。

1950 年颁布的《中华人民共和国土地改革法》明确规定:"废除地主阶级封建

---

① 该章部分内容曾以论文形式发表于《伦理学研究》,具体参见刘昂、王露璐《20 世纪以来的中国乡村伦理研究:进展、现状与问题》,载《伦理学研究》2016 年第 3 期。

剥削的土地所有制,实行农民的土地所有制"①,从而在我国彻底摧毁了两千多年的封建土地所有制,满足了农民"耕者有其田"的道德心理诉求。伴随土地改革的进程,国家为了促进农民之间的相互合作,提升劳动效率,降低经营风险,先后颁布了《中共中央关于农业生产互助合作的决议》和《中共中央关于发展农业合作社的决议》等,在一定意义上促进了农村合作共赢的生产伦理关系的产生。在农业合作化不断深入的基础上,人民公社开始产生。1958 年 8 月底,中央政治局扩大会议正式通过了《中共中央关于在农村建立人民公社问题的决议》,进一步将人民公社推向全国农村。决议在阐释"人民公社是形势发展的必然趋势"时指出,"公共食堂、幼儿园、托儿所、缝衣组、理发室、公共浴堂、幸福院、农业中学、红专学校等等,把农民引向了更幸福的集体生活,进一步培养和锻炼着农民群众的集体主义思想"②,体现了国家政策对农民精神生活和道德水平的关注。遗憾的是,人民公社在后期发展过程中违背了事物发展的客观规律,压抑了农民生产的积极性,忽视了农民的道德诉求,对村庄发展以及乡村良好伦理关系的形成造成了阻碍。但人民公社的这种演化路径,从另一方面激发了农民对良好伦理关系的向往,为乡村伦理研究的萌芽奠定了基础。

与此同时,这一时期研究者们也从各自视角对乡村道德文化状况及其伦理关系进行了探索。王瑜在《怎样开展农村文娱运动》(1950)中指出,"农民得到土地以后,首先要求'生产互助,劳动发家',接踵而至的迫切要求便是文化、卫生、办学校、年下闹文娱"③,强调了解放后的农民对道德文化的迫切需求。沈宗灵在《我国过渡时期社会的法与道德的关系》(1956)中强调,"农民在完成社会主义改造任务后,就其经济、阶级地位来说,当然已是社会主义的集体农民,但社会意识是落后于社会存在的,所以,就其思想意识来说,却必然还保留了大量的个体生产者的思想,这就需要党和国家不断地加强对他们的教育,这样才有助于先进的社会意识的能动作用的发挥,有助于社会主义改造事业的发展"④,肯定了教育对提升农民思想道德水平的重要作用。费孝通在《重访江村》(1957)中从经济理性的视角剖析了农村合作化存在的问题,认为在发展农业的同时不应忽视副业和工业的作用,促进了对

---

①《中华人民共和国土地改革法》,转引自《建国以来重要文献选编》第 1 册,北京:中央文献出版社 1992 年版,第 336 页。

②《中共中央关于在农村建立人民公社问题的决议》,转引自《建国以来重要文献选编》第 11 册,北京:中央文献出版社 1995 年版,第 446、447 页。

③ 王瑜:《怎样开展农村文娱运动》,上海:新华书店华东总分店 1950 年版,第 1 页。

④ 沈宗灵:《我国过渡时期社会的法与道德的关系》,载《北京大学学报》(人文科学版)1956 年第 3 期。

乡村生产伦理、分配伦理等问题的探索。

（二）乡村伦理研究的萌芽时期（1979—2000）

中国的改革开放发轫于乡村，有关乡村的伦理研究伴随改革开放而萌芽。这一时期的乡村伦理研究主要从两个方面展开：一方面出现了一批专门针对乡村道德状况进行研究的开创性成果；另一方面诞生了多所有关乡村研究的国家级机构。

在改革开放的推动下，农村经济发展水平得到了显著提升，农民道德文化状况发生了改变。基于这一情况，诸多学者将研究目光聚焦在乡村，对村庄的伦理关系以及村民的道德发展变化进行研究。例如，祝福恩的《联产承包制引起农村干部道德的变化》（1983）、黄宗智的《华北的小农经济与社会变迁》（1985）、杨忠根的《当前农村道德冲突的表现及趋向》（1986）、陈振声的《加强农村供销社的职业道德建设》（1987）、张玉麟、张永明的《农村青年伦理道德观念的新变化》（1989）、王沪宁的《当代中国村落家族文化——对中国社会现代化的一项探索》（1991）、王晓毅的《血缘与地缘》（1993）、刘守旗的《农村 3—9 岁儿童道德发展调查研究》（1994）、鄂轩闻的《着力建设农民思想道德体系的系统工程》（1995）、臧乐源等的《当代中国农村道德导论》（1996）、秦晖、苏文的《田园诗与狂想曲——关中模式与前近代社会的再认识》（1996）、黄素萍的《伦理道德和农村青少年犯罪控制》（1996）、王铭铭的《村落视野中的文化与权力》（1997）、李浙杭、张力娜的《关于农村思想道德建设的思考》（1997）、周晓虹的《传统与变迁——江浙农民的社会心理及其近代以来的嬗变》（1998）、乔法容、张丽华的《道德建设新课题：用"两个飞跃"指导农村集体主义教育》（1998）、王宏的《论农村道德文化与稳定发展的关系》（1998）、王鹏的《新时期农村思想道德建设存在的问题与对策》（1999）、阎云翔的《礼物的流动》（2000）等，都是这一时期的成果。

此外，这一时期多所与乡村伦理研究有关的机构获批教育部人文社会科学重点研究基地，从而进一步促进了乡村伦理研究的萌芽。其一，中国人民大学伦理学与道德建设研究中心在中国人民大学伦理学学科相关教学研究机构的基础上于1999 年成立，该中心"以伦理学基础理论研究为依托，以当代社会道德建设实践应用研究为重点，关注学术前沿热点问题，不断推出创新性研究成果"，为乡村伦理研究提供了坚实的伦理理论支撑。其二，1999 年成立的华中师范大学中国农村问题研究中心（2011 年更名为华中师范大学中国农村研究院）以华中师范大学政治学学科为基础，是一所全国性农村问题综合研究机构。该研究机构的成立能够对乡村发展过程中遇到的政治伦理问题进行多视阈综合分析。其三，浙江大学农业现代化与农村发展研究中心暨浙江大学中国农村发展研究院以浙江大学农业经济学科为基础建立,是一个跨学科的开放性研究机构,能够进一步促进乡村经济伦理研究的萌芽。其四,南京师范大学道德教育研究所以南京师范大学教育学学科为基础,"研究当代道德教育问题""探寻中国道德教育路向""创建生活道德教育""提供社会伦理精神",支持乡村道德教育研究。总体而言,这些国家级研究机构分别从经济、政治、文化、教育等方面促进了乡村伦理研究的萌芽。

(三) 乡村伦理研究的快速发展时期(2001 年至今)

新世纪以来,伦理视阈下的乡村研究不断向纵深方向发展,推动乡村伦理研究进入快速发展时期。

首先,专门以乡村伦理为对象进行研究的论著开始显现,进一步明确了乡村伦理研究的概念。王露璐在完成《乡土伦理——一种跨学科视野中的"地方性道德知识"探究》(2008)和《新乡土伦理——社会转型期的中国乡村伦理问题研究》(2016)基础之上,撰写了《中国乡村伦理研究论纲》(2017),她指出,中国乡村伦理的系统研究应该"以乡村家庭伦理、经济伦理、生态伦理、治理伦理为重点,聚焦中国乡村伦理的传统特色、历史变迁和现代转型,厘清中国传统乡村伦理与现代乡村伦理的关系,把握中国乡村伦理发展的历史脉络和一般规律"①,从而为中国乡村伦理研究指明了方向。此外,这一时期的诸多论述都围绕乡村伦理的内涵和外延展开,进一步促进了乡村伦理研究的发展。例如,李步楼主编的《体制转变时期农村道德建设》(2003)、刘建荣的《新时期农村道德建设研究》(2004)、曾建平的《乡村视野中的环境公正与和谐社会》(2005)、陈瑛的《改造和提升小农伦理》(2006)、李建华、邢斌的《目前中国农村基层自治面临的政治伦理困境》(2009)、王淑芹、刘丁鑫的《新农村社会公德建设机制研究》(2010)、赵炜的《乡土伦理治道:传统视阈中的家与国》(2011)、李明建的《晏阳初平民教育思想对农村道德建设的资源意义》(2014)、万俊人的《这是乡村伦理中的中国》(2017)、曹孟勤的《对中国乡村环境伦理建设的哲学思考》(2017)、李志祥的《现代化进程中我国农民经济理性的扩张、困境与出路》(2017)、张燕的《传统乡村伦理文化的式微与转型——基于乡村治理的视角》(2017)、孙春晨的《改革开放 40 年乡村道德生活的变迁》(2018)、李桂梅、张翠莲的《改革开放 40 年乡村家庭伦理研究:背景、视域和方向》(2018)、何建华的《乡村文化的道德治理功能》(2018)、刘武根的《中国农业伦理学研究的回顾与展望》

---

① 王露璐:《中国乡村伦理研究论纲》,载《湖南师范大学社会科学学报》2017 年第 3 期。

(2018)、李皓的《我国乡村振兴战略的伦理之维》(2018)等。

其次,对乡村伦理相关问题进行研究的课题立项逐渐增多,乡村伦理研究队伍不断扩大。仅以国家哲学社会科学基金项目为例,近年来致力于研究乡村伦理的青年项目主要有"乡村经济伦理的苏南图像———一种跨学科视野中的'乡村道德知识'探究"(2007)、"改革开放以来乡村伦理的变迁与重建研究"(2013),一般项目主要有"新世纪中国农民道德建设"(2003)、"中国少数民族地区新农村建设中的伦理道德问题研究"(2008)、"近二十年乡村伦理变迁与乡土小说发展研究"(2011)、"农村社会保障制度的伦理问题研究"(2013)、"边疆少数民族传统伦理道德与农村社会治理研究"(2015)、"农村社会治理的伦理路径研究"(2016)、"当代中国社会转型期乡村伦理秩序重建研究"(2017)、"新时代中国特色社会主义乡村伦理建构的理论内涵"(2018),重点项目有"社会转型期的中国乡村伦理问题研究"(2011),重大项目有"中国乡村伦理研究"(2015)等。课题的顺利开展离不开研究队伍的支持,研究队伍的扩大进一步促进课题研究的深入,在这一过程中,乡村伦理研究获得快速发展。

最后,多元化的研究方法促进乡村伦理研究快速发展。第一,跨学科视景透视(interdisciplinary perspective)的研究方法,扎实了乡村伦理研究的理论基础。乡村作为"具有自然、社会、经济特征的地域综合体,兼具生产、生活、生态、文化等多重功能,与城镇互促互进、共生共存,共同构成人类活动的主要空间"①,对其进行伦理研究不仅涉及哲学知识,而且需要一定的经济学、政治学、社会学等学科知识。基于此,跨学科的研究方法能够有利于乡村伦理研究的深入开展。第二,文本分析法,为乡村伦理研究打造良好学术信息平台。通过对有关乡村研究文本的系统梳理,能够较为全面地了解当前乡村伦理研究状况,从而为后续研究提供更有针对性的指导。第三,实证研究法,提升乡村伦理研究的真实性和可靠性。不同乡村有着各不相同的"地方性道德知识",乡村伦理研究只有立足于村庄实际,才能够更为真实地了解村庄伦理关系和道德样态,从而获得有效的研究结论。

二、研究的主要问题

新中国成立以来,尤其是新世纪以来,乡村伦理研究围绕农业、农村、农民等问题展开,受到了学界的广泛关注,取得了日益丰硕的成果。总体上看,我国乡村伦

---

① 《乡村振兴战略规划》(2018—2022 年),北京:人民出版社 2018 年版,第 3 页。

理研究主要涉及以下几个方面。

(一) 乡村经济伦理与经济学视域下的中国乡村伦理研究

对乡村经济伦理问题的探讨,是伦理学进入中国乡村研究最早的领域。王露璐提炼和梳理了苏南乡村经济伦理的历史传统及其近代以来的传承变迁,描述和分析了苏南乡村经济伦理的实存状态及其双重作用,并探究这种作为"地方性道德知识"的苏南乡村经济伦理与苏南长久以来乡村经济发展的区域领先优势之间的内在关联。[①] 乔法容等指出,由农民自愿组织形成的新型农村经济专业合作组织发展壮大,为集体主义道德增添了新元素,农村集体主义道德回归理性且发生了前所未有的新跃升。[②] 涂平荣从农村经济活动的四大环节入手,描述了当代中国农村存在的主要经济伦理问题并提出应对措施。[③] 李志祥认为,农民的经济理性问题在本质上是农民精神的现代化问题,主要包括农民经济动机、经济美德以及经济认知三个层面的转化问题。他强调,在生产经营结构的市场化变迁、"离土不离乡"的进城务工和"离土又离乡"的外出打工等新兴经济活动的推动下,我国农民正处于从传统经济理性转向现代经济理性的发展转型期,突出血缘亲情伦理的传统经济理性正在淡化,注意市场科技伦理的现代经济理性正在形成,以血缘地缘弥补现代化缺陷的农民经济理性正在孕育。[④] 李明建认为,伴随乡村经济活动基础的变化、乡土社会基本特征的变化、乡村社会文化的多元发展等因素,传统乡村经济伦理中务本重农、勤勉耕作,信任熟人、互帮互助,勤俭节约、量入为出的特征逐渐演化为勤劳致富、物质利益为先;等价交换、注重公平交易;享受生活、适度超前消费的思想观念。[⑤]

此外,经济学界一些学者也探讨了中国乡村经济发展中的若干伦理问题。林毅夫从乡村消费的视角出发,指出农村消费在解决由生产能力过剩造成的通货紧缩难题时的独特作用,并分析限制农村村民消费的原因,号召搞一场"新农村运动",改善农民的生活环境,提高村民消费水平,从而为村民的适度消费营造环境,

---

① 参见王露璐《乡土伦理——一种跨学科视野中的"地方性道德知识"探究》,北京:人民出版社2008年版。
② 参见乔法容、张博《当代中国农村集体主义道德的新元素新维度——以制度变迁下的农村农民合作社新型主体为背景》,载《伦理学研究》2014年第6期。
③ 参见涂平荣《当代中国农村经济伦理问题研究》,北京:中国社会科学出版社2015年版。
④ 参见李志祥《现代化进程中我国农民经济理性的扩张、困境与出路》,载《伦理学研究》2017年第3期。
⑤ 参见李明建《乡村经济伦理的转型与发展》,载《道德与文明》2017年第5期。

构建良好的乡村消费伦理。① 温铁军则从现实经济背景出发,客观分析了农民的处境,号召进行"新乡村建设",以此给村民营造一个更好的、更符合伦理的乡村生活。② 厉以宁基于当前乡村经济转型的实践,指出土地确权和土地流转给农民发展带来的机遇,认为农民是当前乃至今后一段时期内人力资本革命的主力,强调了农民在经济生活中的重要价值。③ 姜长云对乡村振兴战略中的"产业兴旺"这一要求进行分析,强调推进产业兴旺是实施乡村振兴战略的首要任务。他主张通过多方发力的形式,共同推进乡村产业兴旺,以此提高农民生活质量,改善村庄道德环境。④

(二) 乡村治理、乡村秩序中的伦理问题

随着改革开放的不断深入,乡村基层民主制度建设取得不断发展,以"村民自治"为代表的一系列基于国家宏观政策和制度的乡村治理研究日益丰富,一些学者在探讨中也论及乡村治理和乡村秩序中的伦理问题。郭宇轩从政治学的视角梳理了传统乡村权力的变迁,肯定了民主自治对乡村村民政治伦理生活的重要性。⑤ 张扬金和于兰华指出,作为村民自治权力的保障,农村民主监督制度困境重重,其重要原因在于村民的政治知识与政治道德滞后所导致的制度损耗。⑥ 赵晓力从《秋菊打官司》这一经典案例出发,强调法律对农民的尊重与理解,从而构造和谐的乡村法律伦理环境。⑦ 贺雪峰在充分调研的基础上对我国乡村社会的特征和变化进行了分析,并以此找出乡村治理的社会基础和新的乡村社会关系。⑧ 项继权对我国农村社区及共同体的变迁和发展进行考察,分析了不同历史时期农村社区或共同体的认同基础及其变化,认为加强农村公共服务,增强人们的社区归属感和认同感,是构建新型社会生活共同体的必由之路。⑨ 肖唐镖对乡村社会的宗族关系

---

① 参见林毅夫《要搞一场新农村运动》,载《中国财经报》2008 年 2 月 20 日第 004 版。
② 参见温铁军《为什么我们还需要乡村建设》,载《中国老区建设》2010 年第 3 期。
③ 参见厉以宁《农民工、新人口红利与人力资本革命》,载《改革》2018 年第 6 期。
④ 参见姜长云《推进产业兴旺是实施乡村振兴战略的首要任务》,载《学术界》2018 年第 7 期。
⑤ 参见郭宇轩《中国乡村社会"自治"的变迁》,载《光明日报》2012 年 12 月 15 日第 007 版。
⑥ 参见张扬金、于兰华《农村民主监督制度的损耗与补益——政治知识与政治道德的视角》,载《伦理学研究》2014 年第 1 期。
⑦ 参见赵晓力《要命的地方:〈秋菊打官司〉再解读》,载《北大法律评论》2005 年第 1 期。
⑧ 参见贺雪峰《新乡土中国》(修订版),北京:北京大学出版社 2013 年版。
⑨ 参见项继权《中国农村社区及共同体的转型与重建》,载《华中师范大学学报》(人文社会科学版) 2009 年第 3 期。

进行了梳理,并阐释了其影响乡村治理的运行机制。① 于建嵘对乡村治理的主体、目标以及价值等三个方面的转变进行了阐释,并认为这些转变的顺利实现将在一定程度上解决乡村治理过程中的价值冲突、认同冲突和利益冲突问题,从而使乡村公共服务能够满足广大农民群众日益多样而复杂的要求,使乡村社会信任关系达到社区共同体的标准,使乡村社会利益矛盾得到有效化解,并最终促使乡村社会实现良好的治理,即达到"善治"的状态。②

近年来,一些学者也从伦理视角对乡村治理问题进行研究。王露璐阐释了中国乡村社会变迁中礼治和法治的关系,探讨了二者在当前的基本态势及实现其互动与整合的理论和现实价值。③ 陈荣卓、王珊珊通过对村级、乡镇、县域治理伦理发展脉络的逐层剖析,指出村级治理由汲取到服务的逻辑转变体现了广大农民平等公民权的回归,展现了国家与农村社会之间的互动和依赖关系;强制行政管理的逐渐退去与多元治理模式的逐步确立则体现了乡镇政权运作逻辑发生的新变化;县域治理由动员型向回应型的转变,促使基层政府与社会关系不断完善,实现基层政府回应与民众反馈有效结合。④ 此外,陈荣卓、祁中山对现阶段乡村治理伦理面临的转型进行了细致分析,并提出了乡村治理在价值理念、主体伦理、关系伦理、制度伦理等方面应当实现的重建。⑤ 段文阁等以村民自治为切入点,认为顺利实现村民的自治伦理价值追求与乡村的稳定有序应正视"村民与村庄关系的不协调""村民与自由和秩序的冲突矛盾存在""村庄无法达到自由和秩序的统一"等多重现实困境,而超越村民自治伦理价值追求困境的根本路径,在于从发展集体经济、依从基层法治、均衡分配利益、加快村民教育四个层面最终达到村民与村庄、自由与秩序四者之间的动态平衡与良性互动,实现四者的彼此结合与统一。⑥ 颜德如从乡村治理主体入手,认为乡村精英人士大量流失、乡村治理精神断裂等现象是当前乡村治理面临的严峻挑战,主张因地制宜将新时期的乡贤吸纳到乡村治理体系中,并且在文化与制度建设两个维度下大力气,使新乡贤推进当代中国乡村治理成为可继承的传统。⑦ 张燕对传统乡村伦理文化在现代乡村治理中的意义进行肯定,强调在乡村治理过程中"传统乡村伦理文化的创新路径应当建立在与现代乡村结

① 参见肖唐镖《宗族政治:村治权力网络的分析》,北京:商务印书馆 2010 年版。

② 参见于建嵘《社会变迁进程中乡村社会治理的转变》,载《人民论坛》2015 年第 14 期。

③ 参见王露璐《伦理视角下中国乡村社会变迁中的"礼"与"法"》,载《中国社会科学》2015 年第 7 期。

④ 参见陈荣卓、王珊珊《农村基层治理现代化进程中的伦理转型》,载《伦理学研究》2015 年第 2 期。

⑤ 参见陈荣卓、祁中山《乡村治理伦理的审视与现代转型》,载《哲学研究》2015 年第 5 期。

⑥ 参见段文阁、袁和静《村民自治伦理价值追求的困境与超越》,载《伦理学研究》2009 年第 3 期。

⑦ 参见颜德如《以新乡贤推进当代中国乡村治理》,载《理论探讨》2016 年第 1 期。

构的区域差异相适应、与现代乡村代际关系更迭变化相适应的基础之上"①。

（三）乡村家庭伦理变迁及其价值研究

中国传统乡村社会的生产方式是一种以家庭为基本单位的小农生产方式,使得以血缘为纽带的家庭、家族和宗族得以繁衍和维持,也由此形成了独特的乡村家庭伦理。然而,伴随社会的转型,乡村家庭伦理关系发生了改变,如何看待这一变化、如何评价乡村家庭伦理在当前村庄发展中的价值等成为学者们关注的热点问题。

李桂梅、郑自立考察了新中国成立以来乡村家庭伦理变迁的轨迹,指出在政治、经济、文化、教育等因素的影响下,乡村家庭伦理观念由"简单化一"向"多元共存"转变,家庭伦理关系由"政治本位"向"经济本位"转变,家庭伦理责任由"严格责任"向"宽容责任"转变,家庭道德调控由"行政调控"向"德法兼控"转变。② 与此同时,李桂梅、张翠莲还对改革开放 40 年来乡村家庭伦理研究的背景、视域和方向进行分析,认为改革开放后乡村家庭伦理研究是在传统乡村家庭伦理改造未完成、新型家庭伦理建设具有局限、当前乡村家庭伦理处于困境的情况下蓬勃兴起的。她们强调,改革开放打破了乡村固有的组织结构和惯习,乡村家庭在走向现代化的过程中承受着巨大压力以致伦理规则的规范力量被严重削弱,乡村家庭伦理面临现代转型的诸多问题。③ 除此之外,张翠莲、李桂梅从伦理制度化角度出发尝试重塑当代乡村家庭伦理。她们认为,制定符合现代家庭伦理精神的婚姻家庭制度、完善乡村家庭伦理规范的制度体系、培育乡村自治组织团体等是实施当代乡村家庭伦理制度的主要途径。④ 张建雷对农民家庭现代化进程中的家庭伦理和家庭分工进行研究,指出在当前农民家庭的经济生活实践中,家庭伦理同农民家庭的现代化呈现出了有机的"亲和"关系。家庭伦理形塑了以伦理为本位的农民家庭经济组织。在这种以伦理为本位的农民家庭经济组织中,农民家庭根据不同成员在家庭中的关系地位和身份角色安排家庭分工,普遍形成了"半工半耕"的家庭经济结构。这使得农民家庭能够充分利用市场机会,合理配置家庭劳动力,以实现家庭收入最大

---

① 张燕:《传统乡村伦理文化的式微与转型——基于乡村治理的视角》,载《伦理学研究》2017 年第 3 期。
② 参见李桂梅、郑自立《当代中国乡村家庭伦理的变迁》,载《伦理学研究》2017 年第 6 期。
③ 参见李桂林、张翠莲《改革开放 40 年乡村家庭伦理研究:背景、视域和方向》,载《伦理学研究》2018 年第 5 期。
④ 参见张翠莲、李桂梅《试论当代乡村家庭伦理制度化建设》,载《道德与文明》2017 年第 5 期。

化。同时,这也奠定了农民家庭现代化的基础。在家庭继替的过程中,随着家庭财富在代际之间的有序传递,子代家庭得以逐步实现现代化的财富积累。[1]

在此过程中,也有学者以乡村家庭伦理的某一问题展开研究。李永萍以农村家庭转型过程中老年人的养老问题为切入点,试图以伦理危机对家庭转型中的养老危机进行定性。她认为,在家庭转型过程中,面对家庭内部资源转移的失控和权力让渡的失范,家庭伦理通过适应家庭发展主义的目标而重构,具体表现为父代本体性价值的扩张、社会性价值的收缩和基础性价值的转换。家庭伦理的重构强化了农民家庭再生产的动力,并反馈到家庭内部资源转移和权力让渡的实践过程中。同时,这也意味着在家庭转型过程中父代担负并践行着几乎没有止境的伦理责任,父代深深陷入"伦理陷阱",因此,父代的"老化"过程也是其危机状态生成并逐渐锁定的过程。[2] 狄金华、郑丹丹以我国农村家庭资源的代际分配为研究对象,指出农村家庭资源的代际分配并未呈现"伦理沦丧"特征,上位优先型的分配方式仍在家庭资源代际分配中占据重要位置;造成农村家庭对亲代赡养资源供给不及现象的原因并不总是"伦理危机",而由"伦理转向"所导致的下位优先分配原则可能是上述现象的重要诱因之一。[3]

(四) 城乡环境正义与乡村生态伦理研究

在市场化、城市化、工业化进程的快速推进下,我国广大农村的环境出现恶化,农民成为环境污染的主要受害群体。针对这一问题,研究者们从不同角度进行分析。曾建平对城乡之间环境不公正的问题进行探讨,认为城市与乡村之间环境负担转移或贫困的生态外部性现象之所以能够发生,从历史上看,是由于我国长期存在的二元经济社会结构决定的二元生态状况;从学理上看,是由于存在两极利益主体的极其不平等,只有在地位上极不相称的利益主体之间才会发生这种隐含着宝贵生态存量价值的表面公平实为不公平的交换。他强调,在某种意义上,环境不公正比环境污染更可怕。环境公正问题不仅关系到环境保护事业自身的发展,更关系到和谐社会的实现。因此,统筹城乡的发展内在地包含着统筹城乡的环境保护,

---

[1] 参见张建雷《家庭伦理、家庭分工与农民家庭的现代化进程》,载《伦理学研究》2017 年第 6 期。

[2] 参见李永萍《家庭转型的"伦理陷阱"——当前农村老年人危机的一种阐释路径》,载《中国农村观察》2018 年第 2 期。

[3] 参见狄金华、郑丹丹《伦理沦丧抑或是伦理转向 现代化视域下中国农村家庭资源的代际分配研究》,载《社会》2016 年第 1 期。

内在地包含着实现城乡的环境公正。① 曹孟勤从哲学角度对我国乡村环境伦理建设进行思考,认为中国乡村在现代化进程中受到工业生产方式的冲击,使得这块环境伦理不曾设防的净土受到严重的污染与破坏。因此,一方面为了避免乡村自然环境的持续恶化,实现美丽乡村愿景,建构中国乡村环境伦理尤为必要。另一方面,城市病的广泛出现和日趋严重,使美丽乡村成为人们向往的场域,为了适应逆城市化的发展趋势和人们回归自然的要求,为乡村自然环境筑起道德屏障成为一种必然。他强调,乡村环境伦理建设要落到实处,就必须充分激发建设主体的积极性,而提高农民的社会地位和社会声望、增加农民的经济收入则是激发农民建设美丽乡村自觉性的必由之路。② 张月昕对农村生态文明建设过程中农村生态环境逐渐得到改善但农民却不断逃离乡村的现象进行分析,指出造成这种现象的根本原因是农民以自豪感为核心的本体性价值满足和以成就感为核心的社会性价值满足发生了严重缺失,农村生态文明建设主体不能为作为农民感到自豪,不能为作为农民而拥有较高社会地位和道德尊严。他认为解决这一困境必须转变"农民落后"的伦理观念,提高农民的社会地位和物质财富收入,促使农村生态文明建设的主体获得较高本体性价值满足和社会性价值满足。③

此外,也有学者对乡村振兴实践中的生态问题进行伦理分析。温铁军从比较视野出发,把气候变化导致的农业稳态社会和游牧流动民族之间的长期互动、亚洲大陆气候地理的多样性等因素纳入思考,从而更深刻地理解中国的国家政治形态、文化延续性、乡土中国的低成本自治等的内在逻辑,更充分地把握生态文明战略与乡村振兴战略的历史意义。他认为,对于当下中国而言,只有通过补短板、再平衡,全面贯彻生态文明、乡村振兴等国家重大战略,加强中央政府逆周期的综合协调能力和基层政府夯实乡土基础应对软着陆的能力,才能使作为最大发展中国家的中国在全球化过程中保持平稳,从而为村民实现美好生活提供良好的生态伦理环境。④ 金二威对农村生态文明建设的价值目标和路径选择进行分析,认为农村生态文明建设具有现代化的生态农业发展模式、绿色化的文明环保生活方式、科学化的生态文明管理方式等多重价值目标,加快推进我国农村生态文明建设,要在农业

---

① 参见曾建平《乡村视野中的环境公正与和谐社会》,载《江西师范大学学报》2005 年第 5 期。
② 参见曹孟勤《对中国乡村环境伦理建设的哲学思考》,载《中州学刊》2017 年第 6 期。
③ 参见张月昕《农村生态文明建设主体的价值满足缺失及伦理对策》,载《伦理学研究》2017 年第 3 期。
④ 参见温铁军《生态文明与比较视野下的乡村振兴战略》,载《上海大学学报》(社会科学版)2018 年第 1 期。

生产中强化市场的主导作用,积极发展循环经济,建设现代生态农业;在农村生活中强化政府的引导作用,加大政策和资金支持力度,夯实农村生态文明建设的基础;在制度建设中强化农民的自我管理作用,提高农民参与生态文明建设的自主性和自觉性。① 黄海蓉以提升农民的生态道德素养为切入点,指出农民生态道德水平关涉乡村振兴战略的推进程度。她认为,农民环保意识不强、生态教育方式单一、生态建设主体不明确等制约了农民生态道德治理,主张构建整体性生态道德治理观、开放性生态道德治理方式和协同式生态道德治理机制,提升农民生态道德素养,助力"美丽乡村"建设。②

(五) 乡村教育的道德反思与村庄道德教育研究

　　人才是乡村振兴的关键,而人才的培养关键靠教育,乡村振兴不能忽视教育的地位和价值。近年来,从伦理视角反思乡村教育以及对乡村道德教育的现状、意义、路径等进行分析成为乡村伦理研究的又一热点。王本陆对我国农村教育改革的伦理诉求进行研究,指出我国农村教育长期处于困境之中。一方面,农村教育存在着职能困境,即从实现官方和民间的教育意图来说,它是无所作为的教育;另一方面,农村教育存在着生存困境,即在我国分级办学、分级管理的体制中,农村教育事实上是农民办,没有获得真正的国民教育待遇。他认为,从制度层面看,农村教育困境问题,必须放在城乡教育二元对立的背景下来分析。我国城乡教育的差异,除了地域性差异外,更多是一种制度设计上的等级差异,即城乡教育区别对待,这是一种变相的双轨制。从制度伦理的角度分析,城乡教育双轨制在利益分配上的指导思想是优势群体优先,这是一种不公正的制度安排。在此基础上,他指出应在公平正义原则的前提下,重新设计我国国民教育体制,切实消除城乡教育双轨制:一方面,倡导城乡教育均衡发展,给予农村教育是国家公共事业的身份和待遇,落实政府全力举办农村教育的责任,推行国民教育均衡发展战略,促进城乡教育入学机会平等、教育财政平等、教育条件平等和成功机会平等;另一方面,要特殊优待农村教育,在财政和人力等方面,优先考虑和满足农村教育发展的需要,提供各种专项扶助,以便切实缩小城乡教育差距。③ 薛晓阳通过分析乡村教育与乡村伦理之间的关系指出,乡村教育既代表乡村精神作为一种文化符号的顽强意志,也是推进

① 参见金二威《农村生态文明建设的价值目标与路径选择》,载《人民论坛》2018 年第 26 期。
② 参见黄海蓉《如何提升农民的生态道德素养》,载《人民论坛》2019 年第 9 期。
③ 参见王本陆《消除双轨制:我国农村教育改革的伦理诉求》,载《北京师范大学学报》(社会科学版) 2004 年第 5 期。

乡村伦理完成现代性转变的力量所在。一个好的乡村教育方案应当是既不能让农民自卑地生活在城市,也不让农民盲目地逍遥于乡村。他强调,乡土教育不只局限于乡村文明自身,最终的目的仍然是现代公民教育。①

此外,还有一些学者围绕社会转型过程中乡村道德教育的困境等问题进行探讨。王露璐等以农村留守儿童为研究对象,认为农村改革进程中城市化的加快导致大量农村剩余劳动力转移到城市,并产生了留守儿童这一特殊群体。留守儿童家庭结构的变化和家庭环境的特殊性,使其家庭道德教育的基础性作用难以得到有效发挥,学校道德教育也因此在农村留守儿童道德发展中承担了更加重要的责任。应当通过完善学校道德教育制度、创新学校道德教育活动、加强德育教师队伍建设以及实现学校、家庭和社会教育的有效结合等方法,进一步加强农村留守儿童的学校道德教育。② 李明建对城市化背景下乡村道德教育的创新进行研究,认为城市化的发展给乡村道德建设特别是乡村学校道德教育带来了冲击和挑战。家庭道德教育和社会道德教育的乏力,使学校道德教育在乡村道德建设中的作用凸显,乡村学校承担着更重的促进学生道德成长的任务,但乡村学校道德教育的实际效果与预期目标还有一定差距,创新乡村学校道德教育的任务十分紧迫。他指出,乡村学校道德教育应该树立以人为本、德育为先、适应市场经济发展、进行积极取向的道德教育等理念。推动乡村学校道德教育路径的创新,应调整道德教育目标、完善道德教育内容、挖掘道德教育资源、改革道德教育方法。③

(六) 乡村伦理关系和农民道德观念研究

如何看待中国乡村社会的伦理关系及其变化? 转型期农民道德观念呈现出何种变化? 这种变化产生了何种影响? 对于这些问题,学者们也从不同角度进行了分析。

陈瑛提出,在长期自给自足的生产方式和生活方式中,传统的中国农民作为小生产者和小私有者,其社会交往方式单调稀少,这就决定了他们道德特征上的自私狭隘性。同时,分散的生产和生活方式,也造就了他们比较散漫、缺乏组织纪律性的特点。④ 童志锋提出,中国乡村社会信任的差序格局是以关系进行划分的,差序格局是一种渐进的扩展的信任同心圈,圈内外的行动者在一定的条件下是可以相互转化的。因此,中国人的信任是一种情景化的信任,不能简单地用普遍或特殊信

---

① 参见薛晓阳《乡村伦理重建:农村教育的道德反思》,载《教育研究与实验》2016 年第 2 期。
② 参见王露璐、李明建《农村留守儿童道德教育的现状与思考》,载《教育研究与实验》2014 年第 6 期。
③ 参见李明建《城市化背景下乡村学校道德教育的创新》,载《中州学刊》2017 年第 6 期。
④ 参见陈瑛《改造和提升小农伦理》,载《伦理学研究》2006 年第 2 期。

任来描述。① 应星剖析了中国乡村社会在改革开放以前是如何塑造新人的,以此重新理解中国建立社会伦理新秩序的努力及其复杂性。② 谢丽华通过梳理农村伦理的相关理论,框定我国农村伦理的内容并提出相应的对策。③ 王露璐分析了我国乡村社会人际信任关系上以"亲—朋—熟—生"为表征的差序性关系格局,认为这一格局产生于"血缘差序"和"情感差序"的共同作用,并提出了转型期中国乡村社会的人际信任的若干变化和差异性特征。④ 孙春晨在对改革开放40年我国乡村道德生活变迁进行伦理审视的基础上指出,一方面,中国传统乡村道德文化生存的土壤发生了根本性的改变,乡村的道德生活呈现出新的气象,农民接受了新的道德观和价值观,由服从伦理到自主伦理的转变是农民权利意识觉醒的标志;另一方面,受市场经济行为规则和现代性价值观的影响,传统的乡村道德文化陷入了日益式微的境地。基于这一背景,他强调农耕文明是乡村文明的底色和本色,在乡村文化振兴战略中,乡村道德文化传统是重要的资源。⑤

(七) 乡村伦理地方性特色的实证研究

村庄是中国乡村最基本的社会单位。因此,以村庄为个案的研究始终是中国乡村研究中最重要的内容和方法。在学者们看来,"每一个村庄里都有一个中国,有一个被时代影响又被时代忽略了的国度,一个在大历史中气若游丝的小局部"⑥。贺雪峰根据在湖北洪湖和湖北荆门四个村进行老年人协会及农村文化建设的实践指出,农民的文化生活应当得到更多的关注,否则,乡村在传统已失现代价值尚未建立的情况下必然会被各种其他力量所吸引。⑦ 周怡立足于田野一手资料,通过社会学中社会类型理论、现代市场转型理论及理性选择理论,诠释了华西村集体主义的文化特质及其可能的发展前景。⑧ 谭同学对湖南省桥村90年代以来的变化进行了梳理,由此探讨了中国乡村治理面临的基础性问题。⑨ 美籍学者

---

① 参见童志锋《信任的差序格局:对乡村社会人际信任的一种解释——基于特殊主义与普遍主义信任的实证分析》,载《甘肃理论学刊》2006年第5期。
② 参见应星《村庄审判史中的道德与政治　1951—1976年》,北京:知识产权出版社2009年版。
③ 参见谢丽华《农村伦理的理论与现实》,北京:中国农业出版社2010年版。
④ 参见王露璐《转型期中国乡村社会的人际信任——基于三省四村庄的实证研究》,载《道德与文明》2013年第4期。
⑤ 参见孙春晨《改革开放40年乡村道德生活的变迁》,载《中州学刊》2018年第11期。
⑥ 熊培云:《一个村庄里的中国》,北京:新星出版社2011年版,第1页。
⑦ 参见贺雪峰《乡村建设重在文化建设》,载《小城镇建设》2005年第10期。
⑧ 参见周怡《中国第一村:华西村转型经济中的后集体主义》,香港:香港牛津大学出版社2006年版。
⑨ 参见谭同学《桥村有道:转型乡村的道德、权力与社会结构》,北京:三联书店2010年版。

欧爱玲(Ellen Oxfeld)通过对广东梅县客家乡村——月影塘的调查发现,传统的道德体系发生了极大变化,当地人关于道德互惠的观念以及作为它们表现形式和外在内容的道德话语仍在不断进化。① 此外,刘昂基于江苏省徐州市 JN 村的田野调查,对乡村治理制度进行了伦理分析,认为在当前乡村治理实践中,无论是以“法治”为基础的正式制度,还是以“德治”为核心的非正式制度,都没有在村民自治的基础上实现“德治”与“法治”的相互统一,从而造成法律难以有效回应村民诉求、村规民约无法真正体现乡村实践、村庄宗教沦为封建迷信外衣、小亲族势力不受村庄控制等一系列困境。研究表明,类似问题的解决,必须充分借助村民自治实践,坚持法治在乡村治理中的主体地位,强化德治对村庄的价值引领,不断促进正式制度与非正式制度相互融合。村民只有在道德规范的约束下,自觉遵守法治制度,进行自我管理、自我教育、自我服务、自我提高,才能够推动乡村治理水平不断提高,保障新时代乡村振兴战略顺利实施。②

(八) 乡村道德建设的经验与路径研究

乡村道德建设的经验梳理、现状分析和路径探讨,始终是中国乡村伦理研究中的重点内容。关于乡村道德建设的历史经验,学者们的研究大多集中在对民国乡村建设人物思想的关注上。周祥林和沈志荣提出,梁漱溟的乡村建设运动是其道德理想的直接践履,更是其复兴中国的政治伦理思想的现实表达。③ 孙诗锦对晏阳初及其平教会在定县的活动进行了深入的探析,意图弄清晏阳初的乡村启蒙和改造活动在 20 世纪的国家与社会重新建构与整合的过程中扮演了何种角色,为研究晏阳初提供了一个全新的视角。④ 李明建提出,晏阳初平民教育思想主张用文艺教育、生计教育、卫生教育、公民教育来解决民众的“愚”“贫”“弱”“私”问题,提升其知识力、生产力、健康力、道德力。⑤ 王露璐认为,20 世纪 30—40 年代,费孝通在其对中国乡村社会特征及乡村生产、交换、分配、消费的阐述中蕴含了丰富的伦理思想。这一时期费孝通的乡村伦理思想可概括为四个方面:“志在富民”,是贯穿其

---

① 参见[美]欧爱玲(Ellen Oxfeld)《饮水思源:一个中国乡村的道德话语》,钟晋兰等译,北京:社会科学文献出版社 2013 年版。
② 参见刘昂《乡村治理制度的伦理思考——基于江苏省徐州市 JN 村的田野调查》,载《中国农村观察》2018 年第 3 期。
③ 参见周祥林、沈志荣《论梁漱溟乡村建设中的政治伦理思想》,载《伦理学研究》2011 年第 2 期。
④ 参见孙诗锦《启蒙与重建——晏阳初乡村文化建设事业研究(1926—1937)》,北京:商务印书馆 2012 年版。
⑤ 参见李明建《晏阳初平民教育思想对农村道德建设的资源意义》,载《道德与文明》2014 年第 5 期。

学术研究和学术观点的核心学术价值观;勤劳节俭,是根植于传统乡土社会生产方式和生活方式的生产伦理和消费伦理;信任互助,是基于传统乡村血缘地缘和差序格局的交往伦理和分配伦理;乡土重建,是以实现乡村发展、农民富裕为价值目标的发展伦理。[1] 此外,一些学者还通过对国外一些国家乡村道德建设的总结和分析,提出了一些具有理论和资源意义的他国经验。

　　乡村道德建设是新农村建设的重要内容也是乡村振兴战略的关键,近年来,一批学者也对当前我国农村道德建设的现状、问题和对策进行了分析。刘建荣对农村道德建设的现状和对策、当代中国农民道德现状、成因及价值取向和路径选择等问题进行了解剖和分析,指出农民道德建设是社会主义新农村建设的重要内容,强调需要农民自身、在农村工作的党员和干部、社会各界人士、政府等各方力量的共同努力。[2] 刘红云、张晓亮通过对农村道德水平现状的分析,从五个方面提出重建农村伦理道德体系的途径和要求。其一,改革教育体系,加大农村教育投入,切实提高农村教育水平;其二,加强法制教育,实现从“血缘伦理”向“法制伦理”的转变;其三,切实提高农民收入;其四,加强引导改善道德激励机制,形成尊崇道德的社会氛围;其五,确立并宣传社会主义新道德体系,合力共建新的“道德社会”。[3] 罗文章围绕“乡风文明”这一新农村建设的战略目标和总体任务,就新农村道德建设的指导方针与方法论、基本向度及基本路径进行了较为系统的研究与探索。[4] 杜玉珍从新中国之初的改造、社会主义建设时期的新建以及新时期以来的改革洗礼三个时期,对我国乡村伦理的发展进行了梳理,强调将社会主义伦理道德、乡村传统伦理道德中的精华因素、乡村社会实际这三者有机结合起来。[5] 王维先和铁省林则考察了农村社区作为自组织系统的运行特点及农村社区伦理共同体在道德建设中的作用。[6] 王露璐对改革开放 40 年来我国乡村社会的道德发展与建设进行研究,认为持续深化的农村改革为乡村社会的道德发展奠定了坚实基础,从而促使乡村伦理关系转变和农民现代道德意识成长、乡村社会文明程度提升和农民公德素质提高、乡村传统伦理文化得以有效传承与发展。面对社会转型过程中乡村社会

① 参见王露璐《费孝通早期乡村伦理思想述析》,载《齐鲁学刊》2017 年第 5 期。
② 参见刘建荣《新时期农村道德建设研究》,北京:中国社会科学出版社 2004 年版;刘建荣《当代中国农民道德建设研究》,北京:群众出版社 2007 年版。
③ 参见刘红云、张晓亮《关于建设新农村背景下农村伦理道德体系的重建问题》,载《理论学刊》2007 年第 9 期。
④ 参见罗文章《新农村道德建设研究》,北京:当代中国出版社 2008 年版。
⑤ 参见杜玉珍《我国乡村伦理道德的历史演变》,载《理论月刊》2010 年第 9 期。
⑥ 参见王维先、铁省林《农村社区伦理共同体之建构》,济南:山东大学出版社 2014 年版。

人际信任度下降、村庄共同体凝聚力不足、道德评价和道德权威力量弱化等问题,她主张以社会主义核心价值观为引领,进一步加强乡村道德建设,为乡村振兴战略的实施提供有力的道德支撑和精神动力。①

(九) 乡村伦理研究的范式转换及方法论探讨

在乡村社会转型过程中,乡村伦理研究的背景、对象、价值导向等发生了改变,从而使乡村伦理研究的范式也需要作出相应调整。王露璐提出,伴随着乡村现代化进程中"乡土中国"向"新乡土中国"的转变,需要构建与之相对应的既蕴含现代价值又不失乡土本色的"新乡土伦理"。她认为,转型期中国乡村伦理的研究体现了一种伦理学研究范式的转换,并强调以"地方性道德知识"的建构作为中国乡村伦理研究的切入点与方法论基础,提出探讨"地方性道德知识"的普适价值及其限度。② 在此基础上,她强调伦理学"进入"乡村应当秉持的基本立场和采用的方法资源主要包括:第一,坚持唯物史观的基本立场,从中国乡村社会的生产和生活方式及其所决定的经济关系中把握中国乡村伦理的基本特征和发展规律。第二,借鉴道德叙事学(moral narratives)的方法,秉持"村庄进入"与"主体贴近"的思路,通过深度访谈的定性研究与问卷调查的定量研究相结合的田野调查,揭示村庄这一伦理共同体的道德传统与特质。第三,选取不同区域具有典型意义的若干村庄作为田野调查个案,处理好"地方性道德知识"的个别探究与中国乡村伦理的整体把握之间的关系。第四,运用建立在伦理学、社会学、经济学、政治学、人类学、民俗学等交叉透视基础之上的跨学科视景透视,同时注重凸显伦理学的基本理论视角。③

与此同时,基于乡村研究的某一主题或相关研究经验进行范式讨论也是学者们关注的热点。徐勇从乡村治理出发,认为村民自治从农民自发创造转换为自觉的国家制度并纳入民主轨道,体现着一种价值取向并将这种价值转换为一种制度,从而确立了村民自治研究的第一个范式是"价值—制度"。然而,当国家制度落地转变为村民实践行为时,则由于条件不同,存在着不同的效果,由此需要根据条件寻找到实现制度价值的有效形式,从而使村民自治研究向"形式—条件"这一范式进行转换。④ 乡村治理从"价值—制度"到"形式—条件"的范式转换为乡村伦理研

---

① 参见王露璐《改革开放 40 年来我国乡村社会的道德发展与建设》,载《光明日报》2019 年 1 月 3 日第 11 版。

② 参见王露璐《社会转型期的中国乡土伦理研究及其方法》,载《哲学研究》2007 年第 12 期。

③ 参见王露璐《中国乡村伦理研究论纲》,载《湖南师范大学社会科学学报》2017 年第 3 期。

④ 参见徐勇《乡村治理的中国根基与变迁》,北京:中国社会科学出版社 2018 年版,自序第 7 页。

究尤其是乡村治理的伦理问题研究提供了方法论的指导意义。贺雪峰结合自身从事乡村研究的经历,将以形成经验质感为目的进行饱和经验训练的方法称为"饱和经验法"。他将饱和经验法的主要原则归结为三条:一是不预设问题,不预设目标;二是具体进入、总体把握,不注重资料而重体会,大进大出;三是不怕重复,要的就是重复,是饱和调查。他认为调查不能功利,调查时要用心去倾听,去思考。经验质感的形成不是从调查结果来总成而是在调查过程中慢慢积累起来的。没有过程,没有全神贯注的聆听、思考,没有用心体会,也就不可能获得经验的质感。① 饱和经验法虽然相对于抽样基础上的问卷调查、人类学的民族志、扎根理论、拓展个案法等而言还不算成熟,但其能够从村民日常生活史切入,获得对研究对象最为直观的经验总结,从而有利于更为真实地把握村民思想道德状况,深化对乡村伦理的研究。

三、简要评述

新中国成立 70 年来,我国乡村始终受到国内外学者的关注,在此基础上形成了较为丰硕的研究成果,为乡村伦理研究提供了有益的理论和方法资源。新世纪以来,中国乡村伦理更是进入了一个快速发展的新时期。然而,总体来看,有关中国乡村伦理的研究尚处于起步阶段,存在着以下问题。

(一) 研究内容不够均衡,研究成果较为零散

关于中国乡村伦理问题的研究大多集中在乡村伦理文化和道德建设、乡村经济发展中的伦理问题、乡村治理中的伦理问题及地方性特色研究等方面,其他问题则较少甚至尚未涉及。这一研究现状反映了我国乡村伦理研究内容的失衡,导致乡村伦理研究中至今仍然存在着很多的空白点。

与此同时,梳理我国乡村伦理研究的成果,不难发现,这一研究仍处于一种零散状态。一方面,乡村伦理研究的成果大多以论文形式呈现,表现为对乡村社会中一些具体伦理问题的关注和分析,而系统、全面进行研究的著作并不多见;另一方面,一些关于乡村伦理的研究散见于其他相关学科的研究之中,尚未形成较为系统、完备的研究资料。

---

① 参见贺雪峰《饱和经验法——华中乡土派对经验研究方法的认识》,载《社会学评论》2014 年第 1 期。

(二) 研究方法交叉不强,田野调查规范不足

近年来,中国乡村研究越来越多地体现出跨学科的交叉视野,从事社会学、政治学、经济学、历史学、伦理学等学科研究的学者们不再单单从某一学科切入,跨学科的研究方法越来越受到重视。然而,由于不同学科背景的研究者对相关学科知识掌握程度不同,在具体研究过程中很难真正融合其他学科的研究方法,致使中国乡村伦理研究中各学科彼此分离、缺乏交流,难以产生基于学科交融基础上的真正有综合性和学科交叉性的中国乡村伦理理论。

关于中国乡村伦理的研究必须对当前中国乡村社会面临的伦理关系变化和存在的道德问题进行全面准确的把握,这就需要在中国不同地区选择典型村庄开展田野调查,从而获得准确全面的第一手资料。然而,从目前中国乡村伦理的研究情况来看,尽管来自不同学科的学者们都认识到了田野调查的重要性,但其中只有部分学者在研究中进行了田野调查。同时,一些研究在田野调查的典型选择、样本获取、访谈方法等方面还存在着一定的规范性缺失,一些田野调查流于形式,未能科学选取样本并进行规范的数据和案例分析,导致研究结果难以真实全面地反映乡村伦理关系和道德生活。

(三) 理论与实践难以融合,学科体系建构相对滞后

尽管乡村伦理研究应坚持"理论联系实际"的基本立场和方法,但是,两者的"联系"却未能真正实现。相反,在中国乡村伦理研究中,理论与实践之间的隔阂始终存在。一些成果将伦理学的基本概念和理论嫁接到乡村实践中,难以对乡村道德实践产生有效的影响。而大量乡村道德生活实践中的鲜活案例和经验,也未能得到充分的学理分析和理论提升。

乡村伦理理论与实践的脱离在一定程度上与中国乡村伦理体系建构的滞后互为因果。毋庸置疑,中国乡村伦理体系的完善本身就是乡村伦理理论发展必不可少的环节,同时也是乡村道德生活的理论升华。只有构建出基于乡村道德生活实践的学科体系,乡村伦理理论才能够更加专业化、系统化,进而更好地指导乡村道德实践。但就当前中国乡村伦理的研究现状看,体系构建可谓任重道远。如果不能在乡村伦理的一些基础理论问题上形成某些基本共识,不能实现乡村伦理理论与实践的有效融合,中国乡村伦理的研究仍将处于一种松散的、缺乏内在理论关联而又脱离实践的"前理论状态"。

基于以上问题,关于中国乡村伦理的研究在研究领域的拓展、研究成果的系统化、研究方法的交叉性、实证研究的规范性、理论联系实践的紧密性、学科体系构建的紧迫性等方面有待进一步发展并取得突破。

第十二章　环境伦理①

现代环境伦理学,一门正在蓬勃发展的伦理学学科,其诞生于人类发展活动与生存环境产生尖锐矛盾后,为协调人和生存环境间的紧张关系,求得两者和谐、持续发展而形成的实践性极强的伦理学学科。作为一门独立的新兴学科,现代环境伦理学诞生于20世纪中叶西方轰轰烈烈的环保浪潮之中,其在中国的发轫则与20世纪80年代中期以来中国经济社会文化各方面的巨大变化相适应。经历多年发展,中国学者在此领域已进行众多细致深入的研究,取得众多有特色的、有价值的学术研究成果。在此,就中国环境伦理学研究的基本历程和概况、主要热点问题、研究存在的不足与展望进行必要的梳理。

一、研究的基本历程和概况

纵观中外哲学发展史,其中有关环境伦理的思想、体现环境伦理关怀的论述、包含生态智慧的观点是丰富而悠久的。有学者就提出环境伦理学的发轫可追溯到18世纪,部分学者更提出环境伦理学萌芽最早出现在柏拉图的著作中②,而中国传统伦理文化中有关人与自然间关系及人类应遵循基本伦理准则的论述和观点更是浩如烟海、不可胜数。但作为现代意义上一门独立学科的环境伦理学(Environmental Ethics)又被称为生态伦理学(Ecological Ethics),直到20世纪中叶才于西方社会诞生。其形成与各类环境污染、生态破坏、资源短缺等威胁人类生存的全球性问题密切相关;与人们系统反思启蒙运动以来,特别是西方各类"主客

---

① 本章节标题采用"环境伦理"而非"生态伦理"的考量如下:1. 概念本身的特点,即"环境伦理"提法侧重于中心事物(人)与周遭事物(自然、人文)的相互联系;"生态伦理"提法则侧重于整个生态系统(一切生物组成的环环相扣的统一体)中多元因素间的相互联系。为求突出现代环境伦理学在研究人与自然关系上的重大突破,本文采用"环境伦理"的提法。2. 学术研究惯例,考虑到中国环境伦理学研究会1994年8月25日于京成立、国际上亦存在环境伦理协会及《环境伦理学》(美国)杂志等因素,本文采用"环境伦理"的提法。

② 参见范云霞《中国环境生态伦理现状研究综述》,载《环境科学与技术》2007年第9期。

二分""非此即彼""人类中心"等宰制性社会思潮密切相联;与人类重新评估自身与自然环境之间的道德关系,重新确立人与自然之间基本伦理原则和规范准则的运动密切统一。

较之西方,中国环境伦理学研究起步略晚,大致在20世纪70年代末至80年代中期①,而真正引起学界的关注并获较大发展则是在20世纪90年代以后。正如现代环境伦理学的诞生与20世纪30年代西方生态环境恶化直接相关,中国环境伦理学研究的兴起也有着深刻的社会历史根据,其在中国学术舞台上的出现和发展绝非偶然:首先,环境伦理学在中国的发展与全球性环保运动有关,即"与生态保护在20世纪70年代以后已经演化成为席卷整个世界的'绿色浪潮'这一大背景密切相关",包括中国在内的所有国家都不同程度地受其影响。其次,"环境伦理学在中国的兴起与西方环境伦理思潮的影响力不断扩大有着直接的关联"。千百年来习惯于围绕人伦关系进行伦理学研究的中国学术界也开始逐步关注人与自然之间的道德关系。再次,"环境伦理学在中国的兴起与我国的国情变化有着密切的关联"②。改革开放以来,我国现代化建设的飞速发展使得环境保护问题日益突出,为环境伦理学的兴起奠定了现实基础;人们开始转变固步自封的思想观念,逐步中肯看待并接受西方思想文化则为环境伦理学的兴起奠定了文化基础;近年来政府对经济社会与自然平衡关系的重视及相关政策、法规的出台则为环境伦理学在中国的兴起奠定了制度保障基础。

纵览中国环境伦理学的研究历程,其发展呈现阶段性和逐步深化的特点。20世纪80年代,即环境伦理学研究在我国起步之初,相关研究不仅带有"外生输入型"的特点,也是开创性和探索性的。究其缘由,一方面是中国传统伦理研究的惯性使然,即中国几千年道德修养、伦理探讨的主流都以现实人伦关怀、人际关系为基点和准则,很少涉及人与自然之间的伦理关系问题。另一方面由于当时国民的整体环境伦理意识较低,人们"更多关注的是与自己的日常生活利害相关的环境问题,也就是说人们对环境问题的关注长期以来是停留在非常表层的功利层面,对生态问题的关注很容易被眼前的其他利益欲求所取代和置换"③。在这一现实条件

---

① 经相关学者检索确认,蔡守秋先生于《武汉大学学报》(人文科学版)1981年第3期发表的《应该提倡环境道德》一文,应当是我国较早研究环境伦理学的理论成果之一。

② 李培超、张天晓:《追踪生态关怀的足迹——中国环境伦理学三十年述评》,载《江苏社会科学》2009年第1期。

③ 李培超、张天晓:《追踪生态关怀的足迹——中国环境伦理学三十年述评》,载《江苏社会科学》2009年第1期。

和理论背景下,环境伦理学被催生,但其发展面临着诸多质疑和挑战,学术提升亦面临众多难题和阻力。

此后,随着世界性"绿色运动"不断兴起与推进,中国经济整体实力的提升,人们思想文化素质的提高,使得环境伦理学研究在 20 世纪 90 年代以后进入快速发展期。学术研究视域不再局限于确证环境伦理学的现实合法性即回答"环境伦理学何以可能"的问题,而是更多关注与社会发展特别是经济发展相契合的现实环境伦理问题。这一时期,环境伦理学研究逐渐脱却起步晚、水平低的禁锢,在关注国外环境伦理学研究动向的同时,开始自觉追求环境伦理学研究的中国化(或言本土化),主动争取自身的理论话语权,积极建构与中国实际相统一的理论基点和学术框架。

经过多年努力,环境伦理学研究在国内获得丰硕的科研成果,在全球环境伦理研究中有了中国环境伦理学的研究学派。

第一,国外环境伦理学研究成果被大量翻译介绍到国内。

随着环境伦理研究国际性交流的不断加深扩大,国内学者翻译介绍了大量国外环境伦理研究的学术成果,推出了一批较高水平的国外环境伦理学译著,如罗德里克·弗雷泽·纳什(Roderick Frazier Nash)的 The Rights of Nature①、阿尔多·利奥波德(Aldo Leopold)的 A Sand County Almanac②、瑞彻尔·卡逊(Rachel Carson)的 Silent Spring③、皮特·辛格(Peter Singer)的 Animal Liberation④、汤姆·瑞根(Tom Regan)的 The Animal Rights Debate⑤ 和 The Case for Animal Rights⑥、霍尔姆斯·罗尔斯顿(Homoles Rolston)的 Philosophy gone wild⑦ 和 Environmental Ethics⑧ 等名篇著作都陆续被翻译介绍到国内。保尔·泰勒(Paul W. Tayor)、卡尔·科亨(Carl Cohen)、苏珊·福莱德(Susan L. Flader)、约翰·帕斯摩尔(John Passmore)、罗宾·阿提费尔德(Robin Attfield)、尤金·哈格洛夫(Eugene Hargrove)、阿伦·奈斯(Arne Naess)、比尔·迪伏(Bill Devall)、乔治·

---

① 代表性译著有杨通进译:《大自然的权利:环境伦理学史》,青岛:青岛出版社 2005 年版。
② 代表性译著有侯文蕙译:《沙乡年鉴》,长春:吉林人民出版社 1997 年版。
③ 代表性译著有吕瑞兰,李长生译:《寂静的春天》,长春:吉林人民出版社 1997 年版。
④ 代表性译著有钱永祥译:《动物解放》,北京:光明日报出版社 1999 年版。
⑤ 代表性译著有杨通进、江娅译:《动物权利论争》,北京:中国政法大学出版社 2005 年版。汤姆·瑞根的《为动物权利辩护》作为本书的第一部分被翻译介绍。
⑥ 代表性译著有李曦译:《动物权利研究》,北京:北京大学出版社 2010 年版。
⑦ 代表性译著有刘耳、叶平译:《哲学走向荒野》,长春:吉林人民出版社 2000 年版。
⑧ 代表性译著有杨通进译:《环境伦理学》,北京:中国社会科学出版社 2000 年版。

塞欣斯(Geoge Sessions)、克里斯托弗·司徒博①(Christoph Stückelberg)等国外学者的名字、论著及观点也频繁地在国内学界出现。同时,"土地伦理""自然权利""动物权利""动物解放""动物中心主义""深生态学"等一大批国外环境伦理学的研究范畴也广泛而深入地渗入国内环境伦理学研究的过程之中。

第二,国内学界涌现出一批高水平的专家学者和学术论著。

中国环境伦理学自诞生以来,众多专家学者对环境伦理问题进行了专门研究,推出了大量高水准的本土性学术论著,如:余谋昌(《生态学哲学》(1991),该书"填补了我国环境哲学研究的空白"(《中国环境报》),《国际环境伦理学学会通信》评价该书"把生态学理论应用于环境事务的实践,为中国提出了一种马克思主义的生态哲学,是中国出版的第一部比较系统的有关生态哲学的专著"②,《惩罚中的醒悟——走向生态伦理学》(1995)、《生态伦理学:从理论走向实践》(1999)相继展开环境伦理的中国化研究。除此之外,刘湘溶的《走向明天的选择:生态伦理学论纲》(1992)、《人与自然的道德话语:环境伦理学的进展与反思》(2004),李培超的《环境伦理》(1998)、《自然与人文的和解:生态伦理学的新视野》(2001)、《自然的伦理尊严》(2001)、《伦理拓展主义的颠覆:西方环境伦理思潮研究》(2004),卢风的《现代发展观与环境伦理》(2004),杨通进的《走向深层的环保》(2000)、《环境伦理 全球话语 中国视野》(2007),韩立新的《环境价值论 环境伦理 一场真正的道德革命》(2005),曹孟勤的《人性与自然:生态伦理哲学基础反思》(2004),何怀宏的《生态伦理:精神资源与哲学基础》(2002),王正平的《环境哲学:环境伦理的跨学科研究》(2004),叶平的《生态伦理学》(1994)、《环境革命与生态伦理》(1995)、《回归自然》(2002),徐嵩龄的《环境伦理学进展 评论与阐释》(1999),向玉乔的《经济·生态·道德:中国经济生态化道路的伦理分析》(2007)等都是其中主要代表,《马恩列斯论人与环境》等也相继出版。同时,高水平的专业学术论文也不断涌现,其中在专业核心期刊及权威期刊中发表的论文不断增加。

第三,专业学术队伍不断扩大,专业学术团体纷纷建立。

当前,环境伦理学的研究队伍不断扩大,已突破原有的直接从事环境保护的工作者、从事自然辩证法的研究者、从事与自然环境相关的科技工作者的范畴。各大专院校和科研院所、具有不同学术背景的大批研究人员广泛参与,特别是众多具备深厚伦理学研究功底、具有敏锐学术触觉的研究者的加入在很大程度上充实了环

---

① 代表性译著有邓安庆译:《环境与发展——一种社会伦理学的考量》,北京:人民出版社 2008 年版。
② 余谋昌、胡颖峰:《时代转型与生态哲学研究——余谋昌教授访谈录》,载《鄱阳湖学刊》2018 年第 2 期。

境伦理学的研究队伍,提升了环境伦理学的研究水平。与之相适应,1994 年 8 月 25 日至 27 日中国环境伦理学研究会在中国人民大学成立并召开首届年会。这不仅象征着一个获得社会各界普遍认可的学术机构的建立,更意味着中国环境伦理学研究的正式、全面启动。此后,2003 年 11 月 8 日,自然辩证法研究会环境哲学专业委员会在清华大学成立,这一专业委员会的成立不仅标志着中国环境伦理学研究中多元范式的强化,更代表着中国环境伦理研究制度化、规范化和普及化的加强。

第四,环境伦理学紧扣实践,社会影响日益扩大。

伴随着专业研究的深入和成熟,环境伦理学课程逐步进入大学课堂,并与之相适应推出了一批教材。同时,在具备招收伦理学博士生资格的大学与研究院都开设了环境伦理学的专业或选修课程,明确设定环境伦理学研究方向的已有数个。自中国第一个以环境伦理学为研究方向而获得博士学位的杨通进博士开始,全国越来越多以此为研究方向的学人获得了哲学博士学位,学术论文中涉及环境伦理问题的更是不胜枚举。值得一提的是,部分环境伦理学的名篇佳作获得社会广泛接受并入选学校教材,如奥尔多·利奥波德的代表作《沙乡年鉴》中的《大雁归来》一文被选入人教版八年级下册语文书(第 14 课),其著作《像山那样思考》也被选入长春版语文教材;余谋昌、王耀先主编的《环境伦理学》(2004)作为面向高校系统教材由高等教育出版社出版,至今已再版多次。同时,学者们提出的"生态工业""生态价值""生态文化""灾害生态学""生态建筑""生态人口""生态健康"等创新性概念有些在国民经济建设实践中已有所应用。

第五,学术研究视域越发开阔,本土化研究趋势明显。

随着中国环境伦理学研究的逐步深入,国内有远见的学者们提出中国环境伦理学研究"本土化"或"中国化"的倡议,如余谋昌教授提出"创建中国环境伦理学学派";李培超教授提倡"环境伦理学的本土化";张天晓教授主持了相关内容的国家社科基金。① 环境伦理学的本土化指称了一种学术研究的向度,主张环境伦理学研究"不是简单地模仿和照搬外来的研究成果,而是将关注的视角投向自身;它不满足于'外激型'的发展轨迹,而秉持自我认同和个性张扬;它也并非从狭隘的民族主义理念出发对于他国相关学术研究成果予以无端贬损或否弃,而是强调学术研究的一种现实主义的理路和自主创新精神"②。毫无疑问,中国环境伦理学研究呈

---

① 国家社科基金:《我国环境伦理学本土化建构的应有视域和实践路径研究》(08BZX028)。
② 李培超、张天晓:《追踪生态关怀的足迹——中国环境伦理学三十年述评》,载《江苏社会科学》2009 年第 1 期。

现本土化或中国化的趋势,是有其鲜明针对性的:首先,本土化诉求是近年来中国哲学社会科学领域的一种共同的声音,是对我国当代社会发展所呈现出的"中国现象"的一种自觉反映。其次,中国环境伦理学的本土化诉求对学科发展十分重要。中国环境伦理学是在直接翻译介绍西方环境伦理思潮的基础上起步的,直到今天这种状况并未得到明显改变。而且这种过于明显的模仿痕迹使得环境伦理学在我国的进展显得些许的不自然。最后,多年以来的环境伦理学研究缺乏反映现实、影响现实的实践效果。环境伦理研究没有真正贴近现实生活,没有真正影响人们的内心世界,没有发挥促进人与自然和谐的重要作用。① 如此可以说,倡导环境伦理学的本土化或中国化,不仅是弥补现有研究不足的需要,更是中国环境伦理学研究视域的拓展、自我意识的觉醒、研究水平的提升。

随着人们环保意识、和谐意识、可持续发展意识的不断提高以及学科自身的飞速发展和壮大,中国环境伦理学已然成为应用伦理学中一个新兴的、主要的实践性极强的分支学科。如今,中国环境伦理学不仅确立了自身的学科地位,作为一门重要课程进入了大学教学讲堂,更以其独特的学术功效和实践意义为社会经济的协调发展发挥着应有的作用。

二、研究的主要问题

1. 学科性质

定位环境伦理学、界定环境伦理学的学科性质关乎中国环境伦理学的理论奠基和学术建构。学者们站在本土化的学术立场对这一"新兴学科"的学科性质各抒己见。基本上,以学科性质和内涵特征为确定依据,近年来学者也强调科学性,认为"生态学原理是生态文明建设的科学依据"②,"生态认识论是从整体出发,以多重有机关系反观自然物的方式研究自然物,以获得自然物在整体世界中、在关系世界中的真实性"③。

部分学者立足学科分类的角度来定位环境伦理学。大多数学者认为环境伦理学是对环境退化进行道德反思的学科,是一门生态学和伦理学相互交叉、相互渗透同时关涉其他很多学科门类(如科技哲学、社会学等)的新兴伦理学学科;部分学者

---

① 参见李培超《环境伦理学需要"本土化"》,载《中国教育报》2008 年 1 月 22 日第 3 版。
② 参见卢风、廖志军《论生态文明建设的科学依据》,载《科学技术哲学研究》2018 年第 2 期。
③ 参见曹孟勤《生态认识论探究》,载《自然辩证法研究》2018 年第 10 期。

认为环境伦理学是作为某一部门伦理学(如科技伦理学)的一个分支而存在。①

部分学者从环境伦理学的研究范围和关注点定位环境伦理学。有的学者则认为它是一种主张把道德关怀扩展到人之外的各种非人存在物上去的伦理学说,是一种全新的伦理思想或价值观,代表一种革命性的伦理思潮。有的学者则认为生态伦理学是一门揭示环境或生态道德的本质及其建构规律的学科,具有极为丰富的内容,它把马克思主义哲学中关于人和自然关系的唯物辩证法原理作为坚实的理论依据。② 有的学者认为生态伦理学是一门从道德角度研究人与环境和生态之间关系的新兴伦理学学科。③ 有的学者认为"人即自然,自然即人,人与自然的本质同一性内在地蕴含着人对自然的道德义务,人与自然只有完成本质统一,才能为生态伦理的合法性存在提供合理而正当的辩护"④。有些关注传统伦理文化的学者则认为,环境伦理应重点研究中国古代哲学中关于"天人合一"、"天道生生"和"仁爱万物"的思想,"道法自然"和"尊道贵德"的思想,"圣人之虑天下莫贵于生"和"与天地相参"的思想,其定位应是传统伦理与现代环境问题的结合性学科。

对于环境伦理学的学科定位,不论其出于何种立场,运用何种方法,学者们的论述都主张关注人与自然之间的平衡与和谐;强调反思或重塑人与自然之间的伦理关系;注重研究人类之于自然所应遵循的道德规则;主张其独特的现实性、针对性和实践性。虽然涉及的面不相统一,但这些观点都及时回应了当代社会现实的基本要求,充分契合了社会思潮的基本趋势,表征了现代环境伦理学发展的品质与特征。

2. 研究对象

由于中国环境伦理学的理论基点不同,对环境伦理学的研究对象则出现不尽相同的理解。总体上,学术界对此有四类看法:一是,环境伦理学主要研究人与自然之间的伦理关系,而非人类社会内部人际间原有的伦理关系;二是,环境伦理学主要研究人和自然间关系的机制及功能,环境伦理的本质及其构建;三是,环境伦理学主要研究人们对待环境的基本道德态度和行为规范;四是,环境伦理学研究环境的伦理价值和人类对待环境的行为规范。概而论之,学术界有关环境伦理学研究对象是从"关系"和"规范"两类进行区分,即人与自然的伦理关系、人对待自然的

① 参见宝兴《现代西方科技伦理思想》,载《道德与文明》1997 年第 4 期。
② 参见张云飞《生态伦理学初探》,载《内蒙古社会科学》1986 年第 4 期。
③ 参见杨通进《要重视生态伦理学的研究》,载《道德与文明》1988 年第 3 期。
④ 曹孟勤:《人与自然的本质统一——质疑"人是自然的一部分"和"自然是人的一部分"》,载《自然辩证法研究》2006 年第 22 期。

行为规范,具体如下:

以刘湘溶等为代表的学者们从"关系"的角度提出环境伦理学的研究对象。刘湘溶在《生态伦理学》中认为,"生态伦理学研究的是人类与自然之间的道德关系而非人类社会内部人与人之间的道德关系,它实现了伦理学由人际道德向自然道德的拓展。"①叶平在《生态伦理学》中认为,"生态伦理学是关于人与自然关系的生态道德方面的学说,是人与自然道德生活的理论升华和理论论证。"它"以人与自然的生态道德关系作为研究对象"。其研究内容主要包括三个方面:人对其他人应尽的生态道德义务和责任;人对其他生物应尽的生态道德责任和义务;人对地球生态系统的职责和义务。②

以余谋昌等为代表的学者们从"规范"的角度提出环境伦理学的研究对象。余谋昌认为,"生态化理学是关于人们对待地球上的动物、植物、微生物、生态系统和自然界的其它事物的行为的道德态度和行为规范的研究。这一定义表明,生态伦理学是以生态道德为研究对象,首先,这是伦理学知识领域的扩大,它把人对自然的道德作为伦理知识的一部分;其次,它提出人们对待生物和自然界的道德态度问题……第三,它制定人类行为中的生态道德的基本原则和规范。"③卢风认为环境伦理侧重于研究人对自然事物的行为规范。④ 有些学者则主张将关系和规范两个方面综合起来,以统一两者的角度指明环境伦理学的研究对象。

3. 研究内容

中国环境伦理学作为一门新兴学科,自其诞生之日起就围绕"自然"与"人"这两个关键词进行研究。尽管当前的科研内容有所扩充,"环境正义""社会缘由"等范畴大量出现,但整个学科还是万变不离其宗地紧扣"自然"与"人"这两个基点在进行探索。

在学科形成之初,"自然价值论"、"自然权利论"、"人与自然的道德关系"或"人与自然的道德规范"构成了环境伦理学研究的主要内容。其中"自然价值论"和"自然权利论"获得学者们的广泛关注,得到了较为充分的研究和探讨。学界围绕自然是否有价值、自然是否有权利进行了激烈的探讨,成为多年来学界辩驳较多的命题。对于自然是否有价值的问题,余谋昌等学者认为自然价值有两层含义:一是在人类文化的层次,它满足人类生存和发展的需要;二是在生命和自然的层次,它满

---

① 参见刘湘溶《生态伦理学》,长沙:湖南师范大学出版社1992年版。
② 参见叶平《生态伦理学》,哈尔滨:东北林业大学出版社1994年版。
③ 参见余谋昌《惩罚中的醒悟 走向生态伦理学》,广州:广东教育出版社1995年版。
④ 参见卢风《环境哲学的基本思想》,载《湖南社会科学》2004年第1期。

足其他生命生存和发展的需要,维持地球基本生态过程的健全发展,也即具有外在自然价值和内在自然价值。① 值得一提的是,围绕自然的内在价值,人类中心论者与非人类中心论者展开了针锋相对的理论辩驳,彼此提出了相互迥异的伦理理由和道德论证,两者尽管无法取得整体上的统一,但都重申了关爱生命、爱护自然的精神价值,推动了环境伦理学研究的深入。对于自然是否具有权利的问题,大多数学者都认为除人之外的各类生命和自然界有权利,因为它具有内在价值,为了实现它的价值,也就是为了它的生存和发展,它必须享有一定的权利,但是这种权利不是无差别的,换句话说,自然因其内在价值而具有特定的权利,人类的权利和自然的权利是有差异的。

近年来,"环境正义"问题和与环境伦理相关的"社会变革"问题获得了学界乃至整个社会的广泛关注。随着环境伦理学研究的不断深化及实践性的增强,"环境正义"问题成为当前学术研究的焦点之一。特别是近年来,随着全球性环境问题的大量涌现、国际环境合作的日益紧迫,如何确定资源分配和环境责任分担的正义原则就成为人们普遍关心的问题。当西方发达国家站在既得利益的立场上规避应承担的环保责任,任意指责发展中国家的发展战略时,环境正义问题就进一步凸显出来了。同时,对于环境正义的研究,开始扭转过去"环境伦理过于关注自然的权利、忽视作为环境主体的人的具体差别,抽象地谈论'以人为中心'和'以自然为中心'的状况,开始把目光转向人类社会不平等的社会结构,以及这一社会结构对环境问题的影响"②。这是一条崭新的思维理路,以此为研究基点,环境伦理研究的焦点开始落在环境正义和(国际)社会正义、环境问题的社会缘由、现有西方社会制度的缺陷上。由此产生了布克钦的"社会生态学"、以马克思主义为思想基础的"生态社会主义"或"生态马克思主义"、"生态女性主义"、"左翼绿派"等流派学说。

除此之外,环境伦理学还关注如何运用社会伦理调节人与人、人与环境的关系;研究人对自然界的作用所引起的动植物具体生存权利的问题;研究道德与生态的关系,揭示人与自然关系的内在机制与功能;研究环境美德伦理③,将德性与环境保护关联起来研究;研究古今中外各种生态伦理思想和生态理论道德理论,提出生态道德的要素、结构、层次和机制;研究人类作用于自然环境、生物环境的行为准则,以及生态学领域的伦理道德范畴;研究环境道德教育及其实践路径等。

---

① 参见余谋昌《中国发展需要生态伦理学》,载《中国发展》2002 年第 3 期。
② 参见韩立新、刘荣华《环境伦理学的发展趋势与研究对象》,载《思想战线》2007 年第 6 期。
③ 参见姚晓娜《环境美德伦理研究论纲》,载《南京林业大学学报》(人文社会科学版)2012 年第 2 期。

4. 人类中心主义与非人类中心主义之争①

人类中心主义与非人类中心主义之争源于 1994 年余谋昌在《自然辩证法研究》上发表的《走出人类中心主义》一文,该文对人类中心主义的伦理观点进行了批评,之后在伦理学界引发了一场持续至今、范围波及环境伦理学、生命伦理学、科技哲学和环境法学的学术大讨论。② 讨论的焦点是如何正确界定、理解和评价人类中心主义。围绕这一问题的争论,伦理学界形成了两种尖锐对立的观点,即非人类中心主义环境伦理观和人类中心主义环境伦理观,前者主张把道德关怀的范围扩展到自然,后者则主张自然不是人类义务之对象。

主张非人类中心主义环境伦理观的学者主要有:刘湘溶、李培超、杨通进、卢风、余谋昌、佘正荣等学者。他们主张人类对自然负有直接的伦理义务,其主要理由是:自然是主体,具有内在价值和权利;人与其他自然存在物都是同一个生命共同体的成员,人对生命共同体的其他成员负有道德义务。也就是说,人类之外的其他自然存在物也拥有内在价值,它们不仅仅是为了满足人的利益和需要的工具,人们对它们所负有的义务是一种终极性的义务。而人的利益只是更大的生物圈利益的一部分。只有当人类从更大的生物圈利益出发,把其他存在物也当作具有独立于人的主观偏好的客观的内在价值的对象来加以保护时,生态系统的稳定和完整才能真正得到保护,人对环境的保护也才具有更大的包容性和安全性。③

主张人类中心主义环境伦理观的学者主要有:刘福森、傅华、韩东屏、韩立新等学者。他们否认人对自然负有直接的伦理义务,认为人类对非人类存在物的行为不受任何伦理原则的制约,只要这种行为不损害他人的利益。从这一基本立场出发,他们对非人类中心主义环境伦理观提出了如下批评。第一,非人类中心主义把自然的存在属性当作自然拥有内在价值之根据的观点,是把价值论同存在论等同起来了,犯了摩尔所说的从"是"推出"应该"的自然主义谬误。第二,自然不可能拥有内在价值,因为价值就是人依据自身需求或某种标准对对象所作的评价。价值都是由人赋予物或对象的。第三,人之外的自然存在物不是道德共同体的成员,因为道德是赋有理性的人类为了维护自身的利益并对利益之间的冲突进行调节而创造的,它来源于人们之间的契约。只有拥有理性和道德自律能力的人才能签订契约,并参与道德共同体。

---

① 参见杨通进《改革开放以来我国伦理学研究的十大热点问题》,载《伦理学研究》2008 年第 7 期。
② 参见余谋昌《走出人类中心主义》,载《自然辩证法研究》1994 年第 7 期。
③ 参见杨通进《超越人类中心论——走向一种开放的环境伦理学》,载《道德与文明》1998 年第 2 期。

　　主张非人类中心主义环境伦理观的学者对上述批评作出了回应①：第一，把事实与价值、"是"与"应该"割裂开来，这只是西方近现代伦理学和哲学的传统，是逻辑实证主义的一个教条。把西方近现代主流哲学的理论预设当作评判一个具有后现代意味的理论问题的标准，这显然是不充分的。第二，效用价值论存在着致命的缺陷，它无法对人人都具有的平等的内在价值作出说明。第三，伦理契约论本身存在着许多难以克服的缺陷。例如，它难以解释当代人对后代人的义务，也不能说明人类对那些缺乏理性和道德自律能力的人的义务。②

　　环境伦理学中的人类中心主义与非人类中心主义之争，既关系到环境伦理学的理论立场和价值取向，也是范围更大、影响更广的"现代性与后现代性之争"在环境伦理学领域的具体表现。从关注的内容来看，非人类中心主义关注的要比人类中心主义关注的更加宽广，但这并不排除人类中心主义为此所做的努力，如英国学者海华德对现代人类中心主义进行了积极的辩护和阐释。③ 事实上，如若想解决两者的争论，正如万俊人提出的，需要人类"找到一种足以突破个人主义自我中心和人类自我中心的更为广博开放的伦理思路"，才能"走出现代性道德的困境"。

　　在人类中心主义和非人类中心主义争论的基础上还出现了不同提法的环境伦理观，如自然中心主义环境伦理观（深环境论），无中心主义环境伦理观，新循环经济环境伦理观，可持续发展环境伦理观等，下面简略介绍这几种环境伦理观。

　　提倡自然中心主义环境伦理观的学者明确指出应当设定人与自然之间的"伦理关系"，人类不仅要对自身讲道德，而且还应对大自然的其他物种讲"道德"。只有这样，人类保护自然以及维持整个生态系统才有确定的基础和动力。④

　　提倡无中心主义环境伦理观的学者认为，人类应当担负起对人本身和自然环境的责任，这两种责任共同服从于对世界整体即"大我"的目的性要求，具有同等重要的意义。其基本原则是以"大我"的目的为人本身即"小我"的目的，以"大我"的善恶为人自己的善恶，善待自然环境就像善待人类自己。⑤

　　提倡新循环经济环境伦理观的学者认为新循环经济环境伦理观是新经济环境伦理观和循环经济的有机结合。新经济环境伦理观是把以人为本作为人与社会发

① 参见卢风《论环境哲学对现代西方哲学的挑战》，载《自然辩证法研究》2004 年第 4 期。

② 参见杨通进《争论中的环境伦理学：问题与焦点》，载《哲学动态》2005 年第 1 期。

③ 参见杨通进《对人类中心主义的理性申辩——评海华德的开明人类中心主义》，载《井冈山大学学报》（社会科学版）2015 年第 2 期。

④ 参见余谋昌《公平与补偿》，*Journal of Literature，History and Philosophy*，2006 年第 6 期。

⑤ 参见曾小五《无中心主义的环境伦理理念——建构环境（生态）伦理学的一种新尝试》，载《自然辩证法研究》2006 年第 22 期。

展的根本取向,把社会实践作为人与自然协调的基石,以统筹兼顾作为生态文明与社会持续发展的思路,修正市场主体的生态价值意识,以提高人类环境伦理道德素质为崭新内容的科学发展观。① 而循环经济是对传统线性经济的提升,它将现行传统的"资源—产品—废弃物"的开环式经济系统提升为"资源—产品—废弃物—资源"的闭环式经济系统,在本质上是一种生态保护型经济。通过把经济活动创建成一个"资源—产品—再生资源"的反馈式流程,实现了低开采、高利用、低排放的生态经济的追求,倡导与资源环境和谐的经济发展模式,通过将经济活动、生态智慧和伦理关怀融为一体,形成一种集经济、生态和伦理于一体的新经济生态伦理观。②

提倡可持续发展环境伦理观的学者认为,这是一种新型的环境伦理观③,它对现代人类中心主义和非人类中心主义采取了一种整合态度,吸取了两者的积极成分,避免了二者的缺陷,又超越了两派的纷争,在各种不同的环境伦理观中,可持续发展环境伦理观是一种包容性更强、内容更丰富、体系更完备的理论。它的最大特点就是融合了各个学派的基本点或共同点,把它实际应用到解决人类发展问题上。

可持续发展的环境伦理观对人类中心主义和非人类中心主义都有所扬弃,这是一种理论上更为完善的伦理体系,也是一种理论与实践具有内在一致性的伦理体系。可持续发展的环境伦理观的基本内容可以概括如下:(1)影响当代环境问题的是两类矛盾,即人与自然的矛盾,以及受人与自然关系影响的人与人之间的矛盾,两者具有同等重要地位。并且认为,后者对环境的影响表现得虽然不像前者那样直接,却是前者背后更为深层的社会因素,因而也往往是解决前一矛盾的前提。(2)对上述两类矛盾的解决,应立足于"可持续发展"概念。其中,"可持续"一词是在"生态可持续性"意义上定义的,它吸纳了"自然具有内在价值"的思想。"发展"一词是在"生活质量"意义上定义的。"生活质量"具有多元指标,不仅包含经济的、社会的,还有生态环境的,不仅包含物质的,还有精神的、制度的、文化的,等等。此外,"可持续发展"概念完整地强调着一种公平思想,它既重视代际公平又重视代内公平。(3)就代内公平而言,它认为人类贫富对立所显示的不公正、不平等、不正义,是环境破坏的深层原因,并强调反贫困具有优先重要性,强调发达国家和发达地区在解决环境问题方面既要承担历史责任,又要承担现实义务。由于发达国家对全球环境恶化负有的责任和对发展中国家环境的侵害,理应为解决环境问题承

---

① 参见吉宏、杨太康《循环经济下的新经济伦理观》,载《价格月刊》2006 年第 7 期。
② 参见郗春梅《生态伦理:可持续发展理论架构的基础》,载《中国人口·资源与环境》2006 年第 16 期。
③ 参见王南林《可持续发展环境伦理观》,载《光明日报》2002 年 1 月 22 日。

担更多的责任与义务。一方面,作为"补偿的正义",它们应该以自己拥有的较雄厚的资金和技术,率先采取行动保护全球环境,向发展中国家提供足够的、额外的资金,以优惠的或非商业性条件向发展中国家转让技术,切实帮助发展中国家解决环境与发展面临的实际问题。另一方面,作为"分配的正义",发达国家应当回到环境正义的立场上,承认和维护广大发展中国家的平等的环境权利,支持发展中国家努力发展自己的经济和技术。对于发展中国家来说,环境问题不是孤立的,需要把环境保护同经济增长与发展的要求结合起来,在发展的进程中加以解决。①

可持续发展的环境伦理观作为一种包容性更强、内容更丰富、体系更完备的理论。它的基本思想不仅已为世界各国政府所采纳,而且也被世界广大公众所接受,所以在当前环境伦理体系尚未获得统一的情况下,可持续发展环境伦理观可以提供较大的空间,容纳不同的环境伦理学说,使环境伦理学可以在不同层面上指导人类保护环境的实践活动。同时,可持续发展的环境伦理观通过提高人的道德境界,调整人们的生活态度和确立一些环境伦理的道德行为规范,指导人类树立起新型的环境伦理观和建立起与自然和谐相处的生活方式。

但是,由于可持续发展思想非常富有弹性,不同的人可以根据"可持续"的内容作伸展性的解释,从而使得可持续发展环境伦理观在理论上有很大的空间,还有待相互磨合。同时,由于世界各国政治经济发展的不平衡,难以用某种单一的理论模式覆盖所有情况。所以,可持续发展的环境伦理观的建立是一个逐步完善的过程,它需要在长期的环境保护实践中接受检验,并获得提高。

5. 实践路径

环境伦理学作为新型的应用伦理学学科,有着鲜明的独特性,具有与传统伦理学的两大不同之处,一是为了协调人与自然的关系,伦理学正当行为的概念必须扩大到对生命和自然界本身的关心,二是道德权利概念应当扩大到生命和自然界,赋予它们按照生态规律永续存在的权利。但是中国的"生态伦理学的不同派别学者依据不同的理论思想,从不同的视角思考环境伦理问题,提出不同的道德原则,这有利于环境伦理学的发展。但是由于没有统一的范式,往往使公众无所适从,这种状况既不利于环境伦理学的发展,也不利于它的保护环境的社会功能的发挥。因而它需要从分立走向整合,建立以人与自然和谐发展为道德目标的生态伦理,一种开放的、统一的生态伦理"②。"这种整合的途径是,环境伦理学基本理论的实践应

---

① 参见王正平《发展中国家环境权利和义务的伦理辩护》,载《哲学研究》1995 年第 6 期。
② 余谋昌:《中国发展需要生态伦理学》,载《中国发展》2002 年第 3 期。

用",大家在实践的旗号下达成共识,把理论付诸行动。① 即从实践的角度,要求维护地球上的生命和自然界,维护地球上基本生态过程和生命维持系统,维护生物物种、生物遗传物质和生态系统的多样性。

环境伦理从其诞生起就以其鲜明和强烈的实践性呼吁着环境伦理学界在注重道德哲学学理层面的同时,还要注重环境伦理实践,正如余谋昌所认为的那样:"实践性是环境伦理学的精华。"②新中国成立以来,随着环境伦理研究的不断深入,越来越多的学者关注到了环境伦理的实践层面,并致力于对环境伦理实践路径的研究。

环境伦理实践是环境伦理学必不可少的部分,它所蕴含的价值观念、道德理想和道德境界,以及崭新的行为准则和道德规范,正逐渐渗透到政治、经济、科学技术和文化生活的各个领域。随着学科的建设,环境伦理已不再仅仅满足于道德哲学的层面,而正在从理论走向实践,逐渐渗透到人们的实际行动中,并表现出强大的生命力。可以说,这样的结合,正推动着社会的生产方式、生活方式和思维方式的变革,成为改造我们世界观,推动实施可持续发展战略实践的积极力量。

关于环境伦理的实践路径,学者们从多维视角提出了不同的建议,如兴办绿色大学,进行绿色教育。在大学生中进行绿色教育,培养一代具有"绿色思想"和新的思维方式,以及掌握绿色技术的新型人才;科学技术发展的"生态化",把生态学观点和生态学思维应用于科学技术的发展,使它向符合生态保护的方向发展,实现科学技术转变。以实现科学技术价值观的转变;实现思维方式的转变;实现科学技术应用"生态化"。还有学者提出环境伦理教育应围绕培养公众的自然价值观、自然权力观和自然道德观进行。

有学者从另外的角度,提出具有可操作性的实现环境伦理的实践路径,如环境伦理与生态旅游,环境伦理与绿色奥运,环境伦理与可持续发展等。

有学者认为,实现生态旅游是环境伦理学追求的目标之一。环境伦理是生态旅游的理论基础,为生态旅游的规划、发展、管理以及旅游者的行为提供理论支持。生态旅游可以作为环境伦理实践的一个很好的平台。例如,在生态农业旅游经济收入不断提高的影响之下,村民环境伦理的构建是一个循序渐进的过程,生态农业旅游经济发展带来的巨大利益,首先使村民对生态价值进行重估,生态环境价值得到重视。随着生态农业旅游经济发展,村民逐步深入参与到生态农业旅游经济当

① 参见余谋昌《中国发展需要生态伦理学》,载《中国发展》2002 年第 3 期。
② 余谋昌:《实践性是环境伦理学的精华》,载《光明日报》2004 年 6 月 22 日。

中。在这个过程中,他们接受不同以往的教育和影响,逐步树立了新的环境伦理观念。这种观念的树立往往从普遍的公共环境意识提高开始,随着生态农业旅游经济的发展,村民旅游参与度的提高,普遍的公共生态意识与本地具体的实际情况结合,引发了村民生态意识的提高,这其中便包含着对生态旅游业环境影响的更为客观理性的认识。

有学者认为绿色奥运重在强调环境保护,而环境伦理学就是让人们走出极端人类中心主义误区,树立一种尊重自然内在价值的意识,认为只有加强环境伦理的研究,才能促进人与人、人与自然的和谐,才能保证奥运会与环境保护的"双赢"[1]。

也有学者认为,实现可持续发展是对环境伦理的践行。环境伦理是可持续发展的基础理论构架的根据,环境伦理从自然内在价值论与自然权利论的角度出发为可持续发展价值观提供了合理性证明:通过对人与自然间伦理关系的确定、道德原则规范的制定及对人类道德境界的全新诠释,为人类可持续发展提供了新的道德观支持;通过对"环境公正"理论的深入阐发,丰富和完善了"公正"这一可持续发展的核心理念[2]。

值得一提的是,就实践层面而言,不同国家应根据自身的发展状况来确立环境发展的定位点。也就是说,对于一些低收入国家要提高现代环境伦理的有效性;对于一些发达国家要认清其肩负的历史责任。

三、简要评述

新中国 70 年,尤其是改革开放 40 年以来,中国环境伦理学发展迅速。从事环境伦理学研究的学者们不仅极大地推进了本学科的进一步完善,更大大拓宽了传统伦理学研究的理论视野,深化了现代伦理学研究的理论深度。然而,社会是向前发展的,中国的环境伦理学发展仍须不断开拓创新,应服务于我国生态文明建设,不断推进环境伦理学理论中国化,汲取古今中外生态智慧和生态文明成果,加快形成人与自然和谐发展的新格局,开创社会主义生态文明新时代。特别是当人与自然的相互作用加剧时,对待现实事件包含的自然过程和社会过程不能进行单向度的研究,即只从自然的视角进行研究,或只从人和社会的视角进行研究。学术界应结合和运用自然科学和社会科学方法,对现存的自然界物质、运动和过程展开自然

---

[1] 刘煜、龚正伟:《生态伦理学视野下的绿色奥运》,载《体育学刊》2006 年第 13 期。
[2] 参见郗春梅《生态伦理:可持续发展理论架构的基础》,载《中国人口、资源与环境》2006 年第 16 期。

性和社会性的双重属性研究。

概括而言,今后中国环境伦理学研究还需要在以下几方面作进一步拓展:

第一,内涵界定与环境伦理研究的拓宽。学术界至今对于什么是环境伦理没有共识,只是从各个角度不同的层面提出一些观点及定义。这些对环境伦理的一定阐释,并不能全部囊括环境伦理的诸多特征。尤其是当下面对生态科学与环境哲学的趋向,环境伦理是否需要有一个系统、综合的概念来进行诠释?特别是界定中国环境伦理学,即"在中国学术文化传统、中国哲学和思维方式传统的基础上,结合中国的实际,确立自己的环境伦理学理论模式、概念框架和话语体系,以超越西方环境伦理学,通过不同学派的理论整合,创建中国环境伦理学"①至关重要。在此,应特别关注新时代习近平生态文明思想,这是我国社会主义生态文明建设的理论基础与指导思想,也是马克思主义中国化的最新时代成果,这一新思想符合中国社会自然环境的历史与现实,也是引领中国社会绿色发展的旗帜。

第二,实践应用与环境伦理研究的推进。将中国生态和谐社会建设的理论前提与新时代习近平生态文明思想的指导相结合,推动我国生态文明建设在历史进程中开辟天蓝地绿水清的新局面。然而,从我国环境伦理学目前的研究现状看,学者们更多关注的是道德哲学层面的环境伦理问题,如关于人类中心主义与非人类中心主义的争论,而对应用伦理学层面的环境伦理问题关注不够,为政府治理提供决策研究的更少。事实上,环境伦理学是一门极强的实践科学,必须注重现实社会中与道德实践紧密相关、与制度安排和法律建构密不可分的应用伦理学层面的问题,如代际伦理、环境正义、能源伦理、环境保护法规的伦理依据等,以进一步影响社会治理决策。

第三,西方译介研究仍有待加强。展望未来全球治理的进程,全球环境治理将成为新趋势,而只有实现全球化合作的环境治理,才能为地球环境的改善寻求解决之道。理论上,比较国内外环境伦理教育的理论研究和实际应用,国内关于环境伦理教育还仅仅停留在理论探索的阶段,对传统环境伦理思想的研究过多,对国外的一些理论缺乏应有的分析和评价,而且理论探讨的内容总体来说还处在整体设想阶段,尚没有深入细化的研究。应通过西方译介增加理论参考,为中国环境伦理学研究提供更多的信息来源与参考文献,以共同治理全球环境问题,让人类回归美好家园。

第四,生态马克思主义与环境伦理研究持续深入。马克思主义生态思想的发

---

① 参见余谋昌《环境伦理学,一门新的伦理学》,载《阴山学刊》2010 年第 5 期。

展是马克思主义中国化发展的方向之一,将马克思主义生态思想的理念融入我国生态文明的建设中,用以指导经济社会的发展,促进生态哲学与科技伦理发展,将环境友好型的生态伦理与人类社会智能技术进步相融合。绿色发展理念将引领生态文明建设的未来方向。绿色低碳发展是实现可持续发展的前提,可持续是未来经济社会发展的必由之路,只有实现绿色的可持续发展,才能促进社会的良性循环。理论上,在不同的环境伦理观中,什么样的环境伦理能促使环境伦理实践朝着有利于人与自然和谐的方向发展,这需要我们以什么样的标准来进行选择,以马克思主义为指导的环境伦理思想能否将环境伦理实践引入更深层面的探讨,如何将环境伦理学的理论、原则和方法纳入环境伦理实践的研究体系之中,这些命题还有待现实的进一步检验,同样需要学界的深入探讨。

第五,中国特色环境伦理研究的未来之路。真正具有中国气派或具有中国特色的环境伦理学的形成不是一蹴而就的,其道路是漫长而艰辛的,应从事的工作主要包括以下几方面:一是,不断开掘中国传统文化中有关环境伦理的思想观念、生态智慧、生存经验及文化积淀,获取来自中国传统伦理文化的支撑,去除传统文化中激励破坏环境的倾向;二是,继续积极稳妥地吸纳国外环境伦理学的研究成果,扩大学术对话平台,深化学术交流层次,在全球性视域中寻求环境伦理学的中国化;三是,立足于现实国情,主动关注现实环境问题,实现环境伦理学对相关困境的伦理介入,在发挥其应有实践作用的同时推进其本土化水平。①

第六,本土化诉求与中国文化心理和价值精神。特别是环境伦理与坚持中国化的马克思主义理论的结合,这仍须认真审视和探讨。近年来学者们结合中国的现实提出中国环境伦理学在以后的发展道路上应作本土化的诉求;有些学者则提出中国环境伦理学发展离不开马克思主义理论指导,必须坚持马克思主义的指导思想。② 对此,以李培超为代表的学者们提出:"环境伦理学的本土化同许多学科的本土化在目标指向上是一致的,笼统地说即主张中国环境伦理学的发展要具有'中国特色'或体现'中国气派',具体来说则是强调中国环境伦理学要有一种本土化的研究定向(Indigenous Approach),应当与自己的文化精神和人们的价值心理相契合,在对本土社会有更深入了解的基础上增强在本土社会的应用性,形成具有本土特色(话语表达方式、价值理念、教育和实践路径等等)的环境伦理学体系。"③

① 参见李培超《环境伦理学需要"本土化"》,载《中国教育报》2008 年 1 月 22 日第 3 版。
② 参见傅华《中国生态伦理学研究状况述评(下)》,载《北京行政学院学报》2002 年第 2 期。
③ 李培超、张天晓:《追踪生态关怀的足迹——中国环境伦理学三十年述评》,载《江苏社会科学》2009 年第 1 期。

只是要真正建构这种与本土特色相结合的环境伦理学,还需要我们进行更为认真的工作。同时,仍须进一步探讨中国环境伦理学研究与马克思主义指导地位的相互关系。以傅华为代表的学者们认为:马克思主义本来就包含着丰富而深刻的生态伦理思想,马克思和恩格斯在参加和指导欧洲无产阶级革命运动的实践活动中,就曾经以 1873 年英国伦敦发生因煤烟污染所造成的大规模"公害"事件为发端,开始研究人类与其生活的自然环境的关系问题,写下了大量涉及环境保护问题的论著,从而形成了他们的环境伦理思想。马克思和恩格斯关于环境保护的思想和观点,在今天看来仍然具有深刻的指导意义。① 因此,学术界需深入发掘和阐发马克思主义关于环境保护的思想,进一步对环境伦理学所提出的问题作出马克思主义的理论解释。以此强调人与自然的和谐共生,在体现自然主义价值观之思想的指导下,转变工业文明发展理念,实现人的行为方式之完善,实现人类社会发展方式的优化。在环境伦理学的影响下,使得生态文化理念更加深入人心。

---

① 参见傅华《中国生态伦理学研究状况述评(下)》,载《北京行政学院学报》2002 年第 2 期

第十三章　体育伦理

　　人类自诞生之日起,就与体育结下不解之缘,在经历了漫长的发展之后,体育对人类的意义已经不再限于生存的技能和简单的身体练习,而成为人类现代生活不可或缺的一部分。在今天,体育的价值和意义日益凸显,它不仅是人类文明进步和文化发展的价值载体,也是民族交往和沟通的重要桥梁,更是人们获得身心健康、实现人生价值的重要途径。① 然而,在体育之于人类的角色悄然转变的同时,现实体育领域的大量伦理问题亦随之显现。一方面,人们把体育活动和赛事当作提升民族地位、展现个人和国家实力的平台;另一方面,人们对其结果的片面追求,使得体育手段和目的发生变异,从而引发体育领域各种不道德行为的滋生。中国的体育伦理研究正是在这样的背景下应运而生。相对于应用伦理学的其他分支而言,体育伦理研究起步较晚,始于 20 世纪 80 年代中期,90 年代开始发展,较为系统的研究展开则定格在世纪之交的 2000 年,之后进入迅速发展期,尤其是 2008 年北京奥运后,逐步走向深化与繁荣。本章旨在梳理中国体育伦理研究过程,回顾其发展的基本阶段,分析总结其主要观点,并在此基础上加以简要评析,以期对中国体育伦理的理论研究和实践指导有所助益。

一、研究的基本历程和概况

　　总体上讲,中国体育伦理的研究肇始于 20 世纪 80 年代中期,1991 年后进入初步发展阶段,到 2001 年中国申奥成功后,在期盼奥运的过程中得以迅速发展。2010 年后的近十年来,随着研究论域、主题的拓展深化以及成果的愈加丰硕,体育伦理学步入体系化、规模化的繁荣期。

---

① 参见刘湘荣、刘雪丰《体育伦理:理论视域与价值范导》,长沙:湖南师范大学出版社 2008 年版,"序一"第 1 页。

（一）开创期（20 世纪 80 年代中期至 1990 年）

体育伦理学作为学科概念，在西方出现的时间要早于中国。20 世纪中叶，西方就开始对体育领域内的伦理问题进行审视和价值规范研究，对体育运动中有关伦理决策、体育的价值关注及价值评价、运动员道德、体育比赛的公正等均有涉及。其中最具代表性的文献有：美国爱德华·西尔的《体育运动中的伦理决策》(1974)，英国 R. E. 摩尔的《体育所关注的问题及其价值》(1974)，美国 G. E. 麦克唐纳的《价值及其评价过程》(1976)，英国 P. 麦金托什的《公正的比赛——体育运动中的伦理学》(1983)等。

体育伦理学在中国作为专门的学科受到关注，始于 20 世纪 80 年代中期。起初，尚无专门从事体育伦理研究的人员，为数不多的哲学家、伦理学家以及体育教学人员关注了体育活动中的道德问题。1984 年的时候，研究队伍仅有十多人。一些高校给体育专业的学生开设了思想品德课程，继而体育道德课又走进一些体育专业院校的课堂，但此时对体育伦理的认识还仅停留在加强体育专业学生思想道德水平的层面。

在此阶段，出现了中国体育伦理研究史上具有开创意义的三事件：一是第一篇以"体育伦理学"为标题的文章发表。成都体育学院的谭华在《四川体育科学》1985 年第 4 期上发表了《体育伦理学的研究对象和任务》一文，对体育伦理学的概念、研究对象、基本问题、研究目的和任务等问题进行了初步的探讨。二是第一部以"体育伦理学"为名的专著出版。1989 年，由北京体育学院潘靖伍编写的《体育伦理学》出版。在该书中，作者介绍了体育伦理道德的形成与发展过程、揭示了体育道德的本质及社会作用、提出了共产主义体育道德的基本原则和道德规范、论述了体育道德行为与体育道德品质等问题。三是在 1985 年 7 月，中国体育科学学会把体育伦理学作为一门学科列入发展规划，成立了体育伦理学学科组，由此开始了对中国体育伦理学有组织有计划的研究。

这一阶段的研究成果有限。著作方面有李道节、周业民的《漫话体育道德》(1983)、潘靖伍的《体育伦理学》(1989)、潘靖伍等人主编的《体育伦理学概论》(1989)等。而赵瑜的《强国梦——中国体育的内幕》(1988)等，则从侧面对体育进行了伦理思考。以"体育伦理""体育道德"为主题，搜索 CNKI 期刊全文数据库以及硕、博士论文库，此间的文献资料甚少，仅有荣高棠在《武汉体育学院学报》1982 年第 3 期上发表的《谈谈体育道德》、谭华在《四川体育科学》1985 年第 4 期上发表的《体育伦理学的研究对象和任务》、旷文楠在《成都体育学院学报》1987 年第 2 期上发表的《中国传统文化与体育伦理》等十余篇。而博士、硕士论文对此主题的研究几近空白。总的来说,这一时期对体育伦理的研究尚处萌发阶段,研究内容也仅限于体育道德理论问题,体育道德的基础理论,体育道德的基本原则和规范,道德评价、道德教育和道德修养等。此外,该阶段一个明显的不足是将体育伦理定位于体育职业道德,且未能从更深的层面思考伦理与体育的内在联系。

(二)初步发展期(1991—1999)

1991年之后,中国开始为申办2000年奥运会做积极尝试。随着中国体育水平的提升,参与世界体育赛事频率的变高,以及在国际赛场上获奖次数的增多,诸如滥用兴奋剂、体育职业化商业化、体育赌博等一系列体育伦理问题日益显现,中国体育伦理的研究也随即进入了初步发展期。这一阶段,学者们对中国体育道德的现状进行了分析与反思,对体育道德建设提出了初步的设想。先后出版的著作有:体育院校编写组编的《体育道德》(1991)、潘靖伍等人主编的《体育道德研究》(1994)、《体育哲学与伦理学探析》(1995)、《体育伦理学研究》(1996)、课题组《我国体育社会科学研究状况与发展趋势》(1998)、华洪兴主编的《体育伦理学》(1999)等。还有谢琼环的《五环论语》(1997)、周爱光的《竞技运动异化论》(1999)等,从侧面对体育进行了伦理思考。

以"体育伦理""体育道德"为主题,搜索CNKI中国期刊全文数据库,此间的文献资料明显增多,发表论文近两百篇。其中具代表性的有:林清江的《试论社会主义体育道德》(1991),徐元民、粤林的《体育伦理的人味儿》(1995)、雷国梁、李整坤的《论世纪之交中国体育道德建设应有的视角》(1996),荣雪涛、杨玲莉的《体育道德起源的哲学审思》(1997)等。博士、硕士论文方面,涉及此主题的仅有上海体育学院的刘卓1998年的博士论文《论公正竞赛——奥林匹克运动竞赛的伦理学阐明》。从研究视角上看,此阶段受到关注的不再仅限于体育道德的基础理论,对体育实践的考察和思考也成为这一时期的重点。学者们不仅对体育领域内的伦理缺失现象进行了现状描述,更对其成因展开了讨论,并对新世纪的中国体育道德建设进行了展望。

(三)迅速发展期(2000—2010)

当历史的车轮驶入21世纪,面对现实生活中层出不穷的新问题,中国的应用伦理学得到了空前的发展,逐渐获得"显学"的地位。体育伦理学作为应用伦理学的分支,也进入了迅速发展。这一阶段,研究的队伍日益壮大,更多的哲学家、伦理学家以及体育教学人员投身到体育伦理的研究中,相关的体育伦理的话题也成为社会学家、教育学家、心理学家、经济学家讨论的焦点,体育伦理学成为跨学科研究的交叉问题之一。研究的成果日渐丰硕,出版了一系列的专著,其中最具代表性的有:赵立军的《体育伦理学》(2007)、刘湘溶、刘雪丰的《体育伦理:理论视域与价值范导》(2008)、李培超的《绿色奥运:历史穿越及价值蕴涵》(2008)、熊文的《竞技体育与伦理》(2008)、龚建伟的《我们需要什么样的体育——当代中国体育伦理建构研究》(2009)等。诸多著作从侧面对体育伦理进行论述,如:卢元镇的《体育人文社会科学概论高级教程》(2003)、董传升的《科技奥运的困境与消解》(2004)、马仲良等主编的《人文奥运研究》(2005)等。此外,与体育伦理侧面相关的一些国外著作也得到翻译,映入中国学者和大众的眼帘,如:杨玉明等译的美国学者迈克尔·利兹和彼得·冯·阿尔门的《体育经济学》,清华大学出版社 2003 年版)、孟宪臣译的西班牙学者胡安·安东尼奥·萨马兰奇的《萨马兰奇回忆录》(世界知识出版社 2003 年版)、郭先春译的英国麦克尔·佩恩的《奥林匹克大逆转》(学林出版社 2005 年版)、屠国元等译的加拿大学者查德·W.庞德的《奥林匹克内幕》(湖南文艺出版社 2006 年版)等。

以"体育伦理""体育道德"为主题,搜索中国期刊全文数据库,此间发表的论文如雨后春笋般涌现,有数百篇之多。具代表意义的有:龚正伟、张子沙的《传统体育伦理思想及现代转型》(2000),夏伟东的《论"人文奥运"》(2001),熊文的《竞技体育伦理研究的凸现及其现状与走向》(2004),刘湘溶、龚正伟的《应用伦理学的兴起与当代中国体育伦理的建构》(2005),刘湘溶、刘雪丰的《当前竞技体育伦理问题及其实质》(2006)以及《体育伦理学论纲——一种新的见解和思路》(2007),任海的《论体育伦理问题》(2007),涂伟仕、李艳翎的《传统义利观与竞技体育伦理价值的重构》(2009)等。

这个时期,以"体育伦理""体育道德"为主题的硕、博士学位论文陆续出现,约有数十篇,其中最具代表性的是龚正伟的博士论文《当代体育伦理构建研究》(湖南师范大学,2006),还有一些硕士论文也从不同角度进行了探讨,如《我国转型期体育道德研究》(孙新新,南京师范大学,2004)、《论现代奥林匹克与中国传统体育伦理的冲突和融合》(刘小兵,湖南师范大学,2005)、《体育伦理与体育道德的区别研究》(蒋晓丽,西南大学,2007)等。

可见,在这一阶段,学者们研究的视野更加开阔,不仅对传统体育伦理思想进行挖掘,而且对现实体育伦理现象的关注程度也极大提高,更高瞻远瞩地把目光投向世界奥林匹克运动。除了进一步深化体育伦理基础理论思考、关注体育实践中具体伦理缺失现象外,开始对中国体育伦理学的学科理论建构进行了积极的尝试。其中最值得一提的就是湖南师范大学出版社于 2008 年 8 月中国北京奥运之际出版的体育伦理学研究丛书的前两卷,分别由刘湘溶、李培超所著的《体育伦理:理论视域与价值导范》和《绿色奥运:历史穿越及价值蕴涵》,这两本书被称为"展示体育伦理新境界之力作","以其独特的学术理念、开阔的理论视野开创了体育伦理学新的学科理论平台,标志着我国体育伦理学进入了新的发展阶段,并以其出色的成就奠定了体育伦理学新的学科地位"①。

(四) 深化与繁荣期(2010 年至今)

近十年来,中国体育伦理的研究进入体系化、规模化发展的重要阶段。研究的论域甚广,主题逐步深化,实践导向显见,研究的成果愈加丰硕。学者们尤其关注了传统体育伦理思想的现代转型、中西方体育伦理的比较研究、体育伦理的价值追求与道德责任、基因工程与竞技体育、体育伦理与学校体育教育、当代体育道德建设等新时代体育伦理面临的现实问题。先后出版的专著有:龚正伟等的《中国体育改革伦理理路与实践》(2011)、李宏斌的《现代奥运困境的伦理透视》(2012)、章淑慧的《竞技体育伦理基础理论与核心价值观研究》(2012)、杨其虎的《追求竞技正义:竞技体育伦理批判》(2015)、沈克印的《中国体育经济伦理研究》(2016)、李英的《体育教学的伦理学审视》(2016)、李龙的《中国体育产业发展问题的伦理审视》(2017)、曹景川的《职业化走向中的中国体育道德建设》(2018)等。

这一阶段,发生了体育伦理学界具有里程碑意义的一件事,2017 年 7 月上海体育学院召开了全国第一届体育伦理研讨会。全国伦理学界 150 余名学者参会,围绕"人民体育与国家责任"这一时代主题,对中国体育伦理的研究进行了热烈的讨论与广泛的交流,推动了中国特色体育哲学社会科学体系的构建。

以"体育伦理""体育道德"为主题,搜索中国期刊全文数据库,此间发表的相关论文数量达到前期之和,具有代表性的有:申建勇的《对基因芯片技术应用于药物兴奋剂的伦理思考与对策》(2011)、李英的《体育教学伦理研究进展》(2011)、周波的《传统文化对当代体育伦理构建的价值研究》(2012)、黄浩的《当代竞技体育伦理精神的缺失与重塑》(2013)、李江等的《当代中国竞技体育伦理失范及其规制》(2013)、刘伟校的《管窥〈太平经〉对当代体育伦理建构的影响》(2014)、赖雄麟的《身体哲学视域下的竞技体育伦理研究》(2016)、李龙的《体育产业化的伦理批判》

---

① 王小锡:《展示体育伦理新境界之力作》,载《道德与文明》2009 年第 3 期。

(2017)、车旭升的《欧美体育哲学和体育伦理学的研究历程及动向分析》(2018)等。同时,以体育伦理或体育道德为选题的硕、博士论文越来越多,如:沈克印的《当代中国体育经济伦理的理论与实践研究》(南京师范大学,2011)、李英的《基于伦理学视野的体育教育研究》(福建师范大学,2012)、钱侃侃的《运动员保障机制研究》(武汉大学,2014)、刘巍的《转型期我国体育诚信缺失研究》(吉林大学,2015)、李在军的《当代竞技体育人才思想道德素质研究》(东北师范大学,2016)等,富有活力的年轻研究队伍正在逐步形成。

这一阶段体育伦理的研究,正如我国体育伦理学的奠基人唐凯麟教授所言,经过 30 多年的积累与沉淀,已经引起了学界和全社会的广泛关注,形成了一支稳定的学术队伍,产生了一批卓有成效的研究成果,中国的体育伦理学科将进一步发展、壮大、繁衍、成熟[1],朝着协同构建中国特色体育哲学社会科学体系迈进。

二、研究的主要问题

现代人对体育的关注在相当程度上体现了人们对体育伦理的关注,而且这种关注不仅停留在大众的层面,更进入了伦理学研究的视域。在此,梳理研究的主要论题、观点及热点如下:

(一) 学科基本问题

30 多年来,我国体育伦理研究从无到有,从"贫瘠"到"富饶",形成较为完善的学科架构,逐渐成为中国伦理学研究中的一个重要领域。

1. 体育伦理研究的意义与价值[2]

在 2017 年第一届中国体育伦理研讨会上,体育伦理研究的意义和价值是学者们研讨的主要问题之一。唐凯麟认为,首先从西方伦理的起点结构看,体育伦理研究(尤其是奥林匹克运动伦理)为伦理学这一母学科提供了理论的支持;其次从恩格斯所提出的人的四种需要与体育之间关系的视角,体育伦理研究有助于完善"怎样做人、怎样做个好人"的制度设计;最后,鉴于现实体育领域存在的诸如过度竞争、市场操纵、政治追求等体育异化现象,需要体育伦理为之提供解决之策。刘岩

---

① 参见龚正伟、徐正徐《人民体育与国家责任:当代中国体育伦理困境与治理之道——"全国第一届体育伦理研讨会"会议综述》,载《伦理学研究》2017 年第 6 期。
② 参见龚正伟、徐正徐《人民体育与国家责任:当代中国体育伦理困境与治理之道——"全国第一届体育伦理研讨会"会议综述》,载《伦理学研究》2017 年第 6 期。

认为,体育伦理研究有助于提升人们对体育认识的层面,帮助人们用哲学的思维来审视体育领域中的各类问题。陆小禾认为开展体育伦理研究,对协调体育实践中不同主体间的利益关系,化解政治纠纷、价值冲突和经济矛盾具有重要作用。

2. 体育伦理的概念界定

什么是体育伦理?自体育伦理研究在中国初露端倪以来,对此问题的把握长期处于一种"百花齐放"的状态,很多学者都从不同角度给体育伦理下过定义,大致可分为以下几种。

一是对象说。从体育伦理研究对象的视角,把体育道德作为体育伦理概念界定的核心。1985年,谭华指出"体育伦理学是研究体育运动中的道德现象的学说"[1]。这个观点在之后很长时期被多数学者所认可。时任成都体育学院院长的陈伟先生提出:"体育伦理学是应用伦理学理论和知识研究体育运动中道德问题的学科。"[2]卢元镇认为:"体育伦理学是研究体育道德的学科,是运用伦理、道德的观点研究体育领域中体育道德的本质、基本矛盾和各种体育道德现象发展规律的学科。"[3]学界也一直有着这样的笼统认识,体育伦理是研究体育活动中个人之间以及个人与集体之间关系和体育道德的学科。这样的界定,使得体育伦理概念的体系未免模糊、混淆,体育领域也因此缺乏具有针对性和时效性的理论来指导体育实践。而在研究对象的视角下构建的体育伦理概念,难免使人产生误解,以为体育伦理即体育道德,两者是一回事。故有人专门撰文,从内涵和层次上对这两个概念的不同进行了阐述。[4]

二是职业说。从体育职业的视角,把体育伦理看作是一种职业道德。潘靖五认同体育伦理学是关于体育道德的科学,且"体育伦理道德是一种职业道德,是共产主义道德在体育领域中的特殊表现",其主体限于该领域内的运动员、教练员、裁判员以及一切从事体育工作的人。[5] 华洪兴的观点是在此基础上的拓展,认为体育伦理是专门研究具体职业道德的,将其定位成"职业伦理学"的一种。[6] 有学者认为,从职业的视角来理解体育伦理未免有些狭隘,现实中的体育所涉及的面绝不仅限于体育职业的范畴,如果"将'体育伦理'称为'体育职业道德'或'体育职业伦

[1] 谭华:《体育伦理的研究对象和任务》,载《四川体育科学》1985年第4期。
[2] 课题组:《我国体育社会科学研究状况与发展趋势》,北京:人民体育出版社1998年版,第262页。
[3] 卢元镇:《体育人文社会科学概论高级教程》,北京:高等教育出版社2003年版,第60页。
[4] 参见蒋晓丽、夏思永《体育伦理与体育道德的区别研究》,载《体育文化导刊》2006年第5期。
[5] 参见潘靖五《体育伦理学》,北京:北京体育学院出版社1989年版,第1页。
[6] 参见华洪兴《体育伦理学》,南京:河海大学出版社1999年版,第3页。

理',会在常识上使人们误认为体育伦理是那些从事体育职业的人(如教练员、职业运动员)才应当遵守的伦理道德"①。

三是结构说。有学者从结构和构建的视角,将体育伦理看作是围绕体育活动所产生的伦理关系以及处理这些关系的伦理意识和行为的总和。② 具体来说,体育伦理的结构又分为要素结构和层次结构。前者包括体育伦理意识、体育伦理关系以及体育伦理活动;而后者则是依据国家政府、组织、个人三个不同层面的体育伦理主体,将体育伦理划分为宏观、中观和微观三个层次。③ 同样的视角,刘湘溶等对"体育伦理"作了更为清晰而系统的新界说,在对体育进行了广义和狭义区分的基础上,他认为体育伦理的指称对象也有广义和狭义之分,前者包括体育运动伦理、体育科学伦理、体育产业伦理和体育文化伦理;后者主要指体育运动伦理。"取其狭义,即把体育运动伦理,或更严格地讲,竞技体育运动伦理,作为体育伦理的指称对象","将体育伦理学定义为:体育伦理学作为应用伦理学的一脉,主要是关于竞技体育运动道德矛盾与冲突、道德原则和规范的学说"。④ 还有学者提出,我国的体育伦理研究主要反映在竞技体育伦理方面,后者一直未从前者的大框架中分离出来,因此对体育伦理的界定和分析也是按照狭义的竞技体育伦理层面来进行的,故将(竞技)体育伦理定义为与竞技体育有关的道德意识、道德原则规范和道德行为活动。⑤ 从(竞技)体育伦理构成的要素结构,将其分为意识、规范和活动三个方面;从主体结构,又分为宏观的制度安排层次、中观的组织团体层次、微观的个体层次以及国际化层次。⑥

可见,在结构说这里,对体育伦理的概念把握更加清晰,具创新意义地给体育伦理作出了狭义与广义的区分,并认为目前我们所进行的体育伦理研究应置于狭义的范围,即体育运动伦理,或竞技体育伦理层面。且不论这种狭义的锁定是否还需要进一步的考量,相较于前两种观点而言,结构说是对体育伦理的概念进行了更为深入的探讨。

3. 体育道德及其本质

在中国体育伦理研究之初,学者们就将体育道德现象作为体育伦理的研究对

---

① 龚正伟:《当代中国体育伦理建构研究》,北京:北京体育大学出版社 2009 年版,第 21 页。
② 参见龚正伟《当代中国体育伦理建构研究》,北京:北京体育大学出版社 2009 年版,第 21 页。
③ 参见龚正伟《当代中国体育伦理建构研究》,北京:北京体育大学出版社 2009 年版,第 26—31 页。
④ 参见刘湘溶、刘雪丰《体育伦理:理论视域与价值范导》,长沙:湖南师范大学出版社 2008 年版,第 36 页。
⑤ 参见熊文《竞技体育伦理及其研究意蕴》,载《北京体育大学学报》2004 年第 4 期。
⑥ 参见熊文《竞技体育与伦理》,上海:华东师范大学出版社 2008 年版,第 34 页。

象,认为体育伦理学研究体育道德活动、体育道德意识以及体育道德规范三类现象。① 之后,有学者提出,体育伦理是一门研究体育道德产生、变化、发展规律的应用理论学科,"体育道德的本质、特点和现象就构成了体育伦理学具体的研究对象"②。早期体育道德的概念是从伦理学的道德概念直接移植过来的,被看作是一种职业道德,是"在体育领域内指导运动员、教练员、裁判员以及一切从事体育工作的人,与他人、社会联系中应遵循的行为准则和行为规范"③。之后很长一段时间,对体育道德概念的把握都脱离不了职业道德的局限。华洪兴认为体育道德除了包括体育职业道德层面外,还包括社会体育公德,体育道德是"指一定社会用以调整参见体育活动的人们之间、个体与集体、集体与社会之间的行为规范的总和"④。随着理论的深入与研究视野的扩大,体育道德被学界所赋予的内涵越来越丰富。有学者认为,体育道德"就是指在人类社会的体育实践活动中,由社会经济生活条件所决定的、以善恶为标准、依靠体育社会舆论、体育传统习惯和体育活动参与者的内心信念来维系,用以调整他们个人之间,个人与集体、社会、国家之间关系的原则规范、心理意识和行为活动的总和"⑤。不难看出,这种对体育道德的概念仍有借鉴伦理学道德概念的成分,但不管怎么说,也把体育道德从一种职业道德规范的层面提升到了具备规范、意识、活动的多层次综合概念层面,代表目前学界对此问题的普遍认识。还有学者从行为层面,认为体育道德是人们在体育活动中,将体育伦理蕴含的"行为应当"内化为自身品质(竞技德性),再通过自律自觉的行为追求这种品质,在真正诚实公平的体育活动中实现自我超越。⑥

关于体育道德本质,学界一致的观点是:其一般本质,是由经济基础决定的上层建筑和社会意识形态,反映着社会物质条件和体育生活。同时又具备特殊本质,一方面相较于政治和法律规范,它具有非制度化、非强制化和内化的特征,另一方面又是体育活动参与者把握体育的特殊方式和一种体育实践精神。⑦ 关于体育道德的功能,都认可其调节、认识、评价、教育的作用。关于体育道德的外部关联研究,主要是从体育道德与体育社会心理、体育法规、体育文化、体育科技的关系等若干方面来讨论的。普遍的观点认为,体育道德与其他的体育意识形态虽然差别明

① 参见谭华《体育伦理的研究对象和任务》,载《四川体育科学》1985年第4期。
② 赵立军:《体育伦理学》,北京:北京体育大学出版社2007年版,第8页。
③ 潘靖五:《体育伦理学》,北京:北京体育学院出版社1989年版,第1页。
④ 华洪兴:《体育伦理学》,南京:河海大学出版社1999年版,第44页。
⑤ 赵立军:《体育伦理学》,北京:北京体育大学出版社2007年版,第8页。
⑥ 参见蒋晓丽、夏思永《体育伦理与体育道德的区别研究》,载《体育文化导刊》2006年第5期。
⑦ 赵立军:《体育伦理学》,北京:北京体育大学出版社2007年版,第30—31页。

显,但也是有着密切联系的。这种对体育道德外部联系的研究分析,为随后研究体育领域内的文化、经济、政治、科技冲突与异化以及体育伦理与法律同构等主题奠定了理论的基础。

4. 伦理与体育的逻辑关联

这似乎应该是体育伦理何以成立的根本性问题。刘湘溶等认为,一方面,体育是人的体育,在现代社会,体育已经成为人类的基本生存方式[1],那么从体育对人类自身的根本意义上讲,体育是人和人生不可或缺的一部分,体育就一定内含着道德,体育现象在一定意义上也是道德现象,也是人性的体现和张扬。[2] 另一方面,从目前竞技体育领域出现的种种异化现象看,体育伦理是竞技体育运动对伦理呼唤的结果,而竞技体育何以呼唤伦理,就在于其特质在"求真求美的同时,内在地包含着求善的目的"。[3] 这一路径得到了诸多学者的呼应,李培超在考察人类体育实践的基础上,提出"体育从来都是人的生活的一部分,在归根结底的意义上,体育是人的生存方式"[4],在工业社会,体育的普及使之成了现代人的一种基本生活方式,人们通过体育活动,产生幸福满足感,敞开心扉表达自我,并通过体育拥有完美的人性和生活。[5] 龚正伟在论及体育伦理提出的根据时,同样认为体育是人的一种活动方式,而且是一种为了人的活动,体育一旦与人及其本性密切相关,就一定会涉及包括伦理价值在内的价值。体育作为人类的一种行为活动,在当代社会具备了创造物质、精神和身体价值的功能,已经"全面卷入了个人和社会的价值和利益冲突……必然要接受是人类自身更多的伦理道德约束。当人们决断它是否'应当',如何'正当',以及谴责'不应当'行为时,它就进入了伦理学的考量视阈"[6]。还有学者从单纯竞技体育运行机制缺陷的角度,分析伦理介入竞技体育的可能性和必要性。单纯竞技体育运行机制是没有道德介入的内在自发性机制,以追求功利效益的最大化为目标,伦理对其介入的可能性表现在两者的同一和兼容上,必要性则在于竞技体育运行机制自身存在局限和限制,需要伦理"以义制利"的评价方

---

[1] 参见刘湘溶、刘雪丰《体育伦理:理论视域与价值范导》,长沙:湖南师范大学出版社 2008 年版,第 190 页。

[2] 参见王小锡《展示体育伦理新境界之力作》,载《道德与文明》2009 年第 3 期。

[3] 参见刘湘溶、刘雪丰《体育伦理:理论视域与价值范导》,长沙:湖南师范大学出版社 2008 年版,第 50 页。

[4] 李培超:《绿色奥运:历史穿越及价值蕴涵》,长沙:湖南师范大学出版社 2008 年版,第 2 页。

[5] 参见李培超《绿色奥运:历史穿越及价值蕴涵》,长沙:湖南师范大学出版社 2008 年版,第 107 页。

[6] 龚正伟:《当代中国体育伦理建构研究》,北京:北京体育大学出版社 2009 年版,第 21—24 页。

式以及伦理自律精神对他律进行弥补。① 最主要的,对于竞技体育的主体而言,道德需要是激发其道德活动的主体动力,是促进其道德进步的内在力量,也是完善其人格的内在源泉,通过道德教育,实现道德内化,从而实现竞技体育主体的全面发展。②

5. 体育中的伦理关系

体育中的伦理关系最主要的有三类,即体育与人自身、与社会以及与自然的关系,追求体育领域的和谐从一定程度上也就是追求这三类关系的和谐。有学者认为,在体育和人自身的关系中,体育是人类有意识地改造和完善自身的活动,为人生的自觉探索提供了新的途径,但这种探索仍需要合理的道德标准来指导;在体育与社会的伦理关系中,涉及体育比赛伦理、运动员伦理和观众伦理问题;在体育与自然的关系中,要考量体育与环境的亲密关系及其对环境的影响,而这种影响并非都是积极正面的。③ 其中,体育与自然的关系最能引发学者们的研究热情,它开辟了体育伦理研究的新领域,对人的体育行为提出了更高的伦理诉求。北京奥运举办之前,我国学界掀起了研究"人文奥运"的热潮,很多学者都从体育与生态的关系视角,进行了深入的探讨。在李培超的《绿色奥运:历史穿越和价值蕴涵》一书中,这种体育与自然关系的探寻无处不在,人类文明正经历工业文明向生态文明的转变,体育也同时经历着以利用自然和启蒙人性为基础的飞跃,体育与自然的关系在这样的背景下被重新思考,背负起了绿色的价值担当。有学者对此表示赞同,认为自从奥运精神涵盖了绿色以来,体育也具有了浓郁的"绿色",尊重自然、保护环境的理念就成了绿色体育所应有的价值支点之一,其所指向的价值目标就是生态文明。④

6. 体育伦理理论体系的构建原则与方法路径

竞技体育是有目的、有计划、有组织的集体行为,在其中进行道德原则的确立,不仅十分必要,而且十分迫切。⑤ 因此,对此问题的理论研究,一直备受学界关注。一方面,学者们在延伸早期体育伦理研究成果的基础上,提出集体主义原则、爱国主义原则;另一方面,学者们又汲取了中国传统体育伦理思想的精髓,提出贵生原

---

① 参见熊文《竞技体育与伦理》,上海:华东师范大学出版社 2008 年版,第 51—55 页。

② 参见王根《论竞技体育主体的道德需要》,载《伦理学研究》2017 年第 5 期。

③ 参见任海《论体育伦理问题》,载《伦理学研究》2007 年第 6 期。

④ 参见曾建平《绿色体育的伦理思考》,载《道德与文明》2007 年第 1 期。

⑤ 参见刘湘溶、刘雪丰《体育伦理:理论视域与价值范导》,长沙:湖南师范大学出版社 2008 年版,第 189 页。

则、人道原则。此外,公正原则作为体育运动的根本价值诉求也一直是体育伦理原则构建不可或缺的元素。在诸多研究结论中,刘湘溶等所提出的以人为本、规则公平、有限伤害、积极进取和团队合作原则,具有创新性。他指出,由于体育已经成为现代人的一种生存方式,"以人为本"就是体育伦理的最基本原则;竞技体育要求对每个参与者一视同仁,规则公平是最好的体现;竞技体育中伤害虽不可避免,但必须要确立一个伤害的边界;积极进取的精神是竞技体育运动的要求;体育比赛胜利的取得是团队协作的结果。① 还有学者认为,体育伦理在处理人与人之间的关系上,应提出公正原则、人道原则和贵生原则,而在处理人与自然的关系上,应关注环保原则的构建,追求体育运动的发展与生态环境的和谐统一。② 这一观点与"和谐社会"的理念一脉相承,与"绿色体育""绿色奥运"的理念遥相呼应。此外,作为体育伦理的研究对象,体育道德的价值观构建无疑是理论体系构建的核心问题之一,遵循从实际出发、利益兼顾、将先进性要求同广泛性要求统一起来的原则,构建与市场经济和体育事业健康发展相适应的体育道德价值观。③

(二) 研究热点问题

近年来体育伦理热点问题不断出现,引发了学界广泛而深刻的讨论,此处仅选取其中具有代表性的几个话题进行论述。

1. 传统体育伦理思想及其现代转型

学界对传统体育伦理思想的研究主要从思想探讨、特点分析以及现代转型三个方面进行。有学者认为,儒家的创始人孔子,在其教育和伦理思想中就闪烁着体育伦理的火花,他强调体育要为仁、义、礼、乐服务,武勇从属仁与礼;孟子提出"乐教"与"游与艺"结合;荀子则提出体育活动要以礼为基础。④ 因而,中国传统体育中折射出的是重视"礼仪"与"修为"的传统伦理思想精髓。⑤ 在对中国传统体育伦理特点的分析上,有学者将其归纳为自然性、目的性、等级性,其主要内涵是顺应自然、天人合一,立足现实、讲求事功,以武会友、礼让为要。⑥ 还有学者从传统伦理

---

① 参见刘湘溶、刘雪丰《体育伦理学论纲——一种新的见解和思路》,载《湖南师范大学社会科学学报》2007 年第 4 期。
② 参见龚正伟《当代中国体育伦理建构研究》,北京:北京体育大学出版社 2009 年版,第 107 页。
③ 参见陈勇等《新时期体育道德价值观的构建探析》,载《伦理学研究》2013 年第 1 期。
④ 参见史国生《春秋战国时期儒家的体育伦理思想》,载《体育文化导刊》2006 年第 4 期。
⑤ 参见上官戎《中国体育的伦理价值诉求》,载《伦理学研究》2018 年第 4 期。
⑥ 参见王斌《中国传统体育伦理思想之哲学底蕴》,载《西安体育学院学报》2002 年第 4 期。

思想的特性出发,认为中国传统的体育伦理思想主要体现了儒家的"仁爱"精神。①
由此可见,传统的体育伦理思想的主要来源依然是儒家伦理思想,换言之,儒家的
伦理思想对中国传统的体育伦理思想的影响最为深入和广泛。至于传统体育伦理
思想的现代价值,一致的观点认为,尽管时代变迁,传统体育伦理思想中的很多内
容虽不再适应现代社会的要求,但仍然有其精华的部分,如何将之转型,使之具备
现代价值,是一个值得探讨的问题。对此,有学者认为,传统的体育伦理思想价值
在现代出现了弱化甚至衰退,道德评价机制的失灵、个人主义的盛行等都是问题的
表现,如何对其进行重构,使之能反映时代精神,实现中国传统体育伦理的继承与
创新是我们所面临的重大课题。② 还有学者从传统"义利观"的角度出发,探讨了
传统义利观对竞技体育伦理价值重构的影响,进而提出了竞技体育义利相兼和协
调发展,以道德自律来超越和弥补他律、规范和调节义利关系,从而促进竞技体育
良性发展。③

2. 竞技体育道德失范

作为体育的重要组成部分,竞技体育从诞生之初就富含伦理精神,而其道德失
范的总体表征又显示出诸如公平公正、责任意识等伦理精神的缺失。④ 具体而言,
假球、黑哨、服用兴奋剂等有违体育道德的行径都是竞技体育中的不正常现象,不
仅破坏了人类活动的应有秩序,而且还直接损害了人的身心健康。而其之所以被
采纳就在于收益对成本的超出。"黑哨"使得体育比赛失去了应有的公平,给观众
和体育彩民造成了损失,导致竞技体育项目发展受阻,使得裁判丧失良知、失去职
业声望甚至人生未来。"黑哨"为什么产生?除了社会追求经济利益的大环境使
然,裁判的生存压力和体育观众的不理解也起到了推波助澜的作用。⑤ 相对于"黑
哨","假球"的情形更为复杂,通常具有形式上的合理性,但带来的结果恶劣。但
是,与不当目的结合的假球和形式上违反规则的假球应该禁止,而目的不明确、合
乎规则的假球却不应同等对待。正因为如此,假球是难以除净的。⑥ 兴奋剂已经

---

① 参见张新、夏思永《管窥中国传统体育伦理思想》,载《北京体育大学学报》2004 年第 1 期。
② 参见龚正伟、张子沙《中国传统体育伦理思想及现代转型》,载《体育科学》2000 年第 5 期。
③ 参见涂伟仕、李艳翎《传统义利观与竞技体育伦理价值的重构》,载《天津体育大学学报》2009 年第
　 1 期。
④ 参见黄浩《当代竞技体育伦理精神的缺失及重塑》,载《伦理学研究》2013 年第 6 期。
⑤ 参见刘湘溶、刘雪丰《体育伦理:伦理视域与价值范导》,长沙:湖南师范大学出版社 2008 年版,第
　 148—158 页。
⑥ 参见刘湘溶、刘雪丰《体育伦理:伦理视域与价值范导》,长沙:湖南师范大学出版社 2008 年版,第
　 159—170 页。

成为阻碍竞技体育赛事健康运行的大患。兴奋剂的滥用与科技进步及其对竞技体育的涉入密不可分,在诸多层面上关乎人的生存和价值实现。① 但对兴奋剂的争论,一直处于一种道德的两难境地,从兴奋剂的查禁原因看,不外乎两个——危害身体和破坏公平竞争,但如果兴奋剂对人体无害且允许所有的运动员都服用,对此是否就可至少不持否定的态度了呢?② 尽管如此,主流的观点对兴奋剂的使用仍然是不赞同的,认为使用兴奋剂的危害有四点:损害健康、违背道义、破坏公平、败坏声望。③ 这些不道德行为的盛行,颠覆了运动员的体育价值观,出现了价值的迷失,在思想层面将"非道德"的观念"道德化",违背了体育公平公正的初心。④ 随着基因技术的发展,新的兴奋剂发明呈现加速事态,这一点也引起了学者的关注。有学者对新型兴奋剂的大量涌现对竞技体育的冲击表示了忧虑,并提出体育伦理要加强与科技伦理、生命科学伦理等学科研究的交叉融合。⑤

3. 现代体育异化及其原因

有学者认为,体育的异化是体育产业化的结果,体现在人与自身关系、人与人及社会关系、人与自然关系这三类关系的异化上。对比赛胜利的一味追求与训练无度导致了运动员自身的损害,看客心理的培育扭曲了运动榜样的作用,负面丑闻的发生破坏了公正与守信的体育精神,一些大型赛事的举办影响了人与自然的和谐共处。⑥ 熊文在列举了不道德现象的具体类别后,指出其产生的原因有理论和现实两方面。理论上,不道德行为产生于三类机制:从事不道德行为比道德行为更有利的诱发机制,使不道德行为有机可乘的体育管理体制,以及缺失的行为约束机制和报答机制。现实上,不道德行为产生于市场化和竞争、价值多元化和道德转型、科技对人类生活及行为的改变、竞技体育制度建设的滞后、道德教育功能的萎缩、道德评价的缺失以及社会心理等原因。⑦ 李培超对"现代奥运会异化"这一命题进行了深刻的解析。他认为,现代奥运会的异化(政治、经济、技术以及文化的异化)具有历史的必然性。奥运会在工业文明的背景下复兴,在得到工业文明所提供

---

① 参见李培超《绿色奥运:历史穿越及价值蕴涵》,长沙:湖南师范大学出版社 2008 年版,第 176—177 页。

② 参见熊文《竞技体育与伦理》,北京:北京体育学院出版社 2008 年版,第 137—138 页。

③ 参见刘湘溶、刘雪丰《体育伦理:伦理视域与价值范导》,长沙:湖南师范大学出版社 2008 年版,第 177—180 页。

④ 参见王小春《社会转型期我国体育道德研究述评》,载《西安体育学院学报》2015 年第 5 期。

⑤ 参见申建勇《对基因芯片技术应用于药物兴奋剂的伦理思考与对策》,载《河南社会科学》2011 年第 2 期。

⑥ 参见李龙《体育产业的伦理批判》,载《伦理学研究》2017 年第 1 期。

⑦ 参见熊文《竞技体育与伦理》,北京:北京体育学院出版社 2008 年版,第 177—199 页。

的各种条件支持的同时,不可避免地与各种力量纠结、与各种矛盾关联,故而随着其自身的不断发展,产生与最初价值理想相悖的因素。追求人的和谐完美是奥运会的根本价值立场,奥运会的异化又对人的生存和发展造成了影响,暴露出对这一根本价值追求的背离。"人所创造的体育运动脱离了人本身,并在客体化的过程中,随着自身的不断增殖其地位优势于人,进而反过来支配人……"然而这种负面影响只是问题的一部分,异化还有积极的意义,也就是同时提供了摆脱异化的路径,在对抗异化的过程中,体育得到完善。① 刘湘溶等也认为,竞技体育发展到今天,其目的和手段都已发生了异化。前者的异化首先表现在竞技体育挑战极限和运动员身心底线的矛盾上。其次,竞技体育的榜样示范目的与看客培养之间产生了矛盾,普通人成为看客,使得人与人之间的关系被扭曲。手段的异化与目的的异化紧密相联,为了胜利不择手段,竞技体育运动成了获得政治和经济利益的手段,偏离了应有的发展方向,出现诸多不道德的行径。② 面对中国体育商业化、职业化、科技异化、弱势群体体育权利等问题,龚正伟指出体制的缺陷、法律的缺位、对利益最大化的追逐,以及社会转型期价值观的失落是造成体育领域伦理冲突的症结所在。

4. 体育与生态文明

在全球关注环境保护,推行绿色理念的背景下,体育运动也开始关注自身对环境的影响,其中又以奥林匹克运动为代表。李培超的《绿色奥运:历史穿越及价值蕴涵》一书,通篇表达了"绿色奥运"的理念,并以此为主线,对现代奥运的历史、现状和未来进行了价值的反思。人类文明从工业文明走向生态文明的路线,应当成为促进人与自然和谐的重要途径。而体育场馆的兴建、体育设施的维护、奥运器材和转播设备的消耗,参与人群的大规模集结,却都对环境产生了巨大的压力。奥运和环保在本质上是应当是"亲和的",两者具有利益的一致性,因此,应使现代奥运表达促进人与自然和谐相处的价值诉求,成为宣传推广环保理念的重要平台,并积极减少自身对环境的压力。③ 刘湘溶也指出,现代体育作为人类的一种特定的实践活动,可能对环境产生负面的影响,如水与空气污染、废弃物对环境的污染、体育

---

① 参见李培超《绿色奥运:历史穿越及价值蕴涵》,长沙:湖南师范大学出版社 2008 年版,第 138—145 页。
② 参见刘湘溶、刘雪丰《体育伦理:伦理视域与价值范导》,长沙:湖南师范大学出版社 2008 年版,第 51—53 页。
③ 参见李培超《绿色奥运:历史穿越及价值蕴涵》,长沙:湖南师范大学出版社 2008 年版,第 236—238 页。

场馆和配套设施对资源和能源以及生态的破坏等。如何避免体育对环境的消极影响就成为我们面临的重大课题。① 龚正伟在谈及当代中国体育伦理原则构建中，提出了环保原则，认为由于现代体育与生态环境相互间发生着深刻影响，环境保护已经成了现代体育的内在要求。贯彻绿色体育的战略，首先"应当尽可能地将绿色技术运用到体育的各个方面，并尽可能地将人造体育环境接近甚至融入到'自然而真实'的自然环境中……其次，应当使得每个人都能够自觉地到一定自然的环境中进行体育活动，是人在自然中进行体育活动成为一种生活方式……第三，是使体育人和环境达到一种'普遍共生'的状态……"②

三、简要评述

30 多年来，体育伦理研究取得了长足的发展，也取得了丰硕的成果。对学科基本概念的界定、学科体系的构建，以及对一些热点问题的讨论，助推了体育伦理研究的逐步深入。尤其是对一些现实热点的关注，与我国体育事业的发展、生态环保理念的兴起等紧密相关，凸显了学者们强烈的现实关照情怀和学术责任感。然而回顾研究的历程，考察研究的现状，我们发现，目前的体育伦理研究仍有进一步发展空间。

第一，凝聚研究合力，加强团队建设。体育伦理学作为一门新兴的交叉学科，近年来引起学界的广泛关注。相对于应用伦理学的其他分支，其研究队伍虽然年轻但逐渐稳定。需要考量的问题是：从事伦理学专业研究的学者虽具有深厚的哲学—伦理学理论功底，却对体育缺乏全面而深入的了解，研究的成果与体育实践如何做到紧密结合？此为其一。体育运动的参与者（包括运动员、教练员、裁判员以及观众）和体育教学人员，由于自身知识的局限性，即便是在体育教学和运动实践中意识到伦理介入的必要性，也大多停留在就事论事的浅层面，如何体现研究的理论深度？此为其二。今后的发展方向，是如何吸引诸如社会学、经济学、心理学、政治学、法学等领域学者的全面介入，打破学科之间的壁垒，凝聚研究的合力，建设有实力的体育伦理研究团队。

第二，拓展研究论域，深化主题研究。从第一届体育伦理研讨会所涉及的论题来看，学者们的研究论域得到了极大的拓展，既关注学科理论，又直面现实，围绕着

---

① 参见刘湘溶、刘雪丰《体育伦理：伦理视域与价值范导》，长沙：湖南师范大学出版社 2008 年版，第 201 页。
② 龚正伟：《当代中国体育伦理建构研究》，北京：北京体育大学出版社 2009 年版，第 108 页。

体育伦理理论构建、学校体育中的人文关怀、体育科技伦理风险、体育运动中的性别歧视、国际体育中的道德问题等,展开了热烈的讨论与交流。问题域与主题的拓展,引发了对这两个维度的辩证关系思考,即如何在拓展问题域的同时,加强加深主题研究,围绕重大重要主题,深入系统地展开研究,促进体育伦理研究的全面与成熟。此外,关于理论体系的构建、西方体育伦理研究成果的推介、中西方体育伦理比较与融合、体育道德责任、体育伦理与民生等问题的研究,还存在系统研究的空间。

第三,丰富研究范式,创新研究方法。从以往的研究来看,大部分学者的研究方法以哲学思辨和实践经验总结为主,实证研究相对缺乏,比如社会调查法在研究中应用的范围就不够广泛。而体育伦理的研究要面对体育活动中大量的实践和应用,需要在对现实的问题进行理性思考和分析的基础上,结合实际调查,得出有针对性的结论,提出解决问题的可行方案。单就哲学的思辨方法而言,也存在着反思程度、批判力度和构建方式的不足。此外,纯经验的总结和分析也很难上升到理论的高度。

我国社会正处于快速转型与发展期,体育实践在全球化的背景下与经济、文化、政治等冲突、交汇、融合,发生着巨大的变化。中国体育伦理的研究与建设也初露锋芒,尽管在研究视域和研究水平上还有待于进一步开拓和提高,但学者们积极探索,对体育领域伦理道德问题注入了前所未有的热情。我们有理由相信,中国体育伦理的研究一定会不断开拓创新,推动着中国应用伦理学向纵深发展。

第十四章　政治伦理

　　政治伦理作为一个专门的政治现象,无论是东方还是西方,一直是政治学家和哲学家们重点关注的对象。因此,政治伦理的研究有着悠久的历史。我国的政治伦理思想源远流长,最早可追溯到先秦时期,以《尚书》《周礼》《论语》等文化典籍为代表,并在中华文明数千年的发展演进中不断得到丰富和发展。西方的政治伦理思想起源于与中国春秋战国时期同时代的古希腊时期,亚里士多德的著作《政治学》被视为西方政治伦理思想的奠基之作,历经两千多年的发展,直到 20 世纪 60 年代理奇特出版《道德政治学》,标志着西方政治伦理学由此诞生。[1] 我国政治伦理学学科体系的形成虽然晚于西方,在新中国成立后才得到较快发展,而政治伦理学在中国改革开放之初成为一门独立的应用伦理学学科之后,驶入了快速发展的轨道,特别是近年来取得了突飞猛进的发展,硕果累累,成绩斐然。进入新时代,如何更好地开展我国政治伦理学研究并服务我国经济社会政治发展需要,已成为每一个政治伦理学研究者应肩负的历史使命与时代责任。回顾中国政治伦理学的 70 年历程,总结我国政治伦理学研究之得失,规划并展望我国政治伦理学研究之未来,对进一步深化中国政治伦理学研究、构建中国特色哲学社会科学话语体系具有重大意义。

一、政治伦理学研究的基本历程和概况

1. 政治伦理学 70 年的发展历程

　　目前学术界对于新中国成立以来政治伦理学研究的发展历程已大体形成共识,即关于我国政治伦理思想的研究工作在新中国成立之初已初露端倪,但实质意义上政治伦理学的研究工作则肇始于改革开放初期,党的十八大以来进入繁荣阶

---

[1] 参见王泽应《我国政治伦理学研究的回顾与展望》,载《中南大学学报》(社会科学版)2004 年第 5 期。

段。据此,我们可以将中国政治伦理学 70 年的发展历程划分为三个阶段,即初步发展阶段、形成阶段、完善成熟阶段。

第一阶段:初步发展阶段(1949—1978),这一阶段为政治伦理学的初始阶段,即政治伦理学的奠基时期,为政治伦理学成为一门独立的学科奠定了重要基础。这一阶段,学者们主要关注两方面的内容,一是关于以先秦儒家为代表的中国传统政治伦理思想的研究,代表性的文章有汪奠基的《先秦逻辑思维的重要贡献》、包遵信的《孟子认识论的唯心主义本质》以及周云之的《墨辩中关于"名"的逻辑思想》等;二是关于共产主义道德的研究,代表性的文章有周原冰的《试论共产主义道德的基础》、李凡夫的《论共产主义道德》、王金鲁的《努力培养共产主义的道德观》等。这一阶段的研究成果不甚丰富、研究对象也较为单一,但已有的研究成果表明学者们已经开始关注政治与道德(或伦理)的内在关联,并试图从中国传统政治伦理思想中汲取智慧并为建设共产主义道德提供借鉴,这些研究成果为政治伦理学成为一门独立的学科起到了重要的奠基作用。

第二阶段:形成阶段(1979—2011),这一阶段为政治伦理学的形成阶段,历经学者们 30 多年的不懈努力和探索,政治伦理学已发展成为一门相对独立的应用伦理学科。1988 年由杨丙安、唐能赋、李光耀合著的《政治伦理学》一书的出版,标志着我国政治伦理学学科体系初步形成。[①] 此后,政治伦理学在我国得到较为迅速的发展,不仅研究成果的数量大幅增加,还涌现出一大批优秀的学术著作与论文;研究对象也由较为单一发展为更加丰富,这一阶段的研究对象已不再局限于中国传统政治伦理思想及共产主义道德,而是随着我国政治文明建设的不断推进,政治伦理学的研究对象也不断拓展,学者们开始关注西方政治伦理思想、政党伦理,尤其是中国共产党主要领导人政党伦理思想等问题;在研究框架上也有了新的突破,在继续探讨政治与伦理二者关系的基础上,学者们开始探讨新的分析框架,如政治伦理的价值目的论和政治伦理的社会道义论、执政价值合理性和执政工具合理性等。这一阶段可谓是政治伦理学发展的重要时期,政治伦理学研究呈现出欣欣向荣的局面,是政治伦理学成为一门独立学科并快速发展的阶段。

第三阶段:完善成熟阶段(2012 年至今),这一阶段为政治伦理学的完善成熟阶段,学者们注重结合党的十八大以来中国共产党治国理政的实践特点开展学术研究,已经涌现一批相对稳定的政治伦理学研究队伍,形成了系列相对稳定的政治

---

① 参见王泽应《我国政治伦理学研究的回顾与展望》,载《中南大学学报》(社会科学版)2004 年第 5 期。

伦理学研究方向,政治伦理学学科体系得到完善,并且已尝试建构中国特色政治伦理学话语体系。经历了上一阶段的形成与快速发展,政治伦理学在基础理论研究方面已相对成熟,学者们更加关注如何运用政治伦理学理论剖析和解决我国政治领域的实践问题,特别是党的十八大以来我国政治生活出现的诸如腐败问题、公平正义问题、制度与程序问题、权利与权力问题等。同时,学者们也逐渐认识到,要使我国政治伦理学取得长足的进步和发展,必须建构中国特色政治伦理学话语体系,这是推进政治伦理学可持续发展的必由之路。目前,虽然中国特色的政治伦理学话语体系尚未形成,但近年来越来越多的学者开始高度关注这一重要命题,并多次召开学术研讨会探讨如何构建中国特色政治伦理学话语体系。

2. 政治伦理学 70 年之成就

回顾新中国成立以来政治伦理学走过的 70 年历程,我们可以发现,政治伦理学历经 70 年的淘沙洗礼,褪去的是稚嫩的外壳,留下的是丰硕的成果,在一代又一代政治伦理学人前赴后继的学术探索下,政治伦理学散发出愈发激荡人心的魅力。70 年间,学者们与时俱进,始终结合中国特色社会主义建设的实践,不断开拓政治伦理学的研究领域和研究方向。70 年来,中国政治伦理学研究经过学者们不断的探索和发展,在研究队伍、研究成果、研究视野方面取得了较为可喜的成果。

首先,政治伦理学研究已形成一批研究特色鲜明的研究队伍。政治伦理学研究历经 70 年的探索与发展,形成了几个特色较鲜明的研究领域,在相应的研究领域里涌现出一批学术研究带头人,推动着政治伦理学学科体系不断成熟与完善。同时,由于政治伦理学具有广阔的发展前景,吸引着越来越多的青年学者不断加入。因此,政治伦理学研究队伍不断壮大,形成了一批特色鲜明的研究队伍。

在中国传统政治伦理思想研究领域,研究的学者较多,代表性的学者主要有唐凯麟、焦国成、王泽应和任剑涛等,他们自上个世纪 90 年代以来已经撰写了系列高质量的学术著作和文章。在西方政治伦理思想研究领域,代表性的学者主要有万俊人、詹世友、龚群、陈真等,他们在关注西方政治伦理思想的同时,更加强调我国的政治伦理学科发展应吸收和借鉴其合理成分,取其精华、为我所用。在政党伦理研究领域,代表性的学者主要有李建华、戴木才等,他们已经初步建构了政党伦理研究的话语体系和话语范式;张振、刘武根等人在此基础上,重点研究了执政党执政伦理问题,初步建构了中国共产党执政伦理建设体系。在行政伦理研究领域,关注的学者较多,代表性的学者主要有王伟、张康之、李萍、刘祖云等,近年来又涌现出一批以唐士红和温郁华等为代表的年轻学者加入了行政伦理研究队伍。在制度伦理研究领域,代表性的学者主要有戴木才、彭定光、高兆明和王淑芹等,学者们认为加强制度伦理的建设不论是对执政党建设还是对政府部门建设都是极其必要的,由此撰写了大量的学术论文及相关著作。此外,还有一批学者同样为政治伦理学研究作出了很大的贡献,如罗国杰、郭广银、阎钢及向玉乔等,他们在研究的深度和广度上都有较高的建树,发表了系列高水平的学术著作和论文,因他们的研究涉猎的领域较多,因此没有将他们划入某一特定领域。实际上大多数学者的研究内容并不局限于某一领域,上述划分也仅是一种粗浅的分类,仅选取了特定时期相对有限的成果,定有不妥或不当之处。

其次,政治伦理学研究已经产生丰硕且具有重要影响的研究成果。新中国成立以来,特别是在改革开放以后,在学界同仁的共同努力下,中国政治伦理学研究突飞猛进,已经取得较为丰硕的成果。主要体现在出版并发表了大量的著作及学术论文,这些成果既是前人不断探索结出的果实,同时也为后来的学者们继续开拓创新研究奠定了重要基础。第一,已经出版了系列高水平的政治伦理学著作,为中国政治伦理学研究奠定了重要的理论基础。以"政治伦理学"为书名的有四本,分别为杨丙安等编著的《政治伦理学》(四川人民出版社1988年版)、吴灿新主编的《政治伦理学新论》(中国社会出版社2000年版)、徐黎明和孙守春主编的《政治伦理学》(中国社会出版社2011年版)及高汝伟和殷有敢编著的《政治伦理学》(南京大学出版社2016年版)。同时,戴木才主编的《政治伦理学前沿丛书》(7卷本)格外引人注目,该套丛书着眼于政治伦理对人类文明基本价值的传承、当代中国政治伦理学研究的历史使命及如何推进我国社会主义政治伦理的理论与实践发展三大主题,是围绕当前政治伦理学前沿和热点问题进行合作研究的经典之作,具体包括:《政治伦理的现代建构》(彭定光著)、《现代政治视域中的"法治"与"德治"》(戴木才著)、《当代中国政府诚信建设》(赵爱玲著)、《国家与道德》(丁大同著)、《法与非政治公共领域》(何珊君著)、《环境正义——发展中国家环境伦理问题探究》(曾建平著)、《经济人与经济制度正义——从政治伦理视角探析》(陈泽亚著)。此外,还有《制度伦理与官员道德:当代中国政治伦理结构性转型研究》(靳凤林,人民出版社2011年版)、《追问正义:西方政治伦理思想研究》(龚群,北京大学出版社2017年版)、《政治伦理规范与政治公信力》(杨静,四川大学出版社2017年版)、《中国共产党执政伦理建设研究》(张振,上海三联书店2017年版)等几十部重要著作先后问世。上述著作一方面反映了中国政治伦理学界的研究状况和研究水平,另一方面也较为清晰地展现了中国政治伦理学研究的繁荣程度。第二,围绕政治伦理学研究的热点和难点问题,发表了大量学术论文。在学术论文方面,以"政治伦理"为主题词在CNKI中国期刊全文数据库上检索发现,从1992年到2019年共有相关核心期刊论文 594 篇,其中尤以近十年来的论文较为突出,不仅在数量上稳定增长,同时在内容上更关注构建中国特色政治伦理学学科话语体系。特别是由万俊人主持的"政治伦理笔谈"专题,对促进我国政治伦理学研究贡献了重要的学术智慧,该专题刊登在《伦理学研究》(2005 年第 1 期)学术专栏,其中包含的四篇文章分别为《政治伦理及其两个基本向度》(万俊人)、《政治家的责任伦理》(何怀宏)、《政治伦理:个人美德,或是公共道德》(任剑涛)和《从政治合法性看执政党伦理》(李建华)。第三,中国政治伦理学学界同仁围绕研究难点热点问题,承担了一系列重大重点研究课题,其中代表性的国家社科基金项目有:万俊人主持的国家哲学社会科学"十一五'规划"重点项目"政治文明的哲学基础与政治实践研究"、李建华主持的国家哲学社会科学重大招标项目"中国政治伦理思想通史"、戴木才主持的国家社科基金重点项目"中国共产党执政伦理研究"等。

三是政治伦理学已发展为相对独立的一门学科。自政治伦理学成为一门独立的学科以来,学者们一直在思索的一个问题就是,如何推动这一新兴学科不断发展、走向成熟。在 2003 年召开的第一届中国政治伦理学会议上,学者们就政治伦理学的研究对象及方法论问题进行了探讨。与会学者们认为,我国的政治伦理学还仅处于前学科阶段①,明晰政治伦理学的研究对象及研究方法是推动政治伦理学学科发展的第一步。此后,历届的全国政治伦理学会议基本上都会涉及政治伦理学的学科发展问题。如第三届全国政治伦理学会议上,学者们一致认为我国政治伦理学的研究已经由个别理论问题的分析论证投向了系统的学科体系构建②;第七届全国政治伦理学会议更是以政治伦理学学科建设为主题,重点探讨了政治伦理学研究的基础论题,并对未来的学科发展方向作出了反思;尤其值得一提的是,在 2018 年召开的全国政治伦理学研讨会上,万俊人会长在发言中强调指出,要真正建构起新时代中国特色、中国气派、中国风格的政治伦理学,就必须在政治伦理学研究对象的确立、研究方法的选择、逻辑体系的架构、具体内容的表述、语言风格的形成等各个方面有所突破。③ 由此可以看出,学者们对政治伦理学未来的学科发展爱之深、关之切,同时我们也有理由相信,在学者们的漫漫求索中,政治伦理学的学科发展定会披荆斩棘、高歌猛进。

最后,政治伦理学的研究视野逐渐由单一走向多元。对新中国成立 70 年来的

① 参见孙向军《中国政治伦理学分会年会暨全国党校系统"政治伦理与干部道德建设"理论研讨会综述》,载《伦理学研究》2004 年第 1 期。
② 参见王仕国、赖海燕《"第三次全国政治伦理学研讨会"综述》,载《求实》2007 年第 12 期。
③ 参见任仕阳《"回顾与展望:政治伦理学 40 年"学术研讨会综述》,载《道德与文明》2018 年第 7 期。

政治伦理学研究成果进行总体梳理后,我们发现,学者们进行政治伦理学研究的视野逐渐扩展,主要实现了三个方面的转变,即由关注我国传统政治伦理思想转向关注中西政治伦理思想比较研究、由关注政治伦理的理论探讨转向关注理论研究与中国的政治实践相结合、由关注政治伦理在国内的发展转向关注我国政治伦理学研究如何走向世界。第一,我国传统政治伦理思想一直以来都是学者们研究的学术热点,随着我国改革开放步伐的前进,国内学术研究氛围日益宽松,一些学者在继续关注我国传统政治伦理思想的同时,将目光转向西方政治伦理思想,发表了关于中西政治伦理思想比较研究的成果,如《伦理政治化的"求同"与政治伦理化的"求异"——中西方政治伦理形成的差异性及其启示》(徐秦法,《广西社会科学》2010 年 5 月)、《中西政治伦理思想的历史流变及其启示》(马勤学,《兰州学刊》2011年 11 月)、《中西政治思想中的家国观比较——以亚里士多德和先秦儒家为中心的考察》(谈火生,《政治学研究》2017 年 12 月)等。第二,改革开放初期,政治伦理学研究刚刚起步,学者们更多关注的是政治伦理学的研究对象、研究方法及研究框架等理论性问题。随着社会主义现代化建设实践的需要,学者们开始将关注重点转向政治伦理学作为一门"显学"在治国理政实践中的现实指导意义,他们结合社会主义民主政治建设、国家治理现代化、权力腐败以及构建和谐社会等主题,发表的代表性论文有《公平正义和社会主义民主政治伦理的完善》(蒋德海,《行政论坛》2017 年 11 月)、《政治伦理学视域下国家治理现代化专题研究》(靳凤林,《河南社会科学》2016 年 8 月)、《论我国反腐败政治伦理之完善》[蒋德海,《同济大学学报》(社会科学版)2014 年 12 月]、《新时期中国和谐社会伦理思想及其原则》(肖思寒,《求索》2013 年 11 月)等。第三,一门学科成熟的标志是,不仅要在国内有较为丰硕的研究成果,还要构建自己的话语体系以在国际上拥有学术影响力。近年来,学者们日益认识到,同西方国家尤其是欧美国家政治伦理学学科发展程度相比,我国的政治伦理学研究仍存在许多不足之处,在国际上的学术影响力十分有限。于是,一些有国际视野的学者就如何推动我国政治伦理学研究的国际化进程提出了自己的看法,如龙静云关注了西方绿色和平组织倡导的"绿色政治"主张,阐述了"绿色政治"的伦理基础,提出中国政治伦理学研究应当对此保持学术敏感。①

---

① 参见龙静云《绿色政治:政治伦理学的新视域》,载《伦理学研究》2018 年第 9 期。

二、研究的主要问题

经过学界同仁 70 年的辛勤耕耘,我国政治伦理学研究已经形成系列特色较为鲜明的研究方向。本章重点介绍政治伦理学研究的七个重点研究方向和内容,即政治伦理基本范畴研究、中国传统政治伦理思想研究、西方政治伦理思想研究、政党伦理研究、行政伦理研究、制度伦理研究以及马克思主义政治伦理思想研究。

1. 政治伦理基本范畴研究

政治伦理的基本范畴涉及的内容较多,诸如政治与伦理之关系、政治与道德、政治伦理与伦理政治等方面。目前学界关于政治伦理基本范畴研究,主要围绕政治与道德、政治伦理内涵研究等两个方面展开。一是政治与道德的关系。政治与道德的关系历来是中西政治伦理学研究者关注的主题,同西方政治与道德关系复杂的嬗变历程相比,中国政治与道德的关系相对比较一致。万俊人在《政治伦理及其两个基本向度》一文中指出,西方政治伦理学在涉及政治与道德的关系时,出现了"有道德的政治"和"无道德的政治"两种对立倾向,其嬗变历程大概是:政治与伦理存在内在的价值关联——政治与伦理之间断裂分离——政治与伦理回归连贯整合;而中国的政治伦理学研究一直以来都秉承着连贯整合式的政治伦理模式,即强调政治与道德之间内在的价值关联。从中国传统政治思想中的"以德配天"到今天的"以德治国",都表明在我国政治伦理学研究中,脱离道德的政治是不存在的,政治不可能成为一种纯粹的管理技术型政治。就我国政治伦理学研究成果来看,大部分学者都是从政治与道德(或伦理)的关系出发,利用二者的结合点、交叉点、互相作用点,形成了政治道德(伦理)化及道德(伦理)政治化研究。① 如《论政治的道德化和道德的政治化》(马啸原,《思想战线》1994 年 6 月)、《伦理与政治的内在关涉——孔子思想的再诠释》(任剑涛,《孔子研究》1998 年 9 月)、《政治伦理化与伦理政治化——我国传统德治理论与实践剖析》(郁大海,《理论学刊》2003 年 3 月)等。二是政治伦理内涵研究。目前学术界尚未对政治伦理的内涵作一个最终的定义,学者们从不同的角度出发对政治伦理内涵有不同的具体表述。有的学者从静态的政治生活角度出发,认为所谓政治伦理,即社会政治共同体(主要是指国家,亦包括诸社会政治共同体之间)的政治生活,包括其基本政治结构、政治制度、政治关

---

① 参见李建华《当代政治伦理研究与"中国问题"》,载《求索》2017 年第 4 期。

系、政治行为、政治理想的基本伦理规范及道德意义①;有的学者从动态的政治活动过程出发,认为所谓政治伦理,主要是指处理政治关系、解决政治问题、开展政治活动"应当"遵循的伦理法则②;有的学者从广义和狭义两个角度出发,认为政治伦理作为社会伦理的一个重要方面,从广义上讲是指调整人与人之间政治关系的道德规范,从狭义上讲则是指政治工作者(在我国是指各级公务员和领导干部)的职业道德③;还有的学者从政治主体和政治制度出发,认为从一般的学理层面而言,政治伦理主要是指社会政治共同体(主要是国家)在政治活动中所追求的政治价值理念,政治制度设计过程中所遵循的道德规范原则和目的性追求以及执政党和国民的道德建设。④ 虽然没有一个最终定义,但是从已有的研究成果看,学者们大都是从政治权力本身及行使政治权力的过程出发探寻其中蕴含的伦理性或道德性特征。

2. 中国传统政治伦理思想研究

优秀传统政治伦理思想是我国政治思想的重要组成部分及宝贵财富,一直以来都是学者们研究的热点内容。新中国成立后就涌现出一批学者,对我国优秀传统政治伦理思想进行充分挖掘;而由于实践发展的需要,学者们在注重阐释优秀传统政治伦理思想的同时,更强调要对优秀传统政治伦理思想进行创造性转化和创新性发展,以更好地服务中国特色社会主义政治文明建设。我国优秀传统政治伦理思想内涵丰富、意蕴深刻,学者们主要围绕中国古代民本思想、古代官德建设和古代各家各派的政治伦理思想等几个方面对中国传统政治伦理思想进行解读和阐释,涌现出了一批代表性的著作及论文。一是中国古代民本思想研究,学者们重点围绕古代民本思想开展研究,对古代民本思想的内涵、意义及当代发展进行了阐释,韩喜凯主编的《民本·概论篇》一书,探究了古代"民本思想"的内涵、发展变化过程、基本特征、历史作用及现代启示;诸凤娟发表的《古代民本思想的当代价值探析》一文,阐述了认真汲取古代民本思想的智慧对我国的民主政治建设、对我党的执政理论总结有着重要的理论与实践意义。二是古代官德建设研究,学者们主要围绕古代官德建设展开研究,在探讨古代官德具体内容的基础上进一步提出如何加强当代我国公务人员尤其是领导干部的道德建设的对策建议,如赵长芬主编的《官德论》一书中,指出了古代官德的主要内容及中国古代对官德作用的认识,在此

① 参见万俊人《政治伦理及其两个基本向度》,载《伦理学研究》2005年第1期。
② 参见戴木才《现代政治伦理的发展趋势》,载《道德与文明》2012年第10期。
③ 参见荣长海《邓小平政治伦理思想初探》,载《道德与文明》2000年第4期。
④ 参见苏玲《列宁政治伦理思想论纲》,载《伦理学研究》2011年第5期。

基础上探讨了转型时期我国官德面临的挑战及进行官德建设的具体路径;靳凤林发表的《对我党干部选拔任用制的道德考量》一文,强调以道德标准对领导干部进行选拔任用的极端重要性,表明了我党对"为官以德"的重视。三是古代各家各派的政治伦理思想研究,学者们分别围绕古代各家各派的政治伦理思想开展研究,深度挖掘,取其精华,以滋养我国社会主义政治文明建设。如对先秦儒家政治伦理思想的关注,代表性的著作是《现代新儒家伦理思想研究》(王泽应,湖南师范大学出版社 1997 年版),该书在阐述现代新儒家思想的历史成因、发展进程和理论特质的基础上,又分别从道德基本理论、道德原则规范、道德行为品质、道德修养和伦理道德现代化等方面着力探讨了现代新儒家伦理思想的具体内容,并翔实评价了现代新儒家伦理思想的经验教训及学术地位;代表性的论文如《内圣外王:早期儒家伦理政治构想的理想境界》(任剑涛,1999),该文阐释了儒家"内圣外王"的理念,并把它作为古代伦理政治的中心信念进行了全面深入的分析,指出孔、孟、荀、董是四个原创思想家,内圣外王代表了伦理政治理论中伦理和政治两个指向的最佳状态,是解决伦理政治的政道问题。

3. 西方政治伦理思想研究

西方政治伦理思想是人类政治文明发展的重要组成部分。中国学界对该领域的研究起步较晚,学者们对西方政治伦理思想的研究是随着改革开放的进程而逐渐展开的。研究的重点主要包括两个方面,一是对西方政治史和西方伦理史发展历程进行梳理,二是对西方著名政治哲学家的政治伦理思想内涵进行诠释。徐大同主编的《西方政治思想史》将西方政治思想史发展历程划分为几个不同的时期,从古希腊时期、中世纪时期到近代时期,揭示了西方政治思想史经历了自然政治观、神学政治观和权利政治观的三个阶段,并对每一时期代表性人物的政治思想进行了大致阐释。同时,宋希仁和罗国杰合著的《西方伦理思想史》是国内较早的介绍西方伦理思想的著作,该书主要是以不同人物、不同学派的伦理思想作为章节划分依据,如早期智者派的伦理思想、伊壁鸠鲁的伦理思想、托马斯·阿奎那的伦理思想等。除著作外,学者们还撰写了大量的学术论文以阐述西方著名政治哲学家的政治伦理思想的内涵及对我国的借鉴价值,其中,对罗尔斯正义理论的探讨一度成为我国政治伦理学研究的热点内容。代表性的论文有:《当代西方伦理学的主题嬗变与传统回归》(万俊人,《学术月刊》1993 年 9 月),该篇论文阐述了从罗尔斯发表其著作《正义论》以来,西方伦理学研究发生的历史性转折;此外,还有《马克思与罗尔斯的公平正义观:比较及启示》(何建华,《伦理学研究》2011 年 9 月)、《罗尔斯正义理论的道德根基》

（顾肃，《道德与文明》2017年7月）、《正义社会的稳定性问题》（龚群，《学术月刊》2017年3月）等。在关注罗尔斯正义理论的同时，学者们还对西方较具代表性的政治伦理思想进行了剖析，如：晏辉从社会契约论的角度出发思考了契约伦理的相关问题，即契约的伦理性和伦理功能，发表了《契约伦理及其实现》一文；詹世友对康德的政治伦理学思想进行了较多的探索，发表了《共同的好生活：康德政治伦理学的本旨》一文。

4. 政党伦理研究

除少数几个国家和地区外，绝大多数的国家都存在政党，政党政治是现代国家的鲜明特征，政党在现代国家政治制度中占有重要地位并发挥着重要作用，日益成为连接国家和社会之间的桥梁和纽带。在此背景下，政党伦理研究的重要性日益凸显，政党伦理研究是政治伦理学中的"显学"，更是当今政治伦理学研究必不可少的组成部分。政党伦理研究主要包括政党伦理的基本理论研究、中国共产党执政伦理建设研究和中国共产党领袖伦理思想研究三个方面。政党伦理研究的代表性人物李建华撰写的《执政与善政：执政党伦理问题研究》（人民出版社2006年版）一书中，上篇系统阐释了政党伦理的基本理论，主要包括政党本质及其伦理内生、执政党伦理的特质、执政党伦理的理性基础、执政能力的伦理维度以及执政党的伦理建设等；关于中国共产党执政伦理建设研究主要体现在下篇，以个案研究的方式，阐述了中国共产党伦理建设的理论与实践，主要包括中国共产党领袖的政党伦理思想、中国共产党伦理建设的历史审视、目前党内存在的道德失范现象及其控制、中国共产党伦理建设的现实途径①。此外，《中国共产党执政伦理建设研究》（张振，上海三联书店2017年版）一书"在汲取马克思主义经典作家关于党的建设学说精髓的基础上，比较全面地分析了中国共产党执政伦理的生成机制，清晰描述了中国共产党执政伦理建设之路，对中国共产党不同时期的执政伦理建设进行了全景式的历史回顾。……结合世情、国情、党情的变化，深入探讨了我们党执政伦理建设面临的考验，有针对性地从宏观、中观和微观层面提出了进一步加强我们党执政伦理建设的路径"②。另外，还有一大批学者对中国共产党主要领导人的政党伦理思想作了大量研究，成果颇丰。在毛泽东的政党伦理思想研究方面，李建华指出，毛泽东作为中国共产党的创始人之一，在领导中国革命和建设的过程中形成了十分丰富的政党伦理思想。"为人民服务"是中国共产党的道德核心，"彻底地为人民

---

① 参见李建华《执政与善政：执政党伦理问题研究》，北京：人民出版社2006年版，第1—3页。
② 王小锡：《深化对执政伦理的认识（新书评介）》，载《人民日报》2018年4月10日。

利益工作"是中国共产党的道德原则,"从思想上入党"是中国共产党党员的基本道德要求。① 在邓小平政党伦理思想研究方面,肖光荣认为邓小平在执政伦理方面的贡献主要有三点,分别是阐明了执政道德建设的地位与作用、明确了在市场经济条件下中国共产党执政道德建设的主要内容以及提出了较为具体的执政道德建设措施。② 在江泽民政党伦理思想研究方面,学界主要是从"三个代表"重要思想的相关内容出发。刘武根认为,江泽民从"三个代表"重要思想的维度阐释了加强党的执政能力建设的重要性,并认为这一加强执政伦理建设的思想,对巩固和发展中国特色社会主义,深化我们对共产党执政规律、社会主义建设规律、人类社会发展规律的认识,具有重要的理论价值和现实意义。③ 王泽应认为,"三个代表"重要思想的伦理思想就是以推进党的建设伟大工程,加强党的执政伦理建设为核心而形成与发展起来的,本质上是一种追求先进与崇高并始终以人民利益为最高价值取向的政党伦理,贯穿在社会主义社会建设的方方面面。④ 此外,吴灿新的《习近平新时代中国特色社会主义政党伦理思想及其主要特色》一文指出,习近平总书记在新时代治国理政特别是全面从严治党的实践中,形成了独具特色的政党伦理思想,成为新时代中国特色社会主义思想的有机构成要素;主要包括:政党伦理理念建设思想、政党组织伦理思想、政党伦理作风建设思想、政党反腐倡廉思想和政党制度伦理思想。

5. 行政伦理研究

政府作为国家权力的行政部门,在行使公权力的过程中必须坚持一定的伦理价值维度。因此,行政伦理一直是政治伦理学研究的重要内容。由王伟主笔的《行政伦理概述》(人民出版社 2001 年版)是我国行政伦理研究的奠基之作,分别阐述了行政伦理基本理论、中国传统行政伦理以及当代国外行政伦理。此后的行政伦理研究在深化这三个方面研究的同时,内容上有了新的突破,主要体现在对行政组织伦理及行政主体伦理的研究。在行政组织伦理研究上,代表性的著作有高晓红的《政府伦理研究》(中国社会科学出版社 2008 年版),该书主要介绍了政府与伦理的概念分析、作为伦理实体的政府、政府伦理精神、政府制度伦理、公共行政伦理以及公务员道德;此外,李志平的《地方政府责任伦理研究》(湖南大学出版社 2010 年

---

① 参见李建华《毛泽东的政党伦理思想》,载《毛泽东研究》2016 年第 1 期。
② 参见肖光荣《邓小平对中国共产党执政道德建设的贡献》,载《探索》2006 年第 1 期。
③ 参见刘武根《江泽民论加强党的执政伦理建设》,载《延边大学学报》(社科版)2011 年第 6 期。
④ 参见王泽应《"三个代表"重要思想的伦理思想探析》,载《伦理学研究》2011 年第 3 期。

版)一书,从责任伦理的视角审视并研究了地方政府行政行为,力图通过对地方政府责任伦理的基本理论、基本问题以及当前所面临的难点、重点、热点问题的研究,构建地方政府行政责任伦理的基本框架,丰富政府行政学、伦理学理论,提高对地方政府行政理论的认识,推动地方政府自主构建行政责任伦理体系,认识自身的价值处境,形成自觉的责任担当,塑造新时代的地方政府形象。除著作外,代表性的论文有《论政府的道德责任》[彭定光,《中南大学学报》(社会科学版)2006 年 6 月],该篇文章指出现代社会对政府提出的挑战与政府的道德责任问题相关,并进一步阐释了政府为什么要承担道德责任、应当承担什么样的道德责任以及怎样承担道德责任的问题;《基于行政伦理的政府公信力构建》(唐士红,《理论探索》2016 年 1月),该篇文章探讨了行政伦理对构建政府公信力的重要价值以及当前政府公信力构建过程中凸显的问题,在此基础上提出了基于行政伦理的政府公信力构建路径。在行政主体伦理研究上,虽然没有专门的著作,但却涌现出一大批相关论文,从加强制度伦理建设及行政主体道德建设两个方面,对如何完善行政主体伦理进行了探讨,如《加强政府官员行政伦理培训的对策建议》(王伟华,《领导科学》2010 年 7月)中,提出了切实可行的对策建议,即:转变培训理念,重视行政伦理培训工作、做好培训需求分析,强调"按需施教"原则、分类分级设计内容,注重培训的科学性、改进培训方式,优化培训效果;《论行政美德及其实现路径》(左高山、伍香,《伦理学研究》2013 年 3 月)一文指出,行政美德是指公共行政人员在行政活动中所表现出来的内在品质或人格特质,从理智美德、伦理美德、道德美德和性情美德四个方面细分为行政智慧、行政忠诚、行政诚信和行政廉洁,要实现行政美德,就要构建一种涵盖社会、组织和个人三个方面的整合性的架构来保证公共行政人员行政美德的实现;《方法论视角下的行政伦理制度化》(廖炼忠,《思想战线》2015 年 1 月)一文指出,行政伦理制度化是涉及公共行政实践和公共行政理论两大领域的一种公共行政学方法,它包括行政制度创新方法、行政伦理管理方法和行政研究方法等三个层次的内涵;此外还有诸如《制度伦理视角下的当代中国行政伦理失范》(廖炼忠,《云南行政学院学报》2015 年 9 月)等具有较高学术价值的学术论文。

　　6. 制度伦理研究

　　制度和伦理一样,都是对人们行为的约束和规范。古今中外,制度都有极其重要的意义,因为"好的制度能使坏人变好,而坏的制度能使好人变坏"。因此,研究"什么才是好的制度以及如何制定好的制度"就成了政治伦理学的重点研究方向之一——制度伦理研究。研究的重点主要包括两个方面的内容,一是对制度伦理内涵的阐释,二是对制度伦理原则的关注。在阐释制度伦理内涵时,学者们主要关注的是制度伦理化与伦理制度化内涵,如施惠玲在《制度伦理研究论纲》(北京师范大学出版社 2003 年版)中指出,制度伦理就是指制度中的伦理或者说制度的伦理,它包含制度的内在伦理意蕴——制度的价值诉求,制度的外在伦理效应——对制度的伦理评价,而制度伦理是这两个方面的有机统一;伦理制度则是指伦理道德要求的规则化,是以外在于个体的制度形式而存在的伦理要求或道德命令,它具有一定的社会强制效力和作用[①];此外,何颖也指出"制度伦理化是指制度本身所蕴含的伦理追求和道德价值理想,强调制度的合伦理性与合道德性;伦理制度化是指人们把一定社会的伦理原则和道德要求提升、规定为制度,并强调伦理的制度化、规范化与法律化"[②]。在关注制度伦理的原则时,高汝伟在其著作《政治伦理学》中指出,"只有合乎一定理性的伦理原则的制度,可以说是一种好的制度……从原则的具体内容看,政治制度伦理需要从正义、公平、民主、信用、公开、效率等几个方面的基本原则综合考察"[③]。除了上述著作及文章外,相关著作还有高兆明的《制度伦理研究——一种宪政正义的理解》(商务印书馆 2011 年版),该书分析了制度伦理的相关概念,提出制度的"善"的概念,认为要以"善制"实现"善政"和"善治";倪愫襄的《制度伦理研究》(人民出版社 2008 年版)探讨了制度伦理的内涵与功能、制度伦理思想的中国传统、制度伦理思想的西方进程、制度的价值取向、制度的权利表达、制度的管理形式、制度的伦理底线以及制度伦理与文化基础,让读者较为详细地了解到制度伦理的概念及外延。除著作外,相关文章有李仁武的《论道德建设的制度伦理环境》(《云南社会科学》2002 年 10 月),该篇文章强调了制度伦理环境对道德建设的极端重要性,文章中指出制度伦理环境的建设和完善是加强道德建设的前提和基础;王志红、黄志斌的《东西文化的和谐社会诉求及制度伦理》(《当代世界与社会主义》2007 年 12 月)一文指出了东西方由于文化形态的差异,导致了和谐社会诉求及制度伦理上的差异,具体来说,中国传统文化形态以人性本善的"礼"为核心派生出"以善抑恶"的善正义和谐社会的制度伦理,内含着德治精神的设定身份、分别等级、增进和谐的"亲合"性正义价值取向,而西方经济文化形态则以人性本恶的"法"为核心演绎出"以恶抑恶""以恶增善"的法正义和谐社会制度伦理,它内含着契约和法治精神的设定主体、分别物权、公平转让和各得其所的"分构"性正义价值取向;杨通进的《制度伦理视阈中的道德建设及其进路》(《道德与文明》2013年 5 月)一文指出,从制度伦理的角度看:制度的伦理功能远远大于个人美德,制度

① 参见施惠玲《制度伦理研究论纲》,北京:北京师范大学出版社 2003 年版,第 28 页。
② 何颖:《制度伦理及其价值诉求》,载《社会科学战线》2007 年第 4 期。
③ 高汝伟:《政治伦理学》,南京:南京大学出版社 2016 年版,第 153 页。

保障是人们选择道德行为的必要前提、是维护道德的中坚力量,制度伦理是判断社会道德进步与否的客观标准,我们的道德建设要具备宏观的制度伦理思维(而非微观的个体道德思维),要通过制度创新和制度变革来加强和改善我们的道德建设,使我们的道德建设工程实现实质性的突破;此外,还有诸如刘光明的《一种趋同性的倾向——高蒂耶和斯坎伦的制度伦理观研究》(《云南社会科学》2019 年 1 月)等一批高水平的学术论文涌现。

7. 马克思主义政治伦理思想研究

马克思主义政治伦理思想不仅包含着丰富的内容,而且在我国革命、建设、改革进程中都发挥了不可替代的重要作用。虽然学者们开始研究马克思主义政治伦理思想不过十年多的时间,但不论是研究的深度还是影响力都得到了飞速提升,并逐渐成为政治伦理学界重点研究方向之一。在著作方面,相关著作较少,肖祥编著的《马克思主义政治伦理思想与当代伦理道德问题研究》(暨南大学出版社 2017 年版)是国内第一本较为全面详细地介绍马克思主义政治伦理思想的著作,书中第一部分研究了马克思主义政治伦理思想,他认为马克思主义政治伦理思想以建立正义的政治制度、合伦理的权力运行规范、完善的权力制约机制为手段,以追求合理公平的政治关系和人的解放为基本目标,以实现人的全面自由发展为政治理想目标,因其革命性、科学性和道德性的崭新特征,切合中国政治变革的需要,在实现中国化的过程中推进中国马克思主义政治伦理思想形成、发展和成熟,引起了 20 世纪以来中国政治伦理文化的伟大变迁和中国政治生活的巨大变革。[①] 此外,在学术论文方面,有一批可喜的成果形成,学者们不仅就马克思主义政治伦理思想本身进行了研究,还探讨了马克思主义经典作家的政治伦理思想以及马克思主义政治伦理思想在中国的发展。如蔡志刚、林丽在《马克思政治伦理思想的局限与超越》一文中,对马克思主义政治思想中的伦理诉求进行了审读,认为马克思主义政治伦理思想是显性与隐性并存、应然与实然并存,并在此基础上探讨了马克思主义政治伦理思想的局限性与超越性,让我们对马克思主义政治伦理思想本身有了较为深刻的了解。有学者探讨了马克思主义经典作家的政治伦理思想,如对列宁政治伦理思想的研究,相关学术论文有何建华的《列宁的政治伦理思想及其当代价值》、苏玲的《列宁政治伦理思想论纲》等,何建华指出"在社会主义革命和建设的历史时期,围绕革命与道德、党性与良心的关系问题,列宁坚持批判性、实践性、结合性、创

---

① 参见肖祥《马克思主义政治伦理思想与当代伦理道德问题研究》,广州:暨南大学出版社 2017 年版,第 2 页。

新性的原则,深入探讨了马克思主义的政治伦理思想,为俄国党和人民的伟大实践提供了坚实的伦理支撑和强大的道德动力"[1];苏玲指出"列宁在建设社会主义国家的政治实践中形成了较为系统的政治伦理思想架构。其政治伦理思想涉及了政治的基本价值理念,政治制度的合理设计,执政党的道德建设和公民道德建设等诸多问题"[2]。还有学者探讨了马克思主义政治伦理思想在中国的发展,即马克思主义政治伦理思想的中国化问题,最新成果是新时代有关政治伦理的理论,刘建伟、戚伟发表文章认为,它创造性地丰富和发展了马克思主义的政治伦理观,并介绍了其具体内容,即政治理念以社会主义核心价值观为指引、政治制度以公平正义为基本价值诉求、政治组织以为人民服务为最高伦理原则、政治主体以廉洁自律为伦理底线。[3]

三、简要评述

回顾过去,我国政治伦理学历经三个阶段的艰辛发展与探索,走过了七十载的漫长学科发展之路,在这一坚持不懈的漫漫求索中、在无数政治伦理学人严谨认真的学术思索中、在国家对政治伦理学学科发展的大力支持中,我国政治伦理学研究取得了丰硕的成果,发展迅猛,成绩斐然。展望未来,政治伦理学作为政治学和哲学的重要分支,在学科体系的发展和完善中占有重要位置,因此其理论价值不言而喻。同时,政治伦理学作为一门应用伦理学学科,被称为"显学中的显学",对解决政治实践中的问题具有重要的指导意义,因此其更具有较高的实践价值。要充分发挥政治伦理学的理论价值与实践价值,就要善于发现当前政治伦理学发展过程中存在的不足,并对症下药,找出解决办法,推动政治伦理学学科更进一步发展,为我国人文社会科学的繁荣昌盛锦上添花,同时也为实现中华民族伟大复兴的中国梦助力辉煌。

当前我国政治伦理学学科发展亟待解决的问题有以下几点,如问题意识亟待加强、学科体系建设滞后、理论研究与中国政治实践契合度不密切、学科交流机制不完善等。要解决以上问题,推动政治伦理学不断发展完善、走向成熟,应从以下几方面着手:

第一,坚持问题导向,与时俱进地完善政治伦理学学科体系。习近平总书记在

---

[1] 何建华:《列宁的政治伦理思想及其当代价值》,载《中共中央党校学报》2009 年第 1 期。
[2] 苏玲:《列宁政治伦理思想论纲》,载《伦理学研究》2011 年第 3 期。
[3] 参见刘建伟、戚伟《习近平政治伦理思想研究》,载《求实》2017 年第 12 期。

2016 年的哲学社会科学工作座谈会上指出:"坚持问题导向是马克思主义的鲜明特点。"只有不断发现问题、分析问题、解决问题,才能推动我国哲学社会科学不断创新、不断进步。政治伦理学作为政治哲学的分支学科,在学科建设中同样需要坚持问题导向。由于政治伦理学研究要求从政治本身的逻辑出发探索政治伦理主题,因此,政治生活中存在的问题就给我国政治伦理学研究带来了挑战。主要体现在以下两个方面:第一,法伦理问题。习近平总书记曾引用了《韩非子·有度》中的名言——"国无常强,无常弱。奉法者强则国强,奉法者弱则国弱"——强调依法治国的重要意义。依法治国作为治国理政的基本方式,不仅要求科学立法,还要求公正司法、严格执法。而无论是立法、司法还是执法,都内含着一定的价值取向,即实现政治"善"的目的。但是在实际政治生活中,却常常出现有悖于实现政治"善"的法伦理问题,如在司法过程中,违背了公平公正的价值原则;在执法过程中,违背了人民至上的价值立场。如何解决法伦理问题,要求政治伦理学研究将法与道德(或伦理)的关系作为研究对象之一,研究在立法、司法、执法过程中的各种道德现象和伦理关系,促成道德立法和道德法律化。目前关于法伦理的研究,学者们也发表了一些著作及论文,但研究内容不够深入,不能为解决现实问题提供实质意义的指导,且没有引起政治伦理学研究者的足够重视。第二,生态伦理问题。生态涉及的是人类与自然之间的关系。长久以来,人类所抱持的观念是"人定胜天""征服自然",在行为上表现出来的是以污染环境、破坏生态为代价谋求人类的经济发展,带来的结果则是人类最终受到自然界的报复,付出了代价。习近平总书记指出,生态问题不仅是经济问题,更是政治问题。从政治的角度理解生态问题就应成为政治伦理学研究关注的对象。权利是政治中一个基本的概念,也是政治伦理学研究不可回避的现实议题。一般而言,我们在谈到权利时往往指向的是作为个体的"人"或作为整体的"人类"的权利,却忽视了自然界的权利[1],并且正是由于这个原因,人类才会试图主宰自然、驯服自然,并最终受到了自然的报复。生态伦理所要研究的基本内容正是基于自然权利基础之上对人与自然关系的反思与重构,以达到生态"善"——人与自然和谐相处的目的。如果说政党伦理与行政伦理关注的是权利优先于权力,那么生态伦理关注的则应该是自然权利优先于人类权利。目前在政治伦理学研究中,大多数学者关注的都是权利优先于权力,却忽视了自然权利与人类权利的关系,因此,对生态伦理问题的研究有必要引起学者们的广泛关注。

上述问题是在中国政治实践中不断凸显的重大现实命题,关乎我国政治文明

---

[1] 参见强昌文《权利的伦理基础》,合肥:安徽人民出版社 2009 年版,第 189—190 页。

及政治民主化建设进程,而政治伦理学的历史使命就是为我国社会主义民主政治建设事业贡献智慧和方案。使命呼唤担当、使命引领未来。我国政治伦理学研究必须坚持问题导向,与时俱进地推动政治伦理学学科体系建设,建构中国特色政治伦理学学科体系。

第二,政治伦理研究要立足于回应和解决我国政治实践中的问题。理论研究如果脱离社会现实,就会成为无本之木、无源之水,政治伦理学研究也是如此。政治伦理学不仅是一门理论学科,同时也是一门实践学科,要取得长足的发展和进步,就必须以我国政治现实为立足点进行理论研究,落脚于服务社会需要。

党的十九大报告指出,中国特色社会主义进入了新时代。这是我国新的历史方位,也是当前我国最大的政治现实,政治伦理学研究必须立足于这一点。新时代的历史方位下,有新矛盾——人民日益增长的美好生活需要和不平衡不充分的发展之间的矛盾、新使命——实现中华民族伟大复兴的中国梦、新课题——坚持和发展什么样的中国特色社会主义以及怎样坚持和发展中国特色社会主义。① 新方位、新矛盾、新使命以及新课题对政治伦理学研究提出了新的更高要求,学者们必须以崇高的历史使命感和时代责任感立足当前政治现实并着眼于人民最关心的问题——改革问题与腐败问题开展学术研究。改革是当前人民群众最关心的问题之一,因为我国的改革已进入了深水区和攻坚区,能否继续深化改革,关系到全体人民的根本利益能否实现、关系到新时代中国特色社会主义建设事业能否顺利推进。在深化改革过程中涌现出的政治生态问题、贫富差距问题、司法公正问题、分配正义问题等,亟须政治伦理学学者从学理上深入分析和阐释这些问题产生的深层原因并提出解决上述问题的科学对策或建议。腐败问题也是当前人民群众最关心的问题之一,是党的十八大以来党和国家重点治理的问题,因为腐败问题的解决不仅关系到人民群众根本利益的维护,关系到党的执政地位的巩固,还关系到中华民族伟大复兴中国梦的实现。无论是从政治制度还是从政治主体的角度出发防止或惩治腐败,都是政治伦理学研究的应有之义,因为前者是以外在的制度约束达到政治合伦理化的目的,后者是从政治主体本身的伦理道德出发达到政治合伦理化的目的。因此,在新时代的历史方位下,如何从制度和道德融合机制层面解决腐败问题已是当今政治伦理学研究的一个重要命题。

第三,建立稳定可持续的政治伦理学学术交流机制。政治伦理学作为一门新

---

① 参见韩庆祥《习近平新时代中国特色社会主义思想是一个系统完整、逻辑严密的科学理论体系》,载《理论导报》2017年第12期。

兴的交叉学科,研究视野和研究领域在不断开拓。政治伦理学学者的研究视野决不能仅限于政治领域之内,因为除了上文谈到的改革问题和腐败问题之外,在经济领域、社会领域、文化领域、生态领域等都有许多需要迫切回应和解决的时代议题。此外,中国政治伦理学学者的研究视野也不能仅限于国内,随着中国在国际政治中的影响力日益增强,中国提倡的构建国际政治新秩序的主张,尤其是"和谐世界"理念及"构建人类命运共同体"理念得到了诸多国家的认同和支持,因此中国政治伦理学研究需要具有国际视野。要保持高水平的国际视野,需要中国政治伦理学界不懈努力,争取早日建立稳定可持续的学术交流机制。

(1)不断提高并扩大中国政治伦理学相关学术会议的层次、规模和范围,增强政治伦理学的影响力和渗透力。相对于中国经济伦理学等应用伦理学科,政治伦理专业委员会成立较晚,在学术会议和学术交流方面也不是特别活跃,明显落后于政治学学科和其他应用伦理学学科。据统计,由中国伦理学会召开的第一次政治伦理学术研讨会于 2003 年举办,以后每两年举办一次,截至目前仅举办 9 次全国性的学术会议;而我国政治学会自 1980 年成立至今已举办 29 次全国性的学术研讨会,自 1997 年开始,每年都会召开一次,且规模宏大,影响深远。为此,政治伦理学作为"显学中的显学",理应逐步提高并扩大学术会议的层次、规模和范围。

(2)中国政治伦理学研究队伍应建立与法学、政治学、社会学等学科研究队伍的学术交流机制,不断促进学科融合,彰显交叉学科的学术吸引力。随着近年来政治伦理学学科的快速发展,学科研究内容越来越广泛,研究对象日益呈现出多学科交叉的倾向,因此政治伦理学研究应加强与其他学科的合作、交流和沟通,建立长期的、持续的对话交流机制,为构建中国特色政治伦理学学科体系提供智力支持。

(3)中国政治伦理学学科发展应具有世界眼光,坚持"走出去"和"请进来",逐步建立与国际同行平等的对话机制。实现这一点的前提是建立中国特色政治伦理学学科体系,虽然万俊人、李建华等一批学者关于如何构建中国特色政治伦理学提出了自己的见解,如万俊人提出要在研究对象、研究方法、逻辑体系、语言风格等方面有所突破[1];李建华提出确证核心问题、突出"四权"、以"三清"政治为轴心、致力于话语体系建设[2],但是构建我国特色的政治伦理学学科体系依然在路上,需要中国学者继续努力。这就要求中国政治伦理学学者坚持走出国门,一方面学习和研究西方政治伦理学科的嬗变历程、学科前沿、研究方法,努力将之"为我所用";另一

---

[1] 参见万俊人《政治伦理及其两个基本向度》,载《伦理学研究》2005 年第 1 期。
[2] 参见李建华《当代政治伦理研究与"中国问题"》,载《求索》2017 年第 4 期。

方面,主动介绍和阐释中国政治伦理学发展的最新成果,把中国学者的智慧和声音在世界舞台上传递出去,增进国际同行对我们的认知。同时坚持"请进来",定期邀请国际同行参与我们的学术研究,在条件成熟的高校和研究机构积极筹办政治伦理学相关国际性的学术研讨会,主动和国际同行建立对话交流机制,汲取国际学者智慧,为发展中国政治伦理学提供经验借鉴。

第十五章　行政伦理

　　行政伦理作为一门系统的学科诞生于 20 世纪 70 年代的美国,是一门研究公共行政活动伦理问题的学科,它的兴起既是伦理理论发展的逻辑使然,也是公共行政领域寻求解决伦理困境的必然。作为一门学科,行政伦理虽然形成于西方,但行政伦理思想在中国却有着悠久的历史。原始氏族社会有"选贤与能""天下为公""无制令而民从"的原始、朴素的行政道德。殷商、西周时期已然产生敬德、保民、慎罚的"德治"思想雏形,并且在宗法制度的基础上形成维护以血缘关系为纽带的等级制度的伦理范式。到春秋战国时期,"礼崩乐坏",传统的宗法制度和世卿世禄制度被打破,迎来了中国思想史上第一个百家争鸣的时代,孔子提出"为政以德,譬如星辰"(《论语·为政》),孟子提出施"仁政"作为为官从政者的最高道德标准,传统行政伦理思想在这一时期获得了长足发展。中国现代意义上的行政伦理研究产生于 20 世纪 90 年代,继 80 年代我国恢复和重建行政学学科以后,行政伦理学成为理论学界普遍关注的学术热点。经过学界近 40 年以来的不懈努力,国内行政伦理的研究领域日益拓展,成果十分丰富,研究队伍不断壮大,已经基本形成具有中国特色的行政伦理学研究范式和理论体系。回顾中国行政伦理的研究历程,梳理和总结我国行政伦理研究的历史成果,把握行政伦理研究的热点问题,发现理论研究中存在的不足之处,既能够促进行政伦理学科进一步发展与完善,也是加强党内行政伦理建设、推进政治文明发展的必然选择。

一、研究的基本历程和概况

　　纵观中国行政伦理研究的历史进程,大致可以分为三个时期:行政伦理研究的初探时期、行政伦理研究的发展时期、行政伦理研究的深化时期。

(一)行政伦理研究的初探时期(1990—2000)

　　中华人民共和国成立初期,由于特殊的社会历史原因,诸多人文社会科学学科的研究被迫中断。直到 20 世纪 70 年代末至 80 年代初,中国进入改革开放新时期,才逐步得以恢复。1982 年 1 月,《人民日报》刊登了夏书章的《把行政学的研究提上日程是时候了》一文,自此中国开始恢复和重建行政学。伴随着行政学研究的展开,行政伦理学研究才得以逐渐兴起。

中国行政伦理学研究的兴起一方面是受到西方行政伦理学研究的影响,另一方面是源于当时中国社会主义市场经济建设中出现的负面效应。西方行政伦理学兴起的理论背景是 20 世纪 60 年代末 70 年代初兴起的"新公共行政运动",并以弗雷德里克森的《走向一种新的公共行政学》为"新公共行政学"形成的标志。新公共行政学建立在对传统行政学政治与行政二分原则进行批判的基础上,认为传统行政学过分强调行政管理的技术性和工具性,忽视行政管理的价值性和对公平性的追求。1968 年,由《公共行政学评论》主编沃尔多发起,于锡拉丘兹大学的明诺布鲁克会议中心举办的"明诺布鲁克"会议中,与会人员提出了在公共行政中引入价值因素和伦理考虑,将公平作为行政的核心价值目标。这次会议的召开被视为是新公共行政学形成的标志,同时也为行政伦理学研究提供了重要的理论基础。20世纪 70 年代行政伦理学作为一门独立学科在西方学术界问世,取得了长足的发展。

始于 20 世纪 80 年代的改革开放作为中国的基本国策,毫无疑问是中国社会主义事业发展的强大动力。改革开放建立了社会主义市场经济体制,在推动中国经济体制实现根本性创新的同时,也带来了不可忽视的负面效应。不少人脱离了体制的束缚,法律、制度和政策受到挑战,人与人之间的交往多以利益为导向,崇尚自由竞争的市场经济使党政不分、政企不分的格局被打破,进而导致公共行政领域的失范。在市场经济建设取得重大成就的同时,公共行政领域出现了严重的腐败等关涉行政伦理的行为。兼之中国历来就有"德治"传统,中国学者开始对西方行政伦理学进行系统研究,尝试通过中国特色行政伦理建设解决一系列行政失范问题。根据 CNKI 中国期刊全文数据库可查阅到的文献资料,1990—2000 年涉及行政伦理的文献有 40 篇,其中时间最早的是 1990 年张道根发表于《上海经济研究》的《伦理道德机制·行政手段·法律手段——兼论经济运行调节手段的分类、体系》一文,该文将伦理道德归入非经济调节手段之一,并指出伦理道德调节手段对约束官员行为、保证宏观政策的基本方向具有重要作用。① 张康之发表于《天津行

---

① 参见张道根:《伦理道德机制·行政手段·法律手段——兼论经济运行调节手段的分类、体系》,载《上海经济研究》1990 年第 1 期。

政学院学报》1999 年第 3 期的《行政人员角色的伦理定位》一文中,将行政伦理定位视为行政人员角色意识的基本内容,指出行政人员的角色意识就是行政道德意识,拥有这种意识,才能正确扮演行政角色并在行政伦理关系中找到自己的位置。①沈远新在发表于《理论与改革》1995 年第 1 期的《转型期的行政道德冲突》中阐述了行政道德的基本内涵,并通过对转型期行政道德冲突的表述引出当时中国行政伦理建设中面临的困境和问题。② 此外,这一时期王伟对行政伦理作了较为系统的研究,他先后在《新视野》《中国公务员》《中国工商管理研究》等期刊上发表了多篇文章,不仅以美国、韩国为例对国外行政伦理建设进行探析,还从主体性、政治性、职业性、现实性、体系性几个方面阐述行政伦理的基本内涵,更进一步指出行政伦理观的价值基础是廉政,价值核心是勤政,价值目标是培养和完善行政伦理人格。③

与此同时,中国早期行政伦理研究还与大学的课程设置紧密联系在一起。中国人民大学是首开行政伦理学课程的高等院校,于 1996 年在行政管理专业本科开设行政伦理选修课,同年秋季在行政管理硕士中开设"行政伦理学专题"选修课,1999 年为博士生开设"行政伦理学"专题讲座。2010 年,中国人民大学"行政伦理学"课程被教育部确定为国家精品课程。目前,我国设有行政管理专业的高校均将"行政伦理学"列为必修课程。

可见,初探时期的中国行政伦理研究,其着重点主要集中在对行政伦理理论的基础研究、对西方行政伦理研究成果的借鉴分析以及高校行政伦理学专业课程的设置等方面。研究的路径主要是通过对西方行政伦理学的研究,结合中国的"德治"传统与社会现状,尝试对行政伦理基础理论作出中国化的解读,并通过在高校中设置行政伦理学课程,建设中国行政伦理学科的研究队伍,夯实中国行政伦理学科研究的理论平台。

(二) 行政伦理研究的发展时期(2001—2010)

进入 21 世纪后,随着党的十六大报告将"以德治国"确立为基本治国方略,道德与法律成为维护社会秩序、规范人们思想和行为的重要手段,"德治"与"法治"相辅相成,共同促进社会全面发展。"以德治国"是一项系统工程,行政伦理建设是其中的关键环节。据此,中国学界对行政伦理的研究进入了快速发展时期。学者们

① 参见张康之《行政人员角色的伦理定位》,载《天津行政学院学报》1999 年第 3 期。
② 参见沈远新《转型期的行政道德冲突》,载《理论与改革》1995 年第 1 期。
③ 参见王伟《论行政伦理观》,载《湖南行政学院学报》2000 年第 3 期。

从多个学科和研究角度对行政伦理展开探讨,国内相继出版了数部有关行政伦理的专著和译著,如:库柏著、周秀琴译的《行政伦理学:实现行政责任的途径》(2001)、周奋进的《转型期的行政伦理》(2000),罗德刚的《行政伦理的理论与实践研究》(2002),张康之的《寻找公共行政的伦理视角》(2002),张康之主编的《行政伦理学教程》(2004),张康之的《公共行政中的哲学与伦理》(2004),王伟、鄯爱红的《行政伦理学》(2005),刘祖云的《当代中国公共行政的伦理审视》(2006),李文良的《西方国家行政伦理研究》(2007),刘祖云的《行政伦理关系研究》(2007),李好的《行政忠诚理论与实践》(2008),张康之的《行政伦理的观念与视野》(2008),周红主编的《行政伦理学》(2009),蔡小平、王伟的《行政伦理与公仆意识》(2010),李建华主编的《行政伦理学》(2010)等;并在各类期刊杂志上发表了数百篇论文,如:王伟在《道德与文明》2001 年第 1 期发表的《行政伦理论纲》以及在《道德与文明》2001年第 3 期发表的《以德治党与以德治政》,谢军在《道德与文明》2002 年第 4 期发表的《行政伦理及其建设平台》,罗德刚在《社会科学研究》2002 年第 3 期发表的《行政伦理的基本价值观:公平与正义》,孟昭武在《求索》2002 年第 6 期发表的《行政伦理建设的实质是权力伦理建设》,吴刚在《中国行政管理》2003 年第 1 期发表的《行政哲学的定位与架构》,戴木才、曾敏在《中共中央党校学报》2003 年第 2 期发表的《西方行政伦理研究的兴起与研究视界》,王进在《理论前沿》2004 年第 7 期发表的《行政伦理研究综述》,唐凯麟、龙兴海在《求索》2004 年第 7 期发表的《现代理性视野中的传统行政伦理观——儒家官德思想的合理内核及其价值》,刘祖云在《江海学刊》2005 年第 1 期发表的《行政伦理何以可能:研究进路与反思》,张康之在《湘潭大学学报》2005 年第 5 期发表的《在公共行政的演进中看行政伦理研究的实践意义》,严波在《道德与文明》2006 年第 5 期发表的《美国政府行政伦理的构建及其启示》,刘祖云在《社会科学》2006 年第 9 期发表的《论十大行政伦理关系》,张康之在《社会科学研究》2007 年第 1 期发表的《论行政伦理研究中的理论追求》,李萍在《河南师范大学学报》2007 年第 5 期发表的《行政伦理与行政道德》,吴玉良在《中州学刊》2008 年第 2 期发表的《新公共服务理论视角下的公共行政伦理价值》,蒋晓俊、田湘波在《社会科学家》2008 年第 7 期发表的《国外廉政制度及其对我国廉政建设的启示》,赵红梅在《中国行政管理》2009 年第 9 期发表的《政府道德形象的塑造初探》、庞洪铸在《道德与文明》2010 年第 4 期发表的《官德层次论》等。

纵观这一时期我国行政伦理研究的成果,不仅数量上令人叹为观止,相较第一阶段的初探式研究,更是展现出理论的飞跃。一是国内学者们通过对行政伦理学的学科背景、基础理论、研究对象、基本问题、价值规范等方面的深入研究,基本构建起具有中国特色的行政伦理学科体系。二是将行政伦理理论应用于解决当前中国社会的现实问题,比如学者们对新公共服务理论视角下行政伦理建设的探索、对廉政制度及其落实的研究、对当代中国官德的追寻等,将理论研究与实践应用充分结合起来。三是在译介西方行政伦理研究成果的同时,深入挖掘中国传统行政伦理思想的价值。中国传统行政伦理思想的历史演进可分为三个阶段:"先秦儒墨道并行不悖的争鸣时期,成为中国传统行政伦理思想的历史发端;秦汉至清末,以儒家思想为内核的行政伦理思想的确立时期;'西学东渐'对中国传统行政伦理思想的重塑时期。"①学者们通过对中国传统行政伦理思想的探寻,发现其与当代行政伦理思想的内在逻辑,促成行政伦理研究的中国化。

(三) 行政伦理研究的深化时期(2011 年至今)

改革开放 40 年以来,围绕着建立和完善社会主义市场经济体制,中国先后展开了多次政府机构改革,从单纯的机构精简发展到政府职能的全面转变,极大地提高了政府治理能力。伴随着行政体制改革的步伐,中国的行政伦理研究也获得了进一步的深化和完善。国内学者们对行政伦理的研究向纵深方向发展,研究成果卓著,相继出版和发表了大量的著作和论文,如:罗蔚、周霞的《公共行政学中的伦理话语》(2011),李春成的《行政伦理两难的深度案例分析》(2011),张康之的《寻找公共行政的伦理视角(修订版)》(2012),贾中杰的《行政伦理建设与公共关系修养》(2012),李传军的《行政伦理学》(2013),姜裕富的《行政问责制的伦理基础——公务员忠诚义务研究》(2013),王亚强的《网络行政伦理规约》(2013),李长泰的《孟子公共理性思想研究》(2013),孟昭武、吕学芳的《伦理化管理——现代行政发展的新趋势》(2014),李季的《礼法重构 荀子行政伦理思想探索》(2015),钟哲的《行政伦理视域下地方政府创新研究》(2015),李志平的《地方行政责任伦理评价机制研究》(2015),伍洪杏的《行政问责的伦理研究》(2016),孙娜的《中国廉政文化建设的资源与路径研究》(2016),白洁的《中国行政组织伦理的现代性反思与重建》(2017),汪辉勇的《行政伦理学概论》(2018),张康之的《行政伦理的观念与视野》(2018);发表的论文主要有:李春成在《中国行政管理》2011 年第 6 期发表的《论行政伦理两难的成因》,刘雪丰、何静在《湖南师范大学社会科学学报》2011 年第 3 期发表的《行政伦理学有待深入研究的三个理论问题》,王云萍在《中国行政管理》2011 年第 12 期发表的

---

① 高振杨、刘祖云:《中国传统行政伦理思想发展的历史与逻辑》,载《深圳大学学报》2009 年第 3 期。

《公共行政伦理：普遍价值与中国特色》，王亚强在《伦理学研究》2012 年第 1 期发表的《网络行政伦理问题的提出与研究的方法和思路》，易小明、乔宇在《河南师范大学学报》2012 年第 3 期发表的《消解行政伦理困境：基于四种道德律令的考量》，靳凤林在《道德与文明》2012 年第 6 期发表的《从传统行政伦理到现代公共管理伦理》，苑秀丽在《东南大学学报》2013 年第 5 期发表的《中国古代廉吏与儒家伦理浅论》，杨凤春在《江苏行政学院学报》2014 年第 1 期发表的《行政伦理与中国的反腐倡廉——基于内外部控制的行政伦理视角》，顾爱华、吴子靖在《中国行政管理》2014 年第 12 期发表的《论公务员职务行为的伦理塑造功能》，赵晖、朱紫祎在《河南师范大学学报》2016 年第 2 期发表的《我国行政伦理研究二十年及热点问题分析》，鄢爱红在《中国人民大学学报》2016 年第 4 期发表的《传统忠德在现代行政伦理中的转化与创新》，郭蓉在《道德与文明》2018 年第 6 期发表的《从技术理性到行政伦理——大数据时代智慧治理的伦理反思》等。

回顾 2011 年至今近十年的行政伦理学术研究成果，可以看到，学者们正在将研究的目光从宏观层面的学科建设转向微观层面的公共行政实践中的伦理问题，并且赋予行政伦理问题研究以鲜明的时代特色。确立行政伦理价值、规避行政伦理失范、化解行政伦理困境、重塑公务员职业道德、信息时代和电子政务背景下的行政伦理研究等问题，成为近十年来学界关注的焦点。这种从"学科主导研究"向"问题主导研究"的转变，促使中国行政伦理研究的实践性和可操作性不断提高，进一步推动中国行政伦理学向纵深发展。

二、研究的主要问题

行政伦理学作为一门新兴学科在中国应运而生，虽然只有短短 30 年左右的发展历程，但中国传统行政伦理思想源远流长，当代中国行政伦理研究的成就正是建立在对传统行政伦理思想扬弃式继承和对西方行政伦理思想选择性吸收的基础之上的。目前，中国行政伦理研究所涉及的论题及观点主要集中在以下几个方面。

(一) 对行政伦理概念的界定

目前，学界关于行政伦理的界定主要有以下几种观点。

一是职业道德论。在行政伦理研究伊始，中国学术界对行政伦理的认识是从职业道德开始的。姚恩键认为："行政行为规范是行政伦理学的重心"，"建立行政伦理学的指导思想是匡正党风政风,施行德政,清廉政务,勤政为民,践行社会主义行政道德规范,全心全意为人民服务,清标卓行,甘当公仆。"①党秀云在《论当代政府职业道德的建设》一文中指出:"政府职业道德就是政府公职人员在行使公共权力和从事公务活动的过程中,通过内在的价值观念和善恶标准,理性地调节个人与个人之间、个人与国家之间、个人与社会之间多种利益关系的职业行为规范。"②孟昭武在《试论行政伦理的重要作用》一文中也讲道:"行政伦理就是指行政工作人员的职业道德。"③由此可见,当时有不少学者把行政伦理等同于行政人员的职业道德,并且将行政人员作为行政伦理研究的唯一主体。之后,有学者开始有意识地通过区分"伦理"与"道德"来重构行政伦理的概念。正如王伟所说:"行政伦理是公共行政领域的伦理,政府过程中的伦理。它渗透在公共行政与政府过程的方方面面,体现在诸如行政体制、行政领导、行政决策、行政协调、行政监控、行政效率、行政素质……直至行政改革之中。"④

二是从行政主体出发定义行政伦理。随着对行政伦理概念的进一步理解,学者们把国家行政机关也纳入行政伦理主体的范畴,认为行政伦理是关于政府及其行政人员道德规范的总和。王伟认为:"从主体性的角度分析,行政伦理包括两个层次的内涵。在国家公务员个体作为行政伦理主体的意义上,行政伦理是指国家公务员的行政道德意识、行政道德活动以及行政道德规范现象的总和;在行政机关群体作为行政伦理主体的意义上,行政伦理是指行政体制、行政领导集团以及党政机关在从事各种行政领导、管理、协调、服务等事务中所遵循的政治道德与行政道德的总和。"⑤江秀平认为:"行政伦理或者以行政系统为主体,或者以行政管理者为主体,是针对行政行为和政治活动的社会化角色的伦理原则和规范。"⑥

三是多维度定义行政伦理。王伟认为:"所谓行政伦理,有着非常丰富的内涵,可以从行政伦理的主体性、政治性、层次性、职业性、现实性、体系性等几个不同的角度,把握中国行政伦理的基本内涵"⑦,"即1.从主体性角度分析,和'行政主体论'者第一种观点基本相同,不作赘述;2.从政治性角度分析,本质的意义上,行政

① 姚恩键:《建立行政伦理学的设想》,载《中共福建省委党校学报》1994 年第 5 期。
② 党秀云:《论当代政府职业道德的建设》,载《中国行政管理》1996 年第 2 期。
③ 孟昭武:《试论行政伦理的重要作用》,载《吉首大学学报》2000 年第 1 期。
④ 王伟:《行政伦理论纲》,载《道德与文明》2001 年第 1 期。
⑤ 王伟、车美玉:《中国现代行政伦理建设与公务员行为规范》,载《中国工商管理研究》1999 年第 1 期。
⑥ 江秀平:《对行政伦理建设的思考》,载《中国行政管理》2000 年第 9 期。
⑦ 王伟:《中国现代行政伦理建设与公务员行为规范》,载《中国工商管理研究》1999 年第 1 期。

伦理也是一种政治伦理;3.从层次性角度分析,行政伦理包括社会主义道德和共产主义道德两个层次的内涵;4.从职业性角度分析,行政伦理的核心内涵是全心全意为人民服务;5.从现实性角度分析,行政伦理的基本内容就是党的十四大所明确提出的'廉洁奉公、勤政为民';6.从体系性角度分析,行政伦理是包括行政理想、行政态度、行政义务、行政技能、行政纪律、行政良心、行政荣誉、行政作风等八个主要范畴的行政伦理范畴体系。"①

四是从行政责任的角度定义行政伦理,认为行政伦理就是关涉行政责任的各种伦理问题,本质上就是一种责任伦理。正如江秀平所言:"行政伦理是以'责、权、利'的统一为基础,以协调个人、组织与社会的关系为核心的行政行为准则和规范系统。"②有学者进一步指出行政伦理的核心价值取向就是行政伦理主体的责任控制机制,"行政系统或行政人作为行政伦理主体的基本前提是他们在行使权力、履行职能的同时应具有为自己的行为承担后果的责任能力。"③

上述四种观点从不同视角出发,不同程度地对行政伦理概念作出了学理性的阐释。不论从什么角度理解行政伦理,毫无疑问,当下中国处于社会转型期,亟待构建符合社会主义市场经济所需的行政伦理观念和行政道德规范,从而约束国家行政机关和公务人员的行政行为,评判行政行为的"善恶""对错"。对行政伦理的认识和理解,也必将在行政管理实践中不断深化。

(二) 行政伦理学的研究对象

每一门学科都有自己特定的研究对象,这是一门学科得以存在的前提条件。行政伦理学作为行政学和伦理学的交叉学科,学界对行政伦理学的学科定位有应用伦理学和行政哲学之辩④,因此关于行政伦理学的研究对象也未有统一。目前,关于行政伦理学的研究对象,国内有以下几种代表性观点。

李建华、左高山在《行政伦理学》一书中指出:"行政伦理学的研究对象包括三个部分:行政伦理主体、行政伦理关系和行政伦理行为。"⑤张康之在《行政伦理学教程》一书中指出:行政伦理学的研究对象是行政道德和行政伦理关系,行政伦理

① 王进:《行政伦理研究综述》,载《理论前沿》2004 年第 7 期。
② 江秀平:《对行政伦理建设的思考》,载《中国行政管理》2000 年第 9 期。
③ 唐志君:《行政伦理建设的价值取向》,载《地方政府管理》2001 年第 4 期。
④ 参见刘祖云《行政伦理关系研究》,北京:人民出版社 2007 年版,第 11—12 页。
⑤ 李建华、左高山:《行政伦理学》,北京:北京大学出版社 2010 年版,第 10 页。

学应对行政道德的本质和发展规律、对行政主体间的价值关系进行研究。① 王伟认为:"行政伦理是指国家公务人员的行政伦理意识、行政伦理活动以及行政伦理规范的总和。"②因此,王伟、鄯爱红在《行政伦理学》一书中认为:"行政伦理学直接关注公共行政领域中具体的道德问题,特别是要对公共行政领域中出现的一些道德悖论和伦理冲突进行经验的描述和理论分析,为政府和公务员的行政行为选择提供价值导向性的依据。"③罗德刚认为:"行政伦理是关于公共行政系统以公正和正义为基础的行政伦理价值观、行政伦理理论原则和行为规范的总和。"④并且他认为行政伦理主体包括广义行政伦理主体、狭义行政伦理主体和特殊行政伦理主体,据此行政伦理学研究领域应涵盖行政组织伦理、行政领导伦理、公务员职业道德、行政体制伦理、行政行为伦理和公共政策伦理。⑤

上述有关行政伦理学研究对象的界定各有侧重,内容上不尽相同,但都是针对行政场域中的伦理问题展开研究。虽然研究视角各有不同,但都是依托行政学和伦理学的研究方法,探索发现行政场域中各类行政伦理主体在开展行政行为以及在此过程中处理各种社会关系所应遵循的道德规范和行为准则,并进一步研究如何将规范付诸实践,以便更好地打破公共行政领域中的伦理困境、解决伦理失范问题。

(三) 行政伦理的价值基础研究

价值问题是哲学的基本命题,也是所有学科探讨的普遍话题。"价值"作为哲学概念最早是由英国哲学家大卫·休谟提出来的,休谟在《人性论》一书中将"是"和"应该"解释为"事实"和"价值"。而将"价值"运用于行政伦理视域,也即行政伦理的价值观或价值基础,它是"行政主体对一切行政价值和一切行政活动、行政行为进行评价、判断、选择的根本标准,它对一切行政价值和一切行政活动、行政行为具有深层次基础性的决定和导向作用"⑥。行政伦理的价值观既是社会基本价值观念和道德原则在行政领域的延伸,同时又内含行政管理活动对其的特殊诉求。目前,学界对于行政伦理价值观的内涵认知基本一致,大致可从以下几个维度

---

① 参见张康之、李传军《行政伦理学教程》,北京:中国人民大学出版社 2018 年版,第 5—7 页。

② 王伟:《行政伦理概述》,北京:人民出版社 2001 年版,第 64 页。

③ 王伟、鄯爱红:《行政伦理学》,北京:人民出版社 2005 年版,第 31 页。

④ 罗德刚:《行政伦理的理论与实践研究》,北京:国家行政学院出版社 2002 年版,第 9 页。

⑤ 参见罗德刚《行政伦理的理论与实践研究》,北京:国家行政学院出版社 2002 年版,第 10—11 页。

⑥ 罗德刚:《行政伦理的基础价值观:公正和正义》,载《社会科学研究》2002 年第 3 期。

展开。

一是公正。公正是人类最古老的道德观念之一,也是当前社会满足人们最根本利益诉求,保障社会稳定发展的基本准则。亚里士多德在《亚历山大修辞学》一书中提道:"'公正'是以所有的人或大多数人所遵循的非成文的习俗为根据,它在善与恶之间划出明确的界限。例如敬重长辈,善待朋友,报答恩人。诸如此类的义务并非由成文的法律责成人们去履行的,而是由非成文的习俗和共同的惯例来规定的。这就是何为公正。"①罗德刚认为:"在民主宪政国家里,行政权力源于人民主权或人民权利,属于公共权力。同样,行政组织是公共的,不是君主一家之行政;行政职位是公共的,不是家天下。公共行政的公共性决定了它的公正性和正义性。"②行政伦理的公正价值基础,意味着政府及其行政人员在开展行政行为的过程中,应该正确处理公共利益与私人利益、长远利益与眼前利益、多数人利益与少数人利益之间的关系。因此,这种公正性应理应贯彻于行政行为的始终。

二是公共性。沈士光在《公共行政伦理学导论》一书中指出:"公共性是指政府作为人民权力的授予者和委托权力的执行者,应按照社会的公共利益和人民的意志,从保证公民利益的基本点出发,制定与执行公共政策","衡量公共行政是否达到公共性的基本标准是,公共政策及其执行是否坚持和维护了公民的基本权利,是否在舆论中体现和表达了公民意志,政策与执行的出发点是否超越了政府的自利倾向,而考虑更为普遍的社群利益和社会长远利益等等"。③ 行政伦理的公共性价值基础,就体现为政府机构及其行政人员的职业道德规范和行政行为规范,要求公职人员在行政行为中克服"经济人"的自利性,充分履行"行政人"的义务,在公共利益的驱动下竭诚为人民服务。

三是责任。政府及行政人员在行使权力、履行职能的同时应为其行政行为及其后果承担相应的责任。行政伦理的责任价值取向也可理解为公共责任价值取向,这也是源于行政行为的公共性。江秀平在《公共责任与行政伦理》一文中,将公共责任分为广义和狭义两种,"广义的公共责任,是指国家行政管理部门的行政人员,在工作中必须对国家权力主体负责,必须提高自身职责的履行,来为国民谋利益","狭义的公共责任,是指国家的公务人员违反行政组织及其管理工作的规定,违反行政法规所规定的义务和职责时,所必须承担的责任。"④强调行政伦理中的

---

① 苗力田:《亚里士多德全集(第9卷)》,北京:中国人民大学出版社1993年版,第560页。
② 罗德刚:《行政伦理的基础价值观:公正和正义》,载《社会科学研究》2002年第3期。
③ 沈士光:《公共行政伦理学导论》,上海:上海人民出版社1970年版,第40页。
④ 江秀平:《公共责任与行政伦理》,载《中国社会科学院研究生院学报》1999年第3期。

责任价值基础,强化行政主体的道德责任意识,有助于行政组织和行政人员正确认识行政行为中的权、责、利三者关系,是正确处理行政主体与人民群众之间行政行为关系的道德准则,同时也是行政问责制和责任政府建立健全的伦理依据。

四是人本。中国传统思想中最卓著的就是民本思想。孟子在《尽心下》中提出了这一重要的行政价值命题:"民为贵,社稷次之,君为轻。"《管子·霸言》中讲:"夫霸王之所始也,以人为本,本理则国固,本乱则国危。"马克思主义的思想体系中也包含着"以人为本"的思想,体现出马克思对人的价值的推崇。当代中国共产党人更是在对传统民本思想批判继承的同时,赋予人本主义时代性和民族性的独特内涵,并将"以人为本"确立为中国共产党重要的执政理念。强调行政伦理的人本价值基础,应当落实在行政组织的内部和外部环境当中。从内部环境来看,人本价值理念要求关注行政人员身心健康,满足行政人员的合理诉求,给予行政人员归属感和"主人翁"意识,充分发挥其主观能动性和创造性;从外部环境来看,人本价值理念要求在各项行政行为中以人为本,将最广大人民的根本利益作为党和国家一切工作的出发点和落脚点,尊重人民主体地位,保障人民各项权益。

五是服务。将服务作为行政伦理的价值基础,离不开政府执政理念的转变和发展。张康之在《在公共行政的演进中看行政伦理研究的实践意义》一文中指出:近年来公共行政呈现出"从控制导向向服务导向的转化","公共行政从控制导向向服务导向的转化,实际上是在科学化、技术化的基础上转向了伦理化"。[①] 服务导向的公共行政的伦理诉求中必然应当内含服务,张康之认为:"公共管理伦理关系的生成,有一条从服务期望到公共管理主体道德自觉再到伦理关系生成的逻辑通道,而公共管理主体及其这一主体群体成员的道德自觉,又是由公共管理体系的整体服务定位决定的。"[②]据此,行政伦理的服务价值具化为公共管理者的服务精神,行政组织和行政人员必须树立为人民、为社会、为国家全心全意服务的理念,并将这种精神内化为道德自觉,外化为行政行为,从而贯彻始终。

(四)行政制度伦理研究

罗尔斯认为:"正义是社会制度的第一美德,如同真理之为思想的第一美德。一种理论,无论多么雄辩和精致,若不真实,就必须加以拒绝或修正;同样,某些法律和制度,无论多么行之有效和治之有序,只要它们不正义,就必须加以改革或废

---

① 张康之:《在公共行政的演进中看行政伦理研究的实践意义》,载《湘潭大学学报》2005 年第 5 期。
② 张康之:《论伦理精神》,南京:江苏人民出版社 2010 年版,第 159 页。

除。"①可见社会制度有其道德基础和价值原则,伦理理念可以体现为社会制度的美德,并且成为评价社会制度合道德性的标准。目前,国内对行政制度伦理的研究主要关注以下方面:

一是对行政制度伦理的内涵界定。国内学界对行政制度伦理的研究是建立在"制度伦理"概念的基础上的,对于"制度伦理"的理解包括了三个角度:"一种是以'制度'为中心的理解,将制度伦理理解为'制度中的伦理',认为应该研究蕴含在制度安排中的伦理价值、道德理念等问题,研究制度是否具有伦理上的正当性或者如何从伦理角度指引制度安排和制度建设;一种是以'伦理'为中心的理解,将制度伦理理解为伦理的制度化(伦理制度),主张道德建设以制度化为目标,强调将伦理原则、道德要求提升为具有法律效力的制度;第三种理解主张制度伦理是制度伦理化和伦理制度化的辩证统一,因为制度与伦理具有内在同一性,制度安排必须体现社会进步的道德要求,必须符合人类文明的伦理精神,而一些基本的伦理原则和道德要求也必须制度化。"②教军章在《行政伦理的双重维度——制度伦理和个人伦理》一文中将制度伦理定义为:"存在于社会基本结构和基本制度中的伦理要求和实现伦理道德的一系列制度化安排的辩证统一。即'制度的伦理——对制度的正当、合理与否的伦理评价和制度中的伦理——制度本身内蕴着一定的伦理追求、道德原则和价值判断'。"③这一划分方式同样适用于行政制度领域,因此在行政制度伦理的界定上也包含了两个方面:行政制度伦理化和行政伦理制度化。"行政制度伦理化"是伦理化了的行政制度,是伦理理念、道德原则和规范在行政制度中的体现,同时又要把伦理理念作为尺度和标注,对行政制度进行伦理评价,并在行政制度的建设和发展中给予伦理指引。"行政伦理制度化"是将道德准则和伦理原则的弹性约束力借助于制度的刚性强制力来贯彻实施,通过将一定社会的伦理原则和道德要求上升为制度或法律,实现伦理的规范化、制度化、法律化,并以符合社会伦理道德要求的制度来约束行政行为、纠正行政道德失范。行政制度伦理化和行政伦理制度化是相互联系、相互作用的辩证统一关系,统一于行政制度伦理的范畴,对行政伦理研究具有重要的价值和意义。

二是强调行政伦理制度化建设的重要性。行政伦理制度化是将伦理、道德的非强制性转化为制度、法律的强制性管理方式,对我国行政组织及公务员的行为规范和道德建设、目前反腐败工作的推进、政治经济社会的稳定发展都有着重要作

① [美]约翰·罗尔斯:《正义论》,何怀宏译,北京:中国社会科学出版社 1988 年版,第 3 页。
② 汪辉勇:《行政伦理概论》,北京:北京大学出版社 2018 年版,第 200 页。
③ 教军章:《行政伦理的双重维度——制度伦理和个人伦理》,载《人文杂志》2003 年第 3 期。

用。因此,行政伦理的制度建设一直是行政伦理研究领域的重要论题。赵立平在《我国行政伦理制度化建设的途径》一文中指出:"为实现公务员道德由他律到自律的转变,有效发挥行政道德的作用,加强相应的制度建设,确保行政道德对公务员发挥积极作用,是目前完善我国行政伦理建设的有效途径之一。"①同时为了确保行政伦理制度的贯彻实施,需要建立监管机制。"行政实施机制是与行政道德关于对公务员的道德要求的行政规范化建构相对应的,其实施的主体是政府组织和政府的监察部门","党纪实施机制是与行政道德关于对公务员的道德要求党纪化建构相对应的。其实施主体是中国共产党各级党的纪律检察委员会","司法实施机制是与行政道德关于对公务员的道德要求法律化建构相对应的。其实施的主体是国家司法机关,通过暴力强制,对于公务员构成犯罪或严重的不道德行为给予法律上的制裁"。②廖炼忠认为,中国行政伦理制度化建设的主要内容包括制定行政伦理职业标准、建立行政伦理组织、完善行政伦理教育体系、完善行政问责制度。③可见,他们都将行政伦理制度化建设的重点放在伦理制度、组织、监督与问责机制以及教育培训方面。对于行政伦理制度化建设问题,学界也有不同的声音。曹淑芹指出:"行政人员责任意识的培养和确立,应该成为行政伦理学的核心内容,行政伦理是一种自律,而将行政伦理建设的主流纳入制度化,法制化的轨道,无疑是将行政伦理理解为一种他律,陷入'制度高于一切'的理论和实践误区",她认为,"完善法制模式的建议实质上是提出这样一种理想,那就是把法律转化成社会成员对法律的信仰,是把法律规范转化成人的内在价值和行为准则的构想",所以"在行政管理领域,我们应改变由伦理—制度—法制的思维方式和建设路径,应该提倡从制度(法制)—责任意识—伦理自主的逆向思维"④。

从现有研究成果来看,中国的行政伦理制度化研究还在不断发展和完善的过程中。行政伦理制度化作为制度建设和德性培育的糅合,在行政伦理制度化建设的同时,行政主体也要将制度化的伦理原则和道德规范内化于心,转化为行政主体内心的价值、信仰和德性,并指引其选择正确的行政行为、履行行政职责。

① 赵立平:《我国行政伦理制度化建设的途径》,载《华北电力大学学报》2002年第4期。
② 赵立平:《我国行政伦理制度化建设的途径》,载《华北电力大学学报》2002年第4期。
③ 参阅廖炼忠《当代中国行政伦理制度化研究》,北京:人民出版社2016年版,第141—171页。
④ 曹淑芹:《制度主义、责任意识与伦理自主——关于行政伦理法制化的逆向思考》,载《内蒙古大学学报》2004年第4期。

（五）根植于中国传统行政伦理思想研究

当代中国行政伦理学研究和行政伦理建设既要在立足于中国国情的基础上借鉴国外先进的理论成果和实践经验，更要植根于对中国传统伦理文化的研究，汲取传统文化的养分，实现行政伦理思想从传统向现代的转型。

1. 传统行政伦理思想的现代化转型

刘祖云认为："'德'是一个不断发展和生成的概念，其演进大体经历了原始社会的图腾崇拜、殷商时期的上帝崇拜、西周统治者的政行懿德，以及春秋时期的伦理道德四个阶段。"[①]中国自西周起构建家国同构的宗法制度，并形成一套完备的伦理规范体系，将其运用于政治统治和行政管理活动当中。周人的传统行政伦理思想以"敬德保民"的"德治"思想和"尊祖敬宗"的"孝道"文化为核心，体现出典型的宗法伦理色彩。"孝德并举"成为西周统治阶层用以统御百姓、管理国家的社会道德纲领。到春秋战国时期，儒家提出"仁政"与"礼治"的政治伦理概念，丰富了"德"的伦理内涵。"即注重内在本质的'仁政'与强调外在约束的'礼治'，两者以'双旋结构'的运作方式演化着'德治'的内涵。前者注重内修，后者强调外束；两者在'德治'主轴的周围缠绕在一起，从而形成了双旋结构。"[②]孔子说："为政以德，譬如北辰居其所，而众星共之。"（《论语·为政》）他还提出："道之以政，齐之以刑，民免而无耻；道之以德，齐之以礼，有耻且格。"（《论语·为政》）

然而，传统行政伦理中的"仁政"是中国阶级社会的产物，其终极目的是为统治阶层的"人治"服务的。在传统行政伦理思想实现现代转型的过程中，传统的"仁政"和"礼治"思想也需要完成其时代的蜕变。"当代中国行政伦理建设需要在价值观念上实现从'仁政'向'善治'的转变"，"要改变传统的统治主体与客体的二元思维，用'有限政府'模式改变长期以来的'全能政府'的惯性，用'民本位'的行政文化来根除'官本位'的影响。另一方面，作为传统文化核心的'仁政'，也有其合理内核，可以加以改造、推陈出新。"[③]张成福指出："当时社会秩序的维持主要是依靠伦理道德，'以德付礼'、'以德代法'、'以德服人'。对个体伦理建设期望值过高，且只注重内在约束；在国家治理过程中，只重'德治'，而轻'法治'，法只不过是推行德

[①] 高振杨、刘祖云：《中国传统行政伦理：范畴展开、学理基础与形下落实》，载《上海行政学院学报》2012 年第 2 期。

[②] 高振杨、刘祖云：《中国传统行政伦理：范畴展开、学理基础与形下落实》，载《上海行政学院学报》2012 年第 2 期。

[③] 高振杨、刘祖云：《我国传统行政伦理现代转换的三重指向》，载《领导科学》2010 年第 5 期。

的工具。"①据此,中国传统"礼治"伦理思想在现代化行政伦理建设阶段需要实现向"法治"的变迁。"当代中国的'法治'治理模式的构建,需要在对'礼治'模式扬弃的基础之上,需要在对现代法治理念借鉴的基础之上,也需要立足于当下中国行政实践的语境基础之上。"②

2. 古代"官德"及其现代意义

行政人员伦理规范是行政伦理研究的重要内容之一,中国传统行政伦理思想中不乏对"官德"的探讨,并且创置选吏制度和监察制度以约束官员言行。《史记·循吏传》中记载:"法令所以导民也,刑罚所以禁奸也。文武不备,良民惧然身修者,官未曾乱也。奉职循理,亦可以为治,何必威严哉?"可见,司马迁认为奉职循礼是为政之先,官员行为端正、奉公尽职,即便没有文法和刑律,也可以治理好国家。"奉职循理"即是司马迁对官员为政之德的阐释。古往今来,官员的道德问题一直是中国传统政治生活的核心,历朝历代统治者更是以吏治来管理官员队伍、及时肃清其中的失德人员。

桑玉成认为:"皇帝作为'天子',承应天命,是社会道德的最高楷模。官吏是君主敬天保民的具体执行者,是连接君主和社会的桥梁,也是向民众示范君主美德的载体。……官吏除了社会管理的职能外,更是社会道德的载体。"③李建华认为传统意义上的"官德"包括"君德和臣德"④,并进一步指出"官"不是一种职业,而是一种社会身份和角色,所以对"官德"的理解不能从职业道德层面,而应该从角色道德层面去解释。"官德"是社会的主体道德,"只有把官德建设作为道德建设的主体性工程,才能从根本上实现从上至下的平等的道德自律,否则,道德建设只会成为对下不对上或对民不对官的管制老百姓的手段和精神枷锁。"⑤另外,李建华在《中国官德》一书中将"官德"范畴划分为"为民""公正""勤政""廉洁""修己",并据此构建起"官德"的内在逻辑结构。

学者们在对中国传统"官德"的研究过程中,还提出了"官德教育"的观点并据此对"修官德"与"治家风"的辩证关系进行了阐释。岑大利指出中国传统"官德"教育机制主要有学校教育与科举考试、为官之道的学习、官员的家庭道德教育三个方

---

① 张成福:《论我国传统行政伦理的特点、困境与经验》,载《甘肃行政学院学报》2009 年第 2 期。
② 高振扬、刘祖云:《我国传统行政伦理现代转换的三重指向》,载《领导科学》2010 年第 5 期。
③ 桑玉成、梁海森:《论吏治的伦理基础与道德引领》,载《上海师范大学学报》2018 年第 2 期。
④ 李建华:《中国官德:从传统到现代》,成都:四川人民出版社 2000 年版,第 3 页。
⑤ 李建华:《中国官德:从传统到现代》,成都:四川人民出版社 2000 年版,第 32 页。

面。① 林映梅将"官德"培育机制分为教育立德、制度明德和修身养德三个层面。②
周建标认为："古代官德教育主要有两条途径:一是严刑重罚来惩治贪官;二是用孔
孟思想和'为官箴言'来教化官员。"③王志立指出,宋代官德教育以家训为根基,以
官箴为政治保证,以清议为舆论影响。④ 纵观学者们对传统官德教育的机制分析,
可以看到,中国古代传统官德教育主要分为学院教育、家训、学习官箴三个途径。
在进行家庭教育和强调家训作用的过程中,"修官德"和"治家风"紧密结合,"治家
风"是"修官德"的保障,"修官德"是"治家风"的核心。正如张康之所说:"'官德'本
质是一种政治道德,而政治道德始终处于社会道德的核心地位。"⑤

三、简要评述

自20世纪90年代行政伦理学研究在中国兴起至今取得了长足的发展,并结
合中国国情形成中国特色行政伦理学科建设,研究的广度和深度日趋扩展。但回
顾过往,我国行政伦理学研究仍有一些不足之处和发展空间,有待于进一步探索。

第一,在研究方法上较为单一,立足于单一学科的角度展开行政伦理研究。行
政伦理学是人文学科和社会学科的结合,正是因为所涉学科的复杂性和全面性,决
定了行政伦理学的研究视角不能只立足于单一学科,而要将研究立足于行政学、伦
理学、政治学、社会学、人类学、经济学等诸多领域,以多元学科的方法研究行政伦
理学。因而,在研究方法上,既要有人文社会学科的研究方法,诸如调查法、观察
法、实证研究法、定性分析法等,又要兼具和突出伦理学科的独有研究方法,包括发
现法、证明法、建构法等,既要以理论研究来支撑行政伦理学的发展,又要注重实践
研究方法,夯实研究基础。

第二,在研究路径上,过多关注"学科导向"。纵观中国行政伦理学近30年以
来的发展,研究主要围绕着行政伦理的学科构建展开,在行政伦理的概念、价值、对
象、内容等方面的研究日趋完善。这一研究现状固然与我国行政伦理学起步较晚、
发展较迟有关,但过度重视学科体系的研究反而会限制行政伦理学现实价值的
实现。当下行政伦理学研究要不断从"学科导向"向"问题意识"转化,切实发现行

① 参见岑大利《中国古代官德建设及其现代借鉴》,载《中共中央党校学报》2012年第5期。
② 参见林映梅《中国古代官德培育及其启示》,载《陕西行政学院学报》2016年第4期。
③ 周建标:《中国古代官德修养及当代启示》,载《延安大学学报》2013年第3期。
④ 参见王志立《论宋代官德教育》,载《中州学刊》2016年第9期。
⑤ 张康之、李传军:《行政伦理学教程》,北京:中国人民大学出版社2018年版,第11页。

政管理活动中存在的种种问题,并据此在行政伦理学领域中寻求解决路径和方法。近十年以来,学界越来越关注行政管理的现实问题,在时代背景和理论视域双重条件下,推进行政伦理学研究的深入发展。

第三,在行政伦理学研究的道路上,伴随着信息社会和"互联网＋"政务时代的到来,要注重对新时代行政伦理学的创新认识。"互联网＋"政务是构建于信息通信技术和计算机技术基础上的行政管理的新模式,也是政府行政改革的重点项目。在新技术支持下展开的行政管理改革,改变了传统行政理念,在国家、社会与公民之间构建起全新的互动关系,人与人之间的交往也因为网络而产生了巨大的变化,这一切必然带来行政伦理领域的巨大变革。正如廖炼忠所说:"信息社会进一步加速了现代政府的现代化和社会化进程,把公共行政置于'国家、政府和社会'日益变化的关系中去考察其管理活动中的多元主体共治基础上的共识价值,公共服务伦理、共治伦理成为现代公共行政伦理的价值中心,大众传媒成为公共行政伦理的外生性监督主体,传统职业精英和政府权力行政逐步走向以共治为基础的公民行政,传统以职业为基本特点的行政伦理逐步拓展到社会学、政治学等多学科领域相结合去思考和解决公共行政问题。"①目前也有学者在"互联网＋"、数字治理等技术背景下探讨行政伦理的价值内涵和发展趋势,但关注度还不够高,基于网络新视角下对行政伦理方面的研究仍然比较匮乏,这反过来也将制约我国"互联网＋"政务的发展进程,降低行政管理的效率和效能,影响政府形象和公信力建设。因而,在新时代、新技术背景下展开对行政伦理学的研究和认识,这是促使我国行政伦理学科体系建设和理论研究不断发展、日臻成熟的关键,也是信息社会时期用行政伦理理论研究指导行政管理实践、彰显行政伦理学研究价值之所在。

---

① 廖炼忠:《信息社会背景下中国公共行政伦理范式转型——基于政府与社会新型关系建构视角》,载《学术探索》2015年第10期。

第十六章　科技伦理

2019 年 7 月 24 日,中央全面深化改革委员会第九次会议召开。会议中把科技伦理确定为科技活动必须遵守的价值准则。会议审议并通过了《国家科技伦理委员会组建方案》,其主要目的是推动构建科技伦理治理体系建设,完善制度规范、健全治理机制、强化伦理监督,严格规范各类科研活动。这意味着新时代需要加强科技伦理建设,当前是科技伦理发展的重要机遇期。

的确,现代社会科学技术的发展越来越快,20 世纪中期以来科技的发展更是以几何级数增长。现今的科技发展不论在发展速度上还是发展领域上,都有着极大的变化,科技成果迅速增长。据统计,18 世纪中期是人类科技史上第一次科技革命时期,当时自然科学的各个领域的发明成果累计只有 156 项;19 世纪达到了546 项;20 世纪的前 50 年达到 961 项,这已远远超过 18 世纪。而 21 世纪的今天,科学技术上的新发现、新发明比过去几千年的总和还要多,出现了成千上万的新产品、新技术、新工艺、新概念。据统计,2018 年中国仅在美国认可的专利数就达 30多万件。现今科技转化为商品产生效益的周期越来越短,新的科技产品的换代越来越快,科技研究的领域也越来越广,人类的科技研究开始踏足"上帝的禁区"。可以说,现在的科技发展进入一个井喷的时代,科学技术的进步对人类赖以生存的自然环境、社会环境与人类本身都形成了巨大的影响。人工智能、基因编辑、医疗诊断、自动驾驶等领域的伦理问题日益凸显,成为了许多学者研究的热点。

一、研究的基本历程和概况

新中国成立 70 年以来,科技伦理研究的内容随着新兴科技的发展在不断增加,研究的层次也在不断提高。在中国国家图书馆检索系统中,仅以"科技伦理"为篇名检索,自 1949 年至 2018 年,我国国内出版相关著作(含译著)共 330 部。在CNKI 中国期刊全文数据库中,仅以"科技伦理"为主题词检索,1949—2019 年收录论文计 1014 篇。纵观我国科技伦理 70 年的发展历程大致可以分成这样几个阶段：

（一）孕育期（1949—1978）

　　新中国成立以后的相当长的时间里，我国的科学技术底子薄，发展比较缓慢，为此，人们还没有集中并系统地关注科技伦理问题，换句话说，这个时期的科技伦理研究还没有成为独立方向或独立领域，一些科技伦理的思考被包含于应用伦理的范畴。研究的内容主要还是"科技为了什么"、"科技的价值旨归"、"科技与国家发展"以及"农耕文化及其现代转型"等，研究成果也是浅显和碎片化的。科技伦理的研究还处在孕育阶段。可喜的是，随着我国改革开放理念的确立和实际践行，科技伦理的春天也到来了。

（二）初探期（1979—1986）

　　1978 年 3 月，全国科学技术大会召开。时任国务院副总理的邓小平提出"科技是第一生产力""科技人员是工人阶级的一部分"等论断，从理论和意识形态上扫清了发展科技的思想障碍。从此，全国开始恢复正常的教育和科技活动。科技伦理在那个时期开始作为一门独立学科研究并致力于解决我国科技发展中所产生的实际问题。

　　1980 年 6 月召开的第一次全国伦理学研讨会上，多数论文提到了科技中的道德问题。从 20 世纪 80 年代初至 80 年代中期，出现了一批具有代表性的讨论科技伦理问题的理论文章。其中有：罗国杰的《论科学技术、物质生活与道德的关系》（1980），黄万盛、尹继佐的《道德和科学技术关系浅说》（1980），邹承鲁等 4 名学部委员在《科学报》上对科研道德发起了讨论（1981）。1982 年 4 月，根据著名桥梁专家茅以升的建议，《北京科技报》举办了有关科技道德问题的座谈会，会后在《光明日报》上刊登了题为《首都科技工作者科学道德规范》的倡议书。接着，《光明日报》上出现一篇名为《上海市科技工作者道德规范》的文章。① 在这样的研究趋势下，顾春明的《试论现代科学技术对伦理道德的直接影响》（1983）、宋惠昌的《现代科学技术发展中的若干伦理学问题》（1985）、余谋昌的《自然科学与伦理学》（1985）、唐凯麟的《科学技术革命—人—道德》（1986）等相继问世。由于当时高新技术所引发的伦理道德问题还尚未在国内集中显现，因此，对于这一新兴领域，研究者们所讨论的内容多数还是围绕着科学技术和道德之间的一般关系展开，对于专项科技领

———————————

① 参见王小锡等《中国伦理学 60 年》，上海：上海人民出版社 2009 年版，第 188—189 页。

域中的伦理道德问题多半则是以介绍为主。①

（三）开创期（1987—1999）

我国在 1987 年前的科技伦理研究可以说是一直处于一个复苏的时期,较早出现的关于科技伦理的文章是 1987 年 5 月徐少锦发表于《道德与文明》的《论蔡元培的科技伦理思想》(1987)。同年,徐少锦主编了《科技伦理概述》,提出了作为研究科技道德现象的"科技伦理学"概念。全书 13 章共 30 余万字,序言是由罗国杰所写。书中回顾了科技伦理发展的历史;阐述了科技伦理关系的特征及科技道德生活的特殊性;着重研究了科技道德的原则规范、科技人员基本的素质要求以及行为准则;表明了在发展商品经济和竞争中进行科技道德教育的重要性和紧迫性。在这之后国内出现了一批关于科技伦理的研究成果,有王育殊主编的《科学伦理学》(1988)、包连宗主编的《科技伦理学基础》(1989)、黄麟雏等的《技术伦理学》(1989)、吴学珍主编的《科研道德问答》(1989),等等。

20 世纪 80 年代中后期至 90 年代中期,涌现出一批研究专项科技领域中伦理道德问题的著述,研究大多是在生态伦理和医学伦理的范围内展开。在生态伦理和环境伦理方面,有魏英敏的《爱大自然、保护环境是我们的道德规范》(1986)、张云飞的《生态伦理初探》(1986)、杨通进的《要重视生态伦理学研究》(1986)、金珍珠的《生态环境与伦理道德》、余谋昌的《生态学哲学》(1991)、刘湘溶的《生态伦理学》(1992)、叶平的《人与自然:生态伦理学的基础和去向》(1993)、李春秋等的《生态伦理学》(1994)、叶平的《生态伦理学》(1994)、王伟的《生存发展——地球伦理学》(1995)等;在医学伦理学或生命伦理学方面,有杜治政等的《医学伦理学教程》(1985),石大璞、孙溥泉主编的《医学伦理学概论》(1986),侯连远的《幸福范畴的医学伦理意义》(1987),邱仁宗的《生命伦理学》(1987),何伦的《医德难题与医学伦理原则的冲突》(1988),吴肇华的《有关艾滋病医学伦理问题的思考》(1993),李传俊的《"脑死亡法"与医学伦理》,等等。②

从 90 年代中期至 20 世纪末,研究西方科学家和哲学家的科技伦理思想成为一时的热点。除了徐少锦的《西方科技伦理思想史》(1995)外,这一时期还相继出现了论述毕达哥拉斯、德谟克利特、贝尔纳、柏拉图、阿基米德、培根、赫拉克利特、卢克莱修、罗素、亚里士多德、苏格拉底等人科技伦理思想的学术论文。与此同时,

---

① 参见王小锡等《中国伦理学 60 年》,上海:上海人民出版社 2009 年版,第 189 页。
② 参见徐少锦《我国科技伦理学研究的回顾与展望》,载《武汉科技大学学报》(社科版)2001 年第 4 期。

在这一时期,国内多家应用伦理学研究中心相继成立,如中国社会科学院(1995)、复旦大学(1995)和北京大学(1999)的应用伦理学研究中心,一些大专院校和科研机构也相继成立了类似的研究实体,科技伦理已然成为某些科研实体重要的学术研究方向和科研发展方向。从研究的状况来看,科技伦理研究也比以往更为深入、更为全面、更为系统。如:伍天章的《医学伦理学》(1998),严耕、陆俊、孙伟平的《网络伦理学》(1998),余谋昌的《生态伦理学——从理论走向实践》(1999),孙慕义的《后现代卫生经济伦理学》(1999)等,而科技伦理学的理论体系也日趋成熟和完善。尽管对科技伦理的提法及科技伦理学学科的合法性问题一直存在争议,但从发展趋势来说,科技伦理学已逐渐发展成为一门由多学科知识交叉、多问题域融合的应用伦理学中的"显学"之一。在科技伦理基本理论研究方面,有陈爱华的《现代科学伦理精神的生长》(1995),张华夏的《现代科学与伦理世界——道德哲学的探索与反思》(1999)。在那个年代,我国开始大量引进国外先进的科学技术,同时我国科技伦理学界的学者们也开始深入研究国外的科技伦理思想,如:徐少锦的《西方科技伦理思想的基本内容及其发展规律》(1996)、宝兴的《现代西方科技伦理思想》(1997),等等①。

(四) 发展期(2000 年至今)

21 世纪之初,江泽民在北戴河会见诺贝尔奖获得者时指出:"在 21 世纪,科技伦理问题越来越突出。核心问题是,科学技术进步是服务于全人类,服务于世界和平、发展与进步的崇高事业,而不是危害人类自身。建立与完善高尚的科技伦理,尊重并合理保护知识产权,对科学技术的研究和利用实行符合各国人民共同利益的政策引导,是 21 世纪人们应该注重解决的一个重大问题。"②之后的学术界开始对科技伦理的含义进行了更深入的探讨,程现昆认为:"科技伦理是指关于整个社会与科学技术实践活动相关的一切活动的理论体系,它引导和规范一切从事与科学技术实践活动相关的人们,以消除或避免作为主体的人在与科学技术相互作用过程中形成负面的社会效应以及对人的心理、行为和社会关系所带来的障碍性影响。是继科学技术哲学、科学技术社会学之后,从'科技伦理'整体的词义逻辑来探讨科技伦理理论问题的一个独立学科。"③

---

① 参见王小锡等《中国伦理学 60 年》,上海:上海人民出版社 2009 年版,第 190 页。
② 李学仁:《江泽民主席在北戴河会见诺贝尔奖获得者》,载《人民日报》2000 年 8 月 6 日第一版
③ 程现昆等:《"科技伦理"论辩——关涉科技伦理学对象和体系问题的思考》,载《自然辩证法研究》2013 年第 12 期

2000 年,刘大椿在《在真与善之间——科技时代的伦理问题与道德抉择》一书中,全面地讨论了科技伦理新建构的底线、科技共同体内的伦理问题、科技社会中的人际伦理问题、科技时代文化伦理问题、科技背景下人与自然间伦理问题和科技发展中迫切需要解决的道德决策问题,基本囊括了前期科技伦理研究中的主要问题,较好地总结了前人的研究成果并提出了自己的新构想。刘大椿认为,科技是负载价值的。科技的价值负载,实质上是内在于科技独特的价值取向与内化于科技中的社会文化价值取向和权力利益格局互动整合的结果。由于科技所负载的价值是社会因素与科技因素渗透融合的产物,因此,应该透过科技的价值负载,进一步分析科技的运行过程及其核心机制的伦理意蕴。因为科技的核心机制是"创新",科技要从创新阶段开始就将伦理因素作为一种直接的重要影响因素,使伦理道德的制约成为科技发展的内在维度之一。他认为,技术发展的过程与伦理价值选择具有内在的关联性。因此,可以将技术发展的过程和伦理价值的选择视为技术的相关行为主体的统一,即把技术看做是伦理实践。显然,这一理论的理想目标应该是使技术造福人类及其环境,而达至此目标的一个基本途径是以伦理道德来协调技术发展可能遭遇的社会关系问题。为此,必须促成技术与社会伦理体系两种因素的良性互动,将技术活动拓展为一种开放性的伦理实践。①

2009 年,王学川在《现代科技伦理学》一书中,以马克思主义哲学理论为指导,阐述了现代科技伦理学的内涵、学科定位、研究对象和研究方法,阐明了现代科技伦理的原则和规范,强调了科学共同体和科学家的道德责任、道德选择、道德评价、道德教育和道德修养。运用科技伦理学的评价标准功能,对诸多高新技术领域(如医疗技术、人工生殖技术、基因工程技术、环境保护技术、网络信息技术、航天技术、核技术等)的实践及其结果进行了剖析,并对其未来发展趋势作出了预测,比较具体和深入地揭示了高新技术的加速发展与社会伦理价值体系的巨大惯性之间的矛盾,以及科技与伦理之间形成的两难困境,并且提出了一些解决问题的对策,以供人们抉择和践行时参考。书中收集的资料丰富,分析由浅入深、通俗易懂,为读者打开一扇窗,帮助广大读者了解科技伦理现象产生、发展和变化的规律性,学会分析和解决问题,提高科技伦理素质,以适应社会科技活动的要求。②

自 2000 年开始国内的各类期刊上出现了大量的关于科技伦理的研究文章,具有代表性的如马文彬、孙向军发表于《道德与文明》的《科技与伦理的思考》(2000),

---

① 参见刘大椿《现代科学技术的价值考量》,载《南京大学学报》(哲学·人文科学·社会科学)2001 年第 4 期。
② 参见王学川《现代科技伦理学》,北京:清华大学出版社 2009 年版。

吴秋凤的发表于《科技进步与对策》的《论现代科技伦理与我国可持续发展》(2000)，金吾伦发表于《哲学动态》的《科学研究与科技伦理》(2000)；刘大春发表于《伦理学研究》的《科技伦理：在真与善之间》(2001)，陈红、沈骊天发表于《自然辩证法研究》的《科技伦理学的控制论范式》(2005)，陈爱华发表于《伦理学研究》的《哈贝马斯科技伦理观述评——哈贝马斯〈作为"意识形态"的技术与科学〉解读》(2007)，陈勇、郭玉松发表于《道德与文明》的《论科技伦理责任的构建与实现的社会机制》(2008)，牛俊美、陈爱华发表于《道德与文明》的《"科技—伦理生态"与"科技—伦理禁区"》(2009)，陈万求、柳李仙发表于《伦理学研究》的《中国传统科技伦理的价值审视》(2011)，詹秀娟发表于《道德与文明》的《科技—伦理的相契之维与生态发展》(2012)，程现昆、王续琨发表于《自然辩证法研究》的《"科技伦理"论辩——关涉科技伦理学对象和体系问题的思考》(2013)，周德海发表于《伦理学研究》的《论爱因斯坦的科学技术与道德伦理思想——兼评学术界对爱因斯坦"科技伦理"思想的研究》(2014)，程倩春发表于《自然辩证法研究》的《论生态文明视域下的科技伦理观》(2015)，陈爱华发表于《伦理学研究》的《论现代科技伦理实体行为的伦理评价机制》(2016)，王茂诗发表于《中国高校科技》的《习近平科技创新思想的伦理意蕴》(2018)，陈子薇、马力发表于《科技管理研究》的《纳米技术伦理问题与对策研究》(2019)，等等。

二、研究的主要问题

科技伦理的时代性要求学者的研究要同步于科技发展的速度。人类在21世纪近20年的发展超过了20世纪的总和，我们开始步入大数据社会，互联网已经让人无法离开它；人类的基因"密码"逐渐被破译；能源可以更清洁更低耗；电子标签物联网雏形已现；手机不只是通话工具，自媒体时代已经来临；转基因食品让人"爱恨纠葛"。随着科学技术的发展、新兴科技门类的产生，作为应用伦理科目的科技伦理的分支，如医学伦理、生命伦理、生态伦理、环境伦理、网络伦理、基因伦理等，逐渐成为独立的交叉学科。近20年来学界主要研究的问题有以下几个方面：

(一)"科技工具论"和"科技至善论"

科技伦理学界研究最多和讨论最激烈的问题是"科技工具论"和"科技至善论"。"科技工具论"认为，知识就是力量。大部分学者都认为现代科学技术，尤其是高新科技都具有强大的力量。每一种科技力量都可能被正当使用，也有可能被滥用或误用。即它是一把双刃剑,一边是造福人类,另一边有可能危害人类。科学技术不可能解决所有问题,包括它们自身的问题和所引起的问题。例如现代科技迅速发展引起的环境污染和资源可持续利用等问题,这需要科技的进一步发展来解决,同时单靠科技发展也不能彻底解决这些问题,解决可持续发展问题还需要靠教育的立法等。伦理学和法律是对科学技术发展与利用的社会控制,尽量避免科技的发展和应用危害人类。伦理与法律不同,法律是依靠国家的强制力来保证实施的,任何人违反法律就有可能受到法律的制裁。伦理部分体现在法律、条例或各种社会、机构、专业的行为规范中,部分通过教育而被内化,自觉地在行动中体现,违反伦理规范者将会受到社会舆论的谴责和自身良心的责备。伦理是制定法律和政策的基础,缺乏伦理依据的法律或政策会得不到社会的认同,从而无法实施。合乎伦理的事情不一定都能成为法律,也并不是所有法律上已有的规定都合乎伦理规范。法律的发展永远是滞后于社会发展的,所以法律要反复修订,一方面是情况有了变化,已有的法律条文不合适;另一方面也因为发现有些条文不合乎伦理。对于科学技术的正当使用,既需要法律的制约,也需要伦理的规范,二者缺一不可。①

但是金吾伦认为,"科学是一把双刃剑这一提法未必妥当。人们用'双刃剑'的比喻来说明科学既有正面作用又有负面效应。但按科学自身的目的,它是求知求真的活动,即我们通常所说的探求世界、认识世界、理解世界。在这个意义上,科学只具有认识功能和认识价值。它有对错之分,没有好坏之别。人们通常所说的'负面效应'是应用造成的,而不是科学造成的。至少到目前为止是这样的。因而把'双刃剑'的帽子加给'科学研究'似乎是有失公道的。由此,科学研究不应有禁区"②。

李侠、邢润川从科技伦理主体及其相应的伦理责任角度出发,论述了建立主体——责任均衡结构的问题。他们认为,目前的科技伦理主体有三个层面:1. 科技共同体;2. 专业共同体;3. 科学家与工程技术人员个体。但目前衡量和约束科技伦理主体的伦理体系,基本上是属于韦伯提出来的信念伦理(Ethics of conviction)和责任伦理(Ethics of responsibility)体系。这样一来,科技伦理主体结构与伦理体系结构之间就出现了结构性的失衡,因此,为了重新约束变化了的主体结构,就要在结构上寻求对称,从而达到一一映射的关系。为了达到结构上的均衡,需要加上一个经济伦理,从而一一对应的均衡性结构应该是:主体结构(1. 科

① 参见邱仁宗《人类基因组的伦理和法律问题》,载《科技与法律》,2000 年第 3 期。
② 金吾伦:《科学研究与科技伦理》,载《哲学动态》,2000 年第 10 期。

技共同体,2. 专业共同体,3. 科学家与工程技术人员个体)和伦理结构(1. 信念伦理,2. 责任伦理,3. 经济伦理)。①

(二) 科技与道德的关系

一直以来科技伦理学界讨论的比较多的问题是科技与道德的关系问题。阎平认为,"第一,从评价的标准来看,在道德评价所涉及的现象中有许多是用价值观作为评价依据的,或者说是可以辨明是关系的。作为评价标准的伦理道德主要是协调人与人、人与社会、人与自然关系,这些是可以在人的伦理实践中得到反映的。从这个意义上可以说扩展了实践检验的内容和范围;第二,从道德标准具有的客观性和普遍性来看,作为评价标准中道德原则和规范,是社会存在的反映,能够表达社会发展的价值取向,形成为全社会大多数成员所接受的原则和规范;第三,尽管科技活动的范围十分广泛,仍然有许多需要共同遵守的伦理道德原则和规范。"②

张世英认为,人生在世的"在世结构"是双重的,即"主体与客体关系"和"人与世界的融合"。真理与价值、科学与伦理是否有内在联系,关键在于人生在世的"在世结构"即按照"主客关系"的在世结构,真理与价值、科学与伦理是分离的,科学的自由思考不需要在伦理道德的向善性上有所考虑;反之,按"人与世界融合为一"的在世结构,真理与价值、科学与伦理就有了内在联系的,科学的自由思考在伦理道德上是向善的。从这个角度看,科学本身就包含着扩走向"人与世界融"的整体的固有趋向,从而使科学家在科学思考的同时能作出伦理道德意义的价值思考。③因此,刘大椿明确指出,"必须促成技术与社会伦理体系两种因素的良性互动,将技术活动拓展为一种开放性的技术——伦理实践"④。

"李醒民认为,科学中的价值是隐含在科学本身结构中的价值——科学的'绝对'价值,这是科学认识真实过程的构成部分。科学的结构或内涵是由社会建制、知识体系、研究活动三部分组成,其中每一部分都或多或少渗透价值。科学的基本价值非但不能被视为无足轻重之物或致命弱点,反倒是科学的真正优越性和生命力之所在。科学在本质上就是对真理和证明理想这些特有价值的承诺,这些理想不是那种召之即来、挥之即去的次要价值。由此看来,科学中的价值无疑是科学的

---

① 参见李侠、邢润川《论科技伦理主体与伦理责任的结构性失衡》,载《科学技术与辩证法》2002 年第 4 期。
② 阎平:《科学蕴涵真善美的统一》,载《哲学研究》2003 年第 5 期。
③ 参见张世英《科学与伦理》,载《江海学刊》2005 年第 1 期。
④ 刘大椿:《现代科学技术的价值考量》,载《南京大学学报》2001 年第 4 期。

基本价值,是科学之为科学的一个重要标识"①。

张华夏在2010年所著的《现代科学与伦理世界》中运用一种交叉视野来研究科学技术与伦理道德的关系,即从现代科学的视野来探索伦理与价值,力图阐明现代科学及其方法为价值理论与伦理学说提供了什么新思路,例如运用系统科学和生态科学的原理分析价值理论,特别是广义价值理论;运用博弈论分析人类伦理道德的起源,以及功利主义和道义论的突显;又从现代伦理的视野来看待现代科学技术的发展存在哪些主要的伦理问题、有哪些主要的伦理约束,特别是讨论了科学共同体的伦理规范和科学家的社会责任、核科技与核伦理、分子生物学和基因工程与生命伦理、生态危机和生态科学与生态伦理问题。张华夏教授提出的系统主义的和非本质主义的伦理观念,或后来他称之为整合多元主义的伦理观点,不同于功利主义也不同于道义主义的道德一元论观念,因为他们都过分地渴望找出道德观念的绝对普遍的本质,皆在由此而推出各种派生的道德原则。从系统科学的整体性角度出发,指出伦理世界的基本原则至少包括功利原则、正义原则、仁爱原则和深层生态伦理原则,虽然它们在特定情景下是相互冲突的,但只要我们找到解决这些价值冲突或规范冲突的原则,就不会导致两难的处境,更不会导致逻辑矛盾。考虑到这一点,当他发现运用系统功利主义不能满意地解决应用伦理问题的时候,他的理论立场便从系统功利主义跃迁到非本质主义的整合多元主义的伦理立场上。②

(三) 科技工作者的道德规范

科技伦理学界的不少学者把研究视点放在了科技工作者的道德规范问题上。如刘则渊、王国豫则专门讨论了技术伦理学的研究对象问题。他们认为,技术伦理学的研究对象并不是技术与技术活动本身,而是技术活动引起的人与自然、人与人两种关系及其产生的伦理问题。技术在人与自然和人与人两种关系的互动中,在同时发生的人的外化和自然的人化的两种过程中,形成了自然属性和社会属性两种不可分割的本质属性。显然,技术在本质上显示了人对自然的能动关系;这种能动性不仅直接表现为人能动地把自然物变为人工物,而且还凸显了人的理智、道德和自由,这正是人的本质所在。因此,技术的本质反映和体现了人的本质。这样,技术的本质就同伦理的本质衔接上了,因为人的理智、道德和自由也同样是伦理的本质追求;从而表明共同追求和展示人的本质,正是技术和伦理之间内在的、本质

---

① 李醒民:《论科学中的价值》,载《社会科学论坛》2005年第9期。
② 参见张华夏《现代科学与伦理世界》,北京:中国人民大学出版社2010年版。

联系的基础。①

卢风、肖巍在 2008 年主编的《应用伦理学概论》中引介了莱斯尼克概括的科研伦理条原则，即科学家应该享有良好的信誉，不应该涉嫌学术腐败；应该能自由研究并共享研究成果，不应该在研究自由上受到限制；应该相互尊重，更应该尊重人类实验主体；应该有社会责任感，避免伤害社会，不应该违反相关的法律；应该有效地利用资源，不应该被不公正的剥夺资源使用权和行业升迁机遇。②

甘绍平认为，"科技伦理"是指科学研究、技术探索过程中的伦理，作为科学家，要对科技本身负责任，也要对社会负责任，禁止为了所谓科学的目的而损害他人和社会的利益。③ 有些学者提出了诸如"求真""造福人类""杜绝虚假""信誉""维护生态""学术民主自由"等科技道德规范。④

陈红、沈骊天从宏观层面指出，应该面向客观世界和人类社会去认识和把握科技伦理依据及其规范：第一，科技伦理的基本行为规范应是以有利人类的进化发展为最高标准；第二，科技伦理的一般规范应是有利于人类利益；第三，作为目标的人的利益本身，其含义应是人的生活、发展需求的最大满足；第四，科技伦理是调节科学技术活动结果与人类利益的关系的准则；第五，科技伦理必须遵循科学技术和伦理道德两方面的规律。在此基础上，与时俱进地调控各种关系，实现人类和自然的和谐发展。⑤

（四）新技术的应用引发的伦理问题

2010 年以后，我国对于一些敏感、争议性较大的新兴科学技术的研究和应用有了重大的突破，而这些科学技术发展所带来的伦理问题开始受到科技及伦理学界学者的重视，全国科技伦理研讨会的讨论方向开始转向具体的科技伦理问题。

2011 年全国科技伦理研讨会的主题是"转基因技术伦理问题""纳米技术伦理问题"。与会的部分专家认为，目前纳米技术主要应用于新材料的开发，研发过程还不会产生实质性的伦理问题，随着研究和应用的深入，有可能产生纳米分权、隐私侵犯、军事滥用、人类增强等多方面的伦理或者法律问题。薛其坤院士认为，由

---

① 参见刘则渊、王国豫《技术伦理与工程师的职业伦理》，载《哲学研究》2007 年第 1 期。
② 参见卢风、肖巍主编《应用伦理学概论》，北京：中国人民大学出版社 2008 年版，第 349—350 页。
③ 参见甘绍平《应用伦理学前沿问题研究》，江西人民出版社 2002 年版，第 106—135 页。
④ 参见周纪兰《应用伦理学》，天津：天津人民出版社 1990 年版，第 159—160 页；卢风《应用伦理学——现代生活方式的哲学反思》，北京：中央编译出版社 2004 年版，第 295—360 页。
⑤ 参见陈红、沈骊天《科技伦理学的控制论范式》，载《自然辩证法研究》2005 年第 11 期。

于纳米技术的不成熟和纳米材料和性质的不确定性,有可能会对人类健康和环境产生影响。赵宇亮研究员认为,纳米产品已经开始进入社会生活,纳米材料的健康性和安全性问题也日益凸显。例如用人造碳纳米材料处理鱼塘,可以使水质变得清澈透明,但也可能对水中微生物产生致命的影响。王国豫认为,纳米技术在脑科学方面的应用,如在人脑中植入纳米器件等,或将是对人的自主性和自由的挑战。

关于转基因技术的伦理问题与会专家认为,转基因技术使人们获得所期望的生物品种,经过基因改良的品种具备常规育种方式难以获得的优良性状,显示了它所具有的显著优势和潜在价值。但利用转基因技术在短时间内培育出的新的或改良的生物品种"逃避"了自然界"优胜劣汰、适者生存"的法则,有可能对人体健康、生态环境安全、社会经济安全、国家安全产生不可预计的影响。李真真认为,转基因产品在向市场推广前没有经过长期的安全性检测,人类长期使用转基因食品是否安全仍然存在着不确定性。转基因生物的商业化所带来的食品安全和环境安全问题却无限地加大了社会安全的管理成本,基因专利私人化和技术垄断性也将对经济、社会、国家安全产生深远影响。卢宝荣认为,作物转基因漂移将对非转基因作物产生影响,由此可能引发贸易问题、法律纠纷,并对生物多样性产生影响。方荣祥认为,转基因技术有许多优势,但转基因技术的发展及技术所具有的特殊性会给社会带来巨大的冲击。转基因技术引发的伦理问题,在技术发展的不同阶段会涉及不同的利益相关者,伦理问题是相关者利益的冲突和价值的冲突,问题的解决需要立足于不同相关者的视角和立场。

此外,与会院士、专家达成共识认为,我国亟须制定纳米技术和转基因技术科学研究的行为规范。方荣祥院士、许智宏院士、李真真研究员等认为,应尽早制定转基因技术研究相关的行为规范,这对推进安全性研究,打破转基因技术贸易壁垒,应对相关国家的科学伦理审查有着重大的意义。薛其坤院士认为,在纳米技术创新过程中,有以科学技术发展驱动,向市场驱动转移的趋势。这进一步加剧了纳米技术风险管理中的不确定性。因此,科学共同体有必要进一步规范自己的研究行为。要求社会科学针对相关自然科学进行相关法律、法规、伦理规范等方面的研究,制定更加完善的科学研究行为规范,以规避纳米、转基因技术研发中可能出现的伦理风险。[1]

2012 年全国科技伦理研讨会的主题是"干细胞研究中的伦理问题"。在谈及干细胞研究当前的发展阶段以及涉及的伦理问题时,与会专家认为,干细胞研究本

---

[1] 参见张思光《2011 科技伦理研讨会》,载《科学与社会》2011 年第 4 期。

身存在伦理问题,对此必须提前就有认识同时出台相应的规范。目前干细胞基础研究和临床试验发展取得了丰硕成果,但是干细胞临床作为一种治疗手段,其技术远未成熟,从研究到真正将干细胞技术用于普遍的临床治疗,还有大量技术难题需要解决。没有科学的临床试验审查、合理的道德规范下的运用,必然会导致严重的法律的伦理问题及。随着干细胞研究层次的提高,由干细胞分化来源的人造精子和卵子将会出现,进而创造不同以往的新的生命繁衍方式,新的生命伦理问题也会出现。与会专家认为,在深入探讨干细胞研究及其应用中的伦理、法律、问题的基础上,应尽快达成共识:(1)尽快推动干细胞领域立法工作。目前我国在干细胞研究与应用方面的相关行业规范和法律相对滞后,对于推进干细胞领域的健康、迅速发展十分不利。应尽快推进干细胞领域的规范工作,尽快制定出干细胞研究和临床转化的相关行业规范,推动负责任的科学研究;尽快推进干细胞领域的立法工作,促进对干细胞研究和应用进行更加严格的监管。(2)相关行业的专家应积极参与干细胞领域决策咨询。干细胞研究及应用应服务于国家的战略部署,科学家应结合干细胞研究领域的进展,围绕我国干细胞发展战略部署、科研布局积极建言献策,努力增强我国在干细胞研究领域中的创新能力,在干细胞应用转化与核心技术的研发等方面取得突破。(3)促进干细胞研究和应用的伦理教育,推进干细胞科学普及。科学家和医生的伦理意识的增强难以一朝一夕实现,应长期重视培养青年科研人员的科技伦理意识,通过成立伦理委员会,以图文宣传、专家宣讲等各种方式和途径加强教育。重视干细胞科学普及工作,加深公众对干细胞科学知识和技术风险的了解,为干细胞发展创造良好的社会环境。①

2013年全国科技伦理研讨会的主题是"互联网技术发展的伦理问题"。这三年的讨论是历年来少有的以某项技术或者某类具体科技发展带来的伦理问题进行的讨论,对这三年科技伦理学界的最热最亟待解决的问题进行了深入的探讨。2013年的研讨会上,学者们认为,互联网伦理问题已经成为当前互联网技术应用以及未来发展所面临的一个重大问题。本次研讨会的目的在于围绕互联网技术的发展,深入研讨技术发展中的伦理、法律问题,探讨互联网的安全问题、互联网中的行为规范和科学家的社会责任。(1)与会专家认为,谈互联网规范不能仅仅停留在原则层面,还应当具体细化到互联网从业者、使用者的行为规范,使行为规范具有实际意义上的指导作用。制定互联网行为规范,进行互联网的管理,既要进一步从伦理和法律等方面规范互联网使用者的行为,还要保障其最基本的权利。

① 参见缪航《2012 科技伦理研讨会》,载《科学与社会》2012 年第 4 期。

（2）针对信息伦理教育问题，与会专家认为，开展互联网伦理教育势在必行。鉴于互联网的使用群体的广泛性和低龄化特点，我国需要开展系统化的信息伦理教育，例如在各类学校、培训机构开设互联网伦理相关的教育课程。（3）与专家一致认为，面对互联网技术引发的各种伦理问题，我们需要跟进互联网技术的发展，关注各种新问题，从问题的不同层面深入思考其伦理、法律问题的根源。在这个过程中，科研人员更应当具备一种前瞻性的社会责任意识，从这种意识出发来考虑自己的社会角色。[1]

三、简要述评

如今，我国作为新兴的科技大国，拥有世界上规模最大的科研人才队伍，也是很多新科技的诞生地，更是新兴科学技术应用的主展台。2019 年的政府工作报告首次把科技伦理建设写入进来，可见现今国家对科技伦理问题的高度重视。科技伦理经过几十年与时俱进的发展，解决了人们在享受科技发展带来的舒适、高效、优越生活的同时所带来的社会问题，化解了科技发展带来的社会矛盾，促进了社会公正、规避了社会风险、保持了民众社会生活各个方面的稳定。现在，科技伦理的发展进入了新时代，研究面临新形势、新要求、新挑战。既要不断适应科技伦理的要求，又要结合新时代中国特色社会主义现代化建设的实际，找到科技伦理研究的新思路、新对策。

因此，在新时代科技伦理的发展进程中存在着一些应当重视的问题：

（一）科技伦理中科技与伦理的关系问题

要实现科技与伦理的良性互动，首先要解决的问题就是理清科技与伦理的关系：一是科技与人的关系；二是科技与社会的关系；三是科技发展中人与自然的关系。解决科技伦理三种关系在动态上的真正统一与和谐发展的问题，已成为全人类面临的一个重大课题。因此要辩证地看待科技与伦理的关系，科学技术的发展会带来一些伦理问题，伦理规范本意并非是为了限制科技发展，而是确保科技发展的目的为人类造福。科技与伦理的关系是共生的，是相辅相成的，科学研究的成果是否能造福于人类离不开科技伦理的引导。同时科技伦理的研究也不能脱离科技发展的实践精神，要以认清科技与人、科技与社会、科技与自然的关系为基础；以公

---

[1] 参见黄小茹《2013 科技伦理研讨会》，载《科学与社会》2013 年第 4 期。

民意识、人文关怀与社会责任感为支撑,以自然科学的规范、合法发展为目的,把"科技伦理"作为一个整体来研究。在科学技术发展的前沿性与伦理的反思性中,揭示科学技术与人性之间、科学技术与社会之间、科学技术与自然之间的内在联系。重新审视科技与伦理的关系,解释科技与伦理道德关系的逻辑规律,在现代科技与伦理道德的激烈冲突中,寻找到适合科技与伦理共同发展与进步的策略,最终实现现代科技与伦理的相辅相成、共同发展。

(二)科技伦理问题应协同共治

科技伦理是充满魅力、有其自身特点的学科,也许只有科技伦理问题才是科学家、伦理学家和科技哲学家共同感兴趣的问题。曾经有一段时间伦理学家和自然科学家不相往来,甚至一般伦理学家和特殊领域的伦理学家的交流也极为有限。新时代的科技伦理必须在一种积极交流、碰撞中发展,科技伦理问题已经无法由单个科学家或者某个政府独立解决,这需要伦理学家、公众等主体的共同参与。不同的主体要承担起相应的责任,伦理学家要注重交流,科学家要增强伦理意识,政府要加强监管。从全球一体化的趋势看,前沿科技的伦理问题已不再是局部地区和特定国家的问题,虽然科技伦理问题产生于特定地域,但其影响是世界性的,所以科技伦理治理应当是国际化的,避免由于伦理监管的地区差异导致伦理风险转移。

(三)对重大科技伦理问题进行反思

重大科技伦理事件是一种信号,单一事件出现可能具有偶然性,但当这些问题反复出现,则有必要反思如何改进我国科技伦理的规范和制度。诸如"人工智能""转基因大米""换头术""水变油""基因编辑婴儿"等,此类科技事件总能引起社会舆论的广泛关注,与此相关的科技伦理在这些事件中所应承担的责任也是社会讨论的焦点。

科技伦理和普通民众的生活息息相关,把科技置于伦理道德的规范下,民众的生活才会更健康。大数据、人工智能技术、3D打印技术、纳米技术、基因技术等新兴科技,在为民众生活带来巨大便利的同时,也可能带来巨大风险。如,人工智能技术可以让人类从一般的智能活动中解脱出来,集中精力从事各种创新性发明和探索活动。然而,人工智能系统一旦失去控制或被不正当利用,就有可能对人类造成严重的威胁。因而,民众在享受便利的同时,必须保持审慎态度,有效应对新兴科技可能带来的伦理挑战。

为了应对这些问题,2019年8月,中共中央全面深化改革委员会第九次会议审议并通过了《国家科技伦理委员会组建方案》,从此我国将加快健全科技伦理审查和风险评估制度及相关法律的建设脚步。组建国家科技伦理委员会,就能全面把握前沿科学和新兴科技的发展与影响,系统深入地展开价值权衡和伦理考量,确立科技活动必须遵循的相关价值准则。以其权威性和严正性对科技活动进行规范和约束,推动构建有序、协调的科技伦理治理体系。为科技的发展划定伦理的红线,实行严谨的审查和监督,避免违背科技伦理的行为发生;使构建的科技伦理治理体系能够真正推动科技的发展,为科技创新活动提供保障。因此,科技伦理研究、宣传、教育以及科技伦理实践是新时代中国特色社会主义道德建设的一项重要工程。

第十七章　教育伦理

思想是对时代需求的回应,同时也引领着时代发展。中国教育伦理学正是对中国教育事业发展需求的理论回应,同时也引领着中国教育事业的发展。70年来,中国教育伦理学伴随着时代脉搏起伏跌宕,虽曾步履蹒跚,却也越走越坚实。如今,作为一门跨学科的新兴学科,教育伦理学受到来自教育学界、伦理学界和一线老师等越来越多人的关注。教育伦理学如何健康地发展? 如何更好地发挥作用? 这些问题牵动着人们的思绪。承古才能开新,梳理分析历史进程有利于教育伦理学的健康发展和我国教育的健康发展。

一、研究的发展历程和概况

在我国,教育伦理思想早在先秦时期就已经出现,但是作为一门独立的学科则是20世纪之后的事。1923年出版的范寿康的《教育哲学大纲》中译版第一次提到"教育伦理学"概念,1932年丘景尼的《教育伦理学》的出版标志着"教育伦理学"在我国正式诞生。但这只是春光乍现。教育伦理学的真正发展则是在中华人民共和国成立之后的事。70年来,中国教育伦理学历尽艰辛,砥砺前行,经过改革开放前30年的艰辛酝酿,迎来了改革开放后和进入新时代的繁荣发展。就其发展历程,可分为酝酿期、发展期和有序繁荣期三个阶段。

(一) 酝酿期(1949—1977)

教育伦理思想是中国传统伦理思想和传统教育思想的主要部分,是推动传统教育发展的一支重要的理论力量,历史上长期受到重视并得到充分研究。但是,中华人民共和国成立后的最初30年,由于受思想僵化特别是极"左"思想的影响,教育伦理学曾一度无法获得承认,更无法展开直接研究。

教育与伦理本是互不分离的孪生关系。作为人之为人的根本,伦理道德曾长期是教育的主要内容,而教育则是伦理道德得以延续的主要途径之一。然而,中华人民共和国成立之初,教育因其政治功能而备受重视,伦理道德则被作为旧思想、旧文化而受到批判、禁止。"人民政府应有计划有步骤地改革旧的教育制度、教育内容和教学法"①。这样,教育作为培养人才的重要手段,又作为改造的对象而备受重视,伦理学则作为"伪科学"被撤销。在对旧教育改造的时代环境下,教育伦理学既无法存在,也就无法展开直接的相关研究,这期间一直处于蛰伏酝酿状态。

然而,有教育就必然有教育伦理思想的存在。这一时期的教育伦理主要围绕人民教师应具有的道德修养、社会主义社会的师生关系以及社会主义教育教学方法等问题展开讨论,马叙伦、徐特立、吴玉章、叶圣陶、杨秀峰、成仿吾等老一辈教育家从社会主义社会角度切入对这些问题进行了深入分析和广泛探讨。然而,随着"左"的思想越来越严重,"文革"十年动乱期间,教育伦理思想的变相研究也被迫中断。

(二)发展期(1978—2012)

1978 年到 2012 年为教育伦理学的发展期。这一时期又可以分为两个阶段,即 1978 年到 1991 年的初步发展期和 1992 年到 2012 年的快速发展期。新中国教育伦理学的兴起源于人们对教师职业道德的关注。1978 年改革开放带来国家经济、社会、文化的蓬勃发展,同时也出现了经济利益变化和道德价值观念的冲突,社会急需新的道德价值标准及新的职业道德。在此背景下,随着伦理学研究的解禁,这一时期各种以职业伦理学命名的应用(或实践)伦理学,如医学伦理学、军人伦理学等如雨后春笋般迅速涌现。教育的"关键在教师"②,因此,教师的(职业)道德建设也引起了人们的关注和重视。1983 年王正平、罗国杰分别发表关于教师道德的文章,③拉开了教师职业伦理研究的序幕。而加强师范类学生职业道德教育是教师职业道德建设的一个重要着力点,因此各师范院校纷纷开设教师职业道德教育的相关课程。为了适应师范类院校这种职业道德教育和思想政治教育的需要,1988年 8 月,王正平在《人民教师的道德修养》④一书的基础上,联合西南师范大学、华南师范大学、南京师范大学等九所师范院校编写了《教育伦理学》并正式出版。该

---

① 《中国人民政治协商会议共同纲领》(1949 年 9 月 29 日中国人民政治协商会议第一届全体会议通过),参见中共中央文献研究室编《建国以来重要文献选编》第 1 册,北京:中央文献出版社 1992 年版,第 10—11 页。
② 邓小平:《在全国教育工作会议上的讲话》,载《人民教育》1978 年第 Z1 期。
③ 参见王正平《论教师道德》,载《华南师范大学学报》(社会科学版)1983 年第 3 期;罗国杰《简论教师道德》,载《高教战线》1983 年第 3 期。
④ 王正平:《人民教师的道德修养》,北京:人民教育出版社 1986 年版。

书的出版标志着教育伦理学研究得到恢复性发展,同时也"结束了教育伦理研究的无意识状态,'教育伦理'成了明确的教育研究主题"①。此书出版后,全国又相继出版了多部以"教育伦理学"命名的教材,②这反映了教育伦理学研究逐渐在全国展开。

可以看出,这一阶段的教育伦理学研究以提高教师职业道德水平为直接目的,因此,其研究主要围绕师德建设的实际需求展开,尚缺乏理论深度;学科视野还比较窄,把"教育伦理学"定位在"教师伦理学"上,相关研究的关键词主要是"教师职业伦理",到了80年代末90年代初才出现几部以"教育伦理学"命名的教材,但其主要内容仍是围绕教师职业道德展开。

1992年我国确立建设社会主义市场经济体制,2001年又加入WTO。面对国内外环境的巨大变化,"完善中国特色社会主义现代教育体系,办好让人民满意的教育"③成为我国教育发展的新要求和新目标。为实现这一目标,这期间我国先后实施了素质教育、高校扩招以及免费义务教育等。教育的发展和巨大变化为我国教育伦理学提出更高要求。另一方面,在教育改革中出现的一些不如意现象,如教育不公、教育腐败、师德缺陷、学术不端,甚至辱师弑师等现象也进一步促使人们思考"何谓教育"以及"教育何为"等核心问题。

新环境,新问题,新挑战,同时也是新机遇。这一阶段,教育伦理学由"较不成熟的学科"④快速发展成为相对成熟的学科,这主要体现在理论研究和学科建设两个方面。理论研究方面,研究视域不断扩大:由专注教师职业伦理扩大到"包括学校教育、家庭教育和社会教育在内"⑤的整个教育领域;研究主题越发丰富:由单一的教师职业道德扩展到包括教育伦理、教育公平、教育善、教育自由等教育中的一切教育道德问题,以"教育伦理(学)"为关键词的研究相较前一时期有较大增加;研究方法逐渐多样化:既有经验总结,也有逻辑分析,既有实践践行,也有理论提升;研究成果形式多样化:有学术论文、教材,也有许多学术专著,涌现出一批有代表性的研究成果,如李春秋的《教育伦理学概论》(北京师范大学出版社1993年版)、王

① 参见吕寿伟《教育伦理学研究三十年的回顾、反思与展望》,载王正平《教育伦理研究》(第一辑),上海:华东师范大学出版社2014年版,第340页。
② 主要有黄定元:《教育伦理学》,南昌:江西教育出版社1988年版;施修华、严缘华:《教育伦理学》,上海:上海科学普及出版社1989年版;陈旭光:《教育伦理学》,天津:天津教育出版社1990年版;李春秋:《教育伦理学概论》,北京:北京师范大学出版社1993年版,等。
③ 胡锦涛:《在全国教育工作会议上的讲话》(2010年7月13日),载《人民日报》2010年9月9日。
④ 唐莹、瞿葆奎:《教育科学分类问题与框架》,载《华东师范大学学报》(教育科学版)1993年第2期。
⑤ 钱焕琦、刘云林:《中国教育伦理学》,徐州:中国矿业大学出版社2000年版,第5页。

本陆的《教育崇善论》(广东人民出版社 2001 年版)、檀传宝的《教师伦理学专题——教育伦理范畴研究》(北京师范大学出版社 2000 年版)、钱焕琦的《教育伦理学》(南京师范大学出版社 2009 年版)、周洪宇的《教育公平论》(人民教育出版社 2010 年版)、金生鈜的《教育与正义——教育正义的哲学想象》(福建教育出版社 2012 年版)等,提出一些有创见性的教育伦理思想(将在下文详述)。同时,这一时期,除上文提到的学者外,更多学者如郭元祥、黎世红、谈松华、吴德刚、褚宏启、鲁洁、朱小蔓、刘云林、金生鈜、孙彩平、项贤明、冯建军、杜时忠、贾新奇、卜玉华、赵克平、郅庭瑾等或专注或偶尔,都对教育伦理学进行了研究。可以说,这一时期教育伦理学研究已经全方位展开。

在学科建设方面,这一时期除师范类院校外,一些非师范类学校(如江苏大学)的教育学专业或伦理学专业也开设了教育伦理学相关课程,一些学校如北京师范大学、华东师范大学、南京师范大学等开始招收教育伦理学专业的硕士研究生和博士研究生(华东师范大学),明确把教育伦理学作为硕士生或博士生的研究方向。这进一步促进了教育伦理学的发展。

(三) 繁荣期(2013 年以来)

2013 年以来我国教育伦理学进入了有序繁荣期。2010 年《国家中长期教育改革和发展规划纲要》(2010—2020 年)(简称《规划纲要》)颁布;2012 年党的十八大提出"把立德树人作为教育的根本任务"。如何落实《规划纲要》所制定的目标和实施立德树人教育,是新时代教育工作者和教育研究者的主要任务和重要任务。这客观上推动了教育伦理学的进一步发展。

2013 年 10 月,中国伦理学会教育伦理学专业委员会(简称"中国教育伦理学会")在上海师范大学成立,学会每年组织召开一次全国性专业学术研讨会,并出版学会会刊《教育伦理研究》一辑,从此,教育伦理学有了自己的学术组织和会刊。这标志着我国教育伦理学研究进入了有序繁荣期,这主要体现在以下五点。

第一是研究队伍不断壮大。2013 年前教育伦理学研究尚没有形成专业的研究队伍,大多数学者只是"偶尔为之",相关研究只是缘于一时的兴趣而写下一两篇学术论文。① 然而,2013 年以来,教育伦理学研究队伍不断壮大,并出现了一批专注于教育伦理学研究的年轻新秀,如程亮、糜海波等,虽然人数还不多,但毕竟已经

---

① 参见吕寿伟《教育伦理学研究三十年的回顾、反思与展望》,载王正平《教育伦理研究》(第一辑),上海:华东师范大学出版社 2014 年版,第 344 页。

出现,标志着教育伦理学向专业化、专门化方向发展又迈进了坚实的一步。

第二是把立德树人纳入教育伦理学研究范围,体现了教育伦理学螺旋式上升的发展趋势。如上文所述,教育伦理学在我国最初是以道德教育的形态出现。1949 年后,在社会主义教育当然正确的理念下,我国学界曾一度把教育伦理学等同于教师伦理学。1990 年代,有学者如黎世红、项贤明、王本陆等开始对此提出质疑,认为应把教育本身的善恶问题纳入教育伦理学的研究范围。党的十八大后,我国学界又把立德树人纳入教育伦理学视野,至此,教育伦理学廓清了学科视域。

第三是发布和倡导《新师德宣言》和建立"全国师德建设实践与创新基地"。2017 年第五届全国教育伦理学术研讨会发布的《新师德宣言》,是新时代对教师提出的新要求,①它既体现了时代精神,又强调教师作为个体的自主性。该宣言的发布受到社会各界和舆论媒体的广泛关注和重视。人民网、中国社会科学网、中国新闻网等全国 20 多家主流媒体做了专题报道。同时,中国教育伦理学会分别于 2015 年、2018 年先后两批建立 29 个"全国师德建设实践与创新基地"。这些成就既是前期教育伦理学研究发展的必然结果,也是教育伦理学顺应时代要求,理论研究与实践操作相结合的具体体现,同时也是教育伦理学研究有序繁荣发展的重要体现。

第四是提出建构中国特色教育伦理学理论,并出版新编《教育伦理学》。经过 30 多年的发展,中国教育伦理学已经初步具有了自己的理论体系和学科特色。2017 年王正平提出建构有中国特色教育伦理学理论②,表明我国学者已经有了建构中国特色教育伦理学理论体系的自觉意识。同时,由王正平主编,来自上海师范大学、北京师范大学、华东师范大学、南京师范大学、华中师范大学等全国 10 所高校的专家教授撰写的新编本《教育伦理学》于 2019 年 1 月由人民出版社出版发行。该书是我国教育伦理学理论研究的鼎力之作和最新成果,是众多专家潜心问学,与时俱进,积极探索如何建构中国特色教育伦理学理论体系的道德智慧结晶。③ 该书更"是具有里程碑意义的一本著作,对教育伦理学真正成为一门学科具有重要意

---

① 参见明海英、吴珊、史凡等《全国第五届教育伦理学术研讨会在湖北大学举行》,http://ex.cssn. cn/zx/201710/t20171022_3675944.shtml,2017 年 10 月 22 日。

② 参见王正平《教育伦理学的基础理论探究与建构》,载《上海师范大学学报》(哲学社会科学版)2017 年第 6 期。

③ 参见钱焕琦《我校主编新〈教育伦理学〉首发式暨研讨会在京举行》,上海师范大学网,http:// www.shnu.edu.cn/9f/ab/c279a696235/page.htm,2019 年 4 月 30 日。

义"①。建构中国特色教育伦理学理论的提出和新编《教育伦理学》的出版标志着中国教育伦理学研究进入了新的发展阶段。

五是从 2016 年起教育伦理学开始列入国家社科基金科研项目、教育部人文社科研究项目和评奖学科分类项目,标志着教育伦理学得到了国家社科研究最高层次的认可。

二、研究的主要问题

70 年来,中国教育伦理学把握时代脉搏,关注和反思教育伦理学学科的相关问题、建构中国特色教育伦理学理论、教育本体的伦理问题、师德建设问题、教育伦理与社会主义核心价值观、教育伦理与立德树人、教育伦理实践探索以及其他相关问题,产生了许多重要学术成果,对我国教育事业的健康发展作出了重要贡献。

(一) 教育伦理学学科的相关问题研究

1. 教育伦理学的内涵

也许再没有比教育伦理学的内涵变化更大的概念了。早期,教育伦理学曾被广泛认为"是研究教师职业劳动领域内道德意识、道德关系和道德活动的科学"②。这种意义上的教育伦理学不过是"教师伦理学"的别称,因此,在这种观点提出后不久即受到质疑。90 年代初,有学者认为教育伦理学"应该体现教育这项人类特殊活动的本质",因此认为"教育伦理学是研究教育过程中一切伦理道德现象,探索完善人格过程中的伦理道德规律的一门学科"③。这种观点无异于把教育伦理学等同于道德教育原理,因此并没有引起太多的注意,但是,它却激起了人们对教育伦理学内涵与研究对象的深入思考,学者们认识到,"教育伦理绝不是一般意义上的教师的职业伦理,而是教育的伦理,教育共同体的伦理"④。1995 年、1999 年王本陆相继发表两篇文章讨论教育伦理学的研究对象问题⑤,在此基础上,他提出:"教

① 参见李文静、姜小华《中国特色教育伦理学理论体系建设与教育现代化高端学术研讨会在京举行》,中国社会科学网,http://www.cssn.cn/sf/bwsfgyk/yc_jyx/201905/t20190502_4873857.shtml。
② 王正平:《教育伦理学》,上海:上海人民出版社 1988 年版,第 10 页。
③ 陈旭光:《教育伦理学》,天津:天津教育出版社 1990 年版,第 3 页。
④ 樊浩、田海平:《教育伦理学》,南京:南京大学出版社 2002 年版,第 35 页。
⑤ 分别是:《关于教育伦理学研究对象的思考》,载《教育研究》1995 年第 3 期;《关于教育伦理学研究对象的再探讨》,载《华南师范大学学报》(社会科学版)1999 年第 1 期。

育伦理学应该就是对客观而普遍存在的教育善恶矛盾进行科学和系统研究的学科。"他又说:"从研究对象角度看,教育伦理学可以界定为研究教育整体及局部的善恶矛盾的专门领域(或学科)"。① 这种观点得到学界认可。钱焕琦在总结前期研究成果的基础上进一步认为:"教育伦理学应是以研究包括学校教育、家庭教育和社会教育在内的教育教学过程中的道德关系现象,从伦理哲学的视角对教育活动进行价值分析和行为导向的科学。"②至此,教育伦理学的内涵和研究对象逐渐明朗清晰。

在此基础上,王正平下了一个最新定义,认为教育伦理学"是研究教育活动的价值与善恶,探讨教育中的道德关系、伦理原则和行为规范,探索健全教师和教育工作者道德人格的完善,以实现教育的最大利益和最大善的科学"③。这个简洁而又清晰的定义明确地界定了教育伦理学的研究对象,即"教育活动中的道德问题"。这就是说,教育伦理学研究和追求的是"符合道德的教育",而不仅仅是"关于道德的教育"或"传授道德的教育"。我国教育伦理学内涵的变化,既反映了不同学者的研究视角的不同,也反映了教育伦理学理论与实践研究范围的拓展和认知的不断深入,④同时也体现了教育伦理学研究螺旋式发展的趋势。

2. 教育伦理学学科定位

明确学科定位和归属有利于该学科的健康发展。教育伦理学的跨学科属性,使它的学科归属问题长期存在争议。总体上说,具有教育学背景的学者一般把教育伦理学归属于教育学学科门类,而从事伦理学研究的学者则一般把其视为伦理学的一个分支。这两种观点每一种又可再分为两类。在教育学视野下,一类是把教育伦理学视为教育哲学的组成部分。这种观点最早由民国时期的范寿康提出。范寿康在其《教育哲学大纲》中把教育哲学分为教育伦理学(教育逻辑学)、教育美学、教育伦理学三部分。⑤ 这种观点为教育学界许多学者接受,如瞿葆奎、唐莹等

① 王本陆:《教育崇善论》,广州:广东教育出版社 2001 年版,第 235—236 页。

② 钱焕琦:《教育伦理学》,南京:南京师范大学出版社 2009 年版,第 22 页。

③ 王正平:《教育伦理学的基础理论探究与建构》,载《上海师范大学学报》(哲学社会科学版)2017 年第 6 期。

④ 参见王正平《教育伦理学的基础理论探究与建构》,载《上海师范大学学报》(哲学社会科学版)2017 年第 6 期。

⑤ 参见范寿康《教育哲学大纲》,上海:商务印书馆 1923 年版,第 10 页。《教育哲学大纲》系范寿康 1921 年用德文写成,1923 年其翻译为中文出版。

就承袭了这一观点。① 另一类观点是把教育伦理学等同于道德教育原理。丘景尼虽认为教育伦理学与道德教育内涵"大体相同,初无严密之区分",但又指出,"其间亦不无区别。即教育伦理学所讨论的,大半属于原理的问题,而道德教育所包涵的,则大部为实际的问题。"②即教育伦理学研究的是"道德人格的养成"③的原理问题。丘景尼认为建立一门独立的教育伦理学实有必要。丘景尼的观点也为当代一些学者认可,如上文谈到的陈旭光、夏成满、张建祥及贾馥茗等就持此观点。

相较于教育学界的两种观点产生于民国时期,伦理学界的两种观点则相对滞后,均产生于改革开放以后。伦理学界的两种观点中,一是把教育伦理学看做是一种职业伦理学或专业伦理学,认为它与医学伦理学、军人伦理学、律师伦理学等相当,是一门专门探讨"教师职业道德"或"教师道德现象"的学科。这种观点主要流行于20世纪80年代末和90年代。这种意义上的教育伦理学不过是"教师伦理学"的别称,因此,在这种观点提出后即受到质疑。进入21世纪,随着研究的深入和视野的开阔,越来越多的人认识到把教育伦理学等同于教师伦理学的狭隘性,于是许多学者开始把教育伦理学视为与环境伦理学、经济伦理学、网络伦理学等一样,是研究教育领域道德现象、道德问题、道德关系的一门应用伦理学。④《中国伦理学百科全书》以及《伦理学大辞典》⑤就是以这种观点撰写教育伦理学词条的。

以上四种观点都有其合理性的一面,但也都有其"偏狭性"。很明显,如今的教育伦理学已经不再是教育哲学的一部分。作为一门跨学科的新兴学科,教育伦理学既研究教师职业道德,也研究道德教育原理,同时也研究"教育整体及局部的善恶"⑥问题,因此它既不等同于主题单一的职业伦理学,也不是一门纯粹的应用伦理学。故此,有学者提出,教育伦理学应该定位在"教育的伦理探究"上,即从伦理的视角分析教育领域中各种具有伦理性质(或道德维度)的观念、行为、制度安排等。⑦ 这不失是一种创见之举。

---

① 瞿葆奎、唐莹在《教育科学分类:问题与框架》中明确将"教育伦理学"与"教育逻辑学"、"教育美学"并列为教育学分支学科。参见瞿葆奎《教育学的探究》,北京:人民教育出版社2004年版,第23页。
② 丘景尼:《教育伦理学》,福州:福建教育出版社2011年版,第7页。
③ 丘景尼:《教育伦理学》,福州:福建教育出版社2011年版,第6页。
④ 参见周中之《伦理学》,北京:人民出版社2004年版,第261页。
⑤ 朱贻庭主编《伦理学大辞典》(修改本)认为,在伦理学上,教育伦理学有两种含义,一为应用伦理学的分支之一,一为研究道德教育的专门理论。参见《伦理学大辞典》(修改本),上海:上海辞书出版社2011年版,第274页。
⑥ 王本陆:《教育崇善论》,广州:广东教育出版社2001年版,第236页。
⑦ 参见程亮《教育的道德基础:教育伦理学引论》,福州:福建教育出版社2016年版,第9页。

3. 教育伦理学研究视域

如上文所述,早期教育伦理学研究把视线主要投向教师道德方面。注重教师职业道德的研究在 20 世纪 90 年代初就有人对此提出质疑,如陈旭光等就把教育过程中广泛涉及的教师、学生、教学内容和教学手段等作为教育伦理学考察的对象,对教育过程所涉及的伦理精神和要素进行分析探讨。① 陈旭光把道德教育或人格完善纳入教育伦理学视野,第一次拓展了教育伦理学的研究视域。这次拓展虽然应者不多,但却激起了人们对教育伦理学研究视域的思考。1993 年,李春秋的《教育伦理学概论》认为,教育伦理学是研究教育的伦理价值和教师职业道德的科学,并认为教育伦理学有狭义和广义之分。但是,李春秋却仍然停留在狭义教育伦理学,而所谓狭义教育伦理学其研究对象仍是教师道德。其后,王本陆、钱焕琦、刘云林、钱广荣等人纷纷指出,教育伦理学应走出教师伦理的狭隘视野,"以教育与整个社会发展为对象,公平、正义、平等是其核心范畴。"②

随着教育伦理研究的深入和学术视野的明朗,教育伦理学的学科边界日渐清晰。王正平把教育伦理学的研究范围归纳为六个方面:一是教育的伦理价值和道德的导向研究;二是教师职业伦理道德研究;三是教学伦理研究;四是教育管理伦理研究;五是教育特殊领域伦理研究;六是教育人格与教师美德研究。③ 这六个方面基本上涵盖了教育有关的所有道德问题。至此,教育伦理学研究范围清晰确定。从教育伦理初以教师职业伦理形态出现,首次纳入教育善,再次纳入立德树人,这种研究视野的拓展是必要的,也是必然的,它既是不同时期人们对教育伦理学的不同理解的反映,是一种蜕变、一种嬗变、一种更新,也是对时代呼唤的回应,学术发展的结果,这必将对教育伦理学及其相关学科产生重大影响。④

(二) 建构中国特色教育伦理学理论

教育伦理学是研究与教育有关的伦理道德问题的新兴学科,对引导和推进我国教育事业的改革与发展具有重要作用。因此,应立足我国教育实际,结合教育伦理学已有的理论成果和实践经验,积极建构中国特色教育伦理学理论。王正平首

---

① 参见鲁洁《教育伦理学·序》,载陈旭光《教育伦理学》,天津:天津教育出版社 1990 年版,第 1 页。
② 王燕:《让教育回归善的本质》,载《现代教育论丛》2003 年第 2 期。
③ 参见王正平《教育伦理学的基础理论探究与建构》,载《上海师范大学学报》(哲学社会科学版)2017 年第 6 期。
④ 参见刘新春《教育伦理学研究的历史回顾与展望》,载《湖南农业大学学报》(社会科学版)2006 年第 1 期。

先提出并论述了这个论题,认为建构有中国特色的教育伦理学理论与话语体系,是当前中国教育伦理学研究者的重大历史使命。王正平还认为建构有中国特色教育伦理学理论应从五个方面入手:一是要以社会主义核心价值观为根本遵循;二是要以道德科学和教育科学基本理论为基础;三是要努力继承和弘扬中国教育伦理的优良传统;四是要认真吸取国外教育伦理研究的一切有益成果;五是要面向中国当前教育伦理道德生活实践。[1]

(三) 教育的伦理审视

教育是否具有伦理特性?如果具有,具有什么样的伦理特性?如果没有,为什么?怎样的教育才是善的?这些有关教育本身的元伦理问题是教育伦理学研究的重要论题。

1. 教育与伦理的关系

教育与伦理的关系问题是教育伦理的基础性问题、元问题,教育伦理学大厦就是建立在这个基础之上的,因此只有这个问题得到圆满回答,教育伦理学大厦才能建立起来。王正平在对“教育”“伦理”二词进行词源学分析后认为,无论是中国还是西方,教育与伦理始终密不可分。伦理道德不仅是教育的重要内容,而且是整个教育活动追求的价值目标,是一切教育活动的价值导向。[2] 这就是说,教育的本质属性是其伦理本性,这种伦理本性体现为教育的根本目标和根本任务都是培养人。项贤明通过严密的逻辑探索和哲学追问,得出人类教育活动的根本目的在于使人成为“人”。教育学乃“成人”之学。[3] 樊浩认为,教育的人文使命体现在完成两个解放上:把人从自然的质朴性中解放出来以及把人从自然欲望中解放出来。而这种解放的核心和实质就是:伦理解放。[4] 可见,伦理道德是真正教育的应有之义,是教育称之为教育的必然前提,“教育必须具备伦理精神的基本前提”[5]方才成其为教育。

王本陆从教育的基本价值角度切入,认为教育在于它是人类文明延续、发展、完善的社会实践形式,是个体生存、发展、升华的重要途径和真实生活。也就是说,

---

① 参见王正平《教育伦理学的类型、层次及其当代建构》,载《光明日报》2019 年 3 月 18 日。

② 参见王正平《教育伦理学的基础理论探究与建构》,载《上海师范大学学报》(哲学社会科学版)2017 年第 6 期。

③ 参见项贤明《走向“成人”之学》,载《南京师大学报》(社会科学版)1998 年第 4 期。

④ 参见樊浩《教育的伦理本性与伦理精神前提》,载《教育研究》2001 年第 1 期。

⑤ 参见樊浩《教育的伦理本性与伦理精神前提》,载《教育研究》2001 年第 1 期。

教育至少存在两个基本的伦理特性,即文化共享和育人成才。① 向玉乔则进一步从育人成才的角度指出,教育是人的教育,是人类抑恶迁善、改善人性最有效的方式。② 叶澜立足中国哲学传统,认为教育就是以修道成人为归旨。③ 总之,无论是对"教育是什么"的追问,还是对"教育应当是什么"的追问,我们都会发现,教育的原点是育人,④即以道德的手段培养道德的人。因此,教育的本质属性是其伦理本性,教育与伦理天然为一体,教育涵容着伦理,伦理规导着教育的本质。

2. 教育善

然而,正如有学者指出来的那样,理论上的教育必然具有伦理属性,也即是说,本真教育即善。但是,现实的教育却有善恶之分。如果教育背离了人类和个体不断完善、发展的目的,甚至走向这一追求的反面,那它就没有什么价值,甚至是恶的教育。因此,只有善的教育,才是真正有价值的教育。⑤

有学者认为,新世纪中国面临的教育伦理难题主要集中在三类问题上:民主化进程中的教育权威问题、市场社会中的教师地位问题、多元文化中教师的自我实现问题。⑥ 这些都影响教育善的实现。有学者从社会主义核心价值观的高度分析了当前教育活动的价值缺失问题,认为实现现代化的急躁情绪造成对于教育培养目标的片面理解,导致学校致力于培养工具性人才,忽视了人的全面发展,严重损害了学校教育对公平、正义、自由、民主等社会核心价值的追求。也有学者认为,市场经济追逐利益最大化的影响、"我是为你好"式的家长主义、基础教育阶段学生负担过重和选择性评价机制、"人上人"而不是普通劳动者的价值取向,背离了培养健全人格的教育目标。⑦

教育伦理学是一门求索教育善及其实现的学问,在当今中国社会转型和教育改革的宏观背景下,教育伦理学研究必须关注多个方面,努力寻找有利于提高教育善的各种方法途径。刘云林重点分析了教育善得以有效实现的两个基本要件:教育者的教育道德和作为教育者行为准则的教育伦理。教育伦理建设的主要任务是

---

① 参见王本陆《论教育的伦理特性》,载《教育研究》2003 年第 1 期。
② 参见向玉乔《教育与文明之善》,载王正平《教育伦理研究》(第五辑),上海:华东师范大学出版社2018 年版,第 22 页。
③ 参见叶澜《中国哲学传统中的教育精神与智慧》,载《教育研究》2018 年第 6 期。
④ 参见鲁洁《教育的原点:育人》,载《华东师范大学学报》(教育科学版)2008 年第 4 期。
⑤ 参见王本陆《教育崇善论》,广州:广东教育出版社 2001 年版,"引言"第 2 页。
⑥ 参见田海平《论中国教育面临的伦理难题》,载《河北学刊》2000 年第 4 期。
⑦ 参见周治华《核心价值、教育伦理与师德建设——全国首届教育伦理学学术研讨会综述》,载王正平《教育伦理研究》(第一辑),上海:华东师范大学出版社 2014 年版,第 355 页。

进行教育伦理立法,从而使教育者在教育活动中"有法可依";教育道德建设就是使教育者在理性上自觉认同、情感上自愿接受、行为中自主选择具有内在合理性的教育伦理。① 糜海波认为,教育规范伦理建设为教育行为主体趋善避恶提供了外在的价值导向,教育德性伦理建设为教育行为主体扬善抑恶提供了内在的品质保证。②

3. 教育公正

教育公正既是教育善的重要组成部分和表现形式,也是教育善得以实现的基本前提之一。然而,现实与理想之间存在着张力,这使教育公正自 20 世纪 80 年代就成为人们关注的教育热点问题之一。

在汉语中,"公正"即公平、正义之义。"教育公正"、"教育公平"或"教育正义"内涵虽有细微差别,但基本内涵相同,所以学者在使用时一般不做细分。关于教育公正的内涵,学者们曾从政治学、管理学、法学、社会学等不同学科切入理解。在教育伦理学内,学者们对教育公正内涵的理解随着研究的推进而不断深入。20 世纪80 年代,学者们一般把教育公正等同于教师公正,认为"教育公正,就是在教育活动中,教师要公平合理地对待和评价全体合作者"③。应该说,关注教师公正是有意义的,它可以规范和引导教师的教育行为。不过,正如有学者指出的那样,教师行为的公正性,终究只是教育公正的微观层面,并不必然提升整个教育公正的水准。④ 而且,过多地关注教师行为层面的教育公正问题,有时反而会掩盖教育公正的主要问题,即教育制度的公正问题。1990 年代,教育资源配置效率和公平问题的讨论深化了人们对教育公正的认识,"在现代社会,教育公正不只是教师行为的伦理规则,而且是整个教育的基本伦理原则。它规范的不应只是教师,而是涉及整个教育领域,尤其是教育制度和教育过程。"⑤在此基础上,学者们认为,教育公正就是通过合理的教育制度,恰切地分配教育资源,使每个人获得与其相适宜的教育,满足个体的学习需要,使个体得其应得,实现个性化的发展。通俗地讲,教育公正就是为个体的发展"量体裁衣",为个体发展提供与其自身条件"相当"或"相称"

---

① 参见刘云林《教育善的维度与实现路径》,载《教育理论与实践》2004 年第 8 期。
② 参见糜海波《教育善与教育伦理建设的两个向度》,载《高等教育研究》2013 年第 8 期。
③ 王正平:《教育伦理学》,上海:上海人民出版社 1988 年版,第 165 页。
④ 参见王本陆《教育崇善论》,广州:广东教育出版社 2001 年版,第 131—132 页。
⑤ 王本陆:《教育公正:教育制度伦理的核心原则》,载《华南师范大学学报》(社会科学版)2005 年第 4 期。

的教育资源。①

关于教育公正的性质,学者们一般都认可教育公正是社会公正在教育领域的延伸和体现,是社会公平的重要基础和核心环节。② 学者们还认为,教育公正是社会主义教育的本质特征,是教育伦理学的一项根本原则以及教育制度的核心原则。

关于教育公正的内容,学者们的意见有些差异。多数学者认可教育公正包括教育权利平等与教育机会均等两个基本方面。不过,也有学者认为教育公平包括受教育权利平等和受教育机会公平、教育过程公平和教育结果公平,其中受教育权利和受教育机会公平属于"起点公平",所以概括起来可以分为起点公平、过程公平和结果公平。③ 对于这种观点,有学者并不认同,认为教育公平,就其本质意义上讲,是指教育机会起点上的公平,而非结果上的公平。④ 有学者进一步认为,教育机会均等不是教育的起点平等,教育权利的平等才是教育起点的平等,人们如果在教育权利上就不平等,就无所谓什么教育平等了。⑤ 应该说这看到了教育公正的实质,只有拥有了相等的受教育权利,才能谈得上教育机会均等。

随着我国九年义务教育的推行,教育公平的基本主题由教育权利平等转为教育资源的合理分配问题,追求教育机会均等。学者们认为,教育资源配置的原则包括平等原则、差异原则和补偿原则。⑥ 在这一视角下,有学者认为教育公正包括教育分配公正、教育补偿公正、教育奖惩公正。教育实践中,教育公正在宏观层面上表现为教育制度公正和教育政策公正;中观层面上表现为教师在教育和教学工作中对待学生公正;微观层面上表现为教师教育公正的职业品质。⑦ 这一观点注意到了教育资源、教育利益的可分配、可补偿性特点,但是,它却忽视了教育权利、教育制度以及教师德性等并不具有这样的特征。因此,有学者认为,教育公正原则应包括基本权利保障原则、教育机会平等原则、程序公正原则、能力匹配原则和补偿原则。⑧ 此一概括较为合理。也有学者从教育之外审视教育公正,认为教育资源分配差异的关键在于教育的提供者;因此,教育公平问题不仅要关注教育系统内部

---

① 参见冯建军《教育学视野中的教育公正》,载《陕西师范大学学报》(哲学社会科学版)2008年第2期。

② 参见周洪宇《教育公平论》,北京:人民教育出版社2010年版,第13—14页。

③ 参见周洪宇《教育公平论》,北京:人民教育出版社2010年版,第11页。

④ 参见吴德刚《关于构建教育公平机制的思考》,载《教育研究》2006年第1期;褚宏启《关于教育公平的几个基本理论问题》,载《中国教育学刊》2006年第12期。

⑤ 参见郭元祥《对教育公平问题的理论思考》,载《教育研究》2000年第3期。

⑥ 参见褚宏启、杨海燕《教育公平的原则及其政策含义》,载《教育研究》2008年第1期。

⑦ 参见王正平《论教育公正》,载《伦理学研究》2016年第6期。

⑧ 参见冯建军《论教育公正的基本原则》,载《社会科学战线》2007年第4期。

教育消费者身份的不同,更要关注教育系统外部教育提供者的特征。① 此一视角有其深刻性。

近年来一些学者认为,建构在以"效率优先"为表征的社会功利主义之上的教育公平观忽视了人的基本权利,因此不能真正实现教育公平,"如果将教育公平视为促进经济发展的手段与工具,那么所谓的教育公平只能是以功利化的目标来衡量,这恰恰违背公平与公正的真正含义"。② 因此,必须以权利主义为基础建构"以人为本"的新教育公平。"新教育公平"观旨在实现以"人"为核心评估域的视角转换,主张从注重效率优先到强调公平正义,从注重教育公平的外延到关注教育公平的内涵的转变。③

教育公正不仅是理论问题,更是实践问题,它直接关系到我国教育事业的发展以及国民受教育的可能和受教育境况。从教育实践讲,教育正义是关于教育建构的一个道德观念,它指向的是教育制度与实践向合道德善的方向的改进和建构,因此,教育的各种制度与行动的基础性价值和原则是否符合正义,表现教育价值与理想的机构和人员的品格、态度和行动是否表达了正义以及正义的要求,成为教育正义的主题。④ 在教育实践中,人们理解教育公正时常常有两个潜藏的前提假设:一是认为教育质量的高低依赖于教育资源的配置,资源越多,教育越好;二是认为教育本身就是一项人力资本投资,好的教育投资能够增加人未来成就的机会。对此,石中英做了澄清,指出"好教育"不等于"好成绩","好成绩"也不等于"好教育"。⑤实际上也是如此,"好教育"并不仅指有丰富的教育资源,更指该教育符合道德,具有人文意义和社会意义。

学者们还分析了教育公正的实现途径。有学者认为,实现教育公正,首先是实现教育管理公正;其次是实现教育行为公正;再次是实现教育制度的公正。⑥ 不过,也有学者认为,只通过教育改革不可能彻底解决教育公平问题,经济改革和政

① 参见文军、顾楚丹《教育公平向何处去?——基于教育资源供给三阶段的思考》,载《国家教育行政学院学报》2017 年第 1 期。
② 参见吴遵民《基础教育公平论——中国基础教育公平与均衡发展的政策研究》,上海:上海教育出版社 2014 年版,第 270 页。
③ 参见程天君《新教育公平引论——基于我国教育公平模式变迁的思考》,载《教育发展研究》2017 年第 2 期。
④ 参见金生鈜《教育与正义:教育与正义的哲学想象》,福州:福建教育出版社 2012 年版,第 9 页。
⑤ 参见石中英、霍少波《教育公平话语中的教育假设及其反思》,载《国家教育行政学院学报》2018 年第 6 期。
⑥ 参见糜海波《论教育伦理学视域下的教育公正问题》,载王正平《教育伦理研究》(第四辑),上海:华东师范大学出版社 2017 年版,第 107—111 页。

治改革是实现包括教育公平在内的社会公平和正义的根本路径。但是,不能否认教育自身尤其是教育行政部门对于推进教育公平的责任和义务,以及所应该发挥、所能够发挥的巨大作用。[1]

学者们还讨论了义务教育公平、基础教育公平、教育政策公平等现实教育公正问题。这些研究和探讨对促进我国教育事业向更加合理、公正、普惠的发展有着重要价值与意义。

(四) 师德问题研究

师德问题研究曾是教育伦理学研究的前身,至今仍是教育伦理学的主要研究对象之一。人们之所以长期关注师德问题,一方面是因为师德状况存在问题,另一方面也说明加强师德问题研究和师德建设的重要性。

1. 师德失范的原因分析

学者们从不同角度探讨了教师道德失范的原因。有学者认为,受市场经济逐利思潮影响,教育推行产业化,致使教师职业道德迷失、缺失、丧失。[2] 有学者审视教育制度、教育体制,认为我国教育系统流行的行政逻辑和市场逻辑,物质至上、政绩至上的价值倾向,以及广泛存在的教育不公现象,致使教育领域弃守教育信仰、迷失教育精神,这是诸多教育道德问题不断滋生蔓延的主要社会原因。也有学者认为,教育伦理价值理念的模糊与教育政策的不合理共同作用导致了当前我国教师伦理的失范。[3] 而有的学者认为,教师被严格的教师道德规范所"规训",教师在道德规范面前成了一个不折不扣的被动执行者,教师的道德生活由此失去了主动性、情感性,对象化、工具化的教师"道德冷漠"导致师生关系危机重重。[4]

有学者从个体维度探寻师德缺失的原因,认为部分教师道德失范、信仰缺失,一方面是由于其对于外在名利的追求与迷恋,另一方面在于这些人无法摆脱人性中固有的恶。[5] 这种深入人性探讨师德失范原因的思考不失其深刻性,但是,把师

---

[1] 参见褚宏启《关于教育公平的几个基本理论问题》,载《中国教育学刊》2006 年第 12 期。
[2] 参见周治华《核心价值、教育伦理与师德建设——全国首届教育伦理学学术研讨会综述》,载王正平《教育伦理研究》(第一辑),上海:华东师范大学出版社 2014 年版,第 355 页。
[3] 参见陆寒《核心价值、教育伦理与立德树人——第二届全国教育伦理学学术研讨会综述》,载王正平《教育伦理研究》(第二辑),上海:华东师范大学出版社 2015 年版,第 387 页。
[4] 参见钟芳芳、朱小蔓《论当代教师道德生活的困境与自主创造》,载《教育理论与实践》2017 年第 16 期。
[5] 参见王中男《教师伦理道德:失范与复归——基于"个体·社会"框架的一种分析》,载《教育理论与实践》2015 年第 35 期。

德失范归咎于人性假设上则有其风险性。还有学者认为师德失范是由于教师或教育工作者缺失道德敬畏。① 道德是一种靠内在自觉自愿得以实现的外在约束,如果缺乏对道德的敬畏,人们就不会自觉自愿约束自己,这自然造成道德旁落。这种分析有其深刻性。

2. 师德建设的理论探究

早在 20 世纪 80 年代初,就有人强调要加强教师道德研究。② 教师道德包括教师德性与教师德行两个方面。教师德性是教师的内在品质,教师德行是教师德性的外在表现。教师德性是教师在教育教学过程中不断修养而形成的一种获得性的内在精神品质,它既是教师人格特质化的品德,也是教师教育实践性凝聚而成的品质,是一种习惯于欲求正当之物并选择正当行为去获取的个人品质。③ 可以看出,教师德性的养成是在教师身份认同前提下的自主建构。有学者从心理学角度分析了影响教师德性养成的因素及其作用机制,认为影响教师道德的客观因素有社会期望、职业声望、现实地位等宏观因素,也有学校管理体制、人际关系、群体观念、集体目标等微观因素,而主观因素则包括职业社会知觉、职业角色意识和个人特质三个方面,并认为角色意识起更重要的作用。④

针对师德建设长期疲软的境况,有学者认为,教师已由"职业"发展为"专业",因此应当从专业生活质量提高和教师专业发展的角度推进教师的专业道德建设。⑤ 但是,有学者认为,当前教师道德在制度化与技术理性的规约下难以发展,教师道德发展迫切需要给予"自由",要尊重教师道德发展的自由意志,强调教师对道德生活的自觉反思,重视教师道德实践的主动创生,实现教师道德自我价值与社会价值的统一。⑥ 也有学者认为,教师道德建设需要回归到人,回归到教师培养的规律,即:使教师在职场中、在追求专业成长的过程中成为师德建设的积极主体,从而实现师德提升。⑦ 有学者认为,教育智慧伦理可以在教育实践中"化规范为人

① 参见李春玲《师德失范与道德敬畏感缺失》,载王正平《教育伦理研究》(第一辑),上海:华东师范大学出版社 2014 年版,第 229 页。
② 参见华东师大政教系哲学教研室伦理学组《建议加强教师道德的研究》,载《伦理学与精神文明》1983 年第 1 期。
③ 参见陶志琼《关于教师德性的研究》,载《华东师范大学学报》(教育科学版)1999 年第 1 期。
④ 参见马娟、陈旭、赵慧《师德发展的影响因素及其作用机制》,载《教师教育研究》2004 年第 6 期。
⑤ 参见檀传宝《论教师"职业道德"向"专业道德"的观念转移》,载《教育研究》2005 年第 1 期。
⑥ 参见杨茜《从"规约"到"自由":我国教师道德发展的当代诉求》,载《中国教育学刊》2016 年第 12 期。
⑦ 参见朱小蔓《回归教育职场回归教师主体——新时期师德建设的思考》,载《中国教育学刊》2007 年第 10 期。

格、化人格为修行、化自律为群享、化知德为智善"。① 有学者分析了 20 世纪 80 年代以来道义论、功利论和契约论三种伦理思潮在师德建设中的作用与影响,并认为帮助教师认识、提升和凝炼师德的内涵,重振道义论伦理思想的理想精神,融合多元伦理思想,是我国师德建设的选择。② 也有学者从教师生活的境况分析认为,解决教师不道德行为,首先要提高教师待遇,其次要净化社会道德风气,最后才是对教师进行道德教育。③ 并且认为,对教师道德的要求并非越高越好。师德建设的真正难题是,如何依据现代法制精神,在权利与义务对等、道德与利益互补的基础上,构建和倡导公平、合理、可行的教师道德。④ 总之,学者们认为,新时代师德建设要在准确定位教师核心职业角色的基础上,基于教师职业角色的形成阶段,构建教师专业道德的保障机制;在相互尊重的文化关怀中重建教师职业角色的话语权;要提高教师的社会地位和经济待遇以激发教师的专业成长需求。⑤

3. 师德建设的实践探索

实践探索是师德建设的重要着力点之一。学者们认为,构建科学的师德规范体系是师德建设的重要路径。而成熟的教师职业道德规范不仅仅是"道德理想宣言",同时应该包含道德原则、师德规则、体现专业伦理的系统性与可操作性。在此基础上,有学者建议成立教师专业自治组织,依据教师专业伦理精神从师德理想与师德规则两个层面完善师德规范,充分表达教师群体的意志。⑥ 有学者针对当前的《教师职业道德规范》存在的问题指出,教师职业道德规范不应仅仅理解为教师的个体主观层面的道德修养,同时更是教师这一职业之伦理规范的客观而明确的表达。因此,《教师职业道德规范》的制订不能仅凭主观性的道德期待,还必须以一种"伦理化"的思维,系统而深入地考察教师职业的现实伦理境况。⑦ 在此基础上,第五届全国教育伦理学学术研讨会推出《新师德宣言》,此宣言一出立即引起全国教师的热烈响应。同时,中国教育伦理学会在全国各地建立多个"全国师德建设实践与创新基地"。这些都是师德建设的实践尝试。

---

① 参见靖国平《教育智慧伦理:教师职业道德的新境界》,载《上海师范大学学报》(哲学社会科学版) 2015 年第 1 期。
② 参见赵敏《近 30 年来我国师德建设伦理学思想的冲突与交融》,载《教育研究》2011 年第 2 期。
③ 参见杜时忠《教师道德从何而来》,载《高等教育研究》2002 年第 5 期。
④ 参见杜时忠《教师道德越高越好吗?》,载《中国德育》2010 年第 2 期。
⑤ 参见姬冰澌、辛未《新时代教师专业道德的建构路径》,载《教育理论与实践》2019 年第 5 期。
⑥ 参见周治华《核心价值、教育伦理与师德建设——全国首届教育伦理学学术研讨会综述》,载王正平《教育伦理研究》(第一辑),上海:华东师范大学出版社 2014 年版,第 358—359 页。
⑦ 参见曾建平、邹平林《道德思维与伦理思维:论教师职业规范的构建》,载《井冈山大学学报》(社会科学版)2015 年第 1 期。

有学者认为,师德建设不仅需要构建师德规范体系,还要有师德评价体系。有效的师德评价能使教师认识到教师职业的崇高与伟大,增强职业荣誉感,对树立坚定的职业信念和形成良好的职业行为都具有重要的推动作用,从而唤起教师将师德原则和实践统一起来。① 学者们认识到,在经济全球化、社会信息化和文化多样化的时代背景下,师德评价功能的实现受到诸多外部因素的挑战和影响,在实践操作中也面临着一些认识的困境和疑惑,主要表现为师德能否进行量化评价、师德评价中义与利的价值冲突以及应试教育对教师道德理性的困扰等问题;②同时,当前师德评价伦理目标有所偏差,师德评价受到多元文化的冲击,师德评价中教育观念滞后。③ 科学有效地实施师德评价,必须全面辩证地把握评价主体、方法与依据这几个关键要素,坚持评价主体的自我与他人相结合、评价依据的动机与效果相结合、评价方法的定性与定量相结合的原则。师德建设的应有举措包括坚持义与利的统一,以正确观念引领师德进步;将评价与教化相结合,形成师德完善的内驱动力;加强规范与制度建设,为师德建设提供外部条件。④

尊重教师是师德建设的重要基础和前提,只有尊重教师,才能充分调动教师的主体积极性。尊重教师本身是道德建设的重要组成部分,从根本上说,尊重教师是"尊重人"这一普遍道德原则在教育实践中的重要体现,是教师作为人格独立的"人"应该得到的尊重。学者们认识到,如果我们倡导和推行的各种教育伦理原则,仅仅把教师当作教育、管束、惩戒或引导的对象,而不首先尊重教师,那就不能充分调动教师的道德主体积极性,任何空洞的师德说教,或貌似强硬的由政府教育部门下达的种种"师德规范""师德戒令"都不会真正有效。⑤ 尊重教师的原点就是维护教师尊严。⑥

(五) 教育伦理与社会主义核心价值观的关系研究

教育的发展需要一定的价值观引领,教育理论的发展也需要有价值导向,价值观是教育伦理的文化内核。在当代中国,教育伦理规范要确切地反映社会的价值要求,就必须以社会主义核心价值作为其灵魂和内核,这是教育伦理规范合乎社会

---

① 参见张英涛《师德评价对教师职业道德建设的影响》,载《学术交流》2001 年第 3 期;瞿鹤鸣、吴佳《当代师德评价探究》,载《广西社会科学》2007 年第 9 期。

② 参见糜海波《突破师德评价若干困境的思考》,载《教育理论与实践》2019 年第 1 期。

③ 参见糜海波《师德评价面临的矛盾、问题与出路》,载《高教发展与评估》2017 年第 4 期。

④ 参见糜海波《新时代师德评价与师德建设的应有维度》,载《伦理学研究》2018 年第 2 期。

⑤ 参见王正平《尊重教师:教育伦理的一项重要原则》,载《道德与文明》2015 年第 4 期。

⑥ 参见彭海霞、李金和《教师尊严:教育伦理现实转化的原点》,载《教育科学研究》2017 年第 5 期。

发展规律的逻辑必然。① 这是因为社会主义核心价值观既弘扬了优秀传统文化，又借鉴了人类文明发展的优秀成果，是当代中国文化的道德价值形态，为教育伦理的发展提供了价值依据。有学者从历史和现实两个维度考察了社会主导核心价值观的形成与发展过程，认为执政者、社会以及公民这三类主体在培育社会主义核心价值观的过程中相辅相成，而执政者的作用尤其重要，它通过政府的行为对整个社会和所有个人发挥着强大而持久的影响，成为培育和塑造社会主义核心价值观的主导力量；因此，党和国家的率先垂范将对社会风气、公民道德产生巨大影响力，将为教育伦理的健康发展提供价值引领。还有学者认为，社会主义核心价值观是社会主义道德观念体系中最重要的内容，当代教师"教书育人"的一个重要使命是必须将社会主义核心价值观融于他们的职业活动之中，传播社会主义核心价值观是我国教师的共同使命。②

有学者认为，师德是培育和践行社会主义核心价值观的重要阵地之一，社会主义核心价值观是师德的重要组成部分，要在当今中国很好地培育和践行社会主义核心价值观，我们必须重视师德建设。③

(六) 教育伦理与立德树人研究

教育观是对教育现象和教育问题的基本看法。④ 政府的教育观决定着教育的性质、内容、方式以及发展方向。70 年来，我国官方教育观曾经过多次变化，从最初把教育看作社会主义改造和社会主义的建设工具，到重视培养人的全面素质，再到"把立德树人作为教育的根本任务"，体现了我国政府对教育本质的认识逐渐提高、全面和深刻。将"立德树人"作为教育的根本任务，既是新时期科学发展观"以人为本"的体现，是对党的全面发展教育方针的重大发展，也是对教育本真和德性的回归，符合人才成长的规律和德育的规律。⑤ 同时，"把立德树人作为教育的根本任务"确立了"立德树人"在教育中的根本地位，使教育回归了"育人"的本质。立德树人是一切真正教育的最终目的。就是说，教育要以培养道德为优先，以育人为

① 参见糜海波《教育善与教育伦理建设的两个向度》，载《高等教育研究》2013 年第 8 期。
② 参见吴海燕《核心价值、教育伦理与师德实践——全国第三届教育伦理学学术研讨会综述》，载《南京晓庄学院学报》2016 年第 3 期。
③ 参见向玉乔、卢明涛《培育和践行社会主义核心价值观的主要道德阵地》，载《湖南师范大学社会科学学报》2015 年第 6 期。
④ 参见项贤明《新中国 70 年教育观变革的回顾与反思》，载《南京师大学报》(社会科学版)2019 年第 2 期。
⑤ 参见冯建军《改革开放 40 年中国德育事业的发展历程》，载《中国德育》2018 年第 20 期。

根本。因此,立德树人是教育伦理的根本原则,是全部教育工作的价值基础,也是新时代中国特色社会主义教育应当遵循的最根本、最重要的伦理原则。①

关于何谓"立德树人",学界展开了广泛讨论。学者们一般认为"立德"即是"育德",就是培育学生的道德素质,确立品德、树立德业。② "立德树人"一方面强调"德"在德、智、体、美诸种素质中的核心地位和德育在学校各项工作中的首要地位,另一方面强调"立德"是"树人"的途径和方式,树人需要立德,立德才能树人。③ 也有学者认为,立德树人就是要通过人性发展、品德涵养、精神提升等思想道德建设实现人的全面发展。④

"立德树人"是几千年来中外教育伦理思想的精髓,是教育本质内涵的新发展、新概括,它很好地回答了"成人"、"做人"与道德、"立德"之间的关系,深刻地揭示了"成人"要先"立德","立德"是"树人"的前提,只有"立德"才能"树人"的教育原理。

针对"育德"与"育才"之间的关系,习近平总书记在北京大学师生座谈会上作了深刻阐述,他说:"'才者,德之资也;德者,才之帅也。'人才培养一定是育人和育才相统一的过程,而育人是本。人无德不立,育人的根本在于立德。这是人才培养的辩证法。"⑤习近平总书记引用《资治通鉴》的典故深刻论述了"育人"与"育才"之间的辩证关系,揭示了教育的育人本质。

(七) 教育伦理实践探索

随着教育伦理学理论研究的深入,教育伦理实践探索也在不断推进。在教育实践层面,素质教育的实施、"把促进人的全面发展"作为衡量教育质量的根本标准之一以及"把立德树人作为教育的根本任务",这些教育制度的确立和教育政策的实施大大促进了我国教育伦理的落实和教育向"人民满意的教育"的推进。

在学术界和教育界,学者们和一线老师们也在积极研究和探索着推动教育伦理实践。在理论研究方面,有学者分析了实现教育善的教育实践机制,认为除营造有利于教育善实现的社会环境外,完善现代教育道德系统、弘扬教育主体性以及推动教育的改革发展是推动实现教育善的重要举措。⑥ 有学者认为,教育伦理学的

---

① 参见王正平、林雅静《立德树人:教育伦理的根本原则》,载《道德与文明》2018年第4期。
② 参见张力《纵论立德树人——教育的根本任务》,载《人民教育》2013年第1期。
③ 参见骆郁廷、郭莉《"立德树人"的实现路径及有效机制》,载《思想教育研究》2013年第7期。
④ 参见高国希、叶方兴《高校课程体系合力育人的理论逻辑》,载《中国高等教育》2017年第23期。
⑤ 习近平:《在北京大学师生座谈会上的讲话》,载《人民日报》2018年5月3日。
⑥ 参见王本陆《教育崇善论》,广州:广东教育出版社2001年版,第298—349页。

激励机制包含两方面：一是主体的自我激励，即自己为自己设定向善乃至至善的动力机制。二是客观的外在的社会激励。[①] 针对目前我国教育道德的社会现实，学者们就教育社会公正和教育民主化的实现机制作了较深入的探讨。有学者认为，教育机会民主化的实践中应坚持系统论观点，"保证整个实践进程顺利进行，还必须加强教育权利立法，动员社会广泛参与，同时需要在教育机会民主化内部的子系统中，不断优化各个薄弱因素，以保证系统的整体功能发挥。"[②]有学者则探讨了现代法治视域中教育善的实现路径：从良法的创制到教育的合道德性构建，从司法工作者忠于法律的要求到教育者价值信仰的确立，从法的权利本位到对被教育者利益的尊重，从公民积极守法到被教育者对行为规范的自觉遵从。[③]

（八）教育伦理学研究的纵深发展

随着研究的深入，教育伦理学研究向纵深发展，拓展了许多新的视域，如教师伦理、学生伦理、教育政策伦理等。这些研究中，有的是对教育运行机制的研究，如教学伦理、课程伦理、教育管理伦理、教育行政伦理、学生服务伦理、教育评价伦理等；有的是对教育分支的研究，如高等教育伦理、成人教育伦理、职业教育伦理、民族教育伦理等。教师伦理学是教育伦理学的最早分支，甚至一度是教育伦理学的前身，也是教育伦理学体系中研究最多的分支领域之一。这在上文已述。另一个得到较多关注的是教育管理伦理研究，郐庭瑾、金保华、聂文龙、詹志博、杜钰等对其进行了研究。[④] 截至目前，其他方面研究相对较少。

（九）教育伦理思想资源的挖掘

思想资源是教育伦理发展的基础，学者们对中外教育伦理思想资源进行了挖

---

① 参见刘云林《我国教育伦理学研究之应然》，载《道德与文明》2001 年第 5 期。

② 吴德刚：《建立推动我国教育机会民主化实践机制的探讨》，载《教育评论》1996 年第 3 期。

③ 参见刘云林、舒婷婷《法治视域中教育善的实现路径》，载王正平《教育伦理研究》（第四辑），上海：华东师范大学出版社 2017 年版，第 73 页。

④ 相关著作主要有，郐庭瑾：《教育管理伦理研究》，北京：商务印书馆 2008 年版；郐庭瑾：《教育管理的伦理向度》，北京：教育科学出版社 2015 年版；金保华：《教育管理的伦理基础》，武汉：华中师范大学出版社 2012 年版；聂文龙、詹志博、张楠《教育管理伦理研究》，哈尔滨：东北林业大学出版社 2017 年版；杜钰、郝大栾、赵建辰：《教育管理伦理概论》，哈尔滨：东北林业大学出版社 2017 年版等。

掘、分析。早在20世纪80年代,就有学者对中外教育伦理思想进行了研究。① 钱焕琦、刘云林主编的《中国教育伦理思想发展史》(改革出版社1998年版)是20世纪教育伦理思想史研究的主要成果。该书叙述起于夏商周迄于当代,共介绍71位历史上和当代主要学者的教育伦理思想,可谓较为全面。

进入21世纪,越来越多的学者注重对中国传统教育伦理思想的挖掘,许多学者如朱道忠、吴知桦、张自慧、乐爱国、冯兵、刘文波、皮伟兵等都加入了传统教育伦理思想的研究队伍。孔子、孟子、荀子、《学记》、周敦颐、胡瑗、朱熹、王阳明、王夫之、梁启超等历史人物和文献的教育伦理思想都有分析、探讨。也有学者如何英旋、刘春雨、刘娟、索长清等介绍分析了国外教育伦理思想,对苏格拉底、柏拉图、亚里士多德、夸美纽斯、卢梭、赫尔巴特、杜威、皮亚杰等西方教育家的教育伦理思想都有论及。还有一些学者进行了中外教育伦理比较研究,如耿有权以西方教育伦理为参照研究中国传统儒家教育伦理思想②,田雪飞对中美两国高等教育制度伦理的异同、优缺点,以及如何实现优势互补进行了比较分析研究。③ 这种从制度伦理的视角对中外教育进行比较分析的研究在国内尚属少见。

(十) 教育伦理的其他方面研究

教育伦理研究除以上议题外,也关注其他问题,如对教育伦理范畴、教育自由、教育分寸、教育劳动、家庭教育伦理等都有分析探讨。这些研究虽然不多,但拓展了教育伦理学的视野,有益于教育伦理学的发展,也有益于我国教育事业的健康发展。

三、简要评述

中国教育伦理学风雨兼程70年,有痛苦,但更多的是欢笑;有跌宕,但更多的是发展。70年来,由被压制到大繁荣、由单一视角到全面发展,从民间到政府、从理论到实践、从历史到当代,中国教育伦理学研究取得了空前发展和巨大成绩,这

---

① 中国传统教育伦理思想研究方面,如锺肇鹏于《东岳论丛》1981年第1期发表了《孔子的伦理教育思想》,朱盛昌于《江西师范大学学报》1985年第2期发表了《李觏教育思想简论》等;外国教育伦理思想研究方面,如周全德于《道德与文明》1985年第6期发表了《苏霍姆林斯基的家庭伦理思想》等。
② 参见耿有权《儒家教育伦理研究:以西方教育伦理为参照》,北京:中国社会科学出版社2008年版。
③ 参见田雪飞《中美高等教育制度伦理价值比较》,北京:社会科学文献出版社2016年版。

突出表现在学科建设、理论建构、实践推进等方面所取得的可喜成就。

学科建设成就巨大，使中国教育伦理学逐渐成为一门独立的学科。这主要体现在以下六点：一是产生一批有代表性的学术成果。1988年王正平主编的《教育伦理学》的出版标志着新中国教育伦理学正式诞生，开启一门新学科。此后，相关研究成果大量涌现，其中王正平再次主编的新《教育伦理学》(2019)更"是具有里程碑意义的一本著作，对教育伦理学真正成为一门学科具有重要意义"。二是形成了一支相对专业的研究队伍。许多学者如李春秋、钱焕琦、王本陆，特别是一批中青年学者如卜玉华、程亮等加入研究队伍进一步推动教育伦理学的专业化发展。三是明确了研究视域和研究对象，即教育活动中的道德问题。四是列入高等师范院校专业或通识课程，纳入硕士和博士研究生培养计划。五是成立了专业学术委员会——中国教育伦理学会(2013)、创办了学会会刊《教育伦理研究》。六是从2016年起列入国家社科基金科研项目、教育部人文社科研究项目和评奖学科分类项目，这标志着教育伦理学得到了国家社科研究最高层次的认可。

理论建构方面，逐渐形成中国特色教育伦理学理论。早期，教育伦理学曾被认为是专门研究教师职业伦理的；随着学术视野的开阔，学者们认识到教育伦理学是一门"研究教育活动中道德问题"的学科。伦理性是教育的本质属性，教育涵容着伦理，伦理规定着教育的本质。学者们认识到，理论上教育具有伦理属性，或者说，本真教育即善。但是，现实的教育却有善恶之分，背离人类和个体不断完善、发展追求的教育是恶的教育。在当代中国，教育欲实现其育人的伦理本质必须以社会主义核心价值观为灵魂和内核。教育公正既是教育善的重要组成部分，也是教育善得以实现的基本前提之一。学者们认为，教育公正原则应包括基本权利保障原则、教育机会平等原则、程序公正原则、能力匹配原则和补偿原则等。

实践上，推动我国教育向善发展。教育要实现其育人本质，就应实施素质教育，"把立德树人作为教育的根本任务"，并把"促进人的全面发展"作为衡量教育质量的根本标准；应追求教育公正，即通过合理的制度安排、恰切的教育资源配置，使每个人获得与其相适宜的教育。教育制度公正、基础教育公平、义务教育公平等的研究和探讨推动了我国基础教育、义务教育向更加合理、公正、普惠发展。同时，优良师德是实现教育善的重要保证之一，因此，推动师德建设曾是我国教育伦理学的唯一议题，且至今仍是主要研究对象之一。为此，中国教育伦理学会推出《新师德宣言》，并先后两次在全国建立29个"全国师德建设实践与创新基地"，这些举措必将对新时代师德建设产生积极影响。

回顾过去，中国教育伦理学取得了长足发展；展望未来，中国教育伦理学仍需立足中国、吸收借鉴中外优秀教育伦理思想,以创新性思维和创造性实践开创新未来。

其一,教育伦理学欲"顶天",首先必须更加"立地"。不"立地"无以"顶天"。但是,"目前教育伦理学研究对教育实践问题中凸显的热点问题关注不足,对社会公众普遍关注的现实伦理问题研究不够",存在一定程度的重纯粹思辨、概念演绎,脱离现实的倾向。教育伦理学,既要仰望星空,更要脚踏实地,担负起高卢雄鸡引领美好未来的职责,只有如此才能看得更高走得更远。

其二,加强教育伦理学本土化研究,建构中国特色教育伦理学理论。这既有利于消解教育伦理学理论与实践之间的张力,也有利于增强民族理论自信、文化自信。"本土化"是我国教育学界长期以来的重要话题之一,也是我国教育伦理学需要致力的重要方向。当前中国教育伦理学研究成绩斐然。但是,这些研究多是运用西方理论、话语及思维方式思考中国教育伦理问题的结果,实际上并不能解决或很好地解决中国的教育伦理问题。中国几千年独自发展形成的独特文化心理、话语体系和思维方式,虽然近代以来受到西方文化的强力冲击,但是,绝大多数中国人仍然保持着中国独有的文化心理、话语体系和思维方式,甚至教育中出现的问题也有着鲜明的"中国味"。因此,我们必须以中国人特有的文化心理、话语体系和思维方式思考、研究中国的教育伦理问题,而不能用西方话语依葫芦画瓢地讨论中国的教育伦理问题。只有如此,才能创造出具有中国风格、中国气派、中国精神的中国教育伦理学,也才能增强民族理论自信、文化自信。2017 年王正平提出建构有中国特色教育伦理学理论,表明我国学者已经意识到建构本土教育伦理学理论的重要性。

其三,"要不忘本来、吸收外来、面向未来",建构中国特色教育伦理学既要吸纳当代教育伦理思想,也要加强中外传统教育伦理思想的挖掘。这就要求在坚持从中国教育实际出发的前提下,大力推进中外传统教育伦理思想(史)研究,特别是中国传统教育伦理思想的当代创造性转化和创新性发展研究。当前虽然一些学者在这方面努力着,但是现有的研究还比较分散,不系统也不深入,特别是结合教育现实的创造性转化和创新性发展研究还需要进一步加强。只有海纳百川、博采众长,大量吸收借鉴中外优秀教育伦理思想,中国教育伦理学才充满生命力,才能创建出具有中国风格、中国气派、中国精神的教育伦理学理论,也才能更有利于我国教育的向善发展。

第十八章　法律伦理

　　回溯学术思想史,法律伦理思想与法律伦理问题一样历史悠久。从发生学逻辑来看,具有学科意义上的法律伦理学研究却起步较晚,肇端于改革开放之初,法律伦理学是伴随着新中国成立特别是改革开放以来的伟大实践,以及社会主义法治建设的进程诞生和发展起来的;中国法律伦理学不会横空出世,它是深深植根于源远流长的我国法律伦理思想,同时吸收借鉴国外法律伦理思想的营养。正是为了适应依法治国这一基本方略和中国特色社会主义法治建设的现实需要,学界围绕着法律与道德的关系、道德法律化与法律道德化、立法伦理、司法伦理与守法伦理、中国传统法律伦理思想、法律职业伦理、法律正义、法律制度伦理等问题,进行了深度的研究和探讨,取得了大量学术研究成果,法律伦理学作为一门交叉性学科迅猛成长起来,成为中国应用伦理学研究时代性发展的新兴学科生长点。从此意义上说,中国法律伦理学既是对社会主义法治建设历程的思想描摹和折射,也是对这一历程中所不断涌现出的时代问题的理论回应和"伦理学解答"。因此,回顾新中国 70 年来中国法律伦理学研究的历史,提炼其发展的基本经验,发现其存在的问题和不足,为新时代推进中国法律伦理学研究向纵深迈进无疑具有重要的价值和意义。①

一、研究的基本历程和概况

　　新中国成立 70 年来,中国法律伦理学研究在摸索中不断前行,形成了独特的历史发展轨迹。以党的十一届三中全会召开为标志,党和国家的工作重心开始逐步从"以阶级斗争为纲"转移到社会主义现代化建设上来,而关于法律伦理的相关研究也随之迎来了发展的春天,直至成为中国伦理学谱系中的重要一员。总体上

---

① 此文部分内容参阅张志丹《第十五章　法律伦理》,载王小锡等著《中国伦理学 60 年》,上海:上海人民出版社 2009 年版,第 219—234 页。

看,法律伦理学研究至今走过了萌芽、形成、繁荣和发展四个阶段。

(一)研究萌芽期(1949—1978):"渐露鱼肚白"

新中国的成立,确立了中国共产党领导和马克思主义思想的指导地位,随着对旧道德批判的加深和对共产主义道德宣传的加大,马克思主义伦理学得到了一定程度的重视。围绕着道德遗产批判继承问题、无产阶级道德原则和功利主义问题、道德的阶级性问题、道德的起源和社会作用、马克思主义伦理学研究对象和研究方法、无产阶级道德与资产阶级道德的关系等问题,学界展开了初步探讨。进而涌现出一批研究伦理学问题的专家,如李奇、周原冰、冯友兰、冯定、张岱年、周辅成、吴晗、罗国杰、许启贤、王煦华等,产生了一些具有代表性的著作:如张岱年在 1957 年著的《中国伦理思想发展规律的初步研究》、冯定在 1956 年著的《共产主义人生观》、周原冰在 1964 年著的《道德问题论集》、周辅成在 1964 年编的《西方伦理学名著选辑》(上卷)、沈其昌等人在 1964 年译介的《伦理学说史论丛》等。虽然这些研究大部分属于学术论争性质的,其中多有理论批判和学术讨论上的"左"倾倾向,存在意识形态偏见的烙印,因而缺乏应有的客观性。但是,这些学术成果仍为中国伦理学以及法律伦理学的进一步深化研究提供了重要的学术资源和必要基础。然而,随着"文化大革命"在理论和实践的"'左'倾之路"上愈走愈远,不仅造成了整个社会的道德混乱和危机迭起,而且导致伦理学研究工作基本陷入了停滞倒退状态。这一情况直至改革开放后才得到真正扭转。总体上看,这一时期的法律伦理学还属于"前学科"阶段,而且我国主要的全国性的法律只有两部(《中华人民共和国宪法》和《中华人民共和国婚姻法》),依法治国的理念尚属于初创阶段。所以,真正意义上的法律伦理研究尚未真正开始,涉及法律伦理学的学术成果也是寥若晨星,但是学界也从多个角度审视了法律与伦理及其关系,为法律伦理学的真正"出场"奠定了重要的学术基石。

(二)研究形成期(1979—2000):"日月开新元"

改革开放宣告了伦理学研究春天的到来,中国的伦理学研究在解放思想、实事求是的过程中实现了逐步的恢复和发展。如中国人民大学、华东师范大学、中国社会科学院等高等院校开始陆续恢复并组建伦理学教研室,1980 年在江苏无锡还召开了全国第一次伦理学讨论会,成立了中国伦理学会等。这些均为伦理学的学术研究复兴提供了重要的组织保障。随着拨乱反正和真理标准讨论问题的深入展开,我国的法制建设也逐步提上正常轨道,尤其是党中央提出要建设适应中国市场经济发展的中国特色社会主义法律体系,客观上要求人们必须认真思考法律的伦理道德问题。法律伦理问题在这一时期真正得以"出场",开始成为学界所关注的热点问题。

真正首开"法律伦理学"问题研究先河的是著名法学家何勤华,他于1984年在《文汇报》撰文《法律伦理学》,正式提出"法学伦理学"的概念,并在《法律伦理学体系总论》一文中,进一步将"法学伦理学"一词明确为"法律伦理学",并系统地从总论和分论层面初步勾勒了法律伦理学的理论体系,成为这一时期法律伦理学研究的引领力作。此后,国内为数不少的学者受其影响纷纷投入到法律伦理的探索工作中来,开始从不同视角力图阐释法律伦理的概念和范畴,论证法律伦理的必要性、战略意义和研究价值,比较分析法律规范与道德规范、法律关系与道德关系、法律评价与道德评价等之间的内在耦合性,并挖掘中国古代法律理论和规范中的伦理思想等(如孟子的"教而后刑"思想),取得了一系列具有开创性意义的研究成果。代表性的学术论文有:许启贤在《道德与文明》1986年第2期上发表的《道德和法律的关系》、文正邦在《探索》1988年第5期上发表的《法伦理学研究的战略意义》、万俊人等人在《广东社会科学》1990年第1期上发表的《论法律的伦理学问题》、李建华在《江西社会科学》1995年第9期上发表的《法律伦理学论纲》等。代表性的学术著作包括:刘兆兴在1986年著的《法律与道德》、赵克俭等在1992年著的《司法伦理学》、沈忠俊在1999年著的《司法职业道德》等。毫无疑问,这些学术成果的陆续问世,初步构筑起了法律伦理学的学科理论体系和基本框架,为法律伦理学的进一步深化研究提供了理论基础和条件。总体上看,此时的法律伦理学研究队伍不断壮大,越来越多的伦理学学者或者法学学者加入到法律伦理学的研究行列,集中探讨了市场经济条件下的众多法律伦理问题,法律伦理学被归属到应用伦理学研究领域,作为一门"交叉学科"从无到有地正式建立起来。由此,可将这一时期称之为中国法律伦理学的"形成期"。

(三)研究繁荣期(2001—2012):"满目尽繁华"

1999年九届全国人大二次会议正式将"中华人民共和国实行依法治国,建设社会主义法治国家"写入宪法,实现了我国治国方略的重大转变。在2001年的全国宣传部长会议上的讲话中,江泽民更是明确指出,要在发展社会主义市场经济的过程中建设好中国特色社会主义,就必须坚持不懈地加强社会主义法制建设,既要依法治国,也要以德治国。他认为,对于一个国家治理来说,德治与法治从来都是相辅相成、相互促进,二者缺一不可,亦不可偏废。同年7月1日,在纪念中国共产党成立 80 周年大会上的讲话中他又重申了这一精神。从"法制国家"到"法治国家"的目标转变,再到"依法治国"与"以德治国"两手并抓思想的提出,不仅标志着社会主义法治建设向纵深层面的进一步探索和实践,也意味着全面推进依法治国方略已然进入了一个新的攻坚期和关键期。从顶层设计高度阐明社会主义市场经济条件下的法治建设与道德建设的内在统一性和同步运作的必然性,这为我国法律伦理学的研究指明了方向,并进一步地提振了学界的学术信心和研究勇气,中国法律伦理学发展的现实动因由此产生。

与此同时,伴随着中国正式加入世界贸易组织(WTO),市场经济发展过程中的道德滑坡问题、改革成果分享中的道德与法律问题、司法改革问题、法律职业伦理问题、法律体系的建构伦理问题等凸显出来,由此,这一时期的法律伦理学研究,呈现出日趋从抽象的学理向具体的司法实践深入,并与中国法律实践中的现实问题紧密结合起来的特点。既从宏观层面研究法律伦理的元理论问题,对法律与伦理关系互动原理进行了探究,也从微观层面思索法律实践中的伦理问题,对具体法律角色的职业伦理问题和具体法律部门的法律伦理问题进行了探究。法律伦理学的学科理论体系得到进一步更新和细化,一批具有一定理论深度、有相当社会影响的学术著作如雨后春笋般涌现出来,呈现出一片繁荣景象。其中代表性的学术论文有:孙笑侠在《法学研究》2001 年第 4 期上发表的《法律家的技能与伦理》、刘华在《政治与法律》2002 第 3 期上发表的《法律与伦理的关系新论》、许章润在《中国社会科学》2003 年第 1 期上发表的《论法律的实质理性——兼论法律从业者的职业伦理》、刘云林在《道德与文明》2007 年第 4 期上发表的《法律伦理的时代使命:为法治建设提供道德保障》、李学尧在《中国法学》2010 年第 1 期上发表的《非道德性:现代法律职业伦理的困境》等。代表性的学术专著有:曹刚在 2001 年著的《法律的道德批判》,李建华在 2006 年著的《法律伦理学》,胡旭晟在 2006 年著的《法的道德历程:法律史的伦理解释(论纲)》,陈长文、罗智强在 2007 年著的《法律人,你为什么不争气?——法律伦理与理想的重建》,余其营、吴云才在 2009 年著的《法律伦理学研究》,刘正浩等人在 2010 年编的《法律伦理学》等。

值得欣慰的是,这一时期关于"法律伦理学"的学术交流运行机制与专业研究平台已经初步搭建起来,中国法律伦理学的研究逐渐脱离散兵游勇式的"单兵作战"方式,趋向有组织性的"集体作战"方式。就研究平台而言,一般多栖身于伦理学学科或法学学科研究平台之下,未出现独立的研究机构,如南京师范大学应用伦理学研究所、中国社会科学院应用伦理研究中心、西南政法大学应用伦理研究中心等机构,这些研究中心通过组织专门的研究人员撰写有关法律伦理学的专著与论文,保持着对法律伦理学的持续关切。此外,2001 年北京大学还率先招收了法律伦理学博士研究生,之后其他高校也开始陆续招收法律伦理学的硕士研究生①,为法律伦理学的开拓研究输送了难得的人才。就学术交流而言,学界也开始组织召开有关"法律伦理"议题的专门性学术会议,自 2000 年 6 月开始每年召开一次的全国应用伦理学学术研讨会,均就法律伦理的相关议题进行交流、沟通与对话,尤其是 2007 年在西南政法大学召开的第六次全国应用伦理学研讨会,其会议主题就是"伦理与法律:两种规范间的对话",这无疑为法律伦理学研究的进一步延伸与深化提供了重要的契机和平台。应该说,这一时期研究的代表性作品大量问世,研究力量日益雄厚专业,研究平台与分支众多,法律伦理学研究高潮迭起,这有力地推动着社会主义法治国家建设不断向前发展。由此,可将此时期命名为中国法律伦理学的"繁荣"期。

(四) 研究发展期(2013 年至今):"更上一层楼"

进入新时代以来,中国特色社会主义走上从站起来、富起来到强起来的历史新征程,而中国特色社会主义法治建设也在新的时代坐标下不断取得历史性成就。2014 年,党的十八届四中全会专题研究全面依法治国重大问题并作出《关于全面推进依法治国若干重大问题的决定》,提出全面推进依法治国总目标是贯穿社会主义建设的主线,明确部署建设"中国特色社会主义法治体系,建设社会主义法治国家",描绘了一幅法治国家战略的"新蓝图"。2018 年,党中央继而决定组建由习近平担任主任的中央全面依法治国委员会,从国家层面统筹协调推进全面依法治国的建设工作。这些一以贯之的论述与举措,集中反映了在新时代历史方位下日益成熟的共产党人对社会主义治国经验的总结和升华,也为中国法律伦理学的更进一步研究注入了"强心剂"。

这一时期,中国法律伦理学的研究主题与社会生活日益贴近,"问题意识"比较突出,研究方法日益多样。一方面围绕着法律伦理的基础理论问题继续展开深化研究,对法律与伦理的关系,法律伦理与制度伦理建设以及司法伦理、守法伦理、立法伦理、职业伦理等相关问题进行了再探讨。如王申在《法学》2016 年第 10 期上发表的《司法职业与法官德性伦理的建构》、傅鹤鸣在《伦理学研究》2016 年第 5 期上发表的《法律伦理:当代中国制度伦理构建的核心命题》等。另一方面,进一步贴合时代特征与社会热点,延拓了研究的问题域,对人工智能时代的法律伦理等前沿问

---

① 余其营、吴云才:《法律伦理学研究》,成都:西南交通大学出版社 2009 年版,第 30 页。

题进行了初步探究。如王禄生在《法商研究》2019 年第 2 期上发表的《司法大数据与人工智能技术应用的风险及伦理规制》、孙那在《江西社会科学》2019 年第 2 期上发表的《人工智能的法律伦理建构》等。此外,这一时期研究的一个重要特点就是,较之以往更具系统性、全局性思维,学者们普遍意识到对法律职业伦理道德规范的思考,不应局限于碎片化、分角色化的思考,而需要构建法律职业共同体并予以人格化,这种共同体不是互为个体的律师、法官或检察官的机械组合,而是基于所有法律职业者的共性与共同意志之上的产物。① 如叶强等人在《哈尔滨工业大学学报》(社会科学版)2018 年第 2 期上发表的《中国法律职业共同体行为规范——以伦理规范为视角》、张燕在《法学》2018 年第 1 期上发表的《论法律职业伦理道德责任的价值基础》等。

值得特别关注的是,随着改革开放的不断深化,世界与中国的联系日益紧密,在"中国走向世界"与"世界走近中国"的双向进程中,中国法律伦理学界认识到,研究必须具备时代性的国际视野。因而,国内开始举办更具国际性的法律伦理会议来强化国内外学界的交流沟通,如 2014 年,在中国政法大学就成功举办了法律职业伦理国际学术研讨会暨中国法律职业伦理年会。与此同时,国内还组织翻译出版了一些国外有关法律伦理研究方面的著作,译著中代表性著作主要有:澳大利亚学者坎贝尔的《法律与伦理实证主义》(2014),美国詹姆士·E.莫里特诺等人的《国际法律伦理问题》(2013),美国罗斯科·庞德的《法律与道德》(2015)等。应该说,这些西文著作的翻译和整理为中国法律伦理学研究提供了资料基础,可借鉴"他山之石"为我所用,这的确对于推进法律伦理学研究起到了重要的作用,有助于构建中国特色法律伦理学体系。总体而言,这一时期在人才队伍建设、创新性研究成果、国际学术交流等方面均取得进一步发展和突破。因此,这一时期可以称为中国法律伦理学研究在新时代的"发展期"。

从发生学的视角来看,新中国成立 70 年尤其是近 40 年来,中国法律伦理学从无到有,由浅入深,逐步确立了自己在伦理学分支学科中的知识合法性地位,成为一个越来越受到人们关注的新兴学科。围绕改革开放过程中出现的问题,中国法律伦理学研究呈现出一派史上罕见之景象,在一些学科方向和领域取得了历史性的突破,而且有些研究成果直接或间接地影响现实的法律实践活动和社会发展,这些都值得我们认真总结并予以肯定。放眼未来,在新时代我国经济社会发展步入新征程以及依法治国战略布局作出新谋划的双维背景下,法律伦理学研究必然迎

---

① 参见常艳、温辉《法律职业共同体伦理问题研究》,载《河南社会科学》2012 年第 2 期。

来前所未有的时代机遇,从而继续在服务法律的道德评判和解决法律实践中的道德难题、呼应和引领社会主义法治国家建设中发挥更大的价值和作用。

二、研究的主要问题

70 年中国法律伦理学研究具有十分丰富的学术贡献和创新观点,概要来说,主要关涉法律伦理学的本体论问题和基本论域问题,下面试对此加以述析。

(一) 法律伦理学的本体论问题

1. 法律伦理学概念

关于法律伦理学概念的问题,学界对此并未达成一致。由于学者们的知识背景(法学与哲学、伦理学)与理论旨趣的差异,他们对法律伦理学概念的界定也是见仁见智。在 1984 年发表的《法学伦理学》中,何勤华在国内学界最早明确提出了"法学伦理学"的概念。他认为,"专门把法律关系和伦理关系(道德关系)结合起来研究,并从法学和伦理学中独立出来的学问,就是法学伦理学。"[①]此后,学界对法律伦理学概念的界定进一步细化。以余其营等为代表的学者提出广义和狭义说,认为广义的法律伦理学既要研究法律文本中的道德问题,也要研究法律实践中的道德问题。而狭义的法律伦理学则侧重于研究法律人在法律活动中的公正与偏私、正义与非正义的道德准则问题。[②] 以曹刚为代表的学者从层次性视角对法律伦理学的概念进行了考辨。他们认为法律伦理学是研究以法律和道德关系为对象的学科,这一研究对象可以分为三个层次:即"法律存在的前提的道德问题"、"具体法律制度的道德问题"以及"法律实践中的道德问题"[③]。此外,还有学者进一步指出,法伦理学是一门研究人的本性的学问,从实质上讲,法伦理学就是"人学"。它就是要通过研究人性,如善与恶这类人的最基本的问题,来探索法治运行的规律。[④] 实际上,尽管上述观点的视角和侧重点各有不同,但实质基本上趋于一致,即它们都认为法律现象与伦理道德是密切关联的,从法律的创制、适用,到法律的遵守等整个法律运作过程中都需要伦理道德予以必要的约束和引领,这就是法律伦理学存在的合法性依据与理论主旨的"可能性空间"。

---

① 何勤华:《法律伦理学体系总论》,载《中州学刊》1993 年第 3 期。
② 参见余其营、吴云才《法律伦理学研究》,成都:西南交通大学出版社 2009 年版,第 1—2 页。
③ 曹刚:《法律的道德批判》,南昌:江西人民出版社 2001 年版,第 6 页。
④ 参见石文龙《法伦理学》,北京:中国法制出版社 2009 年版,第 6 页。

2. 法律伦理学学科定位

关于法律伦理学的学科定位问题,学界同样聚讼纷纭,莫衷一是。大体分为以下三种:一是将(主要是法学家们)法律伦理归为法学。石文龙、余其营、吴云才、刘同君等学者都持此种观点。这些学者认为法伦理学是以人类社会中的法律现象为研究对象,法伦理学只不过是从法学的母体中游离出来的一个子学科。如刘同君指出,道德与法律的关系成为法理的研究对象更清楚地表明法伦理学与法理学的相通性,将法伦理学纳入到法学学科范畴更为科学与合理。① 二是将(主要为伦理学家们)法律伦理归为伦理学。这种理解把法律伦理学作为应用伦理学的范畴来加以对待,认为法律伦理学在研究法律现象时,必须与道德问题、伦理问题相结合,而且以伦理学的理论、观点、方法作为其学术渊源和基础,应该被划入应用伦理学的子学科。这种观点以李建华、刘正浩、胡克培、应伦中、曹刚等为代表,如李建华认为,法学与伦理学的交叉可以产生法律伦理学和伦理法学两门学科,法律伦理学的侧重点在于研究法律现象中的伦理道德问题,与"伦理法学"有所不同。"伦理法学"的侧重点是法学,属于法学的范畴,它要研究的恰是伦理现象中的法律问题。因此,法律伦理学"是伦理学的一个分支而不是法学的分支"②。三是折中以上两种观点,将法律伦理视为法学与伦理学的交叉性、边缘性学科。这也是目前学界的主流观点。这种观点认为法律伦理学是法理学和伦理学相互渗透和融合的产物,它既有基础法学的理论性质,也有应用伦理学的理论品格,因而在本质上是一门具有法学和伦理学双重学科属性的新兴的边缘学科,体现出"交叉性、共融性与双栖性"③的特点。可见,学者们从不同的理论旨趣和学术背景出发来看待这一问题时,产生的理论视阈和研究结果也会不同。

3. 法律和道德的关系

法律和道德的关系问题是法律伦理学研究的核心范畴和理论体系建构的基石,也几乎是贯穿中外法学史上和伦理思想史上的一个永恒的论题。长期以来,西方分析实证主义法学流派就极力主张"法德分离论",他们否认法律与道德之间的必然联系,认为"法律的存在是一回事,它的优缺点是另一回事"④。他们强调法就是纯粹的法,其概念中毫无道德之含义,要求将道德从法律中完全分离出来。但实证主义本质

---

① 参见刘同君《守法伦理的理论逻辑》,济南:山东人民出版社 2005 年版,第 46—48 页。
② 李建华等:《法律伦理学》,长沙:湖南人民出版社 2006 年版,第 5—6 页。
③ 李培超:《法理与伦理的互动与困境——中国法伦理学研究 30 年》,载《南昌航空大学学报》2012 年第 3 期。
④ 张文显:《二十世纪西方法哲学思潮研究》,北京:法律出版社 1996 年版,第 85 页。

上还是在抽象地谈论法律与道德的关系。实际上,任何一个社会的法律都是彰显统治阶级意志的意识形态的一种具体表现,它无法孤立于统治阶级的道德意志与道德理想而存在,"这种由他们的共同利益所决定的意志的表现,就是法律。"①可见,道德与法律绝非风马牛不相及,而是相互交融,存在着内在的必然性联系,如鸟之两翼不可分离。国内学者在对待这一问题时,也基本上摒弃了实证主义"分离论"的思维进路,而是普遍主张一种"融合论"。他们认为,法律与伦理(道德)具有不可分割的关系,这种关系不仅表现在道德与法律之间是交融共生、互为一体的,比如统治阶级会实行德法兼治的治国方式或促进道德与法律之间的过渡与转化;也表现为法律以及整个运作过程中都会关涉到一定的道德精神,即会体现出合理与不合理、正义与非正义等价值准则。如李建华就指出,法律与道德因为两者有着共同的价值追求与逻辑起点,其融合是历史发展的内在必然,而且法律与道德的融合还具有社会生活的现实基础,并具体体现在政治、经济和文化等各个方面。② 胡旭晟也认为,法伦理学所真正在意的,正是法与道德真实的共生状态,如果我们真正足够客观,那么,"没有一种法的表现方式中缺失道德的成分。"③事实上,基于辩证法可见,法律具有道德上的"合法性",离开了道德,法律"好比一把不燃烧的火,一缕不发亮的光",但是这种"合法性"也具有一定的历史局限性,即法律与道德之间存在着边界。如果过分夸大这种"合法性",并将这种"合法性"当作"完全的合法性",进而作为终极价值去寻求,那么就极有可能陷入"以道德取代法律"即"道德万能论"的认识误区,这与忽略法律内在道德性的观点同样是不可取的。正是在此意义上,有的学者在强调法律与道德之间联系的同时,也从多个角度体察了这两者之间的差异性,如李志强就具体地从权利与义务、自律与他律、动机与效果以及自由与秩序等四个范畴展现了道德与法律之间的差异和张力。④ 总之,学者们基本认同法律与道德之间的辩证统一关系,两者既缺一不可,又需要相互配合。同样不能混同,各有所异。

(二) 法律伦理学的基本论域问题

1. 关于法律道德化与道德法律化

道德法律化与法律道德化一直是中国法律伦理学研究中重要的热点问题。对

---

① 马克思、恩格斯:《德意志意识形态(节选本)》,北京:人民出版社 2018 年版,第 100 页。
② 参见李建华等《法律伦理学》,长沙:湖南人民出版社 2006 年版,第 44—56 页。
③ 胡旭晟、宁洁:《困境及其超越:法伦理学基本问题再研究》,载《湘潭大学学报》(哲学社会科学版) 2011 年第 3 期。
④ 参见李志强《浅谈道德与法律的关系》,载《思想理论教育导刊》2019 年第 2 期。

此学界也是存在着复杂的争议。概言之,主要有四种观点:一是主张道德法律化或法律道德化。此类观点普遍承认道德与法律之间是互相作用、彼此支持的,他们以道德和法律的共性(如在调整范围上的重叠性与价值诉求上的契合性)为理论基础,认为当道德的效能不尽如人意,即道德自身的非完满性凸显时,把道德的要求上升为法律的规制就成了历史的必然。① 同样,"道德理念的法律必须完成道德化的回归与从强制到自觉的历史转变,才能实现由应然的法治理想向实然的理想法治的转换。"②二是并不全然反对道德法律化或法律道德化,但是主张一种"法律优先论"或"道德优先论"。"法律优先论"认为,法律是比道德更为有效的制约机制与治理方略,在价值排序中应居于主要或根本方式的地位,强调道德向法律关联。如有学者就指出,德治与法治相比,不能不具有从属的地位,其"是一种根本性的治国方略"③。与之相反,"道德优先论"则认为,道德总是处于法律的上位,法律只是道德的底线,强调法律向道德关联。如戴茂堂就指出,法律优先论的逻辑构架必然要遭遇历史和现实的双重困境。道德问题不仅无法借助法律的力量得到彻底的解决,历史上的道德法律化实践也从未取得过成功,反而带来了道德与道德、法律与法律相背离的双重恶果。因此,在逻辑层次上应该把道德置于法律之上,"社会问题的根本解决必须告别法律优先论,反对道德法律化。"④三是对"法律优先论"和"道德优先论"持有谨慎态度,主张道德法律化与法律道德化兼而有之。两者应一视同仁、同等对待。他们认为道德法律化和法律道德化之间是"一体两面"的关系。一方面,道德的法律化是法治的基础;另一面,法律的道德化是法治的内涵。因此,"道德法律化和法律道德化是法治得以成立的不可缺少的两个阶段,也是人类由人治走向法治的自然历史过程"⑤,"法律的道德化与道德的法律化并存"⑥,任何将两者割裂开来或对立起来的做法都是不科学的。四是对道德法律化和法律道德化提出了质疑。即认为法律没有也不可能涉及道德的所有领域,如果将一切的道德诉求求助于法律来加以落实,那么就会使道德陷入危险,甚至面临着被毁灭的境地。如张艳娟就从理论依据、逻辑局限、调控范围以及实践效果这四个方面进行了深入

① 参见徐桂兰《道德法律化的新思考》,载《道德与文明》2012年第4期。
② 陈波、王海立:《善恶之间:道德法律化的现实与法律道德化的理想及其相互矫正》,载《江汉论坛》2015年第2期。
③ 许思义、李婷:《"依法治国"与"以德治国"的关系——兼论坚持依法治国的根本治国方式》,载《江淮论坛》2005年第6期。
④ 戴茂堂、左辉:《法律道德化,抑或道德法律化》,载《道德与文明》2016年第2期。
⑤ 范进学:《论道德法律化与法律道德化》,载《法学评论》1998年第2期。
⑥ 张晨、王家宝:《道德法律化与法律道德化》,载《政治与法律》1997年第5期。

分析,认为道德的法律化是不可行的。① 有学者更是提出,道德法律化在本质上就是一个虚假的命题,其中隐含着将道德标准绝对化和道德约束强权化的极端倾向,会给我们的道德生活带来巨大的潜在威胁。② 同样,将法律道德化,以道德判断代替法律判断,正式制度就无法确立,道德的泛化会严重消解法律的应有功能和权威性,其后果就是"法律不法律,道德不道德"的双重缺失。

之所以造成上述关于道德法律化和法律道德化的复杂争论,主要原因是他们对于这两个概念的理解和学术理念上的差异,但综合看来,道德和法律同作为规约人类行为的基本规范,具有本体论意义上的内生关系,这决定了法律与道德之间是可以相互转化的。但必须指出的是,并不是所有法律都可以转化为道德,也并不是所有道德都需要被制定为法律,它们都只有在特定范围和条件下才能发生互化。从这个意义上讲,既要区分法律与道德之间的合理张力,也要保持道德与法律之间互化的明确限度,唯有如此,才能使两者更好地致力于公民自由之保障和社会秩序之维护。

2. 关于立法伦理、司法伦理与守法伦理

法是一个历史范畴,总会随着时代的变化而嬗进。因此,不同时代和国家的立法理念都不尽相同。在立法过程中,立法者既要注重立法的合法性,又要注重立法的内在合理性。而要始终秉持合理性的原则,就必然涉及对立法过程中各个层面与方面的伦理正当性的审视和考察问题。立法伦理要求法律的设计与安排要以道德为基础,要合乎伦理和道德,对此,学界基本达成共识。李建华等认为立法伦理集中体现于立法原则的道德内涵,立法必须以基本的伦理标准作为基础才能不失其存在的社会根基,如果立法原则不能体现、反映一定的伦理价值取向和要求,就不能获得社会的普遍性认同,进而变成社会生活中真正起作用的实际原则。③ 而刘正浩等认为,立法的道德追问主要是解决良法的产生,其重点就是对立法权、立法主体、立法程序、立法技术(狭义的)的各个层面与方面进行伦理分析与道德解读。④ 近年来,立法伦理的研究热点问题如环境犯罪、同性恋、人工智能、安乐死、基因克隆等,它们无不是具有法律与道德双重维度的"难题"。如果创制出的法律不是昭示着人类正义和社会利益的"良法",得不到公众普遍的服从,那么这样的立

① 参见张艳娟《对"道德法律化"的几点质疑》,载《东岳论丛》2010 年第 3 期。
② 参见杨孝如《道德法律化:一个虚假而危险的命题》,载《西南师范大学学报》(人文社会科学版) 2003 年第 3 期。
③ 参见李建华等《法律伦理学》,长沙:湖南人民出版社 2006 年版,第 91 页。
④ 参见刘正浩、胡克培《法律伦理学》,北京:北京大学出版社 2010 年版,第 91 页。

法是注定要失败的。

司法伦理是法律伦理研究的重要内容。制定出良法还只是处于"应然状态",而要使良法之"良"化为"实然状态",司法公平是最根本的保障,而司法伦理则是司法公平之前提。关于司法活动是否存在伦理道德维度的问题,学界亦存歧见。有学者认为,在司法程序中应减少道德的介入,因为在司法中采用道德标准将会以合法的方式来导致"非法的"人治,司法人员不再以法律为工作的准绳,而是以道德的要求和原则去处理法律事务,从而损害到公正司法和法律的尊严。而大部分学者则不同意上述观点,他们认为法官等司法官绝无可能将自己独立于道德原则之外,司法工作者良好的道德素养是法治社会真正实现司法公正的一个必要主观条件。正如培根所言:"最重要的是,正直才是法官们的本分和应有的品德。"①正是在此基础上,不少学者从多个角度审视了司法伦理问题,有的研究了司法伦理的特征问题,将其概括为:"高度的廉洁性"、"深远的影响性"、"鲜明的阶级性"和"明显的强制性"②。有的研究了司法伦理的价值问题,从本体价值、目的价值和社会价值三个层面予以了深度分析。③ 也有学者从功能性视角来理解司法伦理问题,将司法伦理区分为"德行型司法伦理"和"职责型司法伦理",认为当代司法伦理应当建立在职责伦理或者责任伦理的基础之上,其本质上是一种实用主义司法伦理。④ 总之,道德对司法工作无疑具有正向价值,但是,在实践中也必须摒除泛道德化的倾向。

守法伦理是法律伦理学理论体系中的一个重要方面,在正义之法的实现过程中占据着不可或缺的位置。因为"邦国虽有良法,要是人民不能全都遵循,仍然不能实现法治"⑤。关于守法伦理的定义问题,学者们见仁见智。有学者认为,守法伦理就是守法主体在遵守法律的过程中协调各种利益关系的特殊规范与标准。也有学者对此存疑,认为该定义只强调了人们守法的行为事实如何的规律,而忽视了人们守法行为应该如何的规范。守法伦理的完整性概念应该是"守法主体遵守法律这一行为事实如何的规律及这一行为应该如何的规范"⑥。但是总体上,学者们普遍认为,只有当正义之法真正得到人们的内心认同,并通过广大守法者的自觉拥

① 培根:《培根论人生》,张毅译,上海人民出版社 2002 年版,第 427 页。
② 余其营、吴云才:《法律伦理学研究》,西南交通大学出版社 2009 年版,第 182—183 页。
③ 参见王淑荣、盂鹏涛、许力双《司法伦理在法治国家建设中的价值论析》,载《社会科学战线》2014 年第 12 期。
④ 参见宋远升《功能性理解司法伦理:实用司法伦理主义》,载《华东政法大学学报》2012 年第 3 期。
⑤ [古希腊]亚里士多德:《政治学》,吴寿彭译,北京:商务印书馆 1965 年版,第 199 页。
⑥ 刘正浩、胡克培:《法律伦理学》,北京:北京大学出版社 2010 年版,第 159 页。

护和积极遵循而获得实现时,法律规范才真正体现出了对于维护正义最大的价值所在。① 从这个意义上讲,积极守法也就是通向正义理想的光明之路。特别值得一提的是,刘同君所著的《守法伦理的理论逻辑》(山东人民出版社 2005 年版)是迄今国内较为系统、较为全面的,对守法伦理问题予以系统研究的专门性学术著作,从伦理学的独特视域探讨了守法的道德证明、道德构成、道德机制和道德价值等问题。

3. 关于中国传统法律伦理思想研究

中华文明悠久的历史为后人留下了无比丰厚的道德与法律思想遗产。研究法律伦理学,学界一直都很关注从"法伦理"之进路去挖掘中国传统文化中的"思想酵母",意图寻找到中国法律伦理学发展的"源头活水"。学者们普遍认为,中国传统文化中存在着大量法律伦理思想元素,不过,关于这些思想元素的具体内容存在不同见解。有论者认为,中国的传统法文化是一种伦理型法文化,它以儒家学说为理论基础,表现出伦理高于法律、法律源于伦理、法律与伦理界限模糊等特点,它把法律彻底降为道德的附庸。如范忠信就指出,中国古代思想家并没有考虑到法律对社会治理的作用,他们考虑的似乎只是如何使社会一切生活合乎伦理(即"正名""定名")。② 也有论者认为,中国传统法文化的精髓是一种"德法互补""德法共治"的理念,它不仅宣扬为政以德、以德化民,也认识到了纯任德化不足为治的缺陷,因而强调须辅之以政刑法度。如王立民就以《唐律疏议》中所体现出的法律制度、法律原则和具体内容予以了论证,认为中国古代也有法律伦理,其核心就是礼法相结合。③ 基于上述论点,对于中国古代法律文化的价值问题,学界也体现出两种截然相反的态度。一是立足于同情理解的立场上表达着对古代优良道德文化的眷恋之情。认为"这或许是克服当前学界的一种悲观主义意绪和盲目乐观的'法学惰性',以一种历史真实的并且真正亲切的态度深入传统文化内核的理论研究姿态!"④与之相对的是,也有论者对此采取了尖锐的批判态度,认为儒家的宗法思想不仅忽视人的正当需要和权利,还漠视人的尊严和人格,更与民主、平等精神完全相悖,只会导致"权对法的吞噬、情对法的销融"⑤的恶果。石文龙进一步从"法德分离""法学

① 参见李建华等《法律伦理学》,长沙:湖南人民出版社 2006 年版,第 254 页。
② 参见范忠信《中国法律传统的基本精神》,济南:山东人民出版社 2001 年版,第 235—236 页。
③ 参见王立民《略论中国古代的法律伦理——以〈唐律疏议〉为中心》,载《法制与社会发展》2012 年第 3 期。
④ 转引自张启江《中国法伦理学研究的热点问题与困境》,载《伦理学研究》2012 年第 5 期。
⑤ 文正邦、刘建勇:《儒家的伦理法》,载《政治与法律》1999 年第 1 期。

体系的独立""思想的单一化""统治工具"等方面阐述了传统法文化对法的发展的阻碍作用。① 事实上,对于中国古代"引礼入法"的治国传统问题,我们不能肆意"脱域"于当时的社会背景和历史条件来进行抽象理解,而要坚持逻辑与历史相统一的原则和思路,将其放置于其所依存的现实语境中进行具体分析。从这个意义上说,简单地对传统抱之以同情姿态,或者粗暴地加以全盘批判,都是有失偏颇的。此外,还有论者通过诠释中国古代具有代表性的历史人物的法伦理思想,或解读蕴含法伦理思想的经典原典作品,来为当代的法律伦理学发展寻找经验性的支撑点和学术性的启迪。值得注意的是,关于传统历史人物的法律伦理思想研究,学界还仍处于"外强中弱"的失衡状态,无论是从人物选取的数量还是思想研究的深度而言,西方明显要优于中国,比如对西方的马克思、黑格尔、西塞罗、德沃金、阿奎那、奥斯丁、哈特、凯尔森、罗尔斯等都有大量论述,并出版了相关学术著作。而对中国只是稍有论及了孔子、荀子、王安石、董仲舒等少数几位历史人物。与西方法律伦理人物思想相比,中国法律伦理人物思想亦是源远流长、博大精深。需要对此加强研究,以防沉迷于"西方知识图景"中无法自拔。

4. 法律职业伦理

法律职业伦理问题,也就是具体法律角色的伦理问题。近年来,一方面我国依法治国战略得到不断推进,另一方面在社会中却屡现法律人违背或者涉嫌违背职业伦理的案例,这一现实中的悖论,让人们日益深刻地认识到法律职业者对于法律正义维护和法律作用发挥的重要意义,开始重视培育法律职业者的伦理素养(如法律职业伦理被教育部列为法学 A 类必修课之一)并关注法律职业伦理问题。对于法律职业伦理的概念,不同学者界定不同。一些学者认为法律职业伦理是为了维护法律职业者相互之间正常职业关系而遵从的行为准则。② 而有学者则从更广泛的意义上进行了理解,认为它是指以法律职业道德为研究对象的,有关法律职业共同体从业的法律活动准则、职业道德规范和法律职业信仰的科学。③ 还有学者侧重于从意识形态角度出发来阐释法律职业伦理,认为法律职业共同体是"想象的共同体",而法律职业伦理则是维系这种共同体存在的职业意识形态。④ 对于法律伦理道德与法律职业伦理问题,学界也是众说纷纭。以刘晓兵、唐永春为代表的学者

---

① 参见石文龙《法伦理学》,北京:中国法制出版社 2009 年版,第 27—28 页。
② 参见刘晓兵、程滔《法律人的职业伦理底线 法律职业伦理影响性案例评析》,北京:中国政法大学出版社 2017 年版,第 1 页。
③ 参见余其营、吴云才《法律伦理学研究》,成都:西南交通大学出版社 2009 年版,第 192 页。
④ 参见陈羽《法律职业伦理:从意识形态角度的考察》,载《理论学刊》2008 年第 4 期。

认为,法律职业伦理和法律职业道德属于两个不同的概念,需要加以区别对待。如唐永春指出,两者作为法律职业活动的重要保障,前者是一种外在机制,通过规则的引导和纪律的强制性来保证法律活动的顺利开展;后者则是一种内在机制,通过自我的约束和内化了的机制和伦理来保证法律活动的有效进行。因而,后者比前者居于更高层次。[①] 以李本森为代表的学者对此则持反对意见,他们认为法律职业伦理与法律职业道德在本质上并无不同,主要是语境和范围上的区别,并不存在高低之分或内外之别。因为无论是法律职业道德,还是法律职业伦理,都同样需要"规则的引导和纪律的强制"以及"法律职业人员的自我约束"[②]。

在谈到法律职业伦理的现状时,学者们表现出诸多忧虑。普遍认为我国法律职业化起步较晚,尚不成熟,法律职业化程度不高,无论是理论研究还是具体的法律实践,都存在轻视的问题。如法律职业伦理教育和塑造还存在着严重缺失。有学者进一步指出,非道德性,是当代法律职业伦理所遭遇的共同困境。但也有学者认为古典儒家的道德理论就可以解决法律人所面临的窘困的道德处境,可以构建起一种"律师角色美德职业伦理"[③]。关于法律职业伦理的规范问题,有学者抽象出了九大方面:即正义规范、独立规范、效率规范、平等规范、诚信规范、保密规范、勤勉规范、清廉规范、礼仪规范。[④] 当然,围绕着法律职业共同体中的具体职业伦理,包括法官职业伦理、检察官职业伦理、警察职业伦理、律师职业伦理、法律学者职业伦理、审判员职业伦理、公证员职业伦理、仲裁员职业伦理等,学界也都展开了热议,取得了大量研究成果。

5. 作为法律基本价值观的正义

正如"价值问题虽然是一个困难的问题,它是法律科学所不能回避的"[⑤]一样,法律伦理学作为法学与伦理学的交叉科学,也必然存在着属于自己的基本价值观。目前,学界关于法律伦理的基本价值观有很大争议。如有论者认为其包括安全、平等、自由、秩序和效益[⑥],也有论者将其划分为两大层面:即内在层面的自由与正义和外在层面的秩序与利益。[⑦] 还有论者将其凝练为"以人为本"、"安定有序"、"公

① 参见唐永春《法律职业伦理的几个基本问题》,载《求是学刊》2003 年第 5 期。
② 李本森:《法律职业伦理》,北京:北京大学出版社 2016 年版,第 10 页。
③ 王凌皞:《应对道德两难的挑战 儒学对现代法律职业伦理的超越》,载《中外法学》2010 年第 5 期。
④ 参见冷罗生《法律职业伦理》,北京:北京师范大学出版社 2014 年版,第 48 页。
⑤ 庞德:《通过法律的社会控制——法律的任务》,沈宗灵、董世忠译,北京:商务印书馆 1984 年版,第 55 页。
⑥ 参见章戎《社会主义市场经济下法律价值观的重审》,载《法学》1994 年第 11 期。
⑦ 参见刘同君《守法伦理的理论逻辑》,济南:山东人民出版社 2005 年版,第 131 页。

平正义"和"环境友好"等方面。① 不难发现,尽管确定法律基本价值观是一个难解之题,但是,承认"正义"是法律伦理学的一种应然之内在价值,学界则已达成共识。可以说,维护与实现正义,既是法律伦理学的核心价值目标,也是其始终不渝追求的终极结果。当然,承认正义是法律的核心价值只是问题的一个方面,更为重要的是这种正义是何种意义上的正义,学界对此还是颇有异议。有论者赞同罗尔斯的差别原则及其分配正义原则的公平正义论,指出了正义与平等原则的一致性。也有论者批评罗尔斯的观点,转而赞成柏拉图的观点,认为正义并不仅仅是一种法律制度,更体现为一种社会道德或内在自然真理。还有论者赞同博登海默的观点,认为法律是正义与秩序的综合体。总之,无论是何种主张,正义与平等、正义与秩序、正义与道德价值都息息相关,任何缺少平等、缺失秩序或者道德阙如的法律,都不可能有正义可言。但是,正义也有特殊与一般之分,是不是法律正义就可以归之为一般正义?以及法律正义与其他正义又有何关联?学界对此也进行了大量分析。学者们基本认同法律正义是一种特殊正义,它处于法律与道德的重合地带,融合了法和正义的双重要素。因此,我们不能将法律正义简单等同于一般正义。围绕着法律正义与道德正义、法律正义与社会正义等问题,学界进而展开了深入讨论。如有论者提出法律正义与道德正义不相等同又不能取代,前者是后者的基础和保障,后者是前者的前提和灵魂。只有保持法律正义与道德正义的良性互动关系,才能有效保证社会正义的实现。② 在中国特色社会主义进入新时代的今天,如何真正实现法律正义、践行正义理念,将其自觉融入于社会主义法治国家建设之中,成为亟须研究的课题。

6. 宪法等法律制度的伦理问题

所谓法律制度本身的伦理问题研究,主要关涉对宪法和部门法的价值追求和道德考量的问题。而宪法伦理问题又是其中的重中之重。学者普遍认为,宪法伦理问题是一个前沿和新兴的学术问题,它涉及伦理学与宪法学的交叉与融合。宪法伦理的具体内涵就是指蕴含在宪法条文中,但是又超越于宪法本身的、人们对宪法的信仰性精神认同和伦理性价值判断。③ 而田文利认为,宪法伦理学的学科任务和最大使命就是寻求到符合正义原则的宪政制度,它不仅要研究宪法本身的正

---

① 参见应斌、彭越《构建社会主义法律核心价值观思考》,载《人民论坛》2015 年第 36 期。
② 参见窦炎国《法律正义与道德正义》,载《伦理学研究》2008 年第 1 期。
③ 参见秦怡红《宪法伦理中国化的思考》,载《长春理工大学学报》(社会科学版)2013 年第 7 期。

当性问题、宪法实践中的正义性问题,还要研究新兴领域中宪法与道德之具体难题。① 杨素云则从宪法生成的伦理基础、宪法制度的建构伦理、宪法程序的伦理性这三个维度,对宪法的伦理属性和形式普遍性进行了深度分析,进一步揭示了宪法的内在伦理本质。②

学界也有论者侧重于对宪治伦理问题进行研究。有学者认为,宪治伦理就是从伦理的维度来探讨宪治的正当性及其伦理意蕴。也有学者认为,宪治的伦理就是宪政的伦理化。对于中国宪治伦理的主要精神价值,学界意见不一。有学者将其概括为国家主权原则、党的领导原则、人民民主专政的主权在民原则等③。也有学者将其总结为五大价值,即建设富强、民主、文明、和谐的社会主义国家;坚持党的领导和人民当家作主的有机统一;国家尊重和保障人权;国家机关分工协作和受人民监督;确立宪法至上的伦理理念。④ 以陈寿灿、李龙为代表的学者进一步指出,人本法律观是宪治伦理研究的逻辑前提,这种法律观的对立面就是神本法律观和物本法律观,是一种超越了"物"与"神"而归之于"人"的伦理新视角。但以吴越、郑永流为代表的学者对此提出了质疑,认为人本法律观撤除了阶级性,抽象笼统地界定"人"是法律的本源,与马克思主义的基本逻辑和相关理论冲突。⑤ 而且人本法律观对立面的界定还有待商榷,有待证明的是,我国在"以人为本"提出之前,是不是就是"以非人为本"或者"以物为本"⑥。除此之外,学界还对刑法、民法、经济法、婚姻法、行政法、环境法、物权法等进行了伦理研究,也取得了不少代表性成果,但这些研究在国内还方兴未艾,限于文章篇幅,不再赘述。

三、简要评述

伴随着社会主义现代化建设和改革开放伟大实践,中国法律伦理学在时代的滚滚浪潮中持续前行,以勇士般的姿态积极开拓着自己的研究疆域,获得了一系列的历史性成就和突破性进展,成为中国伦理学尤其是应用伦理学研究的重要引擎和推动力量之一。有人说,遗忘才是一种最大的幸福。但事实上,只有拿起,才能

① 参见田文利《宪法伦理学的使命、范畴和调整范围》,载《河南政法干部管理学院学报》2006 年第 2 期。
② 参见杨素云《宪法的伦理分析》,载《江苏社会科学》2010 年第 3 期。
③ 参见唐代兴《宪政建设的伦理基础与道德维度》,天津:天津人民出版社 2008 年版,第 63 页。
④ 参见杨素云《当代中国宪政伦理的建构》,载《江海学刊》2012 年第 6 期。
⑤ 参见吴越《"人本法律观"疑义管见》,载《社会科学战线》2007 年第 6 期。
⑥ 参见陈寿灿等《社会主义宪政的伦理价值研究》,金城出版社 2011 年版,第 5 页。

真正地放下。回首过去,不是为了停留于过往,而是为了总结经验,更好地走向未来。中国法律伦理学70年发展的主要经验有二:

第一,坚持学科建设意识,在建设和勾勒学科体系的进程中不断提升完善。拥有正式和完整的学科,是该理论领域能够进一步进行学术研究与知识拓新的关键。学科好比一面旗帜,起到了确立自身"理论阵地"和凝聚形成稳定的"学术共同体"的作用。回溯中国法律伦理学走过的70年历程,可以发现,在"学科意识"被深度遗忘的时候,法律伦理学的研究都是分散的、矛盾的、各自为营且成果寥寥的。但是,随着改革开放后学界学科建构意识的逐步强化,以何勤华、李建华、余其营、刘正浩、文正邦等为代表的学者们孜孜不倦地致力于法律伦理学的学科建构工作,开展了大量基础性学理研究,进而创建起作为一门边缘性、交叉性学科的法律伦理学的雏形,确立了学科的基本范畴与问题域,明晰了学科的研究方法与理论范式等,从而为法律伦理学如"显学"式的发展打下了基础。正是在自觉的学科意识的推动下,法律伦理学才能广吸人才,其研究议题和方法视域不断深化拓展,理论体系建设层级和水平也接连提升。

第二,坚持问题导向意识,在关注和解答时代问题的进程中不断创新发展。实践永无止境,理论创新亦是如此。理论创新是学术发展的动力之源,中国法律伦理学正是在不断创新的基础上才具有如此之强盛的生命力。但是,这种创新并不是神秘和抽象的思辨,如黑格尔那著名的比喻所说的那样,是"站在岸上学习游泳",只会外在的"清谈"和空对空的"屠龙之术"。而是立足于实践,关注和回答时代所提出的重大问题的结果。要言之,中国法律伦理学发展之堂奥就是在于对问题导向意识的一以贯之。新中国成立以来,尤其是改革开放之后,中国的法治化建设步伐不断提速,在这一过程中逐渐涌现出了大量法律伦理难题,诸如法律人的职业伦理问题、法治与德治的关系问题、法律实践中的伦理问题、法律文本中的伦理问题、法律与道德的互化问题等。这些问题,驱使法律伦理学界进行着艰辛的探索、研究和创新,也迫使其逐步建立起日趋成熟、较为完整的法律伦理学理论体系,从而成为中国应用伦理学中日渐崛起的重要分支之一。从此意义上说,坚持问题导向意识,是中国法律伦理学70年发展的最根本经验。

显然,新中国成立70年来,中国法律伦理学得到了蓬勃的发展。但与此同时,我们也要看到中国法律伦理学存在的问题和不足。

第一,法律伦理学的基础性理论问题存在进一步深化的空间。对于一个学科而言,基础性理论问题即元问题的明晰,是其存在的根基。换言之,如果缺乏一个完整的基础性知识体系的支撑,法律伦理的研究往往会成为"无根的浮萍",注定无法稳固长远地发展。新中国法律伦理学历经70年的成长,人才辈出,群星闪耀,成果丰硕,不乏新见。可是,令人遗憾的是,一个具有严密的逻辑化的知识体系的建构还尚且在路上,对于法律伦理学的基础性理论问题的研究还存在诸多争议与"空场",与社会主义法治建设的实践要求还有着较大差距。如关于"法律道德化与道德法律化关系"的命题,囿于法理学学科与伦理学学科等学科背景差异,学界呈现出"有多少个读者,就有多少个哈姆雷特"般的研究现状,不仅有"道德无涉论"(否认道德与法律的联系),还有"法律优先论"(法律居于道德之上)、"道德优先论"(道德居于法律之上),等等,足见分歧犹存。因此,从理论上深耕法律伦理学的基础性问题,务必是今后研究的重要着力点。

第二,要构建"中西马"相融合的法律伦理学。70年来,中国法律伦理学的学科理论体系日益完备,但是,法律伦理学在改革和发展中却逐渐流露出"将要去何方"的迷思。一方面,学界陆续译介了一大批西方的法律伦理学的学术著作,为国内的法律伦理学研究提供了重要的"他山之石"。另一方面,法律伦理学在"学习"中也出现了不少"一味顶礼膜拜""盲目投怀送抱"的现象,"中国主体性意识"越加弱化,法律伦理研究在某种程度上演变成了一场"西方法伦理知识贩卖运动"[1]。因此,中国的法律伦理学,需要进一步建构起凸显"中国主体性意识"的学科理论体系,建构起"以马为主""中西马"相融合的法律伦理学:要批判性借鉴吸收西方法律伦理的有益思想,不能照搬照抄西方概念、话语与范畴,要始终坚持以我为主、为我所用;要重点挖掘中国传统法律伦理代表人物思想资源,系统完整勾勒出中国传统法律伦理思想的"镜像图";要加大对马克思主义法律伦理思想的调研和探究,突出马克思主义法律伦理立场、观点和方法在法律伦理研究中的主导性地位;要系统研究和梳理中国古代法律伦理思想史、西方法律伦理思想史以及马克思主义法律伦理思想史,为法律伦理学学科的完善与成熟提供基础性支撑。

第三,要建构出多学科力量凝结的学术研究共同体,立体化地切入法律伦理学研究。法律伦理问题的研究,带有"交叉性""综合性""社会性"的色彩,既不能将其简单化归为伦理问题,更不能将其直接等同于法律问题。因而解决这些问题,单靠个别学科的力量往往是心有余而力不足。因而需要打破学科间"各说各话""各自为营"的话语壁垒,促进不同学科相互间的沟通与交流,建构出以法理学与伦理学为主体的学术研究共同体,凝结多学科的力量和视角来介入法律伦理问题的研究。唯有如此,我们的学术研究成果也许才能跳脱出"片面而不深刻"的窠臼中,使其更

---

[1] 张启江:《中国法伦理学研究的热点问题与困境》,载《伦理学研究》2012年第5期。

有说服力和穿透力,也更有现实力和实用性。

第四,要具备世界眼光,创造出更多具有学理深度、世界影响力的创新性成果。随着我国国际地位的日益提高以及国际影响力的日益增强,这也要求中国的法治化建设和法律伦理研究都不能仅仅再局限于国内视野,而愈加需要拓展至国际视野,从而夺取国际法律伦理研究领域的话语权,增强中国学术的国际影响力。相比于应用伦理学的另一重要分支——经济伦理学来说,中国法律伦理学的世界话语权还存在一定差距,缺乏具有重大影响力的原创性著作。基于此,我们应不断强化法律伦理领域具有世界眼光的原创性研究,如发表出版外文的法律伦理研究成果、聚焦国际法律伦理领域的前沿问题等,要让中国法律伦理研究的相关成果在国际舞台上得到传播,让中国法律伦理研究实现从"跟跑"向"并跑"甚至在个别领域"领跑"的转变。

第十九章　生命伦理

　　作为应用伦理学中现实性、应用性极强的一个分支体系,生命伦理在时代发展与现实问题的双重拷问之下越来越受重视而不断焕发长足发展的生命力。一方面,特别是近一二十年以来,生命科学、生物医学及生物技术等相关科技领域发展迅猛,为人类迈向和解决更高层级的生命伦理难题提供了硬件支撑;另一方面,人类所面临的伦理、法律、社会等问题又以新的形式纷拥而至,如何应对这些复杂的新问题新矛盾、促进生命伦理学科范式的不断完善与规范成为生命伦理领域内亟待解决的现实挑战。与其他哲学伦理学的分类有别,生命伦理是以问题为导向的伦理学,旨在解决"应该做什么(实质伦理学)和应该如何做(程序伦理学)①"的问题。回顾新中国成立至今 70 年的生命伦理研究历程,现实问题的解决同样成为生命伦理学工作者所致力于研究的全部着力点。

一、研究的基本历程和概况

　　从词源上看,生命伦理学由两个希腊词 bio(生命)和 ēthikē(伦理学)构成,生命主要指人类生命,除此之外还包含动物生命、植物生命乃至整个生态圈的范畴。伦理学意指对道德的哲学研究,具言之,生命伦理学是一门运用伦理学理论与方法对生命科学和卫生保健领域内的人类行为进行系统研究的新兴交叉学科。其中既包含关切生命体和生命过程的生物学、医学、人类学及社会学等生命科学领域的探讨,也涉及对人类疾病及健康进行预防治疗的卫生保健方面的研究。

　　伴随着 20 世纪中叶以来现代科学技术所带来的爆发式力量与革命性转变,生命伦理学作为一门新兴学科最初兴起于美国。1969 年,美国纽约成立了以社会、伦理学和生命科学研究为主的海斯汀中心(The Hastings Center),该中心于 1971 年出版双月刊《海斯汀中心报道》(The Hastings Center Report),同年华盛顿乔治

---

① 邱仁宗:《生命伦理学再版》,北京:中国人民大学出版社 2010 年版,第 1 页。

城大学又建立了肯尼迪伦理学研究所(Kennedy Institute of Ethics)。1971 年,美国威斯康星大学生物学家 V. P. 波特(Van Pansselar Potter)在其《生命伦理学:通往未来的桥梁》一书中第一次使用"生命伦理学"一词,自此生命伦理学开始进入公众视野。相较其他伦理学分支学科,我国大陆生命伦理学起步较晚,新中国成立后开始以"医德规范""服务公约"等形式对医务人员的职业行为规范提出相应伦理要求,实属生命伦理学诞生之前的早期医学伦理学阶段。真正的发展始于 20 世纪 80 年代,然而短短数十几年间,已经取得突飞猛进的研究成果。纵观整个学科的发展进程,我国生命伦理学的发展大致可分为如下几个阶段。

20 世纪 80 年代末至 90 年代末,是我国生命伦理学研究的探索萌芽阶段。这一阶段以西方思想和著作的引入传播为主要特征,诸如试管婴儿、安乐死、器官移植等生命伦理学问题和概念真正开始传入中国,生命伦理学这一新兴学科自此为学术界与公众所熟知。1979 年,美国肯尼迪研究所的学者访问了中国社会科学院哲学研究所。同年 12 月,中国社会科学院哲学研究所邱仁宗在广州召开的全国医学哲学会上,介绍了英语国家有关辅助生殖技术、脑死亡和安乐死及其他生命伦理学问题的争议。1987 年,邱仁宗的《生命伦理学》一书首次在中国全面系统地介绍生命伦理学这一学科,出版后随即引发热烈反响与讨论。1988 年,上海、岳阳举办了生命伦理学议题相关的学术会议以及陕西汉中安乐死和上海人工授精等事件的发生,标志着生命伦理学在中国的真正诞生,此后,生命伦理学在中国真正扎根并开花结果。除此之外,全国医学伦理学会等研究学会的创建,《医学与哲学》《中国医学伦理学》等相关杂志的创刊,也都使得生命伦理学作为一门学科得到彻底的公认与重视。

20 世纪 90 年代开始,生命伦理学在我国进入了深入研究阶段。部分医学院开始教授医学伦理学或生命伦理学课程,诸如阿尔贝特·史怀泽的《敬畏生命》(上海科学院出版社 1992 年版)、恩格尔哈特的《生命伦理学和世俗人文主义》(陕西人民出版社 1998 年版)等书陆续引入中国,研究和介绍生命伦理学的书籍及教材逐渐增加。这一时期,国内外相关学术会议交流趋于频繁,全国自然辩证法学会医学哲学研究分会和中华医学会医学伦理学分会会议定期举行,与国外合作研究的系列生命伦理学项目有序开展,这不仅表明生命伦理学研究已经开始取得进展,同时也为日后我国生命伦理学的发展构筑了更为广阔自由的学术交流平台。

20 世纪末,特别是 1997 年之后,中国的生命伦理学研究开始呈现快速发展的特征。一方面,作为一门学科,生命伦理学的理论自足性继续获得完善与发展。1997 年,卫生部与生命伦理学家、科学家共同召开了关于"克隆人问题"的会议,会后卫生部宣布中国政府赞成人的治疗性克隆和反对人类生殖性克隆的立场。此外,卫生部、科技部、计生委、农业部等部门相继成立了自己的伦理委员会,生命伦理问题开始成为医学家、哲学家、立法决策者及公众所共同关心的问题。同时,该时期又有一大批学术成果相继迭出,如徐宗良、刘学礼、瞿晓敏等的《生命伦理学:理论与实践探索》(上海人民出版社 2002 年版),何伦、施卫星的《生命的困惑:临床生命伦理学导论》(东南大学出版社 2004 年版),曹文姝、瞿晓敏的《生命伦理与新健康》(济南出版社 2005 年版)等,生命伦理学的理论体系日趋完善和成熟,此类著作对最新议题的跟进补充也为我国生命伦理学的进一步发展提供了更为深入细致的研究素材。另一方面,生命伦理学自身的作用力已经辐射至政策法规领域,真正开始发挥现实影响力。受生命伦理学影响,"涉及人类受试者的生物医学研究伦理审查原则"(1998)、"人类辅助生殖技术管理办法"、"人类精子库管理办法"、"实施人类辅助生殖技术的伦理原则"(2001)及"人类干细胞研究的伦理学指导原则"(2004)等相关政策和法规相继出台实施。

21 世纪开始,特别是近十年以来,人工智能、基因工程等新兴科学技术的迅猛发展使得生命伦理学在我国的研究步入了全面繁荣的阶段。相比上世纪末起步阶段中所呈现出的译介性特征,近年来我国生命伦理学的研究已经在科技、经济、国际合作与交流等多重因素的助推之下表现出理论逐渐深化、学科发展日益成熟的良好势态。在研究广度上,除对安乐死、临终关怀、器官移植等经典议题进行补充探讨之外,近年以来,我国生命伦理学研究工作者的研究领域开始延伸至人体实验、基因工程等高新生命科学技术领域伦理问题的探讨和生命伦理理论原则及公共政策的建构,同时一大批学者开始倡导推动中国本土文化理论价值的发展运用,注重用中国生命伦理学的话语来寻求"语境突围",达成"基本共识",应对"中国现代性"[①];在研究深度上,学界不再止步于对西方思想观点的引入与复述,而是开始注重生命伦理学学科体系思维模式与理论范式的双重创新,研究的复杂性与专业性呈现出逐步加深的发展倾向。这一时期涌现出的系列开拓性成果主要有:沈铭贤等的《生命伦理飞入寻常百姓家:解读生命的困惑》(上海科技教育出版社 2011 年版),徐宗良的《面对死亡:死亡伦理》(上海科技教育出版社 2011 年版),程新宇的《生命伦理学前沿问题研究》(华中科技大学出版社 2012 年版),罗秉祥、陈强立、张颖的《生命伦理学的中国哲学思考》(中国人民大学出版社 2013 年版),张新庆的《基因治疗之伦理审视》(中国社会科学出版社 2014 年版),李恩昌的《中国医学伦

---

① 田海平:《中国生命伦理学的话语、问题和挑战》,载《吉林大学社会科学报》2016 年第 1 期。

理学与生命伦理学发展研究》(世界图书出版西安有限公司 2014 年版),孙慕义的《后现代生命伦理学——关于敬畏生命的意志以及生命科学之善与恶的价值图式：生命伦理学的新原道、新原法、新原实(上下)》(中国社会科学出版社 2015 年版),吴能表的《生命科学与伦理》(科学出版社 2015 年版)等。同时,诸如桑德尔(Sandel Michael J.)的《反对完美:科技与人性的正义之战》(中信出版社 2013 年版)、恩格尔哈特(Engelhardt H. Tristram)的《基督教生命伦理学基础》(中国社会科学出版社 2014 年版)等国外生命伦理学前沿著作的引介也使得越来越多的国内学者开始走出国门,积极展开与国外生命伦理学的合作与交流,这也有力助推了我国当前生命伦理学学科的繁荣发展。

实践是应用伦理学日益维新的底色,生命伦理的学科活力更是以具体实践问题为体认。生命伦理学学科体系大厦的建构应该同时也必须奠基于应用层面之上,但同时需要加以警惕的是,"生命伦理学试图在人的存在论和价值论哲学的核心处找到立足点,并将其触角伸入人文科学和社会科学的各个领域。正因为如此,她对传统的伦理学构成了最严峻的挑战,甚至意味着形而上学领域中某些理论的解构或重构。"①如何进一步整合理论与应用之间的密切衔接、实现理论服务于现实的最优化始终应成为生命伦理学研究的题中应有之义。

二、研究的主要问题

生命伦理学是与现实呈现紧密相关性的学科,在鲜活的实践案例为生命伦理学体系的深化提供丰富素材的同时,生命伦理学又以自身独特的学术视角指导和解决现实问题,二者在双向互动的过程之中逐渐实现了理论与实践之间的有效契合。近年来,生命伦理学的研究主要集中于如下几个富于争议性的热点问题。

(一) 生命伦理观与基本原则

明晰的基本框架与完善的理论体系是任何一门学科走向成熟发展的基本标志,生命伦理学虽以具体实践问题为导向,但基本理论问题的廓清同样应成为学界研究的首要任务。关于生命伦理学,我们首先要弄清楚的便是对于生命的基本问题,何为生命? 如何认识生命? 对待生命又应采纳哪些基本原则? 对于人生命本质特征与生命价值的追问已然成为当今生命伦理学研究中无法回避的重要问题,

---

① 程新宇:《生命伦理学前沿问题研究》,武汉:华中科技大学出版社 2012 年版,第 1 页。

基本命题与理论的界定对于生命伦理学发展的走向来说至关重要。

　　纵观生命伦理观,从古至今,人类对于自身生命价值的认识大致经历了三个不同的伦理认识阶段,即生命神圣论、生命质量论及生命价值论。生命价值论认为人的生命是神圣的,因而具有最高的道德价值,它的基本信条是"生命至重,有贵千金,一方济之,德逾于此"。这实际上为传统医学道德提供了思想渊源,在一定程度上促进了医学进步与人类自身的生存发展。与生命神圣论过于注重生命的数量相比,生命质量论提出要努力提升、增进人的生存质量,并且倡导尊重人的生命,接受人的死亡。生命质量论是人类对于生命认识的深化,同时也是对于生命神圣论的思想超越。生命价值论则是一种把生命神圣与生命质量相统一的崭新的生命伦理观,这一理论指出,可以根据生命对自身、他人或社会的不同效用而不同对待,这也成为人们在生命控制和死亡控制等行为选择时的主要判断依据。①

　　生命伦理学理论中同样占据重要地位的还有关于生命伦理基本原则的探讨,此种标准和原则的界定聚焦于生命伦理学学科的基本精神,对具体的实践操作发挥准绳与规约作用。施卫星等学者综合国内外研究成果,将生命伦理学的基本原则概括为如下四大体系:生命神圣与价值原则、有利与无伤原则、尊重与自主原则、公正与公益原则,并在每项原则体系的具体运用上细化为适用于具体情景的原则选择,如尊重与自主原则又因具体的临床实践派生为知情同意、保密与隐私的原则。② 李元和沈铭贤则在全球视域的语境之下,多角度全方位地整合有代表性的生命伦理学原则,包括比彻姆和查瑞斯的"四原则"说、恩格尔哈特的"二原则"说、贝尔蒙特报告及儒家关于仁爱、公义、诚信、和谐的生命伦理原则,指出构建当代有中国特色的生命伦理学原则必须对世界多元精神文化财富进行吸收、整合和创新。③ 对于上述生命伦理学的基本原则,孙慕义则注重从体系上对其进行层级式修正与梳理,指出行善构成生命伦理学的主体原则,尊重与自主、公平与正义、有利与不伤害、允许与宽容可作为生命伦理的二级原则,第三级原则则可细化为知情并同意、最优化、保密与生命价值原则。④

　　然而在现实的实践操作过程中,生命伦理学的内部基本原则之间往往很难做到统筹兼顾,甚至往往会顾此失彼,例如行善原则与自主原则之间往往便会引发矛盾冲突。对此,有学者指出,伦理学是关于是非善恶的价值判断,除了要实施以个

---

① 参见施卫星《生物医学伦理学》,杭州:浙江教育出版社 2010 年版,第 202—206 页。
② 参见施卫星《生物医学伦理学》,杭州:浙江教育出版社 2010 年版,第 38—52 页。
③ 参见李元、沈铭贤《生命伦理学基本原则讨论》,载《生命科学》2012 年第 11 期。
④ 参见孙慕义《对俗成生命伦理学原则的质疑与修正》,载《医学与哲学》2015 年第 9 期。

体德行之外,还要强调生命科技和医学要为人类造福这样宏观的整体的善,也可以说是政策制度层面的善,分歧和争论不必强求统一,真正重要的在于探索和理解生命伦理学原则之核心和主线。①

(二) 辅助生殖技术的伦理问题

辅助生殖技术,又称医学生殖技术,是指运用现代生物医学知识、技术及方法代替自然的人类生殖过程的某一步骤或全部步骤的手段。当前的辅助生殖技术实为抽象宽泛的统筹概念,具体又包含人工授精、体外受精、代孕及克隆等多种方式。这种超越甚至颠覆传统自然生殖过程的高新技术在为特殊群体带来生育福利的同时,必然也将引发诸多伦理争议。

人工授精技术最初主要用于解决男性不育问题,方法是把精液收集起来,将精子分离出来筛选浓缩后进行人工授精。② 鉴于异源人工授精的需要,有时也需要对供体精子进行贮存,于是出现了贮存精子的精子库(又称精子银行)。我国 1983年开始实施人工授精技术,1985 年建立了精子库。人工授精技术产生之初便被视为是对自然生殖认知理念的颠覆,异源人工授精更是打破了传统伦理观念,谁是真正意义上的父亲对双亲血缘家庭结构的稳定造成了必然冲击。为此,吴素香建议人工授精技术的实施应基于如下道德原则:有利于患者、夫妻双方自愿和知情同意、维护社会公益、互盲和保密、确保后代健康、防止精子卵子商品化及伦理监督的原则。③

体外受精技术则往往基于女性不育问题而产生,其受精过程发生于妇女体外,通常是在试管内进行的,因而由体外受精技术产生的婴儿又叫试管婴儿。然而这种技术并非全然有利无害,多个胚胎(受精卵)植入女性子宫将会增大选择性流产概率,另外,多余的胚胎如何处置也都会引发一定的伦理争议。精卵体外受精结合之后如若植入其他妇女的子宫内部,此种方式的体外受精便衍生出了代孕的概念。代孕是指"怀孕者用自己的身体为他人孕育子女,但没有将来与对方共同养育子女的意愿,且在怀孕前就已经同意,她在产后将把自己对所产子女所拥有的权利让渡给对方"④。根据行为方式和目的,代孕可区分为"妊娠型代孕""基因型代孕""商

---

① 参见沈铭贤《生命伦理飞入寻常百姓家:解读生命的困惑》,上海:上海科技教育出版社 2011 年版,第 56 页。
② 参见程新宇《生命伦理学前沿问题研究》,武汉:华中科技大学出版社 2012 年版,第 4 页。
③ 参见吴素香《善待生命——生命伦理学概论》,广州:中山大学出版社 2011 年版,第 44—45 页。
④ 曹钦:《代孕的伦理争议》,载《道德与文明》2012 年第 6 期。

业型代孕""非商业型代孕"①等多种方式。代孕行为的反对意见大都聚焦于母亲身份及被代孕儿童抚养权难以界定、代孕女性尊严贬低、生殖工具化商业化、对委托方家庭关系产生破坏等几个方面。曹永福从现实案例启发、传统生育文化的视角指出,"生育权作为一项权利,当然就意味着,当生育主体遭遇疾病或由于生育缺陷不能生育的时候,有权通过医疗手段恢复或弥补生育功能。"②

　　自 1997 年英国第一只克隆羊"多莉"诞生以来,克隆作为一种人工无性繁殖技术便开始引发世人争议。根据用途分类的不同,克隆大致可以区分为生殖性克隆与治疗性克隆两大类。技术自由从一般自由的绝对意义层面而获得根据,而价值辩护从伦理限制的承认则是有条件的,在伦理限制成立的地方,我们需要放弃某种技术自由。③ 生殖性克隆技术尽管对不孕不育群体的生育愿望将发挥一定的弥补作用,然而这种无性生殖方式却因诸多伦理及现实层面的困境而为多数学者所坚决反对,如克隆人与被克隆人之间的代际关系、克隆是否会破坏生物多样性,克隆人自身的自主性等都将引发系列社会问题。克隆人问题表征着人类工具理性与价值理性、功利与道义、科技进步与伦理变革之间的尖锐冲突,在技术安全与伦理困境尚未解决的情形之下,人类生殖性克隆技术必须加以严格审视。④ 科技是缘时代而产生的一把双刃剑,克隆技术同样如此,"最好的事情永远是稀缺的,因此,最好的事情更可能引起更恐怖的冲突。可见,技术的风险首先不在于技术本身,而在于技术的社会和政治后果。"⑤学界在对生殖性克隆技术达成一致反对意见的同时,基本认可治疗性克隆所带来的实际福利,甘绍平指出,尽管为了目前活着的病人的利益牺牲人类胚胎的利益可能会造就一定的伦理争议,然而作为最终理由的人类感受性应当成为赞成治疗性克隆的最终论据。⑥ 当然这种认可是基于推动建立中国式生命伦理原则与规范、对克隆技术形成伦理管理机制的基础之上。

---

① 朱红梅:《代孕的伦理争议》,载《自然辩证法研究》2006 年第 12 期。
② 曹永福:《"代孕辅助生殖"作为一项权利的伦理论证》,载《山东大学学报》(哲学社会科学版)2017 年第 4 期。
③ 参见李隼《自由的限度:从克隆人技术应用看科技伦理论争的实质问题》,载《江海学刊》2008 年第 6 期。
④ 参见高辉《克隆人问题引发的伦理困境》,载《吉首大学学报》(社会科学版)2011 年第 2 期。
⑤ 韩大元、孙周兴、赵汀阳、何怀宏、王国豫、段伟文:《新生命哲学:新兴科技与开放的伦理建构》,载《探索与争鸣》2018 年第 12 期。选自赵汀阳《"自造人"主体性思维的极端梦想》。
⑥ 参见甘绍平《从脑生与脑死亡之标准看治疗性克隆的理据》,载《华中科技大学学报》(社会科学版)2007 年第 2 期。

(三)安乐死与临终关怀的伦理问题

安乐死一词源自希腊文 euthanasia,原意为无痛苦、快乐的死亡,现多指有意招致一个人的死亡作为提供他的医疗的一部分。与医生协助自杀相似,医生在安乐死行为当中同样为患者提供设施,细微区别在于前者的执行者是患者本人,而后者则是医生。根据学界相关研究,安乐死大致可以分为主动安乐死、被动安乐死、自愿安乐死、非自愿安乐死①等几种类别。② 徐宗良指出,与安乐死密切相关的是脑死亡标准的应运而生,如果遵循这一新标准,人的尊严不但可以得到很好的体现,还可以节约社会资源,并且可用于器官移植。③

安乐死并非 20 世纪以来才出现的新问题,早在原始社会时,一些原始部落便形成了允许儿子杀死老人以防止老人临终痛苦的风俗,古罗马时期也有允许病人结束自己生命或者请别人助死的权利。当前时代背景之下有关安乐死的争议无论正反观点,出发点都是人的利益与尊严,其本质实际上是一种生命神圣论与生命价值论之间的抗衡。

对安乐死持反对意见者大都基于人的生命价值出发,认为人人都有生的权利,安乐死无异于变相杀人,是对传统认知中生命神圣论的背离,医生也往往存在着"扮演上帝角色"④之嫌。没有人能够保证患者的安乐死请求是理性与自由的选择,并且医生的判断也存在出错的可能。此外,在中国独有的文化环境之下,孝道思想影响深远、忌讳谈论死亡文化、缺乏与死亡相关的文化教育⑤等成为安乐死推行的障碍因素。面对安乐死的两难困境,韩跃红、李昶达认为,安乐死中的"尊严悖论"实际上是可以消除的,尽管"安乐死促进死亡就是对生命尊严的侵犯",但"无视临终病人的感受和请求,任由剧痛肆虐病人的肉体是不道德的,是对其生命尊严的漠视,在思想方法上是对生命至上、生命神圣之道德信念的教条化贯彻,显得简单生硬和无情"⑥。孙慕义更加明确地指出,"安乐死是死亡过程中的一种良好状态及达到这种状态的方法,而不是死亡的原因。安乐死的本质不是决定生与死,而是

---

① 非自愿安乐死,也有学者称之为代理同意安乐死、无选择安乐死,意指经代理人知情同意后为无行为能力的人作出安乐死选择的情形。

② 参见邱仁宗《生命伦理学再版》,北京:中国人民大学出版社 2010 年版,第 137—143 页。

③ 参见徐宗良《面对死亡——死亡伦理》,上海:上海科技教育出版社 2011 年版,第 12—14 页。

④ 邱仁宗:《论"扮演上帝角色"的论证》,载《伦理学研究》2017 年第 2 期。

⑤ 参见郝宝岚、邹梅、周东民、王艳《"好死"真的不如"赖活"吗?——浅论"尊严死"》,载《医学争鸣》2018 年第 1 期。

⑥ 韩跃红、李昶达:《安乐死辩论中的"尊严悖论"》,载《道德与文明》2015 年第 6 期。

决定死亡时是痛苦还是安乐。安乐死的目的是通过人工调节和控制,使死亡过程呈现出一种理想状态,避免肉体和精神的痛苦折磨而使濒死患者获得舒适和幸福的感受。"①因而问题的关键在于建立何种标准加以界定死亡的价值意义以及以何种形式加以引导规制。安乐死有且只有建立在如下条件的基础之上方有实施的可能性:患者的死亡结局已成必然且肉体和精神确实遭受极端痛苦。

与安乐死密切相关的另一个伦理概念是临终关怀。临终关怀即对濒临死亡病人的照顾,"其基本的思想和理念包括:帮助临终病人了解死亡,坦然面对和接纳死亡;以同情心对待濒死病人;尊重濒死病人的权利,满足濒死病人的愿望;重视濒死病人的生命品质,维护濒死病人的生命尊严。"②

我国的临终关怀事业起步于20世纪80年代。1988年7月,天津成立了天津临终关怀研究中心,同年9月,上海诞生了我国第一家临终关怀医院——南汇护理院,这使我国开启了临终关怀的研究实践并正式走向研究与规划之路。近年来,随着全球老龄化趋势的加重,临终关怀作为一项体现生命神圣、蕴含人道主义的普遍需要在学界与社会上均已引起越来越多的重视。学界研究学者对于临终关怀的研究主要集中于临终关怀的必要性、我国当前的现状、制约因素及对策等方面。

临终关怀社会工作的介入不仅有利于对临终患者进行情绪疏导与心理支持,还有助于化解家庭内部矛盾、实现家庭关系的和谐,并可为患者提供相应的信息咨询与健康资讯。③ 但是从当前现状来看,"我国临终关怀的现状是机构数量少、规模小、覆盖率低、规范程度较差、专业人员急缺。"④同时,有学者指出,在临终关怀的具体实践过程中存在着诸多制约因素,如大众知晓率低、医务人员对待死亡态度消极、缺乏资金支持及法律保障等,对此要注重死亡与善终教育,帮助大众树立科学的生死观,并在此基础上继续完善法律政策。⑤

(四) 器官移植的伦理问题

随着器官移植技术的不断提高和对抗器官移植免疫排斥反应的高效免疫抑制

---

① 孙慕义:《后现代生命伦理学——关于敬畏生命的意志以及生命科学之善与恶的价值图式:生命伦理学的新原道、新原法、新原实(下)》,北京:中国社会科学出版社2015年版,第959页。
② 施卫星:《生物医学伦理学》,杭州:浙江教育出版社2010年版,第244页。
③ 参见王圣莉《癌症患者临终关怀的社会工作探索——以肺癌晚期患者为例》,载《医学与哲学》2018年第7期。
④ 吴能表:《生命科学与伦理》,北京:科学出版社2015年版,第195页。
⑤ 参见杨雅清、古津贤:《制约临终关怀发展的原因及对策研究——以天津市为例》,载《中国医学伦理学》2018年第10期。

剂的问世,器官移植作为一种延续人类健康与生命的新型技术已经得到越来越广泛的普及与应用。人类器官移植的想法由来已久,但真正的临床应用却始于20世纪。我国器官移植事业虽然起步较晚,但进展速度较快,20世纪80年代之后已经陆续开展了肾、肝、心、肺、胰腺、胰岛、睾丸等多种器官的移植及相关器官的联合移植。"人体器官移植为降低患者痛苦、提高生命质量提供了医学伦理要求的满足。医学伦理要求进行医疗活动的目的就是救死扶伤,减轻患者的痛苦,提高生命的质量,使人有尊严地活着。作为一种医疗技术手段的人体器官移植手术,是通过移植供体器官到患者体内,从而延长了患者生命的期限,挽救了患者的生命,使患者能够健康体面地生活,本身就满足了医学伦理要求而具有不可替代的生命健康价值。"①

器官移植技术对于人类生命质量水平的提升具有划时代的意义,其所带来的效益显而易见。然而,脑死亡标准、社会环境、文化传统等系列因素的掣肘很大程度上阻滞着器官移植事业的发展,器官移植伦理问题实际上就是围绕器官移植中科学死亡标准、生死观、价值观和义利观而展开的传统观念与现代认知的冲突。

从理论层面来看,学界对于器官移植的担忧大都体现在供体器官商业化、器官资源如何分配、移植后的身份认同以及异种器官移植所带来的人格完整性等道德挑战。李怀瑞、葛道顺从移植后的伦理困境出发认为,即便是移植成功后,移植群体在日常工作生活之中依然面临着诸多问题,除承担医疗花费的经济压力之外,移植群体还要面对来自文化排异及社会排异等多方面的精神压力,这种心理上的自卑感使他们永远不可能回到"正常人"的状态。② 从现实情形来看,供体器官来源不足成为阻碍器官移植发展的最大因素,这一问题在我国表现得尤为突出。探究供体器官不足背后的原因,王彧等学者指出,信任危机、传统观念及组织协调是影响器官捐献的三个主要原因。信任危机主要表现为对医务人员的不信任,如很多人担心由于登记器官捐赠卡,发生交通事故时会被人过早地确认为死亡。受儒家文化中"身体发肤,受之父母,不敢毁伤"、"死要全尸"以及"善终"思想的影响,中国传统死亡观念也是导致我国器官捐献率过低的重要社会心理因素。另外,当前我国器官捐献工作缺乏流程上的整体设计和组织协调性,没有明确规定政府的职责,

---

① 龚波:《论国家义务视野下患者器官移植权的实现》,载《辽宁大学学报》(哲学社会科学版)2018年第2期。
② 参见李怀瑞、葛道顺《移植真的成功了吗?——器官移植受者的后移植困境及其应对策略》,载《山东社会科学》2018年第7期。

同时也缺乏各个相关部门和地方组织及民众的广泛参与。① 而为解决供体器官来源不足现象而生的异种移植技术,又因风险/受益分析、动物福利、人的同一性和完整性、群己关系、公共卫生资源以及知情同意的复杂性等问题的存在,现实应用效果并不理想。② 种种现实因素的存在均不利于当前我国器官捐献及器官移植事业的发展。对此,李恩昌、柏宁提出打破我国器官捐献率过低的僵局、做好器官捐献工作的关键在于国家的倡导,其中包含立法推动、健全组织机构、予以财政支持、加强宣传力度等多方面的措施。③

器官移植技术作为一种表现为技术理性的"手段善",其道德价值是可以肯定的,总体上也是符合善的标准的,因此在后现代的多元道德和文化观中,对器官移植进行伦理确证和道德规制,并突破某些不合时宜的道德规范的限制,为器官移植的发展提供更为广阔的道德自由和道德规范的空间,已成为生命伦理学研究的当务之急。④ 就长远发展来看,真正实现移植的无风险、合理化和最优化,器官移植还有很长的路要走。当前的基本原则与共识是:优先考虑医学标准,再酌情考虑社会标准,因为医学标准更多地体现了效用主义,对于某个需要进行器官移植的病人,如果供体的"风险"小于受体的"收益",且受体移植之后的生存质量、生活前景、康复潜能等较为理想,那么器官移植便可以成为选择的理由。

(五) 人体及动物实验的伦理问题

科技向前发展的同时必然会伴随着某些沉痛代价,人体实验便是医学领域进步过程中最富争议的代价之一。人体实验即以人体作为受试对象,用科学的实验手段,有效地对受试者进行研究和考察的医学行为和过程。人体实验的对象包括研究人员或医师、社会边缘人、自愿受试者及病人等,涉及尸体、活体、个体及群体等多种类型的研究。

从长远发展的眼光来看,人体实验是生命科学发展进步过程中不可或缺的环节,甚至可以说,没有人体实验就没有现代临床医学。一种新药或者医疗手段问世之前,有且只有经过人体实验的安全检验之后才可大规模地投入市场。然而正因为用于实验的对象是人,涉及人体实验的话题才会显得越发敏感。如何确保人体

---

① 参见王彧、柏宁、尹梅《对我国遗体器官捐献困境的分析与研究》,载《医学与哲学》2015 年第 4 期。
② 参见雷瑞鹏《异种移植技术的伦理问题研究综述》,载《哲学动态》2005 年第 10 期。
③ 参见李恩昌、柏宁《国家倡导是推动器官捐献工作的关键》,载《中国医学伦理学》2013 年第 6 期。
④ 参见李伦《器官移植:从技术理性到生命伦理》,载《中南林业科技大学学报》(社会科学版)2009 年第 1 期。

试验的安全有效性？人体实验应在何种范围和条件下进行？受试者拥有怎样的权益？谁来承担人体实验的风险？来自道德与现实的种种问题不断引发人们对于人体实验的思考。

由于权利认知与法律保护制度的缺失，受试者的权益往往由于处于弱势地位而无法得到有效保证。吴能表强调，人体试验需建立于伦理审查的基础之上，伦理审查委员会应具备操作的独立性、组成与工作的恰当性、审查的及时性和工作的效果性。[①] 为确保人体实验中受试者的权益，有必要明确以知情同意为核心的系列原则并将其上升为医学领域的统一规范。有学者指出，当前我国人体实验中受试者知情同意制度存在着严重缺陷，包括研究者告知标准未确立、告知内容不统一；未成年受试者的知情同意权特别保护模式阙如；侵害受试者知情同意权的民事责任缺失等方面。为加强知情同意原则的构建，应实施包括确立研究者之"理性受试者"的告知标准、建立未成年受试者知情同意权的"双重同意模式"、规定侵害受试者知情同意权的独立民事责任请求权在内的诸多措施。[②]

为保护人类受试者，多种国际及国家内部的法规都规定涉及人的生物医学实验必须以动物实验为基础，然而这又引发了关于动物实验的系列伦理争论：人类是否有用动物做实验的权利？动物拥有怎样的道德地位？在实验中应该如何对待动物？用于实验之后的动物又该如何处理？

关于动物实验争论的观点大致分为三个派别，反对动物实验的动物权利论者，支持动物实验以促进人类福利的反动物权利论者以及以上两类主张的平衡论者，即承认动物实验的同时呼吁在实验过程中保护动物的权益。我国学者大都针对动物实验中的现存问题，从动物实验的范围、方式、手段等入手，强调从制度和法规上规制动物实验保护动物权益的必要性。吕鹏等学者在对动物保护组织及动物保护法进行了细致考察后提出，医学动物实验应在明确动物实验的正当范围、秉持尊重动物的伦理观念的基础上进行，进而提出制定实验动物福利法规的相关建议。[③]张燕认为，面对动物实践应用中的各种伦理问题和困境，在目的方面致力于促进人类与自然的共同利益、在价值秩序方面承认人类立场的基本性和适当优先性、在实践结果方面能够同时惠及人类中心主义与非人类中心主义目标的马克思主义整体生态观，能够成为解决动物权利冲突和动物利用困境的立论基础。基于整体生态

---

① 参见吴能表《生命科学与伦理》，北京：科学出版社 2015 年版，第 118—119 页。
② 徐喜荣：《论人体试验中受试者的知情同意权——从"黄金大米"事件切入》，载《河北法学》2013 年第 11 期。
③ 参见吕鹏、张丽、李玲、吕申《医学动物实验的伦理和法律思考》，载《医学与哲学》2009 年第 6 期。

观的基本立场和理论逻辑,对动物权利与动物利用的考量应当依据以下三个基本原则:第一,内在价值与工具价值的平衡。第二,人类权利与动物权利的双重考量。第三,现实需要与理想诉求的适度结合。[①]

(六) 基因技术应用的伦理问题

自人类基因组计划(HGP)与曼哈顿原子弹计划、阿波罗登月计划并称为"二十世纪三大工程"之后,基因技术的运用便在现代医学领域中显示出异军突起的力量。绝大多数无法完全治愈的遗传疾病,甚至可以通过发展基因疗法来得到有效控制甚至完全消除,这对现代生物科学技术的研究来说无疑是具有划时代意义的崭新突破。然而从具体实践中来看,涵盖人类基因组计划、基因检测、基因治疗等系列运用在内的基因技术的使用并非毫无争议,来自社会、经济与伦理的多方质疑依然存在。

程新宇在对人类基因组计划的相关争议进行考察后指出,基因技术确实让人怀有憧憬:第一,能够增加对人类进化模式和过程的认识;第二,能够确定人类与其他生物的基因关联程度;第三,增加对特定基因和特定疾病之间关系的认识;第四,发展基因疗法可以有效控制乃至完全消除遗传疾病;第五,通过基因干预和重组DNA技术可以使我们控制人类进化的过程。但同时,人类基因组计划假定疾病与缺陷基因之间的因果对应关系只是基于还原主义的,且是否存在一种统一标准的基因值得怀疑,这种信息的应用性可能非常有限,更重要的是,人类基因组计划占用太多资金将会影响其他项目的发展而导致卫生资源分配不公平,控制人类进化也将有可能导致更为极端危险的后果,种种问题都是人类基因组计划进行过程中所需理性权衡的。[②]

由于触及人身信息隐私,基因检测更多地则牵扯到伦理原则与制度的规制考量。陈瑛等学者认为,无论是遗传病基因检测、产前诊断、新生儿筛查抑或发病前预测性诊断等系列涉及基因检测的技术运用中,伦理考量应放在第一位,个体隐私权与群体利益之间应达成适度的平衡。[③] 鉴于我国基因检测的相关立法尚属空白,朱姝等以问卷访谈等形式对我国公众对于基因检测技术的认知情况及基因歧视的看法进行调查,发现多数人尚未认识到基因歧视所带来的后果,但"保护基因

---

① 参见张燕《谁之权利? 何以利用? ——基于整体生态观的动物权利和动物利用》,载《哲学研究》2015 年第 7 期。
② 参见程新宇《生命伦理学前沿问题研究》,武汉:华中科技大学出版社 2012 年版,第 59—60 页。
③ 参见陈瑛、钱吉、李红《中国临床遗传学检测的伦理问题》,载《医学与哲学》2010 年第 2 期。

隐私,防止基因歧视"的呼声已经渐高,为此倡议要在制定基因检测相关技术准入及伦理规范、加强伦理教育的基础之上设立专门的就业歧视审查、监督机制,医务界主动负起责任,加强个人检测信息的保护,同时注重充分发挥各方面的力量来反对基因歧视。①

基因治疗是指通过把有缺陷的基因"修正"过来或者插入正常基因代替有缺陷基因的方式对基因进行医治,从而达到预防和治疗疾病的目的。随着生命科学技术的发展,现有的基因治疗方法已经得到很大的扩展。根据靶细胞、目的基因导入途径的不同,基因治疗又可分为体细胞基因治疗、生殖细胞基因治疗以及用于基因增强的优生性基因工程。从目前的研究现状来看,用于基因增强目的的基因治疗并不在人类必须范围之内,因而一致为学者所反对。邱仁宗指出,鉴于新兴技术的不确定性、歧义性和转化潜能,对于新兴技术(基因编辑、合成生物、神经技术、纳米技术等)的创新、研发、应用,似乎采取"摸着石头过河""积极、审慎"的方针较为合适。应该允许将基因编辑技术用于体细胞的基因治疗,但应禁止将该技术用于生殖系细胞的治疗和基因增强,对非人生物的基因修饰也必须有所规范和管控。②段伟文认为,在日益白热化的国际科技竞争格局下,尽管生命、纳米、信息、智能等新兴科技实质上伴随着影响深远的人类社会伦理试验,但现实的新兴科技伦理规制的出发点通常并非敬畏自然或敬畏生命之类明白而不妥协的价值追求,而更多地建立在非伦理与道德的科学知识和技术可能性之上,其基本策略是在风险与创新之间寻求动态的平衡。因此,在正在到来的人类深度科技化时代,不能仅仅从技术层面以一般缺乏价值坚定性的风险、危害和效益框架探讨伦理的边界,而应对科技的巨大力量及其未知的深远后果保持一种审慎,对生命的复杂性和超出我们认知能力的可能性保持一种敬畏,进而在一种必要的谦虚的态度下,设定现阶段生命科学研究的伦理底线。③ 至于用于疾病治疗性的基因治疗与基因编辑,我国还没有专门针对人体实验中受试者权利保护的相关法律,对此,李石强调"我国亟需在下述三方面建构对科学实验进行伦理限制的相关制度:第一,尽快起草和完善保护各类与人体相关的科学实验中受试者各项权益的法律,包括生命权、健康权、知情同意权、赔偿权,等等。第二,对于医学领域的临床实验更应加强监督管理。推行强制性的临床试验注册制度,以行政权力对所有临床实验进行伦理监督。第三,尽

---

① 参见朱妹、胡庆澧、沈铭贤、丘祥兴、朱伟《"保护基因隐私,防止基因歧视"调查与分析》,载《医学与哲学》2018 年第 1 期。
② 参见邱仁宗《基因编辑技术的研究和应用:伦理学的视角》,载《医学与哲学》2006 年第 7 期。
③ 参见段伟文《基因编辑婴儿亟待刚性生命伦理规制》,载《学习时报》2018 年 12 月 5 日。

快建立独立于各实验机构的'伦理监督委员会'。委员会成员应由伦理学家以及独立于相关科学实验但具有相关学科知识的科学家共同组成。这些学者应在充分商讨的前提下对具体的科学实验的风险、可能给人类带来的利益、对受试者的影响、是否侵犯受试者权益等相关因素做出独立而专业的评估"①。

（七）公共卫生政策的伦理问题

　　健康是人类最根本的利益,健康伦理学既强调个人健康也强调公共健康,其核心是全体社会成员的共同健康②,而维护人类健康的整体价值取向落实于具体便体现为公共卫生政策的制定。从医学伦理学视角来看,公共卫生政策是一个国家对卫生资源的社会使用进行合理控制与最优化使用,从而使有限的卫生资源发挥最大效益、真正起到维护人类健康利益的一个战略决策。公共卫生是建立公正社会和实现社会正义的必备要素,故应以公共卫生实践中的伦理问题而不是以哪个理论作为其逻辑出发点。③ 正如彼莱格里诺（E. Pellegrino）所言,伦理学是卫生政策与人类价值之间的桥梁,卫生政策的制定在受政治、经济、文化、宗教等因素影响的同时,伦理价值的取向同样是一个不可忽视的重要因素。公共卫生政策是为所有社会成员的健康服务,还是为社会的某一部分成员服务?是优先发展初级医疗保健,还是优先发展高新尖端技术?只对当代人的健康负责,还是也对后代人健康负责?是强调征服自然,还是与自然和谐相处?卫生政策既是控制医学知识与资源使用最大化的决策,在面临诸多不可避免的价值选择冲突时,必然要直接或者间接受到伦理道德价值取向的左右,而在具体操作过程之中,民主的公开讨论又不失为解决自由和责任问题的一个行之有效的方法。④ 当前,关于公共卫生政策伦理问题主要集中在卫生政策与伦理的关系、卫生改革中的冲突及对策分析、卫生政策的制定原则及资源分配等问题的探讨上。

　　杜治政指出,卫生政策是卫生资源、价值目标和伦理原则三者的合理结合,卫生资源的分配与使用,价值目标的地位都应受到伦理学的审视。这是由当代卫生事业的特点所决定的:卫生事业不仅涉及有病的人,而且还涉及所有社会成员,涉及为所有社会成员提供保健服务;卫生事业已经发展成为庞大的社会建制和庞大的社会产业,消耗越来越多的资源;医学科学不仅影响现在,而且还要影响长远。

① 李石:《论"基因编辑"技术的伦理界限》,载《伦理学研究》2019年第2期。
② 参见李恩昌、翁攀峰《健康伦理学的中国成果及意义》,载《道德与文明》2018年第5期。
③ 参见翟晓梅、邱仁宗《公共卫生伦理学的结构和若干基本论题》,载《医学与哲学》2017年第7期。
④ 参见王国豫、刘则渊《科学技术伦理的跨文化对话》,北京:科学出版社2009年版,第219页。

这一切都要求任何卫生决策必须从人类基本道德原则考虑,否则就会后患无穷,就会是灾难。同时,卫生政策与医学道德的作用是双向的,良好的卫生保健政策也将会对医学伦理学产生定位、导向和调节的作用。① 而在现实情形中,"能"即"善"的价值观、"增长"即"发展"的价值观以及强化自利性又分别导致了医学技术化危机、"增长"危机和公益性危机。公共卫生政策不仅是作为调节和分配有限卫生资源的重要工具,还涉及公众的生命和健康,故关注政策在制定、实施和评价等活动中所蕴含的深刻的价值,对这些价值作深入的分析论证,并将关于这些价值及其关系的哲学思辨转化为具有指导行动、决定取舍意义的原则和纲领,成为生命伦理学的重要使命。②

医疗卫生改革就其实质而言,是对健康利益的再分配,这种分配最终必然需要以卫生政策的形式加以实施。而"政策选择方向上的正确性,医疗资源配置上的公平性,医疗资源利用上的效率性,医疗政策制定上的法律性、医务人员操作上的廉洁性等,都是卫生政策制定时应该坚持的伦理价值选择"③。坚持以政府调控为主,同时又有条件地引入市场机制,坚持医疗改革、医疗保障体制改革和医药购销体制改革同步进行,构建以社区医疗、合作医疗为基础的服务体系,唯有如此才能扭转我国卫生改革利益失衡的局面,实现为全民提供基本保健服务的目标。④

(八) 中国生命伦理学

生命伦理学在西方国家成为显学并日益取得话语权的同时,一部分学者开始主张我国本土化的生命伦理学也即中国生命伦理学的建构,认为中国的生命伦理学发展必须要以中国传统文化和现实国情为基础,求同存异,将中国式的价值观念与思维模式融入生命伦理学的本土化建构中去。"中国伦理学",其一包含中华民族的伦理生活秩序与精神心灵世界的具体历史内容,其二包含中华文化的具体概念、范畴、术语、运思与认知方式及其具体表达体系。⑤ "回归'自我文化'的立场,也许是出于一种无奈,但这也是文化多元和后现代社会中生命伦理学的理性的、现实的抉择。"⑥

---

① 参见杜治政《卫生保健政策与医学伦理学》,载《医学与哲学》1999 年第 8 期。
② 参见白丽萍《公共卫生政策的缘起及其伦理关涉》,载《医学与哲学》2011 年第 7 期。
③ 施卫星:《生物医学伦理学》,杭州:浙江教育出版社 2010 年版,第 271 页。
④ 参见杜治政《卫生改革中的利益冲突与调节》,载《中国医学伦理学》2007 年第 1 期。
⑤ 参见高兆明《伦理学与话语体系——如何再写"中国伦理学"》,载《华东师范大学学报》(哲学社会科学版)2018 年第 1 期。
⑥ 张舜清:《儒家生命伦理思想研究——以原始儒家为中心》,北京:人民出版社 2018 年版,第 6 页。

田海平力倡让生命伦理学说"中国话",认为一方面就文化根源而论,我们不能脱离中华传统的文化根脉和精神家园,让生命伦理学说"中国话",就是要让生命伦理学传承中华文明之"道"。另一方面就道德现实而论,我们也无法脱离人口意义的医疗卫生和保健的现实生活世界,让生命伦理学说"中国话",就是让生命伦理学关注当下中国生命伦理的医疗卫生现实,以彰显中华"卫生"之"德"。而在话语体系的构建上,需要以两个重要的突破为前提:一是推进中国生命伦理学的"认知旨趣拓展",从中国价值观的道德诠释视角出发拓展生命伦理学的知识谱系、话语形态和思想类型,目的是要摆脱过于"西化"的应用伦理学范式对生命伦理学的那种"窄化"的理解;二是展开中国生命伦理学的"问题域还原",从文化传统的溯本还原和医疗生活史重构,对中国生命伦理学的问题域进行梳理,以从文化历史的进路、理论逻辑的进路和实践难题的进路拓展其知识谱系、话语语境和思想类型。①

在建构中国生命伦理学的具体进路上,学者们主张从儒、道、佛等不同思想派别出发对中国传统文化资源进行挖掘整合,以期丰富中国当代生命伦理学的学科内涵,为其研究提供一种观念背景、分析工具和价值选择。范瑞平强调,儒家生命伦理的特征、内容和理路与肇始于20世纪70年代的美国生命伦理的个人主义程式有着尖锐的冲突。儒家道德观念体系之中,家庭比个人更具本体论上的优越性,而维系这种家庭主义的终极力量是德性而非权利,在对待生物科学技术时,儒家也更倾向于采取一种既考虑个人也考虑家庭利益的二维道德策略。而这些都是可以用于解决当代生命伦理难题的为儒家所独有的文化资源。② 程新宇同时看到儒家伦理对当代生命伦理发展的局限,强调在认真清理传统儒家伦理的基础上不断对儒学进行"现代诠释"或在"儒学创新"的基础上重构儒家生命伦理学。③ 席书旗、张玉梅从道家文化视域入手,以老庄思想为切入点,认为道家文化"天人合一,道法自然,道生德养"的哲学思想为纠正西方生命科技伦理的困境提供了强有力的思维方式、核心价值理念和实践方式,"轻物重生,见素抱朴,少私寡欲"的价值追求有利于克服物质主义与消费主义的过度泛滥;"慈、俭、不敢为天下先"的处世态度有利于达成人与自然的和谐,维护人与自然的伦理安全,"反者道之动,弱者道之用"的辩证思想揭示了生命科技发展的正确方向和手段,故而建构现代生命科技伦理观应该确立"以道驭技,道技合一"的生命科技伦理精神、"道法自然,审慎先行"的生

---

① 参见田海平《让生命伦理学说"中国话"再议》,载《华中科技大学学报》(社会科学版)2017年第2期。

② 参见范瑞平《当代儒家生命伦理学》,北京:北京大学出版社2011年版,第4页。

③ 参见程新宇《儒家伦理对当代生命伦理学发展的价值及其局限》,载《伦理学研究》2009年第3期。

命科技伦理实践原则、"贵生顺死,视死若归"的超然的科技伦理生死观。① 李勇则从佛教伦理出发,认为佛教生命伦理思想亦可由慈悲之心(行善原则),推展出怨亲平等(公平原则)、戒杀护生(不伤害原则)、无我(尊重原则),统一至佛教伦理的和谐思想,"和谐"作为佛教生命伦理思想为今天中国生命伦理学的建构可提供重要的思想资源。②

三、简要述评

回顾过去几十年的发展,生命伦理学在我国已经完全扎根并取得系列卓越成果。基于辅助生殖技术、器官移植、安乐死等系列生命科学技术相关的热烈讨论,不仅有助于现实操作中实践难题的解决,同时还对这一学科的繁荣发展起到了极大的助推作用。但是反观生命伦理学自身,更应引起关注的是我国生命伦理学发展过程中所存在的诸多问题。

(一) 缺乏完善成熟的发展体系

生命伦理学在我国的发展起步较晚,从整个发展体系上来看还未完善成熟。一方面,理论体系的建构并不完善。尽管生命伦理学确以生命科学领域中的具体问题为导向、以解决实际问题为宗旨,但这并不意味着理论体系的建构就可以完全忽视,我国当前生命伦理学研究存在的问题之一便是缺乏系统完善的理论体系与研究范式。历经近40年的发展,我国生命伦理学研究中确实涌现出大量理论价值与现实意义兼具的优良成果,然而由于缺乏细密严谨的理论体系作支撑,研究与研究之间没有规范统一的研究范式,最终致使这些研究只能是零散而无根基的。事实上,理论体系的完善建构非但不会对应用型学科的发展产生阻碍作用,反而能够推动问题研究的系统化与专业化。理论体系构建与实践问题研究实为一对相辅相成、互为补充的范畴。另一方面,现实实践过程中同样缺乏系统完善的操作体系。当前,我国与生命伦理相关的研究机构尚未达到完全普及的程度,全国包括生命伦理委员会、生命伦理研究中心等在内的研究机构屈指可数,公众认知与生命伦理教育同样存在脱节现象,而从生命伦理学作为一门规范性学科解决我们应该做什么

---

① 参见席书旗、张玉梅《道家文化视角下现代生命科技伦理观的建构路径——以老庄思想为切入点》,载《山东大学学报》(哲学社会科学版)2018年第6期。
② 参见李勇《中国佛教"和谐"思想的生命伦理意蕴》,载《南京医科大学学报》(社会科学版)2013年第6期。

和应该如何做①的实践性质而言,这显然不利于生命伦理学学科的普及与拓展。如何整合探索一套完善成熟而符合现实国情的发展体系,已经成为当前我国生命伦理学发展过程中亟须考量的重要命题。

(二) 分割式研究难以实现学科内部的综合交融

生命伦理学是生命科学与伦理学两大学科领域交叉形成的新型应用学科,学科与学科之间的交融成为其最主要的学科特征。然而近年以来,越来越多的学者意识到应用伦理学研究中的这种交叉特征极易导致学科内部的分割式研究,而这种分割式研究远不足以达到应用伦理本身的内涵价值和对道德生活的正确引导。具而言之,生命伦理学的分割式研究主要体现在两大方面。第一,由于专业背景和学科话语差异所导致的医学与伦理的分割。生命伦理学研究往往是由医学家与伦理学家共同推动发展,然而囿于专业知识领域的隔阂,现实生活中的医学与伦理两大领域往往是自说自话,生命伦理学研究非但难以产生基于学科交叉基础上的综合与交融,反而呈现出"两张皮"的研究状态。第二,由于学科内部发展体系不完善所产生的理论与应用的分割。前已述及,生命伦理学的应用特征虽强,但其理论体系的建构并不十分完善,而在具体研究之中,理论与应用之间还存在着脱节现象,并不能做到真正的"理论联系实际"。一些生命伦理学的研究成果中,要么只是停留于对现象的表层叙述而无法深入到问题的本质探讨中去,要么只是重复赘述生命伦理学的基本理论与原则,理论与应用之间很难做到真正的合理过渡与无缝对接。

(三) 本土化研究力度尚待加强

我国生命伦理学的建立最初始于大量西方生命伦理学研究成果的引入与介绍,因而在研究范式与研究标准的设定上不可避免地受到了西方话语体系的影响,可以说,我国的生命伦理学研究自诞生之日起便具有国际视野。然而,对国外前沿研究成果的敏锐跟踪与把握却使得具有中国特色的本土化生命伦理研究相对弱化了。尽管近年以来一部分学者对于建立本土化中国生命伦理学的呼吁已经开始引发学界的关注,但这种呼吁无论在研究深度还是研究广度上都是远远不够的。一方面,从研究深度来看,生命伦理学的本土化研究意识并未深入人心,多数学者的研究重心依然停留于对西方学术研究的关注与把握上。"在生命伦理学领域中,不

---

① 参见邱仁宗《生命伦理学在中国发展的启示》,载《医学与哲学》2019 年第 5 期。

少人完全套用比彻姆和丘卓斯的四原则,以它们为标准来评判中国的事情,忘记了它们的西方文化特征和所携带的西方核心价值。我们所需要的,是要以中华文化的核心价值及其原则为标准,探索解决我们所面临的挑战和问题的适宜政策和办法。这一工作当然需要我们学习和借鉴西方的学说,但不能照搬。"[1]另一方面,从研究广度来看,多数学者仅将中国生命伦理学的本土化研究定义为儒释道文化的生命伦理研究,这实际上远远窄化了中国生命伦理学的研究视域。赵敦华便曾指出,"发展中国的应用伦理学,离不开挖掘中国传统文化的资源,诠释的重点应从儒释道转向墨荀韩",在他看来,中国传统文化资源中墨荀韩这一部分的意义常常被忽视,而墨子、荀子、韩非子的思想实际上更适合应用伦理学的基本原则。[2] 中国生命伦理学的本土化应当立足于儒释道研究,但同时绝不应当仅仅停留于此。

尽管当前的生命伦理学研究中总是存在这样或那样的问题,问题的解决同样不可一蹴而就。但不可否认的是,作为伦理学研究之显学,生命伦理学在我国的研究发展中已经呈现出必然繁荣之势。

---

[1] 参见范瑞平《构建中国生命伦理学——追求中华文化的追越性和永恒性》,载《中国医学伦理学》2010 年第 5 期。
[2] 参见赵敦华《道德哲学的应用伦理学转向》,载《江海学刊》2002 年第 4 期。

第二十章　宗教伦理

宗教伦理是宗教团体对信众制订的思想①和行为的规范和原则。宗教伦理在信仰的加持下可以发挥强大的效力,所以宗教对信仰者具有较强的道德约束力。在历史上和现实中,宗教促进了道德发展。当然,宗教伦理与人伦道德并不完全相符合,宗教的伦理功能也并不总是正面的。因其强大的思想控制力和社会影响力,宗教伦理是宗教学和伦理学研究的重要领域。

一、研究的基本历程和概况

中国的宗教伦理研究经历了由不受重视到备受关注的发展过程,并呈现加速发展的态势。

(一) 研究的基本历程

1. 马克思主义研究方法的确立(1949—1978)

民国时期,学术界对于宗教伦理的关注主要体现在传统思想史的研究成果中。1910 年 7 月,商务印书馆出版了蔡元培先生的《中国伦理学史》,其中汉唐涉及了古代儒、释、道三教之伦理思想。1938 年,商务印书馆出版了汤用彤的《汉魏两晋南北朝佛教史》,是为中国佛教史领域的经典之作。该书涉及的"夷夏之辨"、"善不受报"、佛教戒律、佛性论等佛教伦理思想,也是后来佛教史研究的重要内容。当时宗教界对于宗教伦理问题更为关注,其中佛教和基督教最活跃。佛教以印光法师为代表,宣扬因果报应思想,以图挽救世道人心。基督教为了解决与中国社会的文化冲突而不得不对两种文化进行协调,尝试利用中国文化因素宣扬基督教,从而实现"中国基督化",在这个过程中讨论了基督教信仰与中国传统伦理的关系。

---

① 相对于世俗伦理,宗教伦理对思想的规范更加严格,有明显的"动机论"倾向。

新中国成立后,马克思主义的唯物主义和无神论成为社会思想的主流。改革开放前,一直强调宗教作为"精神鸦片"的负面效应,宗教伦理没有得到重视。但当时确立的哲学社会科学研究的主要方法——历史唯物主义成为后来宗教伦理研究的重要方法论。这种方法论揭示出宗教伦理的本质,有助于说明宗教伦理作为意识形态,是社会存在的反映,随着社会发展而不断发展。

2. 相关学科的创立和初步发展时期(1979—1995)

宗教伦理研究主要依托于伦理学和宗教学两个学科。改革开放之前,伦理学很少关注宗教伦理,而宗教学也还没有建立起来。1979 年 2 月,中国宗教学会在昆明成立,这标志着中国大陆宗教学的正式兴起。1995 年,北京大学率先成立宗教学系。社会发展和学科发展推动了宗教伦理的研究。一方面,宗教活动的日益活跃对学术界提出了新的要求,社会迫切需要从理论上厘清宗教与道德的关系、研究宗教的社会效应包括伦理效应。另一方面,社会为宗教研究,包括宗教伦理研究提供了宽松的思想环境和日益坚实的经济基础。伦理学和宗教学领域的宗教伦理研究逐渐展开。

3. 快速发展时期(1996 年至今)

上世纪 90 年代宗教伦理已经成为宗教学、伦理学研究的热点,得到学者的广泛关注。其标志是以宗教伦理为主题的国际学术会议的密集召开。1996 年,第三届"中美哲学与宗教学研讨会"召开,会议讨论的主题就是宗教伦理学,后来出版的论文集名为《东西方宗教伦理及其他》。中国学者提交的论文涉及宗教与现代道德的关系、基督教伦理、道教伦理、宗教伦理的理论与方法、宗教或文化比较、宗教价值观、理性与信仰的关系等领域。1998 年 11 月,中国社会科学院世界宗教研究所与美国太平洋地区发展与教育协会联合主办的"宗教·道德·文化国际学术研讨会"在北京举行。同年 12 月,香港中文大学主办的"儒家伦理与基督教伦理的比较研究国际学术讨论会"召开,中国内地学者积极参加。

此后,在宗教学和伦理学等学科中,研究宗教伦理的专著、期刊论文、学位论文不断涌现。宗教伦理研究的领域不断拓展,研究方法也更加多样。学术界和宗教界频繁举办以宗教伦理为主题或涉及宗教伦理的学术会议、学术论坛,在一定程度上促进了宗教伦理的研究。

改革开放 40 周年前后,学术界出现了很多对宗教伦理研究进行总结的成果。包括:杨明和刘登科的《宗教伦理学研究的意义、现状与展望》(2006)、陕西师范大学宗教研究中心汇编的《宗教伦理学研究三十年》(2009)、张志丹的宗教伦理 60 年综述①(2009)、王文东的《改革开放三十年中国宗教伦理学研究状况与发展趋向的思考》(2010)等。这也从一个方面说明,宗教伦理在 21 世纪初已经成为中国学术研究的重要领域。

(二) 宗教伦理研究概况

宗教伦理的研究涉及各个宗教及其理论和现实层面的各种问题。在宗教伦理研究早期阶段,依托伦理学史和宗教史,宗教伦理问题已经得到关注,开始专门有研究着手解决宗教伦理的一般原理和宗教伦理方法论。随着研究的深入,具体宗教的伦理研究逐渐展开,而宗教伦理方法论也逐渐丰富和深化。

1. 从依托史学到走向独立

伦理学史和宗教史著作涉及的宗教伦理问题在宗教伦理早期研究中起到抛砖引玉的作用。陈少峰的《中国伦理学史》对儒、佛、道三教伦理思想均有涉及。② 万俊人的《现代西方伦理学史》第四编,集中探讨了自 19 世纪末叶到 20 世纪中后期欧美的三个主要宗教伦理学流派:人格主义、新托马斯主义、新正教伦理。万俊人认为现代西方宗教伦理学的现代化改革集中表现出世俗化、人道化、科学化和思想化等基本特征。③ 卓新平的《当代西方天主教神学》以史学的方式论述了道德神学的发展和全球伦理等宗教伦理问题。④ 吕大吉的《西方宗教学说史》也涉及宗教伦理思想。⑤

作为伦理型宗教,中国佛教和道教与伦理有着内在关联,中国佛教史和道教史中涉及太多的伦理问题,在此无法一一介绍。

现在宗教伦理已经成为一个专门研究领域,宗教伦理研究的专著不断涌现。

2. 概念的辨析和研究领域概况

第一,宗教与道德的关系。宗教与道德有关系,是没有问题的。但是,宗教与道德关系的定位,是一个争论已久的话题。康德在论述实践理性时认为,道德领域存在一个德性与幸福不能必然连接的二律背反。要想解决这个二律背反就必须为实践理性"公设""上帝"是存在的。严福平、吴珍的《如果没有道德,上帝如何可

① 参见王小锡等《中国伦理学 60 年》,第十七章"宗教伦理",上海:上海人民出版社 2009 年版。
② 参见陈少峰《中国伦理学史》,北京:北京大学出版社 1997 年版。
③ 参见万俊人《现代西方伦理学史》下卷,北京:北京大学出版社 1992 年版,第 331 页。
④ 参见卓新平《当代西方天主教神学》,上海:上海三联书店 1998 年版。
⑤ 参见吕大吉的《西方宗教学说史》,北京:中国社会科学出版社 1994 年版。

能——论康德哲学的道德宗教观》讨论了康德的相关思想。① 翁绍军将康德的假设作为现代宗教伦理的"学理基础",强调宗教对道德的作用。② 单纯认为,如果没有一个超越我们经验之上的上帝制订维系我们生活的准则,那么我们每个人都可以自行其是,以邻为壑,直至引起社会的大混乱。③ 甚至有些中国学者认为道德滑坡问题的根源在于中国缺乏宗教传统作为道德实现的保障。但更多的学者并不认为宗教是道德的充要条件。阮炜指出,"我国学界有这种说法:中国思想传统中缺乏一个外在超越的、人格性的终极实在,因而现代中国的一切不幸的要因都应在这里挖,这种说法有一个重要预设,即一个绝对的、人格性的终极实在对于一种文化传统来讲只可能是好的。但这一预设并没有经过认真的检讨便被全盘接受……从经验和逻辑两方面看,这种看法都是站不住脚的。"④ 吕大吉在其专著《人道与神道:宗教伦理学导论》中认为宗教与伦理都属于上层建筑的范畴,都由经济基础决定,宗教与伦理就其自身而言都不能成为对方的根据和源泉。刘时工也认为:"宗教作为道德保障的观点,首先在历史事实上缺乏充分证据,因为没有证据表明有宗教信仰的民族在道德上高于没有宗教信仰的民族,同样,没有证据表明同一个民族的道德水准在信仰虔诚时高于信仰不那么虔诚的时候。另外,从宗教和道德的理论关系来看,宗教既能推动道德的实现,但也有对道德意识的负面影响,不能一概而论。"⑤ 道德既不是开端于宗教,也不是只能依赖于宗教。曾广乐的《如果没有宗教,道德是否可能?——对现当代社会宗教与道德关系的一种探索》综合分析近年来学术界关于道德与宗教关系的研究成果,并探讨了历史上道德宗教化的历史根源,论证了在现代社会道德对宗教的相对独立性。⑥ 道德并不依赖于宗教。宗教与伦理关系争论的实质是对宗教作用的不同态度。

赖永海、王月清的《宗教与道德劝善》一书在阐释中国古代儒释道三教的基本义理与思想的基础上,揭示其中所蕴含的伦理价值取向与道德教化功能。⑦

第二,宗教伦理学概论。宗教与道德的关系在宗教伦理学概论类著作中研究

① 参见严福平、吴珍《如果没有道德,上帝如何可能——论康德哲学的道德宗教观》,载《甘肃理论学刊》2007 年第 2 期。
② 参见翁绍军《信仰与人世:现代宗教伦理面面观》,武汉:湖北教育出版社 1999 年版。
③ 参见单纯《宗教哲学》,北京:中国社会科学出版社 2003 年版,第 317 页。
④ 阮炜:《中国与西方:宗教、文化、文明比较》,上海:社会科学出版社 2002 年版。
⑤ 刘时工:《宗教与道德的关系之我见》,载《学术月刊》2003 年第 7 期。
⑥ 参见曾广乐《如果没有宗教,道德是否可能?——对现当代社会宗教与道德关系的一种探索》,载《宗教学研究》2006 年第 3 期。
⑦ 参见赖永海、王月清《宗教与道德劝善》,南京:江苏古籍出版社 2002 年版。

得更为深入。吕大吉是我国著名的宗教学理论家,其以《宗教学通论新编》①为代表的宗教学概论类著作都会专门讨论宗教与道德的关系。吕大吉的专著《人道与神道:宗教伦理学导论》②也是我国早期研究宗教伦理的代表作。该书以唯物史观为理论基础,系统研究了宗教与道德的起源、宗教道德与世俗道德的关系等。陈麟书的《宗教伦理学概论》③系统概括了宗教的伦理功能。王文东的《宗教伦理学》④也是研究宗教伦理一般原理的力作。作者综合运用伦理学、宗教学、心理学、社会学等各种研究方法,通过不同研究视角,对宗教伦理的各个层面及相关问题进行了详尽的系统研究,包括宗教伦理学的题材、性质和研究法;宗教伦理的合理化与类型;宗教伦理的价值;宗教信仰及其价值律;宗教伦理的实体系统与层次;个体宗教伦理意识的综合分析;中国民族宗教伦理的形态及功能结构;当代社会宗教伦理的适应性等。田薇的论文集《信念与道德:宗教伦理的视域》⑤涉及了宗教伦理的含义、特点等问题,研究重点是基督教伦理。

3. 宗教伦理学方法论

国内宗教伦理的研究主要有文化学方法、比较方法、哲学方法、社会学方法等。

以王晓朝、万俊人为代表的学者将宗教与伦理纳入了文化视域中考察,认为二者都属于文化,都是文化的重要组成部分,只是二者所处的地位和作用方式具有差异性而已。⑥ 而对宗教伦理的"跨文化"的比较,则既是文化学的方法,也是比较的方法。在这个方面,有大批学者的大量著作涌现。

张志刚的《宗教哲学研究——当代观念、关键环节及其方法论批判》是从哲学角度研究基督教的著作。其中涉及罪恶问题、上帝存在的道德论论证等基督教伦理问题及方法论。⑦

田薇的论文《从"形而上学宗教性"看"宗教性生存伦理"的可能性——宗教伦理的重释》试图从现代西方思想家西美尔关于灵魂存在的天性、蒂利希的终极关切、卢克曼的世界观与个人同一、史密斯的个人信仰与累积传统的学说中求求宗教

---

① 参见吕大吉《宗教学通论新编》,北京:中国社会科学出版社1998年版。
② 参见吕大吉《人道与神道:宗教伦理学导论》,上海:上海人民出版社1991年版。
③ 参见陈麟书《宗教伦理学概论》,北京:宗教文化出版社2006年版。
④ 参见王文东《宗教伦理学》,北京:中央民族大学出版社2006年版。
⑤ 参见田薇《信念与道德:宗教伦理的视域》,北京:线装书局2011年版。
⑥ 参见王小锡等著《中国伦理学60年》,上海:上海人民出版社2009年版,第250页。
⑦ 参见张志刚《宗教哲学研究——当代观念、关键环节及其方法论批判》,北京:中国人民大学出版社2009年版。

性的理论支持,探求宗教性生存伦理的可能性。①

佛教是伦理型宗教,从哲学角度研究佛教则必然涉及伦理道德问题。方立天的《佛教哲学》②《中国佛教哲学要义》③是系统研究佛教哲学的代表作。

李峰的《宗教伦理、宗教组织及世俗化因素——刍议宗教伦理研究中的社会学分析路径》一文认为,宗教伦理的社会学研究形成了历时性因果分析及共时性功能探讨两种取向,但就其研究进路而言,大多数研究基本上都具有明显的韦伯式分析路径倾向,在一定程度上都存在着某种简约化缺陷,难以回答宗教伦理何以发挥其共时性功能,何以产生其历时性之结果等操作性问题。对此,如果在韦伯式的分析路径中引入组织运行和世俗化因素等中介变量,可以使社会学对宗教伦理的分析得到进一步的完善。④

4. 具体宗教的伦理研究和跨宗教的伦理研究

具体宗教的伦理研究主要集中在基督教、佛教、道教等领域,伊斯兰教虽然是世界三大宗教之一,但是相对而言,我国对此的研究成果不多。此外还有少量的其他宗教伦理研究。

跨宗教的伦理研究分为两种模式,一种是一般意义上的宗教伦理研究,一种是宗教之间或宗教与其他社会思想体系之间的比较宗教伦理研究。

二、研究的主要问题

(一) 具体宗教伦理

1. 佛教伦理

佛教是人本宗教,其思想、修行实践都具有强大的道德功能,因而佛教也是伦理型宗教,中国佛教极大地促进了中国传统道德的发展。2002 年,云门佛学院举办的“大乘佛教与当代社会”学术研讨会收到的会议论文绝大多数都是以大乘佛教伦理问题为主题⑤,佛教伦理在佛教研究领域的地位可见一斑。

---

① 参见田薇《从“形而上学宗教性”看“宗教性生存伦理”的可能性——宗教伦理的重释》,载《清华西方哲学研究》2018 年第 1 期。
② 方立天:《佛教哲学》,北京:中国人民大学出版社 1986 年版,1991 年增订。
③ 方立天:《中国佛教哲学要义》,北京:中国人民大学出版社 2002 年版。
④ 参见李峰《宗教伦理、宗教组织及世俗化因素——刍议宗教伦理研究中的社会学分析路径》,载《学术交流》2005 年第 10 期。
⑤ 参见佛源主编《大乘佛教与当代社会》,北京:东方出版社 2003 年版。

张怀承的《无我与涅——佛教伦理道德精粹》是对整个佛教伦理思想的研究，不仅涉及佛教伦理道德的理论基础、总体构建、主要观点，还探讨了佛教伦理道德与中国传统文化的关系，并引发中国佛教伦理道德与现代社会生活之关系的思考。① 中国佛教伦理是佛教伦理研究的主要领域。王月清的《中国佛教伦理研究》是首部佛教伦理专著，该书以佛教伦理的中国化进程为纵向线索，以佛教伦理和儒家伦理的相互关系为横向线索，通过考察善恶观、戒律观、修行观、人生观、孝新观等问题，对中国佛教伦理思想的主要内容和范畴体系进行了深入的剖析和系统阐发。② 业露华的《中国佛教伦理思想》一书认为中国佛教伦理思想是融合了中国传统思想文化，特别是儒家思想和道德学说的内容而成的。③ 刘立夫著有《佛教与中国伦理文化的冲突与融合》④。圆持法师的《佛教伦理》⑤篇幅宏大，内容丰富。

佛教的戒律和清规是佛教伦理的制度保障，戒律和清规都是佛教伦理研究的重要内容。这个方面的研究有王大伟的博士论文《宋元禅宗清规研究》⑥。

佛教伦理研究深化的表现之一是佛教宗派和佛教人物伦理思想研究的展开。李元光的博士论文《宗喀巴大师宗教伦理思想研究》，把宗喀巴大师的宗教伦理思想放在全球伦理的背景下进行了系统的梳理。⑦ 董群的《禅宗伦理》一书，从伦理学角度入手，揭示了禅宗伦理作为伦理化的宗教的基本特征，提出处理五种道德关系的规范和原则。⑧ 曹晓虎的博士论文《净土宗伦理研究》以自力与他力的关系为核心研究净土宗这一特殊佛教宗派的伦理思想，揭示了净土宗伦理的特质，认为净土宗并没有违背佛教伦理以自力为根本的原则。⑨

研究宗派伦理的期刊论文有赵玲的《我国南传上座部佛教伦理的作用与影响》⑩、曾其海的《天台宗伦理思想的现代阐释——从动物权利论伦理到生态伦

---

① 参见张怀承《无我与涅——佛教伦理道德精粹》，长沙：湖南大学出版社1999年版。
② 参见王月清《中国佛教伦理研究》，南京：南京大学出版社1999年版。
③ 参见业露华《中国佛教伦理思想》，上海：上海社会科学院出版社2000年版。
④ 刘立夫：《佛教与中国伦理文化的冲突与融合》，北京：中国社会科学出版社2009年版。
⑤ 圆持法师：《佛教伦理》，北京：东方出版社2009年版。
⑥ 王大伟：《宋元禅宗清规研究》，四川大学博士论文，2012年。
⑦ 参见李元光《宗喀巴大师宗教伦理思想研究》，四川大学博士论文，2004年。
⑧ 参见董群《禅宗伦理》，杭州：浙江人民出版社2000年版。
⑨ 参见曹晓虎《净土宗伦理研究》，南京大学博士论文，2001年。
⑩ 赵玲：《我国南传上座部佛教伦理的作用与影响》，载《法音》2004年第5期。

理》①、钟玉英的《论藏族社会中的藏传佛教仪式及其社会功能》②、吴春香的《论藏传佛教伦理对当代藏族伦理观发展的影响》③等。

佛教财富观体现了佛教伦理的一个侧面。王仲尧的《慈悲喜舍》专门研究了佛教的财富观,并将之分为"钵托千家饭""金钱无净染""慈悲度众生""用财应有道""般若识财富"等八个部分。④

佛性即解脱成佛的可能性,佛性问题是佛教的基本问题,也是佛教道德哲学的核心问题。赖永海的《中国佛性论》对中国佛性思想进行了系统的研究,论及佛性论源流、法性与真神、是否众生皆有佛性、佛性本有还是始有、性具与性起、即心即佛与无情有性、顿悟与渐修、自力与他力等内容。⑤ 从道德哲学的角度看,这些内容涵盖中国佛教的道德本体论、道德发生学、道德修养论、道德境界论等领域。《中国佛性论》理论性很强,是中国佛学研究领域的经典之作。

关于佛教伦理思想的论文涉及佛教伦理的思想基础、社会价值、生态意义等方面,有方立天的《论中国佛教伦理的理论基础》⑥《中国佛教伦理的社会意义》⑦,张怀承的《简论佛教伦理思想的基本观点》⑧,李元光的《佛教伦理与现代文明》⑨《佛教伦理推动和谐社会发展的三个向度》⑩,贺汉魂的《佛教伦理对建设节约型社会的价值》⑪等文章。佛教伦理对生态保护的意义得到学者重视,相关论文有方立天的《佛教生态哲学与现代生态意识》⑫、吴言生的《深层生态学与佛教生态观的内涵及其现实意义》⑬、侯传文的《佛教自然伦理及其现代意义》⑭等。

---

① 曾其海:《天台宗伦理思想的现代阐释——从动物权利论伦理到生态伦理》,载《台州学院学报》2005年第1期。
② 钟玉英:《论藏族社会中的藏传佛教仪式及其社会功能》,载《四川大学学报》(哲学社会科学版)2006年第6期。
③ 吴春香:《论藏传佛教伦理对当代藏族伦理观发展的影响》,载《攀登》2007年第3期。
④ 参见王仲尧《慈悲喜舍》,北京:宗教文化出版社2004年版。
⑤ 参见赖永海《中国佛性论》,南京:江苏人民出版社2010年版。
⑥ 方立天:《论中国佛教伦理的理论基础》,载《伦理学研究》2003年第4期。
⑦ 方立天:《中国佛教伦理的社会意义》,载《伦理学研究》2004年第1期。
⑧ 张怀承:《简论佛教伦理思想的基本观点》,载《伦理学研究》2006年第5期。
⑨ 李元光:《佛教伦理与现代文明》,载《哈尔滨工业大学学报(社会科学版)》2005年第3期。
⑩ 李元光:《佛教伦理推动和谐社会发展的三个向度》,载《中国宗教》2006年第11期。
⑪ 贺汉魂:《佛教伦理对建设节约型社会的价值》,载《世界宗教文化》2006年第2期。
⑫ 方立天:《佛教生态哲学与现代生态意识》,载《文史哲》2007年第4期。
⑬ 吴言生:《深层生态学与佛教生态观的内涵及其现实意义》,载《中国宗教》2006年第6期。
⑭ 侯传文:《佛教自然伦理及其现代意义》,载《伦理学研究》2014年第6期。

2. 道教伦理

在各大宗教中，道教与人伦道德的契合度最高，是典型的伦理型宗教。道教根本理论典籍《抱朴子·内篇》认为，"为道者当先立功德"，"立功为上，除过次之"，这里的"功过"标准就是（基本的和当时社会条件下的）人伦道德。

在道教伦理研究领域中，姜生用力最多，成果丰富。他系统研究道教伦理的专著是《宗教与人类自我控制：中国道教伦理研究》①。他的道教伦理的断代史研究成果有专著《汉魏两晋南北朝道教伦理论稿》②、合著《明清道教伦理及其历史流变》③，颇有影响。

其他系统研究道教伦理的专著还有乐爱国的《中国道教伦理思想史稿》④、何立芳的《道教社会伦理思想之研究》⑤等。

关于道教经典的伦理思想研究成果有石丽娟的硕士论文《〈太平经〉伦理思想研究》⑥、张远航的硕士论文《论〈太平经〉的伦理思想》⑦和李广义的博士论文《〈太平经〉伦理思想研究》⑧，都梦梦硕士论文《论〈太平经〉的家族伦理思想》⑨，吴磊、万志全的论文《〈化书〉伦理思想研究》⑩等。

道教经书广泛存在劝善的思想和观点，其中也有很多专门的"劝善书"。陈霞的博士论文专门研究道教劝善书，揭示了道教劝善书的形成、传播过程，概括了道教劝善书的内容，并分析其实质和伦理特色，总结了道教劝善书的社会影响。陈霞指出，"道教劝善书的产生绝不是一种偶然的社会历史现象，有其内在原因。它实际上是宗教伦理道德化和世俗道德宗教化的一种产物。"⑪这个观点深刻揭示了道教的根本特点。从解脱论角度探讨道教劝善思想的专著有李刚的《劝善成仙》⑫。伍成泉著有《道教的道德教化研究》⑬。

---

① 姜生：《宗教与人类自我控制：中国道教伦理研究》，成都：巴蜀书社1996年版。
② 姜生：《汉魏两晋南北朝道教伦理论稿》，成都：四川大学出版社1995年版。
③ 姜生、郭武：《明清道教伦理及其历史流变》，成都：四川人民出版社1999年版。
④ 乐爱国：《中国道教伦理思想史稿》，济南：齐鲁书社2010年版。
⑤ 何立芳：《道教社会伦理思想之研究》，成都：巴蜀书社2010年版。
⑥ 石丽娟：《〈太平经〉伦理思想研究》，安徽大学硕士论文，2008年。
⑦ 张远航：《论〈太平经〉的伦理思想》，黑龙江大学硕士论文，2008年。
⑧ 李广义：《〈太平经〉伦理思想研究》，中南大学博士论文，2010年。
⑨ 都梦梦：《论〈太平经〉的家族伦理思想》，西南政法大学博士论文，2014年。
⑩ 吴磊、万志全：《〈化书〉伦理思想研究》，载《湖南大学学报》（社会科学版）2014年第3期。
⑪ 陈霞：《道教劝善书研究》，成都：巴蜀书社1999年版。
⑫ 李刚：《劝善成仙》，成都：四川人民出版社1994年版。
⑬ 伍成泉：《道教的道德教化研究》，北京：知识产权出版社2013年版。

王文东概括出道教伦理思维的三大特征:自我性思维、人本性思维和生态性思维。① 道教思想中有丰富的生态伦理思想,相关专著有蒋朝君的《道教生态伦理思想研究》②等。

宝贵贞的《出世与入世之间——论道教伦理之要义》认为,道教以其特有的方式传递着社会系统的思想观念和价值体系。道教社会伦理是道教用以协调现实社会人与人之间关系的行为规范。同其他一些宗教一样,道教伦理思想的实际功能也是指向社会的。一方面,道教承袭了道家的价值观,以超脱凡俗而得道成仙为理想,另一方面,迫于儒学的影响和教徒的现实需要,要求信徒遵行用以维系世俗社会秩序的伦理规范,凸显其"神道设教"的社会控制本质。③

姜生三次发文论述道教伦理能够弥补儒家纲常伦理的功能。他认为道教的神学结构实质上乃是伦理思想的载体。④

丁常云著《弘道扬善:道教伦理及其现代价值》⑤。

与其他宗教相比较,注重养生是道教的显著特征,研究道教生命哲学的很多,直接从生命伦理的角度研究道教包括赖平的专著《道教养生文化的生命伦理学审视》⑥和姜生的论文《道教与寿老的关系——论道教生命伦理的道德决定论特征》。⑦

刘玮玮的专著《中国道学女性伦理思想研究》⑧是道教伦理研究眼界扩展的标志之一。

与基督宗教相比,对道教与文学的关系的关注者不多。郭中华的《论金元全真诗词的宗教伦理思想》认为,金元全真教诗词中蕴含着丰富而多样的宗教伦理思想,诸如尊生、重生的生命观念;普度众生的济世思想;尊师、重教的皈依情怀;清静无为、仙道自然的修行理念等。这些思想不仅是对中国传统道家与道教思想的继承和发扬,而且是对中国传统文化精髓的淳化与升华。⑨

---

① 参见王文东《略论道教伦理思维的特点》,载《宗教学研究》2004 年第 3 期。
② 蒋朝君:《道教生态伦理思想研究》,北京:东方出版社 2006 年版。
③ 参见宝贵贞《出世与入世之间——论道教伦理之要义》,载《中国道教》2003 年第 3 期。
④ 参见姜生《三论道教伦理对儒家纲常伦理的弥补功能》,载《宗教学研究》1997 年第 1 期。
⑤ 刘玮玮:中国道学女性伦理思想研究》,上海:上海辞书出版社 2006 年版。
⑥ 赖平《道教养生文化的生命伦理学审视》,湘潭:湘潭大学出版社 2011 年版。
⑦ 姜生:《道教与寿老的关系——论道教生命伦理的道德决定论特征》,载《学术月刊》1997 年第 2 期。
⑧ 刘玮玮:《中国道学女性伦理思想研究》,长春:吉林大学出版社 2012 年版。
⑨ 参见郭中华《论金元全真诗词的宗教伦理思想》,载《河南科技大学学报》(社会科学版)2018 年第 4 期。

3. 基督宗教伦理

当下,很多冠名为宗教伦理甚至伦理学的论著,实际上是专门讲基督教伦理的,或主要是讲基督教伦理的。翁绍军的《信仰与人世:现代宗教伦理面面观》①是研究基督教语境下的伦理的专著。孙慕义的专著《后现代生命伦理学》②,也是研究基督教伦理的著作。王晓朝主编的《经济与伦理》中收录的论文大部分与基督教伦理有关。③

虽然基督教是信仰主义宗教,但是也蕴含着丰富的伦理思想资源。信仰与伦理一直是基督教的两大重心。《圣经》中说,"如今常存的有信、有望、有爱","其中最大的是爱"。天主教主张信、望、爱三德。相关专著有张祎娜的《托马斯·阿奎那爱的学说研究》④。论文有梁卫霞的《阿奎那对爱德的综论、释疑和新解》⑤。

刘锦玲的《回溯基督教德性伦理的理论源头》指出基督教德性伦理的两大理论来源:古希腊的德性伦理和《圣经》,并在回顾基督教德性伦理发展的三个历史阶段的过程中着重论述了奥古斯丁和托马斯·阿奎那对基督教德性伦理的建树。⑥

作为经院哲学的集大成者,托马斯·阿奎那一直是基督教伦理研究的重点。除上述有关论著之外,还有刘素民的专著《托马斯·阿奎那伦理学思想研究》⑦、刘光顺的论文《趋向至善——汤玛斯·阿奎那的伦理思想初探》、曾静明的论文《托马斯·阿奎那的良心观》、龚群的论文《托马斯·阿奎那的德性论》⑧、刘招静的论文《交换、正义与高利贷:托马斯·阿奎那的经济伦理观》⑨等。何建华的论文《托马斯·阿奎那的正义思想》⑩论述了阿奎那建立在宗教神圣性与人类理性基础上的正义思想及其影响。

从伦理学角度对基督教具体流派进行研究的有林庆华的《当代西方天主教相称主义伦理学研究》等。⑪

① 翁绍军:《信仰与人世:现代宗教伦理面面观》,武汉:湖北教育出版社1999年版。
② 孙慕义:《后现代生命伦理学》,北京:中国社会科学出版社2015年版。
③ 王晓朝主编:《经济与伦理》,桂林:广西师范大学出版社2006年版。
④ 张祎娜:《托马斯·阿奎那爱的学说研究》,北京:人民出版社2018年版。
⑤ 梁卫霞:《阿奎那对爱德的综论、释疑和新解》,载《宗教学研究》2019年第3期。
⑥ 参见刘锦玲:《回溯基督教德性伦理的理论源头》,载《中国社会科学报》2017年8月15日第4版。
⑦ 刘素民:《托马斯·阿奎那伦理学思想研究》,北京:中国社会科学出版社2014年版。
⑧ 龚群:《托马斯·阿奎那的德性论》,载《伦理学研究》2016年第5期。
⑨ 刘招静:《交换、正义与高利贷:托马斯·阿奎那的经济伦理观》,载《历史研究》2016年第6期。
⑩ 何建华:《托马斯·阿奎那的正义思想》,载《齐鲁学刊》2018年第3期。
⑪ 参见林庆华《当代西方天主教相称主义伦理学研究》,载《基督教文化研究辑刊》四编,(台湾)新北:花木兰出版公司。

梁晓杰探讨了洛克以财产自然权利为核心的道德自然法中潜含的基督教伦理的维度。①

对其他基督教学者个人的思想研究有刘时工的《爱与正义——尼布尔基督教伦理思想研究》②、谢志斌的《公共神学与全球化——斯塔克豪思的基督教伦理研究》③等。段德智在《试论现代西方基督宗教伦理思想的历史演绎、多元发展与理论困难》④《试论当代西方基督宗教伦理思想研究中的三大难题》⑤等文章中指出，基督宗教伦理原本是基督宗教中的一个根本问题，至现当代，随着基督宗教的精神化和世俗化，基督宗教伦理在基督宗教中的地位更为突出。从内涵看，体现为"以神为中心的自我伦理""关注现实的社会伦理""面向全球的普世伦理"三个层面，其本身内蕴着一些理论难题，即"宗教伦理的神学化"与"宗教伦理的人学化"、"宗教伦理的世俗化"与"宗教伦理的神圣化"、"宗教伦理的全球化"与"宗教伦理的本土化"的关系问题。

这些难题产生的根源在于基督宗教伦理功能的两面性。刘清平的《张力冲突中的爱之诫命——论基督宗教伦理学的一个深度悖论》认为，耶稣提出的两条爱的诫命必然会在宗教伦理学上陷入一个难以消解的深度悖论。作者从《新约》记述的耶稣教诲中，为两条诫命之间的这种张力冲突找到文本证据。一方面，耶稣明确要求门徒："要爱你们的仇敌，为那逼迫你们的祷告……所以你们要完全，像你们的天父完全一样。"但在另一方面，耶稣又反复强调：那些不信他的异能、不愿接待他的使徒的人，都必然要遭受超乎想象的严厉惩罚。⑥

左高山的《"爱你们的敌人"——论基督教的敌人伦理》认为，在基督教伦理中，"敌人"和"爱"都是感受上帝存在的补充形式：在敌人那里，上帝启示他们，他是作为他者存在于他们之中的，如同他们体会到在这个世界中上帝的距离；而在"爱"中，上帝则表明自己是作为救世主存在于他们之中的。"敌人"使得上帝与没有上帝的世界之间的界限变得非常明显，而"爱"却延缓这种界限的形成并让人们知晓

① 参见梁晓杰《洛克财产权利的宗教伦理维度》，载《中国社会科学》2006年第3期。
② 刘时工：《爱与正义——尼布尔基督教伦理思想研究》，北京：中国社会科学出版社2004年版。
③ 谢志斌：《公共神学与全球化——斯塔克豪思的基督教伦理研究》，北京：宗教文化出版社2008年版。
④ 段德智：《试论现代西方基督宗教伦理思想的历史演绎、多元发展与理论困难》，载《武汉大学学报》2004年第4期。
⑤ 段德智：《试论当代西方基督宗教伦理思想研究中的三大难题》，载《哲学动态》2001年第11期。
⑥ 参见刘清平《张力冲突中的爱之诫命——论基督宗教伦理学的一个深度悖论》，载《哲学门》2004年。

上帝的存在。"爱你们的敌人"中的"爱"并不是一种情感,而是一种义务或责任,是一种超自然的爱。唯有如此,这种爱才可以成为一种绝对命令。"爱你们的敌人"为化敌为友提供了一种形而上学基础和可能性。①

杨适认为,处于现代化过程中的中国人和中国文化,在得到双重机遇的同时(结合中国"人伦"传统与西方"自由"传统②的优长以求自己的未来),更因双重的异化而在现实生活中处于深重的罪孽中。在这一刻,我们看到了中国文化本身对基督之道的迫切需要,因为它已经着手承认自己的原罪,已经苦苦地呼喊着自己的悔改之情和新生的意愿。③ 这种观点既能够代表基督教学者的普遍看法(即认为中国文化对基督教有迫切需要),也有新意,即将基督教的"原罪"概念加诸中国社会文化之上。但是,这篇文章没有对"中国文化"之"原罪"作严谨的概念界定。不知道此处之"原罪"究竟是指人的"原罪"之社会文化表现(这样的话,可以在人性恶等意义上作为学术问题进行探讨,但并不为中国文化所特有),还是指中国文化在历史上的负面影响(这样的话,就属于任何文化都携带的一般意义上的"罪"而非"原罪")。根据语境,中国文化的"原罪"似指中国文化与耶稣信仰的不同之处,但这种观点纯属信仰,不是学术问题。

四川大学基督教研究中心编撰的《基督教与中国伦理道德》和复旦大学基督教研究中心编撰的《基督教学术第二辑——宗教、道德与社会关怀》两本论文集里,研究者们分别从基督教伦理的特征、基督教伦理的形上理据、基督教伦理学的学术定位、基督教生态伦理学、基督教伦理学对解决当前道德困境的价值等诸多方面展开了讨论。④

西方开明的基督教学者认为伦理的宗教是最高的宗教。陈泽环的《真正的宗教就是真正的人道——施韦泽论基督教的伦理本质》指出,作为 20 世纪的国际性道德榜样,施韦泽深刻地论证了基督教的伦理本质,强调耶稣提出了爱的行动伦理、倡导紧密地把宗教和人道结合起来、认为伦理的宗教是最高的宗教。⑤

4. 伊斯兰教伦理和民族宗教伦理

关于伊斯兰教伦理的代表作是杨捷生的《伊斯兰教伦理研究》,该书是我国第

---

① 参见左高山《"爱你们的敌人"——论基督教的敌人伦理》,载《伦理学研究》2015 年第 5 期。
② 笔者结合上文对原文夹注稍加补充。
③ 参见杨适《谁是对话的主角?——基督教与中国文化对话的一个前提和基础性问题》,张志刚、斯图尔德主编《东西方宗教伦理及其他》,北京:中央编译出版社 1997 年版,第 94 页。
④ 参阅王小锡等《宗教伦理 60 年》,上海:上海人民出版社 2009 年版,第 261 页。
⑤ 参见陈泽环《真正的宗教就是真正的人道——施韦泽论基督教的伦理本质》,载《华中科技大学学报》(社会科学版)2013 年第 4 期。

一部系统研究伊斯兰教伦理的专著。其中有一些独到见解,如"德德相济"把能否实现以德育德作为与"德福一致"并列的判断伦理体系的另一个重要标准。所谓"德德相济"是指个体道德水平和社会道德水平相互促进,循环提升。相应的伊斯兰教伦理内容有"天课"制度,人在履行宗教义务的同时,要克服贪婪,净化灵魂。同时,这也有利于天课受益者的道德提升。①

研究伊斯兰教伦理的论文视角多样。② 孙力、马伟概括出了伊斯兰教社会伦理规范最主要的和最基本原则:真主面前人人平等,人道主义,劝善戒恶,中庸和均衡论。③ 顾世群对伊斯兰教的形而上结构进行了探析,认为任何一个理论体系的建立都仰赖于内在逻辑结构的圆通,寻求道德最终的根据是伦理体系建立的形上前提,道德何以可能又何以能确保其实现是每一个伦理体系都必须解决的问题。伊斯兰教伦理体系的形上结构以此三个基本问题为轴得以确立。④ 刘国红认为,伊斯兰教认为"人性本恶""德福统一",在相信绝对前定的条件下,又相信人的意志自由。⑤ 韩祥纯从经济伦理的角度研究古兰经思想。⑥

与伊斯兰教伦理有关的研究还有吴云贵的《伊斯兰教法概略》⑦和高鸿钧的《伊斯兰教法:传统与现代化》⑧。

伊斯兰教中国化是宗教中国化的重要文化现象。伊斯兰教的中国化也是主要表现为伦理化。伊斯兰教的伦理化的主要途径是将伊斯兰教伦理与儒学结合起来。马雪峰对"回儒"研究做过综述,值得参考。⑨ 马注是清初著名的伊斯兰教学者,梁向明指出,马注将伊斯兰教伦理道德学说同儒家以"三纲五常"为核心内容的传统伦理道德观精编巧织在一起,从而构建了一套中国化的伊斯兰教伦理道德体系。⑩

伊斯兰教为我国一些少数民族所信仰,而上述伊斯兰教伦理研究并不局限于

---

① 参见杨捷生《伊斯兰教伦理研究》,北京:宗教文化出版社 2002 年版。
② 参阅王小锡等《中国伦理学 60 年》第十七章"宗教伦理",上海:上海人民出版社 2009 年版,第 260 页。
③ 参见孙力、马伟《试论伊斯兰伦理文化与社会主义和谐社会的构建》,载《回族研究》2005 年第 3 期。
④ 参见顾世群《试析伊斯兰教伦理体系的形上结构》,载《东南大学学报》(哲社版)2006 年第 4 期。
⑤ 参见刘国红《伊斯兰教的伦理意义——作为现代精神资源的伊斯兰伦理》,载《深圳大学学报》(人文社科版)2005 年第 5 期。
⑥ 参见韩祥纯《〈古兰经〉中的经济伦理思想探析》,载《民族论坛》2006 年第 8 期。
⑦ 吴云贵《伊斯兰教法概略》,北京:中国社会科学出版社 1993 年版。
⑧ 高鸿钧《伊斯兰教法:传统与现代化》,北京:社会科学文献出版社 1996 年版。
⑨ 参见马雪峰《有关"回儒"的一点思考》,载《中国穆斯林》2010 年第 1 期。
⑩ 参见梁向明《"回之与儒,教异而理同"——兼谈回族学者马注的伊斯兰教伦理道德观》,载《宁夏社会科学》2005 年第 2 期。

我国的伊斯兰教。

民族宗教学作为中国宗教学的分支,大约出现在 20 世纪 90 年代后期。① 很快,民族宗教伦理就成为民族宗教研究的重要内容。王文东的论文《论民族宗教伦理学学科的确立》提出,民族宗教伦理学是跨界于民族宗教学与伦理学之间的具有应用性质的人文学科,旨在研究和解释民族宗教伦理现象和规律的本质,并且根据民族宗教伦理提供认识和反思民族社会善、恶价值的标准和基本方法,因此它既是民族宗教理论的重要组成部分,也是伦理理论的重要组成部分。民族宗教伦理学包含对民族宗教伦理的实体结构、主体结构、价值结构和规范结构四个方面的研究。②

王欣瀛硕士论文《神圣与衰落——一个傣族村寨宗教伦理生活的考察研究》认为,从外传入的南传上座部佛教运用其强大的影响力,深深地淘染和教化了当地的伦理观,村民们热切追求以"赕"换取功德从而得到善果的仪式和行为,"行善,布施,修来世"的思想深入人心,傣族社会的道德规范和社会秩序由此得到了维护。然而 20 世纪 50 年代以来,伴随着国家的各种巨变,宗教的影响力却日渐衰微。③

潘美胤的硕士论文《喀喇汗王朝民族宗教伦理思想研究》从四个层次对喀喇汗王朝民族宗教伦理内容进行归纳总结,分别是个人德性伦理、家庭伦理、国家伦理和生态伦理。每一层次又有具体的伦理规范要求,这些道德规范共同建筑喀喇汗王朝民族宗教伦理思想的核心内容。通过对代表性文化典籍的研究、与我国传统伦理思想的对比分析,论文深入探究伦理思想的宗教性和世俗性的特点。④

5. 其他宗教的伦理

早期历史的宗教与伦理对后世文化有深远影响,如陈来著有《古代宗教与伦理——儒家思想的根源》对此展开了研究。⑤

原始信仰可以归为广义上的宗教(关于宗教的界定争议太大,在此无法讨论这个问题),原始禁忌与宗教伦理也有一定的联系。金泽的《宗教禁忌》是对宗教禁忌

---

① 参见牟钟鉴《宗教学奋进的三十年》,见《宗教学术研究三十年来的历程与辉煌》,载《中国宗教》2008 年第 10 期。
② 参见王文东《论民族宗教伦理学学科的确立》,载《西北民族大学学报》(哲学社会科学版)2007 年第 4 期。
③ 参见王欣瀛《神圣与衰落——一个傣族村寨宗教伦理生活的考察研究》,上海社会科学院硕士论文,2017 年。
④ 参见潘美胤《喀喇汗王朝民族宗教伦理思想研究》,中央民族大学硕士论文,2018 年。
⑤ 陈来:《古代宗教与伦理——儒家思想的根源》,上海:三联书店 1996 年版。

的系统研究。① 中国文化思想的主流不是宗教信仰,但是中国古代也有类似于宗教伦理功能的生活禁忌。武树臣认为中国传统的"礼"源于古老氏族中两性及家庭生活禁忌,并认为在历史上实行两性及婚姻禁忌的氏族、部落得以永葆活力,反之,则黯然失色、屈居人下。中华民族得益于礼的指导。②

王永平《宗教伦理化视阈下的〈周易〉》认为,从文献记载来看,《周易》确实是为卜筮而作,是古人用来探知天命的宗教典籍,但《周易》成书的殷周之际,宗教正在经历一个伦理化的转型,作为这种宗教伦理化的产物,《周易》中已经包含着一定的理性成分和哲学思想。③

(二) 热点问题

宗教伦理学研究的热点问题能够从特定角度突出反映相关研究概况。

1. 马克斯·韦伯的《新教伦理与资本主义精神》等著作

马克斯·韦伯的影响是世界级的,甚至因此在西方形成了一门学问——"韦伯学",其著作在中国的一再翻译出版也能够说明他在中国学术界的影响之大。粗略统计,《新教伦理与资本主义精神》在中国大陆有 8 种不同译者的版本。而其著作《儒教与道教》在中国也经多次翻译出版——尽管马克斯·韦伯因为这本书而被西方汉学界誉为中国学研究的"伟大的外行"。该书在中国大陆的译本有近 7 个版本。此外国内还引进了如《韦伯作品集》(广西师范大学出版社 2005 年版)、[美]莱因哈特·本迪克斯:《马克斯·韦伯思想肖像》(上海世纪出版集团 2007 年版)等,不一而足。

《新教伦理与资本主义精神》无疑是其著作中最受关注的,我国学术界的相关研究成果层出不穷。

顾忠华的《韦伯〈新教伦理与资本主义精神〉导读》④、冯钢的《马克斯·韦伯:文明与精神》⑤对马克斯·韦伯宗教伦理思想进行了概括性介绍。

陈村富的《评马克斯·韦伯的〈新教伦理和资本主义精神〉》一文揭示了《新教伦理和资本主义精神》中的核心概念"资本主义精神"界定的不严谨性及其根本错误,并指出该书其他的观点错误和局限性。同时,该文也认为该书某些思想对于我

① 参见金泽《宗教禁忌》,北京:社会科学文献出版社 1996 年版。
② 参见武树臣《寻找最初的礼——对礼字形成过程的法文化考察》,载《法律科学》2010 年第 3 期。
③ 参见王永平《宗教伦理化视阈下的〈周易〉》,载《社会科学战线》2016 年第 1 期。
④ 顾忠华:《韦伯〈新教伦理与资本主义精神〉导读》,桂林:广西师范大学出版社 2005 年版。
⑤ 冯钢:《马克斯·韦伯:文明与精神》,杭州:杭州大学出版社 1999 年版。

们研究精神支柱和心理驱力在社会发展中的作用是有价值的。①《宗教伦理·经济伦理·社会变迁——韦伯〈新教伦理与资本主义精神〉一书的内在逻辑及评析》也认为韦伯在论证过程中过分强调了精神的作用。②

罗玉达的《评马克斯·韦伯社会学中分析近代资本主义起源的两个视角：宗教伦理与制度安排》，从韦伯分析近代资本主义起源的方法、宗教伦理价值观与近代资本主义的起源、制度安排对近代资本主义起源的影响等方面，概略地描述和分析了韦伯的思想，即韦伯探讨近代资本主义为什么起源于西方而不是起源于有着悠久文明历史的东方。对韦伯探讨这一问题所采用的方法和基本思想进行了简要评说。③

冯仕政和李建华的《宗教伦理与日常生活——马克斯·韦伯宗教伦理思想引论》认为，宗教伦理对日常社会生活特别是经济生活的影响，是韦伯宗教社会学的研究主题。这一研究主题体现在类型学研究和个案研究等两个方面。个案研究以往在国内受到较多重视，而对其类型学则较少涉及。④

郭荣茂的《宗教伦理推动科学兴起——"韦伯命题"影响下的"默顿命题"及其现实意义》讨论了科学兴起与宗教伦理的关系。⑤

郑飞的《世界诸宗教的经济伦理——论韦伯的文化论研究》以文化视角讨论韦伯宗教伦理。该文认为，按照韦伯的理解，现代性既是一种文化现象，也是一种制度现象，资本主义的兴起过程本身就是诸种物质因素和精神因素共同起作用的结果。新教伦理与资本主义精神一个在宗教领域，一个在经济领域，在特定的历史时期发生了"选择的亲和性"，共同推动了西方现代文化和制度的演进。《新教伦理与资本主义精神》以文化论视角强调精神和心理因素在资本主义兴起过程中的重要性，并不是反对马克思的学说，而是批驳"经济决定论"。⑥

李向平认为，面对当代中国社会、经济发展与变迁中的各种问题，中国基督教必定会有所作为。中国基督教若能建构成为韦伯所言之"新教伦理"，中国基督教

① 参见陈村富《评马克斯·韦伯的〈新教伦理和资本主义精神〉》，载《浙江社会科学》1987年第4期。
②《宗教伦理·经济伦理·社会变迁——韦伯〈新教伦理与资本主义精神〉一书的内在逻辑及评析》，载《石家庄学院学报》2006年第5期。
③ 参见罗玉达《评马克斯·韦伯社会学中分析近代资本主义起源的两个视角：宗教伦理与制度安排》，载《贵州大学学报》（社会科学版）2002年第1期。
④ 参见冯仕政、李建华《宗教伦理与日常生活——马克斯·韦伯宗教伦理思想引论》，载《伦理学研究》2003年第1期。
⑤ 参见郭荣茂《宗教伦理推动科学兴起——"韦伯命题"影响下的"默顿命题"及其现实意义》，载《东南学术》2015年第3期。
⑥ 参见郑飞《世界诸宗教的经济伦理——论韦伯的文化论研究》，载《伦理学研究》2011年第2期。

的许多问题也许就能够迎刃而解了。①

以《新教伦理与资本主义精神》为主题的硕士论文有黄志坚的《论韦伯对天职观的探析》②、许晓燕的《论加尔文主义之"呼召"——对韦伯新教伦理命题的思考》③和王阳的《马克斯·韦伯的资本主义观及其当代价值——兼论与马克思资本主义观的比较研究》④等。

韦伯的《中国的宗教:儒教与道教》对中国文化的严重误解,引起了更大的争议。

"韦伯命题"本是一个关于资本主义的"历史归因"的理论判断。它强调新教伦理在资本主义产生中的重要作用以及把传统的儒教看成是中国资本主义发生的阻力的论点,引起学术界长期的争论,至今未绝。卞永军的硕士论文《"韦伯命题"的一种理解》⑤对于"韦伯命题"进行了解读。

卫东海的博士论文《明清晋商精神的宗教伦理底蕴》以大量的事实为据,反对韦伯为中国宗教预设的前提以及以反例把中国宗教(尤其是儒教)说成是阻碍资本主义发展的动因等观点。论文认为韦伯对道教作了不客观的评价以及对禅宗作为中国佛教的漠视。⑥ 这篇博士论文是对马克斯·韦伯误解中国文化之观点的有力批驳,这种驳斥在一般方法论层面上对于批判韦伯关于思想与社会发展之关系的观点也有重要的意义。

2. 全球伦理(普世伦理)

二战结束以后,西方一些神学家发起了"全球伦理"运动。汉斯·昆在其《世界伦理构想》中深刻地指出,"没有宗教间的和平则没有世界和平","没有宗教之间的对话则没有宗教之间的和平",并睿智地提出,全球性的伦理是宗教对话的基础。1993年9月4日,在美国芝加哥,世界宗教会议通过《全球伦理——世界宗教议会宣言》(A GLOBAL ETHIC: The Declaration of the Parliament of the World's Religions)。该宣言承认世界宗教有种种分歧,但认为"在人类的行为道德的价值和基本的道德信念方面,已经具有共同之处",试图站在伦理的立场上,超越单一宗

---

① 参见李向平《文化、伦理与中国基督教——从基督教伦理的实践特征谈起》,载《天风》2012年第2期。
② 黄志坚:《论韦伯对天职观的探析》,湘潭大学硕士论文,2009年。
③ 许晓燕:《论加尔文主义之"呼召"——对韦伯新教伦理命题的思考》,华侨大学硕士论文,2011年。
④ 王阳:《马克斯·韦伯的资本主义观及其当代价值——兼论与马克思资本主义观的比较研究》,扬州大学硕士论文,2011年。
⑤ 卞永军:《"韦伯命题"的一种理解》,苏州大学硕士论文,2008年。
⑥ 参见卫东海《明清晋商精神的宗教伦理底蕴》,中国人民大学博士论文,2008年。

教的意识形态局限,在多元民主和平等对话的基础上,为全人类寻找一种普遍的、底线主义的伦理共识。《全球伦理——世界宗教议会宣言》已经成为宗教学论文引用最多的国外学术著作之一。①

全球伦理也是中国学术研究热点。我国对全球伦理主要著作的译介主要有[瑞士]汉斯·昆等著,周艺译的《世界伦理构想》(上海三联书店 2002 年版),孔汉思(Hans Kung)、库舍尔(Karl-Josef Kuschel)编,何光沪译的《全球伦理——世界宗教议会宣言》(四川人民出版社 1997 年版)。

万俊人的《寻求普世伦理》是国内普世伦理研究的代表作。此外,他还有大量的相关论文发表。万俊人认为"普世伦理只能是一种低限度的淑世伦理","只可能在某些最为基本的和共有的道德实在理性的层次上获得实现",另外,宗教具有唯一排他性,"不存在一般的宗教或宗教一般"。他对宗教作为全球普世伦理的价值基础持消极看法。②

一些宗教学者从信仰的角度排斥全球伦理,认为"对人类品质的最基本要求固然可以成全伦理标准的世界性,却往往会抽去一种伦理背后的信念支撑。而如果信仰本身已被逐步消解,取之于斯的伦理原则能够信靠吗? 正义与否、道德与否的判定依据又何在呢?"③

也有一些学者认为并非所有的宗教都具有排他性。方立天先生认为,"佛教伦理,从其实质内容来看,是人类生存智慧的总结,也是人类道德智慧的结晶,它不仅不排斥社会伦理,而且还具有普遍的实践意义,又十分吻合当前世界形势的需要,具有重大的现实意义和应用价值。"④

李元光也认为,宗教伦理可以成为沟通不同文明的中介,"高素质的宗教既有排他的一面,又有融合、宽容的一面","宗教伦理(特别是佛教伦理)以它特有的出世精神,超然于世俗之外,对世界的苦难和冲突作形而上的审视,它所确立的伦理准则较世俗伦理有更大的普遍性、抽象性和包容性。它可以成为普世伦理的基础之一。"⑤

---

① 参阅微信公众号"学术志"(ID:xueshuzhi001)2019 年 5 月 18 日文章《被引最多的中外人文社科著作》。

② 参见万俊人《普世伦理如何可能》,载罗秉祥、万俊人《宗教与道德之关系》,北京:清华大学出版社 2003 年版,第 171—173 页。

③ 杨慧林:《汉语基督教的道德化及其结果》,载《东西方宗教伦理及其他》,北京:中央编译出版社 1997 年版,第 105 页。

④ 方立天:《佛教哲学与世界伦理构想》,载《法音》2002 年第 3 期。

⑤ 李元光:《论宗教伦理与普世伦理》,载《西北工业大学学报》(社会科学版)2005 年第 3 期。

何建明认为,《全球伦理——世界宗教议会宣言》的基本要求,就是"每一个人都应该得到人道的对待",实际上就是要求抛弃自我中心主义。在这一点上,佛教是最彻底的,因为它强调世间一切都是空,佛教最反对的就是"我执"。何建明进一步提出,光消除自我中心主义还不够,还可能受到其他中心主义侵犯,并列举人类中心主义等局限。他指出,佛教不仅要破除我执,还要破除他执和法执。①

"全球伦理"这一概念已得到世界上各种不同学术团体的广泛关注,这在很大程度上可被看成是神学家孔汉思(Hans Kung)提出《全球伦理——世界宗教议会宣言》导致的一个结果。但是,有学者认为全球伦理不是普遍伦理。翟振明、冯平认为,"全球伦理"不等于"普遍伦理"——西方哲学家对于地理概念意义上的"全球"性与道德哲学家自古以来试图通过实践理性所要建立的伦理之"普遍"性之间的区别是很清楚的。"全球"概念没有在逻辑上包含哲学意义上的"普遍"概念,宗教间的共识不能置换哲学推理。试图以宗教来确立伦理学的基础,会走向教条主义或相对主义,恰恰违背了《全球伦理——世界宗教议会宣言》倡导者之初衷。②

从逻辑上讲,"全球伦理"不等于"普遍伦理",但是在实践上有重大意义。全球伦理话题为宗教对话带来了新的曙光,也促进了比较宗教伦理研究。

3. 宗教伦理的比较研究

宗教伦理之间的比较与对话也是研究宗教伦理的重要领域。其中,比较基督教伦理与其他宗教或思想体系的研究成果最多,仅专著就有多部,如姚新中的《儒教与基督教》③、郭清香的《耶儒伦理比较研究:民国时期基督教与儒教伦理思想的冲突与融合》④、陈建明的《基督教与中国伦理道德》⑤、何除的《基督教与道教伦理思想研究》⑥。此外,相关论文集有何光沪与徐志伟主编的《对话:儒释道与基督教》⑦《对话二:儒释道与基督教》⑧、卓新平主编的《宗教比较与对话》⑨等。

人性论是伦理学的重要内容,涉及宗教人性论的比较研究也是比较宗教伦理

---

① 参见何建明《中国大乘佛教与全球伦理》,载佛源主编《大乘佛教与当代社会》,北京:东方出版社 2003 年版。

② 翟振明、冯平:《为何全球伦理不是普遍伦理》,载《世界哲学》2003 年第 3 期。

③ 姚新中:《儒教与基督教》,北京:中国社会科学出版社 2002 年版。

④ 郭清香:《耶儒伦理比较研究:民国时期基督教与儒教伦理思想的冲突与融合》,北京:中国社会科学出版社 2006 年版。

⑤ 陈建明:《基督教与中国伦理道德》,成都:四川大学出版社 2002 年版。

⑥ 何除:《基督教与道教伦理思想研究》,成都:四川大学出版社 2002 年版。

⑦ 何光沪、徐志伟主编:《对话:儒释道与基督教》,北京:社会科学文献出版社 1998 年版。

⑧ 何光沪、徐志伟主编:《宗教比较与对话》,北京:社会科学文献出版社 2001 年版。

⑨ 卓新平主编:《宗教比较与对话》,北京:宗教文化出版社,目前已经出 5 辑。

学研究的对象。俞吾金的《关于人性问题的新探索——儒家人性理论与基督教人性理论的比较研究》对儒学和基督教的人性理论进行了批评性考察,认为性善论作为儒学的主导性的人性理论,其优点是立意较高,充分肯定了人身上具有的、可向高尚的道德发展的潜在因素,有利于理想人格的培养和人与人之间的和谐关系的形成;其缺点是必然忽视作为外在强制法律的重要性,也必然会在政治上忽视权力制衡的必要性,从而给民主政治的发生、发展造成了文化心理上的障碍。以"原罪说"的形式表现出来的性恶论作为基督教的人性理论,其优点是倾向于对法律上的权利和义务、对政治上的权力制衡的重视,其缺点是对人性完全失望,从而导致道德和宗教的衰微、人际关系的冷漠。俞吾金认为,人性是人的自然属性,善恶则是文化概念,所以人性不可以言善恶。如果把人性与善恶联系起来,或者会导致对人性的盲目崇拜,或者会导致对人性的彻底失望。只有人的社会本质可以言善恶。应当确立新的人性理论来超越传统的人性理论。①

任剑涛的《敬畏之心:儒家立论及其与基督教的差异》②、贺璋瑢的《孟子与基督教人性/道德论之比较》③等论文从不同角度将基督教与儒家的伦理思想进行对比。靳浩辉的论文《儒家与基督教伦理文化比较的逻辑体系——中西文化对勘视阈下的伦理之思》通过对儒家与基督教伦理文化的条分缕析,并对两者进行比较,概括出两者形成了以本原论为根基、价值论为内核、体制论为外化、理想论为归宿的"四位一体"的逻辑体系。④ 对儒家和基督教伦理进行比较的有硕士论文张志正的《儒家和基督教伦理观比较研究——以〈论语〉和四大福音仁义、平等观为例》。⑤

李尚全的《佛教净土宗普度主义与基督教普世主义对话的可能性》从普度与普世的角度对净土宗与基督教进行比较。⑥ 崔雪茹的《宗教伦理与环保伦理——佛教与基督教的对话》⑦从佛教与基督教两个宗教的伦理思想中发掘环保伦理的资源。

---

① 参见俞吾金《关于人性问题的新探索——儒家人性理论与基督教人性理论的比较研究》,载《复旦学报》1999 年第 1 期。
② 参见任剑涛《敬畏之心:儒家立论及其与基督教的差异》,载《哲学研究》2008 年第 8 期。
③ 参见贺璋瑢《孟子与基督教人性/道德论之比较》,载《哲学研究》2003 年第 5 期。
④ 参见靳浩辉《儒家与基督教伦理文化比较的逻辑体系——中西文化对勘视阈下的伦理之思》,载《社会科学家》2017 年第 11 期。
⑤ 张志正:《儒家和基督教伦理观比较研究——以〈论语〉和四大福音仁义、平等观为例》,南京大学硕士论文,2018 年。
⑥ 参见李尚全《佛教净土宗普度主义与基督教普世主义对话的可能性》,载《正智与生活》,上海:东方出版中心 2010 年版。
⑦ 参见崔雪茹《宗教伦理与环保伦理——佛教与基督教的对话》,载《云南社会科学》2017 年第 1 期。

　　吴静比较了伊斯兰教和儒家的慈善伦理,认为两者在至仁至善、公平正义的价值取向上有一致性,而在今世后世上有迥异的态度,决定了行善目的的不同。①

　　文化精神与宗教伦理有着关联。刘小枫用"拯救"与"逍遥"概括中西方文化精神之差异。② 王海明等学者认为,"儒家是比较现实的、真诚的、温和的、富有人情味的利他主义,而墨家、基督教、康德则是比较理想的、虚幻的、极端的、缺乏人情味的利他主义。"③

　　由于儒佛道三教都是伦理型思想体系,三教关系也可以归于广义的宗教伦理。儒佛道三教关系作为中国文化的核心问题,也是中国宗教研究的热点问题。研究中国佛教的学者乃至研究中国思想通史的学者,大都涉足过三教关系。张广保、杨浩编辑的《儒释道三教关系研究论文选粹》论文集④,收录多篇大家力作。彭自强的《佛教与儒道的冲突与融合:以汉魏两晋时期为中心》涉及佛教在中国传播时面临的伦理观念的冲突与融合。⑤ 以《弘明集》为代表的古代文献集中记载了儒释道三教尤其是儒佛两家以及佛教与反佛者争论的论著,其中以伦理思想为重点。《弘明集》也得到学界的重视,其中相关研究的代表作是刘立夫的《弘道与明教——〈弘明集〉研究》⑥等。洪修平在该领域深耕多年,相关代表作《中国儒佛道三教关系研究》是对三教关系的系统研究,涉及三教关系各个层面,尤其是从三教的人学教化、人学融合、完人理想、当代意义等角度系统阐发了三教思想的核心——人学特质,揭示出三教思想的内在一致性和三教合流的基础。⑦

　　4. 中西礼仪之争及文化互动

　　基督教主张"因信称义",信仰至上,其道德观既有维护人伦道德、促进社会伦理的内容,也有与人伦观念不一致的信仰主义的成分。基督教信仰与中国社会注重人伦的文化特点有很大的差异。基督教在中国的传播遭遇强大的阻力,其中一个重要原因就是伦理观念的冲突。"中西礼仪之争"就是这种伦理冲突的典型表现。所谓"中西礼仪之争"就是 17—18 世纪西方天主教在中国传播而引起的关于

---

① 参见吴静《伊斯兰教与儒家慈善伦理之比较》,载《回族研究》2016 年第 2 期。
② 参见刘小枫《拯救与逍遥》,上海:华东师范大学出版社 2007 年版。
③ 王海明、孙英:《儒墨康德基督教伦理之比较(上)》,载《海南大学学报》1992 年第 3 期。转引自王小锡等《中国伦理学 60 年》第十七章"宗教伦理",上海:上海人民出版社 2009 年版,第 262—263 页。
④ 张广保、杨浩编:《儒释道三教关系研究论文选粹》,北京:华夏出版社 2016 年版。
⑤ 参见彭自强《佛教与儒道的冲突与融合:以汉魏两晋时期为中心》,成都:巴蜀书社 2000 年版。
⑥ 刘立夫:《弘道与明教——〈弘明集〉研究》,北京:中国社会科学出版社 2004 年版。
⑦ 参见洪修平《中国儒佛道三教关系研究》,北京:中国社会科学出版社 2011 年版。

中国天主教信徒是否应该遵守中国传统礼仪而引发的争议和冲突。一开始这种争议只存在于天主教内部,他们对于中国传统礼仪是否违背天主教教义问题争论不休。后来康熙帝试图对此进行调节,让天主教会允许中国信徒参加传统礼仪活动,但教皇克雷芒十一世判定中国礼仪违反天主教义,严厉禁止入天主教之人在孔庙、吊丧、祠堂等场合行一切之礼。这反映出天主教作为一神教的排他性。清政府随即反制,禁止天主教在中国传教。基督教在中国的传播因此受到沉重打击。

　　作为热衷于传教的宗教,基督教对于自身在中国传播过程中所遭遇的挫折非常重视,不断总结经验教训。中西礼仪之争受到中西方宗教界和学术界的关注,在这个背景下,基督教在中国的传播史、基督教与中国的文化互动(很多时候是与中国传统伦理的互动)在中国也成为研究热点。相关专著有陈卫平的《第一页与胚胎:明清之际的中西文化比较》[1],孙尚扬的《利玛窦与徐光启》[2]《基督教与明末儒学》[3],顾卫民的《基督教与近代中国社会》[4],王晓朝的《基督教与帝国文化》[5],林金水的《利玛窦与中国》[6]《泰西儒士利玛窦》[7],沈定平的《明清之际中西文化交流史——明代:调适于会通》[8],孙尚扬、钟明旦的《1840年前的中国基督教》[9],张晓林的《天主实义与中国学统——文化互动与诠释》[10],林中泽的《早期基督教及其东传》[11]等。编著类作品有郑安德编的《明末清初耶稣会思想文献汇编》[12],许志伟、赵敦华主编的《冲突与互补:基督教哲学在中国》[13]等。硕士论文有林甲璐的《儒耶互动视域下的〈七克〉伦理思想研究》[14]等。

　　从基督教"全球化"角度讨论中国礼仪之争的论文有段德智的《从"中国礼仪之

---

[1] 陈卫平:《第一页与胚胎:明清之际的中西文化比较》,上海:上海人民出版社1992年版。
[2] 孙尚扬:《利玛窦与徐光启》,北京:新华出版社1993年版。
[3] 孙尚扬:《基督教与明末儒学》,北京:东方出版社1994年版。
[4] 顾卫民:《基督教与近代中国社会》,上海:上海人民出版社1996年版。
[5] 王晓朝:《基督教与帝国文化》,北京:东方出版社1997年版。
[6] 林金水:《利玛窦与中国》,北京:中国社会科学出版社1996年版。
[7] 林金水:《泰西儒士利玛窦》,北京:国际文化出版公司,2000年版。
[8] 沈定平:《明清之际中西文化交流史——明代:调适于会通》,北京:商务印书馆,2001年版。
[9] 孙尚扬、钟明旦:《1840年前的中国基督教》,北京:学苑出版社2004年版。
[10] 张晓林:《天主实义与中国学统——文化互动与诠释》,上海:学林出版社2005年版。
[11] 林中泽:《早期基督教及其东传》,上海:上海古籍出版社2011年版。
[12] 郑安德编:《明末清初耶稣会思想文献汇编》,北京大学宗教研究所,2000年。
[13] 许志伟、赵敦华主编:《冲突与互补:基督教哲学在中国》,北京:社会科学文献出版社2000年版。
[14] 林甲璐:《儒耶互动视域下的〈七克〉伦理思想研究》,浙江财经大学硕士论文,2018年。

争"看基督宗教的全球化与本土化》①。

李天纲的《中国礼仪之争——历史、文献和意义》是对中西礼仪之争的系统研究,其中对于相关文献的梳理具有开创性。②

5. 宗教(因果)报应论

报应论是宗教伦理的坚实基础,但不同宗教报应论有不同特点。因果报应论是佛教伦理的基础之一,也为道教和中国古代其他思想体系所认可,有力促进了中国传统道德的建设。研究报应论的成果有很多。杨曾文的《以十善为中心的佛教因果报应论——兼述〈十善业道经〉〈十不善业道经〉的善恶观》一文指出,佛教大小乘教法虽有千差万别,然而皆注重善恶因果报应的说教,引导信众进行修善止恶的修心,只是依据的理论和采用的修持方法有所差异而已。③ 慧远是佛教因果报应论在中国发展和传播的重要人物。方立天的《慧远及其佛学》一书系统研究了慧远的佛学思想,其中包括慧远的因果报应论、形尽神不灭论、沙门不敬王者论、儒佛合明论等佛教伦理思想。④ 此后,方立天先生发表了一系列关于佛教因果报应论的论文,如《中国佛教的因果报应论》⑤等。印光法师是近代提倡因果的代表人物,李明的博士论文《印光大师因果正信思想研究》⑥对此展开了研究。尉迟治平、席嘉编著的《因果解读》整理出传统典籍中有关因果报应思想的文本,并进行了注评。⑦

侯欣一的《中国传统报应观念与法律秩序》认为,中国传统社会普通民众欠缺规则意识,却能够自我约束,大多数时期社会秩序相对良好,主要原因是民众坚信佛教、道教等宗教的报应观念。⑧ 朱声敏研究了鬼神报应观对明代司法的影响,指出其积极效应和负面影响。⑨

中国古代也有反对佛教因果报应论的思想。姜剑云、孙耀庆的《论何承天之反佛思想》涉及儒、佛伦理争论,认为何承天反佛是为了维护传统儒家思想的地位,打

① 段德智:《从"中国礼仪之争"看基督宗教的全球化与本土化》,载(加拿大)《维真学刊》2001年第2期。
② 参见李天纲《中国礼仪之争——历史、文献和意义》,上海:上海古籍出版社1998年版。
③ 参见杨曾文《以十善为中心的佛教因果报应论——兼述〈十善业道经〉〈十不善业道经〉的善恶观》,载《宗教研究》2016年第2期。
④ 参见方立天《慧远及其佛学》,北京:中国人民大学出版社1984年版。
⑤ 参见方立天《中国佛教的因果报应论》,载《中国文化》1993年第7期。
⑥ 李明:《印光大师因果正信思想研究》,北京大学博士论文,2009年。
⑦ 参见尉迟治平、席嘉编著《因果解读》,南宁:广西民族出版社1999年版。
⑧ 参见侯欣一《中国传统报应观念与法律秩序》,载《中国社会科学报》2018年8月9日第3版。
⑨ 参见朱声敏《鬼神报应观影响明代司法》,载《云南社会科学》2014年第4期。

击信佛的世家大族子弟。①

基督宗教也有报应论,但因其主张"因信称义",对于个人行为的善恶报应的重视程度低于犹太教。犹太教的核心是以"十诫"为代表的律法,因此很在意人之行为的善恶。然而,作为一神论宗教,犹太教的报应观念也不是始终如一的。尤西林以《旧约·约伯记》为据,探讨了古代报应观念在犹太教那里的衰落。②

季芳桐研究了中国明末清初著名的伊斯兰教经师的王岱舆的报应思想,认为在《正教真诠》中,王岱舆较全面地述评了伊斯兰、儒、佛三教的报应思想,并依据有关理论和生活常识,对儒佛报应观作了批评。王岱舆认为,儒家一世生命的报应思想存在着难以解决的矛盾,其体系也不甚严谨,具有佛教色彩的三世轮回报应文化不合常理,唯有伊斯兰教的两世报应理论最为周密、合理。③

(三) 其他问题

1. 宗教伦理与临终关怀

临终关怀体现了宗教人道主义的精神,是宗教伦理的重要层面。

佛教是人文宗教,研究佛教临终关怀的论文很多。硕士论文有王小珍的《论佛教生死观与临终关怀》④、田秋菊的《阿含经中的临终关怀研究——兼论当代佛教临终关怀的实践》⑤、樊亚的《佛学生死大义与临终关怀》⑥、袁露铭的《佛教徒死亡态度及其与自尊的关系研究》⑦、赖流旭的《佛教死亡关怀研究》⑧等。

研究基督教的临终关怀的硕士论文有郑金林的《临终关怀与基督教伦理思想研究》⑨、刘秀秀的《基督教文化与临终关怀服务》⑩等。

田晓山的博士论文《姑息医学之人文化成——对晚癌患者临终关怀的伦理研究》⑪,对基督教和儒家伦理进行了探究。

---

① 参见姜剑云、孙耀庆《论何承天之反佛思想》,载《理论月刊》2017 年 7 月。
② 参见尤西林《德行不再许诺幸福——〈约伯记〉与古代报应观念的衰落》,载《基督宗教研究》第二辑,北京:社会科学文献出版社 2000 年版。
③ 参见季芳桐《论王岱舆对回儒佛三教报应思想的探讨》,载《西北民族研究》2012 年第 4 期。
④ 王小珍:《论佛教生死观与临终关怀》,南昌大学硕士论文,2004 年。
⑤ 田秋菊:《阿含经中的临终关怀研究——兼论当代佛教临终关怀的实践》陕西师范大学,2008 年。
⑥ 樊亚:《佛学生死大义与临终关怀》,贵州大学硕士论文,2008 年。
⑦ 袁露铭:《佛教徒死亡态度及其与自尊的关系研究》,河南大学硕士论文,2013 年。
⑧ 赖流旭:《佛教死亡关怀研究》,西南大学硕士论文,2017 年。
⑨ 郑金林:《临终关怀与基督教伦理思想研究》,东南大学硕士论文,2012 年。
⑩ 刘秀秀:《基督教文化与临终关怀服务》,山东大学硕士论文,2018 年。
⑪ 田晓山:《姑息医学之人文化成——对晚癌患者临终关怀的伦理研究》,中南大学博士论文,2009年。

2. 宗教经济伦理

马克斯·韦伯的思想在我国引发了宗教经济伦理的研究热潮。

韦伯提出"中国为什么没有发展出西方式的现代资本主义?"这个问题,对此,他自己承认中国有"理想主义",更肯定儒家的入世性格。但是他认为这些和新教尤其是喀尔文派不同。从思想根源上着眼,他断定中国不可能出现"资本主义精神"。韦伯用"入世苦行"来概括新教伦理,并认为这是西方所独有的,这就是资本主义精神主要的思想来源,也有学者认为,中国的宗教伦理大体上恰好符合"入世苦行"的形态。因此韦伯获得结论的理由是站不住脚的。

王姣的《中国特色社会主义市场经济的伦理基础问题研究——以马克斯·韦伯的"宗教经济伦理"研究为思想线索》致力于对"中国特色社会主义市场经济的伦理基础问题"进行一种尝试性的研究。该文所谓某种经济生活的"伦理基础"问题,采取的是马克斯·韦伯的概念表达方式。这意味着其所要研究的,不是作为中国特色社会主义经济生活之上层建筑的价值观念、道德意识或伦理理论,而是与中国特色社会主义经济生活中各种行为主体的"实际行动力"密切相关的所谓"伦理基础",即中国特色社会主义市场经济确立和发展过程面对和产生的伦理基础与伦理效果问题。[1]

第一部系统研究宗教经济伦理问题的专著是黄云明的《宗教经济伦理研究》,该书在阐述马克斯·韦伯相关思想的基础上,对在人类文明发展过程中曾经产生重大影响的宗教中有关经济伦理的思想作了全方位的阐述,进而反思了它们在我国社会主义市场经济建设中的价值和意义。[2]

卫东海的博士论文《明清晋商精神的宗教伦理底蕴》选择晋商作为研究对象,从宗教伦理的视角以浓缩的形式折射经济运行中宗教伦理的历史场景、文化结构,对宗教入世的道德伦理形成企业文化内聚力进行评价。作者认为,明清大量商业文献显示,晋商经济的理性化运营中,中国近世宗教伦理(唐宋之后发生了宗教转向的儒释道三教)对晋商精神的塑造起到了至关重要的作用,晋商经济运行背后有许多深层的宗教文化要素与之形成互动。这一突出的社会历史文化现象确实与晋商的文化底蕴、习俗民风、宗教信仰、价值取向存在着错综复杂的关联密度,并与当时社会变迁有着深远的"亲缘"。[3]

---

[1] 参见王姣《中国特色社会主义市场经济的伦理基础问题研究——以马克斯·韦伯的"宗教经济伦理"研究为思想线索》,上海社会科学院硕士论文,2016 年。
[2] 参见黄云明《宗教经济伦理研究》,北京:人民出版社 2010 年版。
[3] 参见卫东海《明清晋商精神的宗教伦理底蕴》,中国人民大学博士论文,2008 年。

李大华的《商人伦理与宗教伦理——兼论华南地区道教世俗化运动》讨论了商业、扶乩与慈善之间的三角关系。这种关系形成于 19 世纪国家统治力降低、商业资本和工业资本活跃的特殊时期。道教的宗教伦理适应了商人经济伦理,从传统的"八德"变为"九德",正好适应商人的心理需求,而宗教内部的"以德为戒"则支持了这样的改变。①

相关的硕士论文有梅娟的《"天职观"视域中"诚信"的经济伦理意蕴》②等。

3. 宗教伦理与社会

宗教慈善是宗教伦理发挥社会效应的重要途径。改革开放以来,宗教慈善事业发展迅速,成为社会慈善工作的重要组成部分。学术界对宗教慈善的关注度在提高。陈延超著有《社会建设视野中的宗教公益慈善研究》③。中国佛教协会慈善公益委员会曾经编著《中国佛教慈善》④,其中与宗教伦理有关系的内容是关于中国佛教慈善事业的思想理念的研究。相对于从社会视角研究宗教慈善,专门从宗教伦理角度探讨宗教慈善的论文比重也不大。2007 年,中国人民大学佛教与宗教学理论研究所和信德文化研究所联合举办的首届"宗教与公益事业论坛"宗教与公益事业论坛在京召开,会议讨论了佛教、伊斯兰教、中国天主教等多个宗教的公益事业。此后,又召开了数次"宗教与公益事业论坛"。2011 年 10 月,上海玉佛寺举办了"佛教慈善与社会服务"学术研讨会,来自各地的学者提交论文 38 篇,涉及慈善与佛教的本质或思想、佛教慈善的历史与现状、具体的佛教人物或佛教机构与慈善等方面。其中张庆熊的《从与基督宗教比较的角度谈佛教的慈善与社会服务》指出了两个宗教在慈善和社会服务方面的各自特点。他发现,在基督宗教中有许多为不信教的人和其他宗教的信徒作无私奉献的感人事迹,但就总体而论,基督宗教的慈善和社会服务在受惠对象方面讲究秩序之分,基督宗教多多少少照顾基督徒,对基督宗教内部不同教派的教徒也有分别。而佛教更重视无差别的怜悯。张先生还从宗教思想的内在因素中找到佛教无差别对待受惠对象的原因——佛门外和佛门内的区别在佛教看来归根到底也是空。⑤

李向平的《当代中国的文化、信仰与国家认同》比较了不同宗教与中国传统价值观念之间的关系,发现了单纯借助文化或宗教信仰来界定国家认同的困难之处,

---

① 参见李大华《商人伦理与宗教伦理——兼论华南地区道教世俗化运动》,载《宗教与哲学》2016 年。
② 梅娟:《"天职观"视域中"诚信"的经济伦理意蕴》,华侨大学硕士论文,2007 年。
③ 陈延超:《社会建设视野中的宗教公益慈善研究》,武汉:华中科技大学出版社 2015 年版。
④ 中国佛教协会慈善公益委员会编著:《中国佛教慈善》,北京:宗教文化出版社 2013 年版。
⑤ 参见觉醒主编《佛教慈善与社会服务》,北京:金城出版社 2012 年版,第 55—56 页。

认为就现代的国家类型和信仰类型而言,文化认同、信仰认同、法律认同都在国家认同关系的不同层面发挥功能,但是,其中最基本、最神圣的是法律,国家认同应该就是法律认同。在全球化的今天,中国更应该强调本土文化建设,强调本土文化自信。需要通过法治来保证中国的文化复兴,保护多民族的中国,保护多宗教的信仰。①

作为伦理型宗教,佛教和道教对世界和平都具有重要意义。卿希泰的《道教文化与世界和平》对道教与世界和平的关系展开研究。② 黄夏年认为,中国佛教的和平传统,相对于其他宗教也是一先天优势。③

翁绍军的《信仰与人世——现代宗教伦理面面观》介绍了现代宗教伦理如何借助批判手段为自己开辟适合现代价值尺度的新路。④

对于宗教伦理对社会的功能,绝大多数学者都是从积极意义的角度进行评价。⑤ 王月清认为,佛教是一种伦理型的宗教,其本怀是关注现实、关注人生,其优秀的伦理思想资源有助于人间和解、世界和平、人际和睦、团体和合、身心和乐、自然亲和等和谐社会愿景的实现。⑥ 佛教伦理的信仰力量及其对世俗伦理生活的约束力是独特且有效的。⑦ 卿希泰的《道教与我国当前伦理道德的建设问题——论道教研究的现实意义》指出了道教伦理对于精神文明建设的意义。⑧ 何义强认为,伊斯兰教有着和谐的社会伦理观念,这种伦理观对构建和谐社会具有积极作用。主要体现在:一、伊斯兰教伦理提倡人们诚实守信;二、伊斯兰教伦理倡导和谐的人际关系;三、伊斯兰教伦理鼓励人们行善救贫;四、伊斯兰教伦理倡导家庭和谐;五、伊斯兰教伦理倡导世界和平与和谐。文章认为,伊斯兰教伦理观的这些和谐因素,有利于回族地区家庭关系、人际关系的和谐,有助于营造回族地区和谐的人

---

① 参见李向平《当代中国的文化、信仰与国家认同》,载《文化纵横》,2016年第8期。
② 参见卿希泰《道教文化与世界和平》,载《四川大学学报》(哲学社会科学版)2005年第4期。
③ 参见黄夏年《"大乘佛教与当代社会"研讨会综述》,载佛源主编《大乘佛教与当代社会》,北京:东方出版社2003年版。
④ 参见翁绍军《信仰与人世——现代宗教伦理面面观》,武汉:湖北教育出版社1999年版。
⑤ 部分内容参阅王小锡等《中国伦理学60年》第十七章关于宗教伦理的综述,上海:上海人民出版社2009年版。
⑥ 参见王月清《佛教伦理与和谐社会》,载《江海学刊》2008年第4期。
⑦ 参见王月清《论中国佛教伦理思想及其现代意义》,载佛源主编《大乘佛教与当代社会》,北京:东方出版社2003年版。
⑧ 参见卿希泰《道教与我国当前伦理道德的建设问题——论道教研究的现实意义》,载《宗教学研究》1996年第1期。

文环境。① 姜生认为,借鉴道教伦理中的优秀思想成分,不仅可以解决伦理危机和伦理重建中的思想需求问题,而且将对现代社会控制的思维方法论和现代经济伦理观念的更新产生积极的影响。② 沈杰认为,当今社会,随着经济与科技的发展,人类生存所面临的伦理道德危机日益突出。道家道教伦理道德中"趋下"的道德实践模式为缓解人与人以及自身的紧张提供了有益的借鉴,也为当代伦理道德的建设提供重要的思考。③

业露华的《论宗教道德在社会主义阶段的变化及作用》主张对宗教教义及宗教道德学说作出新的阐述和诠释,使之能更加适应社会和历史的发展。④ 当前要充分发挥宗教道德中的积极因素,积极引导宗教与社会主义社会相适应,这是很多宗教研究者的共识。

4. 宗教伦理化与宗教中国化

宗教伦理化是宗教现代化的标志之一。赖永海指出,宗教的道德化是当今宗教发展的一个重要趋势,其主要原因是把宗教道德化有助于发挥宗教的诸多社会作用和教会的诸多功能。⑤ 刘登科在《文化视野中宗教伦理的生成逻辑与现世价值》一文中认为,"宗教走伦理化的发展道路,有助于当前和谐社会与和谐世界的建设。"⑥梁卫霞的《关于基督教伦理化的思考》也认为"基督教伦理化是基督教与我国社会相适应的契机和相结合的模式"⑦,并提出了几个亟待界定和需要深入研究的问题。⑧

宗教伦理化也是宗教中国化的标志之一。赖永海认为,佛教的中国化主要表现为佛学的儒学化→人性化→伦理化。⑨ 赖永海在《佛学与儒学》中指出了宋元佛学的伦理化倾向,揭示了佛教中国化的一个侧面。⑩

20世纪早期的基督教神学家赵紫宸因其对基督教信仰在中国文化处境下的

① 参见何义强《伊斯兰伦理观与回族地区和谐社会构建——以宁夏固原市为例》,载《中共郑州市委党校学报》2008年第3期。

② 参见姜生《传统伦理的批判继承与现代伦理重建——道教伦理思想研究的现实意义》,载《西南师范大学学报》(哲社版)1999年第5期。

③ 参见沈杰《道家道教伦理道德的现代启示》,载《理论与改革》2003年第3期。

④ 参见业露华《论宗教道德在社会主义阶段的变化及作用》,载《世界宗教研究》2002年第2期。

⑤ 参见赖永海《宗教学概论》(修订版),南京:南京大学出版社2004年版。

⑥ 刘登科:《文化视野中宗教伦理的生成逻辑与现世价值》,载《云南社会科学》2008年第1期。

⑦ 参见梁卫霞《关于基督教伦理化的思考》,载《广西社会科学》2008年第8期。

⑧ 参阅王小锡等《中国伦理学60年》第十七章"宗教伦理",上海:上海人民出版社2009年版,第263页。

⑨ 参见赖永海《中国佛教伦理研究·序》,南京:南京大学出版社1999年版。

⑩ 参见赖永海《佛学与儒学》(修订版),北京:中国人民大学出版社2017年版。

独特阐释而被西方基督教界所重视和首肯,他提出了以上帝的启示为前提和归宿的基督教道德神学。吴玉萍分析了赵紫宸神学中的道德性意涵。[1]

刘登科认为,作为重要的历史文化资源,宗教伦理中的一些思想、观念有鲜活的时代气息和现实价值。(1)重视宗教伦理有助于宗教世俗性和神圣性之间关系的合理调整,从而有利于宗教的健康发展。(2)宗教走伦理化的发展道路,可为伦理内涵的丰富与当代的道德建设提供有益资源。(3)重视宗教伦理,宗教走伦理化的发展道路,有助于当前和谐社会与和谐世界的建设。[2]

宗教伦理的中国化是宗教中国化的重要内容。李志雄、阳国光等学者指出,马克思主义认为宗教伦理起源于人类的生产实践,其创造主体是没有进行彻底革命实践批判的人,其演变根源在于人类社会历史的曲折发展。其性质折射了人的社会本性,是以超人间的力量的形式来反映人的力量的一种幻想。由于马克思主义宗教伦理的现实对象紧密围绕着社会的人,马克思主义认为它有助于人与人、人与社会以及人与自然的协调,其积极作用与消极作用的区别,关键在于对人的现实关怀。马克思主义宗教伦理观是对宗教中国化方向的一种指引。[3]

宗教伦理化也面临强大的阻力,无论在西方还是在中国,基督教学者中都普遍存在着强调信仰的倾向。何光沪认为,世俗神学家对当代世俗生活的赞许和乐观主义态度,表现出他们对现代世界内在矛盾的盲目无知,对其深刻危机的浅见短视。现代的"上帝已死"派神学或激进神学,"非宗教的基督教"或道德化的基督教,根本不是什么无神的、纯道德的宗教,而是一种更为重视现世和道德的基督教理论形式。它作为一种新教的运动,与"解放神学"一样,都是现代社会矛盾的产物。在那里,上帝并没有"死",而日益被理解为解放的力量;剩下的也不只有道德,而且还有作为其基础的宗教。[4]

5. 宗教伦理的超越性

宗教伦理具有超越性。王永智认为,宗教伦理有世俗性和超越性两方面。宗教伦理的世俗性,是宗教处理人与人之间的现实联系,使人有序安定地生活在人世间,是能够信仰宗教和实践宗教的基础;宗教伦理的超越性,是宗教倡导信仰者要

[1] 参见吴玉萍《赵紫宸神学中的道德性意涵》,载《中国社会科学报》2013年第8版。

[2] 参见刘登科《文化视野中宗教伦理的生成逻辑与现世价值》,载《云南社会科学》2008年第1期。转引自王小锡等《中国伦理学60年》第十七章"宗教伦理",上海:上海人民出版社2009年版,第254页。

[3] 参见李志雄、阳国光《马克思主义宗教伦理观:宗教中国化方向的一种指引》,载《世界宗教研究》2018年第2期。

[4] 参见何光沪《上帝死了,只剩道德吗?》,载《基督教文化评论2》,贵阳:贵州人民出版社1990年版。

超越自我而与神的规范、教诲相联系,超越人的现实性而与神的永恒性相联系,超越现实世界而与神的彼岸世界相联系。世俗性和超越性是宗教伦理作用于信众的重要特征。① 曹晓虎从与道家思想比较的角度讨论了佛教道德评价的超越性,认为道家和佛教的道德评价都有超越狭隘善恶判断的特点。在道家的价值体系中,"道"和"德"不是狭义的"善",而是超越人的狭隘判断的本体意义上的正面价值。小乘佛教"诸恶莫作,诸善奉行"的要求更接近世俗伦理,但也是以解脱论为归依。大乘佛教的"是法平等"从境界论上开出价值判断的"不二法门"。道家追求回归天真本性,反对雕琢妄为;佛教提倡去除贪执,以了悟宇宙的真实本质和人生的终极意义,均体现了"以真为善"的价值追求和人生境界。②

宗教伦理的超越性在一神论宗教那里主要指信仰,而在佛教、道教等宗教那里主要指道德本身的境界提升。简而言之,一者为超越道德,一者为道德超越。

三、简要评述

新中国成立 70 年,尤其是改革开放以来,宗教伦理研究取得丰硕成果。我国的宗教伦理研究呈现出加速发展趋势,研究队伍逐渐壮大,研究成果日新月异。

历史唯物主义的方法论体系为宗教伦理研究奠定了坚实的基础。宗教学的产生本身就得益于与信仰剥离的客观立场。而历史唯物主义深刻揭示出宗教伦理作为历史现象的深层本质及宗教伦理产生、发展的根本规律。在此基础上,研究视野更加宽广,研究方法更加丰富。

学者已经将越来越多的宗教纳入研究视野,研究工作越来越深入、细致。宗教伦理问题得到充分的理论阐释,并且为我国的宗教管理工作提供了学理依据。

当然,宗教伦理研究也存在一些问题和不足之处。宗教思想之间的差异性较大,有时很难在一般意义上的"宗教"层面讨论伦理问题。中国哲学社会科学研究中具有普遍性的问题——方法论意识不强、方法论创新不足——在宗教伦理的研究领域同样存在。

宗教的伦理化没有得到应有的重视。据《中国人文社会科学图书学术影响力报告》统计,《文明的冲突与世界秩序的重建》是文化学论文引用国外学术著作第一

---

① 参见王永智《论宗教伦理的世俗性与超越性》,载《世界宗教文化》2011 年第 1 期。
② 参见曹晓虎《论道家和佛教道德评价之超越性》,载《伦理学研究》2012 年第 4 期。

名、政治学论文引用国外学术著作第六名、宗教学论文引用国外学术著作第五名。① 但是学术界并没有为文明冲突问题的有效解决提出更好的建议,这就牵涉到了宗教改革问题。宗教伦理化的改革能够有效消除文明冲突的深层次根源。宗教固然有超伦理因素,宗教的伦理效应也得益于宗教超伦理的信仰内容,但是,宗教超伦理的部分同样也是宗教隔阂甚至宗教冲突的根源。伦理效应是宗教对话和交流的最坚实的基础,宗教伦理化并不意味着宗教庸俗化,反而是宗教更加宽容、更加有利于自身发展和提升的根本途径。宗教伦理化是宗教中国化的重要标志,佛教中国化的成功经验之一就是佛教吸收中国传统伦理思想,强化伦理功能,从而更加包容。然而,学术界的研究多偏向于肯定宗教伦理的积极效应,呈现价值判断一边倒的倾向,以至于很少有学者提出宗教革新②。实际上,任何思想体系的发展都离不开必要的反思。学者的责任恰恰是理论批判和思想创新,在宗教研究领域同样如此。新教改革就得益于一部分基督教信仰者对教会的批判。汉斯·约纳斯在对犹太教信仰进行痛彻反省③之后,才提出"永恒本身……由于世界进程的实现不断地处于生成之中"④这样通透的思想(与大乘佛教"不二法门"、禅宗的"当下即是"有异曲同工之妙)。虽然基督教世俗化过程中面临自我变革的理论难题,但西方一些开明的基督教学者在强烈的历史责任感的推动下已经开始了革故鼎新的工作。新正统派神学的著名代表人物之一布鲁内尔提出"以基督宗教伦理学代替神学"的口号;普世伦理的积极倡导者汉斯·昆在探讨宗教真理的"一般标准"时,最终把它还原成了"总体伦理标准";而约翰·希克作为宗教对话的热心推动者,在探讨宗教多元主义的可能性时,最终也是把基督宗教的"救赎论标准",还原成以"爱"或"慈悲"为核心内容的"伦理标准",即"金规则的普遍性"。⑤ 这些努力并不足以从总体上改变信仰主义宗教的排他性,也不可能很快消除各宗教的成见和宗教之间的宿怨——宗教之间的宽容比人与人之间的宽容更难——但这些基督教思想家促进文明和解的担当和勇于自新的气度,本身就闪烁着道德的光芒,得到了包括异教徒在内的全世界的尊敬和响应。"圣人后其身而身先,外其身而身存。非以其无

---

① 参见微信公众号"学术志"(ID:xueshuzhi001)2019 年 5 月 18 日文章《被引最多的中外人文社科著作》。

② 黄夏年先生曾在讲述"中国佛教的和平传统"语境下提出"佛教的革新与自强"。参见《"大乘佛教与当代社会"研讨会综述》,载佛源主编《大乘佛教与当代社会》,北京:东方出版社 2003 年版。

③ 汉斯·约纳斯反对维护传统(中世纪)的上帝"具有绝对、无限的神圣权力"之教义。参见[德]汉斯·约纳斯《奥斯威辛之后的上帝观念》,北京:华夏出版社 2002 年版,第 24 页。

④ [德]汉斯·约纳斯:《奥斯威辛之后的上帝观念》,北京:华夏出版社 2002 年版,第 21 页。

⑤ 参见段德智《试论当代西方基督宗教伦理思想研究中的三大难题》,载《哲学动态》2001 年第 11 期。

私耶？故能成其私。"①可以认为，"以基督宗教伦理学代替神学"等淡化信仰的举措不但没有损害基督教②，反而成就了基督教。这种能够促进人类进步的努力，不正是"永恒本身"在世界进程中的生成吗？从理论和现实两方面看，宗教的革新具有必要性和合理性。在促进宗教改革、推动文明和解问题上，中国学术界应有所作为。

---

① 《老子》第七章。
② 虽然"因信称义"源于《圣经·新约》，但是《新约》里明言，"信""望""爱"三者，"爱"是最大的。基督教的"爱"固然包含信仰成分，但与"信"并列的"爱"显然不是在强调信仰。

第二十一章　性和婚姻家庭伦理

应用伦理学作为伦理学的系统实践理论,涵盖了生活的方方面面。中国传统社会乃"熟人圈"社会,从古到今,家庭均是中国社会经济生产、社会再生产、道德实践活动的单位和原点。社会市场经济发展加速了传统宗族秩序式微,但作为活动原点的家庭仍旧存在,只是家庭结构简化了,家庭规模缩小,甚至出现了丁克族、单身族。这种家庭的简化既与国家法定"一夫一妻"制等婚姻意识形态倡导相关,更是社会经济发展带来的性别独立、人格独立的多元化价值呈现。如果将家庭视为社会生产的原点,那么性就是婚姻家庭存续的基点。作为自然属性、动物属性的性如何与伦理相关联并发挥其作用,这就需要考察性和婚姻家庭伦理的研究历史。

一、研究的基本历程和概况

纵观历史,我国未曾出现过像西方那种波及全社会的声势浩大的性解放运动,但是,随着社会政治经济状况的不断变化,我国社会的性伦理观念也曾发生过几次明显的思想变革。新中国建立后无产阶级婚恋观彻底扫荡了传统的两性伦理观;"文化大革命"期间禁止谈论性,对于爱情与婚姻的看法具有社会性、公共性和政治性;改革开放以后,在新、旧道德观的全面撞击与冲突中,性和婚姻家庭伦理观念也发生了前所未有的剧变;90年代以来,"计划体制"的政治约束失效导致了道德空场;21世纪,信息社会带来了价值观多元化,传统两性权威遭到了挑战;近几年来,新兴科技的提升提供了恋爱、性爱、繁衍的替代品,对传统性、婚姻家庭带来了颠覆性冲击。

1949年中华人民共和国建立以后,中国社会在政治、经济、文化等各方面发生了天翻地覆的变化。在批判传统封建社会男尊女卑、包办婚姻、买卖婚姻等旧思想的同时,1950年3月3日,政务院第二十二次政务会议通过了《中华人民共和国婚姻法》,第一次以法律形式对男女自由恋爱、自主婚姻的权利加以肯定,倡导一夫一妻制。再加上宣传和执行力度较大,婚姻自主的思想得到了空前的普及。"传统婚恋观强调门当户对,而在反对家长制、父权制和消除封建的社会等级的新的政治环境中,人们自然开始放弃旧有的门第观,而对方的劳动能力、政治表现等成为新的择偶标准。"①对社会、道德和性方面的要求在 20 世纪 50 年代形成了一种讨论性问题的氛围。梁景和、李巧玲的《1940—1979:三十年性伦文化的政治批判与文化围剿》②文章中认为,新中国成立后,传统性伦文化中的"男女社交"与"贞操观"发生了变化,但这种变化也有不小的历史局限,同时,传统性伦文化作为一种民众内心价值认同的行为方式,具有不易改变的特征,要彻底改变传统的性伦理文化需要一个曲折渐进、步履维艰的过程。

由于社会历史环境的制约,此时政治型婚姻、社会义务型婚姻仍在一定范围内以不同的形式存在着,真正的性平等尚未得到全面实现。此外,由于新婚姻伦理观是国家通过法律的话语表达出来的,"在对与错、正常与非正常之间的区别有着高度的选择性和明显的说教性。"③一夫一妻制的提出在理论上维护了妇女的权益,但在当时,男女地位的实际不平等限制了"女性向父权制发起挑战所能达到的程度"④。换言之,女子到适龄必须结婚,且结婚对象必须是男性,这才是正常的,例如不婚、晚婚、同性恋、婚外恋、强奸等不符合规范的婚恋观都是不正常的、负面的。国家制定的这种统一的性行为规范来控制个体性行为,虽起到一定的法律保护作用,但无法从伦理角度彻底提升女性在婚恋中的自由权。

"文化大革命"期间,在小说或戏剧中不容许出现任何关于性暗示的内容,否则作者会受到惩罚。"即便是在与批判封建剥削制度有关的内容中,性也是不能公开提及的。例如,在把著名的戏剧《白毛女》改编成现代芭蕾舞剧时就没有提及女主人公被地主强奸的情节"⑤。这一系列措施使得年轻夫妻获得生育知识的渠道少得可怜。"文化大革命"期间的话语对于"性"表达为统一、无声和拒绝,女性外表变得非女性化,鼓励女性与男性一起积极参与集体工作实现革命理想。

改革开放后,在"文革"时期一度停滞的性婚姻家庭伦理研究再度兴起,再也不

---

① 甘绍平、余涌主编:《应用伦理学教程(第二版)》,北京:企业管理出版社 2017 年版,第 291 页。
② 梁景和、李巧玲:《1949—1979:三十年性伦文化的政治批判与文化围剿》,载《中国女性文化》第 10 辑,北京:首都师范大学出版社 2009 年版。
③ [英]艾华:《中国的女性与性相——1949 年以来的性别话语》,施施译,南京:江苏人民出版社 2008 年版,第 6 页。
④ [英]艾华:《中国的女性与性相——1949 年以来的性别话语》,施施译,南京:江苏人民出版社 2008 年版,第 5 页。
⑤ [英]艾华:《中国的女性与性相——1949 年以来的性别话语》,施施译,南京:江苏人民出版社 2008 年版,第 6 页。

会谈"性"色变,性科学也逐渐成为可公开研究和宣传的新型学科伦理研究。1982
年,由我国学者编译的第一部性学专著《性医学》出版,此后,性医学、性社会学、性
心理学等领域的译著、专著也相继面世,给予了男女获得避孕、生育和抚养孩子的
知识。市场经济的冲击带来了价值观的多样化,单一的道德说教被新的灵活性所
取代,性逐渐开始成为一个可以讨论和争论的话题。例如,鼓励女性将性关系看作
是一种主动享受而不仅仅是妻子的被动责任,新闻媒体也出现了有关同性恋的内
容。① 对于同性恋问题,知识分子也开始为其权利进行辩护。②

　　90 年代以来,传统文化的道德约束和"计划体制"的政治约束逐渐虚化和失
效,出现了性奴隶等弱势群体以及新兴权贵等买方市场,呈现出了一系列性混乱现
象和问题以及性道德的空场。直到 1992 年,王伟和高玉兰出版了《性伦理学》一
书,这是改革开放以来第一部比较全面系统的性伦理学专著,这本书为我国新时代
性伦理学的构建奠定了一定基础。著者通过综合霭理士、罗素、蒂洛、周建人、章锡
琛等中外学者的性伦理思想,明确提出,"性的社会方面与私人方面的基本内涵及
其相互关系问题,是性伦理学研究的基本问题"③。此外,还有张玫玫 1998 年编译
的《性伦理学》,1999 年章海山、张建如共同编著的《伦理学引论》和安云凤在 2002
年出版的《性伦理学新论》。这些专著标志着性伦理已作为一门系统性的具体学科
被学界所认可。2004 年,中国社会科学院应用伦理研究中心与湖北大学哲学系还
主编了"中国应用伦理学:2003—2004"《当代性伦理的冲突》专辑,收录了多篇讨论
性和婚姻家庭伦理的专业论文,深度与广度均有所提升。2004 年,赵敦华在《人性
和伦理的跨文化研究》④一书中,从理论和实际的结合上说明了中西道德哲学和伦
理发展的异同,以及全球化背景下,中西两大伦理传统对话的可能性和必要性。

　　21 世纪,信息社会带来了价值观多元化,学界对性与婚姻家庭伦理的研究也
愈加深入,摒弃自然性别的传统模式,通过社会性别、第三性别等新视角对男女性
别构成及传统男性权威的社会话语体系提出质疑。2000 年,郑新蓉在《社会性别
与妇女发展》一书中引进了国外学者的社会性别概念,认为性别是一种社会构成
物。这种观点打破了性别不可改变的宿命观,对传统的性别观念提出了挑战。
2010 年,潘晓明、段晓慧、易竟阳在《第三性别现象探析》一文中区分了先天和后天

① 参见［英］艾华《中国的女性与性相——1949 年以来的性别话语》,施施译,南京:江苏人民出版社
2008 年版,第 8—9 页。
② 参见李银河《他们的世界——中国男同性恋群落透视》,太原:山西人民出版社 1993 年版。
③ 王伟、高玉兰:《性伦理学》,北京:人民出版社 1996 年版,第 51—53 页。
④ 参见赵敦华《人性和伦理的跨文化研究》,哈尔滨:黑龙江人民出版社 2004 年版。

的性别形态,认为自然性别仅是判断性别的标准之一,只有统筹生物学、生理学人工改变、社会心理、职业特征等因素才能得出何种性别的结论。

除了性伦理学专著,性社会学家还开展了各类社会学调查,对两性关系得出了实证性结论。2004 年潘绥铭在《当代中国人的性行为与性关系》①中首次运用严格的社会学规范的实证方法,对当代中国人性行为与性关系进行大规模调查,获得了整体分析成果。2005 年李银河在《两性关系》②一书中,通过借鉴西方性别问题研究基础,描述和分析了世界和中国两性关系状况以及引起争论的焦点问题。此外,李银河极其关注同性恋及其亚文化以及女性权利的解放等问题。2009 年她还在《同性恋亚文化》一书中描述了同性恋这个亚文化群体游离于主流文化群体的独特规范和行为方式。这些论著让人们理解了同性恋并不是一种病,而是一种非常态的性取向,观念的普及改良了性少数群体的生存状态。2003 年的《女性的感情与性》和 2004 年的《转型社会中的中国妇女》对家庭暴力、女性文学、性骚扰和女性安全等进行了实证研究,以维护妇女权利,保障妇女安全健康。李银河 2005 年的《女性主义》和 2007 年的《妇女:最漫长的革命——当代西方女性主义》两部著作通过探讨中西方女性主义历史,认为女性唯有独立自主积极参与公共生活才能走向解放的道路。

此外,网络文化异军突起,女性耽美文学从小众文化逐渐流行成半大众文化,这是对男权物化女性的无意识的反抗。2011 年张博在《父权的偷换——论耽美小说的女性阉割情节》一文中提出,耽美文学的兴起反映了女性自我意识的提升,但通过耽美文学完成的女性情欲解放只是短暂的父权更替,其实质是女性在逃避自己无力改变父权话语体系的现实。

如果说理论界对性、婚姻和家庭的探讨是一种道德秩序的精神重构,那么新兴科技的发展带来的就是一种"肉体机能可替代"的颠覆性冲击。例如,逐渐在青少年群体中流行起来的虚拟恋爱机器人、恋爱游戏 App 等虚化了恋爱"载体",给予了个人精神安慰。2016 年何丹在《父母教养方式与青少年网络欺负:隐性自恋的中介作用》一文中认为,这种行为本质上源于青少年的隐性自恋心理。而性爱机器人的发明可能更进一步,试图冲破虚拟的二次元屏障,给予购买者虚拟恋情的真实体验和陪伴,而这正是 2017 年赵牧在《性爱机器人:日常生活焦虑的显影》一文中看到的人类日常生活焦虑的投影。若性爱机器人合法上市,是否会给予出轨对象

① 参见潘绥铭等《当代中国人的性行为与性关系》,北京:社会科学文献出版社 2004 年版。
② 参见李银河《两性关系》,上海:华东师范大学出版社 2005 年版。

是机器人这种行为的正当性,那么这势必会对传统婚姻生活造成冲击。此外,还有近几年谈论较多的人造子宫,如果试验成功并通过了伦理审查从而顺利走向孩子的社会化抚养,那么传统一男一女及孩子构成的家庭单位必然将遭到冲击甚至消解。

二、研究的主要问题

(一) 性的概念及其相关学科的界定

性是什么? 霭理士在《性心理学》的绪论中提出:"性是一个通体的现象,我们说一个人浑身是性,也不为过;一个人的性的素质是融贯他全部素质的一部分,分不开的。"① 可见,性是人身上的根深蒂固的天性。人类的性并不仅仅体现为生物学、心理学或生物式的本能,从人类的历史现实和社会现实来看,性至少有三种存在方式②:生物存在、社会存在和心理存在。性的生物存在(也称为"性本能")由生物的生殖机能和遗传绝定,显示着性的发生现象,即性是功能张力的产生、积聚与释放的过程与方式。性的社会存在显示的是性在社会系统中的实存状态,即性按照社会运作秩序所呈现出来的样态。性的心理存在显示的是处于社会系统中的人针对性现象所蕴含的主观感受。综上,性应当是一个通体现象,是诸因素包括自我力量、社会知识、个性和社会准则等与生理机能密切结合的高度复杂体系。性概念的复杂性决定了其相关学科的多样性,常见学科有性学、性心理学、性伦理学、性别伦理学和性法学。

性学是关于人类的性表象的系统研究。研究对象包括人类的性成长、性关系的发展、性交的机制以及性功能障碍等。在当代,性学是一门跨领域学科,它使用了来自不同领域的研究方式,包括生物学、医学、心理学、统计学、流行病学、社会学等常规性学科。根据研究群体不同,研究对象也有差异,如身心障碍者、儿童和老人的性。此外,也涉足颇受争议的公众议题,比如关于堕胎、公共健康、生育控制、性虐待、生殖科技和性犯罪等。可见,性学更多的是一种描述性的学问,而非指示性的学问。换言之,性学是去试图记录事实,而非去指点出什么行为是合适或道德的。但是,性学因为其私密性时常会招来争议和质疑,有些人支持性学研究,而有

① [英]霭理士:《性心理学》,上海:三联书店1987年版,第3页。
② 参见王伟、高玉兰《性伦理学》,北京:人民出版社1996年版,第51—53页。

些人则认为性学刺探了一种可以称之为"恶心"的事物。

性心理学是研究人在性行为中的心理活动及其规律的科学。人类的性活动绝不仅仅是生物的本能反应,它包含着丰富的心理活动,并受着社会的制约。这是人类性活动区别于动物的根本点。从分析学角度,性心理学研究对象包括性别认同或性身份(即心理性别)、性取向、性偏好、性欲、性感受、性心理的毕生发展、性功能障碍、非机能性性障碍、性心理障碍(性变态)等。从社会历史角度,性心理学研究对象包括人类的性生理发育、性心理发展、性别角色社会化过程以及婚姻、家庭与性卫生、性健康等。

性别伦理学主要研究的是性别差异、两性不平等等方面的伦理问题,旨在通过性别的追问,深入到人类自我理解的核心。性别伦理学通过"性别分析",从生物性别(sex)和社会性别(gender)两个角度,区分了男女的生物事实和社会文化对于两性的价值观和价值期待的联系与区别。帕森斯认为性别是"通过对历史中和文化中我们的知识框架建构的意识而形成的"①。可见,性别的意义永远存在于性别之外,社会性别系统是被社会组织、社会秩序、社会语言、社会文化等后期建构而来的思维定式。

性法学是在法学与性学的交叉领域中研究对人类性关系和性行为的法律保障、法律规范和法律调控的科学。性法学是调整人们性利益关系,保障合法性权利以及惩罚性犯罪的一门法律学科。性法学对合法性行为以及与性行为密切相关的其他合法权益进行保障,对非法性行为及性犯罪进行惩戒。② 但是性法学关注的只是事实与法律条文是否相符合,至于该法律条文是否符合人们的真实需求,性法学不会关注。例如,一夫一妻制是合法的,显示了立法的进步,但男女不平等的社会事实反而削弱了女性的权利③,使得一夫一妻制成为了实际不平等的法律。如同恩格斯所言:"在婚姻问题上,即使是最进步的法律,只要当事人让人把他们出于自愿一事正式记录在案,也就十分满足了。至于法律幕后的现实生活发生了什么事,这种自愿是怎样造成的,关于这些,法律和法学家都可以置之不问。"④此时的性法学显得有些力不从心,亟须性伦理学的支持。

---

① [英]苏珊·弗兰克·帕森斯:《性别伦理学》,史军译,北京:北京大学出版社 2009 年版,第 23 页。
② 保护依法婚姻登记建立起来的婚姻关系;恋爱自由、婚姻自主以及性的正当防卫等都受法律保护。性法学对性犯罪行为进行制裁,如强奸、重婚、卖淫、制作传播淫秽物品、性虐待等;对性违法行为进行惩戒,如性骚扰、性虐待和干涉婚姻自由等。
③ 详见上文提及的"男性/公共—女性/私人二分法"。
④《马克思恩格斯选集》第 4 卷,北京:人民出版社 1982 年版,第 71 页。

性伦理学是性学的一个分支学科,不同于性别伦理学。性伦理学与性法学也不同,在调整人们性利益关系时,性伦理学需要区分"是与非、善与恶、荣与辱的界限,它所依据的是人们在长期社会生活中形成的公众认可的一些性道德观念、性行为风俗习惯和惯例,凭借的是社会舆论传统习俗,特别是当事人的内心信念道德良心"①。因此,相对于法律强制执行,性伦理学更强调内在良知的自觉约束,并通过规劝、引导、舆论教化等方式进行外在维护。

性伦理学是以人类的性道德现象及其本质作为研究对象的学科,是性学与伦理学的交叉学科。黑格尔认为,"两性的自然规定性通过它们的合理性而获得了理智的和伦理的意义。"②性伦理研究的是当今人类对自身性关系、性行为、性规范的自觉反思,有其特定的对象、目标和方法。它通过科学研究人们的性意识和性活动,为人们提供性道德方面的引导性原则和规范的实践。

性伦理学的善的导向在于,人类的性行为是否符合人的身心健康或人的自由全面发展。"凡是有利于行为所涉及的人的身心健康或阻碍行为所涉及的人的自由全面发展的性行为,就是不道德的。"③因此,性伦理学可以看成是性学、性心理学和性法学的"应当",对其他学科起到了善的导向和风险的预防作用。

(二) 从性与爱能否分离谈性和婚姻家庭关系的伦理性

人类两性间的行为,不应当是纯粹传宗接代的本能行为,而是蕴含着强烈的肉体和精神享受的(既是生物的,又是社会的)灵与肉的行为。而爱情是人类灵魂中的一种最深沉的冲动。费尔巴哈曾说过:"爱就是成为一个人。"那么属灵的"爱"能否脱离属肉的"性"独存呢?

爱情的动力和内在本质是男女之性欲,这是延续种属的本能。马克思认为:"任何人类历史的第一个前提无疑是有生命的个人的存在。因此第一个需要确定的具体事实就是这些个人的肉体组织,以及受肉体组织制约的他们与自然界的关系。……生命的生产——无论是自己生命的生产(通过劳动)或他人生命的生产(通过生育)——立即表现为双重关系:一方面是自然关系,另一方面是社会关系……"④因此,性无论是个体还是两性间的性(关系、活动)存在都表现为自然和社会性的统一,"性"与"爱"的关系也应当是生物意义和社会意义的统一。

---

① 安云凤:《性伦理学新论》,北京:首都师范大学出版社 2002 年版,第 34 页。
② [德]黑格尔:《法哲学原理》,北京:商务印书馆 1961 年版,第 182 页。
③ 章海山、张建如:《伦理学引论》,北京:高等教育出版社 1999 年版,第 237 页。
④ 《马克思恩格斯选集》第 1 卷,北京:人民出版社 1995 年版,第 23、34 页。

　　支持传统观点的学者们认为性与爱不可分离。马卡连柯认为："人类的爱情不能单纯地从动物性的吸引培养出来。爱情'爱'的力量只能在人类非性欲的爱情素养中存在。"①不包含爱情(包括挂念、真挚、尊重和忠诚等强烈社会情感)的性行为是把人的行为还原为动物行为,这是令人不能接受的。

　　反对者认为性与爱可以分离,持该观点的可分为两派:唯精神论和唯性欲论。唯精神论认为爱情是一种纯精神的占有和融合,它完全排斥性欲,否定肉体关系。这是禁欲的柏拉图式的爱情观。此时的"男女在'纯粹'的精神享受中在云端遨游。他们的嘴唇从来不会碰在一起,双手总是拥抱着一无所有的空间,思想是云雾朦胧的一片"②。这是一种虚构的爱情观,没有形体爱情也就失去了载体,此时存在的不过是人的幻想。此外,越是对肉体欲望进行压抑越是会唤起人们对肉欲的病态遐想。伯特兰·罗素以讥讽口吻指出,回避绝对自然的东西就意味着病态兴趣的加强,愿望的力量往往同禁令的严厉程度成正比。③

　　唯性欲论则认为爱情是纯粹性本能的产物,性欲是爱情产生的唯一根源,爱情的本质就是满足人的性欲需要。持这种观点的是资产阶级启蒙思想家,如爱尔维修认为爱情的核心就是情欲。这种观点强调了性行为的生物性但并不否认性的社会属性。人类的性行为是否可以无视身体的社会性,仅和身体的生物性挂钩呢?1980年,范诺伊出版了《无爱的性行为:哲学的探讨》一书,书中分析了男女两性与爱情的有关重要问题,得出的结论是:没有爱情的性关系也可以是有意义的和给人以满足的。这就是说,单纯生物学意义上的性行为也具有价值,应当得到承认。性自由主义者戈尔德曼更为明确地指出,"性"仅仅指生物学意义上的性行为,不应该将其与有关社会功能、目的或道德意识形态牵扯在一起,如繁衍后代、表达爱情、沟通、表明承诺等。④ 诚然,不可否认性行为的价值,但这种价值更多的是生物学的欲望的满足和后代的繁衍,作为性行为载体的人,除非脱离人的社会属性,否则其行为一定会受到社会公域的制约。该问题的关键在于如何处理好性行为的个人私域与社会公域之间的张力。

　　性自由主义者认为,成年人之间的性行为就纯粹是当事者之间的私事,社会和他人不得予以干涉。人的身体属于自身,因此人能绝对支配自己的身体并决定是否为自己的行为负责。只要性行为不影响其他人的幸福和自由,不在公共空间"有

---

① [苏]马卡连柯:《父母必读》,北京:人民教育出版社1958年版,第302页。
② [保]瓦西列夫:《情爱论》,赵永穆、范国恩、陈行慧译,上海:文化生活译丛1986年版,第4页。
③ 参见[保]瓦西列夫《情爱论》,赵永穆、范国恩、陈行慧译,上海:文化生活译丛1986年版,第12页。
④ 参见陈真《当代西方性伦理学综述》,载《国外社会科学》2004年第5期。

伤风化",该行为就无所谓道德或不道德,换言之,不受社会道德伦理的制约。倍倍尔认为:"人类对性冲动的满足,只要不损害他人,自己的身体尽可由他们处置。满足性的冲动也和满足其他自然冲动同样,是个人私事。既不必对他人负责,也绝对无第三者插嘴的余地。……假使在结合了的男女之间,发现了不和、失望和厌恶,那时候,对于已经不自然的、从道德来说就要求解散不道德的结合。"①但是"这种想法等于是把'性'这个领域完全封闭在私人空间的'暗箱'之中,而仅以'性是私人领域的问题'为由拒绝探讨和关照这个领域,则是对问题的回避而不是解决"②。

传统观点的支持者则认为,性行为不可能是"私事"。性行为有两大法则:自然法则和社会法则。③ 自然法则本身没有任何道德意义,只有在纳入社会文化范畴才能凸显其道德价值。而社会法则(包括国家法律、民族文化风俗等)本身就具有道德价值或法律威力的社会化意义。根据对两大法则的符合程度大小,可以将性生活和婚姻性生活区分为常态和非常态。④ 一般意义上,符合两大法则的男女一夫一妻婚姻的性目的⑤是正当的,反之,童交兽奸的性目的是不正当的。但值得注意的是,性行为的两大法则无法直接肯定性行为本身的善或恶的问题。例如,作为被大多数国家确立为合法婚姻形式的一夫一妻制,虽极大程度符合两大法则,但有人质疑"此仅是从文化中培养出来的习惯,人是可以同时爱上超过一人,所以一夫一妻根本不能满足不同的人的不同的需要。在男性中心的社会中,一夫一妻只会削弱女性的权利,令女性得不到公平的对待"⑥。所以,在一般意义上,性目的的正当性无法有效说明其行为的道德性。

然而,性目的的不正当性却必然会被性生活的"不应当"伦理所限制。例如,当性行为一旦进入婚姻家庭中涉及孩子、家人(道德、伦理的传承和延续问题),尤其

---

① [德]倍倍尔:《妇女与社会主义》,上海:三联书店1987年版,第469页。
② [日]田村会江:《性的伦理学》,东京:丸善株式会社2004年版。
③ 自然法则和社会法则:前者是性道德的实质要件,即规约性行为者的自然条件,如血缘关系、地点、时间、对象等;后者是性道德的形式条件,即规约性行为者的社会条件,如婚姻、恋爱、法律、宗教、文化等。参见曾建平《性伦理何以可能》,载孙春晨、江畅主编《中国应用伦理学——当代性伦理的冲突专辑》,北京:金城出版社2004年版,第39页。
④ 较大程度符合一般意义上两大法则的性生活和婚姻性生活称之为常态性生活(性自慰、异性性活动、色情文化等)和常态婚姻内性生活(一夫一妻制);较小程度符合两大法则规定的称之为非常态性生活(同性恋、童交、群交、兽奸等)和非常态婚姻内性生活(多偶制、群婚制、合法同性恋等)。此外,还存在婚前性生活(同居)和婚外性生活(通奸,包括情人、包"二奶"、换妻、卖淫、嫖娼等)。
⑤ 具有道德正当性的性生活可以促进人的身心健康或人的自由全面发展,不道德或反道德的性生活会扭曲人与人之间的关系,导致人的精神蜕变,侵蚀社会精神面貌。
⑥ 叶敬德:《一夫一妻、性爱一家与男女平等》,转引自曾建平《性伦理何以可能》,载孙春晨、江畅主编《中国应用伦理学——当代性伦理的冲突专辑》,北京:金城出版社2004年版,第41—42页。

是非婚性行为和婚外性行为会涉及更广的人和面,不正当性行为失去了法律和道德的庇护可能不为相关者所接受并需要承担相应的社会风险,基于后果的考虑,此时对于非婚性行为和婚外性行为的评价往往是"不应当"。因此,婚姻和离婚不是"有爱即合"和"无爱即离",其存续必须要受到伦理支配甚至法律的支配。[1]

(三) 货币与性的交换过程中个性价值的割裂及其统一

1978 年改革开放后,开放的不仅仅是市场经济,还有我们的思想、文化,使得我国人民的生活方式、行为方式和价值观念发生了深刻的变化,总的体现为自由表达胜于一切的理念。这种价值观的冲击不仅是表面的,甚至深入到传统性道德观念。人们的性观念越来越开放,许多非常态性生活也变得日益公开化。例如前文提及的婚外恋、包"二奶"、卖淫、嫖娼等,成为现当代高离婚率的极大诱因;早恋、未婚同居等也日益半常态化。此外,还有情色产品、情趣用品的制作与买卖形成产业链,性知识传播的公开化和理性化,等等。常态性生活也出现了诸多问题,例如用是否有房有车等物的标准来衡量相亲对象的价值。有些现象难以仅用道德滑坡四字进行解释,不可否认,这正是市场的资本通约性发挥重大作用的时代背景下性生活的副产品。

货币交换自由带来个性解放的同时也带来了性关系的解放。货币作为财产是个人获得独立自由的基础,经济自由带来了人格自由。首先,货币增强了人所没有的力量。货币德国哲学家西美尔认为:"货币是一切价值的公分母。"[2]货币作为现存的起作用的价值概念通约了一切事物,将其置于天秤之上进行衡量,比如脑力劳动和体力劳动,通过交换将"现实的不完善性和幻象"变成"现实的本质力量和能力"[3]。虽然在这个过程中个人的能力本质没有得到实际的提升,但他们能获得能力暂时提升的假象。如果持续地通过获得他人的无酬劳动奴役他人,此时的假象就有可能上升为被颠倒的现实——非常态的变成常态的,违背伦理的变成合乎伦理的,非法的变成合法的。其次,货币的人格化往往被塑造成善的存在。"货币的特性就是我的——货币占有者的——特性和本质力量。……我是丑的,但我能给我买到最美的女人。……我是一个邪恶的、不诚实的、没有良心的、没有头脑的人,可是货币是受尊敬的,因此,它的占有者也受尊敬。货币是最高的善,因此,它的占

---

[1] 维系婚姻的礼法,包括法律之法和道德之法。参见宋希仁《家庭伦理新论》,载《中国人民大学学报》1988 年第 2 期。

[2] [德]西美尔:《货币哲学》,北京:华夏出版社 2002 年版,第 296 页。

[3] 《马克思恩格斯文集》第 1 卷,北京:人民出版社 2009 年版,第 246—247 页。

有者也是善的。"①直至有钱即是真理,有钱即是正义,有钱任性,有钱有性,有钱有善。最后,常态性关系被物化为货币交换。市场经济调节下的总是"权衡利害的婚姻,在两种场合都往往变为最粗鄙的卖淫——有时是双方的,而以妻子为最通常。妻子和普通的娼妓不同之处,只在于她不是像雇佣女工做计件工作那样出租自己的身体,而是把身体一次永远出卖为奴隶"②。最后,非常态性关系的货币交换被视为正当的。既然婚姻可视为买卖,那么卖淫和嫖娼等买卖也可视为婚姻经历的一部分。这样的结果是,呈现出一个"颠倒的世界,是一切自然的品质和人的品质的混淆和替换"③。

可以看出,这种人格自由只是包裹着糖衣的货币自由,当且仅当性的货币价值与性的个性自由完美结合时才能实现。换言之,在婚姻中"按照优先货币原则来定位性交往的对象。当货币原则实现了,或者不再要时,个性原则、爱情原则和性本身的价值就会凸显出来"④。但实际上,社会长期历史发展导致了男女社会地位不公正,在恩格斯看来,专偶制个体家庭中,女性料理家务失去了工作的公共性质,成了私人服务,妻子成了家庭女仆,被排除在社会生产之外。丈夫在家中也掌握了权柄,而妻子则被贬低,被奴役,变成丈夫淫欲的奴隶,变成单纯的生孩子的工具了。⑤ 女性较弱的经济地位决定了女性更容易被视为包裹精致的性商品,且女性也自愿委身交付出个人最隐秘、最个人的品质。因此,用钱来衡量她们在家庭的付出是极不适宜的,这是对女性尊严的极大贬低。但实际交往中,女性作为有使用价值的占有对象,对于男性来说,要得到她们就必需有所牺牲,这样的事实会让人产生女人就是商品的错觉,因此恋爱关系中,礼物的往来必不可少。但同时也要看到,"若买女人的价钱非常之高,侮辱贬低人的价值的程度就降低了"⑥,这种贬低的减弱针对的不是女性的个人品质,而纯粹是有价无市的市场评价;体现的不是对女性的尊重,而是对能占有该女性的男权的崇拜。此时的男性在以物的尺度审视女性的同时也将自己等同于物了。

这种以商品视角看待女性的方式,不仅得到了男性的认可,甚至女性也逐渐开始习惯这样看待自己。男性的价值在于征服,评判标准可以是个性的自由的。无

---

① 《马克思恩格斯文集》第 1 卷,北京:人民出版社 2009 年版,第 244—245 页。
② 《马克思恩格斯选集》第 4 卷,北京:人民出版社 1999 年版,第 69 页。
③ 《马克思恩格斯文集》第 1 卷,北京:人民出版社 2009 年版,第 247 页。
④ 周海春:《货币和个性之"秤"与性关系中的两性价值》,载孙春晨、江畅主编《中国应用伦理学——当代性伦理的冲突专辑》,北京:金城出版社 2004 年版,第 91—92 页。
⑤ 参见《马克思恩格斯选集》第 4 卷,北京:人民出版社 1999 年版,第 54、71 页。
⑥ [德]西美尔:《货币哲学》,陈戎女译,北京:华夏出版社 2002 年版,第 294 页。

论男性三妻四妾还是独身主义都是追求,是时尚。女性的价值在于婚姻和生育或者有男人爱、有男人娶等男权逻辑。这样的双重逻辑致使女性身为人的个性自由无法得到实现,只能通过物的方式进行解放和抗争。诸如,卖淫和消费,即人格尊严的物化阉割和个人价值的物质解放。

卖淫指为收取钱财或其他利益而提供服务、满足对方性需求的活动。卖淫可区分为自愿卖淫和强迫卖淫。强迫卖淫是指在无视妇女意志的情况下,通过欺骗、暴力等手段实施强奸。毋庸置疑,这不仅是违背道德的,更是违背法律的,它严重侵害了被害人的人格、尊严和基本人权。但自愿卖淫的情形就较为复杂了。自愿卖淫指女性自愿将身体视为性交易的工具,以赚取钱财为目的满足买方性需求。有一些为自愿卖淫进行辩护的观点,一位女性主义妓女认为妓女是每一个女人的职业。她认为"以性换钱使妓女有了一种控制权,这种感觉不仅是指控制这一交易本身,而且是指控制她自己的身体和生活。通过与男性的讨价还价,商定的价格是双方认为最合适的,妓女并没有贱卖自己。……妓女用不着发誓忠实于任何人"[1]。这段话看似保全了妓女的人格尊严,实际上显示了女性对于男女不平等社会现实的无奈和反抗。即便"妓女没有贱卖自己",她将自己看成是一个无人格的物而非是一个有尊严的人,她唯一的尊严体现在可以自由控制身体成为谋求生存的工具。但这种自由是自由的一无所有,是"不得不"。从人文价值而言,自愿卖淫行为中除了能提供生理快感,没有人性和文化因素,人的价值和尊严被物化、丑化,无法获得长足的人格提升。

在消费社会高度发展的今天,女性在消费中能够获得一种解放和抗争的空间。一般女性在家庭中都担当了保姆、服装搭配、家庭用品购买、家务,甚至电器维修等后勤工作,家庭内生产是女性的领地,女性在为家庭购买消费品的过程中获得了绝对的权力和他人的承认。此外,经济独立的女性也日益成为购买奢侈品的消费主体,不仅看重商品的使用价值,更看重商品给予她们品位的提升和个性的张扬。亨利·列斐伏尔在《日常生活批判》中对女性体验进行了敏锐分析,他认为诚然女性在日常生活中需要承受经济、就业、家庭、性别、文化等多重压力,但日常生活中女性仍旧可以获得一种脱离于男性霸权之外的抵抗和解放的空间。这是一种女性专属空间,在此女性可以获得独特的幻想,个性也可以得到张扬,暂时性地逃离现实生活的压力。比如以消费文化所构成的空间为例,在列斐伏尔看来,"消费社会对

---

[1] Minas,A.(ed.) Gender Basics,Feminist Perspectives on Women and Men,Wadworth,2000. 转引自李银河《女性主义》,上海:上海文化出版社2018年版,第263页。

于女性生活来说扮演着魔鬼和解放者的双重角色。一方面,消费对女性形成了压抑和控制,使其在性别客体化中丧失体面;另一方面消费又不能完全被女性化所承载,具有不可通性的欲望保留了一种自发的意识,因此也就潜藏着希望;在空间上随着透视法的出现和运用,技术理性占据了主导,空间的女性品质被逐渐地压缩;在时间上,女性与周期性的时间,如自然节奏间的紧密关系,使得女性具有一种先天抵抗系统化的能力。"①然而,这种个性的解放和权力使用总被限制在私域中兜兜转转,消费用于丈夫、孩子、家庭开销则是天经地义,消费装饰自己则为了抓住男性的心,目的也是为了组建家庭或是维护家庭稳定,消费用于个人奢侈品被视为败家,"家"成了女性个性张扬的"牢笼"。唯一能被主流价值接受的只有消费用于女性自我价值的提升与学习,然而,这又不为传统"相夫教子"的价值观所认同。

(四) 对主流性别权威的反抗与交织

传统性、婚姻家庭伦理学针对的对象是男女两性之间的婚恋观,社会高度认同也带来了男女两性的霸权尤其是男权视角的认知,边缘性别群体往往处于失语状态。随着性伦理学科的发展、群众自我认知水平的提升以及社会文明的开放,越来越多的第三性别者勇于站出来表达自己、展示自己。

1. 第三性别:性别界限的模糊

第三性别指跨性别者、双性人、变性人等,除男女两性外的所有性别。常被用来描述一类自愿或被社会共识上认为不属于男性或女性的人。1993 年,美国布朗大学医学教授、基因学家安妮·福斯托-斯特林提出,具有异于寻常性别特点的人不应对自己的性别硬性作出选择。第三性别现象,其中第三指"其他",确切说来可分为七种基本形态:第三性别、中性、变性、装扮性变、角色惯性变、同性恋、误解性别角色。② 具体性别根据生物遗传、生物解剖、生理学人工改变、社会心理、职业特征、角色认知心理学等先天和后天的改变而呈现出不同的形态。

可见,第三性别及其确定有着较为复杂的生物学和社会性标准。许多国家对第三性别的认知已经从学理层面走向立法层面。诸如,2007 年,尼泊尔成为继印度之后,世界上第二个官方承认"性少数者"的国家。2010 年,美国取消了必须接受变性手术才可更改性别的规定。2015 年 8 月,尼泊尔首次发出第三性别护照,向世界展现尼泊尔社会包容性。在尼泊尔之前,澳大利亚和新西兰已经发出第三

---

① 王建、周凡:《女权空间城市》,载《中外建筑》2007 年第 7 期。
② 参见潘晓明、段晓慧、易竟阳《第三性别现象探析》,载《中国性科学》2010 年第 1 期。

别护照,在性别栏里填写 X,代表这个人不是男性,也不是女性,而是第三性别。省去了许多人因为性别特征和护照所示不符而遭受盘问的难题,同时可以使人们在旅游中不被性别歧视。

2. 社会性别①:男女性别的后天建构

"社会性别"一词由美国人类学家盖尔·卢宾最早提出。社会性别是一种特定的社会构成,这对性别建构的基础提出了挑战:一是在各个国家、民族漫长的发展史上,性别意识、性别观念究竟是更多地建立在生物学和生理学知识上的科学,还是由历史形成的社会关系所决定的文化叙述和制度建构的结果? 二是即使两性在生物学和生理学上的确存在着差别,但是这种差别是否被有意识地夸大了? 例如,在我们成长的过程中,父母、老师、朋友或强制或潜移默化地告诉我们:男孩子应该坚强、勇敢,女孩子应该温柔、娇弱、善解人意等。

1984 年,福柯提出可以通过控制性知识把某些价值、实践及其代表事物合法化,这是一种知识与力量的关系。② 社会性别的提出了社会制度、法律、价值观对妇女的歧视而造成政治、文化、经济上的压迫。实现男女平等的道路有待于建设一个平等的社会制度,创造一个平等的文化。要改变男女性别的差异不仅要帮助妇女解决具体的权益受损问题,还应当积极改变根深蒂固的社会性别结构,从而改变社会性别秩序。

性别主流化已经逐渐成为推进女性解放较为成功的有效政治途径。国际社会和越来越多的国家逐渐认识到男女两性共同参与公共管理,共同发展,是性别平等的高境界,他们积极采取相应措施。1995 年,第四次世界妇女大会被确定为促进社会性别平等的全球战略,以消除社会性别歧视,缩小性别差距,实现性别平等和性别公正,推动社会公正和可持续发展。"经过 20 年实践……中国作为第四次世界妇女大会的东道国,是最早承诺社会性别主流的 46 个国家之一。"③

---

① "社会性别"在英语中为"gender",它与"sex"(生理性别)是相对的。sex 指的是与生俱来的雌雄生物属性,社会性别是一种文化构成物,不仅因时间而异,而且因民族地域而异,通过社会实践的作用发展而成雌雄之间的角色、行为、思想和感情特征方面的差别。社会性别理论打破了性别不可改变的宿命观,对传统的性别观念提出了挑战。参见郑新蓉《社会性别与妇女发展》,西安:陕西人民教育出版社 2000 年版。

② 参见 Foucault, Michel (1984), *The History of Sexuality*, Vol. 1: An Introduction. Harmondsworth: Penguin, pp. 92—102。

③ 刘霓:《社会性别——西方女性主义理论的中心概念》,载《国外社会科学》2001 年第 6 期。

3. 幻想性别:女性性的解放与阉割

新媒体下的大众文化日趋多元,网络文学越来越超越传统文学跃居主流。女性作为网络文学的主流群体,近几年日益壮大,成为耽美文学①的主流阅读群体、写作群体和消费群体。耽美文学主要是由异性恋女性创作,异性恋女性阅读的,以男同性恋的感情、命运为主要描写对象的文学作品(在我国大多数为网络文学)。耽美文学特点有:一是性描写的频繁与露骨,耽美小说如获得出版,甚至会印上"18岁以下禁止阅读"的字样;二是女性的全程缺场,男性成了情欲的被消费者,尤其是姿容优异的"美男"。②

在传统男性视角中,性是男人的专属品,优秀的女性应当是清纯无欲以男人为中心的贤妻良母,一旦对性表现出兴趣则被视为淫荡的坏女人,致使女性长期处于性压抑状态。在父权制中,女性被视为满足男性性需要的精致物品以及男人走向社会成功的垫脚石,在他们看来,女性对生殖器的崇拜理所当然。"男人以性功能和性吸引力来衡量个别的女人,把女人当成物品,不谈对等的关系,而出于男人本位的狂想以及过度理想化的女性形象投射到真正活着呼吸的女人身上。"③耽美小说创造性地颠覆了男性的传统凝视,女性被物化的男性所取代,可以进行"安全"④的移情。在耽美小说中,女性不仅能够通过抽离女性身体的存在而告别耻感和自我审视,同时也完成了对绝对安全、没有心理道德负担、与生殖无关的性的想象,这是一场完全只关乎于感官愉悦的终极窥淫,蕴含着女性主义的实践精神,是对传统父权制的无意识的反抗。

但这种解放始终以女性的缺席为代价,是女性逃避自我欲望的行为。男性视角充满了傲慢和权力欲,常用侮辱性的词汇来描述女性在性活动中的姿态,因此女性试图规避这样的场景。去除女性躯体的方式固然避免了性的凝视和物化,但是

---

① 耽美是一种以特殊建构的男性同性情爱故事为标志的叙事模式和话语生产,也被称为"BL(boys' love)"。这种叙事话语及其文本/载体几乎完全是女性生产和女性共享的。目前,耽美小说已成为网络文学的一个重大种类,读者们也不再是蜗居于几个小众论坛、自称为"腐女"的亚文化爱好者,而是正在逐渐扩大的主流女性受众。耽美小说不仅在中国有一定受众,在美国、日本、韩国等其他国家也存在着耽美亚文化圈。
② 参见张博《父权的偷换——论耽美小说的女性阉割情节》,载《文学界》(理论版)2011年第9期。
③ 何春蕤:《色情与女性能动主体》,载《中外文学》1996年第4期。
④ 现实生活中,性往往和太多元素交织在一起:道德、生殖、身体审视。一个女性在参与性活动时,往往既要考虑这种性是否具有"正当性",也要担忧自己的身体如何被观看,是否能够获得性对象的满意,此外,还会焦虑生殖问题,而男性在性上却要自由很多。而耽美文学中角色分为攻与受,分别代表男性角色与女性角色。女性可以任意选择移情角色,甚至将自己视为旁观者方便随时抽离现场,以此获得绝对的"安全感"。

也间接否定了女性情欲本身。换言之,女性依旧为自己在性中感到渴望或占据主动权而羞耻,只有把自己代入一个男性躯体,才能承认这种欲望的存在。"作者并不颠覆父权世界本身的秩序,但有她们要求着父权世界赋予男人而非女人的种种特权。"①因为无论是面对男性还是女性受众的成人作品,都是在展现男性操纵和享受性的过程。在书写或阅读此类耽美小说时,女性选择的是对自己的性别身份进行阉割。② 霍妮在其文章《逃离女性身份》中写道:"女性已经学会了顺应男人的愿望,感觉这种适应好像就是她们的真实本性。"尽管现代社会中的女性已经获得部分独立,但由于现实中的道德、身体规训、社会压力、生殖恐慌等重重束缚,依旧意识到了自己的欲望而无法处理,于是寄希望于抛弃自己的女性身份。

耽美文化在某种程度上有效缓解了女性地位提高伴随日益提升的女性自我意识与男权制度对女性"性禁锢"之间的矛盾。耽美文化开辟出了一个既充满操控又充满抵制的文化战略空间,霸权和顺服并存甚至能够获得短暂易位,类似于爱德华·苏贾的"差异空间"或"第三空间"。但由耽美文化完成的情欲颠覆和解放不过是父权社会的虚无投影,换言之,女性意识到了男女不平等,但又因为是女性,所以无能为力。恩格斯认为:"妇女解放的第一个先决条件就是一切女性重新回到公共的事业中去"③,女性只有通过积极参与政治经济活动,增强自己的独立性以及在公共决策中的地位,重构社会话语体系,才能走向真正意义上的解放。

(五) 新兴科学技术带来的爱、性与婚姻家庭的伦理论争

虚拟恋爱机器人制造出的恋爱假象对人的恋爱需求进行了假性满足。随着各类针对人际交往的算法日益精进和 VR(虚拟现实)技术日渐成熟,与"触不到的恋人"谈恋爱成为现实。例如,微软亚洲互联网工程院发布一款人工智能伴侣虚拟机器人"小冰",凭借微软独特的"情感计算框架"与用户及时交流;各种虚拟恋爱手游中的虚拟男友、虚拟女友通过手机来电、短信微信等方式融入单身者的生活日常。"男友""女友"拥有完美的颜值和好听的声音、契合的性格,再加上脸红心跳的剧情,让人欲罢不能——心甘情愿掏钱。

---

① 张博:《父权的偷换——论耽美小说的女性阉割情节》,载《文学界》(理论版)2011 年第 9 期。
② 女性阉割情结(Castrationcomplex)是由弗洛伊德创造的理论,意在解释女性对男性的嫉妒和想成为男性的欲望。美国心理学家卡伦·霍妮(Karen Horney)指出了这个理论的局限并解释女性希望成为男性的一个文化因素——她们因男子在性生活方面有更多自由而产生了"抛弃女性角色"的倾向。
③《马克思恩格斯选集》第 4 卷,北京:人民出版社 1995 年版,第 72 页。

其实虚拟恋爱自网络流行之初就已存在,不论是风靡一时的"网恋"、网游中的夫妻关系还是如今随处可见的男频/女频①网文或电视剧,其实都属于虚拟爱情的一种。虚拟爱情流行的原因可归类为以下几种:第一,满足人们对理想和浪漫爱情的向往之情。虚拟恋人永远青春靓丽,浪漫体贴,可萌可高冷可霸道,不会衰老、不会出轨、没有丑闻,并随时微调以迎合人们的多变口味,成为"永恒"的理想对象。第二,满足人们的自恋之心。自恋可区分为显性自恋和隐性自恋②,虚拟恋爱更多满足的是后者这种表面害羞实则自恋亟须获取他人承认的需求。第三,虚拟恋爱过程可以规避现实恋情的责任和风险。虚拟恋爱无需承担被拒绝的"创伤"体验以及恋爱婚姻中的契约责任,足不出户,没有风险,无实质投入,就能修成正果,何乐而不为?

诚然,模拟恋爱游戏对我们现实中遇到的感情问题有一定帮助。例如,单身者可以学习合适的沟通模式,摆脱单身命运,而情侣也可从中借鉴一些制造浪漫的方法,以便在恋爱中的情感经营。但如若不能分清虚拟和现实,生搬硬套虚拟恋爱经验到现实中,可能会适得其反。长时间沉溺于虚拟恋爱中,总是与迎合自己需求的操作系统接触,会失去处理真实世界的情感的能力和理性反思能力,耽误自己现实恋情的展开。只有分清虚拟与现实,才能真正塑造内心保护机制,获得面对真实世界压力和痛苦的抗压能力。

性爱机器人构建出的"物化"性爱对象深化了人类世界的隔离关系和不平等关系。性爱机器人指纯粹为满足性欲而开发的机器人。随着人工智能的发展,存在于电影中能顺畅沟通有自我意识的性爱机器人也可能成为现实。支持性爱机器人应用于日常之人认为,这些机器人将给孤独人士和无法建立恋爱关系的人带来很大帮助,给予爱情和亲情的温暖。

但是,一些伦理专家认为这种机器人不应该存在。第一,性爱关系被简化为欲望关系,人与物发生关系隔绝了人类爱人的能力,人被物化。与机器人发生性关系

---

① 极端文体诸如"杰克苏"文和"玛丽苏"文,原指在同人文中虚构出一个真实剧情中没有的主角(杰克苏为男性主角,玛丽苏为女性主角),此主角往往很好很强大,与真实剧情中的人气角色纠缠不清,暧昧不断,桃花朵朵开。对于男女作者皆有的这种心态现象,统一简称为"苏"(Su)。其实质是迎合了男女皆有的自恋之心。

② 自恋具有复杂的结构,可以分为显性自恋和隐性自恋:显性自恋者往往好交际、自信、爱出风头、渴望得到他人的赞美与羡慕;隐性自恋者往往表现得高度敏感、焦虑、抑郁、低自尊、缺乏安全感,对他人的批评或指责有更高的敏感性和更多的负面情绪反应,也更多地与敌意、愤怒有关,并且隐性自恋与心理异常也呈显著正相关。参见何丹等《父母教养方式与青少年网络欺负:隐性自恋的中介作用》,载《中国临床心理学杂志》2016 年第 1 期。

会加深人们将性爱视为纯粹的"物与物"交易的扭曲观念。第二，大部分性爱机器人的形态是女性与儿童，这会负面强化强奸和恋童癖等恶性问题。第三，性爱关系的复制给予用户亲情、爱情的同时也隔绝了人与人的现实交流。如同虚拟恋爱技术一般，人习惯于机器交流后将与社会脱节，反而加深了人与公共社会生活的隔绝关系。第四，性爱机器人复制了性爱关系，带来性解放的同时也强化了主奴关系。性爱机器人商业化的操作模式使得"它看起来试图保证男女都可以平等地追求性欲望的满足，然而在满足的方式上，却复制了自古以来的各种形式的性的不平等关系。也正是在这里，我们明白无误地从大众媒介的性玩偶（人形偶像、充气娃娃、性爱机器人）话语中看到了它强烈而又顽固的建构主奴关系的企图"①。在这个过程中，人们仿佛获得了上帝视角，规避了一切非常态性行为所需承担的责任和压力，放飞了自我。但这种放飞只是人性的自我降格，无法促进人们的理性反思并获得实质意义上的提升。第五，性爱机器人如果存在于普通家庭中，很可能成为婚姻情感破裂的诱因。人与物发生性关系虽未构成传统意义上的出轨关系，但性爱的积极导向性遭到了破坏，无法给予家庭尤其是子女教育方面的正面导向，割裂了家教家风传承之链。

人造子宫如问世将会带来家庭体系解体的可能，对人的传统家庭伦理观造成冲击。2017 年 4 月 25 日，美国费城儿童医院的阿南·弗雷克研究团队表示，他们打造的"人造子宫"让早产的小羊撑过危险期顺利存活，生理机能也和一般小羊相差无几。若这项技术应用于人类，那可以提高早产儿的生产几率，并给难以怀孕的女性带来福音，甚至男性也可以"生孩子"。甚至有人大胆预测，当人造子宫社会化，未来将有一半以上的婴儿由人造子宫孕育出来。从而带来了人类社会自有婚姻以来最大的变革——怀孕脱离女人：男女从此生理平等，婚姻与性别无关，完全社会抚养成为可能，人口素质与基数完全由社会控制。

女权主义者舒拉米斯·费尔斯通支持人造子宫的研究："应该通过研制人造子宫将妇女从'在性和生育活动中备受专制的角色'中解放出来。"但仍有一些学者持反对意见，俄克拉荷马大学斯科特·盖尔芬德博士认为："那样会带来真正的问题，一些女权主义者担心，人造子宫的到来意味着男人可以将女人赶出这个星球，而人类的繁衍不会受到影响。"虽然这种担忧略有些杞人忧天，但人造子宫确实会带来许多伦理争议。一方面，人造子宫可能导致人类生育方式的终结。婴儿的出生从"自然选择"变成了"人为设计"，互动式胎教和亲子关系均难以维系，亟需新的道德

---

① 赵牧：《性爱机器人：日常生活焦虑的显影》，载《探索与争鸣》2017 年第 10 期。

规范和法律规定进行合理约束及导向。另一方面,人造子宫的出现可能导致性爱与生育的分离。失去了生育的羁绊,传统人伦道德秩序有可能分崩离析。可能会导致:性爱随心所欲;乱伦关系的盛行;同性恋关系加速扩张;性反应敏感度削弱;男性与女性模糊了生理性别并趋于一致。那么,男人与女人的社会活动不再互补,"根据耗散结构、混沌理论、生态学等关于复杂性系统科学理论,系统时基本的复杂性,它必须保持多样性及与外界交换能量和信息才能保证系统的动态平衡……如果没有差异、没有多样性,就成了死板一块,社会不再成有序组织。"①

因此,不管是虚拟恋爱机器人、性爱机器人还是人工子宫均是人类科技对人体与人类社会不断探索的阶段性成果,诚然它们能在一定程度上完成人们的积极祈愿,但仍旧会对传统性和婚姻家庭伦理观造成一系列冲击。人们意识到了这个问题,但无法阻止科技的探索步伐。任何家庭关系的普遍微调均能带来社会性问题,因此,因循守旧无法解决实际问题,其关键在于如何尽快构建契合时代精神的伦理法和道德法,如何构建合法的伦理机构进行风险的合理管控,将技术的积极效应发挥至极致,而非被技术所奴役。

三、简要评述

本章由于篇幅有限,主要论述了性和婚姻家庭的研究历程、学科研究概况、学科定位以及改革开放后我国有关性伦理方面的争论和前沿问题。还有一些领域也属于性伦理范畴,如色情文化、乱伦、性禁忌、一夜情、性教育、性犯罪等均没有详细论及。

总体来看,现有一系列研究取得的成就有:

第一,对性的概念及性伦理学科作出了较为清晰的界定。性不仅指向生物式的先天本能更包含着文化、道德、制度、法律等社会的后天建构,这在学界已基本达成共识。因此,性是一个通体现象,是包括自我力量、社会知识、个性和社会准则等与生理机能密切结合的高度复杂体系。而性伦理学是以人类的性道德现象及其本质作为研究对象的学科,是性学、性心理学和性法学的"应当"。

第二,对性、婚姻和家庭伦理的公私边界作出了诠释。性、爱、婚姻自由并不意味着它们都纯粹是个人私事,性行为、恋爱、婚姻都必须合乎伦理甚至法律的正当性,否则势必对参与者及其相关人员造成伤害。

---

① 冯周卓、寇东亮:《对"生命工厂"的伦理追问》,载《延安大学学报》(社会科学版)2003 年第 10 期。

第三，发现了男女平等制度关系掩盖下的男女社会地位的实质不平等。性别伦理、女性主义、社会性别、第三性别等研究均是女性或者社会边缘群体针对传统男性霸权的反抗，且这种反抗已经从无意识的情绪宣泄走向有意识的社会政治运动。综上，对性和婚姻家庭伦理的研究已经从零散到系统、从浅显到深入、从单一到多元，越来越多地受到学界及社会公众的关注。

与此同时，文化的交融和时代的更替冲击着传统性和婚姻家庭伦理观念，旧有道德约束力日渐式微，新的价值体系还未形成，新的足以填补空白的道德文化还没形成，导致物欲的膨胀和本能的回归，造就了一系列社会问题等待学者的后续解答。

其一，当代中国人的性和婚姻伦理观仍旧体现着较为鲜明的家族意识烙印，那么这是否意味着中国不存在婚恋自由？例如流行一时的"中国式"相亲正是这个问题的写照。反观中国式相亲，实际上我国适龄阶段的年轻人对此并没有想象中那么反感，因为父母参与下的婚姻往往经济基础更为稳固，但也可能会弱化了夫妻双方自我解决问题的能力，为婚姻未来埋下隐患。

其二，新兴科技对性、爱情和婚姻的载体（肉体、性别、子宫等）提出了挑战，这些都对现有伦理秩序造成了强力冲击，性行为的规范、婚姻关系的维系、家庭的存续都显得岌岌可危。针对以上问题，如何给予合理评价并建立新规范标准呢？

实际上，在传统宗教、道德和文化价值衰落的同时，起关键作用的就是优胜劣汰的强力原则、及时行乐的唯乐原则和唯利是图的利益原则。由于这些原则无视了伟大文化提升人格的价值，因此，以该原则行事的行为可以说并不"应当"。道德评价应该有两个价值风向标：个人价值与道德文化。

一方面，性行为的改变能否实现个人价值的提升。（1）能否提升个人的理性意识水平。人是一个有思维并能意识到自己思维的灵与肉的综合体。人的性行为也是如此，性伴侣的选择，情感的投入，婚姻的经营，家庭的维护，诚然有性冲动和情感体验掺杂其中，但长久的和睦需要依靠人的理性思考和行动。如果仅凭借性本能行事，除了欲求的解放将一无所获。（2）能否提升个人维护自己尊严的能力。人是有人格尊严的主体，这种尊严不是他人给予的，而是自己通过实际行动获得了他人的承认得来的。性行为作为人的社会交往方式之一，只有在尊重他人行动的前提之下当且仅当其本人性行为具有正当性，才有可能获得他人的承认和尊重。如果仅将他人视为泄欲的工具，无视他人的人格尊严，那么自己也就成了兽性的存在，毫无尊严可言。（3）能否促进人的自由和解放。这里的自由不是性欲的肆意妄为，因为这对理性的有尊严的人性来说是一种扼杀。解放指的是将人从动物性的本能、粗鄙的自然状态中解放出来,脱离兽性对人性的束缚,回归合乎自然和社会两大法则的性生活。正是在了解了人之为人的必然性后促使人们纠正性偏差与性异化,才能走向性行为的自由王国。

另一方面,性行为能否促进道德文化的提升。一般意义上的性行为是私密的、个性化的活动,但通过研究性伦理的变迁历史,可以发现日益式微的性行为领域往往也是道德的短板之处;而某类性行为成为潮流、时尚之时也正是呼吁新道德规范出现之时。性道德正是在此消彼长过程中得到弥补和更新。但这种新的性道德需要经过历史的道德文化发展脉络的检验,例如笑贫不笑娼的性道德观念,与道德文化旨趣不一致。道德文化必须以个人价值的提升为基础,同时与社会文明进步相联系。换言之,有些非常态性行为可以暂时地出现,暂时地表现出提升个人价值,但从长远看来,这种行为是不可能普遍化或者公开化的。因此,一般说来,反文化、反社会的道德观念是必然不能被接受的。

综上,在新中国成立 70 周年以来,我国在性和婚姻家庭伦理学领域已获得了一定的成果,并初具体系。但面对日益纷繁复杂性道德观念,传统单一教条式的伦理原则已不适用,只有在动态易变的时代背景下抓住人之理性、尊严、自由之不变,才有可能实现道德文化的提升与统一。

第二十二章　传媒伦理

回顾 70 年中国传媒伦理的发展历程,不难看出,其中的内在线索是:随着社会的发展,凭借现代化媒介技术的强势发展,大众媒体日益显示出巨大的辐射力和影响力,以至于今天人们深深感受到自身已处于一个"传媒社会"之中。然而,引人关注的是,传媒主体通过使用传媒技术使传播对象直接或间接地发生实在的变化,这使传媒技术备受关注而导致传媒技术理性与价值理性的分裂,由此引发了一系列亟待解决的伦理道德问题。而当前和谐社会建构的历史使命也迫切需要传媒道德塑造角色的介入,因而,总结回顾 70 年中传媒伦理研究的是非得失就理所当然地成为极富理论价值和实践意义的研究课题。

一、研究的历程与概况

大众传媒与伦理道德是不可分离的,正如美国新闻学者约翰·赫尔顿曾经说过:"在新闻领域里,没有哪个问题比新闻道德问题更重要,更难以琢磨,更带有普遍性。事实上,如果新闻工作一旦丧失道德价值,它即刻便会变成一种对社会无用的东西,就会失去任何存在的理由。"①在现代信息社会中,大众传媒作为一个独立的社会行业,必然有一整套与其自身特点相适应的道德要求与规范。但遗憾的是,我国的传媒伦理在新中国成立后的前 30 年没有受到重视,直至改革开放后,传媒伦理以新闻职业道德这一崭新课题的提出与研究为起点,逐渐进入人们的视野。从此专家学者与业界人士纷纷展开了对传媒的伦理研究并不断使其深化。

(一) 传媒伦理研究的初探期(1979—1991)

1979 年 12 月,复旦大学新闻系编印的内部刊物《外国新闻事业资料》发表了当时的新闻系硕士研究生俞旭的译文《新闻道德的准则》,首次将新闻职业道德(当时

---

① 蓝鸿文:《新闻伦理学简明教程》,北京:中国人民大学出版社 2001 年版,第 9 页。

使用得较多的是"新闻道德"一词)这一新概念引进中国新闻学的研究领域之中。①
1982 年,辽宁日报总编辑赵阜发表论文,第一次系统地提出了新闻职业道德的基本要求。他认为,新闻职业道德应包括几点内容:忠于事实;坚持真理(坚持四项基本原则);为读者、听众、观众服务;言行一致;大公无私(不滥用职权);团结互助。②
1983 年 12 月,中国人民大学新闻系主编的《新闻学论集》第 7 辑发表刘志绮撰写的《新闻道德浅谈》一文,提出在新闻院系设置专门课程讲授新闻伦理学的建议。
1984 年余家宏等编写的《新闻学简明辞典》,收录了"新闻伦理学"辞条,定义为"研究新闻工作者的职业道德产生与形成规范的科学"。1988 年,约翰·赫尔顿的《美国新闻道德问题种种》,作为我国第一本有关新闻道德的译著,对新闻工作者容易发生的新闻道德问题进行了剖析。之后,大量有关新闻职业道德问题的论文不断问世,学术界开始关注"新闻职业道德"问题,并逐渐地对此展开了系统研究。这方面的工作包括:翻译和介绍国外有价值的和有借鉴意义的新闻职业道德论著;搜集、整理中外新闻史上的包括各种新闻职业道德准则在内的各类资料;总结历史上杰出的新闻从业人员的职业道德品质与规范,并且在此基础上,探讨和阐释了倡导社会主义新闻职业道德的重要性、提出了建立社会主义新闻职业道德基本原则与规范的要求以及加强社会主义新闻职业道德培养、训练、教育和研究的必要性。③
与此同时,国内有些大专院校已经酝酿了新闻伦理课程的雏形,开始以专题或专章的形式讲授新闻职业道德。可以说,新闻伦理研究已逐渐进入较为系统的研究阶段。

(二) 传媒伦理研究的发展期(1991 年至今)

基于对新闻伦理研究的广度和深度的不断拓展,1991 年 1 月,中国记者协会第四届第一次全体会议通过了《中国新闻工作者职业道德准则》;并于 1994 年、1997年和 2009 年,先后三次对这一准则进行了修订,不仅规范了广大新闻工作者的职业道德行为,并且为新闻伦理的研究提供了重要的参考依据。20 世纪 90 年代后,专门著书研究新闻伦理已然成为一股社会热潮。正是在这股热潮的冲击下,学术界针对有关新闻伦理学体系构建及新闻职业道德体系建设的问题展开了的激烈探讨。如周鸿书的《新闻伦理学论纲》(1995),作为我国第一部系统研究新闻伦理学

---

① 参见黄瑚《探析改革开放后我国新闻职业道德建设的历史轨迹》,载《湖南大众传媒职业技术学院学报》2002 年第 4 期。
② 参见《中国新闻年鉴》(1983),北京:中国社会科学出版社 1983 年版,第 406—407 页。
③ 参见黄瑚《新闻法规与职业道德教程》,上海:复旦大学出版社 2003 年版,第 3 页。

的专著,构建了社会主义新闻伦理学体系。书中对新闻伦理学作出了界定,并论述了其研究的范围、任务和方法,填补了新闻伦理学专著方面的空白,迈出中国新闻伦理学研究的第一步。黄瑚的《新闻法规与新闻职业道德》(1998)是第一部把新闻职业道德与法规并行研究的著作。蓝鸿文主编的《新闻伦理学简明教程》(2001)结合了我国新闻工作的实际,理清了新闻伦理学在中国形成和创立的历史脉络,以全球视角来观察新闻职业道德建设,分析了新闻伦理道德的一些基本问题,该书还特别将广告活动和网络传播的伦理问题以及著作权纳入新闻伦理学研究中。陈绚的《新闻道德与法规》(2005)开始关注媒介行为的道德规范。然而随着传媒技术的发展,新兴传媒载体在中国不断涌现,如手机网站、手机报刊、移动数字电视、网络广播、网络电视等。这就使得"原来分门别类的新闻道德、记者道德、出版道德、网络道德、广告道德、手机道德需要在更广泛的意义上,需要在大众与大众传媒道德的互动中,统一整合到更高的层次上,生成具有广泛解释力的大众传媒伦理"[1]。

其一,大众传媒实践过程中,不仅新闻工作者的个人职业道德问题长期得不到解决,而且媒介组织自身的伦理问题也显得比较突出。例如,在生存压力和经济利益的驱使下,许多媒体单位为追求"眼球效应",大肆向娱乐甚至低俗方向发展;媒体组织行业间的不良竞争所导致的模仿、抄袭、侵犯知识产权等行为。因此,大众传媒伦理所关注的已"不仅仅是记者、编辑的采编业务行为,还包括媒介的经营、管理及其他运作机制中的伦理行为"[2]。

其二,传统意义上的大众传媒社会职业道德已经远远不能适应传媒自身的发展需要,更不能解释因自身的迅速发展所带来的大众道德状况的变化。随着各种新兴媒体的出现,大众媒体的出现实现了真正意义上的"大众化"行业,人人可以成为传播者(如微博、微信、短视频),传播者和受众的界限不断模糊,互动性进一步增强。大众媒体更大范围地影响着公民的生活方式和道德状况,而公民的行为和道德也制约着大众媒体的发展。因此,社会公民道德和大众传媒道德相互融合、相互依赖,传统意义上的大众传媒职业道德被解构。当代的传媒伦理已不再是一种纯粹的职业道德,立足于此,传媒伦理才能期盼有更长足的发展。

由此看来,传媒伦理的形成是传媒实践发展的必然要求。在这种新的时代背景下,此类研究的书籍也开始逐渐出现。如陈超南的《彩色的天平——传媒伦理新探》(2001)一书,以媒体伦理为研究主题,可以看作是系统研究媒体伦理的开始。

---

[1] 黄富峰:《大众传媒伦理研究》,北京:中国社会科学出版社2009年版,第3页。
[2] 郎劲松、初广志编著:《传媒伦理学导论》,杭州:浙江大学出版社2007年版,"前言"第4页。

之后还有郎劲松、初广志编著的《传媒伦理学导论》(2007)，黄富峰所著的《大众传媒伦理研究》(2009)等。与此同时，一些学者意识到传媒伦理的根本问题不是仅仅依靠提升新闻工作者的职业道德就可以解决的，也并不是对各种传媒实践中凸显的伦理问题的就事论事。因为这些论证是不够充分和深入的，还须从哲学、伦理学的角度考察透析传媒伦理的研究进路，如胡兴荣的《新闻哲学》(2004)系统地研究了媒体哲学和相关的伦理问题，从哲学视角对各种新闻伦理规范作根本上的探讨；郑根成所著的《媒介载道——传媒伦理研究》(2009)从伦理学的维度解读了当前我国凸显的传媒现象与问题，并进行了深入的伦理反思。这一时期，有关传媒伦理研究的译著也纷纷涌现。西方研究者更多地通过案例研究和评论把伦理学的方法与原则和传媒实践相结合，如克利福德·G.克里斯蒂安等著的《媒体伦理学——案例与道德论据》(2000)、菲利普·帕特森著的《媒介伦理学——问题与案例》(2006)①等。

　　除了宏观上对大众传媒伦理的范畴框架进行论述外，一些学者也以跨学科、多维度的研究方法对其进行考察。如邓明瑛的《传播与伦理——大众传播中的伦理问题研究》(2007)在论证了传播和伦理的必然联系的基础上，分别剖析了新闻、广告、娱乐、网络及跨文化传播中的伦理问题；商娜红的《制度视野中的媒介伦理——制度视野中的媒介伦理》(2006)通过对英美国家新闻职业自律制度建设的研究，给予我国大众传媒伦理建设以借鉴。另外，卜卫的《媒介与性别》(2001)、《大众媒介对儿童的影响》(2002)，关注了大众传媒对妇女、儿童的影响。与此同时，广告伦理、网络传播伦理研究也开始起步。其中代表性的有陈绚的《广告道德与法律规范教程》(2002)②、黄瑚的《网络法规与道德教程》(2006)③等。

　　近年来，随着传媒伦理理论研究的深化，高等院校的传媒专业逐渐开设了传媒伦理课程，此类教材也纷纷面世。如张博的《传媒伦理学教程》(2014)、展江的《媒体的道德与伦理——案例教学》(2014)等。但总体而言，目前国内系统研究媒体伦理的出版物，无论从数量还是学术质量上都有待进一步提高。可以说，媒体伦理仍仅能作为应用伦理学的一个分支领域而存在，尚未真正成为一门独立的学科。

---

① 此处《媒介伦理学——问题与案例》为第四版，此书已于 2018 年更新至第八版。
② 该作者近年所著的《广告伦理与法规》已于 2015 年出版。
③ 该作者近年所著的《网络传播法律与伦理教程》已于 2018 年出版。

二、研究的主要问题

(一) 传媒伦理的界定

作为一门新兴学科,目前对传媒伦理的概念以及内涵的界定还没有统一的认识。从名称上看,除了称为"传媒伦理(学)"之外,还有"媒体伦理""媒介伦理""新闻伦理"几种说法。并且在很多情况下,同一学者在同一著作中会出现两种不同的名称。原因在于目前学者们针对新闻伦理、新闻职业道德、传媒伦理等概念尚未作出明确的统一的界定,以至于我们在讨论"传媒伦理"的时候,总是不自觉地联系到"新闻伦理""传播伦理""新闻职业道德"等。事实上,以上各种伦理研究的主体是不同的,但由于主体之间存在的必然联系又决定着学者们不可避免地谈此及彼。

在传媒伦理理论的研究过程中,学界首先把目光投向新闻伦理。学者们大多认为新闻伦理学是一门研究新闻传播中的道德现象的交叉性边缘学科,但新闻伦理的研究对象究竟应该如何界定,还是一个有争议的问题。基本上有两种意见:一种意见认为,新闻伦理学的研究对象是新闻工作者的职业道德。持这种意见的代表是两部新闻学辞典对"新闻伦理学"辞条的表述:《新闻学简明词典》(余家宏等编,1984)和《新闻学大辞典》[1](甘惜分主编,1993)。另一种意见认为,新闻伦理学既包括新闻工作者的职业道德外,还应该关注新闻媒体的社会道德功能。周鸿书认为"新闻伦理学是以新闻道德现象为研究对象,并视其为研究的唯一客体。它是阐明新闻道德的起源、发展及其社会作用,揭示新闻道德的本质及其发展规律的学说;是用一般伦理学的原理、原则解决新闻实践活动中人与人的道德关系、行为规范,以及新闻媒介的社会道德功能的一门科学;还是研究新闻从业人员道德品质和道德修养的一门学问"。他认为把新闻伦理学的研究对象局限于新闻工作者的职业道德,实际上是把新闻伦理学等同于新闻职业道德,是不可取的。[2] 学者们在新闻传媒的道德功能是否是新闻伦理学研究的对象这一问题上存有争歧。周泰颐提出,尽管新闻传媒的道德功能与新闻职业道德有着紧密的联系,但它并不是新闻伦理学研究的对象,而是新闻学研究的对象。[3] 之后,蓝鸿文也认为,虽然新闻伦理学是一门关于新闻职业道德的科学。但他表示"在研究过程中,较多地关注新闻媒

---

[1] 在这里,新闻伦理学被定义为"研究新闻工作者的职业道德和行为规范形成及其规律的学科"。
[2] 参见周鸿书《新闻伦理学论纲》,北京:新华出版社 1995 年版,第 9—13 页。
[3] 参见周泰颐《新闻伦理学研究对象和研究范围辨析》,载《新闻学探讨与争鸣》1996 年第 2 期。

体的社会道德功能,并把这种关注和新闻工作者的职业道德联系起来考察,也是完全应该的"①。讨论针锋相对,颇有意义。

当历史的脚步进入了 21 世纪,随着各种新兴媒体的涌现,人们发现大众传媒中的伦理问题不是仅仅依靠提升新闻工作者的职业道德就可以解决的,加之对西方传媒伦理认识的不断深化,一个更广泛意义上的传媒伦理学出现了。陈超南的《彩色的天平——传媒伦理新探》(2003)一书,考察了传媒伦理学的兴起、现状及传媒伦理与当代社会等相关问题,是我国第一部以"传媒伦理"命名的专著。他认为,当前传媒伦理学中的基本原则来自整个社会的一般道德观念,要将以前在哲学层面或伦理学基本理论层面上的伦理研究与传媒伦理研究结合起来,创造性地运用这些伦理原则去解决与分析传媒问题。该书为整合性的传媒伦理研究做了大量基础性工作,但这一工作才刚刚开始,需要更多人来参与并加以完善。之后许多学者突破了新闻伦理的局限,不仅关注媒介个体(记者、编辑)的采编业务行为,还纳入了媒介组织的经营、管理及其他运作机制中的伦理行为。② 正如哈佛大学李欧梵在为李希光的《畸变的媒体》代序中所说:"'新闻伦理(学)'的范畴相对来说还是过窄","新闻不等于传媒……如果把新闻当作传媒,就等于'把鱼的故事和鱼混为一谈'。"③

目前来看,国内传媒伦理研究的内容主要涉及特定的新闻事件或媒体行为进行道德分析,以及一些事件中凸显的伦理问题,或是讨论新闻从业人员的职业道德等。但这些大都采用事实判断的方法,运用描述性的语言,在分析其成因时涉及面较窄,导致了传媒伦理的研究不够深入。有学者从伦理学研究的角度出发,认为现今传媒伦理过多关注于具体范畴的研究,缺乏讨论问题的统一的根基性理论支撑。④ 郑根成认为"传媒伦理的研究应该具备相当的'元哲学'、'元伦理学'的深度,对于传媒伦理学科的一些概念和范畴,应有一些学者做些'元哲学'阐释,另外,就目前来看,传媒伦理学还需要一种方法,这里并不是传媒伦理学的学科构建方法,而是价值判断的方法。这一价值判断方法的缺失,使得传媒伦理在论证其原则与规范的合法性时举步维艰"⑤。因此,要科学地界定传媒伦理,首先要从元伦理学、规范伦理学及应用伦理学三个方面深入考察传媒伦理的理论进路;其次不能偏

---

① 蓝鸿文主编:《新闻伦理学简明教程》,北京:中国人民大学出版社 2001 年版,第 6—7 页。
② 参见郎劲松、初广志编著《传媒伦理学导论》,杭州:浙江大学出版社 2007 年版,第 7 页。
③ 参见李希光《畸变的媒体》,上海:复旦大学出版社 2009 年版,代序。
④ 参见黄富峰《大众传媒伦理研究》,北京:中国社会科学出版社 2009 年版,第 2 页。
⑤ 郑根成:《我国传媒研究综述》,载《哲学动态》2003 年第 7 期。

离伦理"致至善"的本性。①

事实上,在我国当前的传媒伦理研究中,至今尚没有一个关于"传媒伦理"的统一界定,学者们大多是在研究新闻伦理、网络伦理、广告伦理、信息伦理等传媒分支领域的伦理问题时作了些初步的界定工作。究竟如何界定传媒伦理,则是一个尚未完成的工作。由此,学界强烈呼唤更多的学者参与到整合性的、有深度的、建构性的传媒伦理研究中来。

(二) 传媒伦理的基本原则

大众传媒的伦理原则是传媒伦理关系最集中的体现,是调整传媒伦理道德关系的根本指针,它的确立将为传媒伦理体系的建构厘清方向和框架。在这方面,许多传媒伦理的研究组织和学者提出了很好的建议。

唐代兴认为,媒体伦理理想指向自由、平等、人道:自由,是媒体的伦理目标;平等,是媒体的伦理方向;以"三善待"精神为基本内容的人道,是媒体的伦理价值尺度。而理性、客观、公正,构成了媒体之当代道德实践理性精神追求:理性精神乃媒体必须坚守的道德实践目标,客观精神即媒体必须张扬的道德实践价值尺度,公正精神是媒体必须落实的道德实践行动规范。惟有如此,媒体才可成为创建公民社会的公器。② 李希光在提及新闻学核心原理即公正性时,引用了美国自由论坛主席 Charles L. Overby 提出的"新闻公正性公式":$A + B + C + D + E = F$,即准确＋平衡＋全面＋客观＋伦理＝公正（Accuracy ＋ Balance ＋ Completeness ＋ Detachment＋Ethics＝Fairness）。③ 实质上,这里就预设了传媒伦理的公正性、客观性、人道性等基本原则。

陈力丹、周路佳从实证的角度认为在将真实和客观性理念作为媒体行为准则的同时,引入了"波特矩形"理论,认为在解决道德两难问题时,需要反复权衡后进行道德判断。其中,尊重报道对象人格和生命成为必要。④ 李伟认为构建社会主义和谐社会中的大众传媒伦理建设应遵循的原则为:大众原则、自由原则、自律原

---

① 参见郑根成《媒介载道——传媒伦理研究》,北京:中央编译出版社 2009 年版,第 37—40 页。
② 参见唐代兴《公民社会:媒体伦理重构的时代方向》,引自中国应用伦理学网,http://www.aecna.com/dispArticle.Asp? ID=766。
③ 参见李希光《新闻学核心》,广州:南方日报出版社 2002 年版,第 28 页。
④ 参见陈力丹、周路佳《新闻价值悖论中的记者道德困境》,引自中国应用伦理学网,http://www.aecna.com/dispArticle.Asp? ID=2329。

则、和谐原则、发展原则、创新原则和开放原则。[1] 黄富峰对大众传播内容的伦理要求进行了研究,他认为大众传播内容的伦理要求即大众传播内容所应具有的道德性,是大众传播内容自身所应遵循的道德原则和道德规范,主要包括真实性、人道性、正义性、高尚性等内容。[2]

除此之外,季为民以其独特的研究视角提出,以程序和专业概念作为理论基点,对传媒伦理的价值和追求进行基本的理性分析和阐释,"以新闻专业主义建构传媒伦理的决策程序和程序伦理",并"以程序伦理与专业主义的理念打造传媒伦理的实践平台"[3]。这为传媒伦理原则趋于操作性提供了思路。

(三)传媒伦理中的价值冲突

传媒技术作为工具性的实在,在进入社会使用这一过程中渗入了人的目的、意志、需要、利益等,成为一种建构性的社会实在。然而,囿于特定的社会情境中的传媒技术,总是受到政治、经济及传媒主体的利益、文化选择、价值取向和权力格局等多种因素的影响,而存在着复杂的利益冲突和价值判断,从而使传媒技术负载着多方面的伦理向度。因此,传媒伦理的实质在于一种价值的探讨,包括传媒价值、社会价值、文化价值等。因此传媒伦理的价值矛盾与冲突是媒体理论与实践研究中的一个重大问题。

传媒的冲突主要表现在传媒本身的原则与社会普遍"善"、"应该"之间的冲突。甘绍平指出,媒体伦理中存在着两大价值冲突,一是个人隐私与社会公益之间的冲突,即人权原则与功利主义原则的冲突。以前人们更乐意坚守功利主义的原则,将社会公益看成是首先需要捍卫的价值。而今天我们则更倾向于个人隐私的保护,认为个人隐私并非在任何情况下都应让位于社会公益,"不伤害"原则并不是功利主义的立场能够超越的。二是媒体在"道德导师"的传统自我定位与"信息平台"的现代价值取向之间存在着冲突。依照媒体的道德地位的现代认知,媒体并不属于道德上优越的阶层,而是公民利益与意愿的服务者或"守护犬",是一个既服务于公民民主观念的形塑和信息的提供,又服务于公民的知识获取与艺术鉴赏,同时还服

① 参见李伟《大众传媒伦理建设与建构和谐社会》,引自中国社会科学院应用伦理研究中心主编《中国应用伦理学》(当代媒体伦理研究专辑),银川:宁夏人民出版社 2006 年版,第 166—180 页。
② 参见黄富峰《大众传播内容的伦理要求》,载《聊城人学学报》(社科版)2005 年第 1 期。
③ 季为民:《以程序与专业理念解析传媒伦理》,载《国际新闻界》2006 年第 4 期。

务于公民的道德判断力的培育的信息平台。①　在这里,作者指出了解决冲突的价值指向。黄富峰认为传媒主体的道德观念是其产生道德冲突的主观前提,大众传播活动中的利益矛盾是其客观原因。针对这两种原因,黄富峰给出了解决道德冲突的两条基本思路:以传媒主体的道德判断与道德推理为中心,发挥主体道德主动性和利用客观环境中的有利因素,走出道德困境。②

　　另外,传媒自由与社会责任是传媒伦理研究中两个基本概念。两者之间的争论也是由来已久。究其实质来看,有关这两者的争论无非是在探讨"传媒自由及其限度"问题。甄树青在《论表达自由》一书中总结了对新闻自由的五种界定方法,并对新闻自由的限度也有公共利益、名誉权、隐私等不同的原则与认识。③　孙春晨、李茹通过对公共领域中媒体功能的分析,认为媒体自由不仅受客观社会条件的制约,同时有其伦理的限度,需要承担在公共领域中维护公共利益、给公众提供信息服务的伦理责任。④　陈寿灿、秦越存认为,传媒自由既是一种权利又是一种理念。传媒自由理念本身就预设了其价值合理性及道德责任。因此,在传媒伦理建设中应该围绕两个向度,一个是自律的个人德性的向度,一个是他律的传媒制度伦理的向度。⑤　郑根成认为传媒语境中的自由始于集权主义甚嚣尘上的时代,是自由主义理论的先锋潮流。传媒自由在自由主义运动中所具有的道德正当或价值合理性主要体现为理性精神、民主追求及责任概念。他从道德的层面解读传媒自由,认为传媒自由是指传媒生态中自由的理性诉求、自由的社会责任与价值约束机制以及相关联社会的保障机制。⑥　黄富峰也通过对自由与责任的历史回顾,认为大众传媒在发展过程中已形成了两种基本的传播观念:自由传播与责任传播,两者必须有机统一起来。⑦　柯泽在文章中则提到"由于法律几乎赋予了媒介新闻自由的绝对权利,因此所有的问题还是回到了人类的理性和良知,最终又回到了新闻自律。迄今为止社会责任论只是一种学术观点,

---

① 参见甘绍平《公民社会中的媒体伦理》,引自中国社会科学院应用伦理研究中心主编《中国应用伦理学》(当代媒体伦理研究专辑),银川:宁夏人民出版社2006年版,第153—163页。
② 参见黄富峰《大众传媒伦理研究》,北京:中国社会科学出版社2009年版,第149—181页。
③ 参见甄树青《论表达自由》,北京:社会科学出版社2000年版。
④ 参见孙春晨、李茹《公共领域与媒体伦理》,引自中国社会科学院应用伦理研究中心主编《中国应用伦理学》(当代媒体伦理研究专辑),银川:宁夏人民出版社2006年版,第181—190页。
⑤ 参见陈寿灿、秦越存《媒体自由的伦理向度》,引自中国社会科学院应用伦理研究中心主编《中国应用伦理学》(当代媒体伦理研究专辑),银川:宁夏人民出版社2006年版,第26—38页。
⑥ 参见郑根成《传媒自由的道德解读》,载《学术界》2004年第6期。
⑦ 参见黄富峰《大众传媒伦理研究》,北京:中国社会科学出版社2009年版,第83—104页。

并不具备法律的约束性和强制性",发人深思。他认为需要尽快完善新闻传媒事业的各种监督机制。①

　　总的来说,国内传媒伦理学界关于传媒自由与社会责任的论述较为丰富,意见基本一致,认为两者需兼顾才能保证大众传媒更健康发展。但是尚存在以下不足:一是对于责任依据的论述较为单一,大多只从自由与责任或者权利—义务对应的角度进行分析;二是对于传媒自由的界定及其限度、传媒社会责任的具体内容及其建立机制途径等问题,论述往往较为肤浅,没有深入凝练,难以形成明确统一的看法。这也昭示了传媒责任理论的建设还有很长的路要走。因此有学者认为,这种理论内部的混乱不清是导致传媒社会责任缺失的关键。②

(四) 传媒案例的伦理审视

　　传媒伦理的实践性决定着其源于实践,而又最终指向实践,去解决传媒实践中的实际问题。直至当下,中国转型中的传媒业所遭遇的伦理问题更为突出而繁多,致使不少学者把研究视角放在具体案例分析上,对业界的伦理冲突及由此而导致的行为失范个案进行剖析和解读,取得了较为丰厚的成果。近年来,年度传媒课题组在上海新闻道德委员会的指导下,每年推出年度传媒伦理问题研究报告,梳理并分析当年具有代表性的传媒伦理问题。③ 这些成果是中国传媒伦理建设对所面临挑战的一种理性思考和积极应对。

　　概括起来讲,失范现象主要表现在媒体人员的行为和新闻信息两个方面。

　　1. 职业定位与经济利益的博弈

　　有学者把目前中国新闻传播业的道德问题表现归结成两个方面:"一是利用党和政府以及社会所赋予的媒介权力寻租。二是用市场经济进入新闻媒介的政策法规盲点区域,资本的媒介寻租。"④实质上,两个方面造成的新闻职业道德失范归根

---

① 参见柯泽《媒介的权利和责任:历史流变及其现实语义》,引自中国应用伦理学网,http://www.aecna.com/dispArticle.Asp? ID=1653。
② 参见逯改《传媒社会责任的伦理审视》,载《兰州学刊》2007年第9期。
③ 《2013年十大传媒伦理问题研究报告》以及2014年、2015年、2016年、2017年、2018年年度研究报道分别载《新闻记者》2014年第3期、2015年第2期、2016年第2期、2017年第2期、2018年第1期和2019年第1期。
④ 参见罗以澄、詹绪武《转型期新闻道德问题的制度环境分析》,载《现代传播》2005年第1期。

结底都是围绕着经济利益产生的,其形式表现为有偿新闻、新闻炒作、新闻娱乐化等。①

(1)有偿新闻、新闻广告等的伦理批判。有偿新闻、新闻广告,是指新闻媒体或新闻工作人员通过收取新闻的刊播费用、出卖版面、转让报刊号等方式与被采访单位或个人进行"权力寻租"的金钱交易行为。它的形式繁多,但本质上都是一种现金与新闻之间的交易,目的是为了交易双方达到"双赢":握有采访报道权力的新闻媒体方获取金钱;被采访的单位或个人则获得宣传的机会,达到扩大宣传的目的,或者是让媒体帮助掩盖事实真相,不让不利于自己的新闻信息外泄,从而避免承担社会责任。"有偿新闻"是一种明显的新闻职业道德失范现象。

早在20世纪初,徐宝璜就在《新闻学·新闻纸之广告》一文中提出,报纸在广告业务中除了讲究广告艺术之外,还必须遵守广告之道德。而当时他提出的第一条广告道德原则就是"广告须遵循新闻与广告分开"的原则。绝大部分传媒伦理研究者也都注意到有偿新闻、新闻广告对新闻职业道德的冲击、对公共道德的危害。王泊认为,不同类型的有偿新闻,其本质如出一辙,即新闻报道权的商品化。产生的主要原因有三:新闻伦理追求的陨落——新闻职业者道德自律的缺失;谋求正当经济利益过程中的职能错位,媒体的新闻宣传业务与企业化经营创收(广告经营)不分离;新闻报道权缺乏有效监督的必然后果。② 邓名瑛从伦理的视角分析,认为有偿新闻践踏了社会公正原则、违背了新闻真实原则、败坏了社会风气,对社会主义现代化事业有着极强的破坏力。要把加强新闻工作的法律法规建设与新闻单位和从业人员的道德自律相结合,真正杜绝有偿新闻。③ 唐勇则针对"美国有偿新闻基本被消灭",总结两点经验:一是媒体新闻与广告必须分离,二是依靠媒体行业自律。④ 而在我国有偿新闻和新闻广告却仍是一个极为普遍的现象,这也说明了当前我国传媒伦理建设任重而道远。

(2)新闻炒作的道德缺失。2003年湖南师范大学新闻与传播学院的一位教师

① 任何一种新闻职业道德失范现象都不是孤立存在的,可能是由多种原因共同造成的。从不同角度来分析,就表现为不同的道德失范形式。例如,被"媒体炒作"的新闻背后是逐利心理的推动,进行"权力寻租",就又表现为"有偿新闻"。因此,研究整个新闻职业道德失范现象必须要透过新闻现象进行本质性的把握。但在此我们按角度不同进行"机械式"划分来分析具体的新闻职业道德失范现象,目的在于突出新闻道德失范不同现象的类属特性。这是需要特别说明的。
② 参见王泊《有偿新闻的本质及其法律责任》,载《新闻记者》2003年第9期。
③ 参见邓名瑛《"有偿新闻"的伦理批判》,载《伦理学研究》2005年第6期。
④ 参见唐勇《美国:有偿新闻基本被消灭》,人民网,http://world.people.com.cn/GB/14549/4782723.html。

出尽了"风头",原因是他提出要开设一门"新闻炒作"的课程。该教师认为,目前炒作已成为一种社会客观存在的事实,在商业、文化娱乐、新闻传媒等领域无处不在,一些个人和机构利用受众感兴趣的题材,达到自己的商业目的无可厚非。对此社会和学界普遍持反对意见,认为开这门课有违新闻职业道德。唐凯麟认为,现在社会上有一种不良倾向,动不动就搞新闻炒作,违背了新闻的原则。新闻趋向于商业化,新闻的真实性、严肃性就会受到冲击,读者对新闻媒体的公信力就会产生怀疑。

20 世纪 90 年代中期以来,我国新闻理论界掀起了一场关于"新闻策划"的大讨论,最终认可了新闻策划存在的合理性。然而许多人把"新闻策划"与"新闻策划的异化"——"新闻炒作"相混淆。需要说明的是,新闻策划一般选择一些具有普遍意义的题材,精心组织报道活动,力求客观、准确、深刻,充分凸显新闻价值,新闻策划对形式范畴的把握,是受到新闻传播必须客观、真实、及时、公正这些基本准则制约的,形式对内容的扭曲绝对应该禁止。① 目的在于更好地配置与运用新闻资源,取得最佳社会效益。而新闻炒作基于一种反常的价值观,一般采用黄色新闻的煽情手法,强调新闻的猎奇性。正如喻国明所说,"判断是否炒作,要看事件本身的社会价值是高还是低。"②新闻炒作主要是为了哗众取宠,满足利益组织的经济效益、达到轰动效果。正如法国著名社会学家布尔迪厄说,新闻炒作的第一个目的,也就是最直观的目的就是"引起轰动",而最终的目的是获得最大限度的利润。③ 新闻炒作的事件一旦广泛传播出去,受众就会被某些局部内容所吸引,无法把握事物的全貌和本质,被媒体所误导。长此以往,新闻炒作必将引起媒体的恶性竞争,损害国家和人民的利益。

(3)新闻娱乐化的伦理尺度。新闻报道应蕴含教育价值、知识价值、审美价值和健康的娱乐价值,可当前一些媒体为了眼前的经济利益,不惜降低品位,迎合一部分读者的低级趣味,使新闻过度娱乐化、庸俗化。国内对媒体内容过度娱乐化的关注始于 2004 年《南方周末》发表的两篇文章《崔永元"炮轰"电视庸俗化》和《电视为什么不能庸俗化》,引起的学界大讨论。

针对这种现象的出现,郑根成认为,在当前的社会转型时期,传统的价值观念和道德体系受市场经济与外来文化的冲击被解构,传播媒介在面临着经济利益与社会责任的两难抉择中,传播媒介不同程度地突出了商业化取向,内容上则表现为

---

① 参见蔡雯《"策划"还是"炒作":关于报道策划的本质思考》,中华传媒学术网,http://academic. mediachina. net/article. php? id=3592。
② 参见喻国明《变革传媒:解析中国传媒转型问题》,北京:华夏出版社 2005 年版,第 56 页。
③ 参见夏鑫《探析新闻炒作的形式与理性治理策略》,载《新闻知识》2004 年第 12 期。

娱乐化倾向的强化。而传媒娱乐化潮流既带有社会转型时期媒介市场化、大众化的必然性,又还带有媒介发展脱离社会发展实际的不正常竞争导致的畸形产物特征。传媒娱乐化中经济伦理问题、人文关怀失位、对道德意义的消解及传媒娱乐化在价值导向上的背离等问题等不仅关涉传媒自身道德建设,也直接关涉当前我国社会中的道德建设等重大问题。探寻有效的解决途径势在必行。① 万艳霞则认为,市场经济的大潮促使我国传媒的商业化取向,同时也催生了我国的新闻娱乐化潮流。新闻娱乐化有利有弊:其利体现在新闻娱乐化迎合受众的需要,满足受众的原始心理需求,吸引受众眼球,折射出了传播理念和新闻价值观的变化。其弊的方面则体现在迎合大众口味却遮蔽了对重大新闻的报道;对媒体私利的追求削弱了媒介的公益性和社会责任。因此她认为面对新闻娱乐化,传媒必须把握一个度,既要做到贴近受众,又不能一味迎合,要在不违背大众传媒公益性和社会责任的范围内充分发掘新闻的娱乐功能。②

近年来的传媒娱乐化已然引起了传媒领域乃至整个社会的诸多伦理问题,深入认识这些伦理问题并探寻有效的解决途径实为当今学界的当务之急。

2. 新闻信息的伦理追问

(1)新闻真实性的伦理维度。新闻传播的真实性,是指新闻报道信息同所反映的客观事实的相符程度,即新闻报道反映的新闻内容的准确度和可靠性。毋庸置疑,这是新闻传播实践提出的思想上的基本规范。新闻信息的真实性原则要求新闻记者尽可能地揭示事件的真相,但并不是报道事实就是报道了真相,只有对整体事实的真实性报道才能揭示出事件的真相,简单的事实或片面的事实有时不但不能揭示事件的真相,有时还会对事件的真相起遮蔽,甚至负面作用。我国当前许多媒体为了吸引受众目光,提高视听率,往往突出、集中报道社会负面新闻,甚至不惜扭曲放大以达到"刺激"的效应。媒体在这里扮演了一个"离轨放大器"(deviance amplifier)的不光彩角色,特别是在报道危机事件、灾害事件中,这种离轨放大式的真相给人们带来的恐惧已经远远超过了人们对事件本身的恐惧。面对这种情况,很多学者提出,新闻应该及时、全面地报道事件的真相,而不仅仅是简单地报道真实的事实,因为事实有时会给我们造成伤害,而真相却不会。

郑根成认为,我国新闻媒体在贯彻了新闻的真实性原则上,存在着两种极端的新闻取向:一是新闻失实;二是新闻真实原则的绝对化。这两种报道方式都违背了

① 参见郑根成《媒介载道——传媒伦理研究》,北京:中央编译出版社 2009 年版,第 127—143 页。
② 参见万艳霞《新闻娱乐化的利弊》,载《东南传播》2006 年第 1 期。

新闻真实性原则,既有违于新闻的职业要求,也有违于新闻道德要求,同样也都势必影响到传媒功能的实现。因此,有学者提出要做到完全真实,还涉及新闻工作者对社会生活的总体认识、对新闻传播中正反两方面事实的准确把握、对新闻传播信息流量的科学调控、对新闻传播事实的道德考量、对新闻传播效果的辩证制衡等问题。①

（2）新闻暗访的道德困境。新闻暗访自问世就备受争议。它在提供显性采访不易获得的信息,尤其是曝光社会阴暗面、揭露违法行为方面屡见成效,因而受到新闻媒体和相当部分受众的欢迎。与此同时,新闻暗访也引发了诸如不尊重采访对象、侵犯隐私权及相关的法律纠纷、媒体公信度下降以及由于媒体的示范作用造成偷拍偷录在社会中过分滥用等质疑。因此有的学者对新闻暗访并不赞同,甚至有人提出应坚决取消新闻暗访。反对的理由是:第一,暗访的结果（曝光）可能对被暗访者不公平。第二,暗访是在被采访者不被告知的情况下进行的,记者在暗访中往往以说谎的方式（或隐藏身份,或示以假身份）获取需要的信息。并且记者说谎的行为本身是与普通道德相违背的,其手段是不道德的,获得的新闻的价值就值得怀疑。邓晓旭则抱有乐观的支持态度,理由有二:第一,暗访行为符合马克思主义的伦理观,即在实践基础上的动机与效果的统一。通过暗访手段进行舆论监督,对于揭露腐败行为,规范社会秩序,防止和杜绝各种社会丑恶现象,会起到一定的抑制和教育警示作用。第二,中西方伦理学上的权变理论证明新闻暗访的合理性（证明前提为新闻暗访的目的是维护社会大多数人的利益）。②

新闻暗访实质上涉及知情权与隐私权的冲突问题。这不仅是一个法律问题,更是一个道德问题。仅仅通过法学意义上的认知与探讨,想要很好地解决这个"两难命题",显然不是一条十分有效的路径。知情权与隐私权是一对关系权利,相辅相成,具有平等的权利地位。李光辉、李勇认为平衡传媒活动中知情权与隐私权的冲突,有赖于我们建立一种更为广阔的视野,通过对大众传媒及其言论自由、知情权和隐私权进行道德意义上的分析与理解,进而确立"把人作为目的"这一基本原则,并给予个体权利以充分的尊重与保护,在大众传媒的道德选择中获得一条有效途径。③ 这一观点也得到了大多数学者的支持。刘晓阳认为隐性采访所报道的内

---

① 参见童兵《马克思主义新闻经典教程》,上海:复旦大学出版社 2008 年版,第 261—264 页。
② 参见邓晓旭《从伦理学视角看新闻暗访的合理性》,载《陕西师范大学学报》（哲社版）2006 年第 5 期
③ 参见李光辉、李勇《传媒活动中知情权与隐私权的道德选择》,引自中国社会科学院应用伦理研究中心主编《中国应用伦理学》（当代媒体伦理研究专辑）,银川:宁夏人民出版社 2006 年版,第 76—87 页。

容应遵循一定的伦理原则:公共利益原则、公正原则、善意原则、真实原则和适度原则。① 黄晓红也提出要多方权衡后,有限制地使用隐性采访,守法始终是记者在从事隐性采访活动时的一条不可逾越的底线。② 有学者则提出隐性采访需要新闻组织施行隐性采访批准制度,如中央电视台的《新闻调查》栏目规定,在实施隐性采访中必须符合:①有明显的证据表明,正在调查的是严重侵犯公众利益的行为;②没有其他正常途径收集材料;③暴露我们的身份就难以了解到真实状况;④经制片人同意。③

这里的暗访暗拍和偷拍偷录是有区别的。张名章就以个人隐私为例,认为传媒报道的客观性要求其不偏不倚,但具体到不同的新闻人物、事件又必然要以社会公德、公平与正义为基准来进行合理的偏向与适度倾斜。这里就要把公共利益与公共兴趣、公共空间与私人空间以及暗访暗拍和偷拍偷录加以区分,并明确向谁倾斜。④ 这点对于我们辨别生活中的传媒事件是否合理、是否合乎道德性很有帮助。

(五) 传媒伦理机制的构建与完善

面对传媒伦理的问题与困境,学者们并没有停留于对现状的观察,而是剖析其原因,力图为构建和完善传媒伦理机制出谋划策。王淑芹、陈淑英针对时下新闻道德出现的缺失现象,总结了新闻道德的缺失的六大诱因:新闻媒体生存的经济价值与社会功能的思想价值的矛盾性、媒体的自由性与责任性的制度缺位、人性的低俗性与新闻媒体的媚俗性、新闻媒体利益寻租的便当、新闻的时效性与真实性的矛盾、新闻媒体的舆论监督与平衡性的矛盾。⑤ 这值得我们更深入地研究下去,并需要我们采取有效举措进行调控。因此,学者们纷纷提出完善传媒伦理机制的建议。

关于新闻职业道德机制的完善问题,学者们不约而同地关注了三个方面:健全新闻职业道德的法律保障机制;加强新闻职业道德的监管机制;完善新闻工作者的自律机制。当然,我国暂没有出台相关的有针对性的具体法律和规章制度作为约束和保障,缺少监督机制,而且既有的新闻职业道德规范操作层面上效果甚微,以至于"新闻道德建设最后停留在原始呼唤的层面"⑥。在道德自律方面学界泼墨甚

① 参见刘晓阳《隐性采访的双重制衡——法律限制和伦理原则》,载《今媒体》2005 年第 2 期。
② 参见黄晓红《隐性采访和舆论监督的伦理考量》,载《北京工业大学学报》(社科版)2007 年第 5 期。
③ 参见徐讯《暗访和偷拍——记者就在你身边》,北京:中国广播电视出版社 2003 年版,第 287 页。
④ 参见张名章《论传媒道德的合理倾斜——以公众兴趣与个人隐私为例》,载《思茅师范高等专科学校学报》2007 年第 4 期。
⑤ 参见王淑芹、陈淑英《新闻道德缺失的诱因分析》,载《道德与文明》2007 年第 1 期。
⑥ 郎劲松、初广志编著:《传媒伦理学导论》,杭州:浙江大学出版社 2007 年版,第 150 页。

浓,各抒己见。归纳起来,做到道德自律可以分为以下几个方面:一、加强新闻伦理道德的培育和自我修养。一般认为,加强职业道德的教育以促进职业自律是必要的,这一教育精神应当在学校和传媒专业领域得到有效贯彻;二、建立新闻机构和组织的自律机制,建立新闻行业的仲裁、批评与监督机构。如新闻评议会,可以针对新闻界违反职业道德的行为,特别是还够不上追究法律责任的或暂时无法可究的问题,做出调节和仲裁。这是对现阶段我国还未出台新闻法情形的一个有力的补充。三、加强新闻界自身的道德自律建设,即细化和完善可操作性强的具体的职业道德准则和规范,否则就如克利福德·G.克里斯蒂安所形容的那样,"传媒伦理的研究常常遵循这样的模式——最后推到以法律作为唯一可靠的指导"①。有学者借鉴了英美的新闻自律的发展,以期对中国新闻自律的理论建构和实践发展有所启示②。除此以外,还有学者从根本出发,强调还要注重新闻伦理的理论机制建设,提出要解决原则与规范的知识合法性与现实合理性问题;要从哲学的角度深入研究新闻道德现象;要加强新闻伦理规范的可操作性研究等问题。③

(六) 其他传媒传播的道德反思

1. 广告伦理

在当今社会的广告活动中,与伦理相关的社会现象、经济行为随处可见。广告的伦理问题作为广告活动中最容易引起争议的问题之一,我们需要以一种伦理学的思维方式来对广告活动进行全面的考察和审视。学者们也从不同的角度对广告伦理失范的现象进行剖析。

郎劲松等把广告伦理失范现象分为广告内容失范和广告刊播形式失范,探究其成因主要为:广告相关人员伦理素质不高、广告运行机制的不成熟、广告监管力度不够和社会不良风气的熏染。④ 肖继军认为商业广告在社会主义市场经济大潮深入发展中出现了一些非道德的行为,表现在:虚假广告、性别歧视、媚俗低劣、忽视生态伦理等方面。出现这种失范的原因从主观上看,是片面追求私利、受众素质低下的结果;从客观上看,是社会监督不力、法律制度不健全的结果。⑤ 有的学者

---

① [美]克利福德·G.克里斯蒂安等:《媒体伦理学》,蔡文美等译,华夏出版社 2000 年版,第 2 页。
② 参见商娜红《制度视野中的媒介伦理——职业主义与英美新闻自律》,济南:山东人民出版社 2006 年版。
③ 参见郎劲松、初广志编著《传媒伦理学导论》,杭州:浙江大学出版社 2007 年版,第 158 页。
④ 参见郎劲松、初广志编著《传媒伦理学导论》,杭州:浙江大学出版社 2007 年版。
⑤ 参见肖继军《我国广告领域伦理失范现象探析》,载《改革与战略》2006 年第 1 期。

针对一些广告活动中失范的热点问题进行分析。刘兰珍、饶德江针对广告作品中女性形象受到贬损的问题，解析其形成的根源，并提出了塑造真实的女性形象，实现真正的社会公平，不仅仰赖社会文化的发展和人类文明的进步，也与大众媒介客观真实的传播和正确的引导密不可分。在新的文化背景下需要建立以人为本的新广告观。① 邓名瑛把这个问题放到更广阔的视角下，指出目前中国广告对性元素的应用存在着较为严重的伦理问题，性元素广告必须受到伦理道德的制约。作者认为性元素广告产生和发展有其主客观原因，但男性话语霸权及其思维方式是其根源。②

对于广告伦理建设，大多数的学者都特别强调广告与社会、法制与道德、自律与监督等因素相互配合，全方位地综合治理。崔斌箴对此论述则较为透彻，他认为广告伦理消除其负面影响，需要的措施有：构建以真实可信为核心的广告道德观，确立以公平竞争为准则的广告自律意识，倡导以文明向上为导向的广告社会公德，提高广告人的法制观念和道德素质，优化广告道德的外部监督体系。③

2. 拇指信息伦理

拇指信息伦理问题实质上就是人们通过手机进行图文信息传播交流中所引发的道德问题研究。胡久贵认识到在拇指信息时代所凸显的失德现象日益复杂化，如短信息的转抄，从人伦交流的情感理念的角度看，祝福问候性的短信语言以转抄的方式传递情感，实质上是一种虚假而非真诚的情感表达，也是社会道德风尚失落的一种体现；非健康短信息的传播；短信骚扰；短信息欺诈。作者从伦理的角度提出从道德约束和自律的层面对短信息的传输过程进行规范，完善手机短信息服务个人交际和社会信息交流的宗旨，培育拇指信息时代的伦理规范是完全必要的。④

3. 摄影传播伦理

一幅摄影作品以怎样的状态呈现给观众，本身就映射了摄影者的道德判断和选择。因此，从拍摄、冲洗、制作、展示到印刷出版，都可能存在伦理责任的困惑和难题。南非著名记者凯文·卡特曾以一张足以震撼心灵的照片获得了1994年普利策新闻摄影奖。因为他真实地拍摄下了1993年苏丹大饥荒时期，一只鹰在不远

---

① 参见刘兰珍、饶德江《广告传播中女性形象的贬损分析》，载《武汉大学学报》（人文版）2005年第3期。
② 参见邓名瑛《性元素广告的伦理问题及其对策》，引自中国社会科学院应用伦理研究中心主编，《中国应用伦理学》（当代媒体伦理研究专辑），银川：宁夏人民出版社2006年版，第326—337页。
③ 参见崔斌箴《论广告的道德负面影响及其规范》，载《上海大学学报》（哲社版）2003年第5期。
④ 参见胡久贵《拇指信息的伦理问题研究》，中国应用伦理学网，http://www.aecna.com/dispArticle.Asp? ID=1058。

处紧盯着一个赤身裸体、瘦骨嶙峋的小女孩,奄奄一息的女孩很快就要成为鹰的美食。这张照片一经展出就引发了激烈的争论。摄影家应该真实记录苏丹饥荒的现实,还是该放下摄影机去帮助女孩呢? 两个月后,这位普利策奖获得者自杀了,其遗言是:"真的对不起大家,生活的痛苦远远超过了快乐。"最终他逃脱不了内心道德良心的谴责。由此可见,摄影传播过程中必然应该承担起道德责任。

杨小军就摄影涉及的伦理问题认为其包括三个方面:拍摄过程中的伦理问题;与摄影作品本身有关的伦理问题;摄影媒体在摄影传播中的伦理责任与义务。提出摄影者要明确承担摄影传播伦理责任的对象:对自我良心负责;对摄影作品的读者负责;对组织和群体负责;承担对摄影同行的责任;对社会的责任。①

4. 编辑出版伦理

编辑工作具有明显的个性,编辑工作的好坏要受到编辑个人学识、阅历、价值观念和道德观念等诸因素的影响。而在社会主义市场经济的发展进程中,我国图书、期刊质量问题却层出不穷。如粗制滥造的劣质书、平庸书充斥,无错不成书的现象严重存在。目前,就编辑伦理道德失范的原因,李定庆认为主要原因有三个方面:见利忘义、缺乏责任意识和大局意识,缺乏爱岗敬业的意识和廉洁自律意识,缺乏服务意识,是编辑职业道德下滑的根本原因;规章制度不健全或有章不循,管理失范、"无序",致使权利失控,纪律松懈,工作随意性大,是编辑道德下滑的外在原因;编辑不注重自身修养,自以为是,固步自封,不思进取,不能适应形势发展的需要,是其道德下滑的内在原因。② 这就显现出编辑道德品质的形成和培养,诸如编辑价值观、编辑人生目的、编辑道德理想、道德教育、道德修养与道德评价等,都尤为重要。徐前进在《编辑伦理学概论》一书中,系统地阐述了编辑伦理道德体系的基本理论,并介绍了在编辑工作中方方面面所需要正确对待的道德关系,为编辑学的建立提供了伦理道德理论的框架。③

关于出版过程中存在的问题,刘海认为中国出版业"事业单位,企业管理"改革的深化,一方面给出版业带来了巨大成绩,另一方面也给出版业造成了混乱。混乱现象的出现可归结为管理问题,但深层的原因是道德失范。这就需要构建一个适应市场经济体制出版道德体系、需要出版人的道德水平上升到更高层次、需要有效

---

① 参见杨小军《摄影传播伦理面面观》,中国应用伦理学网,http://www. aecna. com/dispArticle. Asp? ID=1270。
② 参见李定庆《试论编辑道德滑坡及其对策》,载《编辑学报》2001 年第 2 期。
③ 参见徐前进《编辑伦理学概论》,武汉:湖北人民出版社 2003 年版。

管理手段和方式的支持。① 赵晓东提出目前的网络出版物因具有网络的特点,解构了传统的出版伦理,在出版活动中更易过分渲染色情与暴力,更应加以关注。

三、简要评述

传媒伦理与其他应用伦理学科一样,是随着我国社会主义现代化建设而不断发展起来的一门崭新的人文学科。新中国成立 70 年以来,尤其是从 20 世纪 90 年代中后期开始,传媒伦理在我国得以系统的研究,取得了较为丰硕的成果。

总体来看,现有一系列研究取得的成就有:

第一,注重以媒体困境及其行为失范分析为主的案例研究。传媒伦理研究源于实践并强烈地趋向实践、直面问题,通过对大量的传媒伦理困境与失范行为进行剥茧抽丝式的分析和反思,并把反思结果用于解决传媒实践活动中的实际问题。可以说,试图解决实际问题是传媒伦理研究的直接动力。因此有不少学者把研究视角放在具体案例分析上,针对业界的伦理困境、价值冲突等而导致的行为失范案例进行剖析和解读,取得了较为丰厚的成果。

第二,注重以传媒伦理机制的建构为主的对策研究。任何研究的落脚点从来都是问题的解决而不仅仅是问题的提出,因此面对传媒伦理的问题与困境,学者们并没有停留于对现状的敏锐观察,而是剖析其原因,并在此基础上试图寻求对策,力图为构建和完善传媒伦理机制出谋划策。这种研究有利于解决传媒实践中的现实问题,促进我国传媒事业的健康发展。

第三,致力于以传媒伦理的研究范畴及基本理论为主的学理研究。如上文所说,虽然目前学界对传媒伦理的概念界定、研究范畴等问题还尚未统一,但我们也要看到,在短短的几十年中,学者们已在研究新闻伦理、网络伦理、广告伦理、信息伦理等传媒分支领域的伦理问题时做出了初步的界定工作。这些丰富的研究成果对于整合性的、有深度的、建构性的传媒伦理研究具有极其重要的理论价值。

与此同时,我们必须正视的是,现阶段的传媒伦理研究仍处于一种规范的形塑阶段,很难谈得上创新且有成就的学科建构性研究。特别是以下问题尚需在今后的研究中解决:

第一,传媒伦理研究最根本的问题在于解决传媒道德原则与规范的知识合法性问题与现实合理性问题。一方面,传媒伦理的研究不能仅仅停留在道德规范的诉求层面。传媒道德问题的解决固然需要规范的参与,但仅此是不可能解决所有

---

① 参见刘海《出版道德失范及其治理》,载《苏州科技学院学报》(社科版)2005 年第 4 期。

问题的。二是在进行传媒道德规范的考察时,必须解决其可操作性。道德规范的可操作性问题在所有的应用伦理学领域都存在,在传媒伦理领域尤显迫切。因此,在新闻伦理研究领域里形成两类人,一类是新闻传播者,尽管拥有这个领域丰富的实践经验,但又很难将理论与实践结合起来,无法从理论上进行审视。一类是哲学界包括伦理学界的人士,他们没有新闻界的实践经验,往往使用晦涩难懂的语言作枯燥的分析。正如克里斯蒂安所说,"媒体伦理学在理论和实践的结合点处走了一条不平坦的路。教科书中偶尔会选一章伦理学,但不会将其与日常工作中遇到的问题联系起来,理论与实践在这样的尝试中不会很好地结合,在日常行动中也是如此。"①

第二,传媒伦理研究尚缺乏根基性的理论支撑,这影响了对许多实际问题的深入探讨和解决。因此,大众传媒伦理研究需要对不同层次的具体传媒道德问题进行整体反思和追问,就必须用哲学、伦理学的方式来对之进行思考或讨论,使其具备相当的"元哲学""元伦理学"的深度。只有哲学、伦理学的考究才能深化人们对这些问题的认识。② 我们观察媒体伦理的功能后不难发现,传媒伦理学的产生并不仅仅是因为现实的大众传播活动中出现了许多所谓的道德问题,也并不仅仅是因为技术、法律、民族国家和市场机制在解决现代大众传播活动的道德问题时面临局限或困境。问题还在于,就大众传播活动本身来说,并不具有内在的价值尺度或合道德性,而伦理道德作为调节人与外界(人与人、人与社会、人与自然)的关系、规范和指导人们行为的价值体系,则有着其应用效能上的独特之处,也就是说,即便技术、法律和经济手段日益健全有效,传媒伦理仍然拥有自己的独特作用和现实意义。不仅如此,哲学、伦理学路径的研究更赋予了媒体研究以更广阔的空间和深刻的内涵。当然,传媒伦理的研究还应避免"道德中心主义"的误区。因为,在传媒领域并不存在单纯的道德问题,不可能依靠单一的新闻道德解决所有的问题。

第三,对传媒伦理进行整合性研究。当前,关于传媒伦理的研究确有不少,但学者们的研究却更多地局限于其中的一个或几个方向与问题。如新闻伦理、广告伦理、网络传播伦理等。但从上文对传媒伦理的界定来看,学界仍存在很大争议。

---

① [美]克利福德·G.克里斯蒂安等:《媒体伦理学》,蔡文美等译,北京:华夏出版社 2000 年版,第 1 页。

② 需要指出的是,传媒伦理学研究不是传媒研究的一种补充。尽管社会学、心理学、法律学、历史学的及来自其他学科领域的探究对传媒研究都很重要,但传媒伦理研究也是必要且无可替代的。在涉及一系列传媒领域中的哲学、伦理学问题时,社会学、心理学、法律学、历史学等并不能为人们提供较深刻的理解,也无法提供可行的答案。

由此可见媒介伦理整合性研究的任务艰巨异常,需要不同学科背景的学者的共同努力来完成。在研究过程中应注意两个问题,一是大众传媒的构成要素随着技术的发展而发生了深刻变化,尤其是传播者与受众的关系已经突破了传统的单向传播方式,形成了某种程度的双向互动性。如手机、网络等传播过程中,大众传播者的职业道德应该顺应这种关系的调整。二是不能把大众传播者的职业道德,特别是新闻职业道德看做传媒伦理的全部内容。应该明确的是,新闻传播伦理只是传媒伦理的重要组成部分。随着大众传媒技术的不断更新,以及对人们生活方式的影响日益增强,大众传媒伦理研究的方向是,摆脱传统的对于某种具体传媒形式的道德分析,在更广阔的视阈下,对大众传媒存在的价值、所形成的各种关系、行为作出善恶判断和理性指导,实现人、社会与大众传媒的和谐发展。

第四,注重与社会道德的互动以探求传媒伦理的长足发展。学术界大多关注大众传媒伦理自身,较少关注传媒与社会道德相互之间的影响。大众传媒促进了人们生存生活方式的改变,传媒伦理也促进了生活整体道德的新变化。尤其是新兴大众传媒(如移动媒体等)的迅速发展解构了原有的传媒关系和传媒伦理,"这意味着新媒体不仅仅是社交工具,更是人类的存在方式"①。人们需要从技术—人—道德的相互作用层面解读大众传媒形式的变革以及传媒伦理关系的变化,寻求媒介的道德存在与人的生存和发展之间的辩证关系,以及传媒技术的变革给人的道德关系带来的变化。而大众传媒道德行为的基本指向是社会的和谐与人的精神发展,由此可见,大众传媒伦理作为社会道德的重要组成部分,已成为促进人与社会道德发展与进步的重要力量。而人的素质(包括传媒素养)的培养和提升,也有助于传媒伦理的自身建设与完善。

---

① 年度传媒伦理研究课题组:《2018 年十大传媒伦理问题研究报告》,2019 年第 1 期。

第二十三章　网络伦理

中国接入国际互联网虽只有短短 20 多年,但以信息技术革命为基础的电子通信和网络技术的飞速发展,推动了以互联网为平台的网络社会伦理结构的崛起。网络伦理学这一全新的、跨学科的应用伦理学,作为我国伦理学研究中的后起之秀,经过学界不懈努力,已取得了较为可观的研究进展和成果积累。现今,互联网发展正处于空前繁荣的阶段,互联网逐渐成为人们学习、工作、生活的新空间,不仅是公众获取公共服务的新平台,亦是国家维护信息安全的主要阵地,但随着社会信息化进程的不断推进,网络这片土壤上也滋生了难以消除的诟病,在一定程度上引发了新的道德风险和伦理困境。解决在网络文明建设中出现的诸多问题,维护好国家网络信息安全的任务已迫在眉睫。因此,需要坚持社会主义核心价值观引领,加强网络伦理的约束力,加快相关法律规范体系建设的进程,从而构建良好的网络生态环境。

对于网络文明建设,党和国家高度重视。习近平总书记在第二届世界互联网大会开幕式上指出,"网络空间同现实社会一样,既要提倡自由,也要保持秩序。自由是秩序的目的,秩序是自由的保障。网络空间不是'法外之地',要加强网络伦理、网络文明建设,发挥道德教化引导作用,用人类文明优秀成果滋养网络空间、修复网络生态。"[1]因此,回顾中国网络伦理的发展历程,梳理中国网络伦理 20 多年来的研究成果,反思研究过程中的不足之处,不仅有利于网络伦理自身的良性发展,也有助于中国社会主义精神文明建设,更能为推动世界网络互联互通、共享共治,开创人类发展更加美好的未来提供有力的理论支持。

一、研究的基本历程和概况

梳理我国网络伦理学研究和发展的历程,可以大致将国内网络伦理研究分为

---

[1] 习近平:《在第二届世界互联网大会开幕式上的讲话》,载《人民日报》2015 年 12 月 17 日。

三个阶段：20世纪末国内关于网络伦理研究处在发轫期，这个时期的研究成果以研究和借鉴西方网络伦理学研究的成果居多，研究特点主要以"西学东渐"为主；到了21世纪初，国内关于网络伦理的研究范围趋于广泛，这个时期，国内学者已将研究的视线由西方转向东方，网络伦理研究处于一种全面开花的繁荣阶段，主要呈现出以本土化研究为主的特点；而梳理近十年国内网络伦理学研究的主要成果，不难发现国内学者逐渐从理论性问题研究转变为现实具体问题研究，这个时期国内研究主要呈现出以细化研究和交叉研究为主的纵深发展倾向。

（一）以"西学东渐"为主的初步探索阶段

西方学界对网络社会的伦理研究起步较早，网络伦理学与计算机伦理学的发展一脉相承，关于计算机伦理学的非正式兴起最早可以追溯到20世纪中叶。罗伯特·维纳在他的著作《控制论》中指出，计算机智能功能将会给人类带来巨大的社会影响和伦理问题，他在书中对计算机伦理学基础问题、公正原则问题、人类生活目的、伦理学研究方法和计算机伦理案例进行深刻思考，并指出这五个方面的问题将在新技术应用过程中被不断涉及。1950年，《人工智能的使用》一书出版，正是这本专著奠定了罗伯特作为计算机伦理学创始人的地位，也奠定了计算机伦理学的基础。20世纪60年代中期，计算机技术带来的各种负面影响日益凸显，网络领域潜在的伦理学问题受到了学者们的关注。1976年《计算机能力与人类理性》一书在美国出版，计算机伦理学的研究吸引了众多学者的兴趣，计算机伦理学这一学科正式成立，一些大学还开设了计算机伦理学课程。1985年泰雷尔·贝奈姆的《计算机与伦理学》和杰姆斯·摩尔的《什么是计算机伦理学》两篇论文成为计算机伦理学兴起的重要理论标志。进入90年代后，互联网经历了飞速发展的阶段，网民数量急剧增长，与此同时，网络失范等伦理问题更加尖锐，计算机伦理不断深化，关于计算机伦理的研究发展进入了一个更为成熟的阶段，这时大量的著作相继出现，其中较有影响的有戴博拉·约翰逊的《计算机伦理学》（1994）、理查德·斯皮内洛的《信息技术的伦理方面》（1995）、尼葛洛庞帝的《数字化生存》（1997）等。

随着中国接入国际互联网，这些西方的计算机伦理专著成为国内进行网络伦理研究的重要依据，对20世纪末国内学者初步建构我国网络伦理理论有着宝贵的借鉴价值。在西方网络伦理研究全面开花之际，国外关于计算机伦理研究正逐步深入，此时的中国才刚刚接入国际互联网，网络伦理研究正处于起步阶段。

1997年，我国第一篇以"网络伦理"为关键词的论文在《国外社会科学》第2期发表，这篇由陆俊、严耕二人合写的《国外网络伦理问题研究综述》从学术会议的研究机构、网络礼仪和规范、网络伦理教育课程和网络道德研究问题与主题四个方面对国外网络伦理问题研究现状作了详细分析。1998年,国内学者严耕、陆俊、孙伟平三人合作的专著《网络伦理》正式出版,这本关于网络伦理的首部专著在借鉴了西方研究成果的基础上对我国网络伦理进行了初步建构。1999年,由刘钢翻译的美国学者理查德·斯皮内洛的《信息技术的伦理方面》一书在北京中央编译出版社出版,这本关于网络伦理学研究的首部译作,为我国应对网络社会中的伦理难题提供了新的思路。自此,我国网络伦理研究正式启动。这个阶段,我国网络伦理研究呈现出以借鉴西方网络伦理发展成果为主的典型特征。

(二) 以本土化研究为主的全面繁荣阶段

进入21世纪以来,网络技术迅猛发展并被广泛应用于社会生产的各个领域,网络伦理问题层出不穷,国内学界对于网络伦理问题的研究开始盛行起来。短短几年,我国学术界关于网络伦理方面的专著如雨后春笋般出现,呈现出一片繁荣景象,如:段伟文的《网络空间的伦理反思》(江苏人民出版社2002年版),李伦的《鼠标下的德性》(江西人民出版社2002年版),张震的《网络时代伦理》(四川人民出版社2002年版),黄寰的《网络伦理危机及对策》(科学出版社2003年版),朱银端的《网络伦理文化》(社会科学文献出版社2004年版),徐云峰的《网络伦理》(武汉大学出版社2007年版),杨礼富的《网络社会的伦理问题探究》(吉林人民出版社2008年版)等著作都从不同角度对网络伦理进行了探讨。

除了专著外,还涌现了大批具有较高学术含量的文章,如:戴黍发表的《网络伦理:现状与前景》(《华南师范大学学报》1998年第2期),李娟芬和茹宁合著的《"虚拟社会"伦理初探》(《求是学刊》2000年第6期),楚丽霞发表的《关于网络发展的伦理学思考》(《天津社会科学》2000年第5期),李兰芬发表的《论网络时代的伦理问题》(《江海学刊》2000年第7期),周宏发表的《试论计算机网络的道德问题》(《道德与文明》2000年第5期),吴满意发表的《试论网络伦理》(《电子科技大学学报》2001年第1期),湖南社科规划办开展的"鼠标下的德性——计算机网络化进程中的伦理问题研究"(2002),李锦峰发表的《刍议网络伦理关系的理性建构》(《思想政治教育研究》2002年第3期),刘斌发表的《网络伦理:虚拟与现实的困境》(《实事求是》2003年第5期),张星昭发表的《网络社会的现实伦理重构》(《理论探讨》2004年第5期),崔学敬发表的《论信息时代网络伦理道德建设》(《理论建设》2005年第6期),陈隆予发表的《论构建中国特色网络伦理的策略》(《前沿》2006年第3期),管淑侠发表的《网络伦理建设的多维路径》(《长春理工大学学报》2007年第3期),李俊文发表的《网络时代的伦理问题及其应对》(《思想教育研究》2008 年第 7 期),周春燕发表的《再论网络伦理的本土资源与全球性道德共识》(《马克思主义与现实》2008 年第 1 期),陆伟华发表的《中美学校的网络伦理教育比较研究》(《教育探索》2009 年第 12 期),郑爱龙发表的《构建和谐"网络社会"的伦理学思考》(《科学社会主义》2009 年第 3 期)。梳理起来不难发现,这一时期国内学者探究的内容和范围已从对西方网络伦理研究和中西方网络伦理的对比研究逐步转向对国内网络伦理相关理论性问题的研究,并拓展到了对国内网络伦理困境、应对之策略以及网络伦理规范构建等多方面问题的研究。

这一时期国内还翻译和出版了数本西方网络伦理方面的著作,如《网络革命 P2P》《黑客伦理与信息时代精神》等。除此之外,国内几乎所有伦理学会议都不同程度地讨论了网络伦理的问题,如:2000 年,全国经济伦理与经济发展学术研讨会上就网络信息污染和网络黑客问题展开讨论。同年,全国网络时代的社会科学问题学术研讨会、第十六届世界计算机大会和亚太地区信息伦理研讨会依次在北京召开,并深入探讨了当时的社会网络伦理、信息时代人类伦理、网络法律体系构建和知识产权保护等问题。此后,"跨越数字鸿沟"高层研讨会、科技伦理问题及其对社会的影响研讨会和中国伦理学会会员代表大会暨第十二届学术研讨会召开,这些会议把网络领域存在的计算机病毒传播、垃圾邮件、公民隐私权保护和未成年人网络思想道德建设等诸多议题带进了大众视野。

值得一提的是,这个阶段我国学术界还成功建立了国内第一家研究网络伦理的专业性网站——"赛博风中华伦理学网",该网站不仅主办了赛博风网络伦理杂志,还将以"客观公正为原则"的网络道德法庭投入建设和使用。另外,中国网络文明工程也正式建立了自己的网站。由学者李伦主持的首项网络伦理课题也获得了国家社会科学基金的资助。这些都表明,我国的网络伦理学研究在 21 世纪初期的十年间不但全面开花,而且以较快的发展速度向前推进。

(三) 以细化研究和交叉研究为主的纵深发展阶段

如果说 20 世纪网络社会带给人们的是开放、多元和新奇,那么,21 世纪的网络社会带给人们的应更多是反思、理性和自律。随着网络通讯技术的不断发展,各种网络社会的伦理问题层出不穷,较之以往不同,近十年的网络社会各种问题已得到更加充分的显现。网络作为人类的精神生活空间,在带给人们方便和快捷的同时也带来难以消除的诟病和弊端。这些问题既包含文化层面,也囊括政治层面、经济层面、社会层面、意识层面。

　　梳理学界关于网络伦理研究走向,不难发现,近十年来国内关于网络伦理研究已进入细化研究和交叉性研究阶段。国内学者郑洁(2010)指出,网络伦理问题是网络技术发展和网络应用的伴生物,当前网络社会的伦理问题表现为物理空间与虚拟空间、信息欺诈与信息垄断、信息自由与信息安全、信息共享与信息独有、信息滥用与信息危机、数字异化与个人隐私等多对范畴间的矛盾,并从技术层面、理论层面、社会层面和主体层面等多方面深入地分析了这些网络伦理问题产生的原因。[①]

　　国内一些学者就网络社会中的具体问题展开了伦理思考与研究,如:戚鸣(2011)对以"网络谩骂"为主要表现方式的"网络暴力"进行了传播学和伦理学的全面考察,他认为"普世主义"的落实的确有利于克服网络暴力行为。[②] 田旭明(2014)则考察了"网络谣言"的伦理焦虑现状、原因及其消解机制,提倡公众关注网络谣言现象,力求建设和维护人们共同的网络道德净土。[③] 其他研究内容还包括网络舆论、网络情色、网络反腐等。也有学者研究"人肉搜索"现象背后的伦理学、网络"虚拟婚姻"的伦理困境、网络"恶搞"现象的伦理媒介、网购评价体系的伦理研究等。可见,伴随着互联网在大众生活中的日益普及,近十年来我国的网络伦理学研究已逐渐从网络伦理的理论性问题和体系建构研究向网络伦理的具体现实问题研究转变,一些反映当下网络社会现实的伦理问题逐渐成为学界研究的焦点。

　　此外,互联网的深度应用也使学界慢慢将目光投向各类交叉领域,如:李争(2011)从道德认知的视角对当前的网络群体性事件进行了细致研究,并研究不同类型的网络群体事件所反映的道德冲突表现,在结合媒介伦理学、社会学等相关理论的基础上,深入分析了网络主体的道德认知对于网络社会、个体和现实社会等方面的影响。[④] 学界还有不少学者对网络社会视阈下如何开展高校大学生网络伦理规范建设展开大量研究。目前看来,已形成系统性研究的主要有网络道德心理、网络行政伦理和青少年(大学生)网络道德研究。这期间还涌现了大批极具创新性的学术成果,为高校开展大学生网络伦理教育和预防大学生群体失范行为提供了全新的理论视角和实践思路,如:安仲森(2011)指出,面对诸多网络伦理问题,建立高

① 参见郑洁《网络伦理问题的根源及其治理》,载《思想理论教育导刊》2010年第4期。
② 参见戚鸣《网络暴力与道德"普世主义"》,载《当代传播》2011年第5期。
③ 参见田旭明《守正修德:网络谣言的伦理焦虑及其消解机制》,载《道德与文明》2014年第3期。
④ 参见李争《基于道德认知角度的我国网络伦理问题研究——以网络群体性事件为例》,华南理工大学硕士论文,2011年。

校大学生网络伦理规范迫在眉睫,规范建立离不开理论更离不开实践。[1] 陈晨[2](2017)以马克思主义伦理学为理论切入点,分析基于技术视域下的网络开发为达到盈利目的在产品内容上滋生的问题,并指出应坚持义利统一原则,关注网游开发人员队伍素质建设,从而减少网络游戏带给高校大学生的负面作用。杨金丹(2019)以西方经典的计划行为理论为基础,在 TPB 模型的基础上,采用 SPSS 和 Amos 软件对大学生网络伦理失范行为的生成机制进行了深入的实证检验,对当前我国高校预防大学生网络伦理失范行为发生提供了依据。[3]

　　信息技术的不断发展使得网络世界越来越成为人们交往的新空间和新平台,为解决网络社会不断凸显的伦理问题,网络伦理学应运而生。回顾我国网络伦理学的发展历史,中国网络伦理研究已走过 28 个年头,总体来看成绩斐然,学科研究稳步前进,学术规模不断壮大,研究内容愈加丰富,研究视角不断开拓,研究手段日趋成熟,一门新兴的应用伦理学科正在逐步跻身于时代前列。但仔细观之,作为一门发展中的学科,它仍存在诸多不足,这需要国内学者不断充分吸取和借鉴国内外伦理学发展的最新成果,不断开拓研究视野,自觉推动网络伦理学发展。

二、研究的主要问题

　　站在前人的肩膀上,认识当前国内网络伦理研究现状,可以为我们未来的研究提供理论支撑。目前,我国网络伦理研究所涉及的主要内容和观点主要集中在以下几个方面。

(一) 网络伦理的主要范畴研究

1. 网络伦理概念

　　厘清网络伦理的概念是研究网络伦理的第一步。关于网络伦理的内涵界定,学术界先后形成了以严耕为代表的"道德关系说",以张安柱为代表的"道德规范说",以黄寰为代表的"道德关系与规范合一说"以及以宋吉鑫为代表的"道德哲学说"。

　　"道德关系说"。严耕、陆俊、孙伟平(1998)在合著的《网络伦理》一书中指出:

---

[1] 参见安仲森《大学生网络伦理规范建设之应然》,载《高等农业教育》2011 年第 8 期。

[2] 参见陈晨《网络游戏的伦理问题及其对策研究》,暨南大学硕士论文,2017 年。

[3] 参见杨金丹《大学生网络伦理失范的生成机制研究——基于 TPB 模型的实证分析》,载《高教探索》2019 年第 1 期。

"网络伦理指人们在使用网络时,形成的各种社会关系背后涉及的道德行为"①,这是我国学者首次从关系论的角度对"网络伦理"概念进行界定。关系论认为,网络伦理不是生来就有的,而是伴随着网络的发展和应用逐渐出现的,网络伦理的宗旨是在网络世界建立和谐、协调的,角色和角色之间互相尊重的人际关系。

"道德规范说"。张安柱(2000)认为,"网络伦理,是指人们在网络空间中的行为应该遵守的道德准则和规范。"②规范论认为,网络空间是一个公共空间,规范网络生活、建立健康的网络道德规范是十分必要的。由于人们处在网络空间中,人们就应该遵守网络世界里相应的道德准则和规范。

"道德关系与规范合一说"。黄寰(2003)在他的研究中指出,"网络伦理就是基于网络信息技术的人类社会所表现出的新型道德关系,以及对人和各种组织提出的新型伦理要求、伦理标准、伦理规范。"③网络伦理是指在网络社会中人与人的关系和行为的秩序规范,是人们在网络空间中的行为所应遵守的道德准则和规范的总和。

"道德哲学说"。宋吉鑫(2012)在他的《网络伦理学研究》一书中指出,"网络伦理是关于网络道德现象和网络道德关系的哲学思考"。④ 他认为,对网络伦理学的界定理应突破准则和规范的限度,上升到哲学的层面加以系统化思考,这为我们理解网络伦理提供了新的视角。

目前对于网络伦理的定义颇多,上述关于网络伦理的界定都是围绕着规范和准则的维度展开的,缺乏对网络伦理的主体关系的论述。综上来看,学界普遍认可的还是"道德关系与规范合一说"的综合论。多数学者认为,网络伦理有狭义和广义之分:从狭义的角度来看,网络伦理就是指在网络这个虚拟环境中包含的道德行为。从广义上的角度来看,网络伦理还包括网络行为对整个社会产生的影响、人与人之间形成的伦理关系和人行为的秩序规范等方面的内容。

2. 网络伦理主体

一般认为网络伦理的主体即承担网络伦理责任的主体。有学者指出,网络社会创造了新的交往渠道,开拓了人与人之间的交往空间,但对于网络社会主体身份的确认却存在着争议。

徐云峰(2007)指出,承担网络伦理责任的主体有政府、研发者和公众。他认

---

① 严耕、陆俊、孙伟平:《网络伦理》,北京:北京出版社 1998 年版,第 46 页。
② 张安柱:《信息时代的网络伦理问题讨论》,载《临沂师范学院学报》2000 年第 2 期。
③ 黄寰:《网络伦理危机与对策》,北京:科学出版社 2003 年版,第 34 页。
④ 宋吉鑫:《网络伦理学研究》,北京:科学出版社 2012 年版,第 41 页。

为,政府作为社会的主要管理者,拥有资源和权力对网络社会进行规划和管理,应对科学技术的应用负责。而网络技术的研究者和开发者,由于他们掌握着专业知识,所以承担着一种独特的"通告与预防的责任"。而对于社会公众来说,随着网络渗透到社会生产和生活的方方面面,网络伦理已经超越了研究者和政府,成为所有社会成员需要面对的问题。①

宋吉鑫(2012)在《网络伦理学研究》一书中对网络主体的分类进行了细化,他指出:"在网络伦理研究中,网络主体一般主要有三部分人员组成:一是网络技术的管理者,二是网络技术的研究人员,三是网民,这是站在个体伦理研究的视角进行的划分。而从群体研究视角分析,网络主体还可以分为国家、网站和网民群体。"②我们认为,不管从个体还是群体研究视角出发去分析,网络伦理的主体始终是人。关于这一点,学者李伦早在《鼠标下的德性》(2002)一书中就提出"网络并不是伦理道德的主体,它只是一种载体,网络伦理的主体仍然是人"③。

目前仍有学者认为,由于网络社会自身的特点,在网络平台后面交往的主体——"人",与相应的传统意义上的人是不同的。确实,由于网络信息的隐匿性和虚拟性,主体不可避免地戴上了面具,这给网络交往带来新的不确定性,但无论网络伦理的主体如何不同,网络伦理的出发点都是人(或人与人的关系),网络社会发展的最终目的是促进人的自由全面发展,这也是人类社会发展的终极目标。

3. 网络伦理客体

国内学界关于网络伦理的客体研究不多,目前主要有以下几种观点。

刘云章(2001)对网络伦理客体进行了细致分类,他认为网络伦理是由网络现实中的具体矛盾决定的,网络伦理的客体主要包括:一是对网络技术研制及应用中的内在道德要求问题,这里包括对网络技术研制者的道德要求和对网络应用者的道德要求。二是对传统道德在网络情境下的现代适用问题,由于网络伦理被时代赋予新内容,为了使传统道德更好适用于现代网络情境,就必须对传统道德进行认真的梳理、比较以及取舍。三是加强网络道德建设的实践问题,加强网络主体的道德建设是网络伦理的题中应有之意。④

赵士林、彭红(2002)从行为科学的角度出发,指出网络伦理研究的对象包括理

---

① 参见徐云峰《网络伦理》,武汉:武汉大学出版社 2007 年版,第 70 页。
② 宋吉鑫:《网络伦理学研究》,北京:科学出版社 2012 年版,第 50 页。
③ 李伦:《鼠标下的德性》,南昌:江西人民出版社 2002 年版,第 11 页。
④ 参见刘云章《网络伦理学》,北京:中国物价出版社 2001 年版,第 13—15 页。

论研究和行为研究两部分。[①] 还有一种观点认为网络伦理的客体是网络伦理问题,如:学者李争(2011)就认为,从网络伦理的内涵来看,网络伦理是指网络行为主体在对网络伦理问题进行甄别和分析时所应遵循的道德标准与伦理规范,那么网络伦理所研究的对象(网络伦理的客体)是网络行为引发的各类伦理问题,包括网络活动中遇到的现实问题,如对网络行为的界定、网络规范的制定等;也包括网络与社会中的其他行为和现象产生的交叉问题,如网络对社会分层的影响、网络引发的政治以及文化问题等;还包括由网络伦理问题所引发的理论问题,如对网络行为的哲学思考、传统伦理规范在网络空间中的运用等。[②]

4. 网络伦理功能

国内学者认为网络伦理研究之所以有其现实意义,是由于它具有极强的功能性。具体体现为:网络伦理具有认识功能,即通过网络伦理对网络受众的引导,使受众对网络问题进行认知,辨别是非善恶,进而培养受众的网络媒介素养,使其能够正确的构建和选择网络伦理规范;网络伦理具有调节功能,即通过整合规范体系来调节网络行为主体间的利益关系,来指导和纠正人们的行为活动,具有协调人与人、人与社会、人与信息之间关系的功效与作用;网络伦理具有批判功能,即对主体间的网络行为进行甄别,通过评价等方式批判落后的负面的网络行为,倡导主体形成进步的健康的网络行为。[③]

不难看出,国内学者关于网络伦理的功能研究并不多,尚没有学者对网络伦理的功能进行专门研究,且学界对网络伦理功能的认识多是基于对伦理和道德层面的功能内容的延伸。诚然,网络伦理功能和伦理与道德的功能确实有着相似之处,但网络自身的虚拟性和网络伦理主客体的特殊性,使得网络伦理的功能势必呈现出与伦理道德功能不尽相同的地方,深入研究网络伦理功能极为必要。

(二) 网络伦理理论基础研究

网络给人们的生活和工作带来便捷,但网络文化霸权、信息污染、网络安全威胁等网络伦理问题却严重威胁到人们正常的网络交往和网络社会的良好秩序。从网络伦理的学术基础和具体研究内容等方面入手梳理国内学界对网络伦理研究的

---

① 参见赵士林、彭红《网络传播论》,上海:上海交通大学出版社2002年版,第138页。
② 参见李争《基于道德认知角度的我国网络伦理问题研究——以网络群体性事件为例》,华南理工大学,2011年6月。
③ 参见李争《基于道德认知角度的我国网络伦理问题研究——以网络群体性事件为例》,华南理工大学,2011年6月。

成果,能够准确把握国内网络伦理研究未来的前进方向,对构建和谐网络社会秩序、发展和完善我国网络伦理体系和维护国家网络信息安全均有裨益。

1. 网络伦理特征

吴满意(2001)指出,网络伦理具有显著的诚信性、强烈的公正性,其中诚信性主要体现为诚信信用的伦理道德契约原则对个体的信息消费关系的调控与引领;公正性体现为网络信息共享、网络信息消费机会均等和结果平等。① 张志芳(2003)提出,网络伦理具有开放性、自主性和多元性的特征,其中开放性体现在通过网络形成的世界市场和日益紧密的世界经济贸易与人类交往活动;自主性体现在网络环境、主体素质的提高、网络伦理主体交往面的扩大以及网络社会的互动性为网络伦理主体的自主性创造了广阔的空间;多元性体现为伦理道德的多元化碰撞。② 在此基础之上学者杨培芳和廖小伟(2010)作了相关补充,他们认为网络伦理还具有自律性和兼容性的特征,其中自律性体现为处在网络社会中的人们在失去他律强制因素的规范下的自我管理和自我负责;兼容性体现为网络技术上的兼容和网络道德主体间应遵循的共同的行为规范。③ 段载熙(2011)则从网络伦理主体的自由性、网络伦理关系的选择性、网络伦理规范的多元性和网络伦理机制的自律性出发,分析网络伦理的特征,这与前面学者的研究有着异曲同工之妙,其中网络伦理关系的选择性体现为网络伦理主体在摆脱现实交往中特定范围和条件后,在网络伦理关系中拥有更多自主选择的空间。④ 另有学者张丹丹(2006)从网络本身建构的特点出发,指出网络伦理具有延伸范围广、判定尺度难、隐蔽性强和不易被监督管理的特征。⑤ 对此,学者徐云峰也持相同观点,他指出网络伦理还具有明显的民族性和地域性特征,即不同国家的民族和地区对于网络伦理的认知层次和范围会有所差异。⑥ 值得一提的是近年来国内学者针对不同的伦理主体细化了对网络伦理特征的分类研究,如针对青年大学生这一群体,安仲森(2011)就认为大学生网络伦理具有动态性、全球适应性、大众性、非刚性特点,网络伦理规范有着法制化趋势。⑦

总体看来,虽然国内学者关于网络伦理特点的研究较为具体和全面,但仍存在

① 参见吴满意《试论网络伦理》,载《电子科技大学学报》(社会科学版)2001年第1期。
② 参见张志芳《网络社会伦理道德的特征》,载《理论探索》2003年第3期。
③ 参见杨培芳、廖小伟《战略与趋势》,载《中国信息界》2010年第3期。
④ 参见段载熙《"网络伦理问题"的哲学思考》,武汉科技大学硕士论文,2011年4月。
⑤ 参见张丹丹《21世纪以来国内网络伦理研究现状与评述》,载《法治与社会》2006年第10期。
⑥ 参见徐云峰《网络伦理》,武汉:武汉大学出版社2007年版,第65页。
⑦ 参见安仲森《大学生网络伦理规范建设之应然》,载《高等农业教育》2011年第8期。

不少内容上的交叉。而且,国内学界对青少年(学生)关注极多,却缺乏对广大社会网民群体的网络伦理特点的分析和对全民性网络伦理教育的思考。上述针对不同伦理主体特点展开的分析研究可以为未来我们研究网民群体的全民性教育开辟一种新的研究视角,同时也对网络伦理的细化研究和具体化研究有着积极的借鉴意义。

2. 网络伦理载体

梳理学界对网络伦理载体的研究,主要有以下几种观点:一种观点认为,网络伦理的载体是网络自身。学者李伦在其专著《鼠标下的德性》(2002)中就提出网络伦理的主体不是网络而是人,而网络只是一种载体。网络作为人们交流和交往的平台,作为一种新的生存空间、生活空间和娱乐空间,为人们获取信息、提取信息和加工信息构建了一个平台。网络平台实现了人类社会在信息技术、交往方式、教育方式、生产方式、消费方式、娱乐休闲等方面的变迁,促进了电子经济和电子商务的兴起,促进了一种新的人际关系和道德关系的形成,造就了一批新的网络主体——"人"。① 还有一种观点认为,网络伦理的载体是网络技术。学者徐云峰(2007)提出,网络空间由计算机平台、连接平台和人的接口转换技术以及网络技术组成。② 人们借助于数字化的符号信息,以数字符号为媒介进行交往。后有学者宋吉鑫(2012)在他的《网络伦理学研究》这一专著中补充道,"网络技术不是抽象的与价值无涉的工具,而是作为蕴涵现代科学基础理论并具有高应用价值的技术。"③关于对技术的理解,国内学者认为这里的技术不仅包括作为对象(工具、机器等)的技术,还包括作为知识(规则、理论等)的技术、作为过程(发明、使用等)的技术、作为意义(意志、动机、需要等)的技术。④ 网络技术的特殊本质反映出只有能与社会和人发生联系的技术才有意义,也就是说,网络技术是网络伦理得以形成和存在的基础,是网络伦理的载体。此外还有学者从网络载体的具体表现形式入手提出网络伦理的载体包含诸如博客、BBS、MSN 和 QQ 等的网络辐射载体。⑤ 由于网络伦理载体的特殊性,关于网络伦理载体的界定,国内学者尚未达成统一认识。

---

① 参见李伦《鼠标下的德性》,南昌:江西人民出版社 2002 年版,第 11 页。
② 参见徐云峰《网络伦理》,武汉:武汉大学出版社 2007 年版,第 164 页。
③ 宋吉鑫:《网络伦理学研究》,北京:科学出版社 2012 年版,第 46 页。
④ 参见陈凡《解析技术》,福州:福建人民出版社 2002 年版,第 4 页。
⑤ 参见张元、丁三青《网络环境下社会主义核心价值观认同的实践路径》,载《科学社会主义》2014 年第 4 期。

3. 西方经典伦理学理论与网络伦理

讨论并建构网络伦理必须依赖于基本伦理理论的指导。目前,西方国家主要把功利主义理论、责任伦理理论、正义论理论作为网络伦理的理论基础。在我国,这些理论也具有重要的指导价值。徐云峰(2007)在《网络伦理》一书中对西方功利主义的效益论和基于权利论的道义论对建构网络伦理的借鉴价值展开了思考。他指出,效益论主张对任何行为的认可或非难均根据该行为倾向于提升或降低利害相关人的幸福来判断,道义论主张建立一种基于权利的正当分配的伦理。他认为,在建构网络伦理的过程中,单纯从功利主义角度强调技术进步和利益获取是片面的,应强调用道义论来平衡功利主义的利益论,只有道义论和效益论平衡发展,才能顺利构建网络伦理规范,对于当前网络社会出现的伦理问题,要以责任伦理观念为指导,建立强调公平与正义的契约化的伦理。[①] 而学者王玉华(2014)基于康德的义务论展开研究,他提出,康德的义务论作为建立在价值论基础上的用以规范人的行为的理论,实际上就是关于规则的理论。康德关于道德的本质就是自律的思想能够呼唤理性伦理的觉醒,能够倡导网络主体的自律精神,为解决网络生活中的失范问题提供一种理论依据,但他同时也认识到康德的纯义务论伦理不能作为有效建立和谐伦理结构的依据。[②] 总体来看,国内学界关于网络伦理理论基础的研究较为广泛,从古至今,从东到西,年代跨度之大、研究领域之广令人钦佩。对西方优秀的伦理思想,并没有照搬照抄全盘接受,也没有一味抵制,而是以更加开放的观念、审慎的思考和批判的态度,积极吸收其中的合理成分,以应用到当下我国网络伦理的研究和建设之中。

4. 中国优秀传统伦理思想与网络伦理

国内学者关于中国优秀传统文化对网络伦理的积极影响的研究不在少数。周春燕(2008)认为,构建中国特色网络伦理,应以中华民族的传统道德文化为基础,构建符合中国国情的、能为广大中国网民所认同的网络伦理。[③] 杨礼富(2008)在《网络社会的伦理问题探究》一书中,对中国传统文化中的人伦关系思想加以研究,他认为传统人伦思想学说是处理人与人的关系时所应遵守的基本原则,他还就和谐伦理思想对人如何与社会和谐相处展开思考,他认为和谐伦理主张和谐是社会

[①] 参见徐云峰《网络伦理》,武汉:武汉大学出版社 2007 年版,第 170 页。

[②] 参见王玉华《网络公共事件传播中微博伦理失范与规制研究》,中国科学技术大学博士论文,2014 年。

[③] 参见周春燕《再论网络伦理的本土资源与全球性道德共识》,载《马克思主义与现实》2008 年第 1 期。

发展的基础,社会发展是和谐的必然结果,社会发展是系统实现新的更高层次的和谐的必要条件,发展中的和谐是实现持续发展的新平台。他提出,应继承和发扬中国儒家传统和谐伦理文化的成果,从当代视角出发对网络系统中的各种伦理问题和道德危机进行研究和分析。① 学者王玉华(2014)对儒家传统中的"仁爱""诚信""慎独"等伦理思想的时代价值进行研究并提出,优秀的中国传统文化对分析网络公关事件传播中的伦理失范问题有着重要的借鉴意义。②

中国优秀传统文化是中华民族的根和魂,是中国特色社会主义植根的文化沃土。中国优秀传统文化是我国网络伦理发展和建设的重要思想文化资源。国内学者从时代视角出发,在创造性转化和创新性发展中准确把握了中国优秀传统文化对引领中国特色网络伦理纵深发展以及解决当前网络伦理失范问题的重要时代价值。

5. 马克思主义伦理学理论与网络伦理

国内学者基于不同侧重点就马克思主义思想对网络伦理的指导价值展开了广泛的研究。毛牧然(2013)指出,马克思关于自由与限制的理论是现实伦理与网络伦理共同的哲学理论基础。自由指人人平等享有各种自由权利,限制是指保障各种自由权利得以行使的客观规律(必然性)、社会经济关系、法律和人的理性等。由于网络虚拟时空的交往在本质上仍然是现实中的以网络为媒介的人与人之间的交往,所以自由与限制的理论不仅适用于现实交往时空,也同样适用于网络交往领域。③ 梁潇(2015)认为,马克思的以辩证唯物主义和历史唯物主义为重要内容的关于道德的学说,以及经济基础决定上层建筑的思想④,能够科学阐述网络生活中伦理道德的本质,对建构网络伦理规范具有重要的指导意义。⑤ 李文广、池忠军(2018)提出,马克思共同体思想蕴含自由、合作和劳动等基本道德规范,对分析大学生参与网络共同体建设的实践,研究大学生网络伦理行为,帮助大学生提升网络道德素质具有重要的实践价值。⑥

马克思主义伦理学理论是构建我国网络伦理最重要的理论基础,其对当前我

---

① 参见杨礼富《网络社会的伦理问题探究》,长春:吉林人民出版社 2008 年版,第 67—74 页。
② 参见王玉华《网络公共事件传播中微博伦理失范与规制研究》,北京:中国科学技术大学,2014 年 4 月。
③ 参见毛牧然《论网络伦理在消解网络舆论负向价值方面的作用》,载《自然辩证法研究》2013 年第 4 期。
④ 指马克思的"人的道德观念受社会经济关系制约,并反作用于社会关系甚至整个社会生活"思想。
⑤ 参见梁潇《网络伦理规范建构研究》,吉林大学硕士论文,2015 年。
⑥ 参见李文广、池忠军《马克思共同体思想视域中大学生网络伦理研究》,载《山西高等学校社会科学学报》2018 年第 4 期。

国网络伦理发展和研究的指导意义是多方面的,但从现有资料来看,目前学界就此方面研究还未能充分展开。

6. 习近平总书记关于构建网络伦理的重要论述

习近平总书记关于网络强国(战略)的重要思想对我国网络伦理指导价值的研究是从近几年开始兴起的。梁潇(2015)认为,习近平总书记关于网络强国(战略)的重要思想,能够加强全社会思想道德建设,激发人们形成善良的道德意愿,提高人们道德实践能力(尤其是自觉践行能力),引导人们向往和追求美好生活的思想,为网络社会的建设提供了宝贵的理论指导。① 孙会岩(2018)提出,习近平总书记关于网络强国(战略)的重要思想和构建“网络空间命运共同体”为主要内容的网络安全思想,是当前我国应对西方网络话语权垄断和网络文化霸权、维护“互联网＋”经济安全、促进社会稳定和政治安全突出问题的重要思想武器。程秀霞、叶松庆(2018)②从七个层面深刻阐述了习近平总书记构建网络强国(战略)的重要思想的实践意义:一从战略层面出发,认为习近平的“完善互联网管理领导体制”、“加强党中央对网信工作的集中统一领导”、坚持政府主导地位、发挥各方主体共同参与科学管理、提高领导干部网络社会治理工作水平等思想,有利于在互联网生活中构建多元主体协调共治的领导体制与管理机制;二从法律层面出发,认为习近平的依法治网、办网、上网思想对网络监管部门提升依法治网力度提供支持;三从道德层面出发,认为习近平关于构建网络伦理的重要论述和网络道德教育思想是强化网络社会软治理的根本依据;四从技术层面出发,认为习近平关于构建网络伦理的重要论述中的“自主研发”和“完善机制”等思想为推动网络社会治理技术发展提供思路;五从文化层面出发,认为社会主义核心价值观和弘扬中华优秀传统文化的思想为建设多元、安全、文明的网络文化指明方向;六从人力资源层面出发,认为习近平的“培养引进”“数质合一”思想,为打造治理网络社会的人才队伍具有重要意义;七从舆论引导层面出发,认为习近平的“主战场”“两巩固”思想为营造良好的网络舆论氛围指明了方向。

习近平关于网络强国(战略)、网络伦理的重要思想和论述顺应了时代发展需要,是对当前我国网络发展所面临的一系列现实问题的具体回应,也是解决当前网络社会出现的一系列伦理问题的根本遵循。

① 参见梁潇《网络伦理规范建构研究》,吉林大学硕士论文,2015年5月。
② 参见程秀霞、叶松庆《习近平网络社会治理观的现实逻辑、基本原则及贯彻路径》,载《电子商务》2018年第10期。

7. 网络伦理原则的研究

目前对于网络伦理原则问题的把握,理论界说法不一。上个世纪我国最早进行这方面研究的学者严耕、陆俊、孙伟平(1998)提出:网络伦理原则包括全民原则、兼容原则、互惠原则、自由原则。① 进入 21 世纪后,针对网络社会凸显的各种伦理问题,国内学者对网络伦理原则研究注入了新的内容和思考,如国内学者李伦(2002)认为,网络社会的主体行为应当遵循五条基本原则,包括:无害原则、公正原则、尊重原则、允许原则和可持续发展原则。② 段伟文(2002)③、梅英(2005)④指出网络社会的主体行为应遵循无害原则、行善原则、公正原则、自主原则和知情同意原则等五条原则。徐云峰(2007)则对网络伦理原则提出了新的内容,认为网络伦理的原则除了包括无害原则、尊重原则、平等原则、公正原则和允许原则外,还包括人文关怀原则。⑤ 宋吉鑫(2012)提出三个原则:"伦理道德判断的原则有自主原则、无害原则、知情同意原则。"⑥

此外还有其他学者提出了新的观点,杨礼富(2008)认为和谐网络伦理社会的伦理原则是:自由与监管原则、公平与正义原则、诚信原则、权利与义务对等原则、自律与他律原则。⑦ 赵兴宏(2008)根据不同的对象范围,将网络伦理原则划分为不同的内容:依所涉及的对象范围的不同,可分为全民原则和个体原则;依具体内容划分为八条网络道德原则:自由原则、平等原则、公正原则、兼容原则、互惠原则、自主原则、承认原则和无害原则。⑧ 吕本修(2012)提出网络道德原则体现为公正原则、兼容原则、自主原则、无害原则、知情同意原则⑨。针对网络伦理原则在不同范围中的运用,孟煜(2018)认为网络购物中应遵循的网络伦理原则有自主原则、公平原则、诚信原则。⑩ 赵阳阳(2013)从义利统一原则、不伤害原则、正义原则、人伦教化原则和自律原则五个层面说明网络游戏开发应遵循的网络伦理原则。⑪ 总体

---

① 参见严耕、陆俊、孙伟平《网络伦理》,北京:北京出版社 1998 年版,第 188 页。
② 参见李伦《鼠标下的德性》,南昌:江西人民出版社 2002 年版,第 305 页。
③ 参见段伟文《网络空间的伦理反思》,南京:江苏人民出版社 2002 年版。
④ 参见梅英《谈网络生态系统中网络主体的网络道德缺失——网络生态危机发生的主导根源》,载《电化教育研究》2005 年第 9 期。
⑤ 参见徐云峰《网络伦理》,武汉:武汉大学出版社 2007 年版,第 83—84 页。
⑥ 宋吉鑫:《网络伦理学研究》,北京:科学出版社 2012 年版,第 51 页。
⑦ 参见杨礼富《网络社会伦理问题探究》,长春:吉林人民出版社 2008 年版,第 257 页。
⑧ 参见赵兴宏《网络伦理学概要》,沈阳:东北大学出版社 2008 年版,第 51 页。
⑨ 参见吕本修《网络道德问题研究》,北京:中国社会科学出版社 2012 年版,第 76 页。
⑩ 参见孟煜《当代中国网络购物的伦理审视》,沈阳:沈阳师范大学,2018 年 5 月。
⑪ 参见赵阳阳《网络游戏开发的伦理审视》,南华大学硕士论文,2013 年。

来看,对于网络社会中的伦理道德的基本原则,国内学者从不同侧重点进行把握,主要体现在从网络自身特性、网络伦理涉及的领域和网络伦理出现的现实问题等方面进行研究,这些原则的提出既参照了现实社会的道德原则,又考虑到了网络所特有的性质。

8. 网络伦理具体问题研究

我国在网络伦理领域的研究已初见成效。国内学界就网络社会中出现的各类伦理问题,基于不同侧重点对其进行了具体分析与研究。

从网络技术的运行和使用上分析,王志萍(2000)、李卫东①(2002)、王金山(2004)、郑洁(2008)等学者认为存在的主要问题有:(1)信息欺诈和信息垄断。信息欺诈,指通过网络技术在网络上非法编制诈骗程序、发布虚假信息、篡改数据资料等途径,达到获取信息、实物或金钱的网络违法行为②。网络缺少监督机制导致发布信息的真假无从验证,一些个人、企业或组织发布的虚假信息坑害网络受众。不同国家、地区、组织、阶层、群体之间出现信息垄断,占据信息优势的国家将获得更多利润,网络信息资源利用的不平等使世界性贫富分化加剧③。(2)信息滥用与信用危机。网络自由使得任何人都能在网上自由找寻、选择和发布信息,无节制的发布和信息传播造成信息泛滥与信息滥用。此外,网络信息的隐匿性加上网络主体的符号化导致信用判断困难,信用评价困难使得不诚信的行为滋生,诸如制假贩假行为猖獗。(3)信息安全与信息污染。信息技术的发展为人类带来便利的同时也威胁着信息的安全,黑客入侵电脑网络盗取信息、电脑病毒造成系统瘫痪等事件大肆发生。由于监管漏洞和双重标准,网络犯罪很难被监控和制裁,这对信息安全构成极大威胁。此外网络多元化造成大量对社会无益或有害的信息④大肆传播,信息质量良莠不齐、信息生产者责任观念淡薄、信息通讯失控等现象时有发生。

从网络自身特性与伦理主体的失范行为的角度分析,高青梅(2008)、张宸赫(2018)等学者认为存在的问题主要包括:(1)人际关系淡化。"人—网络—人"的网络交往模式使人与人间的情感疏远,出现人类关系退化危机。(2)道德冷漠现象严重。网络伦理主体沉溺虚拟世界,一旦回归现实就容易产生警惕感、陌生感,

---

① 参见李卫东《网络道德与社会伦理冲突琐议》,载《陕西师范大学学报》(哲学社会科学版)2002 年第 1 期。

② 参见郑洁《网络社会的伦理及构建》,载《学术论坛》2008 年第 12 期。

③ 参见王志萍《网络伦理:虚拟与现实》,载《人文杂志》2000 年第 3 期。

④ 参见王金山《当前我国网络伦理研究与建设现状评析》,载《高校理论战线》2004 年第 2 期。

从而在社会人际关系交往上出现信任危机和道德冷漠的交往现象①。（3）自由主义盛行，无责任感。网络社会的无拘无束导致个人思想上麻痹松懈，从而滋生一系列道德滑坡行为，过分追求自由造成网络主体责任心、正义感、同情心等优良道德品质的丧失。（4）个人主义、享乐主义和拜金主义价值观盛行②。网络信息内容产生的地域性与信息传播方式的超地域性矛盾问题逐渐凸显，一些不良价值观在网络社会中盛行。

从网络伦理发生的具体领域来看，王志萍（2003）、丁文婷（2011）、陈晨（2017）、甄洋（2018）等学者认为，网络在具体领域滋生的伦理问题大致包括：（1）知识开发负德性问题。如网络游戏开发领域中存在着随意开发、片面追求经济利益、诱导过度消费和传播色情文化等伦理问题。③（2）个人隐私失控。网络的开放自由和信息共享的特性使得个人隐私难以保全，网络"人肉搜索"行为使得公众消费隐私、邮件隐私以及身份隐私等个人私密信息被恶意窥探和利用。（3）文化霸权。网络信息丰富促进了文化交流，网络打破了国与国的界限，意识形态更加多样化，而信息网络的国际化趋势，导致民族文化衰落，形成文化霸权主义。④（4）黑客网络伦理问题。非法侵入，窥探用户隐私，骇客红客现象，"黑客学校""黑客培训班"，黑客利益链，网络黑客犯罪暴露出一系列网络安全隐患问题。⑤（5）电子商务经济危机。电子商务领域中信息不对称、商品质量不过关、付款欺诈、店铺信用炒作、信用缺失、物流暴力运输、维权艰难等失范现象数不胜数。（6）网络红人现象。网络直播现象中存在的道德伦理问题体现为主播素质水平偏低、直播内容恶俗、流量造假等问题，还包含直播内容侵权、隐性暴力等相关问题。⑥（7）青少年网络伦理失范。网络伦理在教育领域中体现在网络色情文化传播、性教育缺失、网恋网约网骗、网络沉溺、网络语言暴力和网络舆论失控等一系列问题。

总体看来，网络伦理各种失范现象是国内学者最为关注的问题域，国内学者认为网络伦理失范现象大致体现为价值多元问题、信息传播问题、信息公平问题、技术安全问题、文化霸权问题、隐私保护问题、制度监督失场问题、网络经济问题、情感异化与主体沉溺问题、人际关系危机、知识产权问题、国家安全危机问题等多种

---

① 参见高青梅《论网络伦理的构建》，载《佳木斯大学社会科学版》2008 年第 3 期。
② 参见张宸赫《网络伦理建设研究》，辽宁师范大学硕士论文，2018 年。
③ 参见陈晨《网络游戏的伦理问题及其对策研究》，暨南大学硕士论文，2017 年。
④ 参见王志萍《网络伦理》，载《人文杂志》2000 年第 3 期。
⑤ 参见荀霄《对黑客现象的哲学思考》，太原科技大学硕士论文，2013 年。
⑥ 参见甄洋《网络直播现状及问题研究》，中国政法大学硕士论文，2018 年。

表现形式,这为细化我国网络伦理问题研究奠定了研究基础。

9. 网络伦理问题成因研究

面对网络中发生的种种伦理问题,国内学者开始思考产生这些伦理问题的根源,对问题背后的成因进行研究,以求对网络伦理失范现象作出合理解释。

从技术层面来看,李育红(2005)、孙伟平(2008)、刘静(2013)、赵丽涛(2018)等学者认为,网络自身的特性导致网络成为滋生网络伦理问题的温床,网络的虚拟性与现实性是造成网络伦理问题的根源。现实性指人们在现实社会中的各种社会行为在网络层面的继续和延伸,虚拟性指网络时空的虚拟性、交往主体的虚拟性以及交往方式的虚拟性。① 网络空间的自由与开放使人们生活愈加便利、个性趋于解放。网络平台使人们的感情得以寄托,网络技术看似拉近了人与人的距离,但虚拟实在并非"真实"的存在,在许多由计算机设计的环境中,人们尽管体验到了许多在真实环境中无法体验到的现象,但也造成了存在与虚无、真实与虚假的混淆,导致了一系列荒唐滑稽的行为和后果②,体现为网络虚拟特性造成了人际交往伦理关系异化③。刘静指出,互联网自由性与开放性的影响和网络技术的异化等客观原因造成了电子商务领域中各种失范行为的产生。④

从社会层面看,陈万求(2002)等学者将网络伦理问题的产生归结为不正当经济利益的驱使,出于对经济利益和商业利润的追求,一些不法分子和别有用心之人在网络中肆意妄为。如炒作、恶搞和作秀等,更有甚者还进行网络诈骗、制黄贩黄、盗窃和兜售用户信息等违法犯罪行为。⑤ 赵阳阳(2017)从网络游戏的伦理问题出发,提出网络游戏开发者出于追求经济利益的动机,诱导网游玩家过度消费。⑥

从网络伦理规范内容与现实伦理规范内容的差异出发,冯鹏志(1999)、张小红(2006)、王景云(2009)等学者认为网络伦理问题不是独立产生的,而是现实伦理问题在网络中的折射。在现实生活中人们迫于法律规范的约束和舆论的压力,不敢将自己的真实意愿展现出来,网络道德失范是现实社会中的丑恶现象在网络社会中的表现。⑦ 网络虽然是虚拟的,但其主体仍是活生生的人,因特网是一个来源于现实社会又与现实社会保持密切联系的世界,现实社会的伦理道德规范并不完全

① 参见李育红《网络伦理的层次性、根源与对策》,载《科学·社会·经济》2005年第1期。
② 参见孙伟平《网络时代伦理道德面临的新挑战》,载《江海学刊》2008年第3期。
③ 参见赵丽涛《网络空间治理的伦理秩序建构》,载《政治建设》2018年第3期。
④ 参见刘静《我国电子商务伦理问题研究》,载《长春大学学报》2013年第2期。
⑤ 参见陈万求《网络伦理难题和网络道德建设》,载《自然辩证法研究》2002年第4期。
⑥ 参见赵阳阳《网络游戏开发的伦理审视》,南华大学硕士论文,2013年。
⑦ 参见张小红《网络伦理问题研究综述》,载《中国电化教育》2006年第9期。

适用于网络社会。① 现实社会中的各种规范和某些网络规范之间存在着差异,新的网络规范与旧的网络规范之间也存在着分歧和冲突。②

从人的道德意识和心理层面来看,李卫东(2002)等学者认为产生网络伦理问题的根源是双重标准的存在。网络交往的虚拟性导致了网络伦理的主体身份认同与传统伦理主体的身份认同的差异,造成了个体在现实生活和网络世界中分别遵守不同的规则,担当不同的角色,使个体具有了双重的道德评判标准。当某些为现实社会规范所不容许的行为在网络中发生时,人们往往会以双重标准来对待。如民众对待黑客的态度,双重标准只能助长这种道德失范和犯罪。③

从法律和规范制定方面来看,李卫东(2002)、陈万求(2002)等学者认为网络伦理问题之所以产生是由于网络立法以及网络道德规范的制定相对落后和网络社会的无组织无管理状态。黄寰(2003)认为网络伦理问题的出现源于网络法律和规范存在漏洞这一客观原因。④ 赵晖(2012)也指出监管制度的滞后性不利于网络伦理的构建。⑤ 张荣强(2012)指出政府职能部门监管乏力和相关法律法规的不健全造成了网购环境中失范行为的产生。⑥ 刘静(2013)指出法律制度不健全是造成电子商务领域中伦理失范行为的客观原因。⑦

梳理国内学者对网络伦理问题产生原因的研究,可以将催生网络伦理问题的因素归纳如下:网络技术自身的特点为网络伦理问题的产生提供了土壤,现实伦理与网络伦理的冲突加速网络伦理问题的产生,作为网络主体的人所具有的双重标准又为网络伦理问题的产生提供契机,再加上网络与经济、政治、文化领域交叉容易出现各种问题。综上而言,网络伦理问题的产生是难以避免的。

10. 网络伦理问题的解决路径研究

针对网络伦理出现的问题,国内专家学者基于不同角度、不同侧重进行了研究,并给出了具体解决路径。

本世纪初,学者张寰(2002)认为建设一个新型的网络伦理社会应通过高科技手段预防网上不文明行为,还要加强国际与国内的网络组织、管理与执法机构之间

---

① 参见王景云《网络伦理危机探析》,载《学术交流》2009年第7期。
② 参见冯鹏志《网络伦理学》,成都:四川人民出版社2002年版,第32—46页。
③ 参见李卫东《网络道德与社会伦理冲突琐议》,载《陕西师范大学学报》(哲学社会科学版)2002年第1期。
④ 参见黄寰《网络伦理危机及对策》,北京:科学出版社2003年版,第40—44页。
⑤ 参见赵晖《网络伦理问题的根源与对策》,载《沈阳师范大学学报》(社会科学版)2012年第1期。
⑥ 参见张荣强《网络购物伦理研究》,湖南工业大学硕士论文,2012年。
⑦ 参见刘静《我国电子商务伦理问题研究》,载《长春大学学报》2013年第2期。

的通力协调合作。① 吕本修（2002）提出完善道德监控机制、健全网络道德规范的具体操作方法包括：加大对网络文化发布主体和网络文化内容的审核与管理力度，增强对因特网的监控，加强网络文化内部保密措施；设置多形式多层次的网络文化消费投诉处理中心，确保网络文化间的通畅传递；坚持诚实信用的契约原则，加大舆论监督力度。② 柯常钦、沈海波（2005）指出要把网络道德教育的内容与中国的现实情况相结合，形成具有中国特色的网络道德教育思想体系。③

近十年来不少国内学者从网络信息技术、社会管理、主体规范和法律规范建设这四个层面对解决网络伦理问题的具体路径展开研究，主要有下列观点：学者郑洁（2010）认为应从技术层面、管理层面、主体层面和法律层面解决网络伦理问题。技术治理要求完善网络信息技术自身建设，开发网络防火墙，开展身份准入认证，利用网络访问控制、网上监控和入侵检测等技术手段，尽快修补网络安全漏洞；管理治理要求明确管理人员责任、建立健全的管理制度体系、加强管理人员网络安全意识和网络安全教育培训；主体治理要求主体应建立正确的道德意识，在此过程中处理好大节与小节、手段与目的间的关系，实现道德自律；法律治理要求网络伦理方面应加强立法控制。④ 对此，梁潇（2015）、赵丽涛（2018）也持有相同见解，梁潇认为网络伦理规范建构应确立构建和谐网络社会的指导思想、提高网络主体的伦理素养、加强法律建设和道德建设、完善网络伦理规范运行机制。⑤ 赵丽涛认为应重视对网络技术的道德反思、加强网络伦理调控机制建设、提升网络舆论的自我净化能力和积极培育网络空间的社会资本，从而构建一套为全体成员所共享的能使其形成合作的价值规范⑥，张宸赫（2018）指出要引导人们树立正确的伦理价值观。⑦此外学者张元和丁三青（2014）将构建网络伦理规范与社会主义核心价值观教育相结合，并提出了颇具创新性的现实实践路径。他们认为要创建正确传播社会主义核心价值观的网络平台，培育成熟的网络平台主体，变革传统的话语宣传模式，建立健全网络法律法规体系，完善网络伦理道德规范和网络行为规范内容，同时创新网络传播辐射载体群，加强网络文化阵地建设，加强网络监管力度，净化网络信息，

① 参见张寰《网络伦理学》，成都：四川人民出版社 2002 年版，第 32—46 页。
② 参见吕本修《关于构建网络道德规范的思考》，载《理论学刊》2002 年第 6 期。
③ 参见柯常钦、沈海波《网络伦理》，载《湖北教育学院学报》2005 年第 3 期。
④ 参见郑洁《网络伦理问题的根源及其治理》，载《思想政治教育研究》2010 年第 4 期。
⑤ 参见梁潇《网络伦理规范建构研究》，吉林大学硕士论文，2015 年。
⑥ 参见赵丽涛《网络空间治理的伦理秩序建构》，载《政治建设》2018 年第 3 期。
⑦ 参见张宸赫《网络伦理建设研究》，辽宁师范大学硕士论文，2018 年。

从而营造和谐的网络文化环境①,应该说该观点较为全面,措施具有一定的可操作性。

还有学者从高校教育、网络直播、电子商务、自媒体网络传播等方面探索解决网络伦理问题的具体实践路径:杨金丹(2019)认为,要从国家、社会和高校三个层面出发,针对大学生网络伦理失范行为建立相应的预防机制。国家要持续推进网络法治建设,不断完善网络法治体系;社会要形成网络行为规范的制约机制,营造风清气正的网络环境;高校要重视网络伦理教育,并将其纳入大学生思想政治教育培养范畴。② 甄洋(2018)认为要从技术、法律、教育和平台建设探求解决之策。应建立网络信息防火墙、直播监控程序和直播举报功能;加强法律规范建设;重提家庭传统伦理教育,加强学校网络伦理教育;成立专门网络平台小组引导舆论走向,塑造正面"网红"形象。③ 郑乐晓(2011)呼吁建构合理的网络伦理以保障电子商务市场的健康发展。他指出要大力构建网络伦理的心理契约体系、网络伦理的书面契约体系和网络伦理的契约监管体系,他还分别从个人、社会和法律监管的角度提出具体治理措施。④ 郑洪辉(2016)则从改进网络技术、加强法制建设、制定伦理规范和强化伦理教育四个层面给出解决网络电子商务伦理问题的对策。⑤ 林阿娟(2018)在对促进自媒体时代网络传播伦理建设的研究中提出,要通过树立正确舆情应对理念、完善网络规范体系建设、发掘培育正向意见领袖以及加大网络传播伦理教育的途径改善自媒体时代网络环境,应对自媒体时代网络伦理问题。⑥

综上研究,目前学界对网络伦理问题的表现、成因研究比较全面,对解决路径的探索也比较成熟。但很多观点相似,创新性和实效性尚显不足,有些研究成果大都是纯理论形式,运用实证调研的不多,道德内化作用不足,缺乏可操作性,这是未来学者在研究中需要注意和改进的地方。

---

① 参见张元、丁三青《网络环境下的社会主义核心价值观认同的实践路径》,载《科学社会主义》2014年第 4 期。
② 参见杨金丹《大学生网络伦理失范的生成机制研究——基于 TPB 模型的实证分析》,载《高教探索》2019 年第 1 期。
③ 参见甄洋《网络直播现状及问题研究》,中国政法大学硕士论文,2018 年。
④ 参见郑乐晓《电子商务运作中的网络伦理构建研究》,浙江师范大学硕士论文,2011 年。
⑤ 参见郑洪辉《网购评价体系的伦理研究》,重庆师范大学硕士论文,2016 年。
⑥ 参见林阿娟《自媒体时代网络传播伦理发展探微》,载《闽南师范大学学报》2018 年第 2 期。

三、简要评述

新中国成立 70 年来,我国网络伦理研究经历了"西学东渐""全面繁荣""纵深发展"三个阶段,从无到有,由广及深,取得了一系列突破性成果。由于我国进入互联网时代晚于西方,关于网络伦理方面的研究是在借鉴西方研究成果的基础上进行自主建构的。1998 年,国内学者严耕、陆俊、孙伟平三人合著的《网络伦理》正式出版,开启了我国对网络伦理的初步探索。其后,随着网络技术的迅猛发展,我国学术界关于网络伦理方面的研究逐渐呈现出一片繁荣景象,涌现了大批具有较高学术价值的文章和专著,从不同的角度对网络伦理进行了探讨。进入 21 世纪后,国内关于网络伦理的研究逐渐进入了细化和交叉性研究阶段,目前网络社会的伦理问题主要表现为物理空间与虚拟空间、信息欺诈与信息垄断、信息自由与信息安全、信息共享与信息独有、信息滥用与信息危机、数字异化与个人隐私等多对范畴间的矛盾。目前,网络伦理的其他研究内容还包括网络舆论、网络情色、网络反腐等。

伴随互联网在大众生活中的日益普及,我国的网络伦理学研究已逐渐从网络伦理的理论性问题和体系建构研究向网络伦理的具体现实问题研究转变,一些反映当下网络社会现实的伦理问题逐渐成为学界研究的焦点。回顾我国网络伦理学的发展历史,总体来看成绩斐然,学科研究稳步前进,学术规模不断壮大,研究内容愈加丰富,研究视角不断开拓,研究手段日趋成熟。

虽然国内对网络伦理的研究取得了一定的成就,但仍存在很多值得我们深思的问题。

第一,伦理与道德在概念上的简单同一。伦理是个体与整体、个体与公共本质相同一的精神家园,道德是对个体性、偶然性与任意性的扬弃,要以回归最终的精神家园为实现形式,因此,网络伦理与网络道德本身应具有不同的内涵。学界普遍将"伦理"与"道德"概念简单等同,导致难以对网络伦理问题进行深刻的本质把握和哲学解读,只能停留在空洞的道德规范和道德原则的讨论之中。

第二,网络伦理规范建设与法律建设界定不明。由于我国的网络伦理研究起步较晚,目前尚未形成较为成熟和完善的网络伦理规范体系。就目前国内的网络伦理方面的研究成果而言,有不少学者把网络法制建设问题作为网络伦理建设的一项主要内容,更有甚者将二者的建设归为一谈。固然网络伦理的建设离不开网络法制建设的协助,但毕竟网络伦理建设不等同于网络法制建设,正如普通伦理不同于普通法制一样。伦理和法制只能是相辅相成的关系,二者不是包含关系,更不是等同关系。

第三,研究内容的雷同趋向。首先体现为研究范式的雷同性,即使是针对新兴的交叉研究领域,国内学者也大都采用"危机—应对"研究范式下的"是什么—为什么—怎么办"的网络伦理困境研究路径,且研究的困境也无非是网络隐私、网络安全、网络犯罪等议题。此外还体现为研究领域上的雷同性,梳理近年来国内学者对网络伦理问题的研究成果,关于网络伦理教育研究方面的内容极多,对青少年关注极多,却缺少对广大社会网民即全民教育的研究。对很多具体网络伦理问题的研究,也常常局限于点对点的论证,拓展性和关联性研究相对不足。

第四,尚未形成专业化研究队伍。虽然近年来学术界为网络伦理的研究付出了不少的心血,但与其他应用伦理学相比,无论是科研队伍还是科研实力都存在不小的差距。截至目前全国还没有建立一个专门的网络伦理学专业学会组织,也少有专门研究网络伦理的全国会议召开,受国家社会科学资金资助的网络伦理方面的课题寥寥无几,以"网络伦理"为主题发表在核心期刊尤其是国家级刊物上的论文数量有限,与经济伦理、生态伦理、行政伦理等其他应用伦理学相比,弱势较为明显。

第五,缺乏对网络的社会语境建构作用的关照。目前多数研究只是将网络作为一个崭新的信息平台来解读。而网络不仅仅是媒介自身,与同样作为媒介逻辑的传统媒介相比,它更能体现出一种媒介环境的营造及网络社会下语境的建构作用。无论对目前的网络空间还是未来全面化的网络时代,都应以"网络—媒介逻辑—社会语境"的模式加以解读。

第六,学术界和实践部门出现脱节。网络问题是新出现的问题,网络的实际操作者忙于具体技术的完善无暇关注网络伦理问题;网络管理部门工作体系尚未完善,工作经验尚未成熟,一时还难以抽身对网络伦理问题进行理论归纳和整理;由于学术界也是刚刚涉足这一领域,目前尚未形成较为成熟的理论观点和较具实效性的指导性意见,现有的理论研究成果尚不能引起实践部门的关注,难以引起实践部门的共鸣。

总之,今后的网络伦理研究要尽量弥补现有理论研究的不足,唯有如此才能有利于学科建设,才能更好更快地推动我国网络伦理研究的发展。

第二十四章　军事伦理

军事伦理作为伦理学领域一个相对独立的应用学科,至今有 30 多年的发展历程。30 多年来,在坚持走中国特色强军之路,全面推进国防和军队现代化进程中,面对世界新军事革命产生的新问题、新特点,中国军事伦理学继承了中华民族优秀的军事伦理文化、发扬了人民军队优良传统、借鉴了国外军事伦理建设的宝贵经验,在原来军人伦理学研究的基础上日益拓展、不断丰富,逐渐形成了自己独特的学科体系和富有鲜明特色的学科建设,日益显现出强大的生命力和重要的军事、社会价值。

一、研究的基本历程和概况

受我国社会主义道德建设和伦理学发展以及中外传统军事伦理思想和文化、世界新军事变革及战争形态变化所带来的深刻影响,军事伦理学兴起了。

(一)军事伦理学研究的兴起并渐入佳境(20 世纪 80 年代—90 年代)

我国军事伦理学研究是从军人伦理学开始的。改革开放后随着我国马克思主义伦理学研究的兴起,80 年代以来军校相继开设《军人思想品德修养》《军人伦理学》等课程,不少军人伦理学著作①陆续出版,军人道德研究水平也随之提高,对学科发展和培育军校学员立德成才发挥了重要作用。有学者认为,"1987 年人民出版社出版了王联斌主编的《军人伦理学》一书,结合我国军事现实全面系统论述了

---

① 如张敬波、俞正山:《军人道德简明教程》,西安:陕西人民出版社 1986 年版;王联斌:《军人伦理学》,上海:上海人民出版社 1987 年版;王伟、高玉兰:《当代军人道德》,重庆:重庆出版社 1987 年版;张寿华、翁世平:《军人思想道德素质概论》,北京:海军出版社 1988 年版;王伟:《军人伦理学新编》,北京:军事科学出版社 1988 年版;李权时、刘燕俊:《军人道德概论》,北京:大地出版社 1988年版;陈识金、杨坚、印进宝:《当代中国军人伦理学》,南京:江苏人民出版社 1989 年版;张万忠、潘文铎、刘凤耆:《简明军人伦理学》,北京:军事科学出版社 1988 年版等。

有关军人伦理学的基本原理,此为我国军人伦理学研究走向成熟的标志。但很久以来,学界有关军事伦理学的研究主要局限于军人伦理学,虽然考虑到改革开放之初亟需思想上拨乱反正及军人道德重要性的事实,出现这种现象是可以理解的,但其不足也是客观的。因为现实中很多涉及军事的重要伦理问题是军人伦理学所不能解决的。在 20 世纪 80 年代,在军人伦理学研究兴起并渐入佳境之时,不少学者已看到军人伦理学的局限性,他们开始从更广泛的范围去思考军事伦理问题并写了一些军事伦理学的论文,对军事伦理学的理论和实践及军事伦理学史等方面进行了探讨。"①

1989 年 12 月 20 日,由空军指挥学院、西安政治学院、海军工程学院、海军政治学院、空军政治学院、政治军官进修学院和南京政治学院联合发起的"全国军事伦理学第一次学术讨论会"在北京举行。"对军事伦理学范畴的界定,是这次会议讨论争论的主要问题之一。"②学者们针对军事伦理学的对象、意义、内容和体系、原则和方法,军事伦理学与军人伦理学的关系,军人职业道德,军人品德的培养与修养,战争与道德的关系等展开讨论,提出了很多有价值的见解。当时会上有学者提出:"现在谈论建立军事伦理学体系为时尚早,当前急迫的是加强对军事伦理学基本概念、范畴、原理的研究,以便为建立军事伦理学的科学体系奠定坚实的基础。"③"在当时的条件下,形成军事伦理学确有不少理论和现实的困难,但大会表明,军队理论界已初步感受到国防和军队现代化建设的实践要求,并开始尝试形成军事伦理学体系,这为以后军事伦理学的形成奠定了基础。"④

1990 年,中国人民大学夏伟东、空军指挥学院胡德荣在《道德与文明》杂志不定期开辟的"军事伦理学"专栏中先后发表《军事伦理学的研究对象》⑤《军事伦理学的意义》⑥《军事伦理学的任务》⑦等论文。1991 年,蓝天出版社出版了《军事伦理学研究》论文集,其中包括《目前军事伦理学研究主要理论观点综述》,魏英敏的《简论军事伦理学研究的宗旨与任务》,夏伟东、胡德荣的《论军事伦理学》,谭振军、刘李胜的《马克思主义伦理学的意义、对象和原则》,王伟的《军事伦理学断想》,顾

① 刘淑萍、赵枫主编:《现代军事伦理学概论》,北京:国防工业出版社 2005 年版,第 26 页。
② 夏伟东、石家祥:《全军首次军事伦理学学术讨论会综述》,载《道德与文明》1990 年第 1 期。
③ 《保证我军政治上永远合格——全军军事伦理学首届学术研讨会综述》,载《解放军报》1990 年 1 月 25 日。
④ 刘淑萍、赵枫主编:《现代军事伦理学概论》,北京:国防工业出版社 2005 年版,第 26—27 页。
⑤ 夏伟东、胡德荣:《军事伦理学的研究对象》,载《道德与文明》1990 年第 1 期。
⑥ 夏伟东、胡德荣:《军事伦理学的意义》,载《道德与文明》1990 年第 2 期。
⑦ 夏伟东、胡德荣:《军事伦理学的任务》,载《道德与文明》1990 年第 3 期。

智明、时学军的《建立科学的军人伦理学》,郑弘波的《关于军事伦理学的研究方法》,苗增涛的《军事伦理学研究中几个问题的思考》等 46 篇论文,进一步深入了对军事伦理学基本理论问题的研究。

20 世纪 90 年代中后期,出现了三本有代表性的系统阐述中国军事伦理文化史的专著。1996 年,工程兵工程学院赵枫出版的《中国军事伦理思想史》,"为中国军事伦理思想史提供了一个体系,描绘了一个轮廓",认为"中国军事伦理的发展,大致经历了萌芽、形成、发展、高峰四个阶段。……叙述和分析了我国现存主要兵书及有关人物的理论著作中的军事伦理思想"。[①] 1997 年,南京政治学院顾智明出版的《中国军事伦理文化史》,"作者以中国社会的历史实践、特别是军事斗争实践为基础,力图将中国古代兵书和其他历史典籍中富有特色的军事伦理文化思想提炼出来,梳理出一个大体的轮廓和发展的线索。""该书的问世,将开辟中国军事和中国传统文化研究的一个新领域",[②]"为军事文化乃至中国传统文化的丰富和发展做出了贡献"[③]。1998 年,空军政治学院王联斌出版的《中华武德通史》中所说的"武德"包括了两个部分:"一是武德实践;二是武德思想,亦称军事伦理思想"[④],包括传统武德的形成、发展、本质、特征与基本思想,传统武德的基本结构、传统武德的当代社会价值等内容,同样也包含了大量的军事伦理思想。这些从历史角度考察军事伦理学的专著为军事伦理学的形成提供了史的基础。"但遗憾的是,国内对军事伦理学的系统研究,尤其是对当代军事伦理学学科的建构却迟迟没有取得令人满意的进展,一定程度上限制了军事伦理学研究的深入。"[⑤]总之,这三本学术专著更为系统、全面地研究和阐述了我国军事伦理思想文化的历史发展进程,描绘了我国军事伦理发展的历史概貌,较为深刻地揭示了中国军事伦理文化在各阶段发展的基本特点。

(二)军事伦理学学科形成、理论体系建立并日益发展(2000 年以来)

进入 21 世纪,不少军校为了贴近军事建设实际调整院校学科结构,开设"军事

---

① 李桑:《读赵枫〈中国军事伦理思想史〉断想》,载《军事历史研究》1996 年第 4 期。

② 舒迅:《系统阐述中国军事伦理文化史的专著——〈中国军事伦理文化史〉出版》,载《南京政治学院学报》1997 年第 6 期。

③ 龚冬梅:《军事伦理学研究的一部力作——读〈中国军事伦理文化史〉》,载《哲学动态》1998 年第 11 期。

④ 王联斌:《中华武德通史》,北京:解放军出版社 1998 年版,第 1 页。

⑤ 唐凯麟:《当代军事道德关系的理性展示——〈当代军事伦理学〉述评》,载《伦理学研究》2005 年第 1 期。

伦理学"课程,在此背景下,为了推进学科建设,一批专著教材陆续出版。2004年,顾智明主编《当代军事伦理学》一书,该书较好地建构了当代军事伦理学理论体系,精要梳理了中西军事伦理智慧和马克思主义军事伦理思想,科学地界定了军事伦理学的若干范畴,拓展了军事伦理学的研究视域。之后,不少学者对该书作出高度评价。如:"该书运用马克思主义伦理学一般原理,探讨了军事道德的本质及其规律,政治家、军人、民众等军事道德主体的道德原则规范,和平时期、高技术战争情况下军事道德的表现和作用等问题,探讨了军事道德教育与修养的问题。它的出现标志着我国军事伦理学学科体系的形成。"①"在吸收前人研究成果的基础上,对当代军事道德关系作了不少可贵探索,在许多方面取得开拓性的进展。""既是对前阶段国内军事伦理学研究的总结,同时又具有重要的开创性意义,为进一步研究提供了基本理论框架,堪称国内军事伦理学研究的里程碑。"②2005年,刘淑萍、赵枫主编了《现代军事伦理学概论》,涉及现代军事伦理学研究的对象、任务和方法,现代军事道德的本质、作用和一般要求,军事伦理的一般范畴,政治家、军人与民众的军事道德,高技术战争的伦理道德,民族战争的伦理道德,现代军事道德的践履等内容。除此之外,李建德、张荣生主编了《军事伦理学》③(2006)、翁世平等发表《中国军事伦理学研究综述》④(2006)、王俊南发表《军事伦理的规范与实践》⑤(2009)、刘淑萍等发表《军事伦理学学科建设发展路径探讨》⑥(2012)。进入新世纪以来,北京、上海、南京、长沙等地多所军校又陆续设立了军事伦理学专业硕士研究生学科点,产生了一批有质量的硕士学位论文,这些丰富的学术成果推动了军事伦理学学科的发展和完善。

　　这一时期,许多学者研究了不同历史时期中国军事伦理思想的状况和特点。如有学者对先秦兵家军事伦理思想进行研究,指出兵家基于对上古武德意识的理解和吸收,在对战争的道德情感体验和理性伦理分析的基础上,形成了由忠国利民的军人价值观,贵仁尚义的战争观,严纪守律的军队管理伦理思想,崇智善谋、和军

① 刘淑萍、赵枫:《现代军事伦理学概论》,北京:国防工业出版社2005年版,第27页。
② 唐凯麟:《当代军事道德关系的理性展示——〈当代军事伦理学〉述评》,载《伦理学研究》2005年第1期。
③ 李建德、张荣生:《军事伦理学》,西安政治学院训练部内部发行2006年版。
④ 翁世平、孙君、天羽:《中国军事伦理学研究综述》,载《道德与文明》2006年第1期。
⑤ 王俊南:《军事伦理的规范与实践》,北京:国防大学出版社2009年版。
⑥ 刘淑萍、朱玮、邹小丽:《军事伦理学学科建设发展路径探讨》,载《解放军理工大学学报》(综合版)2012年第4期。

爱卒的武德修养论等构成的完整的、系统的军事伦理思想体系。① 有学者揭示了春秋战国时代军事伦理理念的嬗变;②有学者研究了隋唐时期将士在处理与国家、与百姓关系和军队内部关系时的价值选择。精忠爱国是将士最基本的也是最重要的道德信念精兵尚武提高战斗力亦是将士们追求的目标。将帅们大多尽量不违农时,仁德爱民、爱惜民力。在将帅与士卒这一军队内部最基本的关系上,将帅多注重爱卒善卒、结爱于士,士卒也多能做到拥护爱戴将帅、服从命令,营造和军一心的局面。③ 有学者总结了鸦片战争至五四时期军事伦理思想,显现出"带有殖民地半殖民地社会的特征、以爱国主义为主旋律、理论体系具有多样性、开放性和严密性,以及对近代中国社会发展变革起到了导向作用"等特点。④ 还有学者归纳了中国传统军事伦理的价值取向,重视"正义战争"的道德规范,维护"替天行道"、"以仁为胜"和"先德后武"的价值取向,以达到仁德治国的境地。"和平"理念是中国传统军事伦理最重要的精神遗产。⑤ 这些研究成果以古鉴今,对当代革命军人的价值选择、武德观的确立提供了借鉴和支撑。

　　还有许多学者关注我国不同时代历史人物,如对老子、荀子、孙武、尉缭子、吴起、孙膑、诸葛亮、曹操、辛弃疾、戚继光、林则徐、曾国藩、魏源、左宗棠、胡林翼、孙中山、韦拔群、毛泽东、周恩来、邓小平等人⑥军事伦理思想及其当代价值进行了提炼和概括;许多学者对我国不同历史时期的代表性军事著作进行解读,发掘了《商君书》、《非攻》、《孙子兵法》、《吕氏春秋》、《六韬》、《武经总要》、《太白阴经》、《美芹十论》、《司马法》、唐代兵书、宋代兵书、明代兵书等蕴含的军事伦理思想及其当代价值。⑦ 这些对历史人物、军事著作军事伦理思想的总结概括以及有益启示,从不

① 参见胡东原、张德湘《先秦兵家军事伦理思想研究》,载《学海》2003 年第 3 期。

② 参见汤浩《春秋战国时代军事伦理理念的嬗变》,载《怀化师学报》2000 年第 1 期。

③ 参见王超、张怀承《隋唐军事道德生活说略》,载《北方论丛》2014 年第 1 期,第 84 页。

④ 参见赵枫《鸦片战争至五四时期军事伦理思想的特点》,载《军事历史研究》1999 年第 4 期。

⑤ 参见谈际尊《中国传统军事伦理的价值取向》,载《南京政治学院学报》2006 年第 4 期。

⑥ 如赵枫:《胡林翼军事伦理思想初探》,载《解放军理工大学学报》2000 年第 3 期;胡东原、张德湘:《诸葛亮军事伦理思想研究》,载《南京社会科学》2003 年第 2 期;吴蓓蓓、彭凯:《邓小平军事伦理思想简论》,载《武警学院学报》2004 年第 4 期;占涛、褚明伟:《试论老子的军事伦理思想》,载《军事历史研究》2004 年第 3 期;杨丽坤、张永敏、方永刚:《试论孙中山的军事伦理思想》,载《军事历史研究》2005 年第 2 期;王联斌:《论曹操的武德人格》,载《军事历史研究》2009 年第 4 期;丁雪枫、陶军:《黑格尔军事伦理思想析论》,载《南京政治学院学报》2011 年第 1 期;邢盎洲:《周恩来军事伦理思想论略》,载《南京政治学院学报》2016 年第 1 期;刘劲松:《曾国藩军事伦理思想及其现代价值》,载《湖南社会科学》2016 年第 5 期;等等。

⑦ 参见丁雪枫《〈荷马史诗〉的军事伦理思想》,载《南京政治学院学报》2003 年第 1 期;尚伟《〈孙子兵法〉中的军事伦理思想及当代价值》,载《理论学习》2014 年第 7 期。

同角度、不同层面给当代军事伦理的创新发展提供了源泉动力。

有的学者对军事伦理学的更高层次国防伦理学相关问题展开研究,还有的学者从军事伦理的分支领域,如军人伦理、战争伦理、核伦理、军事科技伦理、军事管理伦理、军事环境伦理、军事医学伦理、军事信息伦理、军事伦理价值等方面深入展开研究,诸多论著的出现进一步加强了中国军事伦理学的学科建设,使其内容、体系日臻丰富和完善。

另外,有学者提出要关注当代外国军事伦理研究,充分利用思想道德建设的重要资源。① 这一时期,不少学者涉足外国军事伦理思想的研究,既包括对亚里士多德、伯里克利、欧里庇得斯、克劳塞维茨、康德、黑格尔等人的军事伦理思想的研究,也包括对《荷马史诗》、色诺芬的《长征记》、《赫卡柏》等著作军事伦理思想的研究,还包括对美国、俄罗斯、法国、加拿大、以色列等国家和地区军事伦理思想的研究。尤其是近十年来,随着我国社会及军队对外交往的不断扩大,我军与外军之间交流增多,军队政治工作者能够拥有更广阔的视野、以更客观的立场进行新的伦理审视,对外国特别是对西方军事伦理的研究成果日渐增多,既研究了西方军事伦理史,又研究了当代西方军事伦理思想、外国军队道德教育和价值观培育,通过对比研究来批判、汲取和借鉴西方军事伦理的一切合理成分,积极发展中国特色军事伦理学,为建设信息化军队、打赢信息化战争服务。如《当代外国军事伦理》②在总体梳理和评述当代外国军事伦理的基础上,分别考察了当代美国、俄罗斯、英国、法国、德国、印度、日本、以色列、阿拉伯等国家和地区的军事伦理思想及其教育,较为全面地展现了当代外国军事伦理的现状,审视了当代主要国家的军事道义观和军事价值观,揭露了渗透于西方军事伦理中的霸权主义。《西方军事伦理文化史》③较为详尽地描述了古希腊、古罗马、欧洲中世纪和近现代军事伦理萌芽、形成及其演变的历史,反映了西方人在其历史进程中结合军事尤其是战争活动对"应该如何"的追问和思考,蕴含其中的科学进步的军事伦理精神为西方社会几度繁荣和人类文明作出了巨大贡献,值得我们学习借鉴;而根深蒂固的霸权主义多次给西方及世界带来深重灾难,今天依然要高度警惕。《当代外国军队道德教育》④指出,世界各国如当代美国、俄罗斯、英国、德国、法国、日本等都高度重视思想文化、民族精

---

① 参见顾智明《充分利用思想道德建设的重要资源——关注当代外国军事伦理研究》,载《军队政治工作》2009年第3期。
② 参见顾智明、尚伟《当代外国军事伦理》,北京:解放军出版社2010年版。
③ 参见顾智明、丁雪枫《西方军事伦理文化史》,北京:解放军出版社2010年版。
④ 参见顾智明、仲彬、谈际尊、盖岩《当代外国军队道德教育》,北京:解放军出版社2010年版。

神、道德情操等"软实力",并将之贯彻到国防和军队建设中,我军同样也需要关注军事道德、重视道德教化。这三本研究当代外国军事伦理的编著,填补了我国全面、系统、深入研究外国军事伦理、军事伦理文化史、军队道德教育的空白,对于我军向外军学习,取其精髓、弃其糟粕,取长补短、为我所用,具有十分重要的理论和实践指导意义。

二、研究的主要问题

30 多年来,学者们着眼于国家安全、国防和军队现代化建设的现实要求,深入人类社会战争现象、军事活动以及相关环境,从军事伦理学的学科本体研究、具体领域应用研究等方面进行了积极探索。

(一) 关于军事伦理学的学科界定

从伦理学界研究现状来看,绝大多数伦理学研究者都把军事伦理学理解为应用伦理学独立的分支学科或组成部分。

1. 军事伦理学的概念

对军事伦理学概念的界定,有的学者从军事活动的主客体关系角度去下定义,如:军事伦理学是研究军事活动中道德主体和客体统一规律及行为法则的知识体系。[①] 军事伦理学是"研究军事道德现象、揭示军事实践活动中主体与客体道德关系的专业伦理学"[②]。

有的学者从揭示军事伦理学研究对象的角度下定义,如:"军事伦理学是专门研究与军事有关的道德问题的学科,不仅涉及军人主体自身的道德建设问题,还广泛地研究战争与和平,热核战争与常规战争,军队建设,国防教育以及利益集团、政府以至世界范围内的许多与军事有关的道德问题。"[③]"军事伦理学是揭示军事道德的本质及其规律的科学。"[④]

① 参见王伟、戴杨毅、姚新中主编《中国伦理学百科全书——应用伦理学卷》,长春:吉林人民出版社1993 年版,第 406 页。
② 朱贻庭主编:《伦理学大辞典》,上海:上海辞书出版社 2002 年版,第 230 页。
③《目前军事伦理学研究主要理论观点综述》,载《军事伦理学研究》,北京:蓝天出版社 1991 年版,第1 页。
④ 刘淑萍、赵枫主编:《现代军事伦理学概论》,北京:国防工业出版社 2005 年版,第 2 页。

2. 军事道德的本质、作用和一般要求①

军事道德的本质。军事道德是通过军事实践折射社会经济、政治要求并为之服务的社会意识形态上层建筑;其道德规范体系以军事道德规则、军事纪律等形式直接地反映着经济、政治的要求,作为一种实践精神,它要求人们的军事道德价值取向最终符合于保存自己、消灭敌人的要求。

军事道德的作用。从三个方面进行:从军事道德的本质上看,它对社会经济基础、政治等起着重要作用;从其本身的具体道德功能看,它起着调节军事关系的作用;从其军事作用看,对军事目的的实现起着不可忽略的作用。

军事道德的一般要求的内容。为人民服务是军事道德的核心要求,集体主义是军事道德的基本原则,现代军事道德应当遵守军事环境道德。

3. 军事伦理学的研究对象

军事道德现象是军事伦理学的研究对象。对军事伦理学研究对象的具体认识,学者们主要是通过厘清"军事伦理学"与一般理论伦理学、其他应用伦理学,如军人伦理学、国防伦理学、战争伦理学、核伦理学、医学伦理学的关系而展现出来。

(1) 军事伦理学与一般理论伦理学。军事伦理学不等于一般的理论伦理学(道德哲学),与一般理论伦理学的关系是一般与个别、共性与个性的关系,是一定的理论伦理学(道德哲学)在军事道德应用领域的具体运用,因而它不等于道德哲学,应避免用道德哲学的框架来框定或构建军事伦理学,将之框定为一般的道德原理再加若干军事例子。②

军事伦理学范畴是其区别于一般伦理学的重要标志,它的界定对军事伦理学研究有直接影响。《当代军事伦理学》的编者充分考虑到军事相关道德的特殊性,把忠诚、勇敢、价值、正义、荣誉和人道界定为军事伦理学的基本范畴,这些范畴既能够统摄军事伦理学研究的基本内容,又彰显了军事伦理学特色。而且,从多角度、多层次对军事道德范畴进行全方位的分析。其中既对不同时期、不同阶级军事道德的范畴的特性和沿革作了交待,同时照顾到军事伦理学范畴的普遍性要求,用超越性的观点揭示范畴的"应该"维度,增加了军事道德范畴的科学性。③《现代军事伦理学概论》一书中指出"和平、正义、人道"是军事伦理学最主要的范畴。《军事伦理学》一书认为军事伦理的基本范畴是由忠诚、荣誉、正义和人道组成,这四方面

---

① 参见刘淑萍、赵枫主编《现代军事伦理学概论》,北京:国防工业出版社 2005 年版,第 40—69 页。
② 参见夏伟东、胡德荣《军事伦理学的研究对象》,载《道德与文明》1990 年第 1 期。
③ 参见唐凯麟《当代军事道德关系的理性展示——〈当代军事伦理学〉述评》,载《伦理学研究》2005 年第 1 期。

内容涵养了军事伦理的全部精神,是一条贯穿于整个人类军事伦理思想史的主线。

(2)军事伦理学与其他应用伦理学。大多数学者认为,"从应用伦理学的角度来理解军事伦理学,是恰当地认识军事伦理学的性质及规定军事伦理学的特有研究对象的正确思路。"①军事伦理学是一门以伦理学与军事结合为特征的应用型学科。与其他应用伦理学相比较,具有几个特征:其一,在通常情况下,医学伦理学等应用伦理学,并不涉及大规模、大范围的对人类及其文明造物的损伤与毁坏的问题。而军事伦理学面对的行为与事件,往往就是这种关系到人类的前途和命运的战争与和平问题。其二,医学伦理学这样的应用伦理学,主体是建立在个人之间的道德关系上的,然而军事伦理学所涉及的道德关系,大量是通过集团与集团、政府与政府间的武装对峙或抗衡来表现的。在这个意义上说,"军事伦理学是一种组织间的伦理学"。其三,其他应用伦理学即使与军事伦理学具有同一的对象,这些对象的性质也是有区别的。其四,军事伦理学面对的实际道德问题,其复杂性也远甚于其他应用伦理学所面对的实际道德问题。②

第一,军事伦理学与军人伦理学。学界在军事伦理学与军人伦理学的关系方面有两种不同观点:第一种观点认为,军事伦理学可视为军人伦理学。首先,二者的研究对象交叉兼容。军事道德与军人道德虽然相对独立,但都与军事生活相联系,都是为完成一定的军事任务而产生和发展的。其次,二者研究对象的主体交叉兼容。无论军人伦理学还是军事伦理学,其研究对象的主体都是人。因此,"从这个意义上说,军事道德也就是军人道德;军事伦理学亦可称之为军人伦理学"③。

第二种观点认为,军事伦理学不同于军人伦理学。有学者认为军事伦理学包含着军人伦理学,军人伦理学是军事伦理学的有机组成部分,二者是包含与被包含的关系。"军事伦理学是以军事道德现象为研究对象的学问,包括军事道德关系现象、军事道德意识现象、军事道德活动现象等等。军人伦理学则是集中研究军人道德的学问,包括军人道德理论、行为规范、德性养成等等。两者之间有联系,它们面对的都是军事领域的道德现象,其目的都在于通过道德提升军事主体的力量,更好地为国家、阶级、集团的利益服务,直至赢得作为'政治继续'的战争。同时二者又有区别,军事伦理的研究范围更广,它研究一切与军事活动有关的道德问题,包括职业军人、科学家、政治家、民众等不同主体的道德责任和义务及其相互关系;和平时期、战争时期军事道德关系、道德意识、道德活动的不同情况;高技术常规战争、

① 夏伟东、胡德荣:《军事伦理学的研究对象》,载《道德与文明》1990 年第 1 期。
② 参见夏伟东、胡德荣《军事伦理学的研究对象》,载《道德与文明》1990 年第 1 期。
③ 王联斌:《21 世纪军人伦理学的研究与展望》,载《中国军事科学》2004 年第 3 期。

热核战争的道德问题等等，这是军人伦理学无法涵盖的。"①鉴于上述认识，大多数学者认为应该从"大军事"观念、"大战争"观念和"大和平"观念的角度，来理解军事伦理学的研究对象，把一切与军事、战争及和平有关的道德问题，都纳入军事伦理学的视野之内，突破以往军人伦理学范畴涵盖内容的局限。②《伦理学大辞典》中也明确指出："军事伦理学包含军人伦理学，帮助军人确立正确的价值观，正确评价军人与军人、军人与军事集体、军人与国家、军人与民众、军人与社会、军人与家庭等伦理关系，为军人平时和战时提供切实可行的行为准则和规范，最终实现加强军队建设、赢得战争胜利的目标。"③

另有学者认为，军事伦理学与军人伦理学是平行的或者相互交叉的关系，军事伦理学并不能包含军人伦理学的所有问题，军人伦理学中有一些问题并不属于特定的军事范畴。"军事伦理学与军人伦理学总的说是一种平行的关系，而不是包含关系，但二者在平行之中又有交叉，无论是军事伦理学还是军人伦理学，都应探讨军人在从事军事活动时所应遵守的道德"④。"'军事'是军人最主要的职业活动，但并不是军人的一切活动都是军事活动，如军人的婚恋、学习、家庭生活、社会交往等等，都不是军事活动中。这些活动的道德问题也都不属于军事伦理学的研究范围，因而不能把军人的一切活动都看作军事活动。在这个意义上说，军事伦理学也不能完全包括军人伦理学。由此可见，军事伦理学和军人伦理学在内容上既是：相互交叉的，又是相互区别的，它们的研究视角、研究对象、研究范围不同，各有其存在的根据，不能互相取代。"⑤

第二，军事伦理学与国防伦理学。多数学者认为国防伦理学层次高于军事伦理学，应当包含军事伦理学。"军事伦理学与军人伦理学是同属国防领域的伦理学"，"国防伦理学即是研究国防领域全部道德现象的科学，这一概念的产生，不仅消弭了军事伦理与军人伦理、军事道德与军人道德之辨，而且从内涵和外延两个维度上开拓了军人伦理学研究的新视域，以军人伦理学为核心的国防伦理学学科群将在新世纪崛起"⑥。在《中国伦理学百科全书》应用伦理学卷中指出："军事伦理

---

① 顾智明：《当代军事伦理研究之管见》，载《道德与文明》2004 年第 2 期。

② 参见夏伟东、胡德荣《军事伦理学的研究对象》，载《道德与文明》1990 年第 1 期。

③ 朱贻庭主编：《伦理学大辞典》，上海：上海辞书出版社 2002 年版，第 230 页。

④ 郑弘波：《关于军事伦理学与军人伦理学关系的几点思考》，载《军事伦理学研究》，北京：蓝天出版社 1991 年版，第 72 页。

⑤ 陶传友：《试论军事伦理学的研究方法》，载《军事伦理学研究》，北京：蓝天出版社 1991 年版，第 75—76 页。

⑥ 王联斌：《开展国防教育，增强国防观念》，载《解放军报》1996 年 5 月 6 日。

学、军人伦理学、核伦理学作为国防伦理学的部门科学均与战争的正义与非正义性质、武装力量的道德素质、人制造使用武器的道德要求及限制等军事科学的具体内容有关。"①还有学者明确提出,"国防伦理是国家和民族精神文明及伦理文化的重要组成部分,是国家和社会成员关于处理国家关系、致力于国防建设的价值取向和伦理道德行为规范体系。"②还有学者指出,"国防伦理学的提出,既是我国应用伦理学的创新务实之举,也是军事伦理学科建设的实至名归。它表明我国军事伦理学者的视野拓展到了更广阔的领域,以更具普遍意义的理性思维,注重整体把握世界历史、文化的要素,进入宏观战略层阐释国家在国防、军事方面的行为、成就和思想,形成与多极化格局相适应的国防、军事价值观念体系。它同时表明军事伦理学者对军事伦理主体素质的时代要求以及军事伦理主体的内涵、外延有了全新的认知,力图整合军事伦理新的共识,以形成更为合理的军事伦理学研究的科学理论体系。从适应新的时代发展要求的角度看,我国军事伦理学研究以国防伦理的新视野开展的基础理论、应用理论建设,将会形成一些新的聚焦视点,求得新的突破。"③2012 年 11 月,人民网人民电视开设了"国防文化系列谈"栏目,对国防大学部分学者进行访谈,其中张弛围绕着何为新型的国防伦理、如何构建国防伦理,构建国防伦理的作用等问题谈了自己的看法,提出要努力构建"魂系人民的新型国防伦理",并指出"国防伦理是对国防领域全部人伦关系和人际关系所进行的道德规范,是该领域各种道德现象的总和。它可以看作是进行国防和军队建设的根本价值取向和道德行为准则,从而对协调和处理军政关系、军民关系,以及包括官兵关系在内的军队内部关系,起到规范的作用"④。但近几年来,对"国防伦理"概念学者们鲜有提及。

　　第三,军事伦理学与战争伦理学。在建构军事伦理学学科体系过程中,战争伦理问题不可或缺,成为军事伦理学的重要组成部分。"军事伦理学还注重对战争与和平诸伦理问题的研究。通过战前、战中、战后的全部战争活动过程,对军人进行各军、兵种的职业道德教育、职业道德考验和职业道德评估。"⑤90 年代初,《军事伦理学研究》一书中就包含着研究战争与道德关系、核道德问题、核战略道德观的有

---

① 王伟、戴杨毅、姚新中:《中国伦理学百科全书——应用伦理学卷》,长春:吉林人民出版社 1993 年版,第 389—395 页。
② 翁世平:《论国防伦理的现代应用价值》,载《中国教育改革》2004 年第 2 期。
③ 翁世平、孙君、天羽:《中国军事伦理学研究综述》,载《道德与文明》2006 年第 1 期。
④ 张弛:《略论我军魂系人民的新型军事伦理》,载《解放军理论学习》2012 年第 3 期。
⑤ 王伟、戴杨毅、姚新中:《中国伦理学百科全书——应用伦理学卷》,长春:吉林人民出版社 1993 年版,第 406 页。

关论文。朱之江的《现代战争伦理研究》①(2002)一书对战争伦理进行了全面系统的研究,后在《现代军事伦理学概论》(2005)、《军事伦理学》(2006)中均有部分章节阐述战争伦理的相关问题。

第四,军事伦理学与核伦理学。传统核伦理学是随着核技术的发展、核武器的制造并用于战争而产生的一门应用伦理学,重点是研究核威慑战略理论的伦理问题。《中国伦理学百科全书——应用伦理学卷》(1993)一书中指出,"军事伦理学还包括核伦理学,随着最新式兵器,核武器和武装斗争情形日趋复杂和'全球新思维'格局的建构,人与武器,特别是人与核武器关系的伦理意义越来越显得突出和重大,如何将道德原则运用于核时代的国家关系和核威慑战略理论与行动,成了核伦理学研究的主要问题。……军事伦理学在人和武器关系上强调人的因素是决定性因素,武器因人而制造,为人所使用,武器是实现人的目的的工具,在确立人对武器的优先地位后,也要注重武器的更新改进,在经济、高效、人道、安全的前提下,用现代化武器武装现代化的人、使人民军队成为世界上一流精良的武装力量。"②"该学科还借鉴核伦理学的理论,认识和处理核时代的国家关系及其正当实施核威慑军事战略行动。"③但是,随着民用核实践活动的蓬勃发展以及核安全事故的不断发生,现代核伦理的研究重点转向了核安全伦理问题,但大多数学者并未自觉区分"核武器伦理学"与"核伦理学",而是将二者完全等同。近年来,学者赵枫指出"核武器伦理学是从总体上和联系上考察核武器道德现象,并以一般伦理学原理为指导说明这一道德的本质、功能和规律的理论科学",要科学界定"核武器伦理学"与"核伦理学"的概念,这两个概念联系密切,都以核能技术为基础,同属科技伦理学范畴,并且"核伦理学"包含"核武器伦理学",但两者的研究对象不同、所属学科性质不同、研究方法目的不同,只有在研究中自觉区分它们,才能为建立完善的核武器伦理学体系奠定坚实基础。"核武器伦理学是一般伦理学原理在军事科技领域的应用,是与核武器相联系的伦理学,它既涉及战争和军事斗争准备,又包含军事科技内容,因此属于研究军事科技道德的伦理学。"④作为军事伦理学的研究方向,应当与军事有关,而不能与民用核安全相混淆,因而"核武器伦理学"、研究核威慑问题应当是军事伦理学的题中应有之义。

---

① 朱之江:《现代战争伦理研究》,北京:国防大学出版社 2002 年版。
② 王伟、戴杨毅、姚新中主编:《中国伦理学百科全书——应用伦理学卷》,长春:吉林人民出版社 1993 年版,第 406 页。
③ 朱贻庭主编:《伦理学大辞典》,上海:上海辞书出版社 2002 年版,第 230 页。
④ 赵枫:《"核武器伦理学"概念刍议》,载《解放军理工大学学报》(综合版)2010 年第 6 期。

第五,军事伦理学与军事科技伦理学。军事科技伦理学是军事伦理学不可或缺的组成部分。"2002 年王续琨在文章中就军事科学技术伦理学给以详细界说,初步探讨这一新的学科的研究对象、学科内容和研究意义。这从学科建设层面对军事技术伦理与军事伦理进行了划分。2005 年高学敏、龚耘首次提出了军事科技伦理的概念和军事科技伦理学,探讨了军事科技伦理学的研究对象、学科内容、研究意义。有学者就军事技术与环境、军事技术目的和手段、军事技术发展的原则等进行伦理考量,触及军事技术与人、军事技术与自然、军事技术与社会的关系,为研究军事技术道德现象提供了宝贵意见。"①

有的学者针对军事技术发展所带来的伦理问题,即"军事技术对自然环境的公平与正义、军事技术对人的公平与正义"②进行思考和解答,"通过对军事技术、技术伦理、军事伦理的概念界定和相关分析,确认了三者之间存在着一个跨学科的军事技术伦理领域",认为"军事技术伦理本质上是满足战争实现政治目的的需要所采用的武器及其技术手段,而形成的人与人、人与社会、人与自然之间伦理行为规范的总和。比起一般伦理、军事伦理、技术伦理,它具有更加鲜明的政治性、非强制的制度性、价值观上的特征"③,并明确了军事技术伦理特征,认为"比起一般伦理,军事技术伦理是对军事技术活动的方向和价值进行引导、规范和约束。军事技术伦理指导规约的是军事技术相涉的各种利益关系、军事技术工作者、国家和社会的伦理实体。军事技术伦理指导规约主体的这种特殊性,使其具有规约后果的递延性、规约效力的有限性和规约内容的时代性特征"④。

还有的学者认为"军事科技伦理"这个概念难以成立,有的认为在军事领域只存在"军事技术伦理学",有的把军事科技伦理学等同于职业伦理学。也有的学者认为"军事科技伦理"概念上能够成立,"军事技术伦理学"不能取代"军事科技伦理学",军事科技伦理学不是职业伦理学。军事科技伦理学是从总体上和联系上考察军事科技道德现象,说明军事科技道德的本质、规律的理论科学,它有明确的阶级和政治价值取向,与伦理学、军事伦理学、科技伦理学既有联系又相区别,是一个比军队科技职业道德外延广泛得多的概念。⑤ 就目前学术界对"军事科技伦理"与"军事技术伦理"的使用频率来看,大多数学者是选择了"军事科技伦理"。在此基

① 闫巍:《军事技术伦理维度研究综述》,载《解放军理工大学学报》(综合版)2009 年第 4 期。
② 闫巍、刘则渊:《近年来军事技术伦理研究的特点与趋势》,载《军事历史研究》2011 年第 2 期。
③ 闫巍:《军事技术伦理研究》,大连理工大学博士论文,2011 年。
④ 闫巍:《论军事技术伦理特征》,载《解放军理工大学学报》(军事科学版)2014 年第 3 期。
⑤ 参见赵枫、蒲冰《军事科技伦理学概念探析》,载《解放军理工大学学报》(综合版)2012 年第 2 期。

础上,该学者又提出,"军事科技伦理研究必须积极适应军事斗争准备的需要,充分展示我国发展军事科技、推进军事斗争准备的道义自信,在服务军事斗争准备中创新军事科技伦理体系。为此,军事科技伦理研究者应当强化服务军事斗争准备的责任意识、理论创新意识、视角转换意识及意识形态斗争意识,拓展和深化军事科技伦理研究。"①

第六,军事伦理学与军队管理伦理学。军事伦理学所涉及的军事活动,包括军队组织、军队训练、战略谋划、战术研究、作战指挥、武器研制、物资供应、战备动员等,军事管理渗透在各项军事活动中,但并不是军事活动的全部。因此可以认为,军队管理伦理学只是军事伦理学的一个具有横向渗透力的组成部分。② 也有学者指出:"军队管理是军队计划、组织、协调和控制的职能、活动及过程,'军队管理伦理'既是职能伦理也是活动伦理与过程伦理","军队管理伦理学"是研究军队管理道德现象、揭示军队管理道德本质的一门科学。"③"军队管理伦理学与军事伦理学的研究对象,都与军事有关,与战争及战争准备活动有关,因而都具有领域的独特性(属于军事领域)、表现方式的对抗性(与战争有关,战争中的舆论战往往针对军队管理展开)、部分内容的保密性(如涉密单位的岗位道德具有保密性)等特点"④。

4. 军事伦理学的研究任务

90 年代初,有的学者指出军事伦理学的研究任务是以战争为中心而展开的。战争爆发前的时期,作为和平的主要阶段之一,这时军事伦理学研究的主要内容是:从物力上考虑备战或维护和平的道德问题;从人力上研究国民和军人的和平观念、国防观念等相应的道德问题。一旦战争爆发,对军事道德问题的研究,不仅仅要讨论采用什么样的道德手段,更要讨论怎样的战争行为才是符合道德的,才能利于战后的建设和发展。战后军事伦理学的研究主要包括:反省战争的目的,奖励英雄、惩治战争罪犯,妥善安置参战退伍人员,将军事工业迅速转到国民经济建设的轨道上来。⑤

21 世纪之后,有学者提出军事伦理学的研究任务有五个方面:第一,探讨军事道德形成和发展的规律及其社会作用,阐明军事道德的核心、原则和规范,是军事

---

① 赵枫:《论军事科技伦理研究适应军事斗争准备的发展创新》,载《南京政治学院学报》2014 年第 2 期。

② 参见王续琨、戴艳军《管理伦理学的学科结构和发展对策》,载《齐鲁学刊》2004 年第 6 期。

③ 赵枫、刘玮:《"军队管理伦理学"概念探讨》,载《解放军理工大学学报》(军事科学版),2016 年第 2 期。

④ 赵枫:《论军队管理伦理学的研究对象》,载《解放军理工大学学报》(军事科学版)2015 年第 6 期。

⑤ 参见夏伟东、胡德荣《军事伦理学的任务》,载《道德与文明》1990 年第 3 期。

伦理学的首要任务。第二,抵制和批判各种非马克思主义的思想道德意识的侵蚀和影响,增强军事活动者道德评价和选择的能力。第三,探索军事道德实践的途径和方法,为提高政治家、军人、民众的军事道德提供指导,这是军事伦理学研究的出发点和归宿点。第四,批判地继承军事伦理学说史上一切有价值的东西,丰富和发展军事道德理论。第五,强化军事伦理学与其他军事科学的联系,繁荣军事科学。[①]

5. 军事伦理学的研究原则和研究方法

90 年代初,曾有学者提出了若干军事伦理学的基本原则,即"坚持马克思主义指导、要具有时代气息、应体现我军特色"[②]。之后,就少有学者对军事伦理学的原则问题开展研究。

大多数学者认为,军事伦理学是否有自己的特殊方法,将在很大程度上决定着这门学科能否成立及其能否发展,因此,加强对军事伦理学方法的研究,需要人们引起重视。有的学者提出了若干军事伦理学的研究方法,如"矛盾分析方法、纵向研究与横向研究相结合的方法、理论和实践相结合的方法、系统方法"[③]。近年来,有学者提出:第一,现代军事伦理学研究的最根本方法是哲学的方法。第二,社会科学形成的一些基本研究方法,如历史的方法、阶级分析的方法、理论联系实际的方法、归纳和演绎的方法等也是军事伦理学研究的基本方法。第三,价值分析的方法、推己及人法和自我省察法等伦理学的特殊研究方法也是军事伦理学研究的方法之一,不过由于这两种方法具有很强的主观性,只能作为军事伦理学研究的辅助方法使用,其正确性有待实践检验。第四,作为伦理学与军事学的交叉学科,军事伦理学研究还要运用军事学的一些特殊方法,如立足我国的军事,注重我国的特色,是我军军事伦理学的根本指导方针;借鉴外国军事伦理发展成果;进行战例研究,从战争史中研究军事道德存在、发展及其作用的规律。第五,军事伦理学研究还包括系统的方法,从整体性和综合性上去掌握军事道德现象、研究军事伦理学、心理学、教育学的方法等。[④]

---

① 参见刘淑萍、赵枫主编《现代军事伦理学概论》,北京:国防工业出版社 2005 年版。

② 谭振民、刘李胜:《马克思主义军事伦理学的意义、对象和原则》,载《军事伦理学研究》,北京:蓝天出版社 1991 年版,第 43—46 页。

③ 陶传友:《试论军事伦理学的研究方法》,载《军事伦理学研究》,北京:蓝天出版社 1991 年版,第 74—81 页。

④ 参见刘淑萍、赵枫主编《现代军事伦理学概论》,北京:国防工业出版社 2005 年版,第 33—38 页。

6. 军事伦理学的研究意义和实践价值

有的学者提出建立军事伦理学的现实意义有三方面：一是为了弘扬马克思主义的军事伦理科学，为争取世界的和平与发展作出贡献；二是为了大力加强我军的政治建设，保证我军在政治上永远合格；三是为了发挥我军社会主义精神文明建设中的"催化剂"作用，推进全社会精神文明建设。[1]

有的学者提出军事伦理学的研究意义在于：无论战争的性质如何，在客观上都会给人类造成全方位的深远灾难，因此现代战争已经成为当今人类日益关注的问题。随着冷战的结束，国家与国家之间的关系发生了矛盾和冲突，除了使用政治的、外交的和军事的方式来加以解决之外，人类还应该学会用文化的和道德的方式来解决我们共同面临的军事问题，建立公正平等合理的人类新秩序。实践价值在于：道德是革命军人的精神支柱；是新形势下凝聚军心的巨大精神力量；是革命军队的强大精神动力；是调动各种军事主体力量的合力。[2]

有学者提出，军事伦理学的研究必须重视军事价值的开发，突出其打赢战争的价值功能。第一，军事伦理学不仅要揭示军事的伦理内涵，更要注重去揭示伦理的军事意义，在战争中赋予其军事精神力特质；第二，军事伦理学应立足于提高军队的战斗力，进行伦理道德精神资源的开发利用，实现军事伦理研究的理论尺度和实践尺度的统一；第三，军事伦理学研究要注重增强自身的谋略性和对抗意识，用以服务于现实军事斗争准备，以体现其理论价值和应用效应；第四，军事伦理学须以战争胜利为价值至善，用战争实践中的合用性、合利性来检验军事道德规范的合真理性、实践指导性、科学性。[3]

（二）我国军事伦理学研究的主要领域

我国军事伦理学应用研究的领域较多，主要有军人伦理、战争伦理、军事科技伦理、军队管理伦理、军事信息伦理研究等。

1. 军人伦理

依据军人职业活动特点，军人伦理概括和阐释军人职业道德的产生、本质、作用及其发展规律，研究军人个人和个体、集体的道德关系，军人和国家、人民、阶级、政党、社会、家庭等之间的道德关系，研究军人的道德意识、道德活动和道德规范体

---

[1] 参见谭振民、刘李胜《马克思主义军事伦理学的意义、对象和原则》，载《军事伦理学研究》，北京：蓝天出版社 1991 年版，第 37—40 页。

[2] 参见李建德、张荣生《军事伦理学》，西安政治学院训练部内部发行 2006 年版，第 15 页。

[3] 参见吴尘、刘华忠《论军事伦理学的军事价值开发》，载《党政干部论坛》2007 年第 10 期。

系,能够帮助军人培养优良的道德品质、确立正确的价值观,正确地处理好各种伦理关系,为军人平时和战时提供切实可行的行为准则和规范,最终实现加强军队建设、赢得战争胜利的目标。

(1)军人职业道德。军人职业道德规范是一个完整的体系,它由军人道德核心、道德原则、道德规范、道德范畴和特殊领域的道德要求等方面所组成,它是军人在职业生活、社会生活和婚姻家庭生活中的道德律令,也是内化为军人道德自律的他律体系。我军军人道德的核心是全心全意为人民服务,实现军人个人与军人集体利益的统一。军人道德的基本原则是集体主义,这是统率其他道德规范的总纲。围绕着军人道德核心、道德原则,军人在处理日常学习、工作、生活的过程中还形成了一系列军人道德规范。鉴于军事人员兼具公民与军人的双重身份,有学者提出,军人的道德规范体系可区分为两个层次,其基本层次为公民道德规范,在此基础上,军人还需以更高的标准遵循特殊的军人道德规范。①《政治军官修养》《军官伦理学》《军人职业道德》《飞行员道德修养》《军队医务道德修养》《军校教员论》《军队后勤职业道德》等著作,分别对不同职务、不同专业和不同岗位军人的特殊道德规范进行了较为详细的探讨和归纳。2001年10月25日,中国人民解放军总政治部颁发了"听党指挥、爱国奉献、爱军习武、尊干爱兵、严守纪律、坚守气节、艰苦奋斗、文明礼貌"八条律令性的《军人道德规范》,标志着我国军事伦理的道德规范体系研究与建设有了重要进展。

有学者在综述军人职业道德的培育和践履时,指出在军人道德品质培育形成的过程中,军队始终坚持了以人为本的教育理念,建立了知行统一的养德机制,制定了严谨入微的规范约束,创造了合力育人的道德环境。王联斌等学者在《军队道德建设》中指出我军伦理道德建设既有道德理论的创立、道德核心和原则的坚持,又有道德规范的提出,还有各种形式的道德实践活动,从而形成了我军特有的知行统一的道德培养机制。军队道德建设的机制按其功能可分为教育培养机制、舆论引导机制、传统熏陶机制、行政奖惩机制、纪律规范机制等。军队道德建设离不开一定的道德环境,道德环境能够形成道德群体效应、道德示范效应、道德舆论效应。道德环境又有大环境和小环境、软环境和硬环境、常环境和时环境之分。② 在新的历史时期,科学的育人理念、知行统一的培养机制、严谨的规范体系、良好的道德环境在军事人才培养方面取得了显著成效。

---

① 参见张明仓《军事价值论》,昆明:云南人民出版社2004年版,第21页。
② 参见王联斌、徐德清、王宏君《军队道德建设》,北京:解放军出版社2000年版,第11、19页。

　　2013 年 3 月 11 日,习近平总书记在十二届全国人大一次会议解放军代表团全体会议上的讲话中,强调军队作为执行党的政治任务的武装集团,必须把听党指挥作为强军之魂,确保部队绝对忠诚、绝对纯洁、绝对可靠。此后,反复强调军人要听党指挥、绝对忠诚,并明确革命军人对党绝对忠诚的要害在"绝对"两个字,就是唯一的、彻底的、无条件的、不掺任何杂质的、没有任何水分的忠诚。2014 年,在全军政治工作会议上,习近平主席强调要"把理想信念在全军牢固地立起来",明确了军队好干部的标准,即对党忠诚、善谋打仗、敢于担当、实绩突出、清正廉洁,并强调军队领导干部要身体力行、率先垂范,坚持以上率下,用实际行动为部队做好样子。还提出了"要适应强军目标要求,把握新形势下铸魂育人的特点和规律,着力培养有灵魂、有本事、有血性、有品德的新一代革命军人①。有灵魂就是要信念坚定、听党指挥,有本事就是要素质过硬、能打胜仗,有血性就是要英勇顽强、不怕牺牲,有品德就是要情趣高尚、品德端正"②,锻造"具有铁一般信仰、铁一般信念、铁一般纪律、铁一般担当"的"四铁"过硬部队③,这些重要论述,都深刻回答了新形势下培养什么样的军人、怎样培养新一代革命军人的时代课题,为培养堪当强军重任的革命军人提供了根本遵循。之后,习近平主席在不同场合还强调了"军人要有血性","我说的血性就是战斗精神,核心是一不怕苦、二不怕死的精神",并指出培养战斗精神,要从思想上入手,要加强马克思主义战争观和我军根本职能教育,解决好官兵为谁扛枪、为谁打仗,当兵干什么、练兵为什么等根本性问题。他还指出要结合各部队传统和任务特点,加强军事文化建设,打造强军文化,传承红色基因,培养官兵大无畏的英雄气概和英勇顽强的战斗作风。如利用好红色资源,发扬"喀喇昆仑精神""贺兰山精神""老高原精神""两不怕精神""老西藏精神""老山精神""川藏线精神""抗震救灾精神"等光荣传统,教育引导官兵从中汲取强军报国的精神力量,在实现强军梦的实践中书写人生华章。习近平主席提出的殷切希望,以及履行好新时代人民军队的使命任务,都掀起了军队政治工作者深入开展理想信念教育、锻造忠诚品格教育,培育军队好干部、培养"四有"新一(时)代革命军人,以及增强政治素养、战斗精神,涵养家国情怀的理论研究和实践探索的热潮,围绕着上述相关概念的内涵、培育践行的意义、方法手段和实践要求等方面的学术论著层出不穷,

---

① 党的十九大指出了中国特色社会主义进入新时代的历史方位,此说法现改为新时代"四有"革命军人。

② 《习主席在全军政治工作会议上的讲话》(2014 年 10 月 31 日)。

③ 中央军委主席习近平到第 13 集团军视察时的讲话中首次提出"四铁"过硬部队(2016 年 1 月 5 日)。

极大地丰富了对军人伦理学的研究。

（2）军人价值问题。军人价值问题是军人伦理学的重要组成部分。90年代初，部分学者提出当代军人价值具有社会主义社会人的价值与职业价值的统一，军人个体价值与集体价值的统一，军人内在价值与外在价值的统一等特征。在当代军人价值评价上，要防止用金钱价值观、地位价值观、个人本位价值观来评价军人价值。当代军人价值实现表现为中国军人的高尚品德、训练有素的战术技术、精良的武器装备以及军人与武器各方面优化组合的整体合力；表现为中国军人用鲜血和生命保卫祖国的统一，保卫领土完整和建设；表现为中国军人是抢险救灾的主力军，是社会主义建设的生力军。在实现军人价值的条件方面，他们认为要提高军人的"智""体"等内在价值；要确立正确的价值目标；要选择正确的价值实现手段；要建立良性的价值关系，使军人对社会的贡献得到充分肯定。

在计划经济时期，军人的价值在于无私奉献的观念在军队中是根深蒂固的，但是伴随市场经济体制的建立，在价值观多元纷呈下，部分军人出现了价值追求上的困惑和徘徊。1999年8月，中共中央转发的《关于改革开放和发展社会主义市场经济条件下军队思想政治建设若干问题的决定》中明确指出："当代革命军人的精神支柱，主要是坚定的革命理想信念和自觉的牺牲奉献精神。坚定的革命理念，是我军精神支柱的核心之点。自觉的牺牲奉献精神，是我军精神支柱的本质特征。作为革命军人，必须牢记神圣职责，任何时候都要把党、人民、祖国的利益放在高于一切的位置，都要大力发扬爱国主义和革命英雄主义精神，都要始终保持不为强敌所屈、不为金钱所动、不为名利所惑的革命气节。""强化精神支柱，最重要的是帮助官兵树立马克思主义的科学世界观，坚持全心全意为人民服务的宗旨，培养与建设有中国特色社会主义的要求相适应，与军人特殊使命相一致的人生观、价值观。"当时，再次强调军人无私奉献价值观，明确军人的精神支柱，为军人在纷繁复杂的价值观中进行价值选择提供了可靠的依据，使军人在人生道路上有了坚定而明确的价值取向。

2008年底，胡锦涛在军队一次重要会议上提出要围绕强化官兵精神支柱，大力培育"忠诚于党、热爱人民、报效国家、献身使命、崇尚荣誉"的当代革命军人核心价值观，掀起了全军学习、培育和研究当代革命军人核心价值观的高潮。军队学术界从当代革命军人核心价值观的内涵、理论特征、文化哲学透析、历史坐标、培育意义、实践要求、培育路径等方面展开了深入研究，涌现出一批学术成果。如:《当代军人核心价值观的内涵、意义及培育》①(2009)、《培育当代革命军人核心价值观的时代意义及实践途径》②(2009)、《论多元时代军人核心价值观的培育》③(2009)、《当代革命军人核心价值观的文化哲学透析》④(2009)、《培育当代革命军人核心价值观的实践要求》⑤(2009)、《大力加强当代革命军人核心价值观建设》⑥(2009)、《坚守与超越：当代革命军人核心价值观的历史坐标》⑦(2009)、《伦理学视野的当代革命军人核心价值观》⑧(2009)、《试析构建当代革命军人核心价值观的价值》(2010)、《当代革命军人核心价值观内化的着力点》(2013)、《当代革命军人核心价值观培育研究》⑨(2013)。而且,还结合各军兵种特点展开军种价值观和兵种价值观的提炼和概括,把弘扬军种、兵种精神与培育当代革命军人核心价值观有机地统一起来,通过积极探索独具特色的培育和践行的有效途径,努力增强培育活动的针对性和实效性。此外,由于当代外国军事伦理对军人价值观尤为关注,因此许多学者对美军(西点军校军人、空军)⑩等军人价值观培育等展开研究,或者通过中西方当代军人核心价值观培育的比较研究⑪给我军军人核心价值观的培育以有益启示。

2. 战争伦理

朱之江《现代战争伦理研究》指出,战争伦理就是运用战争的伦理规范体系。它有几个特点:一是战争伦理具有很强的政治性,事关人类生存安全和社会政治秩序等重大利益;二是战争伦理调节的大量关系是通过集团暴力的复杂对抗表现出

---

① 孟晓光:《当代军人核心价值观的内涵、意义及培育》,载《理论界》2009 年第 6 期。
② 公方彬:《培育当代革命军人核心价值观的时代意义及实践途径》,载《西安政治学院学报》2009 年第 2 期。
③ 顾智明:《论多元时代军人核心价值观的培育》,载《国防》2009 年第 5 期。
④ 谈际尊:《当代革命军人核心价值观的文化哲学透析》,载《南京政治学院学报》2009 年第 2 期。
⑤ 陶传铭:《培育当代革命军人核心价值观的实践要求》,载《西安政治学院学报》2009 年第 2 期。
⑥ 朱廷春:《大力加强当代革命军人核心价值观建设》,载《军队政工理论研究》2009 年第 2 期。
⑦ 朱少华、何涛:《坚守与超越:当代革命军人核心价值观的历史坐标》,载《中国军队政治工作》2009 年第 3 期。
⑧ 赵枫:《伦理学视野的当代革命军人核心价值观》,载《解放军理工大学学报(综合版)》2009 年第 4 期。
⑨ 莫宁:《当代革命军人核心价值观培育研究》,西南财经大学硕士学位论文 2013 - 03 - 01。
⑩ 田湘、范平、周燕辉:《西点军校核心价值观塑造的特点及启示》,载《高等教育研究学报》2009 年第 2 期;刘勇、潘林祥:《美军军人价值观培育的方法与启示》,载《学习月刊》2010 年第 15 期;李秀玲:《试析美军空军核心价值观的培育及其特点》,载《武警工程大学学报》2012 年第 3 期;韩啸、陈平:《我军院校与美军院校核心价值实践教育途径之比较》,载《教育技术研究》2014 年第 4 期。
⑪ 魏作凯、冷旭:《中西方当代军人核心价值观培育方式比较及其启示》,载《中国军队政治工作》2010 年第 11 期。

来的,当条件成熟时,战争伦理的原则、规范在一定程度上会直接转变为法律性的内容。针对冷战后国际政治环境和战争实践的变化所带来的一系列突出的新的战争伦理问题,该专著在专门研究了高技术战争、现代民族战争和有关武装干预等实践意义重大的伦理问题后提出,"和平原则、战争目的正义原则和作战行为人道原则是现代战争伦理的三大主要原则","主要由区分原则和比例原则构成的作战人道原则,在第二次世界大战后的不断发展和深化,是人们面对作战方式和手段空前的破坏性和残酷性,为减少战争灾难和痛苦,而必然共同努力的结果"。"另外,不进行大规模轰炸、不使用生化武器、保护文化财产、不杀俘虏等,在一定程度上既可视为更具体的原则,也可以视为战争伦理规范要求。"[1]

有学者对战争伦理进行了分类[2],借助西方中世纪哲学家和法学家提出的分类框架,将之分成了三大类别。第一种:将战争伦理主要分成三类。一类是战争权利的伦理,或者说开战伦理;二是战争行为的伦理,或者说作战伦;三是战后伦理或者说战争责任的伦理。这是一个有用的涉及形式范畴的分类。第二种:具有实质性观点和立场的分类,将战争伦理或对战争的道德态度分成三类。一是现实主义;二是和平主义;三是正义战争论。和平主义否定任何形式的战争,认为所有的战争和暴力都是不道德的;现实主义则认为战争无所谓道德或不道德,都是合理的;正义战争论则有正义的战争与战争中的正义之分。[3] 有些学者或再加上一种:军国主义。第三种:将有关战争伦理的观点分成三类。一是将"现实主义"直接称之为"非道德主义";二是将"和平主义"称之为"绝对和平主义";三是将"正义战争论"改称为"伦理约束论"。至于"军国主义",也可将其归于一种"非道德主义"。

有学者专门研究了战争价值问题,包括战争价值问题的提出、战争价值思想的历史发展、战争价值主体、战争价值的本质及特点、表现形式、评价等方面内容。[4]有学者提出,在军事领域道德通过影响军人的心灵与心智,发挥着巩固、增强己方力量,削弱、分化、瓦解敌方的重要作用。在军事斗争中,敌对双方利用道德的功能展开相互间的较量导致了道德战这一特殊军事斗争样式,军事伦理学应当深入研

---

① 朱之江:《现代战争伦理研究》,北京:国防大学出版社2002年版,第322页。
② 参见何怀宏《对战争的伦理约束》,载《社会科学文摘》2016年第4期,第84页。
③ 参见刘淑萍《唯物史观视野中的战争观伦理冲突》,载《解放军理工大学学报》(综合版)2007年第3期,第17页。
④ 参见陶军《战争价值论——主体价值视野中的战争》,北京:国防大学出版社2002年版,第3—12页。

究道德战,以充分发挥道德服务于战争的功能。① 在恐怖主义与现代战争的道德研究中,有学者提出至少应当遵守如对人的生命的尊重这一底线规范的道德,而必须防范那种为了某种"绝对的善"而不择手段的道德。只能以正义的力量去惩治恐怖主义和战争罪犯。②

此外,还有不少学者针对新战争伦理观③、战争动员④、战争性质评价⑤以及网络攻击战⑥、信息作战方式⑦、无人(机)作战⑧等问题也进行了伦理考量。如有学者提出网络空间军事化对经典战争伦理体系造成冲击。当前围绕网络战争的正义性研究,主要聚焦发动网络战争的正当理由、网络反击的相称性问题、网络反击的"归因困境"以及网络武器伦理设计四个方面。随着研究不断深入,未来可能聚焦确立"网络主权"的伦理依据、对网络攻击"可恢复性"的伦理辨析、传统伦理流派与技术设计流派的融合以及实现网络战争的战后正义等研究方向⑨。另外,也有学

---

① 参见赵枫《军事伦理学应当研究道德战范畴》,载《南京政治学院学报》2003 年第 4 期,第 86 页。
② 参见卢风《应用伦理学——现代生活方式的哲学反思》,北京:中央编译出版社 2004 年版,第 440 页。
③ 2005 年 9 月北京理工大学主办了"高科技时代的伦理困境与对策"国际学术研讨会,与会代表对超限战的道德评价、高科技战争对战争伦理和国际伦理的冲击、人类暴力和攻击性等问题进行了探讨。后来,李志祥主编《高科技时代的伦理困境与对策》论文集,侧重从伦理角度探讨了对外层空间军事利用伦理困境、高技术战争的伦理悖逆性、超限战争与新战争伦理观的建构、超限战争的有限等问题。
④ 赵枫:《我国战争伦理动员论纲》,载《解放军理工大学学报》(综合版)2008 年第 4 期;雷显永、赵枫:《论战争动员法规的伦理动员价值》,载《解放军理工大学学报》(综合版)2009 年第 1 期。
⑤ 黄亮、刘焕秀:《对正义战争伦理观的理性思考》,载《辽宁行政学院学报》2005 年第 6 期;杨永:《日本军国主义战争行为伦理探源及军事伦理思考》,载《解放军理工大学学报》2005 年第 3 期;顾智明、赵枫:《道义与现代战争——伊拉克战争伦理透视》,载《解放军理工大学学报》2005 年第 1 期;董亮:《关于战争的伦理思考》,湖南师范大学硕士学位论文,2007 年;路俊平、何其二:《论当代战争性质的评价标准》,载《解放军理工大学学报》(综合版)2010 年第 1 期;《战争法中区分比例原则的伦理困境》,载《解放军理工大学学报》(综合版)2010 年第 1 期;曹钦:《关于开战正义观的批判性分析》,载《道德与文明》2013 年第 5 期;石海明:《无人化战争的伦理困境及社会调适》,载《伦理学研究》2014 年第 4 期。
⑥ 刘淑萍、齐宁、唐亮:《对军事网络空间某些伦理困境的审视》,载《解放军理工大学学报》(军事科学版)2014 年第 3 期。
⑦ 赵阵、王晶:《信息化作战方式对传统战争伦理原则的挑战》,载《解放军理工大学学报》(综合版)2013 年第 5 期。
⑧ 唐韬:《无人作战的伦理考量》,国防科学技术大学硕士学位论文,2015 年;张煌:《美军无人机作战的三大伦理困境》,载《装备学院学报》2016 年第 3 期。
⑨ 张煌、刘轶丹:《网络战争伦理:回顾与展望》,载《伦理学研究》2018 年第 2 期。

者对先秦儒家战争伦理观①、马克思主义战争伦理思想②、西方战争伦理思想③展开研究。

3. 军事科技伦理

有学者指出,军事科技伦理学以研究军事科技道德现象为基本任务。其学科内容可以概括为五个方面:一是阐明军事科学技术与道德的相互关系,二是建立军事科技道德的理论体系,三是指明军事科技工作者的理想人格和道德责任,四是研究军事科学技术的价值问题,五是探讨武器技术发展的伦理原则。④ 有学者提出军事科技道德的普遍性原则⑤,即维护人民利益、崇尚军事科技、维护世界和平、维护生态文明、满足人道保护要求等原则。有学者针对军事科技道德思维展开研究,提出"军事科技道德思维是道德思维的具体形式。它是人们对军事科技道德现象的理性认识,是根据感知而进行的理性思考和推理,是对军事科技道德现象的本质、特征、内部联系和发展规律的认识过程。军事科技伦理思维既具有整体性、社会性、方法多样性等思维的一般规律,又具有其他学科思维不具有的特点,即思维主体、基础、形式、过程与方法等皆具有军事科技特色。全面把握军事科技伦理思维的特点,对于完善军事科技伦理学研究、促进我国国防和军队现代化建设等都具有重要的意义"⑥。

核武器伦理是军事科技伦理学的一部分,近年来是研究的热点。⑦ 有学者认为,在核武器的研制、生产、储存和使用问题上,马克思主义军事伦理的立场上是个别国家的特殊利益应该服从人类社会的特殊利益,应该受到道义的限制和约束,并归纳总结了世界各国人民长期反核和平运动中形成的约束核武器的三条主要伦理原则:即禁止使用原则、核不扩散原则、最终销毁原则,又阐述了这三条原则的含义和理论依据,并运用核武器伦理相关原理和原则对我国核战略进行了伦理评价。⑧

---

① 林桂榛:《论先秦儒家的战争伦理思想》,载《中国军事科学》2006年第5期。

② 赵枫、王辉东:《马克思主义战争伦理思想的当代价值》,载《中国军事科学》2012年第4期。

③ 李效东、李瑞景:《西方战争伦理的理论体系及当代论争》,载《世界经济与政治》2011年第7期;丁雪枫:《迈克尔·沃尔泽战争伦理思想探析》,载《南京政治学院学报》2016年第6期;陈春华:《西方的正义战争论在第二次世界大战与伊拉克战争中的运用》,载《军事历史》2018年第4期。

④ 参见高学敏、龚耘《军事科技伦理学论纲》,载《南京政治学院学报》2005年第2期。

⑤ 参见刘益洴等《军事科技道德的普遍性原则》,载《解放军理工大学学报》(综合版)2012年第6期。

⑥ 赵枫:《军事科技伦理思维特点探析》,载《海军工程大学学报》(综合版)2014年第2期,第5页。

⑦ 参见赵海星等《新型核武——伦理困境抑或伦理出路?》,载《辽宁行政学院学报》2008年第1期;刘瑞《美国核轰炸广岛长崎的伦理再反思》,云南财经大学硕士学位论文2016-03-01;冯长启、辛鑫《核军备控制的核伦理思考》,载《防化学报》2016年第10期。

⑧ 参见陈晓兵、贾晓斌《核武器伦理及中国核战略伦理评价》,载《解放军理工大学学报》(综合版)2010年第4期。

这是核伦理学研究中比较有代表性的观点。

有学者释明了美国政治伦理学家约瑟夫·奈的《核伦理学》一书中核威慑伦理的五项原则,即防御应是正当的、有限制的、决不能视核武器为常规武器,把对无辜平民的核伤害减少到最低限度,消除近期内核战争危险,长期内减少对核武器的依赖①,并认为其有合理的地方。

有学者提出了核武器的"善""恶"之辨,指出:目前国内外存在一种从道义上否定核武器的观点。不少学者认为核武器违背战争与伦理本质,会给人类带来灾难,因此是绝对的恶。这种观点理论上是站不住脚的,实践上是有害的。核武器的善恶是人们对研制、使用核武器目的、效果的道德判断,当它被用于善的目的并取得善的效果时,它就是善的。我国研制、发展核武器是善,因为它体现了我国的伦理精神。②

近两年来,对核威慑问题研究较多。有学者研究了雷蒙·阿隆的核威慑思想,他提出的"有限核威慑"思想强调政治家要运用理性精神限制暴力、限制核威慑,这种审慎道德和责任伦理为我们应对核威慑、避免全面核战争、维护国家利益和国际正义、促进世界和平与发展提供了有益借鉴。③ 有学者基于新时代构建人类命运共同体这一重大战略思想进行了核威慑道德风险考量,提出核威慑对止战具有低成本和好效果,使之成为拥核国家维护自身安全的重要战略,但是核威慑滥用又会带来损害政治德性、挑战正义道德准则等道德风险。因此,决策者必须秉持人类命运共同体的理念,培植审慎德性、坚持中道原则、优化价值排序、强化危机管控,使核威慑的道德风险降得最低。只有摒弃冷战时代的对抗思维,着力构建人类命运共同体,打造公平、合作、共赢的国际核安全体系,才能发挥威慑止战的正效应,避免核威慑的副效能。④

---

① 参见张华夏《现代科学与伦理世界(第 2 版)——道德哲学的探索与反思》,北京:中国人民大学出版社 2010 年版,第 209—210 页。

② 参见赵枫《核武器的"善""恶"之辨》,载《南京政治学院学报》2011 年第 2 期。

③ 参见刘利乐、罗成翼《雷蒙·阿隆核威慑思想的伦理考量》,载《湘潭大学学报》(哲学社会科学版)2017 年第 6 期。

④ 参见罗成翼《基于人类命运共同体的核威慑道德风险考量》,载《北京大学学报》(哲学社会科学版)2018 年第 1 期。

另外,有的学者还针对中外典籍、事件中的军事科技伦理思想①、颠覆性技术②问世后带来的军事伦理问题进行了研究。

4. 军队管理伦理

有学者提出,"军队伦理学的研究对象是军队管理道德现象,包括军队管理道德的意识现象、规范现象与活动现象,与伦理学、军事伦理学、管理伦理学等学科的研究对象相比,军队管理道德现象所反映的道德关系、形成与演变过程、表现方式、所居学科位置等,都具有自身的特点"③,并探析了军队管理道德基本原则,指出"军队管理学与伦理学、军人伦理学、管理伦理学、军队管理学等学科密切相关。借鉴他们关于道德原则,军队管理原则等的研究成果,可形成判定军队管理道德基本原则6条标准,即树立军队管理道德关系的基本遵循、解决军队管理道德基本问题的根本要求、统摄军队管理道德规范、具有军队管理道德的特点、区别不同类型管理道德的根本标志、对当前我军道德建设有重大意义。以这六条标准为依据,可确定听党指挥是军队管理道德的基本原则"④。

军人荣誉感是军人自身对军事职业的价值认同和满足,反映了社会和军队对军人价值的肯定和褒奖。完善军队管理制度、优化奖惩激励机制,增强军人荣誉感、激发战斗精神,有利于提高部队战斗力。近年来为了强化军人的职业荣誉感,许多学者从军人荣誉感产生的内在机理,我军传统荣誉制度的不足,外军培育军人荣誉感的启示,以及推进军人荣誉体系建设、健全军人奖惩制度、增强军人职业吸引力,让军人成为全社会尊崇的职业等方面展开了理论研究。如《崇尚荣誉的价值审视与实现》⑤(2006)、《试述我军激励工作的基本经验》⑥(2007)、《浅议俄罗斯军人荣誉感培育》⑦(2011)、《论军人荣誉的内在本质、基本属性及价值评判》⑧

① 如赵枫:《〈墨子〉军事科技伦理思想初探》,载《解放军理工大学学报》(综合版)2010年第2期;蒲冰、赵枫:《卢梭〈论科学与艺术〉军事科技伦理思想初探》,载《解放军理工大学学报》(综合版)2010年第6期;赵枫:《太平天国军事技术伦理思想初探》,载《军事历史研究》2014年第2期。

② 如尚伟:《增材制造技术与军事伦理问题》,载《云梦学刊》2016年第2期;刘松涛:《纳米武器的伦理反思》,载《自然辩证法研究》2016年第5期。

③ 参见赵枫《论军队管理伦理学的研究对象》,载《解放军理工大学》(军事科学版)2015年第12期。

④ 赵枫、俞红:《军队管理道德基本原则探析》,载《解放军理工大学学报》(军事科学版)2016年第4期。

⑤ 严燕子:《崇尚荣誉的价值审视与实现》,载《军队政工理论研究》2009年第3期。

⑥ 陶乐:《试述我军激励工作的基本经验》,载《南京政治学院学报》2007年第3期。

⑦ 《浅议俄罗斯军人荣誉感培育》,载《军队政工理论研究》2011年第4期。

⑧ 王学军、赵力兵:《论军人荣誉的内在本质、基本属性及价值评判》,载《南京政治学院学报》2012年第5期。

(2012)、《培育军事职业荣誉感的制度路径》①(2015)、《俄军奖励表彰制度对我军的启示》②(2015)、《关于增强军人荣誉感的对策思考》③(2016)、《我军荣誉制度的历史考察和改革举措》④(2016)、《我军军人荣誉制度优化研究》⑤(2016)、《推进体系建设激发军人荣誉感》(2017)⑥、《浅谈"推进军人荣誉体系建设"的重要性》⑦(2017)、《让军人成为全社会尊崇的职业》⑧(2017)。此外,研究还涉及不同人员的激励举措⑨、军事制度的伦理考量⑩等。

5.军事信息伦理

信息化军事变革与未来的信息化战争中,哪些行为是符合道德且被允许的,哪些行为是不合道德且不被允许的,依据什么来判定,这些就涉及军事信息活动中的伦理价值和道德准则问题。有学者提出了军事信息伦理的基本要义,包括军事信息交往中的"保密优先"原则、军事信息享有上的"自主性"原则、军事信息内容上的无害原则、军事信息处理中的公正原则、军事信息获取上的平等原则、军事信息生态发展上的扬善抑恶原则、军事信息伦理教育中的"德法并举,以德为本"原则。⑪

6.政治家的军事道德⑫

学者们在探讨当代政治家的道德责任和要求时,将和平时期的军事道德与战时军事道德责任作了区分。和平时期的军事道德责任:第一,高屋建瓴,从宏观上认识战争的可能性并制定相应对策。第二,做好必要的战争物质准备。第三,做好必要的战争政治准备工作。第四,做好战争的思想准备。

战争时期的军事道德责任:第一,面临战争时的军事道德责任。要确定战争的政治本质,要明确战争的性质,即使是正义战争,政治家也要三思而行,反复权衡战争的利弊得失,尽可能最大限度地减少战争的危害。第二,实行战争时的军事道德责任。重视做好战时动员;恪尽领导战争之责。第三,结束战争时的军事道德责

---

① 张金英:《培育军事职业荣誉感的制度路径》,载《西安政治学院学报》2015 年第 3 期。基金:中国博士后科学基金 2014 年度军事学项目"构建中国特色军人荣誉制度问题研究"(2014M562642)。
② 牛作治:《俄军奖励表彰制度对我军的启示》,载《中国社会科学报》2015 年 5 月 6 日。
③ 王炜:《关于增强军人荣誉感的对策思考》,载《政工学刊》2016 年第 12 期。
④ 王学军:《我军荣誉制度的历史考察和改革举措》,载《南京政治学院学报》2016 年第 1 期。
⑤ 姚匡杰:《我军军人荣誉制度优化研究》,国防科学技术大学硕士毕业论文 2016 年 12 月 1 日。
⑥ 柏东升:《推进体系建设激发军人荣誉感》,载《解放军报》2017 年 11 月 19 日。
⑦ 闫巍:《浅谈"推进军人荣誉体系建设"的重要性》,载《政工学刊》2017 年第 12 期。
⑧ 洪文军:《让军人成为全社会尊崇的职业》,载《解放军报》2017 年 10 月 23 日。
⑨ 秦念宝、刘淑萍:《对完善士官奖励工作的思考》,载《政工学刊》2016 年第 5 期。
⑩ 阳艳:《我国现行兵役工作的伦理考量》,南华大学硕士学位论文,2017 年 5 月 1 日。
⑪ 参见宫凌once、王兴宏《军事信息伦理要义浅析》,载《政工学刊》2009 年第 5 期,第 58—59 页。
⑫ 参见刘淑萍、赵枫主编《现代军事伦理学概论》,北京:国防工业出版社 2005 年版,第 115—124 页。

任。胜不骄败不馁;讲诚信;要重新进行备战教育;号召军民为战后建设贡献自己的力量,为战后国家重心的转移提供舆论准备。

强烈的人类关怀意识是政治家军事道德中的最根本要求,其核心是政治家要把阶级、民族、国家利益和人类整体利益统一起来。在此基础上,现代政治家要慎重选择战争的手段、规模与范围,尊重世界各国普遍认可的军事道德要求,注重自身的军事道德修养。

7. 民众的军事道德

参与军事竞争或军事冲突的主体,不仅仅有军人、政治家,还包括社会各个领域的民众。民众具备高尚的军事道德,就能为国防后备力量建设提供坚实的思想基础,为未来的军事竞争提供巨大的精神动力。认识民众与现代军事的关系,研究与宣传民众的军事道德,是当代军事伦理学不可或缺的组成部分。民众的军事道德义务,主要包括爱军、拥军、积极参与国防事务。民众的军事道德要求主要有三方面:一是热爱军队,支持国防和军队建设;二是居安思危,全面做好军事斗争准备;三是顾全大局,正确处理各种利益关系。国防后备人员,包括民兵和预备役人员的军事道德要求有:一是投身经济建设,为国家军事安全提供物质保障;二是锻造军事素质,适应现代军事斗争;三是严守纪律、团结协作,提高军政素质。[①] 这些年来,诸多学者对全民、中小学生、高校大学生加强国防教育、国家安全教育,增强国防意识、国家安全意识的研究[②]较多,目的就是要培养广大公民和学生的爱国主义精神和热情。对外国国防教育尤其是与美国国防教育进行对比研究的也比较多,发现美国国防教育总是与高等教育、人才培养联系在一起,值得我国教育学界研究者深思。

三、简要评述

在我国,军事伦理学研究虽然起步较晚,但自 90 年代至今日益发展,有了长足进步。

第一,拓展伦理学研究领域,军事伦理学科体系独树一帜。军事伦理学主要研究军事领域的道德现象,在原来军人伦理学研究的基础上,对军事伦理的

① 刘淑萍、赵枫主编:《现代军事伦理学概论》,北京:国防工业出版社 2005 年版,第 148—155 页。
② 董栓柱:《新时代呼唤大国国防》,载《解放军报》2018 年 9 月 19 日;陈飞:《让国防意识深入人心》,载《解放军报》2019 年 3 月 12 日;黄明村:《国防教育是青少年教育的刚需》,载《解放军报》2019 年 1 月 16 日;哲金浦:《让国防教育融入百姓生活》,载《解放军报》2019 年 3 月 20 日。

本体研究、应用研究和价值研究等方面又进行了积极探索,逐渐形成了自己独特的学科体系和富有鲜明特色的学科建设,开拓了中国伦理文化的一个独特视野。

第二,夯实中外史学研究基础,军事应用伦理学全面发展。正确对待古今中外的军事伦理文化遗产,系统全面地梳理中西方军事伦理思想萌芽、形成及其演变的历史脉络,深刻揭示中西方军事伦理文化发展的阶段性特点,对中西方军事伦理思想及文化进行了批判继承和吸收借鉴,为推动既立足本国又面向世界的中国军事伦理学发展奠定坚实基础。随着世界战争形态的变化、人民军队国防和现代化的推进、军队使命任务的变化等,军事伦理学在应用研究上不断取得新进展,军人伦理、战争伦理、军事科技伦理、军队管理伦理、军事信息伦理、军事医学伦理等研究方向都在日趋完善、繁荣发展。

第三,聚焦铸魂育人教化功能,军人伦理研究与时俱进成效显著。围绕不同时期统帅对军队的殷切希望、对军人形象的标准要求,广大政治工作者以强烈的历史责任感和人文关怀精神,摸索特点规律、完善内容机制、创新方法手段、加强环境建设,对军人道德理论、行为规范、固本培元、凝魂聚气、德性养成、品质锤炼、价值实现、血性激发等方面展开广泛深入的研究与实践,为不同时期合格军事人才的品德培塑、健康成长提供了理论指导与实践探索,为增强军队的战斗力发挥了重要作用。

看到成就的同时,也要直面问题,中国军事伦理学的未来发展仍然存在许多需要重视的问题。

第一,完善学科体系,夯实理论基础。目前,军事伦理学学科体系已经相对稳定,但尚不够完备,对基础理论问题的探讨近十年来大幅减少,这一定程度上会影响军事伦理学发展的后劲。另外,由于世界战争形态的变化、军事科技的进步、武器装备的更新换代、网络信息的无孔不入等,使军事伦理学研究的范围进一步扩大,这就要求军事伦理学在更广阔的领域,以更具普遍意义的理性思维,构建军事伦理学研究的新共识,理顺学科体系,以形成更为合理的军事伦理学研究的理论体系。随着军队开始重视心理攻防、法理斗争和媒介应用等,还应善于借鉴、兼容相关学科研究方法及其成果,如借鉴法学、心理学、传播学的研究成果,以形成一些新的聚焦视点、实现一些新的突破,从而推进学科理论创新。如有学者提出:"将战争道德规约的有效性诉诸法治的力量是当代西方军事伦理学的一个走向,国家间以一致同意的方式签订关于战争问题的诸条约,实现对战争道德的共同认可,并以国际法庭的方式对战犯进行审判。在国际军事交往频繁的新时代,这也是我国军事伦理学学科建设应当学习借鉴的。"①

第二,加强队伍建设,凝聚研究合力。近年来,军事伦理学领域许多有代表性、高层次、多领域的学术研究成果大多集中在少数第一代军事伦理学科研工作者身上,至今他们仍然活跃在科研工作的第一线,是学科建设坚实的研究力量。然而,学科队伍新生代数量骤减,中青年学者严重匮乏,出类拔萃的中青年学者更是凤毛麟角,"以老带新"面临着诸多现实困难。目前,军事伦理学研究队伍结构失调的状况日渐突出,甚至将导致某些领域人才断层,给学科的未来发展留下了隐患。再者,从已有的军事伦理学学术成果来看,研究者以军队政治工作者居多,地方学者居少,科研队伍单薄;从军事伦理学学术论文发表的刊物来看,也以军队承办杂志、军校学报居多,因受军事科学保密限制,军地合作交流少,没有充分利用和依托地方伦理学研究的理论优势、发展经验和先进成果,往往闭门造车、自行其是,没有形成军地研究合力。今后,一要在培养学科队伍中坚力量上下功夫,使具有较高科研能力、敬业精神、创新意识、发展潜力的人才脱颖而出,尽快担负起学科建设的重任;二要加大军队军事伦理学研究人员学术交流与协作的力度,通过设立科研立项基金、编发统一的科研计划、明确学科学术研究导向等举措,组织全军精干力量、发挥各自优势,对有重大影响的课题开展协作攻关,推进一批质量高、影响大的研究成果,并在实践中锻炼和提高军事伦理学研究队伍的创新能力;三要加大与地方研究力量多领域合作交流的力度,争取在一些重要课题或瓶颈问题上获得突破,以弥补军事伦理学研究存在的不足。

第三,拓展研究领域,挖掘研究深度。目前,军事伦理学各研究方向的发展并不均衡,军队研究者普遍重视军人伦理学、增强军人道德素质方面的研究探讨。对于其他方向应用伦理的研究近十年来虽然有拓展和深入,但是学术成果屈指可数,尤其是对军事科技伦理、军队管理伦理、军事信息伦理的研究仍处于起步阶段,更多停留在学科概念辨析以及研究对象、研究任务或学科特征分析等方面。对军事伦理学有些问题的思考和研究仍然薄弱,如军事决策中的伦理问题(国家领导人、高级军官和军事伦理);和平时期、战前时期、战争时期、战后时期的伦理问题;战争时期中立国的作用的道德问题;小规模战争(内战)中的伦理问题;军队解决国内问题的伦理问题;对待战犯的伦理问题;关于投降的伦理问题;军队和其他社会机构关系的伦理问题;军人(含退伍军人)待遇中的伦理问题;军人(含军属)社会保障中

---

① 刘淑萍等:《军事伦理学学科建设发展路径探讨》,载《解放军理工大学学报》(综合版)2012年第4期。

的伦理问题,非战争军事行动中的伦理问题等。对国外军事伦理思想的研究增多,涉及不同国家的人物思想、军事著作、军人伦理、战争伦理、技术伦理、管理伦理等方方面面,但是高质量的具有指导意义和实用价值的成果还不太多,尤其是对外军伦理道德现状及其培育的专门研究、比较研究都很不够;当代外国有影响力的军事伦理学译著还十分缺乏。因此,要努力捕捉军事伦理学各研究方向的盲点、弱点,改善研究视野狭窄、研究深度不够的现状。

第二十五章　艺术伦理

艺术①源于生活,与人类社会生活相通共融。艺术作为人类创造的文化现象之一,是人类文化的一种重要形态和载体,是社会文化的重要组成部分。作为人的艺术、社会的艺术,包括音乐、舞蹈、戏剧、电影、文学、绘画、书法、建筑、曲艺等在内的一切艺术形式均与社会伦理有着深刻的渊源。任何艺术品无不蕴含着人类的精神品质和伦理意蕴,无不与一定社会的经济、政治、文化发生着密切的联系,尤其是与社会伦理的联系亦为紧密。可以说,艺术的产生、演变与发展总是与各种道德的产生、演变与发展息息相关。

中国艺术伦理思想在从古至今的各种艺术著作、伦理著作以及有关艺术实践的记载中早已存在,且内容丰富。相较于经济伦理、政治伦理、生态伦理等研究来说,中国艺术伦理的学术研究和实践应用至今仅有 30 多年的发展历程,是应用伦理学中较为薄弱的一个分支学科。梳理新中国成立 70 年特别是改革开放 40 年来关于艺术伦理问题的研究,对以往学术界不同学科、不同学派、不同角度在这一问题上的研究进行总结和反思,对于推动新时代中国特色社会主义艺术伦理更好地发展,具有重要的理论和现实意义。

一、研究的基本历程和概况

艺术伦理学根植于中国传统文化,在中国思想史上有成就的思想家、教育家、艺术家从来没有把艺术当作"纯艺术现象"来阐述,而是从不同层面上把艺术问题

---

① "艺术"一词的概念界定:艺术是人类以情感和想象为特性的把握世界的一种特殊方式,即通过审美创造活动再现现实和表现情感理想,在想象中实现审美主体和审美客体的互相对象化。具体说,它是人们现实生活和精神世界的形象反映,也是艺术家知觉、情感、理想、意念综合心理活动的有机产物。作为一种社会意识形态,艺术主要是满足人们多方面的审美需要,从而在社会生活尤其是人类精神领域内起着潜移默化的作用。在阶级社会里,艺术往往带有鲜明的倾向性。参见《辞海》(上册),上海辞书出版社 1999 年版,第 1584 页。

作为社会现象、文化现象来研究。在我国传统文化中,在中国共产党历代领导人治国理政中,在中国革命、建设和改革的社会实践过程中,艺术的社会作用、艺术与道德的关系等始终是大家们关注的重点问题。新中国成立 70 年来,特别是改革开放40 年来,伴随党和国家对文化建设的日益重视,以及应用伦理学分支学科的迅猛发展,艺术伦理研究也越来越受到学界的重视。

1949 年中华人民共和国的成立,标志着中国艺术的发展进入了新的历史时期。新中国成立后,我们党和政府给予了艺术文化事业足够的重视,为艺术事业的发展提供了良好的条件,在艺术创作、表演、教学、艺术本体研究和对外交流等方面都取得了初步的发展。1949 年至 1966 年是中国艺术院校发展和建设的短暂成长期,全国新建了一批艺术专科学校和艺术学院。但是由于受当时社会环境和客观条件的限制,以及学界对于艺术问题的认识和研究重视程度不够,这一时期关于艺术伦理的研究尚属空白。

1978 年中国实行改革开放,伴随全面深化改革的推进以及社会主义市场经济的发展,我国在政治、经济、文化等各方面都发生了前所未有的变化,我国的艺术事业进入了新的发展时期,在各个方面也经历了深刻的嬗变。在 20 世纪 70 年代末80 年代初,商品经济对艺术事业的冲击开始引起学界关注。在 20 世纪 90 年代我国伦理学界围绕艺术与道德的关系问题展开的研究开始增多。唐凯麟、罗国杰、魏英敏、郭广银、郭建新等学者在他们出版的伦理学著作中开始论及艺术与道德的关系问题。哲学界、美学界、教育界则是基于"艺术是人的、社会的艺术"这一客观事实,围绕艺术家要不要讲道德、艺术为谁服务、艺术伦理评价、艺术道德建设这些问题开始关注和研究艺术伦理问题。代表性著作有:王颂华等人的《哲学与艺术》[1]、张之沧的《艺术与真理》[2]。这一期间,在文艺界出现了以"文艺伦理"作为专门研究对象,聚焦于文艺生产与商品生产之间的关系、社会主义市场经济与艺术之间的关系,艺术创作中的道德、艺术活动中的道德、市场经济对艺术创作的影响和冲击等问题的探讨,文艺伦理学交叉学科逐渐形成,文艺伦理学著作开始问世。乔山的《文艺伦理学初探》是我国改革开放以来第一部建构文艺伦理学学科体系的力作,该书开创性地提出了文艺伦理学的学科建构设想以及框架,重点研究的是文艺中的审美关系和道德关系,而对市场经济条件下的创作现象以及文艺与道德的关系缺乏必要关注。[3] 曾耀农的《文艺伦理学》主要从文艺的政治伦理、宗教伦理、管理

---

① 王颂华等:《哲学与艺术》,天津:天津社会科学院出版社 1998 年版,第 73 页。
② 张之沧:《艺术与真理》,上海:上海人民出版社 1999 年版,第 6 页。
③ 参见乔山《文艺伦理学初探》,北京:高等教育出版社 1997 年版,第 311 页。

伦理、家庭伦理、法律伦理及作家、作品的道德等方面探讨文艺伦理。① 何西来、杜书瀛的《新时期文学与道德》比较全面地概括了新时期文学创作中折射出来的道德风貌,探讨了文学与道德的关系问题。② 谢建明主要从艺术伦理学的内涵、艺术伦理和生活伦理、艺术创造和艺术伦理、艺术伦理的审美生成等方面对艺术伦理学进行了初步探讨。③ 这一时期对于艺术伦理的研究成果相当有限。

　　21世纪信息社会带来了艺术文化价值观的多元化。随着党和国家对文艺工作的日益重视,逐渐形成了诸如艺术哲学、艺术美学、艺术社会学、艺术伦理学、艺术考古学、艺术心理学、艺术教育学等交叉学科,并形成了一个以音乐、美术、书法、建筑等不同艺术形式为核心的跨学科研究体系,学界对艺术伦理的研究日益增多。赵红梅、戴茂堂合著的《文艺伦理学论纲》、李鲁平的《文学艺术的伦理视域:市场经济条件下的文艺道德建设》、王小琴的《音乐伦理学》、洛秦的《音乐中的文化与文化中的音乐》、张琼、俞海洛的《文艺伦理学论纲——当前中国文化艺术领域道德问题研究》④、杜书瀛的《艺术哲学读本》⑤、吴颖的《艺术管理与市场》⑥、龚妮丽的《音乐美学论纲》⑦等研究成果都从不同角度、不同层面,对艺术与道德、艺术道德建设、音乐伦理的本质特征等相关问题进行了比较系统深入的探讨。此外,丁涛、顾建华、孔智光等学界专家也在他们的论著中从不同侧面论及艺术与道德的关系、艺术评价的道德标准等问题。曹连观的《文艺伦理学的发展逻辑和学科生成》⑧、成海鹰的《文艺伦理学的意义探询》⑨、张琼的《试论马克思主义文艺伦理观》⑩、聂珍钊的《文学伦理学批评:文学批评方法新探索》⑪、《关于文学伦理学批评》⑫、邹建军的《文学伦理学批评的独立品质与兼容品格》⑬等研究论文也都对艺术伦理相关问题进行了诸多直接或者间接的论述。但是,由于学界对诸如艺术伦理的概念界定、艺

① 参见曾耀农主编《文艺伦理学》,南昌:百花洲文艺出版社1992年版。
② 参见何西来、杜书瀛《新时期文学与道德》,济南:山东教育出版社1999年版。
③ 参见谢建明《艺术伦理学论纲》,东南大学博士论文,1999年。
④ 张琼、俞海洛:《文艺伦理学论纲——当前中国文化艺术领域道德问题研究》,载《郑州工业大学学报》(社科版)2000年第3期。
⑤ 杜书瀛:《艺术哲学读本》,北京:中国社会科学出版社2008年版,第457—473页。
⑥ 吴颖:《艺术管理与市场》,北京:中国传媒大学出版社2017年版,第17页。
⑦ 龚妮丽:《音乐美学论纲》,北京:中国社会科学出版社2002年版,第170页。
⑧ 曹连观:《文艺伦理学的发展逻辑和学科生成》,载《南京工业大学学报》(社科版)2003年第4期。
⑨ 成海鹰:《文艺伦理学的意义探询》,载《佛山科学技术学院学报》(社科版)2007年第5期。
⑩ 张琼:《试论马克思主义文艺伦理观》,载《道德与文明》2003年第2期。
⑪ 聂珍钊:《文学伦理学批评:文学批评方法新探索》,载《外国文学研究》2004年第5期。
⑫ 聂珍钊:《关于文学伦理学批评》,载《外国文学研究》2005年第1期。
⑬ 邹建军:《文学伦理学批评的独立品质与兼容品格》,载《外国文学研究》2005年第6期。

术与伦理的关系、艺术的伦理精神、艺术道德建设等一系列学术问题,特别是从艺术伦理学的学科定位和发展层面进行的系统研究形成时间较短,研究起步较晚,进展较慢,因此目前所见到的权威研究成果相当有限。

党的十八大以来以习近平同志为核心的党中央比历史上任何时期都更加重视文化艺术事业的发展,强调文艺在社会发展和进步中的价值导向作用。习近平总书记 2014 年 10 月 15 日在北京主持召开的文艺工作座谈会上强调,文艺是时代前进的号角,最能代表一个时代的风貌,最能引领一个时代的风气。文艺事业是党和人民的重要事业,文艺战线是党和人民的重要战线。实现中华民族伟大复兴的中国梦,文艺的作用不可替代,文艺工作者大有可为。在党和国家的高度重视下,关于艺术伦理的研究正日益增多,对艺术问题的探讨正呈现出前所未有的繁盛景象,艺术伦理研究正在进入一个崭新的阶段。

二、研究的主要问题

艺术伦理学是我国应用伦理学学科中较为薄弱的一个分支学科。学界目前的理论研究成果相对有限,学者们所涉及的重要主题及其观点主要集中在以下几个方面,下面对此进行简要述析。

(一) 关于艺术伦理学的学科定位

罗国杰、魏英敏在《中国伦理学百科全书》中指出:"艺术伦理学,是以研究(包括音乐和舞蹈、绘画、文学和戏剧、电影、电视等)实践中的道德现象为对象,阐明艺术道德的本质和规律的一门分支学科,其主要任务是通过艺术道德本质和规律的揭示,建立起科学的艺术道德准则和规范,以提高艺术工作者的道德水平,促进艺术的发展和繁荣。"①乔山的《文艺伦理学初探》是我国第一本有关文艺伦理学学科规范建构的专著。该书开创性地提出了文艺伦理研究应该从文艺伦理学的研究价值、研究对象、学科定位等方面建构文艺伦理学学科体系的设想及框架;历史地考察了文学与伦理的关系,分析了文学与道德之间的互动性;从价值论角度阐释了文学的道德评价,从社会学角度解读了文学的道德职能,并论证了文学创作伦理和文学批评伦理。② 王小琴的《音乐伦理学》作为我国第一部音乐伦理学专著,该书从

---

① 罗国杰、魏英敏:《中国伦理学百科全书》,北京:人民出版社 1993 年版,第 548 页。
② 参见乔山《文艺伦理学初探》,北京:高等教育出版社 1997 年版,第 188 页。

伦理学的视角,运用伦理学基本原理解析音乐领域内的道德现象,对音乐伦理学的学科体系作了创新性构架:界定了音乐伦理学的概念、学科性质、研究对象和研究内容;梳理和分析了中西方传统音乐伦理思想;深入探讨了音乐伦理的本质特征与功能、音乐与伦理之间的关系;解析了音乐伦理之合理性;剖析了音乐活动伦理以及音乐作品的伦理评价等问题。① 李鲁平在《文学艺术的伦理视域——市场经济条件下的文艺道德建设》一书中,以"文学艺术家是社会关系下的文学艺术家"为逻辑起点,以"文艺与道德的关系"为切入点,以"文艺实践"作为理论基础,认为文学艺术作品是属于特定社会特定时代的精神产品。从文艺道德的视角来分析和批判这些文艺现象、为文艺的健康发展提供正确的舆论支持,是文艺道德建设应该履行的职责。

此外,乔新生、曹连观、宋铮等学者也都从不同角度论及了艺术伦理体系建构的问题。曹连观指出:"文艺伦理问题与文艺活动是共生的。道德对文艺的规约,文艺对道德的摆脱,对文艺与伦理耦合的诉求,构成文艺伦理思想的不同取向与发展轨迹。只要有文艺活动,只要有文艺的创作活动、文艺的接受活动、文艺的发展活动,就会产生文艺伦理问题。就学科建构而言,文艺伦理学的'自觉'应是其发展逻辑的必然和内在结构的生成。"② 乔新生强调:"建立艺术创作职业道德伦理体系,并非是要束缚创作者的手脚,而是让他们充分意识到,进入多元化社会之后,艺术创作必须在社会公德的基础之上,逐步寻求社会各界普遍接受的艺术创作道德伦理准则,因为只有这样,在艺术创作的过程中才避免对他人构成冒犯,在艺术表演的过程中才能做到海阔天空。"③ 宋铮认为:"艺术求美,伦理求善。如果说一般的善是追求'好',那么艺术的善就是追求'美好'。从这个意义上来讲,艺术的善正是美好一体、又美又好的艺术伦理建构。"④

由此可见,艺术伦理学从其学科定位讲,它既是一门艺术美学与伦理学相互交叉的新学科,也是一门应用性的学科。艺术伦理学的主旨应该是研究和回答艺术主体行为"应当如何"的学问,是一门实践性较强的应用学科。它将直接服务于艺术活动,服务于调节艺术主体之间的各种关系,在注重分析和解决艺术活动运作过程中出现的各种实际道德问题的基础上,寻找艺术活动的"应当"以及艺术主体行

---

① 王小琴:《音乐伦理学》,光明日报出版社 2011 年版,第 20 页。
② 曹连观:《文艺伦理学的发展逻辑和学科生成》,载《南京工业大学学报》(社科版)2003 年第 4 期。
③ 乔新生:《有必要重建艺术道德伦理》,光明网—理论频道,http://theory.gmw.cn/2015-02/25/content_14916769.htm#commentAnchor。
④ 宋铮:《当代艺术伦理的建设》,载《兰州学刊》2018 年第 6 期。

为的"应当"。此外,艺术伦理学还应该是一门职业道德学科,对于艺术专业的学生和各界艺术工作者如何更好地认识和理解艺术这一职业,明确应有的社会责任感和职业精神,树立道德的职业态度,也是艺术伦理学的研究任务之一。

(二) 关于艺术道德、艺术伦理、艺术伦理学的概念界定

何谓艺术道德、艺术伦理? 何谓艺术伦理学? 艺术伦理与艺术道德应如何区分? 这些思考涉及艺术伦理的理论根基问题,是艺术伦理学理建构、展开艺术道德实践的前提条件。

1. 关于艺术道德、艺术伦理的界定

界定艺术道德和艺术伦理,首先需要界定道德和伦理的概念。正如王小锡所指:"道德一般是指人'立身'、'处世'的现实的应该,伦理一般是指人立身、处世的体现'应该'的理念,是对道德及其应该的理论分析。"[①]宋铮在《当代艺术伦理的建设》一文中指出:"艺术的善强调主体的高度自治,所以向内探求艺术道德十分必要。""艺术道德具有特殊性,艺术道德和艺术伦理都不是艺术与道德、或者与伦理的简单排列和组合。艺术道德是对艺术伦理的内在探求,表现出与一般道德相异的再生性特点。如果说艺术是把客观的主观化,那伦理就是把主观的客观化。艺术伦理就是从客观到主观再到客观的理论衍进过程。"[②]罗国杰在《伦理学名词解释》中对艺术道德的界定是:"艺术道德是艺术工作者在艺术实践中所应遵循的道德规范和所应具备的道德品质。"[③]宋希仁等主编的《伦理学大辞典》中对艺术道德的界定与之完全一致。[④]

由此可见,艺术伦理侧重于艺术活动主体的行为之应该的理论分析,是行为之应该的伦理原则与规范,它通过一定的机制、途径影响艺术活动并产生具有伦理价值和积极意义的结果。而艺术道德则侧重于艺术主体在艺术活动中所应具备的道德品质以及他们作为道德人应有的社会责任,它是艺术活动和艺术作品中所蕴含的体现人的本质力量和内在需求的属性和品质。从应然性角度分析,艺术伦理是艺术领域中的伦理,是社会伦理在艺术领域内的体现,它渗透于艺术活动的各个环节。

---

① 王小锡:《道德、伦理、应该及其相互关系》,载《江海学刊》2004 年第 2 期。
② 宋铮:《当代艺术伦理的建设》,载《兰州学刊》2018 年第 6 期。
③ 罗国杰主编:《伦理学名词解释》,北京:人民出版社 1984 年版,第 85 页。
④ 参见宋希仁、陈劳志、赵仁光《伦理学大辞典》,长春:吉林人民出版社 1989 年版,第 96 页。

2. 关于艺术伦理学概念的界定

王小琴在著作《音乐伦理学》中界定了音乐伦理学的概念,指出:"音乐伦理学是以音乐领域内的道德现象为研究对象,以揭示音乐的伦理意蕴,探讨音乐活动的道德'适然'性、音乐主体的行为之'应该'、音乐作品伦理评价体系为主要研究内容的一门学科。它既是音乐活动的道德性及其价值论证的理论体系构建,又是音乐各主体行为规范与行为方式之构架。从音乐伦理学的学科性质分析,它是一门音乐学与伦理学相交叉的学科,是一门实践性较强的应用学科,也是一门关于职业道德的分支学科。"①谢建明在博士论文《艺术伦理学论纲》中对艺术伦理学概念的界定是:"艺术伦理学,简言之,是探讨艺术中的伦理问题。然而,我们又不能把她视之为艺术中伦理现象的罗列。艺术伦理学与美学有许多共通之处。在成立要素及对象的美的价值上,甚至是方法论上,许多内容是一致的。"②他在《艺术伦理学与美学诸论》一文中指出:"艺术伦理学探讨艺术伦理问题,它与美学有许多共通之处,在成立要素及对象的美的价值上,甚至方法论上,古今中外许多哲人的观点是一致的,'美'对艺术伦理学来说是极其重要的钥匙。"③

总言之,艺术伦理学应该是运用伦理学的基本原理和方法,研究不同艺术活动中的道德问题,并揭示艺术活动中道德的形成、发展及其作用规律的科学。

(三) 关于艺术与道德的关系问题

艺术与道德的关系是改革开放 40 年来学界着力探讨的问题。张之沧在《艺术与真理》著作中,从艺术家的献身精神、艺术与道德的统一性、道德对艺术的刺激和破坏作用、艺术家的社会责任四个方面阐述了艺术与道德的密切关系,强调艺术和艺术家必须讲道德。④ 王小琴在《音乐伦理学》著作中,从音乐与道德的共性、二者的区别、相互之间的联系、结合的中介四个方面比较全面地论述了音乐与道德的关系。何西来、杜书瀛的《新时期文学与道德》采用实证方法分析了从伤痕文学开始到 20 世纪 90 年代初期文学创作中的道德现象,回答和分析了文艺与道德有无关系的问题,指出:"揭示道德的中介作用,不仅有助于作家更自觉地在创作中加以运用,而且更可以见出道德因素在文学活动中的重要,从而有意识地加强自己在这方

---

① 王小琴:《音乐伦理学》,北京:光明日报出版社 2011 年版,第 20 页。
② 谢建明:《艺术伦理学论纲》,东南大学博士论文,1999 年,第 14 页。
③ 谢建明:《艺术伦理学与美学诸论》,载《东南大学学报》(社会科学版)1999 年第 4 期。
④ 参见张之沧《艺术与真理》,上海:上海人民出版社 1999 年版,第 6 页。

面的素养。"①王颂华等人的《哲学与艺术》中强调,艺术与道德的关系是十分密切的,一定时代的道德观念总会直接影响艺术的内容及其本身的意义,反映先进的道德原则会提高艺术的积极作用。优秀作品之所以被视作人类文明进步的瑰宝,就在于它展示了高尚的道德情操,带给人们真善美,丰富了人类的精神世界,促进了精神文明的发展和人类社会的进步。② 李鲁平在《文学艺术的伦理视域——市场经济条件下的文艺道德建设》中强调,既不能笼统地论述文艺与道德的关系,更不能武断地否认文艺与道德的关系,在新的历史条件下必须审视"文艺道德",这是一个具有重要学术价值的研究课题。

1. 艺术与道德有着共同的社会本质

艺术与道德都是对客观存在的社会现实生活的反映。它们同属社会意识形态,都是由一定的社会经济关系所决定并为一定的社会经济关系服务,它们共同地体现着一个民族、一个国家的文化水平和文明程度,都是人们精神面貌的反映。③道德作为调整人们相互关系的行为准则和规范,它以特有的方式,反映和干预社会经济关系和其他社会关系。艺术则是人的一种道德活动,是现实生活在艺术家头脑中的反映,这种反映不是消极被动地照搬生活,而是一种再创造,是艺术家对现实审美理想和道德判断的表现。④ 王小琴在《音乐伦理学》中指出音乐与道德的共性主要表现在,它们都源于人类社会实践活动,都由社会经济关系决定、都以人为本。事实上,社会存在决定社会意识,艺术作为一种社会的意识形态,同道德意识形态一样,都是被物质生活的生产方式制约着,都是客观存在的社会生活在人类头脑中的反映的产物。

2. 艺术与道德的区别

艺术与道德作为两种不同的社会意识形式,在反映现实生活的方式、范围以及对人发生作用的方式等方面是各有其特点的。唐凯麟认为,艺术与道德之间的不同表现在三方面,一是反映现实的内容、范围和方法不同;二是对现实作用的方式不同;三是评价的依据和标准不同。⑤ 其他学者的观点与此基本一致,认为艺术与道德的区别首先是反映社会生活的方式不同:艺术通过各种具体生动的媒介来塑造不同的情感形象,以形象来反映丰富多彩的社会生活、揭示生活的本质;而道德

---

① 何西来、杜书瀛:《新时期文学与道德》,济南:山东教育出版社 1999 年版。
② 参见王颂华等人《哲学与艺术》,天津:天津社会科学院出版社 1998 年版。
③ 参见唐凯麟《伦理学》,北京:高等教育出版社 2001 年版,第 94 页。
④ 参见王颂华等人《哲学与艺术》,天津:天津社会科学院出版社 1998 年版,第 42—43 页。
⑤ 参见唐凯麟《伦理学》,北京:高等教育出版社 2001 年版,第 94 页。

则是通过社会舆论、传统习俗和人们的内心信念来维系并揭示人与人之间的关系。其次是反映社会生活的范围不同:艺术反映的范围相当广泛,几乎人类生活中的一切现象和一切关系,包括人物、动物、景物等自然现象、社会现象,都可以作为艺术反映的内容;而道德是以特有的方式反映社会关系以及人们的善恶理念,尽管它在社会关系的每个方面都有渗透,但并不能概括社会现象的全部。最后是对人发生作用的方式不同:艺术是以动之以情、寓教于乐、潜移默化的审美方式来影响人的行为,不带任何强制性;而道德对人们发生作用的方式主要是以理服人,它是通过逻辑和事实的力量,以说理、摆事实和示范的方式对人们施加正面的教育和引导,要求人们的言行符合社会道德的原则和规范。①

3. 艺术与道德的互动

学界一致认为,艺术与道德之间客观地存在着互动,二者有机联系、相互影响、相得益彰。罗国杰在《伦理学名词解释》中阐释了艺术与道德的互动性,他认为,社会的道德面貌影响文艺的内容,反映先进的道德会提高艺术的积极作用,表现落后的道德会降低艺术的质量;艺术工作者的道德观对艺术创作的方向有着指导作用。② 魏英敏、马博宣指出:"文艺以道德为重要内容,道德以文艺为重要传播手段;道德影响文艺的社会价值,文艺影响社会的道德风尚。"③郭建新在《新伦理学教程》中指出:"道德与文艺是相互联系的。文艺对人们的道德情感、道德品质具有感化和教育的作用;道德对文艺的影响和作用也是十分明显的。"④王小琴在《音乐伦理学》著作中指出:"音乐以道德为重要内容,音乐本身的道德与否、音乐传播效果的好坏,都在一定程度上影响着个人与社会的道德状况;而一定社会背景下的伦理道德同样对音乐创作者、传播者和欣赏者具有重要的制约和影响作用。可见,艺术作为人的、社会的艺术,一定社会的道德生活和人们的道德面貌是艺术创作的重要源泉,而艺术创作人自身的道德意识、道德品质对艺术创作亦有着重要影响。艺术的审美价值和道德价值是辩证统一的。"⑤张炯在《交出我们时代的文艺答卷》一

---

① 如王小琴:《音乐伦理学》,北京:光明日报出版社 2011 年版,第 87—91 页;魏英敏:《新伦理学教程》,北京:北京大学出版社 2003 年版,第 191—192 页;郭建新、杨文兵:《新伦理学教程》,北京:经济管理出版社 1999 年版,第 92 页;郭广银主编:《伦理学原理》,南京:南京大学出版社 1995 年版,第 114—115 页。
② 参见罗国杰:《伦理学名词解释》,北京:人民出版社 1984 年版,第 25 页。
③ 参见魏英敏:《新伦理学教程》,北京:北京大学出版社 2003 年版,第 191—192 页;罗国杰、马博宣、余进编著《伦理学教程》,北京:中国人民大学出版社 1986 年版,第 89—90 页。
④ 郭建新、杨文兵:《新伦理学教程》,北京:经济管理出版社 1999 年版,第 92 页。
⑤ 王小琴:《关于我国艺术伦理研究的哲学反思》,载《伦理学研究》2009 年第 2 期。

文中指出:"文学艺术绝非一面被动反映现实的镜子。相反,它总以自己的理想之光,以最能代表思想高度的时代精神,以独特的审美选择和审美创造,散发强大的精神力量,鼓舞人前行。文艺之所以能够担当时代前进的号角,跟先进文艺拥有这样的理想、燃烧着这样的精神火光分不开。"①

4. 艺术与道德结合的中介

古今中外一切优秀的艺术品必定是表达真情实感、具有强烈的艺术震撼力、讴歌真善美的。正如赵红梅指出的:"文艺与道德的契合点是情感,属人的'情感'使文艺与道德深深相交。情感为文艺伦理学的建构提供了最大的可能。"②王小琴指出:"音乐追求美,道德追求善,美是外在的善,善是内在的美,音乐的本质特征是情感,道德的基础也是情感,情感是音乐与道德发生关联的纽带,音乐是借助于情感活动影响人的道德。"③可以说,情感作为艺术与道德的结合点,艺术对道德发挥作用的主要方式是以情动人、以情感人、以情化德,借助其情感力量,在引起人们情感共鸣的基础上激发人的道德感,进而影响人的道德行为。而道德情感作为道德信念和道德行为的动力因素,道德感一旦被艺术情感所激发,就会形成一种自觉的道德需要,因而艺术是道德主体由"他律"转向"自律"的重要途径,其中的情感是艺术与道德的共同基础——情感则是二者发生联系的重要中介。

(四) 关于艺术道德建设研究

改革开放 40 年来,伴随着社会主义市场经济的迅猛发展,以及人们生活方式和思维方式的转变,艺术的商业化、产业化进程不断加快,消费主义及其带来的消费文化广泛地影响着艺术生产和文化建设,艺术领域出现了许多与社会主义道德不相符甚至打破道德底线的问题,这些问题引起了学界的普遍关注,艺术道德建设成为了这个时期学者们研究的核心问题。

李鲁平的《文学艺术的伦理视域——市场经济条件下的文艺道德建设》是在对文艺道德关系的有关历史论述进行梳理、对新中国成立后文艺道德建设的经验教训进行总结、对市场经济对文艺道德的影响进行反思的基础上,明确了文艺道德建设的指导思想和基本原则,强调文艺道德建设的关键环节是文学艺术家的思想道德建设,并提出了文学艺术家思想道德建设的合理性举措。他指出:"文学艺术家

---

① 张炯:《交出我们时代的文艺答卷》,载《人民日报》2019 年 4 月 8 日。
② 赵红梅、戴茂堂:《文艺伦理学论纲》,北京:中国社会科学出版社 2004 年版,第 250 页。
③ 王小琴:《音乐伦理学》,北京:光明日报出版社 2011 年版,第 111 页。

思想道德建设的重要内容是良知与良心。"①"伴随市场经济的发展,文艺领域里出现了低级趣味创作的庸俗化倾向,在这样的背景下,从文艺道德的视角来分析和批判这些文艺现象、为文艺的健康发展提供正确的舆论支持,是文艺道德建设应该履行的职责。"②《文艺伦理学论纲》从文艺如何拯救道德的角度,提出了道德困境的解决之路,即建设道德社会的条件之一是道德高尚的人,而塑造道德高尚的人就必须激发道德感,而文艺正是通过情感激发主体心智。建设道德社会的另一个条件是建设属人的伦理学,即要从制度的规范转向情感的认可。③

宋铮在《当代艺术伦理的建设》④中指出,艺术是艺术品与艺术家共同价值的体现和凝聚。所以,艺术的善也可以被看作是艺术的这种共同价值在伦理道德方面的要求、改造和提升。艺术道德缺失的现象十分严峻,艺术道德的缺失必然会对艺术本身产生严重的损害和妨碍。艺术追求美,道德缺失很可能会给艺术作品造成难以弥合的缺憾。同时,也会影响到艺术家的创作能力的积累和发挥。可见,只有加强自身的品性修养和艺术的功力修为,艺术家才能够创作出思想进步、反映正确的理想信念的优秀作品。艺术道德不是大棒,而是一种尺度,提供一种规范。乔新生在《有必要重建艺术道德伦理》一文中指出:"艺术创作者应该建立起自己的道德伦理防线,因为只有这样,才能在自由创作的过程中逐步形成健康的价值观。"⑤赵宁宇在《将修养艺德作为从艺必修课》中强调:"文艺工作者要注重艺德。重艺德,重在职业操守和职业精神,在艺德引领下创造精品力作。"⑥

艺为上,德为先。完善艺术学科建设,造就一批德艺双馨的文艺工作者,创作优秀的作品鼓舞人、感染人、教育人,是当前艺术道德建设的重中之重。这正是习近平总书记反复强调的:"繁荣文艺创作、推动文艺创新,必须有大批德艺双馨的文艺名家。我国作家艺术家应该成为时代风气的先觉者、先行者、先倡者,通过更多有筋骨、有道德、有温度的文艺作品,书写和记录人民的伟大实践、时代的进步要求,彰显信仰之美、崇高之美,弘扬中国精神、凝聚中国力量,鼓舞全国各族人民朝气蓬勃

---

① 李鲁平:《文学艺术的伦理视域——市场经济条件下的文艺道德建设》,武汉:华中师范大学出版社 2010 年版,第 189 页。
② 李鲁平:《文学艺术的伦理视域——市场经济条件下的文艺道德建设》,武汉:华中师范大学出版社 2010 年版,第 2 页。
③ 参见赵红梅、戴茂堂《文艺伦理学论纲》,北京:中国社会科学出版社 2004 年版。
④ 宋铮:《当代艺术伦理的建设》,载《兰州学刊》2018 年第 6 期。
⑤ 乔新生:《有必要重建艺术道德伦理》,光明网—理论频道,http://theory. gmw. cn/2015—02/25/content_14916769. htm#commentAnchor。
⑥ 赵宁宇:《将修养艺德作为从艺必修课》,载《人民日报》2019 年 4 月 12 日。

迈向未来。""文艺要反映人民心声,就要坚持为人民服务、为社会主义服务这个根本方向。这是党对文艺战线提出的一项基本要求,也是决定我国文艺事业前途命运的关键。要把满足人民精神文化需求作为文艺和文艺工作的出发点和落脚点,把人民作为文艺表现的主体,把人民作为文艺审美的鉴赏家和评判者,把为人民服务作为文艺工作者的天职。"①这是我国当前艺术工作必须遵循的最高伦理准则和规范。因此,加强艺术道德建设,是新时代艺术发展的需要,是坚持中国特色社会主义文化方向、建设文化强国的必然要求,这对提高全民族的艺术素质,满足新时代人民对于美好精神生活的需要,建设社会主义精神文明都具有十分重要的意义。

(五) 艺术创作伦理和艺术批评伦理

改革开放以来,关于文艺创作伦理与批评伦理的研究较少。成果主要散见于一些著作和论文中。乔山在《文艺伦理学初探》第三章中从"马恩文论与文学伦理""关于伦理对文学创作的影响""关于文学与伦理的创作题材"三个层面论述了文学创作与伦理问题,并重点剖析了"道德决定论"。他在第四章中从"传统的道德批评""西方现当代文论的道德观""文学的历史评价和道德评价"三方面论述了文学批评与伦理。王小琴在《音乐伦理学》第五章专论音乐创作伦理和欣赏伦理,指出道德责任是贯穿于音乐活动的各个环节的,因而创作伦理、欣赏伦理都应该是音乐伦理学研究的主要内容。该著作的第六章重点探析音乐伦理评价体系,指出"音乐本身是否道德,以及如何对音乐作品进行伦理评价是音乐伦理研究的重要课题之一"②。

李鲁平在《文学艺术的伦理视域——市场经济条件下的文艺道德建设》著作中,一方面阐明了文艺创作的道德规范体系:一是"为人民服务"和"三贴近"的道德原则;二是坚持"六个统一"的道德规范(即追求文艺真善美的统一,创作自由与责任承担相统一,弘扬主旋律与提倡多样化相统一,健康向上的艺术趣味与塑造高尚的艺术形象相统一,社会效益与经济效益相统一,追求德艺双馨实现艺品与人品相统一)。另一方面也阐明了文艺批评的道德规范体系:一是文艺批评活动中"三个统一"的道德原则(思想性和艺术性相统一,历史标准与美学标准相统一,批评的美学品格、学术品格与独立人格相统一);二是文艺批评活动应遵循的四个道德规范:与人为善、科学说理、平等争鸣、继承创新。③

① 习近平:《在文艺工作座谈会上的讲话》,载《人民日报》2014 年 10 月 15 日。
② 王小琴:《音乐伦理学》,北京:光明日报出版社 2011 年版,第 163 页。
③ 参见李鲁平《文学艺术的伦理视域——市场经济条件下的文艺道德建设》,武汉:华中师范大学出版社 2010 年版,第 171—182 页。

　　谢建明在《论艺术创造与艺术伦理》一文中认为,艺术的善首先表现在艺术家的创作意图上。① 蔡家园在《文艺批评的伦理问题》中界定文艺批评伦理的概念:"所谓文艺批评伦理,是指批评主体从事文艺批评活动所信守的道德准则、职业操守与主体人格精神。从伦理角度展开对文艺批评的反思,也就是从批评的主体着手探求解题方案,这也许是重新恢复批评尊严、获得批评力量的有效途径。"②聂珍钊的《文学伦理学批评:文学批评方法新探索》《关于文学伦理学批评》、邹建军的《文学伦理学批评的独立品质和兼容品格》论文则从艺术批评伦理论的角度,借助外国文学历史材料进入文艺伦理学,分析了文学批评的社会责任和伦理标准。

　　马立新在《坚持文艺"人民性"倡导美学新理念》一文中紧紧围绕2014年10月15日习近平总书记在文艺工作座谈会上指出的广大文艺工作者要"坚持以人民为中心的创作导向"的工作要求,系统地剖析了"文艺的人民性"这一重要的艺术创作伦理规范,指出当代中国文艺工作者要真正践行,应当明确三个根本性的艺术命题。一是什么是文艺的人民性? 文艺的人民性是指文艺的生产创作和传播活动必须服从和服务于人民的身心健康这一终极目的。二是文艺创作为什么要坚持人民性? 坚持文艺的人民性,是文艺创作者的最基本的职业伦理操守。只有坚持文艺的人民性,才能最大限度实现艺术家自身的价值。三是当代文艺创作应当怎样坚持人民性? 当代文艺工作者要坚持人民性,就要将自己的具体行动落实到创作具有人民性的艺术作品上,只有这样的艺术作品才能真正对人民的身心健康有所裨益,才是对人民高度负责的体现,也只有这样的作品才是遏制低俗化、泛自由化等艺术泛滥成灾的根本之策。③

　　赵宁宇在《将修养艺德作为从艺必修课》中指出,文艺创作的目的是为人民服务、满足观众不断提升的精神生活需求,尊重观众、了解观众、引领观众,是文艺工作者的责任。演员只有不断提升自己的艺德修养,重视职业操守和职业精神,提升文化修养和思想境界,加强专业学习和艺术训练,才能够高质量地完成艺术创作,为观众创造出优质精神食粮。④

　　事实上,从古至今堪称经典的艺术作品无不是坚持了以人民为中心这一基本创作导向的。艺术创作只有坚持以人民为中心,站在民族历史使命的高度,从广大人民的意愿和心声出发,自觉地从人民生活中提炼时代精神、表现时代风尚,努力

① 参见谢建明《论艺术创造与艺术伦理》,载《南京化工大学学报》(哲社版)2000年第2期。
② 蔡家园:《文艺批评的伦理问题》,载《湖北日报》2012年7月21日。
③ 参见马立新《坚持文艺"人民性"倡导美学新理念》,载《中国社会科学报》2015年第723期。
④ 参见赵宁宇《将修养艺德作为从艺必修课》,载《人民日报》2019年4月12日。

实现艺术内容和思想上的客观真实,并将家国情怀、人民情怀作为一以贯之的艺术创作主线,才能使艺术作品产生推动和鼓舞时代前进的正能量,为时代奏响开拓美好未来的前进号角,才能向人民奉献至真至善至美的精神食粮,以满足人民对于美好精神文化生活的需要。

(六) 关于我国传统艺术伦理思想的梳理与总结

中国数千年来,艺术一直是作为助人伦、成教化、美风俗、讴歌真善美的主要手段而存在的。梳理和总结我国传统艺术伦理思想,不仅是为了揭示艺术伦理产生与发展的规律及其对个人与社会发生作用的机制,更是为了促进新时代艺术道德建设,推动我国艺术事业的繁荣和发展。

近年来关于艺术伦理思想的研究,除了乔山在《文艺伦理学初探》中对文学与伦理关系进行的历史考察与理论透视外,在杨华祥、曾耀农、沈壮海、高楠、王奎永、陈永明等学者的一些研究论文中,亦对我国传统艺术伦理思想进行了总结和概述。

杨华祥认为,儒家文艺精神不仅与政治伦理、社会规范和人格修养密切相关,而且具有本体论的意义,因而提出现代社会需要借鉴儒家的文艺伦理思想和实践手段来建立新的伦理学。[①] 曾耀农主张,中国古代文艺伦理思想内容丰富,但其中既有糟粕,更有精华,总结其特点,是有利于社会主义文艺发展的。他指出:"中国的文艺伦理思想,大都散见于哲学家或文论家的著作中,只言片语,未见体系。但文艺理论一直没有脱离伦理思想。"[②]沈壮海侧重于研究先秦儒家的艺德观,指出:"先秦儒家的艺德观概指先秦儒家关于艺术与道德、艺术教育与道德教化、艺术创作、浸染与个体道德修养等问题之间相互关系的基本理论。先秦儒家重'德',他们追求备至德的理想人格,鼓吹仁治德政的御国方略,推崇道德教化的社会价值,向往德盈四海的天下大同。"[③]高楠侧重于探究中国古代艺术的价值取向问题。他认为中国古代艺术理性的价值取向在于,以儒家的伦理观念为主体的伦理追求与伦理实现。其见诸艺术的基本形态可以概括为:第一是天人合一的社会秩序追求;第二是对于现世人伦的关注;第三是对于人伦位置的格外看重;第四是对于现实感性

---

① 参见杨华祥《儒家文艺伦理思想探析》,载《湖北大学学报》(哲社版)2007 年第 1 期。
② 参见曾耀农《中国古代文艺伦理思想的发展》,载《青海民族学院学报》(教育科学版)2003 年第 2 期。
③ 沈壮海:《先秦儒家艺德观论析》,载《中州学刊》1996 年第 6 期。

世界的重视。① 王奎永主要从中国传统美学观念的角度分析了道德与艺术的关系。他指出:"历史上对于道德与艺术审美的关系有两种不同的观点。其一认为道德与艺术是绝对对立的,二者毫无关联。这种观点的理由似乎很充分:道德的评价标准是善与恶,艺术的评价标准是美与丑。所以不能以道德标准衡量艺术的审美作用。同样的道理,艺术的审美也不能产生道德的内容,美存在于它自己的领域内,艺术就是要表现美,不能根据纯道德的层面对艺术进行赞美或批判。由此看来,道德与艺术似乎水火不容。另外一种观点与上述看法相反,认为道德与艺术是一体的,艺术是道德宣扬的手段,是道德的显现,道德是艺术的主宰,没有道德,艺术无法生存,审美难以显现。在这里,道德等于美,道德的世界就是美的世界。"② 他认为这两种观点既有合理之处,又各有缺陷。他在界定道德概念和艺术概念的基础上分析了历史上关于道德与艺术关系的不同观点。陈永明主要研究了先秦儒家文艺思想的和谐伦理内涵,指出:"先秦儒家以'人'的伦理教化为目的,其文艺思想和审美观念具有浓郁的和谐伦理意味。儒家和谐伦理是儒家诗教的理论基础,也是儒家文艺思想观念的审美呈现,其伦理内涵由五个方面的和谐关系构成:'畅神'、'比德'以求人与自然之间的和谐;'温柔敦厚'、'知言养气'以求人与自身的和谐;'克己复礼'、'仁者爱人'以求人与人之间的和谐;'礼乐教化'、'以礼别异'以求人与社会之间的和谐;'文质彬彬'、'尽善尽美'以求文与质的和谐。"③

　　以上这些关于艺术伦理的思想的研究都为我们进一步探究艺术伦理问题提供了宝贵的思想借鉴和理论资源。从历史和现实维度看,这些不同层面、不同侧面的传统艺术伦理思想研究既是我们思考艺术伦理、加强艺术道德规范建设的丰厚素材,也是我们从事艺术实践的重要理论源泉。

三、简要评述

　　回顾我国艺术伦理研究的发展历程和研究热点,尽管直接以艺术道德、艺术伦理为对象的研究尚少,但关于文艺伦理、文艺道德的研究却是较为丰富的。学者们围绕以上一些热点问题进行了积极的探讨,取得了一些奠基性的成果,具有一定的

---

① 参见高楠《伦理的艺术与艺术的伦理——中国古代艺术理性的价值取向》,载《社会科学辑刊》1995年第5期。
② 王奎永:《从中国传统美学观念看道德与艺术的关系》,载《美术观察》2006年第4期。
③ 陈永明:《论先秦儒家文艺思想的和谐伦理内涵》,载《河南师范大学学报》(哲学社会科学版)2014年第1期。

理论价值,对艺术伦理学科的发展起到了重要的推进作用。但我们不难发现,学界 30 多年来在艺术伦理研究领域热心关注和研究的问题主要是集中在文艺与道德的关系、文艺道德建设上,而对于艺术伦理学学科如何进一步科学系统地发展、如何结合新时代特点对我国传统文化中蕴含的丰富艺术伦理思想进行创造性转化和创新性发展、在艺术创作和艺术批评伦理研究方面如何结合当今时代特点、结合新时代社会主要矛盾变化、结合中国特色社会主义文化实践开展深入研究等问题,相较于经济伦理、政治伦理、企业伦理、环境伦理等分支学科,无论是在关注度、重视程度,还是在研究力度和深度、研究成果方面都比较薄弱。

党的十八大以来,以习近平同志为核心的党中央比历史上任何一个时期都更加重视文化强国建设,因为文化是一个国家、一个民族的灵魂,是人民的精神家园、政党的精神旗帜,在当今综合国力竞争中之作用日益凸显。党的十七届六中全会通过的《中共中央关于深化文化体制改革 推动社会主义文化大发展大繁荣若干重大问题的决定》提出了"建设社会主义文化强国"的战略目标,文化越来越成为增强国家软实力和民族凝聚力、开创全民族文化创造力、提升国民文化素养的重要源泉。党的十九大报告作出了"中国特色社会主义进入新时代"的新论断,明确指出了新时代我国社会主要矛盾已经转化为人民日益增长的美好生活需要和不平衡不充分的发展之间的矛盾。艺术作为文化的重要形式和载体之一,面对改革开放以来文化的日益多元化,以及艺术领域内出现的诸如"以丑为美""粗制滥造""脱离大众""扭曲经典""快餐消费"等一系列问题,新时代更加呼唤艺术伦理的进一步拓展与创新研究,更需要在艺术伦理领域涌现一批能够为新时代艺术健康发展提供规范和指导的高水平理论成果,才能满足人民日益增长的美好精神需要,为人民提供高质量的艺术食粮。因此,学界需要结合新时代特点,进一步拓展和深化如下几个问题。

第一,科学建构艺术伦理学学科体系是学界的研究重点。构建艺术伦理体系,就是要紧紧围绕习近平总书记关于文艺工作的重要讲话精神,结合新的时代特点,立足新的使命,坚持问题导向,着力解决艺术伦理中现存的问题,探究其研究对象、研究内容、研究体系。用科学的文艺伦理理论指导文艺工作者创作生产出无愧于我们这个伟大民族、伟大时代的优秀作品,努力推动我国文艺事业的繁荣发展,把最好的精神食粮奉献给人民。①

第二,科学建构"以人民为中心"的新时代艺术职业伦理规范体系。其重点是艺术创作和艺术评价伦理体系。如何以习近平总书记重要讲话精神为指导,推动艺术

---

① 参见习近平《在文艺工作座谈会上的讲话》,载《人民日报》2015 年 10 月 15 日。

文化繁荣兴盛,这就需要艺术伦理研究者认真学习和深入领会习近平总书记关于文化建设的重要论述以及文艺工作精神,准确认识和把握人民性导向的内蕴与外现,深入挖掘艺术职业与其他职业的区别,揭示艺术职业的特殊性,尤其是特殊的使命担当,形成系统规范的新时代艺术职业伦理体系,为艺术工作者提供"应当"的规范。

第三,探究艺术伦理评价体系。新时代社会主要矛盾已经转化为人民日益增长的美好生活的需要同不平衡不充分的发展之间的矛盾,其中人民对美好生活的需要不仅包括物质生活的需要,也包括精神文化生活的需要。人民对精神文化生活的新需求不仅对艺术工作者提出了更高的要求,同时也对艺术伦理研究者提出了更新的要求。习近平总书记强调:"只有自觉站在我们民族历史使命的高度,从广大人民的意愿和心声出发,从各条战线齐心奋斗的火热现实里,提炼时代精神,表现时代风尚,才能使作品产生推动和鼓舞时代前进的思想正能量,为时代奏响开拓美好未来的前进号角。"①因此,如何结合新时代社会的主要矛盾建构适合当下的艺术伦理评价体系,是学界应该重点研究的一个课题。

第四,研究艺术伦理的当代价值。习近平总书记多次强调指出"一个国家、一个民族不能没有灵魂",未来的艺术伦理研究将会日益凸显其时代价值。因此,研究其时代价值对于正确把握艺术伦理研究的方向、明确艺术道德建设的目标、促进艺术自身的健康发展、培养更多优秀的艺术人才更具紧迫性。

第五,创新艺术道德建设体系。在中国共产党领导革命文艺的过程中,在社会主义艺术实践的发展中我们积累了很多具有重要指导意义的文艺建设经验。新时代新目标对艺术伦理研究者提出了更高更新的要求,更强烈地呼唤艺术道德建设。新时代创新艺术道德建设体系必须以社会主义核心价值观为引领,坚持以人民为中心的导向,突出人民的核心地位,确立艺术道德建设的新目标,促进艺术健康发展。

可以说,艺术伦理学作为应用伦理学的一个分支学科,构建科学的艺术伦理学学科体系,建构"以人民为中心"的新时代艺术职业伦理规范体系,探究艺术伦理评价体系,研究艺术伦理的当代价值,创新艺术道德建设体系,学界对诸如此类的艺术伦理问题的系统研究在新时代文化强国建设中具有不可或缺的理论指导意义,应该引起学界的高度关注和重视。艺术伦理研究正迎来科学的春天,学者们只要付诸心血用心钻研,就拥有无比广阔的空间。我们要把握新时代脉搏、聆听新时代呼声,坚持与新时代同步伐,用明德引领新时代艺术风尚,坚定文化自信,为建设文化强国作出积极的贡献!

---

① 张炯:《交出我们时代的文艺答卷》,载《人民日报》2019年4月8日。

第二十六章　文学伦理

新中国成立 70 年来,文学的道德内涵、文学活动的规范准则、道德对文学评价及其发展的作用等引起了学界的广泛关注,文学伦理已越来越得到学界的重视与认同。同时,党和国家对于文学的创作导向、价值观念、时代精神等问题历来高度重视。习近平总书记在党的十九大报告中指出,"社会主义文艺是人民的文艺,必须坚持以人民为中心的创作导向,在深入生活、扎根人民中进行无愧于时代的文艺创造。"这段讲话内容既表明了在实现中华民族伟大复兴历史进程中文学的重要作用,也为新时代中国文学的发展方向规划出一个深刻的伦理命题。

一、研究的基本历程和概况

我国对文学伦理的研究古已有之,但一直未形成完整的学科体系。我国历史上的文学伦理研究,受儒家"道统"思想影响深重,通常认为文学应当承担传播思想道德的责任,即所谓"文以载道"。早在春秋时期,孔子在阐发其文学观念时,已首次将文学与道德紧密联系起来,将德行、言语、政事、文学列为"孔门四科"①。孔子所言之文学与现今的概念固然不同,带有"文治教化"之意,但他始终将德行作为四科之本,体现出重德重行的文学观念。南朝文学理论家刘勰在《文心雕龙·原道》中指出"道沿圣以垂文,圣因文而明道"②,强调了文章创作是用来阐明"道"的。唐代韩愈、柳宗元等人在此基础上进一步主张"文以明道"。北宋周敦颐首次明确提出"文以载道"的创作原则,认为文章创作就是用来传播思想,就好比车是用来载人一般。③ 明代顾炎武提出文学创作须以提升国民道德为己任,要做到"明道,纪政

---

① 参见《论语·先进》,德行:颜渊、闵子骞、冉伯牛、仲弓;言语:宰我、子贡;政事:冉有、季路;文学:子游、子夏。
② 刘勰:《文心雕龙》,徐正英、罗家湘注译,郑州:中州古籍出版社 2017 年版,第 31 页。
③ 参见范渊凯《我国文学伦理学研究的历史与现状》,载《江苏社会科学》2015 年第 4 期。

事,察民隐,乐道人之善"①。近代王国维指出作者的高尚品质决定了作品的艺术高度,即"故无高尚伟大之人格,而有高尚伟大之文章者,殆未之有也"。梁启超则在《论小说与群治之关系》中提出,文学的革新能够带动社会道德的进步。

新中国成立后,"十七年文学"时期产生了一些艺术成就颇高的作品,但是总体上这个时期的文学作品受国家政治伦理影响较大,日常生活中的人际关系时常游离于创作选题之外,丁玲、赵树理等一批代表人物,在乡土、农村树立起了革命文学的旗帜。"文革"后,主体意识的觉醒使得作者们开始以清醒、真诚的态度关注、思考生活的真实,直面惨痛的历史,"伤痕文学""朦胧诗"等"新时期"文学开始兴起。伴随着改革开放的春风,文学创作越来越呈现多元化的特征,与阅读市场的关系开始变得紧密起来。文学界表现出了强烈的探索求新的意识,为改革开放寻求现实依据。我国文学获得了空前的发展,涌现出了一大批优秀的文学作品。与此同时,文学市场的繁荣也引发了一系列的伦理问题,作家的道德责任、文学的创作规范等引起了学者的重视。学术界掀起了关于文学与伦理的研究热潮,涌现出了一大批理论文章与著作,取得了一定的研究成果,但仍有诸多问题亟待解决。首先,我们需要展开文学伦理学的元理论研究,构建其学科体系,完善其研究内容和研究方法;其次,在进行文学伦理学批评等文学活动时,必须牢固掌握伦理学的知识谱系,加强文学与伦理学的联系;最后,文学伦理学与经济伦理、新闻伦理、环境伦理等应用伦理一样,其生命力在于实践应用,应是一门对其他学科进行道德审视的科学。70 年来,我国文学伦理学研究总体来看成绩斐然,学术规模不断壮大,研究内容愈加丰富,研究视角不断开拓,其发展历程主要可分为如下三个阶段。

(一) 西学东渐

我国对文学与道德的关系研究源远流长,但未形成完整的学科体系和文学伦理的学科概念。1987 年美国文学伦理学代表人物、芝加哥大学教授布斯的《小说修辞学》在北京大学出版社翻译出版,这是我国第一次翻译出版的西方文学伦理学著作,对我国的文艺理论建设产生了很大的推动作用,为文学伦理学在中国的勃兴奠定了基础,该书提出了文学与道德之间有着紧密的联系,强调作家应该认识到自己是为谁而写作。

同时,聂珍钊等国内文学界的专家进一步指出,文学的审美功能和教诲功能是相结合的,文学具有社会责任和道德义务,因此,我们在进行文学批评的时候也应

---

① 顾炎武:《日知录》卷十九,黄汝成译,长沙:花山文艺出版社 1990 年版,第 841 页。

当采用伦理学的方法,这种方法被称为文学伦理学批评。文学伦理学批评的内容包括:作家与创作的关系,作品与社会道德的关系,读者与作品的关系,作家及其作品的道德倾向、道德评价、道德教化。除此而外,作家从事写作的道德责任与义务、批评家批评文学的道德责任与义务,甚至包括学者研究文学的学术规范等,都应该属于文学伦理学批评的范畴。①

2004 年 6 月,"中国的英美文学研究:回顾与展望"全国学术研讨会在江西南昌召开,聂珍钊发表了题为"文学伦理学批评:文学批评方法新探索"的讲话,这是国内首次明确将文学和伦理学之间的联系纳入理论研究范围内,详细地论述了文学伦理学批评的概念、理论基础、对象、内容以及发展趋势。他提出文学不仅具备着审美的功能,还具有教诲的功能,而且这两个功能是结合在一起的。文学的根本目的不在于为人类提供娱乐,而在于为人类提供从伦理角度认识社会和生活的道德范例,为人类的物质生活和精神生活提供道德指引,为人类的自我完善提供道德经验。②

另一方面,刘玉平、陈永明、周秉山、成海鹰等人从文学伦理的概念、特点及历史出发,分别以"文学伦理的精神""文学伦理的生成和流变""文学伦理的学科设置"等为切入点,对文学伦理理论进行了研究。

乔国强在《"文学伦理学批评"之管见》中认为:"文学伦理学批评是不同于国外学者倾向于把中国的古代文论总结为一种伦理道德型的批评,是一种积极的批评方法来倡导并系统论述中国古代文学的研究方法。"③乔国强认为,伦理学主要解决的是"关系"以及与这些关系相关的"法则"等问题。文学则是关于人与人、人与社会、人与自然,甚至人自身的灵魂与肉体等之间关系的一门学问。④

高惠莉在《马克思主义文学伦理批评的建构》中列举了柯勒律治提出的同情式批评、哲学式批评、心理分析角度和文化政治关怀等文学批评观。总体来说发掘文学作品的优点是柯勒律治文学批评观的核心。高惠莉更是直言:"文学批评的变革提升国民文化素质,提升国家整体实力。"⑤众多的文学伦理批评观念都认为批评观念、批评方法、批评话语、批评风格等不是文学伦理研究的关键,而且在这些方面可以鼓励多样化发展,但对文学批评中价值观念的取向问题就直接影响到文学批

---

① 参见聂珍钊《文学伦理学批评:文学批评方法新探索》,载《外国文学研究》2004 年第 5 期。
② 参见聂珍钊《文学伦理学批评:基本理论与术语》,载《外国文学研究》2010 年第 1 期。
③ 乔国强:《"文学伦理学批评"之管见》,载《外国文学研究》2005 年第 1 期。
④ 参见乔国强《"文学伦理学批评"之管见》,载《外国文学研究》2005 年第 1 期。
⑤ 高惠莉:《马克思主义文学伦理批评的建构》,载《求索》2012 年第 12 期。

评的价值。文学批评价值观直接影响到文学作品对现代社会的积极正面影响。

(二) 命名之争

新中国成立70年来,无论是文学界还是伦理学界都对文学伦理的研究表现出极大的兴趣,呈现了一系列理论成果。但是,关于如何界定这门文学与伦理学的交叉学科,以及如何为其进行命名,却出现了一些争议。在研究初期,国内学者或以文艺伦理之名代替文学伦理,或将文学伦理作为文艺伦理的一个组成部分,使得大多数文学伦理的研究成果包含在文艺伦理之内。

一般来说,文艺学是以文学为对象,以揭示文学基本规律,介绍相关知识为目的的学科。童庆炳的《文学理论教程》中指出,研究文学及其规律的学科统称为文艺学。因而,在研究初期,不少国内学者将文学与伦理交叉学科命名为文艺伦理学。朱光潜在其美学研究方面的代表作《文艺心理学》中,以两个章节的内容回溯了中西方长期以来关于“文艺与道德有无关系”的争辩及发展历程,从马克思主义美学思想出发,论证了文艺与道德的逻辑关系,明确指出“说文艺与道德应分开的人们,不但不了解道德,也并没有了解文艺”①。朱光潜关于“文艺与道德”的两章研究内容开辟了我国当代文学伦理的研究,其后,曾耀农、乔山、赵红梅、戴茂堂等纷纷就文艺道德的关系、文艺伦理的学科设置等方面作出了探索并形成一系列研究成果。

乔山在《文艺伦理学初探》中提出,文艺伦理学是以研究文艺与伦理的审美关系为旨趣,以探讨文艺所表现出来的人的伦理道德的美为对象的。② 在对文艺伦理学进行学科定位与建构后,该书从文学与伦理的关系、文学创作与伦理、文学批评与伦理三个方面展开研究。可以发现,乔山的研究从理论到实践完全集中在文学层面,其文艺即是文学,“文艺伦理学”即是文学伦理学。

但是,以文艺伦理作为文学与伦理交叉学科的名称也带来了学科边界的一些混淆。譬如,在曾耀农的《文艺伦理学》,赵红梅、戴茂堂的《文艺伦理学论纲》等著作中文艺的概念则是指的文学与艺术的统称,他们将文学伦理涵盖于文艺伦理之内,虽涉及了丰富的文学伦理研究,但并未将文学伦理作为一个独立的研究方向。

文学作为一种语言艺术,用语言文学去塑造形象是与绘画、音乐、影视等其他艺术形式之间的主要区别,其和伦理的关系与其他艺术形式相较既有联系也有区

---

① 朱光潜:《文艺心理学》,上海:复旦大学出版社2009年版,第102页。
② 参见乔山《文艺伦理学初探》,北京:高等教育出版社1997年版,第1页。

别。文艺是文学与其他艺术的统称,以"文艺伦理学"命名这门学科是不精准的。2008 年,成海鹰发表了《文艺伦理还是文学伦理》一文,将文艺伦理与文学伦理的研究内容、研究边界进行了区分,明确了文学伦理是以文学活动中的道德伦理问题为主要对象的伦理价值研究,探讨了文学伦理成立的基础与必要。

自此,"文学伦理"的表述方式及其研究渐渐明确起来,大量的研究论文及著作相继出现。《论中国文学伦理的生成与流变》(陈永明,2012)、《"非虚构"叙事的文学伦理及限度》(龚举善,2013)、《文学伦理内涵的阅读策略》(龙云,2014)、《我国文学伦理学研究的历史与现状》(范渊凯,2015)等文章深化了文学伦理的研究,明确了学科边界及框架,辨明文学伦理与文艺伦理的区别,使得文学伦理逐渐从文艺伦理的研究中分离出来,成为独立的研究方向。

(三) 走向实践

进入 21 世纪后,文学伦理学逐渐从理论性问题和体系建构研究向具体实践问题研究转变。一切文学活动都具有伦理属性,道德内生于文学活动之中且与文学共享着价值,在文学起源、创作、传播、接受等过程中进行规范维系,具有一定的依附性。与此同时,文学伦理学的逻辑指向还表现在文学的具体实践上。目前,文学伦理学已在文学生产(写作伦理)与文学接收(评价伦理)两端的实践中得到了应用。

写作伦理具体可分为叙事伦理与抒情伦理。

"叙事伦理"这一概念,最早见于桑查瑞·纽顿的博士论文《叙事伦理》(1995),刘小枫在《沉重的肉身》中首度在国内引入了"叙事伦理"。目前,由于文学界对伦理意蕴的理解颇有不同等原因,"叙事伦理"并未形成系统的理论体系,主要研究集中在三个方面:叙述主体伦理、叙事文本伦理与叙事手法伦理。叙事主体包括作者、隐含作者、叙述者等,叙述主体伦理主要研究叙述者的伦理责任以及作者、隐含作者、叙述者的伦理关系。叙事文本伦理主要是以伦理学的视阈研究叙事文本中的内容结构、情节设置等,强调叙事过程中的伦理意蕴。"经验意义上的现实主义面貌,是很多作家的小说所共同具有的,但如何在这种现实关怀中,建构起自己的叙事伦理,实现经验和伦理、事实与存在、身体与精神的统一,却不是每一个作家都有这种意识的。"①叙事手法伦理亦可称为叙事策略研究,主要研究作者如何通过修辞手法展现叙事文本的伦理意蕴,与读者建立伦理交流,从而引发道德共鸣。叙

---

① 谢有顺:《铁凝小说的叙事伦理》,载《当代作家评论》2003 年第 6 期。

事伦理指文学叙事过程、叙事技巧、叙事形式是如何展现伦理意蕴以及小说叙事中伦理意识与叙事呈现、作者与读者、作者与叙事人之间的伦理意识在小说中的互动关系的。总的来说,叙事伦理阐述了叙事性作品在叙述技巧和方式中的道德内涵,不仅要求叙事者具有道德立场,也要求叙事内容具有道德底线。也就是说,"任何一位有德性的小说作家必须对其所叙述的人和事,保持最基本的伦理关怀"①。

抒情伦理则阐述了抒情性作品在抒情手法和形式中的道德内涵。叙事伦理以记叙的方式呈现故事中人物的伦理关系与冲突,抒情则是抒发和释放自身的道德情感,具有更强的主观性。抒情者既要了解读者心灵深处的道德心理和道德情感,使赤诚之情与曼妙绝伦的话语融为一体,从而直击人心,引起共鸣,又要懂得"发乎情、止乎礼",不逾矩不做作,不将其作为一种全然以自我为中心的过度宣泄。叙事伦理与抒情伦理其实便是道德对作者提出的一种"创作正义"或"修辞正义"的要求。

文学伦理学批评则是一种文学评价的方法,其内涵主要有三:"一、通过将伦理学与文学结合的方法进行文学批评,使文学理论和批评回归生活;二、通过伦理学的善恶分析,产生文学批评的优劣标准,彰显文学作品之积极之处;三、明确文学作品的社会价值和社会功能,对于作家创作中的价值观及现实意义进行指导。"②文学伦理学批评要求结合文学创作时代的社会伦理进行文学批评,文学评价不能脱离道德的土壤。

文学伦理学的理论研究与实践研究是不可分割、对立统一的关系。文学的道德性及其结构为具体实践建构了理论基础,具体实践的发展也对文学的道德性进行超越与调整,对文学活动进行引导与评价。研究文学伦理学的意义在于我们既可以在科学地认识文学与伦理之关系的基础上,进一步认识伦理对文学的功用,也能够提炼并设计出伦理在文学鉴赏、文学创作、文学批评等活动中具体的实践模式,从而丰富文学伦理学的研究内容。

二、研究的主要问题

新中国成立至今,随着出版商业化、阅读网络化、创作多样化,我国的文学创作和阅读市场愈发开放。在现阶段,进一步研究文学和伦理学的联系,从伦理学的立

---

① 张军府:《叙事伦理:叙事学的道德思考》,载《江西社会科学》2007 年第 6 期。
② 范渊凯:《我国文学伦理学研究的历史与现状》,载《江苏社会科学》2015 年第 4 期。

场出发,解读、分析文学作品和文学现象,具有相当大的意义。研究文学伦理学,并非是将文学禁锢在道德规范的框架内,而是从文学创作、文学出版、文学阅读、文学批评等多个层面进行伦理研究,用以研究创作题材的伦理选择、挖掘作者叙事和修辞的伦理意蕴、引导阅读群体的伦理需求、分析文学批评的评价标准,更好地规范作家道德、版权和阅读市场,让文学能够得到更加自由的发展。目前,我国文学伦理研究所涉及的主要内容和观点集中在以下几个方面。

(一) 文学伦理学批评:从伦理的立场分析解读文学作品

21 世纪初,在借鉴伦理学研究方法的基础上,形成了一种新的文学批评方法,便是文学伦理学批评。文学伦理学批评作为一种文学研究新方法,其意义主要有三:一、通过将伦理学与文学结合的方法进行文学批评,使文学理论和批评回归生活;二、通过伦理学的善恶分析,产生文学批评的优劣标准,彰显文学作品之积极之处;三、明确文学作品的社会价值和社会功能,对于作家创作中的价值观及现实意义进行指导。文学伦理学批评的内容包括:作家与创作的关系,作品与社会道德的关系,读者与作品的关系,作家及其作品的道德倾向、道德评价、道德教化。除此而外,作家从事写作的道德责任与义务、批评家批评文学的道德责任与义务,甚至包括学者研究文学的学术规范等,都应该属于文学伦理学批评的范畴。[1]

2004 年 6 月,《中国的英美文学研究:回顾与展望》全国学术研讨会在江西南昌召开,聂珍钊教授发表了题为"文学伦理学批评:文学批评方法新探索"的讲话,这是国内首次提出文学伦理学批评的概念。聂教授最早明确将文学和伦理学之间的联系纳入理论研究范围,并论述文学伦理学批评应该成为文学批评的重要方法之一,强调文学的社会责任、道德义务。2005 年 10 月 31 日,"文学伦理学批评:文学研究方法新探讨"全国学术研讨会在华中师范大学召开,文学伦理批评这一文学批评方法的基本原理、形态品质等得到了更新的发展。

聂教授自 2004 年至今发表了数十篇相关论文,详细地论述了文学伦理学批评的概念、理论基础、对象、内容以及发展趋势。在《文学伦理学批评》序言中,叙述了文学伦理学批评是基于西方文学批评大行其道的背景下诞生的,其存在的意义在于文学始终是以伦理和道德为目的而进行生产的,因为文学艺术作品的出现就是人类的一种基于生产劳动和对外在世界的一种情感表达。文中强调了文学伦理学批评既是历史主义,也是现实主义的方法,要求我们客观公正地从伦理和道德的角

---

[1] 聂珍钊:《文学伦理学批评:文学批评方法新探索》,载《外国文学研究》2004 年第 5 期。

度去阐释历史上的文学和文学现象,研究文学与历史和现实的关系。①

在《文学伦理学批评:基本理论与术语》中,他提出文学不仅具备着审美的功能,还具有教诲的功能,而且这两个功能是结合在一起的。文学的根本目的不在于为人类提供娱乐,而在于为人类提供从伦理角度认识社会和生活的道德范例,为人类的物质生活和精神生活提供道德指引,为人类的自我完善提供道德经验。② 他强调,文学伦理学批评要求回到那个时代的历史中,从特定的伦理环境中进行文学批评。在《文学伦理学批评:文学批评方法新探索》中,他论述了伦理学用于文学及艺术研究的可行性,以及文学与伦理的内在逻辑联系;在《文学伦理学批评在中国》中,聂珍钊叙述了文学伦理学批评在中国的传播和发展过程。其后,程锡麟、王宁、刘建军等人对文学伦理学批评的提出与拓展做出了理论贡献,与西方的文学伦理学批评进行了比较,认为中国的文学伦理学批评是一种从伦理的立场解读、分析和阐释文学作品、研究作家以及与文学有关问题的研究方法。③ 之后刘建军、李定清、龙云等人从文学伦理学批评的角度出发论述了伦理与文学之间的相互作用,探索了两者关系的际缘。

(二) 叙事伦理:叙事主体具有传播道德、教育教化的责任

叙事伦理指叙事过程、叙事技巧、叙事形式如何展现伦理意蕴以及小说叙事中伦理意识与叙事呈现之间、作者与读者、作者与叙事人之间的伦理意识在小说中的互动关系。1987 年美国文学伦理学代表人物、芝加哥大学教授布斯的《小说修辞学》翻译出版,这是我国第一次翻译出版的西方文学伦理学著作,对我国的文艺理论建设产生了很大的推动作用,为 21 世纪文学伦理学批评在中国的勃兴奠定了基础。布斯在《小说修辞学》一书中提出了文学与道德之间有着紧密的联系,他认为"今天的大多数小说家——至少那些用英语写作的——都已感到艺术与道德之间有着不可分割的联系,与关于道德的流行说法完全不同"④。布斯倡导文学创作要以道德教化为目的,作家应该认识到自己是为谁而写作。

这部著作的出版发行在中国文学界引起了巨大的影响,程锡麟等人纷纷对其撰文进行研究分析,其中产生较大影响的是程锡麟的《论布斯的小说修辞学》。程

① 聂珍钊:《文学伦理学批评·序言》,载《"文学伦理学批评:文学研究方法新探讨"学术研讨会论文集》2005 年 11 月。
② 聂珍钊:《文学伦理学批评:基本理论与术语》,载《外国文学研究》2010 年第 1 期。
③ 聂珍钊:《文学伦理学批评在中国》,载《杭州师范大学学报》(社会科学版)2010 年第 5 期。
④ [美]韦恩·布斯:《小说修辞学》,华明等译,北京:北京大学出版社 1987 年版,第 385 页。

锡麟在文中解析了布斯提出的"隐含的作者"（implied author）[1]和"审美距离"，阐述了小说在叙述技巧和叙述方式上的伦理内涵，提出了作家的"道德义务"以及小说承载的道德教化作用。同时，他也批评布斯习惯性地将自己的道德观念强加给其他作家。[2]

刘小枫是我国较早使用"叙事伦理"一词的学者，他将伦理学划分为理性的伦理学和叙事的伦理学。1999 年，他出版了《沉重的肉身——现代性伦理的叙事纬语》一书，此书被誉为中国叙事伦理的第一部著作，同时也是国内文学与伦理之关系分析的第一次尝试。刘小枫将现代背景下的伦理状况作为研究重点，并将之分为人民伦理和自由个体伦理两种类型，提出："民主的自由是人民公意的自由，这种自由必然是人民意志的专制自由。自由民主是个体感觉的民主，这种民主必然是有思想和感觉分歧、冲突的民主，个体感觉偏好的自由使得民主不可能结集为统一的公意，更不用说由人民民主的国家机器用专政来贯彻统一的公意。"[3]刘小枫以评述小说和电影为主体，质疑自由个体伦理的理论和实践后果，提出神义论自由伦理则是这部著作的目的。[4]

其后，伍茂国从伦理学角度对"叙事伦理"进行了界定：文学研究视域内的叙事伦理包括故事伦理和叙述伦理两个方面。故事伦理一方面是对理性伦理内容，例如与不同时代相对应的伦理主题的叙事呈现，另一方面是对于现实生活中并不存在的伦理可能性的探究，即伦理乌托邦建构。[5]

另一方面，不少研究者也认为，叙事伦理不仅要求叙事者具有道德立场，也要求叙事内容具有道德底线，也就是说，任何一位有德性的小说作家必须对其所叙述的人和事，保持最基本的伦理关怀。[6] 作家在进行叙事过程中，不能误导读者主观地将自己带入正当和善，譬如在《三国演义》中，罗贯中在描述刘安杀妻给刘备吃时，将这一行为作为正当行为来塑造，显然违背了小说的叙事伦理。

---

① 美国文学理论家韦恩·布斯在《小说修辞学》中提出的概念，用来指在叙事文本中呈现出来的一种形态，由作家有意或无意地将自身价值观、审美趣味等注入。
② 程锡麟：《试论布斯的"小说修辞学"》，载《外国文学评论》1997 年第 4 期。
③ 刘小枫：《沉重的肉身》，北京：华夏出版社 2004 年版，第 25 页。
④ 参见张婷《迷雾复迷雾——评刘小枫〈沉重的肉身〉中的叙事伦理》，载《文艺理论研究》2011 年第 6 期。
⑤ 参见伍茂国《叙事伦理：批理批评新道路》，载《浙江学刊》2004 年第 5 期。
⑥ 参见张军府《叙事伦理：叙事学的道德思考》，载《江西社会科学》2007 年第 6 期。

（三）文学伦理的精神及其学科设置

除了文学伦理批评和叙事伦理等研究外，不少学者也开始针对文学伦理这一学科来进行元理论研究。2003 年李建军出版了专著《小说修辞研究》，此书在一定意义上沿着布斯《小说修辞学》之路作了更深入的探讨，同时也对布斯的一些问题和不足提出了意见。李建军认为在布斯的理论体系中，人物和情节没有占据应有的中心位置；对人物和情节在小说中所具有的修辞意义，布斯强调得远远不够。[1]李建军长期从事小说修辞研究，2012 年发表了《小说伦理与"去作者化"问题》，阐述了小说伦理的基本理念，提出要把伦理问题当作小说学的核心问题，以道德和伦理为主题是小说的重要特点。

另外，刘玉平、龙云、陈永明、周秉山、成海鹰等人从文学伦理的概念、特点及历史出发，分别以"文学伦理的精神""文学伦理的生成和流变""文学伦理的学科设置"等为切入点，对文学伦理理论进行了研究。龙云等研究者提出了文学的伦理精神，包含如下内容。第一，作家的道德责任。作家是文学作品的创造者，作者的道德理念直接通过文本传递给读者，也影响着读者，因此规范作家的价值取向和伦理观念属于文学伦理学的研究范畴。第二，文学作品的伦理内涵。文学来源于生活，以人或人之关系为题材的文学作品向来占据着极大比例，一部好的作品能够使读者心灵高尚，而一部坏的作品也能诱导人走向深渊。因此，考量文学作品中蕴含的道德内容也是研究范围之一。第三，读者的道德心理。每一部经典作品，都是与读者产生了强烈的共鸣的，而这共鸣就是来源于作品达到了读者的价值预期，产生了契合点。第四，文学的伦理功能。文学的伦理功能包括了文学批评和文学批判旧道德、树立新道德的社会功能。

另一方面，确立了文学伦理学的学科名称。在近些年的研究过程中，不少学者对于这一学科的名称为文艺伦理学还是文学伦理学产生了分歧，甚至不少人将两者混为一谈。成海鹰等研究者认识到了这一问题，提出了要将两者进行区分，一般来说，文艺包括了文学及其他艺术形式，研究范围上比文学要广。

（四）文学与道德的逻辑关系

文学作品虽体裁众多，但归根结底是源于生活，始于人民，并且最终为人民群众所悦纳。因此，文学作为一门用语言文学反映社会生活的学科，它自觉不自觉地

---

[1] 参见王彬彬《读李建军"小说修辞研究"》，载《文学评论》2005 年第 1 期。

要关注道德、抒发道德和应用道德,任何一种体裁的文学作品终究会内生出一定的道德要求。文学的这种内生性道德也就是道德对于文学活动在某种程度上的规范维系和价值支撑。

1. 相互依存

文学与道德的关系可以追溯至两者的起源。文学,作为一种用文字语言反映客观世界和社会心理的学科,从诞生之初便与伦理息息相关。在某种意义上说,文学最初产生时是包含了道德的目的的,文学与艺术美的欣赏并不是文学艺术的最初目的,而是为其道德目的服务的。① 马克思认为,文学起源于人类劳动,原始先民在集体劳动中为了协作交流、沟通情感,产生了最初的文字和语言。劳动产生了文学活动的需要,同时也产生了社会关系,形成了意识、情感以及"人为的规则"。可以说,人类的道德诉求推动了文学的产生,而文学的产生也促进了社会道德结构的形成。人类起先用诗歌咏唱来抒发情感,不自觉地将自身道德情感与社会道德风俗融入文学创作之中。如远古时期的《击壤歌》中写道:"日出而作,日落而息。凿井而饮,耕田而食。帝力于我何有哉?"此文充分表达了简朴快乐的道德情感与旷达无畏的伦理精神。可见在先秦时期,文学与道德的相互依存关系已经在古代先民的生活中开始呈现。这种以道德价值为核心的依存关系自文学形成之初便存在于创作活动之中,而文学正是对这种共存关系的实践。

2. 共同创作

英国诗人华兹华斯曾说:"诗是强烈情感的自然流露。"②我国明代文学家李贽也曾提出,作家在创作时要拥有"童心",具有"发愤"的态度,在没有愤懑需要抒发而去写作,就好像是无病呻吟。文学活动不仅是作者创作的表现活动,亦是道德情感的表达活动。对"隐含的作者"理论从伦理层面解读的话,可以发现,一方面,作者通过叙事或抒情唤起读者的共鸣,在抒情与叙事中再现人类情感或人类生活,这就在一定意义上是再现道德。另一方面,无论是隐含作者还是叙述本体,在一定程度上反映着作者的精神意志,作者始终以无形的手操控作品的情感层次、情节走向。受众在接受文字信息的时候,内心的感官时刻接受着作者的牵引,作者内含在文字之中的世界观、人生观、价值观也会对读者的精神世界产生巨大影响。因而,文学创作过程不单是作者的主观行为,更是道德与文学的共建过程。

这种共建模式分为两个层次:第一层次,成形的社会道德在一定程度构成作者

---

① 参见聂珍钊《文学伦理学批评·序言》,载《"文学伦理学批评:文学研究方法新探讨"学术研讨会论文集》2005年11月。

② [英]华兹华斯:《〈抒情歌谣情〉序言》,北京:人民文学出版社1984年版,第22页。

同性质的个体道德,作者在创作中一定程度上受到社会道德的牵制,在抒情或叙事中自觉不自觉地遵循着一些集体原则和流行风尚;第二层次,创作亦具有"自为"的一面,作者在意识创新驱动下展现了丰富的个人道德情感,通过文字传播为受众接纳,其中符合时代精神与社会需求的成分又往往会成为社会道德的前导。

另外,从宏观层面而言,文学作品是社会生活的集中、典型、精当的再现。既然如此,文学作品一定会再现人们在生活中时刻关注的真、善、美,要刻画人物的行为及其思想道德境界,要呈现复杂社会关系中的相处理念和原则等,因此,文学作品再现生活一定将再现道德。文学叙事是为情而叙、为价值而叙、为德而叙,文学抒情是为情而抒、为价值而抒、为德而抒。创作不能离开道德,离开道德的创作是没有意义的。

3. 共建传播

文学作为一种特殊的精神生产物,其生命力在于传播,只有在传播(出版发行)和接受(读者消费)的过程中,文学才能体现出它的文化属性和社会价值,而道德的作用贯穿于文学传播机制的始末,并在一定程度上引导其走向。文学传播的过程即是文学生产到文学接受的过程。

文学生产即文学创造,文学创造与科学等精神生产活动不尽相同,在大多数情况下并非是对客观世界的规律性反映,而是创作主体对世界和生活的情感体验或艺术描绘,既与客观世界发生联系,也充斥着主观认识,因而其善的价值和道德情感的表达具有一定的主观性。

而在文学接受阶段,既是对作品的审美活动,亦是读者的认识活动。读者不仅对语言文字的艺术魅力进行审视,更深层次的是审视文学作品中饱含的带有作者主观认识的道德美和价值美。文学作品通过生动的艺术形象,反映社会生活的各个方面,揭示自我个性的丰富本质,因而具有一种为读者提供认识社会生活、认识人类自身本质的价值属性。[1] 而作为阅读主体的读者往往会形成一定的"期待视野"[2],这种期待视野从接受美学的角度而言是由于人生经历而形成的对于文艺作品内容、形式的定向心理结构。从伦理学视阈而言,这种"期待视野",在一定程度上表现为读者的内心情感、主观价值和审美情趣,而当文学作品中由作者道德观念、善恶评价构成的抒情、叙事与读者期待视野中的思想观念相同或相通时,则引起了道德感召,便产生了文学接受中的高潮阶段,即是共鸣。

---

① 参见童庆炳《文学理论教程》,北京:高等教育出版社 2015 年版,第 340 页。
② 在文学阅读之先及阅读过程中,作为接受主体的读者,基于个人与社会的复杂原因,心理上往往会有既成的思维指向与观念结构。

值得注意的是,读者期待视野中必然包含着运用社会道德体系建构的善与恶、正义与非正义、高尚与卑鄙等范畴对映射现实世界的文学作品中的价值属性进行评价的能力。"朱门酒肉臭,路有冻死骨"等诗句之所以能够在封建社会中获得无数读者的共鸣,正是由于其反映了封建剥削制度的残忍,符合了该时代民众的善恶评价。因此,只有符合道德、包含美德的文学才能在更多的读者群体中产生共鸣,获得更为广泛的传播和持久的生命力。

4. 共享价值

文学与道德共享价值。文学的价值就是文学作品与读者、受众需求之间的效用关系,文学作品在社会生活中具有诸多价值,譬如:审美、学习、流通等。有学者提出,文学的核心价值是审美,也有学者认为文学的最基本价值是伦理价值,因为伦理反映了文学的其他价值。可以说,审美并非文学之核心价值,而道德也并非文学之价值,而是文学与伦理一道共享了价值。

文学审美也是道德行为。文学审美是阅读主体对作品的一种身心愉悦的心理感受,这种看似感性的审美实则隐含着道德理性。虽然文学的表现形式是形象的,但是艺术形象的本身蕴含着深刻的理性意图。由于文学承载着较其他文艺形式更多更深刻的人与社会的信息,因而读者对其的悦纳不仅在于感官的体验,更在乎理性的沉思。另外,虽然文学亦是形式审美艺术或语言审美艺术,但不可能为美而美。美国哲学家玛莎·努斯鲍姆在《诗性正义》中就提出了阅读是一种对人类价值观的生动提醒,是一种使我们成为更完整人类的评价性能力的实践文学。审美是读者欣赏文学作品的一种心理过程,美本身就内含着德,人的视觉和心情的愉悦是对人生存价值的诠释和体现。因此,文学审美在一定意义上是对文学德性的审视。

文学与伦理共享价值。亚里士多德在《尼可马可伦理学》中提道,人的每种实践与选择,都以某种善为目的。[1] 文学作为一门语言文字的艺术,自然也是以某种善为目标而发展。文学之善,不在于"曲高和寡"的个人宣泄,而体现在文学作品的被接受、被传播,体现在其满足了人民的需求,为人民所喜闻乐见。正如习近平总书记在文艺工作座谈会上所言,以人民为中心,就是要把满足人民精神文化需求作为文艺和文艺工作的出发点和落脚点,把人民作为文艺表现的主体,把人民作为文艺审美的鉴赏家和评判者,把为人民服务作为文艺工作者的天职。[2] 文学创作不仅是人为的活动,也是为人的活动,其一切出发点和根本目的是人。而满足读者

---

① 参见[古希腊]亚里士多德《尼克马可伦理学》,北京:商务印书馆2009年版,第3页。
② 参见习近平《在文艺工作座谈会上的讲话》,载《人民日报》2015年10月15日。

"期待视野"和审美情趣的文学,一定是符合社会正义和主流价值观念的文学,是作者精心设计创作而成的具有德性的文学。偶尔一些恶意低俗的作品能迎合少数人的品位,却也难登大雅之堂,只有真正内含道德的文学才能为社会所广泛接纳,为历史所千古传承。① 所以,文学在社会生活中所具有的诸多价值,正是文学与道德相互交融下所生成所共享的。

三、简要评述

新中国成立70年来,我国文学伦理研究经历了"西学东渐""命名之争""走向实践"三个阶段,取得了一系列突破性发展。1987年,美国文学伦理学代表人物、芝加哥大学教授布斯的《小说修辞学》在北京大学出版社翻译出版,这是我国第一次翻译出版的西方文学伦理学著作,对我国的文艺理论建设产生了很大的推动作用,为21世纪文学伦理学在中国的勃兴奠定了基础。《小说修辞学》的译作及其文本研究在我国文学界犹如一石激起千层浪,引起了文学研究者们的广泛关注。刘玉平、陈永明、周秉山、成海鹰等人从文学伦理的概念、特点及历史出发,分别以"文学伦理的精神""文学伦理的生成和流变""文学伦理的学科设置"等为切入点,对文学伦理理论进行了研究。但是,当时关于如何界定这门文学与伦理学的交叉学科,以及如何为其进行命名,却出现了一些争议。在研究初期,国内学者或以文艺伦理之名代替文学伦理,或将文学伦理作为文艺伦理的一个组成部分,使得大多数文学伦理的研究成果包含在文艺伦理之内。2008年,成海鹰发表了《文艺伦理还是文学伦理》一文,将文艺伦理与文学伦理的研究内容、研究边界进行了区分,明确了文学伦理是以文学活动中的道德伦理问题为主要对象的伦理价值研究,探讨了文学伦理成立的基础与必要。随着学界对于文学伦理研究愈发关注,文学伦理学获得了空前的发展,逐渐从理论性问题和体系建构研究向具体实践问题研究转变。目前,文学与道德的逻辑关联在文学生产(写作伦理)与文学接收(评价伦理)两端的实践中得到了应用。

回顾我国文学伦理学的发展历史,总体来看成绩斐然,学科研究稳步前进,学术规模不断壮大,研究内容愈加丰富,研究视角不断开拓,研究手段日趋成熟,但仍存在很多值得我们深思的问题。从目前的研究现状来看,注重于对道德之于文学批评的实践运用,而规避元理论问题及两者逻辑关联的研究,阻碍了文学伦理学的

① 参见范渊凯《论文学与道德的逻辑关联》,载《江苏社会科学》2018年第6期。

进一步发展。这种研究应采用善恶分析或伦理关系来构造一种文学评价的方式，而非对于一门交叉学科的构建。

第一，伦理与道德概念的混淆。目前活跃在文学伦理学研究领域的学者大多是长期从事文学研究的专家，自文学伦理学批评概念在中国被提出后，涌现出了一大批的学术文章，但是其中不少将伦理和道德进行了混用，有些作者有意避开了两者的纠缠，干脆就两者并用，于是"伦理道德观""伦理道德思想""伦理道德准则"等表述屡见不鲜。① 基于这一点，聂珍钊在 2006 年发表了《文学伦理学批评与道德批评》一文。文学伦理学批评是文学与伦理学相结合的文学批评方法，但是也不仅如此。文学表现的是艺术化虚拟化的人、社会与自然及其相互关系，伦理学研究的则是现实中的人、社会与自然及其相互关系，所以我们在文学伦理学批评过程中，也要结合现实生活进行比较。

其实，道德和伦理两者既不能混合使用，也不能截然分开，更不能作为相同或相通的概念。对道德和伦理两个概念的区分和使用，不仅是伦理学界应该关注和研究的问题，文学伦理学研究者也应该认真甄别。道德较多地指人们之间的实际道德关系，伦理则较多地指有关处理这种道德关系的规则。② 人是一切社会关系的总和，无时无刻不处于各种关系之中，人通过不断认识社会、认识自己，从而探索和思考人之为人的"应该"。伦理，是对这一"应该"的理论分析，而道德，则是对这一"应该"的规范践行。

第二，实践运用程度不高。目前国内的文学伦理批评的研究文章，绝大部分集中在理论构建层面，诸如文学伦理学批评的基本术语、三维指向、内涵阐述、精神构建等。殊不知，文学伦理学批评这一概念，在文学领域是文学批评的方式方法，放之伦理学领域，则是文学伦理学系统的一部分。

文学伦理学是一门应用的学科，文学伦理学批评构建的意义及全部的生命力在于其实践与运用，其理论体系也只有在进行文学批评中才能得以发展与补充。当然，近些年来，学界关于某位作家或某一时代的文学伦理学批评的文章也逐渐增多，但是绝大多数还是就批评而批评。文学批评既然采用了从伦理的立场去分析、阐述文学，那么，其功效较之往常的文学批评方法具有更广阔的功效性。

第三，应用过程缺乏伦理学深度。根据笔者广泛搜集涉及"文学伦理学批评"的文献资料，发现其 98.3％的作者都是文学研究者或文学专业学生，大多数为针

---

① 参见修树新、刘建军《文学伦理学批评的现状和走向》，载《外国文学研究》2008 年第 4 期。
② 参见王小锡、郭广银《伦理学通论》，北京：中国广播电视出版社 1990 年版，第 4 页。

对文学作品进行应用性伦理批评的文章,实际上并未将伦理学很好地运用到文学批评之中。不少作者的文章略显跟风之意,在进行文学批评的过程中,名为伦理批评,实际上仍旧是从文字素材到文字素材的批评模式,对当时代的伦理思想没有深入地进行研究。文学作品是作家的产品,更是一个时代的产物,其创作素材与创作过程离不开当时代的社会背景、伦理思想,如果将伦理学和文学批评割裂了来进行批评,那么这种方法存在的意义就相当可疑了。

第四,文学伦理的元理论研究严重匮乏。虽然近 30 年来尤其是新世纪以来对于文学伦理学的相关研究层出不穷,但其研究内容无论是文学伦理批评,抑或叙事伦理,虽然都采用了"文学伦理"这一提法,但是作出详细阐释的却寥寥无几,以至于目前文学伦理学从某种程度上说还不能成为一门新的学科。

基于这些问题的存在,我国文学伦理学的发展和成熟还有很长一段路要走,研究任务也非常繁重。首先,我们亟须展开文学伦理学的元理论研究,构建其学科体系,完善其研究内容和研究方法,让其在文学活动中的应用有据可循;其次,在进行文学伦理学批评等文学活动时,必须牢固掌握伦理学的知识谱系,加强文学与伦理学的联系,否则这一方法便失去了其重要意义;最后,文学伦理学与经济伦理、新闻伦理、环境伦理等应用伦理一样,其生命力在于实践应用,是一门对其他学科进行道德审视的科学。譬如文学伦理学批评,其意义不仅在文学作品之内,更在于文学作品之外,我们应当关注文学伦理学的批评过程,但是更应当关注批评之后,我们从批评中得到了什么,我们应该怎么通过批评去构建一个更完善、更合理的文学伦理学体系,指导更多的作家少走弯路,明确其创作的动机和意义。

第二十七章　中国传统伦理思想

新中国成立以来,我国伦理学的发展从无到有并逐步成为"显学",伦理学学科的发展更可谓成就卓著。而任何学科的发展都需要丰富的理论资源。同样,中国伦理学理论体系的完善和学科的进一步发展,需要全面系统地梳理中国传统伦理思想研究的理论积淀。通过回顾传统伦理思想的研究历程,总结正反两方面的经验教训,准确地把握中国传统伦理思想研究的状况和基本问题,为构建中国特色社会主义伦理学学科体系提供扎实的理论支撑。中国优秀的传统伦理思想在新时代的创造性转化和创新性发展,不仅关乎我国文化自信的进一步确立,而且对推动构建人类命运共同体所应承担的文化使命具有十分重要的理论意义和现实价值。

一、研究的基本历程和概况

新中国成立 70 年以来,学者们对中国传统伦理思想的研究以 1978 年改革开放为重要分水岭,大致可分为两个阶段。

(一) 初步发展阶段(1949—1977)

新中国成立初期,中国传统伦理还没有形成独立的学科形态。一批老一代的学者运用马克思主义唯物史观,从中国哲学著作或其他学术著作中抽取、提炼和阐释传统伦理思想,发表和出版了一系列有代表性的文章和著作。尤其值得一提的是张岱年先生的《中国伦理思想发展规律初步研究》一书,对中国传统伦理思想的发展演变、阶级本质、基本类别和基本观念都作了颇有创见的分析和论证,同时还指出中国伦理思想的基本派别不能简单地归结为唯物主义与唯心主义的对立,而应划分为道义论和功利论,这是当时研究中国传统伦理思想最集中、最富有学术价值的成果,成为中国传统伦理思想研究的奠基之作。

20 世纪 50 年代后期开始,随着极"左"思潮对社会方方面面影响的深入,尤其是 1966 年至 1976 年"文化大革命"期间,传统伦理文化受到了强烈的冲击。从阶级斗争的需要出发,传统伦理思想在政策上被完全否定和批判。"思想自由,学术独立"被政治斗争需要所替代,部分学者的独立学术人格被扭曲。火药味十足的批判性倾向对后来传统伦理思想的研究和发展产生了非常恶劣的负效应,这是需要深刻总结的历史教训。

林彪事件发生后不久,全党上下开展了一场批林批孔运动,拉开了"评法批儒"的序幕,紧接着报刊上便出现了一系列批林批孔和评法批儒的文章,总计多达数百篇。虽然这些文章大多是以政治性的批判代替学术性的批判,且观点大多雷同而偏激,却在某种程度上促进了儒家伦理的研究,为"文革"后期的文化大批判注入了一些理论和学术的色彩。但从根本上说,"评法批儒"在伦理文化史上的破坏性影响是不可低估的,它在全面否定儒家仁义道德观的同时宣扬了非道德主义的观点,并且赋予非道德主义以许多历史进步性的意义,这是那个时代的悲剧,它给我国人民道德生活所造成的混乱同样也是空前的。

需要指出,尽管十年"文革"使传统伦理研究处于严重扭曲和徘徊的状态,但仍有不少学者在关心着中国社会的道德发展状况,他们以各种方式同林彪、"四人帮"的道德愚昧主义、禁欲主义和反伦理文化的观点进行斗争,为结束"文化大革命"奠定了社会心理和思想文化基础。

总体来看,这一阶段的中国传统伦理思想研究片面地强调阶级性而忽视伦理文化遗产中所反映的不同社会集团利益的同一性,片面地强调对封建伦理的斗争性而忽视对其合理因素的肯定及其当代转化,片面地强调对封建糟粕的批判性研究而忽视对其精华的借鉴性、继承性研究。在伦理思想史研究备受冷漠的形势下,真正的研究者寥若晨星,有价值的研究也不多见。①

(二) 繁荣发展阶段(1978 年至今)

1978 年之后,随着拨乱反正和真理标准问题讨论的展开,传统伦理思想的研究在解放思想、实事求是的过程中逐步得以恢复,迎来了它最为辉煌灿烂的时期,所取得的学术成果引人注目。

1979 年罗国杰在中国人民大学恢复并组建了伦理学教研室,编撰《马克思主义伦理学》《中国伦理思想史》《西方伦理思想史》等三大伦理学教材,拓展了中国传统伦理思想的研究视野。1980 年中国伦理学会成立。1982 年夏天,中国社会科学院哲学所伦理学研究室受中国伦理学会的委托,在北京密云水库旁举办了一次小

---

① 参见焦国成、郭忻《改革开放三十年来的中国伦理思想史研究》,载《道德与文明》2008 年第 5 期。

型的中国伦理学史座谈会,与会的近 20 名专家、学者充分肯定了研究中国伦理学史的重要意义,讨论了研究工作中的许多重要问题,会议邀请张岱年先生作了题为"谈中国伦理学史的研究方法"的报告,这对后来的研究具有重要的指导意义。①以"密云会议"为标志,中国传统伦理思想研究迎来了真正的春天,逐渐形成通史、断代史、人物、流派、范畴等研究百舸争流的局面,并在发掘新的史料、开拓新的领域和为中国特色社会主义各领域服务方面取得了一批标志性的成果。

改革开放引发东西文化比较的热潮,伦理学界的一些研究工作者也在从事中外传统伦理思想的比较研究工作上取得了一些成果。如杜恂诚的《中国传统伦理与近代资本主义:兼评韦伯〈中国的宗教〉》依据近代中国大陆的情况,论述检验了韦伯的理论,其内容涉及了经济、思想、宗教、社会、政治等诸多学科。谢桂山的《圣经犹太伦理与先秦儒家伦理》对圣经犹太教与先秦儒学进行比较,包括上帝与天、爱与仁、圣经犹太伦理与先秦儒家伦理的基本原则等。余纪元的《德性之镜:孔子与亚里士多德的伦理学》从"幸福"、"道"与德性、人性与德性、中庸与品质、习惯化与礼仪化等方面比较了孔子与亚里士多德的伦理思想。何怀宏的《中西视野中的古今伦理:何怀宏自选集》既有对西方伦理学原典的解读、发微、梳理,又有结合中国历史与现实的比较、批判和创见,呈现出道德—政治哲学、历史社会学的全新研究视角。温海明的《儒家实意伦理学:dimensions of confucian ethics》是儒家伦理学与美国实用主义伦理学关于创生力(creativity)问题的比较研究,这在中美伦理学比较领域是一个新的课题。赵士林主编的《仁爱与圣爱:儒家道德哲学与基督教道德哲学之比较研究》以"仁爱"与"圣爱"为核心,逐层剖析和比较了儒家与基督教两种文化道德哲学的形成、特质、功能以及对于政治思想、文化传统的深层建构与影响。邓安庆的《仁义与正义:中西伦理问题的比较研究》从比较伦理学的视角探讨了中西哲人对人性、正义、家庭伦理等问题的不同思考。以上成果都对中外伦理思想的异同作了颇具开拓性的比较研究。

20 世纪 90 年代以来,一些学者在研究中国传统伦理思想时更加注重与一些应用伦理学科的发展相结合,如经济伦理学、生态伦理学、科技伦理学、生命伦理学、网络伦理学、新闻伦理学、教育伦理学等,越来越多的学者对中国传统伦理思想的经济价值和生态价值进行深度发掘。义利观是学者探讨较多的一个论题。随着社会生态危机的出现,生态伦理的研究也倾向于从中国传统伦理文化中寻找资源,对儒家、道家和佛教的生态伦理思想都有不同程度的发掘,并对传统生态伦理进行

① 参见肖群忠《中国伦理思想史研究的回顾与展望》,载《道德与文明》2011 年第 1 期。

现代诠释。另外,对中国古代伦理思想与社会政治的关系、古代德治思想的内涵与现代价值、对古代的道德教育、道德修养的理论和方法进行了探讨,从全球化视野中思考中国伦理传统。学者们的交叉融合式研究不断推出一大批有现实意义的成果,使中国传统伦理思想研究呈现出蓬勃兴旺的景象和发展势头,进一步拓展了中国传统伦理思想在各领域研究的广度和深度。

改革开放后我国编辑出版了一批与中国传统伦理研究相关的辞典、年鉴等工具书,包括:陈瑛、许启贤主编的《中国伦理大辞典》,罗国杰主编的《中国伦理学百科全书》,宋希仁等主编的《伦理学大辞典》,徐少锦、温克勤主编的《中国伦理文化宝库》,李春秋等人主编的《中华美德大典》,徐少锦和温克勤主编的《伦理百科辞典》,朱贻庭主编的《伦理学大辞典》,葛晨虹等主编的《伦理学年鉴》,姚新中、王觅泉主编的《中国伦理学史经典精读》等。这些工具书都涉及中国传统伦理思想,虽然不够深入,但它们所涵盖的内容丰富,信息量大,能够满足研究者的资料查阅的需要。

这一时期,中国传统伦理思想的研究呈现出由粗到精、由浅入深、由文本性研究到应用性研究等特点,不仅对中国传统伦理思想的通史研究取得了很大的成就,而且在断代史、人物史和流派史的研究方面也颇具规模,有的从宏观上对于中国传统伦理规范体系的划分、构建方法进行了较全面的探索,有的在微观上对不同学派、人物的伦理思想从内在体系结构、根本要旨、学理依据、学术源流、理论得失、历史影响等方面进行了深入的辨析;有的从纵观上分析传统伦理思想的流变对民族精神和民族性格的影响;还有的将中华民族传统伦理思想与其他民族的伦理思想进行比较研究,以获得更深刻的理解,不仅开创了中国传统伦理思想研究的崭新局面,使中华民族伦理精神的优秀成果重新光耀于世,而且为新时代中国特色社会主义伦理道德建设提供了丰厚的思想资源。

二、研究的主要问题

(一) 中国传统伦理思想通史和断代史研究

中国传统伦理思想通史研究可追溯到蔡元培 1910 年出版的《中国伦理学史》,书中将中国伦理学史分为先秦创始时代、汉唐继承时代、宋明理学时代三个阶段,系统地介绍了我国先秦至清末几千年的伦理思想流派以及从孔子到王阳明 28 位思想家,并阐述了各家学说的要点、源流及发展。书中还将法兰西革命所提出的自由、平等、博爱同中国古代的传统道德观念进行比较研究,主张中西融通、相互借鉴。作为第一部系统整理和研究中国古代伦理思想发生、发展及其变迁的学术著作,这部通史不断再版,至今仍具有深远的意义和影响。

改革开放以来,中国传统伦理思想通史研究空前活跃,出现了一系列有影响的学术专著。如陈瑛、刘启林等编撰的《中国伦理思想史》从先秦写到五四新文化运动,从社会经济政治状况写到伦理道德文化,突破了以往对封建道德评价的框架,是新中国成立后第一部用马克思主义的世界观和方法论撰写的中国伦理学通史,对新中国成立后中国伦理思想史的研究起到开拓性的作用。沈善洪、王凤贤合著的《中国伦理学说史》从远古的伦理思想一直写到辛亥革命,实现了古代中国伦理思想与近代中国伦理思想的统合整观。朱贻庭主编的《中国传统伦理思想史》是一部简明扼要且颇有理论深度的中国传统伦理的通史著作,该书系统地考察和分析了中国传统伦理思想的萌芽、生成、发展演变及其内在涵育的基本规律,对儒、道、墨、法诸家伦理思想的主要代表人物、主要伦理思想及其特征作了深入的探讨,力求站在现实的高度来回顾历史,同时努力根据马克思主义理论进行具体分析,运用历史和逻辑统一的方法来解释中国传统伦理思想的基本特点及其演变规律,实现了史论的有机结合。姜法曾的《中国伦理学史略》是由其生前的讲稿整理而来的,主要介绍和分析了从孔夫子到孙中山等我国历史上一些著名思想家和重要思想流派的伦理道德学说,探讨了有关伦理学的若干基本理论问题。张锡勤等编撰的两卷本《中国伦理思想通史》涵盖封建伦理思想的奠基与形成、封建伦理思想的系统化及其统治地位的确立、封建伦理思想的演变以及深化和成熟、封建伦理思想的衰落、早期启蒙主义伦理思想兴起、资产阶级伦理思想的形成和发展等内容,介绍中国伦理思想史上的重要思想和流派,并力求以马克思主义为指导思想,给予恰当的评价,风格平实、内容丰富,与史实结合紧密。樊浩的《中国伦理精神的历史建构》,围绕中国伦理精神的孕育展开、抽象发展以及辩证综合,揭示了伦理精神内在的生命秩序体系。焦国成的《中国伦理学通论》以时间为序,是一本以天人论、修身论、人性论、义利论、人伦论、人我论、治世论等主题为纲写成的史论结合的著作。罗国杰主编的《中国伦理思想史》分上下两卷共八编,上卷论述先秦至明中叶中国伦理思想的发端、封建伦理思想的形成与演变;下卷论述明中叶至新中国成立前封建伦理思想的衰落、早期启蒙主义伦理思想的兴起、资产阶级伦理思想的形成和发展以及马克思主义伦理思想在中国的传播与发展,是一部贯通古今的扛鼎之作。陈少峰的《中国伦理学史新编》包括孔子及其集大成、百家争鸣、汉唐时期的伦理价值观、宋儒的理学与伦理学、明清诸子的新学说、近现代的价值观与思想运动、现代伦理学与现代新儒学、当代伦理学的发展等内容,展现了作者独特的观点和视角。针对以往通史研究中重伦理思想史的研究,而轻道德生活史的研究,关注了学理形态的伦理文化而忽视了民间日常生活形态伦理文化的现状,唐凯麟主编的《中华民族道德生活史》包括先秦卷、秦汉卷、魏晋南北朝卷、隋唐卷、宋元卷、明清卷、近代卷和现代卷等八卷本,全面梳理了中华民族从远古至现代在政治生活、经济交往、文化教育、民族关系、宗教生活、婚姻家庭、职业活动等各领域的道德生活状况,对五种基本伦常道德关系的确立、礼仪文化的兴起与弘扬、中华民族现代道德生活的现实基础、政治改革与道德生活、经济关系的调整与道德生活的嬗变、婚姻家庭的变化与道德生活等问题进行了系统的探讨,填补了通史研究的一大空白。书中注重对每个人物的经历及其道德思想、实践的叙述与分析以及伦理概念进行解析。上述通史性的著作,在建构中国传统伦理的理论体系方面作出了自己的贡献。

断代史的研究从无到有。巴新生的《西周伦理形态研究》主要以德、孝为核心分析了西周的伦理形态。朱伯崑的《先秦伦理学概论》是我国第一部专门研究先秦儒墨道法四大家伦理思想的断代史。王磊主编的《周秦伦理文化概论》强调了周秦伦理文化的现代价值。晁天义的《先秦道德与道德环境》从文化学的角度对先秦时期的道德规范与产生这些规范的社会、文化环境进行了细致考察,包括家庭如何制约和影响道德、国家与政治道德、礼乐文明与道德、非理性主义因素影响下的道德、法律与道德、社会分工与道德的关系等。张继军的《先秦道德生活研究》认为先秦时期的道德生活是中国传统道德生活和伦理精神的源头,它与先秦时期其他领域内的社会生活共同构成了一个完整的系统,道德生活的变迁正是这一系统内部诸要素相互作用的结果。刘厚琴的《汉代伦理与制度关系研究》选取以孝为核心的家庭伦理、以忠为核心的政治伦理与汉代法制、官制等政治制度的整合、互动关系加以阐述。在研究汉代伦理对制度影响的前提下,针对汉代伦理制度化的社会实践对伦理的作用予以系统的研究。刘伟航的《三国伦理研究》从三国时期社会各阶层人们的言论、行为及制度中,对当时的伦理观念进行归纳和分析。陈谷嘉的《宋代理学伦理思想研究》《明代理学伦理思想研究》分别对宋代和明代理学的核心伦理概念和演变过程进行了深入而独特的阐释和探讨,展示出理学不断演变的时代特征。

关于近代伦理思想研究的成果最为丰富。张锡勤等编著的《中国近现代伦理思想史》论述了从鸦片战争到新民主主义革命时期的伦理思想发展进程。徐顺教、季甄馥主编的《中国近代伦理思想研究》着重于近代至现代各时期主要人物的伦理思想研究,包括鸦片战争时期龚自珍、俞理初、魏源的伦理思想,太平天国时期洪秀全、曾国藩的伦理思想,戊戌变法时期康有为、谭嗣同、严复、梁启超等人的伦理思想,辛亥革命时期孙中山的伦理思想,新文化运动时期李大钊、陈独秀、鲁迅、胡适、梁漱溟的伦理思想,新民主主义革命时期资产阶级和无产阶级代表人物的伦理思想以及新中国成立前后毛泽东、刘少奇等人的伦理思想。张岂之、陈国庆合著的《近代伦理思想的变迁》一书系统地阐述了中国近代伦理思想的发展和变化历程,介绍了龚自珍、魏源、洪秀全等人的伦理思想,揭示了近代伦理思想的孕育、萌发和走向现代的演变规律,是中国近代伦理思想史的一部力作。唐凯麟的《走向近代的先声——中国早期启蒙伦理思想研究》完整地介绍了明清之际的伦理思想,讨论了早期启蒙伦理思想的性质、特点、历史命运及兴起、沉寂的历史启示。张怀承的《天人之变——中国传统伦理道德的近代转型》围绕人道对天道的超越,探讨传统伦理近代转型的实质、理论意义和历史局限。徐嘉的《中国近现代伦理启蒙》系统研究了中国近代以来伦理启蒙问题,分析了启蒙运动的始末、启蒙内容、启蒙过程、启蒙结果、启蒙评价等,并分析了利弊得失和流变。从历史变迁角度,分析了这种启蒙的历史功过,是一部难得的伦理史学术专著。以上断代史著作从不同的角度深化着中国传统伦理思想的研究。

(二) 中国传统伦理主要人物、流派和范畴研究

以人物为主线的研究成果除了已经发表的大量论文外,也有许多研究专著。改革开放以来,史学界出版了多部中国思想家人物评传,其中涉及大量的伦理思想。不仅如此,伦理学界还专门研究了孔子、孟子、荀子、老子、庄子、墨子、韩非子、董仲舒、二程、朱熹、王阳明、王夫之、黄宗羲、梁启超、孙中山等人物的伦理思想。其中,对孔孟荀和老庄伦理思想的研究最多,一方面涉及论"仁"、论"礼"、论"中庸"、论"民贵君轻"、论"无为而治"、论"天人合一"等基本伦理观念,另一方面也包括义利观、天命观、人性论、道德教育思想以及政治伦理、经济伦理和生态伦理等思想。对先秦诸子伦理思想的研究不仅深入具体,还多有理论的开掘与创新。如有学者认为,荀子之"礼"与孔孟之"仁"两个主要概念的不同显示了大众伦理与精英道德之间的分野。"性恶"说是大众伦理学说的生物学论证,"群分"说是大众伦理学说的社会学论证,"伪"或"礼义"理论构成了大众伦理的核心内容和基本定位。通过"化(教育)"提供实现伦理的教育途径,通过"法(法律)"提供实现伦理的法律保障,在"义利""君子小人"问题上,荀子也提出了更符合大众而非精英的看法。荀

子至少在理论上实现了由精英道德向大众伦理的转换,这正是荀子伦理思想的意义或价值所在。① 此外,西汉一代儒学宗师董仲舒的伦理思想一直被研究者所关注,研究涉足的范围很广。如有学者提出董仲舒的伦理思想具有以儒为主、兼摄百家的包容精神、天人感应的天道精神、更化有为的"强勉"精神、厚德简刑的德性精神等特征。生命的物化与伦理精神的沦落、精神家园的失却,成为当今时代人类性的问题。中华民族重塑当代伦理精神的关键在于葆有"精神的自我",这可以从董仲舒伦理思想的内涵及建构方式获得重要的启示。② 还有学者们从人性论、政治伦理、家庭伦理等不同角度解读和挖掘董仲舒的伦理思想,不断开拓新的研究思路。

在宋元明清时期的思想家中,学者们对程朱理学进行了较系统的研究。从程朱理学注重义理的特点出发,指出程朱理学家与以往的儒学家在治学上的不同风格。程朱理学用一个无处不在的"理"来统摄一切,建立了一套天道性命统一的逻辑体系,总体上一直处于官方学说的地位。同时学者们也指出由于朱熹理学被封建统治阶级利用,成为他们维护自己统治的工具,学说思想上没有创新,长时期表现得过于保守,甚至起到禁锢人们思想的消极作用。这些成果无疑使程朱理学的研究成为宋元明清时期人物伦理思想研究的浓墨重彩。明清之际的思想家黄宗羲、王夫之的伦理思想也是学界关注的焦点。黄敦兵的《黄宗羲伦理思想的主题及其展开》结合明清易代的时代背景,挖掘黄宗羲思想中所独具的"原创性"因素,正确解读黄宗羲思想的特质,深度剖析他的政治伦理、经济伦理、理想人格论、心性论与道德修养论等方面的思想。唐凯麟、张怀承合著的《六经责我开生面——王船山伦理思想研究》全面介绍了王夫之伦理思想的特色。

除了人物研究,学界对儒家、墨家、道家、道教、法家等流派的伦理思想也展开了全面系统的研究。如:李书有主编的《中国儒家伦理发展史》介绍了儒家伦理思想产生的社会与思想文化背景以及从形成到衰落的演变过程。葛晨虹的《德化的视野——儒家德性思想研究》围绕儒家德性思想的孕育、发展,揭示了儒家伦理精神内在的秩序体系。唐凯麟主编的"中国传统伦理道德文化丛书"探讨了儒释道三家伦理道德的特色及当代价值,阐幽发微,颇多新见。唐凯麟、张怀承主编的《成人与成圣:儒家伦理道德精粹》一书不仅系统梳理了儒家道德思想发展的历史沿革,

---

① 参见吾敬东《由精英而大众:荀子与孔孟伦理思想之别及其意义》,载《上海师范大学学报》(哲学社会科学版)2006年第6期。
② 参见胡海波、荆雨《汉代的盛世伦理及其当代意义——董仲舒伦理思想的启示》,载《道德与文明》2009年第2期。

并且将儒家道德范畴整理为体系。儒家伦理与市场经济的关系是复杂的。一方面,二者由于异质相互冲突,这在价值观念、精神倾向、理性方式、约束机制上都是如此。另一方面,二者又存在着一些同构契合的因素。儒家的互助交往思想、规范有序意识、自强自律精神、诚信为本原则等,可以通容于市场法则之中,对市场经济的发展发挥积极作用;同时,儒家伦理还可以在一定条件下与市场价值形成一种异质互补关系,如义与利、和与争、群与己、人与物等,这对于促进市场经济以至整个社会运行机制的完善和发展同样有着不可忽视的作用。

许建良的《先秦儒家的道德世界》以先秦为时代背景,从孔子的"志于道,据于德"、孟子的"尊德乐道"、《周易》的"和顺于道德而理于义"、荀子的"道德纯备,智惠甚明"等四个方面研究了先秦儒家的道德思想。颜李学派的伦理思想作为传统儒家文化的重要构成部分,也受到学者的关注。张舜清的《儒家"生"之伦理思想研究》着力探讨儒家围绕"生"发展出一套以"天人合一"为基本特征的天人互动的"生"之伦理模式和思想体系。刘清平的《忠孝与仁义:儒家伦理批判》依据"不可坑人害人,应该爱人助人"的终极正当原则,立足于儒家经典的文本解读,通过学术性的分析批判,集中探讨了先秦孔孟荀的核心观念,考察了自董仲舒经宋明儒学直到当代儒学的演变脉络。黄玉顺的《中国正义论的形成:周孔孟荀的制度伦理学传统》阐述了周公的民本思想、孔孟的"以仁行义,以义制礼"等思想,这些思想是中国正义论的基础。中国正义论是中国古典制度的伦理学,以"义—礼"为结构,而"义"遵循的是适宜性原则。这是对中国传统思想理论,尤其是儒学的重新解释或"重建"。刘桂莉的《儒家伦理观综论》从生命本原论、人性善恶论、为学求知论、修身立德论、婚姻家庭论、笃志尚功论、执守中道论、明辨义利论、分清理欲论、理想人格论等十个课题论述儒家伦理观。吴雅思的《颜李学派伦理思想研究》以明末清初的实学思潮为背景,结合与同时代英国亚当·斯密的经济伦理思想的比较,探讨颜李学派伦理思想中的人性论、义利观、"习行"修养方式、"经世致用"思想的内在逻辑与理论内容,揭示其在中国明末清初资本主义萌芽时期学术兴衰的缘由和在现代的理论价值。

除了儒家,研究墨家伦理思想的学者也颇多著述。如杨建兵的《先秦平民阶层的道德理想:墨家伦理研究》对墨家伦理作了正、反、合三个向度的审视。正向的原典研究确证了墨学的功利论立场,对墨家伦理的结构、生成特点、核心范畴、最高原则及其衰落的根源进行了新的探讨。反向的以中西文化为背景的比较研究,使墨家伦理的特色更加明晰,以墨家的核心话语"爱""利"为经纬对先秦儒墨道法进行解构,是"以经解经,以墨解墨"的思路。在实践方面,书中主要总结了墨家伦理在政治、经济、军事、科技领域的应用,体现了墨学的现实价值。贺更行的《兼爱天下:墨子伦理思想研究》把"兼爱"定位为墨子伦理思想的核心,将"义"定位为墨子伦理思想的道德原则,并以"兼爱"为主线,全面分析了墨子的经济、政治和宗教伦理等。孙君恒等著的《墨子伦理思想研究》主要研究了墨子伦理思想中兼爱、利本主义、人格伦理思想以及政治伦理、经济伦理、家庭伦理、技术伦理、生态伦理思想以及"兼爱""非攻"基础上的和平主义伦理思想,并进一步探讨了当代西方对于墨子的研究以及墨子精神与当代社会的契合性。研究道家伦理思想的著作有王泽应的《自然与道德——道家伦理道德精粹》,书中涉及道家伦理思想产生的背景、内容、特点和现代价值以及道家与其他流派伦理思想的比较。对于法家伦理思想,学界主要从法家产生的背景、思想的内容和现代价值以及管子、韩非子等代表人物的伦理思想深入研究。另外,姜生的《宗教与人类自我控制——中国道教伦理研究》和王月清的《中国佛教伦理研究》对中国道教和佛教伦理思想进行了深入挖掘。许建良的《魏晋玄学伦理思想研究》以人物为线索,从道德根据论、性情论、教化论、道德修养论、道德理想人格论等角度对魏晋玄学伦理思想进行了梳理。

中华伦理范畴研究大化流行,生生不息。肖群忠的《中国孝文化研究》首次以文化学的综合视野对中国传统孝文化进行了全面而系统的研究,提出孝是中国文化中具有根源性、原发性、综合性的核心观念和首要文化精神,是中国文化的显著特色。对孝道的起源、历史演变及其规律进行了分析考察,全面而深刻地论述了孝在中国文化中的综合意蕴。鲁芳的《道德的心灵之根:儒家"诚"论研究》探讨了"诚"的源流、"诚"的心性、"诚"与德性、"诚"的培养、"诚"的价值等问题。山东曲阜孔子研究院发起编纂的"中华伦理范畴"丛书以公民道德建设纲要的总要求为指导,选取中华伦理道德的 66 个范畴如仁、义、礼、智、信等,自甲骨金文以至现代进行全面系统研究,凸显集文本之梳理、明演变之理路、辨现代之意义、立撰者之诠释的价值。以系统地继承、发扬中华民族优秀传统美德的形式实现了优秀学术成果的普及化,以史鉴今,资政育人,探赜索隐,钩深致远,实乃填补学界空白之作。

(三) 中国传统伦理思想的创造性转化和创新性发展研究

如何对中国伦理思想的价值进行评估、挖掘、转换和创新,一直是伦理学界关注的一个焦点。我们对待和处理包括伦理文化在内的传统文化的问题,绝不是一个单纯孤立的文化问题,而是一个关系整个社会的深刻变革的问题,在这里,我们必须在发展经济、改革社会结构的同时,坚持"创造性的传承和创新性的发展"相统一的方针。① 随着改革开放的不断深入,学者们从中国传统伦理思想的特点中,在对待传统伦理思想的态度上,对中国传统伦理思想进行了一次次剥茧抽丝般的筛选与反思。

张岱年在《中国伦理思想研究》一书中指出,中国传统伦理思想比较丰富,所涉及的问题较多,而且学派繁盛,纷纭错综。对于两千年来伦理学说的发展演变进行系统的清理,不是一件轻而易举的事情。有些问题是比较复杂的,例如道德的阶级性与继承性的问题,人性学说的理论分析问题,仁爱思想的评价问题,义利之辨与理欲之辨的问题,对于所谓"纲常"的分析批判问题等。这中间包含一些深微渊奥的内容,不是浅尝所能理解的。对于传统伦理思想,过高的推崇赞扬是不适当的,但不求甚解、随意否定的态度也是不足取的,重要的是进行历史的辩证的具体分析。书中对中国伦理思想史上的基本问题、道德的层次序列、道德的阶级性与继承性、义利之辨与理欲之辨、仁爱学说、三纲五常、意志自由及天人关系等问题作了全面梳理而深刻的当代价值研究。罗国杰主编的"中国传统道德"丛书(五卷),以一种系统的角度重新归纳与整理了传统道德的理论线索,他在《传统伦理与现代社会》一书中以先秦伦理思想为基点,论述了中国传统伦理思想的形成和发展的历程,探讨了儒家伦理规范体系的完善及其正统地位的确立,以及封建伦理思想的深化和成熟,并在此基础上分析了中国传统伦理思想对现代社会治国兴邦和道德建设的借鉴意义。肖群忠的《伦理与传统》围绕如何看待和对待传统道德这一主题,从"伦理探索""美德诠释""传统反思""现实关怀"四个层面进行了探索,不仅对伦理学的一些基本问题和基本规范进行了诠释,而且从伦理学科的实践性与现实性的需要出发,对中国传统道德的内在精神、核心观念、现实意义以及与现代道德的承接等问题进行了深入的分析,特别是对我国当代社会的道德建设进行了全面而系统的反思,从而彰显了中国传统道德的现代价值。

郑晓江等著的《传统道德与当代中国》认为中国传统主流伦理道德的确立依赖于三大系统的相互配合:伦理道德的理念(本体)系统;伦理道德的范畴系统;社会的礼俗系统。这些体系在明清之际开始瓦解并逐步转型。所以,当代中国伦理道德的建设,一是必须树立符合现代社会的伦理道德本体(理念),二是必须建构既汲取传统伦理道德资源又创设出大量新观念的伦理道德的范畴体系,三是必须形成强大而完备的社会性实施系统。三方面的配合方可使面向 21 世纪的中国在伦理

---

① 参见唐凯麟、刘燕奇《明清时期伦理思潮的社会历史性质论辨》,载《湖南师范大学社会科学学报》2018 年第 6 期。

道德的建设方面获得真正的成功。吴来苏、安云凤合著的《中国传统伦理思想评介》，其重点是历史的分析与现实价值的挖掘，作者认为在构建社会主义道德规范体系时，对中国传统伦理需要细心梳理，深入反思、扬弃，以实现创造性的转化。徐惟诚的《传统道德的现代价值》探讨了传统道德与市场经济的关系、发扬保留在民族气质中的优秀道德传统、为以德治国作出积极贡献以及更加重视世界观等问题。李春秋、毛蔚兰的《传统伦理的价值审视》通过对中国传统伦理思想的简要介绍，使读者懂得修身、为人、处世、治学等方面的道理。李承贵的《德性源流：中国传统道德转型研究》论述了传统道德转型期定位、传统道德价值根据之转型、传统道德价值表达方式之转型、传统道德价值实施途径之转型以及中国传统德性智慧的来源等问题。梁韦弦的《中国传统伦理思想研究》一书以社会主义市场经济发展对人际关系的要求和影响为依据，对传统伦理思想所包含的人际关系及道德原则规范进行了系统的清理，具体地阐明了取舍扬弃，并强调先秦儒家所提倡的仁与义的道德原则是中国传统伦理思想体系的核心与精髓所在。

　　姚小玲、陈萌合著的《中国传统伦理思想：社会主义核心价值体系构建的文化底蕴》通过对中国古代社会、近代社会和现代社会的主要特点的概述与归纳，揭示了不同社会形态、政治制度下中国传统伦理思想发展变迁的原因与动力，分析了中国传统伦理思想对不同时代的政治、经济、社会制度变革与更替的深刻影响，从中挖掘社会主义核心价值体系构建的伦理文化底蕴。李建华等的《中国道德文化的传统理念与现代践行研究》围绕着"道德文化"、"传统理念"与"现代践行"等相关概念，以"传统到现代""由观念到行为"两大转换为主轴，依循由古而今、东西互鉴、历史与现实相比照的逻辑，依次论述了理念提炼、历史审视、现代扬弃、践行机制、效果监测五大主题。陈来的《冯友兰的伦理思想》集中梳理了冯友兰在20世纪对中国传统道德的一系列理论成果，是我们今天面对传统道德进行创造性转化的重要历史借鉴，对于社会道德秩序的建立，吸收传统文化提供的生活理想、德行价值及文化归属感等方面都值得珍视。朱贻庭在《中国传统道德哲学六辨》一书中指出，要深入研究中国传统伦理思想，首先要研究传统道德哲学。如果不清楚中国古代哲人研究伦理、道德所创立的具有民族特色的运思方式、认知方式和概念范畴，就不能理直气壮地确认中国传统伦理学同样是耸立于人类文化史上的一本古代伦理学"大书"。也只有聚焦于"道德哲学"，概括总结中国传统伦理学思想"史"的研究成果，集学界群体之力，才能写出一部足以与西方伦理学相媲美的、主要由中国伦理学概念范畴话语为基本理论骨架的、体现中国伦理文化基本特点和时代精神的当代"中国伦理学"。对优秀的传统文化进行创造性转化和创新性发展，至少需要回答三个问题:是什么? 为什么? 什么是应当?"是什么"是对传统文化的事实判断,就是从历史的视阈回答什么是传统文化,它在历史的行程中积累了哪些丰富的内容;"为什么"即推究传统文化生成、演化的所以然之故,就是要运用历史唯物主义的方法,科学地分析传统文化产生、形成和演化的社会根源,包括生产方式、社会结构、政治体制、民族特点、社会心理等各种因素及其相互作用和历史演变,从而把握传统文化的演化规律和本质特征、基本特点,对"是什么"的问题作了深层次的回答;"什么是应当"是对传统文化("源")的价值判断,就是立足于当今社会实践的现实这个"原",运用"源原之辨"的分析方法,对传统文化的内容进行价值评价,进而作出"什么是应当"的价值判断:哪些是应当继承和发扬的优秀精华,哪些是需要否弃和拒绝的劣质糟粕。一般说来,存在于传统文化中的优秀成分,具有可继承的现代"价值对象性",我们又称之为"古今通理"。但是要实现对优秀传统文化的继承和发展,还必须对其现代"价值对象性"进行价值再创造,也就是对"古今通理"进行创造性转化和创新性发展。[①]

中国传统伦理思想的发展有自己的逻辑进程,主要表现为儒学道德世界观在不断吸收其他学术流派的思想内容和思维方法的条件下的自我完善过程。儒家伦理思想从其产生开始,在中国历史上跌宕沉浮绵延两千余年,这种极强的生命力在世界文化发展史上也是极其罕见的。梁漱溟在《东西文化及其哲学》中认为中国文化以孔子为代表,以儒家学说为根本,以伦理为本位,它是人类文化的理想归宿,比西洋文化要高妙得很,世界未来的文化就是中国文化复兴。冯友兰将儒家传统道德分为不同的层次,认为不同时代的道德标准是不同的,充分回答了当时社会上的"中西道德之争",也就是说,新的社会发展类型需要新的道德与之相适应,并不是中国的传统文化不可取。儒家思想曾经历史地展现了中华文明的独特类型,至今也仍以不同的形式和程度存活于中国人民的心中,成为我们民族迎接新时代的挑战和机遇,进行新的理论创造所特有的文化心理背景和所必须面对的历史资源。

随着经济和社会的发展,传统与现代化之间的关系问题日益受到重视,尤其是东亚各国经济迅速发展的事实,又使人们站在现实的高度重新审视儒家伦理。因此,研究儒家伦理思想的当代价值的越来越多。杨清荣的《经济全球化下的儒家伦理》紧紧围绕经济全球化与儒家伦理的关系进行论证,分析经济全球化对我国民族文化特别是儒家文化的影响,以及我国文化(包括儒家文化)所应采取的应对措施,由此探讨儒家伦理在全球化局面下的出路。戢斗勇的《儒家全球伦理》对儒家思想

[①] 参见朱贻庭《〈中国传统道德哲学六辨〉序和跋》,载《伦理学研究》2017 年第 4 期。

所包含的能够作为全人类共同奉行的基本伦理原则、价值观与行为规范进行探讨，对其世界大同、天人合人等的思想体系及思想本质进行探索。邵龙宝、李晓菲的《儒家伦理与公民道德教育体系的构建》梳理分析和归纳了两千多年来儒家伦理思想发展的脉络，并与西方的公民社会、文明史、道德价值观、思维方法、哲学精神等逐一比较，对儒家道德价值观、人生哲学、教育理念、人格修养理论等进行反思批判和现代诠释。蔡德麟、景海峰主编的《全球化时代的儒家伦理》在全球化背景下，对儒家进行了多视角、多方位、多层次的论述，具有较强的学术性。苑秀丽、何小玲的《儒家思想与中国当代伦理》从儒家思想与中国当代伦理的关系入手，在分析儒家优秀伦理传统的基础上，对儒家思想与当代人际伦理、儒家思想与当代行政伦理、儒家思想与当代政治伦理、儒家思想与当代公共伦理、儒家思想与当代生态伦理等问题展开探讨。

　　从以上研究成果可以看出，大多数学者认为伦理文化观上的民族虚无主义和保守主义，甚或全盘西化和国粹主义是极端有害和危险的。对待传统道德，关键在秉持正确立场，坚持古为今用、推陈出新的原则，具体情况具体分析，尊重文化传承客观规律，正确对待道德特殊和道德普遍，旗帜鲜明地拒斥历史虚无主义、文化虚无主义和文化复古主义、文化保守主义，认认真真地总结好、承继好从孔夫子到孙中山这一份珍贵的文化道德遗产。① 新时代的伦理文化建设要求我们在对待中国传统伦理文化遗产的态度问题上必须坚持批判继承和超越创新的统一，即继承优良传统，超越旧传统，创造中国特色社会主义的新伦理。我们也只有立足于民族自身伦理文化传统的基础之上，发掘民族传统伦理文化的源头活水，建立健全的伦理文化主体，才有可能真正吸收外国伦理文化包括西方伦理文化的合理因素，做到"洋为中用"。而这一切看起来是批判继承的地方恰恰也是超越创新的要求之所在，体现了批判继承和超越创新的辩证统一。② 要从历史发展连续性的视角阐明古与今之间的内在关联，揭示其中蕴含的规律，为当前坚定"四个自信"提供历史依据和精神滋养。

---

① 参见罗国杰、夏伟东《古为今用 推陈出新——论承和弘扬中华传统美德》，载《红旗文稿》2014 年第 7 期。

② 参见王泽应《道莫盛于趋时——新中国伦理学研究 50 年的回溯与前瞻》，北京：光明日报出版社 2003 年版，第 339—343 页。

三、简要评述

当新中国 70 年的时间轴卷徐徐打开,中国传统伦理思想研究正如一棵不断成长的生命树,伦理通史是树干,伦理断代史是树枝,伦理流派、人物、范畴是树叶,不断地在继承中创新。习近平总书记曾多次深刻地阐述了弘扬中华优秀传统文化对于实现"两个一百年"奋斗目标和中华民族伟大复兴中国梦的重大价值。党的十九大报告更是指出:"发展中国特色社会主义文化,就是以马克思主义为指导,坚守中华文化立场,立足当代中国现实,结合当今时代条件,发展面向现代化、面向世界、面向未来的,民族的科学的大众的社会主义文化,推动社会主义精神文明和物质文明协调发展。""不忘本来,吸收外来,面向未来",这为我们在新时代条件下中国传统伦理思想研究指明了方向。

首先,历史昭示我们,不忘本来是建设社会主义文化强国的前提。中国特色社会主义文化源于中华五千多年文明史的沉淀、衍化、传承与发展,如果不能对老祖宗留给我们的那些优秀的、精华的思想价值与生活理念抱有热忱与自信,建设社会主义文化强国就会成为无源之水、无本之木。

在当前经济全球化、网络普及化、技术一体化的情境下,西方强势文化以各种形式无孔不入地横扫全球,东方及其他地区在西方强势文化的冲击下,逐渐被边缘化,乃至丧失了本民族传统文字语言,一些国家、民族在实行语言文字改革的旗号下,走向西化,造成本民族传统文化的断裂,随之而来的是这个民族的民族精神和民族之魂的沦丧,民族之根的枯萎。就世界多元文化而言,这种趋势的持续是可悲的。中华民族伦理精神和行为规范既然在实践中检验了自己价值的合理性,那么,价值合理性必须在伦理精神和行为规范中寻找自己适当的或应有的位置,以充分表现自己的内涵、性质、价值和功能。因此,我们今天做的所有文化传承、创建工作,不仅要解决现在的问题,而且要让浸润了中华优秀传统文化精髓的爱国主义精神和改革开放精神始终成为当代中国人民最鲜明的精神标识。[1]

在全球性的人文理想崩落和道德价值迷失的情境下,重建儒家伦理文化传统无疑有助于振衰救弊和解除现代社会中的道德精神危机,有助于贞定人心和弘扬道德的尊严。儒家伦理文化传统中崇仁尚义、贵道敬德的观念和特重道德主体性

---

[1] 参见李军《传统文化的当代价值》,载《光明日报》2019 年 2 月 22 日。

人格独立的价值系统,无疑是现代社会反物化和抑制精神危机的有力武器。①

中华民族这个以儒家伦理为主体的古典文明曾广泛辐射到异国他邦,为世界精神文明的建设和伦理文化宝库的丰富和发展,作出了巨大的贡献。如今,伴随着"一带一路"倡议,这一东方古老的伦理文化又一次成为世界各国特别是西方社会所瞩目的中心,一股新的中华伦理文化研究热潮正在海内外理论界、学术界和企业界兴起。特别是随着经济全球化条件下构建人类命运共同体研究的展开,儒家"和而不同"、"礼尚往来"、"协和万邦"以及"诚信为本"、"厚德载物"等伦理精神和伦理观念成为人们建设普世伦理的珍贵资源。今天的中国传统伦理思想的研究,要重新评价儒家伦理的功能与社会作用,在新时代的背景下考察中国的传统伦理观念发展史、伦理范畴演变史、伦理形态更替史,重新认识传统伦理的内蕴、实质及特征,以新的方法对几千年的伦理史进行审查、清理与发掘,去其杂质,取其精粹,并以此来作为构建新伦理观的基础。

中国传统伦理的命运其实就掌握在中国人自己手中。如果我们能真正以正确的态度和科学的方式对待传统,并下大力气实行传统的现代转化,就一定能够在经济全球化的文化整合中站稳自己的脚跟。而如果仍然以清谈待之,那么其命运是可想而知的。从中国角度来看,全球伦理应该是得到中国传统伦理支持又为世界其他国家和文化传统所认可的伦理。因此,我们不能仅仅担心"全球伦理"的西方化或漠然处之,而应积极参与全球伦理建设,争取中国在全球伦理问题上的话语权。有理由相信,随着经济全球化进程的提速,我国传统伦理也将与世界不同文化接触、碰撞、磨合,从而为我国传统伦理的发展和提升提供实践基础。

我们的当务之急应该是发掘中国传统伦理思想中最本质的,也必然是与其他民族伦理共同的价值观念,同时,要突破各自的规范和界限,打破各自的壁垒,也就是打破"东方伦理中心论"和"西方伦理中心论"的自我封闭心态。以东西方不同的伦理传统为相互投射、互为比照,吸收各自合理的资源,在全球化时代将自己的特殊性逐步融入全人类的普遍性之中,为构建人类命运共同体作出自己应有的伦理贡献。

其次,吸收外来,加强中外传统伦理思想比较研究。我们除了要对中华优秀传统伦理文化进行创造性转化、创新性发展外,还要立足本土、放眼世界,对一切人类优秀文化的内涵、形态、因素、手段、途径等进行科学汲取与合理消化,使之成为社

---

① 参见王泽应《道莫盛于趋时——新中国伦理学研究 50 年的回溯与前瞻》,北京:光明日报出版社 2003 年版,第 361—363 页。

会主义先进文化的有机组成部分。今后,中西传统伦理文化交流和比较研究将具有这样一些特点。

一是比较的范围延伸拓展。既包括不同意识形态的伦理道德理论的对比,也包括同一形态的伦理体系的对话,既有中西方社会主义与资本主义道德理论的碰撞,也有在传统上与越南、朝鲜等同质伦理学的比较。

二是比较的内容广泛深入。既有现代社会同一时代各种伦理学说、伦理流派的对比,也有人类发展史各个阶段上形成的不同文化类型的文化传统和特点(如欧美文化、中国伦理文化、印度文化等)的对比。

三是比较的方法丰富多样。集横向比较、纵向考察、立体思维于一身,融同比、异比、横比、纵比、同异交比于一炉。

四是比较的问题层出不穷。大致有:中国文明与西方文明的整体比较;儒家道德与佛教道德的地位和作用的比较;新教伦理与儒家伦理对现代社会的不同作用的比较;中国道德传统理论和其他东方道德的比较;大陆儒学与东南亚、日本儒学的比较;马克思主义伦理学与当代西方规范伦理学比较;古希腊罗马时期与春秋战国时期道德繁荣昌盛的原因比较;中西伦理史上同一范畴、概念的不同发展历史阶段的比较;等等。

通过以上立足现实、反省过去、纵析古今、横贯东西的比较研究,了解各种文明和道德传统的历史、特点、性质、意义,以便在与我国传统伦理思想的对照中,比差异、评优良、较长短、辨是非、明善恶、析进步与落后、判糟粕与精华,从而视其对我国新时代伦理道德的理论建设有无启发和促进意义而取舍、扬弃。通过中西交流和比较,我国传统伦理思想研究将获得新的增长点。

最后,面向未来,大力加强传统伦理思想研究中的理论创新。针对目前中国传统伦理思想研究中存在的最突出的问题寻找新的创新点。如在对史料运用分析方面,过去很多学者重伦理思想本身而轻思想背景。任何思想都不是凭空产生的,社会的政治、经济和文化思潮背景,思想家个人的经历、心理和习惯,都会对其思想产生影响。如果只是从文献的字面所反映的思想出发,而忽视了伦理思想与生活于其中的社会状况、文化传统和社会思潮的关联,忽视了原著作者差异性的心理结构、个性特征和生活经历对其学说主张的作用,只看到了思想背后固定的社会时代特征,忽略了固态时代特征在个体身上的动态差异,只是阐释思想而没有透视思想背后隐藏的动态变异,那么这种研究就不可能是深入和透彻的。这就需要学者们不断汲取我国传统伦理思想研究方面的新史料,拓展和深化一些领域的研究。

拓展和深化一些领域的研究,离不开研究方法的创新。从新中国成立70年来中国传统伦理思想研究的成果中,我们不难发现,马克思主义的辩证法和历史唯物主义成为学者们一致认同的研究方法,对各个时期、各个学派、各个人物、各种观点的研究都有方法论上的指导意义。

我国伦理学界在中国传统伦理思想的研究方法上已有不少创新。比如,运用传世文献、出土史料与民族史调查三结合的方法,运用合作研究、比较研究、学案研究、区域研究、田野调查等方法。对于有利于研究创新的方法,我们都应当给予大力支持。

在研究对象方面,综合以往中国传统伦理思想的研究成果,我们会发现学者对先秦和近代转型期的研究比较丰硕,而汉唐到宋元明清的研究则相对薄弱,对于学派、人物、重要思想观点的梳理围绕主流流派、代表人物、重点著作,尤其以儒家学说为重点,相比之下,非儒学说的研究则相对薄弱。并且学者大多重汉文化系统的伦理思想研究,而轻少数民族的传统伦理思想的研究。少数民族的文化也影响了中华传统伦理体系的建构,目前的研究较多探讨了儒家伦理思想对少数民族伦理文化的影响,而较少探讨少数民族文化对儒释道文化发展和流变的影响。另外,学者们更注重系统化的道德理论,而轻生活伦理文化研究。不可否认,研究主要流派和代表人物能够把握传统伦理文化的整体特征,但是要还原伦理文化的原貌必须对风俗史、民谚、民谣、文学作品中的伦理思想进行挖掘整理,当然已有少数学者已开始关注这些研究领域并取得了创新性成果。

在研究内容方面,有些学者重梳理、重阐释而轻比照、轻改造。研究伦理思想史是重要的,而如何使有生命力、有价值的伦理思想得以重生,如何做到古为今用,则是更为重要的。因此,很好地把中国伦理思想与外国伦理思想进行比照研究,较其长短,才能够更好地认识中国的伦理思想;很好地认识了中国伦理思想,才能谈得上取其精华,弃其糟粕,对其进行现代化的改造和转换,才能更好地服务于当代的道德文明建设。①

未来有些研究领域将成为理论创新的焦点,如社会主义核心价值观与中华传统美德的内在关联研究、国家治理能力的现代化与中国传统伦理文化的接续研究、构建人类命运共同体与中华传统伦理思想的弘扬研究等。这些研究领域的理论创新将推动马克思主义与中华优秀传统文化的深层次结合,对中华优秀传统文化的认识也将提升到一个新高度。加强理论创新不仅是把对中国传统伦理思想的认识提升到更高水平的内在要求,也是打造富有思想深度、理论温度、历史厚度和实践

① 参见焦国成、郭忻《改革开放三十年来的中国伦理思想史研究》,载《道德与文明》2008 年第 5 期。

力度的精品之作的必由之路。一个时代写的伦理学史,必然打上该时代的精神烙印,是该时代精神的反映。因此,一个时代的伦理学史,只有在准确地把握了时代精神之后,才能找准目标和道路。选择好方向和角度,处理好文献和资料,总结出科学的理论及体系,才能写出高水平的著作来。① 判断一个时代伦理史学发展的成就,很大程度上要看推出了多少高质量的有思想穿透力的伦理史学名著。伦理史学名著是一个时代伦理学发展的标志性成果,集中体现了伦理史家的史才、史学和史识。打造精品力作,持续提升我国传统伦理思想研究的影响力,不仅有利于促进我国伦理文化建设,而且对当前和今后的全球伦理文化建设都有十分重要的理论和实践意义。

---

① 参见陈瑛《关于中国伦理学史的研究》,载《哲学研究》2002 年第 2 期。

第二十八章　西方伦理思想

　　20 世纪初期,在社会文化心理背景和救亡图存的社会大背景下,文化先觉者们开始了对西方伦理思想的传播与研究,虽然历经曲折却也取得了一定成就。新中国成立后,由于伦理学研究多围绕阶级斗争问题展开,因而对西方伦理思想的研究一度放缓。这一情况在改革开放后有了较大改观,我国对外国伦理学的研究呈现出全面发展的态势,分别在资料著作的翻译、研究内容和研究方法上都取得了巨大进展。因此,总结新中国成立 70 年中国西方伦理思想研究的成就与不足,对于进一步明确西方伦理思想研究的方向,促进我国伦理学事业的进步具有重要意义。

一、研究的基本历程与概况

　　自 1949 年新中国成立以来,对西方伦理思想的研究大体可以分为三个阶段:初步奠基时期、全面深化时期、发展繁荣时期。

（一）初步奠基时期（1949—1978）

　　这一阶段,中国伦理学研究最为突出的特点就是马克思主义伦理思想居于领导地位,以自由主义为代表的西方伦理思想影响日趋缩小。值得注意的是,在新中国成立初期的恢复性研究中,并非完全放弃了对西方伦理思想史的关注。在西方伦理思想资料的整理与编辑方面,周辅成先生做了大量奠基性工作。他编辑出版了《西方伦理学名著选辑》上卷(1964)、柏拉图的《理想国》(1957)、J. S. 密尔的《功利主义》(1957)、B. 斯宾诺莎的《伦理学》(1958)、霍尔巴赫的《健全的思想》(1966)、康德的《实践理性批判》(1960)和《道德形而上学原理》(1963)、黑格尔的《法哲学原理》(1961)、费尔巴哈的《幸福论》(1959)等著作,向中国学术界比较全面地介绍了西方有代表性的伦理学著作,为我国西方伦理思想史研究做了资料和理论上的准备。

　　总体来看,自新中国成立到改革开放初期,我国学界对外国伦理学思想的传播都具有鲜明的阶级立场,常常是还没有对外国哲学和伦理学进行深入研究,就对其进行政治上的阶级定性或哲学上的阵营划分,即判定某种学说属于唯物主义还是唯心主义、辩证法还是形而上学。这使得人们对马克思主义本身以及马克思主义与西方伦理学的关系存在一些机械片面的理解。① 值得一提的是,即使存在整体数量不足、译介工作开展缓慢以及研究视野相对偏差的问题,这一时期对西方伦理思想的引进仍然为后来研究的繁荣起到了一定的奠基性作用。

(二) 全面深化时期(1978 年—90 年代)

改革开放后,我国对外国伦理学的研究呈现出不断解放、全面深化的态势。学界对西方伦理思想的研究逐渐细分为两个方面:一是对西方伦理学名著的译介,二是西方伦理思想史的研究。

在译著方面,自 1980 年中国伦理学会成立以来,便有组织地开展西方伦理学名著的译介工作去弥补第一手资料的不足。1988 年,在罗国杰和郑文林的主持下,中国社会科学出版社陆续出版了一套"外国伦理学名著"译丛,其中包括了罗尔斯的《正义论》(1988)、亚里士多德的《尼可马科伦理学》(1990)、西季威克的《伦理学方法》(1993)、麦金泰尔的《德性之后》(1995)等一系列影响深远的著作。这套丛书的发行对我国西方伦理思想的研究起到了极大的助推作用。此外,在市场经济体制刺激下,各大出版社也纷纷引进外国伦理学著作,参与译介工作,这无疑拉近了中国读者与世界名著的距离。1981 年到 2004 年,商务印书馆以开放式的"汉译世界学术名著丛书"形式,先后印行多达四百余种世界学术名著,其中不乏伦理学著作,如休谟的《人性论》(1980)、霍布斯的《利维坦》(1985)、亚当·斯密的《道德情操论》(1997)等。自改革开放以来的 40 年里,我国的译著量一直保持着持续增长的态势,这不仅意味着学术界对西方伦理学原典的重视,更表明我国拥有着西方伦理学原著的浩大读者群和宽广的研究社会基础。

其次,在西方伦理思想史的研究上同样成果喜人。伴随大量译著的出版发行,学者们得以用更开阔的眼界审视西方伦理思想的发展脉络。这不但使得论文成果累累,更兼有一批专著体现出研究方向的多元化、研究主题的多样化以及研究方法的立体化趋势,这些成果较之前无疑取得了史无前例的巨大飞跃。就西方伦理思想的通史研究而言,早在 1984 年就有了章海山的《西方伦理思想史》以及后来罗国

① 参见聂文军《改革开放三十年的外国伦理学研究》,载《道德与文明》2008 年第 5 期。

杰、宋希仁合著的《西方伦理思想史》上下卷(1985/1988),这些书目至今仍是我国出版的最详尽的西伦通史。此外还有石毓彬的《二十世纪西方伦理学》(1986),李莉的《当代西方伦理学流派》(1988),黄伟合的《欧洲传统伦理思想史》(1991),刘伏海的《西方伦理思想主要学派概论》(1992),周中之的《西方伦理文化大传统》(1991),周辅成主编的《西方著名伦理学家评传》(1987)以及万俊人的两卷本《现代西方伦理学史》(1990/1992)等都集中反映了改革开放以来学者们对西方伦理史的宏观把握,我国对西伦史的研究呈现出一幅富丽多彩的画卷。此外,学界亦开始出现有关著名人物、重要流派的专题性著作,如包利民的《生命与逻各斯:希腊伦理思想史研究》(1996),王小锡主编的《西方人生哲学》(1989),周辅成的《论人和人的解放》(1997),万俊人的《萨特伦理思想研究》(1988)等。这些专题性著作反映出我国对西方伦理思想研究逐步向中微观层面深化的态势。在此阶段,西方伦理思想还促进了我国经济伦理、环境(生态)伦理、科技伦理、道德教育等应用伦理学理论的进步,如 J. P. 蒂洛的《伦理学——理论与实践》(1985)、R. T. 诺兰的《伦理学与现实生活》(1988)、科斯洛夫斯基的《伦理经济学原理》(1997)都先后得以出版。这些专题性著作与西方伦理学史研究共同形成一定的"规模效应"。

对外学术交流的蓬勃发展和国家社会科学基金课题的立项增加也是我国西方伦理学研究取得进展的重要表现。一方面,各高校与科研单位陆续成立了有关西方伦理思想的研究所,以专业人才培育与举办国际学术研讨会的形式促进研究深入,其代表性研究单位有:中国人民大学、北京大学、中国社会科学院、清华大学、南京师范大学、中山大学、湖南师范大学等。这些高校或科研机构通过一整套完善的人才培养制度,实现了从老一辈的周辅成、罗国杰、宋希仁、唐凯麟、章海山,到中青代的万俊人、何怀宏、廖申白、高国希、邓安庆、龚群、陈真、徐向东、李义天的阶梯式对接,为我国西方伦理思想研究的开展打下了坚实的人才基础。另一方面,自 1979 年至 1999 年这 20 余年间,国家社会科学基金委有关西方伦理学研究方面的课题立项呈现出明显的上升趋势,从另一侧面反映出西方伦理学研究的深入。

不难看出,与初步奠基时期相比,全面深化阶段的西方伦理思想研究呈现出三个特点:第一,研究人员、研究基地和机构数量迅速扩展,研究成果数量巨大;第二,研究范围广泛,几乎扩展到各个时期和西方各主要国家的伦理学思想以及学术论题;第三,研究方法更为科学而细致,更注重对文本的还原与真实解读,抛弃了过去完全批判、否定式的研究路径。

（三）发展繁荣期（21 世纪初至今）

新世纪以来,我国西方伦理思想研究进一步深化,不但涌现出更多高水平的研究成果,且在研究广度与深度上都取得了更大进展。在伦理学史方面,较有代表性的研究成果有:宋希仁主编的《西方伦理学思想史(第二版)》(2006)和《当代外国伦理思想》(2005),唐凯麟等的《西方伦理学流派概论》(2006)以及《西方伦理学名著提要》(2000),杨方的《第四条思路:西方伦理学若干问题宏观综合研究》(2003),刘伏海的《西方伦理思想主要学派概论》(2003)。这一时期还涌现出一批针对西方伦理思想史某一专题的中观研究成果,如孙伟平的《伦理学之后:现代西方元伦理学研究》(2004),舒远招的《西方进化伦理学》(2005),陈真的《当代西方规范伦理学》(2006),张之沧的《西方马克思主义伦理思想研究》(2009),向玉乔的《美国伦理思想史》(2015),施经、张晓路的《性与平等:一部简明的西方性伦理发展史》(2016),徐艳东的《意大利文艺复兴伦理学》(2016)。另外,学界还注重引进西方名家的西方通史,除早期麦金太尔和西季威克所著的西伦史外,2016 年华东师范大学出版社还出版了布尔克的《西方伦理学史》。

总的来看,学界对西方伦理通史的研究更加深入细致,更加注重对原著的研读和对思想本身的了解,为我国在经济全球化的背景的现代转型,提供了丰富的可运用资源与理论成果。

除在西方伦理思想史上取得的显著成绩外,更引人注目的是对于西方伦理思想的个案研究,这不仅标志着我国对西方伦理思想研究的全面繁荣,更体现了我国学者认真细致、刻苦钻研的治学态度。这些专题性的个案研究涉及论题非常宽泛,既有价值论层面对幸福观、人性论、道德心理、伦理精神的讨论,也有规范论层面对功利主义、义务论、元伦理学、美德伦理学的梳理,还包括了实践论层面社会正义、生命伦理、经济伦理、道德教育、科技伦理等各个主题的争鸣。这方面的代表性成果既有 2012 年邓安庆主导立项的国家重大课题"西方道德通史研究"下的一系列理论成果,如邓安庆的《当代哲学经典——伦理学卷》(2014)、《正义伦理与价值秩序——古典实践哲学的思路》(2014)、《启蒙伦理与现代社会的公序良俗——德国古典哲学的"道德事业"之重审》(2013)、石敏敏的《希腊化哲学主流》(2012)等。又有江畅领衔的国家社科基金重点项目"西方德性伦理思想研究"中的《西方德性思想史》四卷本(2018),这些学术成果较之前视野更开阔,历史研究更系统,综合研究思路更活跃。此外,出版社与高等院校之间的频繁互动也间接促进我国西方伦理思想研究的繁荣,这一时期,不少出版社通过与高校学者的合作,以译丛、丛书、系列文库的形式,翻译引进了大量西方伦理学家的著作、论文。如上海译文出版社"哲学的转向:语言与实践译丛"中约翰·L.麦凯的《伦理学:发明对与错》(2007)、罗伯特·施佩曼的《道德的基本概念》(2007)、伯纳德·威廉斯的《道德运气》(2007)、克里斯蒂娜·科尔斯戈德的《规范性的来源》(2010)、奥特弗利德·赫费的《全球时代中的政治伦理学》(2010)等。译林出版社"西方政治思想译丛"中弗雷德里克·罗森的《古典功利主义——从休谟到密尔》(2018),斯蒂芬·马塞多的《自由主义美德》(2010),塞缪尔·弗莱施哈克尔的《分配正义简史》(2010);"人文与社会译丛"中玛莎·C.纳斯鲍姆的《善的脆弱性:古希腊悲剧与哲学中的运气与伦理》(2018)、迈克尔·J.桑德尔的《自由主义与正义的局限》(2001)、约翰·罗尔斯的《政治自由主义》、理查德·乔伊斯的《道德的演化》(2017)等。中国社会科学出版社"政治哲学丛书"中 L.W.萨姆纳的《权利的道德基础》(2011)、托马斯·斯坎伦的《道德之维:可允许性、意义与谴责》(2014)等。中国人民大学出版社"守望者"系列丛书中索尔·史密兰斯基的《10个道德悖论》(2018)、玛莎·C.纳斯鲍姆的《正义的前沿》(2016)等。此外,还有浙江大学出版社的"当代西方政治哲学读本"论文集,其中由徐向东主编的《实践理性》(2011)、《后果主义与义务论》(2011)、《美德伦理与道德要求》(2007)、《自由意志与道德责任》(2006)详细整理了西方思想家对于这些议题的争鸣,具有重要研究价值。概言之,市场经济的繁荣进一步缩短了我国学界与西方伦理思想的现实距离,学者也能以更为客观的视野审视西方伦理学对正义问题、制度伦理、公民道德建设等方面的成果,将其融入我国社会的道德建设之中。

纵观新中国成立以来我国西方伦理学研究的总体状况,在宏观研究和微观探索方面都取得了引人注目的成就。总体呈现出由个别概念分析研究到人物、著作的整体研究,从学派研究到思潮研究,从个案研究到整体框架研究,从通史研究到断代史研究逐步推进,从个别上升到一般的阶段性发展特征。这些对于我们了解西方进而理解西方,汲取西方伦理思想的合理营养,构建中国特色伦理学体系发挥了重要作用。

二、研究的主要问题

我国对西方伦理思想的研究有着自身独特的逻辑进程,主要表现为以唯物史观为指导思想,根据社会生产力水平与经济发展的要求不断完善自身,包容并蓄各国学术流派思想内容的发展过程。正因为如此,对西方伦理思想的研究可以说是中国伦理学研究的重要组成部分,其研究热点涉及以下几个方面。

(一) 西方伦理思想史的综合研究

1. 有关西方伦理通史的研究

总体来看,我国对西方伦理思想史的研究自清朝末年以来就一直未曾中断过,各个历史时期的学者都十分注重对西方伦理思想的宏观把握。新中国成立后,无论从研究视阈还是研究层次上,都有了更进一步的提升。这里我们简述一下主要代表成果。

从西方伦理学发展的基本线索角度,罗国杰、宋希仁主编的《西方伦理思想史》开创了一个对西方伦理思想进行宏观综合研究的重要创新性观点,即将整个西方伦理思想史的基本线索理解为道德与利益的关系以及个人利益与集体利益的关系问题,并且围绕这一线索对古希腊罗马至近代资产阶级伦理学的发展史作出了全面的梳理与总结。宋希仁在《西方伦理思想史》序言中指出,就西方伦理思想的总趋势与基本特征来看,伦理、道德、秩序、自由、应当、责任都是伦理学基本的、核心的范畴。现当代西方伦理学主要是继承先前的传统,以追求个人的正当自由和社会制度的公正为宗旨,最终实现自由个体按照正义规则联合的秩序。可以说,把伦理学看作是关于人的自由和秩序的科学,是西方伦理学发展的总趋势和基本特征,这种概况方式无疑是观点独特且颇具新意的。

而从思想伦理学史对中国伦理学理论建构的现实意义角度,学界也开展了一系列有益的探讨。如唐凯麟在《西方伦理学流派概论》一书的序言中所言,西方伦理思想和文化与中华民族传统文化与社会主义道德建设有着极其宝贵的互补性。这种互补性从伦理学的视角来看,西方伦理学思想的突出特点和值得借鉴的价值有四:其一是强调理性对道德建构的重要作用;其二是强调社会正义或公平;其三是对宗教伦理学的重视;其四是研究方法的重要性。而章海山的《西方伦理思想史》则将西方伦理思想主要特征总结为:一是个体本位和个体主义作为伦理思想发展的主线,占据核心地位;二是西方伦理思想总体而言属于开放型和发展型,以满足和发展个人利益作为伦理体系的总目标;三是西方伦理思想的理论前提是人性论;四是德治与法治相分离,又相一致;五是构建真善美相统一的思想体系历来是西方思想家的一个理想和目标;六是公正一直是西方思想发展中的一个重要德性,在理论与实践中都占据着重要地位。2018 年江畅的《西方德性思想史》中,则认为西方思想家聚焦的德性问题,可以给予我们以下方面的借鉴作用:一是提醒我们关注德性与"好生活"的实现的关系问题;二是作为知识的德性与情感、意志的关系问题;三是个人德性与社会公正的关系问题;四是德性与性别差异的问题;五是德性与法律权力的关系问题;六是德性本身的统一性与实在性问题。这些著作都在对西方伦理思想史的梳理中,从各种角度提出了西方伦理学史研究与我国伦理学理论融合的办法及途径,为我国伦理学的更好发展做出了有益探索。

此外,杨方的《第四条思路:西方伦理学若干问题宏观综合研究》与刘伏海的《西方伦理思想主要学派概论》同样是在宏观总体研究方面独具我国特色的两部著作。前者对西方伦理学研究问题本身进行了方法论层面的归纳,指出了四种逻辑进路:个人研究、比较研究、历史研究和综合研究。尽管这四种研究方式在逻辑上甚至内容上存在着差异与对立,但究其本质仍是融贯甚至互通的。因此,我国展开西方伦理思想宏观研究的主题可分为三类:一是对于西方伦理学本身的主题,二是对于其内部学术要素的主题,三是关于西方伦理文化与其他文化整体关系的主题。而后者则注重运用马克思主义的观点与方法,将两千多年来漫长冗杂的西方伦理思想整理为存在内在思想发展主线的系统。通过对西方伦理思想类型、倾向、学派的划分,由此把握整个西方伦理思想发展的内在逻辑,以社会生产力发展为伦理思想发展的基础为指针,完成了古代"美德伦理学"到封建中世纪"神学伦理学"再到近现代资产阶级"社会伦理学"的区分。

2. 有关西方伦理断代史的研究

除却通史的研究,国内学界对断代史的研究也取得了一定成就。如万俊人的《现代西方伦理思想学史》即是其中的代表性著作,此书全面系统地介绍了19世纪中叶至20世纪70—80年代现代西方伦理学各种思潮和流派的发展脉络、主要观点及其基本特征。通过对现代西方伦理学形成与发展的历史条件和背景的讨论,完整地描述了西方伦理学古典理论的终结与现代转折的开始。书中还细致深入地评述了诸如直觉主义、情感主义、存在主义、实用主义、弗洛伊德主义、新托马斯主义以及新功利主义、新正教伦理等流派及人物的伦理思想,在一整套系统与充实史料融为一体的基础上,实现了宏观总体与微观具体、本真理解与意义阐释的辩证统一。[1] 与此类似的还有向玉乔的《后现代西方伦理学》,书中详细梳理了从尼采、鲍德里亚到美国当代哲学家们伦理思想的发展与演进过程,揭示了19世纪末以来西方伦理思想的范式转化,指出后现代伦理学在西方的兴起和发展,说明西方伦理学家认知和把握道德价值世界的思维方式、视角和运思理路发生了根本性转变,其本

---

[1] 参见王泽应《道莫盛于趋时——新中国伦理学研究50年的回溯与前瞻》,光明日报出版社2003年版,第282页。

质上体现了西方社会对现代性自我反思、自我批评、自我超越的精神。

陈真的《当代西方规范伦理学》同样是西方伦理断代史研究上独树一帜的著作,他紧紧围绕"什么使得一个行为成为一个道德的行为"这一规范伦理学的核心问题,对当代西方流行的规范伦理学理论进行了系统的阐述,深刻揭示了现代西方伦理学发生的"道德相对主义"与"道德虚无主义"的根源,并且追踪了西方伦理思想家通过对功利主义以及康德主义伦理学的再诠释过程,同时在对契约论和美德伦理学发展脉络的梳理中,构建了西方伦理思想应用转向的整体逻辑进路。而杨明的《现代西方伦理思潮》以马克思主义唯物史观为贯穿全书的"一根红线",选取了现代个人主义、分析伦理学、人道主义、实用主义、新功利主义、新规范伦理学等20世纪以来西方伦理研究的热点,在大量文献资料整理的基础上提出自己的评析甚至批判,对现代西方伦理思潮的未来趋向作出了敏锐的把握。①

(二) 西方著名伦理流派思想研究

1. 理性主义伦理学

一般而言,国内学界认为西方伦理发展秉持着理性主义的传统,在研究过程中,一直试图将西方理性主义置于一个恰当的位置,以便在此基础上把握西方伦理思想的特质。因此对于理性主义发展脉络的梳理以及理性主义与非理性主义的争鸣,成为我国学界关注的热点话题。

有学者认为,西方文化的理性主义思想真正肇始于苏格拉底之后,因为"在苏格拉底之前的自然哲学中,人类社会领域并不在哲学家考察的范围之内,而西方理性主义思维方式的最特别之处正是对于人类社会生活的理解方式,所以从苏格拉底开始,西方文化的理性主义特质才开始真正地确立"②。而后经历了两次大的变革,一次来自中世纪,在古希腊自然哲学背景不复存在的前提下,以上帝的超越性完成了对理性超越性的辩护。另一次则是发生于现代,以资本主义经济的发展将理性的探索性和怀疑性从神学中解放出来。因此,理性主义一直占据着西方伦理思想的主流,非理性主义仅是对其的修复与补充。③

另有学者则认为,理性主义与非理性主义的对立早在古希腊神话中就已经显现出来,"如赫拉克利特,他就把灵魂分为'干燥的'和'潮湿的',来表示理性和非理

---

① 参见王露璐《一部西方伦理研究的创新力作——简评杨明教授等著〈现代西方伦理思潮〉》,载《伦理学研究》2010年第4期。
② 杨军、左建辉:《西方理性主义的发展脉络》,载《保定师范专科学校学报》2007年第1期。
③ 参见杨军、左建辉《西方理性主义的发展脉络》,载《保定师范专科学校学报》2007年第1期。

性",而后则是按照柏拉图——斯多亚学派——笛卡尔——黑格尔的脉络发展,虽然这些哲学家大多持有一种绝对的理性主义观点,但同样将非理性因素作为道德判断中的不可分割的组成部分,认为人只能在思维中而无法在实践中把二者分开,因此西方伦理思想总体呈现出以理性克制非理性的特点。① 近年来,亦有学者从理性主义与非理性主义的研究方法差异入手作出探讨,认为"两者的根本对立在于是把理性还是非理性的因素当作区分善恶的准绳"。但非理性主义的伦理学并不一定意味着在建立非理性主义的世界本体论的基础上,因为道德情感同样可以具有规范性的力量,非理性主义伦理思想并不是反理性的,而是借助于理性而得到表达和论证的。所以,西方伦理思想的演进实质上是理性主义规范伦理学与理性主义德性伦理学的区分与融贯。②

2. 情感主义伦理学

虽然在对理性主义伦理学的研究中,通过对理性主义与非理性主义的对比,涉及了部分道德情感的作用。然而,国内学界并没有因此轻视对情感主义伦理学中有关道德心理内容的研究,并且取得了一系列成果。早在 1984 年,就有学者指出"各个时代的伦理学者从不同的角度研究行为的伦理结构和价值标准,也探讨过情感与人性,道德与道德情感的联系等问题"。所以,"我们要研究人,就不能忽略情感。要研究道德现象,就必须重视个体意识中的道德情感。"③魏磊最早对西方情感主义伦理思想作出梳理,他指出"道德情感论的产生是新的经济关系、新的社会秩序和近代人文主义精神在伦理学上的折射,它标志着西方伦理学史的一个转折点",同时他以沙夫茨伯利为起点,认为情感主义从四个方面完成了道德心理学构建,一是主张道德感是唯一的道德起源,情感本身即具有主动性。二是在道德动机上主张行为不是由简单情感而是由理性化情感所驱使。三是将道德感视作道德判断的根据与理性的先决条件。四是在个人利益与社会利益上,具有功利主义雏形,强调用数学的加减法来精确计算苦乐程度并决定道德上的善恶。④ 而王淑芹则重点考察了情感主义伦理学对西方传统伦理学研究的批判和对后世伦理学的影响,以她看来,情感主义在道德心理上的关注是值得肯定的,这使得道德发生的情感驱

---

① 参见王彩药《西方哲学史上理性主义观点述论——理性与非理性关系问题研究之一》,载《许昌师专学报》(社会科学版)1993 年第 4 期。
② 参见舒远招、许泉亮《西方理性主义伦理学三论》,载《衡阳师范学院学报》2018 年第 1 期。
③ 汪早:《试论情感在伦理科学中的意义》,载《求索》1984 年第 6 期。
④ 参见魏磊《伦理理性主义的逆转——论近代西方道德情感理论》,载《中国人民大学学报》1988 年第 3 期。

动机制得以重视,注意到了人的道德主体性,为道德的意志自由和道德责任的评价作了铺垫。同时,情感主义有助于发现道德价值判断的特殊性,并以一种不同于理性主义的进路,从心理层面实现了利己与利他的统一。① 此外,方德志则对当代西方情感主义的最新发展进行跟踪,认为女性关怀伦理学和情感主义德性伦理学为其代表,"注重从现实人际角度描述道德行为带给道德行为者的体验效果,而不是一味追求精致的理论设计效果",并由此将"移情"而非"同情"视为情感主义伦理学的核心概念,因为"同情的行为会使'自我'置身于'他者'的切身感受之外,从而使'自我'与'他者'在人格上表现为不对等状态,移情则能消除这种不对等状态"②。

而后,随着对西方情感主义伦理思想研究的进一步深入,更多的学者开始在比较的视域内审视中西道德心理学的差异问题,如杨国荣在《道德情感与社会正义》一书中,详细对比了舍勒的现象学与儒学价值实在论的异同,并由此阐述另一条由个人道德情感走向社会普遍正义的逻辑进路。邵显侠则关注了儒家道德情感主义的原则问题,她论述道,"儒家的道德情感主义主张'恻隐之心',或者说,'恻隐之心'所产生的移情反应",所以产生了不同于西方情感主义的道德标准,在个人与社会的问题上,以"恻隐之心"激发的否定性的义务代替了如功利主义标准。③ 江畅则以与当代著名情感主义伦理学家迈克尔·斯洛特对话的形式,探讨了中西方在道德情感理解上的区别,斯洛特认为,儒家的阴阳能成为情感主义的德性伦理学的基础,因为"阴阳"体现为一种共情的接受能力,它既是道德行为的感觉基础也是动机。而江畅则指出,"中国哲学的确包含非常丰富的情感因素,中国也确实没有西方的那种纯粹的理性主义……但不从接受能力来解释道德,也不讨论情感的投射性和接受性。孟子的四端有点像共情,但确实没有阴阳的概念,也没有接受,没有投射性或意向性。"阴阳的共情至多只是道德判断的前提而非全部。④

3. 基督教伦理学

作为希伯来文明传统的基督教伦理学思想与希腊文明一道构成了西方伦理思想根基,伴随 20 世纪下半叶以来全球化的加剧,学术界愈发地注意到对于宗教与伦理关系的研究以及基督教伦理思想同中国传统伦理思想汇通研究的必要性,亦产生了一批富有代表性的著作。杨明在其著作《宗教与伦理》中重点探讨了基督教

---

① 参见王淑芹《近代情感主义伦理学的道德追寻》,载《中国人民大学学报》2004 年第 4 期。
② 方德志:《移情的启蒙:当代西方情感主义伦理思想述评》,载《道德与文明》2016 年第 3 期。
③ 参见邵显侠《儒家道德情感主义的根本原则》,载《温州大学学报》2018 年第 2 期。
④ 参见江畅、迈克尔·斯洛特《道德的心理基础——关于情感主义伦理学的对话》,载《道德与文明》
   2017 年第 1 期。

伦理的理论来源,认为犹太教伦理与《新约》一道构成了其理论基础,在价值论上,基督教伦理体现出重视罪—责的人生观。在德性论上,则突出了信望爱德目的重要性。在规范论上,强调天人沟通与职业精神对人的价值。而卓新平主编译介的两卷本《基督宗教伦理学》,则从基本伦理神学与特殊伦理神学两个角度介绍了基督教伦理思想。在基本伦理神学方面,重点阐述了以圣经为伦理道德观前提条件的本体论思想,而特殊伦理神学则重点讨论了人在不同处境的具体实际问题,以及基督教伦理思想预设的基本神学原则。此外,亦有学者从微观领域对基督教伦理作出探讨,如李桂梅认为,中世纪基督教的婚姻家庭伦理强烈的禁欲主义色彩对西方社会的婚姻家庭伦理产生了深刻的影响,由于基督教的禁欲特点,它对现实的感性生活采取了否定的态度,这导致了它在婚姻伦理中的矛盾性,这种矛盾性使得西方直到今天都存在一方面把婚姻视作为圣事,一方面却又把婚姻看作一种不得已而求其次的选择的思想。①

针对基督教伦理思想与中国伦理学的关系问题,万俊人指出基督教伦理思想提供了一种"强宗教模式"的普遍伦理,但在全球化程度日益加深的当下,不可能存在一种宗教支配所有别的宗教的情况,所以更应当追求存在"一些有约束性的价值观、一些不可取消的标准和人格态度的一种基本共识"下的全球伦理,基督教伦理思想在近代的发展可能表明宗教很难支撑起全球普世伦理的价值基础,因为"一种可能的、给予基本文化对话和公共理性共识的普世伦理,不可能建立在信念伦理的层面上",同时"普世伦理的低限度道义诉求只可能在某些最为基本的和共有的道德实在理性层次上获得实现",并且"所有人类的宗教都是特殊的,不存在一般的宗教或宗教的一般"。② 对此,王晓朝则提出了不同的看法,他认为中国伦理学是否真的完全无法接纳西方宗教伦理思想的有关内容,至今仍是一个有争议的问题,因为西方近代以来的宗教世俗化过程并不意味着衰退和死亡,"世俗化"一词包含多重含义。所以,若将"现实的人类道德生活"或"全球文化现状"判定为"宗教的"或是"非宗教的",都是一种简单化的说法,如何在理论建构中打通宗教与伦理仍需伦理学界与宗教学界共同努力。③

而谢桂山在其《圣经犹太伦理与先秦儒家伦理》一书中,从"上帝与天""爱与仁""律法与礼""契约论与人伦""利先与义重""民族性与普适性""人性观的差异"

---

① 参见李桂梅《略论西欧中世纪基督教家庭伦理》,载《湖南师范大学社会科学报》2009 年第 7 期。
② 参见万俊人《普世伦理如何可能》,载《现代哲学》2002 年第 1 期。
③ 参见王晓朝《宗教伦理学与当代社会——兼答万俊人教授〈普世伦理如何可能〉》,载《现代哲学》
2003 年第 2 期。

等方面对基督教伦理思想与儒家伦理思想作出了细致的对比,并且认为两种伦理模式各有优势与不足,儒家思想"以道易天下"理想的实现,除了"反求诸己"式的自省与自律外,借鉴基督教伦理思想,引入或重建外在的规范机制也是一种值得尝试的选择。① 何怀宏讨论了"因信称义"思想对现代伦理构建的意义与启示,他指出,宗教改革宣扬了"因信称义"的原始基督教精神,然而通过对罗尔斯理论的考察,可以发现当代西方社会反而是一个更加世俗、离信更远的社会。这说明即便"因信称义"和"因义离信"两者的思想精神意蕴有许多不同,显然这两种观点又处在一种深刻的相互影响,即挑战和回应同时也互相渗透和吸收的关系之中。"因信称义"更多是一种精神信仰的内在,而"因义离信"则是一种应用于调节所有人关系的道德理论。这说明我们在理论方面,除了注重超越信仰的思想观点外,也要考虑到另外的观点,做到不同的观点能有某种视野的融合。②

4. 实用主义伦理学

实用主义伦理学同样是当代西方伦理学的一个重要方面。实用主义反对空谈,注重实效;反对空洞理论,重实用、注重行动。一方面强调道德价值必须按照人的实践愿望来重新规定,另一方面又强调与社会环境之间的内在联系。既承认社会环境对道德价值的作用,同时也承认道德价值对社会进步的作用。

近年来,伴随中美文化交流的深入,学术界也加大了对美国实用主义伦理学的关注,旨在纠正人们对实用主义鼓吹权宜之计与投机主义的一般见解。2010 年,孙有中、安乐哲与彭国翔共同主编的"实用主义研究丛书"出版,其中对美国实用主义伦理学的历史、基本概念以及实践应用都作出了详细的梳理,指出实用主义的道德观其核心观点即是"实践至上"的主张,道德理论的适当与否,需要以它在实践中的结果加以检验,同时也需要在实践中不断地修改。美国的实用主义伦理学与黑格尔传统和马克思主义其实存在着一种特别的亲近感,它们都主张在历史的或然性实践中定位人的理性与道德,反对形而上学的固定目的。然而,实用主义对于确定"善"标准的理解是不足的,这也是值得我们注意的地方。亦有学者认为,实用主义思潮在我国的传播及其影响与马克思主义伦理学的传播一样悠久。早在 1919 年杜威来华讲学期间,胡适、陶行知、郭秉文、蒋梦麟、晏阳初等学者都对他的伦理思想有所提及,并在 1935 年由余家菊翻译了实用主义伦理思潮在我国首部译著《道德学》。新中国成立初期,虽然是以批判的态度对待实用主义,但出版了大量的

---

① 参见谢桂山《圣经犹太伦理与先秦儒家伦理》,济南:山东大学出版社 2009 年版。
② 参见何怀宏《"因信称义"与"因义离信"——马丁·路德与现代伦理》,载《武汉科技大学学报》(社会科学版)2018 年第 1 期。

专著和文章,从反面为其后的相关研究提供了宝贵的资料。自改革开放以来,我国学界则一直在试图重新理解实用主义,如向玉乔的《人生价值的道德诉求——美国伦理思潮的演变》(2006)等都对实用主义伦理思潮进行了新一轮的独立思考。①

近年来,另有不少学者注意到实用主义在应用伦理学领域的巨大价值。如郦平就对实用主义与好生活的关系作出探讨,认为虽然实用主义试图把对终极之善的关注拉回到人间的具体实践活动中,但它忽视了对总体的好生活的关注。因此实用主义的启示在于,关于好生活的构建仍是难以完全采用具体的、技术化的、效用量化的方式来处理的,需要强调具体实践的善的指导原则。② 袁祖社同样论述道,虽然美国实用主义强调普遍的善和公共利益,主张个人的自由选择能力以及建立在此基础上的各种个人权利,都必须在个人所在的社群共同体中得到具体体现。但实际上因为资本主义的社会现实,公共利益并非实用主义文化的单方面建构,个人主义、自由主义、功利主义等无一例外都同步参与其中,因此,"共同体"只是进化历程中的一个特定的阶段和特殊形态而已,根本不具有普遍的文化价值意义。③

也有学者试图应用实用主义解决环境伦理领域的有关问题,姬志闯指出,对于人类中心主义与非人类中心主义的争论,无论是立于传统的理性主义伦理话语,还是立于现代生态学的语境都导致了悖论性结果。前者带来了人类中心主义的深层遗继,后者则带来了对非人类存在伦理关怀的彻底消解和极端的神秘主义。因为二者都以这样一种假设为前提:社会共同体和自然共同体、人的理性和非理性可以界限清晰地被分开,并且可以被实际地作为实体来看待。然而在实用主义看来,这种截然区分是不可能的,生活世界是一个流动的开放的现实,任何理论都必须立足于这个连续和流动性的现实之中,才能获得实际的意义。而这不失为解决环境伦理话语诉求的另一种发展方向。④ 杜红也认为,实用主义至少可以从四个方面带来环境伦理学之前的某些理念和方法的革新,第一,在人与环境的关系上,强调人与世界相互统一的观念。第二,在环境价值的问题上,其较少地依赖自然的内在价值概念,由此提高环境伦理学的实践应用性。第三,在事实与价值的关系上,注重

---

① 参见李志强《西学东渐:论美国实用主义伦理思潮在中国》,载《深圳大学学报》(人文社会科学版)2011年第6期。

② 参见郦平《古典实用主义伦理思潮及其理论得失》,载《道德与文明》2017年第6期。

③ 参见袁祖社《社群共同体之"公共善"何以具有优先——"实用主义"政治伦理信念的正当性辨析》,载《厦门大学学报》(哲学社会科学版)2011年第4期。

④ 参见姬志闯《环境伦理的实用主义图景》,载《理论界》2008年第2期。

价值与行动效果的密切关联,这种强调在很大意义上符合了环境伦理学实践诉求的表达。①

(三) 西方著名伦理学家伦理思想研究

1. 亚里士多德

在古希腊"三贤"中,学界最为关注的是亚里士多德的伦理思想。这其中又属对亚里士多德的《尼各马可伦理学》中的正义的关注最为集中。余涌认为,对正义的论述是亚里士多德思想的一个重要内容,并在其中占有突出的地位。② 何建华认为,在作为一个德性伦理学家的亚里士多德看来,正义即合法和平等,它调整人与人之间、人与社会之间的相互关系,保护公民的共同利益,是人们社会交往的准则,是城邦立国的原则和社会安定的基石,是梳理社会秩序的基础。③ 另有论者指出,亚里士多德对正义类型的分析为我们追求各类正义统一奠定了基础。普遍正义与特殊正义的划分昭示人们要使个人对社会义务的履行与社会对个人权利的保障各行其是又相互配合,分配正义与纠正正义的划分彰告人们要使社会资源的分配活动与平等主体之间的交往活动各有所依又互相衔接,自然正义与约定正义的划分启迪人们要使正义的自然性与正义的约定性各归其位又相互统一。④ 亦有学者比较了亚里士多德与柏拉图的正义观,指出与柏拉图的"秩序正义"与"贤政正义"不同,亚里士多德则秉持"公益正义"与"法治正义",钟情于法律的统治。⑤ 对此王岩也指出,亚里士多德的正义观推进了传统古希腊的正义思想。⑥

近年来,我国学者更多地关注于亚里士多德主义的美德伦理学如何可能的问题。如赵永刚认为,亚里士多德是在幸福主义目的论的框架下,通过"功能论证"论证了美德的必要性。与现代道德哲学相比,这种对美德所作的辩护具有一定的理论和现实意义,但也面临着由现代社会运行机制带来的问题。⑦ 张传有也指出,第一个具有德性的人是如何获得德性的问题是亚氏理论的死结。这说明,离开行为

---

① 参见杜红《论实用主义如何进入环境伦理》,载《自然辩证法通讯》2016 年第 6 期。
② 参见余涌《论正义范畴在亚里士多德伦理学说中的重要作用》,载《中州学刊》1993 年第 2 期。
③ 参见何建华《正义是梳理社会秩序的基础》,载《复旦学报》(社会科学版)2002 年第 3 期。
④ 参见沈晓阳《论亚里士多德对正义类型的分析》,载《华南理工大学学报》(社会科学版)2007 年第 3 期。
⑤ 参见王淑芹、曹义孙《柏拉图与亚里士多德正义观之辨析》,载《哲学动态》2008 年第 10 期。
⑥ 参见王岩《论亚里士多德的"正义"观》,载《江苏社会科学》1993 年第 5 期。
⑦ 参见赵永刚、黄毅《亚里士多德主义伦理学对美德的辩护》,载《吉首大学学报》(社会科学版)2014 年第 5 期。

规范去获得德性是很困难的。因此,在美德伦理中融进规则,使其适应当代社会生活实践的需要,才能具有无限发展的生命力。① 然而廖申白则提出了不同看法,他认为亚里士多德把德性看成是理性能力的卓越运用,也就意味着并非人们总是能够把理性能力运用发挥到它的最佳状态。其反复强调的德性是中道,是运用正确原理进行选择而对中间的命中,也说明了人们在运用理性时,并非总是能够获得中道。在这里,理性与品格习惯都应该起作用。②

2. 康德

康德作为西方伦理史重要的道德哲学家,历来受到人们的尊重和敬仰,也一直受到中国学界的重视与关注。新中国成立 70 年来国内关于康德的研究已经逐渐涉及康德思想的基本方面。关于康德"人是目的"观点的理解,学界存在着两派观点,一种认为"人是目的"的命题可有两种含义,即作为整体的人类与作为个体对待的人。他在伦理学著作中显然指的是后者。康德打出"纯粹理性"作为"人是目的"的保障,具有人权、民主的实质性内容。另一种观点则认为,康德由于受当时历史条件的限制和其二元论世界观的制约,"人是目的"命题难以克服其内在矛盾,它割裂了感性与理性、动机与效果、形式与内容的联系。③ 张志伟在其《康德的道德世界观》一书中提供了一种理解康德的新途径,他指出康德实质上希望伦理学成为形而上学的唯一出路,意在通过人的道德性实现人类理性超越感性限制达到自由境界的形而上学理想,建立一种以自由为基础、以道德法则为形式、以至善为根本目的的"道德世界观"。他认为,康德的道德世界观是伦理学上的"哥白尼革命"。④对此,邓安庆进一步指出,道德神学或伦理神学是康德"科学的形而上学"的完成形态,故具有体系的意义。⑤

伴随对康德伦理思想研究的不断深入,近年来,学者们开始关注康德理论中的情感要素,希望能够更好地理解德性在其伦理学体系中的作用与地位。有学者指出,把康德伦理学判定为义务论是康德伦理学研究的一个误区。实际上,康德持有一种批判的德性论思想。康德认为,伦理学中的德性不应依据人履行法则的能力来衡量,而必须根据作为绝对命令的法则来衡量。因此,德性的道德力量不是根据经验知识,即不应根据我们认为"人现在是怎样的"来衡量,而应按照理性知识,即

---

① 参见张传有《亚里士多德伦理学与现代德性伦理学的建构》,载《中国社会科学》2009 年第 7 期。
② 参见廖申白《亚里士多德德性伦理的几个问题》,载《社会科学辑刊》2016 年第 1 期。
③ 参见章海山《康德伦理思想述评》,载《中山大学学报》(社会科学版)1984 年第 2 期。
④ 参见张志伟《康德的道德世界观》,北京:中国人民大学出版社 1995 年版。
⑤ 参见邓安庆《康德道德神学的启蒙意义》,载《哲学研究》2007 年第 7 期。

按照人性的理念,按照"人应当成为怎样的人"来衡量。① 这种观点得到了不少学者的支持与佐证,有学者指出康德的德性根源于理性原则之中,表征了人的内在自由,是一种情感与意志对抗的道德力量。其德性的根源仍是来源于道德情感,只不过独特的是,康德将情感理解为一种道德上的完善。② 也有研究者认为,康德的德性论之所以独特,是因为其具有复合型结构。一方面,康德认为人的感性欲望本身是善的,如果它们的冲动在心灵中占据优势地位,压倒了出自道德法则而行动的动机便会产生恶。但同时人的感性欲望又不应该被窒灭,只是需要接受德性的绝对约束。另一方面,康德又强调德性不只是感性自制,而是能将道德法则的动机绝对地优先于感性偏好,因此德性就必须建构在与感性不同质的理性之上。因为感性偏好的冲动无法根除,故而德性需要终生的培养。所以康德的德性理论不是反情感的,而是说情感不能成为德性的根基,运用理性比运用感性更易于培养德性。③徐向东肯定了康德伦理学中道德情感的意义,他指出道德情感在康德义务论中起到了内在价值的作用,康德实际上相信一个选择是以某个情感作为中介而决定下来的,并认为这种情感就是我们因为认识到了我们能够实现一个目标而容易感到快乐或不快乐的趋向。因此,即使这样一个情感是来自我们的感性本质,但它既具有感性根源也具有理性根源。④ 而李义天则认为,虽然康德论证了"敬重"感在道德行为中的重要性,但仍忽略了实现其意图的自然条件,在推动道德行为者的意志发出行动时,道德法则所催生的心理力量并不一定足够强大。所以他不得不通过三大公设为行为者道德心理规定提供相关必要的资源和支援。⑤

此外,学界也对康德伦理学的贡献和影响,康德的正义理论、道德教育思想以及康德与中西方伦理思想家的比较作出讨论,并取得了系列成果。

3. 罗尔斯

罗尔斯是美国当代最负盛名的哲学家、伦理学家,他的《正义论》被视作西方元伦理学转向规范伦理学的里程碑。我国学界亦很早就展开了对其思想的研究,早在 1987 年,学者张乃根就对其思想进行了介绍,认为罗尔斯的社会正义思想具有新自然法学派的特点,罗尔斯认为道德与法律有着不可分割的内在联系,强调自由

---

① 参见任丑《义务论还是德性论? ——走出"康德伦理学是义务论"的误区》,载《理论与现代化》2008年第 4 期。
② 参见高国希《康德的德性理论》,载《道德与文明》2009 年第 3 期。
③ 参见詹世友《论康德德性的复合型结构》,载《道德与文明》2017 年第 2 期。
④ 参见徐向东《康德论道德情感和道德选择》,载《伦理学研究》2014 年第 1 期。
⑤ 参见李义天《康德伦理学的道德心理问题》,载《井冈山大学学报》(社会科学版)2012 年第 1 期。

优先性。他认为罗尔斯的法律哲学思想既具有鲜明的现实性,又具有高度抽象性,使它能够在不同的历史时期从不同角度去解释不同的问题。① 而后何怀宏在其博士论文《契约伦理与社会正义——罗尔斯正义论中的历史与理性》中首次对罗尔斯的正义理论进行了系统而全面的研究,他指出了罗尔斯正义原则在自由与平等方面的内在冲突,即权力平等与机会平等上的矛盾,对此他只能试图采取领域划分和有限规则的方式来调和,这种观点亦得到了王海明的支持。② 此后,对于罗尔斯正义观的研究日趋丰富。如廖申白站在西方思想史的角度阐述了罗尔斯的正义观,认为他的正义理论是对西方正义概念在当代的一个重要的综合。③ 万俊人则辩证地看待了罗尔斯的理论,既肯定了罗尔斯正义双原则对欧美伦理学研究方向的关键性意义,也指出其理论同时遭遇了自由主义内部与外部共同批评的原因在于对正义制度的实践条件问题考虑不足。④

近年来,国内学界以《正义论》为核心,在中微观层面展开了对罗尔斯伦理思想的全面探讨。如姚大志着重讨论了罗尔斯在权利(自由)、目的论和立场上对功利主义的三重批判,并且认为这些批判无疑击中了功利主义的要害,功利主义确实需要某种“支配性目的”,然而却无法证明它是什么,所以要想确保公正,功利主义者也需要某种形式的“无知之幕”。⑤ 而葛四友则认为,罗尔斯并非真的反对后果主义,在其框架中仍有不少因素有利于我们将其公平正义观作后果主义解读:第一,无知之幕预设了非应得理论。第二,罗尔斯承认利益是人际间可比较的。第三,罗尔斯承认个人利益最大化在社会决策中的直觉支持。第四,赋予最不利者以绝对的权重实际上也是对后果的另一种形式的关注。因此,它的内在的论证逻辑实际上是要发展一个更好版本的后果主义。⑥ 段忠桥则对罗尔斯的理论提出质疑,他认为在理论层面,正义与社会制度的关系并不像真理与理论体系的关系,而是真理与表达的关系。在实践层面,物质条件尚不具备时,正义不会成为社会制度的首要价值。在价值层面,社会制度所要实现的价值决不仅限于正义,它还要实现效率、稳定、和谐等多种价值。因此,“正义是社会制度的首要价值”不能成立。⑦ 此外,

---

① 参见张乃根《试论罗尔斯的法律哲学思想》,载《政治学研究》1987 年第 8 期。
② 参见王海明《试论公平五原则:兼析罗尔斯正义论之误》,载《北京大学学报》(社会科学版)1996 年第 4 期。
③ 参见廖申白《西方主流的伦理学的正义观念》,载《伦理学研究》2002 年第 2 期。
④ 参见万俊人《罗尔斯问题》,载《求是学刊》2007 年第 1 期。
⑤ 参见姚大志《罗尔斯与功利主义》,载《社会科学战线》2008 年第 7 期。
⑥ 参见葛四友《罗尔斯的公平正义观真的反对后果主义吗?》,载《哲学研究》2012 年第 7 期。
⑦ 参见段忠桥《正义是社会制度的首要价值吗?》,载《哲学动态》2015 年第 9 期。

陶涛从"残疾人"问题入手对罗尔斯理论提出了质疑。在他看来,罗尔斯对公民之理性平等的设定认为人只有在生命的某个特定的阶段才会具备独立性以及实践理性的能力,这使得残障人就丧失了参与建构正义原则过程的资格。相比之下,纳斯鲍姆的"能力论"似乎更值得青睐。①

(四)西方伦理学理论专题研究

1. 元伦理学

元伦理学是 21 世纪后才逐渐兴起的研究热点领域。1989 年,万俊人在《哲学动态》上发表论文《科学·逻辑·道德——现代西方元伦理学纵观》及其续篇,一方面指出国内学界对西方元伦理学不够重视的现状,另一方面比较详细地阐述了西方元伦理学的缘起、流变、学科特点和理论价值等问题。此后,学界对西方元伦理学的研究取得了一些初步的进展,陆续翻译出版了一些西方元伦理学的经典原著,主要有斯蒂文森的《伦理学与语言》、塞森斯格的《价值与义务》、黑尔的《道德语言》等。此外,还出现了一些西方元伦理学方面的论文。2004 年,孙伟平的《伦理学之后:现代西方元伦理学思想》一书出版,成为国内首部系统研究元伦理学、评析现代西方元伦理学思想的学术专著。作者基于对元伦理学思想发展线索的理解和把握,运用哲学价值论的方法,以时间发展和历史演变为顺序,以此评析了直觉主义、情感主义、规定主义以及描述主义的元伦理学思想,阐明了元伦理学由盛及衰,与规范伦理学分而又合的历史进程转换的重要意义。② 2006 年,向玉乔对外从元伦理学在现代西方的历史演变过程、与规范伦理学的异同以及现代性的内部联系方面,对元伦理学直觉主义与规定主义的内部分歧、道德视角的争论、道德心理的不同解释等多个话题展开了系统的分析与研究,向我们展现了元伦理学在现代西方的发展状况,揭示了元伦理学的重大理论问题,凸显了其学术地位与贡献。③

对于元伦理学的历史由来,万俊人认为,对自然主义的怀疑和挑战以及现代自然科学的进步促成了元伦理学的出现。前者导致伦理学界普遍的直觉主义倾向,后者则使得伦理学更多地带有科学化的印迹。向玉乔认为,元伦理学的兴起与资本主义发展密切相关,诸如经济危机等一系列社会问题使得人们对一切道德传统进行怀疑和否定,开始在一个无价值的封闭世界中生活和研究问题。而孙伟平指

---

① 参见陶涛《残障人问题对罗尔斯正义理论的挑战——兼论纳斯鲍姆之"能力法"》,载《伦理学研究》2010 年第 4 期。
② 参见孙伟平《伦理学之后:现代西方元伦理学思想》,江西教育出版社 2004 年版。
③ 参见向玉乔《西方元伦理学》,湖南师范大学出版社 2006 年版。

出,哲学的语言学的转向必将导致道德哲学领域的变革。而关于西方元伦理学的主要观点研究,聂文军指出,摩尔所谓的"自然主义谬误"产生的原因是,传统伦理学一方面企图给不能下定义的对象下定义,另一方面将事实和价值、"善"和"善的东西"相混淆。① 宗小卜指出,摩尔提出的"自然主义谬误",将伦理学家的视线从行为规范转移到基本概念上来,客观上扩大了人们道德认知对象的范围,并且首次将逻辑分析引入伦理学,这些都是有重大意义的。② 关于"未决问题"论证的研究。陈真将其视作西方伦理学研究、争论百年的问题,他指出了摩尔论证的局限,即使开放性问题论证成立,也只是反驳了某一特殊的自然主义的理论而非所有形式的自然主义。③ 刘隽还提出,一方面,摩尔的论证是以"善"的意义的特殊性为前提,实质上是将要证明的结论当做前提;另一方面,这种论证似乎可以用来驳斥所有的定义。④

2. 规范伦理学

关于规范伦理学,学界主要关注于美德伦理学复兴对康德主义、后果主义的挑战以及二者的回应与自身发展上。一般而言,学术界普遍认同安斯库姆在《现代道德哲学》一文中首先发起的清算,即试图清算现代道德哲学以规则作为伦理学核心而非人类道德心理的根本错误。而后,伯纳德·威廉斯通过道德义务的解构批评了康德主义与功利主义实践慎思上的不合理,不偏不倚的道德要求无视了个人的能动性。其次,托马斯·内格尔从道德运气的角度论述了现代道德哲学在道德评价上的失败。针对这些批评,我国学者亦给予了深刻的分析。如李义天指出,现代道德哲学的局限实际上反映了基督教伦理的规则至上观。⑤ 刘余莉认为,是现代道德哲学的"非人格性"理想促成了人们对其的不满。⑥ 而赵永刚则指出,对现代理论的不满、道德心理学的贫弱导致了当代西方美德伦理学的兴起。⑦

同样,对于后果主义与义务论对自身的辩护,我国学者也给予了关注和分析。陈岗认为虽然"过分要求异议"被认为是后果主义之踵,但仍可以通过行动者中心特权策略、保护带策略以及约束后果主义对其进行克服,伴随人类心理学与道德哲

---

① 参见聂文军《G. E. 摩尔伦理学思想的两重性》,载《吉首大学学报》2005 年第 1 期。
② 参见宗小卜《摩尔的"自然主义谬误"理论现代价值浅探》,载《湖北经济学院学报》2007 年第 4 期。
③ 参见陈真《决定英美元伦理学百年发展的"未决问题论证"》,载《江海学刊》2008 年第 6 期。
④ 参见刘隽《"开放问题"论证之诸争论》,载《天津社会科学》2008 年第 6 期。
⑤ 参见李义天《规则伦理的宗教痕迹与美德伦理学》,载《现代哲学》2009 年第 2 期。
⑥ 参见刘余莉《西方美德伦理学的当代复兴》,载《玉溪师范学院学报》2003 年第 1 期。
⑦ 参见赵永刚《美德伦理学的兴起与挑战:以道德心理学为线索》,载《哲学动态》2013 年第 2 期。

学理解的深入,后果主义或许能够应对美德伦理学的挑战。① 而张曦则认为,应对美德伦理学挑战的最好办法是寻求发展一种调和后果主义和非后果主义(特别是道义论)的新型规范伦理理论,非道德善好的规范意蕴,或者说福利概念的规范意蕴是实质后果主义思想中包含的无法拒绝的真理。② 对此,张会永则更倾向于义务论,在他看来,康德的至善学说蕴含着一种从后果主义角度进行解读的可能性可以应对"应当意味着能够"的矛盾,并且发展出包含着从目的出发来理解义务之可能性的后果主义规范论思想。③

因此,对于美德伦理学的命运,学者们看法各异。甘绍平就指出,当代德性论对于提振社会道德精神的努力是可敬的,但其思路与方式与当代社会的运行规则及价值理念的整合模式要求偏差甚远,故其尝试难逃流于空想的命运。④ 但也有不少学者持乐观态度,如万俊人所言,只要保持连贯的文化传统与道德谱系,维护好相应的文化共同体认同和独特的伦理群体关系网络,再辅以道德情感和道德氛围的支撑,通过美德典范或道德示范的构建去营造一种道德多元互竞的文化局面,美德伦理学的复兴与独立并非不可能,并且可以弥补功利主义与义务论的现代性局限。⑤

三、简要评述

新中国成立 70 年来我国西方伦理思想研究从平淡到繁荣,从片面到全面,逐步确立了自己在伦理学分支学科中的知识合法性地位,成为拉动中国伦理学进步的"三驾马车"之一,可以说取得了巨大的理论成就。但同时也存在着一些不足之处,下面就西方伦理思想研究中的具体问题谈一些粗浅的看法。

这 70 年来的研究逐渐从封闭走向开放,由一元走向多元,从局部走向全面,这种对于外国伦理思想研究的热情必然会继续保持并进一步扩大与繁荣。这不仅是出于众多研究者们的使命感与学术责任心,更是我国当下正在着力构建的中国特色哲学社会科学的时代要求。这些宝贵经验表明,唯有秉持开放包容的心态,不断地通过对西方最新思想进行追踪,辩证地对其进行接纳与吸收,与时俱进地调整现

---

① 参见陈岗《"过分要求异议"与后果主义之踵》,载《学术研究》2014 年第 8 期。
② 参见张曦《后果主义与道德约束》,载《伦理学研究》2014 年第 4 期。
③ 参见张会永《论一种康德式的至善后果主义》,载《哲学研究》2018 年第 6 期。
④ 参见甘绍平《当代德性论的命运》,载《中国人民大学学报》2009 年第 3 期。
⑤ 参见万俊人《美德伦理如何复兴?》,载《求是学刊》2011 年第 1 期。

有的研究理念与方法,才能产生更多丰硕的成果。因此,以下几点仍是需要注意与改进之处。

第一,对于西方伦理思想研究的方法论问题仍不明晰,甚至会产生某些动摇与飘移。当涉及西方伦理思想的具体问题研究时,存在着有意无意放弃历史唯物主义方法论的现象,或者使马克思主义成为"橡皮图章"。我们应该要重视马克思主义哲学在伦理学研究上的基础性地位,以多种方法与多种视角介入西方伦理思想的研究。可以说,没有马克思主义方法论的指引,研究往往会失去理论方向感,使得西方伦理思想的研究成果无法与中国实际完美对接。

第二,在西方伦理学与马克思主义伦理学的研究上存在条块分割的态势。马克思主义伦理学的研究应当进入西方伦理学的研究视野,成为西方伦理学研究的一部分;同样,西方伦理学的研究也将进入马克思主义伦理学的研究领域,成为马克思主义伦理学研究的必要组成部分,从而实现马克思主义伦理学研究与西方伦理学研究的相互渗透、水乳交融,促进它们各自的理论创新和共同发展。对西方伦理学的研究是我国伦理学研究的重要组成部分,它必须服务于中国特色社会主义建设的伟大实践。而这与各个学者根据自己的兴趣和知识背景来选择自己的研究课题并不矛盾,因此不同的研究主题并不意味着不存在交流互通的可能。

第三,对西方伦理思想的研究缺乏科学性和批判性的结合。未能有意识地把研究西方伦理思想作为提高中国伦理学构建的必要基础来看待,存在停留与为研究而研究的"山头主义"倾向。研究西方伦理思想应当把西方思想家的理论作为不同时代对于伦理问题的不同回答进行整体把握,强调研究中的系统性与整体性,不能局限于对某一思想家理论的过度把握上。这既要求我们能在纵向上对不同西方思想家的理论进行比较,也要求我们能够在横向上找寻中西方理论细节上的差异,以此超越西方伦理学的话语模式,达到学贯中西、自主创新的更高境界。

第四,改革开放以来,对国外伦理学的研究中,西方伦理学的思想介绍、著作翻译和具体研究做得最多,其他非西方国家和地区的伦理学思想介绍、著作翻译和具体研究则相对少得多。我国对国外伦理学的研究应当改变以西方伦理学为中心的局面,必须调整队伍和研究布局,平等对待世界各国的文化、文明及其伦理学成果。在继续加强对西方伦理学研究的同时,大力增强对其他国家和地区的伦理思想研究,以世界视野和海纳百川的胸怀平等对待西方文化、印度文化、阿拉伯文化、以色列犹太文化等各个民族和国家的优秀文明成果,特别是其优秀的伦理思想成果。

第二十九章　马克思主义伦理思想

马克思主义伦理思想是我国伦理意识形态建设的重要理论领域,构成了我国思想上层建筑的基础性内容。新中国成立70年来,马克思主义意识形态的巩固和发展以及马克思主义伦理思想在中国的传播和完善,推动了当代中国的社会主义精神文明建设和适应时代发展需要的道德建设实践,形成了中国特色马克思主义伦理学学科体系。在新时代理论需求和实践发展的推动下,马克思主义伦理思想的研究在深入理解马克思主义经典作家以及中国马克思主义理论家、思想家原著精神内涵的基础上,融合中国传统伦理文化精神,并且在全球伦理文化的交流激荡下,结合中国特色社会主义建设的伟大历史实践不断创新发展,取得了令人瞩目的理论成就。

一、研究的基本历程和概况

从宏观角度来分析,新中国成立70年来的马克思主义伦理学的研究历程,以改革开放为界,经历了坎坷曲折、变革进步、繁荣发展三个阶段。

(一) 坎坷曲折时期(1949—1976)

1949年至1965年,是我国马克思主义伦理思想研究初步奠基及发生争论的时期。新中国的成立,奠定了马克思主义伦理思想发展和研究的社会主义政权基础,共产主义思想道德体系成为占主导地位的道德意识形态,并且在全社会得到宣传和教育。毛泽东、刘少奇、周恩来等中国共产党的第一代领导人作为领导中国革命取得胜利的杰出代表,为马克思主义伦理思想的传播和发展作出了独特的贡献。

在马克思主义伦理思想大力传播和发展的情况下,作为一门学科的马克思主义伦理学也逐步在中国建立和发展起来。1960年前后,经有关领导部门决定,中国社会科学院哲学社会科学部设立了伦理学研究室。同时,经教育部批准,在中国人民大学哲学系设立了伦理学教研室,伦理学教学和研究开始有了专门机构与教学研究人员。经过两年的时间,中国人民大学伦理学教研室编写了我国第一个《马克思主义伦理学教学大纲》,并在哲学系开设了马克思主义伦理学课程。

1966 年至 1976 年,是新中国以来不少人文社会科学思想研究遭受严重挫折,并被政治斗争所取代的时期。"文化大革命"从理论和实践两方面把 50 年代后期以来的"左"倾错误进一步发展,不仅造成了伦理学研究的停顿与扭曲,而且造成了整个社会的道德混乱和道德危机,教训十分深刻。这段坎坷发展时期于 1976 年结束,之后的改革开放才真正开启了我国当代马克思主义伦理思想的学术研究道路。

(二) 变革进步时期(1977—1999)

1979 年至 1991 年,是马克思主义伦理思想研究恢复并得到初步发展应用的时期。1978 年党的十一届三中全会之后至今的 30 年间,马克思主义伦理思想的研究和发展迈入变革进步、繁荣发展的历史时期。全国高等院校恢复招生,中国人民大学、北京大学、华东师范大学、北京师范大学等院校先后恢复、建立了伦理学教研室。随着 1979 年教育部正式将伦理学列为大学哲学系的必修课和 1980 年全国伦理学会的成立,伦理学尤其是马克思主义伦理思想方面的学术讨论和研究工作全面展开。1982 年,受教育部委托由罗国杰主编的我国第一部《马克思主义伦理学》出版,接着关于马克思主义伦理思想各个领域和主题研究的教科书和专著先后组织编写翻译出版。之后还陆续出版了关于马克思主义伦理思想的许多教材、著作和论文等。

1992 年邓小平南方谈话之后,是新中国马克思主义伦理思想获得飞速发展、马克思主义伦理思想研究不断完善的时期。进入 20 世纪 90 年代以来,随着社会主义市场经济体制的逐步确立和完善,马克思主义伦理思想的研究为适应新的时代发展要求呈现出变革进步的趋势。当代中国的哲学思维越来越关注一些较为具体的问题,即日益具有"问题意识"。尤其是在 90 年代社会主义市场经济建设全面推进之后,在争论最激烈的市场经济与道德建设的问题讨论中,提出了许多新观点,而马克思主义伦理思想的研究在经济实践基础上取得了长足进步。

(三) 发展繁荣时期(2000 年至今)

进入新世纪之后,马克思主义伦理思想研究和学科建设在国家高度重视之下进入发展繁荣时期。党中央提出并持续推进马克思主义理论建设工程,系统梳理马克思主义经典作家关于道德、意识形态和文化的思想论述,在马克思主义经典著作道德观方面的研究取得了丰硕的成果。在此基础上,围绕马克思主义经典作家的伦理思想以及中国马克思主义理论家、思想家的伦理思想展开了多维度的研究,推出了一批有一定理论深度、有相当社会影响的学术著作,发表了数以千计的学术论文,在化理论为德性和用伦理学改造社会凝聚人心等方面取得了重大的成绩。这一时期的马克思主义伦理学研究呈现出日趋深入精进并多有理论创新的特点。

二、研究的主要问题

新中国成立 70 年来,马克思主义伦理思想的发展和研究在经历了曲折之后,认真总结历史经验,在理论和实践上不断走向科学和繁荣的发展之路。新中国成立带来了区别于旧社会的社会根本政治制度的改变,但是在思想文化领域的建设却不能一蹴而就,在破旧立新的过程中如何继承传统并开辟新境界,就是甫一建立新社会的思想建设总问题。迄今为止,这个问题仍然在思想文化领域起着涵摄和引导反思的重要作用。统观 70 年的马克思主义伦理学研究,在各个发展阶段都有不同的研究重点和热点,结合不同阶段的思想争鸣焦点,总结 70 年来的发展成就和历史经验是继续推进马克思伦理学研究至关重要的理论任务。

(一) 科学对待道德的阶级性和继承性问题

中国有着五千多年的文明史,其中包含着非常丰富的伦理思想。新中国成立之后新的社会制度和经济基础需要包括伦理道德思想在内的观念上层建筑的巩固。在社会主义改造完成之后,思想文化领域的建设需要进一步破旧立新。在1957 年发生的关于中国哲学和哲学史若干基本问题讨论中的哲学遗产的继承问题的讨论背景下,引发了关于道德的阶级性和继承性的讨论。回顾这场讨论,我们可以发现,用科学的学术研究态度对待思想争论,避免"左"的思想干扰,对于推动理论发展至为重要。

这场讨论的议题主要包括:阶级的道德是不是仅指统治阶级的道德? 统治阶级道德与被统治阶级道德的相互关系是什么? 剥削阶级的道德能否继承? 道德继承的方法是什么? 诸如此类问题都关系到如何在社会制度发生根本性变革之后、如何在思想文化遗产继承和发展上探索新方法和新道路。当时在关于道德的阶级性问题上,共同的观点是统治阶级有统治阶级的道德,被统治阶级有被统治阶级的道德。有学者认为统治阶级利用道德来说服、控制、剥削被压迫的臣民,并通过各式各样的办法进行它们的"道德"的宣传、教育。① 统治阶级的道德论在一般情况下,也就成为被统治阶级的道德论,是为了巩固统治阶级的统治。反对者主要认为,"所谓阶级的道德也就是统治阶级的道德"的观点否认了被统治阶级道德的存在,否认和抹煞了统治阶级道德和被统治阶级道德之间的斗争,实际上把统治阶级道德变成一种全民的、超阶级的东西了,"与对立统一的规律是不相符的,同时把一般和个别混同了起来"②。应该看到,1957 年后我国的政治形势是处于反右斗争扩大化之后逐渐趋"左"的氛围中,在"左"的思想影响下,有的学者认为,马克思和恩格斯决没有把任何一种道德的来源归之于过去的道德传统,而是反复强调道德的时代性和阶级性③,故而倾向于过分强调道德的阶级性而忽略继承性的观点。因此在统治阶级道德和被统治阶级道德的关系问题上,对立的阶级道德之间的关系只能是互相斗争的关系而不是别的。因为阶级道德所反映的阶级利益是不可调和的、不可改变的。④ 从而反对"对立阶级的道德是对立的统一体"⑤的观点,甚至指责是在混淆道德的阶级界限,宣扬超阶级的道德。⑥ 由此,在这种"左"的政治氛围中,关于剥削阶级道德能否继承的问题,多数文章坚决地否定了剥削阶级道德可以批判继承的论点。批评者认为,剥削阶级道德中没有丝毫可以继承的东西⑦。但是,也有一方学者认为,过去统治阶级的某些道德是可以批判地继承的。⑧ 历史上统治阶级道德的基本原则、主要道德规范,是不能继承的,但统治阶级道德中的某些个别道德因素(命题、原则)可以批判地吸取。⑨ 20 世纪 80 年代拨乱反正的开展,使得关于道德的阶级性和继承性问题的讨论得以走出禁区,走进正常的学术讨论的范围和视野,在承认道德的阶级性的同时阐明道德的继承性问题,在肯定道德阶级性的前提下,存在着各阶级所承认的共同道德。⑩ 马克思、恩格斯提出的道德阶级性理论是伦理学史上的重大变革,但道德的阶级性并不排除道德的继承性。⑪ 从总体上看,20 世纪 80—90 年代的广泛讨论,是用马克思主义的科学方法,摒弃了

---

① 参见吴晗《说道德》,载《前线》1962 年第 10 期。
② 许启贤:《关于道德的阶级性与继承性的一些问题》,载《光明日报》1963 年 8 月 15 日。
③ 参见石梁人《试论道德的阶级性和继承性》,载《哲学研究》1963 年第 6 期。
④ 参见李之畦《〈三说道德〉一文提出了什么问题》,载《光明日报》1963 年 9 月 21 日。
⑤ 参见王熙华《统治阶级道德的批判继承问题》,载《光明日报》1964 年 4 月 6 日。
⑥ 参见以东《讨论道德继承问题的立场、观点和方法》,载《光明日报》1964 年 4 月 9 日。
⑦ 参见李凡夫《革命的道德观》,载《江淮学刊》1963 年第 6 期。
⑧ 参见吴晗《三说道德》,载《光明日报》1963 年 8 月 19 日。
⑨ 参见江峰《也说道德的继承问题》,载《光明日报》1963 年 10 月 6、7 日。
⑩ 参见臧乐源《略论道德的阶级性和共同性》,载《文史哲》1980 年第 6 期。
⑪ 参见张岱年《论道德的阶级性与继承性》,载《社会科学》1986 年第 2 期。

极"左"的阶级分析方法,形成了关于道德的阶级性和继承性关系的正确认识。

通过回顾考察关于道德的阶级性和继承性的整个争鸣讨论可以很清晰地看出,因为受到了当时"左"的政治倾向的严重影响,使得正常的学术范围内的讨论和争鸣步入误区,使得正确的思想无法在争鸣中起到澄清错误思想的作用,甚至有的用极"左"的思想方法歪曲理论,导致实践中的思想混乱,直至产生严重的思想文化上的破坏性后果。这些都是我们反思马克思主义伦理思想发展时应该吸取的经验教训。

(二) 共产主义道德研究与意识形态巩固的关系

马克思主义伦理思想研究与我国意识形态有着密切的关系。用马克思主义科学方法批判继承历史中的伦理思想,更好推动马克思主义指导下的伦理学研究,是巩固社会主义制度之思想建设的重要工作。从西方伦理学的发展历史来看,资产阶级人文主义思想启蒙进程中破除神学伦理的束缚,以个人主义价值观为根基的资产阶级功利主义伦理成为主导性的伦理道德思想,为巩固资产阶级政治统治提供意识形态。对于社会主义制度的国家,同样需要适应社会主义经济基础的主导性的伦理意识形态。

老一代的专家学者如张岱年、周原冰、李奇、许启贤等运用马克思主义的立场、观点和方法,密切联系新中国道德建设的实际,在道德的阶级性和继承性、道德的基本问题、共产主义道德理论问题等方面作了大量的论证,为我国社会主义制度的伦理意识形态巩固奠定了理论基础。

张岱年运用马克思主义的方法来分析道德现象和道德范畴,对中国古代传统伦理道德进行了系统的研究,他对马克思主义伦理思想的研究和贡献是从哲学体系的理论研究生发的。他在《关于哲学思想的阶级性与继承性》中指出:"哲学是社会的上层建筑的一部分,在有阶级的社会中,哲学思想必然是有阶级性的。研究哲学中,首先要对于过去的哲学思想进行马克思主义的阶级分析。同时,哲学思想的发展又是有继承性的,哲学的历史是一个不可割断的发展过程。"[①]

改革开放之后,理论界的拨乱反正使对道德的阶级性和继承性问题的讨论有了科学的态度和方法,张岱年对道德的普遍性与相对性、道德的阶级性与共同性、道德的普遍性形式与特殊性内容、道德的继承性等问题进行了详细的论证。他指出,社会既然有共同的利益,必然也有反映社会共同利益的道德观念,这种道德可

---

① 张岱年:《关于哲学思想的阶级性与继承性》,载《新建设》1957 年第 107 期。

以称为共同的道德,即不同阶级共同承认的道德。从古以来,道德都是具有普遍性形式的,这正是道德所以为道德的特点,否则,就失去了道德原则的严肃意义。随着历史的发展,道德也在演变。道德演变的方式有二:一是随着时代的需要特别是革命的需要而创立新的道德规范、宣扬新的道德原则。二是利用旧形式,赋予新内容,亦即接受旧概念,注入新含义。他说,五四运动批判旧道德、提倡新道德,表现了历史的进步。当时所批判的是封建主义的道德,所宣扬的主要是资产阶级道德。今天,为促进社会主义的物质文明和精神文明的建设,我们就要大力宣扬共产主义道德。①

20世纪50—60年代关于道德继承问题讨论中提出的一个重要问题是共产主义道德是怎样形成和发展的问题。周原冰在谈到研究道德科学的目的和任务时说:"我们研究道德科学的重要目的之一,就是要从理论上阐发共产主义道德的精神和实质,探讨它的发生、发展规律,以利于在广大人民群众中更好地进行共产主义道德的教育。"②周原冰于20世纪50年代写了《培养青年的共产主义道德》一书,80年代写作出版《共产主义道德通论》,对共产主义道德作了较为系统的阐发和论述。在《共产主义道德通论》中,周原冰对道德的基本原理,共产主义道德产生、发展阶段,共产主义道德的实质,共产主义道德的基本原则,共产主义道德实践的若干特殊领域,共产主义道德的教育和修养等方面进行了系统阐述。事实上,《共产主义道德通论》是一本马克思主义伦理理论初步体系化的著作。

李奇重点论述了共产主义道德的原则及其历史作用。她认为:"共产主义或集体主义的道德原则,是以无产阶级和全人类的解放为最高利益,个人利益和局部利益都应该服从这一最高利益。因此,共产主义道德成为无产阶级阶级斗争的重要精神武器,它对腐朽的资产阶级思想有巨大的摧毁作用,对革命阶级有团结、鼓舞的作用。"③许启贤认为共产主义道德是社会主义初级阶段对人们的最高要求。他认为在道德宣传和教育中,首先应大力提倡全体公民都应该做到的一般道德要求和基本道德要求。同时,也要考虑共产主义事业的长远利益以及少数先进分子的道德状况,总结和认真提倡高层次的共产主义道德。许启贤着重论证了社会主义道德和共产主义道德的相互关系,在社会主义初级阶段,既存在着社会主义道德,也存在着共产主义道德。社会主义道德和共产主义道德在本质上是一致的,二者

① 参见张岱年《论道德的阶级性与继承性》,载《社会科学》1986年第2期。
② 周原冰:《试论道德的阶级性和继承性》,载《哲学研究》1963年第10期。
③ 李奇:《道德科学初学集》,上海:上海人民出版社1979年版,第47页。

有着内在的必然联系。①

共产主义道德在今天仍然是我国社会主义制度的伦理意识形态,在改革开放初期随着经济体制改革的深化,一度受到市场经济逐利意识的冲击和影响,"潘晓来信"让人们看到了全社会的个人利益追求释放后所产生的精神迷惘和信仰动摇。随着市场经济体制改革的深入,社会主义市场经济道德建设在改革开放实践中逐步形成了既适应经济基础同时又兼收并蓄的社会主义道德体系。共产主义道德仍然是在现实生活中的许多先进模范身上的共同道德信仰,激励着一代又一代社会主义建设者。

(三) 与时俱进地坚持社会主义集体主义伦理原则

集体主义是社会主义道德建设的基本原则和最高原则。改革开放至今,关于集体主义的讨论围绕着市场经济体制的完善和社会主义核心价值观的建设持续进行。集体主义原则的确立是中国共产党在中国特色社会主义建设的过程中对社会主义道德体系建设坚持不懈探索的经验总结,也是伦理学理论工作者持续不断理论探讨的智慧结晶。20世纪80—90年代初的理论探讨主要集中在集体主义的含义和本质,集体主义的基本原则,社会主义集体主义的现实基础,集体主义和个人主义的对立等问题上。关于集体主义的含义和本质,有学者通过辨析"虚幻的集体"与"真实的集体"认为,集体主义道德原则的基本含义应该这样来表述:在充分认识集体利益和个人利益一致性的基础上,自觉地坚持集体利益高于个人利益;努力发挥个人主动性为集体作贡献,积极在集体中求得个人自由发展;在二者发生矛盾时,能够无条件地、愉快地做到个人利益服从集体利益。② 有学者认为,集体主义作为一种伦理道德原则,是马克思主义在总结、概括先进工人身上那种把工人集体的利益放在个人利益之上的行为和意识,研究人类社会发展的规律性,批判地继承古代集体主义精神思想的基础上,提出的一种处理个人利益和集体利益、社会利益之间关系的最高行为要求。③

在20世纪80年代末的改革开放关键时期,有一种观点认为在改革开放的今天,尊重个人地位和作用,激发个人的活力和首创精神,唯有借助于个人主义才能实现。现在提倡集体主义是对其积极作用的一种桎梏,并且与改革开放的要求相

---

① 参见许启贤《伦理道德与社会文明》,北京:中国劳动出版社1995年版,第26—28页。
② 参见龚乐进《略论集体主义》,载《哲学研究》1990年第1期,第116—123页。
③ 参见王淑芹《论集体主义道德原则》,载《首都师范大学学报》(社会科学版),1992年第3期,第19—24页。

悖。对此,罗国杰指出,不应该把由于一些"左"的影响等原因而强加给集体主义的某些解释看作是集体主义,也不应把由于"左"的影响等原因而否认的某些属于集体主义的内容看作是与集体主义不相容的。罗国杰分析了集体主义与封建整体主义的根本区别,它们的基础和各自所代表的"整体"性质完全不同。在集体主义中,整体主义与个人的关系,并不是一种绝对对立的关系,而是辩证统一的关系。尤为重要的是集体在现代社会中,不但不是个人利益实现的桎梏,而且是个人利益实现的必需条件,个人只有借助于集体,方能最大限度地实现个人利益。他认为,在艰巨的改革开放事业中,唯有这种把整个国家团结起来的共同富裕、共同完善的集体主义精神,才能使我们将困难降低到最低限度,从而获得改革事业的最终成功,集体主义仍然应当是我们国家全体人民所应当奉行的价值目标。[①] 1996 年在党的十四届六中全会《关于加强社会主义精神文明建设若干重要问题的决议》中,在"社会主义道德建设要以为人民服务为核心"的后面,加上了罗国杰提出的"以集体主义为原则"这一建议,使这一文件更完整、更全面地体现我国在社会主义道德建设方面的思想要求。

除了在集体主义和个人主义的区别和联系问题上的讨论,关于集体主义与社会主义市场经济的关系问题,有学者针对一种误解即发展市场经济和讲道德特别是讲集体主义道德是格格不入的观点指出,社会主义条件下的市场经济是建立在公有制和按劳分配为主体的经济形式与分配方式基础之上的市场经济,其发展宗旨、所处的社会政治、文化环境,决定了它的发展与加强社会主义集体主义道德建设是完全一致的。首先,社会主义集体主义道德为社会主义市场经济的发展提供精神动力和思想保证。其次,社会主义市场经济为集体主义道德的贯彻执行提供了更为广泛的社会群众基础和更有成效的运行机制。[②]

针对集体主义"左"的理解,有学者从道德主体性的角度来澄清集体主义的真实含义。有学者指出,集体主义道德原则有两个核心,一个是利益原则,另一个是个体与集体关系上的主体原则。马克思主义的科学的主体学说是集体主义道德原则的理论前提。人既作为经验的个体存在和发展,又作为类的社会的人存在和发展,真正现实的人是作为个人的人和作为类的即社会的人的统一。因此,必须从个人和类这两者的辩证联结上来把握两者的关系。马克思、恩格斯从来就像重视整个人类社会一样地重视社会中个人的价值、地位和发展。集体主义道德原则,正是

---

① 参见罗国杰《集体主义:我国全体人民应当奉行的价值目标——罗国杰教授谈社会主义伦理道德建设》,载《瞭望》1990 年第 18 期,第 23—24 页。

② 参见温克勤《社会主义市场经济与集体主义道德》,载《中州学刊》1993 年第 2 期,第 61—65 页。

以个体和类、集体、社会的和谐统一为理论前提。①

党的十四大确立了社会主义市场经济体制的改革目标,随着社会主义市场经济体制的建立和深化,关于集体主义和个人主义的交锋也在市场经济道德建设的理论讨论中凸显出来。有学者指出,随着社会主义市场经济体制的发展,集体主义道德原则受到了挑战。因此,有学者提出了将集体主义道德放入实践中进行新的审视和修正的方法:第一,应当实事求是地评价集体主义道德实践的巨大成就,而不能将它说得一无是处。第二,应当完整准确全面地看待集体主义的道德理论,充分肯定集体主义道德的基本理论即使是在今天的形势下,总体上仍然还是正确的、科学的,没有过时。第三,应当把握修正集体主义道德理论的方向。第四,应当在道德实践中,将集体主义道德真正落到实处。第五,应当准确把握集体主义道德调节的道德关系领域,客观分析集体主义道德面临的特殊环境。②

总的来看,对集体主义道德原则的理论探讨是伴随着社会主义市场经济体制的建设和完善逐步深化的。通过对集体主义与个人主义概念的多维辨析,阐明和确立了社会主义道德建设的集体主义原则,现代市场经济的发展不是对集体主义道德的否定而是一种深化,这种深化将从整体上提升社会的道德水准,实现社会主义经济建设、政治建设、文化建设、社会建设、生态文明的和谐发展。

(四) 罗国杰对马克思主义伦理学学科建构的全面研究及贡献

已故我国当代著名伦理学家罗国杰教授,是新中国伦理学事业的奠基人。他终生耕耘在我国马克思主义理论研究的学术领域,取得了杰出成就,培养了一大批我国当代伦理学学者。罗国杰一生出版和发表学术著作 20 余部、论文 100 余篇,主编《马克思主义伦理学》,合编《伦理学教程》《西方伦理思想史》等教材,是当代中国马克思主义伦理学的开拓者。

综观罗国杰的马克思主义伦理思想可以分为这样几个主题:其一是关于马克思主义伦理的基本概念的思想;其二是关于社会主义道德和精神文明建设;其三是关于社会主义市场经济道德建设;其四是关于中华传统道德思想的研究等。

在 20 世纪 80 年代初期,我国的马克思主义伦理学学科建设事业在拨乱反正之后,刚开始恢复重建,马克思主义伦理学的内容体系尚未建立,罗国杰对马克思主义伦理学中的人的价值问题和马克思主义伦理学体系结构问题进行了阐述。罗

---

① 参见尹继佐《集体主义道德原则中的主体性理论》,载《社会科学》1986 年第 2 期,第 14—17 页。
② 夏伟东:《关于集体主义道德理论的若干问题》,载《中州学刊》1995 年第 3 期,第 53—57 页。

国杰指出马克思主义伦理学需要对人的价值理论进行探讨,来批驳以抽象人性论为基础的资产阶级试图把"人的价值"视为适用于一切时代、民族的所谓永恒不变的价值。虽然资产阶级重新发现了人的价值,提出了个人主义和利己主义理论,对于打破封建宗法统治和宗教禁欲主义来说是有历史进步意义的,但是过分夸大这种进步意义和作用也十分有害。资本主义社会把财富和金钱的多寡看作人的价值的标准,以边沁、穆勒为代表的功利主义者,把人的最高价值目标规定为"为了最大多数人的最大幸福",给资产阶级的价值目标披上了一个耀眼的美丽的外衣,但实质是维护少数资产阶级剥削者的利益。罗国杰指出人的本质是社会关系的总和,马克思主义伦理学认为,人的价值问题,实质上就是一个人生目的和人对社会的关系问题,也即人如何生活才有意义的问题。他说:"人们对客观利益的正确理解,即把利益理解为包括个人需要在内的社会的、阶级的、集体的需要,理解为改造世界的革命的实践活动,他就能建立起明确的正确的价值目标。"①罗国杰指出,依据马克思主义的历史唯物主义思想,一个人的价值,就是他的生活目标和他的社会实践的统一,是他对社会和人民的利益理解和奋斗的体现。无产阶级的价值目标是为社会主义和共产主义事业而奋斗,即为人民服务。虽然马克思主义的人的价值的思想强调集体的利益,但也更强调个人选择价值目标的能力。罗国杰的观点更进一步巩固了马克思主义伦理学的基石概念,奠定了马克思主义伦理学的理论基础。

在马克思主义伦理学体系结构方面,罗国杰梳理了建立在伦理学体系结构基础上的四种类型,指出马克思主义伦理学的体系结构有自己的特点,首先是理论上的科学性,是一门研究道德的起源、本质、发展、变化及其社会作用的科学。这种伦理学要使它在社会和个人的道德生活中起指导作用,要对道德问题进行哲学思考,对人的本质、自由和必然、真理与价值关系等问题作出科学的回答,就不应回避人生哲学的那些问题。其次是内容的规范性,即由阶级性引申的特殊的规范性。马克思主义伦理学主张的无产阶级道德即共产主义道德。它十分重视对道德规范的研究,重视建立共产主义的道德规范体系,这也是无产阶级和广大劳动人民利益的需要。最后,是它的彻底的实践性。罗国杰认为这种实践性在于整个伦理学的理论都必须是在实践基础上的并且接受客观实践的检验,同时伦理学中所阐述的理论、原则和规范必须付诸实践。总之,马克思主义伦理学在实践中是为了培养共产主义新人的实际目的,要为建设社会主义物质文明和精神文明,在全国人民中进行

① 罗国杰:《试论马克思主义伦理学的价值观》,载《哲学研究》1982年第1期,第9—17页。

共产主义道德教育而服务。①

在 20 世纪 90 年代的市场经济大潮中,罗国杰在社会主义道德建设的核心和原则诸如爱国主义和集体主义等方面,以及精神文明建设的理论方面继续探索。在爱国主义教育方面,他提出在改革开放中正确地强调"个人"有其积极的意义,但是要注意提高当代青年对国家、对社会、对民族的责任感。② 针对在社会主义市场经济条件下的"究竟还应不应该坚持集体主义的道德原则"这样的争论,以及"要以个人主义原则来代替集体主义原则"的看法,罗国杰剖析了西方个人主义的本质以及在当前意识形态斗争情况下的问题实质,指出弘扬集体主义反对个人主义的重要意义在于,当前意识形态的斗争情况下,西方国家试图在与中国打交道过程中,用他们的价值观念来改变我们的价值观念,从而达到改变我们的社会主义制度的目的。罗国杰指出集体主义既是我们的基本道德原则,也是我国社会要特别弘扬的重要的价值导向。党的十四届六中全会决议采纳了罗国杰先生的"以集体主义为原则"的建议,提出了当前社会主义道德建设的总的指导思想是:社会主义道德建设要以为人民服务为核心,以集体主义为原则,以爱祖国、爱人民、爱劳动、爱科学、爱社会主义为基本要求。罗国杰系统论证了为何要以为人民服务为核心和以集体主义为原则。③ 对社会主义道德体系建设的研究,罗国杰始终保持高度关注。他明确指出,建设与社会主义市场经济相适应的社会主义道德体系,要坚持注重效率与维护公平相协调,坚持先进性与广泛性相统一。社会主义道德体系要与社会主义法律规范相协调,与中华民族传统美德相承接,积极吸收人类的优秀道德文化成果。④ 这是对中国马克思主义伦理学体系内容的完善和丰富。

中国是有着五千多年文明史的国家,有着丰富的传统道德内容。罗国杰在继承和创新中国传统道德思想方面作出了重要贡献。1980 年他主持编写了《中国伦理思想史》,20 世纪末又主持编写了 7 卷本《中国传统道德》和 6 卷本《中国革命道德》,这些都是对中国传统道德的创造性继承和创新性发展的奠基性著作。罗国杰把中国传统道德的基本内容概括为十个方面,即道德原则同物质利益的关系问题、道德的最高理想问题、人性问题、道德修养的问题、道德品质的形成问题、道德评价

---

① 参见罗国杰《试论马克思主义伦理学体系结构的特征》,载《哲学研究》1983 年第 2 期,第 31—36 页。

② 参见罗国杰《加强爱国主义教育应注意的一个问题》,载《中国高等教育》1995 年第 2 期,第 15—16 页。

③ 参见罗国杰《论社会主义道德的核心和原则》,载《高校理论战线》1996 年第 11 期,第 4—10 页。

④ 参见罗国杰《建设社会主义道德体系的几个问题》,载《思想理论教育导刊》2010 年第 6 期,第 42—50 页。

的问题、人生的意义或人生的价值问题、道德的必然和自由的关系问题、道德规范问题、德治和法治问题。他认为可以将中国古代传统道德的特点概括为六个方面，即重视人伦关系、强调精神境界、提倡人本主义、凸显整体精神、重视道德修养、力行推己及人的道德思维方式。20 世纪 80 年代，在中国台湾召开的两岸伦理学的理论讨论会上，他第一次提出了这个观点，并得到了在场大多数学者的认同，也得到了国内伦理学专家和学者的认同。

罗国杰还总结归纳了中国革命道德传统，他认为应该大力弘扬中国共产党人、人民军队、一切先进分子和人民群众在中国新民主主义革命和社会主义革命与建设中形成的优良革命道德传统。关于中国革命传统道德的主要内容，他认为可以这样概括：中国革命道德，以实现社会主义和共产主义的崇高理想为最终目的，以全心全意为人民服务为宗旨和核心，以集体主义为基本原则，高举爱国主义与国际主义相结合的旗帜，形成了无私奉献、顽强拼搏、艰苦奋斗、勤俭节约等革命精神。这是我国特有的革命道德传统，在加强社会主义精神文明建设和构建社会主义和谐社会的伟大进程中，仍然可以发挥重要的精神支撑作用。除此之外，他还对"以德治国"的理论问题和公民道德建设的问题进行了集中细致的思考，对于以德治国的重要意义、法治与德治的相互关系、公民道德建设的主要内容、公平与效率的关系问题等，都提出了具有时代意义和价值的认识和看法。①

罗国杰伦理思想的形成从 1962 年编写《马克思主义伦理学讲义》、《马克思主义伦理学教学大纲》以及对学生讲课和撰写讲稿时开始，经过《马克思主义伦理学》《伦理学》《中国伦理思想史》《中国传统道德》《中国革命道德》《中国伦理学百科全书》的编写，终于形成了被称为"新德性论"的伦理思想。罗国杰曾在回忆自己的学术生涯和思想形成时说道："在阅读马克思主义经典著作的过程中，我对马克思和恩格斯的意识形态的观念、恩格斯关于道德的理论、列宁阐述的共产主义和社会主义的伦理思想，都极为赞赏，'新德性论'理论渊源主要有三个方面：以马克思主义的理论指导、吸收中国古代丰富的传统伦理思想、西方古代和近代伦理思想的合理成分。我的伦理思想，可以概括为'新德性主义'的伦理思想，也就是'马克思主义的新德性论'的伦理思想。"②罗国杰把"新德性论"总结为六大方面的内容和特点：其一是具有为人类理想社会——社会主义和共产主义而献身的精神。其二是强调和重视社会中的每个人都应抱有崇高的"道德理想"，都应当有达到这种崇高道德

---

① 参见罗国杰《以德治国与公民道德建设》，郑州：河南人民出版社 2003 年版。
② 罗国杰：《我的学术思想的形成和发展——对伦理学的教学、研究和探索历程的回顾》，载《毛泽东邓小平理论研究》2011 年第 11 期，第 78—83 页。

理想的追求。其三是具有先进的社会主义人道主义的要求。其四是在道德行为的动机和效果的关系上,新德性论主张动机和效果辩证统一的思想,认为功利主义的思想,或者说功利论的思想,容易引导人的行为向着"追求功利"的目的、向着"追求最大利益"的方向倾斜,这是无益于人的道德素质和道德品格的塑造和形成的。其五是新德性论特别注意人的道德修养,提倡"修身""慎独",把个人的自我完善看作是道德行为的重要方面。其六是新德性论重视一个人对他人、集体、国家、民族所应负的道德责任。①

通观罗国杰先生的毕生研究,他在构造我国马克思主义伦理思想的研究历史中具有无可争议的奠基地位。他提出的"马克思主义的新德性论",可以说是马克思主义伦理学的崭新体系。其思想贯通中国传统伦理、西方伦理、马克思主义伦理三大领域,并且都提出了具有开拓性的学术创新观点,是中国当代伦理学的创新性发展和对传统伦理学的创造性转化。

(五) 拓展对国外马克思主义伦理思想的研究

近十年来,对国外的马克思主义伦理学中的代表人物思想的研究逐渐增多。20 世纪八九十年代,有学者开始对日本和苏联的马克思主义伦理思想进行探索性介绍。吉林大学王中田在《柳田谦十郎在日本伦理思想史上的贡献》一文中指出柳田谦十郎是日本第一个用马克思主义观点系统研究道德的学者,早年他是唯心主义者,但是 1948 年写作《我的世界观的转变》后,柳田告别了宗教,把主要精力集中在道德问题的研究上,先后写了《无产阶级伦理》1949 年 7 月版、《伦理学》1951 年 5 月版、《现代实践哲学》1952 年 4 月版、《唯物主义伦理学》1959 年 11 月版(副标题:"道德现象学试论",是柳田的代表作)等著作。在《唯物主义伦理学》一书里,柳田把眼光扩大到人类历史发展过程,说明道德的基础是从生产力最不发达的原始社会阶段,发展到现代的资本主义、社会主义以及共产主义阶段的社会制度,说明道德是属于上层建筑意识形态,是从现象学上来阐明道德内容的变化。②

进入 21 世纪以后,学者李萍又从总体形态层面对日本马克思主义伦理思想的研究进行了初步考察,她指出中文世界在这方面的研究甚少。在日本,马克思主义伦理学业并不是"显学",她指出,"大体上,日本马克思主义研究主要体现在两个领

---

① 参见罗国杰《我的学术思想的形成和发展——对伦理学的教学、研究和探索历程的回顾》,载《毛泽东邓小平理论研究》2011 年第 11 期,第 78—83 页。
② 参见王中田《柳田谦十郎在日本伦理思想史上的贡献》,载《日本学论坛》1988 年第 2 期,第 38—42 页。

域：一是经济学领域，二是历史学领域。与之相对，马克思主义哲学（包括伦理学）的研究不仅起步较晚，也没有形成明确的学术传统，未能发展出有影响力的流派。战后日本马克思主义伦理思想大多散见于一些学者的理论研究以及针对某些社会事件的评述之中，尚不足以形成日本马克思主义伦理学的完整体系。"①日本马克思主义伦理思想以社会批判为主，在方法论上坚持马克思主义唯物史观这一基本立场，同时关注日本现实道德问题。与经济学和历史领域的问题意识不同，日本马克思主义伦理思想着力于将批判性和建构性相统一，虽然并不直接等同于日本社会主义运动和日本共产党的理论学说，但确实在公民权、人道主义、发达国家性质等问题上对其给予了指导。战后日本马克思主义伦理思想更多集中到学院派的学者及其理论研究之中。②

对苏联时期的马克思主义伦理思想的研究也是我国学者们涉足的重要领域。在苏联解体之前，我国学界对苏联马克思主义思想的关注和研究主要集中在翻译和介绍著作和论文成果方面，苏联解体之后，我国学界开始关注并反思苏联时期马克思主义伦理思想发展方面的历史经验。有学者指出，苏联马克思主义伦理观的变化，是苏联意识形态领域变化的表现之一，是苏联社会经济生活和政治生活变化的反映。认真探讨苏联马克思主义伦理观的历史演变，开展伦理反思，无疑是当代马克思主义伦理学的时代使命。我国学者归纳苏联马克思主义伦理观的历史演变，主要表现在如下六大方面：关于伦理学在马克思主义理论体系中的地位问题，苏联伦理学从 20 世纪 60 年代相对独立，到 80 年代戈尔巴乔夫改革时期提出民主的人道的社会主义基本纲领后，在马克思主义伦理观的演化方面走向了伦理社会主义的道路，而这是 19 世纪末新康德主义的伦理社会在新历史条件下的变种；同样，在道德本质问题上，从道德的社会意识形态本质论转变为道德的本质是人的生命的自我价值的道德本质超阶级论观点；否定道德的阶级性，强调道德的全人类性；在道德与政治的关系方面，认为道德并不是为政治服务的特殊手段和方式；戈尔巴乔夫改革时期，这种建立在超阶级性和全人类性论调基础上的伦理人道主义被提到全部理论的首位，成为批判无产阶级革命，否定苏联 70 多年无产阶级专政历史的思想武器，有的苏联伦理学家甚至提倡全人类的价值高于民族、国家、阶级、社会主义的价值和利益等伦理人道主义原则的观点；相应地，共产主义道德原则在苏联解体之前已经被所谓新伦理学的人的生存权原则所取代。③ 从这些反思中可

---

① 李萍：《日本马克思主义伦理思想形态论》，载《日本学刊》2010 年第 4 期，第 121—133 页。

② 参见李萍《日本马克思主义伦理思想形态论》，载《日本学刊》2010 年第 4 期，第 121—133 页。

③ 参见金可溪《苏联马克思主义伦理观的历史演变》，载《道德与文明》1995 年第 6 期，第 12—15 页。

以看出,苏联解体与其在伦理意识形态领域失去了马克思主义的本质有密切关系,甚至是加速了苏联解体的进程。

进入 21 世纪以后,对苏联伦理学的反思结合着对马克思主义伦理思想发展史中的历史人物的思想评述,丰富了我国马克思主义伦理学的历史考察路向。有学者研究了俄罗斯伦理学的马克思主义传统,指出苏联解体后的俄罗斯伦理学保留了马克思主义传统,在研究内容、结构模式、理论基础、学术团体构成等方面与苏联马克思主义伦理学保持着继承关系,同西方伦理学研究中的"反马克思主义"倾向比较起来,后苏联时代伦理学中的马克思主义传统是目前俄罗斯伦理学的独特之处。宗教伦理思潮逐渐占据中心位置,伦理学和道德教育开始部分转向对现实幸福的关注。过去苏联解体前夕走向极致的人道主义的全人类价值逐渐让位于俄罗斯国家利益、传统主义和爱国主义。这些都标志着俄罗斯伦理学研究向社会现实的回归。①

对国外马克思主义发展史中的个别历史人物的伦理思想进行研究也是近年来国内研究的一大特点。普列汉诺夫是马克思主义思想史上的著名哲学家,他的伦理思想在马克思主义伦理思想史上有着重要的地位。有学者对其伦理思想进行了系统归纳总结,普列汉诺夫坚定地站在历史唯物主义立场上,对近代旧唯物主义的伦理思想作了全面而深刻的批判,在运用唯物史观对近代旧唯物主义的系统清算中具体而系统地阐述和捍卫马克思主义伦理学的基本原则和核心内容,是普列汉诺夫伦理思想的基本特色之一,给我们留下了极为宝贵的伦理学理论财富。普列汉诺夫批判了抽象的人性论,在此基础上揭示道德产生的物质经济根源,在阶级社会中,道德只能是阶级利益的反映。他批判了资本主义的利己主义,实际上也就是资产阶级个人利益的合理化、全民化和普遍化。②

考茨基是西欧的马克思主义发展史中过去被"正统马克思主义"所批判的历史人物,近几年出现了对其伦理思想的梳理和对比研究。有学者比较了考茨基《伦理与唯物史观》和《唯物主义历史观》这两本著作,从文本学解读视角考察了考茨基的既反对修正主义又同时具备机会主义特点的思想分裂。总体上来看,虽然考茨基批判了康德的唯心主义和不可知论,但是自身也偏离了辩证唯物主义的思想路线,有着经验论和不可知论的认识倾向。考茨基秉持的是进化论伦理学思想,因此虽然他批判了伯恩施坦的以康德伦理学为基础的修正主义,但是在实践中却走向了

---

① 参见武卉昕《俄罗斯伦理学的马克思主义传统》,载《浙江学刊》2009 年第 6 期,第 25—29 页。
② 参见万俊人《普列汉诺夫伦理思想初探》,载《道德与文明》1987 年第 1 期,第 27—29+21 页。

机会主义。①

对于考茨基对马克思主义伦理学基本观点的阐述,多数学者认为是正确的,认为考茨基是在历史唯物主义视域中从理论基础、现实依据和价值旨向等几个方面建构马克思主义伦理学②,对于揭示马克思主义之伦理与传统伦理学的本质,准确而全面把握马克思主义伦理观的精神实质,以及解决自第二国际以来关于伦理与历史唯物主义、伦理与科学社会主义之间的纷争都有重要的理论价值。③ 也有学者考察了马克思主义伦理学中的关于"马克思主义与正义"的争论,指出这一问题所蕴含的理论问题,特别是唯物史观与正义的关系问题,早已存在于第二国际时期伯恩施坦与考茨基、梅林等人关于伦理与唯物史观的关系的争论之中。伯恩施坦转向了"伦理化的马克思主义",将马克思主义尤其是唯物史观与道德、伦理相对立,批判唯物史观和辩证法,否定马克思关于无产阶级革命的看法,否定阶级斗争,主张通过修正唯物史观来拯救道德、伦理。考茨基和梅林等马克思主义者都自觉捍卫马克思主义,阐发马克思主义关于唯物史观和道德的观点。道德、伦理领域是马克思主义理论应该涉及并加以研究的领域,忽视或不懂辩证法无助于阐发马克思主义关于道德、伦理的思想。马克思主义不仅能够阐释社会历史发展的一般规律,同时也提出了正确的价值主张。④

近年来对西方马克思主义伦理思想的研究开始引发关注,也产生了一些理论成果。有学者对法兰克福学派伦理价值观进行考察,得出几点结论:第一,先验唯心主义是法兰克福学派伦理价值观的哲学基础。第二,资产阶级人道主义是法兰克福学派伦理价值观的核心内容。第三,浪漫主义传统是法兰克福学派伦理价值观的重要特征。第四,悲观主义是法兰克福学派伦理价值观的最后结论。⑤

有学者认为,西方马克思主义在许多方面都丰富和发展了马克思主义的伦理思想和道德理念:坚持社会批判和道德实践;主张建立"知识—道德集团";提倡消除人的异化、复归人性和实现人的自由全面发展;提倡艺术革命、解放美学和确立

① 参见徐军《考茨基对康德哲学的批判与反思——〈伦理与唯物史观〉与〈唯物主义历史观〉的比较性文本解读》,载《南京政治学院学报》2011年第4期,第41—45页。
② 参见陈爱萍《论考茨基对马克思主义伦理观的阐释及其意义——对新康德主义者关于伦理与唯物史观之关系的反拨》,载《南京师范大学学报》(社科版)2018年第1期,第54—59页。
③ 参见陈爱萍《马克思主义伦理学何以可能——论考茨基对马克思主义伦理学的建构及其意义》,载《伦理学研究》2017年第6期,第7—12页。
④ 参见林进平《马克思主义与正义——伯恩施坦与考茨基、梅林关于马克思主义与伦理道德的关系之争》,载《毛泽东邓小平理论研究》2018年第9期,第80—88+109页。
⑤ 参见金羽、荣剑《法兰克福学派伦理价值观剖析》,载《哲学研究》1985年第8期,第49—54+74页。

新感性;反对极权主义、霸权主义和法西斯主义;宣扬国际和平主义、生态主义、新人格主义;提出"否定的幸福观"、包容理论、社会交往伦理学,倡导交往主体的平等性和互动性;力主存在主义的自由论、道德相对主义、多元伦理观、社会游戏道德观、规定主义的伦理学和彻底的人道主义;立足后现代主义,否定旧道德,确立新道德,抑制自我膨胀、利己主义,弘扬集体精神;凸显社会美德;接受道德革命;渴求全人类的和谐与友谊;促进世界公民之间的团结,构建新文明;超越资本主义,建立多元民主的社会主义社会。① 有学者指出,西方马克思主义伦理思想可分为应用伦理和社会伦理两部分,其应用伦理主要可分为科技伦理、生态伦理和消费伦理三个方面的内容;其社会伦理则主要包括他们对权威道德的批判、对资本主义社会的伦理批判以及交往伦理和正义理论三个方面的内容。他们的伦理思想是其社会批判理论的内在组成部分,其理论特质在于是立足于哲学本体论的立场,对当代西方社会现实问题展开研究,其目的在于培养人的自主意识和健全人格,为实现西方人的自由和解放创造前提条件。② 西方马克思主义应用伦理以对"科学技术合理性"问题的追问为逻辑起点,围绕科学技术与哲学、科学技术与生态、科学技术与消费关系的探讨,形成了系统的科技伦理、生态伦理和消费伦理。他们不同于一般应用伦理探讨现实问题应遵循的道德规范,而是立足于人的自由和解放这一本体论角度探讨上述问题,主要表现为一种伦理价值观,其应用伦理是其社会批判理论的内在组成部分。③

此外,对国外马克思主义的伦理思想研究,还有讨论马克思主义伦理思想是否是功利主义或者相对主义等议题,特别是关于马克思主义与正义方面的研究越来越引起重视。综合观之,近些年来对国外马克思主义的伦理思想之研究的逐渐增多,开拓了我国马克思主义伦理学研究的国际视野,丰富了我国马克思主义伦理学研究的理论史维度。

(六) 在思想史及对经典文本的研究中厚植理论基础

新中国成立以来,理论界关于马克思主义伦理思想发展史、经典作家以及中国

---

① 参见张之沧《西方马克思主义伦理思想研究》,载《马克思主义与现实》2010 年第 2 期,第 121—130 页。
② 参见王雨辰《略论西方马克思主义的伦理思想》,载《北京大学学报》(哲社版)2015 年第 2 期,第 74—83 页。
③ 参见王雨辰《论西方马克思主义应用伦理及其基本特点》,载《道德与文明》2016 年第 2 期,第 107—113 页。

马克思主义伦理思想的研究,经历过"文革"的中断后,在改革开放时代重新成为基础理论研究的重点领域。要改变对马克思主义经典文献的教条主义理解,真正恢复马克思主义理论的思想精髓,真正在辩证唯物主义和历史唯物主义为基础的方法论指导下,把握马克思主义伦理思想的真正精神实质。

1. 关于马克思主义伦理思想发展史研究

章海山撰写的《马克思主义伦理思想发展的历程》(上海人民出版社 1991 年版)立足于马克思主义的基本方法论,对马克思主义伦理思想的发展历程及其取得的理论成就进行了较为系统全面的梳理和研究。他对马克思、恩格斯伦理思想,列宁思想和毛泽东伦理思想与梅林、考茨基(早期)、拉法格、斯大林、普列汉诺夫、加里宁以及刘少奇、邓小平在马克思主义伦理思想上的理论贡献进行了研究。同一时期,许启贤主编的《中国伦理学百科全书·马克思主义伦理思想史卷》(吉林人民出版社 1993 年版)一书对马克思主义伦理学思想史进行了更为全面系统的梳理和研究。该书对马克思主义伦理思想发展史及其在中国的传播发展进行了宏观、综合性的研究和阐述,以人物为序,对马克思、马卡连柯、毛泽东、方志敏、邓小平、卢森堡、布哈林、加里宁、列宁、考茨基、朱德、刘少奇等中外马克思主义伦理思想家、理论家的伦理思想进行了系统全面的梳理,阐述了"马克思恩格斯列宁及其学生论道德"的问题。此外,罗国杰主编的《马克思主义伦理学》(人民出版社 1982 年版)和唐凯麟主编的《简明马克思主义伦理学》(湖南师院学报编辑部,1982)等著作也对马克思主义伦理思想进行了宏观、综合的研究。

2. 关于马克思主义经典作家的伦理思想研究

马克思主义的经典作家(即马克思、恩格斯和列宁)虽然没有写过直接以伦理学为题目的著作,但是他们的著作当中蕴含着丰富的伦理思想。从马克思主义经典著作中探寻他们蕴含其中的伦理思想,是马克思主义伦理学研究的重要思想资源。新中国 70 年来,对马克思主义伦理思想的研究总体上取得了丰富的成果。

(1)马克思恩格斯的伦理思想

学界对马克思恩格斯伦理思想的研究,有的把马克思与恩格斯分别研究,有的把他们放在一起来论述理论。从研究路径上看,有的是从思想史、主题或者从著作解读来研究的。有的学者从马克思、恩格斯、列宁等经典著作的解读中探索马克思主义伦理思想的发展历史,这方面研究的代表学者是许启贤、章海山等。有的学者是从经典作家论述主题入手阐明他们的伦理思想,如宋惠昌等。还有许多学者是从马克思、恩格斯、列宁等经典作家的单篇著作入手深入理解其中蕴含的伦理思想。

改革开放后,较早对马克思恩格斯伦理思想进行专题性研究的有宋惠昌主编的《马克思恩格斯的伦理学》一书,该书从唯物史观变革的视角剖析马克思恩格斯在伦理学上的革命,梳理了马克思恩格斯对旧道德,即宗教道德、封建主义道德和资本主义道德的批判,并阐述了马克思恩格斯关于共产主义道德的形成和历史特征、基本原则,论证了马克思恩格斯关于道德规范和道德范畴,以及道德品质和道德要求,共产主义人生观和马克思恩格斯的共产主义道德实践。① 可以说,该书是一本较早开始系统全面地研究马克思恩格斯伦理思想的著作。

许启贤是我国较早从事马克思主义伦理学研究的伦理学家,他对马克思、恩格斯等马克思主义经典作家一系列重要理论著作进行了认真研读、深入挖掘和系统整理。许启贤在解读经典著作的过程中梳理了马克思主义伦理思想发展的历史。② 他认为,马克思的伦理思想的内容主要关涉以下几个方面:一是论人性和人的解放,二是论道德的本质和发展规律,三是对旧道德的批判,四是论无产阶级道德,五是论爱情、婚姻家庭道德。③

同样基于对经典原著的解读,章海山在《马克思主义伦理思想发展的历程》一书中对马克思主义经典作家的伦理思想作了详尽的阐述,并提出了研究马克思主义伦理思想的方法,主要是从伦理思想与哲学、剩余价值理论、科学社会主义的相互联系与区别中,研究伦理思想的特殊性及其特有的发展过程。④ 章海山在书中按照人物划分,结合各经典作家的著作,对马克思、恩格斯的伦理思想,列宁、斯大林的伦理思想,毛泽东的伦理思想这三大部分进行深入解读。在马克思恩格斯经典原著伦理思想的解读方面,章海山依据原著,把马克思恩格斯早期伦理思想划分为三个时期:(1) 1842 年《莱茵报》之前时期;(2) 1842—1844 年从《莱茵报》到《德法年鉴》时期;(3) 从《1844 年经济学哲学手稿》到 1845 年《神圣家族》之前期间。⑤ 他细致地分析了马克思早期的伦理思想,认为对马克思早期伦理思想的研究,涉及它在马克思主义伦理思想发展史上的地位和作用,以及与成熟的伦理思想的联系。他认为,马克思恩格斯在 1848 年革命之后不断总结无产阶级革命斗争的经验,同工人运动中各种非无产阶级思潮进行斗争,进一步否定和批判了资产阶级人道主

① 参见宋惠昌主编《马克思恩格斯的伦理学》,北京:红旗出版社 1986 年版。
② 参见许启贤《马克思主义伦理思想发展史论纲》(一、二),载《道德与文明》1993 年第 5 期、1994 年第 1 期。
③ 参见许启贤主编《中国伦理学百科全书·马克思主义伦理思想史卷》,长春:吉林人民出版社 1993 年版,第 37—50 页。
④ 参见章海山《马克思主义伦理思想发展的历程》,上海:上海人民出版社 1991 年版,第 5 页。
⑤ 参见章海山《马克思主义伦理思想发展的历程》,上海:上海人民出版社 1991 年版,第 16 页。

义思潮,发展了马克思主义,也丰富和发展了马克思主义伦理学。①

　　李培超认为,马克思的伦理思想是其思想体系的重要组成部分。面向现实、回到"生活世界"是马克思伦理思想的出发点;在社会发展的洪流中探询伦理道德发展演变的规律及其功能限度,是马克思思考伦理道德问题的广阔视阈;在立足于无产阶级利益的立场上,关注全人类的解放和个人的全面发展,是马克思坚定不移的价值立场。② 而在社会主义道德建设过程中,坚持以人为本,坚持从我国国情出发,克服道德说教,都是符合马克思的道德思想的。③ 另有论者认为,马克思恩格斯伦理思想是建构在唯物辩证法和唯物史观基础上的无产阶级伦理观。第一次科学深刻地揭示了人的社会性本质,回答了个人与社会、个人利益与社会利益关系等根本性意义的伦理问题等。④

　　近十多年来,随着中央马克思主义理论研究和建设工程的实施,新翻译的马克思主义经典著作陆续面世,学者们从解读马克思恩格斯的单篇著作中的伦理思想入手,回到经典著作,更加深入研究了经典文本中的马克思主义伦理思想,有的学者为此申请到国家社科项目进行深入研究。有些重要篇章的思想过去被忽视了或者没有系统地深入挖掘其中的内在伦理意蕴。比如有学者指出在马克思恩格斯的著作中包含丰富的伦理思想,在《德意志意识形态》中通过对施蒂纳利己主义思想的批判,阐明了道德基础以及人类伦理思想发展演变的轨迹,强调了人们的道德观念都与其现实生活条件密切相关,批判了离开具体的社会历史条件进行空洞的道德说教的错误倾向。⑤ 在解读马克思《1844 年经济学哲学手稿》的伦理思想时,认为《1844 年经济学哲学手稿》是马克思的伦理价值诉求定型的重要标志,要把《1844 年经济学哲学手稿》放在伦理思想整体中予以定位,还要从马克思主义中国化的视角来分析问题,在伦理视域中所要呈现的是马克思探讨工人阶级的使命和责任,为人类解放寻求主体力量的价值立场。⑥ 马克思在《神圣家族》中批判了鲍威尔等人的抽象道德观,强调道德的现实利益基础,自觉地为无产阶级的利益进行

① 参见章海山《马克思主义伦理思想发展的历程》,上海:上海人民出版社 1991 年版,第 67、112 页。
② 参见李培超《论马克思伦理思想的逻辑思路》,载《当代世界与社会主义》2007 年第 4 期。
③ 参见李培超《历史唯物主义视域下的伦理突破:论马克思伦理思想的特质》,载《湖南师范大学社会科学学报》2008 年第 6 期。
④ 参见薛为昶《马克思恩格斯伦理思想探微》,载《理论学刊》2008 年第 11 期。
⑤ 参见李培超、张芳《论马克思恩格斯对施蒂纳利己主义思想的批判——〈德意志意识形态〉读书札记》,载《吉首大学学报》(社科版)2007 年第 2 期,第 12—17 页。
⑥ 参见李培超《解读马克思〈1844 年经济学哲学手稿〉伦理思想的应有视角》,载《湖南师范大学社会科学学报》2009 年第 6 期,第 15—20 页。

价值辩护,为马克思恩格斯伦理思想的发展奠定了基础。① 有的学者解读《资本论》中的发展伦理来剖析现实发生的金融危机,指出经济发展的根本目的应该是人的全面发展,但是金融危机的发生却是背离这个目的的必然后果,使应该成为主体的劳动者反而成为被奴役的工具,以金融危机为表现的虚拟经济危机更进一步地说明了这一点。②

此外,学界还从经济伦理思想、制度伦理思想、政治伦理思想、生态伦理思想、爱情婚姻伦理思想、技术伦理思想、新闻伦理思想等层面进行了探讨。比如经济伦理思想研究方面,以章海山、王小锡、余达淮、刘琳等研究为代表。除了章海山的研究之外,余达淮所著的《马克思经济伦理思想研究》,集中进行了对经济伦理的挖掘。特别是《资本论》,不仅是马克思的一本经济学著作,"也是一部经济伦理学著作"。③ 因此,对《资本论》经济伦理思想的研究将大大深化目前经济伦理研究的理论基础,拓展经济伦理研究的理论视野。王小锡从方法论的角度指出,《资本论》的研究方法可谓是哲学社会科学研究方法之典范,马克思的辩证分析法始终是与道德分析法密切地联系在一起的,道德分析法堪称马克思的"经典分析方法"。④ 近几年,在经济伦理研究的视野下出版了诸如《马克思经济伦理思想研究》《资本现代性的伦理批判》等著作。这些都大大深化了对马克思主义伦理思想基础理论的研究。

还有学者对马克思的伦理思想和近代人道主义以及把马克思的经济伦理思想与亚当·斯密的相关理论等方面进行了比较研究。也有学者对恩格斯伦理思想进行了探讨,认为恩格斯的有关著作是马克思主义伦理学最集中、最系统的概括。⑤

（2）列宁伦理思想研究

与马克思恩格斯伦理思想相比,对列宁伦理思想的研究显得要薄弱得多。许启贤主编的《中国伦理学百科全书·马克思主义伦理思想史卷》对列宁伦理思想进行了总括性的研究。该书认为,列宁伦理思想是马克思恩格斯伦理思想的发展。列宁依循马克思恩格斯的思想,进一步揭示了道德的起源、本质和发展规律等重大理论问题,并进一步揭示了道德与利益之间的关系,还第一次提出和使用了共产主义道德概念,并对它的含义、实质、基本原则以及道德评价、道德教育等问题进行了

① 参见李培超《〈神圣家族〉的伦理思想探析》,载《伦理学研究》2012 年第 9 期,第 1—7 页。
② 参见贺汉魂、王泽应《从〈资本论〉的发展伦理视域看金融危机》,载《学术交流》2009 年第 4 期,第 94—98 页。
③ 参见李志祥《〈资本论〉也是一部经济伦理学著作》,载《马克思主义研究》2001 年第 2 期。
④ 参见王小锡《〈资本论〉的经济伦理学解读》,载《清华哲学年鉴 2004》,石家庄:河北大学出版社 2006 年版,第 318—334 页。
⑤ 参见朱法贞《恩格斯伦理思想简论》,载《杭州大学学报》1989 年第 1 期。

科学的阐述。① 章海山等的《伦理学引论》一书对列宁的伦理思想进行了简明的概括,指出列宁的伦理思想坚持以下两点:一、决定论和道德评价相一致;二、共产主义道德和培养社会主义新人。②

除了宏观总体研究之外,近十多年来,学界还对列宁的政治伦理思想进行了重点研究。学者李建华对列宁的政治道德思想进行探讨,认为列宁针对当时俄国无产阶级政党内部和国家机关中严重的官僚主义倾向,提出了完整的无产阶级政治道德理论,为马克思主义伦理学宝库提供了新的宝藏。他概括了列宁政治道德思想的四个层面,即政治与道德的一致性:无产阶级道德的出发点;反特权、反官僚、做人民公仆:无产阶级政治家的基本道德原则;道德威信:道德在政治生活中的特殊效用;脚踏实地和开拓进取的统一:无产阶级领导者的政治道德作风。③ 而何建华认为,在社会主义革命和建设的历史时期,围绕革命与道德、党性与良心的关系问题,列宁坚持批判性、实践性、结合性、创新性的原则,深入探讨了马克思主义的政治伦理思想,为俄国党和人民的伟大实践提供了坚实的伦理支撑和强大的道德动力。④ 张振认为虽然列宁没有直接提出执政伦理的概念,但是列宁强调一切从实际出发,不断进行理论和实践创新,执政党必须依法执政,这些人民利益至上的执政理念,都突出了执政党坚持民主执政、人民利益至上的执政伦理原则。列宁还重视党员道德素质,要求通过相关制度不断拓宽执政党伦理建设的途径。⑤ 此外,还有诸多论者对列宁的经济伦理思想、道德教育思想、婚姻家庭思想等进行了探讨。

上面我们把马克思恩格斯和列宁的伦理思想分开阐述,当然,也有论者从某一要素或理论层面对马克思主义经典作家的伦理思想进行研究,比如王小锡对社会主义和共产主义道德的特征进行了研究,并认为,马克思主义经典作家从形成、实质、基础、功能、价值等五大层面阐述了社会主义和共产主义道德的基本特征,认为,社会主义和共产主义道德是在与旧道德的斗争中不断自我完善的道德,是主张将人的世界和人的关系回归于人自身并崇尚真正平等、自由以及权利和义务相统一的道德,是真正的全人类道德。这些经典阐述对在社会主义市场经济条件下认清现实道德建设的复杂性,自觉地把握道德建设的规律,发挥道德建设对于社会生

① 参见许启贤主编《中国伦理学百科全书·马克思主义伦理思想史卷》,长春:吉林人民出版社1993年版,第86—94页。
② 参见章海山、罗蔚《伦理学引论》,北京:高等教育出版社2009年版。
③ 参见李建华《论列宁的政治道德观》,载《学术论坛》1987年第2期。
④ 参见何建华《列宁的政治伦理思想及其当代价值》,载《中共中央党校学报》2009年第1期。
⑤ 参见张振《试论列宁的执政伦理思想》,载《社会主义研究》2009年第3期,第9—12页。

活的积极作用,以及实现以人为本、科学发展和社会和谐、民生改善等方面具有多维启示。①

(3) 关于中国马克思主义者伦理思想的研究

新中国成立以来,马克思主义伦理思想研究的重要方面是对马克思主义经典作家著作中的思想进行深入研究和继承发展,尤其是毛泽东、刘少奇、邓小平、江泽民、胡锦涛等党和国家的领导人,他们在社会主义建设和改革开放的实践中继承和发展马克思主义伦理思想,为社会主义道德建设提供了丰富的思想理论资源。下面,我们就毛泽东伦理思想、邓小平伦理思想、江泽民伦理思想和胡锦涛伦理思想逐一加以阐述。

第一,毛泽东的伦理思想研究。

毛泽东确立了以"为人民服务"为核心的社会主义道德建设体系,为马克思主义伦理思想的发展作出了杰出的贡献。他提出了"为人民服务"这一共产党人的政治宗旨和道德目标。他对集体主义、爱国主义和国际主义等共产主义道德原则和规范的内容作了新的补充发展。他以是否有利于人民大众、是否有利于生产力的发展为道德评价的标准,要求把动机与效果统一起来,发展了马克思主义关于道德评价的理论,对文化遗产的批判和继承、人性论、革命人道主义等问题,都作了科学的回答。周恩来、刘少奇、张闻天等老一辈无产阶级革命家对毛泽东伦理思想进行了丰富和发展,尤其是阐述了培养共产主义理想人格的理论。

学界对毛泽东伦理思想进行专门性的探讨的著作有刘广东的《毛泽东伦理思想简论》(山东人民出版社 1987 年版)、魏英敏主编的《毛泽东伦理思想新论》(北京大学出版社 1993 年版)。刘广东在书中首先对毛泽东伦理思想进行了总括,分析了其成因、构架、核心,民族特色和历史命运。之后分为上下篇对毛泽东早期伦理思想和毛泽东伦理思想(即成熟时期)进行了论述。王彩铃的《毛泽东早期伦理思想》专题性地对毛泽东的早期伦理思想的转变进行了深入阐述,该著"从中国近代以来的整个历史走向来分析毛泽东早期伦理思想的变化脉络;紧密与当今中国改革开放和现代化建设的实际相结合,来论证扬弃毛泽东早期伦理思想的问题,使论文有较高的立意,较宏大的背景,较厚重的历史感,该论文不只是一篇书斋中的文章,而忧国忧民的'经世致用'之言,具有现实意义"(夏卫东语)。魏英敏主编的《毛泽东伦理思想新论》一书为纪念毛泽东诞辰 100 周年而作,依次介绍了毛泽东伦理

① 参见王小锡《社会主义道德和共产主义道德的基本特征及其当代启示——重温马克思、恩格斯、列宁的有关经典论述》,载《伦理学研究》2009 年第 2 期。

思想的哲学基础、道德遗产批判继承的理论、道德原则规范与范畴的理论、道德评价的理论、培养造就一代共产主义新人的理论以及毛泽东日常生活和工作中的道德实践等问题。另外，冒君刚的《毛泽东的道德思想和伟大人格》（陕西人民出版社1993年版）一书论述了毛泽东早期至新中国成立后的道德思想与实践及其光明磊落、乐观豪放、清廉超脱的伟大人格。

学界关于毛泽东思想的理论框架的探讨，比较趋于一致地认为，全心全意为人民服务是毛泽东思想的核心，集体主义是毛泽东伦理思想的原则①，"五爱"规范是道德评价的依据、原则和方法论，道德实践即道德修养和道德教育。

此外，学界还对毛泽东的伦理思想与毛泽东伦理思想进行了必要的区分，但是对毛泽东伦理思想的分期问题尚存在争议。学界还研究了毛泽东对马克思主义伦理学的贡献：一是对马克思主义伦理道德基本理论的发挥和发展，包括无产阶级的道德与功利主义以及道德活动的评价——动机和效果的统一。二是对马克思主义伦理道德基本内容的丰富和贡献，包括以集体主义为核心的道德基本原则、以共产主义人生观为目标的道德价值观以及提倡以"五爱"为社会主义的社会公德。

学界还从经济伦理、政治伦理等维度对毛泽东伦理思想进行了研究。比如王秀华的《为政治立"法"——毛泽东政治伦理思想研究》（人民出版社2008年版），主要包括五个部分十一大问题：其一，导论部分，主要涉及毛泽东政治伦理思想论题的形成、意义及方法等前提性问题。其二，"价值"部分，包括毛泽东关于政治的理想追求和现实正当性两大问题。其三，"制度"部分，包括毛泽东关于政治的制度准则及制度设置方面要处理的四大问题：集体与个人；功利与道义；冲突与和谐；德治与法治。其四，"主体"部分，包括革命者（公民）的政治道德与政治家的职业伦理两大问题。其五，结论部分，在分析总结毛泽东政治伦理思想精神特质的基础上，研究其历史定位及继承价值。它包括逻辑分析与现实总结两个方面的问题。

第二，邓小平的伦理思想研究。

学界研究邓小平伦理思想的论文和著作较多，对其进行总体性研究的主要代表性著作有陈玉金的《邓小平伦理思想》（南京出版社1990年版）、廖小平的《邓小平伦理思想研究》（湖南师范大学出版社1996年版）、李时权主编的《邓小平伦理思想研究》（广东人民出版社1998年版）、吕志敏等的《中国伦理思想的承传与发展：邓小平伦理思想研究》（内蒙古人民出版社2003年版）等。陈玉金的《邓小平伦理思想》系统性强，是国内第一部研究邓小平伦理思想的学术性专著，主要论述了邓

---

① 有人认为，毛泽东的集体主义原则实质是革命功利主义原则。

小平伦理思想的主要内容、本质特征和历史地位。廖小平的《邓小平伦理思想研究》立足于当代中国社会主义精神文明建设和道德建设的实际,较为深刻地论述了邓小平关于社会主义集体主义、关于公平与效率、关于培养"四有新人"等观点,并给予了中肯评价。李时权主编的《邓小平伦理思想研究》则重点探讨了邓小平伦理思想中的若干价值关系,全面展示了邓小平伦理思想的主要内容、特色及其理论贡献。

温克勤概括了邓小平伦理思想的思想体系包括的主要内容有:关于两手抓,建设社会主义精神文明的思想,关于道德建设在精神文明建设中的地位和作用的思想,关于培养"四有"新人的思想,关于干部道德和党风对社会道德风尚的决定作用的思想,关于发扬"五种革命精神"和艰苦奋斗精神优良传统的思想,关于以人民利益为本位的价值观,关于爱国主义,关于集体主义,关于人道主义,关于反对封建主义道德影响和抵制资产阶级腐朽道德侵蚀,关于加强道德教育与加强法制纪律。[①]

此外,王泽应研究了邓小平伦理思想的历史地位问题,他认为,邓小平伦理思想是继毛泽东伦理思想之后我们党和人民又一重大的伦理学成果和宝贵财富,它以改革开放的道德价值视野、"三个有利于"的道德价值取向和在"三个面向"中培养"四有新人"的理想关怀,给 20 世纪马克思主义伦理思想宝库贡献了许多新的内容。邓小平伦理思想体现了解放思想、实事求是和与时俱进的理论特质,全面回答了在中国这样一个经济文化还比较落后的社会主义大国如何建设先进的现代化的伦理文化的问题,并以立足本国而又面向世界和未来的开放胆识昭示于世界伦理学之林。[②] 王泽应在《20 世纪中国马克思主义伦理思想研究》一书中总结邓小平对马克思主义伦理思想发展的贡献时指出,邓小平的伦理思想第一次比较系统地论证了社会主义伦理道德建设的客观环境和现实条件、指导方针和战略步骤、伦理原则和主要任务等问题,为新中国伦理学的繁荣与振兴作出了巨大的历史性的贡献。[③]

学界对邓小平的经济伦理思想、企业伦理思想、政治伦理思想(包括国际政治伦理、政党伦理)、科技伦理思想、教育伦理思想、爱国主义思想[如朱炳元的《邓小平爱国主义思想研究》(苏州大学出版社 2000 年版)]等方面进行了多维度的探讨。在经济伦理思想研究方面的代表性著作有王小锡、郭建新主编的《邓小平经济伦理

---

① 参见温克勤《邓小平的伦理思想及其时代特征》,载《高校理论战线》1995 年第 1 期。
② 参见王泽应《邓小平伦理思想的独特地位——纪念邓小平诞辰 100 周年》,载《伦理学研究》2004 年第 4 期。
③ 参见王泽应《20 世纪中国马克思主义伦理思想研究》,北京:人民出版社 2008 年版,第 195 页。

思想研究——简论道德建设与社会主义市场经济》(南京师范大学出版社 2001 年版),该书上篇对邓小平经济伦理思想作了系统概括;中篇对邓小平理论的一些重要命题作经济伦理的分析,从不同角度展示了邓小平经济伦理思想的深刻内涵;下篇以邓小平理论为指导,用独特视角、分专题对社会主义市场经济条件下道德建设特征、内容和目标作了分析探讨。还有论者指出,邓小平经济伦理观是邓小平理论的重要组成部分,是邓小平运用马克思主义的立场、观点和方法对经济和伦理道德的密切结合,是当代中国经济建设实践和时代精神的结晶。深入分析邓小平经济伦理观,对于落实以人为本的科学发展观、构建社会主义和谐社会具有重要的意义。①

第三,江泽民的伦理思想研究。

江泽民对马克思主义伦理思想的新发展、新贡献主要体现在以下几个方面:"在政治伦理建设方面,提出了以立党为公、执政为民为本质的'三个代表'重要思想以及依法治国和以德治国相结合的治国方略;在社会主义思想道德建设方面,系统阐述了社会主义思想道德建设的指导思想、核心、原则、重点、基本要求和落脚点,构建了与社会主义市场经济相应的社会主义思想道德体系;在经济伦理方面提出了效率优先、兼顾公平、效率与公平相协调以及建立公正合理国际经济新秩序的论断;在消费伦理方面,提出了合理消费的核心价值理念,阐述了合理消费的重大意义,提出了引导合理消费的基本路径;在科技伦理方面,精辟概括了科技伦理的核心问题,提出了加强科技道德建设、科技发展应当服从伦理引导的思想;在生态伦理方面,深刻阐述了保护生态环境的重大意义,提出了'促进了人和自然的协调与和谐',建立生态环境保护道德规范的思想,等等。"②王泽应认为,"江泽民伦理思想的基本内容包括弘扬爱国主义、集体主义、社会主义的时代主旋律,构建与社会主义市场经济相适应的社会主义道德体系,面向世界和未来,推动伦理道德观念的现代化等方面,其贡献表现在既继承了邓小平伦理思想又发展了邓小平伦理思想,深化了对中国特色社会主义伦理道德体系的认识,针对社会主义市场经济和国际经济政治格局的新变化,创造性地提出了一系列新的伦理道德命题和观点,阐述了如何在社会主义市场经济条件和经济全球化的形势下建设社会主义道德,提高全国人民的思想道德素质,在整个社会形成一种团结合作、平等互助的新型人际关系和社会道德风尚的问题。"③学界近年来对江泽民伦理思想的形成、发展,主要内

① 参见郑克岭、刘宏凯《邓小平经济伦理观探析》,载《经济研究导刊》2006 年第 4 期。
② 朱忠祥:《当代中国马克思主义伦理思想研究的新探索》,载《船山学刊》2006 年第 4 期。
③ 王泽应:《江泽民伦理思想研究》,载《吉首大学学报》(社科版)2003 年第 1 期。

容和历史贡献进行了研究,取得了系列成果。值得一提的是,刘镇江的《江泽民伦理思想研究》(2006)一书已由中央文献出版社出版,该书是研究当代中国马克思主义伦理思想新成果的探索性学术专著,比较全面地阐述了江泽民的政治伦理、经济伦理、消费伦理、科技伦理、生态伦理以及社会主义道德建设思想等丰富内容,从不同侧面揭示了"三个代表"重要思想所包含的伦理底蕴,并深刻地探讨了江泽民伦理思想的时代背景、实践基础、理论来源、历史地位和重大意义。江泽民伦理思想涉及的研究主题是:江泽民伦理思想的特点及其贡献,以德治国思想,"三个代表"重要思想的伦理内涵,经济伦理思想,科技伦理思想,生态伦理思想,和谐社会的伦理维度,安全生产伦理思想等。

关于其以德治国思想,学界进行了深入的研究、探讨。① 而关于"三个代表"的伦理内涵,学界进行了多维度充分的探讨。比如,汪荣有认为,坚持"三个代表",就坚持了为人民服务的社会主义道德核心;"三个代表"与集体主义是相辅相成、相互作用的;"三个代表"是判断人的各种道德观念、道德行为向善与否的一个根本性标准。

关于其经济伦理思想,有论者认为,以经济建设为中心,大力发展生产力,是社会主义初级阶段全党的中心工作。江泽民站在时代发展的高度,从经济、政治和伦理三者相结合的新视角,深刻阐述了中国大力发展经济的意义与价值以及发展社会主义市场经济与加强社会主义道德建设之间的本质联系;同时,运用马克思主义的宽广眼界观察世界,提出了建立公正合理的国际经济新秩序的科学论断。② 另有论者认为,在江泽民经济伦理思想中,人的发展是经济发展的终极目标,成果共享是利益分配的根本原则,德法并举是经济运行的重要保障,和谐共生是经济发展的精神实质,以人为本是经济发展的价值准则。③

关于科技伦理思想研究,刘振明认为,江泽民对科学技术的重要论述中蕴含着丰富的科技伦理思想,即科学技术要服务于社会主义经济建设,服务于人类的进步事业,弘扬创新精神,勇攀科技高峰,正确处理人与自然的关系,实现人类可持续发展,发扬"四种精神",加强科技职业道德建设,社会科学家的道德责任。研究、运用这些思想对于加强科技界的思想道德建设,推动我国科技事业健康、蓬勃发展,具

---

① 如王伟《论江泽民的德治思想——学习〈江泽民文选〉的体会》,载《光明日报》2006 年 9 月 18 日。其他关于以德治国思想的阐述,请参看第十八章法律伦理部分的内容。
② 参见刘镇江《江泽民经济伦理观探析》,载《求索》2003 年第 2 期。
③ 参见陈德祥《江泽民经济伦理思想探析》,载《湖北社会科学》2007 年第 5 期。

有重要的指导意义。① 当然,学界对江泽民的伦理思想的研究尚有待进一步加深和拓展。

第四,胡锦涛的伦理思想研究。

关于社会主义荣辱观。胡锦涛提出了"八荣八耻"的社会主义荣辱观。有学者对社会主义荣辱观的思想渊源、理论基础、基本特征、主要内容以及树立社会主义荣辱观的时代价值与历史必然性等问题进行了深入系统的阐述。同时对树立社会主义荣辱观的意义、社会主义荣辱观的内涵本质和大力弘扬社会主义荣辱观进行了简明扼要的探讨,并分别对"八荣八耻"进行了解读和阐释。关于社会主义荣辱观的研究,学界主要关注的还有:关于社会主义荣辱观提出的背景与形成的基础,关于社会主义荣辱观的内涵与结构,关于社会主义荣辱观的定位和特征,关于社会主义荣辱观的意义和价值,关于树立和落实社会主义荣辱观的总体思路,关于学校社会主义荣辱观教育的实践。

关于科学发展观的伦理蕴意,学界进行了大量探讨,比如,陈爱华认为,科学发展观是当时新一届中央领导集体根据中国改革开放的实践提出的符合当代世界发展趋势的新发展观。它揭示了在全面建设小康社会这一特定历史情境中的伦理关系,体现了当代"以人为本"、促进全面发展和实现可持续发展的伦理精神,对于确立科学的发展目标、评价机制和发展方略具有重要的伦理价值。② 刘振明从伦理学的角度对可持续发展战略的内涵进行了剖析:承认并尊重环境、资源的价值,确立人与自然和谐统一的价值观;坚持公平原则,确立人类长期发展的责任与义务,并指出,提高人的科学文化和思想道德素质是实施可持续发展战略的重要保证。③此外,学界还探讨了科学发展观的生态伦理维度。

学界就和谐社会的伦理维度展开了探讨。如王小锡认为,社会主义道德是社会主义现代化建设所不可或缺的重要前提和基本保证。而作为有中国特色的社会主义社会的表现形态,和谐社会也必然会体现这一价值维度。社会主义道德,不仅是社会主义和谐社会的信念支撑和价值目标,同时它以制序化的规范要求协调着各种社会关系(尤其是利益关系)。④ 有学者认为,和谐是人类孜孜以求的理想。追求和谐,体现了主体在人、社会、自然系统中崇高的道德使命感,蕴含有丰富的伦

---

① 参见刘振明《江泽民的科技伦理思想探析》,载《道德与文明》2002 年第 5 期。
② 参见陈爱华《论科学发展观的伦理之维》,载《南京政治学院学报》2005 年第 2 期。
③ 参见刘振明《可持续发展观的伦理思考》,载《道德与文明》1999 年第 4 期。
④ 参见王小锡《和谐社会的道德思考》,载《2006 年江苏省哲学社会科学界学术大会论文集(上)》,2006 年。

理内涵：一是和谐本是一种伦理价值追求；二是和谐社会需要伦理道德的维系；三是和谐社会有其德性要求。① 也有学者从政治伦理维度来探讨和谐社会问题，认为社会主义和谐社会的理论具有鲜明的政治伦理维度。这些政治伦理维度，反映了我国人民的根本利益和社会主义运动的价值目的；揭示了社会主义社会人与人之间的密切关系；提出了加强社会主义社会制度伦理建设和我国公民道德建设的历史课题。②

三、简要评述

新中国成立 70 年来，国内学界马克思主义伦理思想的研究取得了丰硕的理论成果，在实践中也得到了广泛的应用。综合观之，70 年来的发展成就主要包括如下几个方面。

第一，马克思主义伦理思想在中国已经形成了中国话语体系。新中国成立后，在批判传统文化中不适应新制度建设的伦理道德内容的同时，面临着重建新的社会伦理道德思想体系的问题，这个摸索的过程有挫折有成就，直至改革开放才真正找到实践创新路径。虽然我国马克思主义伦理思想体系的建立是脱胎于苏联的伦理学理论，但是经过了改革开放的洗礼，伴随着我国中国特色社会主义制度建设道路的开辟，我国的马克思主义伦理思想探索在概念、范畴、原理、方法等方面都形成了本国的研究特色，特别是 2004 年以来马克思主义理论研究和建设工程的教材建设工程编订出版了新的《伦理学》教材，集中反映了 70 年来在马克思主义伦理思想研究基础上的反映中国特色的伦理学话语体系。

第二，在文献积累上涌现出了大量的马克思主义伦理思想研究的理论成果。任何一门学科的发展都需要文献基础，在积累了基础文献的基础上才能去粗取精，去伪存真，经过历史长河的冲刷才能留下真正的理论珍珠。经过 70 年的发展，马克思主义伦理思想研究的文献数量可观，出现了百花齐放、百家争鸣的大好局面。特别是在理论争鸣方面，有批判有创新，既澄清了理论问题，又推动了实践应用。社会主义精神文明建设，公民道德建设纲要，社会主义荣辱观，社会主义核心价值观建设等实践层面，都呈现出了马克思主义伦理思想研究成果的深厚理论基础。

第三，在全国范围内出现了较多从事马克思主义伦理思想研究的基地和专家

---

① 参见冉桂琼《和谐社会的伦理内涵》，载《社会科学研究》2005 年第 6 期。
② 参见白树震《论社会主义和谐社会理论的政治伦理维度》，载《毛泽东思想研究》2008 年第 4 期。

学者。70 年来的薪火传承使得一代代伦理学人接力成长,从最早由中国人民大学设立的伦理学教研室,发展到多个具有全国影响力的伦理学研究基地,直至全国各地的伦理学研究机构开展了频繁的中外学术交流,从人员、资金到研究机构实体,都形成了欣欣向荣的学术研究局面。一大批青年学者接续前辈的传统,依托着全国各地有影响力的研究基地,续写马克思主义伦理思想研究的光辉历程和精彩篇章。

在回顾研究历史、考察研究成果的同时,我们也应总结历史经验,认识研究现实状况,看到研究的不足。归纳起来,可以从以下几个方面进行探讨。

第一,科学对待马克思主义伦理思想研究与意识形态的辩证关系。党和国家的意识形态建设是上层建筑的核心内容。要把意识形态贯彻到社会主义精神文明建设、公民道德建设、社会主义市场经济道德建设、以德治国战略的实施、社会主义核心价值体系建设等的马克思主义伦理思想研究的理论维度中去,并且在应用实践领域体现理论发展的价值。因此,马克思主义伦理思想的研究必须真正地体现马克思主义的精髓,深刻地理解马克思、恩格斯、列宁等经典作家乃至毛泽东、邓小平等领导人的相关论述的精神实质,而绝对不能进行随意的极"左"或极右的解释。从历史的经验教训来看,我们曾经在马克思主义伦理思想的研究当中因为极"左"的政治倾向而曲解误解马克思、恩格斯、列宁等经典作家的具体论述,为错误的政治倾向起到了推波助澜的负作用,在理论上混淆视听,在实践中也造成了严重的后果。因此,马克思主义伦理思想研究,要准确理解马克思主义思想家、理论家的著作,分清具体论述的具体历史条件,在此基础上探讨其当代价值和现实意义。

第二,要与时代主题相契合,开辟出适应新时代的理论体系和应用路径。进入21 世纪以来,国内的发展状况和所面临的国际局势都发生了一些变化,特别是近十多年来,我国面临着消除贫困和全面建成小康社会的艰巨任务。与此同时,时代和社会的发展给全人类的生活带来了全方位的变化,尤其是科学技术的飞速发展,在改变人们生活方式的同时带来了诸多伦理问题,这些问题表现在诸如人工智能技术(人类增强和机器人)、医学(安乐死)、生态(环境恶化)等方面,而马克思主义伦理思想囿于传统的研究主题和视野,往往对这些领域出现的新问题解释乏力,缺少应用性解释维度,学者们似乎也习惯了这样的思维定式,在面对这些新问题的时候,往往从西方社会相关理论中寻找阐释根据,这就需要从事马克思主义伦理思想研究的学者们共同努力,结合新时代的发展和面向未来百年的"两个阶段"的谋划,突破旧有的研究框架,改变思路,为实现中国梦奠定思想基础。

其三,要结合我国优秀传统文化,处理好中国传统伦理文化在新时代的创造性转化和创新性发展问题。中国传统伦理思想文化是马克思主义伦理思想能够大众化、民族化的重要思想资源和基础。习近平总书记经常引用中国文化典故来剖析现代政治生活中的伦理问题,比如"为政以德""治不必同,期利于民""合抱之木,生于毫末""以势交者,势倾则绝"等。这些都蕴含着马克思主义中国化的内在特性。除此之外,积极跟西方伦理价值文化进行比较和对话,吸收中国优秀传统文化之精华,创新马克思主义伦理思想的教学和研究体系,在实践中形成新时代的全民族的共同伦理价值观,凝聚和提振中华民族之精神,是进入新时代以来广大马克思主义伦理思想研究者的紧迫任务。

主要参考书目

《马克思恩格斯文集》第1—10卷,人民出版社2009年版
《列宁专题文集》(5册),人民出版社2010年版
《毛泽东文集》第一至八卷,人民出版社1993年版
《毛泽东选集》第一至四卷,人民出版社1991年版
《周恩来文选》上卷,人民出版社1980年版
《周恩来文选》下卷,人民出版社1984年版
《刘少奇选集》上卷,人民出版社1981年版
《刘少奇选集》下卷,人民出版社1985年版
《邓小平文选》第一至二卷,人民出版社1994年版
《邓小平文选》第三卷,人民出版社1993年版
《江泽民文选》第一至三卷,人民出版社2006年版
《胡锦涛文选》第一至三卷,人民出版社2016年版
《习近平谈治国理政》第一卷,外文出版社2018年版
《习近平谈治国理政》第二卷,外文出版社2017年版

韦冬、王小锡主编:《马克思主义经典作家论道德》,中国人民大学出版社2017
年版

陈玉金:《邓小平伦理思想》,南京出版社1990年版
黄云明:《马克思劳动伦理思想的哲学研究》,人民出版社2015年版
李时权主编:《邓小平伦理思想研究》,广东人民出版社1998年版
廖小平:《邓小平伦理思想研究》,湖南师范大学出版社1996年版
刘广东:《毛泽东伦理思想简论》,山东人民出版社1987年版
刘琳:《〈资本论〉的经济伦理思想研究》,安徽人民出版社2008年版
刘琳:《马克思政治伦理思想研究——当代视野中的马克思若干经典文本解

读》,江苏人民出版社 2013 年版

　　刘镇江:《江泽民伦理思想研究》,中央文献出版社 2006 年版

　　曲红梅:《马克思主义、道德和历史》,中国社会科学出版社 2016 年版

　　宋惠昌:《马克思恩格斯的伦理学》,红旗出版社 1986 年版

　　唐能赋:《毛泽东的伦理思想》,西南师范大学出版社 1993 年版

　　韦冬主编:《中国共产党思想道德建设史》,山东人民出版社 2016 年版

　　吴潜涛等:《中国化马克思主义伦理思想研究》,中国人民大学出版社 2015 年版

　　王小锡、郭建新主编:《邓小平经济伦理思想研究》,南京师范大学出版社 2001 年版

　　王秀华、程瑞山:《为政治立"法"——毛泽东政治伦理思想研究》,人民出版社 2008 年版

　　王泽应:《马克思主义伦理思想中国化最新成果研究》,中国人民大学出版社 2018 年版

　　魏英敏主编:《毛泽东伦理思想新论》,北京大学出版社 1993 年版

　　徐强:《马克思主义经济伦理思想研究》,人民出版社 2012 年版

　　夏伟东主编:《中国共产党思想道德建设史略》,山东人民出版社 2006 年版

　　余达淮:《马克思经济伦理思想研究》,江苏人民出版社 2006 年版

　　张振:《中国共产党执政伦理建设研究》,上海三联书店 2017 年版

　　章海山:《马克思主义伦理思想发展的历程》,上海人民出版社 1991 年版

　　陈瑛、廖申白主编:《现代伦理学》,重庆出版社 1990 年版

　　程炼:《伦理学导论》,北京大学出版社 2017 年版

　　高国希:《道德哲学》,复旦大学出版社 2005 年版

　　郭广银主编:《伦理学原理》,南京大学出版社 1995 年版

　　高兆明:《伦理学理论与方法》,人民出版社 2005 年版

　　龚群:《现代伦理学》,中国人民大学出版社 2010 年版

　　甘葆露:《伦理学概论》,高等教育出版社 1994 年版

　　甘绍平:《伦理学的当代建构》,中国发展出版社 2015 年版

　　甘绍平:《人权伦理学》,中国发展出版社 2009 年版

　　韩东屏:《人本伦理学》,华中科技大学出版社 2012 年版

　　江畅:《理论伦理学》,湖北人民出版社 2000 年版

江万秀:《伦理学探本》,中国经济出版社 1995 年版

李奇主编:《道德学说》,中国社会科学出版社 1989 年版

李奇:《道德科学初学集》,上海人民出版社 1979 年版

罗国杰主编:《伦理学》,人民出版社 1989 年版

罗国杰、马博宣、马进:《伦理学教程》,中国人民大学出版社 1997 年版

罗国杰:《罗国杰文集》(上、下),河北大学出版社 2000 年版

伦理学编写组:《伦理学》("马工程"重点教材),高等教育出版社、人民出版社 2012 年版

龙静云主编:《马克思主义伦理学》,中国人民大学出版社 2016 年版

刘可风主编:《伦理学原理》,中国财政经济出版社 2003 年版

廖申白:《伦理学概论》,北京师范大学出版社 2009 年版

倪素香:《伦理学导论》,武汉大学出版社 2002 年版

唐凯麟:《伦理大思路——当代中国道德和伦理学的理论审视》,湖南人民出版社 2000 年版

唐凯麟:《伦理学》,高等教育出版社 2001 年版

唐代兴:《优良道德体系论——新伦理学研究》,中国大百科全书出版社 2004 年版

万俊人:《伦理学新论——走向现代伦理》,中国青年出版社 1994 年版

万俊人:《寻求普世伦理》,北京大学出版社 1994 年版

王臣瑞:《伦理学》,台北:学生书局 1980 年版

王海明:《新伦理学》,商务印书馆 2001 年版

王小锡、郭广银主编:《伦理学通论》,中国广播电视出版社 1990 年版

王雨辰:《伦理批判与道德乌托邦》,人民出版社 2014 年版

王泽应:《伦理学》,北京师范大学出版社 2012 年版

魏英敏:《当代中国伦理与道德》,昆仑出版社 2001 年版

魏英敏主编:《新伦理学教程》,北京大学出版社 1993 年版

许启贤主编:《伦理学研究初探》,天津教育出版社 1989 年版

夏伟东:《道德本质论》,中国人民大学出版社 1991 年版

肖雪慧、韩东屏:《主体的沉沦与觉醒——伦理学的一个新构想》,贵州人民出版社 1988 年版

杨国荣:《伦理与存在——道德哲学研究》,上海人民出版社 2002 年版

章海山、罗蔚主编:《伦理学引论》,高等教育出版社 2009 年版

张善城:《伦理学基础》,黑龙江人民出版社 1983 年版

周原冰:《共产主义道德通论》,上海人民出版社 1986 年版

周原冰:《道德问题丛论》,华东师范大学出版社 1983 年版

曾仰如(台湾):《伦理哲学》,商务印书馆 1985 年版

陈章龙、周莉:《价值观研究》,南京师范大学出版社 2004 年版

何怀宏:《良心论——传统良知的社会转化》,上海三联书店 1994 年版

江畅:《走向优雅生存——21 世纪中国社会价值选择研究》,中国社会科学出版社 2004 年版

靳凤林:《死,而后生——死亡现象学视阈中的生存伦理》,人民出版社 2005 年版

李义天:《美德、心灵与行动》,中央编译出版社 2016 年版

孙春晨:《生死论》,中国青年出版社 2001 年版

宋希仁:《伦理与人生》,教育科学出版社 2000 年版

宋希仁:《不朽的寿律》,中国人民大学出版社 1989 年版

韦冬、沈永福:《比较与争锋:集体主义与个人主义的理论、问题与实践》,中国人民大学出版社 2015 年版

夏伟东:《论个人与社会——兼论人生价值导向》,上海人民出版社 1990 年版

袁祖社:《权力与自由——市民社会的人学考察》,中国社会科学出版社 2003 年版

赵汀阳:《论可能生活》(第 2 版),中国人民大学出版社 2010 年版

张庆:《20 世纪中国人生观论争》,广东高等教育出版社 2000 年版

曾钊新:《人性论》,中南工业大学出版社 1988 年版

葛晨虹等:《中国社会道德发展研究报告》,中国人民大学出版社 2013 年版

郭广银、杨明:《当代中国道德建设》,江苏人民出版社 2000 年版

焦国成主编:《公民道德论》,人民出版社 2004 年版

罗国杰主编:《道德建设论》,湖南人民出版社 1997 年版

罗文章:《新农村道德建设研究》,当代中国出版社 2008 年版

李兰芬:《当代中国德治研究》,人民出版社 2008 年版

李奇:《道德与社会生活》,上海人民出版社 1984 年版

龙静云:《治化之本——市场经济条件下的中国道德建设》,湖南人民出版社

1998 年版

刘建荣:《当代中国农民道德建设研究》,群众出版社 2007 年版

刘云林:《善的求索——当代中国道德建设研究》,黑龙江人民出版社 2001 年版

倪素香:《善恶论》,武汉大学出版社 2001 年版

钱广荣:《中国道德国情论纲》,安徽人民出版社 2002 年版

沈永福:《道德意志论》,人民出版社 2018 年版

舒金城主编:《市场经济与道德建设》,中国商业出版社 1998 年版

吴灿新:《道德代价论》,人民出版社 2014 年版

王珏:《组织伦理——现代性文明的道德哲学悖论及其转向》,中国社会科学出版社 2008 年版

王小锡主编:《以德治国读本》,江苏人民出版社 2001 年版

许启贤:《伦理道德与社会文明》,中国劳动出版社 1995 年版

余涌:《道德权利研究》,中央编译出版社 2001 年版

章海山:《当代道德的转型和建构》,中山大学出版社 1999 年版

安延明:《应用伦理学的新视野》,人民出版社 2008 年版

陈金华:《应用伦理学引论》,复旦大学出版社 2015 年版

卢风:《应用伦理学——现代生活方式的哲学反思》,中央编译出版社 2004 年版

卢风等:《应用伦理学概论》(第 2 版),中国人民大学出版社 2015 年版

甘绍平:《应用伦理学前沿问题研究》,江西人民出版社 2002 年版

任丑:《应用伦理学探究》,科学出版社 2017 年版

宋惠昌:《应用伦理学》,中共中央党校出版社 2001 年版

周纪兰:《应用伦理学》,天津人民出版社 1990 年版

陈泽环:《功利 奉献 生态 文化——经济伦理学引论》,上海社会科学院出版社 1999 年版

刘光明:《经济活动伦理研究》,中国人民大学出版社 1999 年版

李建华等:《走向经济伦理》,湖南大学出版社 2008 年版

陆晓禾:《经济伦理学研究》,上海社会科学院出版社 2008 年版

陆晓禾:《走出丛林——当代经济伦理学漫话》,湖北教育出版社 1999 年版

厉以宁:《经济学的伦理问题》,三联书店 1995 年版

乔法容、朱金瑞主编:《经济伦理学》,人民出版社 2004 年版

强以华:《经济伦理学》,湖北人民出版社 2001 年版

孙春晨:《市场经济伦理研究》,江苏人民出版社 2005 年版

万俊人:《道德之维——现代经济伦理学导论》,广东人民出版社 2000 年版

万俊人:《义利之间——现代经济伦理十一讲》,团结出版社 2003 年版

王福霖、刘可风主编:《经济伦理学》,中国财政经济出版社 2001 年版

王露璐、汪洁等:《经济伦理学》,人民出版社 2014 年版

王锐生、程广云:《经济伦理研究》,首都师范大学出版社 1999 年版

王小锡:《中国经济伦理学》,中国商业出版社 1994 年版

王小锡:《道德资本与经济伦理》(自选集),人民出版社 2009 年版

王小锡:《经济伦理学》,人民出版社 2015 年版

王小锡:《道德资本论》,译林出版社 2016 年版

汪荣有:《当代中国经济伦理论》,人民出版社 2004 年版

晏辉:《市场经济的伦理基础》,山西教育出版社 1999 年版

章海山:《经济伦理论》,中山大学出版社 2001 年版

章海山:《经济伦理及其范畴研究》,中山大学出版社 2005 年版

朱有志:《经济道德层次论》,湖南人民出版社 2009 年版

周中之、高惠珠:《经济伦理学》,华东师范大学出版社 2002 年版

涂平荣:《当代中国农村经济伦理问题研究》,中国社会科学出版社 2015 年版

王露璐:《乡土伦理》,人民出版社 2008 年版

谢丽华:《农村伦理的理论与现实》,中国农业出版社 2010 年版

丁瑞莲:《现代金融的伦理维度》,人民出版社 2009 年版

郭建新等:《财经信用伦理研究》,人民出版社 2009 年版

梅世云:《论金融道德风险》,中国金融出版社 2010 年版

王曙光等:《金融伦理学》,北京大学出版社 2011 年版

王淑芹等:《信用伦理研究》,中央编译出版社 2005 年版

战颖:《中国金融市场的利益冲突与伦理规制》,人民出版社 2005 年版

陈炳富、周祖城:《企业伦理学概论》,南开大学出版社,2000 年版

陈进华：《财富共享论——财富伦理的一种视野》，吉林人民出版社 2009 年版

高朴：《道德营销论》，江苏人民出版社 2005 年版

龚天平：《伦理驱动管理——当代企业管理伦理的走向及其实现研究》，人民出版社 2011 年版

何建华：《经济正义论》，上海人民出版社 2004 年版

纪良纲：《商业伦理学》，中国人民大学出版社 2005 年版

江雪莲：《现代商业伦理》，中央编译出版社 2002 年版

卢德之：《资本精神》，中国社会科学出版社 2008 年版

刘光明主编：《新企业伦理学》，经济管理出版社 2015 年版

刘可风等主编：《企业伦理学》，武汉理工大学出版社 2011 年版

龙静云、乔洪武：《钥匙的魔力——企业道德概论》，武汉工业出版社 1991 年版

罗能生：《产权的伦理维度》，人民出版社 2004 年版

厉以宁：《超越市场与超越政府——论道德力量在经济中的作用》，经济科学出版社 1999 年版

李玉琴：《经济诚信论》，江苏人民出版社 2005 年版

毛勒堂：《经济生活世界的意义追问》，人民出版社 2011 年版

毛郁欣、赵亮：《大数据时代电商伦理前沿问题研究》，东北大学出版社 2016 年版

乔法容等：《企业伦理文化——当代西方企业管理的新趋势》，河南人民出版社 1990 年版

欧阳润平：《企业伦理学》，湖南人民出版社 2003 年版

欧阳润平：《义利共生论——中国企业伦理研究》，湖南教育出版社 2000 年版

宋伟：《社会转型时期中小企业伦理建设研究》，清华大学出版社 2014 年版

宋智勇：《企业伦理学》，清华大学出版社 2017 年版

汤正华、张少兵：《差异、融合与创新——比较视域的中西管理伦理探究》，光明日报出版社 2012 年版

王莹、柴艳萍、蔺丰奇、田克俭：《现代商业之魂》，人民出版社 2006 年版

王志乐：《软竞争力：跨国公司的公司责任理念》，中国经济出版社 2005 年版

徐大建：《企业伦理学》，上海人民出版社 2002 年版

叶陈刚、张立娟、黄少英：《商业伦理与企业责任》，高等教育出版社 2016 年版

晏辉：《经济行为的人文向度——经济分析的人类学范式》，江西教育出版社 2005 年版

易开刚:《营销伦理学》,浙江工商大学出版社 2010 年版

朱步楼:《可持续发展伦理研究》,江苏人民出版社 2006 年版

朱金瑞:《当代中国企业伦理模式研究》,安徽大学出版社 2011 年版

张应杭:《企业伦理学导论》,浙江大学出版社 2002 年版

张志丹:《道德经营论》,人民出版社 2013 年版

周祖城:《企业伦理学》,清华大学出版社 2015 年版

周中之:《全球化背景下中国的消费伦理》,人民出版社 2012 年版

常卫国:《劳动论》,辽宁人民出版社 2005 年版

陈振鹭:《劳动问题大纲》,上海大学书店出版社 1934 年版

董志勇:《劳动、所有制与绝对价值》,陕西人民出版社 2005 年版

何云峰:《劳动幸福论》,上海教育出版社 2018 年版

刘进才:《劳动伦理学》,华东理工大学出版社 1994 年版

刘永佶:《劳动社会主义》,中国经济出版社 2007 年版

马子富、肖宏:《中国劳动关系导论》,浙江人民出版社 1995 年版

秦在东:《企业劳动道德培养技巧》,科学出版社 1991 年版

沈立人:《中国失业者》,民主与建设出版社 2006 年版

邰丽华:《劳动价值论的历史与现实研究》,经济科学出版社 2007 年版

王昕杰、乔法容:《劳动伦理学》,河南大学出版社 1989 年版

赵振华:《新劳动价值新论》,上海三联书店 2002 年版

夏明月:《劳动伦理研究——和谐劳动关系与和谐社会构建》,人民出版社 2012
年版

曹孟勤:《人性与自然——生态伦理哲学基础反思》,南京师范大学出版社 2004
年版

曹孟勤:《人向自然的生成》,上海三联书店 2012 年版

何怀宏:《生态伦理——精神资源与哲学基础》,河北大学出版社 2002 年版

韩立新:《环境价值论　环境伦理　一场真正的道德革命》,云南人民出版社
2005 年版

刘湘溶:《走向明天的选择——生态伦理学论纲》,山东教育出版社 1992 年版

刘湘溶:《人与自然的道德话语——环境伦理学的进展与反思》,湖南师大出版
社 2004 年版

李培超:《自然与人文的和解——生态伦理学的新视野》,湖南人民出版社2001年版

李培超:《伦理拓展主义的颠覆——西方环境伦理思潮研究》,湖南师范大学出版2004年版

裴广川:《环境伦理学》,高等教育出版社2002年版

佘正荣:《中国生态伦理传统的诠释与重建》,人民出版社2002年版

王国聘:《生存的智慧》,中国林业出版社1998年版

王正平:《环境哲学 环境伦理的跨学科研究》,上海人民出版社2004年版

徐嵩龄主编:《环境伦理学进展——评论与阐释》,社会科学文献出版社1999年版

叶平:《环境的哲学与伦理》,中国社会科学出版社2006年版

向玉乔:《经济·生态·道德——中国经济生态化道路的伦理分析》,湖南大学出版社2007年版

杨通进:《走向深层的环保》,四川人民出版社2000年版

余谋昌:《生态伦理学——从理论走向实践》,首都师范大学出版社1999年版

曾建平:《环境正义 发展中国家环境伦理问题探究》,山东人民出版社2007年版

朱坦:《环境伦理学理论与实践》,中国环境科学出版社2001年版

曹景川:《职业化走向中的中国体育道德建设》,人民出版社2018年版

龚正伟:《当代中国体育伦理建构研究》,北京体育大学出版社2009年版

李培超:《绿色奥运——历史穿越及价值蕴涵》,湖南师范大学出版社2008年版

李宏斌:《现代奥运困境的伦理透视》,郑州大学出版社2012年版

李英:《体育教学的伦理学审视》,北京体育大学出版社2016年版

刘湘溶、刘雪丰:《体育伦理——理论视域与价值导范》,湖南师范大学出版社2008年版

卢元镇:《体育人文社会科学概论高级教程》,高等教育出版社2003年版

潘靖五、刘菊昌、陈伟:《体育伦理学研究》,北京体育大学出版社1996年版

沈克印:《中国体育经济伦理研究》,华中科技大学出版社2016年版

熊文:《竞技体育与伦理》,华东师范大学出版社2008年版

杨其虎:《追求竞技正义:竞技体育伦理批判》,中南大学出版社2015年版

赵立军:《体育伦理学》,北京体育大学出版社 2007 年版

冯益谦:《公共伦理学》,华南理工大学出版社 2005 年版

郭夏娟:《公共行政伦理学》,浙江大学出版社 2003 年版

李传军:《公共管理伦理学》,中国人民大学出版社 2012 年版

李建华、左高山:《行政伦理学》,北京大学出版社 2010 年版

李建华:《执政与善政——执政党伦理问题研究》,人民出版社 2006 年版

靳凤林:《制度伦理与官员道德——当代中国政治伦理结构性转型研究》,人民出版社 2011 年版

刘祖云:《行政伦理关系研究》,人民出版社 2007 年版

彭定光:《政治伦理的现代建构》,山东人民出版社 2007 年版

任剑涛:《伦理政治研究》,中山大学出版社 1999 年版

万俊人主编:《现代公共管理伦理导论》,人民出版社 2005 年版

王伟、鄢爱红:《行政伦理学》,人民出版社 2005 年版

王伟:《公共道德论》,江西人民出版社 2016 年版

吴灿新主编:《政治伦理学新论》,中国社会出版社 2000 年版

吴祖明、王凤鹤主编:《中国行政道德论纲》,华中科技大学出版社 2001 年版

张康之:《公共管理伦理学》,中国人民大学出版社 2003 年版

张康之:《行政伦理的观念与视野》,江苏人民出版社 2018 年版

詹世友:《公义与公器——正义论视域中的公共伦理学》,人民出版社 2006 年版

仓道来:《律师伦理学》,北京大学出版社 1990 年版

曹刚:《法律的道德批判》,江西人民出版社 2001 年版

陈寿灿等:《社会主义宪政的伦理价值研究》,金城出版社 2011 年版

戴木才:《现代政治视域中的"法治"与"德治"》,山东人民出版社 2007 年版

胡旭晟:《法的道德历程——法律史的伦理解释(论纲)》,法律出版社 2006 年版

江国华:《宪法哲学导论》,商务印书馆 2006 年版

李建华等:《法律伦理学》,湖南人民出版社 2006 年版

李本森主编:《法律职业伦理》,北京大学出版社 2008 年版

刘华:《法律伦理》,河南人民出版社 2002 年版

张文显:《二十世纪西方法哲学思潮研究》,法律出版社 1996 年版

陈爱华:《现代科学伦理精神的生长》,东南大学出版社 1995 年版

陈彬:《科技伦理问题研究》,中国社会科学出版社 2014 年版

程现昆:《科技伦理研究论纲》,北京师范大学出版社 2011 年版

洪晓楠:《科学伦理的理论与实践》,人民出版社 2013 年版

梁国剑:《科学与道德》,广西人民出版社 1986 年版

卢风:《科技、自由与自然:科技伦理与环境伦理前沿问题研究》,中国环境科学出版社 2011 年版

毛建儒、王颖斌、王常柱:《科技观与科技伦理探索》,中国社会科学出版社 2012 年版

宋惠昌:《现代科技与道德》,中国青年出版社 1987 年版

沈铭贤:《科学哲学导论》,上海教育出版社 1991 年版

徐少锦:《科技伦理学》,上海人民出版社 1989 年版

杨德荣等:《科学家与科学道德》,四川教育出版社 1984 年版

余谋昌:《高科技挑战道德》,天津科学技术出版社 2001 年版

张华夏:《现代科学与伦理世界——道德哲学的探索与反思》,湖南教育出版社 1999 年版

陈旭光:《教育伦理学》,天津出版社 1990 年版

陈娇云、汪荣有:《教育伦理与教育公正——社会主义和谐社会视野下的教育热点探析》,安徽大学出版社 2015 年版

程亮:《教育的道德基础——教育伦理学引论》,福建教育出版社 2016 年版

杜钰、郝大栾、赵建辰:《教育管理伦理概论》,东北林业大学出版社 2017 年版

郭永军:《教育伦理学》,山东大学出版社 1999 年版

黄定元:《教育伦理学》,江西教育出版社 1988 年版

贾馥茗:《教育伦理学》,江苏教育出版社 2008 年版

贾新奇:《教育伦理学新编》,山西教育出版社 2008 年版

金保华:《教育管理的伦理基础》,华中师范大学出版社 2012 年版

金生鈜:《教育与正义——教育与正义的哲学想象》,福建教育出版社 2012 年版

李春秋:《教育伦理学概论》,北京师范大学出版社 1993 年版

丘景尼:《教育伦理学》,福建教育出版社 2011 年版

钱焕琦、刘云林:《中国教育伦理学》,中国矿业大学出版社 2000 年版

施修华、严缘华:《教育伦理学》,上海科学普及出版社 1989 年版

檀传宝:《教育伦理范畴研究》,北京师范大学出版社 2000 年版

王本陆:《教育崇善论》,广东人民出版社 2001 年版

王正平、郑百伟:《教育伦理学理论与实践》,上海教育出版社 1998 年版

王正平:《教育伦理学》,人民教育出版社 2019 年版

卫建国:《教育法规与教师道德》,北京师范大学出版社 2012 年版

朱平:《高等教育制度伦理研究》,北京理工大学出版社 2011 年版

郅庭瑾:《教育管理的伦理向度》,教育科学出版社 2015 年版

曹开宾等:《医学伦理学教程》,上海医科大学出版社 1998 年版

曹文妹、瞿晓敏:《生命伦理与新健康》,济南出版社 2005 年版

程新宇:《生命伦理学前沿问题研究》,华中科技大学出版社 2012 年版

杜治政:《医学伦理学探新》,河南医科大学出版社 2000 年版

高崇明、张爱琴:《生物伦理学》,北京大学出版社 1999 年版

郭照江:《医学伦理学新编》,人民军医出版社 2003 年版

范瑞平:《当代儒家生命伦理学》,北京大学出版社 2011 年版

罗秉祥:《生命伦理学的中国哲学思考》,中国人民大学出版社 2013 年版

卢启华等主编:《医学伦理学》,华中科技大学出版社 2006 年版

倪慧芳等主编:《21 世纪生命伦理学难题》,高等教育出版社 2000 年版

邱仁宗:《生命伦理学》,中国人民大学出版社 2010 年版

孙慕义:《医学伦理学》,高等教育出版社 2004 年版

孙慕义:《后现代生命伦理学》,中国社会科学出版社 2015 年版

施卫星:《生物医学伦理学》,浙江教育出版社 2010 年版

王明旭、赵明杰:《医学伦理学》(第 5 版),人民卫生出版社 2018 年版

吴素香主编:《善待生命——生命伦理学概论》,中山大学出版社 2011 年版

徐宗良、刘学礼、瞿晓敏:《生命伦理学——理论与实践探索》,上海人民出版社 2002 年版

徐宗良:《面对死亡——死亡伦理》,上海科技教育出版社 2011 年版

杨焕明:《生命大解密——人类基因组计划》,中国青年出版社 2000 年版

张舜清:《儒家生命伦理思想研究——以原始儒家为中心》,人民出版社 2018

年版

陈建明:《基督教与中国伦理道德》,四川大学出版社 2002 年版

陈来:《古代宗教与伦理:儒家思想的根源》,三联书店 1996 年版

陈麟书:《宗教伦理学概论》,宗教文化出版社 2006 年版

董群:《佛教伦理与中国禅学》,宗教文化出版社 2007 年版

何光沪、许志伟主编:《对话:儒释道与基督教》,社会科学文献出版社 1998 年版

姜生:《宗教与人类自我控制——中国道教伦理研究》,巴蜀书社 1996 年版

罗秉祥、万俊人编:《宗教与道德之关系》,清华大学出版社 2003 年版

吕大吉:《人道与神道——宗教伦理学导论》,上海人民出版社 1991 年版

李元光:《宗客巴大师宗教伦理思想研究》,巴蜀书社 2006 年版

翁绍军:《信仰与人世——现代宗教伦理面面观》,湖北教育出版社 1999 年版

王雷泉等主编:《二十世纪中国社会科学·宗教学卷》,上海人民出版社 2005 年版

王文东:《宗教伦理学》,中央民族大学出版社 2006 年版

王月清:《中国佛教伦理研究》,南京大学出版社 1999 年版

徐以骅:《基督教学术——宗教、道德与社会关怀》,上海古籍出版社 2004 年版

杨捷生:《伊斯兰伦理研究》,宗教文化出版社 2002 年版

杨明:《宗教与伦理》,译林出版社 2010 年版

业露华:《中国佛教伦理思想》,上海社会科学院出版社 2000 年版

张怀承:《无我与涅槃——佛教伦理道德精粹》,湖南大学出版社 1999 年版

安云风主编:《性伦理学新论》,首都师范大学出版社 2002 年版

黄雁玲:《族传统家庭伦理及其现代演变研究》,民族出版社 2017 年版

李桂梅:《乐在天伦——家庭道德新探》,湖南科学技术出版社 2003 年版

李银河:《两性关系》,华东师范大学出版社 2005 年版

乔德福主编:《家庭道德新论》,中国社会出版社 2008 年版

孙春晨、江畅主编:《中国应用伦理学:2003—2004》,金城出版社 2004 年版

王伟、高玉兰:《性伦理学》,人民出版社 1992 年版

肖群忠:《中国孝文化研究》,台北:五南图书出版股份有限公司 2002 年版

周丹主编:《同性恋与法》,广西师范大学出版社 2006 年版

张玫玫等:《性伦理学》,首都师范大学出版社 1998 年版

[英]艾华:《中国的女性与性相》,施施译,江苏人民出版社 2008 年版

黄富峰:《大众传媒伦理研究》,中国社会科学出版社 2009 年版

黄瑚:《新闻伦理学》,新华出版社 2001 年版

蓝鸿文:《新闻伦理学简明教程》,中国人民大学出版社 2001 年版

郎劲松、初广志编著:《传媒伦理学导论》,浙江大学出版社 2007 年版

商娜红:《制度视野中的媒介伦理——职业主义与英美新闻自律》,山东人民出版社 2006 年版

童兵:《马克思主义新闻经典教程》,复旦大学出版社 2008 年版

徐前进:《编辑伦理学概论》,湖北人民出版社 2003 年版

喻国明:《变革传媒——解析中国传媒转型问题》,华夏出版社 2005 年版

郑根成:《媒介载道——传媒伦理研究》,中央编译出版社 2009 年版

周鸿书:《新闻伦理学论纲》,新华出版社 1995 年版

甄树青:《论表达自由》,社会科学出版社 2000 年版

段伟文:《网络空间的伦理反思》,江苏人民出版社 2002 年版

黄寰:《网络伦理危机及对策》,科学出版社 2003 年版

李伦:《鼠标下的德性》,江西人民出版社 2002 年版

吕耀怀:《信息伦理学》,中南大学出版社 2002 年版

吴瑾菁:《虚拟与现实的碰撞——网络道德与文明》,江西省高校出版社 2001 年版

严耕、陆骏、孙伟平:《网络伦理》,北京出版社 1998 年版

殷正坤:《计算机伦理与法律》,华中科技大学出版社 2003 年版

赵兴宏、毛牧然:《网络法律与伦理问题研究》,东北大学出版社 2003 年版

钟英:《网络传播伦理》,清华大学出版社 2005 年版

陈识金等:《当代中国军人伦理学》,江苏人民出版社 1989 年版

陈晓兵:《军人德性论》,湖南人民出版社 2007 年版

顾智明:《中国军事伦理文化史》,海潮出版社 1997 年版

顾智明主编:《当代军事伦理学》,解放军出版社 2004 年版

军事伦理学编委会:《军事伦理学研究》,蓝天出版社 1991 年版

李春秋等:《军人价值研究》,国防科技大学 2000 年版

刘淑萍、赵枫:《现代军事伦理学概论》,国防工业出版社 2005 年版

陶军:《战争价值论——主体价值视野中的战争》,国防大学出版社 2002 年版

谭际尊:《军人核心价值观伦理学基础》,军事科学出版社 2012 年版

王联斌:《军人伦理学》,上海人民出版社 1987 年版

王联斌:《中华武德通史》,解放军出版社 1998 年版

王伟、夏伟东:《军人伦理学新编》,军事科学出版社 1988 年版

左高山:《战争的镜像与伦理话语》,湖南大学出版社 2008 年版

赵枫:《中国军事伦理思想史》,军事科学出版社 1996 年版

朱之江:《现代战争伦理研究》,国防大学出版社 2002 年版

陶军:《战争价值论——主体价值视野中的战争》,国防大学出版社 2002 年版

翁世平:《军人美德导论》,军事科学出版社 1996 年版

张明仓:《军事价值论》,云南人民出版社 2004 年版

赵枫:《中国军事伦理思想史》,军事科学出版社 1996 年版

戴木才:《管理的伦理法则》,江西人民出版社 2001 年版

戴艳军:《科技管理伦理导论》,人民出版社 2006 年版

高兆明:《道德失范研究:基于制度正义视角》(修订版),商务印书馆 2016 年版

倪愫襄:《制度伦理研究》,人民出版社 2008 年版

苏勇:《管理伦理学》,东方出版中心 1998 年版

唐凯麟、龚天平:《管理伦理学纲要》,湖南人民出版社 2004 年版

万俊人主编:《现代公共管理伦理导论》,人民出版社 2005 年版

万建华等:《利益相关者管理》,海天出版社 1998 年版

温克勤:《管理伦理学》,天津人民出版社 1988 年版

肖平:《公共管理伦理导论——理论与实践》,西南交通大学出版 2007 年版

徐维群:《伦理管理——现代管理的道德透视》,学林出版社 2008 年版

张康之:《公共管理伦理学》,中国人民大学出版社 2003 年版

张应杭:《管理伦理》,浙江大学出版社 2006 年版

周祖城:《管理与伦理》,清华大学出版社 2000 年版

陈文忠:《艺术与人生》,安徽人民出版社 2005 年版

蔡仲德:《音乐与文化的人本主义思考》,广东人民出版社 1999 年版

丁亚平:《艺术文化学》,文化艺术出版社 1996 年版

龚妮丽:《音乐美学论纲》,中国社会科学出版社 2002 年版

何西来、杜书瀛:《新时期文学与道德》,山东教育出版社 1999 年版

孔智光:《文艺美学研究》,中国戏剧出版社 2002 年版

李鲁平:《文学艺术的伦理视域——市场经济条件下的文艺道德建设》,华中师范大学出版社 2010 年版

洛秦:《音乐中的文化与文化中的音乐》,上海音乐学院出版社 2010 年版

乔山:《文艺伦理学初探》,高等教育出版社 1997 年版

王小琴:《音乐伦理学》,光明日报出版社 2011 年版

赵红梅、戴茂堂:《文艺伦理学论纲》,中国社会科学出版社 2004 年版

曾耀农:《文艺伦理学》,百花洲文艺出版社 1992 年版

陈谷嘉:《儒家伦理哲学》,人民出版社 1996 年版

陈谷嘉:《宋代理学伦理思想研究》,湖南大学出版社 2006 年版

陈来:《古代宗教与伦理》,三联书店 1996 年版

陈少峰:《中国伦理学史》,北京大学出版社 1997 年版

陈瑛主编:《中国伦理思想史》,湖南教育出版社 2004 年版

蔡元培:《中国伦理学史》,商务印书馆 1910 年版

曹志平:《中国医学伦理思想史》,人民卫生出版社 2012 年版

杜恂诚:《中国传统伦理与近代资本主义》,上海社会科学院出版社 1993 年版

杜维明:《现代精神与儒家传统》,三联书店 1997 年版

付长珍:《宋儒境界论》,广西师范大学出版社 2017 年版

樊浩:《中国伦理精神的历史建构》,江苏人民出版社 1992 年版

樊浩:《中国伦理精神的现代构建》,江苏人民出版社 1998 年版

高思谦:《中外伦理思想比较研究》,台北中央文物供应社 1983 年版

葛晨虹:《德化的视野——儒家德性思想研究》,同心出版社 1998 年版

葛晨虹:《新中国 60 年·学界回眸——伦理学与道德建设卷》,北京出版社 2009 年版

黄公伟:《中国伦理学通诠》,台北现代文艺出版社 1968 年版

关健英:《先秦秦汉德治法治关系思想研究》,人民出版社 2011 年版

侯外庐、邱汉生、张岂之主编:《宋明理学史》(上卷),人民出版社 1984 年版

侯外庐、邱汉生、张岂之主编:《宋明理学史》(下卷),人民出版社 1987 年版

焦国成:《中国古代人我关系论》,中国人民大学出版社1991年版

焦国成:《中国伦理学通论》,山西教育出版社1997年版

姜法曾:《中国伦理学史略》,中华书局1991年版

李春秋等主编:《中华美德大典》,山西教育出版社1997年版

李建华:《中国道德文化的传统理念与现代践行研究》,经济科学出版社2016年版

李兰芬:《百年中国马克思主义伦理思想研究述要》,苏州大学出版社2015年版

李书有主编:《中国儒家伦理发展史》,江苏古籍出版社1992年版

梁漱溟:《儒佛异同论》,《梁漱溟全集》卷七,山东人民出版社1993年版

梁韦弦:《儒家伦理学说研究》,吉林人民出版社1994年版

刘桂莉:《儒家伦理观综论》,电子科技大学出版社2014年版

刘蔚华等:《中国儒家学术思想史》,山东教育出版社1996年版

罗国杰主编:《中国伦理思想史》,中国人民大学出版社2008年版

马永庆等:《中国传统道德概论》,山东大学出版社2006年版

钱焕琦、刘云林:《中国教育伦理思想发展史》,改革出版社1998年版

沈善洪、王凤贤:《中国伦理学说史》(上、下),浙江人民出版社1985、1988年版

唐傅基:《中国伦理》,台北海外文章出版社1957年版

唐凯麟、曹刚:《重释传统:儒家思想的现代价值评估》,华东师范大学出版社2000年版

唐凯麟主编:《中华民族道德生活史》(八卷),东方出版中心2016年版

唐凯麟、王泽应:《20世纪中国伦理思潮》,高等教育出版社2003年版

唐文明:《与命与仁:原始儒家伦理精神与现代性问题》,河北大学出版社2002年版

滕新才等:《中华伦理范畴丛书》,中国社会科学出版社2006年版

王殿卿主编:《东方道德研究》,中华工商联合出版社2001年版

王开府:《儒家伦理学研究》,台北:台湾学生书局1986年版

王前:《中国科技伦理史纲》,人民出版社2006年版

王小锡等:《中国伦理学60年》,上海人民出版社2009年版

王泽应:《道莫盛于趋时——新中国伦理学研究50年的回溯与前瞻》,光明日报出版社2003年版

王泽应:《20世纪中国马克思主义伦理思想研究》,人民出版社2008年版

汪洁:《中国传统经济伦理研究》,江苏人民出版社 2005 年版

吴来苏、安云凤:《中国传统伦理思想评介》,首都师范大学出版社 2002 年版

温克勤:《中国伦理思想简史》,社会科学文献出版社 2013 年版

韦政通:《儒家与现代中国》,上海人民出版社 1990 年版

邢贲思主编:《中国哲学 50 年》,辽海出版社 1999 年版

徐朝旭、徐梦秋、席泽宗:《中国古代科技伦理思想》,科技出版社 2010 年版

徐嘉:《中国近现代伦理启蒙》,中国社会科学出版社 2014 年版

徐顺教、季甄馥主编:《中国近代伦理思想研究》,华东师范大学出版社 1993
年版

徐惟诚:《传统道德的现代价值》,河南人民出版社 2003 年版

杨泽波:《孟子性善论研究》,中国社会科学出版社 1995 年版

杨国荣:《善的历程——儒家价值体系研究》,华东师范大学出版社 2009 年版

颜炳罡:《当代新儒学引论》,北京图书馆 1998 年版

张岱年:《中国伦理思想研究》,上海人民出版社 1989 年版

《中国伦理思想史》编写组:《中国伦理思想史》("马工程"重点教材),高等教育
出版社 2015 年版

张岂之、陈国庆:《近代伦理思想的变迁》,中华书局 1993 年版

张怀承:《天人之变——中国传统伦理道德的近代转型》,湖南教育出版社 1998
年版

张锡勤等:《中国伦理思想通史》,黑龙江教育出版社 1992 年版

朱伯崑:《先秦伦理学概论》,北京大学出版社 1984 年版

朱金瑞:《当代中国企业伦理的历史演进》,江苏人民出版社 2005 年版

朱林:《中国传统经济伦理思想》,江西人民出版社 2002 年版

朱贻庭主编:《中国传统伦理思想史》(第四版),华东师大出版社 2012 年版

朱贻庭:《中国传统道德哲学 6 辨》,文汇出版社 2017 年版

陈真:《当代西方规范伦理学》,南京师范大学出版社 2006 年版

戴茂堂:《西方伦理学》,湖北人民出版社 2002 年版

龚群:《追问正义——西方政治伦理思想研究》,北京大学出版社 2017 年版

胡祎赟:《西方德性伦理传统批判》,中国社会科学出版社 2016 年版

罗国杰、宋希仁主编:《西方伦理思想史》(上卷),中国人民大学出版社 1985
年版

罗国杰、宋希仁主编:《西方伦理思想史》(下卷),中国人民大学出版社 1988 年版

李志祥:《批评的经济伦理学:从马克思到弗洛姆》,人民出版社 2012 年版

江畅:《西方德性思想史》,人民出版社 2016 年版

李培超:《伦理拓展主义的颠覆——西方环境伦理思潮研究》,湖南师范大学出版社 2004 年版

乔洪武:《西方经济伦理思想研究》(全三卷),商务印书馆 2017 年版

石毓彬、杨远:《二十世纪西方伦理学》,湖北人民出版社 1986 年版

宋希仁主编:《西方伦理思想史》,中国人民大学出版社 2004 年版

孙伟平:《伦理学之后:现代西方元伦理学研究》,江西教育出版社 2004 年版

田海平:《西方伦理的精神》,东南大学出版社 1998 年版

唐凯麟等:《西方伦理学流派概论》,湖南师范大学出版社 2006 年版

唐凯麟主编:《西方伦理学名著提要》,江西人民出版社 2000 年版

武卉昕:《苏联马克思主义伦理学兴衰史》,人民出版社 2011 年版

万俊人:《现代西方伦理学史》上卷,北京大学出版社 1990 年版

万俊人:《现代西方伦理学史》下卷,北京大学出版社 1992 年版

万俊人:《萨特伦理思想研究》,北京大学出版社 1988 年版

王小锡主编:《当代西方人生哲学》,鹭江出版社 1989 年版

向敬德:《西方元伦理学》,湖南师范大学出版社 2006 年版

向玉乔:《后现代西方伦理学研究》,中国社会科学出版社 2011 年版

徐少锦主编:《西方科技伦理思想史》,江苏教育出版社 1995 年版

杨方:《第四条思路——西方伦理学若干问题宏观综合研究》,湖南大学出版社 2003 年版

赵德志:《现代西方企业伦理理论》,经济管理出版社 2002 年版

周辅成:《西方伦理学名著选辑》(上、下卷),商务印书馆 1987 年版

章海山:《西方伦理思想史》,辽宁人民出版社 1984 年版

曾建平:《自然之思:西方生态伦理思想探究》,中国社会科学出版社 2004 年版

张霄:《20 世纪 70 年代以来英美的马克思主义伦理学研究》,北京出版社 2014 年版

张溢木:《古希腊经济伦理思想史纲》,武汉大学出版社 2015 年版

陈建明:《基督教与中国伦理道德》,四川大学出版社 2002 年版

邓安庆主编:《仁义与正义——中西伦理问题的比较研究》,上海教育出版社 2018 年版

高国希:《走出伦理困境——麦金太尔道德哲学与马克思主义伦理学研究》,上海社会科学院出版社 1996 年版

何光沪、许志伟主编:《对话:儒释道与基督教》,社会科学文献出版社 1998 年版

黄建中:《比较伦理学》,人民出版社 2011 年版

焦国成、姚新中:《中西方人性优劣谈》,天津人民出版社 1989 年版

李萍、林滨:《比较德育》,中国人民大学出版社 2009 年版

万俊人:《比照与透析——中西伦理学的现代视景》,广东人民出版社 1998 年版

陈汝东:《语言伦理学》,北京大学出版社 2001 年版

韩作珍:《饮食伦理——在中国文化的视野下》,人民出版社 2017 年版

贾磊磊、袁智忠:《中国电影伦理学·2017》,西南师范大学出版社 2017 年版

林春逸:《发展伦理初探》,社会科学文献出版社 2007 年版

李伟、潘忠宇主编:《民族伦理与社会和谐》,宁夏人民出版社 2013 年版

彭柏林:《当代中国公益伦理》,人民出版社 2010 年版

秦红岭:《建筑的伦理意蕴——建筑伦理学引论》,中国建筑工业出版社 2006 年版

鄯爱红:《可持续发展的伦理视角》,北京出版社 2006 年版

史军、吴琰:《低碳旅游的伦理研究》,科学出版社 2017 年版

吴恒斌:《电力伦理学研究》,水利水电出版社 2008 年版

薛华:《哈贝马斯的商谈伦理学》,辽宁教育出版社 1988 年版

肖群忠等:《日常生活伦理学》,中国人民大学出版社 2018 年版

肖平:《工程伦理学》,中国铁道出版社 2009 年版

肖巍:《女性主义伦理学》,四川人民出版社 2000 年版

解坤新:《民族伦理学》,中央民族大学出版社 1997 年版

易小明:《民族伦理文化研究》,湖南大学出版社 2013 年版

俞树彪:《海洋公共伦理研究》,海洋出版社 2009 年版

余潇枫:《国际关系伦理学》,长征出版社 2002 年版

朱步楼:《可持续发展伦理研究》,江苏人民出版社 2006 年版

周昌忠:《生活圈伦理学》,上海社科出版社 1997 年版

赵建昌:《旅游伦理与旅游业可持续发展》,中国社会科学出版社 2016 年版

曾钊新、李建华:《道德心理学》,商务印书馆 2017 年版

后　记

　　2009 年我带领学术团队撰写了一本《中国伦理学 60 年》的书，该书出版后一直畅销，以至于早就脱销。这也激励我们学术团队的成员们在新中国成立 70 周年庆典到来之际，研究 70 年我国伦理学的发展历程，撰写《中国伦理学 70 年》，向新中国 70 周年国庆献礼，同时，为伦理学学科事业的发展尽一份力量。

　　《中国伦理学 70 年》是在《中国伦理学 60 年》的基础上，根据近十年来伦理学学科发展尤其是理论研究的最新成果，力图全面、系统、创造性地概括和评述我国 70 年伦理学的发展历程与成就，并尽可能做到"镜像式"展示，以有利于学界同仁乃至广大读者对我国 70 年伦理学发展的整体把握和系统理解。

　　本书各章分工如下：

　　序　言　王小锡（博士，南京师范大学教授、博士生导师）；

　　第一章　伦理学学科体系：余达淮、甄学涛（博士，河海大学教授、博士生导师；河海大学在读博士）；

　　第二章　伦理学研究方法：李志祥（博士，南京师范大学教授、博士生导师）；

　　第三章　道德本质：沈永福、张霄（博士，首都师范大学教授、博士生导师；博士，中国人民大学副教授、哲学院副院长、伦理学教研室主任、硕士生导师）；

　　第四章　道德功能：江勇（南京师范大学在读博士）；

　　第五章　应用伦理：王露璐（博士，南京师范大学教授、博士生导师）；

　　第六章　经济伦理：张志丹（博士，上海师范大学教授、博士生导师）；

　　第七章　企业伦理：朱金瑞（博士，河南财经政法大学教授、博士生导师）；

　　第八章　管理伦理：王兵（博士，江苏经贸学院副教授）；

　　第九章　劳动伦理：夏明月（博士，上海财经大学副教授、博士生导师）；

　　第十章　金融伦理：崔新有（博士，江苏开放大学教授、校长，北京大学兼职博士生导师）；

　　第十一章　乡村伦理：刘昂（博士，南京师范大学副教授）；

　　第十二章　环境伦理：姜晶花（博士，北京科技大学副教授、硕士生导师）；

第十三章　体育伦理：张露(博士,江苏开放大学副教授);

第十四章　政治伦理：张振(博士,南京师范大学教授、博士生导师);

第十五章　行政伦理：张晓磊(在读博士,南京师范大学讲师);

第十六章　科技伦理：郭方天(在读博士,江苏经贸学院讲师);

第十七章　教育伦理：陈金香(博士,安徽工程大学副教授);

第十八章　法律伦理：张志丹(博士,上海师范大学教授、博士生导师);

第十九章　生命伦理：唐洁琼(硕士,无锡科技职业学院教师);

第二十章　宗教伦理：曹晓虎(博士,南京师范大学副教授、硕士生导师);

第二十一章　性和婚姻家庭伦理：曹琳琳(博士,常州大学讲师);

第二十二章　传媒伦理：张曦(博士,南京师范大学副教授、硕士生导师);

第二十三章　网络伦理：李玉琴(博士,南京财经大学副教授、硕士生导师);

第二十四章　军事伦理：周莉(博士,陆军工程大学训练基地副教授、硕士生导师);

第二十五章　艺术伦理：王小琴(博士,中北大学教授、硕士生导师);

第二十六章　文学伦理：范渊凯(博士,南京财经大学讲师);

第二十七章　中国传统伦理思想：汪洁(博士,南京师范大学副教授、硕士生导师);

第二十八章　西方伦理思想：焦金磊(南京师范大学在读博士);

第二十九章　马克思主义伦理思想：刘琳(博士,南京航空航天大学教授、博士生导师)。

本书是我们学术团队集体智慧的结晶。各章在经历了多次修改完善的基础上,全书由我统改定稿。

由于各位作者的求学历程、业务背景和撰写风格不完全一样,故在"研究的基本历程和概况"、"研究的主要问题"和"简要评述"中叙述和阐释的维度、广度、深度等不完全一致,为尊重作者的研究理念及其成果,在尽可能统一撰写理路和文字风格等方面的同时,保留了没有原则性问题的多样性,这也有利于各章内容的相互启迪、触类旁通及完整把握。

本书后面的"主要参考书目",在一定意义上是新中国伦理学发展历史和现有伦理学学术发展态势的展示。我们对这些研究成果的作者表示衷心的感谢。

衷心感谢南京师范大学哲学系主任、哲学一级学科带头人曹孟勤教授和中国人民大学伦理学与道德建设研究中心主任、中国伦理学会副会长曹刚教授对本课题研究的支持及其宝贵的学术建议。

衷心感谢江苏人民出版社在本书编辑出版过程中给予的大力支持。

由于本课题研究涉及的专题较多,且时间紧、任务重,故书中很可能存在不尽如人意之处,敬请学界同仁和广大读者批评指正。

王小锡

于南京秦淮河畔

2019 年 9 月 10 日